David Sadava David M. Hillis
H. Craig Heller May R. Berenbaum Vito Posca

W0285294

Il carbonio, gli enzimi, il DNA

Chimica organica, biochimica e biotecnologie

PER IL COMPUTER E PER IL TABLET

L'eBook multimediale

1 REGÌSTRATI A MYZANICHELLI

Vai su **my.zanichelli.it** e regìstrati come studente

2 SCARICA BOOKTAB

- Scarica **Booktab** e installalo
- Lancia l'applicazione e fai login

3 ATTIVA IL TUO LIBRO

- Clicca su **Attiva il tuo libro**
- Inserisci la **chiave di attivazione** che trovi sul **bollino argentato** adesivo (qui accanto un esempio di bollino con chiave di attivazione)

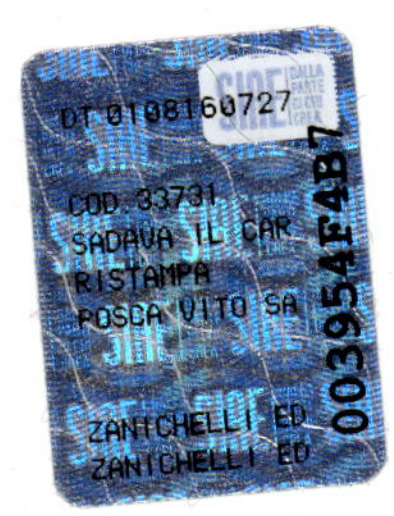

4 CLICCA SULLA COPERTINA

Scarica il tuo libro per usarlo offline

Titolo originale: *Life: The Science of Biology*, Tenth Edition
First published in the United States by Sinauer Associates, Sunderland, MA
Pubblicato per la prima volta negli Stati Uniti da Sinauer Associates, Sunderland, MA

Traduzione: Stefania Fadda, Silke Jantra, Alessandro Minelli, Antonio Bonfitto, Marco Passamonti

Realizzazione editoriale:
- Coordinamento redazionale: Elena Bacchilega, Martina Mugnai
- Redazione: Elena Baldi, Claudio Dutto, Lara Rossi, Simona Vannini
- Segreteria di redazione: Deborah Lorenzini
- Composizione: Fratelli Sala, Seregno (MB)
- Progetto grafico e impaginazione: Chialab srl, Bologna
- Ricerca iconografica: Elena Baldi, Claudio Dutto, Martina Mugnai, Claudia Patella, Chiara Presepi, Simona Vannini
- Indice analitico: Tiziano Cornegliani

Le fonti iconografiche si trovano sul sito http://online.scuola.zanichelli.it/carbonioenzimidna

Contributi:
- Stesura dei capitoli B5, B6, B7: Giovanni Maga
- Stesura degli esercizi: Daniela Damiano (capitoli B2 – B7), Chiara Gedressi (capitoli C1 – C3, B1)
- Stesura delle schede dei capitoli C1-C3, B1: Giovanni Maga, Giulia Pavarelli
- Stesura delle schede *Temi di bioetica*: Norma Trezzi
- Disegni: Luca Tible, Thomas Trojer
- Revisione critica: Silvia Casanova (capitoli C1 – C3, B1), Tiziano Cornegliani (capitoli B2 – B7)
- Rilettura dei testi: Daniela Damiano, Giulia Pavarelli, Eleonora Maria Viganò
- Sezione *Learn by Doing* tratta da **Natural Science.CLIL** di Ting, Bartella, De Cicco, Langellotti, Caponsacco
- Sezione *Verso l'esame*: Luca Bartolini (*Prove sulle competenze*), Chiara Gedressi (*Prepararsi all'esame orale*)

Si ringraziano Martina Casaburi, Giulia Tamagnone e Lisa Taruffi per la preziosa collaborazione.

Copertina:
- Progetto grafico: Miguel Sal & C., Bologna
- Realizzazione: Roberto Marchetti e Francesca Ponti
- Immagine di copertina: Sequenza di DNA. Gio.tto/Shutterstock

Prima edizione: gennaio 2016

Ristampa:
5 2019 2020

Stampa: Rotopress International s.r.l.
Via E. Mattei 106, 40138 Bologna
per conto di Zanichelli editore S.p.A.
Via Irnerio 34, 40126 Bologna

Realizzazione delle risorse digitali:

Interactive eBook:
- Progettazione esecutiva e sviluppo software: Chialab, Bologna
- Progetto generale e struttura dei dati: Chialab, Bologna
- Progetto interfaccia grafica e usabilità: Chialab, Bologna
- Implementazione: Chialab, Bologna e Channelweb
- Interactive eBook è gestita con BEdita CMS ©

BookTabZ:
- Progettazione esecutiva e sviluppo software: duDAT srl, Bologna

Video di chimica organica:
- Coordinamento redazionale e redazione: Elena Bacchilega
- Sceneggiatura, regia e narrazione: Christian Biasco
- Testi e supervisione scientifica: Ludovico De Padova, Massimo Dellavalle, Gianluigi Broggini

Video *Per capire meglio*:
- Coordinamento redazionale: Sara Urbani, Claudio Dutto, Elena Baldi
- Produzione: formicablu srl
- Sceneggiatura: Lara Rossi
- Supervisione scientifica: CusMiBio, Milano
- Attore e speaker: Christian Biasco
- Grafica 3D: Pasqualino Anziano

Video *Per ripassare*:
- Coordinamento redazionale: Sara Urbani
- Testi e animazioni: Lisa Lazzarato (formicablu srl)
- Produzione audio: Enrico Bergianti (formicablu srl)
- Voce: Ilaria Garaffoni

David Sadava David M. Hillis
H. Craig Heller May R. Berenbaum Vito Posca

Il carbonio, gli enzimi, il DNA

Chimica organica, biochimica e biotecnologie

SCIENZE ZANICHELLI

CAPITOLO

C1

Chimica organica: una visione d'insieme

CAPITOLO

C2

Chimica organica: gli idrocarburi

CAPITOLO

C3

Chimica organica: i derivati degli idrocarburi

CAPITOLO

B1

Biochimica: le biomolecole

CAPITOLO

B2

Biochimica: l'energia e gli enzimi

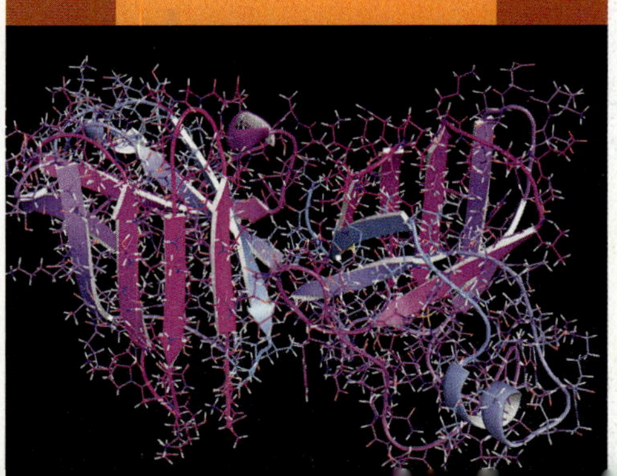

CAPITOLO

B3

Biochimica: il metabolismo energetico

CAPITOLO

B4

Biochimica: la fotosintesi, energia dalla luce

CAPITOLO

B5

Biotecnologie: i geni e la loro regolazione

CAPITOLO

B6

Biotecnologie: tecniche e strumenti

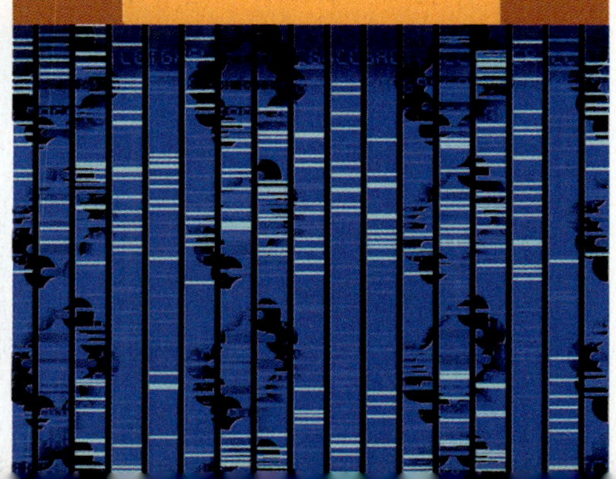

CAPITOLO

B7

Biotecnologie: le applicazioni

Verso l'esame

CLIL
Content and language integrated learning

CAPITOLO

C1 Chimica organica: una visione d'insieme

LEZIONE

1 I composti del carbonio

Si dividono in organici e inorganici. Il mondo delle molecole organiche è molto eterogeneo sia per il loro numero sia per la loro struttura complessa. Le molecole organiche hanno ruoli energetici (idrocarburi), biologici (proteine), biochimici (enzimi), fisiologici (ormoni, vitamine).

LEZIONE

2 L'isomeria

Molti composti organici hanno la stessa formula molecolare ma differiscono per l'ordine in cui gli atomi si legano oppure per il modo in cui si dispongono nello spazio. Questi composti sono detti isomeri e presentano proprietà chimiche e fisiche diverse.

LEZIONE

3 Le caratteristiche dei composti organici

I composti organici hanno proprietà fisiche e chimiche diverse: le prime dipendono dal tipo di interazioni intermolecolari o dalla presenza nella molecola di gruppi idrofobici o idrofili; le seconde, invece, dalla presenza di un gruppo funzionale.

1

I composti del carbonio

Scarica la app:

TAVOLA PERIODICA INTERATTIVA

1 I composti organici sono i composti del carbonio

Il carbonio è un elemento molto diffuso al punto che uno specifico ambito della chimica è dedicato allo studio dei suoi composti: la **chimica organica**. I composti del carbonio, infatti, sono milioni e differiscono tra loro sia per il numero degli atomi di carbonio sia per il modo in cui sono legati. Fino agli inizi dell'Ottocento, i composti del carbonio erano considerati essenzialmente di origine naturale, prodotti dall'attività biologica di organismi animali e vegetali. Per questo, essi si chiamavano, e vengono talvolta ancora chiamati, composti organici. Nel 1828, tuttavia, il chimico tedesco Friedrich Wöhler riuscì a produrre per sintesi l'*urea*, $CO(NH_2)_2$, un composto organico presente in soluzione nell'urina, riscaldando un composto inorganico, il cianato di ammonio:

$$NH_4CNO \xrightarrow{\text{calore } (\Delta)} CO(NH_2)_2$$

Da allora sono stati moltissimi i composti del carbonio preparati per sintesi in laboratorio e, quindi, la formulazione più corretta è rappresentata dalla seguente definizione:

I composti organici sono i composti del carbonio.

I composti del carbonio sono costituiti principalmente da sei elementi (carbonio, idrogeno, ossigeno, azoto, fosforo e zolfo).

Nel sistema periodico cinque di questi elementi (carbonio, azoto, ossigeno, fosforo e zolfo) sono tutti vicini tra loro, in alto e a destra, mentre l'idrogeno è collocato in alto e a sinistra perché avendo un solo elettrone nel livello energetico esterno appartiene al primo gruppo. I loro atomi hanno tutti un piccolo raggio atomico e un valore di elettronegatività molto simile: tra essi pertanto si possono stabilire forti legami covalenti. Gli atomi di carbonio, di azoto e di ossigeno possono formare legami semplici e doppi, il carbonio e l'azoto anche tripli. Questi elementi quindi sono quelli che possono formare composti più stabili e in numero elevato.

TI RICORDI?

I **polimeri** sono macromolecole costituite dalla ripetizione di più molecole (monomeri), uguali o diverse, unite con legame covalente.

I composti organici si distinguono in tre grandi gruppi:

- **idrocarburi**, distinti in alifatici e aromatici sono composti costituiti esclusivamente da atomi di carbonio e di idrogeno;
- **derivati degli idrocarburi**, distinti in alogenati, azotati e ossigenati. Sono composti costituiti, oltre che da atomi di carbonio e di idrogeno, anche da altri elementi quali ossigeno, azoto, fosforo e zolfo;
- **biomolecole**, distinte in carboidrati, lipidi, proteine e acidi nucleici. Sono polimeri (tranne i lipidi) costituiti prevalentemente da atomi di carbonio, idrogeno, ossigeno e azoto.

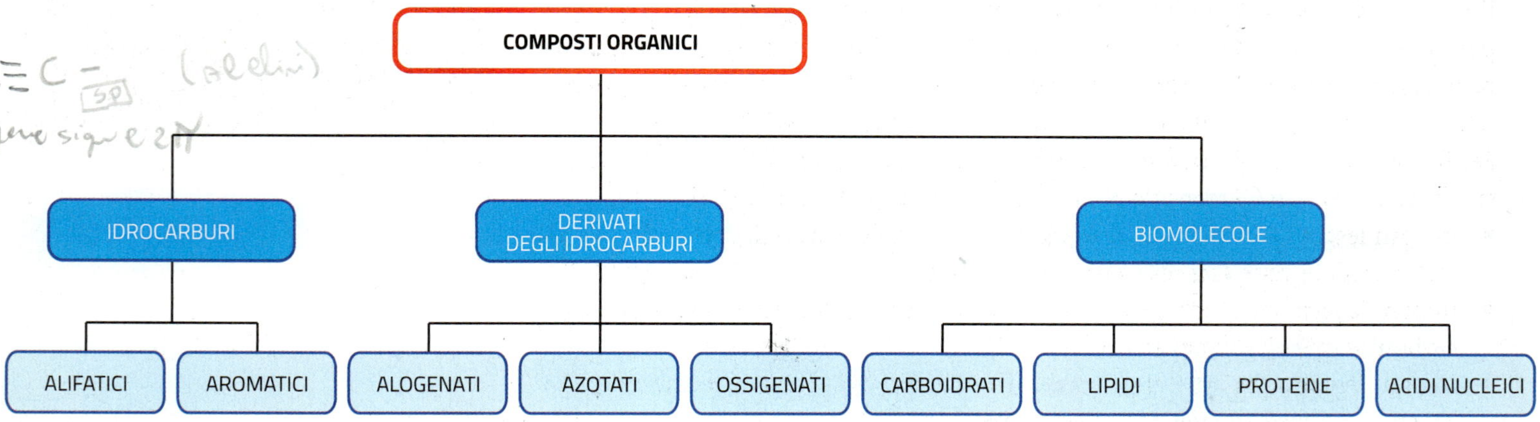

2 Le caratteristiche dell'atomo di carbonio

Il numero elevato di composti organici (sono alcuni milioni) è dovuto alla versatilità dell'atomo di carbonio che, unico tra tutti gli elementi chimici, è in grado di formare una infinita varietà di molecole costituite da un numero estremamente variabile di atomi.
Gli aspetti più rilevanti e specifici dell'atomo di carbonio sono:

a. la presenza nel livello energetico esterno di quattro elettroni spaiati con i quali forma sempre **quattro legami covalenti**.
L'atomo di carbonio, che nello *stato fondamentale* ha configurazione elettronica esterna $2s^2 2p^2$, al momento di combinarsi con altri atomi assorbe energia dall'esterno e trasferisce un elettrone della coppia dell'orbitale $2s$ a un orbitale $2p$ vuoto (*promozione elettronica*). In questo modo aumenta il numero degli elettroni singoli e varia la configurazione elettronica esterna, che nello *stato eccitato* risulta quindi $2s^1 2p^3$ (figura **1**).

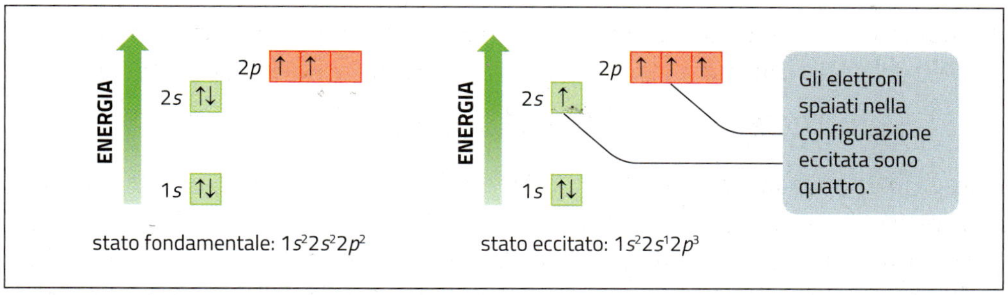

Figura 1 La configurazione elettronica del carbonio (Z = 6) Nello stato fondamentale gli elettroni spaiati sono due mentre in quello eccitato sono quattro.

> **TI RICORDI?**
> Il **legame covalente** consiste nella condivisione di una o più coppie di elettroni tra atomi uguali o diversi di non metalli.

In seguito alla combinazione di un orbitale s con uno, due o tre orbitali p, il carbonio ha la capacità di ibridarsi sp, sp^2 o sp^3:

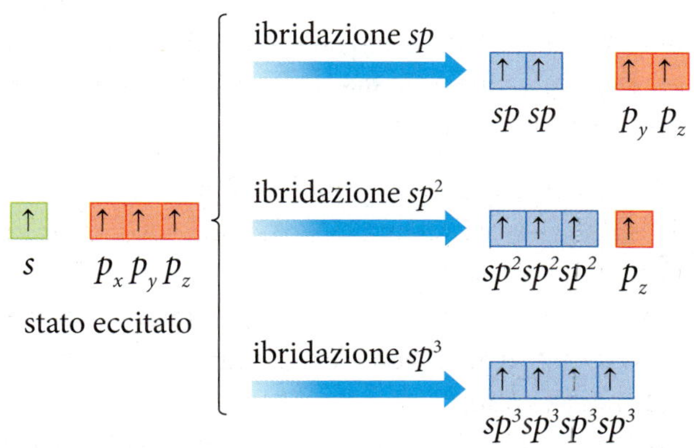

Con gli orbitali ibridi il carbonio forma legami covalenti di tipo σ, mentre con gli orbitali non ibridi p forma legami covalenti di tipo π;

b. il **numero di ossidazione (n.o.)**, che assume tutti i valori compresi tra +4 e −4 e permette all'atomo di carbonio di formare un numero infinito di composti. Nei composti organici l'atomo di carbonio può assumere valori diversi nella stessa molecola, per cui si deve attribuire il n.o. a tutti gli atomi di carbonio singolarmente.
Per il calcolo del n.o. di un atomo di carbonio, si deve rappresentare la formula di struttura di Lewis del composto e tenere conto dei seguenti criteri:
- in ogni legame con altri atomi di carbonio il n.o. del carbonio è zero perché gli elettroni di legame sono esattamente condivisi;
- in ogni legame con l'idrogeno o con i metalli il n.o. del carbonio è −1 perché il carbonio è più elettronegativo;
- in ogni legame con altri non metalli (O, N, S, alogeni) il n.o. del carbonio è +1 perché il carbonio è meno elettronegativo.

La somma algebrica di tali valori costituisce il numero di ossidazione dell'atomo di carbonio considerato.

> **TI RICORDI?**
> Il **numero di ossidazione** è il numero di elettroni ceduti o acquistati (parzialmente o totalmente) da un atomo in un composto.

TI RICORDI?

L'**elettronegatività** (E_n) è la tendenza di un atomo ad attirare verso di sé gli elettroni di legame.

c. il **valore medio di elettronegatività** ($E_n = 2,5$) per cui il carbonio non ha tendenza a perdere o ad acquistare elettroni, ma unicamente a condividerli con altri atomi formando legami covalenti poco polari e quindi forti e stabili;

d. il **piccolo raggio atomico** (r = 77 pm) per cui l'atomo di carbonio può formare legami covalenti *singoli, doppi* e *tripli*; infatti il suo scarso ingombro facilita la formazione di legami stabili. La possibilità di formare legami multipli conferisce all'atomo di carbonio la specificità di formare più molecole costituite dagli stessi atomi ma disposti in modo diverso nello spazio e quindi con differenti proprietà fisiche e chimiche e anche con reattività diversa;

e. la grande **tendenza alla concatenazione**, giustificata dall'assenza nell'atomo di carbonio di doppietti elettronici liberi nel livello energetico esterno e da un piccolo raggio atomico, per cui può formare legami covalenti omopolari con altri atomi di carbonio. Le catene possono essere **aperte** (lineari o ramificate) o **chiuse**:

$CH_3-CH_2-CH_2-CH_3$

catena lineare

$CH_3-CH(CH_3)-CH_2-CH_3$

catena ramificata

CH_2-CH_2 (anello di quattro CH_2: CH_2-CH_2 / CH_2-CH_2)

catena chiusa

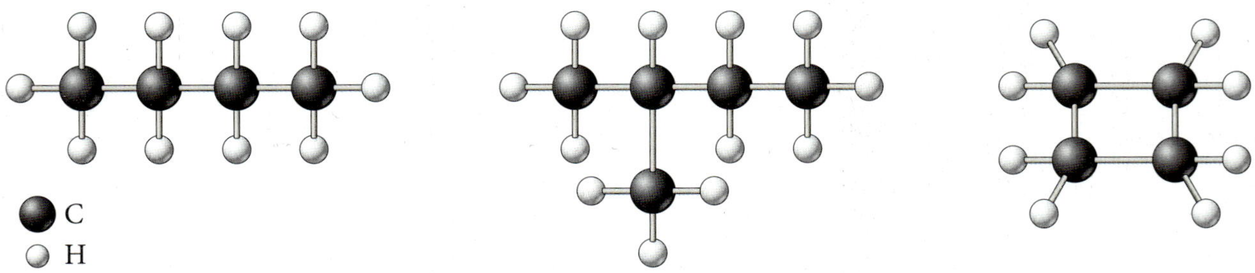

Nelle catene carboniose aperte gli atomi di carbonio sono distinti in *primari* (p), *secondari* (s), *terziari* (t) a seconda che siano legati rispettivamente a un solo atomo di carbonio, a due atomi di carbonio o a tre atomi di carbonio:

$\overset{p}{C}H_3-\overset{s}{C}H_2-\overset{t}{C}H(\underset{p}{C}H_3)-\overset{s}{C}H_2-\overset{p}{C}H_3$

ESERCIZIO SVOLTO

Proviamo insieme

Determina il numero di ossidazione di ciascun atomo di carbonio nell'aldeide acetica CH_3-CHO.

Risoluzione

Rappresentiamo la formula di struttura di Lewis:

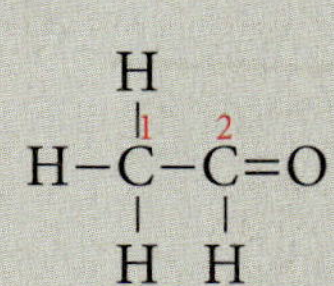

Prendendo in esame i criteri esposti, il carbonio 1, legato a tre atomi di idrogeno e all'atomo di carbonio 2, ha n.o. −3.

Invece, per il carbonio 2, il n.o. è +1, in quanto è dato dalla somma di −1 (per il legame con l'idrogeno) e +2 (per il doppio legame con l'ossigeno).

Prova da solo

Definisci il numero di ossidazione di ciascun atomo di carbonio nei seguenti composti organici:

a. $CH_3-CH_2-CH_3$
b. CH_3-CH_2-OH

3 I composti organici si rappresentano con diverse formule

I composti organici si possono rappresentare con le formule di struttura di Lewis, razionali, condensate e topologiche:

a. le formule di **Lewis** evidenziano tutti i legami chimici tra gli atomi della molecola;
b. le formule **razionali** mettono in evidenza solo i legami carbonio-carbonio;
c. le formule **condensate** evidenziano solo gli atomi e i gruppi atomici che costituiscono la molecola;
d. le formule **topologiche** evidenziano solo la catena carboniosa mediante l'uso di segmenti.

Il *normal*-pentano (*n*-pentano) e il *neo*-pentano (2,2-dimetilpropano), entrambi composti con formula molecolare C_5H_{12}, possono essere rappresentati come in tabella **1**.

A COLPO D'OCCHIO

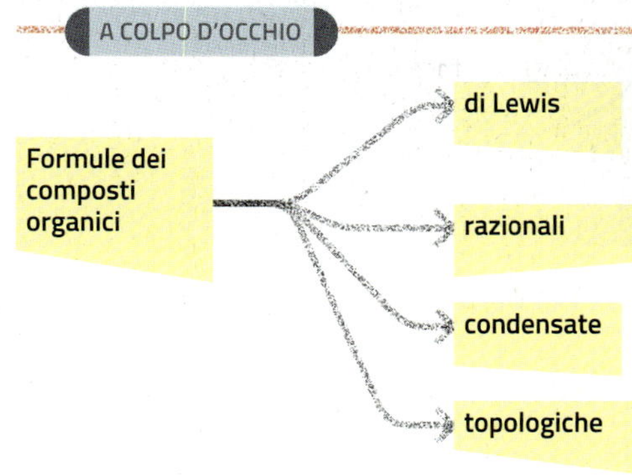

Composto	Lewis	Razionale	Condensata	Topologica
n-pentano	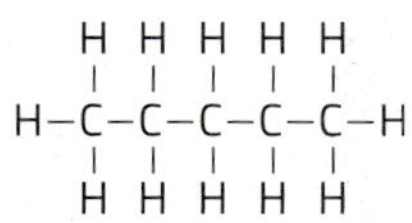	$CH_3{-}CH_2{-}CH_2{-}CH_2{-}CH_3$	$CH_3(CH_2)_3CH_3$	
neo-pentano	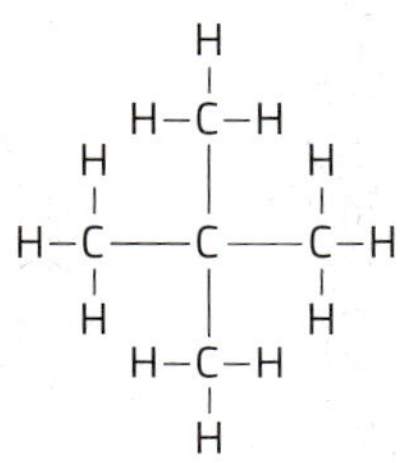	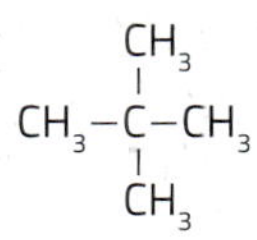	$(CH_3)_4C$	

Tabella 1 I tipi di formule per i composti *n*-pentano e *neo*-pentano Vengono rappresentate le formule di Lewis, razionali, condensate e topologiche.

ESERCIZIO SVOLTO

Proviamo insieme

Rappresenta la formula di Lewis, razionale e topologica del composto con formula condensata $CH(CH_3)_2(CH_2)_2CH_3$.

Risoluzione

a. Nella **formula di Lewis** si devono evidenziare tutti i legami chimici tra gli atomi:

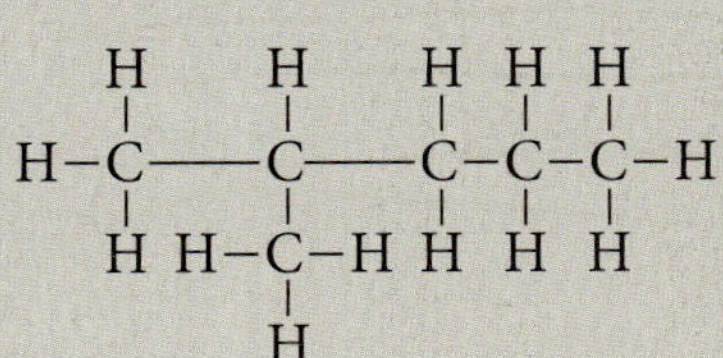

b. Nella **formula razionale** devono essere indicati solo i legami carbonio-carbonio:

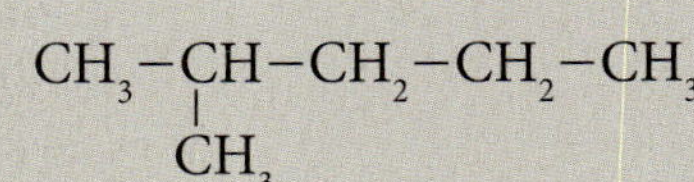

c. Nella **formula topologica** si evidenziano soltanto i legami carbonio-carbonio e si omettono i simboli degli atomi:

Prova da solo

Rappresenta la formula razionale e condensata del composto con formula topologica:

RISPONDI

A Come sono classificati i composti organici?
B Descrivi i tipi di ibridazione del carbonio.
C In quali modi si possono rappresentare le formule molecolari dei composti organici?

2 L'isomeria

4 Gli isomeri: stessa formula ma diversa struttura

L'elevato numero di composti organici e le loro proprietà dipendono strettamente dalla possibilità di diversificare la struttura a parità di formula molecolare, grazie a un fenomeno noto con il nome di **isomeria**.

Il fenomeno dell'isomeria si presenta quando due o più composti, pur avendo la stessa formula molecolare e quindi la medesima composizione chimica, hanno differenti formule di struttura per una diversa disposizione degli atomi costituenti.

Sono detti **isomeri** quei composti con la stessa formula molecolare, ma differente formula di struttura e diverse proprietà fisiche e chimiche.

LE PAROLE

Un **isomero** (dal greco: *isos* = uguale e *meros* = parte) è un composto che può esistere in forme diverse.

I due principali tipi di isomeria sono l'*isomeria di struttura* e la *stereoisomeria* che, a loro volta, presentano ulteriori suddivisioni:

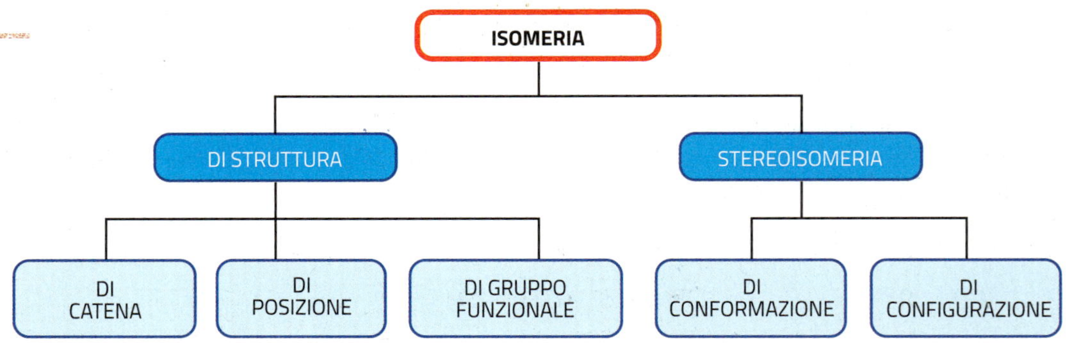

5 Gli isomeri di struttura hanno una sequenza diversa degli atomi

Alcune molecole possono essere costituite dagli stessi atomi ma la disposizione di tali atomi può essere diversa.

Si definisce **isomeria di struttura** quel fenomeno per cui gli atomi di due o più composti con la stessa formula molecolare sono legati tra loro in sequenze differenti.

L'isomeria di struttura è distinta in *isomeria di catena*, *isomeria di posizione* e *isomeria di gruppo funzionale.*

a. **Isomeri di catena** sono composti che differiscono per il modo diverso con cui gli atomi di carbonio sono legati nella catena carboniosa.
Il butano (formula molecolare C_4H_{10}) si presenta sotto forma di due isomeri, il *normal*-butano (*n*-butano) con catena lineare e l'isobutano (2-metilpropano) con catena ramificata:

C_4H_{10}
butano

$CH_3-CH_2-CH_2-CH_3$
n-butano

$CH_3-CH(CH_3)-CH_3$
isobutano

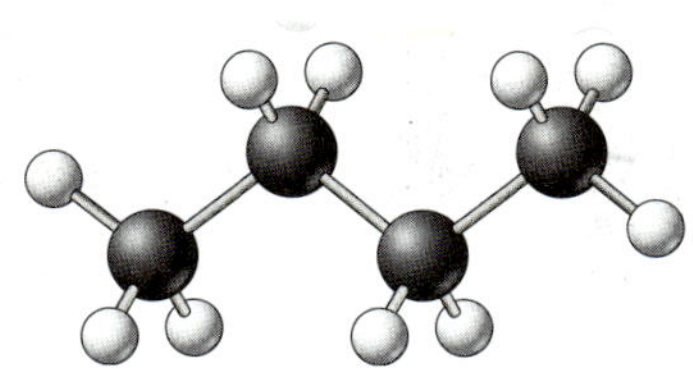

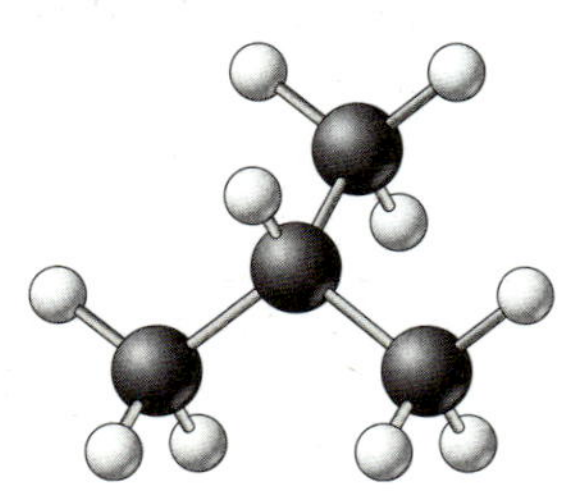

b. **Isomeri di posizione** sono composti che hanno la stessa catena carboniosa ma che differiscono per la *posizione di legami multipli, atomi o gruppi atomici.*
Butene (formula molecolare C_4H_8), cloropropano (formula molecolare C_3H_7Cl) e propanolo (formula molecolare C_3H_7OH) esemplificano ciascuno di questi tre casi.
Il butene è presente in forma di due isomeri, che si differenziano per la diversa posizione del doppio legame:

C_4H_8	$\overset{1}{C}H_2{=}\overset{2}{C}H{-}\overset{3}{C}H_2{-}\overset{4}{C}H_3$	$\overset{1}{C}H_3{-}\overset{2}{C}H{=}\overset{3}{C}H{-}\overset{4}{C}H_3$
butene	1-butene	2-butene

TI RICORDI?
Il **legame multiplo** è un doppio legame oppure un triplo legame tra due atomi.

I due isomeri del cloropropano si distinguono per la posizione dell'atomo di cloro:

C_3H_7Cl	$\overset{3}{C}H_3{-}\overset{2}{C}H_2{-}\overset{1}{C}H_2{-}Cl$	$\overset{3}{C}H_3{-}\overset{2}{C}HCl{-}\overset{1}{C}H_3$
cloropropano	1-cloropropano	2-cloropropano

Infine, anche il propanolo presenta due isomeri, che differiscono per la posizione del gruppo ossidrile –OH:

C_3H_7OH	$\overset{3}{C}H_3{-}\overset{2}{C}H_2{-}\overset{1}{C}H_2{-}OH$	$\overset{3}{C}H_3{-}\overset{2}{C}H(OH){-}\overset{1}{C}H_3$
propanolo	1-propanolo	2-propanolo

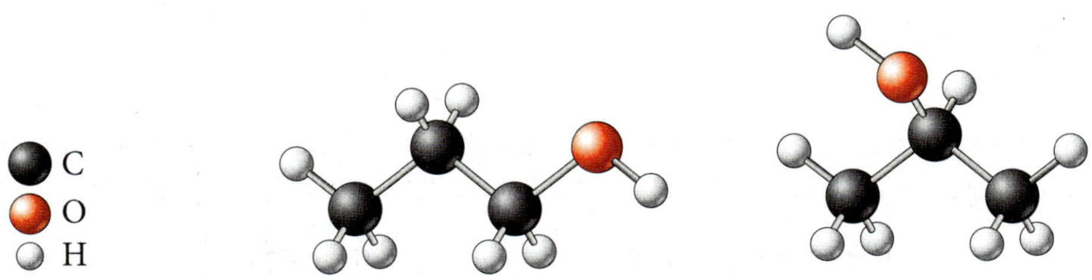

c. **Isomeri di gruppo funzionale** sono composti che presentano *gruppi funzionali diversi* nella catena carboniosa.

Un **gruppo funzionale** è un legame multiplo, uno specifico atomo o un gruppo atomico presente nella catena carboniosa.

L'etanolo e il dimetil etere hanno la stessa formula molecolare (C_2H_6O) ma due gruppi funzionali diversi: il primo composto ha il gruppo funzionale –OH e quindi è un alcol, il secondo ha come gruppo funzionale un atomo di ossigeno –O– e quindi è un etere:

C_2H_6O	$CH_3{-}CH_2{-}OH$	$CH_3{-}O{-}CH_3$
formula molecolare	etanolo	dimetiletere

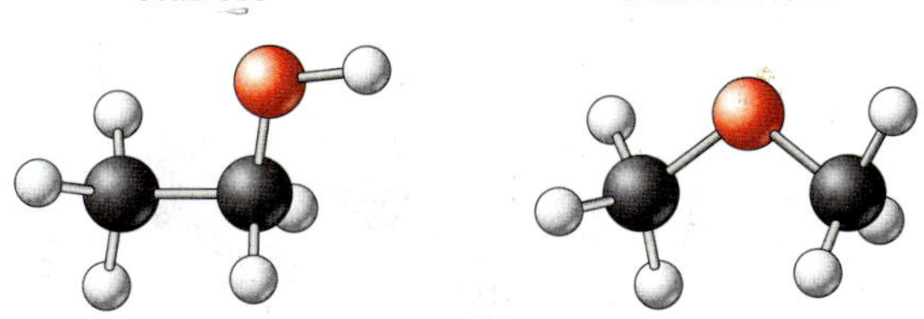

Il propanale e il propanone hanno la stessa formula molecolare (C_3H_6O) ma due gruppi funzionali diversi: il primo composto ha il gruppo funzionale $-CHO$ ed è un aldeide, il secondo ha il gruppo funzionale $>CO$ ed è un chetone:

C_3H_6O	$CH_3-CH_2-C(=O)-H$	$CH_3-C(=O)-CH_3$
formula molecolare	propanale	propanone

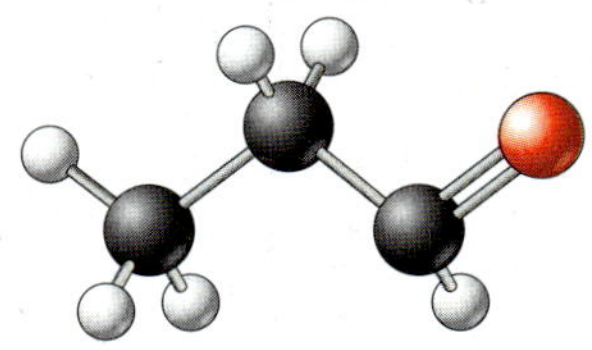

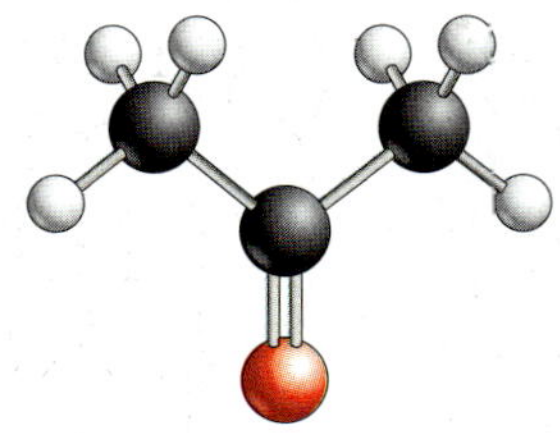

6 Gli stereoisomeri hanno diversa disposizione spaziale

Sono isomeri anche molecole costituite dagli stessi atomi e legati con la medesima sequenza.

Si definisce **stereoisomeria** quel fenomeno per cui atomi o gruppi atomici di due o più composti sono legati tra loro nella stessa sequenza ma con differente disposizione spaziale.

La stereoisomeria è distinta in *isomeria di conformazione* e *isomeria di configurazione.*

LE PAROLE

La **conformazione** (dal latino: *conformatio* = configurazione) è la particolare disposizione spaziale degli atomi in una molecola.

1. **Isomeri conformazionali o conformeri** sono i composti che differiscono per l'orientazione nello spazio di atomi o gruppi atomici e che *si possono interconvertire* per rotazione intorno a un **legame semplice** carbonio-carbonio. I conformeri presentano le stesse proprietà fisiche e chimiche.
   Nell'etano (formula molecolare C_2H_6) la rotazione intorno al legame semplice carbonio-carbonio permette agli atomi di idrogeno legati ai due atomi di carbonio di assumere un numero elevatissimo di disposizioni spaziali e di passare dall'una all'altra. Due conformazioni possibili sono la **conformazione sfalsata** e la **conformazione eclissata** (figura 2).

Figura 2 **I modelli molecolari dell'etano**
Conformazione sfalsata e conformazione eclissata.

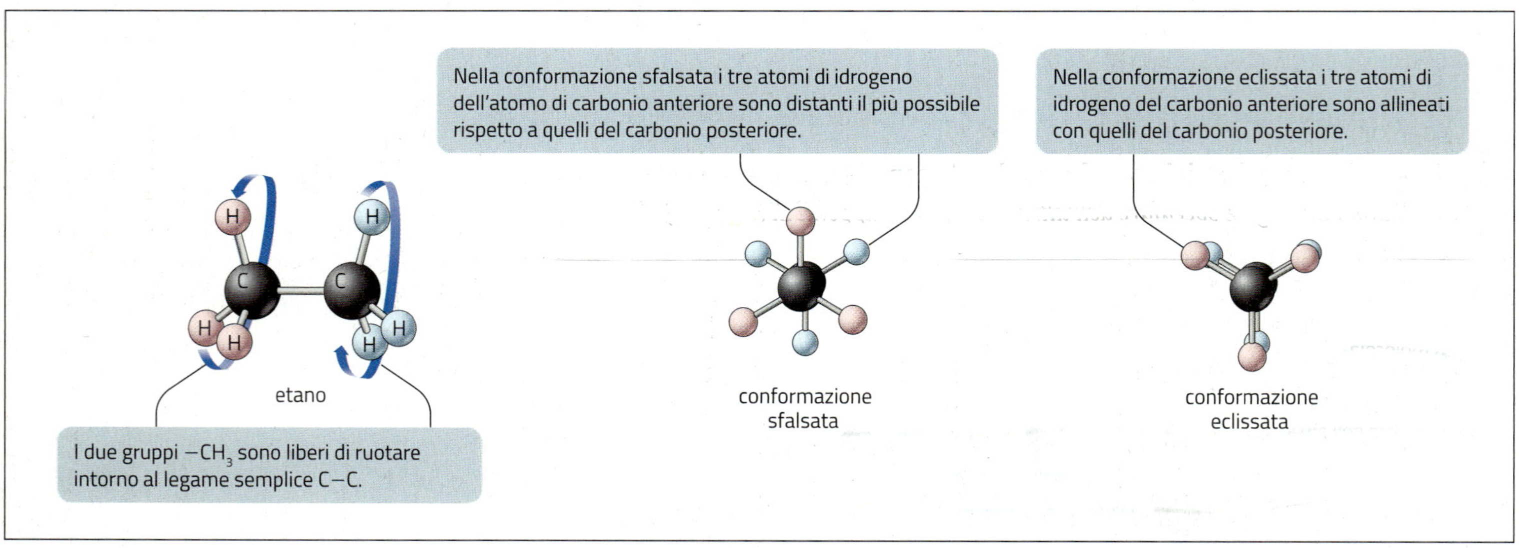

2. **Isomeri configurazionali** sono composti che differiscono per l'orientazione nello spazio di atomi o gruppi atomici ma che *non si possono interconvertire* per rotazione intorno a un legame. L'isomeria di configurazione è distinta in *isomeria geometrica* ed *enantiomeria* o *isomeria ottica.*

Gli isomeri geometrici

Isomeri geometrici sono due composti che differiscono per la disposizione spaziale degli atomi o di gruppi atomici legati a due atomi di carbonio uniti da un legame semplice (**cicloalcani**) o da un doppio legame (**alcheni**). L'isomero avente gli atomi o i gruppi atomici disposti nello spazio dalla *stessa parte* rispetto al piano dell'anello carbonioso o al doppio legame si chiama *cis*; quello con gli atomi o i gruppi atomici disposti nello spazio da *parte opposta* si chiama *trans*.

- L'1,2-dimetilciclopropano si presenta sotto forma di due isomeri geometrici: nella forma *cis-* i due gruppi metilici ($-CH_3$) si trovano dalla stessa parte del piano dell'anello, nella forma *trans-* si trovano da parte opposta:

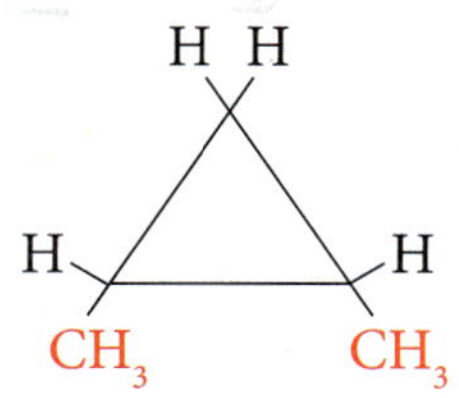
cis-1,2-dimetilciclopropano

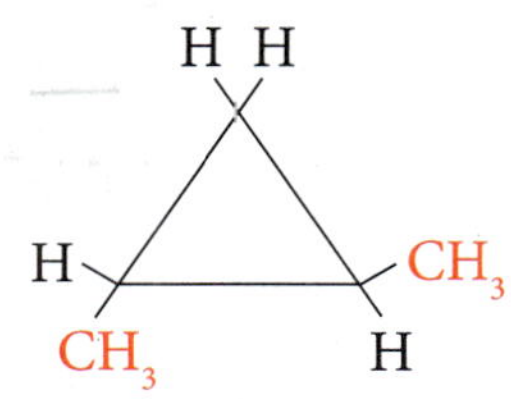
trans-1,2-dimetilciclopropano

  La struttura ciclica della molecola impedisce la rotazione intorno al legame carbonio-carbonio e quindi la loro interconversione.

- L'1,2-dicloroetene si presenta sotto forma di due isomeri geometrici in quanto i due atomi di cloro possono trovarsi dalla stessa parte (forma *cis-*) o da parte opposta (forma *trans-*) rispetto al doppio legame:

$C_2H_2Cl_2$

formula molecolare

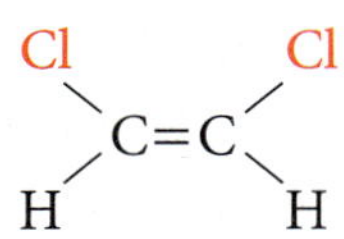
cis-1,2-dicloroetene

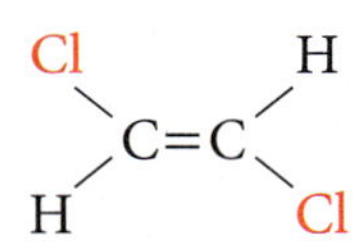
trans-1,2-dicloroetene

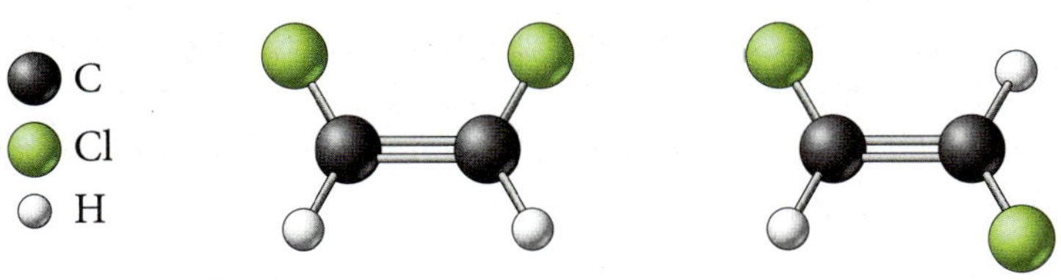

Gli enantiomeri e la chiralità

Enantiomeri o **isomeri ottici** sono due molecole con diversa disposizione spaziale e che sono l'una *l'immagine speculare dell'altra* ma *non sovrapponibili* (figura **3**).

LE PAROLE

Un **enantiomero** (dal greco: *enantios* = opposto e *meros* = parte) è uno dei due composti che è l'immagine speculare, ma non sovrapponibile, dell'altro.

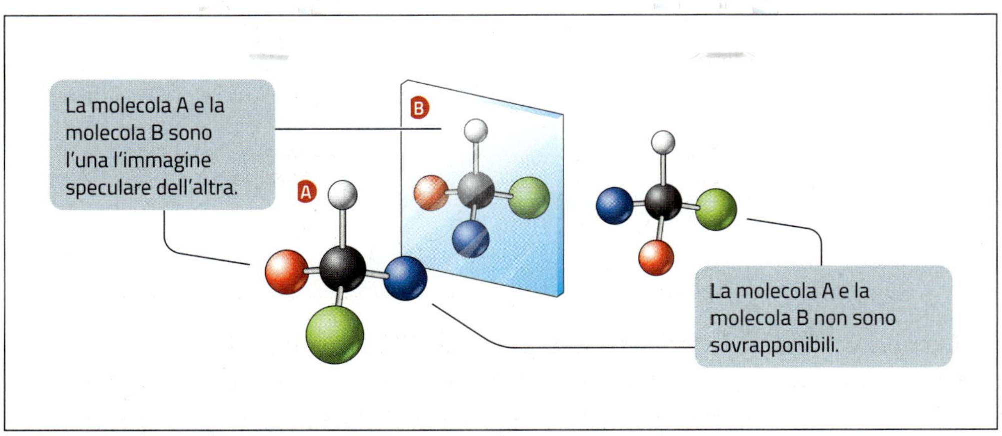

Figura **3** **Gli isomeri ottici** Per confrontare la molecola A con la molecola B è necessario affiancare le loro immagini speculari.

Una molecola esiste sotto forma di due enantiomeri se presenta un *atomo di carbonio legato a quattro atomi o gruppi atomici diversi*: un atomo di carbonio di questo tipo si chiama **stereocentro** (o anche *asimmetrico*) e nelle formule di struttura si indica per convenzione con un asterisco (C*). Una molecola che contiene uno stereocentro e che quindi esiste sotto forma di due enantiomeri è detta **molecola chirale** (figura **4**).

Una molecola è chirale quando non è sovrapponibile alla sua immagine speculare.

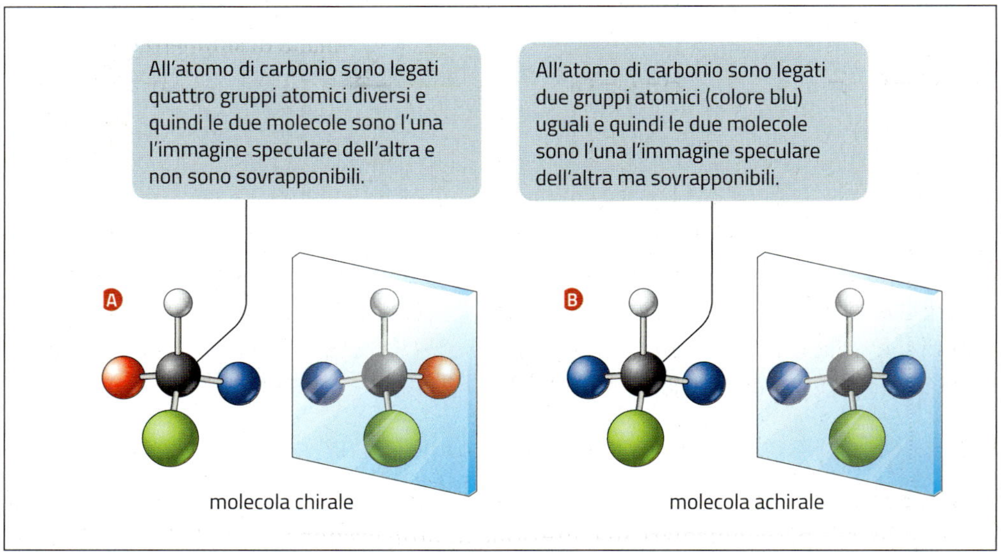

Figura **4** (A) Molecola chirale. (B) Molecola achirale.

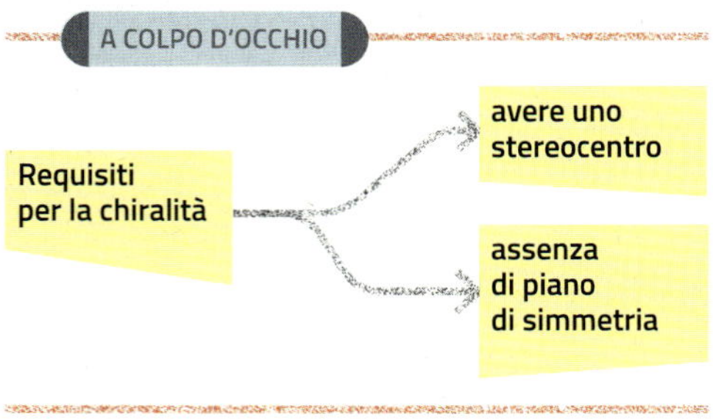

Il termine *chirale* (dal greco: *cheir* = *mano*) indica che tra due enantiomeri esiste la stessa relazione di specularità che c'è tra la mano destra e quella sinistra: l'una è l'immagine speculare dell'altra ma non sono sovrapponibili (figura **5A**).

La disposizione tridimensionale degli atomi o gruppi atomici legati allo stereocentro è evidenziata da una rappresentazione (**formula prospettica**) in cui i due legami tratteggiati stanno sotto il piano del foglio e quelli a cuneo sopra il piano del foglio (figura **5B**).

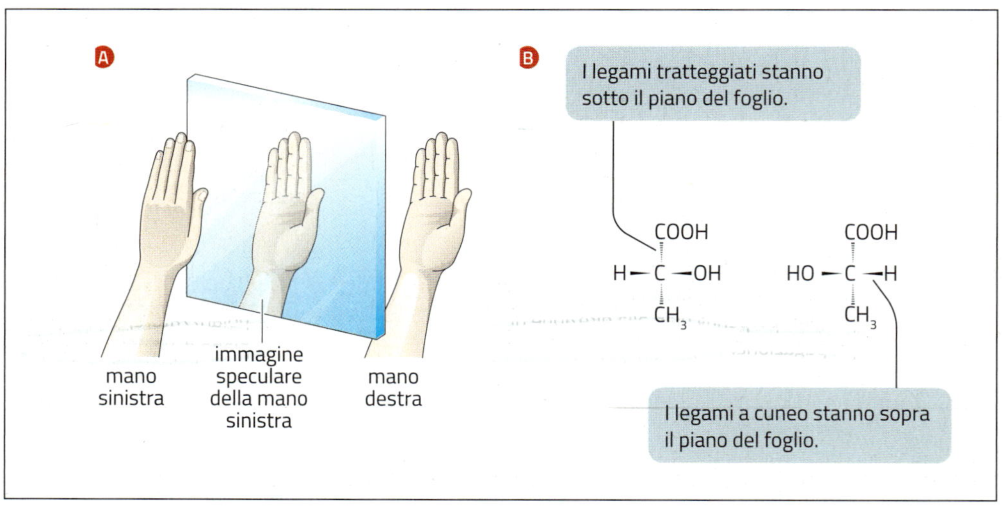

Figura **5** **La chiralità** (A) Le mani sono l'immagine speculare l'una dell'altra: l'immagine riflessa della mano sinistra è la mano destra. (B) Formule prospettiche dei due enantiomeri dell'acido lattico.

Il requisito più importante affinché una molecola sia chirale è l'*assenza di un piano di simmetria.*

Un **piano di simmetria** è un piano che divide la molecola in due metà che sono l'una l'immagine speculare dell'altra.

Nel 2,3-diclorobutano entrambi gli atomi di carbonio sono stereocentri, per cui la molecola si presenta sotto forma di due isomeri che sono immagini speculari, ma per la presenza di un piano di simmetria sono sovrapponibili. I due isomeri sono quindi identici e costituiscono un unico composto achirale:

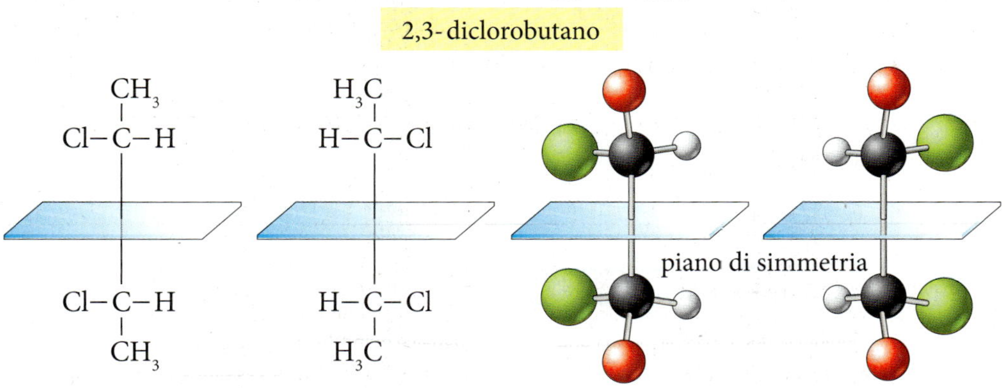

In una molecola chirale i due enantiomeri hanno identiche **proprietà achirali**, fisiche (punto di fusione e di ebollizione, densità, solubilità) e chimiche (velocità di reazione) ma **proprietà chirali** (attività ottica e reattività) diverse. L'attività ottica è la proprietà per cui i due enantiomeri fanno *ruotare il piano della luce polarizzata di due angoli uguali ma in direzioni opposte* (in senso orario o antiorario).

L'attività ottica

La **luce polarizzata** è costituita da onde elettromagnetiche, che invece di vibrare su tutti i piani possibili perpendicolari alla direzione di propagazione, come la luce ordinaria, vibrano su un solo piano (figura **6**).

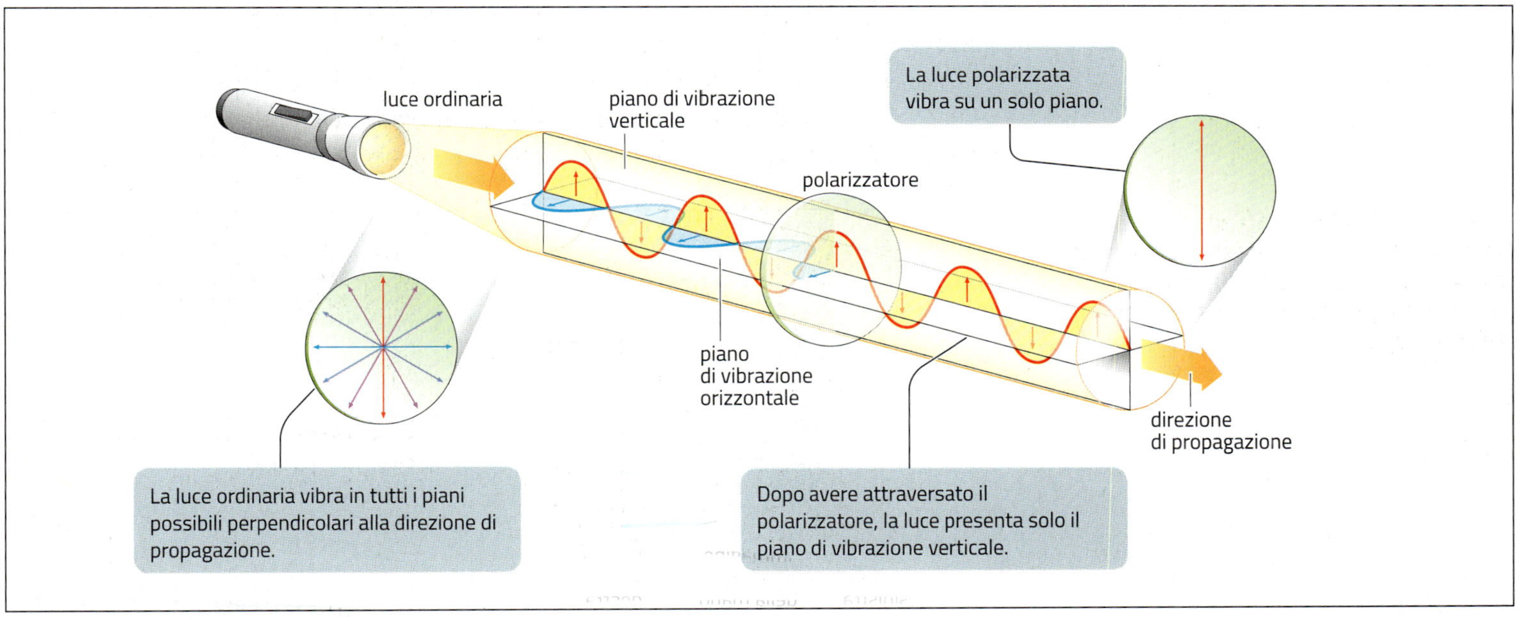

Figura **6** **Luce ordinaria e luce polarizzata** La luce ordinaria dopo essere passata attraverso il polarizzatore vibra su un solo piano e risulta quindi polarizzata.

L'attività ottica delle molecole chirali può essere misurata mediante un **polarimetro**. Questo è costituito da:

a. un *polarizzatore* (un prisma di Nicol costituito da calcite o una lente di un materiale chiamato *polaroide*) che permette alla luce ordinaria di divenire luce polarizzata;

b. un *tubo portacampione* contenente la soluzione del composto da esaminare;

c. un *prisma analizzatore* che permette di determinare l'angolo di cui viene ruotato il piano della luce polarizzata (figura **7** a pagina seguente). Tale valore angolare si chiama **rotazione osservata** (simbolo α).

LE PAROLE

Il **polarimetro** (dal greco: *polos* = asse e *metron* = misura) è uno strumento che misura il potere ottico rotatorio di sostanze otticamente attive.

Figura 7 Il polarimetro misura l'attività ottica delle molecole chirali Se il piano della luce polarizzata è ruotato a destra, la molecola è destrogira; se invece è ruotato a sinistra, la molecola è levogira.

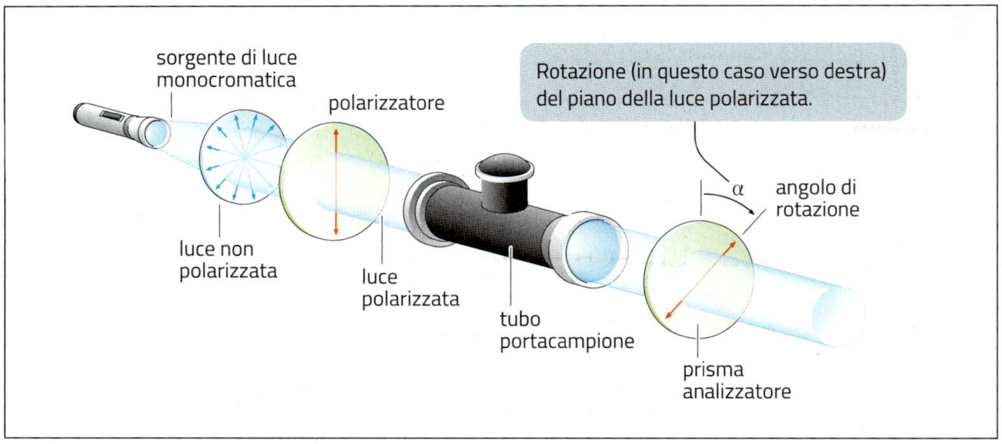

LE PAROLE

Il termine **levogiro** (dal latino: *laevus* = sinistro e *gyrus* = giro) è utilizzato per indicare un composto che fa ruotare il piano della luce polarizzata in senso antiorario.

Se il piano della luce polarizzata viene spostato verso destra (in senso orario), la sostanza otticamente attiva è detta **destrogira** e si indica con il simbolo (+); se invece viene ruotato a sinistra (in senso antiorario), si dice che la sostanza è **levogira** e si indica con il simbolo (−).

La rotazione osservata α di una sostanza otticamente attiva dipende dalla sua struttura molecolare, ma anche da fattori sperimentali quali la lunghezza (*l*) del tubo portacampione espressa in decimetri (dm), la concentrazione (*c*) della soluzione, espressa in grammi su millilitro (g/mL), la temperatura (*t*) e la lunghezza d'onda (λ) della luce impiegata.

Per confrontare l'attività ottica di sostanze diverse, è necessario che questi fattori siano standardizzati, permettendo così di determinare la **rotazione specifica** (simbolo $[\alpha]_{\lambda}^{t}$) di una sostanza:

rotazione osservata

rotazione specifica $$[\alpha]_{\lambda}^{t} = \frac{\alpha}{l \cdot c}$$ concentrazione della soluzione

lunghezza del tubo portacampione

Molti enzimi presentano reattività diversa rispetto ai diversi enantiomeri (figura 8). L'enzima acido lattico deidrogenasi, presente nei muscoli e nel fegato, è in grado di ossidare l'acido (+)-lattico in acido piruvico ma non è in grado di ossidare l'acido (−)-lattico:

Figura 8 Gli enzimi e la chiralità L'acido lattico deidrogenasi è un enzima che si comporta in modo diverso nei confronti degli enantiomeri (+) e (−) dell'acido lattico.

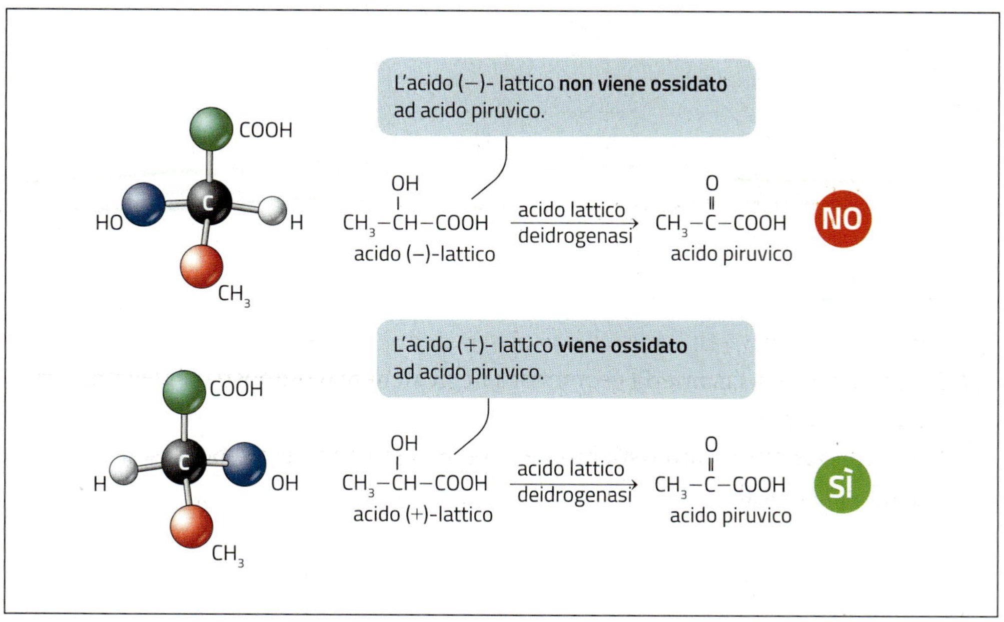

PER CAPIRE MEGLIO
video:
Chiralità e stereoisomeria

ESERCIZIO SVOLTO

Proviamo insieme

Precisa e giustifica il tipo di isomeria relativo a ciascuna delle seguenti coppie di molecole:

a. $C_5H_{10}O$ $CH_3-CH_2-CH_2-CH_2-CHO$ 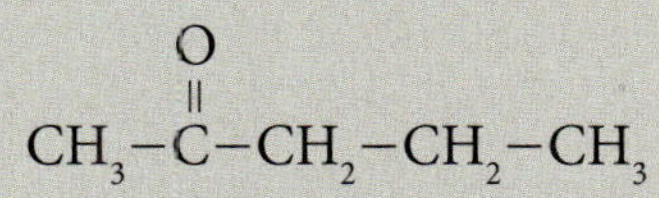

b. C_6H_{12} 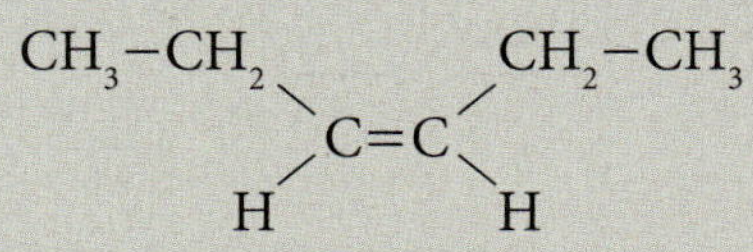 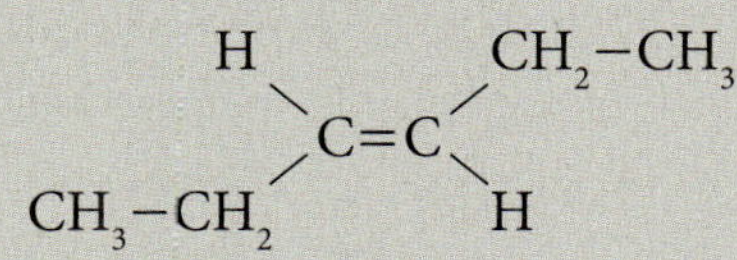

c. $C_4H_{10}O$ 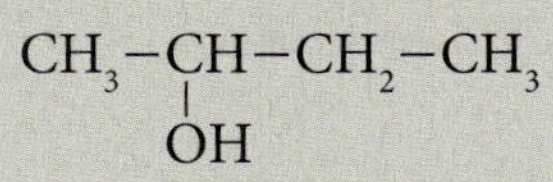 $CH_3-CH_2-CH_2-CH_2-OH$

Risoluzione

a. I due composti, pur avendo la stessa formula molecolare, presentano un differente gruppo atomico (−CHO e >CO) che conferisce proprietà fisiche e chimiche diverse. Si tratta quindi di isomeri di **gruppo funzionale**.

b. I due composti sono costituiti da atomi disposti nella stessa sequenza, ma con una differente disposizione spaziale degli atomi legati ai due atomi di carbonio del doppio legame. I due composti sono pertanto isomeri **geometrici**: l'isomero con i due atomi di idrogeno dalla stessa parte rispetto al doppio legame è quello *cis-*, l'altro è quello *trans-*.

c. I due composti presentano lo stesso gruppo atomico −OH, ma in posizione diversa. Si tratta quindi di isomeri di **posizione**.

Prova da solo

Identifica il tipo di isomeria nelle seguenti coppie di molecole:

a. $CH\equiv CCH_2-CH_3$ $CH_3-C\equiv C-CH_3$

b. $CH_3-CH_2-CH_2-CH_2-CH_3$ 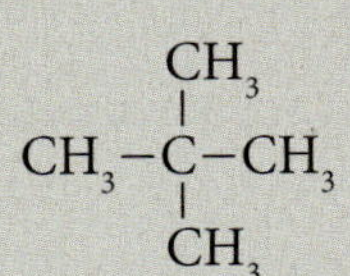

c. 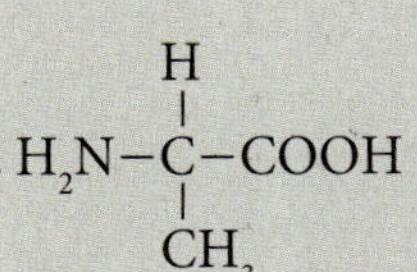 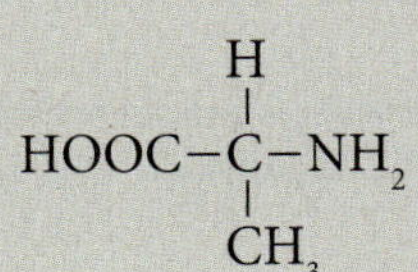

RISPONDI

A Quali sono i diversi tipi di isomeria di posizione?

B Perché si verifica l'isomeria geometrica negli alcheni (composti con legame C=C) e nei cicloalcani?

C Quali sono le due caratteristiche che deve avere una molecola per essere considerata chirale?

3 Le caratteristiche dei composti organici

TI RICORDI?

Le **interazioni di Van der Waals** sono deboli legami elettrostatici che si stabiliscono tra molecole polari (forze dipolari) o tra molecole apolari (forze di London).

TI RICORDI?

Il **legame a idrogeno** è un legame elettrostatico che si stabilisce tra molecole in cui è presente l'atomo di idrogeno legato a un atomo molto elettronegativo (F, O, N).

A COLPO D'OCCHIO

Gruppi
- idrofili: -OH, $-NH_2$, -COOH
- idrofobici: $-CH_3$, $(CH_2)_n$-CH_3, $-C_6H_5$

7 Le proprietà fisiche dipendono dai legami intermolecolari

Lo **stato fisico** (solido, liquido o aeriforme) di un composto dipende *dalla forza e dal numero dei legami* che si possono stabilire tra le molecole del composto stesso. Se i legami intermolecolari sono deboli (*interazioni di van der Waals*) il composto è presente nello stato aeriforme; se sono relativamente più forti (*legami a idrogeno*) e numerosi, il composto è sotto forma di liquido o di solido.

I **punti di fusione** e **di ebollizione** dei composti organici sono generalmente *bassi*, perché tra le loro molecole apolari o debolmente polari si formano dei legami intermolecolari deboli.

All'aumentare del numero degli atomi che costituiscono la molecola, ovvero della **massa molecolare**, aumenta il numero dei legami e quindi composti della stessa classe hanno *valori crescenti della temperatura di fusione ed ebollizione.*

La **solubilità** in acqua (**solvente polare**) dei composti organici dipende dalla presenza nelle molecole di *gruppi idrofili* (dal greco: *hydro* = *acqua* e *phylos* = *amici*) o *gruppi idrofobici* (dal greco: *phobos* = *paura*).

I composti contenenti gruppi idrofili sono solubili in acqua.

Sono **gruppi idrofili** i gruppi atomici (−OH, $-NH_2$, −COOH) capaci di formare legami a idrogeno con l'acqua.

I composti contenenti gruppi idrofobici sono insolubili in acqua.

Sono **gruppi idrofobici** i gruppi atomici ($-CH_3$, $-(CH_2)_n-CH_3$, $-C_6H_5$) che non possono formare legami a idrogeno con l'acqua.

I composti in cui sono presenti gruppi idrofobici sono solubili in *solventi apolari* (benzene). Se un composto contiene contemporaneamente gruppi *idrofili* e *idrofobici*, come l'alcol etilico, CH_3-CH_2-OH, la sua solubilità in acqua dipende dal prevalere del carattere idrofilo o idrofobico dei due gruppi (figura **9**).

Il composto sarà solubile in acqua se il carattere idrofilo è più accentuato del carattere idrofobico, oppure se i gruppi idrofili sono in numero maggiore dei gruppi idrofobici. Per esempio l'alcol etilico è solubile in acqua perché l'effetto del gruppo idrofilo –OH prevale sul carattere idrofobico della breve catena carboniosa (CH_3-CH_2-).

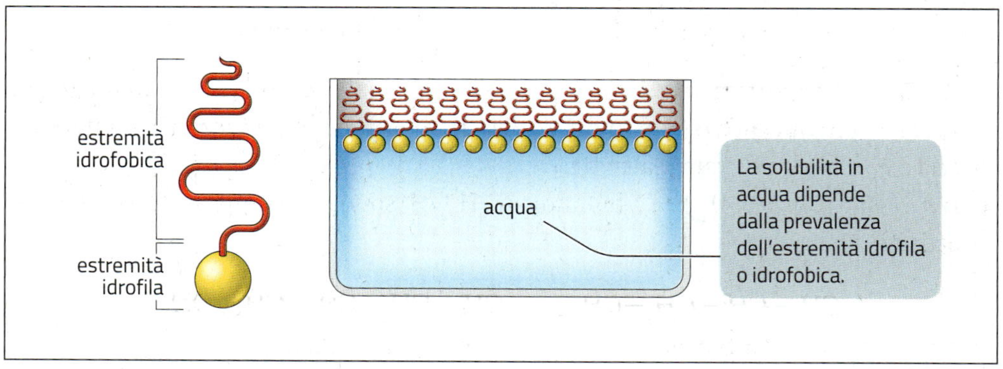

Figura **9** **I gruppi idrofili e idrofobici** In base alla prevalenza di una delle due estremità, le molecole sono solubili rispettivamente in solventi polari o apolari.

Composti organici, con un rilevante ruolo biologico, caratterizzati da una testa polare idrofila e da una coda apolare idrofobica, sono i *fosfolipidi* e il *surfactante.*

I **fosfolipidi**, molecole largamente diffuse in natura, sono i costituenti principali della membrana plasmatica che delimita il citoplasma della cellula. I fosfolipidi regolano il passaggio di molecole tra l'interno e l'esterno della cellula e si legano a recettori proteici che interagiscono con molecole regolatrici (ormoni) o molecole segnale (glucosio o galattosio).

Il **surfactante** è un tensioattivo prodotto dai polmoni e presente negli alveoli polmonari. Il surfactante ha la funzione di abbassare la tensione superficiale alveolare impedendo il collasso degli alveoli e favorendo così lo scambio dei gas nella respirazione polmonare.

8 La reattività dipende dai gruppi funzionali

La maggior parte dei legami chimici presenti nelle molecole organiche sono legami semplici carbonio-carbonio e legami carbonio-idrogeno.

Gli atomi di carbonio e di idrogeno hanno un raggio atomico molto piccolo e il legame carbonio-carbonio non è polarizzato mentre quello carbonio-idrogeno lo è pochissimo ($\Delta E_n = 0{,}3$): ne risulta che i composti organici contenenti solo legami semplici carbonio-idrogeno sono poco *reattivi*.

I gruppi funzionali

La **reattività** e il tipo di reazione di un composto organico sono determinati dalla presenza nella sua molecola di un legame multiplo, di un atomo molto elettronegativo (ossigeno, alogeni) o di uno specifico gruppo atomico che attira o respinge elettroni.

- L'etano (C_2H_6) e l'etene o etilene (C_2H_4) sono due composti che hanno lo stesso numero di atomi di carbonio ma diversa reattività:

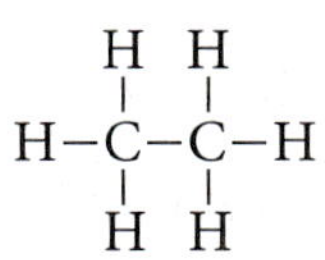

etano

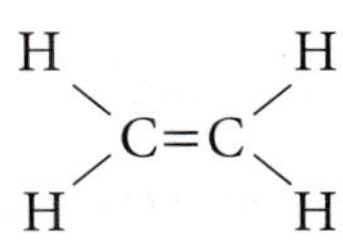

etilene

L'etilene è molto più reattivo dell'etano in quanto nella sua molecola è presente un **legame multiplo** (un doppio legame carbonio-carbonio) che è facilmente soggetto all'attacco di altre specie chimiche.

TI RICORDI?

Il **doppio legame carbonio-carbonio** è costituito da due legami covalenti: uno di tipo σ, più forte, e l'altro di tipo π, più debole.

- Anche il *normal*-propano (C_3H_8) e l'1-cloropropano (C_3H_7Cl) hanno lo stesso numero di atomi di carbonio ma reattività diversa; il propano è poco reattivo mentre l'1-cloropropano lo è molto.

$CH_3-CH_2-CH_3$ — *n*-propano

$CH_3-CH_2-CH_2Cl$ — 1-cloropropano

Il diverso comportamento dipende dalla presenza nell'1-cloropropano di un **atomo molto elettronegativo** (il cloro) che polarizza il legame con il carbonio, conferendo alla molecola un'elevata reattività.

- Il *normal*-butano (C_4H_{10}) e l'1-butanolo (C_4H_9OH) sono due composti con diversa reattività:

$CH_3-CH_2-CH_2-CH_3$ — *n*-butano

$CH_3-CH_2-CH_2-CH_2-OH$ — 1-butanolo

- L'1-butanolo è molto più reattivo del *n*-butano, in quanto nella sua molecola è presente un **gruppo atomico** (il gruppo ossidrile $-OH$) che ha un'elevata tendenza a reagire. Risulta quindi:

Un legame multiplo, un atomo molto elettronegativo o un gruppo atomico che determina la reattività e il tipo di reazione di un composto organico si chiama **gruppo funzionale**.

- L'etanolo (C_2H_5OH) e l'etilammina ($C_2H_5NH_2$) sono due composti che presentano la *stessa* catena carboniosa, ma un *diverso gruppo atomico*: il primo contiene il gruppo $-OH$ e il secondo il gruppo $-NH_2$.

$$\underset{\text{etanolo}}{CH_3-CH_2-OH} \qquad \underset{\text{etilammina}}{CH_3-CH_2-NH_2}$$

I due composti sono entrambi *molto reattivi*, ma le reazioni dell'etanolo sono *diverse* da quelle dell'etilammina.
L'etanolo (C_2H_5OH), l'1-propanolo (C_3H_7OH) e l'1-butanolo (C_4H_9OH) sono tre composti che hanno un *diverso* numero di atomi di carbonio, ma avendo lo *stesso* gruppo atomico $-OH$ hanno le stesse proprietà chimiche e danno lo **stesso** tipo di reazioni.

$$\underset{\text{etanolo}}{CH_3-CH_2-OH} \qquad \underset{\text{1-propanolo}}{CH_3-CH_2-CH_2-OH} \qquad \underset{\text{1-butanolo}}{CH_3-CH_2-CH_2-CH_2-OH}$$

Il **tipo di reazioni** di un composto quindi *non dipende* dalla lunghezza della catena carboniosa ma dal gruppo funzionale, per cui composti con lo *stesso gruppo* funzionale, avendo proprietà e comportamento chimico simile, vengono riuniti in una *stessa classe* (tabella **2**).

Tabella **2** **I più comuni gruppi funzionali e le più importanti classi di composti organici.**

Gruppo funzionale	Nome	Classe di composti
$-\overset{\vert}{\underset{\vert}{C}}-\overset{\vert}{\underset{\vert}{C}}-$	legame semplice	alcani e cicloalcani
$>C=C<$	legame doppio	alcheni
$-C\equiv C-$	legame triplo	alchini
F, Cl, Br, I	alogeno	alogenuri alchilici
$-OH$	ossidrile	alcoli e fenoli
$-O-$	etereo	eteri
$>CO$	carbonile	aldeidi e chetoni
$-COOH$	carbossile	acidi carbossilici
$-COO-$	estere	esteri
$-CON<$	ammidico	ammidi
$-NH_2$	amminico	ammine

L'effetto induttivo

La presenza in un composto organico di un atomo con elettronegatività diversa dal carbonio o di un gruppo atomico che attira o respinge elettroni influenza la reattività delle molecole organiche. La differenza di elettronegatività, infatti, porta a una **polarizzazione** del legame e ciò comporta uno *spostamento di elettroni* anche su tutti i legami carbonio-carbonio:

TI RICORDI?

La **polarizzazione** è la separazione di cariche elettriche in punti opposti (i poli) di una molecola.

La trasmissione della polarizzazione lungo una catena carboniosa si chiama **effetto induttivo**.

Essendo la polarizzazione una forza di natura *elettrostatica*, tende naturalmente a diminuire con la distanza fino ad annullarsi. L'effetto induttivo può essere di tipo *attrattivo* e *repulsivo*.

- Nell'1-cloropropano, composto in cui un atomo di cloro è legato a un atomo di carbonio:

C_3H_7Cl 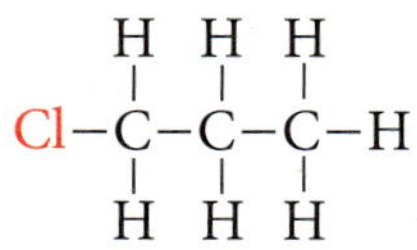 1-cloropropano

si ha che l'atomo di cloro (fortemente *più elettronegativo* del carbonio) attira verso di sé gli elettroni di legame: assumendo il cloro una parziale carica negativa (δ^-) e il carbonio una parziale carica positiva (δ^+), il legame risulta *polarizzato*. Il difetto di elettroni, che si è determinato sull'atomo di carbonio, provoca uno spostamento di elettroni dagli atomi adiacenti (ovvero una *polarizzazione della catena carboniosa*), indebolendo il legame C−Cl e *aumentando* di conseguenza la reattività della molecola. L'effetto induttivo è di tipo **attrattivo** (figura **10**):

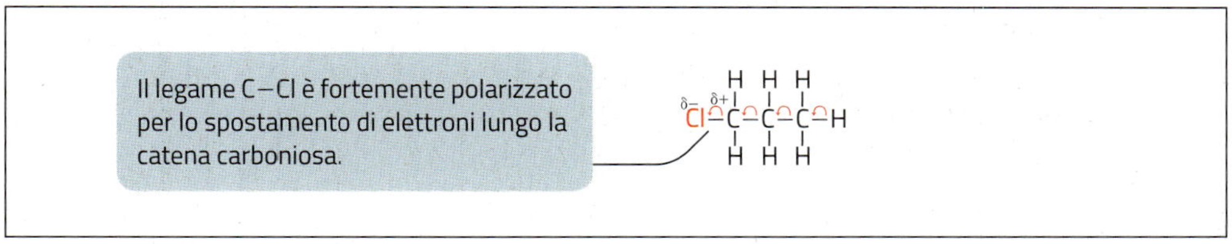

Figura **10** **L'effetto induttivo**
Nell'1-cloropropano si tratta di un effetto attrattivo.

- Nell'etanale (o aldeide acetica) l'atomo di ossigeno, molto più elettronegativo del carbonio, attira verso di sé gli elettroni di legame. L'ossigeno perciò assume una parziale carica negativa (δ^-) e il carbonio una parziale carica positiva (δ^+): di conseguenza, il legame risulta fortemente *polarizzato* e la molecola molto *reattiva*. L'effetto induttivo è di tipo **attrattivo** (figura **11**).

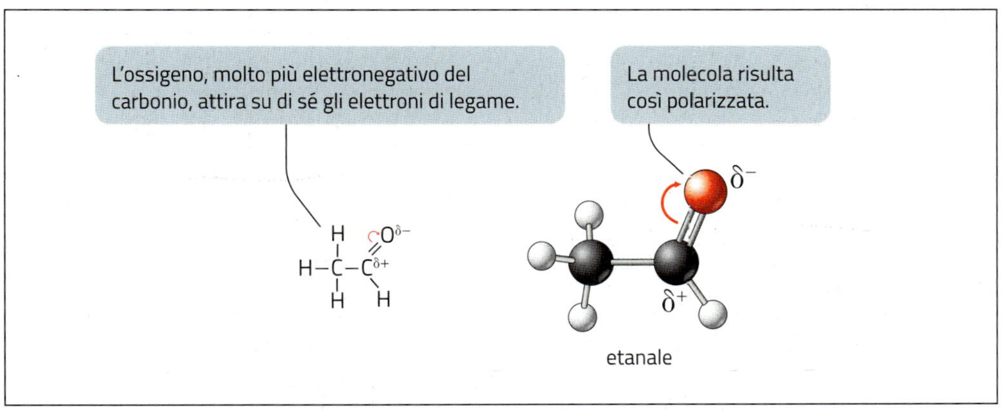

Figura **11** **La polarizzazione del legame**
L'aldeide acetica è molto reattiva perché il legame ⟩C=O è molto polarizzato.

Sono sostituenti **elettron-attrattori** (tabella **3**) gli atomi più elettronegativi dell'atomo di carbonio (alogeni) e i gruppi atomici con carica positiva (gruppo nitro) o quelli in cui il carbonio **non** è ibridato *sp*³ e che presentano legami multipli.

Tabella **3** **I principali sostituenti elettron-attrattori.**

Sostituenti elettron-attrattori		
−F −Cl −Br −I alogeni		
$-CH=CH_2$ legame doppio	CH≡CH legame triplo	⟩$C^{\delta+}$=$O^{\delta-}$ carbonile
$-C^{\delta+}$(=$O^{\delta-}$)OH carbossile	$-N^{\delta+}$(=$O^{\delta-}$)O gruppo nitro	

- Il propanone (o acetone) è un composto in cui il gruppo atomico ⟩CO è legato a due gruppi metile $-CH_3$:

$CH_3-CO-CH_3$ 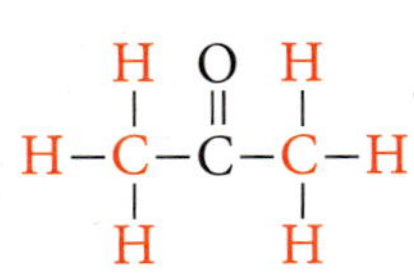 propanone

In questa molecola, l'atomo di ossigeno, più elettronegativo del carbonio, attira verso di sé gli elettroni di legame: il carbonio assume una parziale carica positiva (δ^+)

e l'ossigeno una parziale carica negativa (δ^-), perciò il legame risulta polarizzato. Tuttavia, i due gruppi metile $-CH_3$ determinano uno *spostamento di elettroni* verso l'atomo di carbonio del gruppo $\rangle CO$ che tenderà a neutralizzare la parziale carica positiva sull'atomo di carbonio e *diminuendo* cosí la reattività della molecola. L'effetto induttivo è di tipo **repulsivo** (figura **12**):

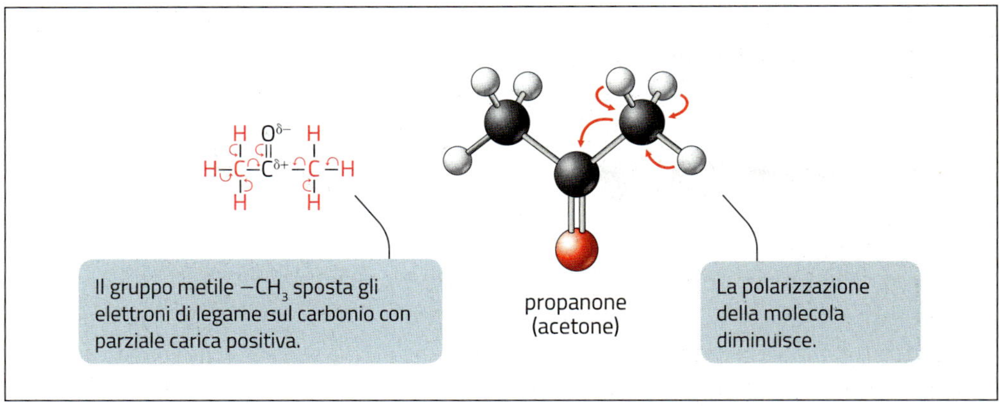

Figura **12** **L'effetto induttivo e la polarizzazione del legame** I gruppi $-CH_3$ nel propanone (o acetone) hanno un effetto induttivo repulsivo, neutralizzando la polarizzazione del gruppo $\rangle CO$.

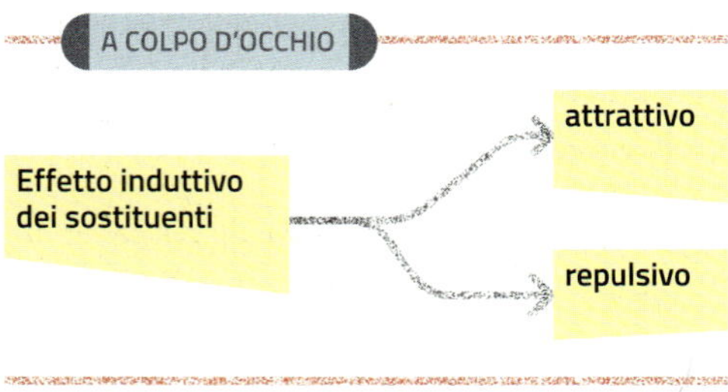

Sono sostituenti **elettron-donatori** (tabella **4**) gli atomi meno elettronegativi del carbonio (atomi di litio e magnesio) o gruppi atomici in cui il carbonio ibridato sp^3 è legato ad atomi di idrogeno (gruppi alchilici).

Tabella **4** **Principali sostituenti elettron-donatori.**

Sostituenti elettron-donatori	
$-CH_3$ $-\overset{H}{\underset{H}{C}}-H$ gruppo metile	$-CH_2-CH_3$ $-\overset{H}{\underset{H}{C}}-\overset{H}{\underset{H}{C}}-H$ gruppo etile

Le reazioni omolitica ed eterolitica

Un aspetto essenziale per descrivere il meccanismo di una reazione è quello relativo al processo di *rottura del legame covalente* che si può realizzare secondo due modalità, *omolitica* ed *eterolitica*.

1. Nella **rottura omolitica** o **radicalica** di un legame covalente ciascun atomo *trattiene uno dei due elettroni* di legame precedentemente condivisi: si ha la formazione di radicali o **radicali liberi**, atomi o gruppi atomici aventi un elettrone spaiato:

$$A-A \longrightarrow A\cdot + \cdot A$$

La rottura omolitica di un legame covalente può essere provocata dal calore (**termolisi**) o dalla radiazione ultravioletta (**fotolisi**).
I radicali liberi ($H\cdot$, $Cl\cdot$, $\cdot CH_3$) sono fortemente *instabili*, per cui tendono a reagire con altri radicali o con molecole per *ricostituire legami covalenti*.

2. Nella **rottura eterolitica** o **polare** di un legame covalente l'atomo più elettronegativo trattiene il doppietto elettronico di legame prima condiviso:

$$A-B \longrightarrow A^+ + B^-$$

La rottura eterolitica riguarda composti in cui è presente un legame covalente polare e può avvenire a temperatura ambiente. Tra gli intermedi delle reazioni eterolitiche, particolare importanza hanno i carbanioni e i carbocationi:

Il **carbanione** è un anione la cui carica negativa è localizzata su un atomo di carbonio legato a un gruppo alchilico $CH_3-C\equiv C^-$.

Il **carbocatione** è un catione la cui carica positiva è localizzata su un atomo di carbonio legato a un gruppo alchilico $^+CH_2-CH_3$.

I carbanioni e i carbocationi sono degli intermedi instabili che tendono a reagire per aumentare la loro stabilità.

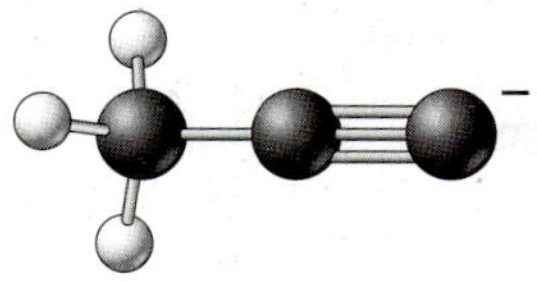

carbanione

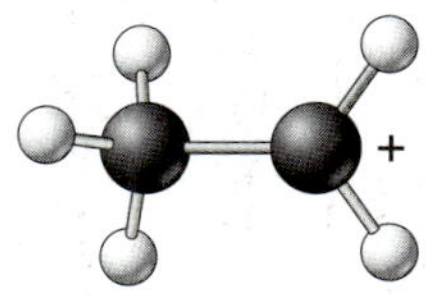

carbocatione

I carbanioni sono basi forti e quindi, in generale, sono molto reattivi. I carbocationi sono distinti in *primari*, *secondari* e *terziari* a seconda che l'atomo di carbonio positivo sia legato a uno, due o tre gruppi alchilici (simbolo R):

	$R'-\overset{+}{C}H_2$	$R'-\overset{+}{C}H-R''$	$R'-\underset{+}{\overset{R'''}{\overset{\vert}{C}}}-R''$
carbocatione	primario	secondario	terziario

LE PAROLE

Il **simbolo R** indica i gruppi atomici che derivano da alcani per il distacco di un atomo di idrogeno.

Poiché i gruppi alchilici sono gruppi atomici *elettron-donatori*, ovvero specie chimiche che tendono a neutralizzare la carica positiva sull'atomo di carbonio, è evidente che un carbocatione terziario, essendo legato a un maggiore numero di gruppi alchilici, è più *stabile* di un carbocatione secondario e questo di un carbocatione primario. Tenendo presente che anche $^+CH_3$ è un carbocatione, si ha il seguente ordine di stabilità crescente:

$$\overset{+}{C}H_3 < R'-\overset{+}{C}H_2 < R'-\overset{+}{C}H-R'' < R'-\underset{+}{\overset{R'''}{\overset{\vert}{C}}}-R''$$

I reagenti elettrofili e nucleofili

Le reazioni eterolitiche, le più frequenti tra i composti organici, coinvolgono sempre specie chimiche povere di elettroni (*elettrofili*) e specie chimiche ricche di elettroni (*nucleofili*).

Gli **elettrofili** sono specie chimiche con una parziale o totale carica positiva oppure con l'ottetto incompleto.

LE PAROLE

Un **elettrofilo** (dal greco: *elektron* = ombra e *filos* = amico) è uno ione positivo, un gruppo atomico o una molecola che ha affinità per atomi o gruppi atomici con carica negativa.

Sono elettrofili (tabella **5**, a pagina seguente):

- gli atomi di carbonio del gruppo carbonile $>CO$ e del gruppo carbossile $-COOH$;
- i cationi H^+ (ione idrogeno) e NO_2^+ (ione nitronio);
- i carbocationi alchilici $^+CH_3$ (metile) e $^+CH_2-CH_3$ (etile);
- le molecole con ottetto elettronico incompleto, come $AlCl_3$ e BF_3.

Gli elettrofili tendono a reagire con specie chimiche ricche di elettroni (nucleofili) accettando un doppietto elettronico libero e formando un legame covalente.

I **nucleofili** sono specie chimiche con una parziale o totale carica negativa oppure con un doppietto elettronico disponibile.

LE PAROLE

Un **nucleofilo** (dal latino *nucleus* = nucleo; dal greco: *filos* = amico) è uno ione negativo, un gruppo atomico o una molecola che ha affinità per atomi o gruppi atomici con carica positiva.

Sono nucleofili (tabella **5**):

- gli atomi di ossigeno del gruppo carbonile $>CO$, e del gruppo carbossile $-COOH$;
- gli anioni ossidrile OH^- e alcossido RO^-;
- gli anioni monoatomici degli alogeni Cl^- e I^-;
- i carbanioni alchilici $CH_3-C \equiv C^-$;
- le molecole con almeno un doppietto elettronico disponibile NH_3 e H_2O;
- gli atomi di azoto dei gruppi atomici $>NH$ e $-NH_2$.

Tabella **5** **I principali reagenti elettrofili e nucleofili.**

Reagenti elettrofili	Reagenti nucleofili
$-COOH$ $>CO$ NO_2^+ H^+	$-COOH$ $>CO$ OH^- RO^-
$^+CH_3$ $^+CH_2-CH_3$ $AlCl_3$ BF_3	Cl^- I^- $CH_3-C\equiv C^-$
	NH_3 H_2O $>NH$ $-NH_2$

I nucleofili tendono a reagire con gli elettrofili condividendo il doppietto elettronico disponibile e formando un legame covalente.

I nucleofili sono distinti in **forti** e **deboli** a seconda del valore di elettronegatività dell'elemento che li costituisce.

Ricordando che l'elettronegatività è la tendenza che ha un atomo ad attirare verso di sé gli elettroni di legame, e che nel sistema periodico aumenta da sinistra a destra lungo un periodo e diminuisce scendendo lungo un gruppo, è evidente che sono *nucleofili forti* quelli costituiti da atomi con **minore elettronegatività**.

Risulta quindi che la forza di un nucleofilo:

- *diminuisce* da sinistra a destra lungo un periodo: $NH_3 > H_2O$;
- *aumenta* scendendo lungo un gruppo: $OH^- < HS^-$ e $F^- < Cl^- < Br^- < I^-$;
- è *maggiore* negli ioni negativi che nelle molecole neutre in cui è presente lo stesso atomo, in quanto i primi forniscono elettroni con maggiore facilità: $OH^- > H_2O$ e $RO^- > ROH$.

Scarica la app: TAVOLA PERIODICA INTERATTIVA

RISPONDI

A Come si spiega la diversa solubilità dei composti organici in acqua?
B Qual è il significato di gruppo funzionale?
C Qual è la differenza tra nucleofili forti e nucleofili deboli?

ESERCIZI
Capitolo
C1

VERIFICA LE TUE CONOSCENZE

I COMPOSTI ORGANICI

1 **Quale tra i seguenti elementi chimici non è presente nei composti organici?**

Ⓐ Se Ⓑ S
Ⓒ P Ⓓ N

2 **Quale dei seguenti composti del carbonio è inorganico?**

Ⓐ CH_3Cl Ⓑ HCOOH
Ⓒ H_2CO_3 Ⓓ CH_3OH

3 **Quale dei seguenti composti del carbonio è organico?**

Ⓐ CO_2 Ⓑ NH_2CH_3
Ⓒ HCN Ⓓ $(NH_4)_2CO_3$

4 **Qual è il n.o. del carbonio nel seguente composto?**
CH_3-OH

Ⓐ +2 Ⓑ 0 Ⓒ +4 Ⓓ −2

5 **Il carbonio ha n.o. uguale a −2 nel composto**

Ⓐ CH_3Cl Ⓑ CH_2F_2
Ⓒ HCOOH Ⓓ HCN

LE FORMULE DI STRUTTURA

6 **L'atomo di carbonio evidenziato in rosso nel seguente composto è**

$CH_3-CH_2-CH(CH_3)-CH_3$ (the C of the CH_3 branch is shown in red)

Ⓐ terziario Ⓑ primario
Ⓒ secondario Ⓓ quaternario

7 **Il composto $CH_3C(CH_3)_2CH_3$ è rappresentato con la formula**

Ⓐ di Lewis
Ⓑ razionale
Ⓒ condensata
Ⓓ topologica

8 **La formula condensata corrispondente alla formula razionale $CH_3–CH_2–NH–CH_2–CH_3$ è**

Ⓐ $CH_3CH_2NHCH_2CH_3$
Ⓑ $NH(CH_2)_2(CH_3)_2$
Ⓒ $NH(CH_2–CH_3)_2$
Ⓓ $(CH_3CH_2)NH(CH_2CH_3)$

L'ISOMERIA

9 **Gli isomeri sono composti che presentano**

Ⓐ stessa formula molecolare ma diversa formula di struttura
Ⓑ stessa formula molecolare e uguali proprietà fisiche e chimiche
Ⓒ diversa formula molecolare e stesse proprietà fisiche e chimiche
Ⓓ stessa formula di struttura e diverse proprietà fisiche e chimiche

10 **Il 2-pentene**
$CH_3-CH_2-CH=CH-CH_3$
è un composto che si presenta sotto forma di due isomeri

Ⓐ ottici
Ⓑ geometrici
Ⓒ di gruppo funzionale
Ⓓ di conformazione

11 **I composti otticamente attivi hanno**

Ⓐ un atomo di carbonio tetraedrico
Ⓑ un triplo legame
Ⓒ un atomo di alogeno
Ⓓ un atomo di carbonio legato a quattro atomi o gruppi atomici diversi

12 **Gli isomeri geometrici sono isomeri**

Ⓐ configurazionali
Ⓑ conformazionali
Ⓒ otticamente attivi
Ⓓ di posizione

13 **Quale tra le seguenti molecole è chirale?**

Ⓐ $CH_3-C(=O)-CH_2-CH_3$
Ⓑ $CH_3-CH(Cl)-CH_3$
Ⓒ $CH_3-CH(COOH)-NH_2$
Ⓓ $CH_3-C(=O)-OCH_3$

14 **Quale tipo di isomeria si verifica nel composto $CH_3-CH_2-C\equiv CH$?**

Ⓐ di gruppo funzionale Ⓑ geometrica
Ⓒ di posizione Ⓓ di catena

15 **Quale tipo di isomeria si verifica nel seguente composto?**
$CH_3-CH(NH_2)-CH_2-CH_3$

Ⓐ geometrica Ⓑ di gruppo funzionale
Ⓒ ottica Ⓓ di posizione

LA REATTIVITÀ

16 **Una specie chimica che nei composti organici presenta una totale carica positiva è definita**

Ⓐ elettrofilo Ⓑ carbocatione
Ⓒ nucleofilo Ⓓ radicale

17 **Quale tra le seguenti specie chimiche è un nucleofilo?**

Ⓐ $AlCl_3$ Ⓑ NO_2^+
Ⓒ NH_3 Ⓓ $^+CH_3$

VERIFICA LE TUE ABILITÀ

18 Qual è l'ibridazione dell'atomo di carbonio evidenziato in rosso nei seguenti composti?

a. CH_3-CH_2-CHO b. $CH_3-CH_2-CH_4$
c. $CH_3-COO-CH_3$ d. $CH\equiv C-CH_3$

19 Qual è il n.o. degli atomi di carbonio nei seguenti composti?

a. $CH\equiv CH$ b. $H-COOH$
c. CH_3-OH d. $CH_3-CO-CH_3$

20 Qual è il n.o. degli atomi di carbonio nei seguenti composti?

a. $CH_3-CH_2-CH_3$ b. $CH_3-C\equiv CH$
c. $CH_2=CH-CH_3$ d. $CH_2Cl-CHBr-CH_3$

21 Rappresenta le catene carboniose dei composti con formula molecolare C_5H_{12} (3 catene aperte) e C_5H_{10} (3 catene chiuse).

22 Rappresenta la formula di Lewis, razionale e topologica corrispondente ai seguenti composti.

a. $(CH_3)_2CHCH_2CH_3$ b. $CH_3(CH_2)_3CH_3$
c. $(CH_3)_3CCH_2CH_3$ d. $(CH_3)_2CHCH_3$

23 Rappresenta le formule razionali corrispondenti alle seguenti formule topologiche.

a.
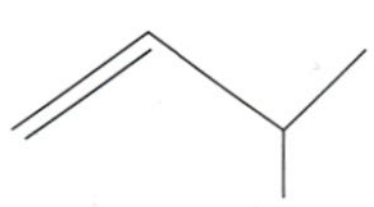
b.
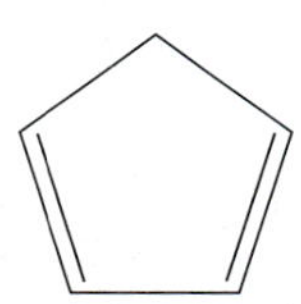
c.
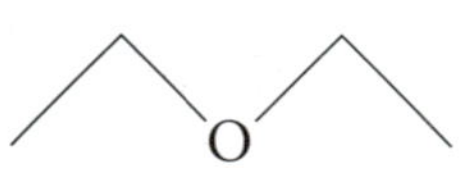

d.
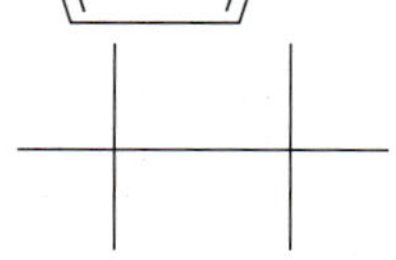

24 Rappresenta la formula condensata per il seguente composto, dove il simbolo R indica il gruppo atomico $-CH_3$.

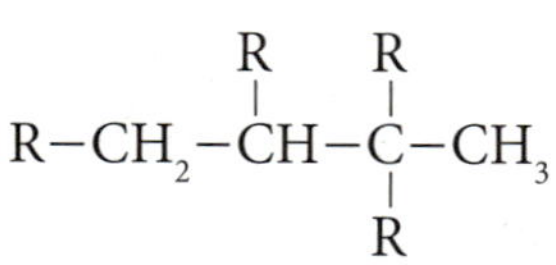

25 Rappresenta le strutture di Lewis e razionali dei seguenti composti.

a. $CH_3CON(CH_3)_2$ b. CH_3COOCH_3

26 Rappresenta le formule razionali degli isomeri di posizione dei composti con formula molecolare

a. $C_3H_6Cl_2$ b. C_3H_7I

27 Rappresenta le formule razionali dei due isomeri geometrici dei composti con formula molecolare

a. $CHBr=CHBr$ b. $CHCl=CH-CH_3$

28 Rappresenta le formule razionali dei due isomeri di gruppo funzionale del composto con formula molecolare

a. C_3H_8O b. $C_4H_{10}O$

29 Rappresenta le formule razionali dei tre isomeri di posizione del composto con formula molecolare $C_5H_{12}O$.

30 Rappresenta le due formule razionali di un composto (uno a catena aperta con doppio legame carbonio-carbonio, l'altro a catena chiusa) con formula molecolare C_3H_6.

31 Rappresenta le formule razionali con due isomeri ottici del composto con formula condensata $CH_3(CH_2)_2CH(OH)COOH$.

32 Rappresenta le formule razionali degli isomeri di catena dei composti con la con le seguenti formule molecolari.

a. C_6H_{14} (5 isomeri) b. C_7H_{16} (9 isomeri)

33 Rappresenta le formule razionali degli isomeri del composto con formula molecolare $C_4H_{10}O$ (6 isomeri).

34 La rotazione osservata di una soluzione di 100 mL contenente 1 g di un composto chirale è uguale a 1,33°. Sapendo che la determinazione è fatta in un tubo portacampione di 2 dm, calcola la rotazione specifica del composto chirale.

35 Disponi i seguenti composti secondo l'ordine crescente della loro temperatura di ebollizione.

a. CH_3-CH_3 b. $CH_3-CH_2-CH_3$
c. CH_4 d. $CH_3-CH_2-CH_2-CH_3$

36 Disponi i seguenti composti allo stato liquido secondo l'ordine crescente della loro solubilità.

a. $CH_3-CO-CH_3$ b. CH_3-OH
c. $CH_3-CH_2-CH_2-OH$ d. CH_3-CHO

37 Disponi i seguenti composti secondo l'ordine crescente del loro punto di ebollizione.

a. $CH_2OH-CH_2-CH_2OH$ b. $CH_3-CH_2-CH_3$
c. $CH_3-NH-CH_3$ d. CH_3-CH_2-CHO

38 Disponi le seguenti serie di composti secondo l'ordine crescente della loro reattività.

a1. $CH_3-CH=CH_2$ b1. $CH_3-CHCl-CH_3$

a2. $CH_3-CH_2-CH_3$ b2. $CH_3-CHI-CH_3$

a3. $CH_3-C\equiv CH$ b3. $CH_3-CHBr-CH_3$

39 Specifica le classi di composti organici in cui sono presenti i seguenti gruppi funzionali.

a. $-O-$ b. $-COO-$

c. $-C\equiv C-$ d. $-Br$

40 Sulla base dei diversi gruppi funzionali, precisa a quale classe appartengono i seguenti composti organici.

a. $CH_3-CH_2-NH_2$ b. $CH_3-CH_2-CH_2Cl$

c. $CH_3-CO-CH_3$ d. CH_3-CH_2-COOH

e. $CH_3-COO-CH_2-CH_3$ f. CH_3-CH_2-CHO

41 Rappresenta le formule razionali dei seguenti composti.

a. $C_4H_{10}O$ (alcol) b. C_3H_8O (etere)

c. C_3H_6O (aldeide) d. C_4H_8O (chetone)

42 Quali tra i seguenti atomi o gruppi atomici sono elettron-attrattori?

Ⓐ $-COOH$ Ⓑ $-Br$

Ⓒ $-CH_3$ Ⓓ $-CH=CH_2$

43 Quali tra i seguenti gruppi atomici sono elettron-donatori?

Ⓐ $-CH_2-CH_3$ Ⓑ $\rangle CO$

Ⓒ $-CH_2-CH_2-CH_3$ Ⓓ NO_2^+

44 Rappresenta le formule razionali di un carbocatione primario, uno secondario e uno terziario, dove il simbolo R indica il gruppo atomico $-CH_3$.

45 Quali tra le seguenti specie chimiche sono agenti elettrofili (E) e quali nucleofili (N)?

a. $^+CH_2-CH_3$ b. $AlCl_3$

c. CN^- d. NO_2^+

TEST YOURSELF

46 State the hybridization type of the carbon atom highlighted in the following compounds.

a. $CH_3-CO-CH_2-CH_3$ b. $H-CHO$

c. $CH_3-CHOH-CH_2-CH_3$ d. CH_3-CH_2-COOH

47 Draw the rational, topologic, and Lewis formula corresponding to the following compounds.

a. $CH_3(CH_2)_4CH_3$ b. $CH_3(CH_2)_2CH(CH_3)_2$

48 Draw the rational formulas of all the possible isomers of the compound C_3H_6.

49 On the basis of the several functional groups, state what class the following organic compounds belong to.

a. $CH_3-CH_2-CO-NH_2$ b. $CH_3-O-CH_2-CH_3$

c. $CH_3-CH_2-C\equiv CH$ d. $CH_3-CH_2-CH_2-CHO$

50 Draw the rational formula corresponding to the two geometrical isomers of the compound $CH_3-CH=CHBr$.

VERSO L'UNIVERSITÀ

51 Quanti isomeri strutturali della molecola C_4H_9Br esistono?

Ⓐ 4 Ⓑ 2 Ⓒ 3

Ⓓ 5 Ⓔ 6

[dalla prova di ammissione a Medicina e Chirurgia e in Odontoiatria e Protesi Dentaria, anno 2013]

52 Quale dei seguenti gruppi funzionali è presente nella molecola $CH_3CH_2CONH_2$?

Ⓐ ossidrilico Ⓑ estereo Ⓒ chetonico

Ⓓ ammidico Ⓔ amminico

[dalla prova di ammissione a Medicina e Veterinaria, anno 2014]

53 Quale tra le seguenti formule di composti organici rappresenta un generico estere?

Ⓐ RCOOR′ Ⓑ RCOR′ Ⓒ RCOOH

Ⓓ ROR′ Ⓔ ROH

[dalla prova di ammissione a Medicina e Chirurgia e in Odontoiatria e Protesi Dentaria, anno 2011]

54 La seguente struttura organica $CH_3COOCH_2CH_3$ corrisponde a

Ⓐ un etere Ⓑ un acido carbossilico

Ⓒ un estere Ⓓ un chetone Ⓔ un fenolo

[dalla prova di ammissione a Medicina e Chirurgia e in Odontoiatria e Protesi Dentaria, anno 2012]

VERSO L'ESAME

RAPPRESENTA

55 **Esamina le relazioni tra i diversi tipi di isomeri attraverso una mappa concettuale.**

OSSERVA E CLASSIFICA

56 **Classifica come chirali oppure non chirali le seguenti coppie di oggetti. Argomenta poi la tua risposta.**

a. coltello e forchetta

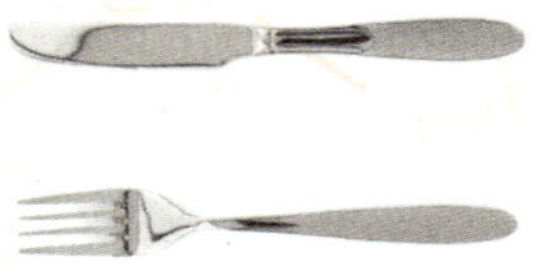

b. occhi

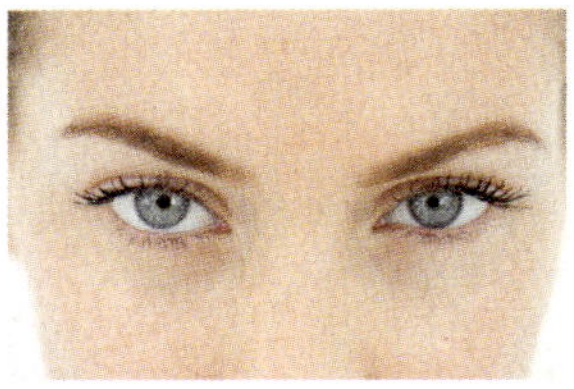

c. ali di farfalla

d. saliera e pepiera

e. paio di scarpe

f. lenti a contatto

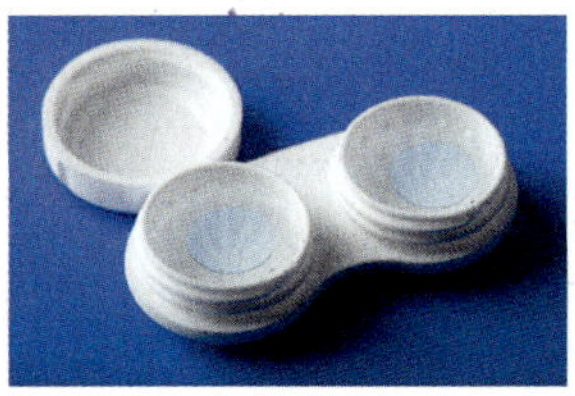

OSSERVA E CLASSIFICA

57 Rappresenta la formula di struttura delle molecole raffigurate dai modellini seguenti, considerando che le sfere nere rappresentano atomi di carbonio, le sfere bianche atomi di idrogeno e gli anelli bianchi legami covalenti.
I due composti sono una coppia di isomeri: di che tipo?

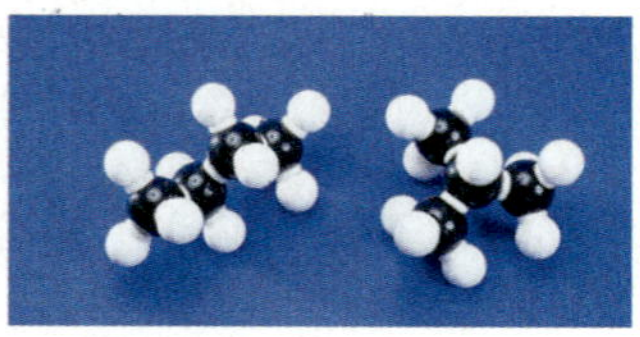

OSSERVA E CLASSIFICA

58 Rappresenta la formula di struttura delle molecole raffigurate dai modellini a fianco, considerando che le sfere nere rappresentano atomi di carbonio, le sfere bianche atomi di idrogeno, le sfere rosse atomi di ossigeno e i bastoncini legami covalenti.
I due composti sono una coppia di isomeri: di che tipo?

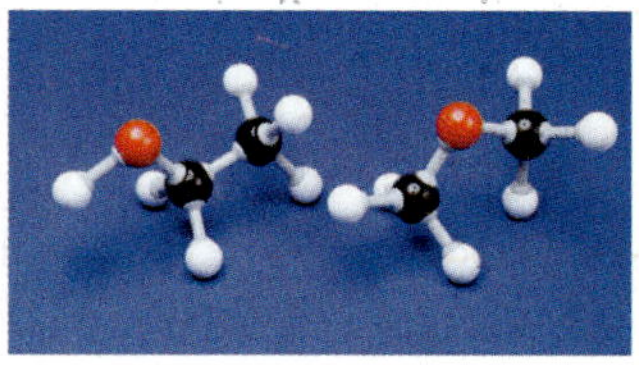

IPOTIZZA E ARGOMENTA

59 **Ipotizza, argomentando la risposta, quale composto è più solubile in acqua tra il propano e l'1-propanolo.**

IPOTIZZA E ARGOMENTA

60 **Ipotizza, argomentando la risposta, quale composto è più solubile in acqua tra l'1-pentanolo e l'1-ottanolo.**

IPOTIZZA E ARGOMENTA

61 Come antidoto all'intossicazione da metanolo si usa somministrare un composto appartenente alla stessa classe chimica e avente caratteristiche simili di reattività.
Secondo te, si tratta di metano o di etanolo? Argomenta la risposta.

ANALIZZA E IPOTIZZA

62 I composti A e B, liquidi e miscibili, sono enantiomeri con A destrogiro e B levogiro.
Ti aspetti che il piano della luce polarizzata venga ruotato a destra, a sinistra o che non venga ruotato affatto dalle seguenti miscele?

a. 50% A + 50% B

b. 25% A + 75% B

c. 25% B + 75% A

ANALIZZA E DEDUCI

63 «... Il carbonio, infatti, è un elemento singolare: è il solo che sappia legarsi con se stesso in lunghe catene stabili senza grande spesa di energia, ed alla vita sulla terra (la sola che finora conosciamo) occorrono appunto lunghe catene. Perciò il carbonio è l'elemento chiave della sostanza vivente: ma la sua promozione, il suo ingresso nel mondo vivo, non è agevole, e deve seguire un cammino obbligato, intricato, chiarito (e non ancora definitivamente) solo in questi ultimi anni. Se l'organicazione del carbonio non si svolgesse quotidianamente intorno a noi, sulla scala dei miliardi di tonnellate alla settimana, dovunque affiori il verde di una foglia, le spetterebbe di pieno diritto il nome di miracolo.»
Il testo riportato è tratto dalla raccolta di racconti *Il sistema periodico* di Primo Levi e fa riferimento al fatto che non tutto il carbonio presente al mondo è in forma di composti organici. Conseguentemente, perché la vita esista, occorrono reazioni chimiche, che Levi chiama «organicazione», di trasformazione di composti carboniosi inorganici in composti carboniosi organici. Confronta lo stato di ossidazione del carbonio nel diossido di carbonio con quello del carbonio in almeno uno dei composti organici incontrati in questo primo capitolo e deduci se l'organicazione del carbonio, citata da Levi, è costituita da processi di ossidazione o di riduzione.

CAPITOLO

C2 Chimica organica: gli idrocarburi

LEZIONE

1 Gli alcani

Gli alcani sono idrocarburi a catena aperta, saturi, con atomi di carbonio ibridati sp^3. Sono composti apolari, insolubili in acqua e caratterizzati da una reattività molto bassa.

LEZIONE

2 I cicloalcani

I cicloalcani sono idrocarburi a catena chiusa, saturi, con atomi di carbonio ibridati sp^3. Assumono conformazioni spaziali ben definite, tendenti alla struttura tetraedrica. Solo i primi due termini della serie sono molto reattivi per la forte tensione angolare.

LEZIONE

3 Gli alcheni

Gli alcheni sono idrocarburi a catena aperta, insaturi per la presenza di un doppio legame fra due atomi di carbonio ibridati sp^2 (gruppo funzionale). Sono composti caratterizzati da un'elevata reattività con idrogeno molecolare e agenti elettrofili.

LEZIONE

4 Gli alchini

Gli alchini sono idrocarburi a catena aperta, insaturi per la presenza di un triplo legame tra due atomi di carbonio ibridati *sp* (gruppo funzionale). In presenza di basi forti, hanno un comportamento debolmente acido, formando sali detti acetiluri.

LEZIONE

5 Gli idrocarburi aromatici

Gli idrocarburi aromatici sono composti a catena chiusa con atomi di carbonio ibridati sp^2 e un'elevata stabilità. Sono distinti in monociclici e policiclici. Negli eterociclici aromatici, un atomo di carbonio dell'anello è sostituito da un eteroatomo (O, N).

1

Gli alcani

1 Gli idrocarburi sono costituiti da carbonio e idrogeno

Gli **idrocarburi** sono composti organici costituiti esclusivamente da atomi di carbonio e idrogeno.

Gli idrocarburi, in base alla loro struttura, si suddividono in due grandi gruppi: *alifatici* e *aromatici*.

Gli **idrocarburi alifatici** sono distinti in idrocarburi a catena aperta (lineare o ramificata) o a catena chiusa (lineare o ramificata).

Gli idrocarburi **a catena aperta** possono essere *saturi* oppure *insaturi*. Gli idrocarburi saturi contengono solo legami semplici carbonio-carbonio e sono detti alcani. Gli idrocarburi insaturi possono avere legami doppi carbonio-carbonio (alcheni) o tripli (alchini).

Gli idrocarburi alifatici **a catena chiusa** più comuni sono i cicloalcani, composti saturi con legami semplici carbonio-carbonio.

Gli **idrocarburi aromatici** sono idrocarburi a catena chiusa e possono essere *monociclici* (formati da un solo anello) o *policiclici* (formati da due o più anelli).

Gli atomi di carbonio dell'anello sono uniti da legami covalenti semplici e da un particolare tipo di legame, nel quale gli elettroni formano un'unica nube elettronica.

Agli idrocarburi a catena chiusa appartengono anche i composti eterociclici in cui uno o più atomi di carbonio dell'anello sono sostituiti da atomi diversi (eteroatomi).

Negli eterociclici aromatici gli eteroatomi più comuni sono l'azoto e l'ossigeno.

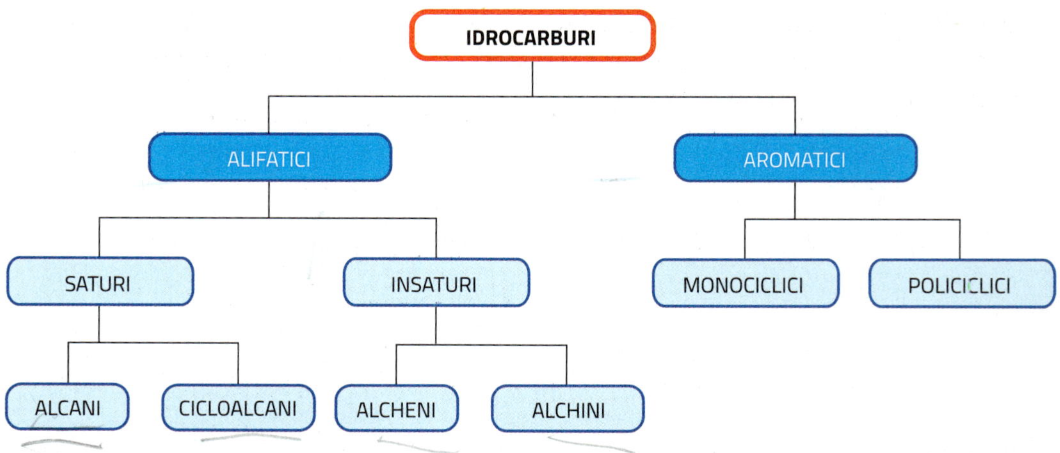

2 Negli alcani il carbonio è ibridato sp^3

Gli **alcani** o **paraffine** sono idrocarburi alifatici a catena aperta, saturi per la presenza di legami semplici carbonio-carbonio.

Tutti gli atomi di carbonio degli alcani sono ibridati sp^3. L'atomo di carbonio nello stato eccitato ha configurazione elettronica esterna $2s^12p^3$. Al momento della combinazione con altri quattro atomi, combina il suo orbitale *s* con i suoi orbitali *p* (ibridazione) formando quattro orbitali ibridi sp^3, contenenti ciascuno un elettrone.

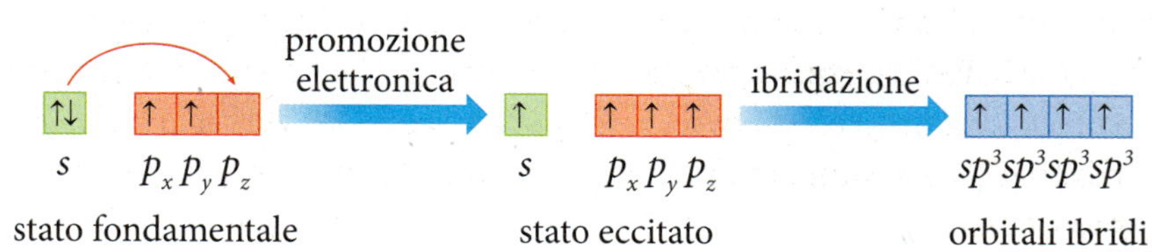

Gli orbitali ibridi sp^3 hanno la forma di due lobi, di cui uno molto più esteso e uno più piccolo, che in genere non viene rappresentato.

I quattro orbitali ibridi sp^3 si orientano in direzione dei vertici di un **tetraedro** con formazione di angoli di legame di 109,5° rispetto al nucleo, che si trova al centro del tetraedro (figura **1**).

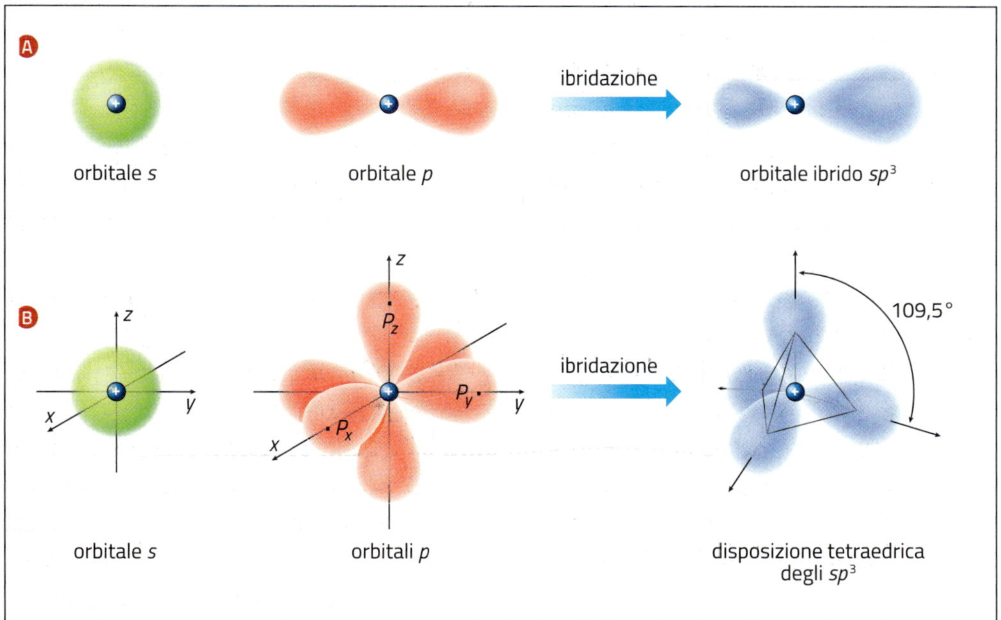

Figura **1** **Gli orbitali ibridi** ***sp***^{3} (A) Formazione degli orbitali ibridi sp^3. (B) Disposizione tetraedrica degli orbitali ibridi sp^3 di un atomo di carbonio, dove generalmente il lobo più piccolo non viene rappresentato.

PER CAPIRE MEGLIO
video:
L'ibridazione dell'atomo di carbonio

Quando due atomi di carbonio ibridati sp^3 si uniscono tra di loro, si ha la sovrapposizione *frontale* di due orbitali ibridi sp^3 appartenenti a ciascun atomo di carbonio. In questo modo si forma un legame covalente omopolare di tipo σ.

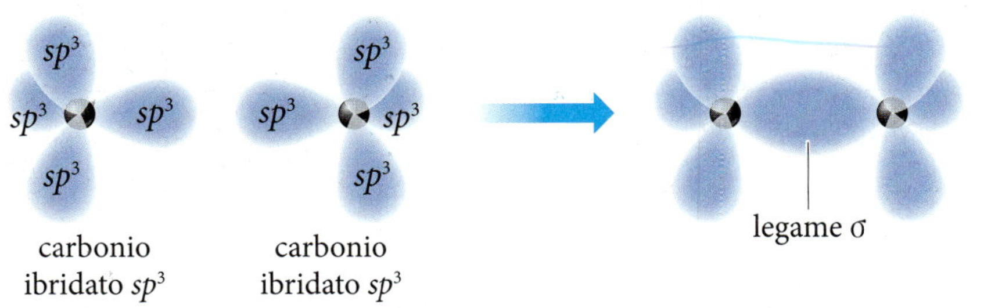

Il legame semplice carbonio-carbonio (lunghezza di legame = 1,54 Å) ha una elevata energia di legame che lo rende forte, stabile e poco reattivo.

TI RICORDI?

Il **legame covalente** σ si forma per la sovrapposizione frontale (testa a testa) tra i due orbitali atomici (per esempio, *s* e *s*, *s* e *p*) dei due atomi reagenti.

TI RICORDI?

Il **simbolo Å** (dal nome del fisico svedese Anders Jonas Ångström) è un'unità di misura della lunghezza corrispondente a 10^{-10} m.

LE PAROLE

Il termine **IUPAC** è la sigla di *International Union and Applied Chemistry* (Unione Internazionale di Chimica Pura e Applicata).

3 La formula molecolare e la nomenclatura degli alcani

Nelle molecole degli alcani sono presenti solo legami semplici carbonio-carbonio, quindi l'ibridazione dell'atomo di carbonio è di tipo sp^3. Agli alcani corrisponde la **formula molecolare** generale:

$$C_nH_{2n+2}$$

dove *n* è il numero di atomi di carbonio presenti nella molecola.

Il **nome** degli alcani con una *catena lineare* di atomi di carbonio (*normal alcani*) secondo le regole IUPAC è costituito da un prefisso che, per i primi quattro termini, deriva dal loro nome comune (*met-*, *et-*, *prop-*, *but-*), per i termini successivi deriva dal numero greco corrispondente al numero di atomi di carbonio (*penta-*, *esa-*, *epta-* e così via) e dal suffisso *-ano* (tabella **1**).

n	Formula molecolare	Nome
1	CH_4	metano
2	C_2H_6	etano
3	C_3H_8	propano
4	C_4H_{10}	butano
5	C_5H_{12}	pentano
6	C_6H_{14}	esano

Tabella **1** **Gli alcani** La formula molecolare e il nome dei primi sei termini della serie degli alcani.

Rappresentiamo ora le formule razionali, le formule di Lewis e i modelli molecolari dei primi quattro termini della serie degli alcani:

CH_4	CH_3-CH_3	$CH_3-CH_2-CH_3$	$CH_3-CH_2-CH_2-CH_3$

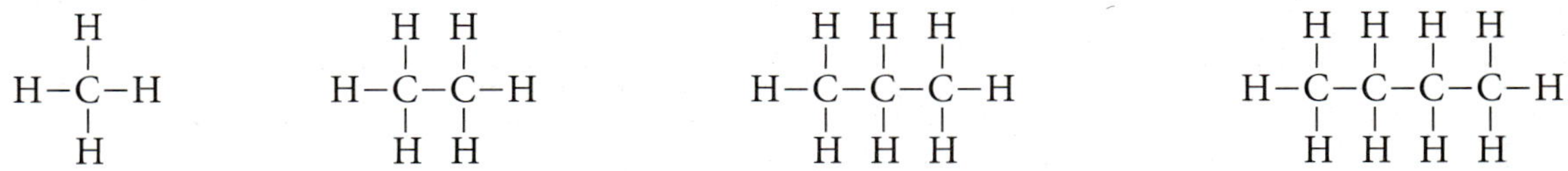

metano	etano	propano	butano

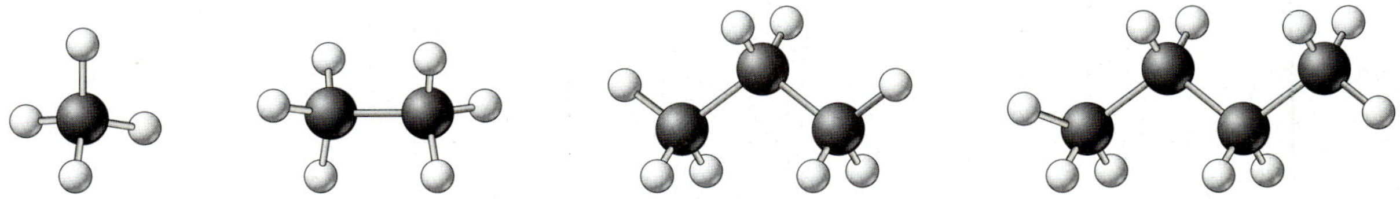

Ogni termine differisce da quello che lo segue o lo precede per il gruppo $-CH_2-$ (gruppo metilenico).

> Gli alcani a catena lineare che differiscono per lo stesso gruppo atomico costituiscono una **serie omologa**.

I composti di una serie omologa hanno proprietà chimiche simili e proprietà fisiche diverse, queste ultime infatti dipendono dalla massa molecolare.

L'isomeria di catena

A partire dall'alcano con quattro atomi di carbonio (C_4H_{10}, butano), si verifica l'**isomeria di catena** che comporta la presenza di composti che hanno la stessa formula molecolare ma con atomi di carbonio legati in *sequenza differente*. In passato per i nomi dei due isomeri del butano e dei tre isomeri del pentano sono stati utilizzati i prefissi *normal* (simbolo ***n***), *iso-* e *neo-*.

Per il pentano, C_5H_{12}, le formule razionali e i nomi dei tre isomeri sono i seguenti:

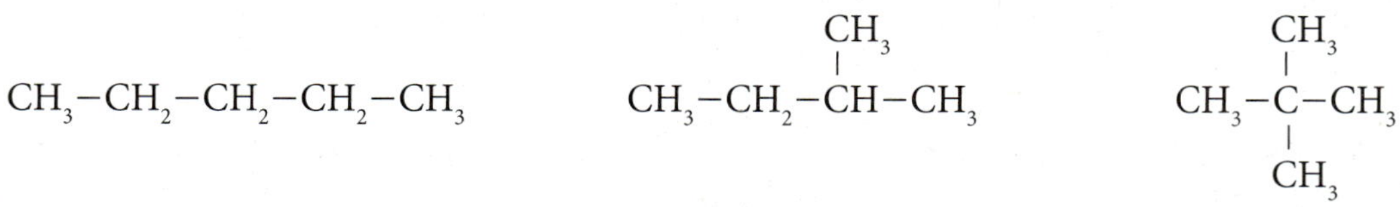

n-pentano	isopentano	neopentano

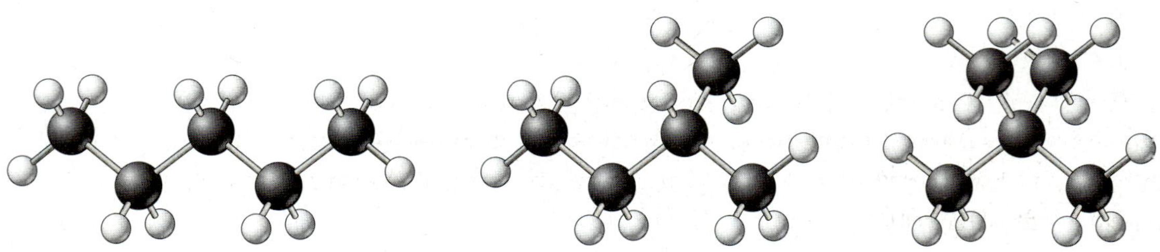

L'uso dei prefissi per denominare gli isomeri di alcani con un elevato numero di atomi di carbonio è complesso. Il sistema IUPAC prevede la denominazione dei *sostituenti*, gruppi o radicali alchilici (simbolo **R**) e alogeni, legati alla catena carboniosa più lunga.

> I **gruppi alchilici** o **radicali alchilici** sono gruppi atomici che presentano un atomo di idrogeno in meno rispetto all'alcano corrispondente.

Scarica la app:
TAVOLA PERIODICA INTERATTIVA

LE PAROLE

Gli **alogeni** (dal greco: *háls* = sale e *genos* = generatore) sono gli elementi del settimo gruppo del sistema periodico che, reagendo con i metalli, formano sali (cloruro di sodio).

I nomi dei gruppi alchilici derivano dal nome dell'alcano corrispondente per sostituzione del suffisso *-ano* con il suffisso *-ile* (tabella **2**).

Nome	Formula razionale
metano	CH_4
etano	CH_3-CH_3
n-propano	$CH_3-CH_2-CH_3$
n-butano	$CH_3-CH_2-CH_2-CH_3$
isobutano	$CH_3-CH(CH_3)-CH_3$

Nome	Formula razionale
metile	$-CH_3$
etile	$-CH_2-CH_3$
n-propile	$-CH_2-CH_2-CH_3$
isopropile	$-CH(CH_3)CH_3$
n-butile	$-CH_2-CH_2-CH_2-CH_3$
sec-butile	$CH_3-CH(-)-CH_2-CH_3$
isobutile	$(CH_3)_2CH-CH_2-$
terz-butile	$CH_3-C(CH_3)_2-$

Tabella 2 Il nome e la formula razionale I primi quattro termini degli alcani e i corrispondenti gruppi alchilici.

Gli **alogeni** sono gli atomi di fluoro, cloro, bromo e iodio rappresentati dai rispettivi simboli e indicati con i loro nomi (lo iodio viene contratto a «iodo», tabella **3**).

Nome	Simbolo
fluoro	F
cloro	Cl
bromo	Br
iodio (iodo)	I

Tabella 3 Gli alogeni I nomi e i simboli degli alogeni.

Il **nome** degli isomeri di catena degli alcani si assegna secondo le regole che seguono:

a. si identifica la catena carboniosa **più lunga** che viene denominata con il nome corrispondente al numero di atomi di carbonio;

b. si numera la catena carboniosa più lunga a partire dall'estremità che permette di utilizzare i **numeri più piccoli** in corrispondenza dei sostituenti;

c. quando nella catena carboniosa è presente un solo sostituente, il nome dell'isomero è precisato dal numero che indica la posizione e il nome del sostituente e dal nome della catena carboniosa più lunga (il nome del composto si scrive in un'*unica parola*):

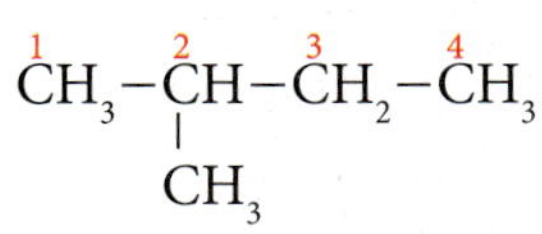

2-metilbutano

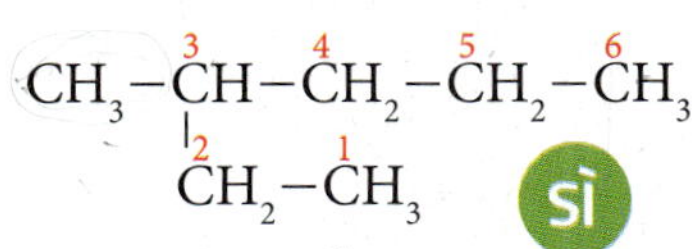

3-metilesano

e non

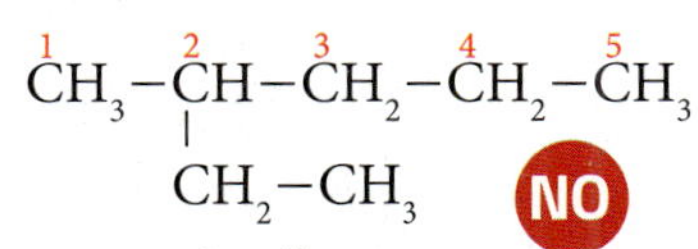

2-etilpentano

d. quando nella catena carboniosa lo *stesso sostituente* è presente più volte, i numeri che ne indicano la posizione vanno separati da una virgola e il nome del sostituente deve essere preceduto dai prefissi *di-*, *tri-*, *tetra-*; se il sostituente è nella *stessa posizione* il numero deve essere ripetuto e separato da una virgola:

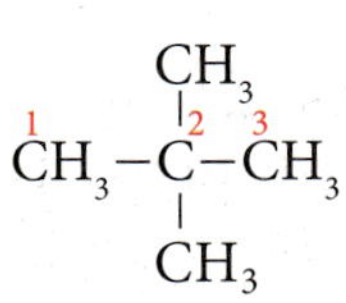

2,2-dimetilpropano

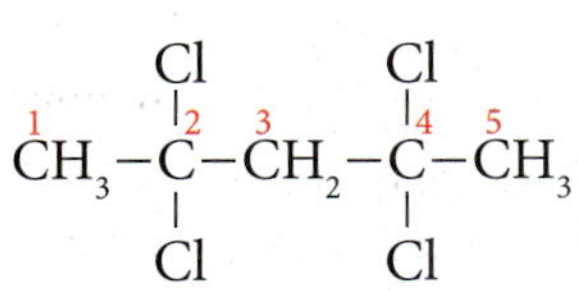

2,2,4,4-tetracloropentano

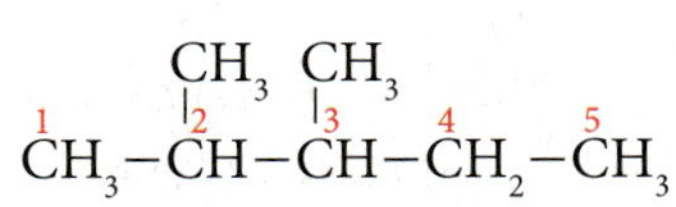

2,3-dimetilpentano

carbonio secondario = legato a 2 atomi di carbonio

carbonio terziario = legato a 3 atomi di carbonio

e. quando nella catena carboniosa più lunga i sostituenti sono *diversi*, vanno denominati in **ordine alfabetico** (i prefissi *di-*, *tri-*, *tetra- sec-* e *terz-* non vanno considerati ai fini dell'ordine alfabetico):

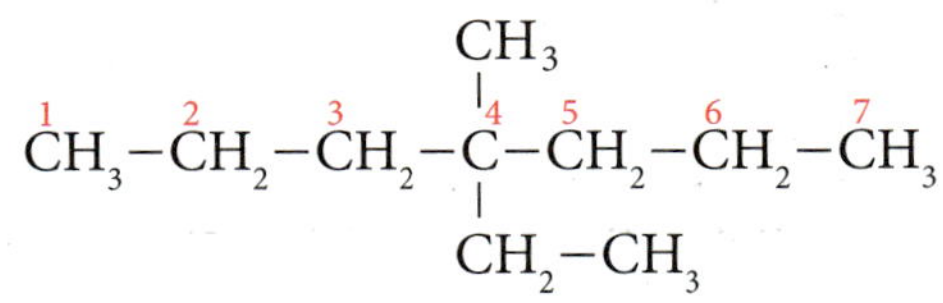

4-etil-4-metileptano

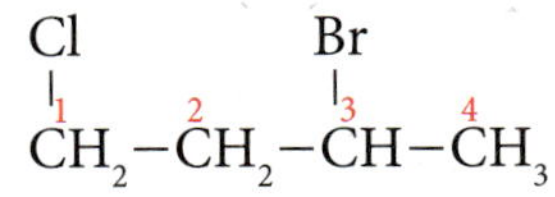

3-bromo-1-clorobutano

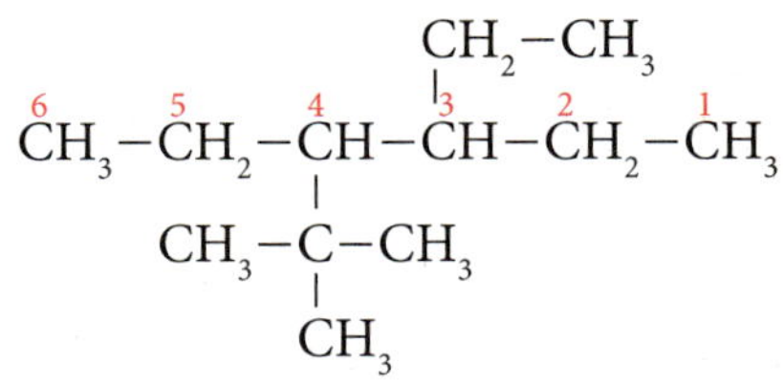

4-*terz*-butil-3-etilesano

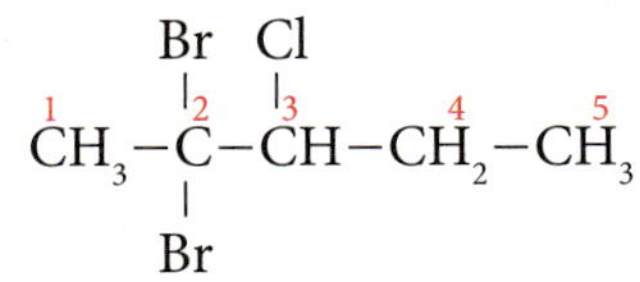

2,2-dibromo-3-cloropentano

f. se nel composto sono presenti *due catene carboniose* di *uguale lunghezza*, il nome corretto è quello corrispondente all'isomero con il maggiore numero di **sostituenti**. Il composto con la seguente formula razionale:

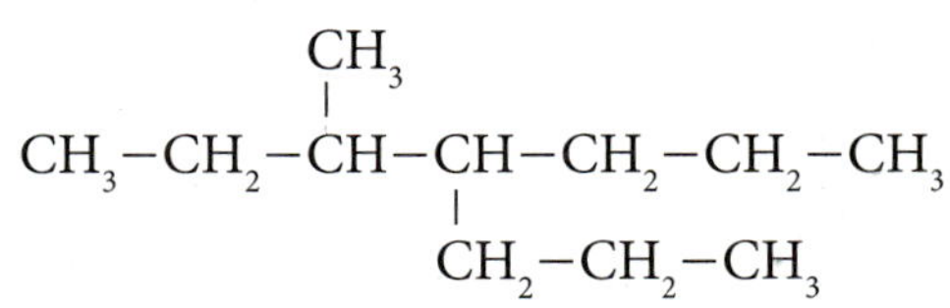

non è un eptano con *un sostituente* (4-*sec*-butileptano) ma è un eptano con *due sostituenti* (3-metil-4-propileptano):

non

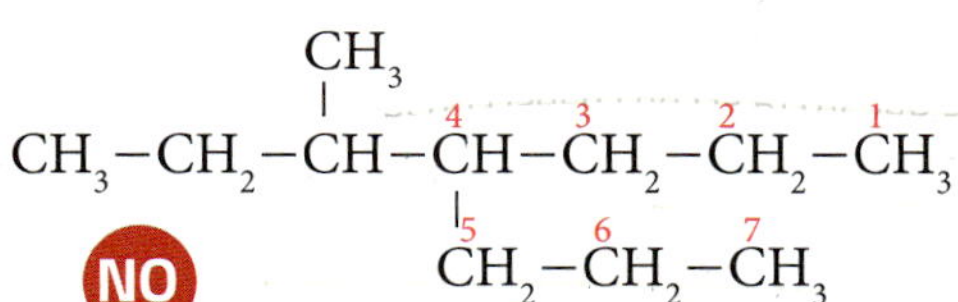

NO

4-*sec*-butileptano

ma

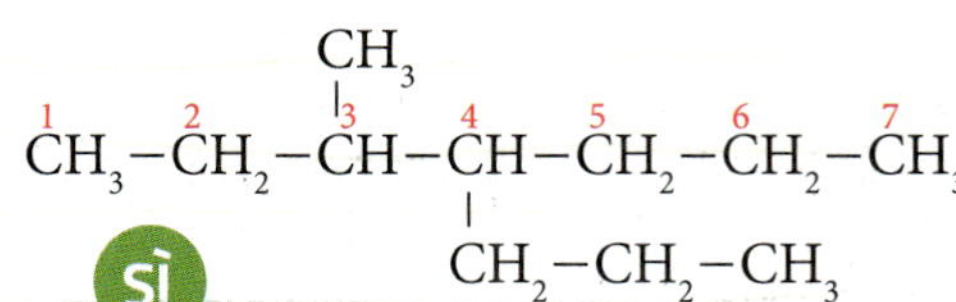

SÌ

3-metil-4-propileptano

ESERCIZIO SVOLTO

Proviamo insieme

Assegna il nome al seguente composto:

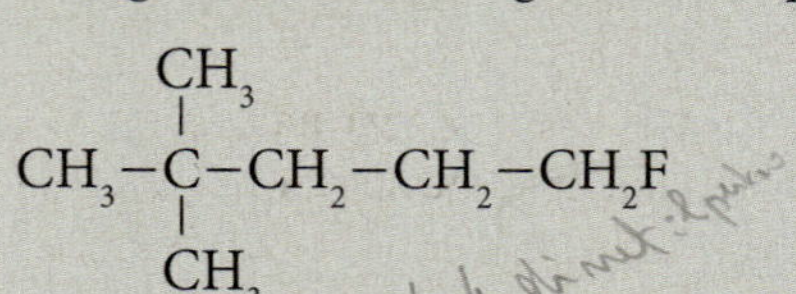

Risoluzione

Identifichiamo la catena carboniosa più lunga; questa è costituita da cinque atomi di carbonio e quindi il nome del composto corrisponde al **pentano**.

Dovendo utilizzare i numeri più piccoli in corrispondenza dei sostituenti, la catena deve essere numerata da destra a sinistra; i sostituenti si trovano pertanto nelle posizioni 1 e 4:

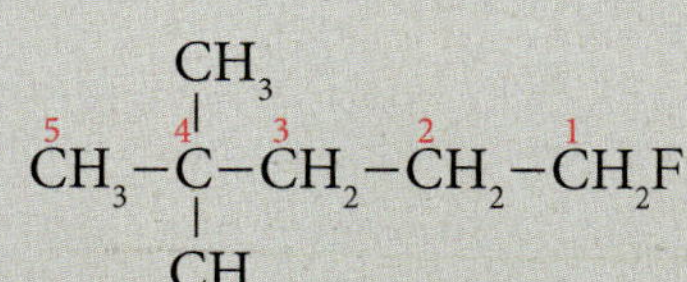

Essendo i sostituenti **diversi** (un atomo di fluoro e due gruppi metile), questi devono essere denominati in **ordine alfabetico** (prima l'atomo di fluoro e dopo i gruppi metile).

Per indicare la presenza di due gruppi metile nella stessa posizione (4), il numero si ripete due volte (separato da una virgola), mentre il nome si denomina una volta utilizzando il prefisso *di*.

Il nome del composto è quindi:

1-fluoro-4,4-dimetilpentano

Prova da solo

Assegna il nome ai seguenti composti:

a. 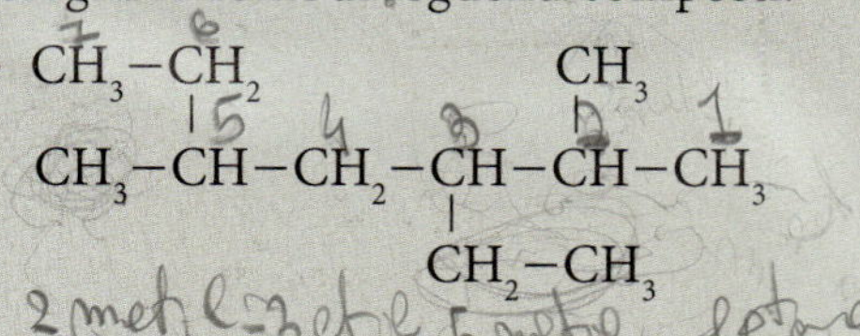

b. 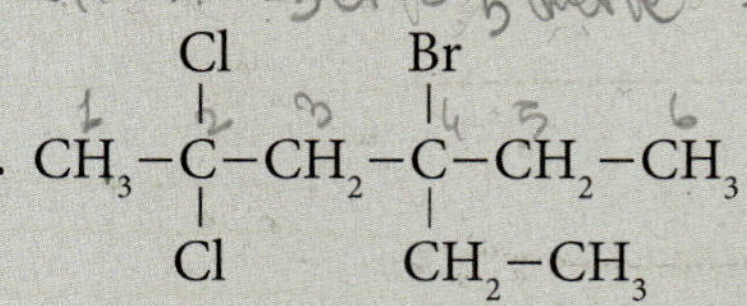

Per rappresentare la **formula razionale** di un alcano di cui si conosce il nome (per esempio, 3-isopropil-2-metilesano), si deve:

a. scrivere la catena carboniosa con un numero di atomi di carbonio (6) corrispondente al prefisso (*es-*) del nome del composto:

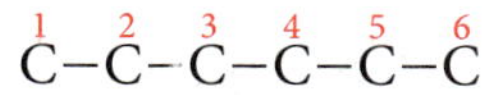

b. aggiungere i sostituenti (isopropile e metile) nelle posizioni (3 e 2) precisate nel nome del composto:

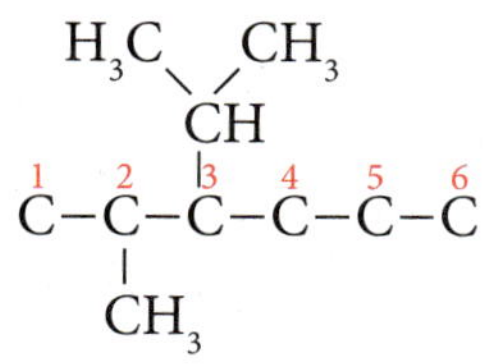

c. completare la formula razionale aggiungendo l'esatto numero di atomi di idrogeno per ogni atomo di carbonio (da tenere presente che ciascun atomo di carbonio forma quattro legami):

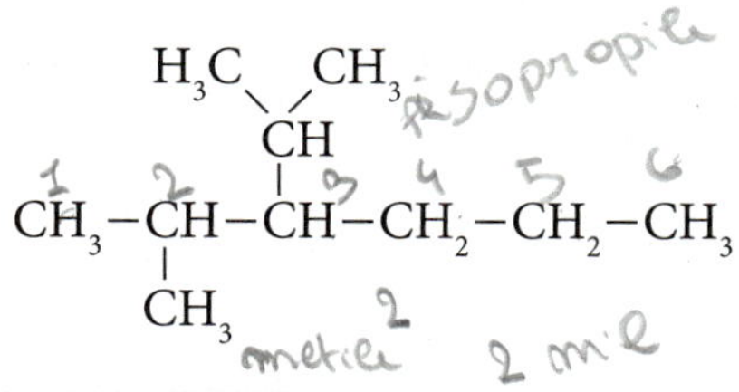

3-isopropil-2-metilesano

PER SAPERNE DI PIÙ

Petrolio: energia e industria

Era il 1859 quando lo statunitense Edwin Drake fece la prima trivellazione per l'estrazione del petrolio grezzo e diede così inizio all'era del **petrolio**. In questi 150 anni il petrolio è diventata la risorsa energetica principale dell'intero pianeta e ha permesso un rapido sviluppo delle tecnologie e della produzione industriale di beni di consumo oggi indispensabili.

La formazione del petrolio

Il petrolio deriva da resti biologici di piante e animali che, rimasti sepolti per centinaia di milioni di anni sotto sedimenti di diversa natura, subiscono una trasformazione chimico-fisica. Il petrolio deve il suo nome proprio al processo geochimico necessario per la sua formazione: dal latino *petra* (pietra) e *oleum* (olio).

La pressione, la temperatura e i lunghi tempi fanno sì che i sedimenti si trasformino in roccia e che la materia organica venga decomposta grazie all'azione dei batteri, dando così origine a un giacimento petrolifero.

Il petrolio è un combustibile fossile ed è pertanto una risorsa non rinnovabile. L'economia e la politica legata al suo sfruttamento influenzano notevolmente gli equilibri geopolitici del pianeta. La distribuzione geografica dei giacimenti petroliferi nel mondo, infatti, è tutt'altro che uniforme. I Paesi che più necessitano di energia sono quelli che possiedono meno riserve energetiche e questo fa sì che i paesi consumatori dipendano dai paesi produttori.

La raffinazione

Il **petrolio grezzo** (detto anche **greggio**) non viene utilizzato tal quale, poiché è una miscela complessa di diverse sostanze che devono essere separate per essere utilizzate.

L'insieme della lavorazioni che il greggio subisce prima di poter essere destinato ai suoi usi specifici si chiama raffinazione. La raffineria è un'industria chimica in cui il petrolio viene frazionato nelle sue componenti e viene trattato per raggiungere le caratteristiche dei prodotti finiti che conosciamo (per esempio il diesel). Il primo processo di raffinazione è la distillazione frazionata, che permette di separare i composti in base alla loro temperatura di ebollizione. I principali tagli o frazioni del petrolio, partendo dai più leggeri ai più pesanti, sono:

- Frazione gassosa: gas naturale (metano, etano), gas di petrolio liquefatto (GPL).
- Benzine: sono idrocarburi da quattro a 10 atomi di carbonio (temperatura di ebollizione: 30-200 °C) e rappresentano il taglio più pregiato del petrolio. Sono utilizzati come combustibili per l'autotrazione.
- Cherosene: sono idrocarburi da nove a 11 atomi di carbonio (temperatura di ebollizione: 150-250 °C) e sono destinati alla formulazione di combustibili per aerei.
- Gasoli: sono idrocarburi da 11 a 18 atomi di carbonio (temperatura di ebollizione: 250-350 °C) e vengono utilizzati per la formulazione del diesel.
- Oli pesanti: sono idrocarburi con più di 18 atomi di carbonio e rappresentano la parte meno pregiata del petrolio. Sono destinati alla produzione di asfalti.

Non solo energia

La nostra vita ruota intorno al petrolio più di quanto non possiamo immaginare: plastica, farmaci, vernici, fibre sintetiche, coloranti sono solo una parte di tutti i derivati del petrolio. Anche se la maggior parte viene destinato alla produzione di combustibili, circa il 10% del greggio viene utilizzato per produrre i «mattoni» (*building blocks*) dell'industria chimica, ovvero le molecole di base da cui vengono prodotti tantissimi beni di consumi. Il superamento della dipendenza dal petrolio, quindi, non è solo una sfida energetica ma culturale: il futuro della chimica è quello di cercare strade alternative per la produzione di *building blocks* e di *fuels* (combustibili) che siano sostenibili a livello economico e ambientale.

4 L'isomeria conformazionale degli alcani

Negli alcani i legami tra gli atomi di carbonio (ibridati sp^3) sono legami semplici per cui è possibile la rotazione di un atomo di carbonio (e degli atomi di idrogeno a esso legati) rispetto agli altri atomi di carbonio (figura 2).

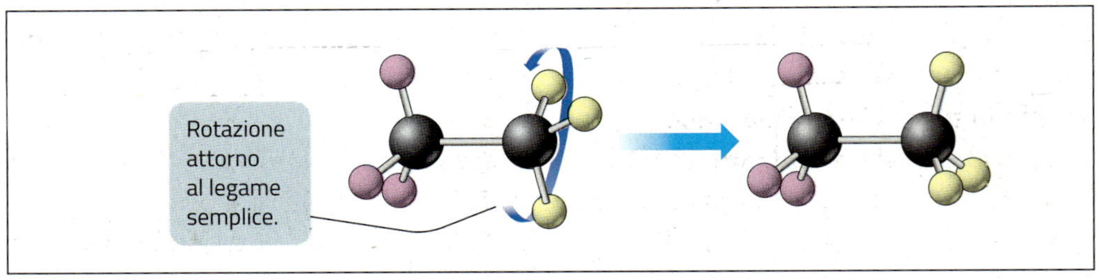

Figura 2 **La rotazione attorno al legame principale** Nella molecola dell'etano i due atomi di carbonio, legati con un legame semplice, possono ruotare liberamente l'uno rispetto all'altro.

Ne consegue che una molecola, pur conservando la stessa concatenazione di atomi di carbonio, assume diverse disposizioni (**conformazioni**) spaziali.

Si chiamano **isomeri conformazionali** o **conformeri** forme diverse della stessa molecola che si interconvertono per rotazione intorno a un legame semplice carbonio-carbonio.

I conformeri sono stereoisomeri con le stesse proprietà fisiche e chimiche che non possono essere separati perché si interconvertono molto velocemente. Si rappresentano con le *proiezioni di Newman* in cui gli atomi di carbonio si descrivono con una circonferenza e i legami carbonio-idrogeno con dei segmenti. I segmenti del carbonio anteriore partono dal centro della circonferenza, quelli del carbonio posteriore partono dalla circonferenza.

Tra tutte le possibili conformazioni dell'etano (C_2H_6), prendiamo in esame quella *sfalsata* e quella *eclissata*:

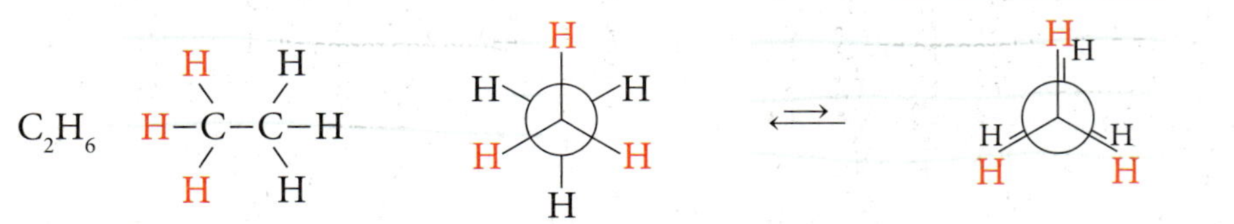

etano — conformazione sfalsata — conformazione eclissata

Nella conformazione sfalsata i legami carbonio-idrogeno dei due atomi di carbonio sono il più lontano possibile, in quella eclissata sono allineati. La conformazione sfalsata si può convertire in quella eclissata e viceversa ruotando di 60° un atomo di carbonio rispetto all'altro (figura 2).

Tra le due conformazioni esiste un numero molto elevato di altre conformazioni. La conformazione a minore contenuto energetico (e quindi più stabile) è quella sfalsata, per cui l'equilibrio (come evidenziato nella figura 3) è tutto spostato verso quest'ultima. Per qualsiasi alcano, e non solo per l'etano, la conformazione favorita è quella sfalsata.

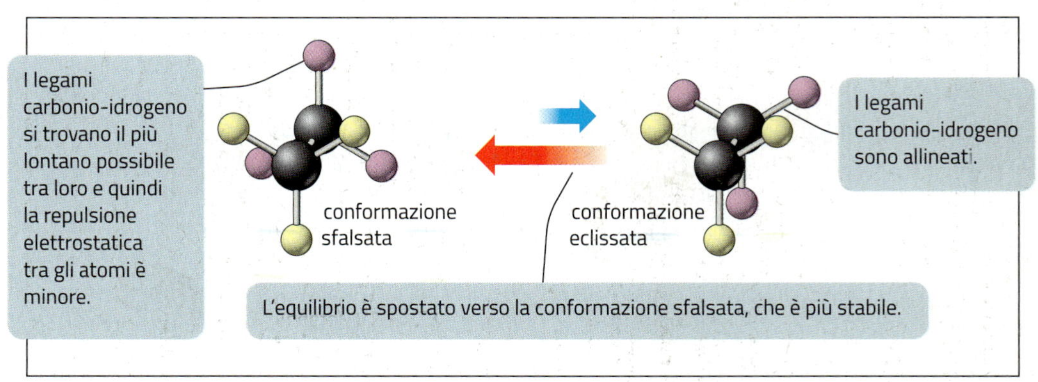

Figura 3 **Le conformazioni dell'etano** Modelli molecolari della conformazione sfalsata ed eclissata dell'etano.

5 Proprietà fisiche: composti insolubili in acqua

A temperatura ambiente e a pressione ordinaria i primi quattro termini degli alcani sono allo stato di gas, dal quinto al quindicesimo termine sono allo stato liquido, i termini superiori sono solidi.

I legami carbonio-carbonio sono covalenti omopolari e i legami carbonio-idrogeno sono poco polarizzati per la minima differenza di elettronegatività ($\Delta E_n = 0{,}3$). Per questo motivo, gli alcani sono composti *apolari* e quindi **insolubili** in acqua (figura **4**) ma solubili in solventi organici apolari.

Dato che gli alcani sono costituiti da molecole apolari, le forze attrattive intermolecolari (*forze di London*) sono molto deboli e di conseguenza i *punti di ebollizione* sono bassi.

I punti di ebollizione negli alcani a *catena lineare* aumentano con l'aumentare della massa molecolare, mentre in quelli a *catena ramificata* con lo stesso numero di atomi di carbonio diminuiscono (tabella **4**) perché le molecole assumono una forma più compatta e quindi formano un minore numero di legami intermolecolari (figura **5**).

Figura **4** **L'insolubilità degli alcani** Le tavole da surf sono rivestite da una miscela di alcani che sono insolubili in acqua e favoriscono l'adesione dei piedi alla tavola.

Tabella **4** **I punti di ebollizione di alcani a catena lineare e ramificata.**

Nome	Formula razionale	Massa molecolare	t_e (°C)
n-propano	$CH_3-CH_2-CH_3$	44	−45
n-butano	$CH_3-CH_2-CH_2-CH_3$	58	−1
n-pentano	$CH_3-CH_2-CH_2-CH_2-CH_3$	72	36
2,2-dimetilpropano	$CH_3-C(CH_3)_2-CH_3$	72	10

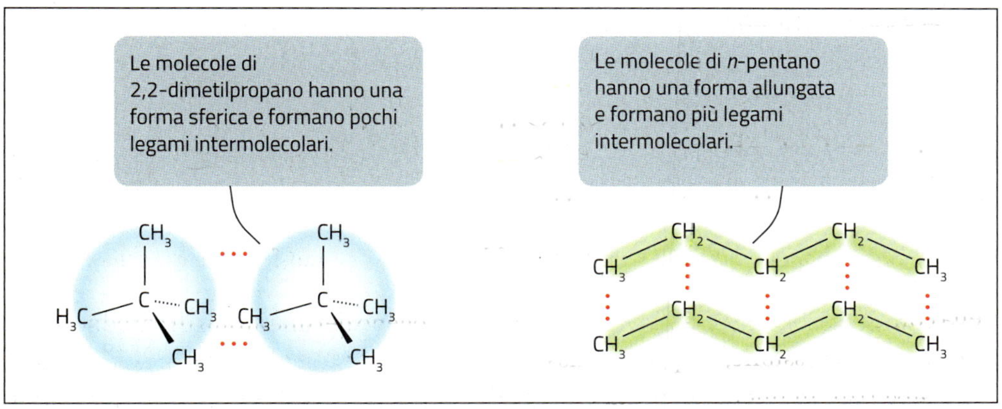

Figura **5** **Le forze intermolecolari (forze di London) sono in maggior numero nel *n*-pentano rispetto al 2,2-dimetilpropano** Il *n*-pentano quindi bolle a temperature più elevate perché si deve fornire maggiore energia per rompere i legami.

6 Le reazioni degli alcani

Negli alcani i legami interatomici (carbonio-idrogeno e carbonio-carbonio) sono legami covalenti σ molto forti, per cui la loro scissione avviene difficilmente (figura **6**).

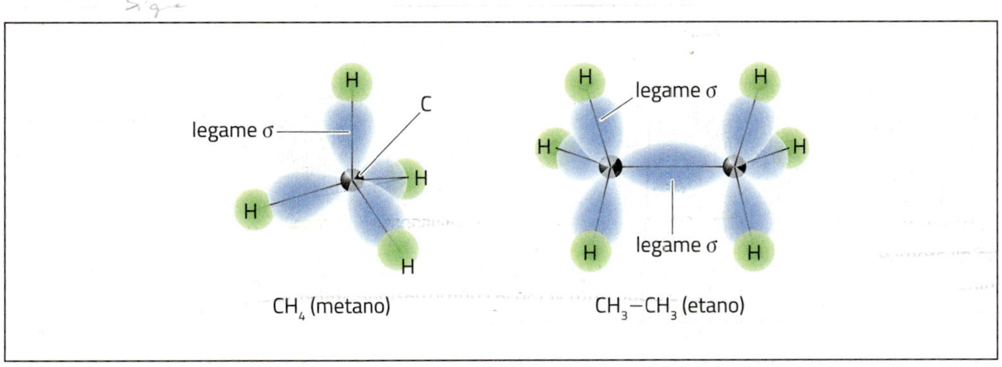

Figura **6** **Il legame carbonio-idrogeno nella molecola del metano e il legame carbonio-carbonio nella molecola dell'etano.**

Gli alcani sono quindi composti molto stabili e di conseguenza poco reattivi, da qui il nome paraffine (dal latino *parum affinis* = poco affini). Solo in eccesso di ossigeno o con alogeni, gli alcani reagiscono dando origine a due tipi di reazioni: la combustione (o ossidazione, figura 7) e l'alogenazione.

La reazione di combustione

La reazione di **combustione** è una reazione di ossido-riduzione fortemente esotermica che comporta la formazione di diossido di carbonio CO_2 e acqua. È rappresentata con la seguente equazione:

$$C_nH_{2n+2} + \frac{3n+1}{2}\,O_2 \rightarrow n\,CO_2 + (n+1)\,H_2O\ (-\Delta H)$$

TI RICORDI?

Il ΔH (variazione di entalpia) corrisponde alla quantità di calore scambiato con l'ambiente. Il valore del ΔH in una reazione esotermica è negativo.

La reazione di combustione del butano è la seguente:

$$C_4H_{10} + \frac{13}{2}\,O_2 \rightarrow 4\,CO_2 + 5\,H_2O\ (-\Delta H)$$

Quando la reazione di combustione è condotta in difetto di ossigeno, l'alcano si ossida parzialmente e si produce monossido di carbonio CO, un gas velenoso inodore che è in grado di legarsi all'emoglobina al posto dell'ossigeno e causare la morte per anossia:

$$2\,CH_4 + 3\,O_2 \rightarrow 2\,CO + 4\,H_2O$$

Figura 7 **Il propano è un combustibile** Viene usato prevalentemente in bombole per usi domestici nelle aree non raggiunte da metanodotti o nei campeggi.

La reazione di alogenazione

La reazione di **alogenazione** avviene in presenza di luce (radiazioni UV) o fornendo calore e porta alla formazione di un alogenuro alchilico e di un acido alogenidrico. La reazione è rappresentata dalla seguente equazione:

$$R{-}H + X_2 \xrightarrow{\text{luce o calore}} R{-}X + HX \quad (X_2 = F_2, Cl_2, Br_2)$$

La reazione di alogenazione del metano CH_4 con il cloro Cl_2 (reazione di clorurazione) si rappresenta con l'equazione:

$$CH_3{-}H + Cl_2 \longrightarrow \underset{\text{clorometano}}{CH_3{-}Cl} + HCl$$

A COLPO D'OCCHIO

Reazioni degli alcani → combustione; alogenazione

L'alogenazione degli alcani avviene con un meccanismo di *sostituzione radicalica* (meccanismo che coinvolge la formazione di radicali), in cui un atomo di idrogeno dell'alcano è sostituito da un atomo di alogeno.

In eccesso di cloro, tutti gli atomi di idrogeno del metano possono essere sostituiti con formazione di derivati polialogenati:

$$CH_3Cl + Cl_2 \longrightarrow CH_2Cl_2 + HCl \quad \text{diclorometano}$$
$$CH_2Cl_2 + Cl_2 \longrightarrow CHCl_3 + HCl \quad \text{triclorometano o cloroformio}$$
$$CHCl_3 + Cl_2 \longrightarrow CCl_4 + HCl \quad \text{tetraclorometano o tetracloruro di carbonio}$$

RISPONDI

A Che cosa sono gli idrocarburi e come si classificano?
B Per quale motivo gli alcani costituiscono una serie omologa?
C Come mai gli alcani hanno bassi punti di ebollizione?

GREEN CHEMISTRY

Biodiesel: un combustibile da fonti rinnovabili

Il 10 agosto 1893 venne messo in funzione il primo modello di **motore diesel** progettato dall'omonimo ingegnere Rudolf Diesel (1858-1913). Per ricordare questa scoperta importante, il 10 agosto è stata dichiarata la «Giornata mondiale del biodiesel». A differenza dei motori a scoppio in cui l'accensione della miscela combustibile-comburente viene innescata da una scarica elettrica, il motore diesel è in grado di funzionare senza innesco. La particolarità di questa tecnologia è che sfrutta la compressione dei gas per raggiungere la temperatura di autoignizione: raggiunta questa temperatura, il combustibile inizia a bruciare spontaneamente in presenza di aria. Mentre i motori a scoppio funzionano a benzina, i motori diesel funzionano a **gasolio**, cioè sono necessari due carburanti che derivano da frazioni del petrolio.

Oli vegetali e *Green Chemistry*

I motori diesel muovono oggi centinaia di milioni di automobili, treni e navi nel mondo. Se tutti noi siamo a conoscenza dell'invenzione geniale di Diesel, in pochi sanno che il suo primo prototipo fu ideato per funzionare con olio di arachide. Nel 1912 l'ingegnere pronunciò queste parole: «L'uso degli oli vegetali come carburanti per i motori può sembrare insignificante oggi, ma tali oli, col passare del tempo, possono diventare altrettanto importanti quanto il petrolio e il carbone; la forza motrice potrà essere ottenuta col calore del Sole anche quando le riserve dei combustibili liquidi e solidi saranno esaurite».

Queste parole profetiche dimostrano come già un secolo fa si prospettasse il problema dell'esaurimento delle risorse energetiche.

Alla fine dell'Ottocento diversi scienziati avevano individuato nell'energia solare una fonte rinnovabile e inesauribile. Ma soltanto negli anni Novanta del secolo scorso questi principi sono confluiti nei punti chiave della **Chimica verde** (*Green Chemistry*). Questa nuova concezione della chimica si fonda sull'intento di sviluppare processi, tecnologie e prodotti che siano sostenibili a livello ambientale, energetico ed economico. La tutela degli esseri viventi, dell'ambiente e delle sue risorse hanno dato il via a moltissime ricerche scientifiche, tra cui appunto lo studio di combustibili alternativi alle fonti fossili.

Un biocarburante sostenibile

L'utilizzo degli oli vegetali è stato fortemente rivalutato negli ultimi anni.

Come biocombustibili, infatti, presentano diversi vantaggi:

1. Permettono di ridurre la dipendenza dal petrolio.
2. Sono una risorsa rinnovabile: si formano tramite il ciclo vitale delle piante.
3. La loro combustione riduce le emissioni di anidride carbonica perché derivano da fonti vegetali che utilizzano la fotosintesi.
4. Riducono le emissioni di inquinanti.
5. Sono liquidi a temperatura ambiente e facilmente disponibili.
6. Hanno un elevato potere calorifico (energia prodotta dalla combustione per unità di massa, MJ/kg).

Nonostante le loro potenzialità, diversi studi hanno però dimostrato che gli oli vegetali non possono essere usati tal quali. A differenza del comune gasolio, infatti, essi hanno una viscosità molto elevata che provoca, soprattutto alle basse temperature, la formazione di depositi che causano guasti al sistema di iniezione del motore.

Biodiesel e sostenibilità

Il biodiesel è nato con l'intento di unire i vantaggi degli oli vegetali alla necessità di renderli utilizzabili per i motori diesel. Si è scoperto che, trattando gli oli vegetali con sostanze come l'alcol, è possibile ottenere molecole con caratteristiche chimico-fisiche simili a quelle del diesel, cioè un **biodiesel**.

Per riuscire a produrre un combustibile sostenibile non è però sufficiente che derivi da fonti rinnovabili. Nella produzione del biodiesel si è scelto di utilizzare oli vegetali esausti oppure oli non edibili: in questo modo non si entra in competizione con le coltivazioni destinate all'industria alimentare e si riesce a valorizzare un prodotto di scarto.

Il biodiesel può essere prodotto a partire da oli diversi: colza, palma, soia, noce di cocco, lino, canapa, girasole, arachide, anche se quelli più utilizzati sono i primi tre. A seconda del territorio ci può essere un olio più conveniente di un altro (figura).

Tenendo conto di questi fattori, la produzione del biodiesel diventa una via sostenibile in una specifica realtà geografica. Vi è però ancora tanto da fare per riuscire a mettere sul mercato biocombustibili che siano competitivi con i combustibili fossili. Ma attraverso la sinergia tra ricerca e politiche sostenibili, il futuro a cui guardava Diesel potrà diventare presto realtà.

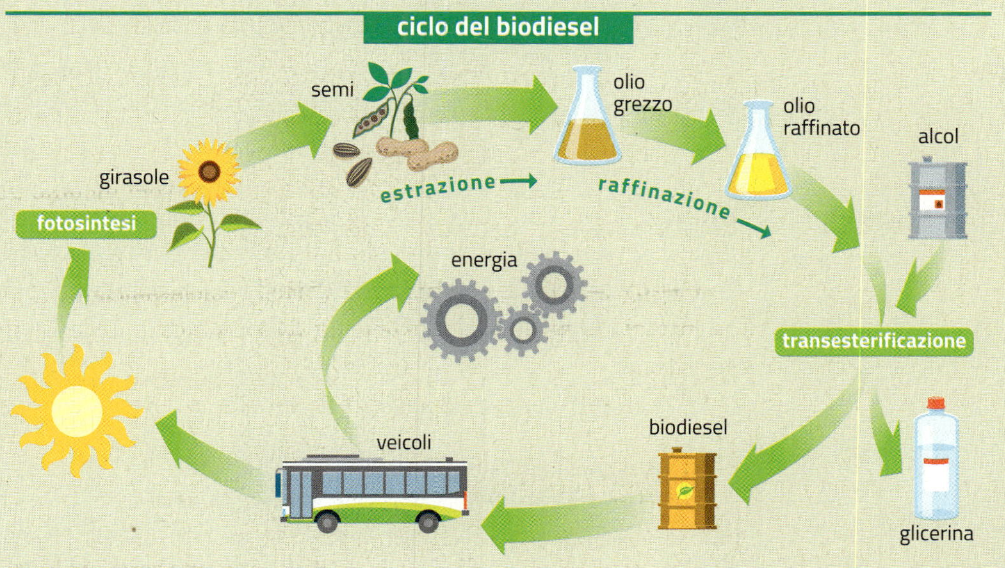

Figura Il ciclo del biodiesel.

2 I cicloalcani

7 La formula molecolare e la nomenclatura dei cicloalcani

I cicloalcani sono idrocarburi alifatici a catena chiusa, ai quali corrisponde la **formula molecolare** generale (in cui il numero di atomi di carbonio, *n*, è ≥ 3):

$$C_nH_{2n}$$

Il **nome** dei cicloalcani secondo le regole IUPAC è costituito dal prefisso *ciclo-* e dal nome dell'*n-alcano* avente lo stesso numero di atomi di carbonio:

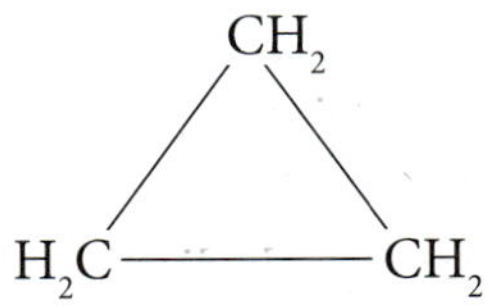

ciclopropano

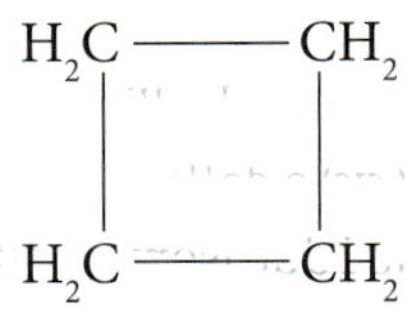

ciclobutano

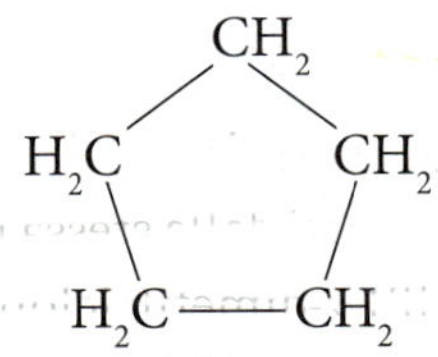

ciclopentano

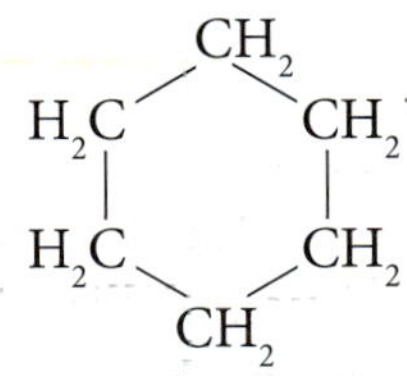

cicloesano

Le formule razionali, tuttavia, possono essere rappresentate semplicemente con le *formule topologiche* costituite da poligoni regolari i cui vertici corrispondono ai gruppi CH_2:

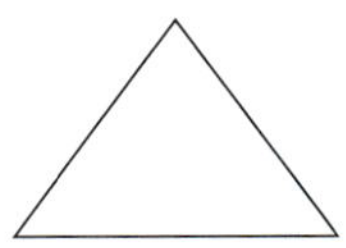
ciclopropano

ciclobutano

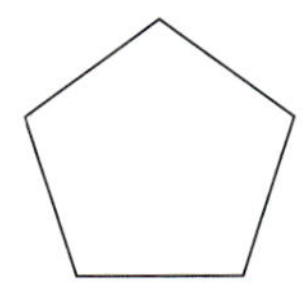
ciclopentano

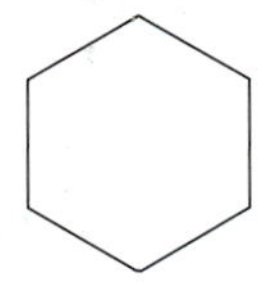
cicloesano

Nelle molecole dei cicloalcani gli atomi di idrogeno possono essere sostituiti con gruppi alchilici o alogeni. In tal caso il nome del sostituente *precede* quello del cicloalcano:

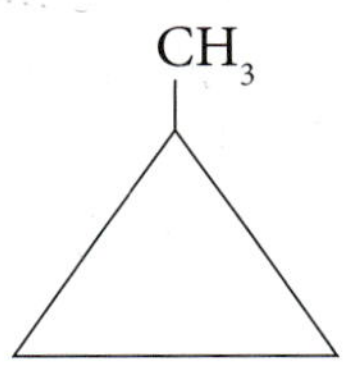

metilciclopropano

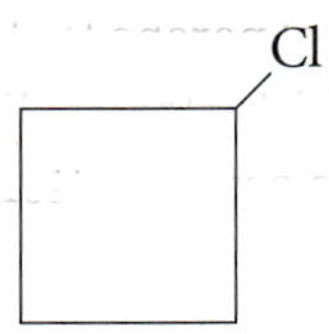

clorociclobutano

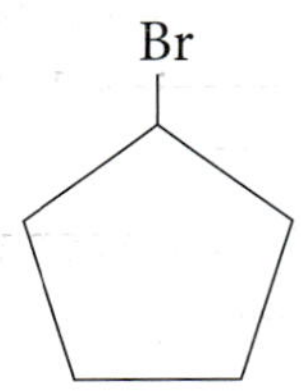

bromociclopentano

8 Isomeria nei cicloalcani: di posizione e geometrica

Nei cicloalcani si hanno le *isomerie di posizione* e *geometrica*: la prima dipende dalla posizione dei sostituenti, la seconda dalla loro disposizione rispetto al piano dell'anello.

Gli isomeri di posizione

Un cicloalcano con due o più sostituenti può presentare isomeria di posizione. In tal caso si devono numerare gli atomi di carbonio dell'anello partendo dall'atomo di carbonio che permette di utilizzare i *numeri più piccoli* in corrispondenza dei sostituenti. La numerazione deve sempre iniziare da un atomo di carbonio in cui è presente un *sostituente*:

a. se i sostituenti sono *uguali*, il nome deve essere preceduto dai prefissi *di-*, *tri-*, *tetra-*:

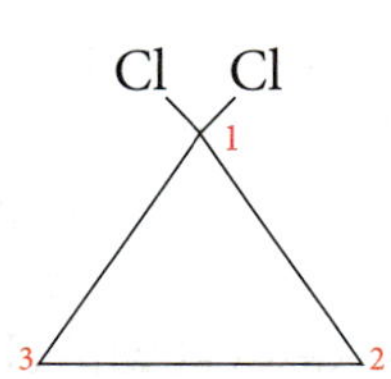

1,1-diclorociclopropano

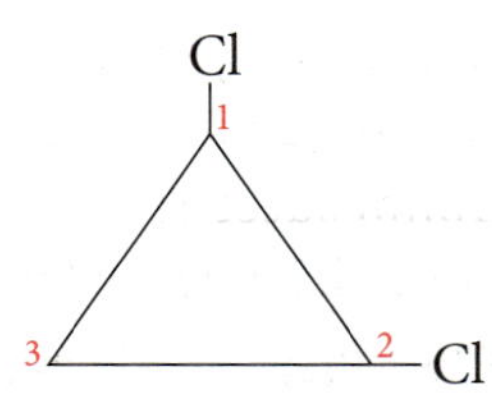

1,2-diclorociclopropano

b. se i sostituenti sono *diversi*, i nomi devono essere indicati in ordine alfabetico:

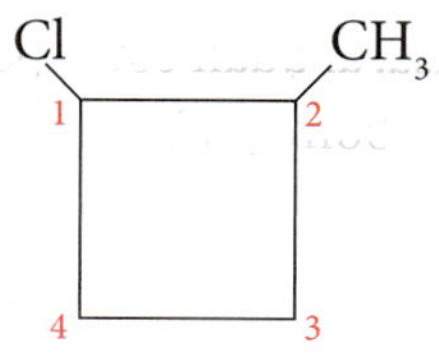

1-cloro-2-metilciclobutano

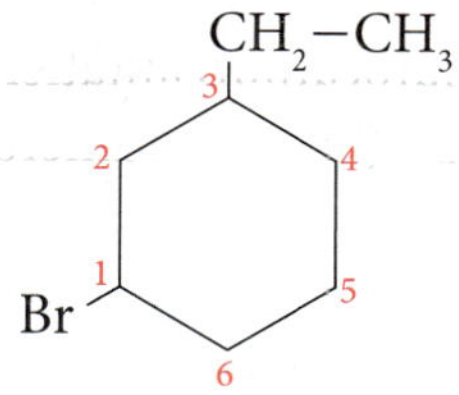

1-bromo-3-etilcicloesano

Gli isomeri geometrici

I cicloalcani con due sostituenti uguali presentano anche l'isomeria geometrica. Infatti, i sostituenti possono trovarsi dalla stessa parte (*cis*) o dalla parte opposta (*trans*) rispetto al piano dell'anello. Nell'1,2-dimetilciclopentano i due isomeri differiscono per la disposizione dei due gruppi metilici CH_3:

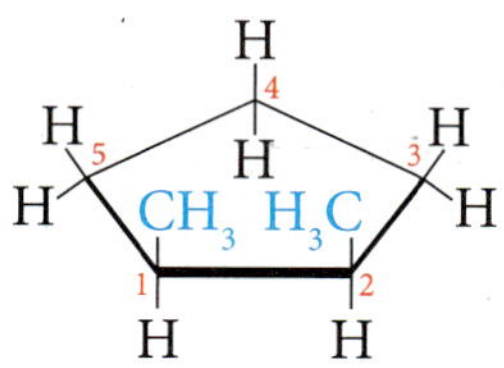

cis-1,2-dimetilciclopentano
(t_e = 99 °C)

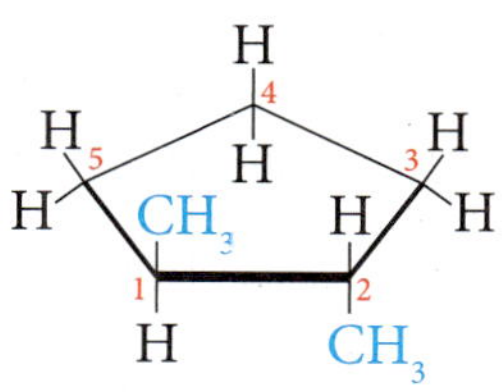

trans-1,2-dimetilciclopentano
(t_e = 92 °C)

I due isomeri *cis* e *trans* sono composti diversi, in quanto hanno proprietà fisiche (temperatura di ebollizione) e chimiche diverse, e *non si possono interconvertire* l'uno nell'altro per rotazione intorno al legame semplice carbonio-carbonio (come fanno invece gli isomeri conformazionali degli alcani) perché la struttura ciclica lo impedisce. Gli isomeri geometrici hanno anche attività biologica diversa: una molecola con due gruppi attivi in *cis* interagirà con un enzima o un recettore cellulare in modo diverso rispetto all'isomero *trans*.

ESERCIZIO SVOLTO

Proviamo insieme

Assegna il nome al seguente composto:

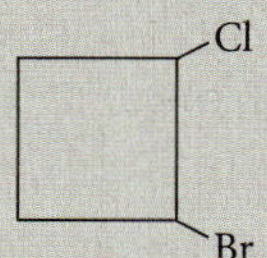

Risoluzione

La formula topologica è costituita da quattro atomi di carbonio e quindi il nome del composto corrisponde al **ciclobutano**. La numerazione dell'anello deve iniziare da un atomo di carbonio in cui è presente un **sostituente**, utilizzando i numeri più piccoli in corrispondenza dei sostituenti, e indicandoli in ordine alfabetico: quindi il bromo è in posizione 1 e il cloro in posizione 2.

Il nome del composto è pertanto il seguente:

1-bromo-2-clorociclobutano

Prova da solo

Assegna il nome ai seguenti composti:

a.

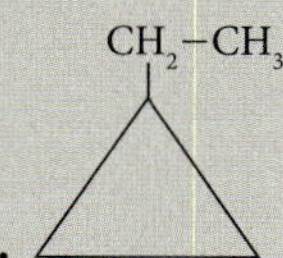

b.

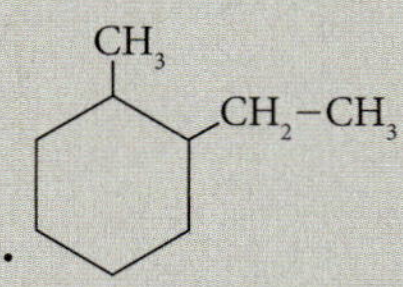

c.

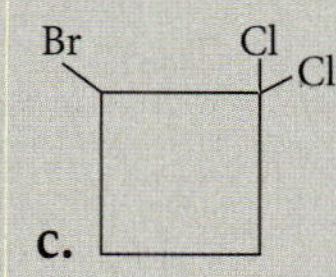

9 Proprietà fisiche: composti con bassi punti di ebollizione

A temperatura ambiente e a pressione ordinaria, i primi due termini della serie (ciclopropano e ciclobutano) sono allo stato di gas, i termini fino al ciclodecano sono allo stato liquido, i termini successivi sono allo stato solido. I cicloalcani sono composti *apolari* e quindi **insolubili** in acqua (ma solubili in solventi organici apolari) e con bassi **punti di ebollizione** (leggermente superiori a quelli degli alcani) che aumentano con l'aumentare della massa molecolare.

LE PAROLE

Si dice **apolare** (dal greco: *a* = alfa privativo = senza e *pólos* = perno) un composto chimico che, non presentando separazione di cariche elettriche, è idrofobico ovvero non ha affinità con l'acqua.

10 Conformazione: la disposizione spaziale delle molecole

Gli atomi di carbonio dei cicloalcani sono ibridati sp^3 e quindi formano quattro legami covalenti σ che dovrebbero assumere disposizione tetraedrica con angoli di legame di 109,5°. Tuttavia, relativamente alla loro disposizione spaziale (conformazione), si deve precisare che:

a. il *ciclopropano*, avendo tre atomi di carbonio, assume una disposizione planare con formazione di angoli di legame di 60° e quindi molto minori dell'angolo tetraedrico di 109,5°. La molecola del ciclopropano con la formula di Lewis è così rappresentata:

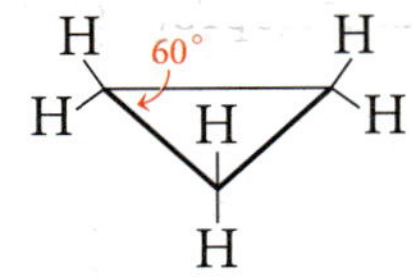

ciclopropano

b. il *ciclobutano* e il *ciclopentano* non hanno una conformazione planare, ma leggermente ripiegata. Gli atomi di carbonio si dispongono infatti nello spazio a formare angoli di legame rispettivamente di 88°, valore molto minore rispetto all'angolo tetraedrico, e 105°, valore circa uguale all'angolo tetraedrico:

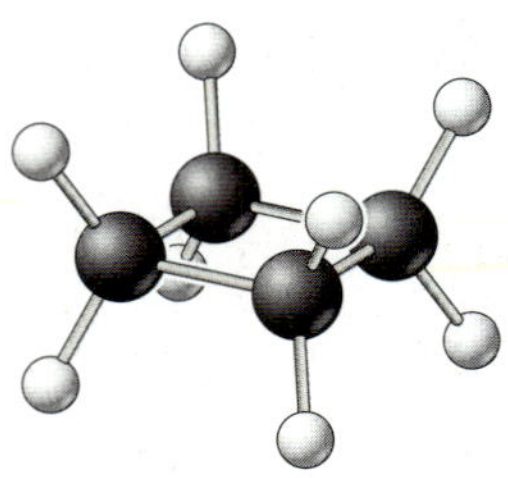

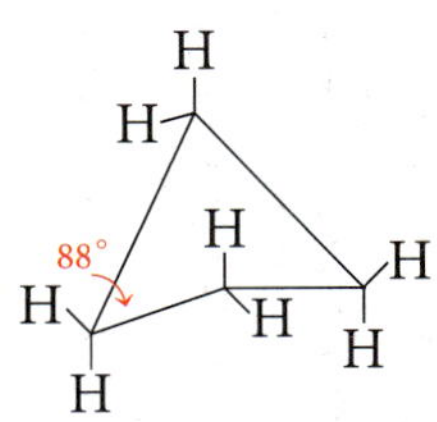

ciclobutano

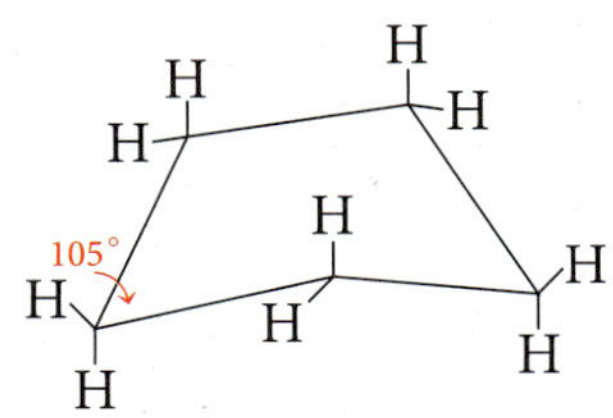

ciclopentano

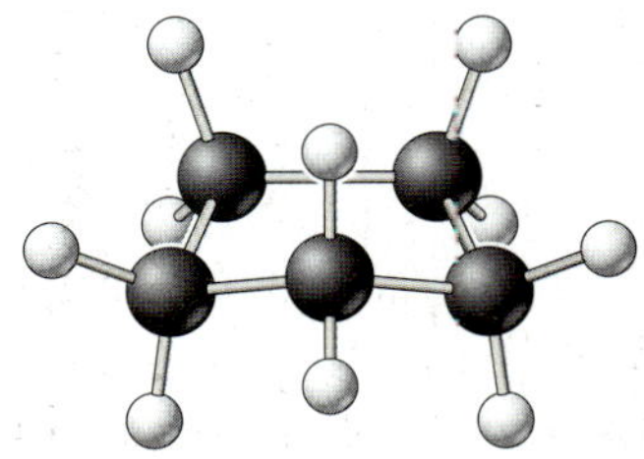

c. il *cicloesano* non ha una disposizione planare con angoli di 120°. Il ripiegamento consente infatti alla molecola di assumere due conformazioni spaziali differenti: **a sedia** e **a barca**, nelle quali gli atomi di carbonio formano angoli di legame di 109,5°, valore uguale all'angolo tetraedrico.

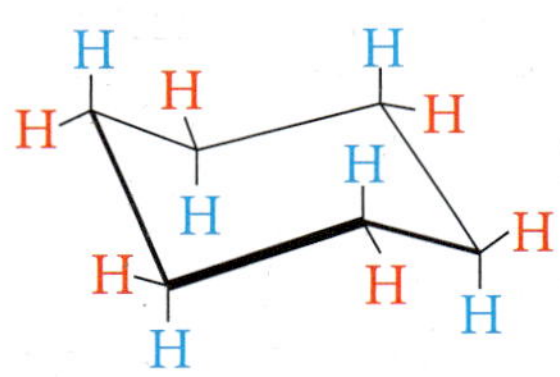

conformazione a sedia

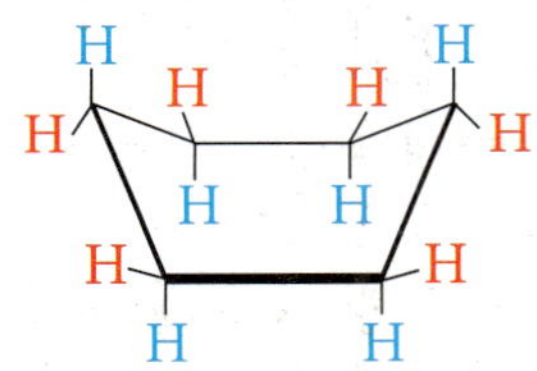

conformazione a barca

Nella conformazione a sedia gli atomi di idrogeno del cicloesano sono di due tipi: *assiali* ed *equatoriali*. Dei sei atomi assiali, tre si trovano al di sopra e tre al di sotto del piano dell'anello, mentre i sei atomi equatoriali si trovano tutti sul piano dell'anello (figura 8): in questo modo le repulsioni sono minime e la struttura è stabile.

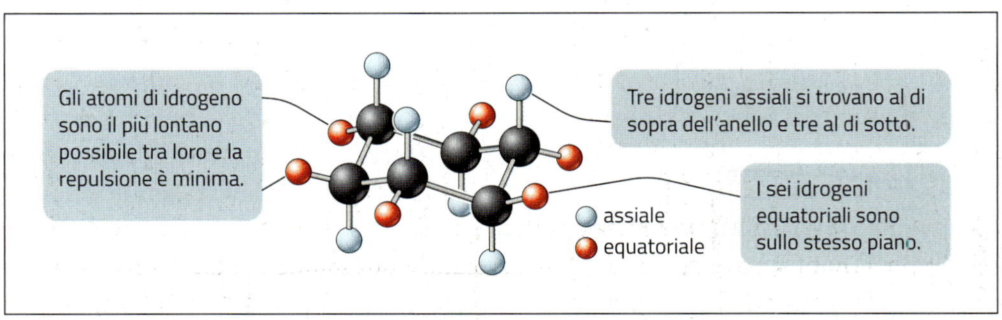

Figura 8 **La conformazione a sedia del cicloesano** È visibile la disposizione degli idrogeni assiali ed equatoriali.

11 Le reazioni dei cicloalcani

I cicloalcani sono composti stabili e poco reattivi con comportamento chimico simile a quello degli alcani, per cui le principali reazioni sono di *combustione* e di *alogenazione*.

Una reattività più elevata si verifica solo nei primi due termini della serie (ciclopropano e ciclobutano) ed è da mettere in relazione con gli angoli di legame tra gli atomi di carbonio, i cui valori di 60° nel ciclopropano e di 88° nel ciclobutano sono ben lontani dal valore dell'angolo tetraedrico di 109,5°; di conseguenza si ha che gli orbitali ibridi sp^3 si sovrappongono solo parzialmente, formando legami con una elevata **tensione angolare**; ciò conferisce instabilità al ciclopropano e al ciclobutano i quali danno pertanto reazioni di addizione.

La reazione di combustione

La reazione di **combustione**, una reazione esotermica che avviene in eccesso di ossigeno e porta alla formazione di diossido di carbonio e acqua, è rappresentata dall'equazione:

$$(CH_2)_n + \frac{3}{2} n\, O_2 \rightarrow n\, CO_2 + n\, H_2O\ (-\Delta H)$$

La reazione di combustione del ciclopentano è rappresentata dall'equazione:

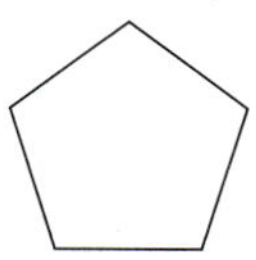

$$+ \frac{15}{2} O_2 \rightarrow 5\, CO_2 + 5\, H_2O\ (-\Delta H)$$

TI RICORDI?

La **combustione** è una reazione tra un combustibile (un composto organico costituito da carbonio e idrogeno oppure da carbonio, idrogeno e ossigeno) e un comburente (ossigeno).

A COLPO D'OCCHIO

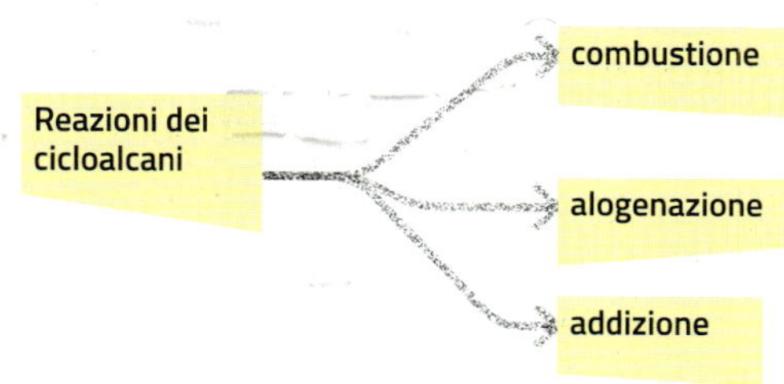

La reazione di alogenazione

La reazione di **alogenazione** avviene mediante la formazione di radicali con cloro o bromo, in presenza di *luce*, e porta alla formazione di cicloalcani alogenati *monosostituiti*. L'alogenazione del ciclopentano con bromo è rappresentata dall'equazione:

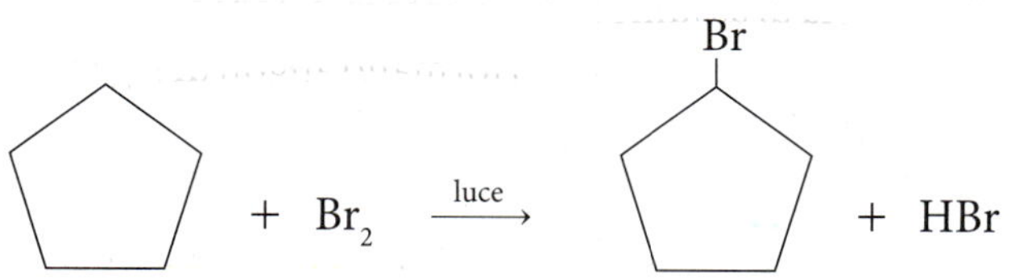

ciclopentano bromociclopentano

La reazione di addizione

La reazione di **addizione** si verifica solo con il ciclopropano o il ciclobutano, che reagiscono con idrogeno molecolare (in presenza di un catalizzatore, Pt) o con bromo (in presenza di luce). Si ha così l'apertura dell'anello e la formazione rispettivamente di *n*-alcani o di alogenuri alchilici.

La reazione di addizione del ciclobutano con bromo forma l'1,4-dibromobutano:

$$+ Br_2 \xrightarrow{\text{luce}} CH_2Br-CH_2-CH_2-CH_2Br$$

1,4-dibromobutano

TI RICORDI?

Il **catalizzatore** è una specie chimica che, aggiunta ai reagenti di una reazione chimica, aumenta la velocità di reazione, abbassando l'energia di attivazione.

RISPONDI

A Quali tipi di isomeria presentano i cicloalcani?
B Perché la conformazione a sedia del cicloesano è più stabile di quella a barca?
C Perché la reattività del ciclopropano e del ciclobutano è più elevata rispetto agli altri cicloalcani?

3 Gli alcheni

TI RICORDI?

La **forma degli orbitali atomici** è determinata dal numero quantico secondario l: per $l = 0$ l'orbitale è di tipo *s*, per $l = 1$ l'orbitale è di tipo *p*.

12 Negli alcheni il carbonio è ibridato sp^2

Gli **alcheni** o **olefine** sono idrocarburi alifatici a catena aperta, insaturi per la presenza di un doppio legame carbonio-carbonio.

Negli alcheni, gli atomi di carbonio del doppio legame sono *ibridati* sp^2. L'atomo di carbonio, che nello stato eccitato ha configurazione elettronica esterna $2s^12p^3$, al momento della combinazione con altri tre atomi, combina il suo orbitale *s* con i suoi due orbitali *p* (ibridazione). Si formano tre orbitali ibridi sp^2 contenenti ciascuno un elettrone.

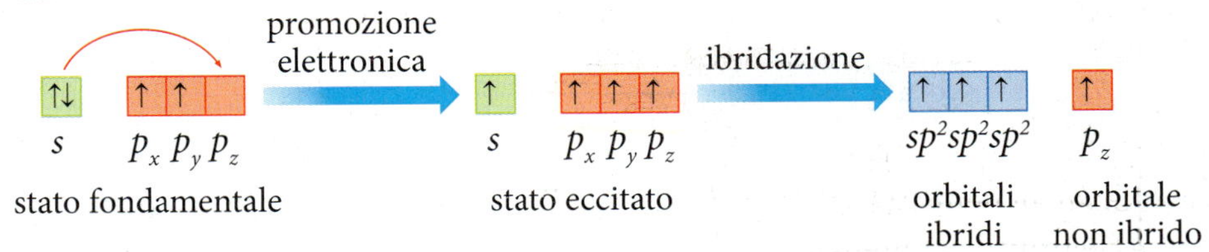

I tre orbitali ibridi sp^2 si dispongono sullo stesso piano e si orientano in direzione dei vertici di un triangolo equilatero (disposizione **planare triangolare**). Gli orbitali ibridi sp^2 formano angoli di 120° rispetto al nucleo che si trova al centro del triangolo. L'orbitale atomico non ibrido *p* contiene un elettrone e si dispone perpendicolarmente al piano dei tre orbitali ibridi sp^2 (figura **9**).

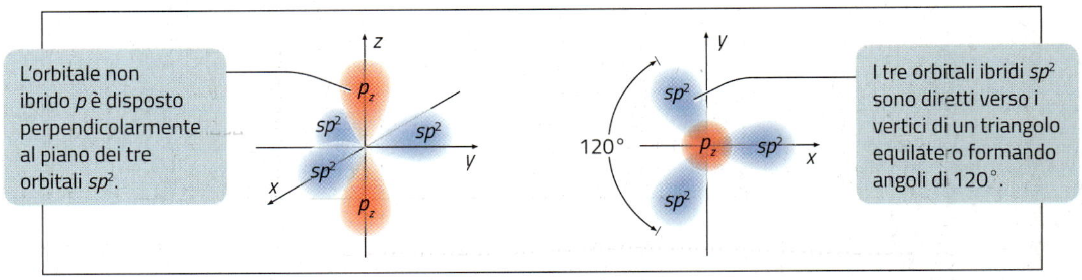

Figura **9** L'orientamento degli orbitali ibridi sp^2 e dell'orbitale non ibrido *p*.

Quando due atomi di carbonio ibridati sp^2 si uniscono tra loro, si ha la sovrapposizione frontale di due orbitali ibridi sp^2 di ciascun atomo con formazione di un *legame* σ, forte e stabile. Tra i due orbitali non ibridi *p* si ha una sovrapposizione laterale e la formazione di un *legame* π, debole e reattivo: i due atomi di carbonio risultano in tal modo legati da un doppio legame (uno σ e uno π).

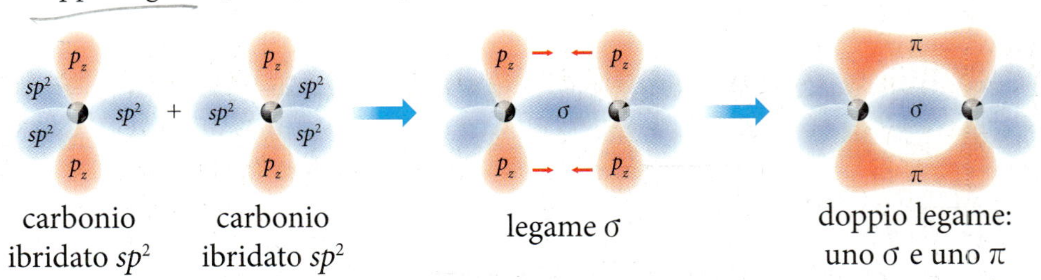

Il doppio legame tra due atomi di carbonio implica tre importanti conseguenze:

- la libera *rotazione non può avvenire*, a differenza di quanto accade nel legame semplice. La rotazione comporterebbe la rottura del legame π che richiederebbe più energia di quella disponibile a temperatura ambiente (figura **10**);

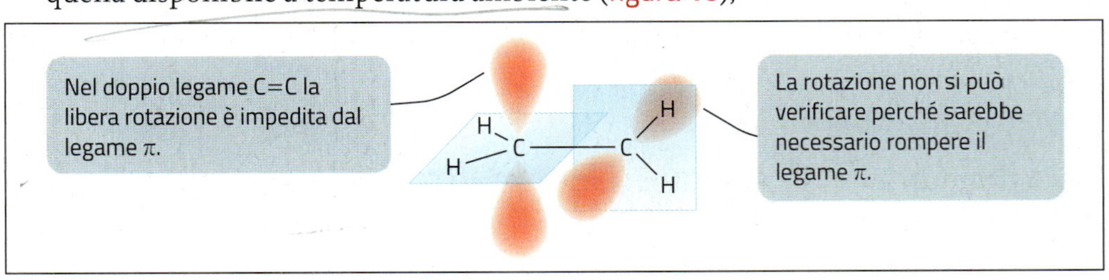

Figura **10** Il doppio legame C=C e il legame π.

- la lunghezza del doppio legame (1,34 Å) è minore rispetto a quella del legame semplice carbonio-carbonio perché i quattro elettroni condivisi avvicinano i due nuclei più di quanto possa fare un solo doppietto;
- la presenza di un legame π più debole di un legame σ rende la molecola maggiormente instabile e quindi più reattiva.

13 La formula molecolare e la nomenclatura degli alcheni

Agli alcheni corrisponde la **formula molecolare** generale (in cui il numero di atomi di carbonio, *n*, è ≥ 2):

$$C_nH_{2n}$$

Il **nome** degli alcheni con una catena lineare di atomi di carbonio, secondo le regole IUPAC, è costituito dal prefisso corrispondente alla radice del nome degli alcani e dal suffisso *-ene*. Per i primi tre termini della serie ($n = 2, 3, 4$) si può utilizzare anche il suffisso *-ilene* (tabella **5**). Il primo termine delle serie è l'etilene.

Tabella **5** **Gli alcheni** La formula molecolare e il nome dei primi sei termini della serie degli alcheni.

n	Formula molecolare	Nome
2	C_2H_4	etene (etilene)
3	C_3H_6	propene (propilene)
4	C_4H_8	butene (butilene)
5	C_5H_{10}	pentene
6	C_6H_{12}	esene
7	C_7H_{14}	eptene

Il **gruppo alchenilico** più noto della serie degli alcheni è il *vinile* (figura **11**), gruppo atomico con un atomo idrogeno in meno rispetto all'etilene.

$$-CH{=}CH_2$$

vinile

Figura **11** **Il radicale vinile** Con il cloruro di vinile ($CH_2{=}CHCl$) erano prodotti dischi musicali chiamati anche «vinili».

Gli alcheni a catena lineare costituiscono una *serie omologa.*

14 L'isomeria negli alcheni: di posizione, di catena e geometrica

Negli alcheni si hanno le *isomerie di posizione, di catena* e *geometrica.* I diversi tipi di isomeria dipendono dalla posizione nella catena del doppio legame e dei sostituenti.

Gli isomeri di posizione

A partire dal terzo termine della serie ($n = 4$) si verifica, relativamente alla posizione del doppio legame nella catena carboniosa, l'**isomeria di posizione**: in tal caso il nome dell'alchene deve essere preceduto da un numero che indica la posizione del doppio legame, tenendo presente che la numerazione della catena carboniosa deve iniziare dall'estremità più vicina al doppio legame. Per l'esene (C_6H_{12}) esistono tre isomeri di posizione:

$$\overset{1}{C}H_2{=}\overset{2}{C}H-\overset{3}{C}H_2-\overset{4}{C}H_2-\overset{5}{C}H_2-\overset{6}{C}H_3$$

1-esene

$$\overset{1}{C}H_3-\overset{2}{C}H{=}\overset{3}{C}H-\overset{4}{C}H_2-\overset{5}{C}H_2-\overset{6}{C}H_3$$

2-esene

$$\overset{1}{C}H_3-\overset{2}{C}H_2-\overset{3}{C}H{=}\overset{4}{C}H-\overset{5}{C}H_2-\overset{6}{C}H_3$$

3-esene

Gli isomeri di catena

Quando alla catena carboniosa sono legati dei sostituenti (gruppi alchilici o atomi di alogeni) si verifica l'**isomeria di catena**. In tal caso per assegnare il nome al composto si deve individuare la *catena carboniosa più lunga contenente il doppio legame* e si deve numerare la catena partendo dall'estremità che permette di utilizzare il numero più piccolo per gli atomi di carbonio del doppio legame:

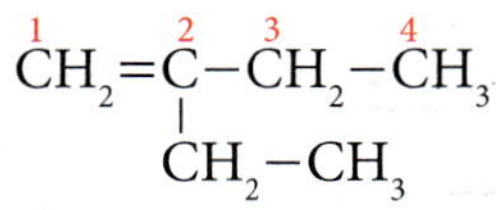
2-etil-1-butene

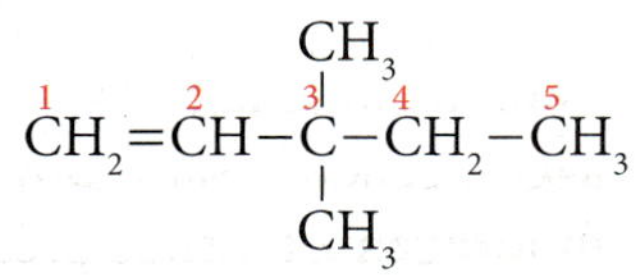
3,3-dimetil-1-pentene

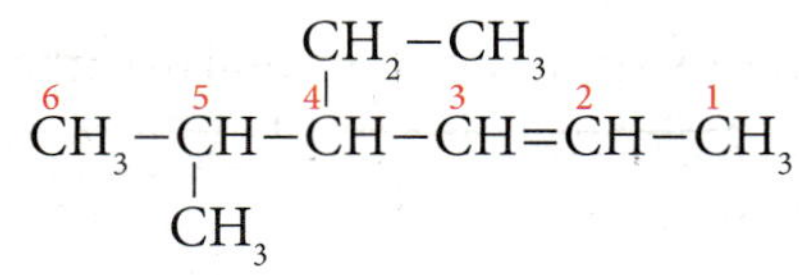
4-etil-5-metil-2-esene

Se il doppio legame è equidistante dalle due estremità della catena, la numerazione deve iniziare dall'estremità *più vicina al primo sostituente*:

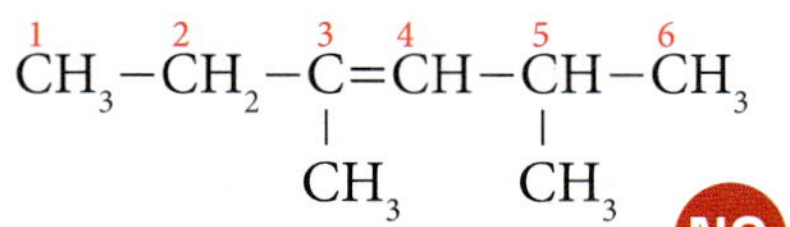
3,5-dimetil-3-esene NO

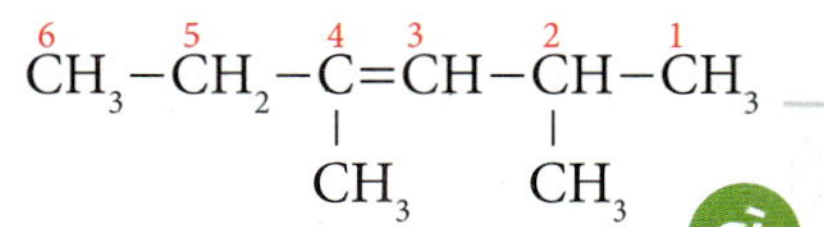
2,4-dimetil-3-esene SÌ

Gli isomeri geometrici

Gli atomi di carbonio del doppio legame non possono ruotare l'uno rispetto all'altro. Quando entrambi gli atomi di carbonio del doppio legame sono legati a due atomi o due gruppi atomici diversi dall'atomo di idrogeno (alcheni disostituiti) si ha l'**isomeria geometrica**. In tal caso i nomi dei due isomeri sono preceduti dai prefissi *cis*- o *trans*- a seconda che i due sostituenti si trovino dalla stessa parte o da parte opposta rispetto al doppio legame (figura **12**).

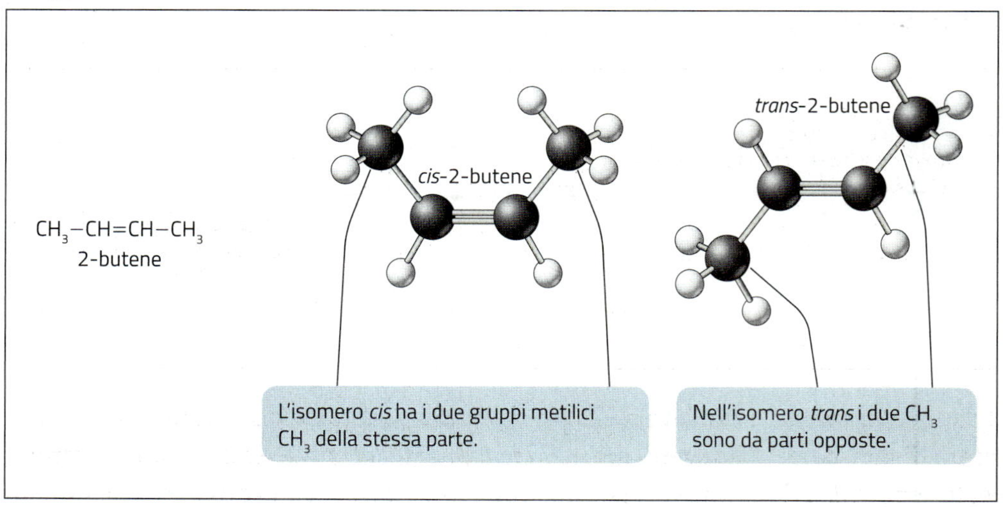

Figura **12** **I modelli molecolari degli isomeri geometrici del 2-butene** L'isomero *cis* ha i due gruppi metilici CH_3 dalla stessa parte, l'isomero *trans* da parte opposta.

Gli isomeri geometrici del 2-pentene sono così rappresentati:

$CH_3-CH=CH-CH_2-CH_3$

2-pentene

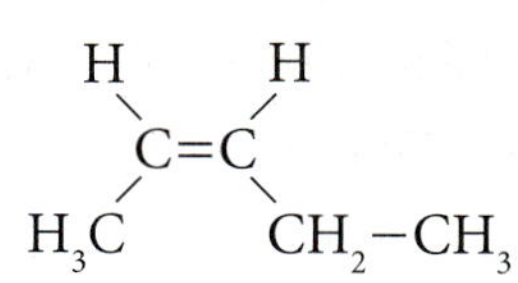
cis-2-pentene

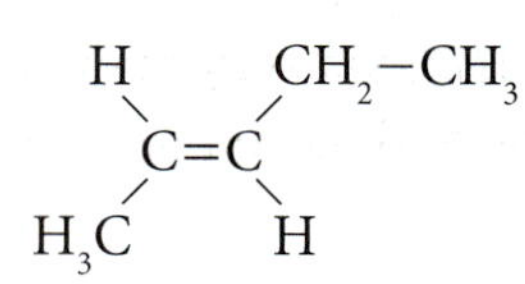
trans-2-pentene

Gli isomeri geometrici non sono interconvertibili spontaneamente e avendo proprietà fisiche e chimiche diverse possono essere separati l'uno dall'altro.

ESERCIZIO SVOLTO

Proviamo insieme

Rappresenta la formula razionale del seguente composto:

5,5-dicloro-4-metil-2-esene

Risoluzione

Il prefisso *es-* indica sei atomi di carbonio e la desinenza -ene un doppio legame; rappresentiamo quindi la catena carboniosa corrispondente sistemando il doppio legame nella posizione 2:

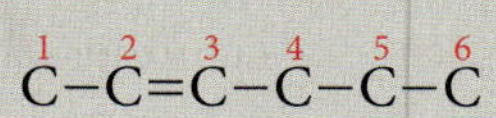

Aggiungiamo i **sostituenti**, i due atomi di cloro e il gruppo metile, rispettivamente nelle posizioni 5 e 4:

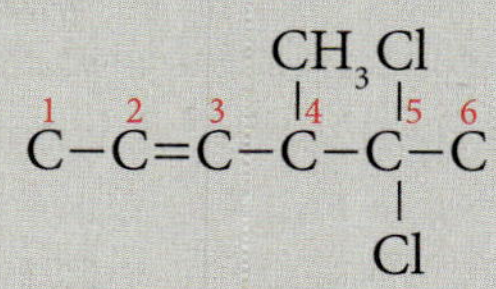

Completiamo la formula del composto aggiungendo l'esatto **numero di atomi di idrogeno**, tenendo presente che ogni atomo di carbonio forma **quattro legami**.

La formula razionale del composto è quindi:

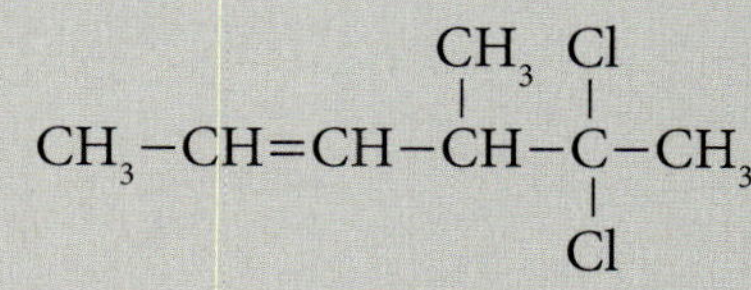

Prova da solo

Rappresenta le formule razionali dei seguenti composti:

a. 4-etil-5-metil-2-propil-1-esene
b. 4,4-dibromo-2-cloro-2-pentene
c. *trans*-1,2-dibromopropene

15 Proprietà fisiche: composti insolubili in acqua

A temperatura ambiente e a pressione ordinaria i primi tre termini della serie degli alcheni sono allo stato di gas; dal quarto al sedicesimo termine gli alcheni sono allo stato liquido; i termini superiori sono allo stato solido.

Le molecole degli alcheni sono apolari, di conseguenza questi composti sono insolubili in acqua e hanno punti di ebollizione bassi, molto simili a quelli dei corrispondenti alcani, perché i legami intermolecolari (forze di London) sono molto deboli.

16 Le reazioni di addizione al doppio legame

La reattività degli alcheni è legata alla presenza del doppio legame tra i due atomi di carbonio ibridati sp^2 (figura **13**).

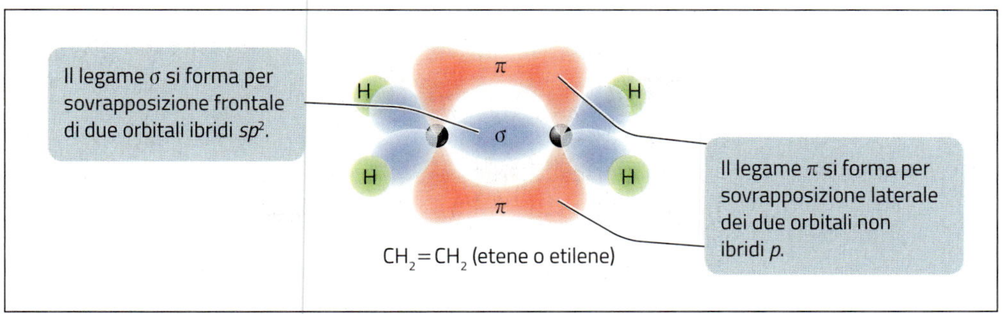

Figura **13** **Il doppio legame nella molecola dell'etilene.**

Il doppio legame ha una elevata *densità elettronica* e rappresenta pertanto un ottimo punto di attacco per l'idrogeno molecolare e per gli agenti elettrofili. I due elettroni del legame π, debole e reattivo, reagendo con gli elettrofili danno origine a **reazioni di addizione**.

In queste reazioni, si rompe il legame π dell'alchene e il legame σ del reagente (X_2 o HX), ma si formano due legami σ che, essendo più forti del legame π, portano alla formazione di un prodotto saturo maggiormente stabile:

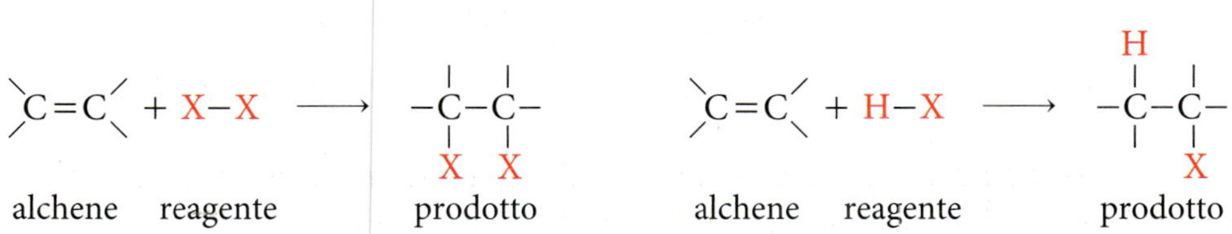

A COLPO D'OCCHIO

Reazioni degli alcheni
- idrogenazione
- addizione elettrofila
- polimerizzazione

Le reazioni di addizione che danno gli alcheni sono quelle di idrogenazione (o riduzione catalitica), di addizione elettrofila e di polimerizzazione.

La reazione di idrogenazione

La reazione di **idrogenazione** o **riduzione catalitica** avviene con idrogeno molecolare (H_2) in presenza di un catalizzatore metallico (Ni, Pd, Pt) e porta alla formazione del corrispondente alcano. Il catalizzatore favorisce la rottura del legame H−H.

Una **reazione di riduzione** avviene quando gli atomi di carbonio di una molecola formano nuovi legami con atomi di idrogeno.

I due atomi di idrogeno si addizionano sullo stesso lato rispetto al piano del doppio legame; la riduzione ha quindi una stereochimica di tipo *sin*:

$$\mathrm{>C{=}C<} + H_2 \xrightarrow{Pt} \mathrm{-\underset{H}{C}-\underset{H}{C}-}$$

alchene → alcano

A COLPO D'OCCHIO

Addizione elettrofila degli alcheni
- reazione di alogenazione
- reazione con acidi alogenidrici
- reazione di idratazione

In una reazione di riduzione *aumenta* il numero di atomi di idrogeno nella molecola; per esempio, l'idrogenazione del propene fornisce propano:

$$CH_2{=}CH{-}CH_3 + H_2 \xrightarrow{Pt} CH_3{-}CH_2{-}CH_3$$

propene → propano

La reazione di addizione elettrofila

La reazione di **addizione elettrofila** avviene con alogeni X_2 (alogenazione), acidi alogenidrici HX e acqua (idratazione).

Se la reazione di addizione elettrofila avviene tra un alchene *asimmetrico* e un reagente *asimmetrico* (tabella 6) si dovrebbero ottenere due prodotti.

Nella reazione di addizione tra il propene e il cloruro di idrogeno si dovrebbero formare due prodotti, il 2-cloropropano e l'1-cloropropano:

$$CH_2{=}CH{-}CH_3 + HCl \rightarrow \underset{H}{CH_2}{-}\underset{Cl}{CH}{-}CH_3 \quad \text{2-cloropropano}$$

$$CH_2{=}CH{-}CH_3 + HCl \rightarrow \underset{Cl}{CH_2}{-}\underset{H}{CH}{-}CH_3 \quad \text{1-cloropropano}$$

Alchene	Reagente
$CH_2=CH-CH_3$	H − Cl
$CH_2=CH-CH_2-CH_3$	H − Br
$CH_2=CH-CH_2-CH_2-CH_3$	H − I
$CH_3-CH=CH-CH_2-CH_3$	H − OH

Tabella 6 I più comuni alcheni asimmetrici e reagenti asimmetrici.

In effetti in questa reazione il prodotto che si forma è uno solo, il 2-cloropropano. Dall'osservazione sperimentale di un gran numero di reazioni di questo tipo, il chimico russo Vladimir Markovnikov enunciò la seguente regola empirica:

Nella **reazione di addizione** tra un alchene asimmetrico e un reagente asimmetrico, l'atomo di idrogeno del reagente si lega all'atomo di carbonio del doppio legame legato al maggior numero di atomi di idrogeno.

LE PAROLE

Il termine **empirico** (dal greco: *empeirikós* = ricavato dall'esperienza) indica un metodo o un risultato basato su dati sperimentali piuttosto che su un principio scientifico.

La regola di Markovnikov si giustifica analizzando il meccanismo di reazione che avviene in due stadi:

1. il *primo stadio* è l'addizione di un elettrofilo H^+ al doppio legame con formazione di un **carbocatione** e può avvenire in due modi generando cationi con diversa stabilità:

$$CH_2{=}CH{-}CH_3 + H^+ \xrightarrow{\text{addizione al C-1}} \underset{|}{\overset{H}{}}CH_2{-}\overset{+}{C}H{-}CH_3 \quad \text{carbocatione più stabile}$$

$$CH_2{=}CH{-}CH_3 + H^+ \xrightarrow{\text{addizione al C-2}} \overset{+}{C}H_2{-}\underset{\underset{H}{|}}{C}H{-}CH_3 \quad \text{carbocatione meno stabile}$$

2. Nel *secondo stadio* lo ione cloruro, Cl^-, si legherà al carbocatione secondario $CH_3{-}\overset{+}{C}H{-}CH_3$ (più stabile del carbocatione primario $\overset{+}{C}H_2{-}CH_2{-}CH_3$) con formazione del 2-cloropropano:

$$CH_3{-}\overset{+}{C}H{-}CH_3 + Cl^- \longrightarrow CH_3{-}\underset{\underset{Cl}{|}}{C}H{-}CH_3$$

Di conseguenza, la regola di Markovnikov può essere espressa anche così:

La **reazione di addizione** tra un agente elettrofilo e il doppio legame di un alchene asimmetrico decorre in modo tale da portare alla formazione del carbocatione più stabile.

- La reazione di **alogenazione** consiste nell'aggiungere a un alchene la soluzione di un alogeno (Cl_2, Br_2) in un solvente inerte (tetraclorometano CCl_4). Il prodotto che si forma è un alogenuro alchilico, più precisamente un *dialogenuro vicinale* (ha due alogeni legati a due carboni adiacenti):

$$\underset{\text{alchene}}{>C{=}C<} + \underset{\text{alogeno}}{X_2} \xrightarrow{CCl_4} \underset{\text{dialogenuro vicinale}}{-\overset{\overset{X}{|}}{\underset{|}{C}}{-}\overset{|}{\underset{\underset{X}{|}}{C}}-}$$

La reazione di alogenazione dell'1-butene con cloro (Cl_2) si rappresenta con l'equazione:

$$\underset{\text{1-butene}}{CH_2{=}CH{-}CH_2{-}CH_3} + Cl_2 \xrightarrow{CCl_4} \underset{\text{1,2-diclorobutano}}{\overset{\overset{Cl}{|}}{C}H_2{-}\overset{\overset{Cl}{|}}{C}H{-}CH_2{-}CH_3}$$

- La reazione di **acidi alogenidrici** con un alchene asimmetrico avviene in accordo con la regola di Markovnikov e porta alla formazione di un solo prodotto, un alogenuro alchilico:

$$\underset{\text{alchene}}{>C{=}\underset{|}{C}{-}\overset{|}{\underset{|}{C}}-} + \underset{\text{acido alogenidrico}}{HX} \longrightarrow \underset{\text{alogenuro alchilico}}{-\overset{|}{\underset{\underset{H}{|}}{C}}{-}\overset{\overset{X}{|}}{\underset{|}{C}}{-}\overset{|}{\underset{|}{C}}-}$$

La reazione di addizione del metilpropene con acido bromidrico HBr si rappresenta con l'equazione:

$$\underset{\text{metilpropene}}{CH_2{=}\overset{\overset{CH_3}{|}}{C}{-}CH_3} + HBr \longrightarrow \underset{\text{2-bromo-2-metilpropano}}{CH_3{-}\overset{\overset{CH_3}{|}}{\underset{\underset{Br}{|}}{C}}{-}CH_3}$$

TI RICORDI?

Gli **acidi alogenidrici** sono composti molecolari formati dall'idrogeno e da un alogeno (n.o. = −1). In acqua si dissociano in uno ione idrogeno H^+ e uno ione negativo (Cl^-, Br^-).

- La reazione di **idratazione** (addizione di acqua agli alcheni) avviene in presenza di un *catalizzatore acido* H^+ che si comporta da elettrofilo. La reazione, in accordo con la regola di Markovnikov, porta alla formazione di un alcol:

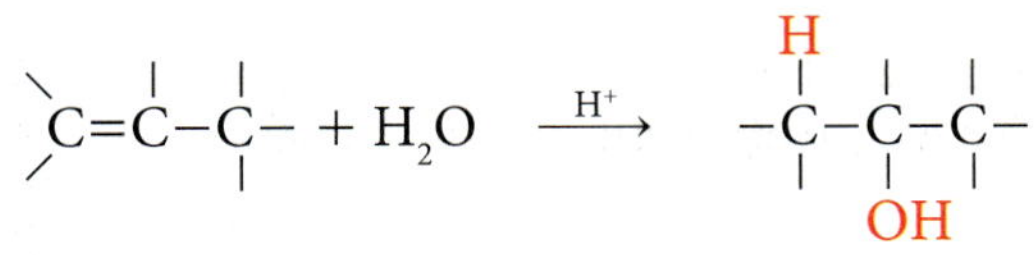

alchene — alcol

La reazione di idratazione degli alcheni avviene in due stadi:

1. nel *primo stadio* si ha l'addizione dello ione H^+ al carbonio del doppio legame con formazione di un carbocatione:

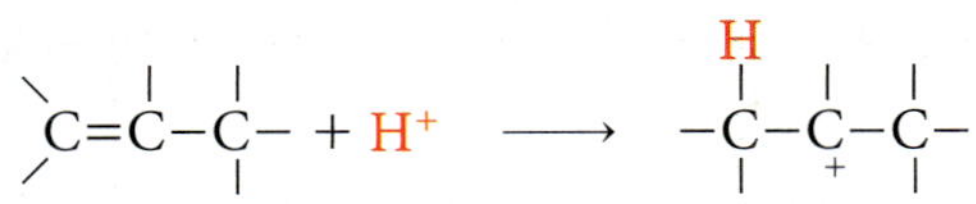

alchene — carbocatione

2. nel *secondo stadio* si addiziona l'acqua con formazione di un intermedio instabile, un alcol protonato, da cui si libera un atomo di idrogeno sotto forma di uno ione H^+ con ricostituzione del catalizzatore acido e formazione dell'alcol:

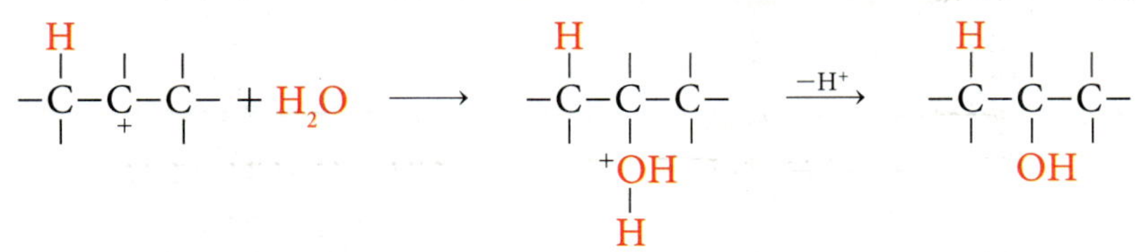

carbocatione — alcol protonato — alcol secondario

TI RICORDI?

L'**acqua** si comporta da **nucleofilo** per la presenza dei doppietti elettronici liberi sull'atomo di ossigeno:

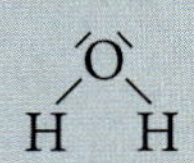

La reazione di idratazione dell'1-butene si rappresenta con l'equazione:

$$CH_2{=}CH{-}CH_2{-}CH_3 + H_2O \xrightarrow{H^+} CH_3{-}\underset{\displaystyle OH}{\underset{|}{CH}}{-}CH_2{-}CH_3$$

1-butene — 2-butanolo

La reazione di polimerizzazione

La reazione di **polimerizzazione** decorre con un meccanismo di *addizione radicalica*, avviene in presenza di un iniziatore radicalico, nello specifico un perossido organico (RO—OR), e consiste nell'unione di piccole molecole (*monomeri*) per formare macromolecole (*polimeri*). Una reazione di polimerizzazione importante è quella che partendo dall'etilene porta alla formazione del **polietilene**, un polimero trasparente, molto resistente e flessibile, utilizzato in fogli per avvolgere alimenti e per imballaggi. La reazione è rappresentata dalla seguente equazione:

$$n(CH_2{=}CH_2) \xrightarrow{RO-OR} RO{+}CH_2{-}CH_2{+}_nOR$$

etilene — polietilene

ESERCIZIO SVOLTO

Proviamo insieme

Rappresenta le equazioni delle seguenti reazioni di addizione specificando il nome dei prodotti:

a. 2-butene e idrogeno (in presenza di platino);

b. 2-metil-1-butene e acqua (in ambiente acido).

Risoluzione

a. La reazione tra il 2-butene e l'idrogeno è una reazione di **idrogenazione**. I due atomi di idrogeno si addizionano ai due atomi di carbonio del doppio legame per cui si rompe il legame π e si formano due legami σ:

$$CH_3{-}CH{=}CH{-}CH_3 + H_2 \xrightarrow{Pt} CH_3{-}CH_2{-}CH_3 + CH_3$$

La reazione porta alla sintesi del corrispondente alcano, nello specifico del butano.

b. La reazione tra il 2-metil-1-butene e l'acqua è una reazione di **idratazione** tra un alchene asimmetrico e un reagente asimmetrico.
In accordo con la regola di Markovnikov, lo ione idrogeno H^+ si addiziona all'atomo di carbonio-1 del doppio legame e l'acqua all'atomo di carbonio-2 con formazione di un alcol protonato:

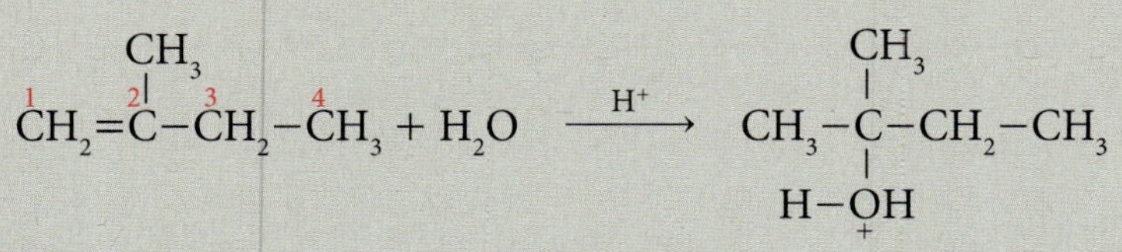

In seguito al distacco dall'acqua di un atomo di idrogeno sotto forma di ione H^+ si ha la sintesi di un alcol terziario, il 2-metil-2-butanolo:

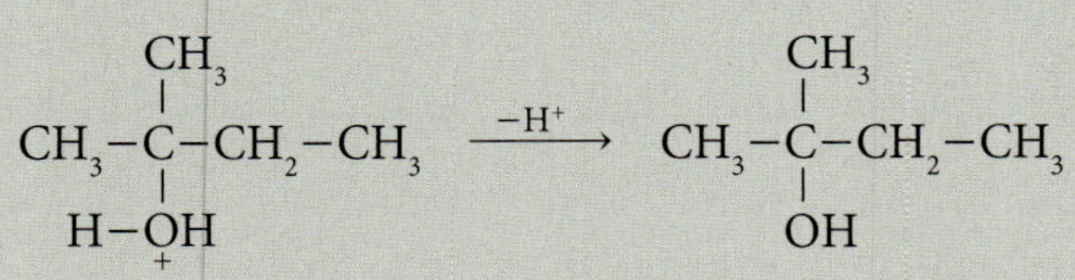

Prova da solo

Rappresenta le equazioni delle seguenti reazioni di addizione, specificando il nome dei prodotti:

a. 3,4-dimetil-1-pentene (in presenza di tetraclorometano);

b. 3-cloro-1-butene con acido cloridrico.

RISPONDI

A Quali condizioni giustificano l'isomeria geometrica negli alcheni?

B Per quale motivo gli alcheni sono altamente reattivi?

C Qual è il ruolo del catalizzatore acido nella reazione di idratazione degli alcheni?

Gli alchini

17 Il carbonio negli alchini è ibridato *sp*

Gli **alchini** sono idrocarburi alifatici a catena aperta, insaturi per la presenza di un triplo legame carbonio-carbonio.

Negli alchini gli atomi di carbonio del triplo legame sono *ibridati sp*. L'atomo di carbonio, che nello stato eccitato ha configurazione elettronica esterna $2s^1 2p^3$, al momento della combinazione con altri due atomi, combina l'orbitale *s* con un orbitale *p* (ibridazione). Si formano due orbitali atomici ibridi *sp* contenenti ciascuno un elettrone.

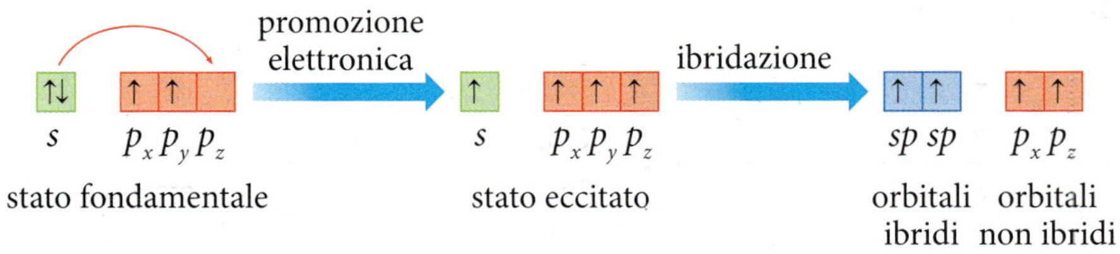

I due orbitali ibridi *sp* si dispongono sullo stesso piano e si orientano lungo la stessa retta ma in direzioni opposte (disposizione **lineare**) con formazione di un angolo di 180° rispetto al nucleo.

I due orbitali atomici non ibridi *p* aventi ciascuno un elettrone, sono disposti perpendicolarmente tra loro ed entrambi sono perpendicolari al piano degli orbitali ibridi *sp* (figura **14**).

Figura **14** **La disposizione degli orbitali ibridi *sp* e degli orbitali non ibridi p_x e p_z.**

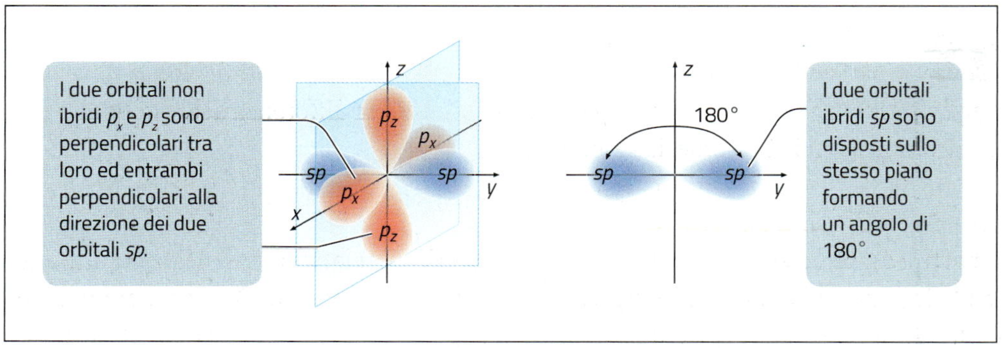

Quando due atomi di carbonio ibridati *sp* si uniscono tra loro, si ha la sovrapposizione *frontale* tra i due orbitali ibridi *sp* con formazione di *un legame* σ e la sovrapposizione *laterale* di quattro orbitali non ibridi *p* con formazione di *due legami* π. I due atomi di carbonio risultano in tal modo legati da un triplo legame (uno σ e due π).

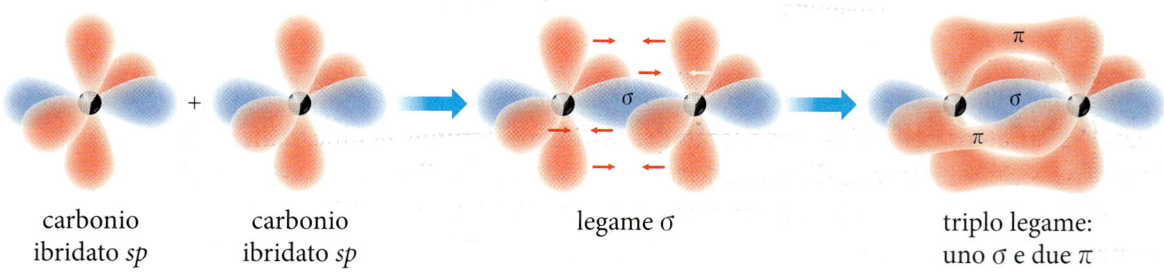

Un triplo legame tra due atomi di carbonio comporta tre conseguenze:

- la lunghezza del triplo legame carbonio-carbonio (1,20 Å) è minore di quella di un legame doppio (1,34 Å) perché i sei elettroni condivisi avvicinano i due nuclei più di quanto possano fare due doppietti elettronici;
- l'energia di legame risulta maggiore di quella di un doppio legame;
- la presenza di due legami π, più deboli del legame σ, rendono la molecola molto instabile e di conseguenza molto reattiva.

TI RICORDI?

L'**energia di legame** è l'energia che si deve fornire per rompere un legame o che si libera per formare un legame. Un valore elevato di energia di legame indica un legame forte.

18 La formula molecolare e la nomenclatura degli alchini

Agli alchini corrisponde la **formula molecolare** generale:

$$C_nH_{2n-2}$$

dove n (numero atomi di carbonio) ≥ 2.

Il **nome** degli alchini con una catena lineare di atomi di carbonio, secondo le regole IUPAC, è costituito dal prefisso corrispondente alla radice del nome degli alcani e dal suffisso *-ino* (tabella **7**).

n	Formula molecolare	Nome
2	C_2H_2	etino (acetilene)
3	C_3H_4	propino
4	C_4H_6	butino
5	C_5H_8	pentino
6	C_6H_{10}	esino
7	C_7H_{12}	eptino

Tabella **7** **Gli alchini** La formula molecolare e il nome dei primi sei termini della serie degli alchini.

PER CAPIRE MEGLIO
video:
La nomenclatura degli idrocarburi alifatici

Analogalmente agli alcani e agli alcheni, anche gli alchini a catena lineare costituiscono una serie omologa.

Il primo termine della serie (l'etino) è noto con il nome comune di *acetilene* (figura **15**).

Figura **15** **L'acetilene** Viene usato nella fiamma ossidrica per le saldature.

19 Isomeria negli alchini: di posizione e di catena

Negli alchini si hanno le isomerie *di posizione* e *di catena*: a differenza degli alcheni, negli alchini non si verifica isomeria geometrica.

Gli isomeri di posizione

A partire dal terzo termine della serie ($n = 4$) si verifica, relativamente alla posizione del triplo legame nella catena carboniosa, l'**isomeria di posizione**: in tal caso il nome dell'alchino deve essere preceduto da un numero che indica la posizione del triplo legame, tenendo presente che la numerazione della catena carboniosa deve iniziare dall'estremità più vicina al triplo legame. Per il pentino (C_5H_8) esistono due isomeri di posizione:

$$\overset{1}{C}H{\equiv}\overset{2}{C}{-}\overset{3}{C}H_2{-}\overset{4}{C}H_2{-}\overset{5}{C}H_3 \qquad \overset{1}{C}H_3{-}\overset{2}{C}{\equiv}\overset{3}{C}{-}\overset{4}{C}H_2{-}\overset{5}{C}H_3$$

1-pentino 2-pentino

Gli isomeri di catena

Quando alla catena carboniosa sono legati dei sostituenti (gruppi alchilici o atomi di alogeni) si verifica l'**isomeria di catena**. In tal caso per assegnare il nome al composto si deve identificare la *catena carboniosa più lunga contenente il triplo legame* e si deve numerare la catena partendo dall'estremità che permette di utilizzare il *numero più piccolo* per gli atomi di carbonio del triplo legame:

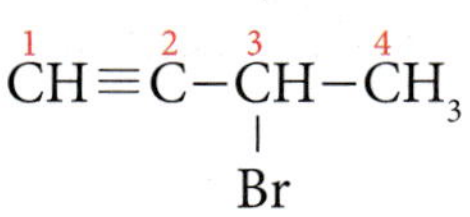

3-bromo-1-butino

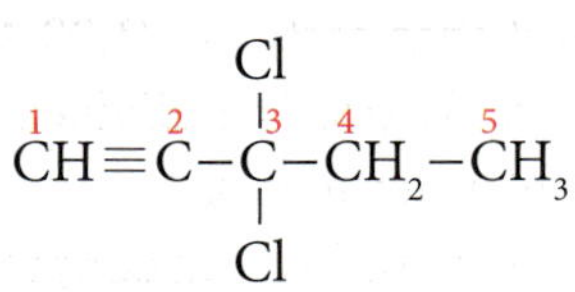

3,3-dicloro-1-pentino

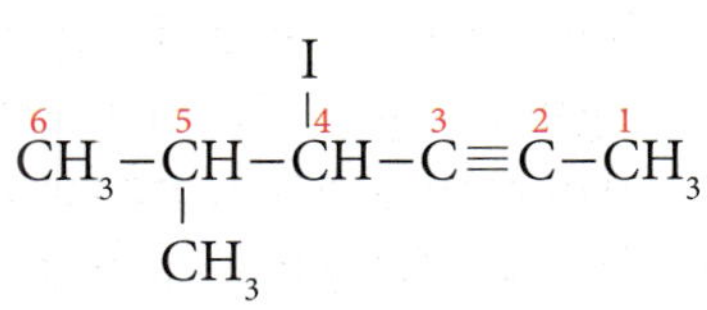

4-iodo-5-metil-2-esino

Se il triplo legame è equidistante dalle due estremità della catena, la numerazione deve iniziare dall'estremità più vicina al primo sostituente:

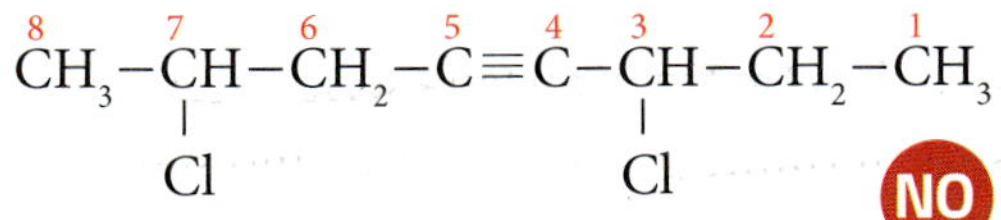

NO

3,7-dicloro-4-ottino

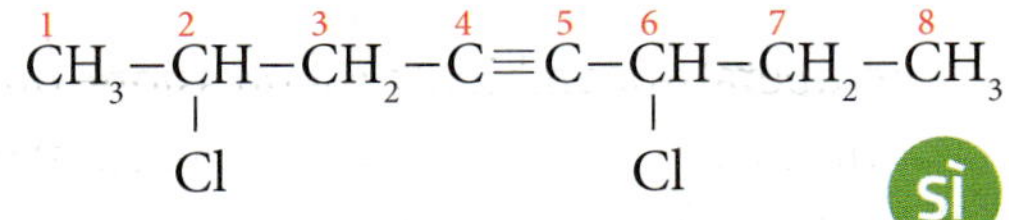

SÌ

2,6-dicloro-4-ottino

Negli alchini **non** si verifica l'isomeria geometrica perché i due atomi di carbonio del triplo legame sono legati a un solo sostituente (figura **16**).

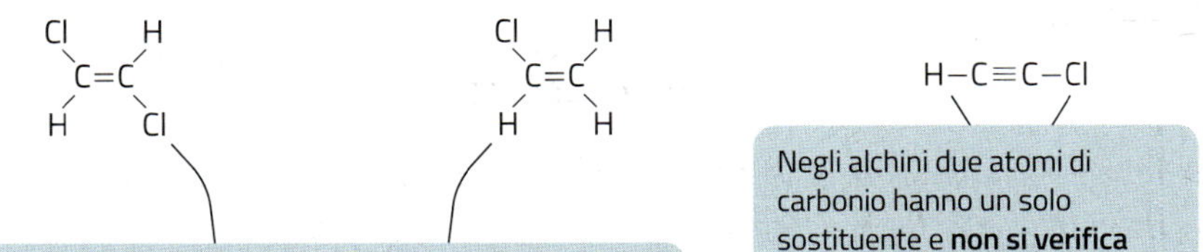

Figura **16** **L'isomeria geometrica** È possibile negli alcheni ma non negli alchini.

ESERCIZIO SVOLTO

Proviamo insieme

Rappresenta le formule razionali di tutti gli isomeri dell'alchino con formula molecolare C_6H_{10} e assegna il nome a ciascuno di essi.

Risoluzione

Negli alchini si verifica l'isomeria di posizione e l'isomeria di catena.

Gli **isomeri di posizione** sono composti con la stessa catena carboniosa, ma con diversa posizione del triplo legame e quindi alla formula molecolare C_6H_{10} corrispondono tre isomeri rappresentati dalle seguenti formule razionali:

$$CH{\equiv}C-CH_2-CH_2-CH_2-CH_3$$

1-esino

$$CH_3-C{\equiv}C-CH_2-CH_2-CH_3$$

2-esino

$$CH_3-CH_2-C{\equiv}C-CH_2-CH_3$$

3-esino

Gli **isomeri di catena** sono composti con gli atomi di carbonio disposti in modo diverso nella catena carboniosa. Disponendo i gruppi metilici $-CH_3$ in posizione diversa all'interno della catena carboniosa sono possibili *tre* isomeri rappresentati dalle seguenti formule razionali:

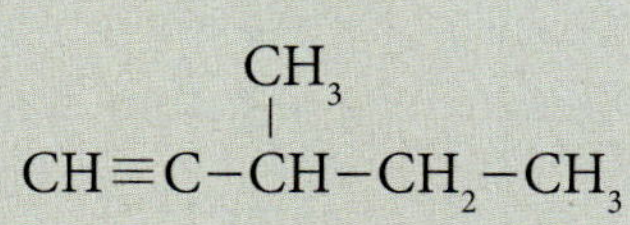

3-metil-1-pentino

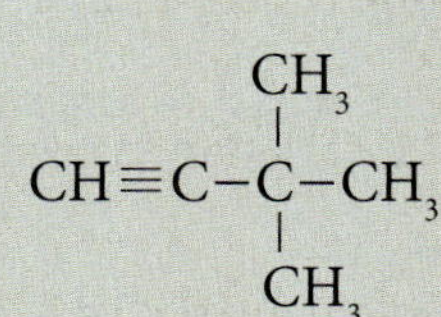

3,3-dimetil-1-butino

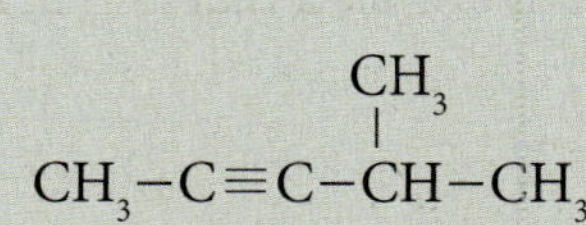

4-metil-2-pentino

Prova da solo

Rappresenta le formule razionali di tutti gli isomeri dell'alchino con formula molecolare C_5H_8 e assegna il nome a ciascuno di essi.

20 Proprietà fisiche e chimiche: composti insolubili in acqua e acidi

A temperatura ambiente e a pressione ordinaria i primi tre termini della serie degli alchini sono allo stato di gas; dal quarto al sedicesimo termine gli alchini sono allo stato liquido; i termini superiori sono allo stato solido.

Gli alchini, essendo costituiti da molecole apolari, sono insolubili in acqua e hanno punti di ebollizione bassi (molto simili a quelli degli alcheni), poiché i legami intermolecolari (forze di London) sono molto deboli.

Negli alchini con *triplo legame terminale*, il legame carbonio-idrogeno è debolmente *polarizzato* per la rilevante forza di attrazione che il carbonio ibridato *sp* esercita sugli elettroni di legame:

$$R-C\equiv\overset{\delta^-}{C}-\overset{\delta^+}{H}$$

In presenza di una base forte (sodioammide $NaNH_2$ in ammoniaca liquida), a causa di tale polarizzazione, si ha la rottura eterolitica del legame carbonio-idrogeno. Di conseguenza, *gli alchini hanno un comportamento acido*: l'idrogeno si allontana sotto forma di uno ione H^+ mentre il carbanione che si forma $R-C\equiv C^-$ (ione acetiluro) si lega con lo ione positivo metallico Na^+ della base per dare origine a un sale detto **acetiluro** (composto organometallico):

$$\underset{\text{alchino terminale}}{R-C\equiv\overset{\delta^-}{C}-\overset{\delta^+}{H}} + Na^+NH_2^- \xrightarrow{NH_{3(l)}} \underset{\text{acetiluro di sodio}}{R-C\equiv C^-Na^+} + NH_3$$

Questo comportamento acido non è presente negli alcheni e negli alcani perché la forza di attrazione che il carbonio ibridato, rispettivamente sp^2 e sp^3, esercita sugli elettroni di legame è molto minore. Gli acetiluri, che si formano in conseguenza dell'acidità degli alchini, possono venire alchilati, ovvero fatti reagire con alogenuri alchilici primari per preparare alchini a catena carboniosa più lunga. La reazione che porta alla formazione del 2-butino è rappresentata dalla seguente equazione:

$$\underset{\text{acetiluro di sodio del propino}}{CH_3-C\equiv C^-Na^+} + \underset{\text{clorometano}}{CH_3-Cl} \xrightarrow{NH_{3(l)}} \underset{\text{2-butino}}{CH_3-C\equiv C-CH_3} + NaCl$$

> **TI RICORDI?**
> Il **punto di ebollizione** è la temperatura alla quale la tensione di vapore di un liquido è uguale al valore della pressione atmosferica.

> **TI RICORDI?**
> Una **base forte**, secondo Brønsted e Lowry, è una molecola o ione con una elevata tendenza ad accettare un protone H^+.

> **LE PAROLE**
> Un composto **organometallico** è un composto organico in cui è presente un legame carbonio-metallo.

21 Le reazioni degli alchini sono di addizione al triplo legame

La reattività degli alchini è legata naturalmente alla presenza del triplo legame tra i due atomi di carbonio ibridati *sp*. Il triplo legame ha un'elevata *densità elettronica* e rappresenta pertanto un ottimo punto di attacco per l'idrogeno molecolare H_2 (idrogenazione) e per agenti elettrofili che utilizzando gli elettroni dei due legami π, deboli e reattivi, danno origine a **reazioni di addizione** (figura 17).

La reazione avviene in due stadi:

a. nel *primo stadio* si rompe uno dei due legami π con formazione di un doppio legame carbonio-carbonio;

b. nel *secondo stadio* si ha la rottura dell'altro legame π con formazione di un legame semplice carbonio-carbonio.

Per effetto della rottura dei due legami π si ha la formazione di *quattro legami* σ che, essendo più forti, danno origine a un prodotto saturo più stabile.

$$-C\equiv C- \longrightarrow \;\rangle C=C\langle\; \longrightarrow -\overset{|}{\underset{|}{C}}-\overset{|}{\underset{|}{C}}-$$

Le reazioni di addizione che danno gli alchini sono quella di idrogenazione (o riduzione catalitica) e di addizione elettrofila.

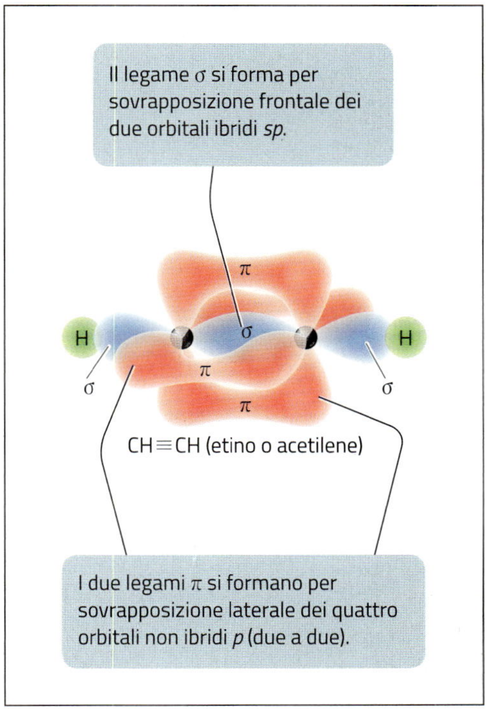

Figura 17 **Il triplo legame nella molecola dell'etino o acetilene.**

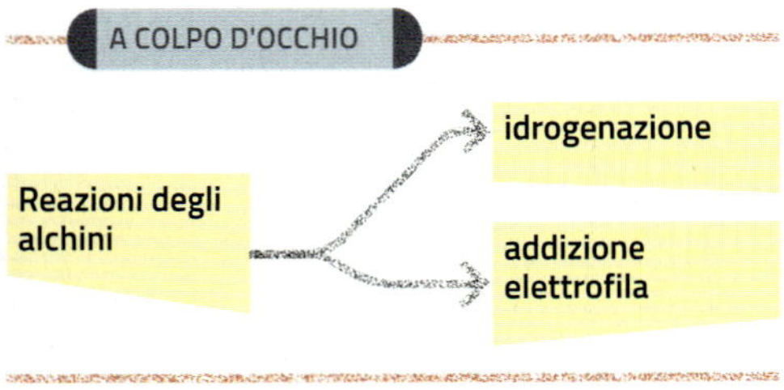

La reazione di idrogenazione

La reazione di **idrogenazione** o **riduzione catalitica** avviene con idrogeno molecolare H_2.

a. In presenza di un *catalizzatore metallico* (Pd, Ni, Pt) si ha l'idrogenazione completa dell'alchino e quindi la formazione del corrispondente alcano:

$$R-C \equiv C-R' + 2\,H_2 \xrightarrow{\text{Pd, Ni, Pt}} R-CH_2-CH_2-R'$$

alchino — alcano

Per esempio, la reazione di idrogenazione del 2-butino, catalizzata dal platino, ha come prodotto finale il butano:

$$CH_3-C \equiv C-CH_3 + 2\,H_2 \xrightarrow{\text{Pt}} CH_3-CH_2-CH_2-CH_3$$

2-butino — butano

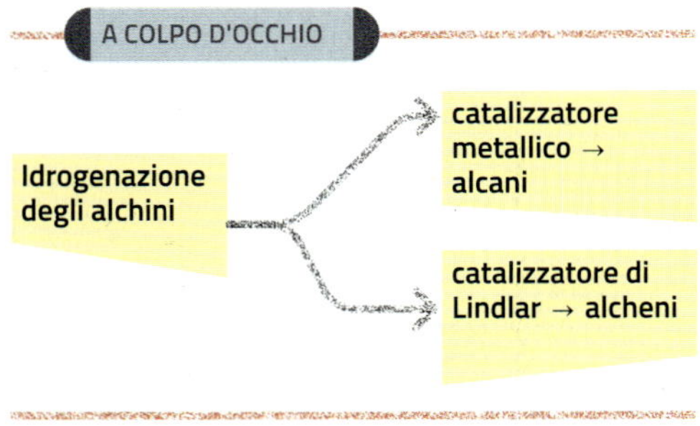

b. In presenza di un catalizzatore di palladio e carbonato di calcio (*catalizzatore di Lindlar*) si ha l'addizione di una sola mole di idrogeno e formazione di un *cis*-alchene, poiché l'idrogenazione decorre con stereochimica *sin*.
Ne è un esempio la reazione di idrogenazione del 2-butino, che fornisce il *cis*-2-butene:

2-butino — *cis*-2-butene

La reazione di addizione elettrofila

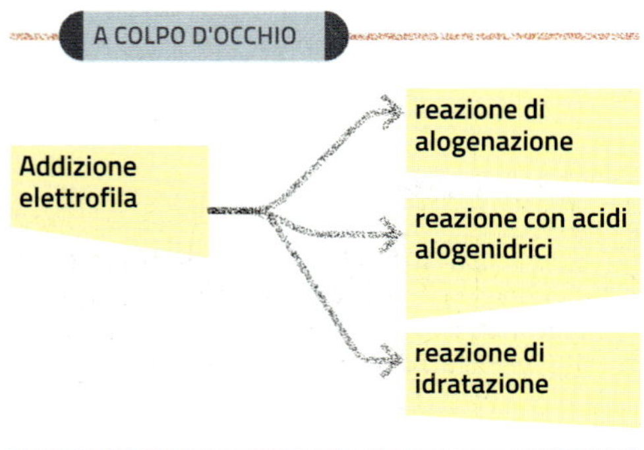

La reazione di **addizione elettrofila** avviene con alogeni (alogenazione), acidi alogenidrici e acqua (idratazione).

1. La reazione di **alogenazione** consiste nell'aggiungere a un alchino una soluzione costituita da un alogeno (Cl_2, Br_2) in un solvente inerte (CCl_4). La reazione porta alla formazione di prodotti diversi a seconda che l'alchino reagisca con una o due moli di alogeno.

   a. con una mole di alogeno, si ha la formazione di un alchene disostituito con configurazione *trans*, in quanto l'addizione decorre con stereochimica *anti*:

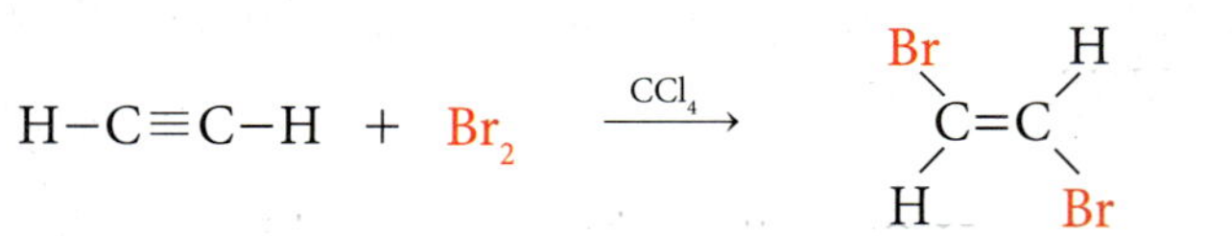

etino — *trans*-1,2-dibromoetene

   b. con due moli di alogeno la reazione decorre in due stadi.
   - nel primo stadio si ha la formazione di un *trans*-alchene:

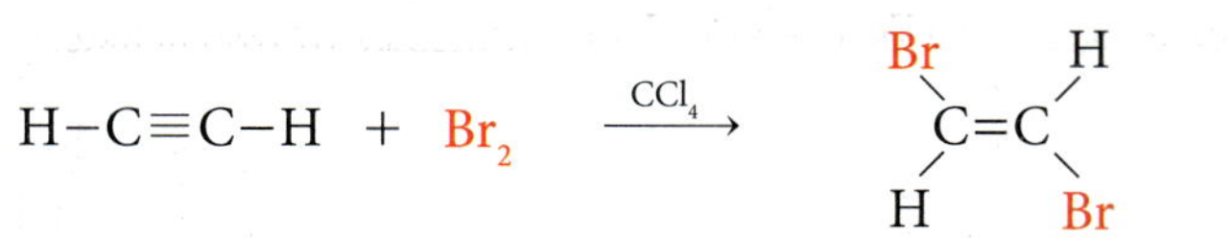

etino — *trans*-1,2-dibromoetene

   - nel secondo stadio si ha la formazione di un alcano tetrasostituito:

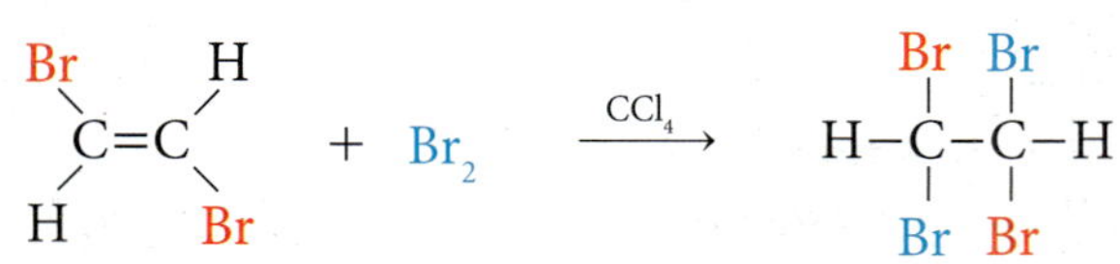

trans-1,2-dibromoetene — 1,1,2,2-tetrabromoetano

2. La reazione con **acidi alogenidrici** (HCl e HBr) porta alla formazione di prodotti diversi a seconda che l'alchino reagisca con una o due moli di acido:
   a. con una mole di acido si ha la formazione di un alchene monosostituito:

$$\underset{\text{etino}}{CH\equiv CH} + HCl \rightarrow \underset{\text{1-cloroetene}}{CH_2{=}CHCl}$$

   b. con due moli di acido la reazione decorre in due stadi e si ha la formazione di un alcano disostituito:

primo stadio	$CH\equiv CH$	+	HCl	→	$CH_2{=}CHCl$	1-cloroetene
secondo stadio	$CH_2{=}CHCl$	+	HCl	→	$CH_3{-}CHCl_2$	1,1-dicloroetano

In presenza di un alchino con triplo legame asimmetrico e monosostituito, la reazione di addizione segue la regola di Markovnikov, per cui l'idrogeno dell'acido alogenidrico si lega al carbonio del triplo legame con il maggiore numero di atomi di idrogeno. La reazione di addizione elettrofila di un alchino con una mole di acido alogenidrico porta alla formazione di un alchene monosostituito:

$$\underset{\text{propino}}{CH_3{-}C\equiv CH} + HCl \rightarrow \underset{\text{2-cloropropene}}{CH_3{-}C(Cl){=}CH_2}$$

La reazione di addizione elettrofila di un alchino con due moli di acido alogenidrico porta alla formazione di un alcano disostituito:

$$\underset{\text{propino}}{CH_3{-}C\equiv CH} + 2\ HCl \rightarrow \underset{\text{2,2-dicloropropano}}{CH_3{-}CCl_2{-}CH_3}$$

3. La reazione di **idratazione** si realizza in presenza di un catalizzatore acido H^+ e dello ione Hg^{2+}: si forma prima un intermedio instabile, un **alcol vinilico** o **enolo** che successivamente si interconverte in un isomero più stabile.
   a. L'idratazione dell'etino o acetilene porta alla formazione di un'*aldeide*, l'etanale o aldeide acetica:

$$\underset{\text{etino}}{H{-}C\equiv C{-}H} + H_2O \xrightarrow[Hg^{2+}]{H^+} \underset{\text{enolo}}{\left[H{-}C(H){=}C(OH){-}H\right]} \longrightarrow \underset{\text{etanale}}{CH_3{-}CHO}$$

   b. L'idratazione di un alchino con triplo legame terminale decorre secondo la regola di Markovnikov e si ha la formazione di un *chetone*.

$$\underset{\text{1-butino}}{CH_3{-}CH_2{-}C\equiv CH} + H_2O \xrightarrow[Hg^{2+}]{H^+} \underset{\text{enolo}}{\left[CH_3{-}CH_2{-}C(OH){=}CH(H)\right]} \longrightarrow \underset{\text{butanone}}{CH_3{-}CH_2{-}C(=O){-}CH_3}$$

RISPONDI

A Quali tipi di isomeria presentano gli alchini?
B Come si spiega il comportamento acido degli alchini con triplo legame terminale?
C Quali sono i prodotti della reazione di idratazione degli alchini?

TI RICORDI?

L'**enolo** (da *-ene* e *-olo*, rispettivamente suffissi del nome degli alcheni e degli alcoli) è un composto in cui è presente un doppio legame e il gruppo alcolico –OH.

A COLPO D'OCCHIO

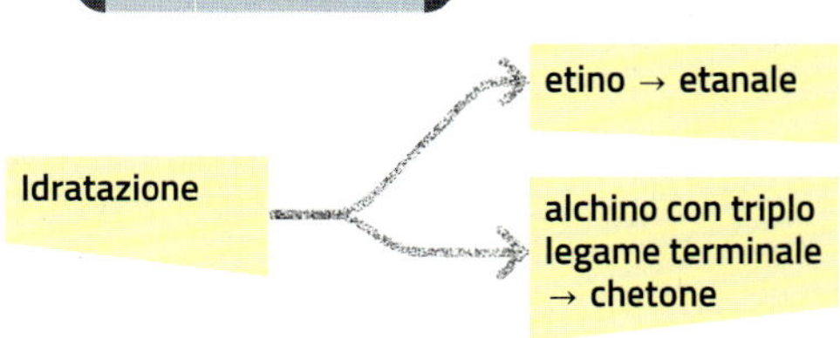

TI RICORDI?

Aldeidi e **chetoni** hanno lo stesso gruppo funzionale, il gruppo carbonile >CO: nelle aldeidi è in posizione terminale, nei chetoni all'interno della molecola.

5 Gli idrocarburi aromatici

22 Il benzene è un anello di elettroni delocalizzati

Gli **idrocarburi aromatici**, o **areni**, sono una classe di composti organici costituiti da almeno un anello a sei atomi di carbonio.

Negli idrocarburi aromatici, gli atomi di carbonio ibridati sp^2 sono legati da legami covalenti omopolari e da un **legame a elettroni delocalizzati**. Il termine *aromatico*, utilizzato in passato per indicare l'odore molto intenso di alcuni di questi composti, oggi è sinonimo di *elevata stabilità*.

Il termine più semplice di questa serie è il benzene che ha **formula molecolare** C_6H_6. La formula di struttura del benzene si rappresenta con un esagono regolare in cui vengono omessi i simboli degli atomi di carbonio e degli atomi di idrogeno, con all'interno un anello, per indicare gli elettroni delocalizzati.

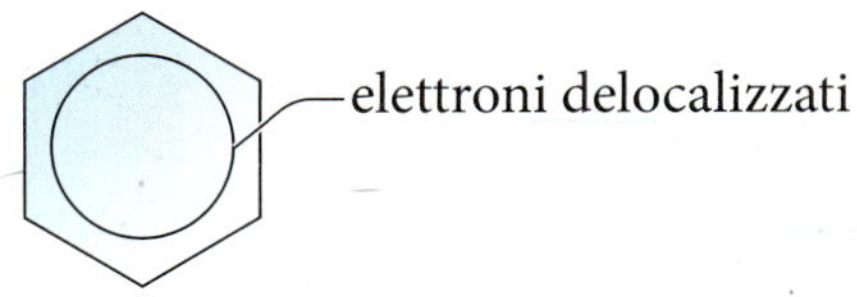

Figura 18 **Il benzene** A partire dal benzene, l'industria chimica produce alcuni coloranti e vernici.

A temperatura ambiente, gli areni, a seconda dalla loro massa molecolare, possono essere liquidi o solidi e generalmente hanno una densità inferiore a quella dell'acqua.

Gli areni sono molecole apolari e di conseguenza insolubili in acqua, ma solubili in solventi organici apolari. I punti di ebollizione degli idrocarburi aromatici sono elevati perché l'alta simmetria delle molecole rende più forti i legami intermolecolari. La temperatura di ebollizione aumenta con la massa molecolare. Molti composti aromatici sono utilizzati come vernici e coloranti (figura **18**).

23 Gli idrocarburi aromatici monociclici sono anelli benzenici con uno o più sostituenti

Gli idrocarburi aromatici **monociclici** sono costituiti da un anello benzenico e da uno o più atomi o gruppi atomici legati all'anello.

Il **nome** degli idrocarburi aromatici monociclici si basa sia su regole sistematiche sia sull'uso di nomi comuni.

a. Per i **derivati monosostituiti**, composti formati da un anello benzenico e da un atomo o gruppo atomico legato all'anello, il nome secondo le regole IUPAC è costituito dal nome del *sostituente* a cui si fa seguire il termine *benzene* in modo da formare una sola parola. Per alcuni derivati monosostituiti si usa più frequentemente il nome comune.

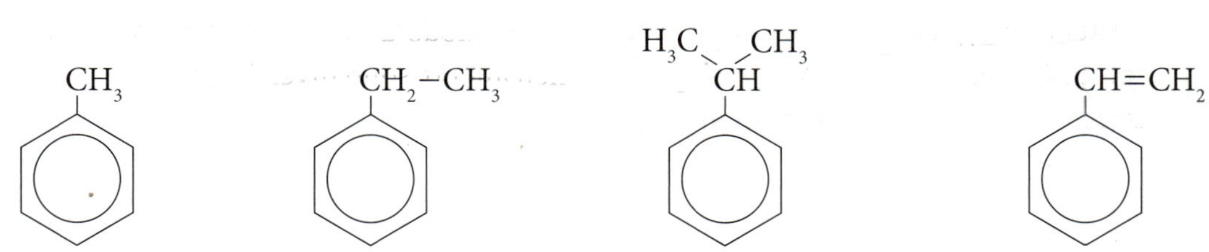

toluene (metilbenzene) — etilbenzene — cumene (isopropilbenzene) — stirene (vinilbenzene)

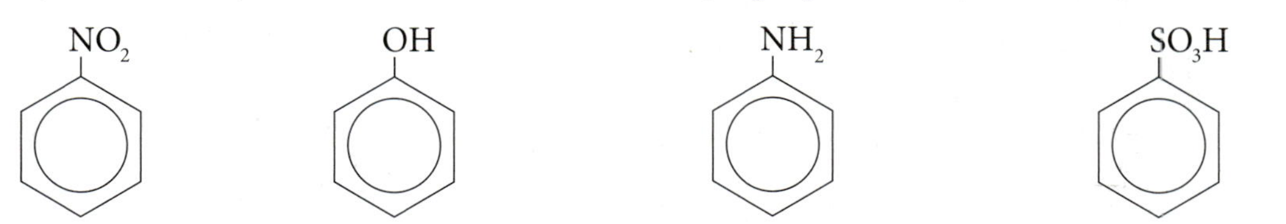

nitrobenzene — fenolo (idrossibenzene) — anilina (amminobenzene) — acido benzen solfonico

b. Per i **derivati bisostituiti** (composti formati da un anello benzenico e da due atomi o gruppi atomici legati all'anello) si deve tener presente che si verifica l'isomeria di posizione (sono possibili tre isomeri) per cui occorre indicare la posizione dei due sostituenti. La posizione 1 si assegna al sostituente indicato con il simbolo X (figura **19**). La posizione del secondo sostituente è indicata con il prefisso *orto-* (posizione 2 e 6), *meta-* (posizione 3 e 5), *para-* (posizione 4), rappresentati rispettivamente con i simboli *o-*, *m-*, *p-*.

LE PAROLE

Il termine **orto** (dal greco: *orthós* = diritto) è un prefisso usato nell'anello benzenico per indicare la posizione del sostituente adiacente al primo.

LE PAROLE

Il termine **meta** (dal greco: *meta* = in mezzo) è un prefisso usato nell'anello benzenico per indicare la posizione intermedia di un sostituente.

LE PAROLE

Il termine **para** (dal greco: *para* = contro) è un prefisso usato nell'anello benzenico per indicare la posizione opposta di un sostituente rispetto al primo.

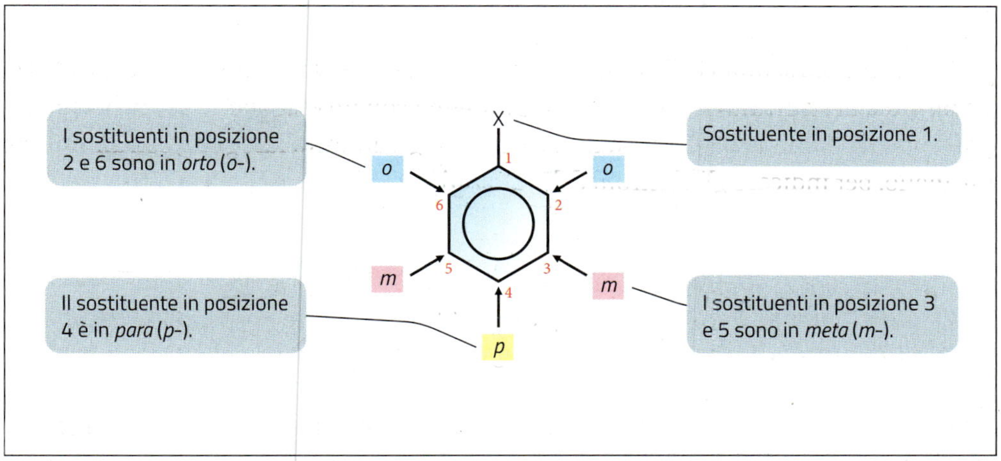

Figura **19** **Le posizioni dei sostituenti per i derivati del benzene bisostituiti.**

I dimetilbenzene sono chiamati comunemente *xileni.*

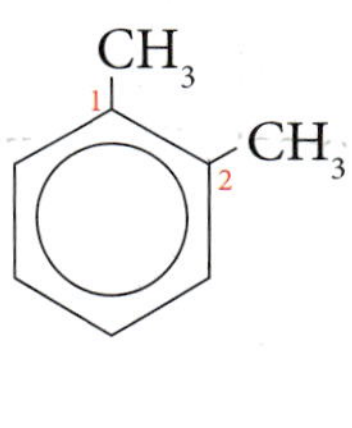
o-xilene

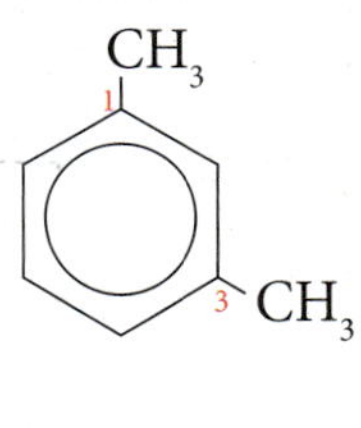
m-xilene

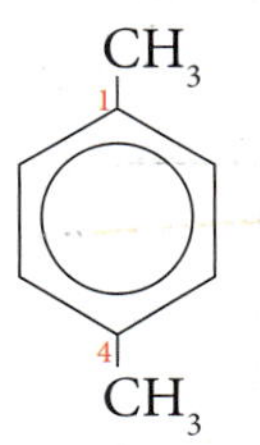
p-xilene

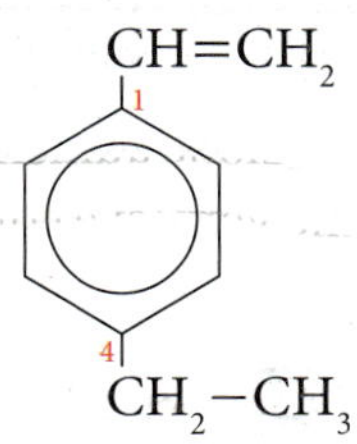
p-etilstirene

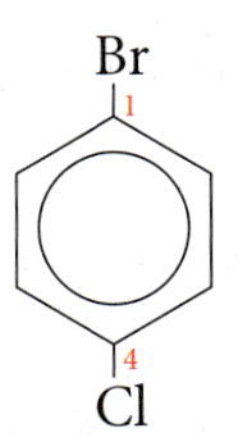
p-cloro-bromobenzene

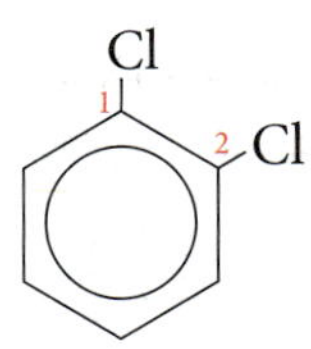
o-diclorobenzene

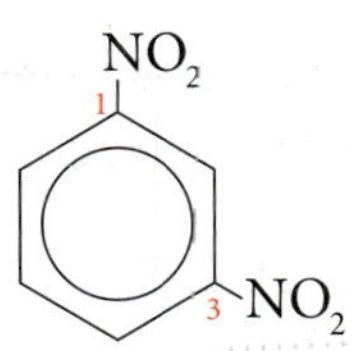
m-dinitrobenzene

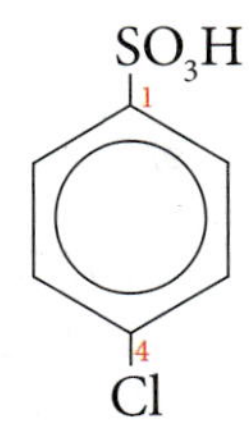
acido *p*-clorobenzensolfonico

c. Nei derivati **polisostituiti** (composti formati da un anello benzenico e da più di due atomi o gruppi atomici legati all'anello), le posizioni dei sostituenti sono indicate numerando gli atomi di carbonio dell'anello in modo da utilizzare i numeri **più piccoli** possibile. Se i sostituenti, presenti nell'anello, sono diversi, questi devono essere denominati in ordine alfabetico.

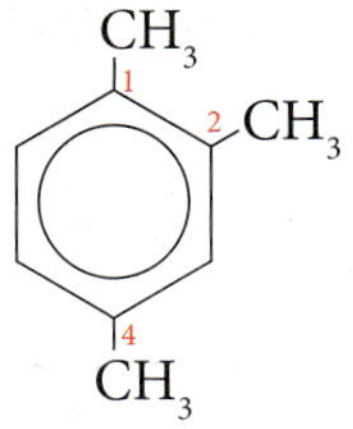
2,4-dimetiltoluene

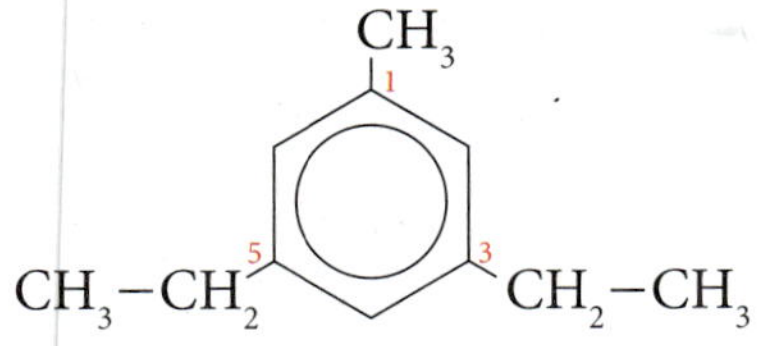
3,5-dietiltoluene

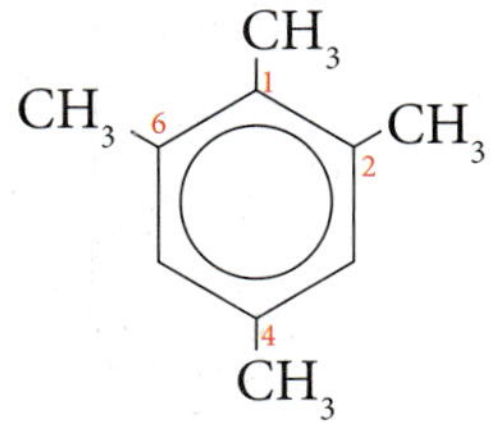
2,4,6-trimetiltoluene

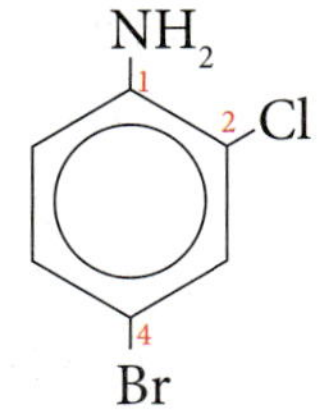
4-bromo-2-cloroanilina

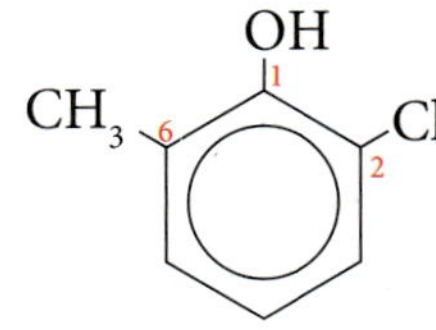
2-cloro-6-metilfenolo

I gruppi arilici

I gruppi arilici o radicali arilici (simbolo **Ar**) sono gruppi atomici che presentano un atomo di idrogeno in meno rispetto alla molecola dell'idrocarburo aromatico da cui derivano. I gruppi arilici più noti hanno nomi comuni e sono il radicale *fenile* e il radicale *benzile* che derivano per sottrazione di un atomo di idrogeno rispettivamente dal benzene e dal toluene (tabella **8**).

Fenile	C_6H_5-	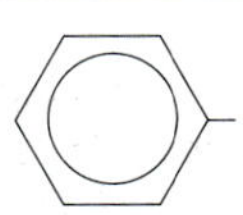
Benzile	$C_6H_5-CH_2-$	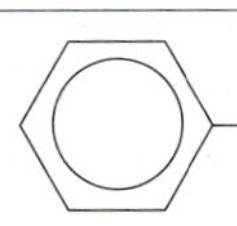

Tabella **8** I simboli usati per i gruppi arilici.

24 La molecola del benzene è un ibrido di risonanza

Il benzene a temperatura ambiente si presenta sotto forma di un liquido incolore e volatile. È un composto apolare e quindi insolubile in acqua. La formula molecolare (C_6H_6) può far pensare a una struttura altamente *insatura*. In realtà, il benzene è notevolmente *stabile* e non dà reazioni di addizione con l'idrogeno e gli alogeni (come gli alcheni o gli alchini).

Sulla base di queste evidenze sperimentali, Friedrich Kekulé (1865) ipotizzò che il benzene esistesse sotto forma di un anello esatomico rappresentato da due strutture in *equilibrio* tra loro. In tali strutture gli atomi di carbonio erano legati alternativamente da legami semplici e doppi:

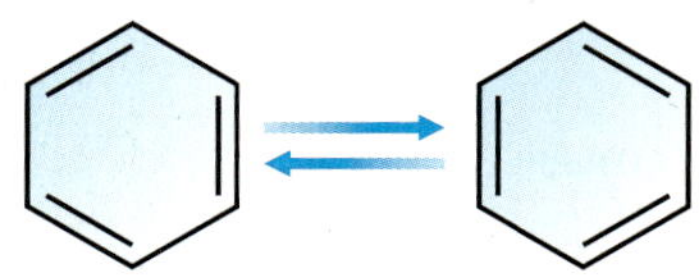

L'elevata velocità con cui i doppi legami cambiavano posizione non permetteva al benzene di subire le reazioni di addizione, tipiche degli idrocarburi insaturi.

Successivamente, i dati sperimentali dimostrarono che tutti i legami carbonio-carbonio hanno la **stessa lunghezza** (di 1,39 Å, intermedia tra quella di un legame semplice e quella di un legame doppio). Si dovette quindi ammettere che le due formule di struttura proposte da Kekulé erano solo due *formule limite*:

> **TI RICORDI?**
> Le **formule limite** sono formule di struttura di una stessa molecola che differiscono solo per la posizione del legame.

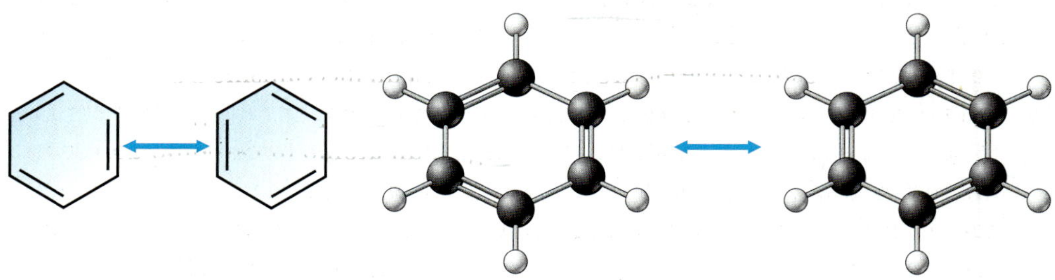

La vera formula di struttura del benzene è quindi un **ibrido di risonanza**, giustificato dal modello orbitalico. Nel benzene gli atomi di carbonio sono ibridati sp^2: gli orbitali ibridi assumono una disposizione planare formando angoli di 120° (figura **20**).

> **TI RICORDI?**
> L'**ibrido di risonanza** è una molecola la cui struttura reale è intermedia tra due o più strutture di Lewis (strutture limite).

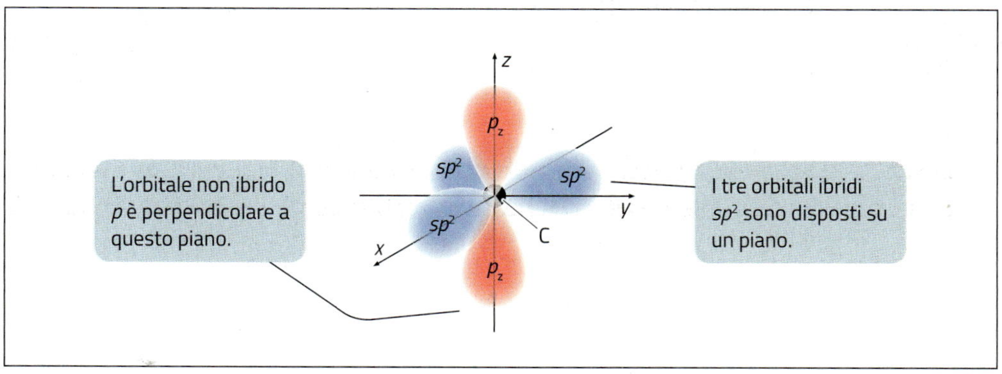

Figura **20** L'ibridazione sp^2 del carbonio nel benzene.

I tre orbitali ibridi sp^2 di ciascun atomo di carbonio formano tre legami covalenti σ, due con atomi di carbonio adiacenti e uno con un atomo di idrogeno (figura **21**).

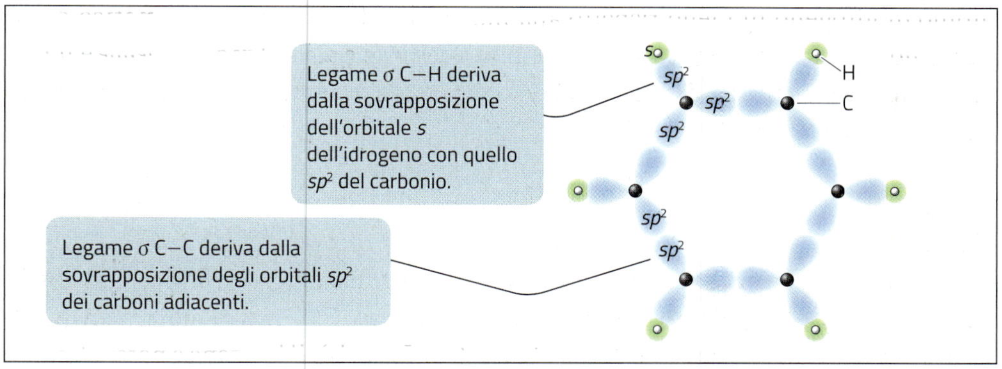

Figura **21** **I sei legami σ carbonio-carbonio derivano dalla sovrapposizione di due orbitali ibridi sp^2 degli atomi di carbonio** I sei legami σ carbonio-idrogeno derivano dalla sovrapposizione di un orbitale ibrido sp^2 del carbonio con l'orbitale *s* dell'atomo di idrogeno.

I sei orbitali *p* si sovrappongono lateralmente formando un'unica nube elettronica, disposta sopra e sotto il piano della molecola a costituire un **legame a elettroni delocalizzati** che si rappresenta con un anello all'interno della molecola (figura **22**).

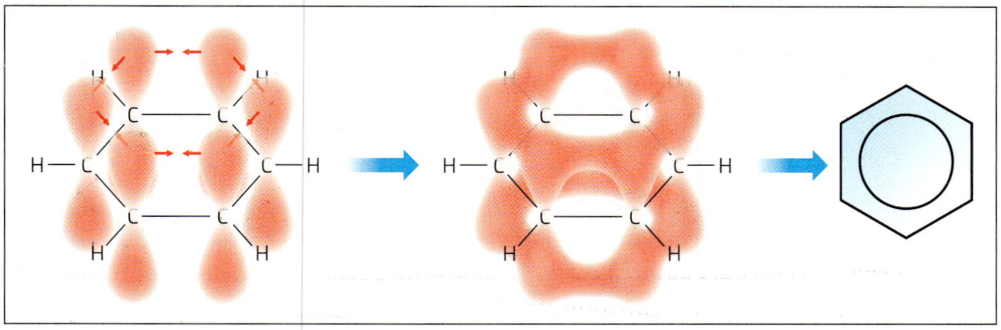

Figura **22** **La sovrapposizione degli orbitali non ibridi *p*** I sei orbitali non ibridi *p* si sovrappongono lateralmente formando un'unica nube elettronica rappresentata con un anello all'interno della molecola.

25 Il benzene dà reazioni di sostituzione elettrofila

Dato che l'anello benzenico è stabile e ricco di elettroni π, la reazione più comune alla quale va incontro è la **sostituzione elettrofila**, con uno o più atomi di idrogeno dell'anello che vengono sostituiti con altri atomi o gruppi atomici.

La reazione di sostituzione elettrofila avviene con un meccanismo a due stadi:

a. nel *primo stadio*, un atomo o gruppo atomico che si comporta da agente elettrofilo (X^+), in presenza di un catalizzatore, si lega a un atomo di carbonio dell'anello aromatico, utilizzando due dei sei elettroni delocalizzati: in tal modo il carbonio assume ibridazione sp^3, si forma un carbocatione (ione arenio) con la carica positiva delocalizzata in posizione *orto-* e *para-*, con perdita dell'aromaticità:

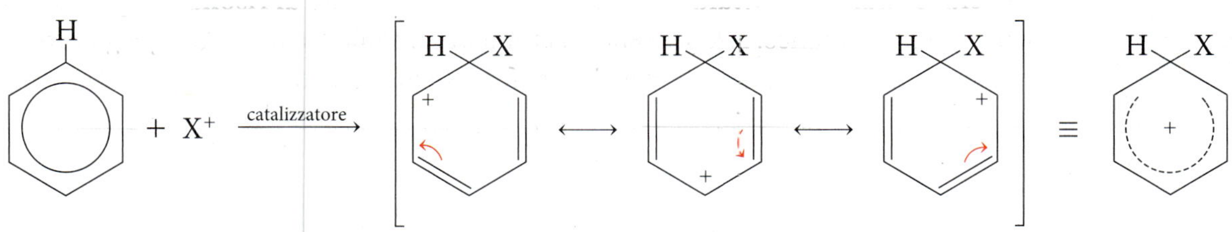

Le strutture limite dei carbocationi possono essere anche indicate con una sola struttura, in cui i due doppietti elettronici delocalizzati sono rappresentati con trattini.

A COLPO D'OCCHIO

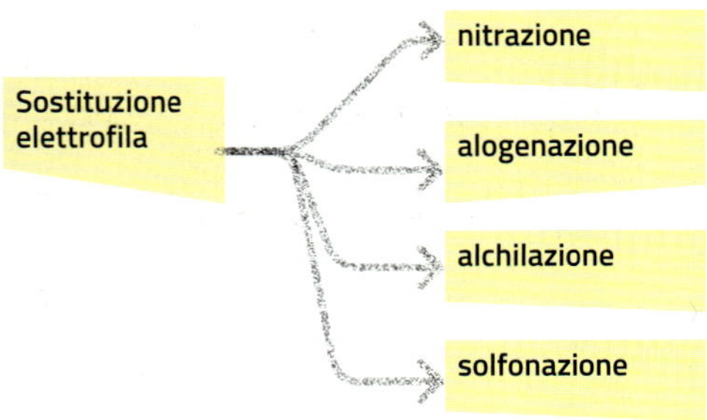

b. nel *secondo stadio*, si ha che l'atomo di idrogeno legato al carbonio ibridato sp^3 viene allontanato sotto forma di ione H^+; i due elettroni rientrano nell'anello ricostituendo l'aromaticità e si ha la formazione di un derivato del benzene:

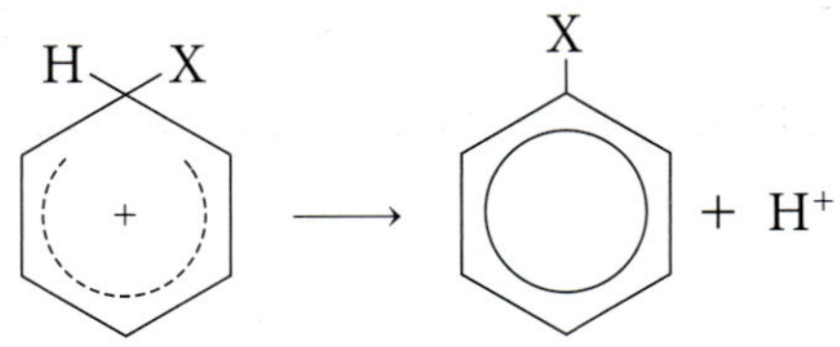

Le principali reazioni di sostituzione elettrofila sono la nitrazione, l'alogenazione, l'alchilazione e la solfonazione.

a. La reazione di **nitrazione**, che consiste nel trattare il benzene con una soluzione di acido solforico (catalizzatore) e di acido nitrico, porta alla formazione del *nitrobenzene*.

Il meccanismo di reazione prevede che l'acido solforico si comporti da acido di Brønsted-Lowry e ceda un protone H^+ all'acido nitrico, che si comporta da base. L'acido nitrico protonato $H_2NO_3^+$ libera acqua e dà origine allo ione nitronio NO_2^+.

$$\underset{\text{protone}}{H^+} + \underset{\text{acido nitrico}}{H-\bar{O}-NO_2} \rightarrow \underset{\text{acido nitrico protonato}}{H-\overset{\overset{H}{|}}{\underset{+}{O}}-NO_2} \rightarrow H_2O + \underset{\text{ione nitronio}}{NO_2^+}$$

A COLPO D'OCCHIO

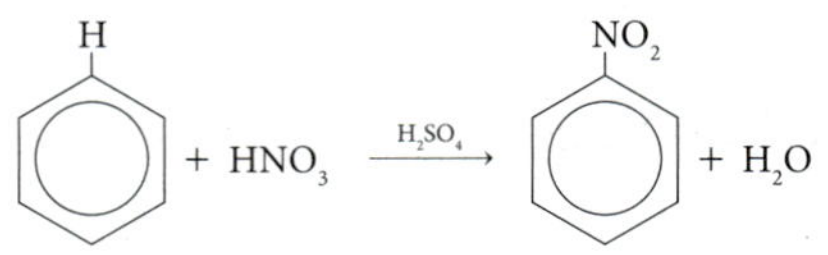

Nitrazione del benzene

TI RICORDI?

Un **acido di Brønsted-Lowry** è una molecola o uno ione capace di cedere un protone a una base.

Lo ione nitronio è l'elettrofilo forte che attacca il benzene dando origine al nitrobenzene.

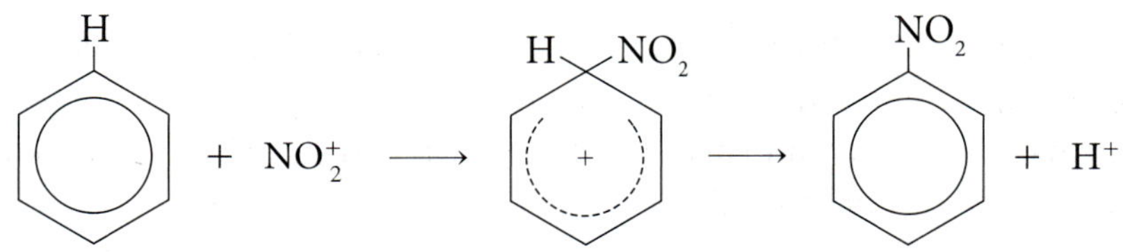

nitrobenzene

b. La reazione di **alogenazione**, che avviene trattando il benzene con un alogeno (Cl_2 o Br_2), in presenza di un corrispondente alogenuro $FeCl_3$ o $FeBr_3$ (catalizzatore), porta alla formazione di un *derivato aromatico*.

Nella reazione di clorurazione, il tricloruro ferrico si comporta da acido di Lewis, polarizzando il legame covalente tra i due atomi di cloro.

$$Cl-Cl + FeCl_3 \rightarrow Cl^+ + FeCl_4^-$$

A COLPO D'OCCHIO

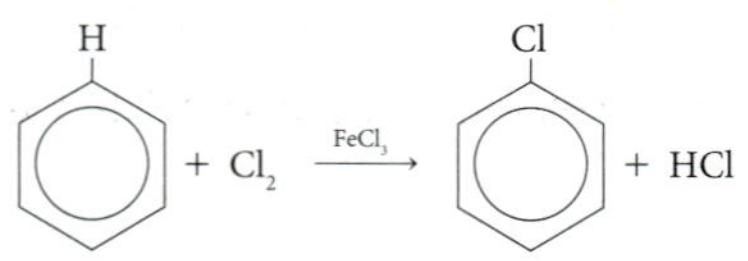

Alogenazione del benzene

TI RICORDI?

Un **acido di Lewis** è una molecola o uno ione capace di accettare un doppietto elettronico da una base.

Lo ione Cl^+ che si forma è l'elettrofilo forte che attacca il benzene, dando origine al clorobenzene

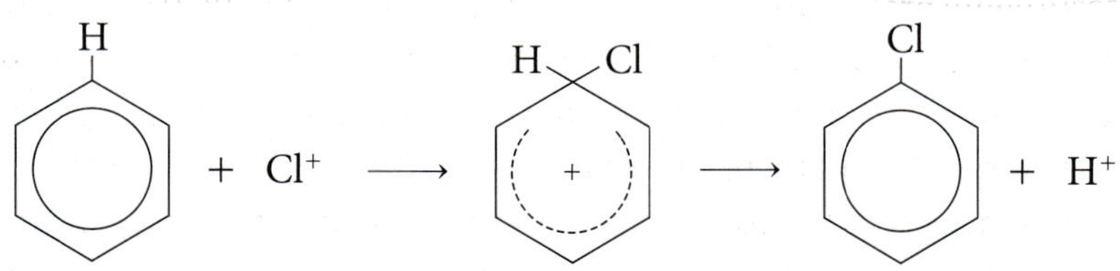

clorobenzene

c. La reazione di **alchilazione** o di **Friedel-Crafts**, che avviene trattando il benzene con un alogenuro alchilico $R-X$ ($X = Br, Cl$) in presenza di un corrispondente alogenuro $AlCl_3$ o $AlBr_3$ (catalizzatore), porta alla formazione di un *alchilbenzene*.

Nella reazione di alchilazione con il cloruro di metile CH_3Cl, il tricloruro di alluminio si comporta da acido di Lewis e accentua la polarizzazione del legame carbonio-cloro:

$$CH_3{-}Cl + AlCl_3 \rightarrow CH_3^+ + AlCl_4^-$$

Il carbocatione metile CH_3^+ che si forma è l'elettrofilo forte che attacca il benzene dando origine al toluene.

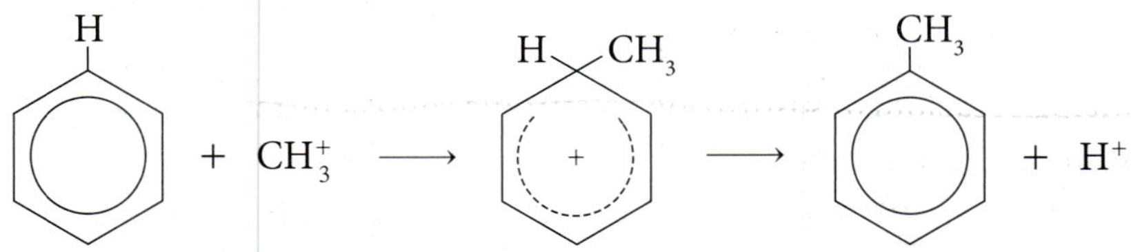

toluene

A COLPO D'OCCHIO

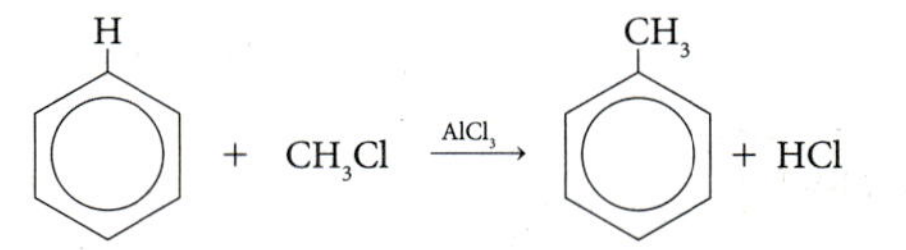

Alchilazione del benzene

d. La reazione di **solfonazione** avviene trattando il benzene con acido solforico fumante (acido solforico H_2SO_4, contenente triossido di zolfo, SO_3). Il triossido di zolfo si comporta da elettrofilo forte e attaccando il benzene forma acido benzensolfonico:

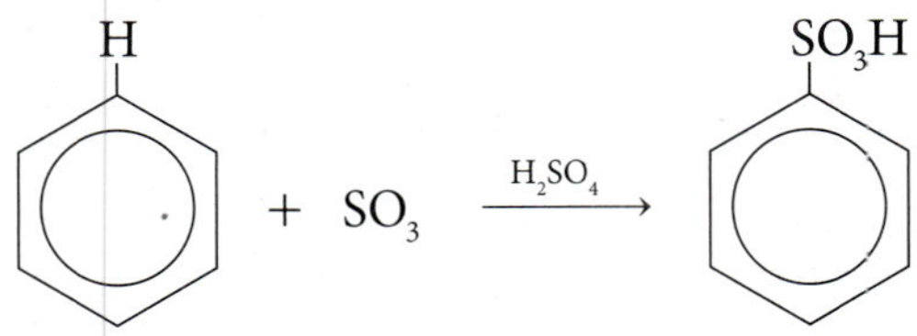

acido benzensolfonico

A COLPO D'OCCHIO

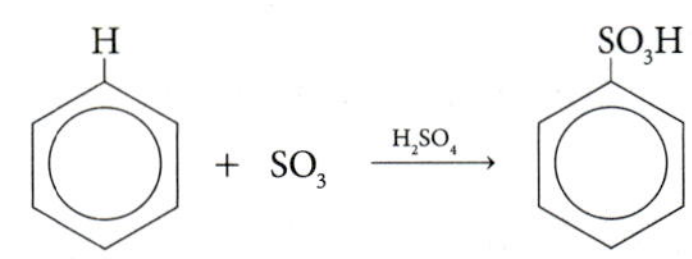

Solfonazione del benzene

La reattività del benzene monosostituito

Quando una reazione di sostituzione elettrofila avviene su un benzene monosostituito, la *reattività* di quest'ultimo dipende dal tipo di sostituente già presente nell'anello. I sostituenti, infatti, si distinguono in attivanti e disattivanti a seconda che aumentino o diminuiscano la velocità della reazione.

I sostituenti **attivanti** sono gruppi alchilici o gruppi atomici con un doppietto elettronico libero sull'atomo direttamente legato all'anello benzenico.

Data la disponibilità di elettroni, i sostituenti attivanti sono *elettron-donatori* e per questo aumentano la reattività del benzene monosostituito.

I sostituenti **disattivanti** sono atomi di alogeni o gruppi atomici con una parziale o totale carica positiva sull'atomo direttamente legato all'anello benzenico.

Data la loro tendenza ad attrarre elettroni, i sostituenti disattivanti sono *elettron-attrattori* e quindi diminuiscono la reattività del benzene monosostituito (tabella **9**).

Attivanti	Disattivanti
$-NH_2$	$-NO_2$
$-OH$	$-CHO$
$-OCH_3$	$-COOH$
$-CH_3$	$-SO_3H$
$-CH_2-CH_3$	$-F, -Cl, -Br, -I$

Tabella **9** I più comuni sostituenti attivanti e disattivanti.

L'orientazione del secondo sostituente

Il tipo di sostituente presente sull'anello benzenico, in seguito all'attacco di un secondo sostituente, determina la **posizione** che quest'ultimo assumerà nell'anello. Infatti, è la maggiore o minore disponibilità di elettroni a definire il prodotto della disostituzione (*orto*, *meta* e *para*) e risultati sperimentali evidenziano che i sostituenti attivanti e gli alogeni orientano il secondo sostituente verso le posizioni **orto**, **para**; i sostituenti disattivanti (tranne gli alogeni) orientano il secondo sostituente verso la posizione **meta** (tabella **10**).

Gli *alogeni sono disattivanti* perché fortemente elettronegativi e di conseguenza elettron-attrattori, mentre la presenza di doppietti elettronici disponibili li rende orto, para-orientanti.

Primo sostituente	Secondo sostituente
$-NH_2$ $-OH$ $-CH_3$ $-CH_2-CH_3$ $-F, -Cl, -Br, -I$	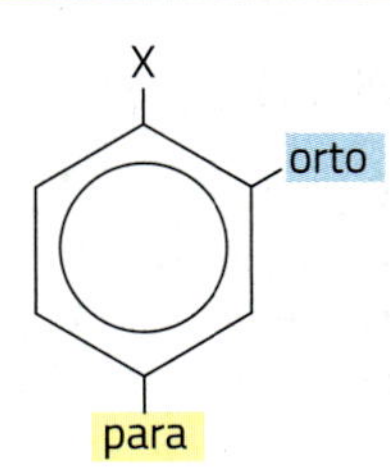
$-NO_2$ $-CHO$ $-COOH$ $-SO_3H$	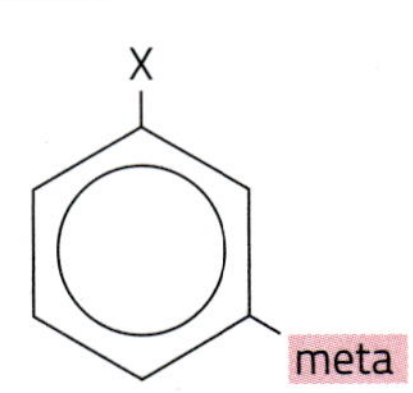

Tabella **10** I più comuni sostituenti (X = primo sostituente) e i loro effetti orientanti.

ESERCIZIO SVOLTO

Proviamo insieme

Rappresenta le reazioni di sostituzione elettrofila che portano alla sintesi del *m*-bromonitrobenzene.

Risoluzione

Il *m*-bromonitrobenzene si può sintetizzare mediante due reazioni successive di sostituzione elettrofila tenendo presente gli effetti attivante o disattivante e orientante del primo sostituente presente nell'anello. Nello specifico occorre effettuare prima una reazione di nitrazione (il gruppo nitro $-NO_2$ è infatti un disattivante e meta orientante) e poi di alogenazione.

a. La reazione di **nitrazione** porta alla formazione del nitrobenzene:

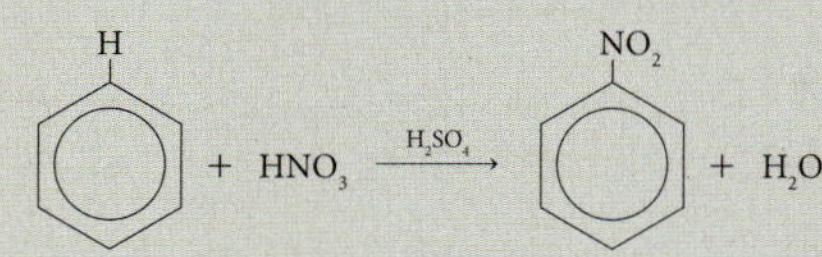

b. La reazione di **alogenazione** porta alla sintesi del *m*-bromonitrobenzene:

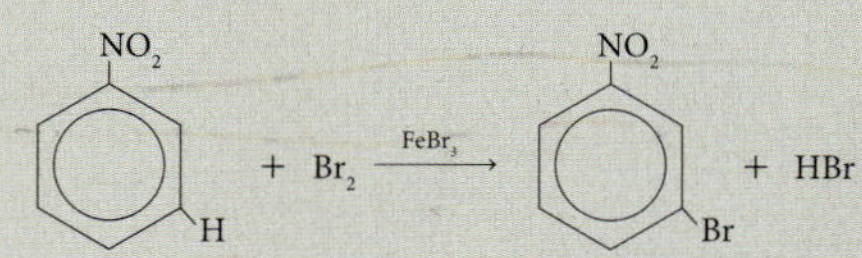

Prova da solo

Progetta, partendo dal benzene, la sintesi dell'acido *m*-clorobenzensolfonico.

26 Gli idrocarburi aromatici policiclici sono un insieme di anelli

Gli idrocarburi aromatici **policiclici** sono costituiti da due o più anelli benzenici.

Si distinguono in concatenati e condensati, a seconda del modo in cui gli anelli benzenici sono legati tra loro:

a. gli areni policiclici **concatenati** sono costituiti da due o più anelli benzenici uniti da un legame semplice carbonio-carbonio; il più comune è il *difenile* (figura **23**):

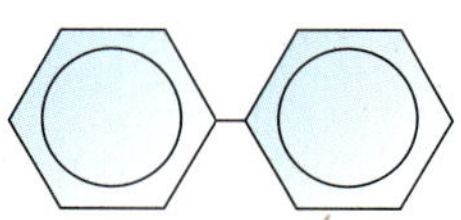

difenile

Figura **23** **Il difenile** È usato nel trattamento antimuffa degli agrumi.

b. gli areni policiclici **condensati** sono costituiti da due o più anelli benzenici e in cui due anelli hanno in comune due atomi di carbonio. Il più comune è il *naftalene*, commercialmente noto anche come naftalina (formula molecolare $C_{10}H_8$), che a temperatura ambiente passa dallo stato solido allo stato di vapore (sublimazione):

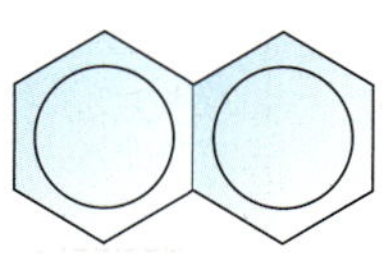

naftalene

Altri idrocarburi policiclici condensati sono l'antracene $C_{14}H_{10}$, il fenantrene $C_{14}H_{10}$, la cui struttura è presente in molte molecole biologiche (colesterolo, ormoni steroidei, acidi biliari), e il benzo[a]pirene $C_{20}H_{12}$, presente nel fumo delle sigarette e avente effetti cancerogeni.

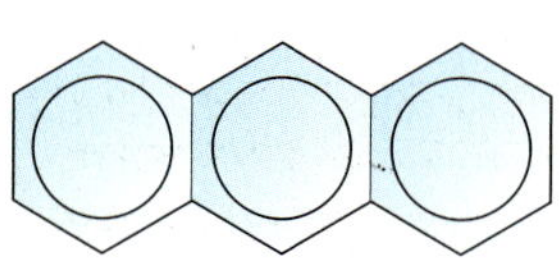

antracene

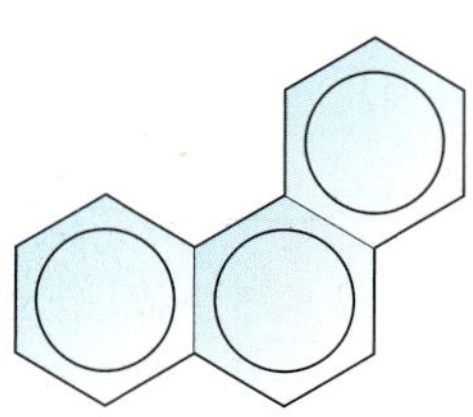

fenantrene

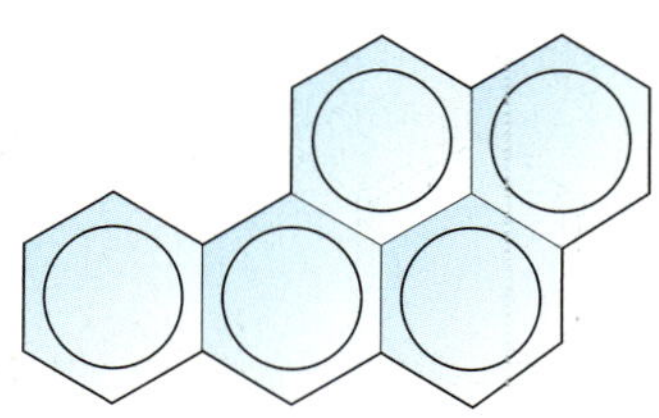

benzo[a]pirene

LA NOSTRA SALUTE

Come si formano gli idrocarburi policiclici aromatici

Nel 1775 il medico britannico Percivall Pott scoprì la prima correlazione tra l'esposizione alla fuliggine e il cancro allo scroto. A quell'epoca, molti bambini lavoravano come spazzacamini e, dopo circa dieci anni di lavoro, molti di loro sviluppavano questo tipo di tumore. Pott si rese conto che il continuo contatto con la fuliggine e la scarsa igiene del tempo provocavano un accumulo delle ceneri sulla cute. Fu la prima scoperta di una malattia professionale e venne chiamato «cancro degli spazzacamini». Nonostante gli studi di Pott, questo tipo di cancro continuò a essere considerato una malattia venerea e soltanto negli anni Trenta del secolo scorso si iniziarono a isolare i composti chimici responsabili di questo tumore.

L'azione cancerogena della fuliggine è dovuta al benzo[a]pirene, una molecola prodotta dalla combustione incompleta del carbone.

Il benzo[a]pirene (figura A) appartiene a un particolare gruppo di composti organici, tristemente noti per la loro tossicità e la loro cancerogenicità: gli idrocarburi policiclici aromatici.

Gli **idrocarburi policiclici aromatici (IPA)** sono una vasta classe di composti organici caratterizzata dalla presenza di più anelli benzenici condensati tra loro. Sono molecole ad elevato peso molecolare formate da un numero di anelli variabile da 2 a 7. Gli IPA sono presenti nell'ambiente sotto forma di miscele complesse, contenenti oltre un centinaio di composti differenti. A causa della loro estrema varietà, negli anni Ottanta la *United States Environment Protection Agency* (EPA) e la *World Health Organization* (WHO) hanno identificato 16 IPA rappresentativi e definiti «inquinanti prioritari».

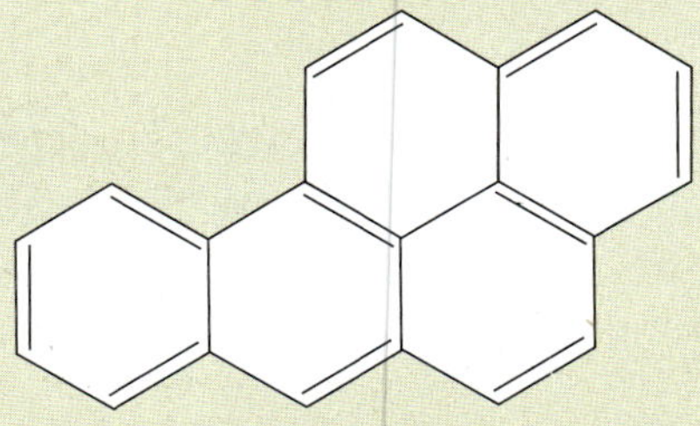

Figura A **Il benzo[a]pirene.**

L'azione cancerogena

Un composto si dice cancerogeno quando è in grado di interagire con il DNA, compromettendone la struttura e provocando un'alterazione genetica. Gli IPA di per sé non sono agenti cancerogeni, ma lo diventano nel momento in cui il nostro organismo tenta di metabolizzarli. A livello chimico gli IPA sono composti stabili e lipofili: per cercare di eliminarli, il nostro corpo attiva delle trasformazioni metaboliche per renderli idrosolubili, addizionando acqua alla struttura aromatica. Si generano così dei composti idrati (epossidi e dioli) che hanno una spiccata tendenza a legarsi con le molecole del DNA, alterando il patrimonio genetico delle cellule e aumentando, quindi, la probabilità di cancerogenesi.

Gli IPA vengono prodotti da processi di combustione

Le fonti di IPA sono sia antropiche che naturali. In natura si trovano nel carbone e nel petrolio e, attraverso la raffinazione, si accumulano nelle frazioni pesanti come il bitume. Altre sorgenti naturali sono le emissioni prodotte da incendi di boschi e le eruzioni vulcaniche, anche se il loro contributo maggiore è di piccola entità. Al di là della fonte specifica, gli IPA si formano dalla combustione incompleta di materiale organico, come carbone, legno, derivati del petrolio, cibi e rifiuti. Le potenziali sorgenti antropiche sono quindi molteplici: processi industriali, lavorazioni di combustibili fossili, inceneritori, riscaldamento domestico, emissione veicolare, asfalto della copertura stradale, fumo di sigaretta, alimenti affumicati o cucinati alla griglia (figura B). A causa di queste numerose fonti, gli IPA sono considerati composti ubiquitari, cioè sono presenti in tutti i comparti ambientali (aria, acqua, suolo e alimenti).

Un problema ambientale

A causa della loro tossicità, il monitoraggio degli IPA deve seguire diverse normative ambientali. Nella direttiva 2004/107/CE del parlamento europeo il benzo[a]pirene è stato proposto come *marker* rappresentativo e la sua concentrazione massima come soglia di rischio per la salute non deve superare 1 ng/m^3. Come inquinanti, gli IPA non sono però tutti uguali. Quelli con meno di quattro anelli benzenici sono molecole gassose e vengono degradati facilmente.

Gli IPA con più di quattro anelli, invece, tendono a condensare rapidamente e ad adsorbirsi sulla superficie di particelle solide come la fuliggine, le ceneri e il particolato atmosferico. Poiché queste particelle hanno dimensioni tali da poter essere respirate, gli IPA possono penetrare nei polmoni mediante la respirazione. Una volta immessi nell'atmosfera, il loro destino può essere diverso: se il particolato si deposita su coltivazioni destinate all'alimentazione (per esempio grano, frutta e verdura), gli IPA possono essere assunti tramite il cibo per ingestione. La contaminazione alimentare è strettamente legata all'inquinamento, poiché gli IPA sono inquinanti sia atmosferici sia acquatici. Possono entrare a contatto con gli alimenti anche attraverso l'assorbimento da suoli contaminati (patate) o da acque contaminate (molluschi, pesci e crostacei).

L'importanza della prevenzione

Gli IPA sono un importante problema sanitario. I rischi per la salute sono però legati anche al nostro comportamento. Per esempio, chi fuma 20 sigarette al giorno assume in media 105 ng di benzo[a]pirene, mentre per un fumatore passivo sono circa 40 ng. Se siamo esposti soltanto ai contenuti di IPA residuali nell'ambiente e negli alimenti non abbiamo rischi rilevanti per la nostra salute. È una nostra responsabilità, invece, cercare di limitare tutte le possibili esposizione superflue, consumando con moderazione prodotti affumicati o grigliati e, soprattutto, rinunciando a fumare, per la nostra salute e quella degli altri.

Figura B **Le fonti di IPA** Nella cottura allo spiedo e alla griglia, se l'alimento è a contatto diretto con la fiamma, si possono formare idrocarburi policiclici aromatici (IPA).

Figura 24 Le antocianine I colori di molti fiori rossi e blu sono dovuti alle antocianine, composti aromatici eterociclici.

27 I composti aromatici eterociclici sono costituiti da anelli contenenti eteroatomi

I composti aromatici **eterociclici** sono composti il cui anello è costituito da atomi di carbonio e da uno o più eteroatomi, atomi diversi dal carbonio.

Gli aromatici eterociclici più diffusi (figura **24**) sono gli anelli *pentatomici* ed *esatomici*, costituiti rispettivamente da cinque atomi e da sei atomi.

Negli eterociclici aromatici, gli **eteroatomi** più comuni sono l'azoto e l'ossigeno. L'azoto è presente nella piridina e nel pirrolo, l'ossigeno nel furano:

LE PAROLE

Il termine **eteroatomo** (dal greco: *hetero* = diverso) è utilizzato per indicare in un composto un atomo diverso dal carbonio.

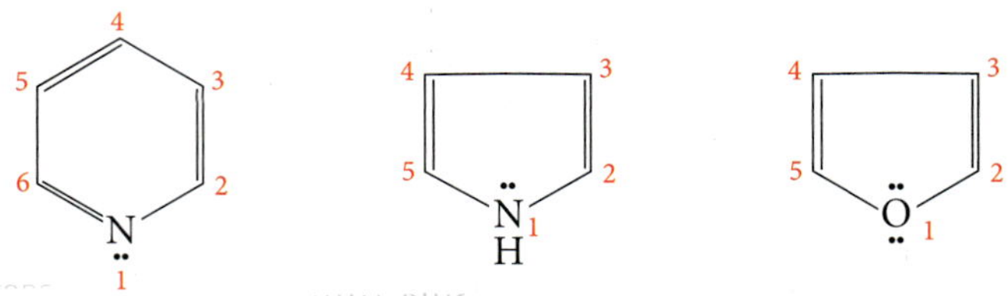

piridina pirrolo furano

Nella **piridina**, eterociclico esatomico, l'atomo di azoto ibridato sp^2 ha un elettrone nell'orbitale non ibrido *p* perpendicolare al piano dell'anello (figura **25**).

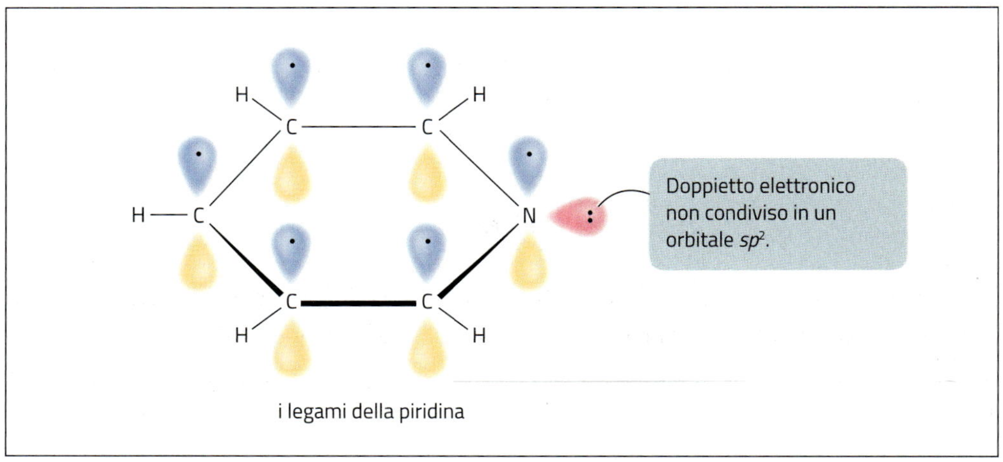

Figura 25 L'anello della piridina ha sei elettroni delocalizzati.

All'interno dell'anello vi sono sei elettroni delocalizzati: un elettrone deriva dall'orbitale *p* dell'azoto, mentre gli altri elettroni derivano dai cinque atomi di carbonio (figura **25**).

La piridina è quindi un ibrido di risonanza e può essere così rappresentata:

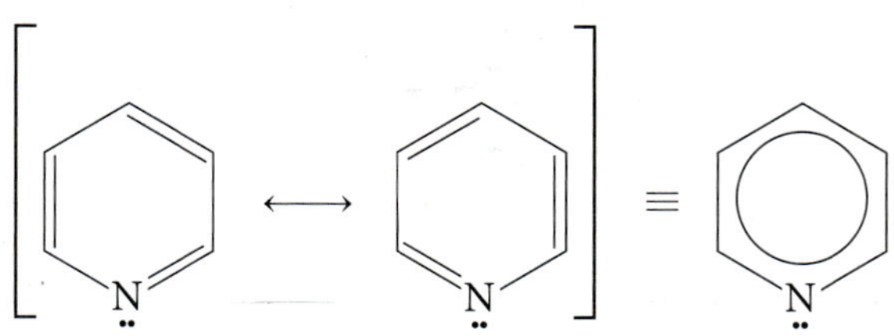

TI RICORDI?

Il **pirrolo** è un composto eterociclico azotato presente nella struttura delle porfirine. Tra queste le più note sono l'eme e la clorofilla costituite da quattro anelli pirrolici, coordinati rispettivamente dallo ione ferro e magnesio.

Nel **pirrolo** e nel **furano**, eterociclici pentatomici, l'atomo di azoto e l'atomo di ossigeno, ibridati sp^2, hanno due elettroni nell'orbitale non ibridato *p*. Essendo i due anelli costituiti da quattro atomi di carbonio che possono fornire quattro elettroni, l'atomo di azoto (nel pirrolo) e l'atomo di ossigeno (nel furano) devono contribuire con due elettroni al sistema dei sei elettroni delocalizzati.

TI RICORDI?

Il **furano** è un composto che costituisce la struttura base di alcuni monosaccaridi (pentosi e esosi) in forma semiacetalica.

28 Gli aromatici eterociclici svolgono un importante ruolo biologico

Composti aromatici molto diffusi e con un rilevante ruolo biologico sono la *pirimidina*, l'*imidazolo* e la *purina*.

La pirimidina

La **pirimidina** è un anello esatomico con due atomi di azoto:

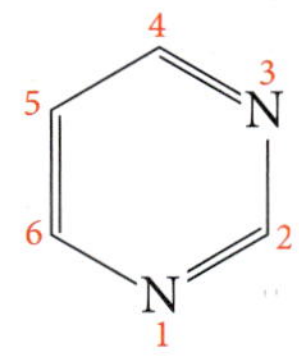

pirimidina

Dalla pirimidina derivano tre basi azotate: citosina, timina e uracile, presenti nei nucleotidi delle molecole di DNA e RNA.

L'imidazolo

L'**imidazolo** è un anello pentatomico con due atomi di azoto:

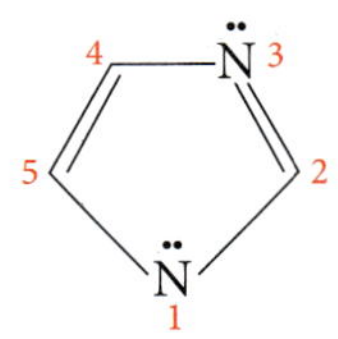

imidazolo

Il doppietto elettronico dell'N-3 non entra far parte dei sei elettroni delocalizzati e quindi può essere condiviso (base di Lewis), rendendo basica la molecola (figura **26**).

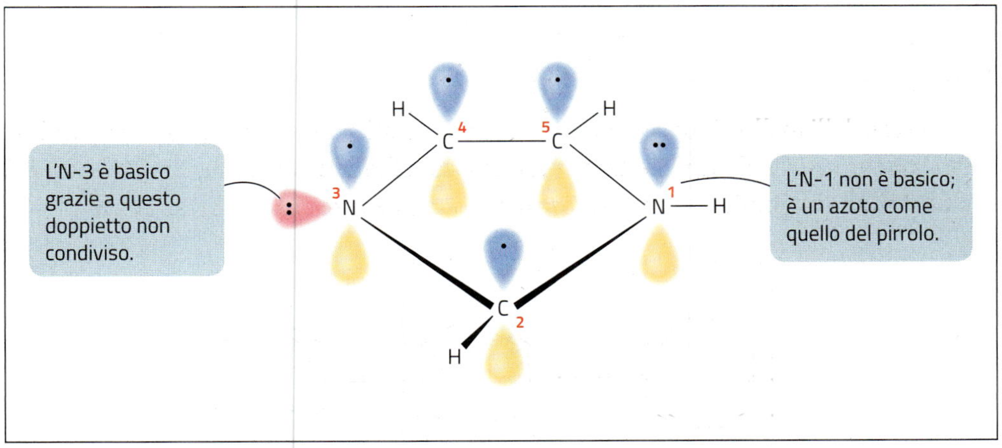

Figura **26** **L'imidazolo** Nell'anello dell'imidazolo il doppietto dell'azoto in posizione 3 non fa parte degli elettroni delocalizzati.

Il sistema dell'imidazolo si trova nell'amminoacido **istidina**, con un ruolo importante nelle reazioni catalizzate da enzimi.

Per *decarbossilazione* (perdita di una molecola CO_2) si forma l'**istamina** che viene liberata nei tessuti in seguito a ipersensibilità allergica o nella risposta infiammatoria. Per alleviare i sintomi delle allergie sono stati sviluppati molti antistaminici, farmaci che contrastano gli effetti dell'istamina.

La purina

La **purina** è un eterociclico costituito da due anelli condensati: un anello esatomico pirimidinico e un anello pentatomico imidazolico:

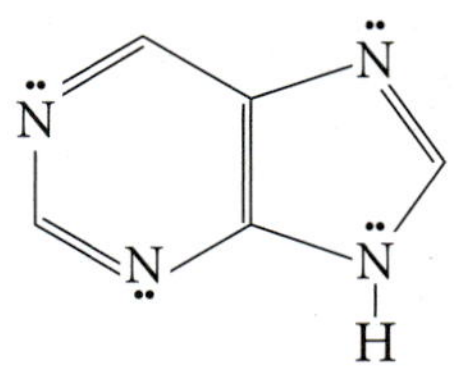

purina

TI RICORDI?

L'**acido urico** è il prodotto del catabolismo delle purine, rappresentando la forma di eliminazione dell'azoto sia degli amminoacidi sia degli acidi nucleici.

Il sistema della purina si trova nell'acido urico, prodotto dal catabolismo azotato, nella caffeina del caffè e delle bevande a base di cola e nella teina del tè (figura 27).

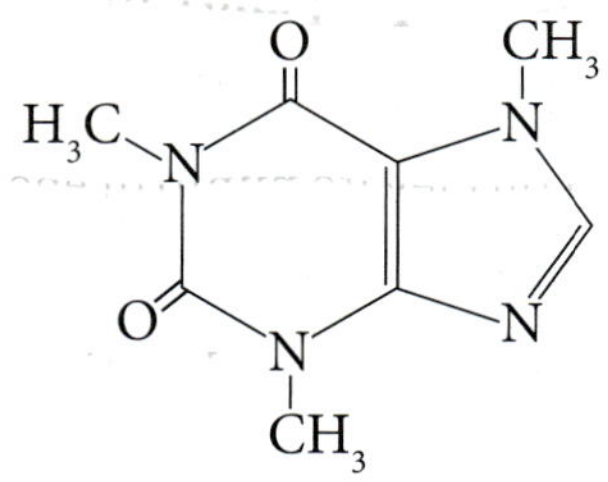

caffeina/teina

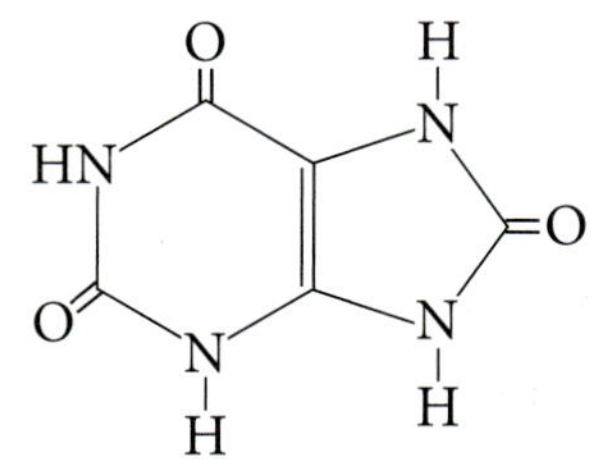

acido urico

TI RICORDI?

Un **coenzima** è una molecola organica non proteica necessaria per l'attività catalitica di un enzima; funziona da trasportatore di gruppi atomici (coenzima A) o di atomi di idrogeno (NAD, FAD, NADP).

Anche le basi azotate dell'adenina e della guanina, presenti nei nucleotidi delle molecole del DNA e dell'RNA, sono derivati della purina.

La nicotinammide (derivato dalla piridina) e l'adenina (derivato della purina) sono presenti nella **nicotinammide-adenin-dinucleotide** (**NAD**), un coenzima che svolge un ruolo fondamentale nelle reazioni cataboliche dell'ossidazione del glucosio.

PER CAPIRE MEGLIO
video:
Aromaticità

Figura 27 **La teina** Gli anelli purinici si trovano nella teina.

Ripassa con la **SINTESI DEL CAPITOLO** (mp3 e pdf)

ZTE ONLINE Mettiti alla prova con 20 esercizi interattivi

ESERCIZI

Capitolo

C2

VERIFICA LE TUE CONOSCENZE

GLI ALCANI

1 **Qual è il nome IUPAC del seguente composto?**

$$\begin{array}{l} CH_3-CH-CH_3 \\ \quad\quad\;\; | \\ \quad\quad\;\; CH_2-CH_3 \end{array}$$

Ⓐ 2-etilpropano

Ⓑ 1-isopropiletano

Ⓒ 2-metilbutano

Ⓓ 3-metilbutano

2 **Quale tra le seguenti formule molecolari rappresenta un alcano?**

Ⓐ $C_4H_{10}O$ Ⓑ C_4H_9OH

Ⓒ C_4H_{10} Ⓓ C_4H_8

3 **Indica il corretto ordine crescente del punto di ebollizione per i seguenti composti 1) 2-metilbutano, 2) *n*-pentano, 3) *n*-esano, 4) 2,2-dimetilpropano**

Ⓐ $2<3<1<4$ Ⓑ $4<1<3<2$

Ⓒ $1<4<3<2$ Ⓓ $4<1<2<3$

4 **I prodotti di una reazione di combustione completa di un alcano sono**

Ⓐ CO_2 e H_2 Ⓑ CO e H_2O

Ⓒ CO_2 e H_2O Ⓓ CO e H_2

5 **Quale delle seguenti affermazioni riguardanti il metano NON è corretta?**

Ⓐ l'atomo di carbonio è ibridato sp^3

Ⓑ è una molecola polare

Ⓒ è insolubile in acqua

Ⓓ ha una disposizione tetraedrica

6 **Nella reazione di combustione dell'eptano il coefficiente stechiometrico dell'ossigeno è**

Ⓐ 11 Ⓑ 7

Ⓒ 9 Ⓓ 14

7 **Quale dei seguenti alcani è costituito per il 79,80% da carbonio?**

Ⓐ etano Ⓑ propano

Ⓒ butano Ⓓ pentano

I CICLOALCANI

8 **Il ciclopropano è un composto**

Ⓐ allo stato liquido

Ⓑ con elevato punto di ebollizione

Ⓒ apolare

Ⓓ insolubile in solventi organici

9 **La reazione di alogenazione del cicloesano con bromo (Br_2) porta alla formazione del**

Ⓐ 1,2-dibromocicloesano

Ⓑ 1,2-dibromoesano

Ⓒ bromocicloesano

Ⓓ 1,1-dibromocicloesano

10 **Nel cicloesano gli atomi di carbonio formano angoli di legame di**

Ⓐ 109,5° Ⓑ 120°

Ⓒ 104,5° Ⓓ 90°

11 **In quale dei seguenti composti NON si verifica isomeria geometrica?**

Ⓐ 1,1-diclorocicloesano

Ⓑ 1,2-diclorocicloesano

Ⓒ 1,3-diclorocicloesano

Ⓓ 1,4-diclorocicloesano

12 **Quale delle seguenti formule molecolari rappresenta un cicloalcano?**

Ⓐ C_6H_{12} Ⓑ C_6H_{10}

Ⓒ C_6H_{14} Ⓓ C_6H_6

GLI ALCHENI

13 **Quale dei seguenti composti NON presenta isomeria geometrica?**

Ⓐ $CH_3-CH_2-CH=CH-CH_2-CH_3$

Ⓑ $$\begin{array}{l} \quad\quad\quad\quad\quad\;\; CH_3 \\ \quad\quad\quad\quad\quad\quad | \\ CH_3-CCl=C-CH_3 \end{array}$$

Ⓒ $CH_3-CCl=CCl-CH_3$

Ⓓ $CH_3-CH_2-CBr=CBr-CH_3$

14 **Quanti sono gli isomeri NON ciclici con formula molecolare C_4H_8?**

Ⓐ 2 Ⓑ 3

Ⓒ 4 Ⓓ 6

15 **La reazione del pentene con idrogeno molecolare è di**

Ⓐ riduzione catalitica

Ⓑ addizione nucleofila

Ⓒ sostituzione nucleofila

Ⓓ sostituzione elettrofila

16 **Dalla reazione di idratazione del 2-metilpropene in presenza di un catalizzatore acido, si ottiene**

Ⓐ un alcol secondario

Ⓑ un'aldeide

Ⓒ un alcol terziario

Ⓓ un chetone

17 **Quale delle seguenti affermazioni riguardanti gli alcheni NON è corretta?**

Ⓐ sono molecole apolari

Ⓑ hanno punti di ebollizione bassi

Ⓒ sono insolubili in acqua

Ⓓ danno reazioni di addizione nucleofila

18 **L'alchene che attraverso la reazione di idratazione origina un alcol primario è**

Ⓐ propene Ⓑ 1-butene

Ⓒ etilene Ⓓ 1-pentene

19 **Il composto che si forma nella reazione di alogenazione tra l'1-esene e il cloro è**

Ⓐ 1,1-dicloroesano

Ⓑ 1,2-dicloroesano

Ⓒ 2,2-dicloroesano

Ⓓ 1,6-dicloroesano

GLI ALCHINI

20 **Indica il nome corretto del seguente composto**

$CH_2Cl{-}CHBr{-}C{\equiv}C{-}CH_3$

Ⓐ 4-bromo-5-cloro-2-pentino

Ⓑ 3-bromo-2-cloro-4-pentino

Ⓒ 5-cloro-4-bromo-2-pentino

Ⓓ 2-pentino-4-bromo-5-cloro

21 **Quanti sono gli isomeri di posizione di formula molecolare C_6H_{10}?**

Ⓐ 2 Ⓑ 3

Ⓒ 4 Ⓓ 5

22 **Quale delle seguenti affermazioni riguardanti gli alchini NON è corretta?**

Ⓐ sono insolubili in solventi organici

Ⓑ hanno punti di ebollizione bassi

Ⓒ gli atomi di carbonio del triplo legame sono ibridati *sp*

Ⓓ hanno un comportamento chimico acido

23 **Dalla reazione di idrogenazione del 2-pentino in presenza del catalizzatore di Lindlar si ottiene il**

Ⓐ 2-pentene Ⓑ *cis*-2-pentene

Ⓒ pentano Ⓓ *trans*-2-pentene

24 **La reazione di addizione elettrofila fra un alchino e due moli di un acido alogenidrico porta alla formazione di un**

Ⓐ alchene monosostituito

Ⓑ alchene disostituito

Ⓒ alcano monosostituito

Ⓓ alcano disostituito

25 **Quale tra le seguenti formule molecolari rappresenta un alchino?**

Ⓐ C_6H_{10} Ⓑ C_6H_{12}

Ⓒ C_6H_6 Ⓓ C_6H_{14}

26 **In seguito all'idratazione dell'1-pentino (in presenza di catalizzatore acido e dello ione mercurico) si ottiene un**

Ⓐ chetone Ⓑ etere

Ⓒ enolo Ⓓ alchene

GLI IDROCARBURI AROMATICI

27 **Quale delle seguenti affermazioni riguardanti il benzene NON è corretta?**

Ⓐ è una molecola apolare

Ⓑ è insolubile in acqua

Ⓒ è un liquido incolore e volatile

Ⓓ gli atomi di carbonio sono ibridati *sp*

28 **La reazione del benzene con acido nitrico in presenza di acido solforico è di**

Ⓐ sostituzione radicalica

Ⓑ sostituzione elettrofila

Ⓒ sostituzione nucleofila

Ⓓ addizione elettrofila

29 **Quale tra i seguenti gruppi funzionali è *meta*-orientante?**

Ⓐ $-CHO$ Ⓑ $-OH$

Ⓒ $-NH_2$ Ⓓ $-Cl$

30 **Quale tra i seguenti idrocarburi aromatici è policiclico?**

Ⓐ toluene Ⓑ stirene

Ⓒ naftalene Ⓓ xilene

31 **La reazione tra il benzene e il cloruro di etile in presenza di cloruro di alluminio porta alla formazione di un**

Ⓐ alchilbenzene

Ⓑ alogenuro alchilico monosostituito

Ⓒ derivato alogenato del benzene

Ⓓ cicloalcano monosostituito

32 **Quale tra i seguenti sostituenti rende l'anello benzenico disattivante?**

Ⓐ $-CH_3$ Ⓑ $-Cl$

Ⓒ $-OH$ Ⓓ $-NH_2$

33 **Quale tra i seguenti composti non dà la reazione di sostituzione elettrofila aromatica?**

Ⓐ 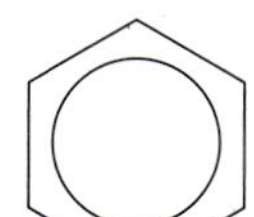

Ⓑ 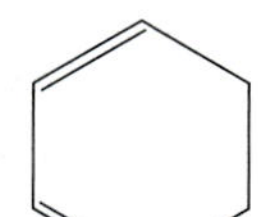

Ⓒ 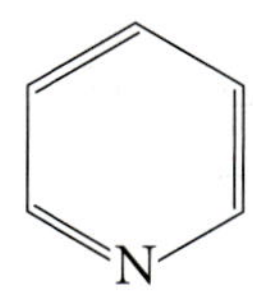

Ⓓ 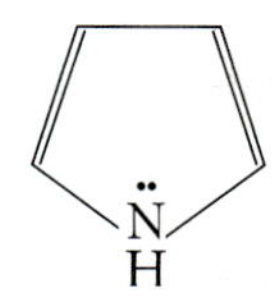

34 **Indica qual è la formula corretta della pirimidina**

Ⓐ 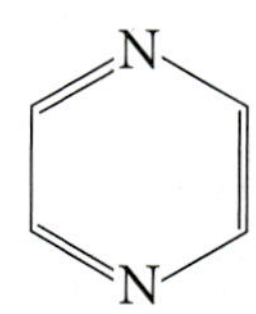

Ⓑ 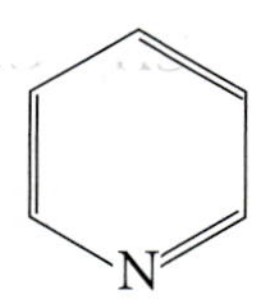

Ⓒ 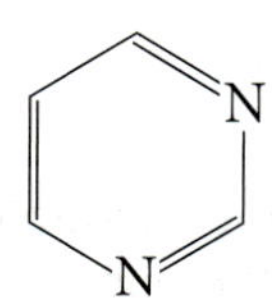

Ⓓ 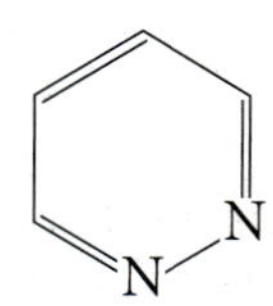

35 **Nel pirrolo, un composto eterociclico pentatomico, l'eteroatomo è un atomo di**

Ⓐ azoto ibridato sp^2

Ⓑ ossigeno ibridato sp^3

Ⓒ ossigeno ibridato sp^2

Ⓓ azoto ibridato sp^3

VERIFICA LE TUE ABILITÀ

36 **Rappresenta le formule razionali dei seguenti composti.**

a. 2-metilpentano

b. 2,3-dimetilbutano

c. 4-etil-2,2-dimetilesano

d. 3-bromo-2-metilpentano

e. 1,1,3,3-tetracloropentano

f. 2-cloro-3-isopropileptano

g. 4-*sec*-butil-2,7-dimetilottano

h. 4-isobutil-4-metileptano

i. 1,2,5-tricloro-2,3-dimetilpentano

37 **Assegna il nome IUPAC ai seguenti composti.**

a. 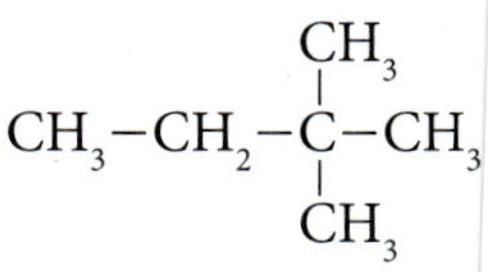

2,2 dimetil-butano

b. $CH_3-CH_2-CH_2-CH_2I$

c. 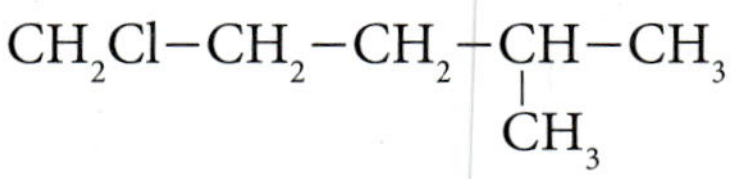

d. 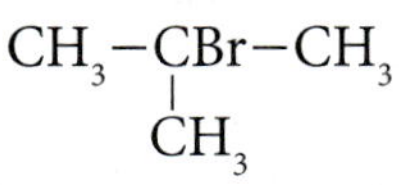

e. 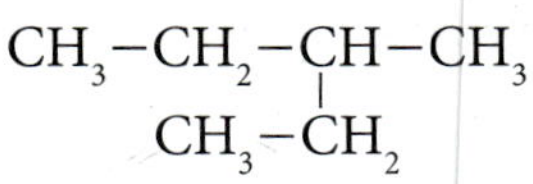

3 metil pentano

f. 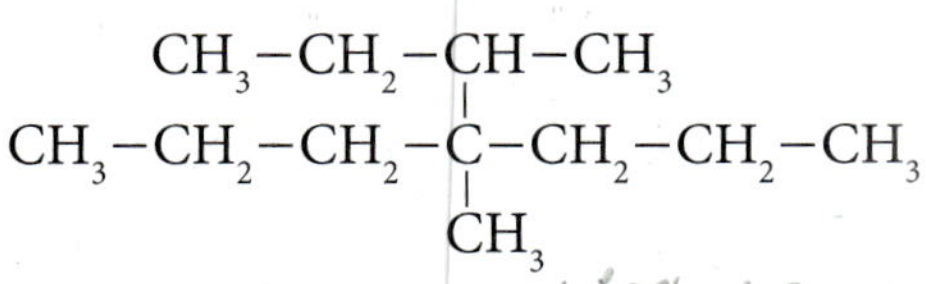

4 sec butil - 4 - metil eptano

38 **Rappresenta la formula razionale dei seguenti composti e assegna il nome IUPAC corretto.**

a. 1-metilbutano

b. 2-etilbutano

c. 2,3-dibromopropano

d. 3-bromo-2-propilpentano

39 **Rappresenta le formule razionali di tutti gli isomeri (il numero è indicato tra parentesi) dei seguenti composti e assegna a ciascuno di essi il nome IUPAC.**

a. $C_3H_6F_2$ (4)

b. $C_2H_2ClBr_3$ (3)

40 **Disponi i seguenti alcani in ordine crescente di punto di ebollizione.**

a. 2-metilesano

b. *n*-eptano

c. 3,3-dimetilpentano

d. *n*-esano

e. 2-metileptano

41 **Rappresenta le equazioni delle seguenti reazioni specificando il nome dei prodotti.**

a. combustione dell'esano

b. mono-clorurazione del butano

42 **Rappresenta le formule razionali dei seguenti composti.**

a. 1-bromo-3-etilcicloesano

b. 1,2-difluorociclopropano

c. 1,1,3-trimetilciclopentano

d. 1-etil-3-metilciclobutano

e. *trans*-1,2-diclorociclopentano

43 **Assegna il nome IUPAC ai seguenti composti.**

a. 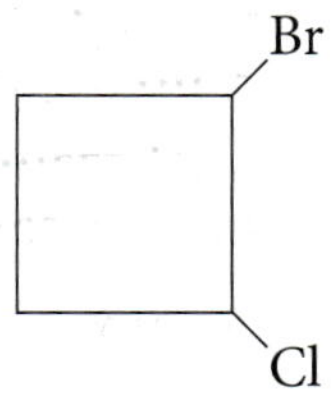

b. 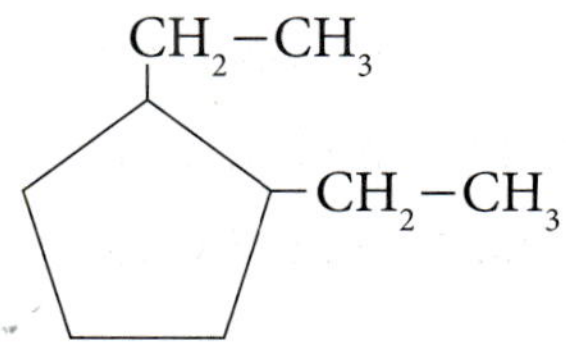

c. 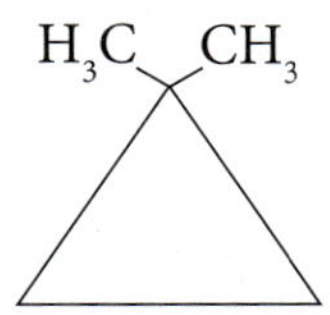

d. 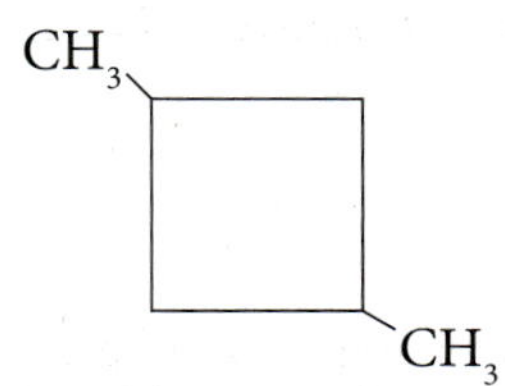

44 **Rappresenta le formule razionali dei seguenti composti e assegna il nome IUPAC corretto.**

a. 1,3-dimetilciclopropano

b. 1-metil-2,4-diclorocicloesano

45 **Rappresenta le formule razionali di tutti i cinque isomeri del ciclopentano con formula molecolare $C_5H_8Cl_2$ e assegna a ciascuno di essi il nome IUPAC.**

46 **Rappresenta le equazioni delle seguenti reazioni specificando il nome dei prodotti.**

a. combustione del ciclobutano

b. bromurazione del cicloesano

47 **Rappresenta le formule razionali dei seguenti composti.**

a. 1,3-dicloro-2-butene

b. 2,3-dimetil-2-pentene

c. 2,2-dimetil-3-eptene

d. 3-etil-2,2-dimetil-3-esene

e. *cis*-2-pentene

f. bromuro di vinile

g. *trans*-4-metil-2-pentene

h. 4-isopropil-2-ottene

48 **Assegna il nome IUPAC ai seguenti composti.**

a. 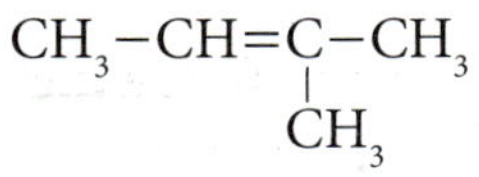

b. 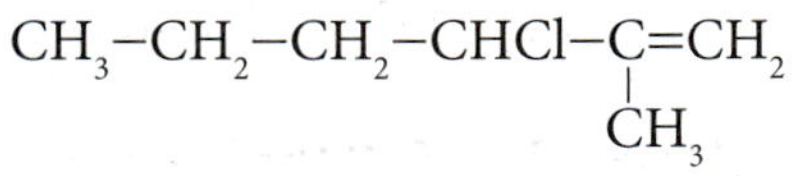

c. 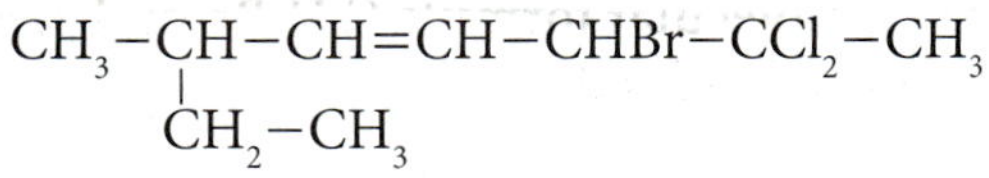

d. 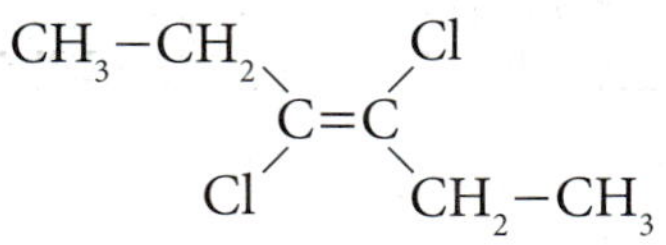

e. $CH_3{-}CCl_2{-}CBr_2{-}CH{=}CH_2$

f. 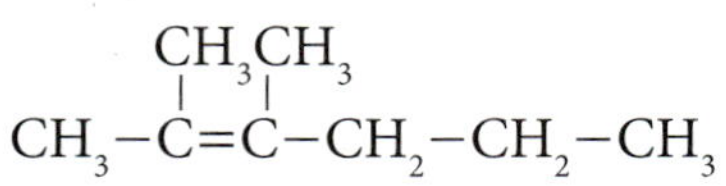

49 **Rappresenta le formule razionali dei quattro isomeri dell'alchene con formula molecolare C_4H_8 e assegna a ciascuno di essi il nome IUPAC.**

50 **Rappresenta le formule razionali dei seguenti composti e assegna il nome IUPAC corretto.**

a. 3-pentene b. 2-etil-1-propene c. 3-cloro-3-butene

51 **Quali dei seguenti composti esistono sotto forma di isomeri geometrici?**

(A) 2-metil-2-butene (B) 2-bromo-2-pentene

(C) 3-metil-3-eptene (D) 2-cloro-1-esene

52 **Rappresenta le equazioni delle seguenti reazioni e specifica il nome dei prodotti quando i seguenti composti reagiscono con bromo in tetraclorometano (solvente).**

a. 2-butene b. 2,3-dimetil-2-butene c. cloruro di vinile

53 **Stabilisci quale alchene e quale reagente darebbero per addizione elettrofila i seguenti prodotti.**

a. 1,2-dibromopentano b. 2-clorobutano

54 **Rappresenta le equazioni delle seguenti reazioni specificando il nome dei prodotti.**

a. 2-pentene + idrogeno (in presenza di Pt)

b. 1-butene + acido bromidrico

c. 2-metil-2-butene + acqua (in ambiente acido)

55 **Rappresenta le formule razionali dei seguenti composti.**

a. 4-metil-1-pentino b. 2,2-dicloro-3-esino

c. 3-etil-4-metil-1-esino d. 3-bromo-3-metil-1-pentino

e. 1,1,4-tricloro-2-butino f. 4-etil-4-isopropil-2-eptino

56 **Assegna il nome IUPAC ai seguenti composti.**

a. 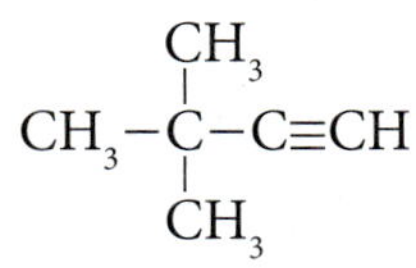

b. 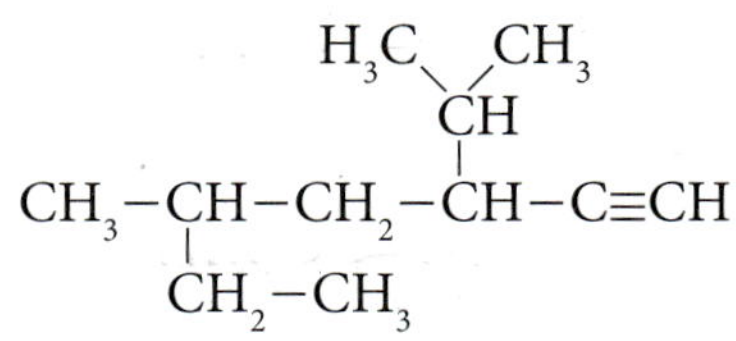

c. 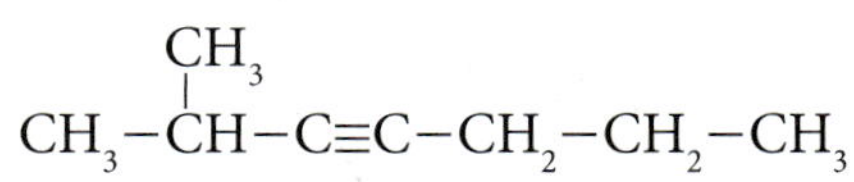

d. $CH_3{-}CHF{-}CH_2{-}CH_2{-}C{\equiv}CH$

e. $CH_3{-}CHBr{-}CHBr{-}CHBr{-}C{\equiv}C{-}CH_3$

57 **Rappresenta le formule razionali dei seguenti composti e assegna il nome IUPAC corretto.**

a. 3-butino b. 2-cloro-3-pentino c. 2-etil-3-pentino

58 **Rappresenta le formule razionali dei tre isomeri dell'alchino con formula molecolare C_5H_8 e assegna a ciascuno di essi il nome IUPAC.**

59 **Precisa quale alchino e quale reagente darebbero per addizione elettrofila i seguenti prodotti.**

a. 2,2-dicloropentano b. 2,2,3,3-tetrabromobutano

60 **Rappresenta le equazioni delle seguenti reazioni specificando il nome dei prodotti.**

a. 1-pentino + idrogeno (in presenza di Pt)

b. 1-pentino + idrogeno (in presenza del catalizzatore di Lindlar)

c. propino + 1 mole di bromo (in presenza di CCl_4)

d. 2-butino + 2 moli di cloro (in presenza di CCl_4)

61 **Rappresenta l'equazione chimica che ha come prodotto l'acetiluro di sodio dell'1-butino.**

62 **Assegna il nome ai seguenti composti.**

a. 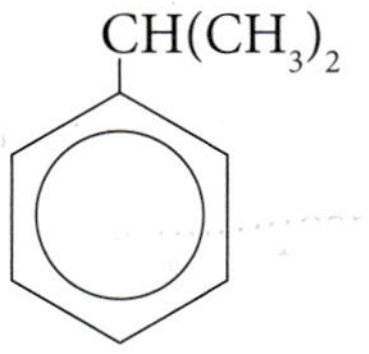

b. 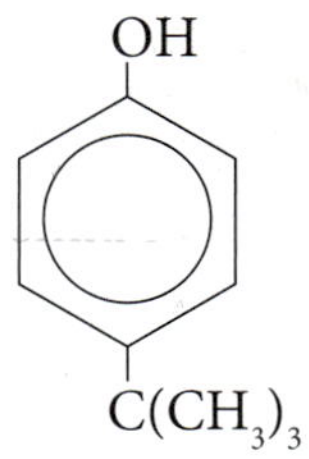

c. 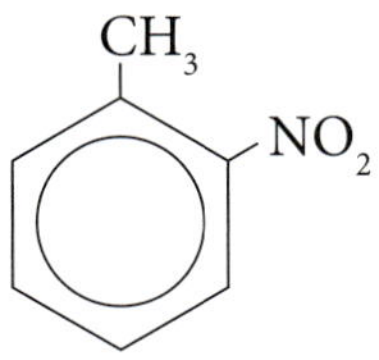

d. 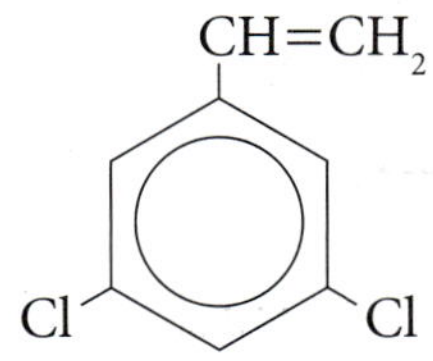

e. 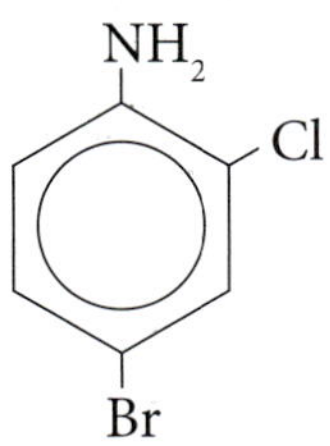

f. 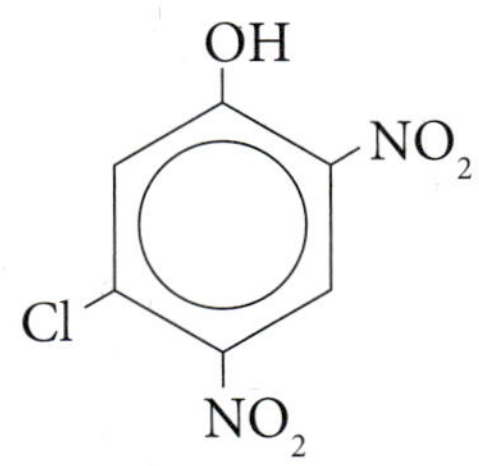

63 **Rappresenta le formule razionali di tutti gli isomeri (il cui numero è indicato tra parentesi) dei seguenti composti e assegna a ciascuno di essi il nome.**

a. trimetilbenzene (4) b. dicloronitrobenzene (6)

64 **Rappresenta il meccanismo di bromurazione del benzene in presenza del corrispondente catalizzatore.**

65 **Rappresenta le seguenti reazioni di sostituzione elettrofila specificando il nome dei prodotti.**

a. alogenazione del toluene con bromo (in presenza di bromuro ferrico)

b. alchilazione del nitrobenzene con cloruro di etile (in presenza di cloruro di alluminio)

66 **Rappresenta le reazioni che portano alla sintesi dei seguenti composti a partire dal benzene.**

a. *m*-cloronitrobenzene b. *p*-nitrotoluene

67 **Rappresenta le formule topologiche dei seguenti composti.**

a. 2,5-dimetilpirrolo b. 2-bromofurano c. 2-metilimidazolo

68 **Rappresenta la reazione di nitrazione della piridina (in presenza di un catalizzatore acido).**

TEST YOURSELF

69 **Draw the chemical equations of the following reactions specifying the names of the products.**

a. pentane burning b. propane bromination

70 **Draw the rational formulas of all the isomers of cycloalkane with molecular formula $C_3H_4Br_2$ and give each of them their IUPAC name.**

71 **What unsaturated hydrocarbon and what reagent give the following compounds by electrophilic addition?**

a. 2,2-dichlorobutane b. 2-fluoropropene

72 **Starting from benzene, draw the electrophilic substitution reactions which lead to the synthesis of the *p*-chlorotoluene.**

VERSO L'UNIVERSITÀ

73 **Individua la successione numerica che indica correttamente i coefficienti della seguente reazione chimica: $C_6H_6 + O_2 \longrightarrow CO_2 + H_2O$**

Ⓐ 2, 15 ⟶ 12, 6
Ⓑ 1, 6 ⟶ 3, 3
Ⓒ 1, 6 ⟶ 6, 3
Ⓓ 2, 9 ⟶ 12, 6
Ⓔ 2, 7 ⟶ 3, 1

[dalla prova di ammissione a Medicina e Veterinaria, anno 2014]

74 **Per quanti atomi di idrogeno il benzene differisce dal cicloesano?**

Ⓐ 6 Ⓑ 5 Ⓒ 4 Ⓓ 3 Ⓔ 2

[dalla prova di ammissione a Medicina e Chirurgia e in Odontoiatria e Protesi Dentaria, anno 2011]

75 **Quale delle seguenti è la formula bruta di un idrocarburo lineare monoinsaturo?**

Ⓐ C_nH_{2n}
Ⓑ C_nH_{2n+2}
Ⓒ C_nH_{n-2}
Ⓓ C_nH_{2n-2}
Ⓔ C_nH_{n+2}

[dalla prova di ammissione a Medicina e Chirurgia, anno 2010]

VERSO L'ESAME

RAPPRESENTA

76 **Esamina le diverse classi di idrocarburi, le loro caratteristiche e le loro relazioni attraverso una mappa concettuale.**

OSSERVA E CLASSIFICA

77 I seguenti modellini molecolari raffigurano degli idrocarburi: le sfere in colore più scuro rappresentano atomi di carbonio, le sfere in colore più chiaro atomi di idrogeno e i bastoncini legami covalenti.

a. **Numera la catena carboniosa.**
b. **Stabilisci lo stato di ibridazione di ogni atomo di carbonio.**
c. **Classifica la molecola in base al gruppo di idrocarburi a cui appartiene.**
d. **Disegna la formula di struttura del composto.**

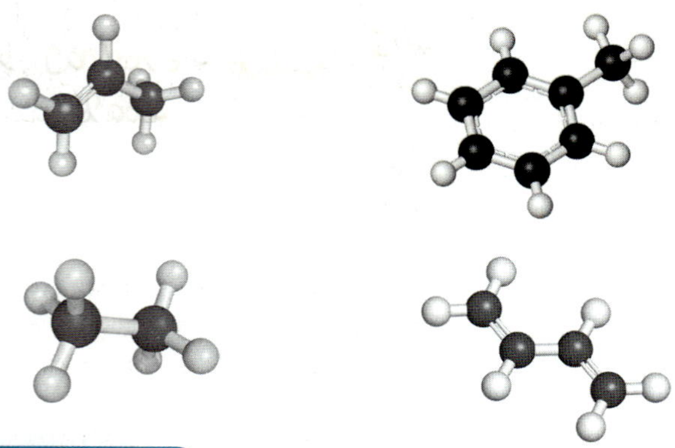

OSSERVA E DESCRIVI

78 I seguenti modellini molecolari raffigurano due idrocarburi: le sfere in colore più scuro rappresentano atomi di carbonio, le sfere in colore più chiaro atomi di idrogeno e i bastoncini legami covalenti.

a. **Identifica le molecole e descrivi analogie e differenze.**
b. **Spiega se le molecole sono tra loro isomeri e, in caso di risposta affermativa, di che tipo.**

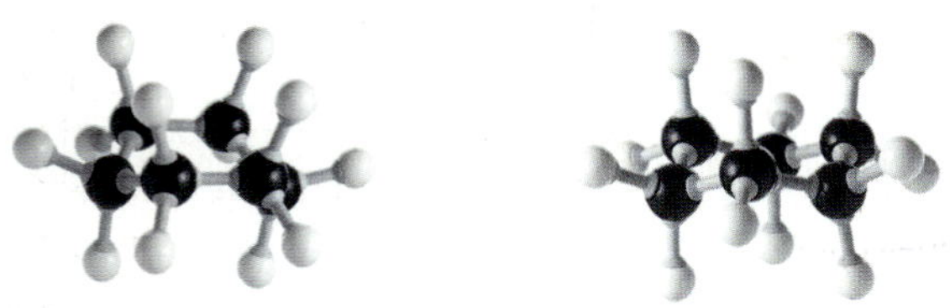

RIFLETTI

79 **Spiega quali delle seguenti coppie di termini hanno lo stesso significato e argomenta la risposta.**

a. alcheni – idrocarburi insaturi
b. alcani e cicloalcani – idrocarburi saturi
c. idrocarburi alifatici – idrocarburi non aromatici
d. benzene – idrocarburi aromatici

RIFLETTI

80 Quali sono le reazioni inverse delle seguenti?

a. sostituzione b. addizione c. eliminazione

RIFLETTI

81 La maggioranza dei termini scientifici indica in maniera univoca uno e un solo concetto. Esistono, tuttavia, delle eccezioni, come il sostantivo «radicale», utilizzato nel presente capitolo e nel precedente per indicare due concetti molto diversi.
Qual è il significato di radicale nei due diversi contesti?

RIFLETTI

82 Etano, etene e etino (acetilene) sono idrocarburi infiammabili con uguale numero di atomi di carbonio. I limiti di esplosione, che definiscono l'intervallo di concentrazione entro cui la miscela formata con l'aria se innescata s'infiamma, sono molto più ampi per l'acetilene rispetto all'etene e ancora minori per l'etano. Fra i tre composti, è l'acetilene a essere considerato il più pericoloso.
Qual è la motivazione di tale differenza?

ANALIZZA E DEDUCI

83 Nel 1890 Kekulé raccontò nel modo seguente la storia della scoperta della struttura del benzene.
«Ero seduto intento a scrivere, ma il lavoro non progrediva; i miei pensieri erano altrove. Girai la sedia verso il camino e mi appisolai. Di nuovo gli atomi giocavano di fronte ai miei occhi (...). Il mio occhio mentale, reso più acuto da questa ripetuta visione, era ora in grado di distinguere strutture più grandi di multiforme conformazione; lunghe file talvolta sistemate più strettamente, tutte sinuose e ricurve come il moto di un serpente. Ma guarda! Che cos'è? Uno dei serpenti aveva afferrato la sua stessa coda, e la forma girava beffardamente davanti ai miei occhi. Come per un lampo improvviso mi risvegliai e passai il resto della notte a elaborare la mia ipotesi.»
In particolare, quale proprietà del benzene Kekulé sostenne di aver compreso in sogno?

CLASSIFICA E CONFRONTA

84 Carotenoidi e antociani (o antocianine) sono pigmenti vegetali, cioè sostanze che conferiscono un determinato colore a un certo organo di una pianta.
Fai una ricerca sulle formule di struttura dei carotenoidi e degli antociani, stabilisci se sono idrocarburi aromatici o alifatici e, se alifatici, classificali in saturi o insaturi. Confrontandone le formule di struttura, quale caratteristica ritieni sia necessaria a una molecola organica per assorbire la luce visibile?

ANALIZZA E DEDUCI

85 I coni e i bastoncelli sono cellule della retina che contengono la rodopsina, un complesso molecolare con funzioni di fotorecettore costituito da una parte proteica detta opsina e dall'11-*cis*-retinale, una molecola organica polinsatura derivata dalla vitamina A. L'interazione di un fotone con la rodopsina determina l'impulso nervoso visivo al termine di una sequenza di reazioni, la prima delle quali è l'isomerizzazione dell'11-*cis*-retinale a retinale tutto-*trans*.

a. **Che tipo di isomeri sono, secondo le tue conoscenze, l'11-*cis*-retinale e il retinale tutto-*trans*?**
b. **La trasformazione dall'isomero 11-*cis* in tutto-*trans* comporta un cambiamento nella forma e/o nella reattività chimica del retinale? Argomenta la risposta.**

CAPITOLO

C3 Chimica organica: i derivati degli idrocarburi

LEZIONE

1 Gli alogenuri alchilici

Gli alogenuri alchilici sono composti che derivano dagli alcani (alcano derivato), in cui uno o più atomi di idrogeno sono sostituiti da altrettanti atomi di alogeno (uguali o diversi), che rappresentano il gruppo funzionale.

LEZIONE

2 Gli alcoli, gli eteri e i fenoli

Gli alcoli, gli eteri e i fenoli sono composti che si possono considerare derivati organici dell'acqua, con uno o entrambi gli atomi di idrogeno sostituiti da gruppi alchilici o arilici. I composti con due o più gruppi $-OH$ si chiamano polioli.

LEZIONE

3 Le aldeidi e i chetoni

Le aldeidi e i chetoni sono composti con lo stesso gruppo funzionale (gruppo carbonile, $>C=O$). Nelle aldeidi il carbonile si trova all'estremità della catena carboniosa, nei chetoni in una posizione intermedia.

LEZIONE

4 Gli acidi carbossilici

Gli acidi carbossilici sono composti caratterizzati dalla presenza del gruppo carbossile $-COOH$. Si possono ottenere dall'ossidazione di un alcol o di un'aldeide. Gli acidi carbossilici presenti nei trigliceridi (grassi e oli) si chiamano acidi grassi.

LEZIONE

5 Derivati degli acidi carbossilici e acidi carbossilici polifunzionali

Nei derivati degli acidi carbossilici il gruppo $-OH$ degli acidi è sostituito da $-OR$ (esteri) o $-NH_2$ (ammidi). Gli acidi carbossilici polifunzionali hanno due gruppi funzionali, $-COOH$ e $-OH$ (idrossoacidi) o $-CO$ (chetoacidi).

LEZIONE

6 Le ammine

Le ammine sono composti organici azotati in cui l'atomo di azoto è legato a uno, due o tre gruppi alchilici (ammine alifatiche) o arilici (ammine aromatiche). In base al numero dei gruppi organici presenti, le ammine sono distinte in primarie, secondarie e terziarie.

LEZIONE

7 I polimeri

I polimeri sono macromolecole formate dalla ripetizione di unità molecolari, i monomeri, uniti da legami covalenti. In base al numero e al tipo di monomeri (di un solo tipo, di due o più tipi diversi), i polimeri sono distinti in omopolimeri, copolimeri ed eteropolimeri.

1

Gli alogenuri alchilici

TI RICORDI?

L'**alogenuro arilico** è un derivato di un idrocarburo aromatico ottenuto per sostituzione di uno o più atomi di idrogeno con uno o più atomi di alogeni.

1 I derivati degli idrocarburi si suddividono in alogenati, ossigenati e azotati

I derivati degli idrocarburi sono composti organici che derivano dagli idrocarburi per sostituzione di uno o più atomi di idrogeno con atomi o gruppi atomici diversi, detti **gruppi funzionali**.

I gruppi funzionali determinano la reattività e il tipo di reazione dei derivati degli idrocarburi, che sono stati suddivisi in tre grandi gruppi in base al tipo di atomo presente nei gruppi funzionali.

a. I **derivati alogenati** comprendono gli alogenuri alchilici, vinilici e arilici. Il loro gruppo funzionale è un atomo di alogeno.
b. I **derivati ossigenati** sono composti nel cui gruppo funzionale è presente l'atomo di ossigeno (alcoli, eteri, fenoli, aldeidi, chetoni, acidi carbossilici ed esteri).
c. I **derivati azotati** sono composti che contengono azoto nel gruppo funzionale (ammidi e ammine).

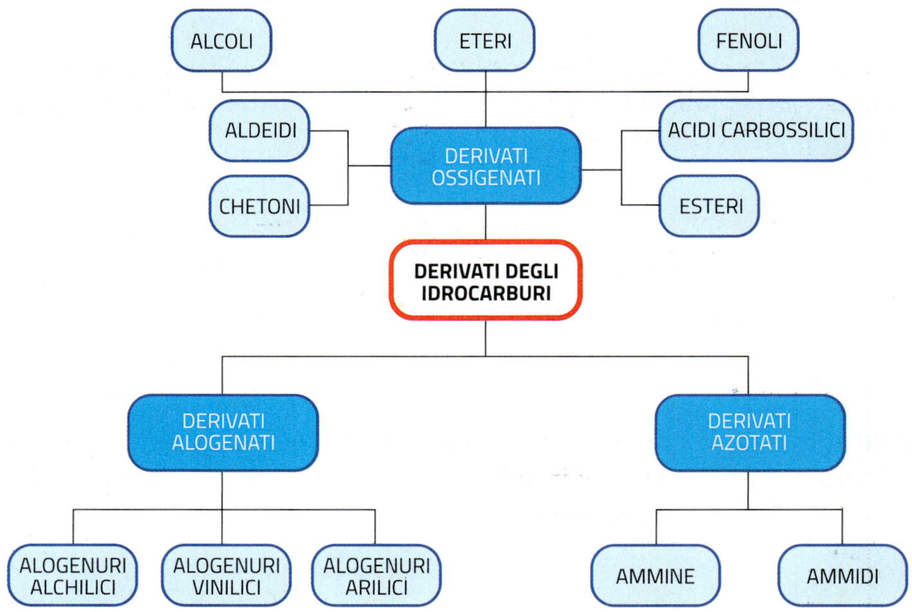

2 La nomenclatura e la classificazione degli alogenuri alchilici

Gli alogenuri alchilici sono composti organici in cui uno o più atomi di alogeno (gruppo funzionale) è direttamente legato a uno o più atomi di carbonio di un alcano (alcano derivati). In questi composti gli atomi di carbonio sono ibridati sp^3.

Agli alogenuri alchilici corrisponde la **formula molecolare** generale:

$$R{-}X$$

dove R è un gruppo alchilico saturo a catena aperta e X è un alogeno.

La nomenclatura degli alogenuri alchilici

Secondo le regole IUPAC, il **nome** degli alogenuri alchilici è costituito da un numero che indica la posizione dell'alogeno nella catena carboniosa (quest'ultima va numerata partendo dall'estremità più vicina al sostituente), seguito dal nome dell'alogeno e da quello dell'alcano corrispondente, in modo da formare una sola parola:

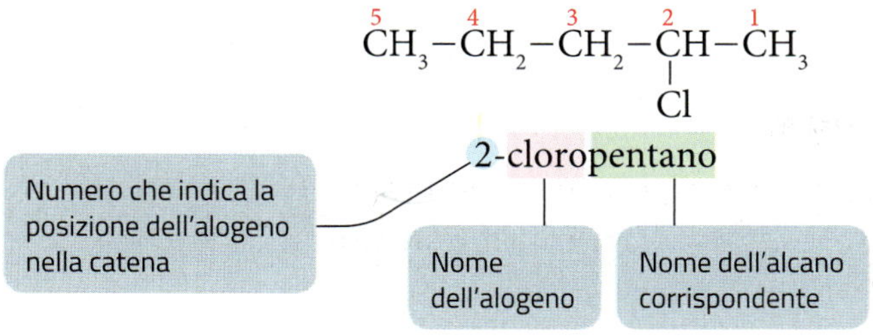

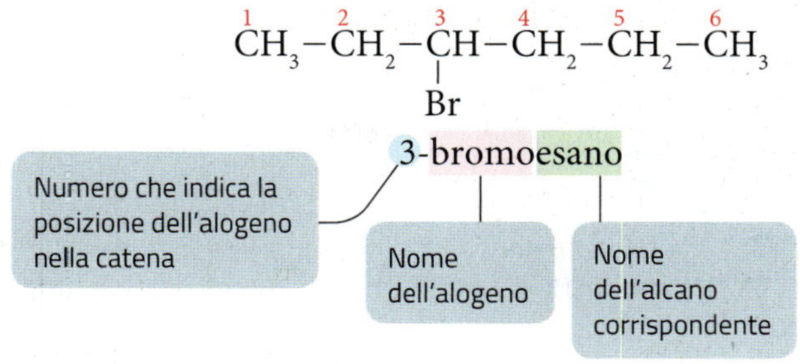

I composti più semplici sono anche denominati con un nome comune, costituito dalla radice del nome dell'alogeno con la desinenza *-uro*, seguita dalla preposizione *di* e dal nome del gruppo alchilico:

CH_3-Cl

clorometano

(cloruro di metile)

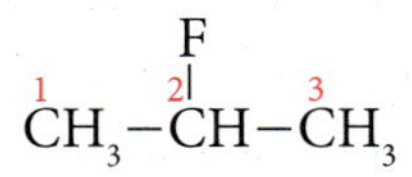

2-fluoropropano

(fluoruro di isopropile)

Se nella catena carboniosa lo stesso sostituente è presente più volte, i numeri che ne indicano la posizione vanno separati da una virgola, e il nome del sostituente deve essere preceduto dai prefissi *di-*, *tri-*, *tetra-*:

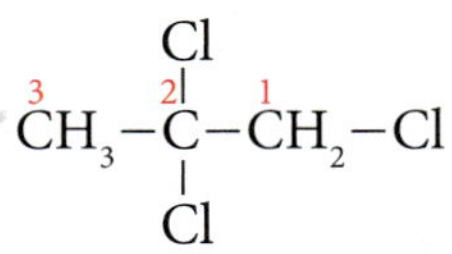

1,2,2-tricloropropano

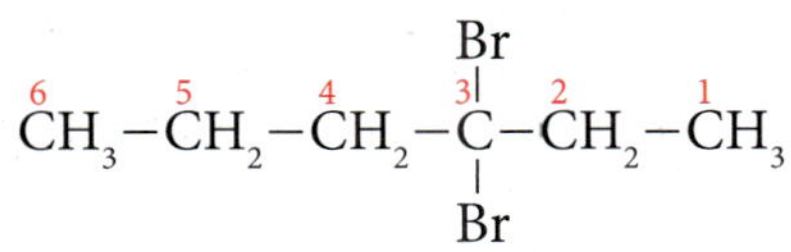

3,3-dibromoesano

Quando nella catena carboniosa i sostituenti sono diversi (gruppi alchilici e alogeni), questi devono essere denominati in ordine alfabetico, numerando la catena carboniosa più lunga partendo dalla estremità più vicina al primo sostituente:

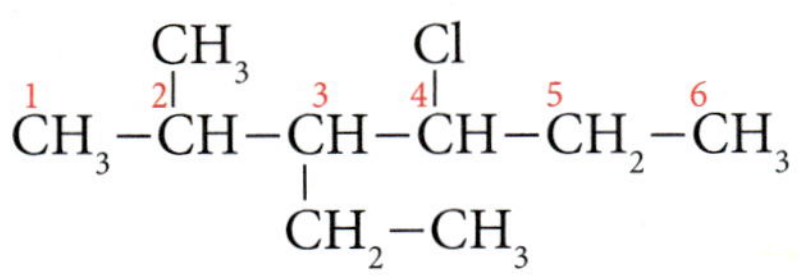

4-cloro-3-etil-2-metilesano

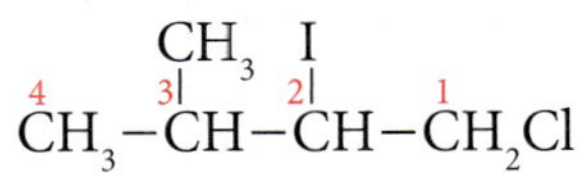

1-cloro-2-iodo-3-metilbutano

La classificazione degli alogenuri alchilici

Gli alogenuri alchilici, tranne quelli del metano (CH_3-X), si classificano in **primari**, **secondari** e **terziari** a seconda che l'atomo di alogeno sia legato, nella catena carboniosa, a un atomo di carbonio primario, secondario o terziario (tabella **1**).

Primario	Secondario	Terziario
$R-CH_2-X$	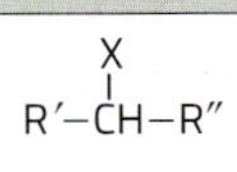	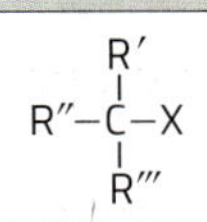
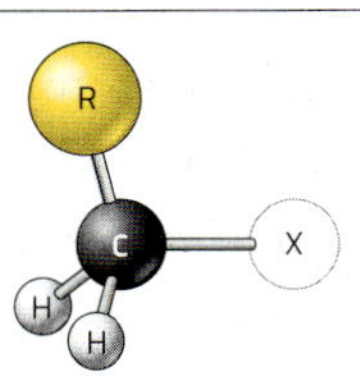	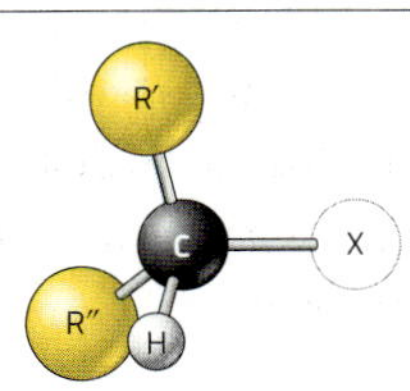	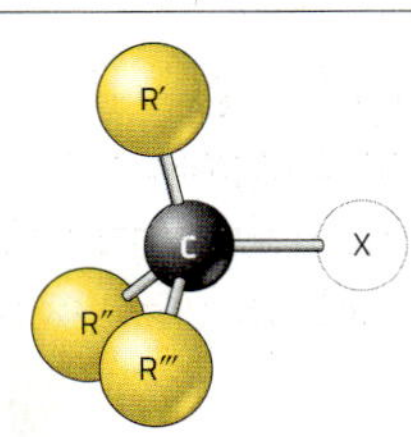

Tabella 1 Gli alogenuri alchilici La struttura e la classificazione degli alogenuri alchilici.

ESERCIZIO SVOLTO

Proviamo insieme

Rappresenta la formula razionale di un:

a. fluoruro alchilico primario C_4H_9F
b. cloruro alchilico secondario C_4H_9Cl
c. bromuro alchilico terziario C_4H_9Br

Risoluzione

a. In un alogenuro alchilico **primario**, l'atomo di alogeno (il fluoro) è legato nella catena carboniosa a un atomo di carbonio legato a **un solo** atomo di carbonio. La formula razionale è quindi la seguente:

$$CH_3-CH_2-CH_2-CH_2F$$

b. In un alogenuro alchilico **secondario**, l'atomo di alogeno (il cloro) è legato nella catena carboniosa a un atomo di carbonio legato a **due** atomi di carbonio. La formula razionale è la seguente:

$$\begin{array}{c} CH_3-\underset{\displaystyle Cl}{\underset{|}{CH}}-CH_2-CH_3 \end{array}$$

c. In un alogenuro alchilico **terziario**, l'atomo di alogeno (il bromo) è legato nella catena carboniosa a un atomo di carbonio legato a **tre** atomi di carbonio. La formula razionale è quindi la seguente:

$$CH_3-\overset{\displaystyle CH_3}{\overset{|}{\underset{\displaystyle CH_3}{\underset{|}{C}}}}-Br$$

Prova da solo

Rappresenta la formula razionale di un:

a. ioduro alchilico primario C_3H_7I
b. fluoruro alchilico secondario C_3H_7F
c. cloruro alchilico terziario $C_5H_{15}Cl$

legame carbonio - alogeno è un legame polare

3 Proprietà fisiche: composti insolubili in acqua

Gli alogenuri alchilici hanno **punti di ebollizione più alti** rispetto a quelli degli idrocarburi con lo stesso numero di atomi di carbonio, poiché l'alogeno presente nella catena carboniosa ha una massa atomica maggiore dell'idrogeno sostituito.

L'aumento della temperatura di ebollizione degli alogenuri con lo stesso gruppo alchilico (R), passando dai fluoruri ai cloruri ai bromuri e agli ioduri si giustifica tenendo presente che il numero delle interazioni dipolo-dipolo aumenta per effetto delle dimensioni dell'alogeno. Per gli alogenuri alchilici del metano l'ordine crescente dei punti di ebollizione è il seguente:

$$CH_3F < CH_3Cl < CH_3Br < CH_3I$$

Gli alogenuri alchilici, pur essendo molecole polari, non possono formare legami a idrogeno con l'acqua e quindi sono insolubili in acqua (figura 1).

Figura 1 **Un alogenuro alchilico e l'acqua** Molti capi di abbigliamento sportivo sono costituiti da una fibra sintetica traspirante e resistente all'acqua, il Gore-Tex. La base per la sua fabbricazione è il PTFE, un polimero che deriva da un fluoruro alchilico.

4 Le reazioni di sostituzione nucleofila e di eliminazione

La reattività degli alogenuri alchilici è legata alla maggiore elettronegatività dell'atomo di alogeno rispetto all'atomo di carbonio, che comporta la polarizzazione del legame carbonio-alogeno.

$$-\overset{\delta+}{\underset{|}{\overset{|}{C}}}-\overset{\delta-}{X}$$

L'atomo di carbonio con una parziale carica positiva può essere pertanto attaccato da un agente nucleofilo per dare origine a due tipi di reazione: di sostituzione nucleofila e di eliminazione.

La reazione di sostituzione nucleofila S_N2

In una reazione di **sostituzione nucleofila**, il nucleofilo reagisce con l'alogenuro e *sostituisce* l'alogeno, per dare il prodotto finale, un alcol o un etere.

La reazione di sostituzione nucleofila può avvenire con due meccanismi differenti, S_N2 e S_N1. Il meccanismo dipende dal tipo di alogenuro alchilico (metilico, primario, secondario o terziario) e dal tipo di nucleofilo (forte o debole). I nucleofili forti sono anioni poliatomici (OH^-, RO^-), i nucleofili deboli sono molecole neutre con almeno un doppietto elettronico disponibile (H_2O, NH_3).

Il **meccanismo S_N2** è un processo che avviene in *un solo stadio* e prevede la partecipazione contemporanea di due reagenti (**sostituzione nucleofila bimolecolare**): il nucleofilo e l'alogenuro.

Il nucleofilo è uno ione negativo (Nu^-) rappresentato dallo ione idrossido (OH^-) o dallo ione alcossido (RO^-). Il nucleofilo attacca l'alogenuro dalla parte opposta dell'alogeno, con formazione di uno stato di transizione in cui sia il nucleofilo sia l'alogeno X si trovano parzialmente legati al carbonio. Con la formazione completa del legame tra il nucleofilo e il carbonio si ha l'*inversione di configurazione* e l'alogeno si allontana sotto forma di anione alogenuro:

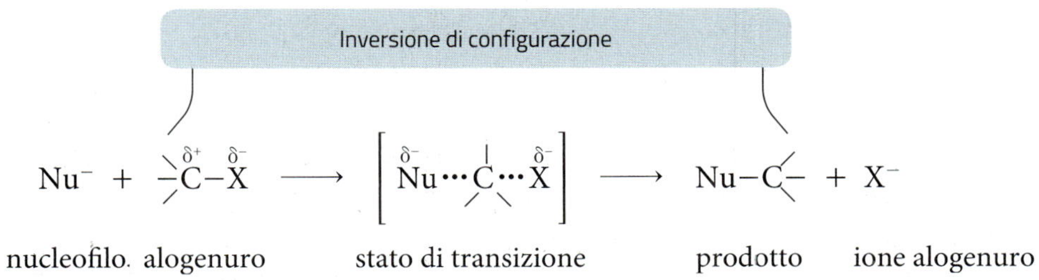

L'inversione di configurazione si spiega in quanto il nucleofilo, attaccando dalla parte opposta rispetto all'alogeno, non va a occupare la sua stessa posizione.

Rappresentiamo il meccanismo S_N2 prendendo in esame la reazione di sostituzione nucleofila tra lo ione OH^- e il bromometano, che porta alla formazione di un alcol primario, il metanolo:

$$OH^- + CH_3Br \longrightarrow CH_3OH + Br^-$$

nucleofilo — bromometano — metanolo — ione bromuro

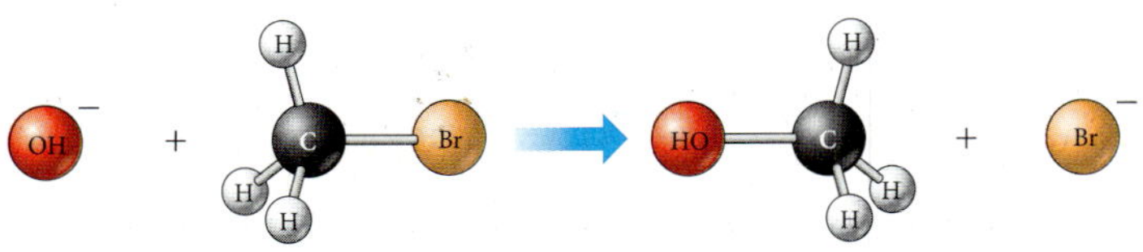

Gli aspetti più rilevanti del meccanismo S_N2 sono i seguenti:

a. poiché il processo avviene in un unico stadio, la velocità di reazione dipende sia dalla concentrazione del nucleofilo che da quella dell'alogenuro;

b. la reazione decorre più velocemente con **alogenuri metilici** e **primari**. Questi infatti sono meno voluminosi rispetto agli alogenuri secondari e terziari, che presentano un ingombro spaziale (o ingombro sterico) maggiore, quindi ostacolano l'attacco del nucleofilo che avviene dalla parte opposta dell'alogeno (figura **2** a pagina seguente);

A COLPO D'OCCHIO

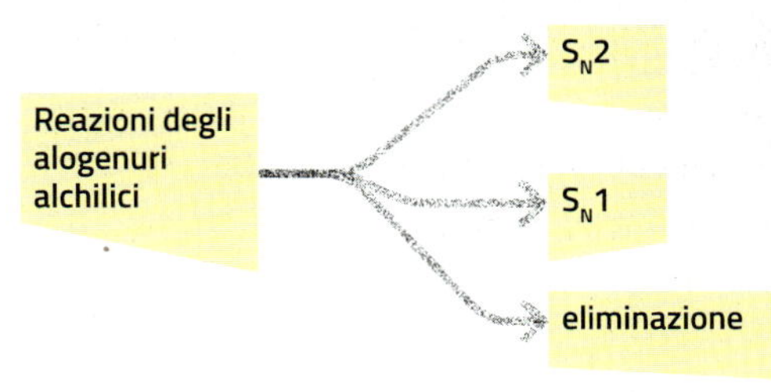

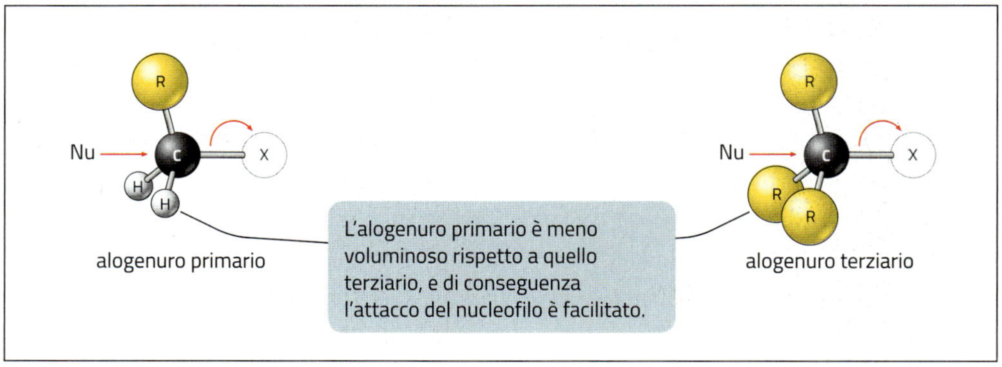

Figura 2 **La velocità della reazione S_N2 dipende anche dall'ingombro spaziale** La reazione è più veloce con un alogenuro primario che con uno terziario.

c. è favorito da *nucleofili forti*, cioè dagli anioni poliatomici come OH^- o RO^-, dato che la velocità del processo dipende anche dalla concentrazione del nucleofilo.

Le **reazioni** più comuni di sostituzione nucleofila S_N2 sono quelle tra:

a. un alogenuro alchilico primario e una base forte OH^-, che porta alla formazione di un alcol primario:

$$\underset{\text{alogenuro}}{R{-}X} + OH^- \longrightarrow \underset{\text{alcol primario}}{R{-}OH} + X^-$$

A COLPO D'OCCHIO

Alogenuro primario + base forte → **alcol primario**

b. un alogenuro alchilico primario e un alcossido $R'O^-$, che porta alla formazione di un etere:

$$\underset{\text{alogenuro}}{R{-}X} + R'O^- \longrightarrow \underset{\text{etere}}{R{-}O{-}R'} + X^-$$

A COLPO D'OCCHIO

Alogenuro primario + alcossido → **etere**

La reazione di sostituzione nucleofila S_N1

Il **meccanismo S_N1** è un processo che avviene in due stadi.

- Nel primo stadio, quello lento, è coinvolto solo l'alogenuro (**sostituzione nucleofila monomolecolare**). In questa fase si rompe il legame tra il carbonio e l'alogeno e si forma un carbocatione, in cui l'atomo di carbonio positivo assume ibridazione sp^2:

$$\underset{\text{alogenuro}}{-\overset{|}{\underset{|}{C}}-X} \rightleftharpoons \underset{\text{carbocatione}}{C^+} + \underset{\text{ione alogenuro}}{X^-}$$

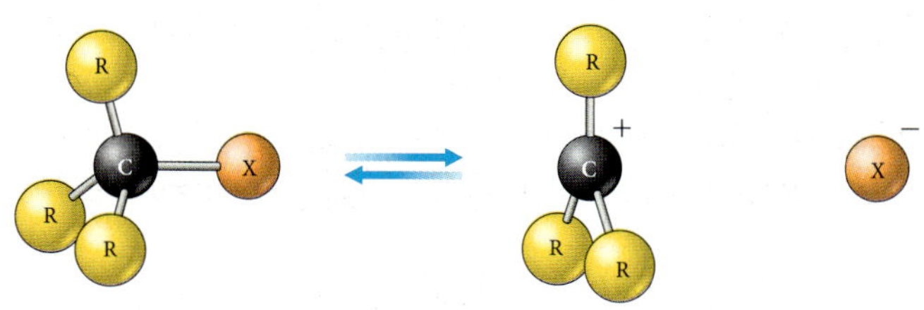

- Nel secondo stadio, quello veloce, il carbocatione reagisce con il nucleofilo, una molecola neutra (Nu−H) rappresentata da una molecola di acqua o di alcol. In seguito all'attacco il nucleofilo perde un atomo di idrogeno sotto forma di ione H^+ e forma il prodotto finale:

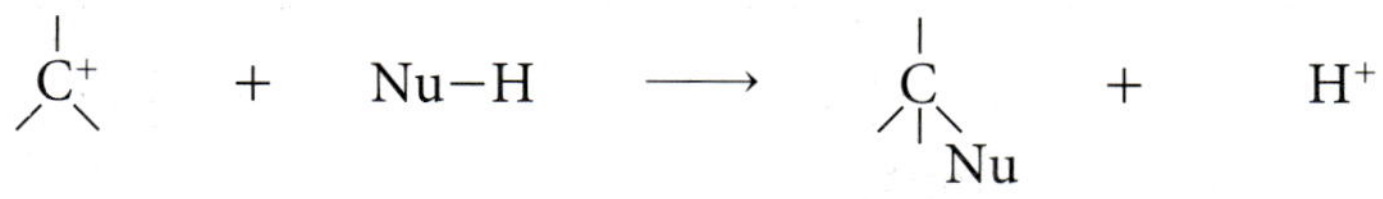

carbocatione | nucleofilo | prodotto | ione idrogeno

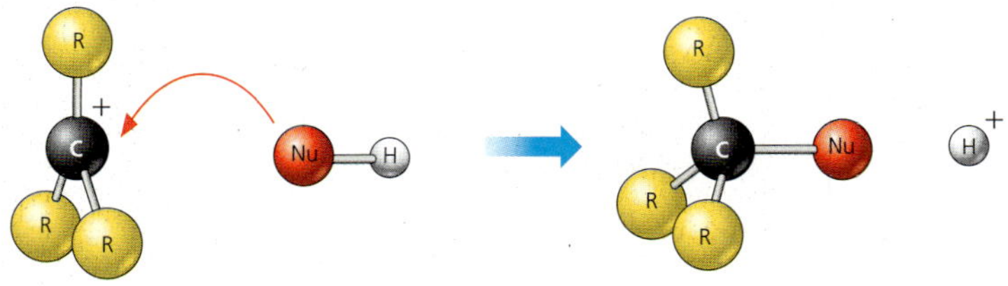

Rappresentiamo il meccanismo S_N1 prendendo in esame la reazione di sostituzione nucleofila tra il 2-bromo-2-metilpropano con l'acqua, che porta alla formazione del 2-metil-2-propanolo. Il meccanismo di reazione prevede due stadi.

- Nel primo stadio, quello lento, si ha la formazione del carbocatione intermedio che assume una disposizione planare:

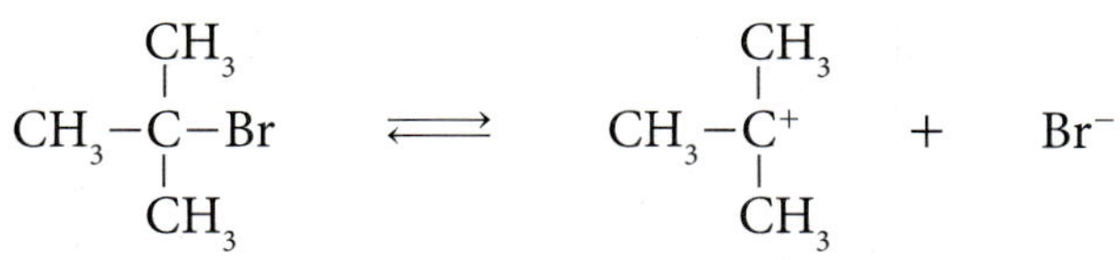

2-bromo-2-metilpropano | carbocatione intermedio

- Nel secondo stadio, quello veloce, si ha l'attacco del nucleofilo (l'acqua) con formazione di un alcol protonato che, cedendo un protone, forma il 2-metil-2-propanolo.

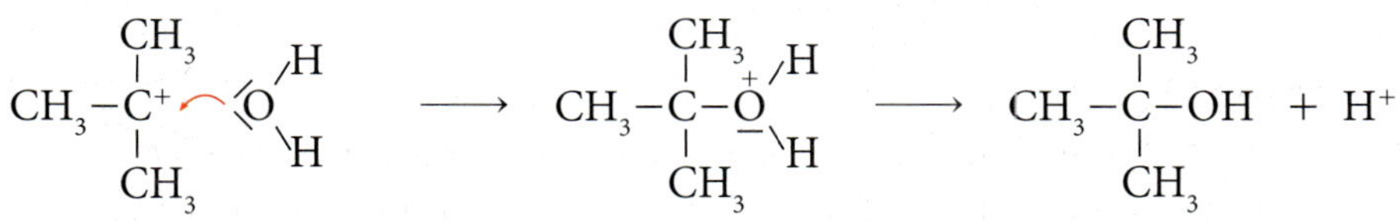

carbocatione intermedio | alcol protonato | 2-metil-2-propanolo

Gli aspetti più rilevanti del meccanismo S_N1 sono i seguenti:

a. la velocità di reazione è determinata dallo stadio lento e quindi dipende esclusivamente dalla *concentrazione dell'alogenuro* ed è indipendente da quella del nucleofilo;
b. la reazione decorre più velocemente con **alogenuri terziari**, che danno origine a carbocationi terziari più stabili di quelli degli alogenuri alchilici secondari e primari;
c. è favorito da *nucleofili deboli* (molecole neutre) come H_2O.

Le **reazioni** comuni di sostituzione nucleofila con meccanismo S_N1 sono quelle tra:

- un alogenuro alchilico terziario e l'acqua, che porta alla formazione di un alcol terziario:

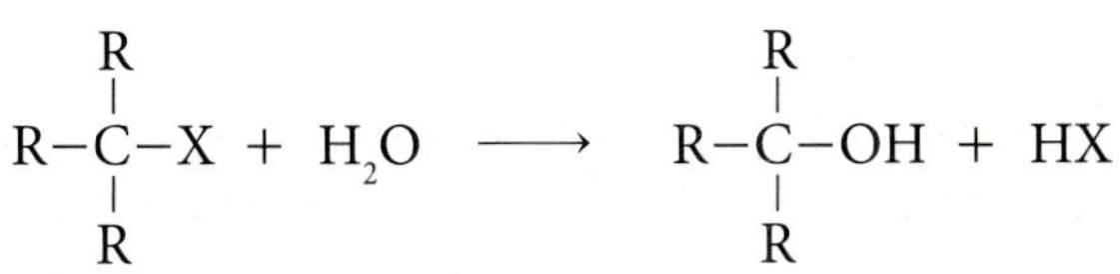

alogenuro | alcol terziario

TI RICORDI?

La **disposizione planare** (angoli di legame di 120°) è la geometria di una molecola o di uno ione poliatomico con l'atomo centrale circondato da tre coppie elettroniche.

A COLPO D'OCCHIO

Alogenuro terziario + acqua → alcol terziario

A COLPO D'OCCHIO

Alogenuro terziario + alcol → etere

- un alogenuro alchilico terziario e un alcol che porta alla formazione di un etere:

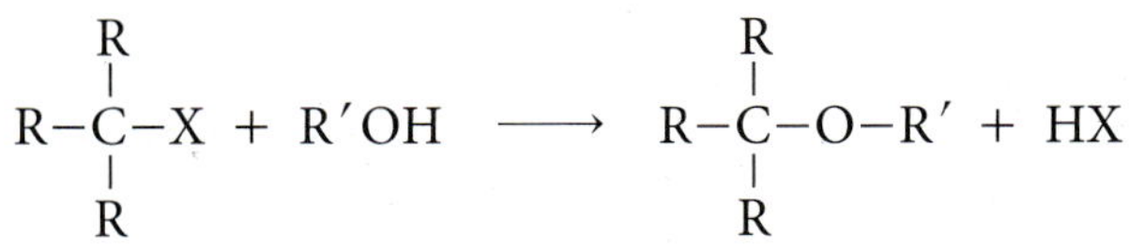

alogenuro alcol etere

L'effetto del solvente

I solventi polari che possono donare protoni (protici, come l'acqua e gli alcoli) sono in grado di solvatare i carbocationi, quindi accelerano le reazioni S_N1. Viceversa, la solvatazione dei nucleofili ne impegna i doppietti elettronici, rendendoli meno efficaci, perciò le S_N2 risultano ritardate in solventi polari protici.

LE PAROLE

L'**eliminazione** (dal latino: *ex* = fuori + *limen* = soglia, da cui *eliminare* = scacciare, far uscire) è una reazione che consiste nella perdita, da parte di una molecola, di due atomi sotto forma di una molecola più semplice (H_2O, HCl).

La reazione di eliminazione

In una reazione di **eliminazione** (E) il nucleofilo, uno ione negativo (Nu^-) rappresentato dallo ione idrossido (OH^-) o dallo ione alcossido (RO^-), agisce da *base*, sottraendo all'alogenuro (dall'atomo di carbonio adiacente a quello legato all'alogeno) un atomo di idrogeno sotto forma di uno ione H^+; il contemporaneo allontanamento dell'atomo di alogeno (X) porta alla formazione di un nuovo legame (un legame π), e quindi di un **alchene**:

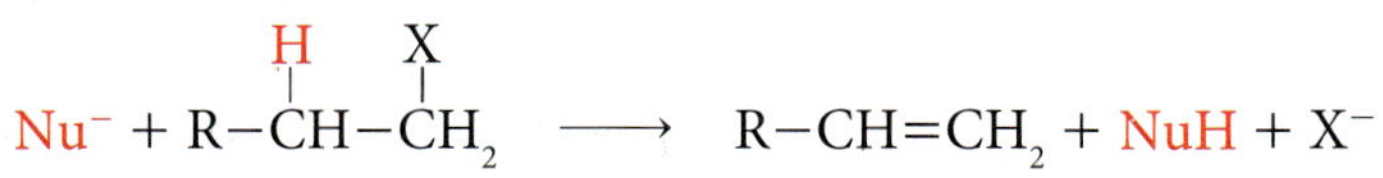

A COLPO D'OCCHIO

Alogenuro + nucleofilo → alchene

Rappresentiamo la reazione di eliminazione tra l'1-bromopropano e lo ione idrossido OH^- (nucleofilo) che porta alla formazione del propene:

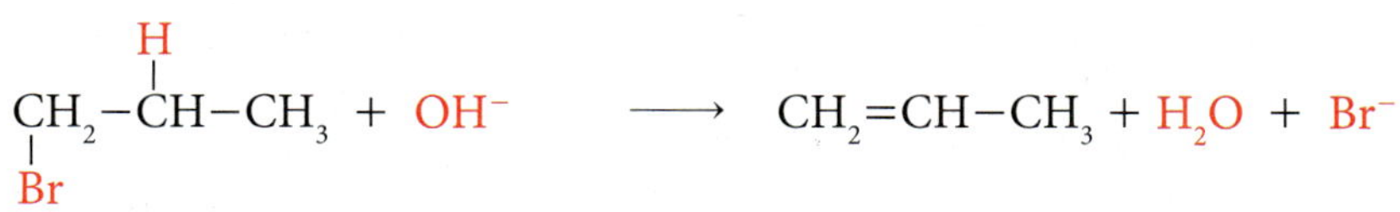

1-bromopropano ione idrossido propene ione bromuro

RISPONDI

A Perché gli alogenuri alchilici con bassi punti di ebollizione sono insolubili in acqua?

B Perché il meccanismo S_N2 è favorito da nucleofili forti e decorre più velocemente con gli alogenuri alchilici primari?

C Quali sono le caratteristiche della reazione di eliminazione?

GREEN CHEMISTRY

I composti organoclorurati: dal DDT ai pesticidi naturali

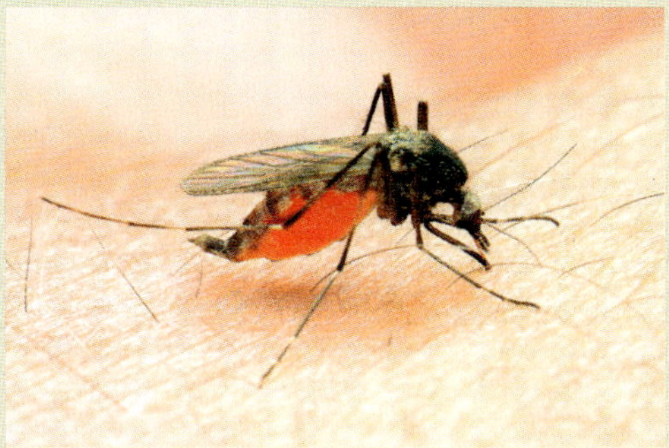

I **composti organici clorurati** sono idrocarburi nei quali è presente almeno un atomo di cloro come sostituente. Possono essere saturi (alogenuri alchilici), insaturi (alogenuri alchenilici) o aromatici (alogenuri arilici). Questi composti derivano principalmente dalle attività industriali e sono utilizzati come solventi e come fitofarmaci. Con *fitofarmaco* o *agrochemical* si intende ogni sostanza o miscela di sostanze intese a prevenire, distruggere o indebolire insetti, animali o vegetali indesiderabili.

Il primo pesticida moderno utilizzato su larga scala è stato un composto organoclorurato, il *para*-diclorodifeniltricloroetano, chiamato comunemente DDT (figura A). Fu sintetizzato per la prima volta nel 1874 da Othmar Zeidler, ma le sue proprietà insetticide furono scoperte soltanto nel 1939 dal chimico svizzero Paul Hermann Müller, che vinse il premio Nobel per la medicina nel 1948 per aver dimostrato l'azione antimalarica del DDT, contribuendo a salvare moltissime vite.

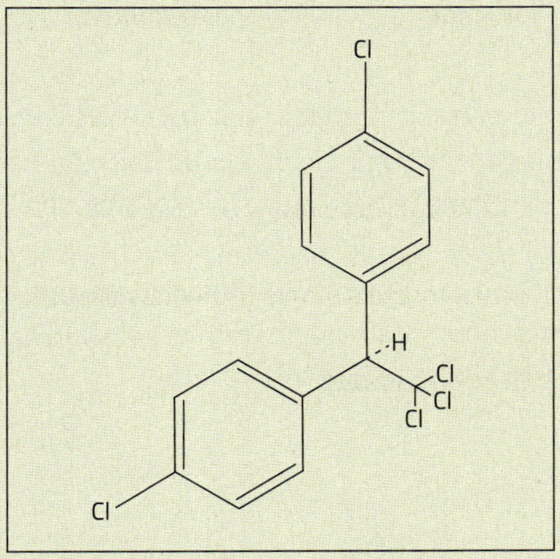

Figura A **La struttura del DDT, dicloro-difenil-tricloroetano** Il nome IUPAC è 1,1,1-tricloro-2,2-bis(p-clorofenil)etano.

Luci e ombre del DDT

La storia del DDT è alquanto controversa. Prima della sua scoperta i soli insetticidi disponibili erano composti a base di arsenico e composti naturali estratti dalle piante: i primi erano molto tossici per l'organismo umano, mentre i secondi avevano un effetto blando. Per questo, il DDT apparve subito un insetticida «ideale»: era estremamente tossico per gli insetti e poco (apparentemente) per l'uomo, e aveva un'elevata persistenza, cioè resisteva per lungo tempo alla decomposizione e alla degradazione ambientale.

La persistenza del DDT è dovuta alle sue caratteristiche chimico-fisiche:

- ha una bassa tensione di vapore, di conseguenza evapora molto lentamente;
- presenta una limitata reattività nei confronti della luce e delle sostanze chimiche presenti nell'ambiente;
- ha una bassissima solubilità in acqua;
- risulta solubile nei solventi organici e, in particolare, nei grassi animali.

Se da un lato queste caratteristiche rappresentarono inizialmente un punto di forza, nel corso degli anni ci si rese conto che queste rendevano il DDT un inquinante organico persistente. Soltanto all'inizio degli anni Sessanta venne sollevato il problema delle conseguenze legate al suo uso massiccio nell'ambiente. A partire dalla Seconda guerra mondiale, il DDT era stato utilizzato in grandi quantità poiché era estremamente efficace contro le zanzare che veicolavano la malaria e contro i pidocchi, che trasmettevano il tifo. L'Organizzazione Mondiale della Sanità ha stimato che l'uso del DDT contro la malaria ha salvato la vita di oltre cinque milioni di persone.

La pericolosità dei composti organoclorurati è legata ai seguenti fattori:

- **persistenza:** si accumulano progressivamente nell'ambiente perché sono decomposti difficilmente da organismi e/o processi naturali. Il DDT viene decomposto a DDE (dicloro-difenil-dicloroetano) che è un composto ancora più persistente.
- **bioaccumulo:** si accumulano nei tessuti degli organismi viventi e quindi giungono all'uomo attraverso la catena alimentare.
- **tossicità:** si disperdono facilmente in tutti gli ambienti provocando un forte impatto ambientale.

Il DDT è stato messo al bando negli anni Settanta del secolo scorso (figura B); il suo utilizzo è proibito come insetticida, mentre è consentito come antimalarico, in quantità limitate.

L'importanza degli insetticidi

L'esempio del DDT ha dato il via alla ricerca di nuovi fitofarmaci che fossero efficaci e allo stesso tempo compatibili con l'ambiente e con gli esseri viventi. In particolare, la ricerca di nuovi insetticidi ha cercato di porre in primo piano fattori come la tossicità, la selettività, la modalità d'azione, la metabolizzazione del prodotto e i suoi effetti indiretti su organismi non coinvolti nella disinfestazione, con lo scopo di mettere in commercio prodotti efficienti e allo stesso tempo controllati nell'utilizzo. La sensibilizzazione sull'uso sostenibile dei prodotti fitosanitari ha portato all'attuazione in Italia di un Piano d'Azione Nazionale (Decreto Legislativo del 14 agosto 2012 n. 150) che stabilisce norme, misure e indicatori per ridurre i rischi e l'impatto ambientale legato all'uso dei pesticidi.

Un insetticida naturale: il piretro

Il piretro è un insetticida naturale composto da una miscela di esteri estratti dai fiori del *Chrysanthemum cinerariaefolium*. Questi esteri derivati dell'acido cristantemico sono detti piretrine. Essi agiscono come insetticidi seguendo il medesimo meccanismo d'azione del DDT, cioè alterano il funzionamento del sistema nervoso dell'insetto bersaglio. L'insetticida mantiene aperti i canali responsabili della trasmissione nervosa, con la conseguente produzione incontrollata di impulsi nervosi che generano nell'insetto tremori e convulsioni che lo portano alla morte. Questo insetticida naturale è efficace, selettivo e ha una bassa tossicità; per questo il suo utilizzo è ammesso nell'agricoltura biologica.

Figura B **L'utilizzo del DDT in Italia è vietato dal 1978, dopo che era stato ampiamente usato come insetticida, in particolare in Sardegna, nella lotta contro la malaria** Attualmente viene impiegato nei Paesi tropicali, dove la malaria e il tifo rappresentano delle gravi emergenze.

2 Gli alcoli, gli eteri e i fenoli

5 Gli alcoli sono caratterizzati dal gruppo ossidrile

Gli alcoli, gli eteri e i fenoli sono tre classi di composti organici che possono essere considerati derivati organici dell'acqua in cui uno o entrambi gli atomi di idrogeno sono sostituiti da gruppi alchilici o arilici.

Gli **alcoli** sono composti caratterizzati dalla presenza del gruppo funzionale idrossido o ossidrile –OH legato a un atomo di carbonio ibridato sp^3.

Agli alcoli corrisponde la **formula molecolare** generale:

$$R{-}OH$$

dove R è un gruppo alchilico a catena aperta (saturo o insaturo).

6 La nomenclatura e la classificazione degli alcoli

Il **nome** degli **alcoli saturi** secondo le regole IUPAC è costituito dal nome dell'alcano corrispondente in cui la desinenza *-o* è sostituita dal suffisso *-olo*. Alcuni alcoli sono noti con il nome tradizionale, costituito dal termine *alcol* seguito dal nome dell'alcano corrispondente in cui la desinenza *-o* è sostituita dal suffisso *-ilico*:

$CH_3{-}OH$ metanolo (alcol metilico)

$CH_3{-}CH_2{-}OH$ etanolo (alcol etilico)

A partire dal terzo termine della serie (propanolo) si verifica l'**isomeria di posizione**: in tal caso il nome del composto deve essere preceduto da un numero che è determinato numerando la catena carboniosa a partire dall'estremità che permette di assegnare al gruppo –OH il numero più piccolo possibile. Il propanolo esiste sotto forma di due isomeri:

C_3H_7OH propanolo

$\overset{3}{C}H_3{-}\overset{2}{C}H_2{-}\overset{1}{C}H_2{-}OH$ 1-propanolo

$\overset{3}{C}H_3{-}\overset{2}{C}H(OH){-}\overset{1}{C}H_3$ 2-propanolo (alcol isopropilico)

Gli alcoli insaturi sono composti nei quali sono presenti il gruppo ossidrile –OH e un legame multiplo (doppio o triplo). Il gruppo ossidrile degli alcoli (desinenza *-olo*) ha la **priorità** sul doppio legame degli alcheni (desinenza *-ene*) e sul triplo legame degli alchini (desinenza *-ino*).

Il **nome** degli **alcoli insaturi** quindi è costituito dal numero che indica la posizione del legame multiplo, seguito dal nome dell'idrocarburo insaturo e dal numero che indica la posizione del gruppo –OH, seguito dal suffisso *-olo*:

$\overset{4}{C}H_2{=}\overset{3}{C}H{-}\overset{2}{C}H(OH){-}\overset{1}{C}H_3$ 3-buten-2-olo

$\overset{1}{C}H{\equiv}\overset{2}{C}{-}\overset{3}{C}H(OH){-}\overset{4}{C}H_2{-}\overset{5}{C}H_3$ 1-pentin-3-olo

Quando nel composto sono presenti dei sostituenti (gruppi alchilici, atomi di alogeni o il radicale fenile), il nome dell'alcol è preceduto dal numero che indica la posizione dei sostituenti e dal nome dei sostituenti:

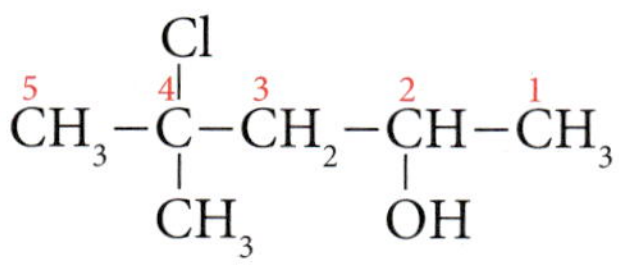

4-cloro-4-metil-2-pentanolo

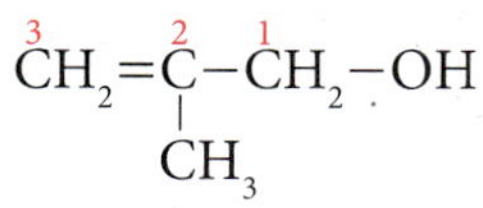

2-metil-2-propen-1-olo

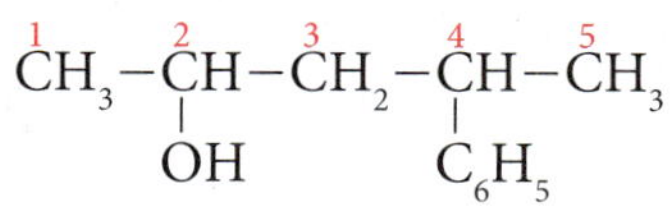

4-fenil-2-pentanolo

ESERCIZIO SVOLTO

Proviamo insieme

Rappresenta la formula razionale del seguente composto:

3-bromo-3-metil-2-butanolo

Risoluzione

Il prefisso *but-* indica quattro atomi di carbonio e la desinenza *-olo* un gruppo −OH; rappresentiamo quindi la catena carboniosa corrispondente sistemando il gruppo −OH nella posizione 2:

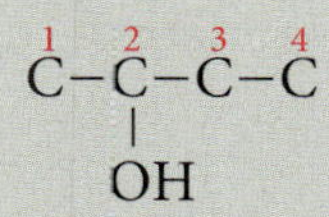

Aggiungiamo i **sostituenti**, l'atomo di bromo e il gruppo metile, nella posizione 3:

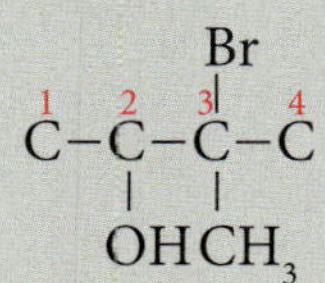

Completiamo la formula del composto aggiungendo l'esatto numero di atomi di idrogeno, tenendo presente che ogni atomo di carbonio forma quattro legami:

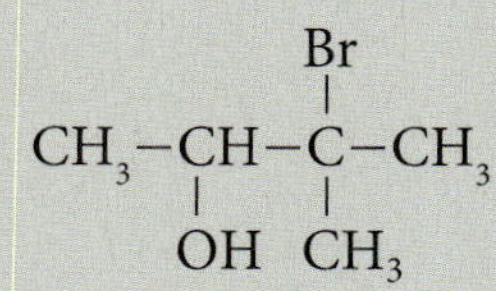

Prova da solo

Rappresenta la formula razionale dei seguenti composti:

a. 3-etil-2-fluoro-5-metil-2-esanolo
b. 2,3-dimetil-3-penten-1-olo
c. 3-bromo-2-fenil-2-butanolo

Gli alcoli si classificano in **primari, secondari** e **terziari** a seconda che il gruppo ossidrile −OH sia legato nella catena carboniosa rispettivamente a un atomo di carbonio primario (figura **3**), secondario o terziario:

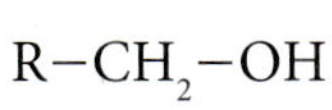

alcol primario

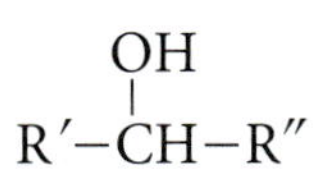

alcol secondario

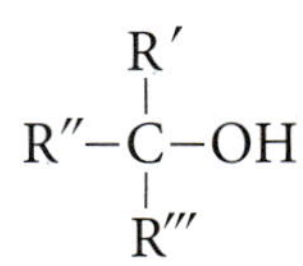

alcol terziario

Figura **3** **Il geraniolo** I gerani e le rose contengono geraniolo, un alcol primario insaturo.

7 La sintesi degli alcoli

Le reazioni di sintesi degli alcoli più comuni sono l'idratazione degli alcheni e la riduzione di aldeidi e chetoni.

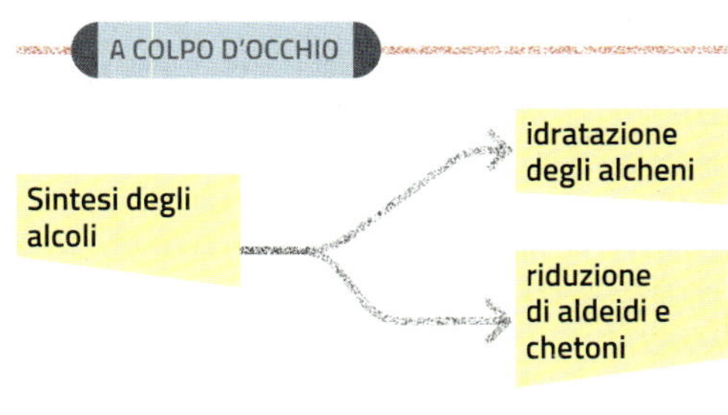

La reazione di idratazione degli alcheni

La reazione di **idratazione degli alcheni**, in ambiente acido H^+, è una reazione di *addizione elettrofila* che porta (in accordo con la regola di Markovnikov) alla formazione di alcoli secondari o terziari (solo con l'addizione di acqua all'etilene si ottiene un alcol primario, l'etanolo).

La reazione di idratazione è rappresentata dalle seguenti equazioni:

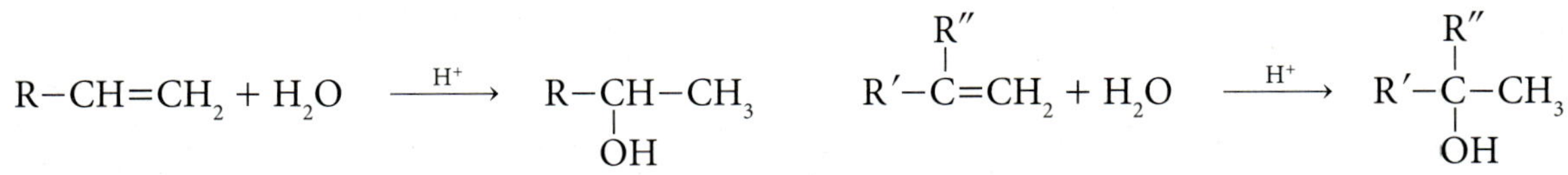

alchene monosostituito — alcol secondario — alchene disostituito — alcol terziario

Per esempio, il 2-butanolo (alcol secondario) è sintetizzato mediante l'idratazione in ambiente acido dell'1-butene:

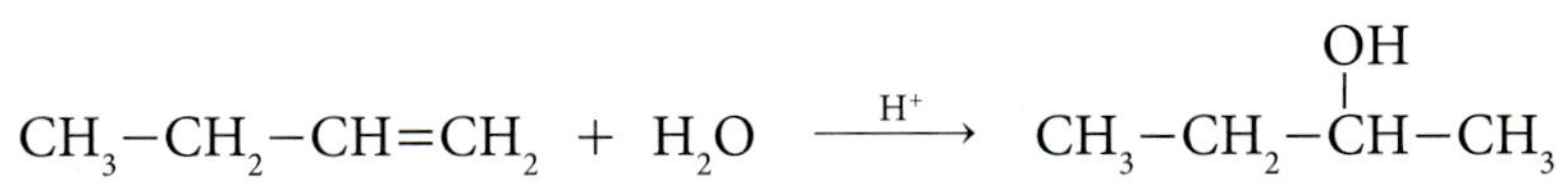

1-butene — 2-butanolo

La reazione di riduzione di aldeidi e chetoni

La reazione di **riduzione di aldeidi** e **chetoni**, in presenza di un riducente (simbolo [H]), porta rispettivamente alla formazione di alcoli primari e secondari. La reazione di riduzione è rappresentata dalle seguenti equazioni.

> **TI RICORDI?**
>
> Il **riducente** è una molecola o uno ione (monoatomico o poliatomico) che in una reazione redox cede elettroni o atomi di idrogeno a un ossidante. Il riducente si ossida e di conseguenza il suo numero di ossidazione aumenta.

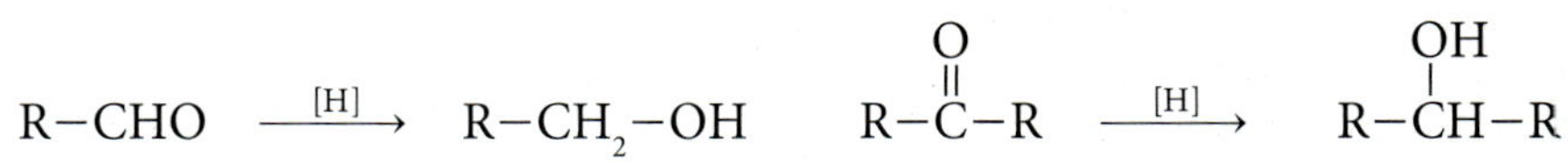

aldeide — alcol primario — chetone — alcol secondario

L'etanolo e il 2-propanolo si ottengono rispettivamente per la riduzione dell'etanale e del propanone:

etanale — etanolo — propanone — 2-propanolo

Come riducenti solitamente si usano il litio alluminio idruro ($LiAlH_4$) e il sodio boridruro ($NaBH_4$). Dato che il doppio legame carbonio-carbonio non viene attaccato da questi idruri, essi possono essere impiegati per ridurre il doppio legame carbonio-ossigeno e ottenere l'alcol, senza ridurre contemporaneamente anche il doppio legame fra gli atomi di carbonio che potrebbe essere presente nello stesso composto, per esempio:

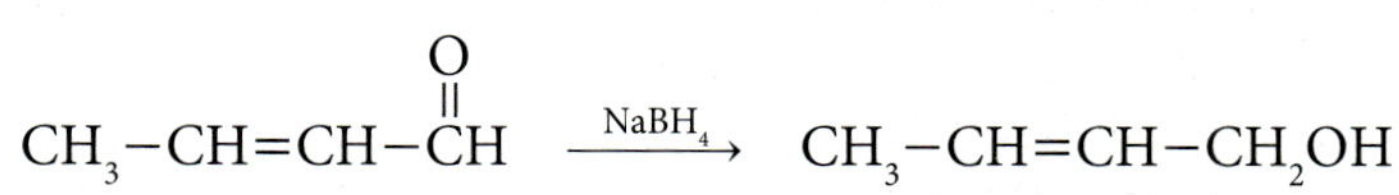

2-butenale — 2-buten-1-olo

PER SAPERNE DI PIÙ

Il mentolo: un alcol chirale

Il profumo e l'aroma di menta sono dovuti al **mentolo**, un alcol chirale contenuto nell'olio essenziale dalla *Mentha piperita*, una pianta erbacea aromatica appartenente alla famiglia delle *Lamiaceae*. Esistono varie specie di erbe del genere *Mentha: M. arvensis, M. aquatica, M. spicata* (detta anche *M. viridis*) e *M. piperita*. Ogni specie produce un'essenza aromatica particolare, motivo per cui alcune sono più apprezzate di altre.

Un'**essenza** *è una miscela di sostanze* organiche di varia natura (alcoli, aldeidi, chetoni, esteri) che sono prodotte da un organismo vegetale. Nel momento in cui l'essenza viene estratta dalla piante prende il nome di olio essenziale.

Le specie di *Mentha* producono essenze a contenuto di mentolo variabile. La menta piperita è la specie di maggior interesse industriale perché il suo olio essenziale possiede un elevato contenuto di mentolo.

L'isomeria nel mentolo

Il mentolo è noto all'uomo fin dall'antichità e veniva utilizzato come erba medicinale già da Egizi, Greci e Romani. La molecola venne però isolata soltanto nel 1771 dal chimico e medico tedesco Hieronymus David Gaubius, che la denominò «*camphora europaea menthae piperitidis*» (canfora europea della menta piperita).

Il mentolo è un alcol caratterizzato dalla presenza di tre centri chirali, che corrispondono ai tre atomi di carbonio dell'anello a cui sono legati i sostituenti (figura). I possibili stereoisomeri del mentolo sono otto (2^3=8), ma quello che possiede l'odore più intenso e il maggiore potere rinfrescante è il (−)-mentolo, l'alcol con configurazione (1R, 2S, 5R): si veda la scheda a pagina C 128.

Il motivo di questa caratteristica è legata al fatto che i recettori olfattivi del sistema nervoso sono stereoselettivi, cioè l'interazione con le molecole responsabili della profumazione dipende dall'orientazione nello spazio dei legami. Per esempio, il (+)-mentolo è meno rinfrescante e ha un aroma di menta più debole rispetto al (−)-mentolo, mentre il (+)-isomentolo ha l'odore tipico della canfora.

Gli utilizzi del mentolo

L'olio essenziale di menta riveste un ruolo importante nel mercato mondiale poiché è tra gli oli più impiegati nell'industria. Il mentolo viene impiegato in tantissimi settori:

- nell'industria alimentare è utilizzato come additivo in bibite, sciroppi, liquori, chewing-gum e caramelle;
- nel settore cosmetico è usato per aromatizzare dentifrici e prodotti per l'igiene orale, e in detergenti e creme per la sua funzione astringente;
- viene aggiunto nella formulazione dei profumi per conferire freschezza a prodotti destinati ad uso cutaneo;
- è utilizzato come eccipiente nei farmaci, per rendere più gradevole il sapore di alcune medicine;
- ha diverse applicazioni in campo medico come anticongestionante, antinfiammatorio, antisettico bronchiale, come calmante della tosse ed espettorante; inoltre, per la sua azione rinfrescante, è utilizzato anche come coadiuvante in alcune malattie cutanee.

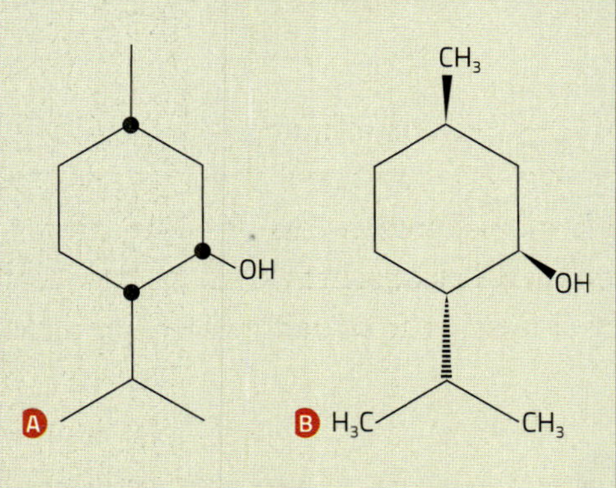

Figura **Il mentolo** I tre centri chirali del mentolo (A) e la struttura del (−)- mentolo (B).

L'azione del mentolo

A che cosa è dovuta la sensazione di fresco che stimola il mentolo? Inizialmente si pensava che questo alcol agisse come rinfrescante provocando un abbassamento della temperatura. Successivamente si è scoperto che il mentolo attiva dei termorecettori, cioè degli specifici recettori nervosi sensibili alla temperatura. Questi appartengono alla famiglia dei canali ionici TRP (*Transient Receptor Potential*), proteine-canale che mediano i segnali nervosi responsabili della percezione del caldo e del freddo.

Il canale specifico responsabile della sensazione psicofisica del freddo è il TRPM8. La sua particolarità consiste nel fatto che è in grado di rispondere sia alle riduzioni di temperatura sia ad alcuni composti chimici, come il mentolo, che generano una sensazione di freschezza. Per questo motivo è anche denominato CMR1 (*Cold and Menthol Receptor 1*), cioè recettore del freddo e del mentolo.

La sintesi industriale

Grazie ai suoi molteplici utilizzi, la richiesta dell'olio essenziale di menta è divenuta nel tempo sempre maggiore. Questo ha fatto nascere l'esigenza di trovare una via di sintesi per produrre industrialmente le molecole contenute negli oli essenziali, in modo da poter sostituire i componenti naturali.

Alla fine dell'Ottocento, il consumo mondiale del mentolo era di circa 100 000 kg all'anno, mentre alla fine del secolo scorso si sono raggiunte le 12 000 tonnellate all'anno.

Non esiste una sola via di sintesi del mentolo, ma ne sono state sviluppate varie a partire da reagenti differenti, per esempio dal *meta*-cresolo, dal mircene, dal citrale e dal limonene. Il problema principale di questi processi è che il prodotto che si vuole ottenere è lo specifico stereoisomero (−)-mentolo, e non gli altri isomeri che hanno caratteristiche organolettiche peggiori. La reazione deve quindi essere controllata per riuscire ad essere selettiva verso la produzione dell'isomero di interesse.

Il commercio legato ai prodotti che contengono mentolo produce un giro di affari di circa 300 milioni di dollari. Per questo la ricerca di vie di sintesi alternative e il miglioramento di quelle note sono ancora oggi temi di notevole interesse industriale.

8 Le proprietà fisiche degli alcoli

A temperatura ambiente, i primi dodici termini della serie sono allo stato liquido, i termini superiori allo stato solido.

Negli alcoli, l'elevata differenza di elettronegatività tra l'ossigeno e l'idrogeno del gruppo $-OH$ determina la formazione di due parziali cariche elettriche (negativa sull'atomo di ossigeno e positiva sull'atomo di idrogeno) e, di conseguenza, di legami a idrogeno intermolecolari.

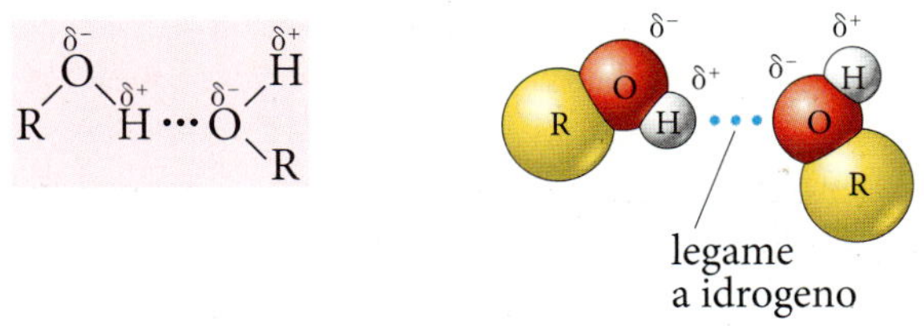

Per la presenza dei legami a idrogeno, gli alcoli hanno **punti di ebollizione** più alti degli idrocarburi, degli alogenuri alchilici e degli eteri aventi massa molecolare corrispondente.

La presenza nella molecola del gruppo idrofilo $-OH$ conferisce agli alcoli la possibilità di formare legami a idrogeno intermolecolari anche con molecole di acqua.

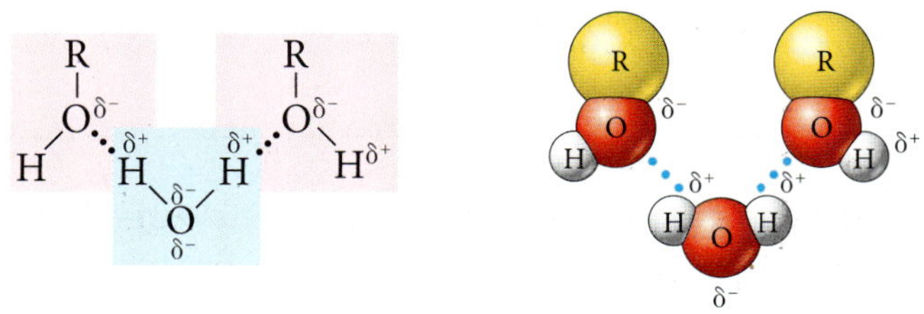

In conseguenza di questi legami, i primi tre termini della serie sono solubili in acqua; aumentando la massa molecolare il gruppo idrofobico (R) prevale sul gruppo idrofilo ($-OH$) e la solubilità diminuisce: l'alcol esilico è praticamente insolubile (tabella **2**).

Tabella **2** **La temperatura di ebollizione e la solubilità in acqua di alcuni alcoli.**

Nome	Formula razionale	t_e (°C)	Solubilità in acqua
metanolo	CH_3-OH	65	molto solubile
etanolo	CH_3-CH_2-OH	78,5	molto solubile
1-propanolo	$CH_3-CH_2-CH_2-OH$	97	molto solubile
1-butanolo	$CH_3-CH_2-CH_2-CH_2-OH$	117,7	solubile
1-pentanolo	$CH_3-CH_2-CH_2-CH_2-CH_2-OH$	137,9	poco solubile
1-esanolo	$CH_3-CH_2-CH_2-CH_2-CH_2-CH_2-OH$	155,8	insolubile

9 Le proprietà chimiche degli alcoli

Per la presenza di un legame $O-H$ fortemente polarizzato, gli alcoli (formula molecolare ROH) in acqua si comportano da **acidi di Brønsted-Lowry**. Gli alcoli cedono infatti uno ione idrogeno H^+ all'acqua (base) con conseguente formazione di uno ione alcossido RO^- (base coniugata dell'alcol) e dello ione ossonio H_3O^+ (acido coniugato dell'acqua):

$$\underset{A_1}{ROH} + \underset{B_2}{H_2O} \rightleftharpoons \underset{B_1}{RO^-} + \underset{A_2}{H_3O^+}$$

La forza di un acido si esprime quantitativamente mediante la costante di dissociazione acida K_a, espressa dalla relazione:

$$K_a = \frac{[RO^-]\,[H_3O^+]}{[ROH]}$$

TI RICORDI?

La K_a (costante di dissociazione acida) è data dal rapporto tra il prodotto delle concentrazioni dei prodotti e quello delle concentrazioni dei reagenti (la concentrazione dell'acqua è inclusa nel valore della K_a).

Gli alcoli, come si evidenzia dai valori molto bassi della costante di dissociazione acida K_a, sono acidi molto deboli (tabella 3).

Tabella 3 **I valori di K_a per alcuni alcoli.**

Nome	Formula razionale	Tipo	K_a
etanolo	$CH_3{-}CH_2{-}OH$	primario	$1 \cdot 10^{-16}$
2-propanolo	$CH_3{-}CH{-}CH_3$ | OH	secondario	$1 \cdot 10^{-17}$
2-metil-2-propanolo	CH_3 | $CH_3{-}C{-}CH_3$ | OH	terziario	$1 \cdot 10^{-18}$

Dai valori di K_a risulta che gli alcoli primari sono più acidi di quelli secondari e questi più acidi di quelli terziari, per cui l'ordine di acidità crescente è il seguente:

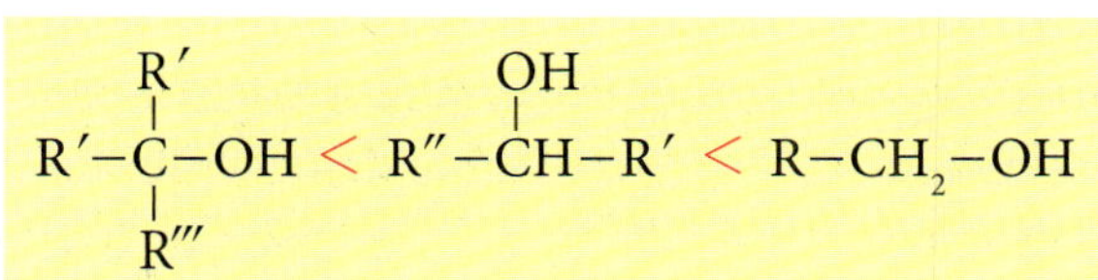

alcol terziario — alcol secondario — alcol primario

La maggiore acidità degli alcoli primari si giustifica con il *minore ingombro sterico* dello ione alcossido (base coniugata dell'alcol). Questo, infatti, idratandosi più facilmente è più stabile dello ione alcossido degli alcoli secondari e terziari con maggiore ingombro sterico.

Se nella molecola dell'alcol sono presenti dei sostituenti, l'acidità, in base al tipo di sostituente, può aumentare o diminuire per **effetto induttivo**. Gli atomi *elettron-attrattori* (alogeni) aumentano l'acidità; i gruppi atomici *elettron-donatori* (gruppi alchilici) diminuiscono l'acidità.

Per la presenza di due doppietti elettronici liberi sull'atomo di ossigeno, gli alcoli si possono comportare anche da **basi di Lewis**, in quanto possono condividere un doppietto elettronico con un protone H^+ (acido di Lewis).

L'alcol legandosi al protone forma un alcol protonato, che successivamente libera acqua con formazione di un carbocatione (simbolo R^+):

TI RICORDI?

Una **base di Lewis** è una molecola o un anione che può condividere un doppietto elettronico con un acido.

$$R{-}\bar{O}{-}H + H^+ \rightleftharpoons \left[R{-}\underset{\text{—}}{\overset{\overset{H}{|}}{O}}{-}H \right]^+ \rightleftharpoons R^+ + H_2O$$

Gli alcoli sono basi molto deboli. Gli alcoli terziari sono più basici di quelli secondari e questi di quelli primari, per cui l'ordine di basicità crescente è il seguente:

$$R{-}CH_2{-}OH < R'{-}\overset{\overset{OH}{|}}{C}H{-}R'' < R''{-}\underset{\underset{R'''}{|}}{\overset{\overset{R'}{|}}{C}}{-}OH$$

alcol primario — alcol secondario — alcol terziario

LE PAROLE

Con il termine **anfotero** (dal greco: *amphóteros* = l'uno e l'altro) si indicano composti che reagiscono sia con gli acidi che con le basi. Sono anfoteri l'acqua, l'ammoniaca e gli anioni poliatomici con almeno un atomo di idrogeno.

La maggiore basicità degli alcoli terziari si giustifica con la maggiore stabilità del carbocatione terziario rispetto al carbocatione secondario e primario.

Gli alcoli, potendosi comportare sia da acidi sia da basi, sono composti **anfoteri**.

10 Le reazioni degli alcoli

Gli alcoli possono dare origine a tre tipi di reazioni: la rottura del legame O–H, la rottura del legame C–O, l'ossidazione di alcol primari e secondari.

La reazione di rottura del legame O–H

Nella reazione di **rottura del legame O–H** gli alcoli, comportandosi da *acidi*, cedono un atomo di idrogeno a una base. La reazione avviene con metalli alcalini (Li, Na, K), che si comportano da *base*, e porta alla formazione di sali (alcossidi) con sviluppo di idrogeno:

$$2\,RO{-}H + 2\,Me \rightarrow 2\,ROMe + H_{2(g)}\uparrow$$

La reazione tra l'alcol etilico e il sodio metallico è rappresentata dall'equazione:

$$2\,CH_3{-}CH_2{-}OH + 2\,Na \rightarrow \underset{\text{etossido di sodio}}{2\,CH_3{-}CH_2{-}ONa} + H_{2(g)}\uparrow$$

A COLPO D'OCCHIO

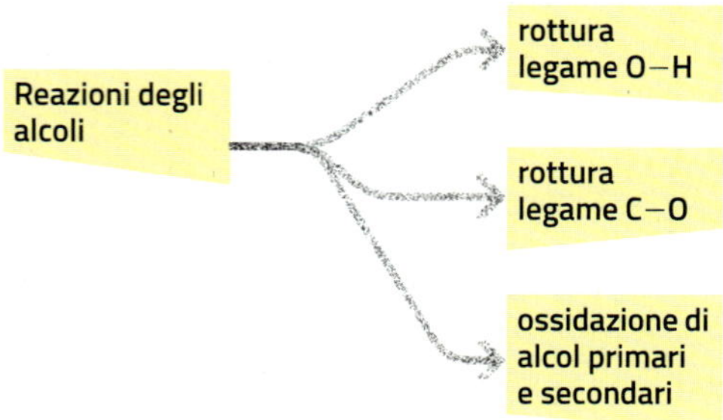

La reazione di rottura del legame C–O

Nella reazione di **rottura del legame C–O** gli alcoli, comportandosi da base, in presenza di un catalizzatore acido H^+ accettano uno ione idrogeno.

La reazione più comune di rottura del legame C–O è la reazione di *disidratazione* che avviene in presenza di acido solforico (catalizzatore) e alla temperatura di 180 °C. Si tratta di una reazione di *eliminazione*, usata per la sintesi degli alcheni.

La reazione di disidratazione dell'etanolo è rappresentata dalla seguente equazione:

$$\underset{\text{etanolo}}{\overset{\overset{H}{|}}{C}H_2{-}CH_2{-}OH} \xrightarrow{H^+/180\,°C} \underset{\text{etilene}}{CH_2{=}CH_2} + H_2O$$

La reazione di ossidazione

Gli alcoli che hanno almeno un atomo di idrogeno legato al carbonio del gruppo ossidrile (alcoli primari e secondari) possono essere ossidati facilmente a composti carbonilici (aldeidi e chetoni). Gli alcoli terziari non danno reazioni di ossidazione.

Una reazione è di **ossidazione** quando gli atomi di carbonio di una molecola formano nuovi legami con atomi di ossigeno.

In una reazione di ossidazione *aumenta* il numero di atomi di ossigeno contenuto nella molecola o *diminuisce* il numero di atomi di idrogeno.

Nella reazione di ossidazione, gli alcoli primari e secondari, in presenza di forti ossidanti (simbolo [O]) e in ambiente acido, sono ossidati rispettivamente ad *aldeidi* e *chetoni*.

> **TI RICORDI?**
>
> L'**ossidante** è una molecola o uno ione (monoatomico o poliatomico) che in una reazione redox accetta elettroni o atomi di idrogeno da un riducente. L'ossidante si riduce e di conseguenza il suo numero di ossidazione diminuisce.

- La reazione di ossidazione di un **alcol primario** è rappresentata dall'equazione:

$$\underset{\text{alcol primario}}{R-CH_2-OH} \xrightarrow{[O]} \underset{\text{aldeide}}{R-CHO}$$

La reazione di ossidazione dell'1-butanolo è rappresentata dalla seguente equazione:

$$\underset{\text{1-butanolo}}{CH_3-CH_2-CH_2-CH_2-OH} \xrightarrow{[O]} \underset{\text{butanale}}{CH_3-CH_2-CH_2-CHO}$$

La reazione di ossidazione di un alcol primario deve essere attentamente controllata perché le aldeidi che si ottengono sono facilmente ossidabili ad acidi carbossilici.
La reazione di ossidazione dell'etanolo si verifica anche nelle cellule epatiche. La reazione, catalizzata dell'enzima deidrogenasi e dal coenzima NAD^+, porta alla formazione dell'etanale (aldeide acetica):

$$CH_3-CH_2-OH + NAD^+ \xrightarrow{\text{deidrogenasi}} CH_3-CHO + NADH$$

L'acetaldeide prodotta è successivamente ossidata ad acido acetico (CH_3-COOH) e infine a diossido di carbonio (CO_2) e acqua.

- La reazione di ossidazione di un **alcol secondario** è rappresentata dall'equazione:

$$\underset{\text{alcol secondario}}{R-\underset{\displaystyle OH}{\underset{|}{C}}H-R'} \xrightarrow{[O]} \underset{\text{chetone}}{R-\underset{\displaystyle O}{\underset{||}{C}}-R'}$$

Per esempio, la reazione di ossidazione del 2-pentanolo è la seguente:

$$\underset{\text{2-pentanolo}}{CH_3-\underset{\displaystyle OH}{\underset{|}{C}}H-CH_2-CH_2-CH_3} \xrightarrow{[O]} \underset{\text{2-pentanone}}{CH_3-\underset{\displaystyle O}{\underset{||}{C}}-CH_2-CH_2-CH_3}$$

11 I polioli presentano più gruppi ossidrili

I **polioli** o **alcoli polivalenti** sono composti che derivano dagli alcani per sosituzione di due o più atomi di idrogeno con due o più gruppi ossidrili −OH.

Il **nome** dei polioli secondo le regole IUPAC è costituito dalla radice del nome dell'alcano corrispondente e dal suffisso *-diolo, -triolo, -tetraolo, -pentaolo*. I composti con due gruppi alcolici adiacenti si chiamano comunemente glicoli:

$$\begin{array}{l} CH_2-OH \\ | \\ CH_2-OH \end{array} \qquad \begin{array}{l} CH_2-OH \\ | \\ CH-OH \\ | \\ CH_2-OH \end{array} \qquad \begin{array}{l} CH_2-OH \\ | \\ (CH-OH)_4 \\ | \\ CH_2-OH \end{array}$$

1,2-etandiolo (glicole etilenico) — 1,2,3-propantriolo (glicerolo o glicerina) — 1,2,3,4,5,6-esanesolo (sorbitolo)

LE PAROLE

I **glicoli** (dal greco: *glukus* = dolce) sono sostanze liquide altamente viscose e generalmente dal sapore dolce.

Il *glicole etilenico* è il liquido che costituisce il componente antigelo nei radiatori delle automobili (punto di solidificazione uguale a −40 °C) ed è anche il componente di partenza per la preparazione del dacron o terital (poliestere sintetico) usato per ottenere fibre tessili sintetiche.

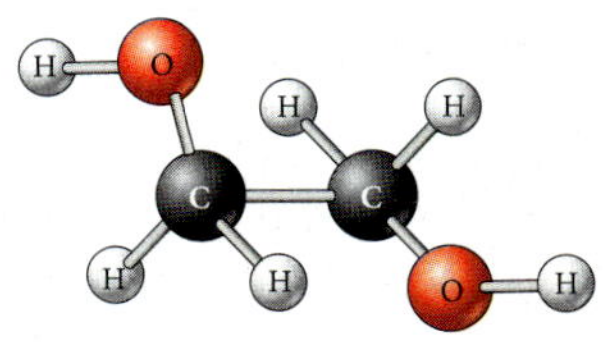

glicole etilenico

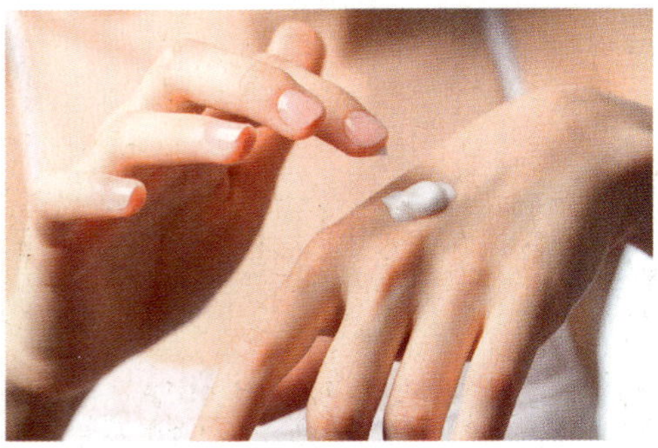

Figura 4 **Il glicerolo** È impiegato nella preparazione di creme idratanti per le mani.

Il *glicerolo*, o glicerina, è un liquido incolore, solubile in acqua, molto diffuso nelle cellule dei viventi sotto forma di **trigliceridi**, composti costituiti da una molecola di glicerolo e tre molecole di acidi grassi. Il glicerolo è utilizzato per la preparazione di prodotti cosmetici e farmaceutici (figura 4). Il glicerolo, reagendo con l'acido nitrico, forma la **nitroglicerina**, un potente esplosivo molto sensibile agli urti. La reazione è rappresentata dalla seguente equazione:

$$\begin{array}{l} CH_2-OH \\ | \\ CH-OH \\ | \\ CH_2-OH \end{array} + 3\,HNO_3 \longrightarrow \begin{array}{l} CH_2-ONO_2 \\ | \\ CH-ONO_2 \\ | \\ CH_2-ONO_2 \end{array} + 3\,H_2O$$

PER SAPERNE DI PIÙ

I **trigliceridi** sono biomolecole che fanno parte della classe dei lipidi; a temperatura ambiente sono distinti secondo il loro stato fisico in *grassi* (stato solido) e *oli* (stato liquido).

La nitroglicerina può essere tuttavia controllata se fatta assorbire con materiale inerte e poroso: in tal caso si forma la **dinamite**, usata principalmente nelle miniere e nelle demolizioni per l'edilizia (figura 5). Il termine «dinamite» è stato coniato nel 1867 da Alfred Nobel, che ha ideato questo potente esplosivo.

La nitroglicerina, a piccolissime dosi dell'ordine del milligrammo in soluzione alcolica molto diluita, è usata in medicina come vasodilatatore.

Il *sorbitolo* è un composto molto solubile in acqua: per il suo sapore molto dolce è usato nella frutta candita e come sostituto dello zucchero.

Figura 5 **La nitroglicerina** È un potente esplosivo, usato per le demolizioni.

12 Negli eteri il gruppo funzionale è l'ossigeno

Gli **eteri** sono composti in cui il gruppo funzionale è un atomo di ossigeno legato a due gruppi organici (alchilici o arilici).

A seconda che all'atomo di ossigeno siano legati due gruppi alchilici o arilici, oppure uno alchilico e uno arilico, le *formule molecolari* generali degli eteri sono le seguenti:

R–O–R′ Ar–O–Ar′ R–O–Ar

Per la presenza sull'atomo di ossigeno di due doppietti elettronici liberi, l'angolo di legame tra i due gruppi alchilici o arilici e l'atomo di ossigeno ha il valore di 110°:

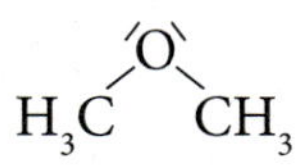

dimetil etere

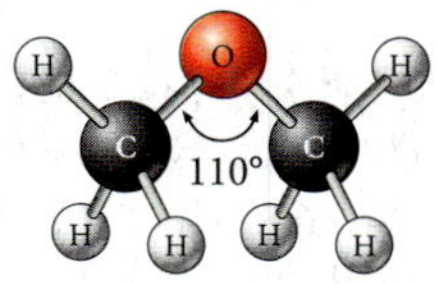

13 La nomenclatura degli eteri

Gli eteri sono generalmente denominati con un nome comune costituito dai nomi dei due gruppi organici (in ordine alfabetico) seguiti dalla parola *etere*:

$CH_3-CH_2-O-CH_2-CH_3$

dietil etere

$CH_3-O-CH_2-CH_3$

etil metil etere

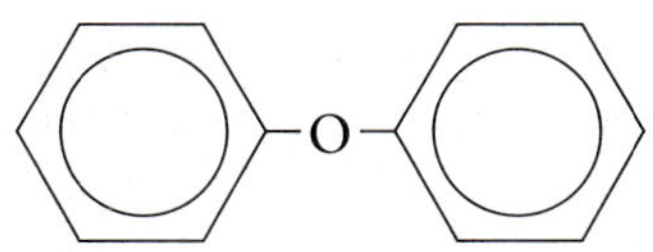

difenil etere

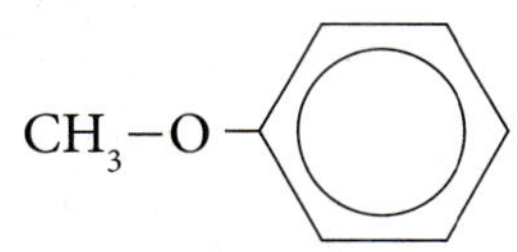

fenil metil etere

Il dietil etere è utilizzato come anestetico in medicina.

14 Le proprietà fisiche degli eteri

Gli eteri si presentano sotto forma di liquidi, incolori e volatili.

La presenza nella molecola dell'atomo di ossigeno più elettronegativo rispetto ai due atomi di carbonio determina una debole polarità che conferisce agli eteri la possibilità di formare:

- *legami intermolecolari dipolo-dipolo*, per cui i punti di ebollizione sono bassi, simili a quelli degli alcani e molto minori di quelli degli alcoli con massa molecolare analoga;
- *legami a idrogeno* con l'acqua, per cui la loro solubilità è simile a quella degli alcoli con massa molecolare corrispondente, e quindi più elevata di quella degli idrocarburi; la solubilità diminuisce con l'aumentare della massa molecolare (tabella **4**).

Nome	Formula razionale	Massa molecolare	t_e (°C)	Solubilità in acqua
1-butanolo	$CH_3-CH_2-CH_2-CH_2-OH$	74	118	solubile
dietil etere	$CH_3-CH_2-O-CH_2-CH_3$	74	35	solubile
pentano	$CH_3-CH_2-CH_2-CH_2-CH_3$	72	32	insolubile

Tabella **4** **La temperatura di ebollizione e la solubilità in acqua di composti con massa molecolare corrispondente.**

15 Le reazioni degli eteri

Gli eteri, presentando nella loro molecola legami molto forti (legami carbonio-ossigeno e carbonio-idrogeno), sono poco reattivi nei confronti dei reagenti chimici. Tuttavia, in seguito a riscaldamento prolungato in soluzioni acquose concentrate di acidi alogenidrici (HI, HBr), si ha la rottura dei legami carbonio-ossigeno con formazione di un alogenuro alchilico e di un alcol. La reazione è rappresentata dalla seguente equazione:

$$\underset{\text{etere}}{R{-}O{-}R'} + \underset{\text{acido alogenidrico}}{H{-}X_{(aq)}} \xrightarrow{\Delta} \underset{\text{alogenuro alchilico}}{R{-}X} + \underset{\text{alcol}}{R'{-}OH}$$

L'anione alogenuro X^- (I^-, Br^-) si lega al carbonio etereo che presenta minore ingombro sterico. La reazione tra l'etil isopropil etere con una soluzione concentrata di acido iodidrico porta alla formazione dello iodoetano e dell'alcol isopropilico (2-propanolo):

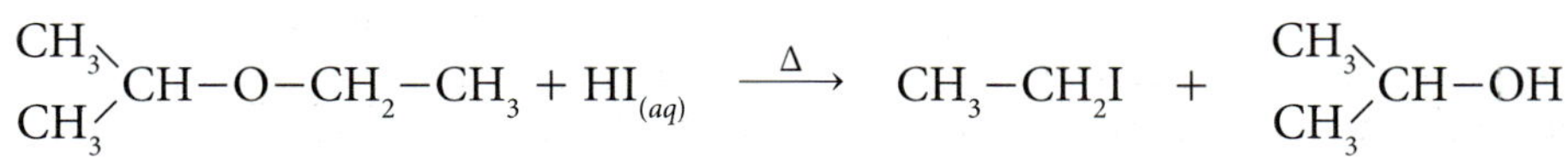

etil isopropil etere — iodoetano — alcol isopropilico

16 Gli epossidi sono eteri ciclici

Gli **epossidi** o **ossirani** sono eteri ciclici, con un anello a tre termini contenente un atomo di ossigeno.

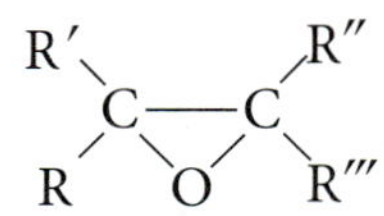

Il termine più semplice è l'ossido di etilene o ossirano:

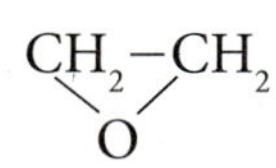

Gli epossidi sostituiti presentano *isomeria geometrica*; per esempio, l'ossido di 2-butene esiste in forma *cis-* e *trans-*:

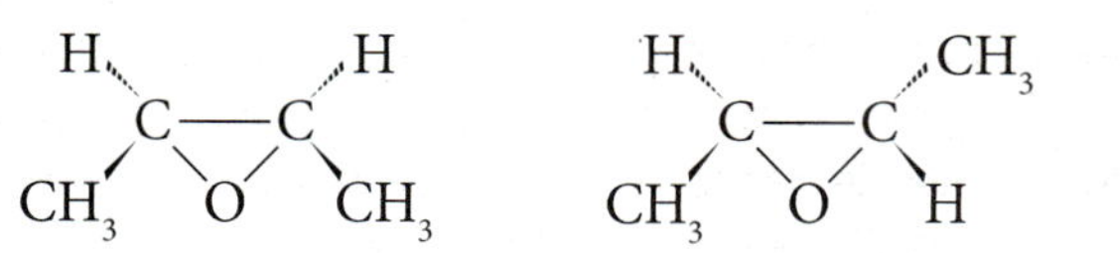

ossido di *cis*-2-butene (*cis*-2,3-dimetilossirano) — ossido di *trans*-2-butene (*trans*-2,3-dimetilossirano)

A causa della tensione angolare dell'anello a tre termini, gli epossidi sono molto più reattivi degli eteri a catena aperta e danno prodotti di apertura. Per esempio, l'addizione nucleofila dell'acqua, con un catalizzatore acido, produce un 1,2-diolo:

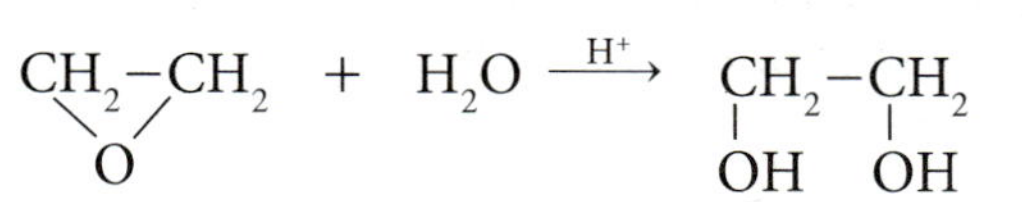

ossido di etilene — glicole etilenico

GREEN CHEMISTRY

MTBE: l'etere per la benzina senza piombo

Il **motore a scoppio** fu inventato nel 1876 dall'ingegnere tedesco Nikolaus August Otto, ma venne applicato ai veicoli soltanto un decennio dopo, alimentato a **benzina**. In questi motori la combustione della miscela carburante-aria è innescata da una scintilla, cioè in condizioni di funzionamento corretto l'accensione della miscela avviene dopo l'innesco, in particolare nel momento di massima compressione dei gas. Quando però i gas si trovano a pressione elevata può verificarsi una combustione anomala, cioè la miscela si può auto-accendere per effetto dell'alta pressione: questa auto-ignizione è detta **detonazione**.

Nei primi motori a scoppio la combustione incontrollata generava il cosiddetto «battito in testa», un malfunzionamento che provocava problemi al motore e un suo indesiderato surriscaldamento. Agli inizi del Novecento, però, non si era ancora capito quale fosse la vera causa della detonazione, tanto che lo si attribuiva a un problema di natura meccanica.

Il numero di ottano

Thomas Midgley, un ingegnere statunitense, fu il primo a capire agli inizi degli anni Venti che la causa della combustione anomala era legata alle caratteristiche della benzina. Ci si rese conto che la benzina era una miscela complessa la cui composizione doveva essere studiata in stretta relazione con il funzionamento del motore. Si iniziarono così ad aggiungere additivi per migliorare il potere antidetonante del carburante.

Il potere antidetonante di una benzina è misurato dal numero di ottano: maggiore è questo numero, maggiore è la resistenza alla detonazione. In questa scala *è attribuito* valore 0 a una molecola di riferimento con pessimo potere antidetonante (*n*-pentano) e valore 100 a un composto con ottimo potere antidetonante (isoottano).

Il piombo tetraetile

Dopo aver provato migliaia di sostanze, nel 1921 Midgley trovò un additivo che permetteva di raggiungere le prestazioni desiderate a concentrazioni molto basse, il piombo tetraetile $Pb(CH_2-CH_3)_4$. Dopo la sua scoperta, la produzione industriale aumentò esponenzialmente, arrivando alla fine degli anni Settanta del secolo scorso a 400 000 tonnellate/anno soltanto negli Stati Uniti.

Già pochi anni dopo il suo utilizzo, ci si accorse che il piombo tetraetile causava seri problemi sanitari a causa della sua tossicità. Che il piombo fosse un metallo nocivo era noto già dall'antichità, soprattutto nelle sue forme di intossicazione acuta, il cosiddetto saturnismo. Il piombo, infatti, è un metallo pesante che si accumula sia nei tessuti minerali (ossa) sia nei tessuti molli (reni, fegato, cervello), causando diverse patologie. Nonostante la sua tossicità, il piombo tetraetile continuò ad essere utilizzato fino agli anni Ottanta provocando seri danni all'ambiente e alla salute pubblica.

La benzina senza piombo

Finalmente negli anni Ottanta del secolo scorso il piombo tetraetile venne progressivamente eliminato dalle benzine e contemporaneamente furono introdotte le marmitte catalitiche. Oltre al suo effetto nocivo, infatti, il piombo impediva l'utilizzo dei filtri per l'abbattimento degli inquinanti perché ne andava a compromettere la funzione catalitica. Per riuscire a mettere sul mercato la benzina senza piombo l'eliminazione del piombo tetraetile venne compensata con l'aggiunta di altri componenti antidetonanti. Vennero introdotti alcuni composti ossigenati (etanolo, metanolo, isobutanolo, eteri) e alcuni idrocarburi ramificati e aromatici (etilbenzene, toluene).

Tra i composti ossigenati più importanti, il **metil *terz*-butil etere (MTBE)** è l'etere che ha dato una svolta allo sviluppo della benzina «verde» senza piombo (figura A). Le sue proprietà antidetonanti sono dovute al fatto che il legame tra l'ossigeno e il gruppo *terz*-butilico si rompe per scissione omolitica generando dei radicali che bloccano l'auto-accensione della miscela benzina-aria.

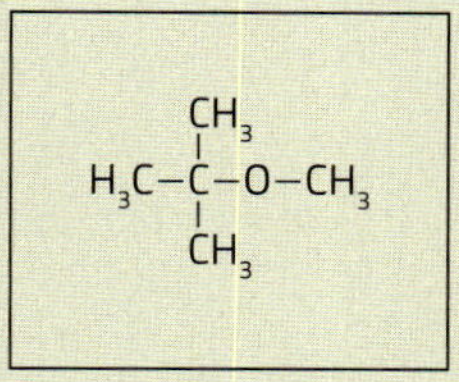

Figura A La struttura del metil *terz*-butil etere (MTBE).

Come antidetonante l'MTBE presenta diversi vantaggi:

- ha una tossicità molto bassa rispetto ad altri composti ottanizzanti come il piombo tetraetile e il benzene;
- è compatibile con tutti i materiali utilizzati nel motore;
- si riesce a produrre facilmente a e basso costo;
- non ha problemi di miscibilità con l'acqua;
- riduce le emissioni di inquinanti organici presenti nei gas di scarico.

Per queste caratteristiche questo etere è considerato uno dei capostipiti dei *clean fuel*, cioè quei composti chimici che permettono di «pulire» i carburanti, sostituendo componenti inquinanti e nocivi. Tuttora l'MTBE e l'ETBE (etil *terz*-butil etere) sono i principali componenti ottanizzanti della benzina verde, con un contenuto compreso tra il 7 e il 15%.

Tuttavia, anche se l'MTBE ha permesso di sostituire il piombo tetraetile, negli ultimi anni si sta monitorando il suo effetto sull'ambiente. Infatti, a causa della sua elevata solubilità in acqua, l'etere riesce a raggiungere le falde acquifere profonde e vi resta per lungo tempo a causa della sua scarsa degradabilità (figura B). Per questo, sono state emanate delle direttive nazionali (Decreto legislativo 152/2006) in cui si stabilisce un limite di 10 μg/L come concentrazione soglia di rischio dell'MTBE nelle acque sotterranee.

Figura B Le falde acquifere sono un deposito idrico nel sottosuolo che rischia l'inquinamento da MTBE.

17 Nei fenoli il gruppo ossidrilico è legato a un anello benzenico

I **fenoli** sono composti organici con un gruppo idrossido –OH legato direttamente all'anello benzenico.

Ai fenoli corrisponde la formula molecolare generale:

$$Ar–OH$$

Il **nome** dei fenoli secondo le regole IUPAC è costituito dal numero che indica la posizione del sostituente, dal nome del sostituente e dal termine *idrossibenzene*. Sono molto usati anche i nomi comuni, per esempio i metilidrossibenzeni vengono spesso denominati *cresoli*.

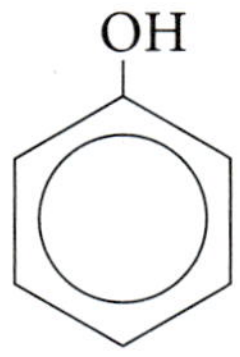

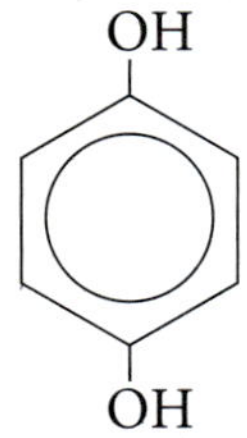

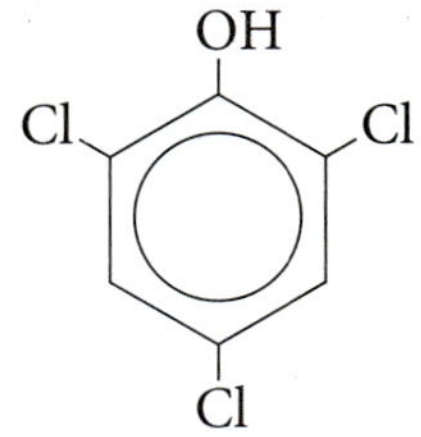

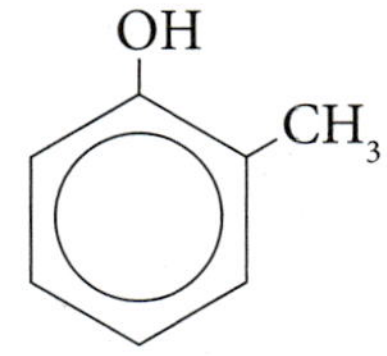

nome comune	fenolo	idrochinone	2,4,6-triclorofenolo	*o*-cresolo
nome IUPAC	(idrossibenzene)	(1,4-diidrossibenzene)	(2,4,6-tricloroidrossibenzene)	(2-metilidrossibenzene)

Se nell'anello benzenico, oltre al gruppo ossidrile –OH, sono presenti anche il gruppo funzionale aldeidico –CHO o carbossile –COOH, il gruppo –OH deve essere considerato un sostituente perché il gruppo funzionale delle aldeidi e degli acidi ha la **priorità** nell'adozione della desinenza:

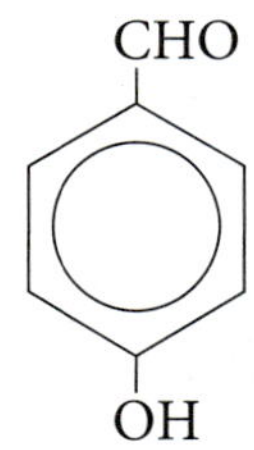

p-idrossibenzaldeide

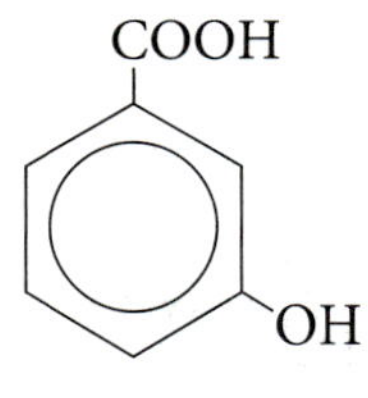

acido *m*-idrossibenzoico

18 Le proprietà fisiche e chimiche dei fenoli

La presenza nella molecola del gruppo ossidrile –OH conferisce ai fenoli la possibilità di formare legami a idrogeno intermolecolari, per cui i *punti di ebollizione* sono più elevati rispetto agli idrocarburi con massa molecolare corrispondente.

I fenoli possono formare legami a idrogeno intermolecolari anche con l'acqua, ma sono poco solubili per la presenza dell'anello aromatico idrofobico.

I fenoli in acqua si comportano da *acidi di Brønsted-Lowry* cedendo all'acqua, che si comporta da base, l'atomo di idrogeno del gruppo –OH sotto forma di ione H$^+$. Quindi si ha la formazione dello ione fenossido (base coniugata del fenolo) e dello ione ossonio H_3O^+ (acido coniugato dell'acqua), come mostrato qui a fianco.

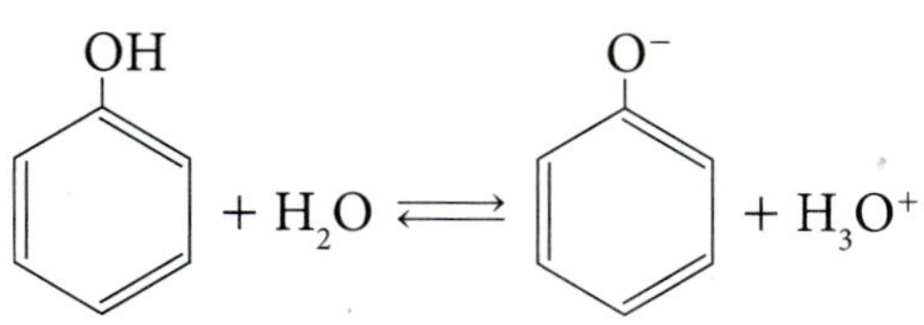

fenolo ione fenossido

L'acidità dei fenoli è maggiore di quella degli alcoli perché nello ione alcossido $R-O^-$ la carica negativa è localizzata sull'atomo di ossigeno. Nello ione fenossido la carica è *delocalizzata* per risonanza nelle posizioni *orto* e *para* dell'anello e questo rende lo ione fenossido più stabile:

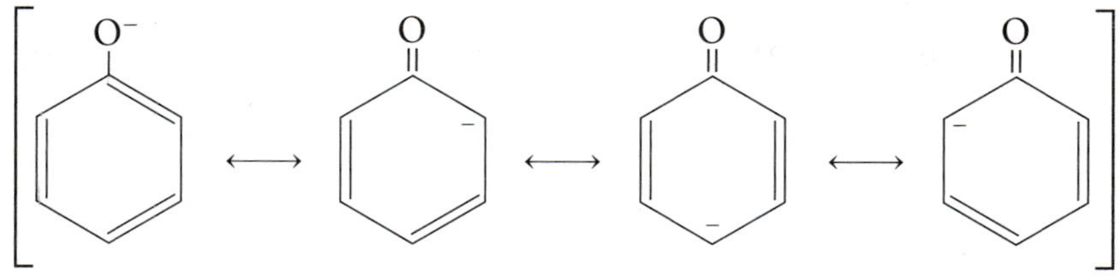

ione fenossido

I fenoli **non** hanno comportamento basico, perché la protonazione dell'ossidrile fenolico e la successiva perdita di una molecola di acqua porterebbe alla formazione del *catione fenile*. In tal caso il carbonio positivo dovrebbe essere ibridato *sp* e avere geometria lineare, ma tale geometria è impedita dalla presenza dell'anello benzenico:

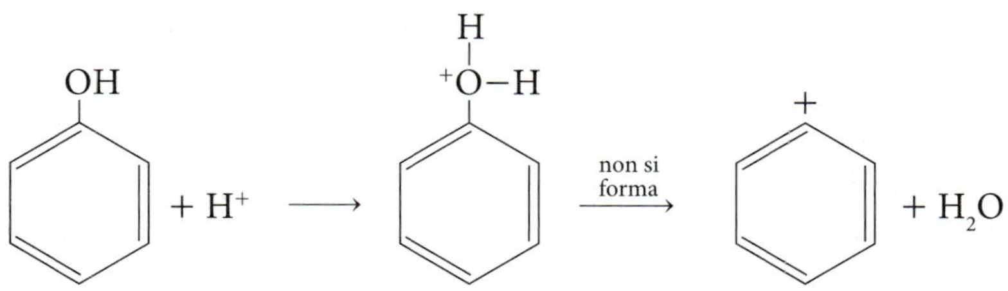

catione fenile

19 Le reazioni dei fenoli

Dato il loro comportamento acido, i fenoli reagiscono con basi forti (reazione di rottura del legame O–H) per dare composti detti *fenossidi*. La reazione tra il fenolo e l'idrossido di sodio è rappresentata dalla seguente equazione:

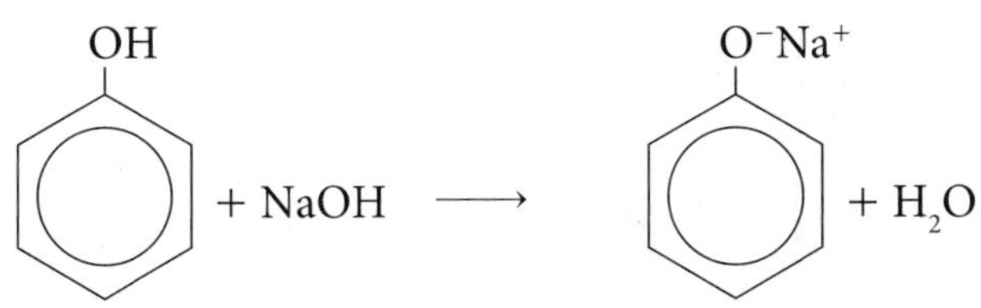

fenolo — fenossido di sodio

Figura 6 **La vitamina E** Le mandorle, le noci e le nocciole contengono vitamina E.

I fenoli si ossidano molto facilmente; additivi fenolici con funzione di **antiossidanti** sono usati per proteggere alimenti e oli lubrificanti al fine di evitare alterazioni dovute processi ossidativi. Antiossidanti naturali si trovano in molti alimenti; un composto fenolico molto diffuso negli organismi viventi è la **vitamina E**, che costituisce un antiossidante naturale (figura 6).

RISPONDI

- **A** Quali sono le reazioni di sintesi degli alcoli?
- **B** Come si spiega il comportamento anfotero degli alcoli?
- **C** Perché gli eteri hanno bassi punti di ebollizione e sono insolubili in acqua?
- **D** Perché i fenoli non hanno comportamento basico?

3 Le aldeidi e i chetoni

20 Il gruppo funzionale carbonile è polarizzato

Aldeidi e **chetoni** sono composti caratterizzati dalla presenza del gruppo funzionale carbonile, in cui l'atomo di carbonio ibridato sp^2 è legato a un atomo di ossigeno da un doppio legame.

Il **gruppo funzionale carbonile** o carbonilico è costituito da un atomo di carbonio ibridato sp^2 e da un atomo di ossigeno. I tre orbitali ibridi sp^2 sono disposti sul piano (angoli di legame 120°) a formare *legami* σ con i tre atomi legati al carbonio. L'orbitale non ibrido *p* del carbonio e un orbitale *p* dell'ossigeno per sovrapposizione laterale danno origine al *legame* π. Tra il carbonio e l'ossigeno si costituisce così un doppio legame:

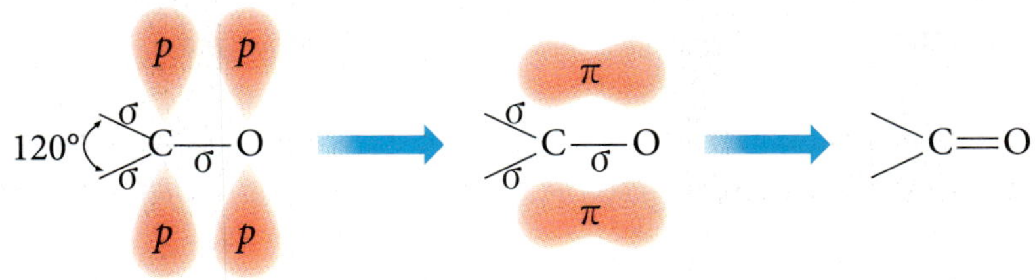

L'ossigeno è più elettronegativo del carbonio, quindi gli elettroni di legame tra il carbonio e l'ossigeno sono spostati verso quest'ultimo. Il legame pertanto risulta fortemente **polare**, con una parziale carica positiva sul carbonio e una parziale carica negativa sull'ossigeno.

La polarizzazione del legame tra il carbonio e l'ossigeno può essere evidenziata mediante due formule limite di risonanza, una neutra e una con due cariche:

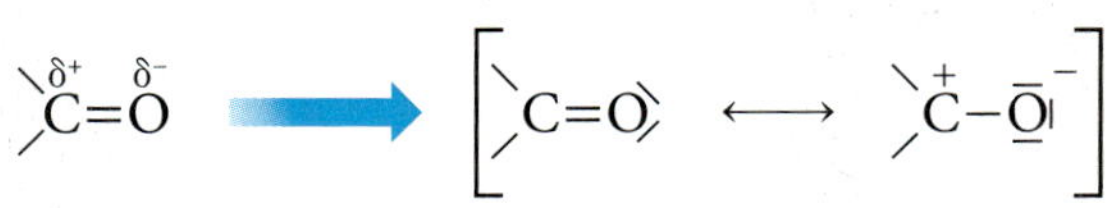

21 La formula molecolare e la nomenclatura di aldeidi e chetoni

Nelle **aldeidi** il carbonio del gruppo carbonile è sempre legato a un atomo di idrogeno e a un gruppo alchilico o arilico (nel primo termine della serie alifatica il gruppo alchilico è sostituito da un atomo di idrogeno).

Nei **chetoni** il carbonio del gruppo carbonile è legato a due gruppi alchilici o arilici, oppure uno alchilico e l'altro arilico.

Le formule molecolari generali delle aldeidi e dei chetoni sono pertanto le seguenti:

aldeidi:
- R–CHO
- Ar–CHO

chetoni:
- R–CO–R
- Ar–CO–R
- Ar–CO–Ar

Il **nome** delle **aldeidi alifatiche** secondo le regole IUPAC si ottiene sostituendo la desinenza *-o* del nome dell'alcano corrispondente con il suffisso *-ale* (tabella **5**). I primi due termini della serie sono noti con i nomi comuni di formaldeide e acetaldeide:

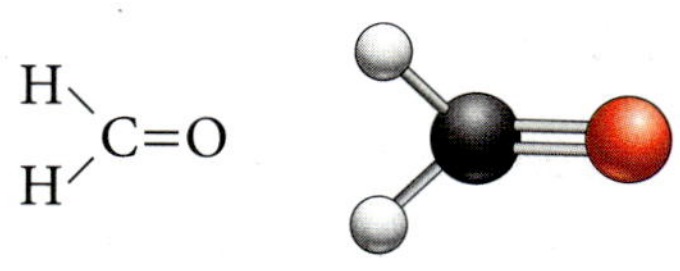

formaldeide

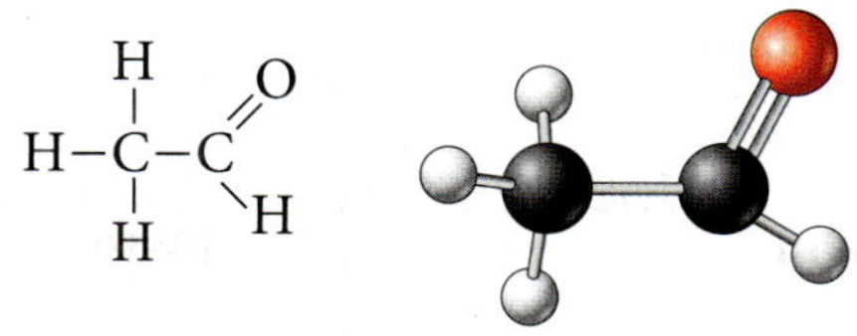

acetaldeide

Formula razionale	Nome IUPAC	Nome comune
H−CHO	metanale	aldeide formica o formaldeide
CH_3−CHO	etanale	aldeide acetica o acetaldeide
CH_3−CH_2−CHO	propanale	aldeide propionica
CH_3−CH_2−CH_2−CHO	butanale	aldeide butirrica

Tabella 5 **La formula razionale e il nome dei primi quattro termini delle aldeidi.**

Quando nella catena carboniosa sono presenti dei sostituenti (i nomi devono essere specificati in ordine alfabetico), la catena va numerata partendo dal carbonio del gruppo carbonile:

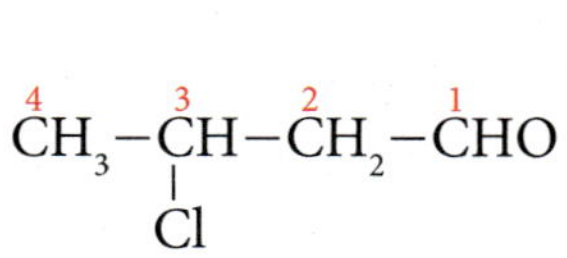

3-clorobutanale

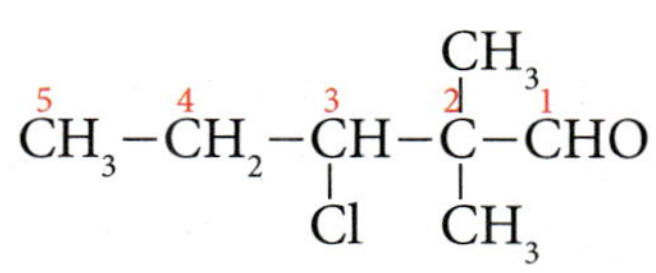

3-cloro-2,2-dimetilpentanale

Se nella catena carboniosa è presente il gruppo idrossido −OH, questo deve essere considerato un sostituente, in quanto il gruppo carbonile ha la priorità nell'adozione del suffisso:

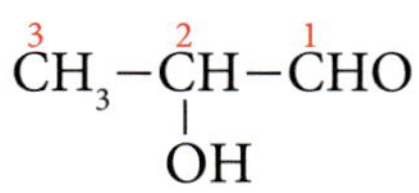

2-idrossipropanale

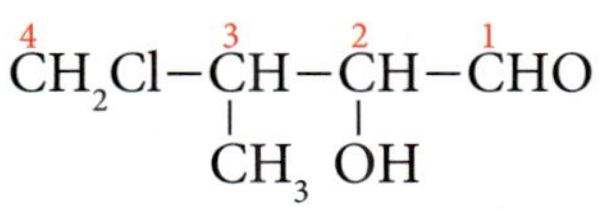

4-cloro-2-idrossi-3-metilbutanale

Le **aldeidi aromatiche** sono denominate spesso con nomi comuni; molto note sono la benzaldeide (figura 7) e l'aldeide salicilica, un suo derivato:

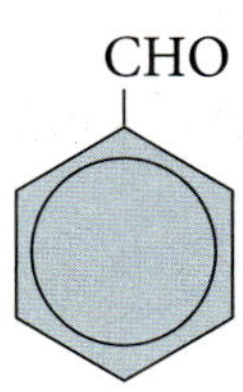

benzaldeide

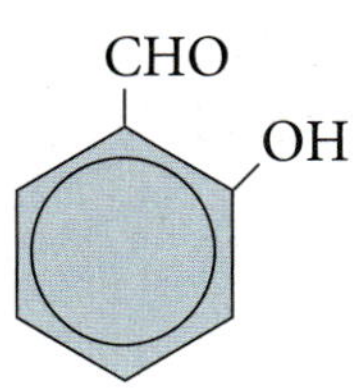

aldeide salicilica

Figura 7 **La benzaldeide** Le mandorle contengono benzaldeide.

Il **nome** dei **chetoni alifatici** secondo le regole IUPAC si ottiene sostituendo la desinenza *-o* del nome dell'alcano corrispondente con il suffisso *-one*.

Tuttavia è utilizzato anche il nome tradizionale costituito dai nomi dei gruppi alchilici o arilici (denominati in ordine alfabetico) legati al gruppo carbonile e dalla parola *chetone* (tabella 6 a pagina seguente).

Il primo termine della serie è noto con il nome comune di *acetone*:

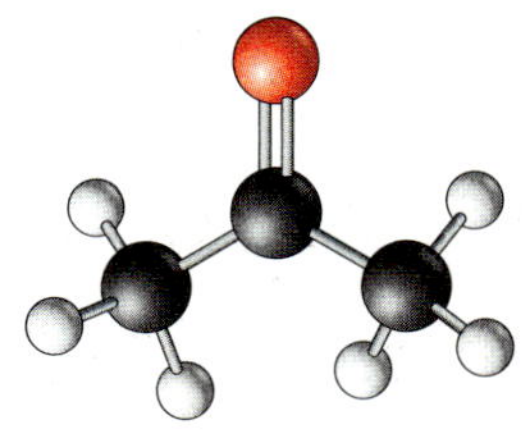

acetone

Tabella 6 La formula razionale e il nome di alcuni chetoni.

Formula razionale	Nome IUPAC	Nome comune
$CH_3-CO-CH_3$	propanone	dimetil chetone
$CH_3-CO-CH_2-CH_3$	butanone	etil metil chetone
$C_6H_5-CO-C_6H_5$	difenilmetanone	difenil chetone, benzofenone
$C_6H_5-CO-CH_3$	1-feniletanone	fenil metil chetone, acetofenone

A partire dal terzo termine della serie dei chetoni ($n=5$) si ha, relativamente al gruppo carbonile, l'**isomeria di posizione**: si deve pertanto numerare la catena carboniosa partendo dall'estremità più vicina al gruppo carbonile. Il pentanone esiste sotto forma di due isomeri di posizione:

$$\overset{5}{C}H_3-\overset{4}{C}H_2-\overset{3}{C}H_2-\overset{2}{C}O-\overset{1}{C}H_3 \qquad \overset{5}{C}H_3-\overset{4}{C}H_2-\overset{3}{C}O-\overset{2}{C}H_2-\overset{1}{C}H_3$$

2-pentanone 3-pentanone

Se nella catena carboniosa sono presenti dei sostituenti la numerazione della catena deve partire dall'estremità più vicina al gruppo carbonile:

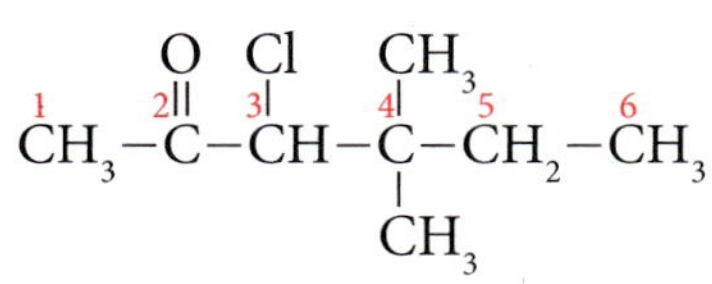

3-cloro-4,4-dimetil-2-esanone

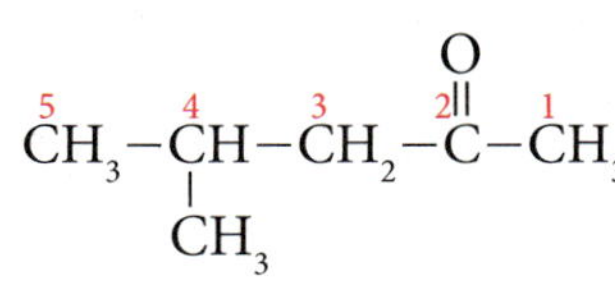

4-metil-2-pentanone

Figura 8 L'acetofenone Le mele e le albicocche contengono acetofenone.

I **chetoni aromatici** sono denominati spesso con nomi comuni; molto noti sono l'acetofenone (figura 8) e il benzofenone:

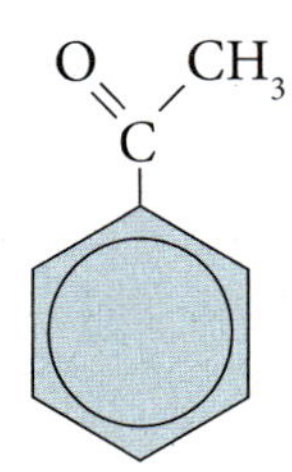

acetofenone
(fenil metil chetone)

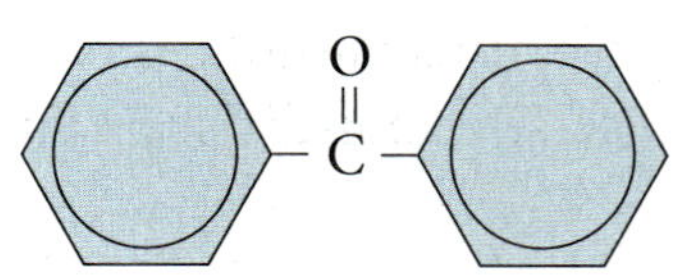

benzofenone
(difenil chetone)

Figura 9 Le aldeidi e i chetoni odorosi I deodoranti per ambienti contengono aldeidi e chetoni odorosi.

Le aldeidi e i chetoni sono largamente diffusi in natura. Molti di questi composti, avendo aromi e profumi gradevoli, vengono usati per la produzione di cosmetici e di prodotti per la casa come saponi e deodoranti (figura 9).

PER SAPERNE DI PIÙ

Tautomeria cheto-enolica

Le aldeidi e i chetoni che presentano un **atomo di idrogeno in α**, ovvero un atomo di idrogeno legato a un atomo di carbonio (carbonio α) legato al gruppo carbonile:

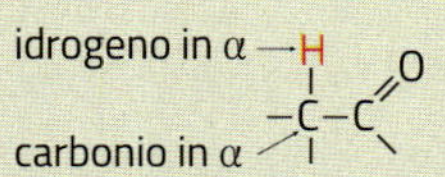

si interconvertono facilmente con il corrispondente enolo (alcol vinilico) stabilendo un **equilibrio cheto-enolico**. La forma *chetonica* (si usa questo termine anche per le aldeidi) e la forma *enolica* differiscono per la posizione di un atomo di idrogeno e di un doppio legame:

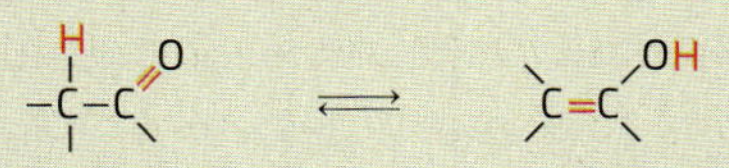

forma chetonica (aldeide o chetone) — forma enolica (enolo)

Il processo di interconversione tra la forma chetonica e quella enolica è un particolare tipo di isomeria di struttura che prende il nome di **tautomeria**. Le due forme (chetonica ed enolica) si chiamano *tautomeri*.

Le aldeidi e i chetoni esistono prevalentemente nella forma *chetonica*. La somma delle energie di legame C=O e del legame C−H nella forma chetonica è maggiore della somma delle energie di legame C=C e del legame O−H della forma enolica e quindi la stabilità della forma chetonica è maggiore:

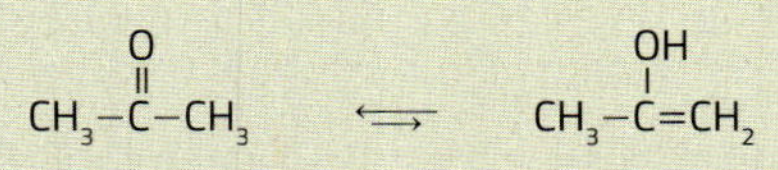

forma chetonica — forma enolica

I fenoli esistono prevalentemente nella forma *enolica*, perché la delocalizzazione elettronica li rende più stabili rispetto alla forma chetonica che non presenta aromaticità:

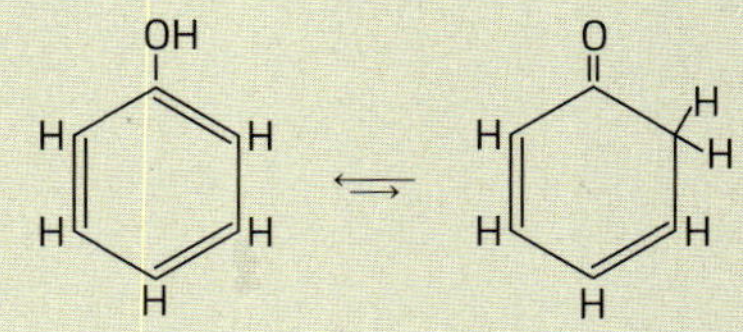

forma enolica — forma chetonica

Trattando i composti carbonilici con basi forti, si possono ottenere soluzioni stabili di ione enolato:

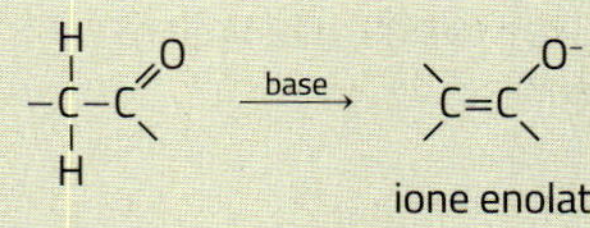

ione enolato

Questi ioni sono buoni nucleofili e rappresentano degli intermedi molto utili in diverse reazioni di sintesi organica.

22 La sintesi delle aldeidi e dei chetoni

La reazione di sintesi più comune per ottenere aldeidi e chetoni è l'ossidazione degli alcoli primari e secondari, in presenza di un forte ossidante (simbolo [O]), e in ambiente acido.

La reazione di ossidazione degli alcoli primari

La reazione di **ossidazione degli alcoli primari** porta alla formazione delle *aldeidi*. L'ossidazione dell'1-butanolo che forma il butanale è rappresentata dalla seguente equazione:

$$\underset{\text{1-butanolo}}{CH_3-CH_2-CH_2-CH_2-OH} \xrightarrow{[O]} \underset{\text{butanale}}{CH_3-CH_2-CH_2-CHO}$$

A seconda dell'agente ossidante utilizzato, la reazione può arrestarsi all'aldeide oppure proseguire fino ad acido carbossilico, senza la possibilità di isolare l'aldeide intermedia.

La reazione di ossidazione degli alcoli secondari

La reazione di **ossidazione degli alcoli secondari** porta alla formazione dei *chetoni*. Il 2-pentanone si prepara per ossidazione del 2-pentanolo:

$$\underset{\text{2-pentanolo}}{CH_3-CH_2-CH_2-\underset{OH}{\underset{|}{CH}}-CH_3} \xrightarrow{[O]} \underset{\text{2-pentanone}}{CH_3-CH_2-CH_2-\underset{O}{\underset{\|}{C}}-CH_3}$$

LE PAROLE

La **tautomeria** (dal greco: *tautos* = lo stesso e *meros* = parte) è un fenomeno che consiste nella interconversione di due isomeri (tautomeri). Il processo comporta (a differenza della *risonanza*) una variazione nella *configurazione* della molecola.

LE PAROLE

L'**aldeide** (dal latino: *al* = alcol e *dehyd* = deidro) è un composto che si ottiene (in presenza di un ossidante) sottraendo atomi di idrogeno a un alcol.

A COLPO D'OCCHIO

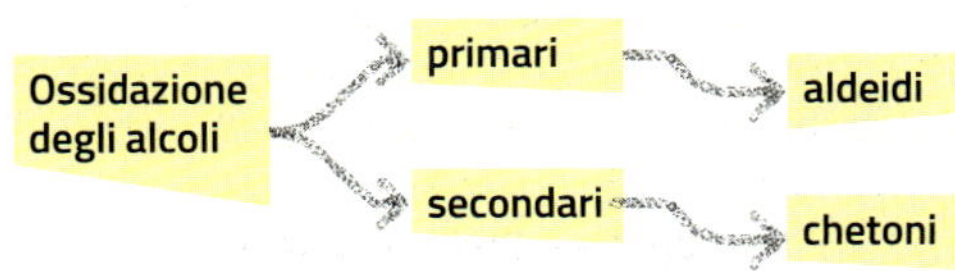

23 Le proprietà fisiche delle aldeidi e dei chetoni

La polarizzazione del doppio legame tra il carbonio e l'ossigeno influenza notevolmente le proprietà fisiche (punti di ebollizione, solubilità) delle aldeidi e dei chetoni.

I composti carbonilici hanno **punti di ebollizione** più alti degli idrocarburi ma più bassi degli alcoli di corrispondente massa molecolare in quanto la polarizzazione del legame carbonio-ossigeno permette la formazione di legami intermolecolari più forti rispetto a quelli che si formano tra le molecole apolari degli idrocarburi, ma più deboli rispetto ai *legami a idrogeno* che si stabiliscono tra le molecole di alcoli (tabella **7**).

Tabella **7** **La temperatura di ebollizione di composti con massa molecolare corrispondente.**

Nome	Formula razionale	Massa molecolare	t_e (°C)
pentano	$CH_3-CH_2-CH_2-CH_2-CH_3$	72	36
pentanale	$CH_3-CH_2-CH_2-CH_2-CHO$	86	102
3-pentanone	$CH_3-CH_2-CO-CH_2-CH_3$	86	102
1-pentanolo	$CH_3-CH_2-CH_2-CH_2-CH_2OH$	88	118

I composti carbonilici, pur non potendo formare legami a idrogeno intermolecolari, possono tuttavia, per la polarità del gruppo carbonile, accettare legami a idrogeno dall'acqua; i primi termini delle aldeidi e dei chetoni sono quindi solubili in acqua, ma la solubilità diminuisce all'aumentare della massa molecolare per la prevalenza del gruppo alchilico idrofobico (tabella **8**):

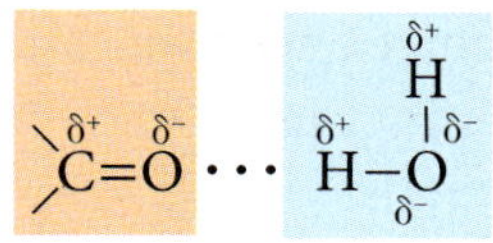

Tabella **8** **La solubilità in acqua di alcuni composti carbonilici.**

Nome	Formula razionale	Solubilità in acqua
metanale	$H-CHO$	molto solubile
pentanale	$CH_3-CH_2-CH_2-CH_2-CHO$	poco solubile
eptanale	$CH_3-CH_2-CH_2-CH_2-CH_2-CH_2-CHO$	insolubile
propanone	$CH_3-CO-CH_3$	molto solubile
3-esanone	$CH_3-CH_2-CO-CH_2-CH_2-CH_3$	poco solubile
difenilchetone	$C_6H_5-CO-C_6H_5$	insolubile

A COLPO D'OCCHIO

24 Le reazioni di aldeidi e chetoni

La reattività delle aldeidi e dei chetoni è legata alla presenza del doppio legame tra il carbonio e l'ossigeno ma anche alla sua polarizzazione. Il carbonio, con la sua parziale carica positiva, è un agente elettrofilo e rappresenta di conseguenza un ottimo punto di attacco per agenti nucleofili in reazioni di *addizione nucleofila* con rottura del doppio legame C=O. Inoltre aldeidi e chetoni danno reazioni di *riduzione* e di *ossidazione*.

I chetoni sono meno reattivi delle aldeidi nei confronti dei nucleofili, perché nei chetoni il carbonio carbonilico è legato a due gruppi alchilici: questi rendono più difficile l'attacco di un nucleofilo, a causa del loro ingombro sterico. Essendo elettron-donatori, inoltre, neutralizzano parzialmente la carica δ^+ del carbonio, diminuendone la reattività.

LE PAROLE

L'**emiacetale** (dal greco: *emi* = metà e *acetum* = acuto) è un composto organico dall'odore pungente che si ottiene per reazione tra una funzione aldeidica e una alcolica.

La reazione di addizione nucleofila

La reazione più comune di **addizione nucleofila** è la reazione di addizione di alcoli che avviene in presenza di un catalizzatore acido H^+. Il catalizzatore acido è necessario perché l'alcol è un nucleofilo debole. Il prodotto della reazione è un *emiacetale* (se il composto carbonilico è un'aldeide) o un *emichetale* (se il composto carbonilico è un chetone). Gli emiacetali e gli emichetali sono composti che presentano sullo stesso atomo di carbonio una funzione alcolica (−OH) e una funzione eterea (−O−):

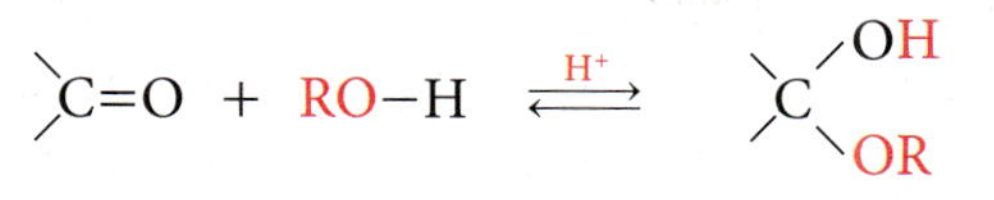

aldeide o chetone — alcol — emiacetale o emichetale

La reazione avviene con un meccanismo in tre stadi successivi, tutti reversibili:

a. nel primo stadio l'ossigeno del carbonile è protonato dal catalizzatore acido H^+;
b. nel secondo stadio l'alcol R−OH attacca il carbonio del carbonile;
c. nel terzo stadio si ha l'eliminazione di un protone H^+.

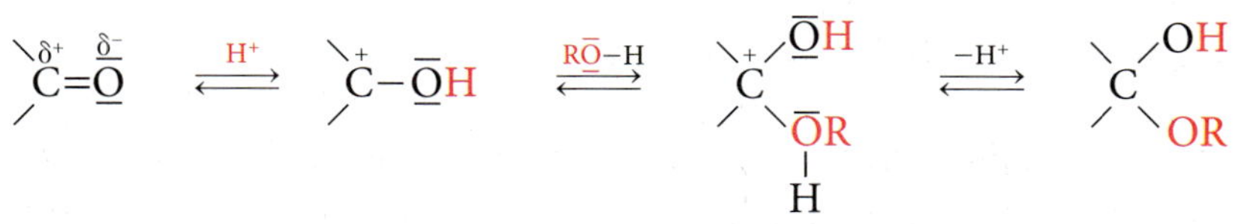

aldeide o chetone — aldeide o chetone protonato — emiacetale o emichetale protonato — emiacetale o emichetale

L'emiacetale o l'emichetale può continuare a reagire con l'alcol (sempre in presenza di un catalizzatore acido H^+) per formare un *acetale* o un *chetale* per eliminazione di acqua. Gli acetali e i chetali sono composti che presentano sullo stesso atomo di carbonio due funzioni eteree:

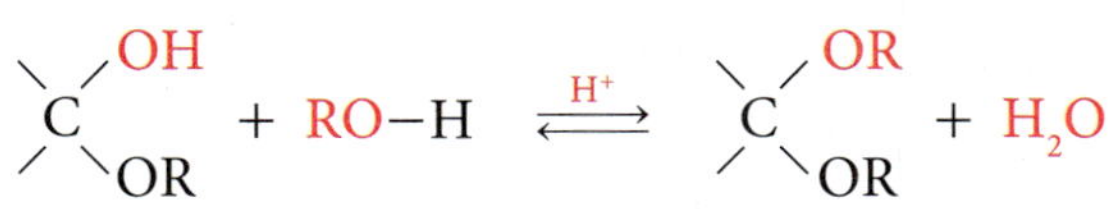

emiacetale o emichetale — alcol — acetale o chetale

Dato che queste reazioni sono reversibili, si può favorire la reazione diretta utilizzando un forte eccesso di alcol o sottraendo l'acqua che via via si forma.

La reazione avviene con un meccanismo a due stadi, entrambi reversibili:

a. nel primo stadio si ha l'attacco del catalizzatore acido H^+ al gruppo −OH dell'emiacetale o emichetale con successiva eliminazione di acqua (*reazione di condensazione*):

emiacetale o emichetale

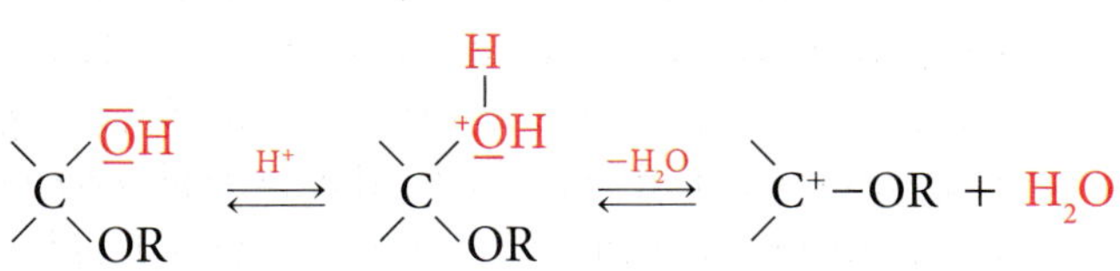

b. nel secondo stadio l'alcol attacca il carbonio carbonilico con successiva eliminazione di un protone:

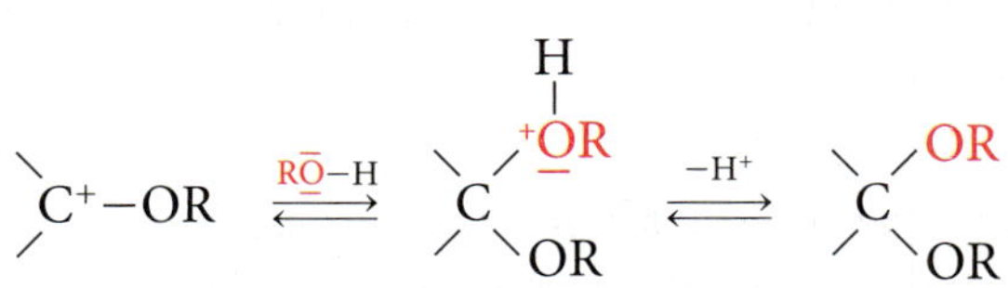

acetale o chetale

In definitiva, l'ossidrile −OH dell'emiacetale o dell'emichetale è stato sostituito dal gruppo alcossido −OR dell'alcol e quindi la reazione è di *sostituzione nucleofila*.

TI RICORDI?

La **reazione di condensazione** è una reazione in cui due composti si uniscono con eliminazione di una molecola d'acqua.

La reazione di riduzione

La reazione di **riduzione** di aldeidi e chetoni con idruri metallici (simbolo [H]) porta rispettivamente alla formazione di *alcol primari* e *alcol secondari*:

$$\underset{\text{aldeide}}{R-CHO} \xrightarrow{[H]} \underset{\text{alcol primario}}{R-CH_2-OH} \qquad \underset{\text{chetone}}{R-\overset{\overset{\displaystyle O}{\|}}{C}-R} \xrightarrow{[H]} \underset{\text{alcol secondario}}{R-\overset{\overset{\displaystyle OH}{|}}{C}H-R}$$

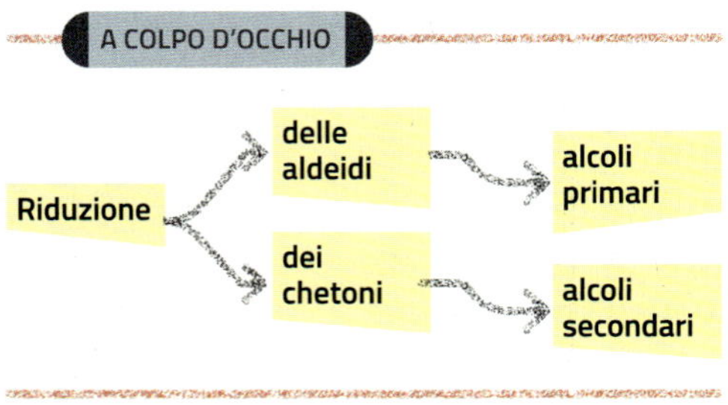

Il meccanismo di reazione prevede l'attacco dello ione idruro H^- (nucleofilo) al carbonio carbonilico con conseguente addizione di idrogeno al doppio legame carbonio-ossigeno.

Le reazioni di riduzione del propanale e del propanone sono rappresentate dalle seguenti equazioni:

$$\underset{\text{propanale}}{CH_3-CH_2-CHO} \xrightarrow{[H]} \underset{\text{1-propanolo}}{CH_3-CH_2-CH_2-OH}$$

$$\underset{\text{propanone}}{CH_3-CO-CH_3} \xrightarrow{[H]} \underset{\text{2-propanolo}}{CH_3-\underset{\underset{\displaystyle OH}{|}}{C}H-CH_3}$$

La reazione di ossidazione

La reazione di **ossidazione** avviene più facilmente con le aldeidi che con i chetoni, in quanto le aldeidi hanno un atomo di idrogeno facilmente ossidabile legato al gruppo carbonile, mentre i chetoni mancano di tale atomo essendo il carbonio legato a due gruppi alchilici o arilici. L'ossidazione delle aldeidi, in presenza di opportuni ossidanti (simbolo [O]), porta alla formazione degli *acidi carbossilici* corrispondenti:

$$\underset{\text{aldeide}}{R-\overset{\overset{\displaystyle O}{\|}}{C}-H} \xrightarrow{[O]} \underset{\text{acido carbossilico}}{R-\overset{\overset{\displaystyle O}{\|}}{C}-OH}$$

Figura **10** **L'acido acetico** L'aceto è una soluzione costituita da acqua e acido acetico.

Per esempio, dall'ossidazione dell'acetaldeide si ottiene l'acido acetico (figura **10**):

$$\underset{\text{acetaldeide}}{CH_3-\overset{\overset{\displaystyle O}{\|}}{C}-H} \xrightarrow{[O]} \underset{\text{acido acetico}}{CH_3-\overset{\overset{\displaystyle O}{\|}}{C}-OH}$$

I reattivi di Fehling e di Tollens

Le aldeidi reagiscono anche con particolari reattivi (**reattivo di Fehling** o **reattivo di Tollens**) utilizzati come saggi di laboratorio per rivelare la presenza del gruppo aldeidico in un composto carbonilico non noto.

a. Il **reattivo di Fehling** (figura **11A**) è costituito da una soluzione di ioni rame(II) Cu^{2+} di colore azzurro. Gli ioni Cu^{2+} in presenza di un'aldeide, vengono ridotti a ioni rame(I) Cu^+ con formazione di un precipitato (Cu_2O) rosso scuro e dell'acido carbossilico corrispondente.

A COLPO D'OCCHIO

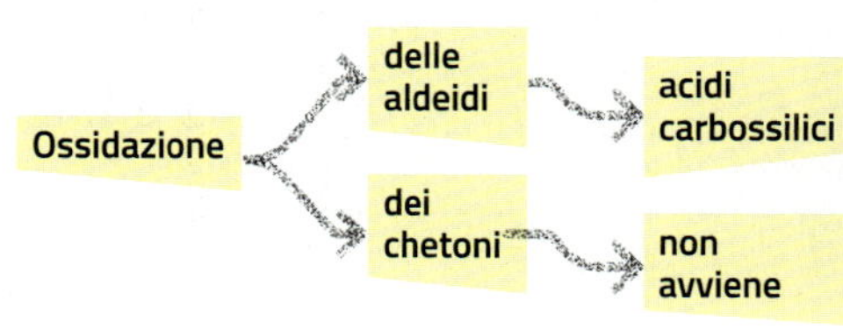

La reazione, in ambiente alcalino, è la seguente:

$$\underset{\text{aldeide}}{R{-}\overset{\overset{\displaystyle O}{\|}}{C}{-}H} + \underset{\text{reattivo di Fehling}}{2\,Cu^{2+}_{(aq)}} + 5\,OH^- \longrightarrow \underset{\text{anione dell'acido carbossilico}}{R{-}\overset{\overset{\displaystyle O}{\|}}{C}{-}O^-} + \underset{\text{ossido di rame(I)}}{Cu_2O_{(s)}\downarrow} + 3\,H_2O$$

b. Il **reattivo di Tollens** (figura **11B**) è costituito da una soluzione di ammoniaca (NH_3) contenente ioni argento Ag^+. In presenza di un gruppo aldeidico, gli ioni argento si riducono ad argento metallico che si deposita sulle pareti della provetta utilizzata per il saggio (*saggio dello specchio d'argento*) e si ha la formazione dell'acido carbossilico corrispondente. La reazione, in ambiente alcalino, è rappresentata dall'equazione:

$$\underset{\text{aldeide}}{R{-}\overset{\overset{\displaystyle O}{\|}}{C}{-}H} + \underset{\text{reattivo di Tollens}}{2\,[Ag(NH_3)_2]^+_{(aq)}} + 3\,OH^- \longrightarrow \underset{\text{anione dell'acido carbossilico}}{R{-}\overset{\overset{\displaystyle O}{\|}}{C}{-}O^-} + \underset{\text{argento}}{2\,Ag_{(s)}\downarrow} + 4\,NH_3 + 2\,H_2O$$

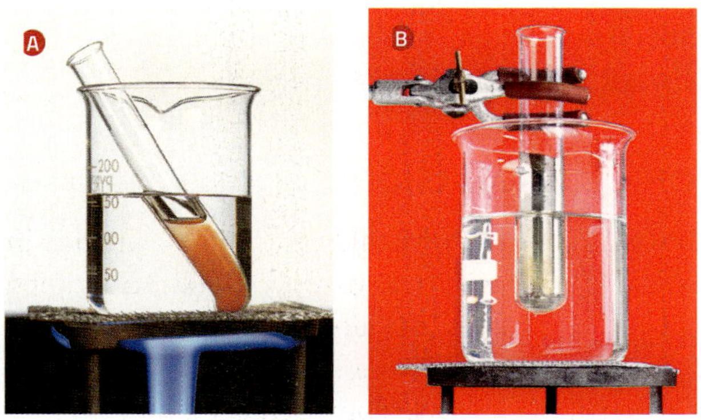

Figura **11** **I saggi di laboratorio che evidenziano la presenza di un gruppo aldeidico** (A) Il reattivo di Fehling. (B) Il reattivo di Tollens.

RISPONDI

A Quali sono le caratteristiche del gruppo funzionale carbonilico?
B Perché i composti carbonilici hanno più alti punti di ebollizione e maggiore solubilità in acqua dei corrispondenti idrocarburi?
C Per quali motivi i chetoni sono meno reattivi delle aldeidi?

ESERCIZIO SVOLTO

Proviamo insieme

Rappresenta le equazioni delle seguenti reazioni di riduzione specificando il nome dei prodotti:

a. 2,3-diclorobutanale
b. 3-metil-2-pentanone

Risoluzione

Le desinenze *-ale* e *-one* indicano un'aldeide e un chetone e quindi la reazione di riduzione porta rispettivamente alla sintesi di un alcol **primario** e di un alcol **secondario**.

Le reazioni sono rappresentate dalle seguenti equazioni:

a. $$CH_3{-}CHCl{-}CHCl{-}CHO \xrightarrow{[H]} \underset{\text{2,3-dicloro-1-butanolo}}{CH_3{-}CHCl{-}CHCl{-}CH_2OH}$$

b. $$CH_3{-}CO{-}\underset{\underset{\displaystyle CH_3}{|}}{CH}{-}CH_2{-}CH_3 \xrightarrow{[H]} CH_3{-}\underset{\underset{\displaystyle OH}{|}}{CH}{-}\underset{\underset{\displaystyle CH_3}{|}}{CH}{-}CH_2{-}CH_3$$

3-metil-2-pentanolo

Prova da solo

Rappresenta le equazioni delle seguenti reazioni:

a. riduzione del 2-pentanone
b. ossidazione del 3,3-dibromoesanale

4 Gli acidi carbossilici

25 Il gruppo carbossile è formato da due gruppi funzionali

Gli **acidi carbossilici** sono composti organici caratterizzati dal gruppo funzionale carbossilico costituito da due gruppi funzionali: il gruppo carbonile >CO e il gruppo ossidrile −OH.

L'atomo di carbonio è ibridato sp^2; i tre orbitali ibridi sp^2 (disposizione planare, angoli di legame di 120°) formano tre *legami* σ, l'orbitale non ibrido *p* si sovrappone lateralmente con un orbitale *p* dell'ossigeno carbonilico formando un *legame* π.

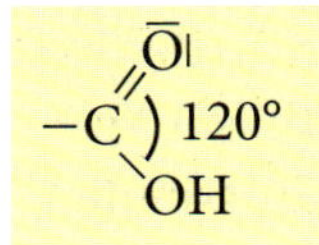

gruppo carbossilico

LE PAROLE

Il termine **carbossile** deriva dalle radici dei nomi dei due gruppi funzionali (*carbo*nile e *oss*idrile) che lo costituiscono.

26 La formula molecolare e la nomenclatura degli acidi carbossilici

A seconda che l'atomo di carbonio del gruppo carbossilico sia legato a un gruppo alchilico R o arilico Ar, gli acidi carbossilici si distinguono in alifatici e aromatici.

Le **formule molecolari** generali degli acidi carbossilici sono le seguenti:

R−COOH (acido alifatico) Ar−COOH (acido aromatico)

Nel primo termine della serie alifatica, l'acido formico H−COOH, il gruppo alchilico R è sostituito da un atomo di idrogeno.

Il **nome** degli **acidi carbossilici alifatici** secondo le regole IUPAC è costituito dal termine *acido* e dal nome dell'alcano corrispondente in cui la desinenza *-o* è sostituita dal suffisso *-oico*; nel nome *comune* la desinenza *-o* è sostituita dal suffisso *-ico* (tabella **9**). Molti nomi comuni derivano da parole latine che documentano la fonte naturale da cui l'acido è stato isolato (figura **12**).

Figura **12** **Le capre producono gli acidi capronico, caprilico e caprinico.**

Tabella **9** **La formula razionale e il nome dei primi sei termini degli acidi carbossilici alifatici.**

Formula razionale	Nome IUPAC	Nome comune
H−COOH	acido metanoico	acido formico
CH_3−COOH	acido etanoico	acido acetico
CH_3−CH_2−COOH	acido propanoico	acido propionico
CH_3−CH_2−CH_2−COOH	acido butanoico	acido butirrico
CH_3−CH_2−CH_2−CH_2−COOH	acido pentanoico	acido valerianico
CH_3−CH_2−CH_2−CH_2−CH_2−COOH	acido esanoico	acido capronico

Quando nella catena carboniosa vi sono dei sostituenti, la loro posizione è precisata:

- nel nome **IUPAC** da un *numero*, determinato numerando la catena carboniosa a partire dal gruppo funzionale;
- nel nome **comune** da una *lettera* dall'alfabeto greco, considerando il carbonio α (alfa) quello *adiacente* al carbonio del gruppo funzionale:

acido 2-bromopropanoico	acido α-bromopropionico
$\overset{3}{C}H_3-\overset{2}{C}H(Br)-\overset{1}{C}OOH$	$\overset{\beta}{C}H_3-\overset{\alpha}{C}H(Br)-COOH$

Se nella catena carboniosa vi sono il gruppo *idrossido* $-OH$ e il gruppo *carbonile* $>CO$, questi devono essere considerati dei sostituenti, in quanto il gruppo carbossilico ha la **priorità** nell'adozione della desinenza (il gruppo carbonile è denominato con il prefisso *-osso*):

	$CH_3-CH(OH)-CH_2-COOH$	$CH_3-C(=O)-CH_2-CH(Br)-COOH$
nome IUPAC	acido 3-idrossibutanoico	acido 2-bromo-4-ossopentanoico
nome comune	acido β-idrossibutirrico	acido α-bromo-γ-ossovalerianico

Gli acidi carbossilici alifatici con un numero pari di atomi di carbonio uguale o superiore a 12 si chiamano **acidi grassi**. Questi si distinguono in *saturi*, *insaturi* e *polinsaturi* a seconda che nella catena carboniosa siano presenti solo legami semplici carbonio-carbonio, un legame doppio carbonio-carbonio o due o più legami doppi carbonio-carbonio. Gli acidi grassi insaturi hanno configurazione *-cis*, ovvero hanno due atomi di idrogeno legati ai due atomi di carbonio del doppio legame dalla stessa parte:

$CH_3(CH_2)_{14}COOH$
acido palmitico

$CH_3(CH_2)_7CH{=}CH(CH_2)_7COOH$
acido oleico

Quando sono combinati con il glicerolo, gli acidi grassi formano i **trigliceridi**, distinti in *grassi* (stato fisico solido) e *oli* (stato fisico liquido).

Gli **acidi carbossilici aromatici** sono denominati con nomi comuni (figura **13**):

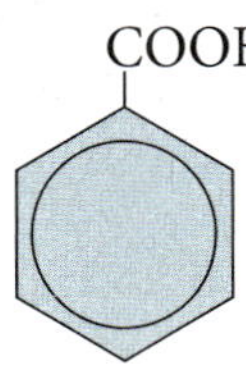

acido benzoico

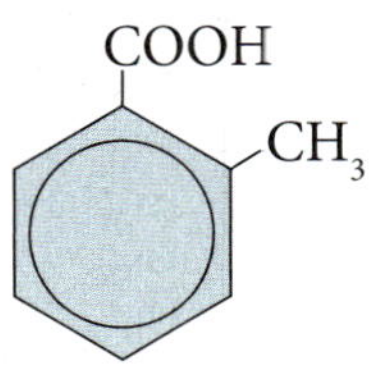

acido *o*-toluico

Figura **13** **L'acido benzoico** I mirtilli rossi contengono acido benzoico.

27 La sintesi degli acidi carbossilici

La reazione di sintesi più comune per ottenere gli acidi carbossilici è l'ossidazione di alcoli primari e di aldeidi che avviene in presenza di forti ossidanti (simbolo [O]) e in ambiente acido.

a. La reazione di **ossidazione di un alcol primario** porta prima alla formazione di un'aldeide e successivamente di un acido carbossilico:

$$R-CH_2-OH \xrightarrow{[O]} R-CHO \xrightarrow{[O]} R-COOH$$

alcol primario → aldeide → acido carbossilico

A COLPO D'OCCHIO

L'acido propionico si prepara dall'ossidazione dell'1-propanolo:

$$\underset{\text{1-propanolo}}{CH_3-CH_2-CH_2-OH} \xrightarrow{[O]} \underset{\text{propanale}}{CH_3-CH_2-CHO} \xrightarrow{[O]} \underset{\text{acido propionico}}{CH_3-CH_2-COOH}$$

b. La reazione di **ossidazione di un'aldeide** è rappresentata della seguente equazione:

$$\underset{\text{aldeide}}{R-CHO} \xrightarrow{[O]} \underset{\text{acido carbossilico}}{R-COOH}$$

28 Le proprietà fisiche e chimiche degli acidi carbossilici

A temperatura ambiente i primi quattro termini degli acidi carbossilici sono allo stato liquido, i termini superiori sono allo stato solido.

La presenza del gruppo ossidrile $-OH$ conferisce agli acidi carbossilici la possibilità di formare legami a idrogeno intermolecolari per cui i **punti di ebollizione** sono più alti di quelli degli idrocarburi e degli alcoli aventi massa molecolare corrispondente:

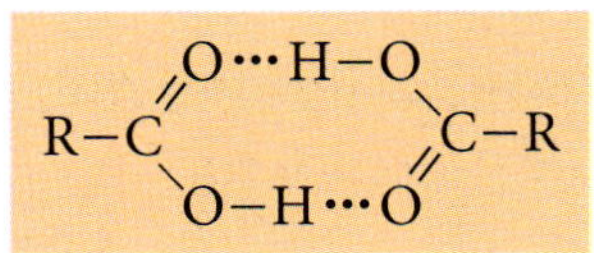

Gli acidi carbossilici possono formare legami a idrogeno intermolecolari anche con l'acqua e di conseguenza i primi quattro termini della serie sono **solubili** in acqua. La solubilità diminuisce all'aumentare della massa molecolare per il prevalere del gruppo idrofobico R sul gruppo idrofilo $-OH$ (tabella **10**):

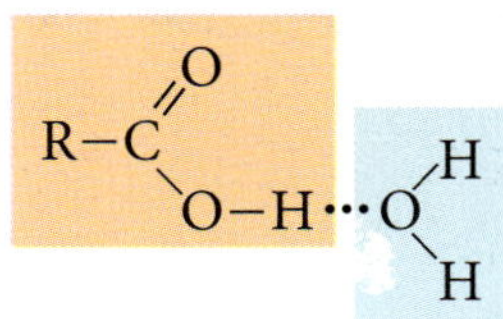

Tabella 10 La temperatura di ebollizione e la solubilità in acqua di alcuni acidi carbossilici.

Nome IUPAC	Formula razionale	Massa molecolare	t_e (°C)	Solubilità
acido metanoico	$H-COOH$	46	101	molto solubile
acido esanoico	$CH_3-(CH_2)_4-COOH$	116	205	poco solubile
acido decanoico	$CH_3-(CH_2)_8-COOH$	172	270	insolubile

Gli acidi carbossilici, in acqua, si comportano da acidi di Brønsted-Lowry cedendo un protone H^+ all'acqua, che accettandolo si comporta da base, con formazione di un anione carbossilato $R-COO^-$ (base coniugata dell'acido) e dello ione ossonio H_3O^+ (acido coniugato dell'acqua):

$$\underset{A_1}{R-COOH_{(aq)}} + \underset{B_2}{H_2O_{(l)}} \rightleftharpoons \underset{B_1}{R-COO^-_{(aq)}} + \underset{A_2}{H_3O^+_{(aq)}}$$

TI RICORDI?

Un **acido** è una sostanza che in acqua si dissocia liberando ioni idrogeno (Arrhenius), cede un protone (Brønsted e Lowry), accetta un doppietto elettronico (Lewis).

> TI RICORDI?
>
> La **forza di un acido** si esprime mediante la costante di **dissociazione acida K_a**.
>
> $$K_a = \frac{[RCOO^-][H_3O^+]}{[RCOOH]}$$

Gli acidi carbossilici, come si evidenzia dai valori molto bassi della costante di dissociazione acida (K_a), sono **acidi deboli**, ovvero poco dissociati, e quindi con l'equilibrio molto spostato a sinistra (tabella **11**).

Nome	Formula razionale	K_a
acido metanoico	H−COOH	$2{,}1 \cdot 10^{-4}$
acido etanoico	CH_3−COOH	$1{,}8 \cdot 10^{-5}$
acido cloroetanoico	CH_2Cl−COOH	$1{,}5 \cdot 10^{-3}$

Tabella **11** I valori di K_a per alcuni acidi carbossilici.

Se nella molecola dell'acido sono presenti dei sostituenti (gruppi metilici, alogeni), per *effetto induttivo* l'acidità può diminuire o aumentare dipendentemente dalla natura del sostituente.

La presenza di gruppi metilici, essendo questi *elettron-donatori*, diminuisce l'acidità (l'acido etanoico è meno acido dell'acido metanoico o acido formico):

$$\underset{\substack{\text{acido etanoico} \\ (K_a = 1{,}8 \cdot 10^{-5})}}{CH_3{-}COOH} \quad < \quad \underset{\substack{\text{acido metanoico} \\ (K_a = 2{,}1 \cdot 10^{-4})}}{H{-}COOH}$$

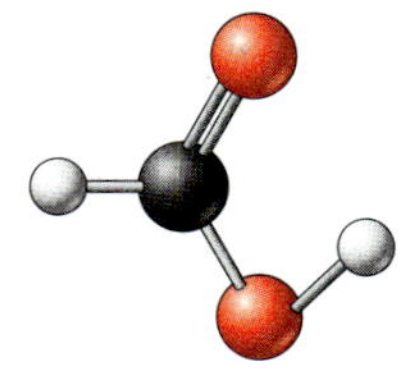

acido formico

La presenza di alogeni, essendo questi *elettron-attrattori*, aumenta l'acidità: l'acido cloroetanoico ha un valore di K_a molto più alto di quello dell'acido etanoico:

$$\underset{\substack{\text{acido etanoico} \\ (K_a = 1{,}8 \cdot 10^{-5})}}{CH_3{-}COOH} \quad < \quad \underset{\substack{\text{acido cloroetanoico} \\ (K_a = 1{,}5 \cdot 10^{-3})}}{CH_2Cl{-}COOH}$$

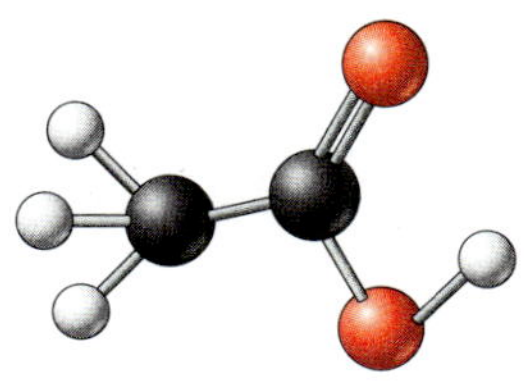

acido etanoico

L'effetto induttivo *diminuisce* aumentando la *distanza* tra il sostituente e il gruppo funzionale. L'acido 3-clorobutanoico è molto meno acido rispetto all'acido 2-clorobutanoico:

$$\underset{\substack{\text{acido 3-clorobutanoico} \\ (K_a = 8{,}9 \cdot 10^{-5})}}{CH_3{-}\underset{\substack{| \\ Cl}}{CH}{-}CH_2{-}COOH} \quad < \quad \underset{\substack{\text{acido 2-clorobutanoico} \\ (K_a = 1{,}4 \cdot 10^{-3})}}{CH_3{-}CH_2{-}\underset{\substack{| \\ Cl}}{CH}{-}COOH}$$

L'acidità degli acidi carbossilici è tuttavia *maggiore* di quella degli alcoli. L'acido etanoico, o acido acetico, ha infatti una costante di dissociazione acida ($K_a = 1{,}8 \cdot 10^{-5}$) molto più alta di quella dell'alcol etilico, o etanolo ($K_a = 1 \cdot 10^{-16}$).

> TI RICORDI?
>
> La **forza di un acido** è tanto maggiore quanto più debole è la sua base coniugata, ovvero tanto più l'equilibrio di dissociazione è spostato a destra.

La maggiore acidità dell'acido etanoico rispetto all'etanolo si giustifica tenendo presente che la carica negativa nell'anione etossido (base coniugata dell'etanolo) è localizzata solo su *un atomo di ossigeno*, mentre nell'anione etanoato (base coniugata dell'acido etanoico) è delocalizzata per **risonanza** su *due atomi di ossigeno* rendendolo pertanto più stabile:

$$\underset{\text{ione etossido}}{CH_3{-}CH_2{-}O^-} \qquad \underset{\text{ione etanoato}}{\left[CH_3{-}C\!\begin{array}{l} {/\!\!/}O \\ \backslash O^- \end{array} \longleftrightarrow CH_3{-}C\!\begin{array}{l} /O^- \\ \backslash\!\!\backslash O \end{array} \right]}$$

ESERCIZIO SVOLTO

Proviamo insieme

Giustifica l'acidità dell'acido benzoico ($K_a = 6,6 \cdot 10^{-5}$) e dei suoi cloro derivati, l'acido *o*-clorobenzoico ($K_a = 12,5 \cdot 10^{-4}$), l'acido *m*-clorobenzoico ($K_a = 1,6 \cdot 10^{-4}$) e l'acido *p*-clorobenzoico ($K_a = 1,0 \cdot 10^{-4}$).

Risoluzione

Nell'acido *o*-clorobenzoico la presenza dell'atomo di cloro, essendo questo **elettron-attrattore**, determina per **effetto induttivo** un aumento dell'acidità, che quindi è maggiore di quella dell'acido benzoico:

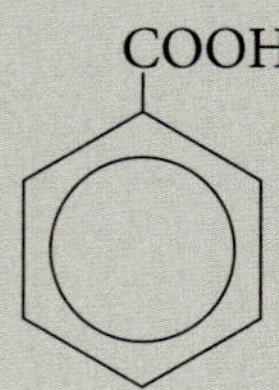

acido benzoico

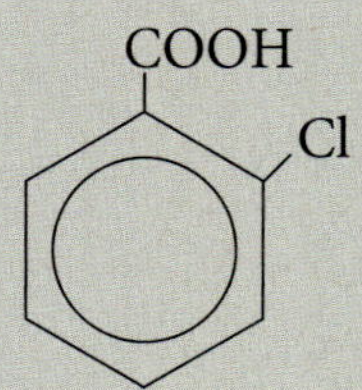

acido *o*-clorobenzoico

Nell'acido *m*-clorobenzoico e *p*-clorobenzoico i valori di acidità sono minori in quanto il sostituente, l'atomo di cloro, è più distante dal gruppo carbossilico e quindi l'effetto induttivo diminuisce:

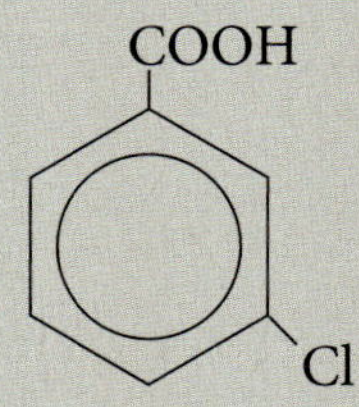

acido *m*-clorobenzoico

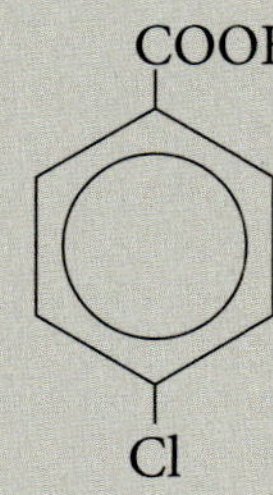

acido *p*-clorobenzoico

Prova da solo

Giustifica la diversa acidità tra

a. l'acido *p*-clorobenzoico ($K_a = 1,0 \cdot 10^{-4}$) e l'acido *p*-nitrobenzoico ($K_a = 4,0 \cdot 10^{-4}$)

b. l'acido dicloroetanoico ($K_a = 5,0 \cdot 10^{-2}$) e l'acido tricloroetanoico ($K_a = 2,0 \cdot 10^{-1}$)

29 Le reazioni degli acidi carbossilici

La reattività degli acidi carbossilici è legata essenzialmente al gruppo ossidrile O−H del gruppo carbossilico, che in presenza di una base forte può cedere l'atomo di idrogeno oppure in presenza di un nucleofilo può essere sostituito. Gli acidi carbossilici danno pertanto due tipi di reazioni: di rottura del legame O−H e di sostituzione nucleofila acilica.

- La reazione di **rottura del legame O−H** avviene in presenza di una base forte (NaOH, KOH) che facilita la rottura eterolitica del legame O−H e porta alla formazione di un *sale* organico. La reazione avviene in acqua ed è rappresentata dalla seguente equazione:

$$\underset{\text{acido carbossilico}}{R-\overset{\overset{\displaystyle O}{\|}}{C}-OH_{(aq)}} + Na^+OH^-_{(aq)} \longrightarrow \underset{\text{sale dell'acido}}{R-\overset{\overset{\displaystyle O}{\|}}{C}-O^-Na^+_{(aq)}} + H_2O_{(l)}$$

TI RICORDI?

Sono **basi forti** gli ossidi e gli idrossidi del primo e del secondo gruppo del sistema periodico.

Il **nome** del sale dell'acido, secondo le regole IUPAC, è costituito dal nome della radice dell'acido (R−COO⁻) con il suffisso *-oato* e dal nome del catione metallico. Nel nome comune il suffisso è *-ato*.

Per esempio, l'etanoato di sodio (o acetato di sodio) si ottiene dalla reazione fra l'acido etanoico e l'idrossido di sodio:

$$\underset{\text{acido etan}\textbf{oico}}{CH_3-COOH} + NaOH \longrightarrow \underset{\text{etan}\textbf{oato}\text{ di sodio}}{CH_3-COONa} + H_2O$$

A COLPO D'OCCHIO

- La reazione di **sostituzione nucleofila acilica** consiste nella sostituzione del gruppo –OH dell'acido con un agente nucleofilo, rappresentato dal gruppo alcossido –OR degli alcoli e dal gruppo amminico $-NH_2$ dell'ammoniaca. I prodotti della reazione sono composti chiamati **derivati degli acidi carbossilici**, tra i quali i più diffusi sono gli **esteri** e le **ammidi**.

RISPONDI

A Come si spiegano gli alti punti di ebollizione e la solubilità in acqua degli acidi carbossilici?

B In che cosa consiste l'effetto induttivo negli acidi carbossilici?

LA NOSTRA SALUTE

FANS: farmaci antinfiammatori non steroidei

Aspirina®, nimesulide e ibuprofene sono alcuni dei più comuni **farmaci antinfiammatori non steroidei (FANS)**, una classe di farmaci che agiscono come analgesici, antipiretici e antinfiammatori. L'Italia è uno dei paesi in cui si registra uno dei più alti consumi di questi farmaci in Europa, per il fatto che il loro utilizzo è spesso eccessivo e inappropriato.

Il capostipite di questi composti è la **salicina**, una molecola estratta dalla corteccia e dalle foglie del salice bianco (*Salix alba*). Il suo utilizzo per alleviare la febbre venne documentato per la prima volta nella seconda metà del Settecento ad opera del sacerdote Edward Stone. La salicina venne isolata soltanto nel 1829 dal chimico francese Henri Leroux, mentre fu l'italiano Raffaele Piria nel 1838 a isolare l'acido salicilico, cioè l'acido organico della salicina. Si scoprì che era proprio questo acido carbossilico ad agire come principio attivo contro gli stati febbrili, ma il suo utilizzo era poco tollerato a causa del suo sapore sgradevole e delle forti irritazioni che arrecava alle mucose gastriche. Per cercare di migliorare gli effetti collaterali pur mantenendone le proprietà curative, nel 1897 il chimico tedesco Felix Hoffman (figura A) sintetizzò un derivato dell'acido salicilico, cioè l'acido acetilsalicilico (figura B).

La sintesi di questo composto rappresentò la svolta per lo sviluppo dei FANS e dell'industria farmaceutica, perché si riuscì a ottenere un farmaco con gli stessi effetti terapeutici ma senza gli effetti indesiderati del suo derivato precedente. Questo farmaco iniziò ad essere commercializzato dalla casa farmaceutica Bayer nel 1899 con il nome di Aspirina®, che ancora oggi conosciamo.

Da un punto di vista chimico la maggior parte dei FANS sono acidi carbossilici. Oltre all'Aspirina®, i più comuni sono il diclofenac (Voltaren®), l'ibuprofene (Brufen® e Moment®), il ketoprofene (Oki®), il naprossene (Momendol®) e il nimesulide (Aulin®).

Il meccanismo di azione di questi farmaci è stato scoperto soltanto negli anni '70 da John Vane, che per questo ottenne il premio Nobel per la medicina nel 1982. Il farmacologo britannico dimostrò che l'azione terapeutica dei FANS è dovuta all'inibizione degli enzimi della classe delle cicloossigenasi (COX). Questi enzimi sono responsabili della biosintesi delle prostaglandine, una famiglia di molecole organiche rilasciate dalle cellule quando è in atto un processo infiammatorio. Queste sono i messaggeri chimici responsabili della sensazione di dolore che proviamo quando abbiamo febbre, male ai denti, emicrania e dolori muscolari. I FANS, bloccando la sintesi delle prostaglandine, agiscono da analgesici alleviando il dolore, ma non hanno un'azione terapeutica sulla causa primaria che lo ha scatenato.

I FANS hanno anche diversi effetti collaterali. Le prostaglandine svolgono una funzione protettiva della mucosa gastrointestinale: per questo, quando la loro produzione è inibita dall'azione del farmaco, le mucose possono venire irritate, causando bruciori e ulcere se i farmaci vengono assunti in dosi massicce per periodi prolungati. Questo è il motivo per cui i medici consigliano sempre di assumere questi farmaci a stomaco pieno.

Figura A **Il chimico tedesco Felix Hoffman.**

A

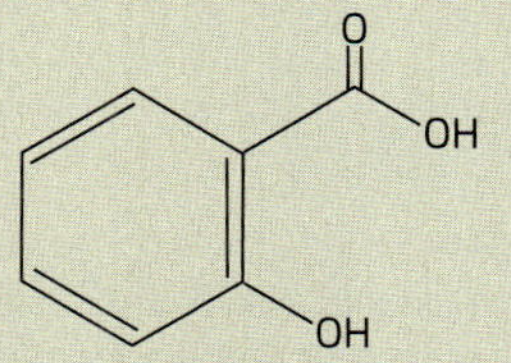

Acido salicilico

B

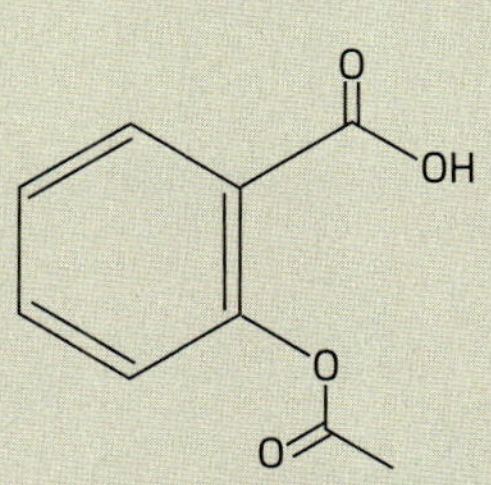

Acido acetilsalicilico (Aspirina®)

Figura B **La struttura chimica degli acidi salicilico e acetilsalicilico** L'acido salicilico (A) è contenuto nelle foglie e nella corteccia del salice; l'acido acetilsalicilico (B) è il principio attivo dell'Aspirina®.

5 Derivati degli acidi carbossilici e acidi carbossilici polifunzionali

LE PAROLE

Con il termine **estere** (dal tedesco: *Ester*, contrazione di *Essigäther* = etere acetico) si denominano composti ottenuti dalla reazione tra un alcol e un acido. Importanti composti biochimici sono gli esteri fosforici, i trigliceridi e le cere.

Figura 14 Molti esteri sono sostanze dall'odore gradevole e a loro si deve il sapore di diversi frutti Le mele contengono pentanoato di pentile.

Figura 15 Molte farfalle rilasciano una sostanza esterea per attrarre gli individui dell'altro sesso.

30 Gli esteri: l'ossidrile sostituito dal gruppo alcossido

I **derivati degli acidi carbossilici** sono composti nei quali l'ossidrile del gruppo carbossile è sostituito da un altro gruppo funzionale.

I derivati più comuni degli acidi carbossilici sono gli esteri e le ammidi.

Gli **esteri** sono derivati degli acidi carbossilici nei quali il gruppo ossidrile $-OH$ è stato sostituito con il gruppo alcossido $-OR$ degli alcoli.

Gli esteri sono composti largamente diffusi in natura. Molti esteri hanno un odore gradevole e a essi si deve il profumo dei fiori e il sapore di molti frutti (figura **14**). Alcuni esteri vengono usati dagli insetti per trasmettere segnali (figura **15**).

Il **gruppo funzionale estereo** è costituito da un atomo di carbonio ibridato sp^2 a cui sono legati due atomi di ossigeno.

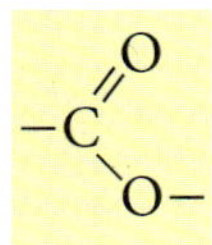

Agli esteri corrisponde la **formula molecolare** generale:

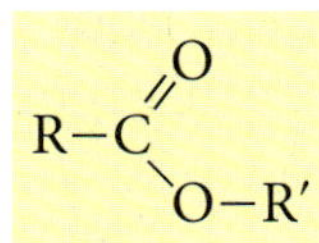

31 La nomenclatura degli esteri

Il **nome** degli esteri, secondo le regole IUPAC, è costituito dal nome della componente acida (R$-$CO) con il suffisso *-ato* e dal nome del gruppo alchilico R′ della componente alcolica (OR′):

	$H-\overset{\overset{O}{\|}}{C}-OCH_2-CH_3$	$CH_3-\overset{\overset{O}{\|}}{C}-OCH_3$
nome IUPAC	metanoato di etile	etanoato di metile
nome comune	formiato di etile	acetato di metile

32 La sintesi degli esteri

La **sintesi** degli esteri avviene mediante una reazione di *sostituzione nucleofila* acilica tra un acido carbossilico e un alcol, in presenza di un catalizzatore acido H^+. La reazione prevede la sostituzione del gruppo $-OH$ dell'acido con il gruppo OR′ dell'alcol:

$$\underset{\text{acido carbossilico}}{R-\overset{\overset{O}{\|}}{C}-OH} + \underset{\text{alcol}}{R'O-H} \overset{H^+}{\rightleftarrows} \underset{\text{estere}}{R-\overset{\overset{O}{\|}}{C}-OR'} + H_2O$$

Il meccanismo di reazione avviene in tre stadi:

a. nel *primo stadio* si ha l'attacco del catalizzatore acido H^+ all'atomo di ossigeno carbonilico e, in successione, l'**addizione nucleofila** dell'alcol al carbonio carbonilico con formazione di un nuovo legame C−O

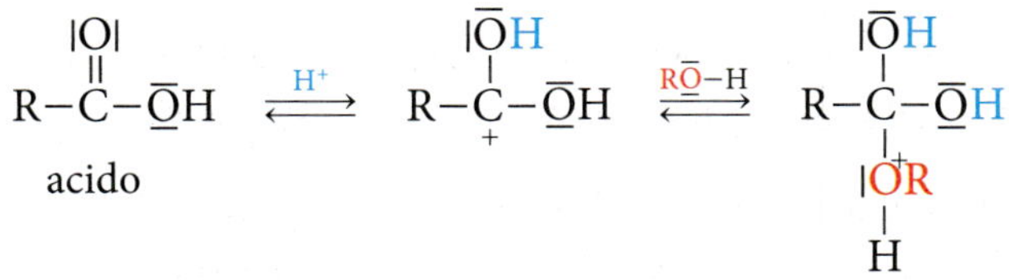

b. nel *secondo stadio*, l'atomo di idrogeno dell'alcol si stacca sotto forma di ione H^+ e si lega a uno dei due gruppi −OH protonandolo:

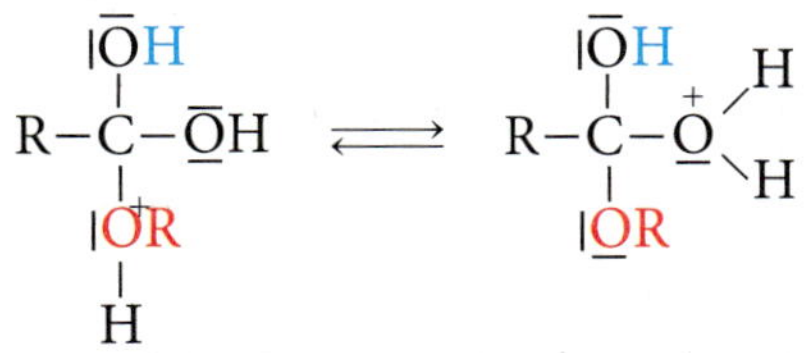

c. nel *terzo stadio* si ha l'**eliminazione** di acqua (*reazione di condensazione*) e il distacco dello ione H^+ del gruppo −OH con ricostituzione del catalizzatore acido e formazione dell'estere:

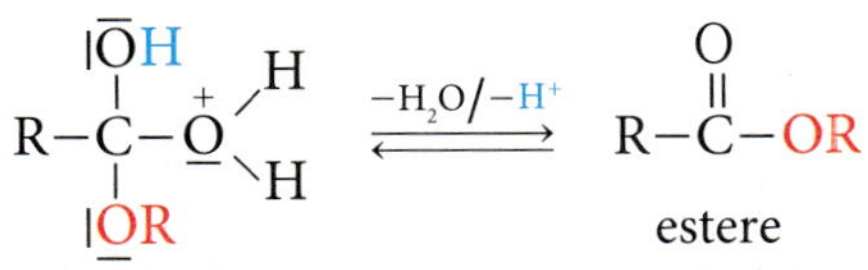

Il risultato complessivo è la sostituzione del gruppo −OH dell'acido carbossilico con il gruppo−OR dell'alcol mediante una reazione di **sostituzione nucleofila acilica**.

Non è tuttavia una sostituzione diretta, ma un processo in due stadi (**addizione nucleofila** ed **eliminazione**) che procede attraverso un intermedio tetraedrico, in cui l'atomo di carbonio è ibridato sp^3:

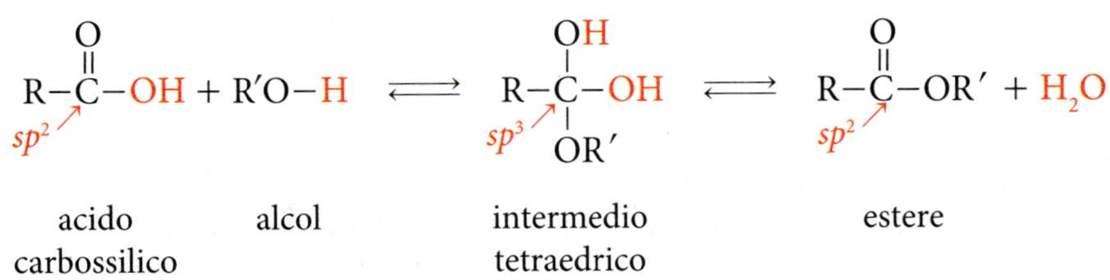

La reazione di esterificazione avviene anche tra il glicerolo (un poliolo) e tre molecole di acidi grassi con la formazione di triesteri del glicerolo chiamati **trigliceridi**, che rivestono grande importanza biologica.

LE PAROLE

Acile (nome composto dal prefisso *aci-* e dal suffisso *-ile*): radicale organico (formile, acetile) derivato da un acido carbossilico per eliminazione del gruppo ossidrile −OH.

PER SAPERNE DI PIÙ

L'aroma di vaniglia

Uno degli aromi più utilizzato in campo alimentare è la **vaniglia**, ottenuto da una particolare orchidea tropicale rampicante, la *Vanilla planifolia*. Esistono centinaia di piante del genere *Vanilla*, ma soltanto tre sono di interesse industriale per la qualità dei loro aromi: la *Vanilla pompona*, la *Vanilla tahitensis e*, la più importante, la *Vanilla planifolia*.

La storia della vaniglia

La vaniglia era conosciuta già dagli Aztechi, che la utilizzavano per aromatizzare le bevande. Una delle particolarità di questa pianta è che il suo fiore è fecondabile per un solo giorno, cioè sboccia al mattino e si richiude il pomeriggio, di conseguenza l'impollinazione deve avvenire in un tempo molto ristretto. In Messico, dove la pianta è molto diffusa, la fecondazione avviene per via entomofila ad opera delle api del genere *Melipona*. Per questo, quando la vaniglia venne importata in Europa dai conquistatori spagnoli, non si riusciva a portarne avanti la coltivazione, in mancanza degli insetti responsabili dell'impollinazione.

L'impollinazione artificiale fu scoperta soltanto nel 1836 dal botanico belga Charles François Antoine Morren, ma iniziò a diffondersi fuori dai territori dell'America centrale soltanto qualche anno dopo grazie all'idea di Edmund Albius, che trovò il modo di impollinare i fiori servendosi di un ramoscello di bambù. Questo metodo permise la coltivazione su larga scala della vaniglia e la sua diffusione in tutto il mondo. A causa della forma del fiore, l'impollinazione è piuttosto difficile e per questo ancora oggi deve essere fatta manualmente: questo spiega perché il costo della vanillina estratta dai baccelli può raggiungere prezzi molto elevati, anche 3000 dollari al chilogrammo.

Vaniglia e vanillina

Il componente principale della vaniglia è la 4-idrossi-3-metossibenzaldeide comunemente chiamata **vanillina** (figura).

Da un punto di vista chimico è un'aldeide, ma può essere considerata multifunzionale perché presenta anche un anello fenolico. La vanillina è utilizzata sia come aroma sia come profumo: circa due terzi della produzione sono destinati all'industria alimentare, mentre un terzo viene utilizzato come additivo per profumare cosmetici e detergenti.

A causa degli alti costi per la coltivazione e della sempre maggiore richiesta sul mercato, nel XIX secolo sorse l'esigenza di produrre la vanillina per via sintetica, per riuscire a commercializzarla a un prezzo più accessibile. La molecola venne isolata per la prima volta nel 1858 da Nicolas Theodore Gobley, mentre fu sintetizzata in laboratorio qualche decennio dopo da due chimici tedeschi, Ferdinand Tiemamme e Wilhelm Haarmann. La vanillina venne prodotta per la prima volta a partire dalla coniferina, una molecola presente nella resina delle conifere. Dalla prima sintesi nel 1874 a oggi sono stati sviluppati diversi processi partendo da reagenti differenti. Infatti, qualche anno dopo la prima sintesi, si scoprì una via alternativa più vantaggiosa che utilizzava come reagente di partenza l'eugenolo, un fenolo contenuto nell'estratto di chiodi di garofano e nella cannella. Negli anni Trenta invece si passò alla lignina, un composto contenuto nella parete cellulare delle cellule vegetali, utilizzato per la produzione della carta.

Complessivamente, il consumo mondiale di vanillina è di circa 10 000 tonnellate all'anno, ma meno dell'1% è ottenuto dall'estratto naturale. Anche se la vanillina ne è il componente principale, l'estratto di vaniglia contiene molte altre molecole, come l'acido vanillico, il vanillil alcol e la *p*-idrossibenzaldeide. Questo è il motivo per cui la vanillina sintetica non possiede l'aroma «completo» dell'estratto naturale. Tuttavia, essendo molto meno costosa (15 dollari al kilogrammo), è ampiamente utilizzata nell'industria alimentare per aromatizzare prodotti di pasticceria come dolci, gelati e creme.

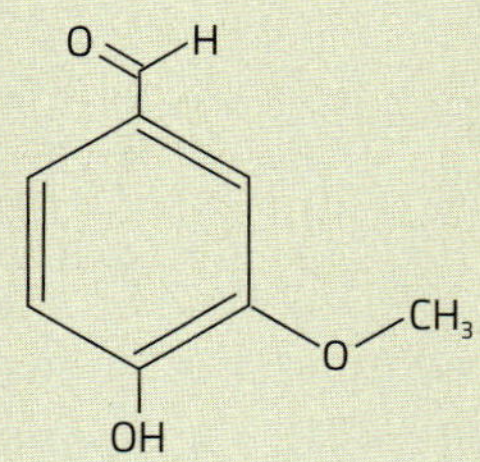

Figura **La struttura chimica della vanillina.**

LE PAROLE

L'**idrolisi** (dal greco: *hydro* = acqua e *lysis* = rottura) è una reazione chimica in cui una molecola viene divisa in due molecole mediante l'acqua.

33 Le reazioni degli esteri

La reazione più nota degli esteri è quella di **idrolisi basica**. La reazione avviene tra un estere e una base forte in soluzione acquosa e fornendo calore. I prodotti della reazione sono un sale dell'acido e un alcol:

$$\underset{\text{estere}}{R-\overset{\overset{\displaystyle O}{\|}}{C}-OR} + \underset{\text{base}}{Na^+\,OH^-} \xrightarrow{H_2O/\Delta} \underset{\text{sale dell'acido}}{R-\overset{\overset{\displaystyle O}{\|}}{C}-O^-Na^+} + \underset{\text{alcol}}{ROH}$$

La reazione è una **sostituzione nucleofila acilica** e comporta l'attacco dello ione idrossido OH^- (**nucleofilo forte**) sul carbonio carbonilico.

34 Le ammidi: l'ossidrile sostituito dal gruppo amminico

Le **ammidi** sono derivati degli acidi carbossilici, nei quali il gruppo ossidrile $-OH$ è stato sostituito dal gruppo $-NH_2$, $-NHR$ o $-NR_2$.

Il **gruppo funzionale ammidico** è costituito da un atomo di carbonio ibridato *sp*² a cui è legato un atomo di ossigeno e un atomo di azoto.

$$-\overset{\displaystyle O}{\overset{\|}{C}}-N\langle$$

Alle ammidi corrisponde la **formula molecolare** generale:

$$R-CON\langle$$

Il legame carbonio-azoto è detto *ammidico*. Esso viene chiamato anche legame *peptidico*, quando è presente nelle *proteine*: le ammidi più importanti. Le proteine sono polimeri costituiti da amminoacidi (monomeri).

Un'ammide molto importante è l'urea, un solido cristallino solubile in acqua, che rappresenta il prodotto finale del metabolismo delle proteine.

L'urea è la diammide dell'acido carbonico in cui i due gruppi $-OH$ sono sostituiti dai gruppi $-NH_2$.

$$HO-\overset{\displaystyle O}{\overset{\|}{C}}-OH \qquad H_2N-\overset{\displaystyle O}{\overset{\|}{C}}-NH_2$$

acido carbonico — urea

> **TI RICORDI?**
> L'**urea** è il primo composto organico sintetizzato in laboratorio in seguito al riscaldamento di una soluzione di cianato di ammonio.

35 La classificazione e la nomenclatura delle ammidi

Le ammidi si **classificano** in primarie, secondarie e terziarie a seconda che all'atomo di azoto siano legati, rispettivamente, due idrogeni, un idrogeno e un gruppo R o due gruppi R:

$$R'-\overset{\displaystyle O}{\overset{\|}{C}}-NH_2 \qquad R'-\overset{\displaystyle O}{\overset{\|}{C}}-NH-R'' \qquad R'-\overset{\displaystyle O}{\overset{\|}{C}}-N(R''')(R'')$$

ammide primaria — ammide secondaria — ammide terziaria

Il **nome** delle ammidi *primarie*, secondo le regole IUPAC, è costituito dalla radice del nome dell'acido corrispondente con il suffisso *-ammide*:

	$H-\overset{\displaystyle O}{\overset{\|}{C}}-NH_2$	$CH_3-\overset{\displaystyle O}{\overset{\|}{C}}-NH_2$
nome IUPAC	metanammide	etanammide
nome comune	formammide	acetammide

Il **nome** delle ammidi *secondarie* e *terziarie* deve essere preceduto dalla lettera *N* e dal nome del gruppo o dei gruppi alchilici legati all'azoto:

$$H-\overset{\overset{O}{\|}}{C}-NH-CH_3 \qquad CH_3-\overset{\overset{O}{\|}}{C}-\overset{\overset{CH_3}{|}}{N}-CH_3$$

N-metilmetanammide — *N,N*-dimetiletanammide

Le ammidi sono composti neutri

L'atomo di ossigeno è molto più elettronegativo del carbonio e quindi gli elettroni di legame sono spostati sull'atomo di ossigeno. Di conseguenza sul carbonio delle ammidi si crea una parziale carica elettrica positiva e il doppietto elettronico libero sull'atomo di azoto si delocalizza per risonanza con l'atomo di carbonio:

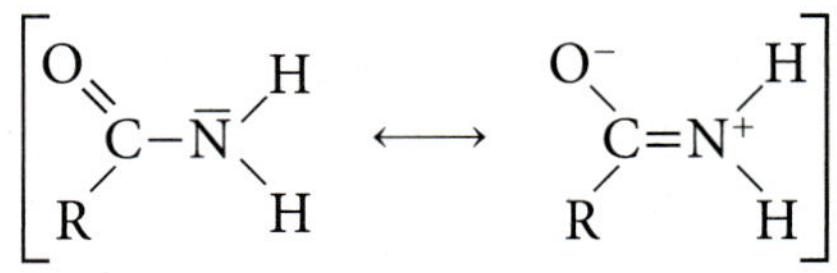

In tale condizione l'atomo di azoto è poco disponibile a reagire con agenti elettrofili e quindi le ammidi hanno un comportamento **neutro** e non basico.

36 La sintesi e le reazioni delle ammidi

La **sintesi** delle ammidi primarie avviene mediante una reazione di **sostituzione nucleofila** tra un acido carbossilico e l'ammoniaca in presenza di un catalizzatore acido H^+:

$$R-\overset{\overset{O}{\|}}{C}-OH + NH_3 \xrightarrow{H^+} R-\overset{\overset{O}{\|}}{C}-NH_2 + H_2O$$

acido carbossilico — ammide

La reazione più nota delle ammidi primarie è la reazione di **idrolisi**. La reazione avviene in presenza di un catalizzatore acido e fornendo calore. I prodotti della reazione sono un acido carbossilico e l'ammoniaca:

$$R-\overset{\overset{O}{\|}}{C}-NH_2 + H-OH \xrightarrow{H^+/\Delta} R-\overset{\overset{O}{\|}}{C}-OH + NH_3$$

ammide — acqua — acido — ammoniaca

37 Gli acidi carbossilici polifunzionali sono molecole del metabolismo energetico

Gli **acidi carbossilici polifunzionali** sono composti in cui sono presenti due gruppi funzionali.

Gli acidi carbossilici polifunzionali più noti sono gli *idrossoacidi*, i *chetoacidi* e gli *acidi bicarbossilici*.

LA NOSTRA SALUTE

La sintesi dell'urea e l'industria dei fertilizzanti

È stata la sintesi di un'ammide a segnare l'inizio della chimica organica. Era il 1828 quando il chimico tedesco Friedrich Wöhler ottenne l'**urea** dalla decomposizione termica di un composto inorganico, il cianato di ammonio (figura A).

All'epoca erano già note diverse molecole organiche, ma queste non erano mai state riprodotte in laboratorio perché era diffusa l'idea che la loro sintesi fosse una prerogativa esclusiva degli organismi viventi. Questa corrente di pensiero era detta **vitalismo**, perché si basava sulla credenza che esistesse una forza vitale (*vis vitalis*) presente solo negli esseri viventi responsabile della produzione delle sostanze organiche. L'urea era una molecola già nota a Wöhler: era stata scoperta nel 1773 dal francese Hilaire Rouelle, che era riuscito ad isolarla dalle urine animali. Con la sintesi dell'urea Wöhler diede una svolta alla storia della chimica, perché dimostrò che le sostanze organiche potevano essere sintetizzate a partire da sostanze inorganiche, facendo crollare così la teoria del vitalismo.

In una lettera a Jöns Jacob Berzelius, Wöhler scrisse: «Le comunico che sono in grado di produrre urea senza aver bisogno di un rene e neppure di un animale, uomo o cane che sia».

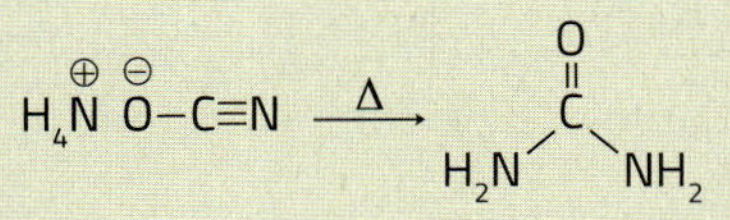

Figura A **La sintesi dell'urea dal cianato di ammonio.**

Lo sviluppo della chimica organica

Dalla sua nascita ad oggi la chimica organica ha fatto enormi progressi, permettendo la sintesi di tantissime molecole che hanno migliorato la qualità della vita. Già pochi anni dopo la scoperta di Wöhler, i chimici iniziarono a ottenere in laboratorio diversi composti organici presenti in natura, come l'acido formico (prodotto dalle formiche come mezzo di difesa) e l'acido acetico (responsabile del sapore acre dell'aceto). Ci si rese conto che la sintesi organica offriva delle enormi potenzialità di sviluppo, ma che era necessaria molta ricerca per poterla applicare al meglio.
Lo stesso Wöhler nel 1835 disse: «La chimica organica mi fa quasi diventare matto. Mi appare come una foresta tropicale primitiva, piena delle cose più meravigliose, una boscaglia spaventosa e senza fine nella quale non si ha il coraggio di entrare per paura di non poterne più uscire».

L'urea e i fertilizzanti

Al giorno d'oggi si producono circa 150 milioni di tonnellate all'anno di urea: si tratta di una molecola chiave dell'industria chimica perché è alla base della produzione dei **fertilizzanti**. È ottenuta a partire da ammoniaca e anidride carbonica attraverso il processo «Bosch-Meiser», dal nome dei tedeschi Carl Haber e Wilhelm Meiser che lo idearono alla fine degli anni Venti del secolo scorso.

I fertilizzanti sono una classe di composti che migliorano la fertilità dei terreni e la nutrizione degli organismi vegetali, permettendo di aumentare la produttività delle colture. Già ai tempi di Wöhler si sapeva che le piante avevano bisogno di alcuni nutrienti specifici, in particolare acido carbonico, ammoniaca, acido fosforico, silice, calce, magnesio, potassio e ferro. Oggi sappiamo che gli elementi essenziali per la nutrizione delle piante sono dieci: carbonio, idrogeno, ossigeno, azoto, fosforo, potassio, zolfo, magnesio, calcio e ferro. A eccezione dei primi tre, le piante assumono questi elementi dal suolo attraverso l'apparato radicale, motivo per cui i fertilizzanti devono avere le caratteristiche adatte per distribuirsi nel terreno e allo stesso tempo non essere dilavati dalle piogge.

Insieme all'ammoniaca e all'acido nitrico, l'urea è uno dei fertilizzanti più utilizzati al mondo. Infatti, grazie al suo alto contenuto di azoto e alle sue caratteristiche chimico-fisiche è un concime minerale efficace, poco costoso, ben conservabile e versatile, poiché può essere utilizzato sia in forma solida sia disciolto in soluzione acquosa, grazie alla sua capacità di formare legami a idrogeno.

L'industria dei composti azotati

La scoperta delle reazioni e dei processi industriali per la produzione dei fertilizzanti azotati sono state considerate tra le più importanti del secolo scorso. Infatti, hanno permesso di aumentare la produttività dei terreni, soddisfacendo i bisogni nutritivi della popolazione in continua crescita.

Già alla fine dell'Ottocento si era prospettato il problema della disparità tra le risorse disponibili e l'incremento demografico, con il rischio di una catastrofe malthusiana. Fu per questo che divenne prioritario trovare un metodo per riuscire a fissare chimicamente l'azoto nei terreni. Agli inizi del Novecento, la principale fonte di azoto era il nitrato di sodio, chiamato anche nitro del Cile, perché era estratto principalmente in questo paese. Veniva impiegato in parte come fertilizzante e in parte era destinato alla produzione di esplosivi e coloranti. La svolta per l'industria chimica dei composti azotati ci fu nel 1909 con la costruzione del primo impianto per la produzione industriale dell'ammoniaca, il **processo Haber-Bosch**. Grazie a questa scoperta l'ammoniaca divenne disponibile in grandi quantità permettendo lo sviluppo dell'industria chimica e, in particolare, la produzione di fertilizzanti, esplosivi, adesivi (figura B) e materie plastiche (in particolare le resine ureiche).

Per la loro rilevanza economica e per lo sviluppo che hanno comportato, le scoperte scientifiche e tecnologiche legate all'industria dei composti azotati sono state considerate tra le più importanti nella storia dell'umanità.

Figura B **I materiali adesivi contengono composti azotati.**

Gli idrossoacidi

Gli **idrossoacidi** sono composti caratterizzati dal gruppo ossidrile $-OH$ e dal gruppo carbossilico $-COOH$.

Il **nome** degli idrossoacidi secondo le regole IUPAC è preceduto dal prefisso *idrossi-* e da un numero che indica la posizione dell'ossidrile nella catena carboniosa che deve essere numerata partendo dal gruppo carbossilico.

Nel nome *comune* la posizione dell'ossidrile è precisata da una lettera dell'alfabeto greco, considerando il carbonio α (alfa) quello adiacente al carbonio del gruppo carbossilico:

$$CH_3-CH_2-CH_2-\underset{\displaystyle OH}{\overset{\alpha}{C}}H-COOH$$

nome IUPAC: acido 2-idrossipentanoico
nome comune: acido α-idrossivalerianico

Il più noto idrossoacido è l'**acido 2-idrossipropanoico** o acido α-idrossipropionico (nome comune *acido lattico*).

$$CH_3-\underset{\displaystyle OH}{C}H-COOH$$

nome IUPAC: acido 2-idrossipropanoico
nome comune: acido lattico

La molecola dell'acido lattico, avendo uno stereocentro, è una molecola chirale che si presenta sotto forma di due enantiomeri, l'acido (−)-lattico e l'acido (+)-lattico:

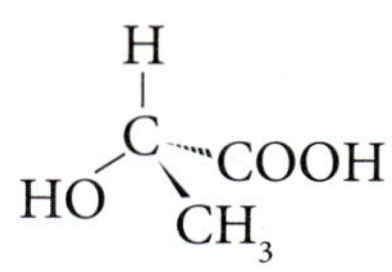
acido (−)-lattico

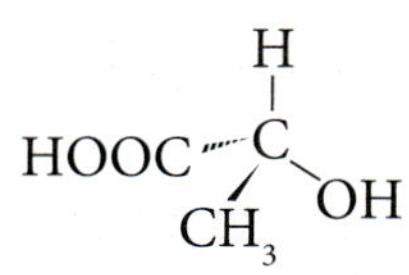
acido (+)-lattico

Figura **16** **L'acido lattico** È un idrossoacido presente nello yogurt.

- l'acido (−)-lattico è presente nel latte e anche nello yogurt (figura **16**), poiché durante la preparazione di quest'ultimo si ha la trasformazione del lattosio, uno zucchero del latte, in acido lattico a opera del batterio *Lactobacillus*;
- l'acido (+)-lattico, chiamato anche sarcolattico, è il prodotto finale del metabolismo del glucosio negli organismi anaerobi e nelle cellule muscolari (processo di **fermentazione lattica**); nelle cellule muscolari, dopo un esercizio intenso e prolungato, si accumula nei muscoli dando la sensazione di fatica.

I chetoacidi

I **chetoacidi** sono composti caratterizzati dal gruppo carbonile $>CO$ e dal gruppo carbossilico $-COOH$.

Il **nome** dei chetoacidi, secondo le regole IUPAC, è preceduto dal prefisso *osso-* e da un numero che indica la posizione del gruppo carbonile nella catena carboniosa che deve essere numerata partendo dal gruppo carbossilico. Nel nome *comune* la posizione del carbonile è precisata da una lettera dall'alfabeto greco, considerando il carbonio α (alfa) quello adiacente al carbonio del gruppo carbossilico:

$$CH_3-CH_2-\overset{\alpha}{\underset{\underset{O}{\|}}{C}}-COOH$$

nome IUPAC — acido 2-ossobutanoico
nome comune — acido α-ossobutirrico

Il più noto chetoacido è l'**acido 2-ossopropanoico** o acido α-ossopropionico noto con il nome comune di *acido piruvico* (figura **17**):

$$CH_3-\underset{\underset{O}{\|}}{C}-COOH$$

acido piruvico

L'acido piruvico è il prodotto finale della prima fase dell'ossidazione del glucosio (processo di **glicolisi**):

- in presenza di ossigeno (processo di *respirazione*), l'acido piruvico subisce la decarbossilazione (eliminazione di una molecola di CO_2) con formazione di un composto instabile a due atomi di carbonio, il radicale acetile che si lega al coenzima A a formare l'acetilcoenzima A;
- in assenza di ossigeno, l'acido piruvico, che si forma alla fine della glicolisi, viene ridotto ad acido lattico (processo di *fermentazione lattica*) o ad alcol etilico (processo di *fermentazione alcolica*).

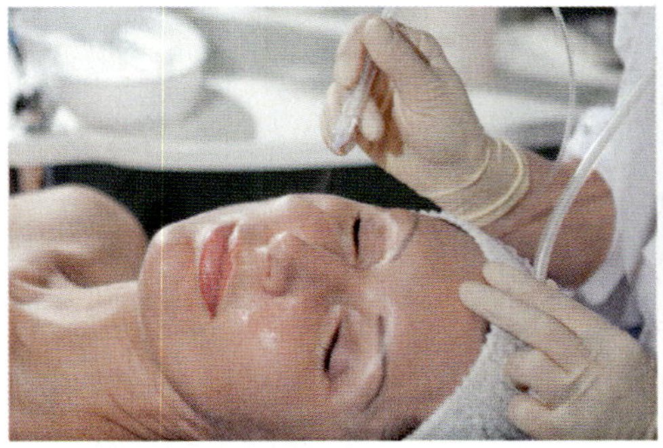

Figura **17** **L'acido piruvico** È un chetoacido usato in cosmetica nelle creme esfolianti.

TI RICORDI?

La **glicolisi** è un processo anaerobico che consiste in una sequenza di reazioni metaboliche attraverso le quali una molecola di glucosio è demolita in due molecole di acido piruvico.

Gli acidi bicarbossilici

Gli **acidi bicarbossilici** contengono due gruppi funzionali carbossile alle estremità della catena carboniosa.

Nel nome IUPAC degli acidi bicarbossilici si premette la parola *acido* e si aggiunge la desinenza *-dioico*, ma questi composti sono più noti con i nomi comuni, che suggeriscono la loro origine. Per esempio, l'acido ossalico (nome comune dell'acido etandioico) si trova nelle piante della famiglia ossalica; l'acido propandioico è più noto come acido malonico, poiché la fonte principale da cui si ricava sono le mele (in latino, *malum*), mentre l'acido butandioico viene anche chiamato acido succinico si trova nell'ambra (in latino, *succinum*):

$HOOC-COOH$	$HOOC-CH_2-COOH$	$HOOC-CH_2CH_2-COOH$
acido etandioico	acido propandioico	acido butandioico
acido ossalico	acido malonico	acido succinico

Alcuni acidi bicarbossilici sono utilizzati per la sintesi di importanti polimeri come il nylon. Inoltre gli acidi bicarbossilici e i loro analoghi tricarbossilici sono intermedi chiave nel *ciclo di Krebs* (detto anche ciclo degli acidi tricarbossilici o ciclo dell'acido citrico), che rappresenta la fase dell'ossidazione del glucosio successiva alla glicolisi; questo ciclo viene continuamente alimentato dalla reazione tra l'acetilcoenzima A, formatosi al termine della glicolisi, con l'acido ossalacetico per formare acido citrico, un acido tricarbossilico.

RISPONDI

A In che senso la reazione di idrolisi basica degli esteri può essere considerata una reazione di sostituzione nucleofila acilica?
B Come si spiega il comportamento neutro delle ammidi?
C Che tipo di isomeria è presente nella molecola dell'acido lattico?
D Qual è il destino dell'acido piruvico al termine della glicolisi?

Le ammine

38 Le caratteristiche del gruppo funzionale amminico

Le ammine sono composti organici che si possono considerare derivati dall'ammoniaca, per sostituzione di uno o più atomi di idrogeno con uno o più gruppi alchilici o arilici.

Il gruppo funzionale amminico è costituito da un atomo di azoto legato a due atomi di idrogeno che possono essere sostituiti, uno o entrambi, da gruppi alchilici (ammine alifatiche) o arilici (ammine aromatiche). Si distingue pertanto un gruppo amminico primario, secondario e terziario:

$-NH_2$	$-\bar{N}H$ (con R' legato all'azoto)	$-\bar{N}-R''$ (con R' legato all'azoto)
primario	secondario	terziario

L'atomo di azoto, che nello stato fondamentale ha configurazione elettronica esterna $2s^2\,2p^3$, è ibridato sp^3. I tre orbitali ibridi sp^3 e il doppietto elettronico libero sono diretti verso i vertici di una piramide a base triangolare, formando angoli di legame di 107°.

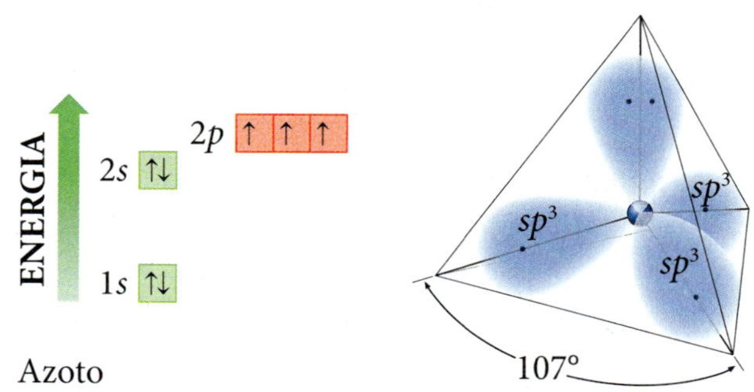

La funzione amminica è presente in numerosi composti naturali di origine animale o vegetale, spesso insieme ad altri gruppi funzionali. Si trova negli amminoacidi (i monomeri delle proteine), nelle basi azotate dei nucleotidi (i monomeri degli acidi nucleici), nelle ammine biogene (un gruppo di neurotrasmettitori azotati che comprendono l'adrenalina, la noradrenalina, la serotonina e la dopamina). È presente inoltre in numerosi alcaloidi cioè composti policiclici ed eterociclici di origine vegetale che comprendono la nicotina (figura 18), la morfina e la caffeina (figura 19).

39 La nomenclatura delle ammine

A seconda che gli atomi di idrogeno dell'ammoniaca sostituiti siano uno, due o tre le ammine (alifatiche e aromatiche) si distinguono in primarie, secondarie e terziarie, a cui corrispondono le seguenti **formule molecolari** generali (tabella 12).

	Alifatica	Aromatica
primaria	$R-NH_2$	$Ar-NH_2$
secondaria	$R'-NH-R''$	$Ar-NH-R$
terziaria	$R'-N\langle^{R''}_{R'''}$	$Ar-N\langle^{R'}_{R''}$

Le ammine alifatiche

Il **nome** delle ammine *alifatiche primarie*, secondo le regole IUPAC, è costituito dal termine ammino (preceduto da un numero che ne indica la posizione) e dal nome della catena carboniosa più lunga:

TI RICORDI?

La **disposizione piramidale triangolare** (angoli di legame di 107°) è la geometria di una molecola in cui l'atomo centrale ha un doppietto elettronico libero ed è circondato da tre coppie elettroniche.

Figura 18 **La nicotina** La funzione amminica è presente nella nicotina della pianta del tabacco.

Figura 19 **La caffeina** Gli alcaloidi, come la caffeina presente nel caffè, sono composti naturali contenenti la funzione amminica.

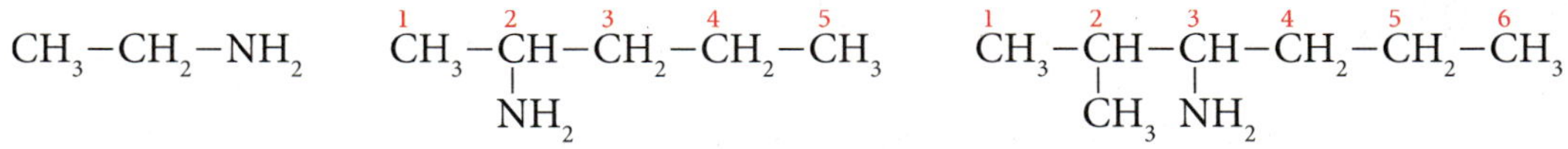

amminoetano — 2-amminopentano — 2-metil-3-amminoesano

Il **nome** delle ammine *alifatiche secondarie* e *terziarie*, secondo le regole IUPAC, è costituito dalla lettera *N*, dal nome del gruppo o dei gruppi alchilici legati all'azoto e dal termine *ammino*, seguito dal nome della catena carboniosa più lunga.

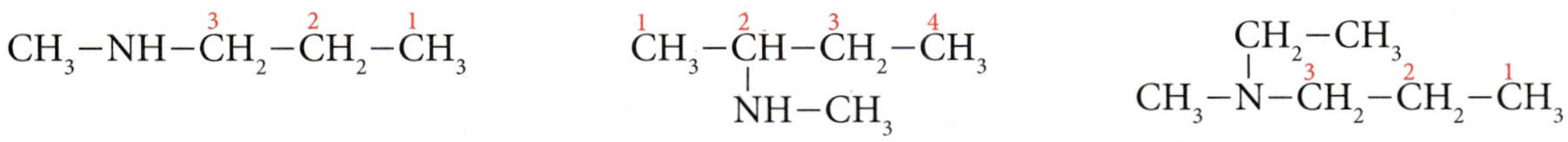

N-metilamminopropano — 2-*N*-metilamminobutano — *N*-etil-*N*-metilamminopropano

Quando in una molecola sono presenti altri gruppi funzionali (−OH, >CO, −COOH) il gruppo amminico $-NH_2$ è considerato un *sostituente*:

2-ammino-1-propanolo — 2-ammino-3-pentanone — acido 3-amminobutanoico

Il nome *comune* delle ammine alifatiche è costituito dal nome dei gruppi alchilici (specificati in ordine alfabetico) legati all'atomo di azoto seguito dal suffisso *-ammina*:

CH_3-NH_2	$CH_3-NH-CH_2-CH_3$	$CH_3-CH_2-NH-CH_2-CH_3$
metilammina	etilmetilammina	dietilammina

LE PAROLE

L'**anilina** (dall'arabo: *an-nil* = aromatico) è un liquido incolore dal caratteristico odore e debolmente idrosolubile. È prodotta per riduzione del nitrobenzene ed è utilizzata nella preparazione di farmaci e coloranti.

Le ammine aromatiche

Il **nome** delle ammine *aromatiche* deriva dall'anilina. Nelle ammine *aromatiche secondarie* e *terziarie* il nome dei gruppi alchilici legati all'azoto è preceduto dalla lettera *N*:

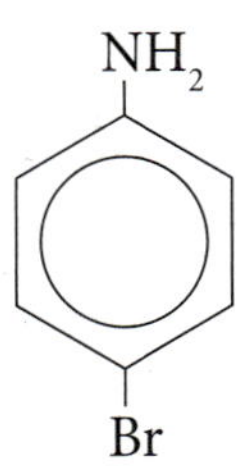

p-bromoanilina

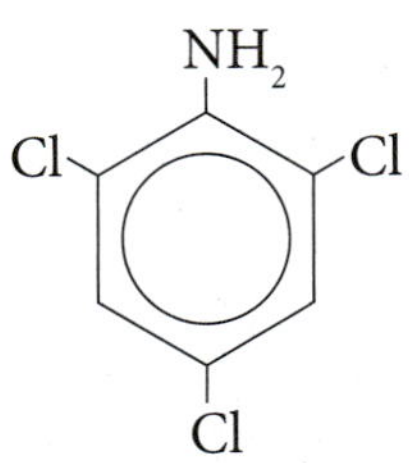

2,4,6-tricloroanilina

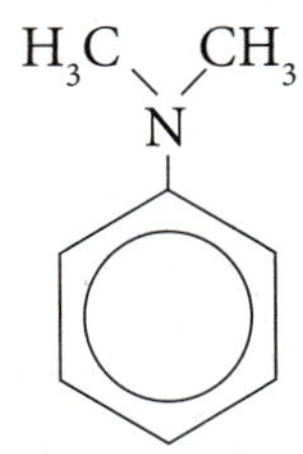

N,*N*-dimetilanilina

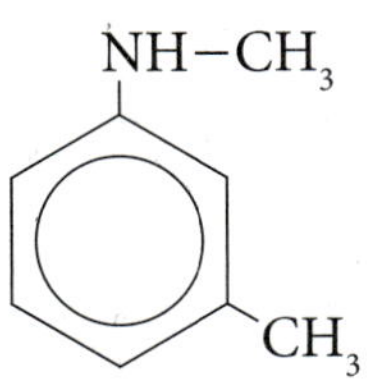

m-metil-*N*-metilanilina

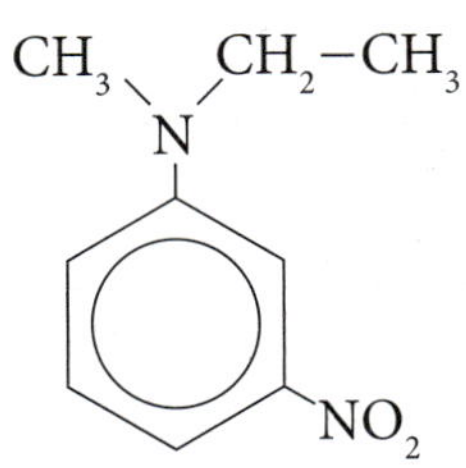

m-nitro-*N*-metil-*N*-etilanilina

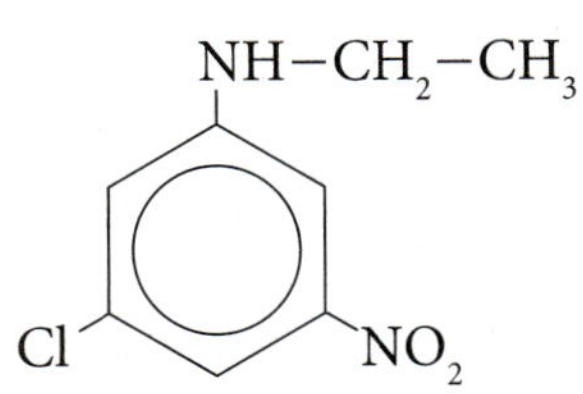

3-cloro-5-nitro-*N*-etilanilina

Molte ammine aromatiche sono usate per la sintesi di farmaci e coloranti (figura **20**).

Figura **20** **Le ammine aromatiche**
I coloranti presenti in molte tinture sono derivati di ammine aromatiche.

40 Le proprietà fisiche e chimiche delle ammine

A temperatura ambiente, la metilammina e l'etilammina sono allo stato di gas, i termini superiori sono allo stato liquido.

Le ammine primarie e secondarie possono formare legami a idrogeno intermolecolari per la presenza dell'atomo di azoto rispettivamente a due atomi o a un atomo di idrogeno (figura **21**). Quindi, i **punti di ebollizione** delle ammine sono più alti di quelli degli idrocarburi di massa molecolare corrispondente. I minori punti di ebollizione delle ammine rispetto a quelli degli alcoli di massa molecolare corrispondente si giustificano tenendo presente che l'azoto è meno elettronegativo dell'ossigeno (tabella **13**).

Tabella **13** **Il confronto fra le temperature di ebollizione di un alcano, un'ammina e un alcol.**

Composto	Nome	Formula	Massa molecolare	t_e (°C)
alcano	etano	CH_3-CH_3	30	−88
ammina	metilammina	CH_3-NH_2	31	−6,3
alcol	metanolo	CH_3-OH	32	65

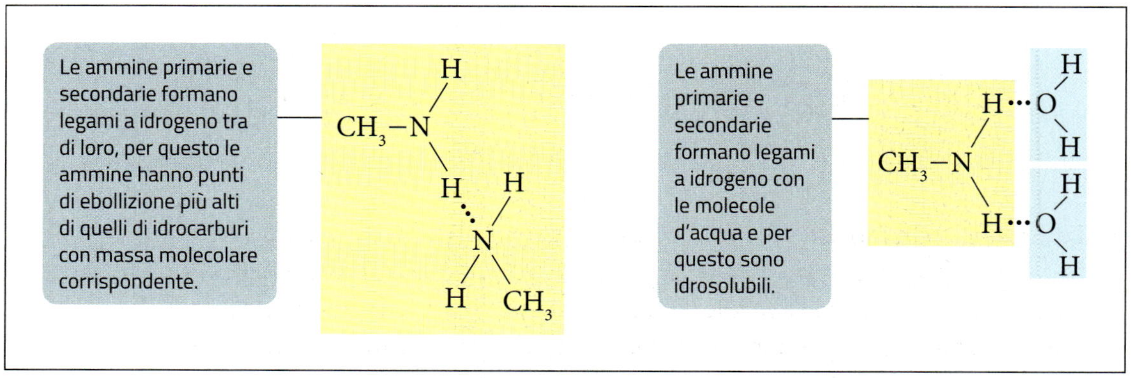

Figura **21** **Le proprietà fisiche e chimiche delle ammine dipendono dai legami intermolecolari.**

Tutte le ammine alifatiche, con massa molecolare non elevata, possono formare legami a idrogeno con l'acqua per cui questi composti sono **solubili** in acqua (tabella **14**).

Tabella **14** **La temperatura di ebollizione e la solubilità in acqua di alcune ammine.**

Nome	Formula razionale	t_e (°C)	Solubilità
etilammina	$CH_3-CH_2-NH_2$	17	molto solubile
dimetilammina	$CH_3-NH-CH_3$	7,5	solubile
anilina	$C_6H_5-NH_2$	184	poco solubile

La presenza del doppietto elettronico libero sull'atomo di azoto conferisce alle ammine un comportamento **basico**.

In presenza di un acido forte, le ammine si comportano da **basi di Lewis** perché possono condividere il doppietto elettronico disponibile sull'atomo di azoto: il prodotto della reazione è un sale di alchilammonio. La reazione tra la metilammina e l'acido cloridrico è rappresentata dalla seguente equazione:

$$\underset{\text{metilammina}}{CH_3-NH_2} + HCl \rightleftharpoons \underset{\text{cloruro di metilammonio}}{CH_3-\overset{+}{N}H_3-Cl^-}$$

In acqua le ammine si possono comportare da **basi di Brønsted-Lowry** accettando un protone dall'acqua (che si comporta da acido) con formazione di uno ione alchilammonio e liberazione di uno ione idrossido OH^-. La reazione tra l'etilammina e l'acqua è rappresentata dalla seguente equazione:

$$\underset{\substack{\text{etilammina}\\ B_1}}{CH_3{-}CH_2{-}NH_2} + \underset{A_2}{H_2O} \rightleftharpoons \underset{\substack{\text{ione etilammonio}\\ A_1}}{CH_3{-}CH_2{-}\overset{+}{N}H_3} + \underset{B_2}{OH^-}$$

a. Le ammine **alifatiche** sono più basiche dell'ammoniaca. La maggiore basicità delle ammine si giustifica tenendo presente che i gruppi alchilici legati all'atomo di azoto delle ammine hanno un effetto induttivo elettron-donatore rispetto agli atomi di idrogeno legati all'atomo di azoto dell'ammoniaca; di conseguenza lo ione alchilammonio (acido coniugato dell'ammina) risulta più stabile. In teoria, aumentando il numero di gruppi elettron-donatori legati all'azoto, dovrebbe aumentare la basicità dell'ammina (terziaria > secondaria > primaria): in realtà, in solvente acquoso, principalmente per effetto sterico, un'ammina terziaria ha una basicità inferiore a quella prevista, compresa tra quella di una ammina primaria e secondaria:

$R'{-}NH_2$	$R'{-}\overset{\overset{R''}{\vert}}{N}{-}R'''$	$R'{-}NH{-}R''$
ammina primaria	ammina terziaria	ammina secondaria

BASICITÀ CRESCENTE →

LE PAROLE

L'**effetto sterico** (dal greco: *stereos* = compatto) è l'effetto derivante dalla presenza in una molecola di gruppi atomici di grandi dimensioni.

b. Le ammine **aromatiche** sono meno basiche di quelle alifatiche e dell'ammoniaca in quanto il doppietto elettronico non condiviso dell'atomo di azoto è delocalizzato per risonanza all'interno dell'anello benzenico. In tal caso il doppietto elettronico è meno disponibile ad accettare un protone, pertanto la forma $Ar{-}NH_2$ di una arilammina è più stabile della forma $Ar{-}NH_3^+$ dello ione fenilammonio:

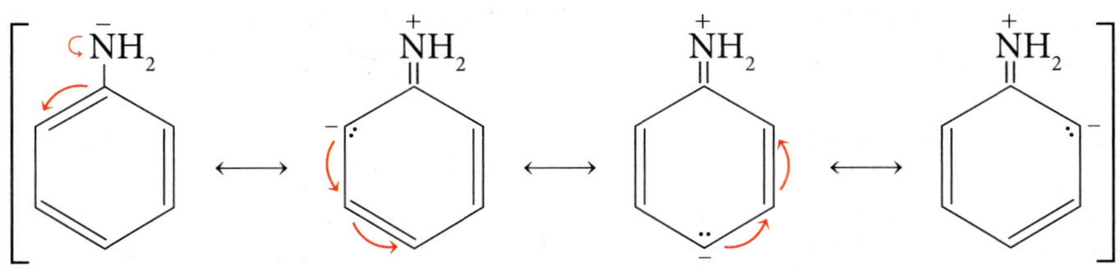

strutture di risonanza dell'anilina

Le reazioni delle ammine

La reattività delle ammine è legata essenzialmente al gruppo $-NH_2$ che, in presenza di un acido forte (HX), può acquistare un atomo di idrogeno con formazione di sali di alchilammonio (**reazione di salificazione**):

$$R{-}NH_2 + HX \longrightarrow \underset{\substack{\text{sale di}\\ \text{alchilammonio}}}{R{-}\overset{+}{N}H_3X^-}$$

La reazione tra la trimetilammina e l'acido cloridrico è rappresentata dalla seguente equazione:

$$\underset{\text{trimetilammina}}{CH_3{-}\underset{\underset{CH_3}{\vert}}{N}{-}CH_3} + HCl \longrightarrow \underset{\substack{\text{cloruro di}\\ \text{trimetilammonio}}}{CH_3{-}\underset{\underset{CH_3}{\vert}}{\overset{+}{N}H}{-}CH_3Cl^-}$$

LA NOSTRA SALUTE

Le amfetamine: da farmaci a stupefacenti

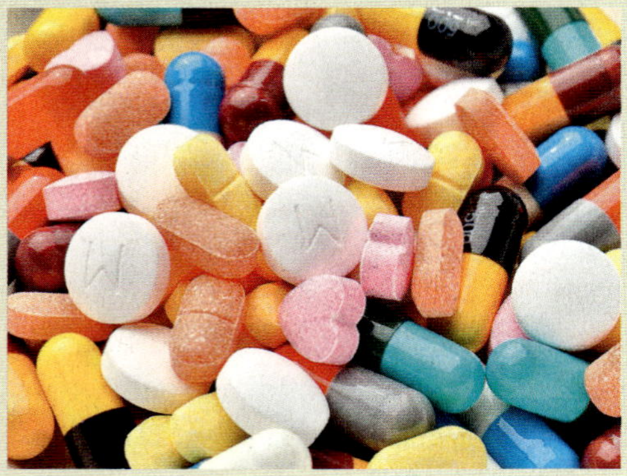

Le **amfetamine** sono un particolare gruppo di molecole organiche conosciute come stupefacenti neurotossici. Per la presenza del gruppo funzionale amminico e per le loro caratteristiche basiche appartengono anche al gruppo degli alcaloidi sintetici.

L'amfetamina fu sintetizzata per la prima volta nel 1887 dal chimico rumeno Lazar Edeleanu. Tuttavia questa molecola venne lasciata nel dimenticatoio per diversi anni e fu studiata come farmaco soltanto negli anni Venti dallo statunitense Gordon Alles. Questa molecola venne scoperta per caso, o meglio per errore: Alles stava ricercando un farmaco sintetico che potesse sostituire l'efedrina, una composto contenuto nelle piante di *Ephedra* che veniva utilizzato per il trattamento dell'asma. Come si può notare dalla figura, le due molecole hanno una struttura simile e questo spiega perché l'amfetamina venne sintetizzata per sbaglio.

Nonostante l'errore, il nuovo composto aveva un'azione decongestionante e antiasmatica, così negli anni Trenta del secolo scorso venne messo in commercio come farmaco con il nome commerciale di **benzedrina**.

Pochi anni dopo ci si rese conto che l'amfetamina agiva come stimolante del sistema nervoso centrale e per questo già negli anni Trenta iniziò a essere utilizzata per la cura della narcolessia (eccessiva sonnolenza). Sempre in quegli anni si rilevarono i primi disturbi psicotici, ma purtroppo la pericolosa azione neurotossica venne compresa soltanto qualche decennio dopo, quando l'abuso di queste droghe era già diffuso.

Il primo utilizzo massiccio di amfetamine si registrò durante la seconda guerra mondiale quando queste droghe, allora ritenute «farmaci», venivano distribuite ai soldati tedeschi come stimolanti per aumentare la sopportazione al dolore e ridurre la sensazione di fatica. In particolare, i soldati assumevano un derivato dell'amfetamina, la metamfetamina (figura), diffusa con il nome commerciale di Pervitin®.

L'azione sul sistema nervoso centrale

Nel 1959 la *Food and Drug Administration* (FDA) ha proibito l'uso delle amfetamine, riconoscendole come sostanze stupefacenti. Il loro uso è consentito soltanto per contrastare alcune patologie, come la narcolessia, il morbo di Parkinson e l'obesità e, per questo, è soggetto a ristrette prescrizioni mediche. Le amfetamine sono **sostanze psicoattive** che agiscono sul sistema nervoso centrale, provocando un'alterazione dei sensi e del comportamento. Sono potenti stimolanti che danno assuefazione, causando gravi danni cerebrali che possono portare alla morte.

Oltre al sistema nervoso centrale l'assunzione delle amfetamine ha diversi effetti anche sul metabolismo corporeo, sul sistema cardiocircolatorio e sul sistema respiratorio. Gli effetti sono dovuti al rilascio delle catecolammine, la dopamina e la noradrenalina, sostanze che normalmente sono prodotte dal nostro corpo per stimolare reazioni di risposta in caso di spavento o di forti emozioni. Le amfetamine provocano un'alterazione della percezione della fatica, un incremento della pressione arteriosa, della frequenza cardiaca e del ritmo respiratorio. Agiscono sul metabolismo basale, alterando la termoregolazione e la percezione del sonno. Oltre a queste azioni le amfetamine provocano palpitazioni, aggressività, aritmie, senso di agitazione, stato confusionale e sudorazione abbondante. La loro neurotossicità provoca psicosi e degenerazione dei tessuti neuronali che possono portare alla morte.

Un problema sociale

Negli ultimi anni il consumo di amfetamine è diventato un fenomeno giovanile molto preoccupante. Si stima che il consumo di queste droghe riguardi quasi due milioni di persone in Europa, principalmente ragazzi in età adolescenziale. La diffusione di queste droghe riguarda soprattutto la **metilen-diossi-metamfetamina (MDMA)**, chiamata anche «ecstasy». È una droga sintetica derivata dall'amfetamina, che produce effetti stimolanti molto pericolosi che possono essere letali. L'MDMA agisce sulla serotonina, un importante neurotrasmettitore che regola il sonno, l'umore e l'appetito. L'assunzione anche di una sola pasticca può causare un'intossicazione acuta, provocando convulsioni, emorragie cerebrali, insufficienza renale acuta, danni permanenti al cervello e, infine, la morte. L'informazione, il dialogo e l'educazione alla salute sono i mezzi che abbiamo per prevenire gli abusi di stupefacenti e per contrastare il disagio sociale.

A B C

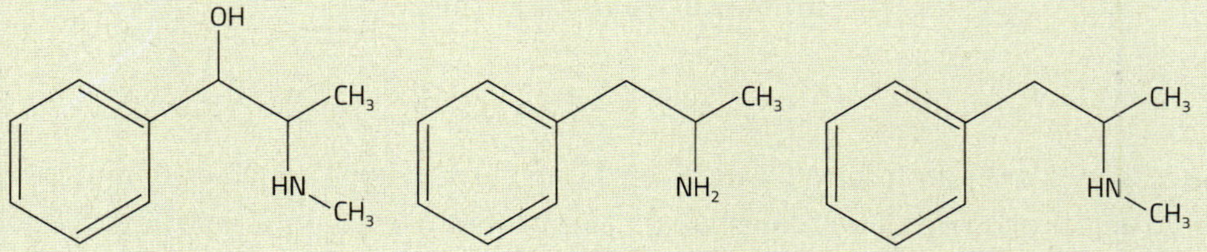

Figura **Le molecole di (A) efedrina, (B) amfetamina e (C) metamfetamina.**

RISPONDI

A Quali sono le cause della basicità (secondo le definizioni di Lewis e di Brønsted-Lowry) delle ammine?

B Come mai le ammine alifatiche sono più basiche dell'ammoniaca?

LEZIONE

7 I polimeri

41 Tipi di polimeri

I **polimeri** sono macromolecole a elevata massa molecolare costituite dalla ripetizione di unità molecolari elementari (**monomeri**) uguali o diverse, unite tra loro da legami covalenti.

I polimeri sono distinti in naturali e sintetici:

a. I polimeri **naturali**, con un ruolo biologico rilevante, sono i carboidrati (amido, glicogeno e cellulosa), le proteine e gli acidi nucleici (DNA, RNA), che rappresentano i costituenti fondamentali degli organismi viventi (*biomolecole*). Proteine e acidi nucleici sono eteropolimeri, cioè polimeri costituiti da due o più tipi di monomeri.

b. I polimeri **sintetici** sono prodotti attraverso una serie di reazioni di sintesi. I polimeri di sintesi hanno un ruolo molto importante nella vita quotidiana: polietilene, Teflon®, cellophane®, plexiglas®, nylon, fibre acriliche e poliuretano sono *materie plastiche* utilizzate in tantissimi beni di consumo (indumenti, contenitori, bottiglie, vernici, materiali per i veicoli e per l'edilizia).

42 I polimeri sintetici sono omopolimeri o copolimeri

Per rappresentare un polimero si utilizza la formula dell'**unità ripetente**, cioè il gruppo di atomi che viene ripetuto lungo la catena polimerica. Il numero n di unità ripetenti determina il grado di polimerizzazione del polimero. I polimeri si denominano premettendo il prefisso *poli-* al nome del monomero costituente. I polimeri possono essere distinti in *omopolimeri* e *copolimeri* (figura **22**).

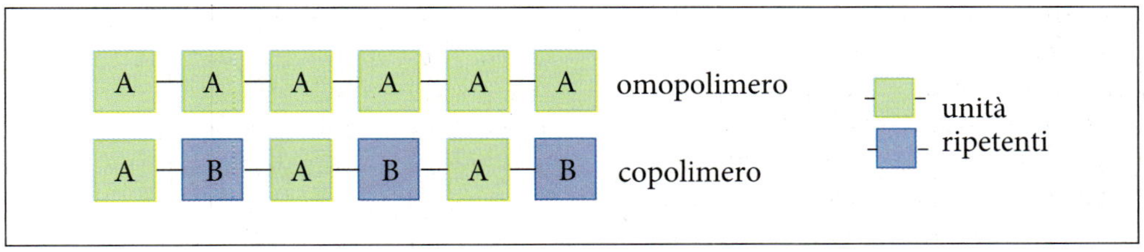

Figura **22** Gli omopolimeri e i copolimeri.

Gli omopolimeri

Un polimero costituito da un solo tipo di unità ripetente è un **omopolimero**.

La reazione di polimerizzazione dell'etilene porta alla formazione del polietilene (un omopolimero):

$$n\,CH_2{=}CH_2 \rightarrow -(CH_2{-}CH_2)_n-$$

etilene — polietilene

L'etilene $CH_2{=}CH_2$ è il monomero, il gruppo atomico $-CH_2{-}CH_2-$ è l'unità ripetente, la ripetezione di n unità ripetenti legate tra loro a formare una lunga catena $-(CH_2{-}CH_2)_n-$ è il polimero (polietilene).

LE PAROLE

Un **monomero** (dal greco: *monos* = uno solo e *meros* = parte) è l'unità molecolare che si ripete nelle molecole polimeriche. Nei polissacaridi (amido, glicogeno, cellulosa) il monomero è il glucosio.

I copolimeri

Un polimero costituito da due unità ripetenti diverse è un **copolimero**.

La reazione di polimerizzazione dello stirene e del butadiene porta alla formazione di un copolimero, la gomma stirene-butadiene (gomma SBR, dall'inglese *Styrene Butadiene Rubber*):

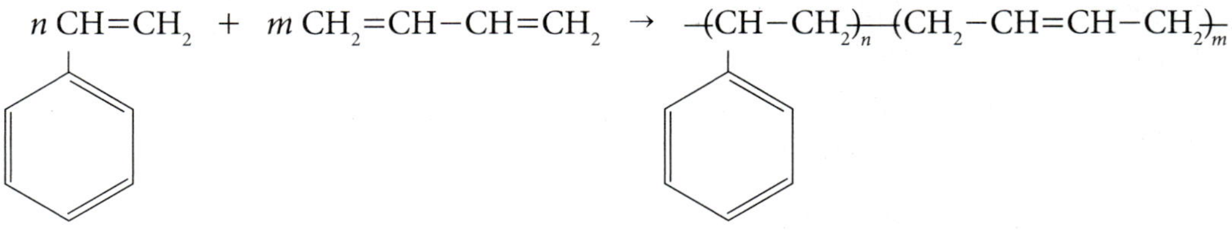

stirene + 1,3-butadiene → stirene-butadiene

A seconda di come sono legate tra loro le unità monomeriche nella catena, si possono avere quattro tipi di copolimeri (figura **23**):

a. **random**, costituito da una sequenza casuale dei monomeri;
b. **alternato**, costituito da una sequenza di monomeri che si alternano nella catena;
c. **a blocchi**, costituito dall'alternarsi di blocchi in cui vi è un solo un tipo di monomero;
d. **a innesto**, costituito da una catena principale di un omopolimero a cui si legano catene di omopolimeri diversi.

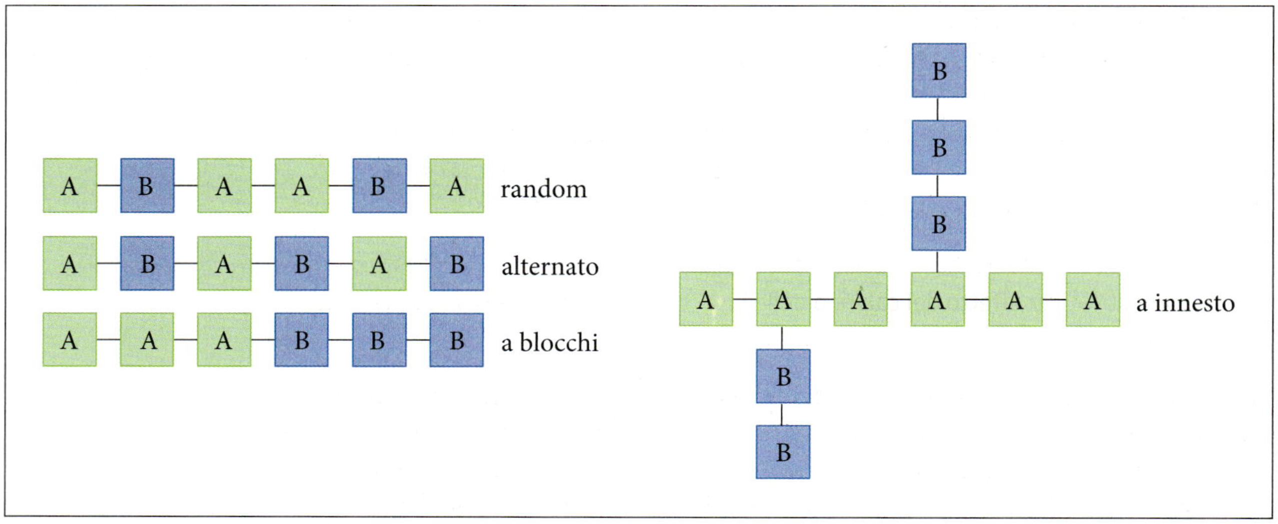

Figura **23** **I tipi di copolimeri.**

43 Le reazioni di polimerizzazione possono avvenire per addizione o per condensazione

Le reazioni di polimerizzazione possono avvenire secondo due meccanismi:

1. polimerizzazione di addizione radicalica o a catena;
2. polimerizzazione di condensazione o a stadi.

Un polimero si forma per addizione o per condensazione dipendentemente dalla *reattività* dei gruppi funzionali presenti nei monomeri.

I polimeri di addizione radicalica

Nella **polimerizzazione per addizione radicalica** il polimero si forma per addizioni successive del monomero costituendo così una catena polimerica il cui allungamento procede di un'unità monomerica alla volta. I monomeri utilizzati per questo meccanismo sono generalmente molecole caratterizzate dalla presenza di doppi legami carbonio-carbonio (tabella **15**).

Tabella **15** **Alcuni polimeri ottenuti per polimerizzazione radicalica.**

Monomero	Formula	Polimero
etilene	$CH_2{=}CH_2$	polietilene
stirene	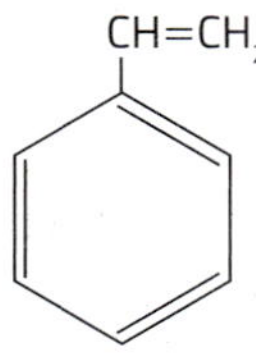	polistirene
metacrilato di metile	$CH_2{=}C(CH_3){-}COO{-}CH_3$	polimetacrilato di metile (plexiglas®)
cloruro di vinile	$CH_2{=}CHCl$	polivinilcloruro (PVC)
tetrafluoroetilene	$CF_2{=}CF_2$	politetrafluoroetilene (Teflon®)

La polimerizzazione per addizione radicalica comporta l'addizione di radicali liberi.

I radicali, per la presenza di un elettrone spaiato sono fortemente reattivi, per cui tendono a reagire con altre specie chimiche per raggiungere una configurazione stabile, mediante la formazione di un legame covalente.

I monomeri che polimerizzano per addizione radicalica sono composti con un doppio legame, perciò per avviare la polimerizzazione, è necessario un **iniziatore radicalico** che generi radicali nel sistema di reazione.

> TI RICORDI?
>
> Un **radicale** è un atomo o un gruppo atomico con un elettrone spaiato derivato dalla rottura omolitica di un legame covalente.

Un **iniziatore radicalico** è una molecola che subisce facilmente una scissione omolitica, per effetto del calore o della luce (radiazione UV), generando radicali liberi.

Gli iniziatori radicalici sono composti instabili che possiedono un legame debole, per cui fornendo calore si ha la rottura omolitica del legame. Tipici iniziatori radicalici sono i perossidi organici, cioè composti in cui è presente il legame covalente tra due atomi di ossigeno $-O-O-$. Un esempio di reazione di polimerizzazione radicalica è quella che, partendo dall'etilene, porta alla formazione del polietilene.

La polimerizzazione del polietilene avviene in tre stadi successivi:

a. nello stadio d'*inizio*, fornendo calore, si ha la rottura omolitica del legame covalente tra i due atomi di ossigeno nella molecola del perossido organico, con formazione di due radicali:

$$R-O-O-R \xrightarrow{\Delta} R-O\cdot + \cdot O-R$$

> TI RICORDI?
>
> In un legame covalente si ha una **rottura omolitica** quando ciascuno dei due atomi trattiene uno degli elettroni precedentemente condivisi.

Un radicale $RO\cdot$, molto reattivo, si addiziona al doppio legame carbonio-carbonio dell'etilene con formazione di un radicale del carbonio:

$$RO\cdot + CH_2{=}CH_2 \longrightarrow RO-CH_2-\dot{C}H_2$$

> TI RICORDI?
>
> I **perossidi** sono ossidi in cui l'ossigeno ha n.o. uguale a −1. Nei perossidi ionici l'ossigeno è presente sotto forma di ione perossido O_2^{2-}; il perossido molecolare più noto è l'acqua ossigenata H_2O_2.

b. nello stadio di propagazione, il radicale del carbonio, essendo molto reattivo, reagisce con una nuova molecola di etilene per formare un nuovo radicale del carbonio:

$$RO-CH_2-\dot{C}H_2 + CH_2{=}CH_2 \longrightarrow RO-CH_2-CH_2-CH_2-\dot{C}H_2$$

c. nello stadio di *terminazione*, due radicali del carbonio reagiscono tra loro con formazione del polietilene:

$$\mathrm{RO{-}(CH_2)_n{-}\dot{C}H_2 \;+\; \dot{C}H_2{-}(CH_2)_n{-}OR \longrightarrow RO{+}CH_2{-}CH_2{+}_nOR}$$

Il polimero che si forma presenta agli estremi della catena i gruppi di atomi provenienti dall'iniziatore radicalico. Gli atomi derivanti dall'iniziatore rappresentano una unità molto piccola rispetto al polimero e, per questo, non vanno ad alterare le proprietà del materiale ottenuto.

Le reazioni di polimerizzazione sono regolate da parametri quali la temperatura, la pressione, la concentrazione dei reagenti e la concentrazione del catalizzatore (l'iniziatore radicalico). Attraverso un'opportuna regolazione di questi fattori è possibile modulare il grado di polimerizzazione del polimero finale e ottimizzare il processo di sintesi.

Oltre alla polimerizzazione radicalica, esistono altri due tipi di polimerizzazione per addizione:

a. la **polimerizzazione cationica**, in cui il monomero è rappresentato da un catione; per esempio l'isobutilene si forma per polimerizzazione di un carbocatione terziario;
b. la **polimerizzazione anionica**, in cui il monomero è, invece, rappresentato da un anione, generalmente un carboanione.

A COLPO D'OCCHIO

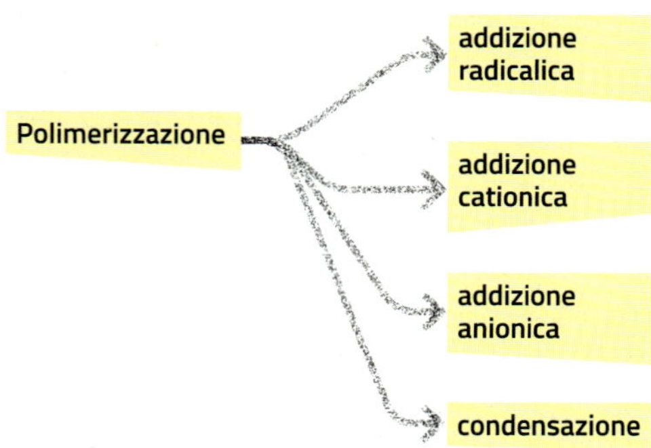

I polimeri di condensazione

I **polimeri di condensazione** si formano per reazione tra due monomeri diversi, ciascuno dei quali è almeno bifunzionale. La reazione produce l'eliminazione di molecole di acqua.

I monomeri utilizzati per la polimerizzazione per condensazione devono essere bifunzionali per permette l'allungamento del polimero. A seconda dei gruppi funzionali presenti, i monomeri utilizzati in questo meccanismo sono diversi. I monomeri più comuni sono i dioli (alcoli con due gruppi −OH), gli acidi bicarbossilici o diacidi (acidi con due gruppi −COOH) e le diammine (ammine con due gruppi $-NH_2$).

Il nome del polimero di condensazione è costituito dal prefisso *poli-* e dal nome del gruppo funzionale risultante dalla reazione tra i monomeri (poliesteri, poliammidi). I polimeri di condensazione più noti hanno nomi commerciali, come nylon e PET (tabella **16**).

Tabella **16** **Alcuni polimeri ottenuti per condensazione.**

Monomero	Formula	Polimero
diolo + acido bicarbossilico → poliestere	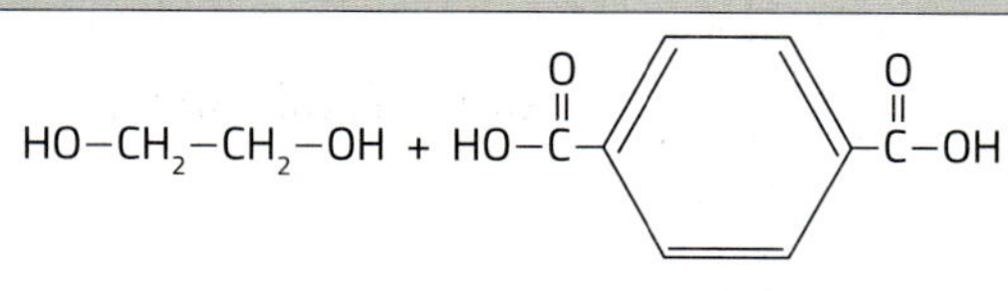 glicole etilenico + acido tereftalico	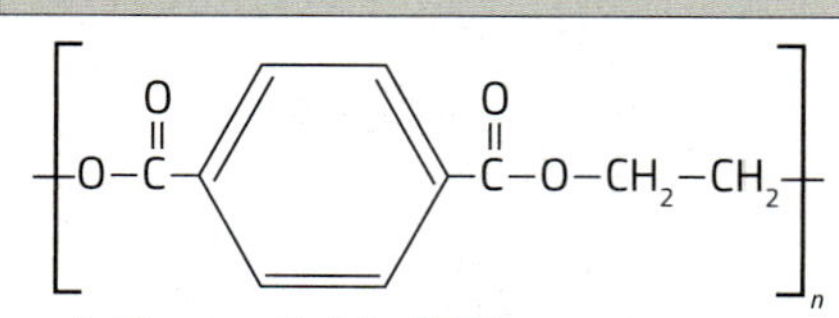 polietilentereftalato (PET)
diammina + acido bicarbossilico → poliammide	$H_2N{-}(CH_2)_6{-}NH_2 + HOOC{-}(CH_2)_4{-}COOH$ esametilendiammina + acido adipico	$\mathrm{H{-}[N(H){-}(CH_2)_6{-}N(H){-}C({=}O){-}(CH_2)_4{-}C({=}O)]_n{-}OH}$ nylon 6,6

La reazione di polimerizzazione per condensazione tra i gruppi funzionali dei due monomeri porta all'eliminazione di molecole di acqua. Grazie alla bifunzionalità di entrambi i monomeri, la polimerizzazione può proseguire agli estremi della catena, permettendo di allungare il polimero in entrambe le direzioni.

Il **PET** è un *poliestere* che si ottiene facendo reagire un diacido aromatico, l'acido tereftalico, con un diolo, il glicole etilenico. La reazione di esterificazione è rappresentata dalla seguente equazione:

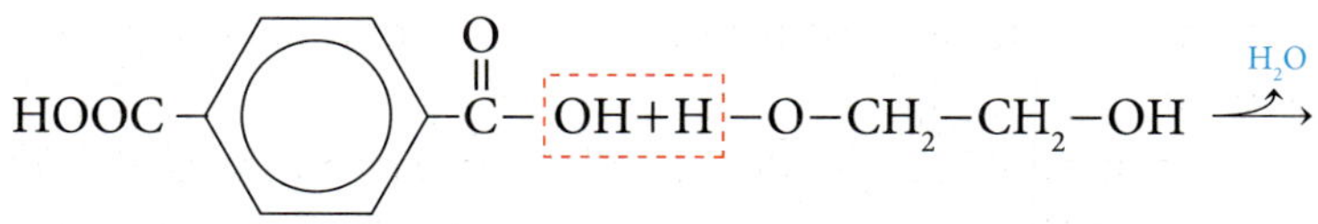

acido tereftalico — glicole etilenico

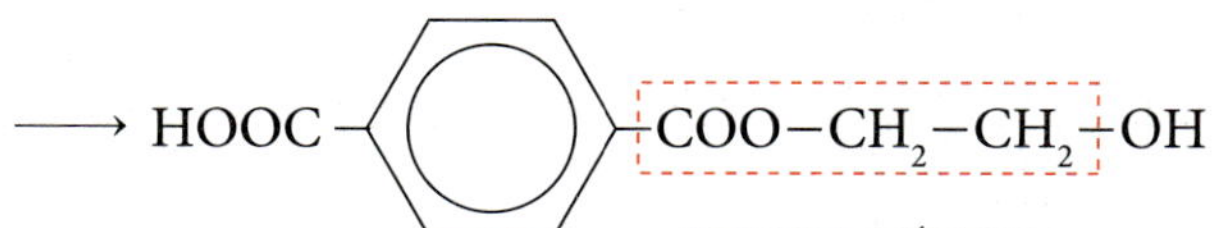

gruppo estereo

> TI RICORDI?
>
> I **glicoli** sono polioli (nello specifico *dioli*) caratterizzati dalla presenza nella molecola di due funzioni alcoliche adiacenti.

In seguito alla reazione tra il gruppo −COOH dell'acido e il gruppo −OH del glicole si forma un prodotto che alle estremità ha ancora un gruppo acido e un gruppo alcolico che possono reagire rispettivamente con una nuova molecola di glicole e una di acido. In tal modo la catena si allunga da entrambe le estremità e si forma un polimero:

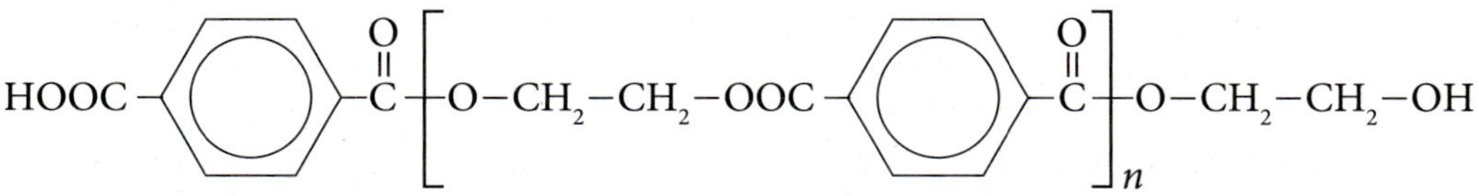

Il **nylon** è una poliammide che si ottiene facendo reagire un acido organico bifunzionale con un'ammina bifunzionale. Il nylon è un polimero molto diffuso che si ottiene dalla reazione tra l'acido adipico e l'esametilendiammina. Il primo monomero è un diacido con sei atomi di carbonio, mentre il secondo è una diammina anch'essa con sei atomi di carbonio: per questo motivo il nylon ottenuto da questi monomeri è chiamato nylon 6,6.

$$n\,HO-\overset{\overset{O}{\|}}{C}-CH_2-CH_2-CH_2-CH_2-\overset{\overset{O}{\|}}{C}-OH \quad + \quad n\,H_2N-CH_2-CH_2-CH_2-CH_2-CH_2-CH_2-NH_2$$

acido adipico — esametilendiammina

$$\left[-\overset{\overset{O}{\|}}{C}-CH_2-CH_2-CH_2-CH_2-\overset{\overset{O}{\|}}{C}-NH-CH_2-CH_2-CH_2-CH_2-CH_2-CH_2-NH-\right]_n \quad + \quad 2n\,H_2O$$

nylon 6,6

Figura **24** **Il nylon** Le ammidi sono il prodotto di partenza nella preparazione di composti sintetici quali il nylon.

I nylon sono polimeri molto versatili (figura **24**) che sono utilizzati per la produzione di materiali delicati (calze da donna), resistenti (tappeti) o duri (guarnizioni).

A differenza dei polimeri per addizione, quelli ottenuti per condensazione si formano a *stadi*, cioè i monomeri non si addizionano uno alla volta, ma diverse catene in allungamento si legano tra loro a formare una macromolecola più grande. Inoltre, non essendo coinvolti radicali (gruppi atomici molto reattivi), le reazioni di polimerizzazione per condensazione sono tendenzialmente più lente e, pertanto, sono necessari tempi più lunghi per ottenere polimeri finali con elevati gradi di polimerizzazione.

44 Le proprietà fisiche dei polimeri dipendono dai gruppi funzionali presenti nella catena

Le interazioni intermolecolari hanno un ruolo importante nella determinazione delle proprietà fisiche dei polimeri. Infatti, anche se questo tipo di interazioni sono deboli, nel momento in cui vengono moltiplicate per un numero elevato di atomi, il loro effetto diventa significativo.

Nel nylon (un poliammide) si stabiliscono legami a idrogeno tra gli atomi di ossigeno del gruppo carbonilico presente in una catena e gli atomi di idrogeno del gruppo amminico della catena vicina (figura **25**).

TI RICORDI?

Le **interazioni intermolecolari** sono deboli forze di tipo elettrostatico che si stabiliscono tra molecole polari o apolari. Sono interazioni intermolecolari il legame a idrogeno e le interazioni dipolo-dipolo.

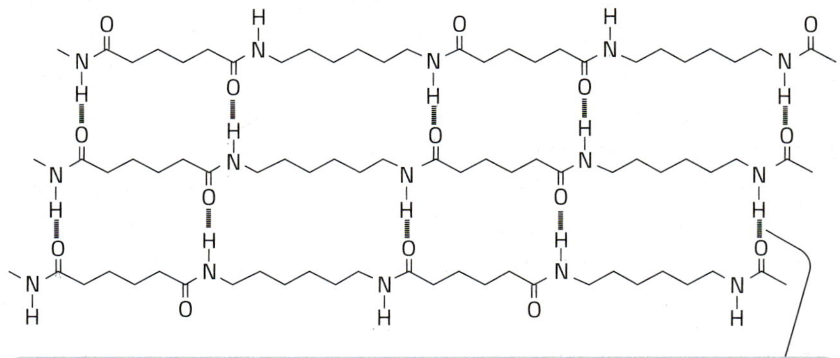

Figura **25** **I legami a idrogeno tra le catene di nylon 6,6.**

Le interazioni tra le catene determinano *forze di coesione* responsabili, a livello macroscopico, dell'ottenimento di un materiale facilmente lavorabile ma resistente.

Le proprietà dei polimeri dipendono dai gruppi funzionali presenti, dalla lunghezza della macromolecole e dai legami tra le catene, fattori che determinano complessivamente la struttura microscopica della macromolecola e che si riflettono nelle caratteristiche macroscopiche del materiale.

I polimeri sono anche classificati a seconda delle proprietà dei materiali finali che vanno a costituire. I polimeri filabili, cioè che possono essere ottenuti in fili, sono detti **fibre**. I polimeri, invece, che possono aumentare la loro lunghezza e ritornare alla lunghezza originaria comportandosi in modo elastico sono detti **elastomeri**. Le materie plastiche la cui lavorabilità cambia a seconda della temperatura sono dette nelle **resine sintetiche.** I polimeri in cui l'aumento della temperatura porta alla loro fusione sono detti **resine termoplastiche**. Nelle **resine termoindurenti** la temperatura determina la reticolazione tra le catene, provocando l'indurimento irreversibile del materiale.

45 L'importanza dei polimeri nell'industria e in natura

L'industria dei polimeri ha permesso la diffusione delle materie plastiche in larga scala e ha contribuito al loro utilizzo in tantissimi settori. Le materie plastiche hanno cambiato la vita di tutti noi, permettendoci di avere oggetti più pratici, meno costosi, più leggeri, e di sostituire materiali come il legno, i metalli e la ceramica (figura **26**).

I polimeri sintetici si ottengono da monomeri derivati dal petrolio. Dopo la raffinazione, il petrolio viene lavorato per ottenere i «mattoni» necessari per l'industria chimica. Attraverso vari processi petrolchimici gli idrocarburi fossili vengono trasformati nei monomeri , che diventano quindi i reagenti per la produzione delle materie plastiche.

I polimeri con cui veniamo in contatto tutti i giorni non sono semplici macromolecole ma sono materiali complessi che devono essere prodotti seguendo un'attenta lavorazione. Tutte le materie plastiche che usiamo, infatti, raramente sono pure. Per conferire le proprietà necessarie a seconda degli usi specifici, ai polimeri vengono aggiunti degli additivi che possono avere diverse funzioni. Si possono aggiungere dei rinforzanti per migliorare le proprietà meccaniche, dei coloranti per conferire una colorazione a un materiale che altrimenti sarebbe trasparente, oppure si possono aggiungere stabilizzanti per rendere i polimeri ignifughi o per rallentare la degradazione dovuta all'esposizione alla luce.

I polimeri sintetici hanno permesso di «imitare» alcuni polimeri naturali. Per esempio le gomme sintetiche imitano il comportamento elastico del caucciù, una macromolecola naturale a base di poliisoprene contenuta nel lattice di alcune piante. L'avvento delle gomme sintetiche SBR (*Styrene Butadiene Rubber*) ha permesso di sostituire la gomma naturale in alcuni applicazioni, per esempio negli pneumatici dei veicoli.

Le macromolecole sintetiche e quelle naturali sono quindi due mondi molto vicini.

Le proprietà dei polimeri si ripresentano anche nelle biomolecole biologiche, con l'unica differenza che l'origine di queste ultime è completamente naturale e che la loro sintesi è regolata dal metabolismo cellulare, come vedremo nei capitoli seguenti.

Figura **26** **Alcuni esempi di materie plastiche.**

RISPONDI

A Che cosa si intende per copolimeri e omopolimeri?

B Quali sono i meccanismi di formazione delle catene polimeriche e in che cosa si differenziano?

C Perché i monomeri che formano i polimeri di condensazione devono essere almeno bifunzionali?

PER SAPERNE DI PIÙ

Le configurazioni R e S degli enantiomeri

Nelle molecole con uno stereocentro si ha l'**isomeria ottica** o **enantiomeria**. Gli enantiomeri presentano due tipi di configurazioni denominate **R** e **S**. Per stabilire il tipo di configurazione si deve assegnare la priorità agli atomi o gruppi atomici legati allo stereocentro e poi osservare la loro posizione relativa.

Applicazione delle regole di sequenza

Per stabilire la priorità degli atomi o dei gruppi atomici legati allo stereocentro, si devono applicare le seguenti regole di sequenza:

1. si ordinano gli atomi legati allo stereocentro secondo il numero atomico decrescente (maggiore è il numero atomico e più alta è la priorità). Nell'1-bromo-1-cloroetano si ha che la priorità più alta è del bromo e quella più bassa dell'idrogeno:

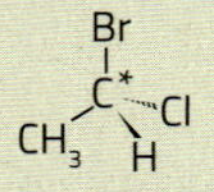

Br > Cl > C > H

2. se non è possibile assegnare la priorità più alta perché due o più atomi legati allo stereocentro hanno lo stesso numero atomico, si deve procedere fino a quando non si trova una differenza. Per esempio, il gruppo etile ($-CH_2-CH_3$) ha priorità più alta rispetto al metile (CH_3).

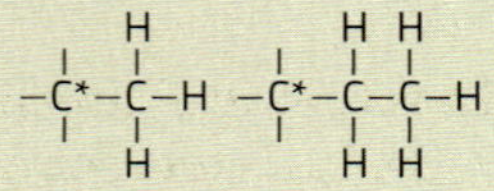

$-CH_2-CH_3 > -CH_3$

Il gruppo $-O-CH_3$ ha priorità maggiore rispetto a $-O-H$;

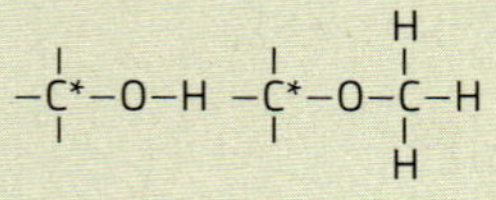

$-O-CH_3 > -O-H$

3. se allo stereocentro sono legati atomi che presentano legami multipli, questi si considerano equivalenti a un numero uguale di legami semplici.
Il doppio legame tra due atomi di carbonio equivale a due legami semplici per ogni atomo di carbonio.

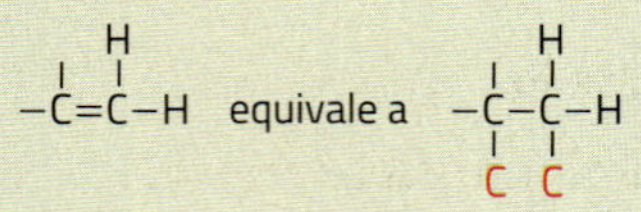

Il triplo legame tra due atomi di carbonio equivale a tre legami semplici per ogni atomo di carbonio.

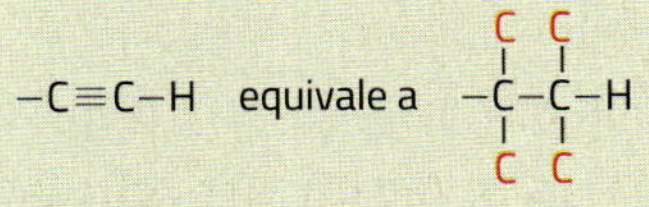

Il doppio legame tra un atomo di carbonio e uno di ossigeno equivale a due legami semplici per ognuno dei due atomi.

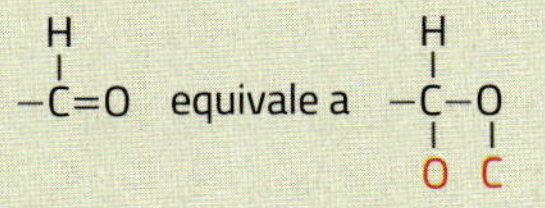

Determinazione della configurazione

Indicati con a, b, c, d gli atomi (o i gruppi atomici) legati allo stereocentro, ammettiamo che l'ordine di priorità sia: a > b > c > d. A questo punto si osserva lo stereocentro dalla parte opposta a quello in cui è situato il gruppo con priorità minore (d). Sulla base della priorità dei tre gruppi rimanenti (a > b > c) si stabilisce se la configurazione dell'enantiomero è R o S:

1. se per andare dal gruppo a priorità maggiore (a) a quello a priorità minore (c), passando attraverso b, si procede in senso **orario**, ovvero verso *destra*, la configurazione è R (dal latino: *rectus* = destro).

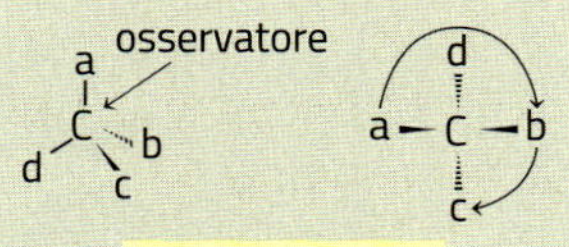

configurazione R

2. se per andare dal gruppo a priorità maggiore (a) a quello a priorità minore (c), passando attraverso (b), si procede in senso **antiorario**, ovvero verso *sinistra*, la configurazione è S (dal latino: *sinister* = sinistro).

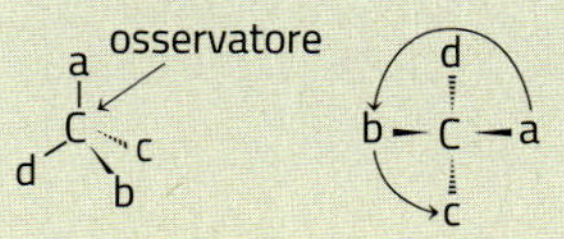

configurazione S

L'acido (−)-lattico e la (−)-gliceraldeide hanno, rispettivamente, configurazione R e S.

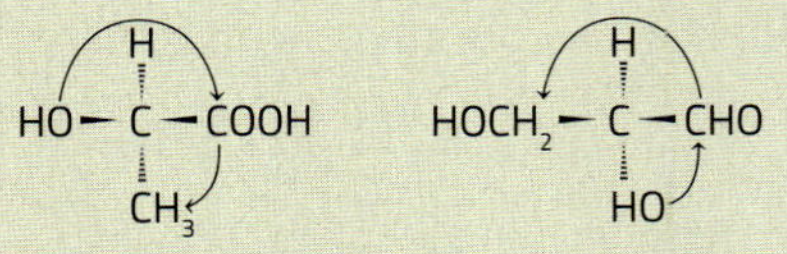

acido (R)-(−)-lattico (S)-(−)-gliceraldeide

Non esiste quindi nessuna relazione tra il segno di rotazione ottica (+ o −) e la configurazione (R o S) dell'enantiomero.

Proviamo ora a determinare la configurazione del 3-metilesano.

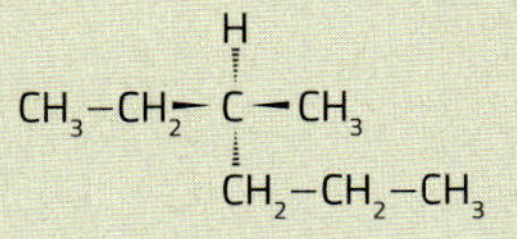

Si assegna l'ordine di priorità dei quattro gruppi atomici legati allo stereocentro:

$-CH_2-CH_2-CH_3 > -CH_2-CH_3 > -CH_3 > H$

per andare dal gruppo a priorità maggiore a quello a priorità minore si deve procedere i senso orario, e quindi la configurazione è R.

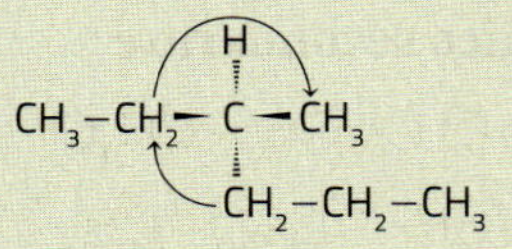

Il nome completo è (R)-3-metilesano.

Proviamo ora a rappresentare la struttura tridimensionale dell'(R)-2-bromobutano.
Si rappresenta la formula razionale e si assegna l'ordine di priorità.

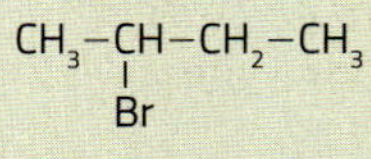

$Br > -CH_2-CH_3 > -CH_3 > H$

Si dispone l'atomo di idrogeno (priorità minore) in alto nella struttura tridimensionale e gli altri tre gruppi in senso orario (R).

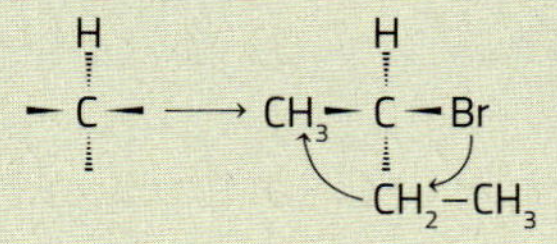

Anche disponendo il gruppo a priorità maggiore in uno degli altri due legami, la configurazione risulta sempre R.

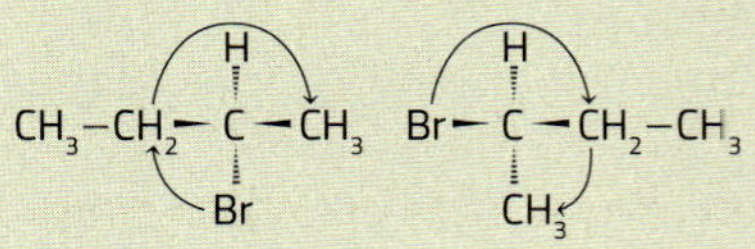

ESERCIZI
Capitolo C3

VERIFICA LE TUE CONOSCENZE

GLI ALOGENURI ALCHILICI

1 **Indica il nome corretto del composto**

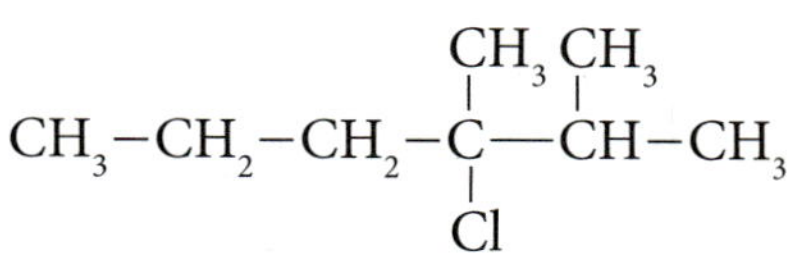

Ⓐ 3-cloro-2,3-dimetilesano
Ⓑ 2,3-dimetil-3-cloroesano
Ⓒ 4-cloro-4,5-dimetilesano
Ⓓ 4,5-dimetil-4-cloroesano

2 **La formula razionale di un cloruro alchilico secondario è**

Ⓐ $CH_3-CH_2-CH_2-CH_2Cl$
Ⓑ $CH_3-CH_2-CHCl-CH_3$
Ⓒ 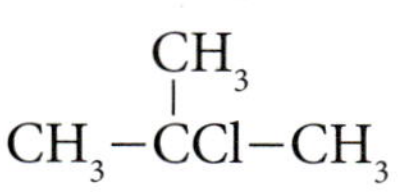
Ⓓ 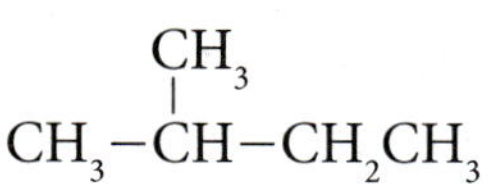

3 **Qual è il corretto ordine crescente del punto di ebollizione per i seguenti composti?**

1. CH_3-CH_2Br 2. CH_3-CH_2I
3. CH_3-CH_2F 4. CH_3-CH_2Cl

Ⓐ 3 < 4 < 2 < 1 Ⓑ 4 < 3 < 1 < 2
Ⓒ 3 < 4 < 1 < 2 Ⓓ 2 < 1 < 4 < 3

4 **La reazione di sostituzione nucleofila con meccanismo S_N2**

Ⓐ avviene in due stadi e prevede la partecipazione di un solo reagente
Ⓑ è favorita da un alogenuro alchilico terziario
Ⓒ è favorita da un nucleofilo debole
Ⓓ avviene in un solo stadio e prevede la partecipazione di due reagenti

5 **Il prodotto della reazione di eliminazione è**

Ⓐ un alchene Ⓑ un etere
Ⓒ un estere Ⓓ un'aldeide

GLI ALCOLI

6 **Il pentanolo è un alcol che possiede**

Ⓐ cinque atomi di carbonio
Ⓑ quattro atomi di carbonio e un gruppo ossidrile
Ⓒ cinque gruppi ossidrili
Ⓓ cinque atomi di carbonio e un gruppo ossidrile

7 **Un alcol si dice terziario quando**

Ⓐ contiene tre atomi di carbonio
Ⓑ contiene tre gruppi ossidrili
Ⓒ il gruppo ossidrile è legato a un atomo di carbonio terziario
Ⓓ il gruppo ossidrile è legato al terzo atomo di carbonio del composto

8 **Il prodotto della reazione di disidratazione in ambiente acido del propanolo è il**

Ⓐ propene Ⓑ propanone
Ⓒ propanale Ⓓ propano

9 **Un chetone si ottiene dalla ossidazione di un**

Ⓐ alcol primario o secondario
Ⓑ alcol secondario
Ⓒ alcol terziario
Ⓓ alcol secondario o terziario

10 **Qual è l'ordine di basicità crescente per i seguenti alcoli?**

1. 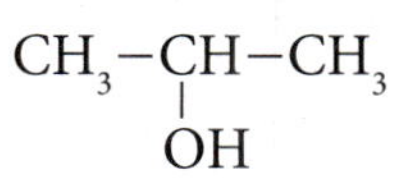
2. $CH_3-CH_2-CH_2-OH$
3. 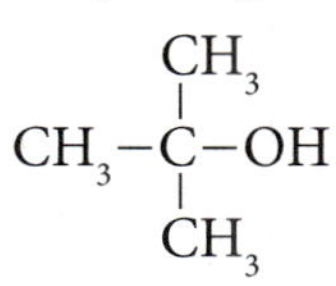

Ⓐ 2 < 1 < 3 Ⓑ 1 < 2 < 3
Ⓒ 3 < 1 < 2 Ⓓ 1 < 3 < 2

GLI ETERI

11 **Indica il nome corretto del composto**

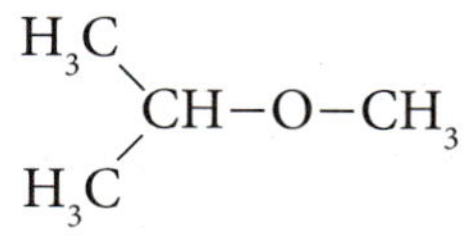

Ⓐ 2,3-dimetil etil etere
Ⓑ metil isopropil etere
Ⓒ etil-2,3-dimetil etere
Ⓓ isopropil metil etere

12 **Qual è il corretto ordine decrescente del punto di ebollizione per i seguenti composti?**

1. CH_3-CH_2-OH
2. CH_3-O-CH_3
3. $CH_3-CH_2-CH_3$

Ⓐ 3 > 2 > 1 Ⓑ 1 > 2 > 3
Ⓒ 2 > 1 > 3 Ⓓ 3 > 1 > 2

13 **Qual è l'ordine crescente di solubilità per i seguenti composti?**

1. $CH_3-CH_2-O-CH_2-CH_3$
2. CH_3-O-CH_3
3. $CH_3-CH_2-O-CH_3$

Ⓐ 3 < 2 < 1 Ⓑ 2 < 3 < 1
Ⓒ 1 < 3 < 2 Ⓓ 2 < 1 < 3

14 **I prodotti della reazione di rottura del legame C–O di un etere sono**

Ⓐ alogenuro alchilico e aldeide
Ⓑ alogenuro alchilico e chetone
Ⓒ alogenuro alchilico e alcol
Ⓓ alchene e chetone

I FENOLI

15 **Indica qual è il nome comune del composto.**

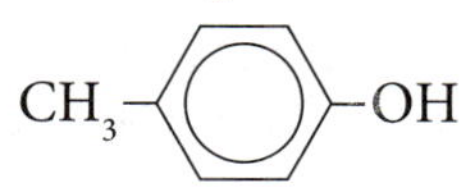

Ⓐ *p*-metilfenolo
Ⓑ *p*-cresolo
Ⓒ *p*-metilidrossibenzene
Ⓓ 4-metilfenolo

16 **I fenoli in acqua hanno un comportamento chimico**

(A) basico (B) acido
(C) anfotero (D) neutro

17 **Relativamente alla solubilità in acqua, i fenoli sono**

(A) poco solubili (B) solubili
(C) molto solubili (D) insolubili

18 **I fenoli danno una reazione di:**

(A) rottura del legame C−O
(B) addizione elettrofila
(C) riduzione
(D) rottura del legame O−H

19 **Un composto fenolico che funziona da antiossidante naturale è la vitamina**

(A) C (B) D
(C) E (D) A

LE ALDEIDI E I CHETONI

20 **Qual è il nome corretto del seguente composto?**

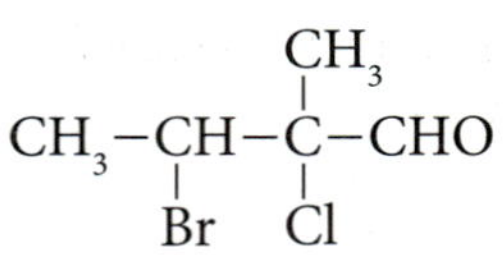

(A) 2-cloro-2-metil-3-bromobutanale
(B) 3-bromo-2-cloro-2-metilbutanale
(C) 2-bromo-2-cloro-2-metilbutanale
(D) 3-bromo-3-metil-3-clorobutanale

21 **Gli isomeri di posizione dell'eptanone sono**

(A) 2 (B) 5
(C) 4 (D) 3

22 **Il prodotto dell'ossidazione di un'aldeide è un**

(A) alcol primario
(B) alcol secondario
(C) acido carbossilico
(D) estere

23 **Qual è l'ordine crescente del punto di ebollizione per i seguenti composti?**

1. $CH_3-CH_2-CH_2-CH_3$
2. $CH_3-CH_2-CH_2-CHO$
3. $CH_3-CH_2-CH_2-CH_2-OH$

(A) $1<3<2$ (B) $1<2<3$
(C) $3<2<1$ (D) $2<3<1$

24 **In un composto carbonilico la forma chetonica e la forma enolica differiscono per la posizione di**

(A) un atomo di idrogeno
(B) un atomo di idrogeno e un doppio legame
(C) un doppio legame
(D) un gruppo –OH e un doppio legame

25 **Quale, tra le seguenti coppie di composti, può essere usata per ottenere un alcol primario?**

(A) aldeide e riducente
(B) aldeide e ossidante
(C) chetone e riducente
(D) chetone e ossidante

26 **Quale tra le seguenti formule molecolari rappresenta sia un'aldeide sia un chetone?**

(A) C_3H_7O (B) C_2H_6O
(C) $C_3H_6O_2$ (D) C_4H_8O

27 **Il prodotto della reazione di ossidazione di un alcol secondario è un**

(A) acido carbossilico
(B) chetone
(C) aldeide
(D) etere

28 **In una reazione tra un'aldeide e il reattivo di Fehling si ha**

(A) l'ossidazione di ioni Cu^+
(B) la riduzione di ioni Ag^+
(C) la riduzione di ioni Cu^{2+}
(D) l'ossidazione di atomi di Ag

GLI ACIDI CARBOSSILICI

29 **Il prodotto della reazione di rottura del legame O−H di un acido carbossilico è un**

(A) sale (B) estere
(C) ammide (D) etere

30 **Qual è l'ordine decrescente del punto di ebollizione per i seguenti composti?**

1. 1-propanolo
2. acido etanoico
3. *n*-butano

(A) $2>1>3$ (B) $1>2>3$
(C) $3>1>2$ (D) $1>3>2$

31 **Qual è l'ordine decrescente di acidità per i seguenti composti?**

1. $CH_3–CH_2–COOH$
2. $CH_3–CHF–COOH$
3. $CH_2F–CH_2–COOH$

(A) $2>1>3$ (B) $2>3>1$
(C) $1>2>3$ (D) $3>2>1$

32 **La formula condensata dell'acido ottadecanoico è**

(A) $CH_3(CH_2)_8COOH$
(B) $CH_3(CH_2)_{18}COOH$
(C) $CH_3(CH_2)_{16}COOH$
(D) $CH_3(CH_2)_6(CH_2)_{10}COOH$

33 **Quale dei seguenti composti, per ossidazione, fornisce un acido carbossilico?**

(A) chetone
(B) alcol secondario
(C) alcol terziario
(D) aldeide

I DERIVATI DEGLI ACIDI CARBOSSILICI E GLI ACIDI CARBOSSILICI POLIFUNZIONALI

34 **Le ammidi sono composti con un comportamento chimico**

Ⓐ acido Ⓑ neutro
Ⓒ basico Ⓓ anfotero

35 **Indica il nome IUPAC del seguente composto**

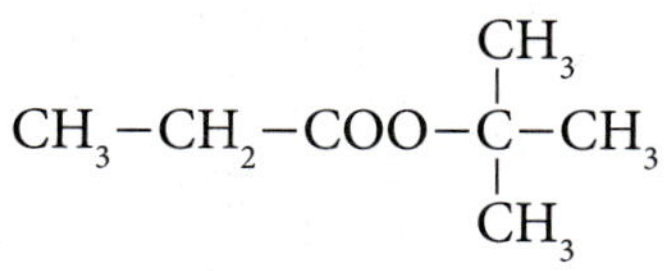

Ⓐ propionato di *terz*-butile
Ⓑ metanoato di metile
Ⓒ etanoato di *terz*-butile
Ⓓ propanoato di *terz*-butile

36 **Indica il nome IUPAC corretto del composto**

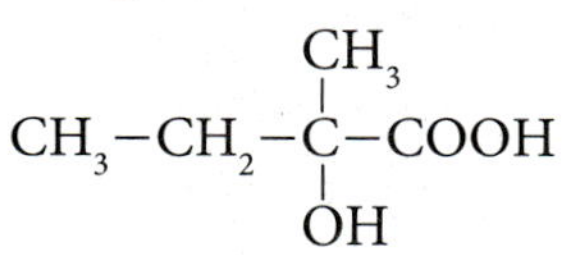

Ⓐ acido 2-metil-2-idrossibutanoico
Ⓑ acido 3-idrossi-3-metilbutanoico
Ⓒ acido 2-idrossi-2-metilbutanoico
Ⓓ acido 3-metil-3-idrossibutanoico

37 **I derivati degli acidi carbossilici si ottengono con una reazione di**

Ⓐ sostituzione nucleofila acilica
Ⓑ sostituzione elettrofila
Ⓒ addizione nucleofila acilica
Ⓓ addizione elettrofila

38 **L'acido piruvico è il prodotto finale del processo della**

Ⓐ fermentazione alcolica
Ⓑ fermentazione lattica
Ⓒ glicolisi
Ⓓ respirazione cellulare

LE AMMINE

39 **La formula razionale del composto *N*-etil-*N*-metilamminopropano è**

Ⓐ 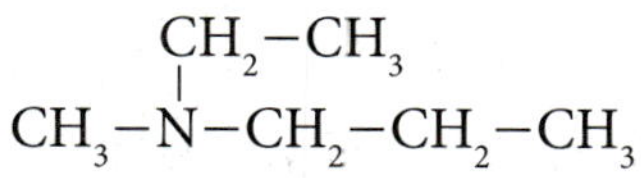
Ⓑ 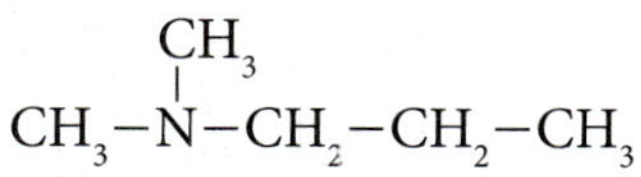
Ⓒ 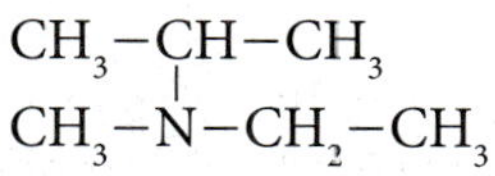
Ⓓ 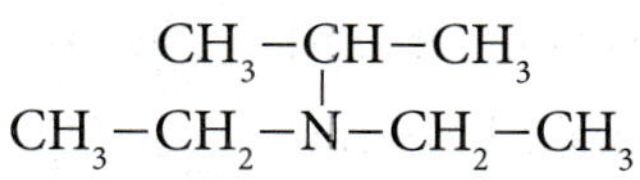

40 **Le ammine sono composti che hanno un comportamento chimico**

Ⓐ acido Ⓑ basico
Ⓒ neutro Ⓓ anfotero

41 **Qual è l'ordine decrescente del punto di ebollizione per i seguenti composti?**

1. $CH_3-CH_2-NH_2$
2. $CH_3-CH_2-NH-CH_2-CH_3$
3. NH_3

Ⓐ $2>1>3$ Ⓑ $1>2>3$
Ⓒ $3>1>2$ Ⓓ $1>3>2$

42 **Qual è l'ordine di basicità crescente per i seguenti composti?**

1. $CH_3-NH-CH_3$
2. CH_3-NH_2
3. NH_3
4. 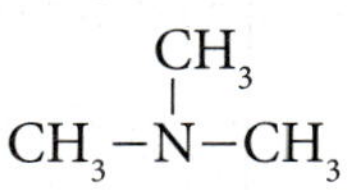

Ⓐ $3<4<2<1$ Ⓑ $4<1<2<3$
Ⓒ $2<1<3<4$ Ⓓ $3<4<1<2$

43 **Quale tra le seguenti coppie di composti porta alla formazione di un sale di alchilammonio?**

Ⓐ un'ammina e un alogenuro alchilico
Ⓑ un'ammina e un acido alogenidrico
Ⓒ un'ammina e un alchino
Ⓓ un'ammina e un alcano

I POLIMERI

44 **Relativamente all'etene, indica quali delle seguenti affermazioni sono vere**

1. è un alchene
2. è il monomero del polietilene
3. ha gli atomi di carbonio ibridati sp^3
4. presenta isomeria geometrica
5. si ottiene per disidratazione dell'etanolo

Ⓐ 1, 2, 5
Ⓑ 2, 3, 4
Ⓒ 2, 4, 5
Ⓓ 1, 2, 3

45 **Il polimero costituito da una catena principale a cui si legano catene laterali è un copolimero**

Ⓐ random
Ⓑ alternato
Ⓒ a blocchi
Ⓓ a innesto

46 **Il nylon è una poliammide che si ottiene mediante reazione di polimerizzazione**

Ⓐ radicalica
Ⓑ per condensazione
Ⓒ cationica
Ⓓ anionica

47 **Il PET è un poliestere che si ottiene dalla reazione di polimerizzazione tra**

Ⓐ un diolo e un diacido
Ⓑ un diacido e una diammina
Ⓒ un diolo e una diammina
Ⓓ un alcol e un acido carbossilico

VERIFICA LE TUE ABILITÀ

48 **Rappresenta la formula razionale dei seguenti composti.**

a. 2-clorobutano

b. 1-bromopentano

c. 1,2,2-triclorobutano

d. 4-cloro-3-etil-2-metilesano

e. 3-etil-2-iodo-4-metileptano

f. ioduro di *terz*-butile

g. bromuro di isopropile

h. 2-bromo-3-cloro-4-metilesano

i. 1,3,5-tricloro-2,2-dimetilpentano

j. ioduro di *sec*-butile

49 **Assegna il nome IUPAC ai seguenti composti.**

a. $CH_2Br-CH_2-CH_3$

b. $CH_3-CHCl-CH_2-CH_2-CH_3$

c. $CH_3-CHCl-CCl_2-CH_2-CH_3$

d. $CH_3-\underset{\substack{|\\CH_3}}{C}Br-CH_3$

e. $CH_2I-\underset{\substack{|\\CH_3}}{C}H-\underset{\substack{|\\CH_3}}{C}H-CH_3$

f. $CH_3-CH_2-\overset{\substack{CH_3\quad CH_3\\ \diagdown\;\diagup\\ CH\\ |}}{C}Br-CH_3$

g. $CH_2I-CHCl-CHBr-\overset{\substack{CH_3\\|}}{\underset{\substack{|\\CH_3}}{C}}-CH_2-CH_3$

50 **Rappresenta la formula razionale di un**

a. cloruro alchilico primario C_3H_7Cl

b. bromuro alchilico terziario $C_5H_{11}Br$

c. ioduro alchilico secondario $C_6H_{13}I$

51 **Rappresenta le seguenti reazioni di sostituzione nucleofila, specificando il nome dei prodotti.**

a. 1-clorobutano + metossido di sodio

b. bromuro di *terz*-butile + etanolo

c. 2-metil-2-iodobutano + acqua

d. 1-fluoropropano + idrossido di sodio

52 **Rappresenta le seguenti reazioni di eliminazione, specificando il nome dei prodotti.**

a. 2-cloro-2-metilpropano + ione idrossido

b. 1-bromopropano + ione idrossido

53 **Rappresenta le formule razionali dei seguenti composti.**

a. 3-pentanolo

b. 2,3-dicloro-1-butanolo

c. 2,2-dimetil-1-esanolo

d. 2-metil-2-propanolo

e. butossido di potassio

f. 2-metil-2-propen-1-olo

g. 1,2-dibromo-3-pentin-2-olo

h. 2,3-pentandiolo

i. 3-metil-3-esanolo

j. 1-bromo-3-metil-2-butanolo

54 **Assegna il nome IUPAC ai seguenti composti.**

a. $CH_3-CH_2-\underset{\substack{|\\OH}}{C}H-CH_2-CH_3$

b. $CH_3-\underset{\substack{|\\CH_3}}{C}H-\underset{\substack{|\\OH}}{C}H-CH_3$

c. $CH_3-\underset{\substack{|\\OH}}{C}Cl-CH_2-CH_3$

d. $CH_3-\underset{\substack{|\\OH}}{C}H-CBr_2-CH_3$

e. $CH_3-CH{=}CH-CH_2OH$

f. $CH_3-C{\equiv}C-\underset{\substack{|\\OH}}{C}H-CH_3$

55 **Rappresenta le formule razionali dei seguenti composti e assegna il nome IUPAC corretto.**

a. 2-etil-1-propanolo

b. 2,3-dimetil-3-butanolo

c. 1-propen-3-olo

d. 2-cloro-4-pentanolo

56 **Classifica i seguenti alcoli come primario, secondario e terziario.**

a. 2-metil-1-pentanolo

b. 2-metil-2-butanolo

c. 2-butin-1-olo

d. 2-metil-3-buten-2-olo

57 **Disponi i composti di ciascun gruppo in ordine crescente di solubilità.**

a. 1-propanolo, cloruro di propile, 1-butanolo

b. 1-pentanolo, 1,5-pentandiolo, 1,2,3-pentantriolo

58 **Disponi i seguenti alcoli in ordine di acidità crescente.**

a. 2-butanolo

b. 1-butanolo

c. 2-metil-2-butanolo

59 **Rappresenta le equazioni delle seguenti reazioni specificando il nome dei prodotti.**

a. 2-metil-2-butanolo + potassio

b. 1-pentanolo + sodio

60 **Rappresenta la reazione di disidratazione del 2-pentanolo in presenza di un acido forte e alla temperatura di 180 °C precisando il nome dei prodotti.**

61 **Rappresenta la reazione di ossidazione dei seguenti composti.**

a. 1-pentanolo   b. 2-pentanolo

62 **Rappresenta la formula razionale dei seguenti composti.**

a. *terz*-butil etil etere   b. fenil propil etere

c. etil isopropil etere   d. *p*-bromofenil metil etere

63 **Assegna il nome ai seguenti composti.**

a.

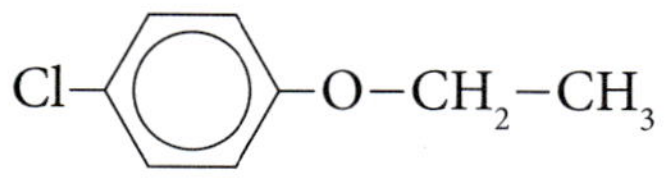

b. $CH_3-CH_2-O-CH_2-CH_3$

c. $CH_3-O-CH_2-CH_2-CH_3$

64 **Disponi i seguenti eteri in ordine crescente di solubilità.**

a. $CH_3-O-CH_2-CH_3$ b. CH_3-O-CH_3

c. $CH_3-CH_2-O-CH_2-CH_3$

65 **Rappresenta le equazioni delle seguenti reazioni specificando il nome dei prodotti.**

a. metil propil etere + acido bromidrico

b. metil isopropil etere + acido iodidrico

66 **Rappresenta la formula razionale dei seguenti composti.**

a. *p*-etilfenolo   b. 3,5-dibromofenolo

c. *p*-cresolo   d. *m*-iodofenolo

67 **Assegna il nome ai seguenti composti.**

a.

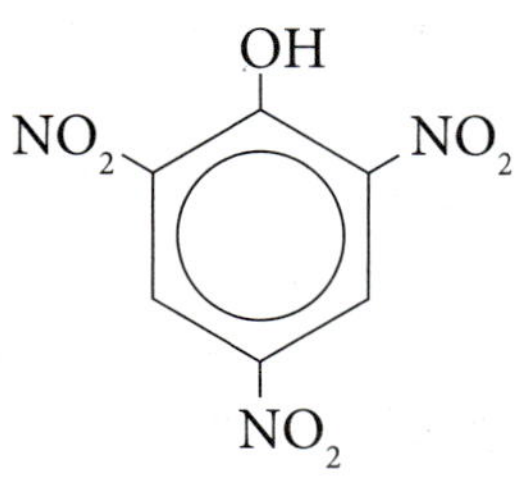

b.

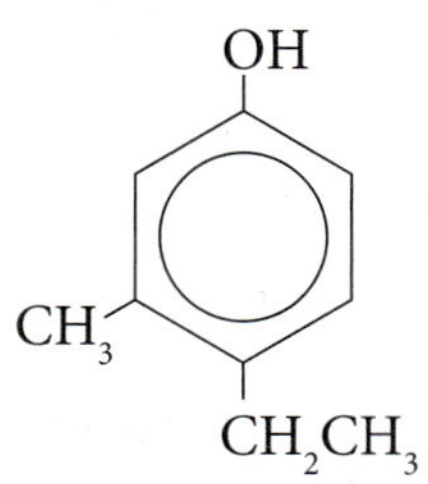

c.

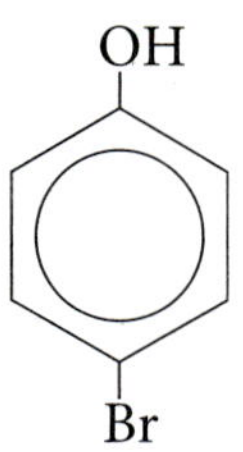

d.

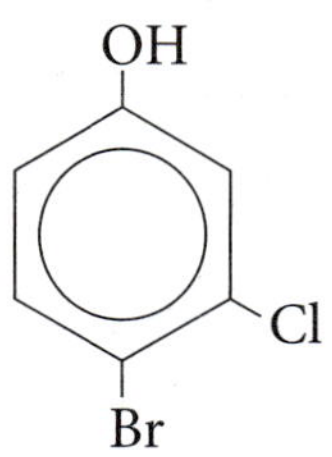

68 **Rappresenta la formula dei seguenti composti e assegna il nome corretto.**

a. 3,6-diclorofenolo   b. 2-cloro-3-bromofenolo

69 **Rappresenta l'equazione per la reazione di sintesi del *p*-cloro fenossido di sodio.**

70 **Rappresenta le formule razionali dei seguenti composti.**

a. 2,2-dibromoesanale

b. 4-metilpentanale

c. *m*-clorobenzaldeide

d. 3-idrossibutanale

e. 4,4-dicloro-3-metileptanale

f. 2-ottanone

g. 1-fenilbutanone

h. 2,2-dimetil-3-pentanone

i. benzil fenil chetone

j. metil propil chetone

71 **Assegna il nome IUPAC ai seguenti composti.**

a. $CH_3-CH_2-C(CH_3)_2-CH_2-CH_2-CHO$

b. $CH_3-CBrCl-CHO$

c.

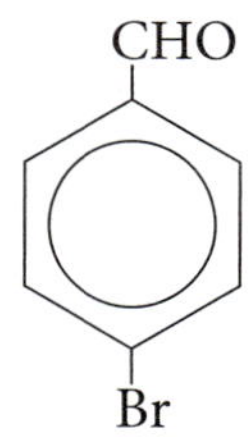

d. $CH_3-CH_2-CH(OH)-CH_2-CHO$

e. $CH_3-CHBr-CH(CH_3)-CHO$

f. $CH_3-CO-CCl_2-CH_2-CH_3$

g. $C_6H_5-CO-C_6H_5$

h. $CH_3-CHBr-CHBr-CO-CH_3$

i.

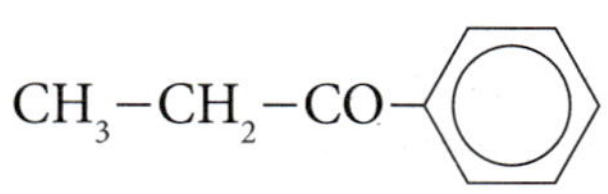

j. $CH_3-CH_2-CO-CH_2-CH_2-CH_3$

72 **Disponi i seguenti composti carbonilici in ordine crescente del punto di ebollizione.**

a. 4-eptanone

b. 2-metil-3-esanone

c. 2,4-dimetil-3-pentanone

73 **Rappresenta le equazioni delle seguenti reazioni specificando il nome dei prodotti.**

a. 2-pentanone (in presenza di un riducente)

b. pentanale (in presenza di un riducente)

74 **Rappresenta le formule razionali dei seguenti composti.**

a. acido 3-clorobutanoico

b. acido 2-idrossi-2-metilpropanoico

c. acido 4-metil-5-ossoesanoico

d. acetato di calcio

e. etanoato di propile

f. 2-metilpropanoato di etile

g. 2-metilpropanammide

h. *N*-etilpentanammide

i. acido 2,2-dimetilbutanoico

j. acido *m*-nitrobenzoico

75 **Assegna il nome IUPAC ai seguenti composti.**

a. $CH_3-CHBr-CH_2-CH_2-COOH$

b. 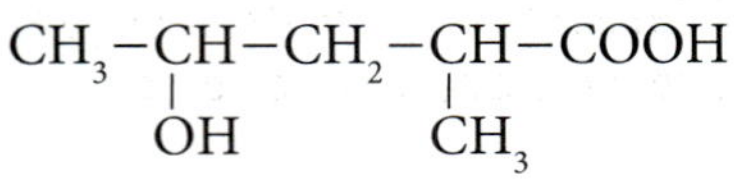

c. 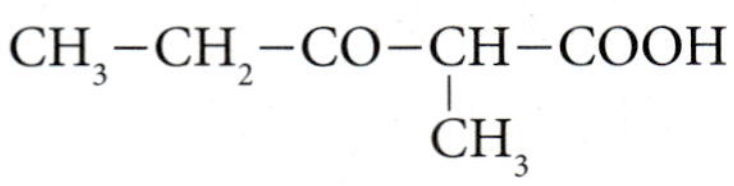

d. $CH_3-CH_2-CH_2-COOH$

e. 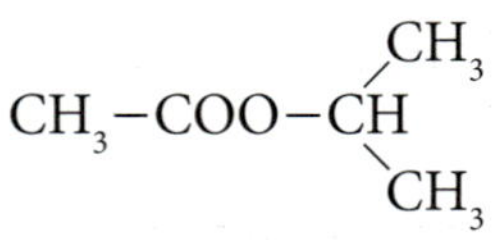

f. 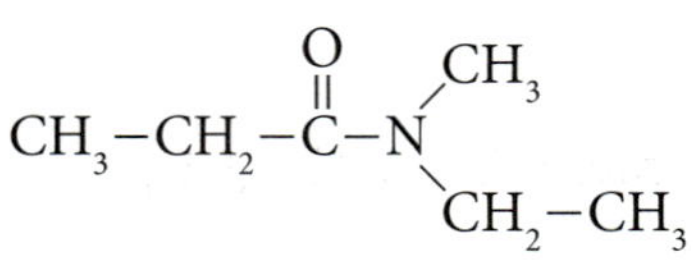

76 **Disponi i seguenti composti in ordine crescente del punto di ebollizione.**

a. acido acetico

b. acido formico

c. acido butirrico

77 **Disponi i seguenti composti in ordine di acidità crescente.**

a. $CH_3-CH_2-CH_2-COOH$

b. CH_3-CH_2-COOH

c. $CH_3-CH_2-CH_2-CH_2-COOH$

78 **Rappresenta le equazioni delle seguenti reazioni specificando il nome dei prodotti.**

a. acido etanoico + alcol metilico

b. acido propanoico + ammoniaca

c. acido butanoico + idrossido di potassio

79 **Rappresenta la formula razionale dei seguenti composti.**

a. amminopropano

b. 3-amminopentano

c. 3-metil-3-amminoesano

d. *N*-etilamminopropano

e. 3-*N*-metilamminopentano

f. *N*-metil-*N*-etilanilina

g. *N*-etil-*N*-metilamminopentano

h. metilpropilammina

i. etilisopropilammina

j. 3,5-dicloroanilina

k. 3-*N*,*N*-dimetilamminoesano

l. 3-ammino-2-butanolo

80 **Assegna il nome IUPAC ai seguenti composti.**

a. $CH_3-CH_2-CH_2-CH_2-NH_2$

b. 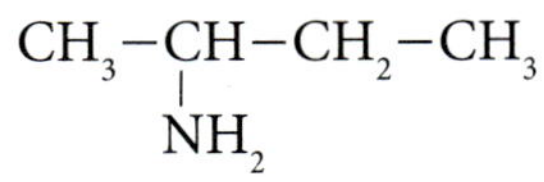

c. 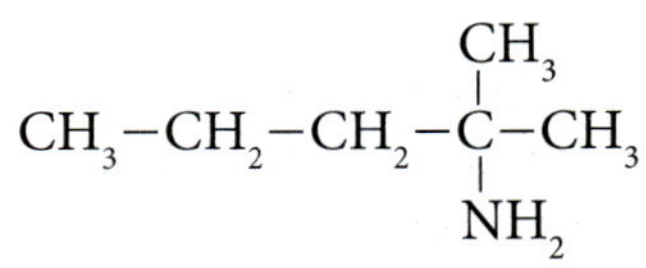

d. $CH_3-NH-CH_2-CH_3$

e. 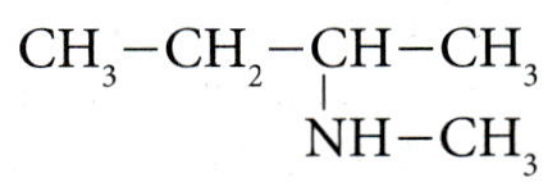

f. 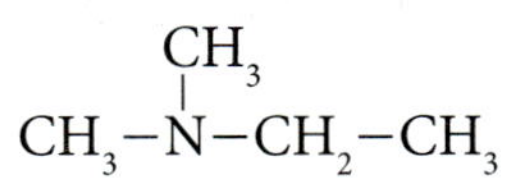

g. 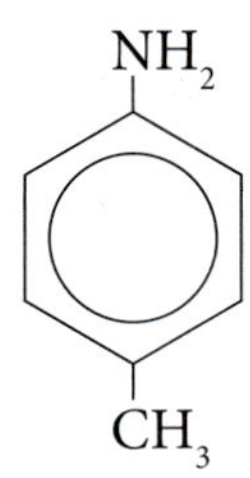

h. 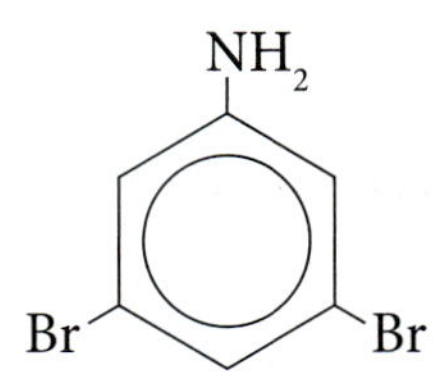

81 **Disponi i seguenti composti in ordine crescente del punto di ebollizione.**

a. 1-amminobutano

b. 1-butanolo

c. pentano

82 **Disponi i seguenti composti in ordine di basicità crescente.**

a. $CH_3-NH-CH_3$

b. $CH_3-CH_2-NH_2$

c. 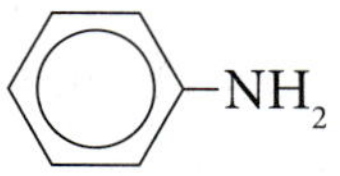

d. $CH_3-N(CH_3)-CH_3$

83 **Rappresenta le equazioni delle seguenti reazioni specificando il nome del prodotto.**

a. etilammina + acido iodidrico

b. trietilammina + acido bromidrico

84 **Rappresenta la formula razionale di un omopolimero costituito da tre monomeri di**

a. propilene

b. stirene

85 **L'1,1- dicloroetene e il cloruro di vinile formano un copolimero alternato. Rappresenta la formula di una catena costituita da quattro monomeri.**

86 **La bachelite è un polimero di condensazione ottenuto mediante la reazione tra il fenolo e la formaldeide. Sapendo che il gruppo metilenico $-CH_2$ è in posizione orto e/o para rispetto all'ossidrile fenolico, rappresenta la formula del polimero costituito da sei monomeri.**

TEST YOURSELF

87 **Put the following halides in ascending order of boiling point.**

a. bromopropane

b. chloropropane

c. fluoropropane

d. iodopropane

88 **Draw the reaction between glycerol and nitric acid specifying the name of the product.**

89 **Draw the nucleophilic addition reaction (in the presence of an acid catalyst) of the formaldehyde with methanol.**

90 **Put the following carboxylic acids in ascending order of acidity.**

a. $CH_3-CH_2-CH_2-COOH$

b. $CH_3-CH_2-CH_2-CH_2-COOH$

c. CH_3-CH_2-COOH

91 **Put the following compounds in ascending order of boiling point.**

a. $CH_3-CH_2-CH_2-NH_2$

b. $CH_3-NH-CH-CH_3$

c. $CH_3-N(CH_3)-CH_3$

VERSO L'UNIVERSITÀ

92 **Qual è il nome sistematico IUPAC del composto organico con formula $CH_3CBr_2CH(OH)(CH_2)_4CH_3$?**

Ⓐ 2,2-dibromo-ottan-3-olo

Ⓑ 2,2-dibromo-eptan-3-olo

Ⓒ 7,7-dibromo-eptan-6-olo

Ⓓ 7,7-dibromo-ottan-1-olo

Ⓔ 2,2-dibromo-ottan-2-olo

[dalla prova di ammissione a Medicina e Chirurgia e in Odontoiatria e Protesi Dentaria, anno 2015]

93 **Un alcol primario può essere ossidato a dare prima una aldeide e poi un acido carbossilico. Quale delle seguenti sequenze rappresenta l'ordine corretto di queste reazioni?**

Ⓐ $C_4H_9CH_2OH$, C_4H_9CHO, $C_4H_9COOCH_3$

Ⓑ $CH_3CH(OH)CH_3$, CH_3COCH_3, CH_3CH_2COOH

Ⓒ HCOOH, HCHO, CH_3OH

Ⓓ $CH_2{=}CH_2$, CH_3CHO, CH_3COOH

Ⓔ $CH_3CH_2CH_2CH_2OH$, $CH_3CH_2CH_2CHO$, $CH_3CH_2CH_2COOH$

[dalla prova di ammissione a Medicina e Chirurgia e in Odontoiatria e Protesi Dentaria, anno 2014]

94 **La seguente struttura organica $CH_3COOCH_2CH_3$ corrisponde a**

Ⓐ un acido carbossilico Ⓑ un etere

Ⓒ un estere Ⓓ un chetone

Ⓔ un fenolo

[dalla prova di ammissione a Medicina e Chirurgia e in Odontoiatria e Protesi Dentaria, anno 2012]

VERSO L'ESAME

CLASSIFICA

95 **Classifica le seguenti reazioni come sostituzioni, addizioni o eliminazioni.**

a. alogenazione degli alcheni

b. disidratazione degli alcoli

c. esterificazione

COLLEGA

96 A temperatura ambiente la condensazione di acido etanoico (acido acetico) e ammoniaca in etanammide e acqua non avviene: considerate le proprietà chimiche dei reagenti.

a. **Ipotizza quale altra reazione avviene.**

b. **Per favorire l'allontanamento dell'acqua e spostare la reazione di condensazione verso destra, la temperatura viene portata al di sopra dei 100 °C: qual è il principio applicato?**

COLLEGA

97 Confronta la reazione di dissociazione acida del fenolo con quella degli acidi carbossilici.
Quale fattore comune puoi individuare?

OSSERVA E CONFRONTA

98 **Osserva le immagini dei diversi modellini molecolari dell'acido lattico, collega i simboli (forme e colori) al loro significato (atomi, legami ecc.) e spiega se un modello è una rappresentazione della realtà o una sua riproduzione fedele.**

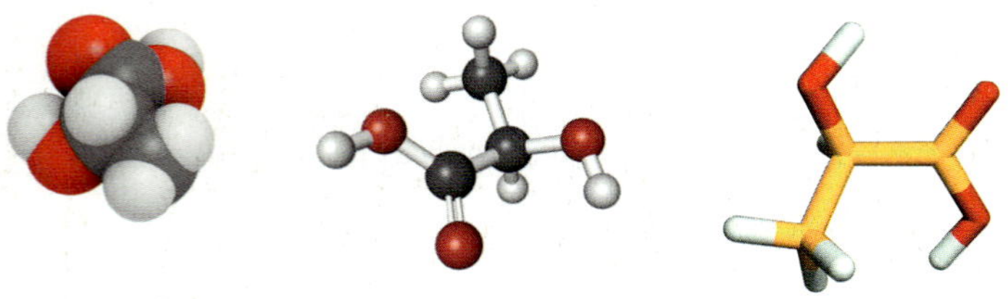

IPOTIZZA E ARGOMENTA

99 A temperatura e pressione ambiente gli isomeri rappresentati in figura, etanolo ed etere dimetilico, presentano rispettivamente stato liquido e stato gassoso.
Ipotizza una motivazione per tale differenza, facendo riferimento alla tipologia di legami intermolecolari che si possono formare nei due composti.

IPOTIZZA

100 Alcuni farmaci antinfiammatori non steroidei (FANS) sono acidi organici: uno di essi è il ketoprofene, derivato dell'acido propanoico. Se tali farmaci vengono fatti reagire con una base organica si forma un sale. Il sale di lisina, spesso adoperato come farmaco ad azione rapida, viene assorbito in misura maggiore rispetto al ketoprofene perché più solubile nell'ambiente acquoso corporeo.
Ipotizza la motivazione della differenza di solubilità in acqua tra il ketoprofene e il suo sale di lisina.

IPOTIZZA

101 Il PLA o acido polilattico, un polimero di condensazione dell'acido lattico, è un materiale plastico, che possiede sia un gruppo funzionale carbossilico sia un gruppo funzionale alcolico.

a. **Quale pensi possa essere il gruppo funzionale risultante dal processo di condensazione?**

b. **L'acido lattico è una molecola chirale: quale processo si potrebbe usare per produrre selettivamente un solo enantiomero di tale molecola, da usare come materia prima?**

RICERCA E RIFLETTI

102 Plinio il Vecchio, in *Naturalis historia*, riportava l'utilità per i malati di gotta del trattamento con decotto di foglie e corteccia di salice in vino. In effetti, l'acido salicilico possiede una lieve attività antinfiammatoria, nota fino da tempi antichi. Tuttavia, nella seconda metà dell'Ottocento, una semplice modifica chimica dell'acido salicilico ha permesso la sintesi dell'acido acetilsalicilico, che ha un potere antinfiammatorio molto maggiore. Nel corpo, il gruppo acetilico si stacca dall'Aspirina® e forma un legame covalente con una proteina, inattivandola: tale inibizione, al contrario di un legame debole, è irreversibile ed è alla base degli effetti del farmaco.
Cerca e confronta la formula di struttura dell'acido salicilico con quella dell'acido acetilsalicilico e riconosci i gruppi funzionali presenti nelle due molecole.
Spiega poi se l'acido salicilico può inibire la proteina come l'acido acetilsalicilico oppure no e perché.

IPOTIZZA

103 Nonostante molti idrocarburi siano percepiti dal nostro olfatto, gli aromi naturali sintetizzati nelle cellule vegetali sono costituiti da composti funzionalizzati, quali alcoli (mentolo), composti carbonilici (citrale) e carbossilici (acetato di isopentile).
Gli idrocarburi presentano odori simili tra loro, mentre gli aromi naturali hanno odori molto diversi: come spieghi questa differenza?

CAPITOLO

B1 Biochimica: le biomolecole

LEZIONE

1 I carboidrati

I carboidrati o glucidi sono una classe di molecole organiche (costituite da carbonio, idrogeno e ossigeno) particolarmente diffuse nella biosfera. Hanno un rilevante ruolo biologico assolvendo tre funzioni principali: energetica, di riserva e strutturale.

LEZIONE

2 I lipidi

I lipidi sono molecole organiche chimicamente eterogenee, insolubili in acqua, ma con una spiccata solubilità in solventi organici apolari. Sono molecole fondamentali nel metabolismo cellulare, assolvendo le funzioni di riserva energetica, strutturale e di regolazione.

LEZIONE

3 Gli amminoacidi e le proteine

Gli amminoacidi sono venti, di cui otto non possono essere sintetizzati dal metabolismo cellulare (amminoacidi essenziali). Le proteine sono polimeri costituiti da amminoacidi uniti da un legame peptidico.

LEZIONE

4 I nucleotidi e gli acidi nucleici

I nucleotidi sono i monomeri degli acidi nucleici e sono costituiti da tre classi di molecole: un aldopentoso (ribosio, nel RNA, o desossiribosio, nel DNA), una base eterociclica azotata (adenina, citosina, guanina, timina, uracile) e un gruppo fosfato.

1 I carboidrati

1 Le biomolecole sono le molecole dei viventi

Le biomolecole sono la componente più significativa dei composti organici presenti negli organismi viventi; formano la struttura delle cellule e nello stesso tempo rappresentano i protagonisti del metabolismo cellulare.

Molte biomolecole sono biopolimeri costituiti dall'unione di un numero elevato di monomeri. Le biomolecole sono riconducibili a quattro classi fondamentali: **carboidrati**, **lipidi**, **proteine** e **acidi nucleici**. Fanno da complemento a queste classi le *vitamine* e gli *ormoni*.

- I carboidrati assolvono funzioni energetiche, di riserva energetica e strutturali.
- I lipidi costituiscono una riserva energetica, ma svolgono anche una funzione strutturale.
- Le proteine svolgono ruoli biologici fondamentali (strutturale, catalitica, di regolazione) nel metabolismo cellulare.
- Gli acidi nucleici rappresentano le biomolecole nelle quali sono codificati i geni e pertanto sono responsabili della conservazione, trasmissione ed espressione dell'informazione ereditaria.

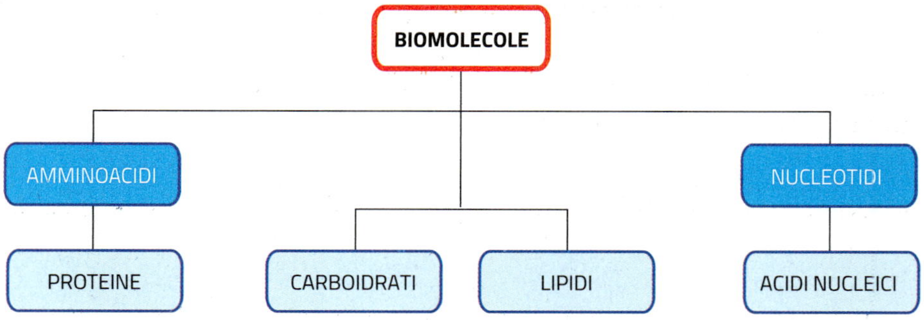

2 I carboidrati: monosaccaridi, oligosaccaridi e polisaccaridi

I **carboidrati** o **glucidi** sono biomolecole monomeriche o polimeriche costituite da due o più gruppi idrossido (—OH) e da un gruppo aldeidico (—CHO) o un gruppo chetonico (>C=O).

I carboidrati rappresentano in assoluto le biomolecole più diffuse nella biosfera e hanno un'enorme importanza biologica assolvendo ruoli *energetici* (glucosio, fruttosio), di *riserva energetica* (amido e glicogeno, presenti rispettivamente negli organismi vegetali e animali) e *strutturale* (cellulosa).

Nei primi composti analizzati, il rapporto tra idrogeno e ossigeno risultò essere di 2 : 1. Lo stesso rapporto si ritrova nella molecola d'acqua e pertanto questi composti furono denominati *idrati di carbonio* o *carboidrati*. In realtà lo stesso rapporto tra idrogeno e ossigeno è presente anche in composti che non sono carboidrati e inoltre alcuni carboidrati presentano un rapporto diverso da 2 : 1.

In base alla complessità della loro struttura, i carboidrati sono classificati in **monosaccaridi**, **oligosaccaridi** e **polisaccaridi** (figura **1**) a seconda che siano costituiti da un solo monomero, da pochi oppure da un numero elevato di monomeri legati a costituire un polimero.

Le tre classi di carboidrati sono in relazione tramite la reazione di idrolisi, ovvero per addizione di acqua, in presenza di un catalizzatore acido H^+:

$$\text{polisaccaride} + \text{acqua} \xrightarrow{H^+} \text{oligosaccaride} + \text{acqua} \xrightarrow{H^+} \text{monosaccaride}$$

LE PAROLE

I carboidrati sono denominati anche **glucidi** (dal greco: *glukos* = dolce) per il sapore dolce di alcuni di questi composti.

Figura **1** **I polisaccaridi** Nel grano è presente l'amido, un polisaccaride.

LE PAROLE

Per classificare i carboidrati si utilizza il termine **saccaride** (dal latino: *saccharum* = zucchero) per il sapore dolce di alcuni di essi.

3 I monosaccaridi comprendono aldosi e chetosi

I **monosaccaridi** o **zuccheri semplici** sono carboidrati che per idrolisi non sono suddivisibili in composti più semplici.

I monosaccaridi sono distinti in **aldosi** e **chetosi** a seconda che il gruppo carbonile presente sia aldeidico o chetonico. A seconda del numero di atomi di carbonio presente nella loro molecola possono essere classificati in triosi, tetrosi, pentosi, esosi ed eptosi. Entrambi i sistemi di classificazione possono essere considerati con un unico termine: un monosaccaride con il gruppo aldeidico e quattro atomi di carbonio è un aldotetroso.

L'aldoso e il chetoso più semplici sono due triosi, il 2,3-diidrossipropanale (nome comune *gliceraldeide*) e il diidrossipropanone (nome comune *diidrossiacetone*):

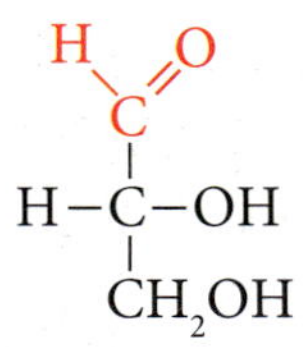

gliceraldeide

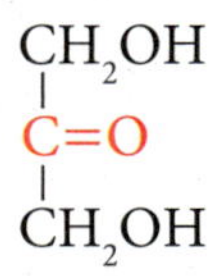

diidrossiacetone

I monosaccaridi più noti e più diffusi sono il ribosio e il desossiribosio, il glucosio, il galattosio e il fruttosio (figura 2):

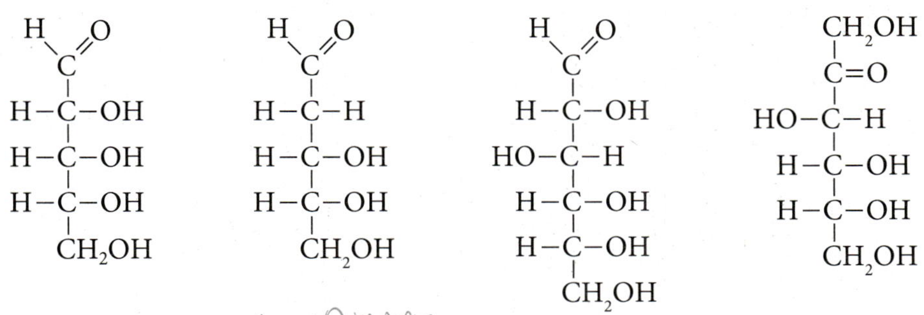

ribosio, desossiribosio: aldopentosi; glucosio: aldoesoso; fruttosio: chetoesoso

4 La chiralità: proiezioni di Fischer

Le molecole dei monosaccaridi, tranne il diidrossiacetone, hanno uno o più stereocentri (simbolo *C), quindi si presentano sotto forma di due o più **enantiomeri**; i monosaccaridi sono molecole **chirali**.

Per la presenza di uno stereocentro, la gliceraldeide si presenta sotto forma di due enantiomeri: uno destrogiro, (+)-gliceraldeide, e l'altro levogiro, (−)-gliceraldeide.

Usando le proiezioni prospettiche, i due enantiomeri sono così rappresentati:

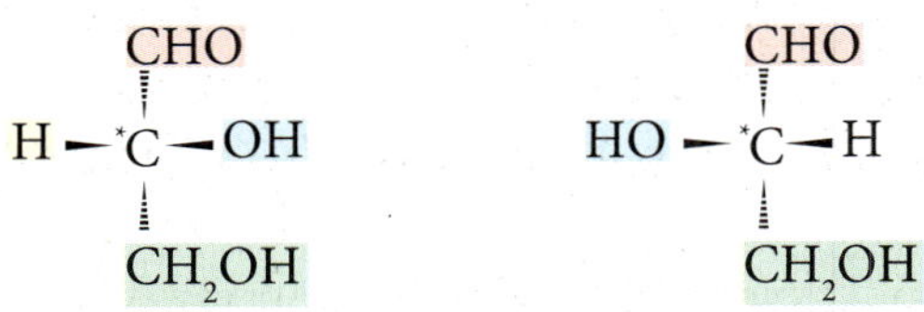

(+)-gliceraldeide (−)-gliceraldeide

TI RICORDI?
Il **gruppo carbonile** è distinto in aldeidico e chetonico: il primo è presente all'estremità di una catena carboniosa alifatica e il secondo al suo interno.

TI RICORDI?
Il **ribosio** e il **desossiribosio** sono due aldopentosi presenti tra i costituenti dei nucleotidi del RNA e del DNA.

Figura 2 **I monosaccaridi** Il fruttosio è lo zucchero più comune nella frutta e nel miele.

TI RICORDI?
Uno **stereocentro** è un atomo di carbonio ibridato sp^3 legato a quattro atomi o a gruppi atomici diversi.

TI RICORDI?
Gli **enantiomeri** sono due stereoisomeri che differiscono nella disposizione spaziale per essere l'uno l'immagine speculare dell'altro non sovrapponibili.

Nel 1881 il chimico tedesco Emil Fischer propose di rappresentare le formule di due enantiomeri con formule planari (bidimensionali) dette **proiezioni di Fischer**, in cui lo stereocentro è identificato dall'intersezione di due segmenti perpendicolari: il segmento orizzontale evidenzia i gruppi situati sopra il piano del foglio, il segmento verticale evidenzia i gruppi situati sotto il piano del foglio.

Rappresentando i monosaccaridi con le proiezioni di Fischer si deve:

a. disporre la catena carboniosa verticalmente con *in alto il gruppo carbonile* (aldeidico e chetonico);
b. omettere il simbolo dell'atomo (o degli atomi) di carbonio che è uno stereocentro (*C);
c. numerare gli atomi di carbonio *dall'alto verso il basso.*

Utilizzando le proiezioni di Fischer, i due enantiomeri della gliceraldeide sono così rappresentati:

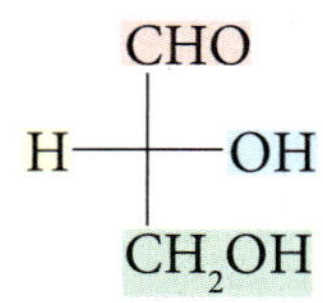
(+)-gliceraldeide

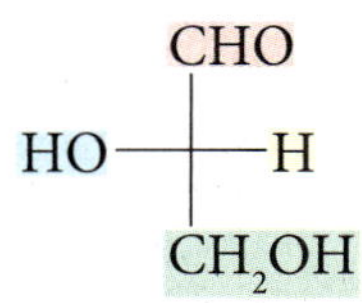
(−)-gliceraldeide

Fischer stabilì inoltre di assegnare convenzionalmente alla configurazione della (+)-gliceraldeide, quella con l'ossidrile (−OH) a destra, la lettera D e al suo enantiomero, la (−)-gliceraldeide, quello con l'ossidrile a sinistra, la lettera L:

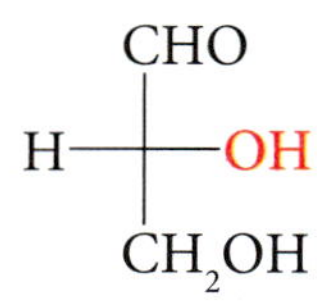
D-(+)-gliceraldeide

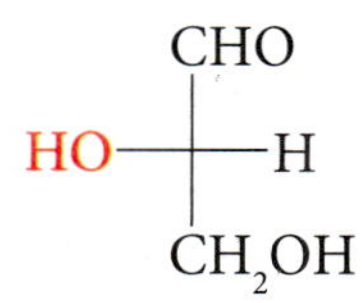
L-(−)-gliceraldeide

Figura 3 Lo zucchero d'uva Attraverso un processo di purificazione, dall'uva si ottiene una miscela di monosaccaridi composta per il 50% da fruttosio, per il 48% da glucosio e per il 2% da altri pentosi ed esosi.

Questo sistema venne esteso da Fischer agli altri monosaccaridi nel modo seguente:

- se lo stereocentro più lontano dal gruppo aldeidico o chetonico ha l'ossidrile a *destra*, il composto è un monosaccaride della serie D;
- se la configurazione del carbonio stereogeno più lontano ha l'ossidrile a *sinistra*, il composto è un monosaccaride della serie L.

La maggior parte dei monosaccaridi presenti in natura è della serie D.

Gli enantiomeri del glucosio (**figura 3**) e del fruttosio sono così rappresentati con le proiezioni di Fischer:

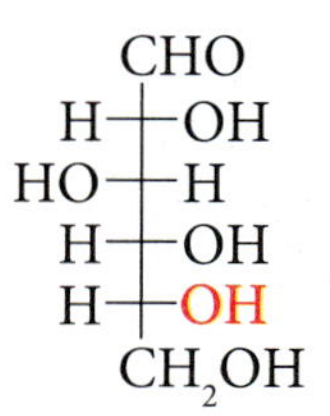
D-(+)-glucosio

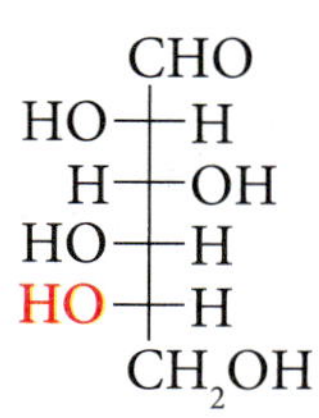
L-(−)-glucosio

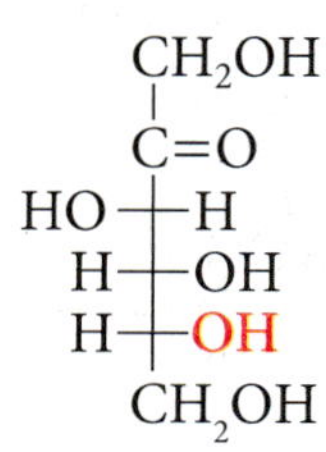
D-(−)-fruttosio

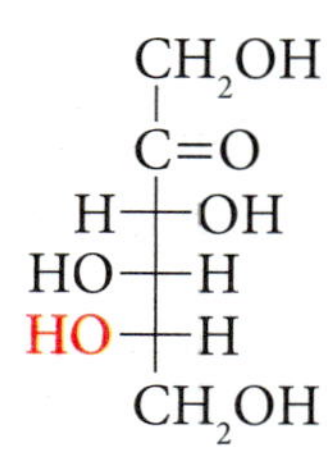
L-(+)-fruttosio

Per una molecola che contiene n stereocentri, il numero totale degli isomeri ottici è dato da 2^n. Per gli aldoesosi (in cui sono presenti 4 stereocentri) si hanno in tal modo sedici isomeri ($2^4 = 16$): otto della serie D (con il gruppo OH sull'atomo C-5 a destra) e otto della serie L (con il gruppo OH sull'atomo C-5 a sinistra).

5 Le strutture cicliche dei monosaccaridi

In acqua la struttura prevalente dei monosaccaridi (in particolare negli esosi) non è aciclica (rappresentata con le proiezioni di Fischer) ma **ciclica** o **emiacetalica**.

Il gruppo carbonile delle aldeidi e dei chetoni infatti reagisce velocemente con il gruppo ossidrile degli alcoli per formare emiacetali.

Nei monosaccaridi la reazione tra i due gruppi, il carbonile e l'ossidrile (presenti all'interno della stessa molecola), conduce alla formazione di una struttura emiacetalica ciclica. Tra la forma aperta e quella ciclica esiste un equilibrio che è notevolmente spostato verso la forma ciclica.

Negli **aldoesosi** (D-glucosio) l'anello è ottenuto per addizione nucleofila del gruppo ossidrile del C-5 al gruppo aldeidico in C-1 ed è costituito da cinque atomi di carbonio e da uno di ossigeno:

D-glucosio

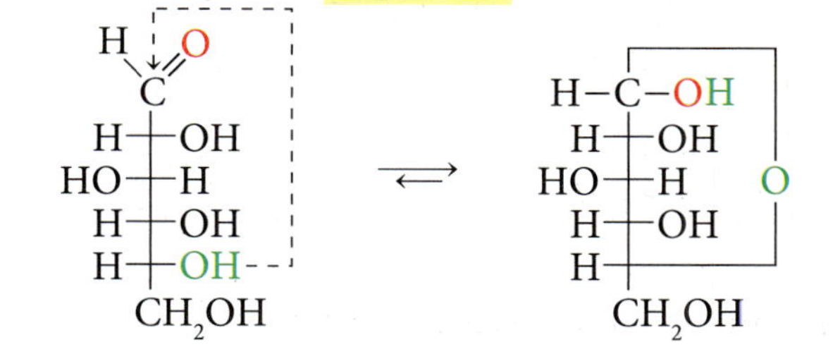

forma aperta-Fischer   forma ciclica-Fischer

> TI RICORDI?
>
> L'**emiacetale** o **semiacetale** è un composto che presenta sullo stesso atomo di carbonio una funzione alcolica (–OH) e una funzione eterea (–O–).

Le proiezioni di Haworth

La forma ciclica degli aldosi è quindi un anello esatomico ed eterociclico che si rappresenta con le **proiezioni di Haworth** in cui l'atomo di ossigeno è posto in alto a destra dell'anello e gli atomi di carbonio sono numerati e disposti in senso orario a partire dal C-1 a destra.

Gli ossidrili, che nelle proiezioni di Fischer si trovano a destra, stanno *sotto* il piano dell'anello nelle proiezioni di Haworth (viceversa, gli ossidrili di sinistra delle proiezioni di Fischer stanno *sopra* nelle proiezioni di Haworth). Il gruppo terminale $-CH_2OH$ sta *sopra* nelle proiezioni di Haworth negli aldoesosi della serie D e *sotto* in quelle della serie L. Si può utilizzare anche una rappresentazione in cui gli atomi di idrogeno si omettono e si evidenzia solo la presenza degli ossidrili:

D-glucosio

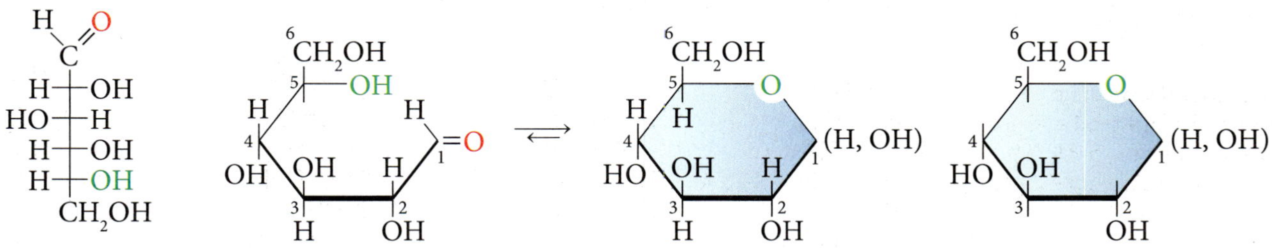

proiezione di Fischer   forma aldeidica aciclica   proiezione di Haworth

Il gruppo OH e l'atomo H legati al C-1 possono trovarsi sopra o sotto, quindi vengono scritti in modo generico nella forma (H, OH).

LE PAROLE

Il termine **anomerico** (dal prefisso *an-* e dal greco: *meros* = parte) indica due stereoisomeri che non sono l'uno l'immagine speculare dell'altro.

Nei **chetoesosi** (D-fruttosio) la forma ciclica, ottenuta per addizione nucleofila del gruppo ossidrile del C-5 al gruppo chetonico in C-2, è costituita da quattro atomi di carbonio e da un atomo di ossigeno e, quindi, l'anello è pentatomico ed eterociclico:

D-fruttosio

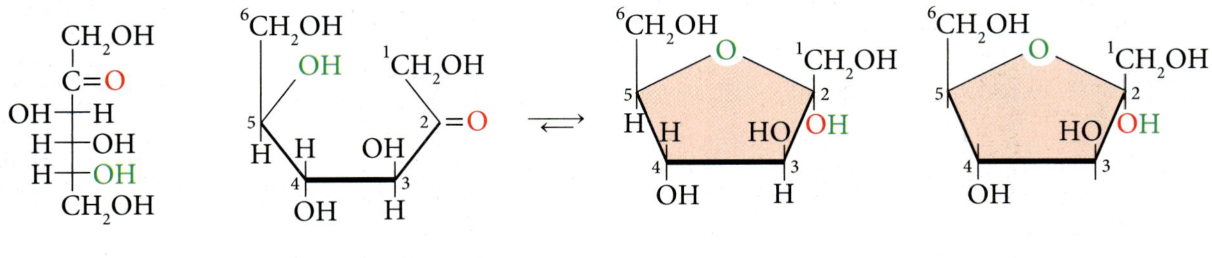

proiezione di Fischer — forma chetonica aciclica — proiezione di Haworth (anomero α)

PER SAPERNE DI PIÙ

Anomeria e mutarotazione

La ciclizzazione dei monosaccaridi porta alla formazione di un atomo di carbonio *emiacetalico* (il C-1 nel D-glucosio, il C-2 nel D-fruttosio). Infatti, è contemporaneamente il carbonio di un alcol e di un etere, essendo legato sia a un gruppo ossidrile sia a un atomo di ossigeno.

Il carbonio emiacetalico, che nella forma aldeidica o chetonica aciclica non è uno *stereocentro*, nella struttura ciclica lo diventa, essendo legato a quattro gruppi diversi (nel glucosio: H, OH, OC-5 e C-2).

Un atomo di carbonio, emiacetalico e stereocentro, si chiama **carbonio anomerico**.

In conseguenza del nuovo stereocentro sono possibili due stereoisomeri detti **anomeri** che vengono distinti in α e β a seconda della posizione del gruppo ossidrile. Per i monosaccaridi della serie D il gruppo OH è diretto verso il *basso* nell'anomero α *e* verso l'*alto* in quello β:

I due stereoisomeri α e β del glucosio hanno proprietà fisiche diverse (temperatura di fusione, rotazione ottica specifica).

Le due forme α e β del D-glucosio in acqua si interconvertono l'una nell'altra. Quando l'α-D-glucosio va in soluzione in acqua, la rotazione ottica specifica *diminuisce* gradualmente dal valore iniziale di +112° a un valore costante di +52°.

Se è il β-D-glucosio ad andare in soluzione, la rotazione ottica specifica *aumenta* gradualmente dal valore iniziale di +19° al valore costante di +52°.

La variazione di rotazione ottica associata alla interconversione degli anomeri si chiama **mutarotazione**.

Il fenomeno si giustifica con la reversibilità del processo di formazione degli emiacetali. In acqua, la forma ciclica emiacetalica α o β si apre per dare l'aldeide aciclica, la quale poi ciclizza di nuovo per dare la forma α o β, fino al raggiungimento di un equilibrio tra le due forme.

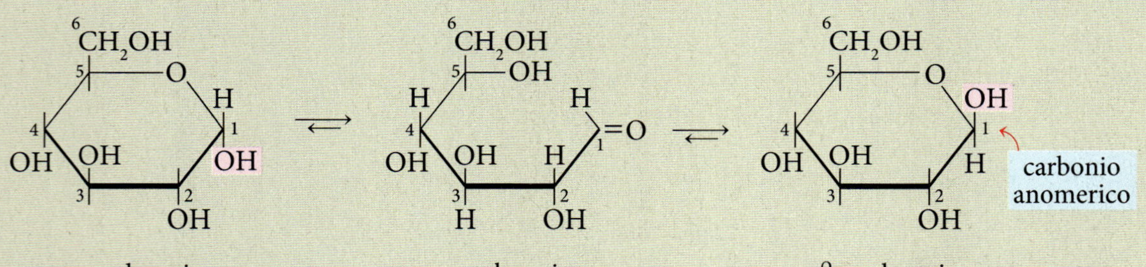

α-D-glucosio
t_f=146 °C
[α]=+112°

D-glucosio
forma aldeidica aciclica

β-D-glucosio
t_f=150 °C
[α]=+19°

6 Le reazioni dei monosaccaridi

Poiché i monosaccaridi contengono il gruppo aldeidico o chetonico, daranno le reazioni tipiche del gruppo carbonile (reazioni di riduzione e di ossidazione).

La reazione di riduzione

La reazione di **riduzione** interessa il gruppo carbonile degli aldosi e dei chetosi nella forma aciclica, in equilibrio con l'emiacetale ciclico. In presenza di un riducente, il gruppo carbonile si riduce e il prodotto che si ottiene è un poliolo detto **alditolo**.

La reazione di riduzione del D-glucosio porta alla formazione del D-glucitolo (conosciuto commercialmente con il nome di *sorbitolo*), che trova impiego come dolcificante alimentare in sostituzione del saccarosio (figura **4**):

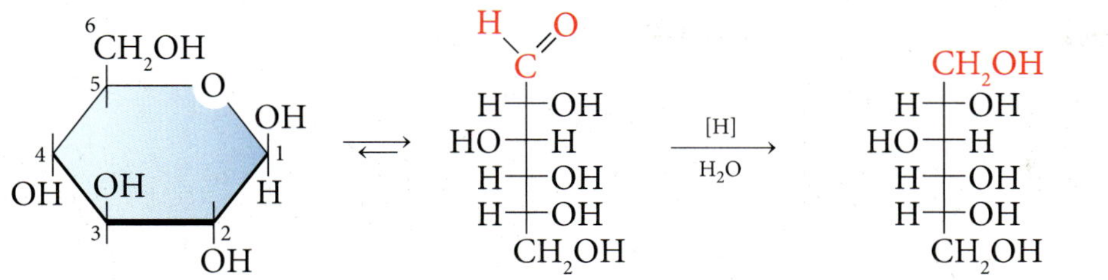

β-D-glucosio forma ciclica — D-glucosio forma aciclica — D-glucitolo o sorbitolo poliolo

Figura **4** **Il sorbitolo** Prende il nome dal frutto del sorbo, in cui è molto abbondante.

Man mano che la forma aciclica viene ridotta, l'equilibrio si sposta a *destra* così che, alla fine, tutto il monosaccaride è convertito in poliolo.

La reazione di ossidazione

La reazione di **ossidazione** interessa il gruppo *aldeidico* degli aldosi nella forma aciclica, in equilibrio con la forma ciclica. In presenza di un ossidante, il gruppo aldeidico si ossida con formazione di acidi carbossilici detti **acidi aldonici**. Gli agenti ossidanti utilizzati sono il **reattivo di Tollens** (soluzione basica contenente ioni Ag^+) e il **reattivo di Fehling** (soluzione basica contenente ioni Cu^{2+}), che vengono *ridotti* rispettivamente ad argento metallico che si deposita sulla parete della provetta (specchio d'argento), e a ossido di rame(I) che precipita (figura **5**). Per esempio, la reazione di ossidazione del β-D-galattosio forma l'acido D-galattonico:

A COLPO D'OCCHIO

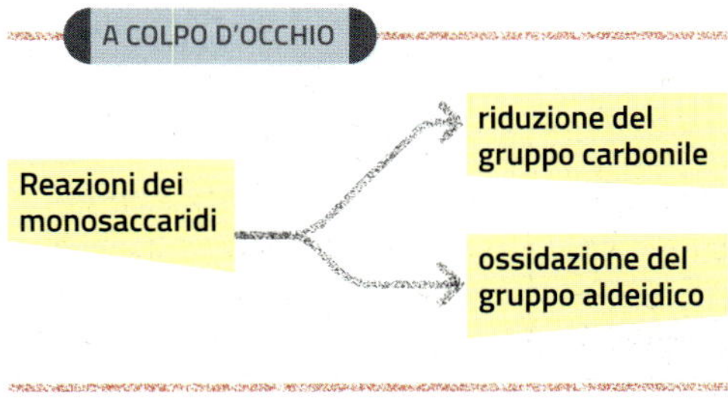

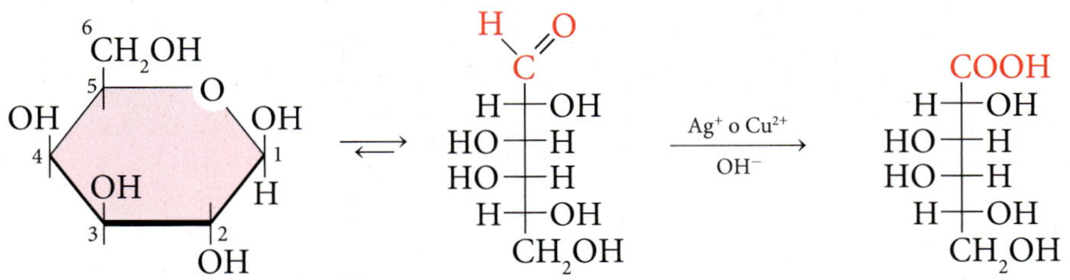

β-D-galattosio forma ciclica — D-galattosio forma aciclica — acido D-galattonico

Un aldoso che reagisce con il reattivo di Tollens o di Fehling si chiama **zucchero riducente**, in quanto l'ossidazione del gruppo aldeidico è accompagnata dalla riduzione degli ioni argento Ag^+ o degli ioni rame Cu^{2+}.

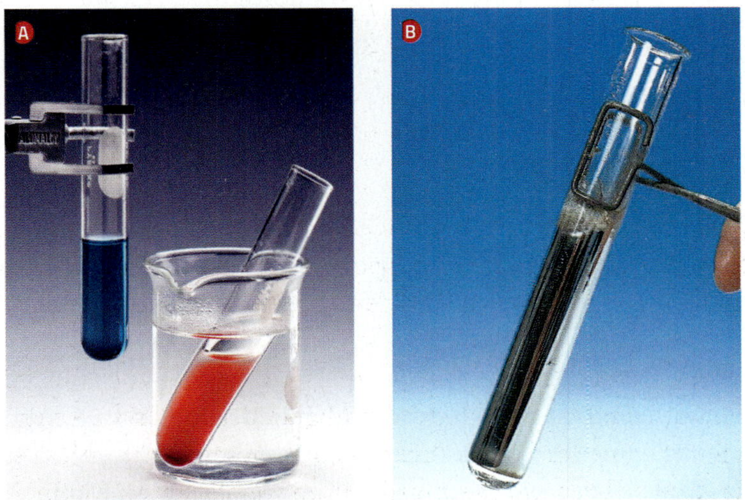

Figura **5** **I saggi di Fehling e di Tollens** (A) Nella reazione di ossidazione con il reattivo di Fehling, lo ione Cu^{2+} (blu) si riduce a Cu^+, che precipita come Cu_2O (rosso). (B) Nel saggio di Tollens lo ione argento viene ridotto dalle aldeidi ad argento metallico, che si deposita sotto forma di specchio lungo le pareti della provetta.

7 I disaccaridi sono costituiti da due monomeri

Gli oligosaccaridi sono carboidrati costituiti dall'unione di pochi monosaccaridi (da due a dieci). La classe più semplice, ma più importante, è rappresentata dai disaccaridi:

I **disaccaridi** sono carboidrati costituiti da due unità di monosaccaridi (uguali o diverse) uniti da un legame glicosidico.

TI RICORDI?

L'**acetale** è un composto che presenta sullo stesso atomo di carbonio due funzioni eteree (–O–).

La reazione che porta alla formazione del disaccaride avviene fra il gruppo ossidrilico del carbonio anomerico di un'unità e un gruppo ossidrile dell'altra unità; si ha eliminazione di una molecola d'acqua e quindi è una **reazione di condensazione** tra due unità emiacetaliche. Il disaccaride che si forma è un **acetale** e il legame acetalico che unisce i due monomeri viene chiamato legame **glicosidico**.

Frequente è il legame glicosidico tra il C-1 del primo monosaccaride e il C-4 del secondo; tale legame è quindi chiamato legame **1,4-glicosidico**:

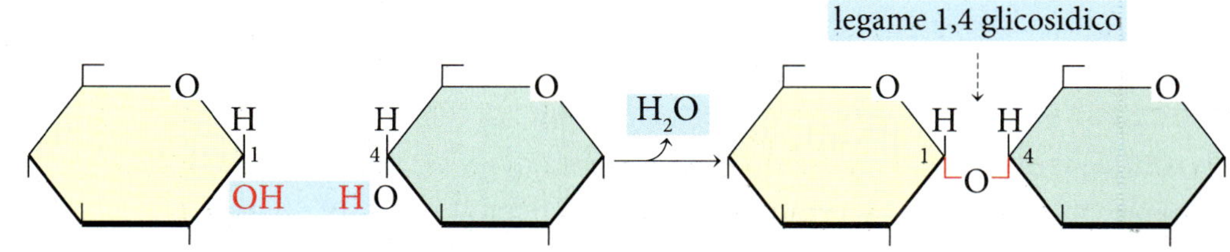

Figura 6 **I disaccaridi** Il saccarosio si ricava dalla canna da zucchero.

Il legame glicosidico può essere di tipo α o di tipo β, a seconda che sia α o β il gruppo ossidrile del carbonio anomerico impegnato nella formazione del legame. Per esempio, quello mostrato sopra è un legame 1,4 di tipo α.

I disaccaridi, in presenza di un catalizzatore acido o di un enzima, possono essere suddivisi nei due monosaccaridi costituenti con la reazione di **idrolisi**.

I disaccaridi più comuni sono il *lattosio*, il *maltosio* e il *saccarosio* (figura **6**) e, poiché si formano dalla condensazione di due molecole di esosi, hanno la stessa formula molecolare ($C_{12}H_{22}O_{11}$) ma una diversa formula di struttura.

Il lattosio

Il **lattosio**, che è il principale zucchero del latte, si forma per condensazione di una molecola di β-D-galattosio e di una molecola di β-D-glucosio. Il legame è 1,4-β-glicosidico (figura **7**).

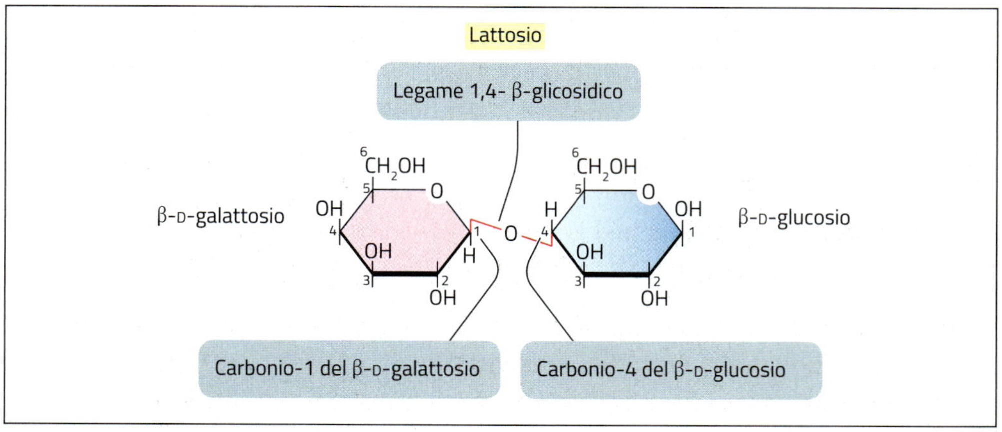

Figura 7 **La molecola del lattosio** Nel lattosio è presente un legame β-glicosidico tra il C-1 del β-D-galattosio e il C-4 del β-D-glucosio.

In alcuni bambini, subito dopo la nascita si può manifestare una malattia ereditaria del metabolismo che si chiama **galattosemia**. Questa patologia è causata dalla mancanza dell'enzima capace di isomerizzare il galattosio in glucosio. La patologia, che è responsabile di un deficit nello sviluppo intellettivo e somatico, è in relazione a una dieta ricca di lattosio che comporta un accumulo di galattosio nei tessuti. Affinché la malattia non si manifesti, è necessario eliminare il latte dalla dieta.

Il maltosio

Il **maltosio**, che si trova nell'amido di mais e nei semi in germinazione, si forma per condensazione di due molecole di α-D-glucosio. Il legame è 1,4-α-glucosidico (figura 8).

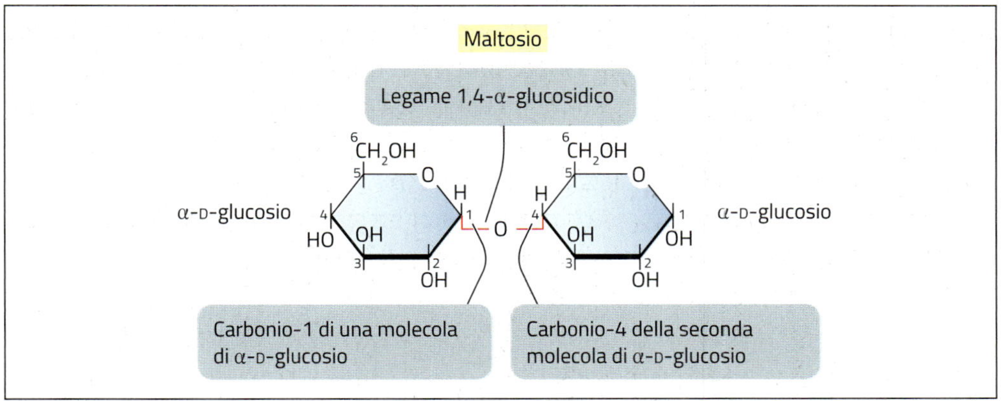

Figura 8 La molecola del maltosio Nel maltosio, è presente un legame α-glicosidico tra le due molecole di α-D-glucosio.

Da evidenziare che lattosio e maltosio, presentando un gruppo emiacetalico libero, si comportano come **zuccheri riducenti**.

Il saccarosio

Il **saccarosio**, lo zucchero da tavola che si ricava dalla canna da zucchero e dalla barbabietola, si forma per condensazione di una molecola di α-D-glucosio e una molecola di β-D-fruttosio. Il legame è 1,2-α-glicosidico (figura 9). Per l'assenza di un gruppo emiacetalico libero, il saccarosio è uno **zucchero non riducente**.

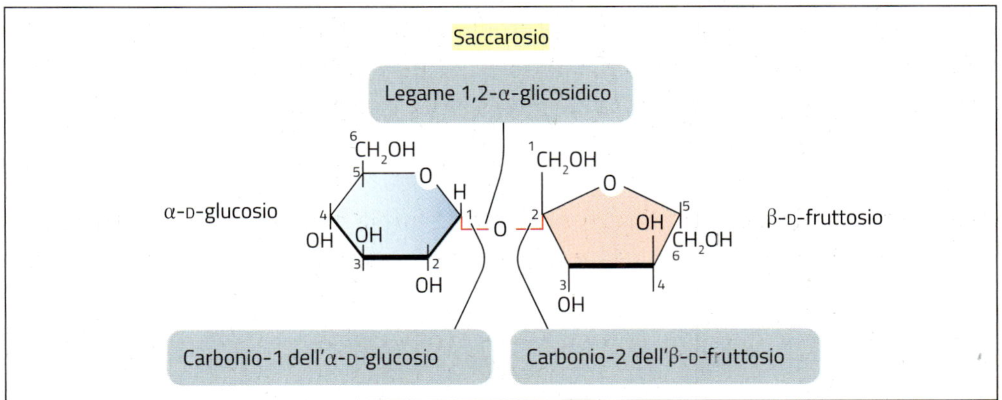

Figura 9 La molecola del saccarosio Nel saccarosio, è presente un legame α-glicosidico tra il C-1 dell'α-D-glucosio e il C-2 del β-D-fruttosio.

8 I polisaccaridi sono lunghe catene di monosaccaridi

I **polisaccaridi** sono carboidrati costituiti da un numero elevato di monosaccaridi legati tra loro da legami glicosidici.

I polisaccaridi più diffusi in natura sono l'amido, il glicogeno e la cellulosa e sono tutti polimeri del glucosio. Poiché questi composti non hanno gruppi emiacetalici liberi (tranne quello alla fine della lunga catena), sono **zuccheri non riducenti**.

L'amido

L'**amido** (figura 10) è il più importante carboidrato che svolge la funzione di riserva energetica negli organismi vegetali. L'amido, formato da unità di α-glucosio, è costituito da due polimeri: l'amilosio e l'amilopectina.

Figura 10 L'amido Questo polisaccaride è presente nei cereali, come il riso, e nelle patate.

L'**amilosio** è costituito da unità di glucosio, unite da legami 1,4-α-glicosidici, che formano delle catene lineari (figura **11**). L'amilosio è solubile in acqua.

L'**amilopectina** è formata da catene lineari di unità di glucosio legate da legami 1,4-α-glicosidici, che si inseriscono lateralmente con legami 1,6-α-glicosidici a formare una struttura ramificata (figura **12**). L'amilopectina è insolubile in acqua.
Sia l'amilosio sia l'amilopectina, per idrolisi, danno molecole di maltosio che, successivamente, si idrolizzano completamente in glucosio.

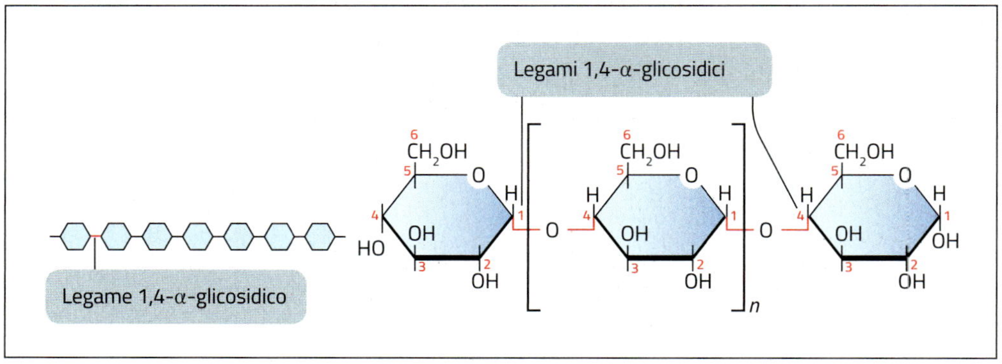

Figura **11** **La struttura dell'amilosio** Questo polisaccaride è costituito da catene lineari di glucosio.

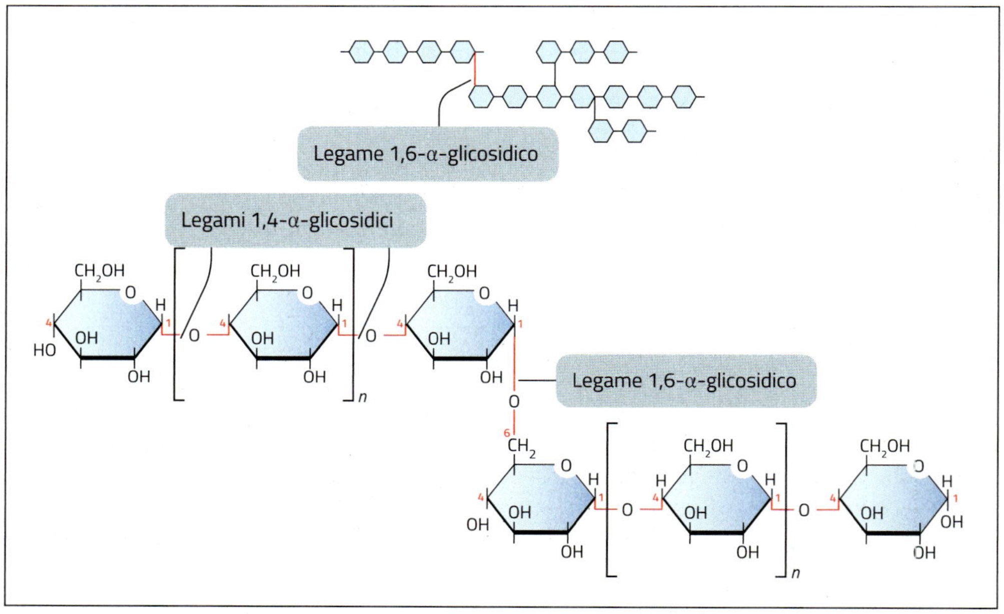

Figura **12** **La struttura dell'amilopectina** Nell'amilopectina sono presenti punti di ramificazione dovuti a legami 1,6-α-glicosidici.

Figura **13** **Il glicogeno** Questo polisaccaride costituisce la riserva energetica dei muscoli.

Il glicogeno

Il **glicogeno** svolge funzione di riserva energetica negli organismi animali, dove è presente nel fegato e nei muscoli (figura **13**). Ha una struttura molto ramificata ed è costituito da unità di α-glucosio legate tra loro da legami 1,4 e 1,6-α-glicosidici (figura **14**).

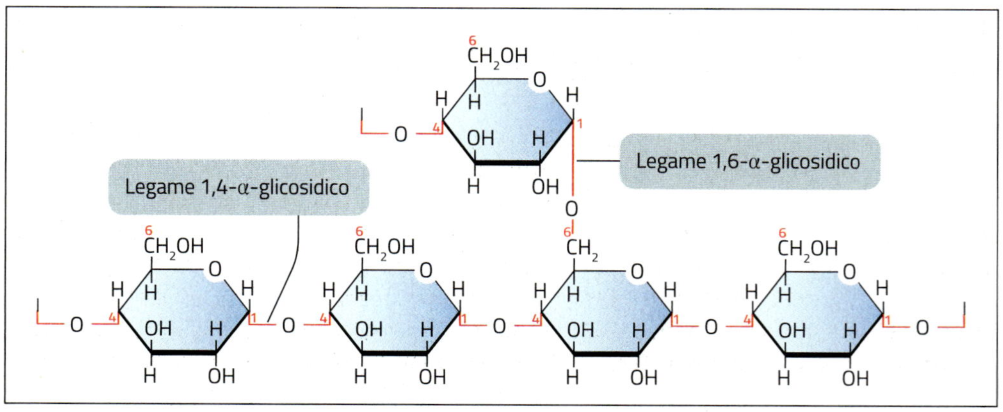

Figura **14** **La struttura del glicogeno** Il glicogeno è un polimero ramificato di molecole di α-glucosio.

La cellulosa

La **cellulosa** è un polisaccaride insolubile in acqua che ha la funzione di sostegno nelle piante, in quanto va a costituire la struttura della parete cellulare delle cellule (figura 15). È costituita da un gran numero di molecole di β-glucosio, legate tra loro da legami 1,4-β-glicosidici, che formano catene lineari unite da legami a idrogeno che si stabiliscono tra gruppi ossidrili (OH) di catene adiacenti (figura 16).

Il nostro organismo è in grado di digerire l'amido e il glicogeno (polimeri costituiti da unità di glucosio legati da legami α-glicosidici), ma non la cellulosa: a differenza di quello dei ruminanti, il nostro apparato digerente non possiede enzimi in grado di catalizzare l'idrolisi dei legami β-glicosidici.

Figura 15 La cellulosa Questo polisaccaride svolge una funzione di sostegno nelle piante.

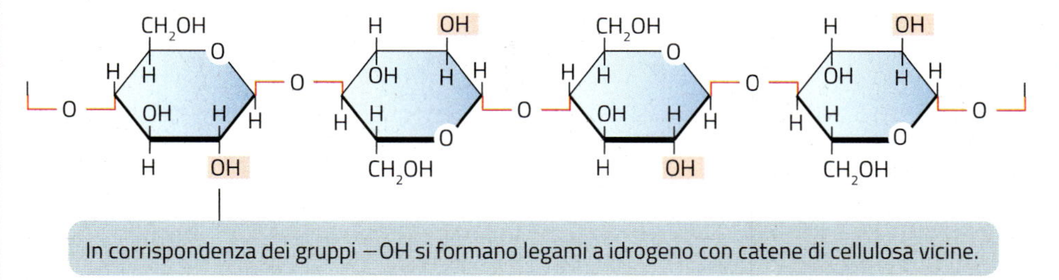

Figura 16 La struttura della cellulosa La cellulosa è un polimero lineare di molecole di β-glucosio.

PER RIPASSARE
video:
I carboidrati

RISPONDI

A Quali sono le due modalità secondo le quali vengono classificati i monosaccaridi?
B Come può essere descritta la reazione di sintesi di un disaccaride?
C Quali sono la struttura e il ruolo biologico dei polisaccaridi?

PER SAPERNE DI PIÙ

I diastereoisomeri

Gli stereoisomeri possono avere più di uno stereocentro. Il numero di enantiomeri, per una molecola che contiene *n* stereocentri, è uguale a 2^n. Nel 2-bromo-3-clorobutano sono presenti due stereocentri:

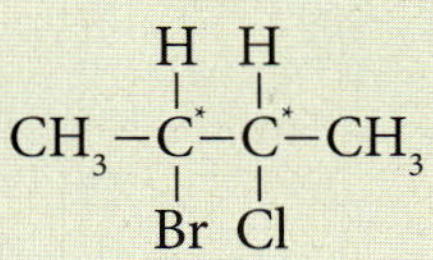

Quindi possono esistere i seguenti 4 enantiomeri (2^2):

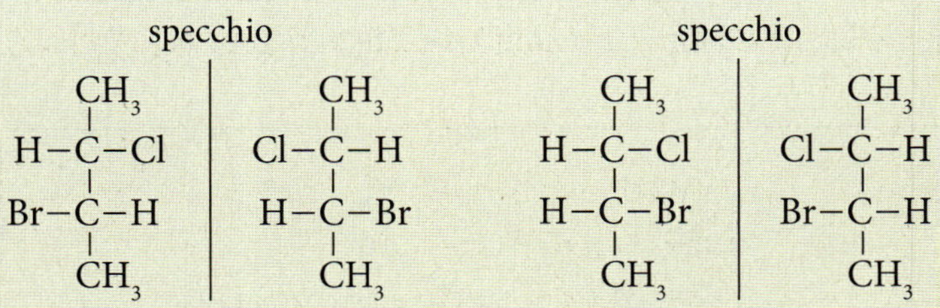

(I) (II) (III) (IV)

Le coppie di strutture I-II e III-IV sono immagini speculari, quindi non sovrapponibili, l'una dell'altra: costituiscono coppie di enantiomeri.

Le coppie di struttura I-III, I-IV, II-III e II-IV non sono immagini speculari l'una dell'altra: queste coppie sono dette diastereoisomeri o diastereomeri.

I **diastereoisomeri** o **diastereomeri** sono molecole che contengono due o più stereocentri ma non sono l'immagine speculare l'una dell'altra; hanno proprietà achirali (punti di fusione e di ebollizione, densità, solubilità, velocità di reazione) e proprietà chirali (attività ottica, reattività) diverse.

Composti meso

Prendiamo nuovamente in esame un composto con due stereocentri: il 2,3-diclorobutano. Rappresentiamo i suoi 4 stereoisomeri:

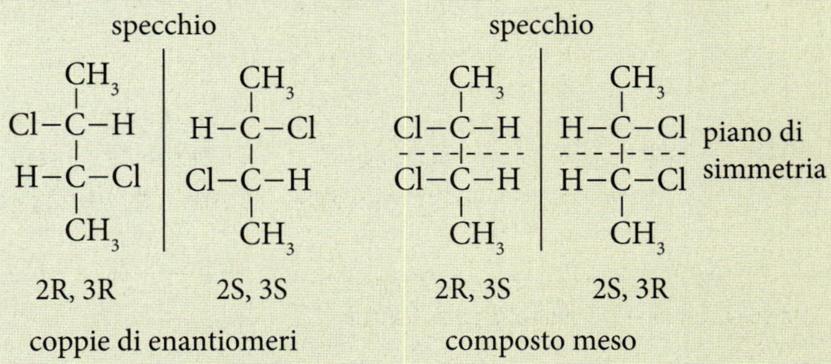

Gli isomeri 2R, 3R e 2S, 3S sono immagini speculari non sovrapponibili, quindi costituiscono una coppia di enantiomeri. Gli isomeri 2R, 3S e 2S, 3R sono speculari e sovrapponibili, per la presenza di un piano di simmetria: i due isomeri sono identici e costituiscono un solo composto che si chiama composto meso. Tale composto è achirale e inattivo dal punto di vista ottico.

Un **composto meso** è un diastereomero che, pur presentando due o più stereocentri, è achirale. In altri termini, per il 2,3-diclorobutano esistono solo 3 stereoisomeri: i due enantiomeri e il composto meso.

GREEN CHEMISTRY

Da rifiuti a risorse: le biomasse

La crescita della popolazione e l'incremento delle attività produttive registrate nell'ultimo secolo sono un segnale del miglioramento generale della qualità della vita. Tuttavia, questo progresso comporta una richiesta di energia sempre maggiore per rispondere alle esigenze delle industrie e della popolazione. Si tratta di un problema non solo economico ma anche ecologico: infatti si riflette nell'aumento delle emissioni di gas serra, nella prospettiva di esaurimento delle fonti fossili, negli effetti globali dell'inquinamento e nei preoccupanti cambiamenti climatici in atto. Come possiamo riuscire a soddisfare i fabbisogni energetici nel rispetto dell'ambiente e delle sue risorse? La produzione sostenibile di energia è oggi un'esigenza prioritaria: in questo contesto, l'utilizzo di fonti rinnovabili e la valorizzazione delle biomasse sono diventate tematiche centrali nelle politiche economiche mondiali.

Biomasse e bioenergia

Con **biomassa** si intendono tutte le materie prime organiche di origine biologica naturale che vengono utilizzate per produrre energia.

Sono biomasse tutte le macromolecole organiche contenute negli scarti agricoli, nei residui dell'industria del legno, nei rifiuti derivanti dalle attività zootecniche, nei prodotti delle coltivazioni agro-alimentari e nei rifiuti solidi urbani (limitatamente alla sua componente organica). A seconda dell'origine della biomassa, la «bioenergia» prodotta può essere di origine animale o vegetale. Da un punto di vista energetico le biomasse più utilizzate sono quelle vegetali: le piante sono infatti un serbatoio di energia rinnovabile, perché riescono a immagazzinare l'energia solare trasformando l'anidride carbonica in glucosio con la fotosintesi clorofilliana.

Ottenere energia attraverso la combustione di uno scarto vegetale è un processo sostenibile:

- le macromolecole contenute nelle piante vengono bruciate sfruttando l'ossigeno atmosferico per produrre calore;
- i prodotti della reazione di combustione sono anidride carbonica e acqua: questi vengono riutilizzati dalle piante per produrre glucosio attraverso il processo fotosintetico.

Le biomasse sono una risorsa rinnovabile perché rappresentano una fonte di energia che può essere ripristinata attraverso un processo naturale ciclico.

La conversione delle biomasse in energia può essere fatta in due modi, per via termochimica o per via biochimica. Nel processo termochimico la materia organica viene bruciata attraverso una reazione di combustione: l'energia contenuta nei legami chimici viene liberata sotto forma di calore, proprio come quando si brucia la legna nel camino per riscaldare le abitazioni. Nei processi biochimici, invece, la biomassa viene trasformata grazie all'azione di enzimi, funghi e microrganismi contenuti nella materia organica. Questi degradano le macromolecole (carboidrati, lipidi e proteine) attraverso processi di fermentazione che liberano prodotti che possono essere riutilizzati a scopi energetici, come il biogas. Questo è una miscela di gas costituita principalmente da metano, che può essere impiegato come combustibile per alimentare caldaie a gas.

La bioraffineria

Le biomasse non sono soltanto dei combustibili ma sono anche una risorsa di carbonio per l'industria chimica. Come dal petrolio ricaviamo i combustibili e i «mattoni» per i processi petrolchimici, allo stesso modo le biomasse possono essere trasformate per ottenere biocombustibili e biomolecole. L'insieme di processi che permettono di trasformare la biomassa in combustibili e in prodotti chimici è chiamata **bioraffineria** (figura).

Dalla bioraffineria si possono ottenere varie molecole di interesse industriale utilizzando i processi di fermentazione. Tra le più importanti vi sono etanolo, acido lattico e acetone.

I vantaggi delle biomasse

La International Energy Agency (IEA) ha dichiarato che ad oggi circa il 10% del fabbisogno energetico mondiale è coperto dalla «bioenergia», cioè l'energia ottenuta dai processi di trasformazione delle biomasse.

L'utilizzo delle biomasse come combustibili e come materie prime presenta diversi vantaggi:

- non incrementa il contenuto di anidride carbonica presente nell'atmosfera perché quella liberata nella combustione è riutilizzata nella fotosintesi;
- sfrutta dei materiali di scarto per ottenere prodotti di valore;
- promuove il rimboscamento dei terreni;
- le emissioni prodotte dei processi di trasformazione non contengono derivati inquinanti come i composti solforati, responsabili delle piogge acide.

In base alla direttiva dell'Unione Europea 2009/28/CE, l'Italia dovrà produrre entro il 2020 il 17% dei consumi energetici totali a partire da biomasse. Per questo le bioraffinerie e la valorizzazione delle biomasse sono non solo una strada promettente per l'approvvigionamento energetico ma anche un'esigenza ambientale per lo sviluppo sostenibile del pianeta.

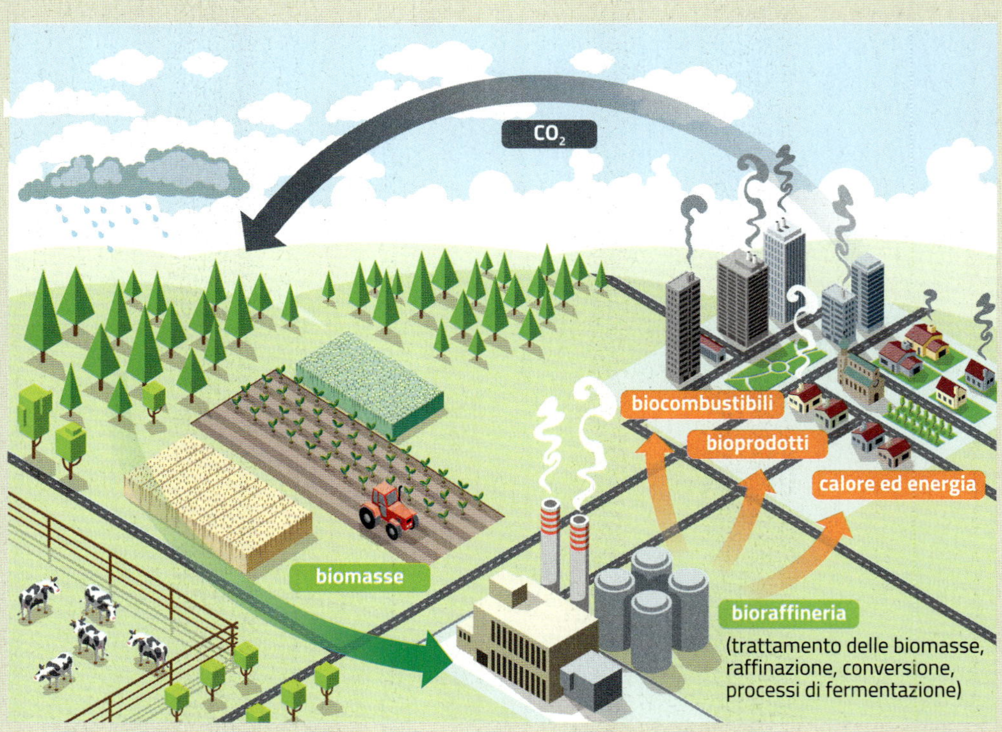

Figura **Il ciclo delle biomasse e la bioraffineria.**

2 I lipidi

9 I lipidi saponificabili e non saponificabili

I **lipidi** rappresentano una vasta classe di composti chimicamente eterogenei per struttura e proprietà, ma che presentano tutti la caratteristica di essere insolubili in acqua e solubili in solventi organici apolari.

I lipidi possono essere distinti in due grandi gruppi: saponificabili, o complessi, e non saponificabili, o semplici.

- I lipidi **saponificabili** sono trigliceridi, fosfolipidi e glicolipidi. Le molecole di questi composti contengono acidi grassi e quindi in soluzione basica formano i sali corrispondenti (saponi).
- I lipidi **non saponificabili** sono steroidi e vitamine liposolubili. Le molecole di questi composti non contengono acidi grassi e quindi per idrolisi basica non formano i sali corrispondenti.

10 I trigliceridi sono triesteri del glicerolo

Negli organismi viventi, i trigliceridi svolgono un ruolo biologico rilevante:

a. costituiscono un'importante riserva energetica, infatti la quantità di energia fornita da un grammo di trigliceridi è circa il doppio di quella fornita da un grammo di carboidrati;

b. formano il tessuto adiposo presente negli organismi animali (figura **17**), che protegge l'organismo dal freddo (isolamento termico);

c. rappresentano il veicolo per l'assorbimento delle vitamine liposolubili.

I trigliceridi sono definiti **triesteri del glicerolo** in quanto si formano dalla reazione di esterificazione tra una molecola di glicerolo e tre molecole di acidi grassi.

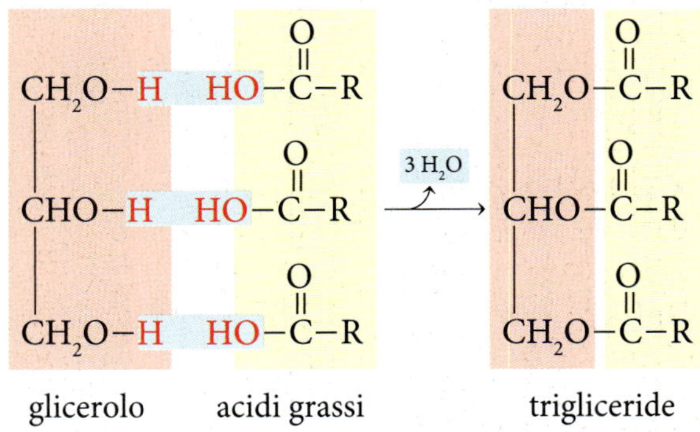

La reazione è una **sostituzione nucleofila acilica**, con eliminazione di tre molecole d'acqua (reazione di condensazione) e formazione di tre legami esterei (figura **18** a pagina successiva).

> TI RICORDI?
>
> La reazione di **sostituzione nucleofila acilica** consiste in un'addizione nucleofila al carbonio *sp*^{2} dell'acido seguita da una reazione di condensazione (eliminazione di acqua).

Figura **17** **I trigliceridi** Negli animali i trigliceridi costituiscono il tessuto adiposo sottocutaneo, che consente l'isolamento termico. Questa funzione è particolarmente importante nei climi freddi, come quelli in cui vivono orsi (A) e pinguini (B).

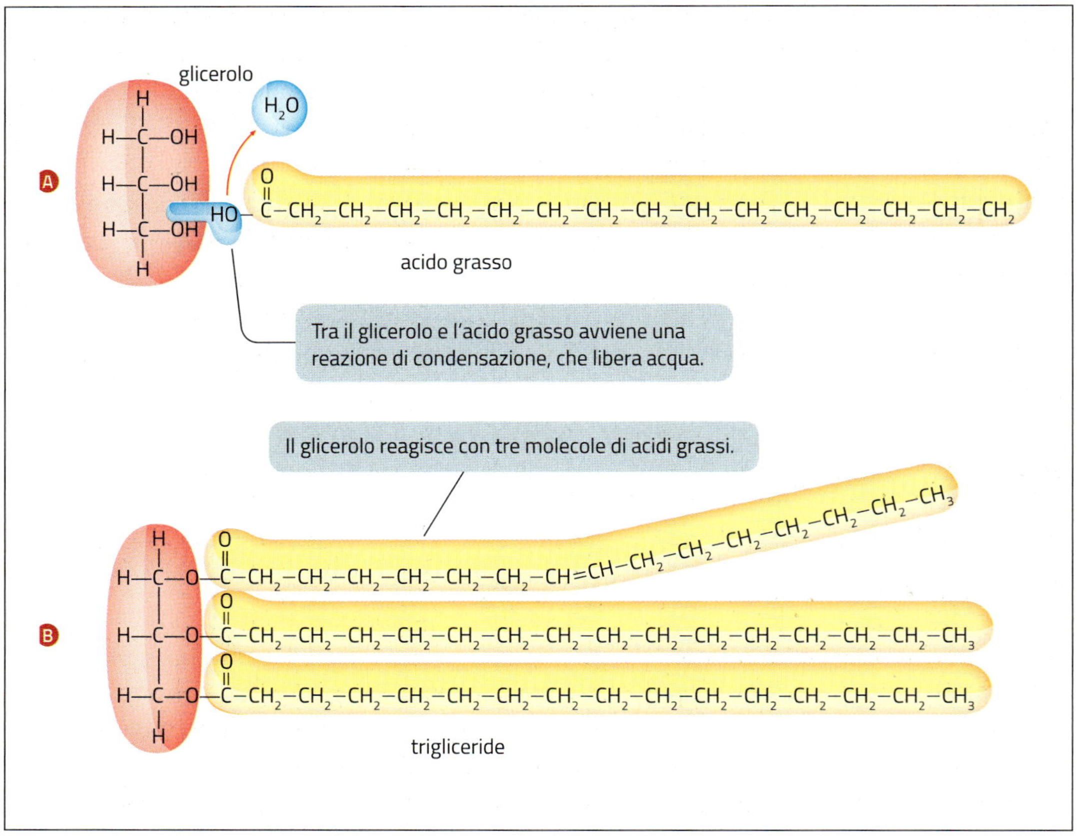

Figura 18 **La formazione di un trigliceride.**

LE PAROLE

Il termine **grasso** (dal latino: *crassus* = denso) in senso generale è sinonimo di lipide, in senso ristretto è sinonimo di trigliceride allo stato solido. Negli animali costituisce il tessuto adiposo.

I trigliceridi sono distinti secondo il loro stato fisico in grassi e oli:

- i **grassi**, presenti prevalentemente negli organismi animali, sono costituiti da *acidi grassi saturi* come l'acido stearico (la catena carboniosa presenta solo legami semplici carbonio-carbonio) e a temperatura ambiente sono allo stato *solido*;

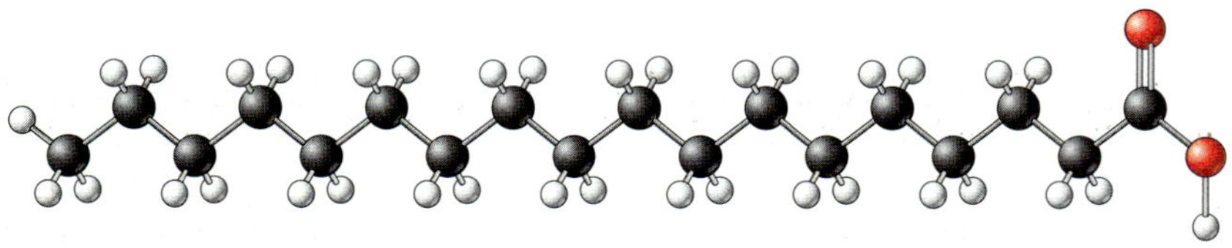

$$CH_3CH_2CH_2CH_2CH_2CH_2CH_2CH_2CH_2CH_2CH_2CH_2CH_2CH_2CH_2CH_2CH_2\overset{O}{\overset{\|}{C}}OH$$

acido stearico (saturo)

- gli **oli** (figura 19), presenti negli organismi vegetali, sono costituiti da *acidi grassi insaturi* come l'acido linolenico (la catena carboniosa presenta uno o più doppi legami carbonio-carbonio) e a temperatura ambiente sono allo stato *liquido*.

Figura 19 **Gli acidi grassi insaturi** Nei semi del girasole sono presenti l'acido oleico e linolenico.

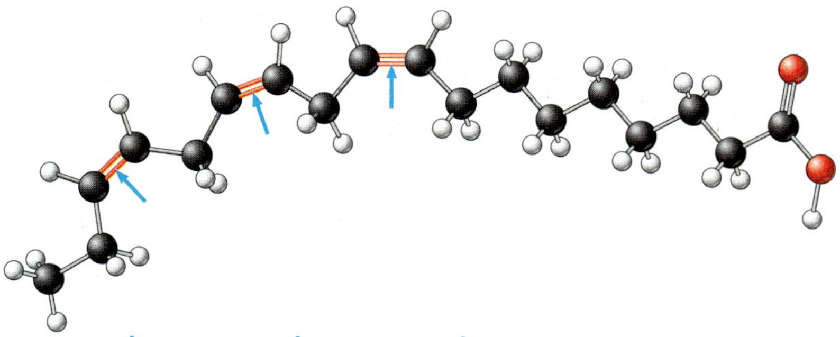

$$CH_3CH_2CH{=}CHCH_2CH{=}CHCH_2CH{=}CHCH_2CH_2CH_2CH_2CH_2CH_2CH_2\overset{O}{\overset{\|}{C}}OH$$

acido linolenico (insaturo)

Il diverso stato fisico dei grassi e degli oli dipende dalla saturazione o insaturazione degli acidi grassi, che influenzano il punto di fusione dei trigliceridi. Le molecole di acidi grassi saturi hanno conformazioni lineari e quindi possono addensarsi in modo ordinato (stato solido con punto di fusione più alto). La presenza nei trigliceridi di uno o più doppi legami (acidi grassi insaturi) abbassa il punto di fusione: i doppi legami creano infatti dei punti di discontinuità. In questo modo le molecole di acidi grassi insaturi non si possono allineare e determinano un addensamento disordinato (stato liquido con punto di fusione più basso).

L'acido linoleico (figura **20**) e linolenico (acidi grassi insaturi) sono detti *acidi grassi essenziali* perché l'organismo non è in grado di sintetizzarli, e quindi, devono essere acquisiti con gli alimenti.

Figura **20** **L'acido linoleico** Questo acido grasso è presente nel salmone, nel merluzzo e nel pesce azzurro.

11 Le reazioni dei trigliceridi

Le più importanti reazioni dei trigliceridi sono l'idrogenazione degli oli e l'idrolisi alcalina dei grassi e degli oli.

A COLPO D'OCCHIO

Reazioni dei trigliceridi → idrogenazione
Reazioni dei trigliceridi → idrolisi alcalina

La reazione di idrogenazione

La reazione di **idrogenazione** è il processo di trasformazione degli oli in grassi vegetali solidi per l'addizione di idrogeno, in presenza di un catalizzatore metallico (reazione di riduzione catalitica), ai doppi legami carbonio-carbonio degli acidi grassi insaturi. Un esempio della reazione di idrogenazione è rappresentato dalla seguente equazione:

$$\begin{array}{l} CH_2O-\overset{\displaystyle O}{\overset{\|}{C}}-(CH_2)_7-CH=CH-(CH_2)_7-CH_3 \\ | \\ CHO-\overset{\displaystyle O}{\overset{\|}{C}}-(CH_2)_7-CH=CH-(CH_2)_7-CH_3 + 3\,H_2 \\ | \\ CH_2O-\overset{\displaystyle O}{\overset{\|}{C}}-(CH_2)_7-CH=CH-(CH_2)_7-CH_3 \end{array} \xrightarrow{Ni} \begin{array}{l} CH_2O-\overset{\displaystyle O}{\overset{\|}{C}}-(CH_2)_{16}-CH_3 \\ | \\ CHO-\overset{\displaystyle O}{\overset{\|}{C}}-(CH_2)_{16}-CH_3 \\ | \\ CH_2O-\overset{\displaystyle O}{\overset{\|}{C}}-(CH_2)_{16}-CH_3 \end{array}$$

olio (trioleato di glicerile) — grasso (tristearato di glicerile)

Idrogenando l'olio di cotone, di soia, di arachidi o di mais si ottiene la *margarina*.

La reazione di idrolisi alcalina

La reazione di **idrolisi alcalina** dei trigliceridi avviene fornendo calore e in presenza di basi forti (NaOH, KOH): il processo, chiamato anche *saponificazione*, porta alla formazione di glicerolo e sali di acidi grassi, noti commercialmente con il nome di *saponi* (figura **21**). La reazione di idrolisi alcalina è rappresentata dalla seguente equazione:

$$\begin{array}{l} CH_2O-\overset{\displaystyle O}{\overset{\|}{C}}-R \\ | \\ CHO-\overset{\displaystyle O}{\overset{\|}{C}}-R \\ | \\ CH_2O-\overset{\displaystyle O}{\overset{\|}{C}}-R \end{array} + 3\,NaOH \xrightarrow{calore} \begin{array}{l} CH_2-OH \\ | \\ CH-OH \\ | \\ CH_2-OH \end{array} + 3\,R-COO^-Na^+$$

trigliceride — glicerolo — sapone

I sali di sodio sono saponi allo stato solido, quelli di potassio sono allo stato liquido.

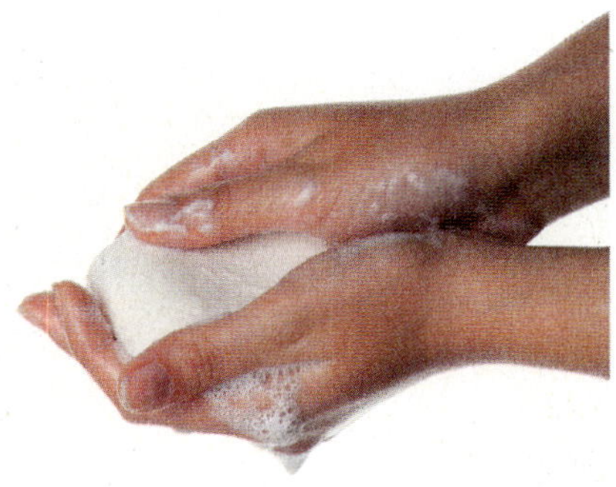

Figura **21** **Il sapone** È costituito principalmente da sali di sodio di acidi grassi.

TI RICORDI?

I metalli **alcalini** sono gli elementi del primo gruppo (Li, Na, K) del sistema periodico.

L'azione detergente del sapone

Le molecole di sapone (sali di acidi grassi) sono costituite da una lunga catena idrocarburica apolare, la coda, che è quindi idrofobica, e da un'estremità polare costituita dallo ione carbossilato e dallo ione sodio Na^+ o dallo ione potassio K^+, la testa, che è quindi idrofila:

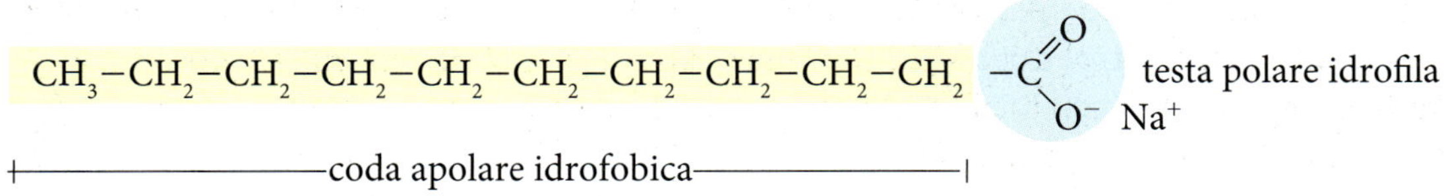

Figura 22 **La micella** Questi aggregati molecolari si formano per aggiunta di un sapone a un sistema costituito da acqua e goccioline di grasso o di olio.

Quando il sapone è mescolato con l'acqua, le lunghe code idrocarburiche si associano a costituire una sfera idrofobica e le teste idrofile si pongono all'esterno della superficie sferica rivolte verso l'acqua: questi aggregati molecolari si chiamano **micelle** (figura **22A**).

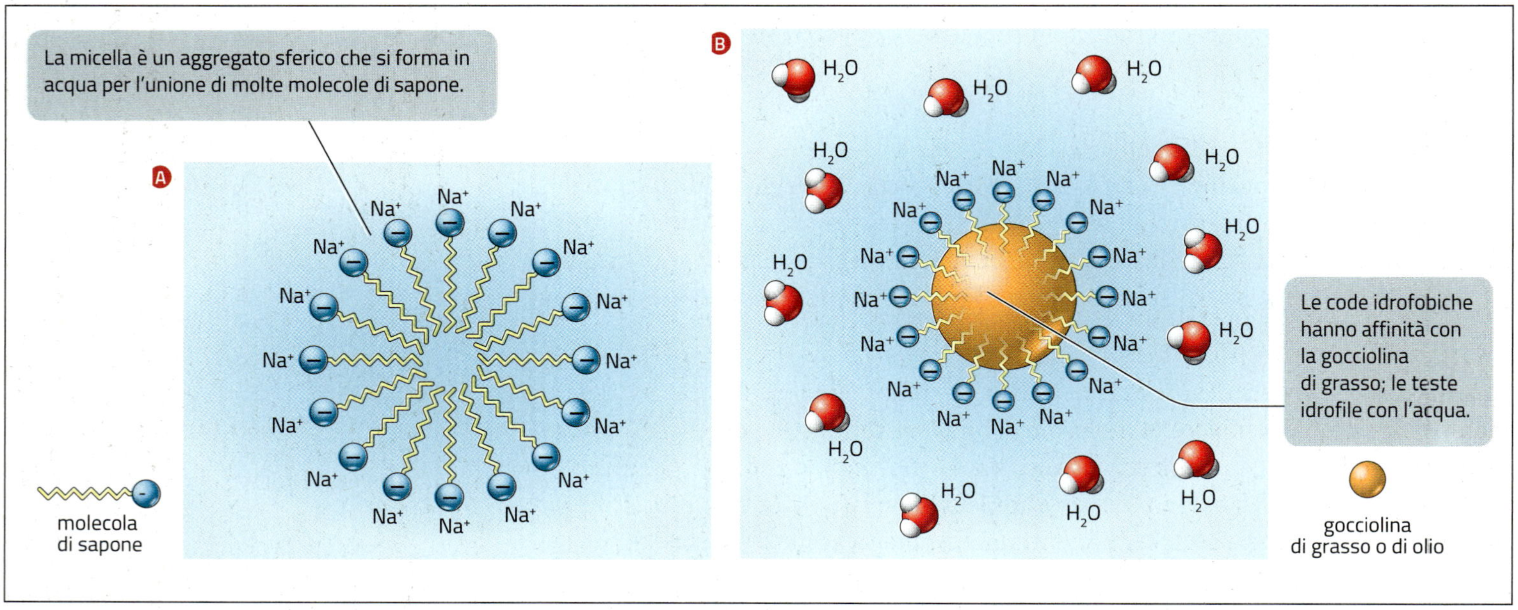

Se nell'acqua sono presenti goccioline di grasso (o di olio) e si aggiunge sapone, le code apolari idrofobiche penetrano nella gocciolina, mentre le teste polari idrofile si protendono fuori da essa. Si forma così una nube di cariche negative (figura **22B**).

Si è formato un sistema colloidale, detto *emulsione*, costituito da acqua e goccioline di grasso (o di olio) che non possono unirsi, per la presenza delle code negative acquisite (figura **23A**). Con un'energica agitazione, le goccioline di grasso si rompono e ne formano altre più piccole, con la conseguenza che alla fine si ha la loro completa dissoluzione in acqua (figura **23B**). Poiché il sapone funziona da tensioattivo e abbassa la tensione superficiale dell'acqua, le goccioline di grasso, circondate dalle micelle, possono essere allontanate facilmente insieme al sapone stesso.

TI RICORDI?

L'**emulsione** è una miscela eterogenea caratterizzata da goccioline di un liquido (generalmente un lipide) disperse in un liquido (generalmente acqua) immiscibile con il primo.

LE PAROLE

Il termine **tensioattivo** (dal latino: *tendere* = stirare e *activus* = attivo) indica una sostanza che ha la proprietà di modificare la tensione superficiale di un sistema bifasico o polifasico.

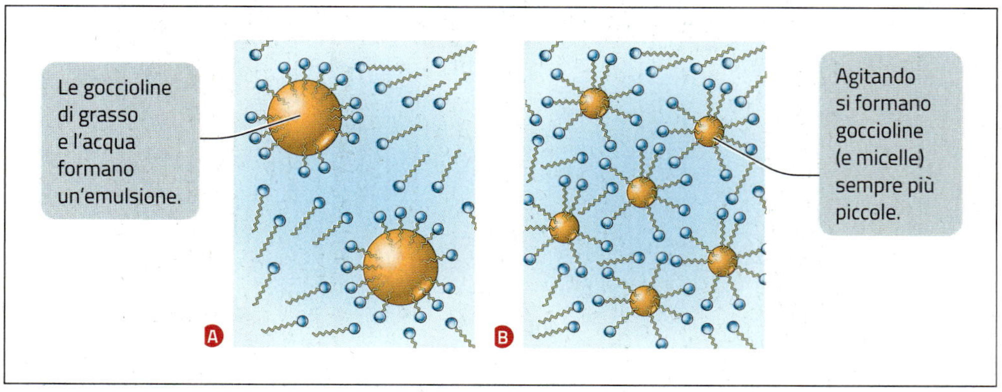

Figura 23 **La dissoluzione del grasso in acqua** Grazie alla formazione di un'emulsione con il sapone, il grasso si dissolve nell'acqua.

12 I fosfogliceridi sono molecole anfipatiche

I fosfogliceridi, dopo i trigliceridi, sono i lipidi più abbondanti in natura. Rivestono una grande importanza biologica perché, essendo i principali componenti delle membrane cellulari, selezionano il passaggio di ioni e molecole attraverso di essa.

I fosfogliceridi sono chimicamente simili ai trigliceridi, in quanto derivano dall'esterificazione di due gruppi alcolici del glicerolo con acidi grassi e dall'esterificazione del terzo gruppo alcolico con l'acido fosforico, a sua volta legato da un altro legame estere a un amminoalcol (figura 24).

Gli amminoalcol più comuni sono l'etanolammina e la colina.

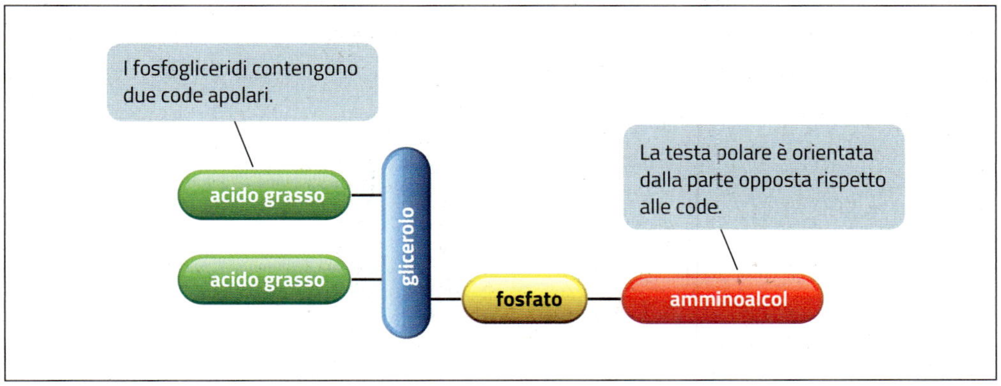

Figura 24 **La struttura di un fosfogliceride** Queste molecole possiedono un'estremità polare (testa) e due code idrofobiche.

Le molecole dei fosfogliceridi sono pertanto caratterizzate dalla presenza di una testa polare idrofila (il gruppo fosfato legato alla molecola dell'amminoalcol) e da una doppia coda apolare idrofobica (le due molecole di acidi grassi). Per questo duplice comportamento (idrofilo e idrofobico) le molecole dei fosfogliceridi sono dette **anfipatiche**. I fosfogliceridi della membrana cellulare si dispongono con le code idrofobiche verso l'interno della membrana e con le teste idrofile sono verso l'interno (cioè verso il citoplasma) e verso l'esterno della cellula, entrambi ambienti acquosi (figura 25).

LE PAROLE

Il termine **anfipatico** (dal greco: *anfi-* = di qua e di là e *pathos* = passione) indica composti nelle cui molecole coesistono gruppi polari (idrofili) e apolari (idrofobici).

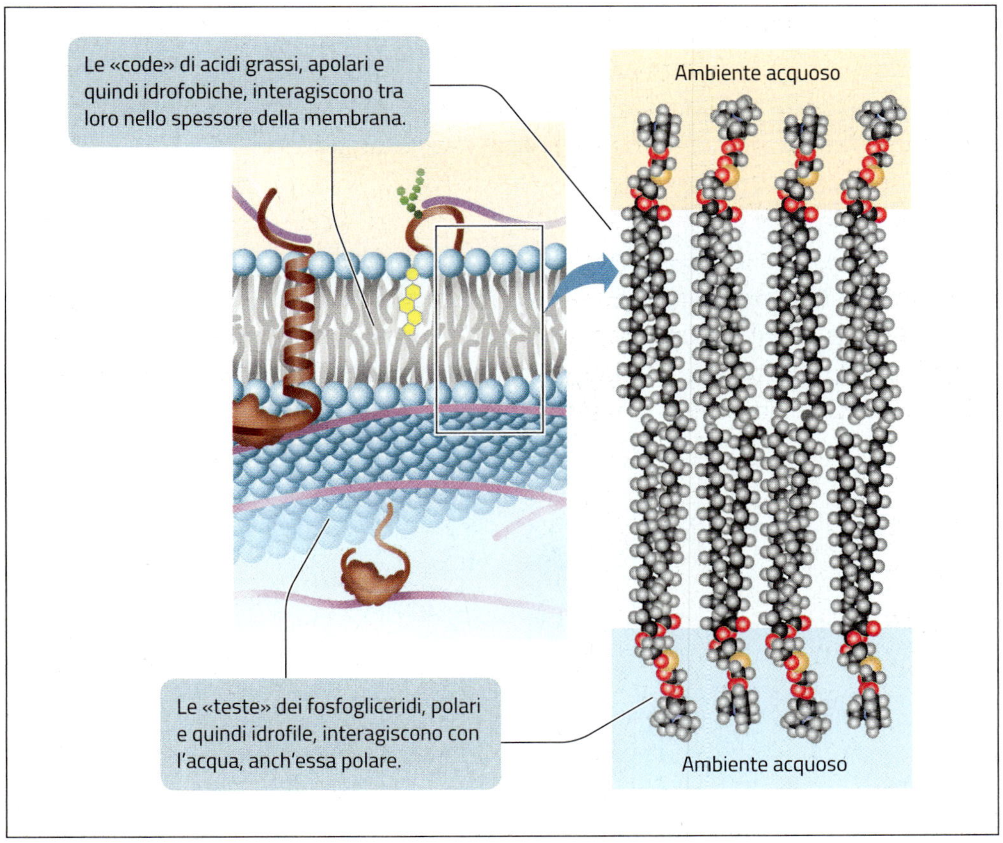

Figura 25 **La membrana cellulare** Le molecole dei fosfogliceridi nella membrana cellulare si dispongono con le code verso l'interno e la testa verso l'esterno.

13 I glicolipidi sono recettori molecolari

I **glicolipidi** sono costituenti molto importanti della superficie esterna della membrana cellulare, in modo particolare delle cellule del tessuto nervoso e dei globuli rossi, dove svolgono la funzione di *recettori molecolari*. Nei globuli rossi sono responsabili della specificità dei gruppi sanguigni.

I glicolipidi sono formati da una molecola di un amminoalcol (la sfingosina), alla quale si legano un acido grasso e un monosaccaride, generalmente costituito da glucosio o galattosio (figura **26**).

Figura **26** **La struttura di un glicolipide** Questa classe di molecole comprende i cerebrosidi, i gangliosidi e le ceramidi.

$CH_3-(CH_2)_{12}-CH=CH-CH(OH)-CH(NH-\text{acido grasso})-CH_2-O-\text{monosaccaride}$

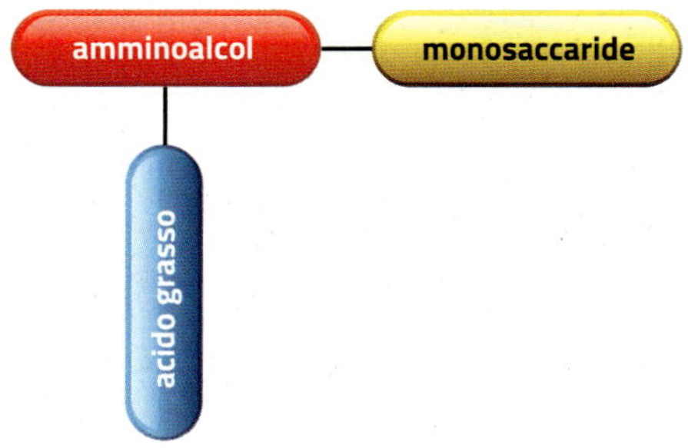

14 Gli steroidi: colesterolo, acidi biliari e ormoni steroidei

> **LE PAROLE**
> Con il termine **steroidi** (dal greco: *stereos* = solido e *-eides* = simile) si indicano composti organici di notevole importanza biologica che derivano da un idrocarburo policiclico, lo sterano.

Gli **steroidi** sono composti che derivano da un idrocarburo policiclico formato da quattro anelli condensati, lo sterano. Gli steroidi più importanti sono il *colesterolo*, gli *acidi biliari* e gli *ormoni steroidei* (ormoni sessuali e corticosurrenali).

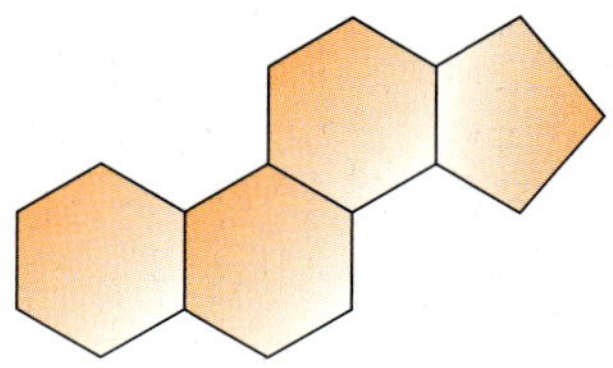

sterano

Il colesterolo

> **LE PAROLE**
> **Colesterolo** deriva dalla radice greca *cole-* (bile), dalla parola *stereos* (solido) e dal suffisso *-olo*. Lo sterolo è un composto steroideo contenente il gruppo ossidrile −OH degli alcoli.

Il **colesterolo**, lo steroide più abbondante nei tessuti animali, è un composto la cui molecola presenta un gruppo alcolico −OH, un doppio legame, una catena alifatica e due sostituenti metilici:

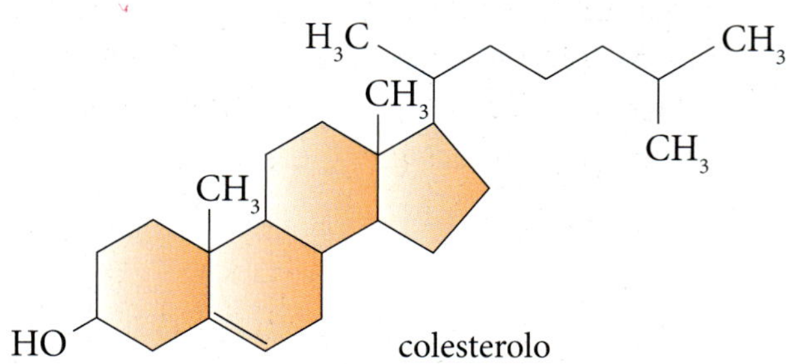

colesterolo

Il colesterolo è un importante costituente delle membrane cellulari, della mielina (il tessuto di rivestimento degli assoni dei neuroni) ed è il componente delle lipoproteine nel sangue.

Le lipoproteine sono classificate in base alla loro densità e le più importanti per la prevenzione cardiovascolare sono:

a. le **lipoproteine a bassa densità** o **LDL**, che trasportano il colesterolo sintetizzato dal fegato alle cellule dei tessuti;

b. le **lipoproteine ad alta densità** o **HDL**, che prelevano il colesterolo in eccesso presente nelle cellule dei tessuti e lo trasportano al fegato.

Quando il colesterolo nel sangue è presente in eccesso (*ipercolesterolemia*), si deposita nelle arterie determinando la rigidità e l'ispessimento delle pareti (*aterosclerosi*). Questa condizione può determinare lo sviluppo di malattie cardiovascolari (infarto del miocardio, ipertensione).

Le fonti principali del colesterolo sono due: quello contenuto nella dieta (carni, uova, latte, burro, figura **27**) e quello sintetizzato dall'organismo nel metabolismo dei carboidrati, dei lipidi e degli amminoacidi. Le diete ricche di acidi grassi saturi alzano il livello ematico del colesterolo, mentre diete ricche di acidi grassi insaturi provocano un abbassamento di tale livello. Il colesterolo è il precursore degli acidi biliari e della vitamina D.

TI RICORDI?

Le **lipoproteine** sono proteine coniugate contenenti molecole lipidiche come trigliceridi, fosfolipidi e colesterolo. Rappresentano la principale forma di trasporto dei lipidi nel sangue.

Figura **27** **Il colesterolo** Il burro, come tutti i grassi animali, è molto ricco di colesterolo: 20 g ne contengono circa 50 mg.

Gli acidi biliari

Gli **acidi biliari** sono componenti della bile; derivano dal colesterolo e il più comune è l'*acido colico*.

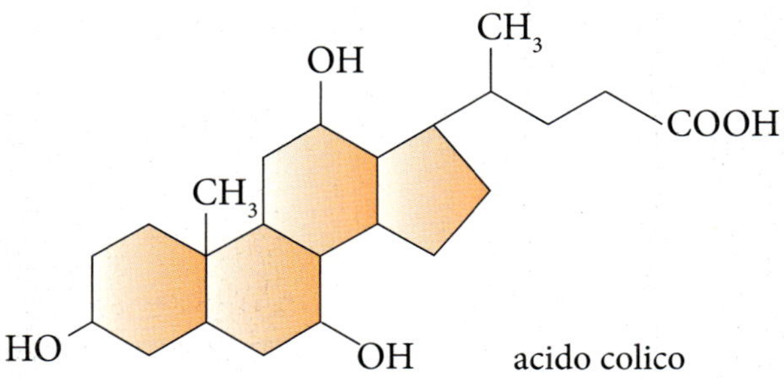

acido colico

A livello intestinale (pH = 8) gli acidi biliari si dissociano in ioni idrogeno e anioni (lo ione negativo dell'acido colico è lo ione colato). Gli anioni formano con i cationi presenti (Na^+) i **sali biliari**, che hanno il ruolo di emulsionare i trigliceridi e facilitare quindi la digestione enzimatica.

Gli ormoni steroidei

Gli **ormoni sessuali** sono molecole organiche prodotte dalle gonadi o ghiandole sessuali (ovaie nelle femmine e testicoli nei maschi), che svolgono la funzione di regolare lo sviluppo dell'individuo, il ciclo riproduttivo e il comportamento sessuale. Le gonadi producono tre principali tipi di ormoni: androgeni, estrogeni e progestinici. Questi sono sintetizzati sia dalle femmine che dai maschi, ma in proporzioni diverse: le femmine producono estrogeni e progestinici in una percentuale più elevata rispetto agli androgeni.

TI RICORDI?

La produzione degli **ormoni sessuali** è sotto il controllo dell'ipotalamo che rilasciando l'ormone GnRH stimola l'adenoipofisi a rilasciare le gonadotropine, il follicolo-stimolante (FSH) e il luteinizzante (LH).

a. Gli *androgeni* più importanti sono l'**androsterone** e il **testosterone**. Nel maschio, questi ormoni stimolano lo sviluppo dei caratteri sessuali primari (organi del sistema riproduttore) e secondari (sviluppo della muscolatura, timbro di voce, crescita dei peli), e favoriscono la produzione dei gameti maschili (spermatozoi).

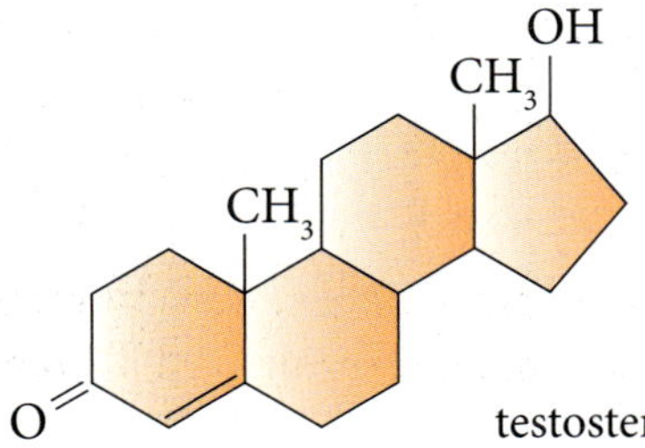

testosterone

TI RICORDI?

Il **testosterone** è un ormone prodotto nei tubuli seminiferi dei testicoli dalle cellule di Leydig in seguito al rilascio dell'ormone LH dall'adenoipofisi. Il testosterone e l'ormone FSH stimolano le cellule del Sertoli a produrre spermatozoi.

TI RICORDI?

Gli **estrogeni** e il **progesterone** sono ormoni prodotti durante il ciclo ovarico dal follicolo (nella fase preovulatoria) e dal corpo luteo (nella fase postovulatoria).

b. Gli **estrogeni**, nella femmina, sono responsabili dello sviluppo dei caratteri sessuali primari (organi del sistema riproduttore) e secondari (tono della voce, sviluppo del seno, ampliamento del bacino).
c. I *progestinici* sono responsabili della ricostituzione della parete interna dell'utero (endometrio) per l'impianto e lo sviluppo della cellula uovo fecondata. Il più importante è il **progesterone**:

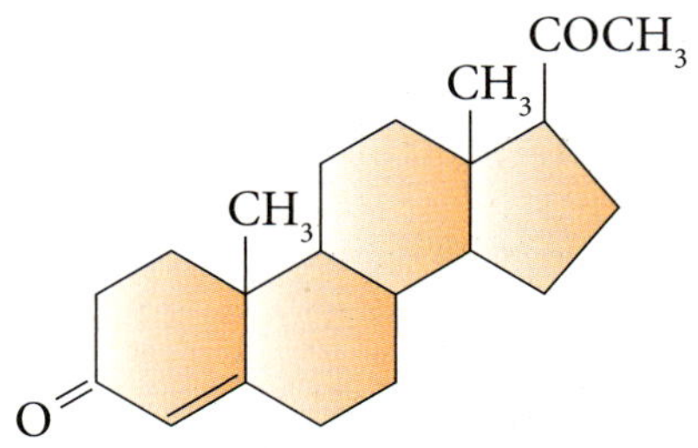

progesterone

A COLPO D'OCCHIO

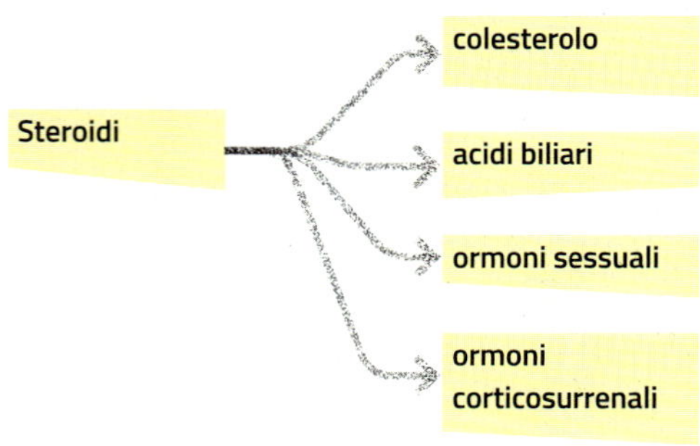

Gli **ormoni corticosurrenali** sono prodotti dalle ghiandole surrenali e si distinguono in glicocorticoidi e mineralcorticoidi.
a. I *glicocorticoidi* più importanti sono il **cortisolo** e il **cortisone**. Questi ormoni favoriscono la formazione del glucosio a partire dagli amminoacidi (processo di gluconeogenesi), aumentando la quantità di glucosio disponibile per le cellule.
b. I *mineralcorticoidi* sono responsabili del riassorbimento dello ione sodio Na^+ a livello dei tubuli renali del nefrone, regolando in tal modo l'equilibrio idrosalino. Il più importante è l'**aldosterone**.

15 Le vitamine liposolubili sono regolatori del metabolismo

LE PAROLE

Il termine **vitamina** deriva dal latino *vita* (vita) e da «amina». Indica un composto organico contenente il gruppo amminico e indispensabile per il metabolismo cellulare.

Le **vitamine liposolubili** (A, D, E, K) sono molecole organiche indispensabili per controllare e regolare numerosi processi metabolici, ma che devono essere introdotte con gli alimenti perché non sono sintetizzabili dall'organismo umano.

La vitamina A

La **vitamina A** o *retinolo* è presente solo negli organismi animali (abbondante nel fegato dei pesci), ma può essere ricavata anche da alimenti vegetali in quanto è presente sotto forma di un pigmento, β-carotene o pro-vitamina A, nella frutta (figura **28**). Il β-carotene nell'intestino tenue è ossidato ad aldeide (retinale), che viene successivamente ridotta a retinolo, vitamina A.

Figura **28** **La vitamina A** Il colore delle albicocche è dovuto al β-carotene, il precursore della vitamina A.

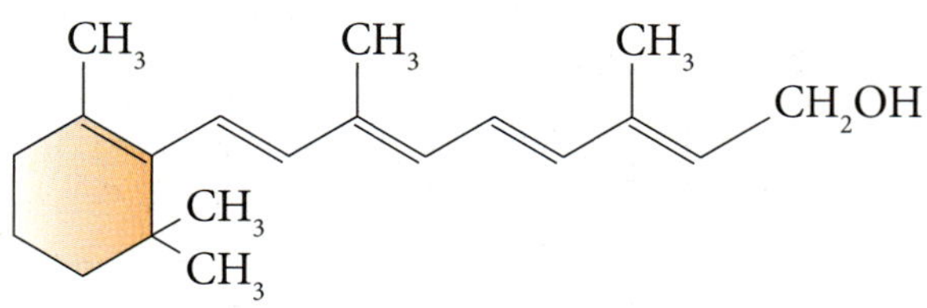

vitamina A

Nel nostro organismo la vitamina A ha una funzione protettiva nei confronti dei tessuti epiteliali ed è implicata nel meccanismo molecolare della visione.

Il retinolo, infatti, combinandosi con una proteina, l'opsina, forma una proteina coniugata, la **rodopsina**, responsabile dell'assorbimento della luce da parte delle cellule fotorecettrici della retina dell'occhio. Una carenza quindi di vitamina A altera la capacità dell'occhio di adattarsi rapidamente al passaggio dalla luce al buio. La condizione che ne deriva è nota come *cecità notturna*.

TI RICORDI?

Le **proteine coniugate** sono costituite da amminoacidi e da un gruppo prostetico (una molecola organica non amminoacidica). Il gruppo prostetico può essere un lipide, un glucide, un acido nucleico.

La vitamina D

La **vitamina D** o *calciferolo* è presente solo negli organismi animali; è per esempio abbondante nel tuorlo d'uovo (figura **29**), ma può essere ricavata anche dalla fotossidazione di due steroidi (l'ergosterolo e il colesterolo) in seguito all'azione delle radiazioni UV della luce solare.

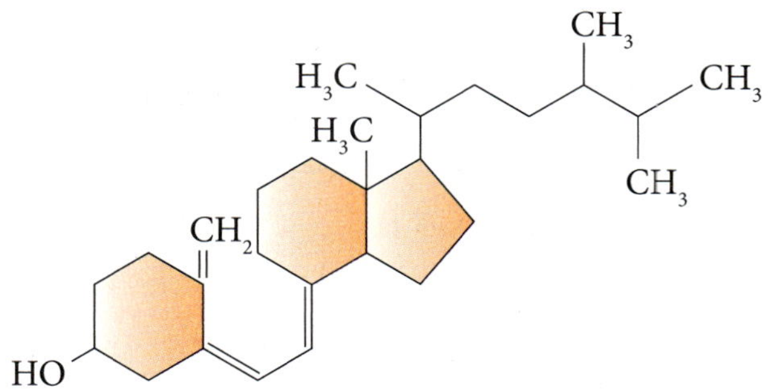

vitamina D

La vitamina D è coinvolta nell'assorbimento e nella deposizione degli ioni calcio Ca^{2+} e degli ioni fosfato PO_4^{3-} che sono responsabili della mineralizzazione delle ossa. Una carenza di questa vitamina nei bambini determina il *rachitismo*. Negli adulti un'alterazione dei meccanismi che presiedono all'utilizzazione della vitamina D porta a una perdita di ioni calcio dalle ossa, che diventano fragili (*osteoporosi*) e soggette a fratture difficilmente ricomponibili.

La vitamina E

La **vitamina E**, o *tocoferolo*, si trova in natura negli oli vegetali e ha una funzione antiossidante, proteggendo gli acidi grassi insaturi presenti nei fosfolipidi delle membrane cellulari.

La vitamina K

La **vitamina K**, o *naftochinone*, è presente solo negli organismi vegetali (figura **30**) ed è anche sintetizzata dalla flora batterica intestinale. Viene utilizzata per la sintesi della protrombina, un fattore essenziale per la coagulazione del sangue, per cui una sua carenza è responsabile di emorragie.

Figura **29** **La vitamina D** Il tuorlo d'uovo è molto ricco delle vitamine A, D ed E.

Figura **30** **La vitamina K** I piselli e i fagiolini sono una fonte di vitamina K.

RISPONDI

A Attraverso quale reazione si formano i trigliceridi? Come si classificano?

B Perché i fosfolipidi sono definiti molecole anfipatiche?

C Qual è il ruolo biologico del colesterolo e dei suoi derivati (acido colico e vitamina D)?

PER RIPASSARE
video:
I lipidi

LA NOSTRA SALUTE

Le vitamine idrosolubili

Le **vitamine idrosolubili** si differenziano da quelle liposolubili non solo per le caratteristiche fisico-chimiche e le fonti alimentari, ma anche per le diverse condizioni di digestione, assorbimento, trasporto nei liquidi organici e metabolismo a cui le due classi di vitamine sono sottoposte nell'organismo.

Le vitamine idrosolubili devono essere introdotte ogni giorno regolarmente con la dieta poiché gli eccessi sono eliminati con le urine e non vengono immagazzinati. Le vitamine idrosolubili si trovano in molti alimenti, sia in quelli di origine animale, sia nei vegetali. Per preservarle, sono importanti alcuni accorgimenti nel lavaggio e nella cottura degli alimenti; generalmente le vitamine sono instabili al calore e con la cottura gli alimenti perdono fino all'80% del loro contenuto vitaminico. Inoltre le vitamine idrosolubili passano dagli alimenti all'acqua durante i lavaggi. Pertanto è preferibile un accurato risciacquo, invece di un ammollo prolungato. Perdite rilevanti di vitamine si hanno anche con i processi di raffinazione degli alimenti. Sono vitamine idrosolubili le otto del gruppo B, che svolgono tutte funzione coenzimatica, e la *vitamina C*.

La tiamina (vitamina B_1)

La tiamina costituisce il coenzima TPP indispensabile per le reazioni di decarbossilazione. Si tratta di un composto molto solubile in acqua la cui molecola contiene, fra l'altro, zolfo.

La riboflavina (vitamina B_2)

Questa vitamina viene sintetizzata dalle piante e da molti microrganismi. È assorbita nell'intestino e inviata al fegato tramite la vena porta. Passa poi nel sangue e nei vari tessuti ove costituisce due importanti coenzimi: il **FAD** (flavin-adenin-dinucleotide) e l'**FMN** (flavin-mononucleotide) che intevengono nel metabolismo intermedio e nei processi ossidoriduttivi cellulari.

La niacina (vitamina B_3)

La niacina è detta anche vitamina PP. Nell'organismo umano può essere sintetizzata a partire da un precursore: l'amminoacido essenziale *triptofano*, presente soprattutto nelle proteine ad alto valore biologico (carne, uova). L'importanza di questa vitamina deriva dal fatto che essa è componente essenziale di due importanti coenzimi: il **NAD** (nicotinammide adenin-dinucleotide) e il **NADP** (nicotinammide-adenin-dinucleotide-fosfato).

L'acido pantotenico (vitamina B_5)

L'acido pantotenico è presente in tutti gli alimenti animali e vegetali. Riveste un ruolo di primaria importanza come costituente del Coenzima A (CoA), il trasportatore-attivatore dei gruppi acilici, tra cui il gruppo acetato (acetilCoA). Come tale partecipa al metabolismo dei glucidi, dei lipidi, delle proteine. È il punto di partenza di numerose sintesi: acidi grassi, colesterolo, ormoni steroidei, corpi chetonici, acetilcolina (un neurotrasmettitore), porfirine (composti di base dell'emoglobina).

La piridossina (vitamina B_6)

La piridossina, o vitamina B_6, è molto diffusa negli alimenti e rapidamente assorbita nell'intestino. Nel fegato, nel cervello, nei reni, nei muscoli, subisce una fosforilazione e si trasforma nella forma che funge da coenzima: il piridossalfosfato o PLP. Il PLP è coinvolto in un numero elevato di reazioni metaboliche riguardanti soprattutto il metabolismo degli amminoacidi e delle sostanze azotate in genere. Interviene anche nel metabolismo glucidico e lipidico e in quello vitaminico, interagendo con altre vitamine. Partecipa inoltre alla sintesi dell'emoglobina e alla produzione di anticorpi.

Figura **La vitamina B_{12} è contenuta in molti alimenti di origine animale.**

La biotina (vitamina B_7)

La biotina (da *bios*, «vita») è chiamata anche vitamina H e costituisce il coenzima delle carbossilasi, enzimi che catalizzano l'incorporazione della CO_2 in diverse molecole, formando importanti metaboliti. Partecipa alla sintesi del glucosio, degli acidi grassi, delle basi puriniche e interviene nel catabolismo degli acidi grassi a numero dispari di atomi di carbonio.

L'acido folico (vitamina B_9)

Il nome acido folico, o folacina, deriva dalla diffusa presenza di questa vitamina nelle foglie dei vegetali: si tratta di un gruppo di composti tutti derivati dell'acido folico (folati). L'acido folico viene assorbito nell'intestino, tramite il sangue si distribuisce ai vari tessuti ove è trasformato in coenzima attivo. Le reazioni in cui interviene l'acido folico riguardano il metabolismo degli amminoacidi, la sintesi degli acidi nucleici, il metabolismo dei neurotrasmettitori.

La cobalamina (vitamina B_{12})

La cobalamina (figura) è conosciuta sotto varie forme attive ed è caratterizzata da una struttura chimica particolarmente complessa formata, tra l'altro, da un anello simile al gruppo eme con al centro il cobalto.

La funzione della cobalamina è quella di intervenire in reazioni di isomerizzazione nel metabolismo degli amminoacidi e degli acidi nucleici. Interagisce inoltre con l'acido folico, dimostrandosi essenziale per il corretto funzionamento di questa vitamina.

La vitamina C

La struttura chimica della vitamina C è abbastanza semplice e ricorda quella del glucosio e più in generale degli esosi. La capacità di ossidoriduzione (da acido ascorbico a deidroascorbico e viceversa) sta alla base della sua azione fisiologica e del suo impiego come additivo *antiossidante* nella conservazione degli alimenti.

La vitamina C, come **fattore redox**, partecipa a numerose biosintesi, in particolare a quella del collagene; inoltre facilita l'assorbimento intestinale del ferro, interviene nelle reazioni allergiche, regolando la sintesi di istamina, potenzia le funzioni immunologiche e antibatteriche dei globuli bianchi, neutralizza i radicali liberi dell'ossigeno e salvaguarda le strutture cellulari dalla loro azione lesiva.

LEZIONE

3

Gli amminoacidi e le proteine

16 Negli amminoacidi sono presenti i gruppi amminico e carbossilico

Gli amminoacidi rappresentano i monomeri dei peptidi e specificatamente delle proteine, polimeri in cui è presente il legame peptidico. Le proteine svolgono un ruolo biologico fondamentale nel metabolismo cellulare.

Gli **amminoacidi** sono composti bifunzionali costituiti dal gruppo funzionale carbossilico (−COOH) e dal gruppo funzionale amminico ($-NH_2$).

I due gruppi funzionali possono essere legati allo stesso atomo di carbonio (α-amminoacidi) o ad atomi di carbonio diversi (β-amminoacidi, γ-amminoacidi):

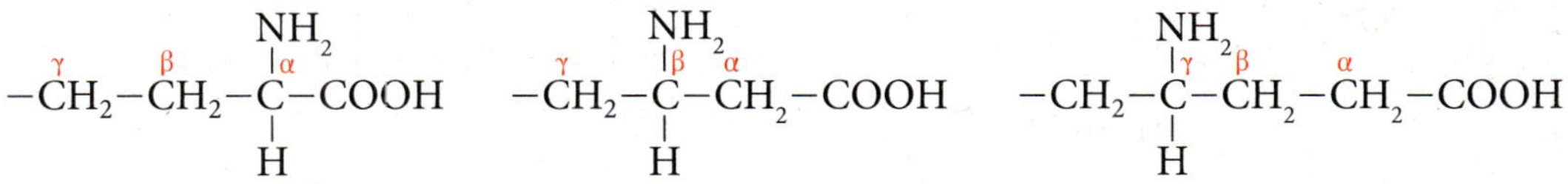

α-amminoacido β-amminoacido γ-amminoacido

Gli amminoacidi presenti negli organismi viventi, sia allo stato libero sia come componenti delle proteine, sono tutti α-amminoacidi. Si rappresentano (tranne la glicina e la prolina) con una **formula generale** definita da un atomo di carbonio centrale a cui sono legati un atomo di idrogeno, un gruppo amminico, un gruppo carbossilico e un gruppo atomico, radicale (simbolo **R**) o catena laterale. Il gruppo R è diverso da amminoacido ad amminoacido e ne determina le proprietà specifiche.

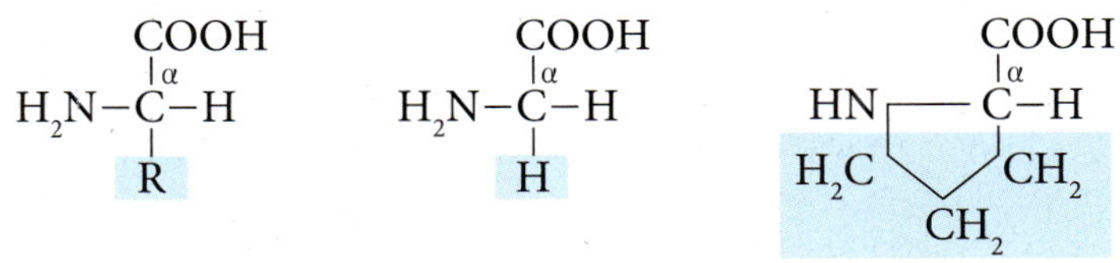

amminoacido glicina prolina

La chiralità degli amminoacidi

L'atomo di carbonio α, essendo legato a quattro gruppi atomici diversi (tranne nell'amminoacido glicina in cui R è un atomo di idrogeno) è uno stereocentro. Tutti gli α-amminoacidi (tranne la glicina) sono molecole chirali che si presentano sotto forma di due **enantiomeri** ovvero molecole che sono l'una l'immagine speculare dell'altra e non sovrapponibili (figura **31**).

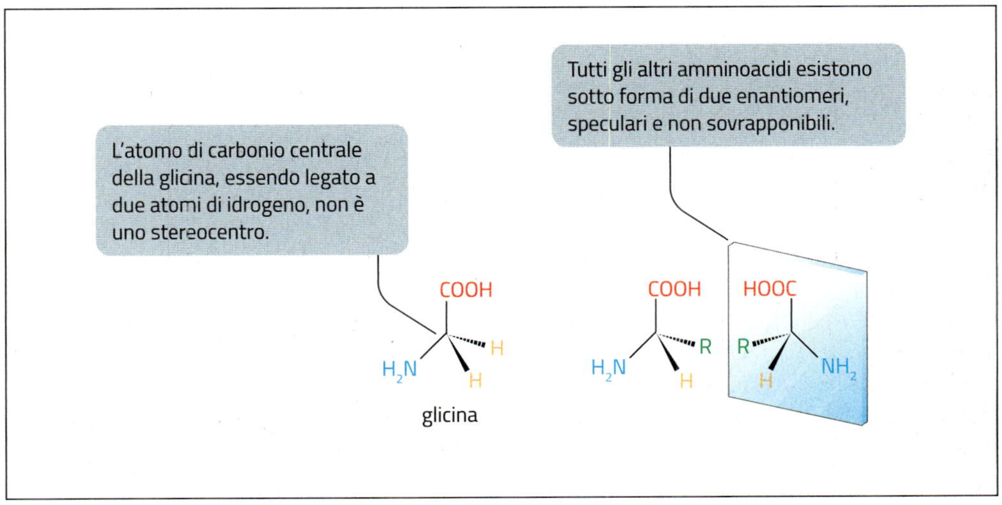

Figura **31** **La chiralità degli amminoacidi** Tutti gli amminoacidi, tranne la glicina, hanno quattro gruppi atomici diversi legati al carbonio (stereocentro), per cui si presentano sotto forma di due enantiomeri.

Di conseguenza anche gli α-amminoacidi, come i carboidrati, possono essere rappresentati con le proiezioni di Fischer: disponendo il gruppo carbossilico $-COOH$ in alto e la catena laterale R in basso, il tipo di configurazione è determinato dalla posizione del gruppo $-NH_2$ che, se si trova a destra, indica la configurazione D, se si trova a sinistra, indica la configurazione L:

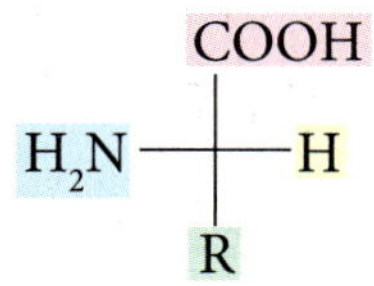

L-amminoacido

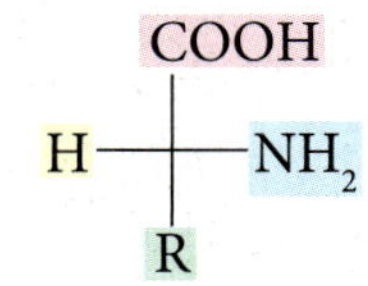

D-amminoacido

Tutti gli amminoacidi naturali hanno la configurazione L. Gli L-α-amminoacidi che costituiscono le proteine sono venti: otto sono detti **essenziali** in quanto l'organismo non è in grado di sintetizzarli, quindi devono essere acquisiti attraverso le proteine presenti negli alimenti.

La nomenclatura e la classificazione degli amminoacidi

Gli amminoacidi naturali sono denominati con un nome comune (glicina, alanina, valina) che si rappresenta con tre lettere (Gly, Ala, Val), quando deve essere utilizzato per rappresentare le formule dei peptidi, oppure con una lettera (G, A, V) quando si descrive la sequenza degli amminoacidi nei polipeptidi e nelle proteine (figura **32**).

I cinque amminoacidi con catene laterali dotate di carica elettrica (+1 oppure −1) attraggono l'acqua (cioè sono idrofili) e gli ioni aventi carica opposta. I cinque amminoacidi con catene laterali polari hanno la tendenza a formare legami a idrogeno con l'acqua e con altre sostanze polari o dotate di carica elettrica. Anche questi amminoacidi sono idrofili. Sette amminoacidi hanno invece catene laterali costituite da idrocarburi apolari; pertanto sono idrofobici. Nell'ambiente acquoso tipico delle cellule, le catene laterali idrofobiche tendono a raggrupparsi all'interno della proteina, il più lontano possibile dall'acqua.

Tre amminoacidi, la glicina, la cisteina e la prolina, pur avendo catene laterali idrofobiche, costituiscono casi a parte.

- La catena laterale della glicina è un semplice atomo di idrogeno; è quindi così piccola da incastrarsi nei ristretti spazi liberi all'interno di una proteina, dove una catena laterale più ingombrante non troverebbe spazio.
- Il gruppo R della cisteina presenta un gruppo terminale $-SH$ e può reagire con la catena laterale di un'altra unità di cisteina, formando un legame covalente tra i due atomi di zolfo detto ponte disolfuro ($-S-S-$). I ponti disolfuro contribuiscono a determinare il modo in cui si ripiega la proteina.

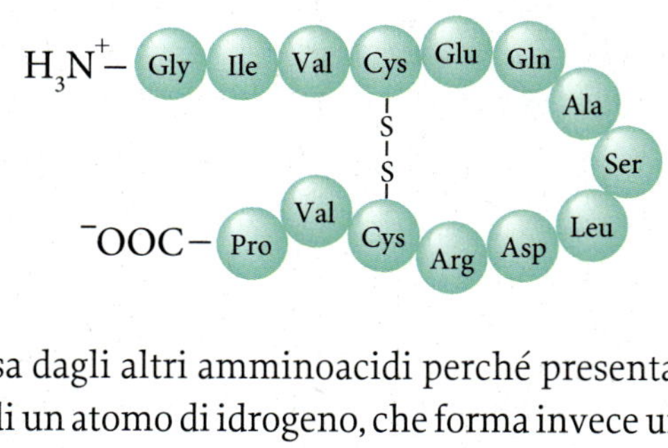

- La prolina è diversa dagli altri amminoacidi perché presenta un gruppo amminico modificato, privo di un atomo di idrogeno, che forma invece un legame covalente con un carbonio della catena laterale, generando una struttura ad anello. Ciò riduce la sua capacità di formare legami a idrogeno e limita le possibilità di rotazione attorno al carbonio α; per questo è facile che si trovi nei gomiti di una proteina, dove costituisce un punto di rigidità che contribuisce a mantenere la forma della molecola.

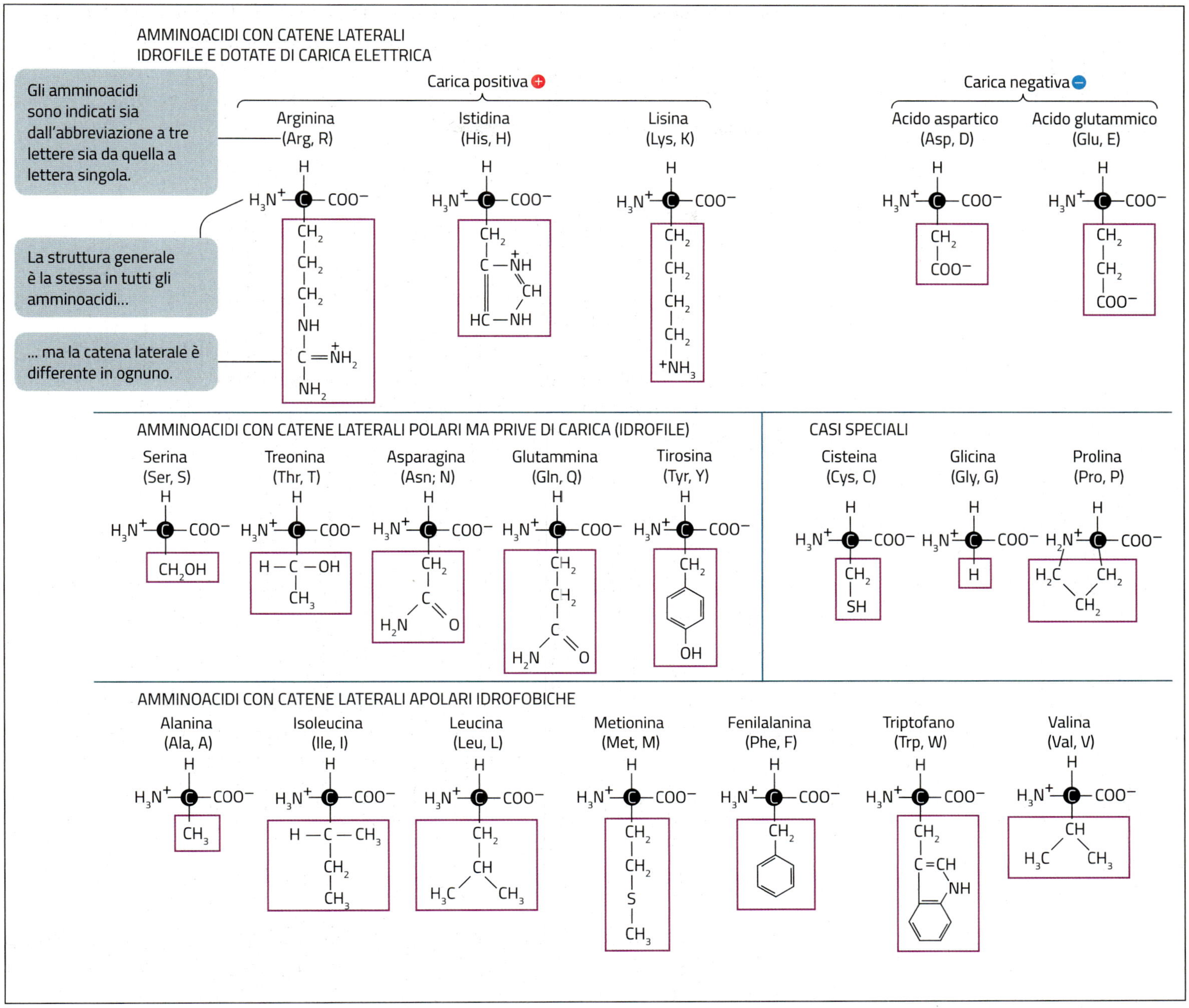

Figura 32 La struttura degli amminoacidi
I venti amminoacidi che si trovano nelle cellule si distinguono in base ai loro gruppi R.

La struttura ionica dipolare degli amminoacidi

Negli amminoacidi, per la presenza del gruppo carbossilico e del gruppo amminico, si verifica una reazione intramolecolare acido-base: il gruppo carbossilico ($-COOH$) comportandosi da acido cede uno ione H^+ (trasformandosi nello ione carbossilato $-COO^-$) al gruppo amminico ($-NH_2$) che, comportandosi da base, lo accetta trasformandosi nello ione $-NH_3^+$. Si forma uno **ione dipolare** o **zwitterione**, ovvero uno ione con due cariche opposte che si trovano su due gruppi funzionali diversi.

forma acido-base — forma ionica dipolare

LE PAROLE

Il termine **zwitterione** (dal tedesco: *Zwitter* = ermafrodito) indica uno ione provvisto di due cariche elettriche opposte.

Tra la forma acido-base e la forma ionica dipolare si stabilisce un equilibrio spostato verso la forma ionica dipolare:

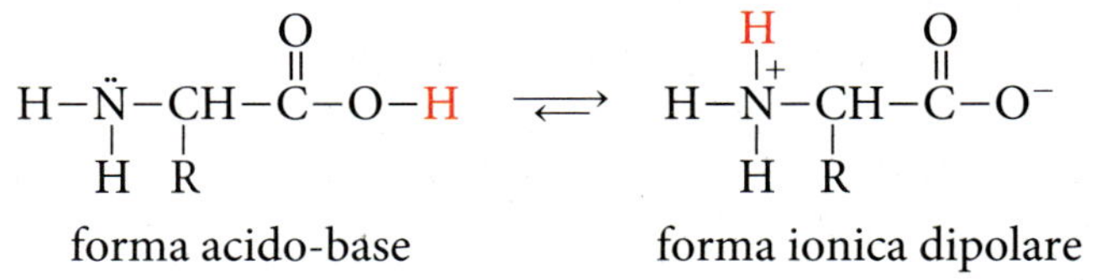

Le proprietà fisiche e chimiche degli amminoacidi

La struttura ionica dipolare degli amminoacidi giustifica:

- le proprietà fisiche, che si identificano nello stato solido cristallino, negli alti punti di fusione e nella solubilità in acqua, ma non in solventi apolari (etere, benzene);
- le proprietà chimiche, che si identificano nel loro comportamento **anfotero** in quanto possono reagire sia con acidi sia con basi. Gli amminoacidi, infatti, nella forma ionica dipolare:
  - **a.** in una soluzione basica (OH^-) si comportano da acidi, cedendo un protone H^+ e trasformandosi in anione con carica elettrica −1:

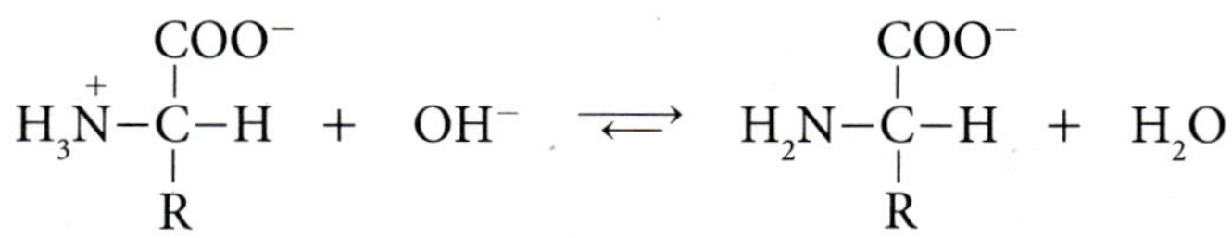

  - **b.** in una soluzione acida (H_3O^+) si comportano da basi, accettando un protone H^+ e trasformandosi in catione con carica elettrica +1:

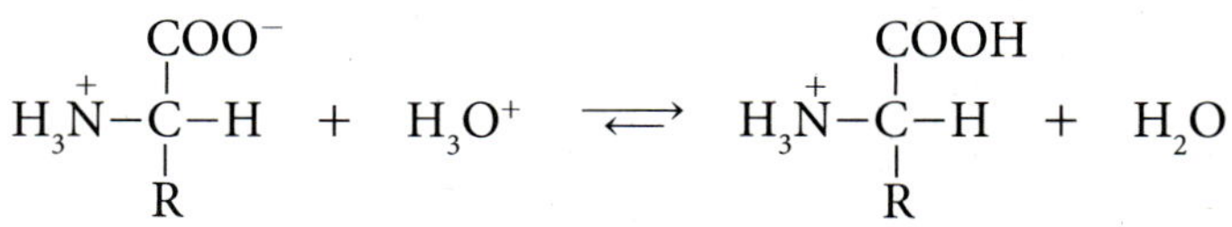

È evidente quindi che la carica di un amminoacido è funzione del pH della soluzione:

- **a.** ad alti valori di pH (soluzione basica) la carica è negativa e l'amminoacido è presente nella forma anionica, ovvero deprotonata;
- **b.** a bassi valori di pH (soluzione acida) la carica è positiva e l'amminoacido è presente nella forma cationica, ovvero protonata.

A un dato valore di pH, detto **punto isoelettrico** (simbolo pI), l'amminoacido ha una forma ionica dipolare e carica complessiva uguale a zero (figura **33**). Le differenze di punto isoelettrico si possono utilizzare per separare gli amminoacidi di una soluzione mediante una tecnica chiamata *elettroforesi*, che verrà illustrata nel capitolo B6.

Figura **33** **Il punto isoelettrico** È il valore del pH al quale un amminoacido esiste nella forma dipolare neutra. A valori di pH bassi, l'amminoacido si presenta nella forma protonata (con carica positiva), mentre a valori di pH alti, nella forma deprotonata (con carica negativa). Per l'alanina il pI corrisponde a un valore di pH uguale a 6,0.

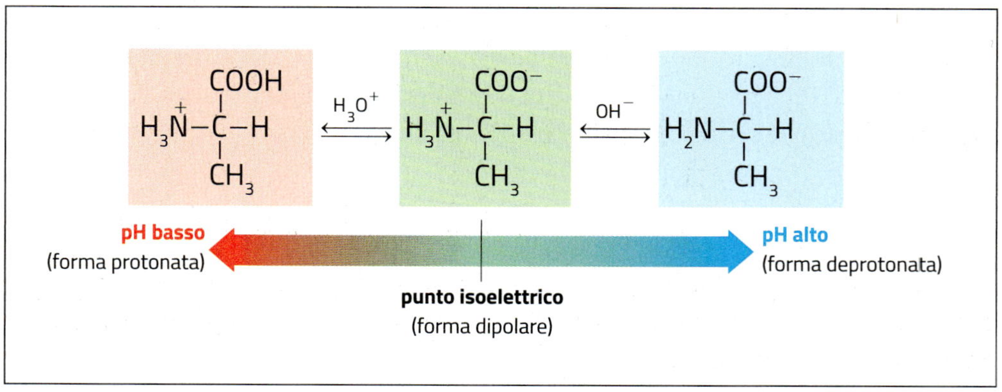

Per gli amminoacidi che hanno un solo gruppo carbossilico e un solo gruppo amminico (amminoacidi neutri) il valore del pI corrisponde a un valore di pH intermedio, nell'intervallo tra pH = 5,0 e pH = 6,5 (tabella **1**). Per i due amminoacidi con due gruppi carbossilici e un gruppo amminico (amminoacidi acidi), e per i tre amminoacidi con un gruppo carbossilico e due gruppi amminici (amminoacidi basici), il valore del pI corrisponde a valori di pH rispettivamente molto bassi (pH = 3) e maggiori di 7 (nell'intervallo pH = 7,6 e pH = 10,8).

Nome	Punto isoelettrico (pI)
acido aspartico	3,0
acido glutammico	3,2
cisteina	5,0
asparagina	5,4
fenilalanina	5,5
glutammina	5,7
serina	5,7
tirosina	5,7
metionina	5,8
triptofano	5,9
alanina	6,0
glicina	6,0
leucina	6,0
valina	6,0
isoleucina	6,1
prolina	6,3
treonina	6,5
istidina	7,6
lisina	9,8
arginina	10,8

Tabella **1** **Valori del punto isoelettrico dei venti amminoacidi naturali** Gli amminoacidi in rosso sono acidi, quelli in nero sono neutri e quelli in blu sono basici.

17 I peptidi sono i polimeri degli amminoacidi

I **peptidi** sono biopolimeri costituiti da due o più amminoacidi uguali o diversi uniti da un legame ammidico chiamato legame peptidico.

Il legame **peptidico** tra due amminoacidi si stabilisce tra il carbonio del gruppo carbossilico (−COOH) di un amminoacido (simbolo aa_1) e l'azoto del gruppo amminico ($-NH_2$) di un altro amminoacido (simbolo aa_2).

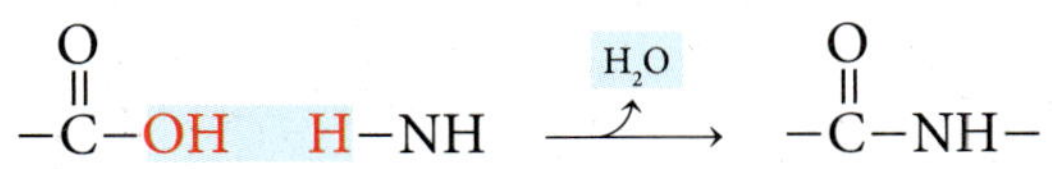

Il legame peptidico si rappresenta con un legame covalente singolo C−N ma ha in effetti una lunghezza intermedia tra quello di un legame singolo e quello di un legame doppio. Tale lunghezza di legame è giustificata dalla delocalizzazione del doppietto elettronico libero sull'atomo di azoto che originando il fenomeno della risonanza descrive il legame ammidico con due formule limite.

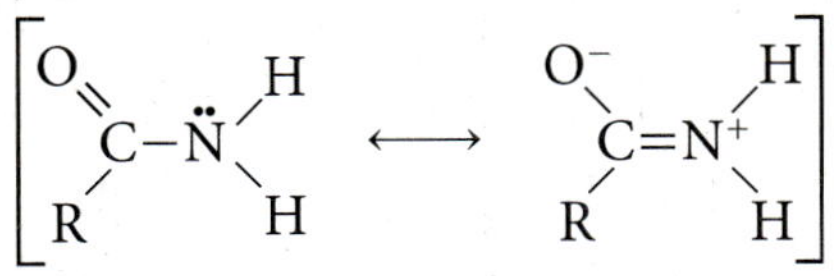

Per effetto della risonanza, il legame C−N non può ruotare e il peptide assume una disposizione planare, condizione fondamentale per svolgere la specifica attività biologica.

La reazione tra due amminoacidi comporta l'eliminazione di una molecola di acqua (**reazione di condensazione**) e la formazione di un *peptide*.

Per convenzione il peptide si scrive mettendo a sinistra l'amminoacido con il gruppo amminico libero (**amminoacido N-terminale**) e a destra l'amminoacido con il gruppo carbossilico libero (**amminoacido C-terminale**). Un peptide costituito da due amminoacidi si chiama *dipeptide*:

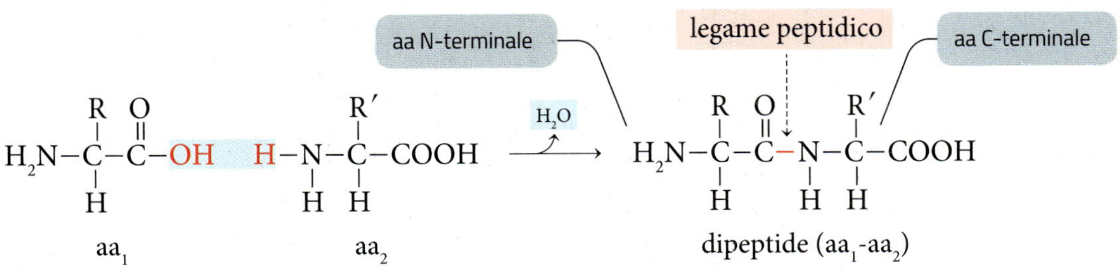

In effetti, nella reazione tra due amminoacidi (aa_1 e aa_2) si possono ottenere due dipeptidi che sono isomeri di struttura, a seconda di quale sia il gruppo carbossilico e il gruppo amminico che reagiscono (aa_1-aa_2 e aa_2-aa_1).

La reazione tra l'alanina e la serina porta alla formazione del dipeptide alanilserina, mentre quella tra la serina e l'alanina porta alla formazione del dipeptide serilalanina (figura 34).

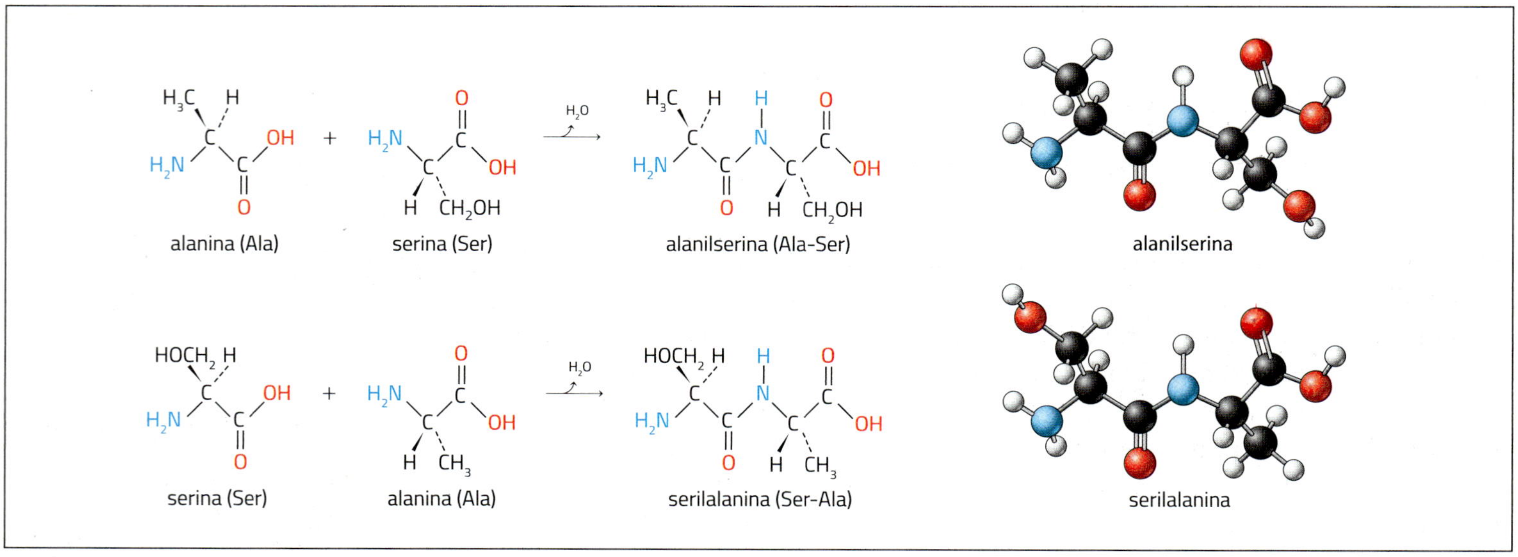

Figura 34 Le molecole di alanilserina e serilalanina Il nome di questi dipeptidi dipende dall'ordine con cui i due amminoacidi si legano.

Di solito le formule dei peptidi si rappresentano con tre lettere per ciascun amminoacido: in tal modo la formula dell'alanilserina si scrive *Ala-Ser* e quella della serilalanina si scrive *Ser-Ala*.

Il numero degli isomeri ovviamente aumenta all'aumentare del numero di amminoacidi che costituiscono il peptide: con tre amminoacidi si possono ottenere sei tripeptidi.

Il numero (n) di peptidi che si possono ottenere con un numero (m) di amminoacidi è dato dalla relazione: $n = 1 \cdot 2 \cdot 3 \cdot \ldots \cdot m$.

I peptidi possono essere suddivisi negli amminoacidi costituenti mediante una reazione di **idrolisi**, che negli organismi viventi è catalizzata da enzimi:

$$\underset{\text{dipeptide }(aa_1\text{-}aa_2)}{H_2N-\underset{H}{\overset{R}{C}}-\overset{O}{\overset{\|}{C}}-\underset{H}{N}-\underset{H}{\overset{R'}{C}}-COOH} + H_2O \xrightarrow{\text{enzimi}} \underset{aa_1}{H_2N-\underset{H}{\overset{R}{C}}-COOH} + \underset{aa_2}{H_2N-\underset{H}{\overset{R'}{C}}-COOH}$$

Tra gli amminoacidi di un peptide, oltre al legame peptidico, si può formare un secondo tipo di legame covalente, il legame disolfuro, che si può stabilire tra i gruppi $-SH$ di due unità di cisteina:

Il **legame disolfuro** è un legame covalente singolo tra due atomi di zolfo ($S-S$).

Il legame disolfuro si forma per ossidazione (deidrogenazione) di due gruppi $-SH$ appartenenti a due amminoacidi di cisteina (Cys); essi possono appartenere allo stesso peptide o a due peptidi diversi:

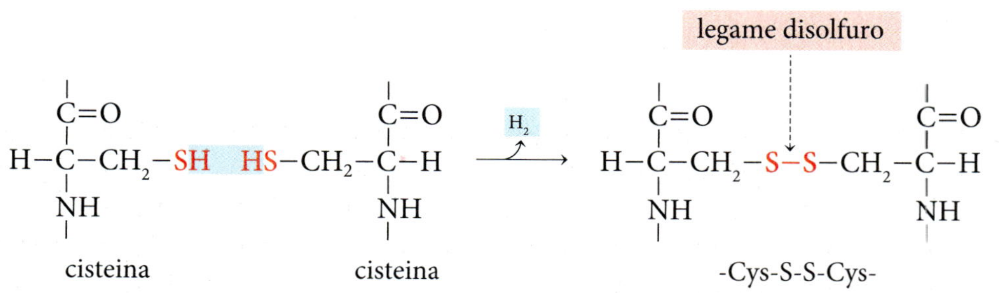

I peptidi, a seconda del numero di amminoacidi che li costituiscono, sono distinti in: **oligopeptidi**, formati da pochi amminoacidi (da 2 a 10), **polipeptidi**, formati da non più di 100 amminoacidi, e **proteine**, costituite da oltre 100 amminoacidi.

I termini *polipeptide* e *proteina* vengono spesso utilizzati come sinonimi.

18 Le modalità di classificazione delle proteine

Le **proteine** sono biopolimeri formati da molti amminoacidi (più di 100) uniti tra loro da legami peptidici.

LE PAROLE

Le **proteine** (dal greco: *protos* = primo) sono polimeri organici a elevata massa molecolare di primaria importanza nel metabolismo cellulare.

Sulla base della loro composizione chimica, le proteine sono suddivise in:

- **semplici**, formate solo da amminoacidi;
- **coniugate**, costituite da amminoacidi e da un *gruppo prostetico*, una molecola non proteica, che può essere un lipide (*lipoproteine*), un glucide (*glicoproteine*) o un acido nucleico (*nucleoproteine*).

A seconda della funzione biologica svolta, si possono distinguere le seguenti classi di proteine:

- **strutturali**, che costituiscono tessuti e organi; proteine strutturali sono la cheratina (figura **35**) e il collagene;
- **catalitiche**, come gli enzimi, che aumentano la velocità delle reazioni chimiche nelle cellule;
- **contrattili** e di **movimento**, che permettono la contrazione muscolare (actina e miosina) e il movimento di ciglia e flagelli;
- di **trasporto**, come l'emoglobina, che favoriscono il trasporto di ioni o molecole;
- di **riserva**, che accumulano ioni (ferritina) o molecole (ovoalbumina) nei tessuti;
- di **difesa**, come gli anticorpi che proteggono l'organismo dagli agenti patogeni;
- di **regolazione**, come gli ormoni, che regolano diversi processi metabolici negli organismi.

In base alla **forma** che assumono nello spazio, le proteine possono essere suddivise in fibrose e globulari.

Le **proteine fibrose**, insolubili in acqua, sono formate da due o tre catene polipeptidiche disposte le une accanto alle altre e legate con legami disolfuro (cheratina) o legami a idrogeno (collagene), a costituire un unico filamento o un piano (figura **36**).

Figura **35** **La cheratina** Tra le proteine fibrose figura anche la cheratina, una delle componenti principali dei capelli.

TI RICORDI?

Le **immunoglobuline** o anticorpi sono glicoproteine prodotte dalle plasmacellule del sistema immunitario. Hanno forma globulare e sono costituite da quattro catene polipeptidiche (due pesanti e due leggere) unite con legami disolfuro.

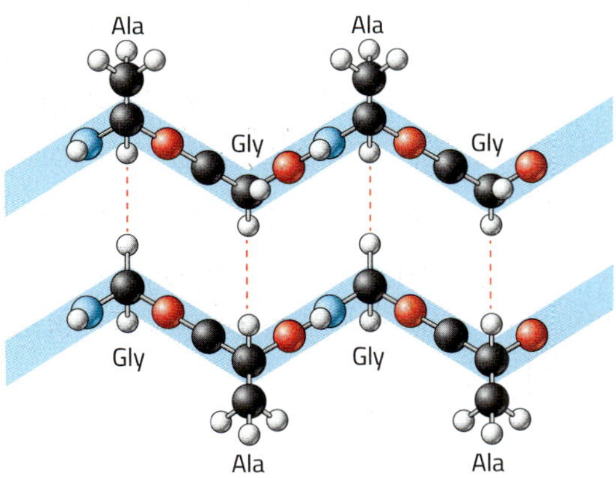

Figura **36** **Le proteine fibrose** La forma allungata di molte proteine fibrose, come il collagene, deriva dalla disposizione nello spazio di molecole unite da legami a idrogeno lungo direzioni parallele.

Le **proteine globulari**, solubili in acqua, sono formate da catene polipeptidiche ripiegate su se stesse in forme compatte più o meno sferiche, determinate da numerose interazioni intramolecolari e ioniche. Sono proteine globulari gli enzimi (biocatalizzatori), gli *ormoni* (messaggeri chimici preposti alla regolazione di processi biologici), le proteine di trasporto (l'emoglobina), le proteine di riserva (ovoalbumina) e di difesa (anticorpi).

19 La struttura delle proteine

Esaminando una proteina nella sua configurazione spaziale, è possibile individuare quattro livelli di organizzazione ai quali si dà il nome di struttura primaria, secondaria, terziaria e quaternaria.

La struttura primaria

La **struttura primaria** è definita dalla sequenza con cui gli amminoacidi sono legati con legami peptidici e legami disolfuro nella catena polipeptidica. Ogni proteina ha la sua sequenza specifica e da essa dipende la sua funzione biologica.

Per esempio, due ormoni proteici sintetizzati dall'ipotalamo, l'ossitocina e la vasopressina, differiscono solo per due amminoacidi ma svolgono funzioni biologiche completamente differenti:

- l'ossitocina è responsabile della contrazione della muscolatura uterina prima e durante il parto;
- la vasopressina favorisce il riassorbimento dell'acqua a livello del tubulo renale del nefrone.

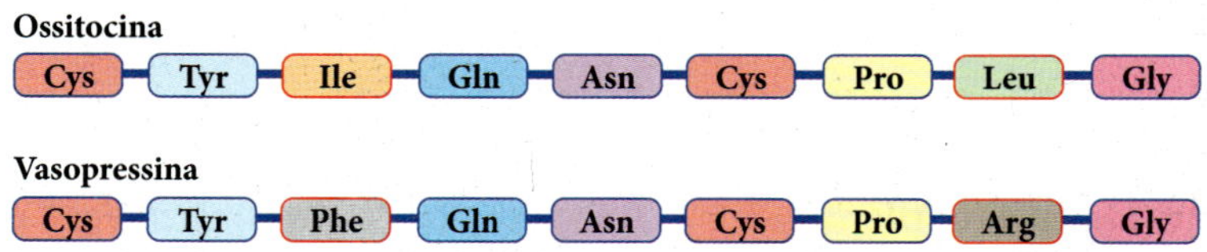

La struttura secondaria

La **struttura secondaria** è definita dalla disposizione spaziale della catena polipeptidica determinata da legami a idrogeno che si stabiliscono tra l'ossigeno del gruppo carbonile (>CO) di un amminoacido e l'idrogeno del gruppo –NH di un altro amminoacido della stessa catena proteica o tra due catene diverse. La struttura secondaria, tipica delle proteine fibrose, può presentarsi sotto forma di due configurazioni.

- La configurazione ad **α-elica**, caratterizzata da una catena polipeptidica avvolta a spirale su se stessa in senso orario, è determinata da legami a idrogeno intramolecolari con i gruppi R diretti verso l'esterno. La configurazione ad α-elica conferisce alla proteina una elevata flessibilità ed elasticità. Proteine ad α-elica sono la *cheratina*, il *collagene* e l'*elastina*.

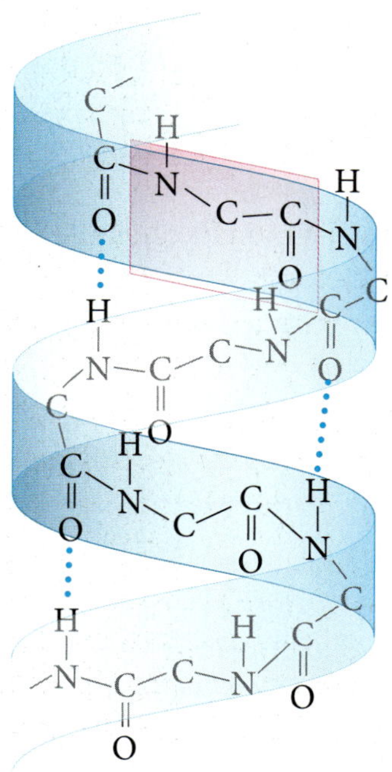

α-elica

- La configurazione a **β-foglietto ripiegato**, caratterizzata da più catene polipeptidiche disposte parallelamente l'una accanto all'altra, è determinata da legami a idrogeno intermolecolari che si stabiliscono tra il gruppo $\rangle$CO e il gruppo −NH di due catene parallele e da gruppi R che si trovano alternativamente sopra e sotto il piano della molecola. Una proteina a β-foglietto ripiegato è la fibroina, costituente principale delle fibre della seta e della tela del ragno.

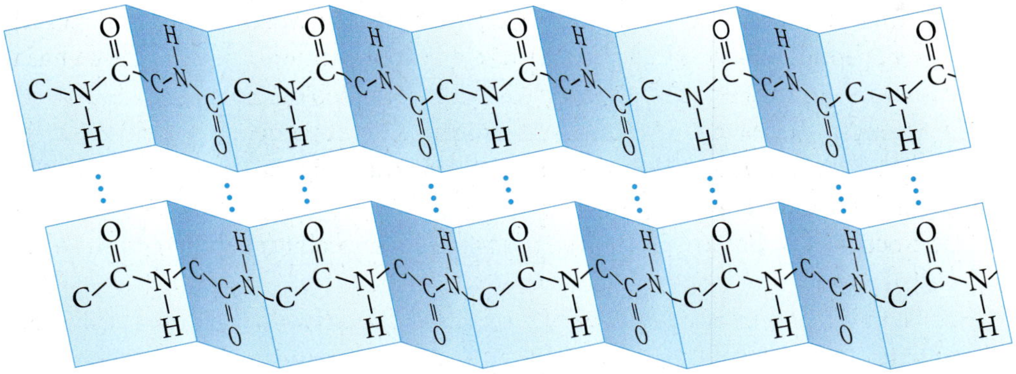

β-foglietto

La struttura terziaria

La **struttura terziaria** è definita dalla forma della proteina, determinata da interazioni intramolecolari (legami a idrogeno, legami disolfuro, interazioni ioniche) tra i gruppi R degli amminoacidi.

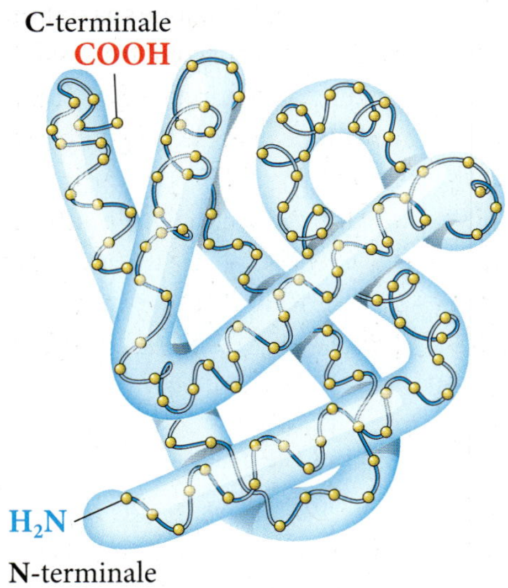

La struttura terziaria è tipica delle proteine globulari e può essere considerata come l'insieme di segmenti polipeptidici ad α-elica e a β-foglietto, uniti da elementi di connessione e ripiegati in modo da garantire alla proteina la massima stabilità. All'interno di proteine di grandi dimensioni, sono spesso presenti regioni dette **domini**, caratterizzate da una particolare stabilità, al punto da conservare la loro struttura tridimensionale anche se vengono scisse dal resto della molecola. I domini sono deputati allo svolgimento di una particolare funzione, come la catalisi o la regolazione.

La struttura quaternaria

La **struttura quaternaria** è definita dall'associazione di due o più catene polipeptidiche chiamate anche *subunità*. Una proteina di forma globulare con struttura quaternaria è l'emoglobina, proteina di trasporto dell'ossigeno nei globuli rossi. L'emoglobina è una proteina coniugata costituita dal gruppo prostetico eme e da quattro subunità (globine), due unità α con 141 amminoacidi e due unità β con 146 amminoacidi. Nel feto, l'**emoglobina** è costituita da due catene α e due catene γ. Anomalie nella sintesi dell'emoglobina, causate da mutazioni geniche, sono responsabili dell'anemia falciforme e della talassemia (anemia mediterranea).

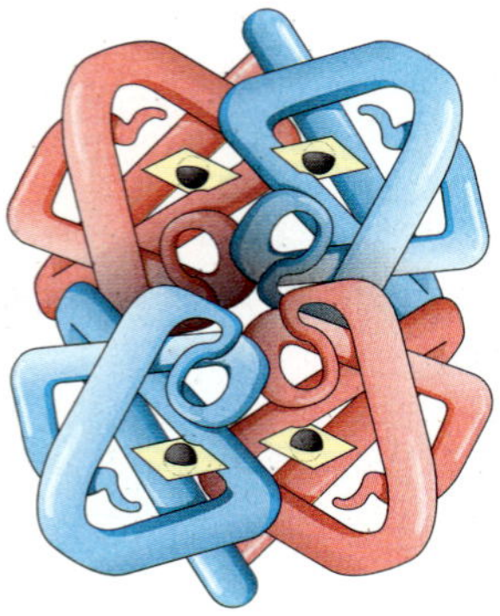

emoglobina

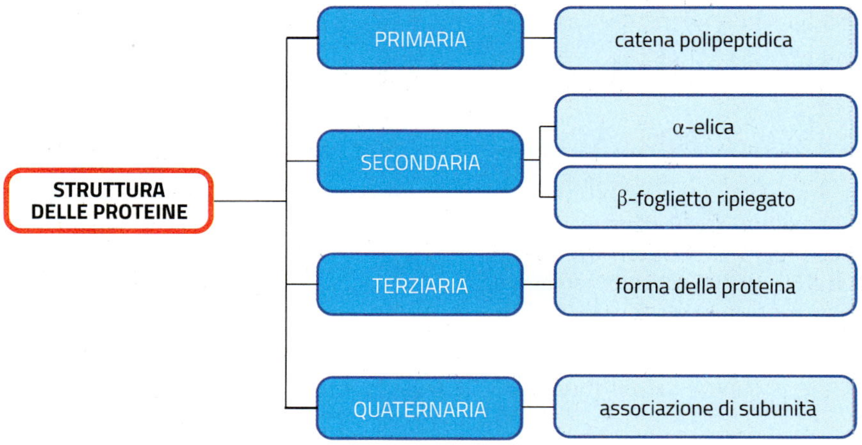

Le strutture primaria, secondaria e terziaria, presenti in tutte le proteine, ne determinano la solubilità, la dimensione e il ruolo biologico specifico.

Dalla struttura primaria alla secondaria, terziaria e quaternaria, si verifica un progressivo aumento della complessità strutturale. La specifica attività biologica della proteina è svolta solo quando la struttura assunta è quella definitiva (figura **37**).

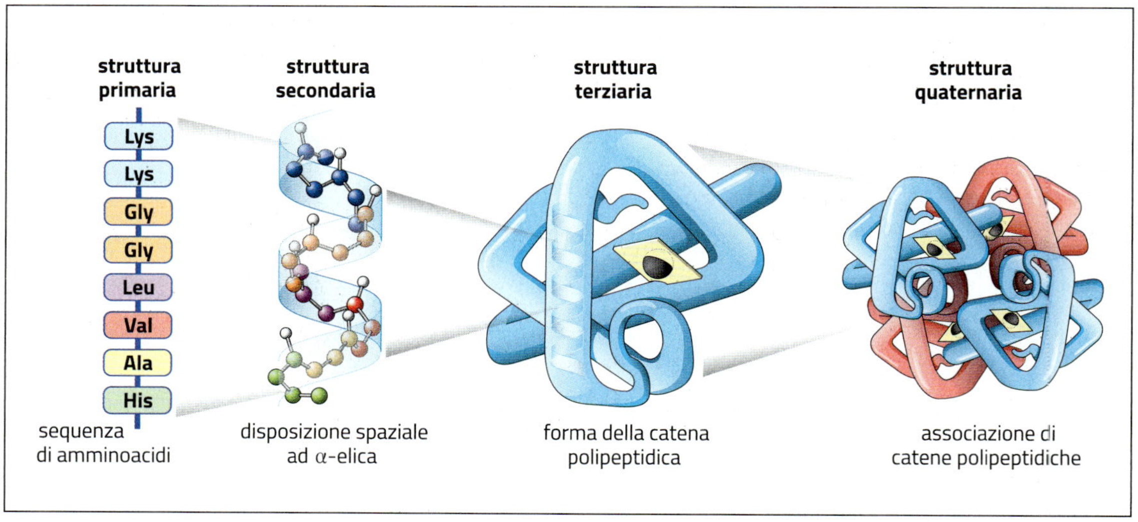

Figura **37** **Le strutture proteiche**
I successivi possibili livelli di organizzazione di una proteina con struttura secondaria ad α-elica.

La denaturazione delle proteine

I legami chimici responsabili della struttura secondaria, terziaria e quaternaria di una proteina sono deboli, per cui in presenza di temperature elevate, di valori estremi di pH, di solventi organici (alcoli) e di ioni di metalli pesanti tendono a rompersi. In tal caso la proteina perde la sua funzionalità biologica (**denaturazione**).

Quando una proteina denaturandosi forma nuovi legami intramolecolari e intermolecolari, il processo di denaturazione è irreversibile e viene chiamato coagulazione.

PER RIPASSARE
video:
Le proteine

RISPONDI

A Perché gli amminoacidi hanno un comportamento anfotero?
B In che modo si forma il legame peptidico tra due amminoacidi?
C Quali sono le configurazioni della struttura secondaria delle proteine?

LEZIONE

4

I nucleotidi e gli acidi nucleici

20 I nucleotidi sono costituiti da uno zucchero, una base azotata e un gruppo fosfato

I **nucleotidi** sono i monomeri degli acidi nucleici, biopolimeri presenti universalmente nei sistemi viventi, nei quali presiedono alla conservazione, trasmissione ed espressione dei caratteri ereditari.

I nucleotidi sono costituiti dall'unione di tre molecole appartenenti a classi diverse.

- Un *monosaccaride* a cinque atomi di carbonio in cui è presente il gruppo aldeidico, che può essere il **D-ribosio** o il **D-2-desossiribosio** (figura **38**);

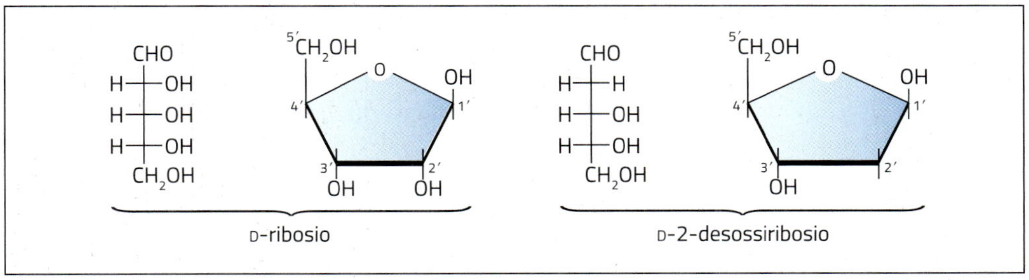

Figura **38** **Le molecole del D-ribosio e del D-2-desossiribosio rappresentate con le proiezioni di Fischer e di Haworth** Gli atomi di carbonio del pentoso sono contraddistinti da un apice (′) che si legge «primo».

- Una *base eterociclica azotata* costituita da uno o due anelli di atomi di carbonio e di azoto (eteroatomo). Le basi azotate presenti nella costituzione degli acidi nucleici sono cinque e appartengono a due classi, le pirimidine e le purine. Le **pirimidine** (*citosina, timina, uracile*) sono costituite da un anello esatomico; le **purine** (*adenina, guanina*) sono formate da due anelli condensati, uno esatomico e uno pentatomico. Le basi azotate vengono generalmente indicate con la lettera iniziale del loro nome: A (adenina), C (citosina), G (guanina), T (timina), U (uracile) (figura **39**);

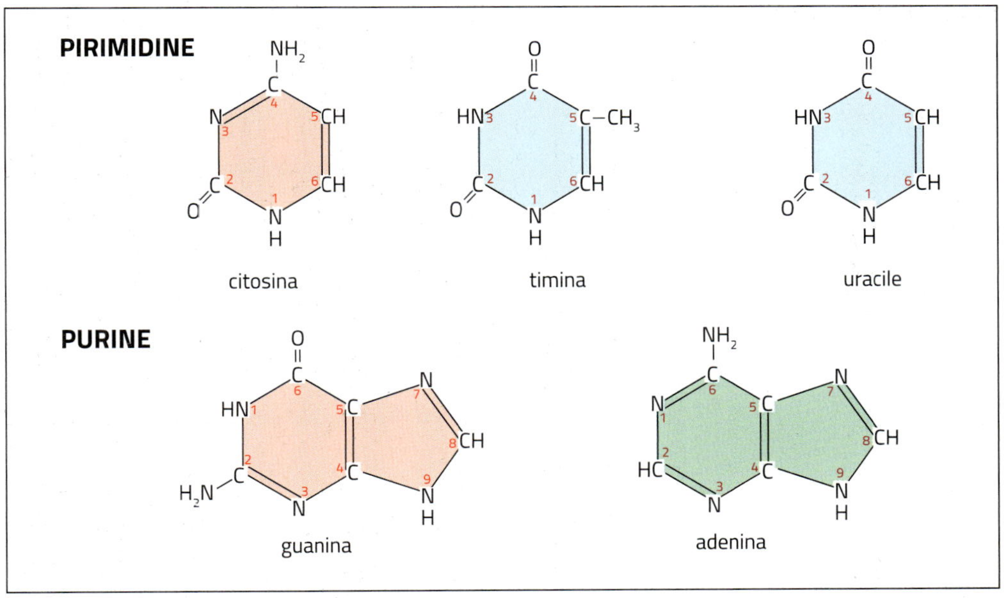

Figura **39** **Le basi azotate** Le pirimidine (citosina, timina e uracile) sono costituite da un anello esatomico. Le purine (guanina e adenina) sono costituite da un anello esatomico e uno pentatomico.

- Un *gruppo fosfato*, con un atomo di fosforo al centro, che conferisce all'acido nucleico la sua caratteristica acidità.

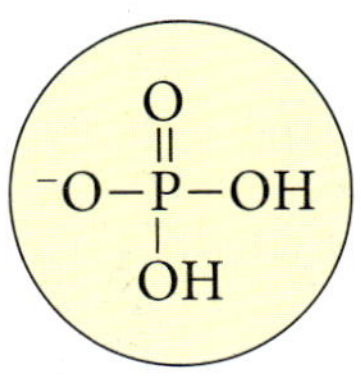

21 La sintesi degli acidi nucleici avviene mediante reazioni di condensazione

Il gruppo funzionale emiacetalico −OH legato all'atomo di carbonio-1′ (si legge: uno primo) di una molecola di zucchero può reagire con il gruppo amminico −NH in posizione 1 di una base azotata pirimidinica o con il gruppo amminico in posizione 9 di una base azotata purinica. L'eliminazione di una molecola di acqua porta alla formazione di un legame glicosidico e di un composto chiamato **nucleoside**:

zucchero + base azotata → nucleoside + acqua

I nucleosidi prendono il nome dalla base azotata da cui derivano: adenosina, citidina, guanosina, timidina, uridina. Per esempio, nella reazione tra il D-ribosio e la citosina si ottiene il nucleoside citidina:

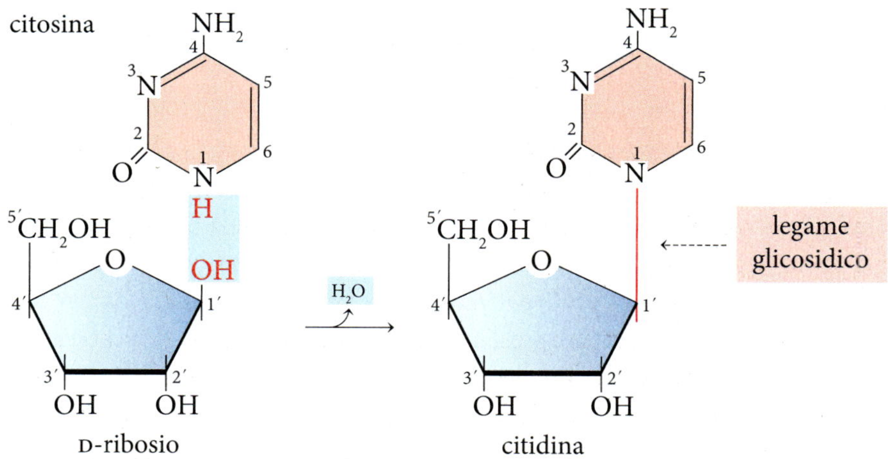

Il gruppo ossidrile del carbonio-5′ dello zucchero del nucleoside può reagire con una molecola di acido fosforico (H_3PO_4); si ha l'eliminazione di una molecola di acqua e la formazione di un legame estereo che determina la sintesi di un composto chiamato **nucleotide**:

nucleoside + acido fosforico → nucleotide + acqua

Per esempio, dalla citidina si forma il nucleotide citidina monofosfato.

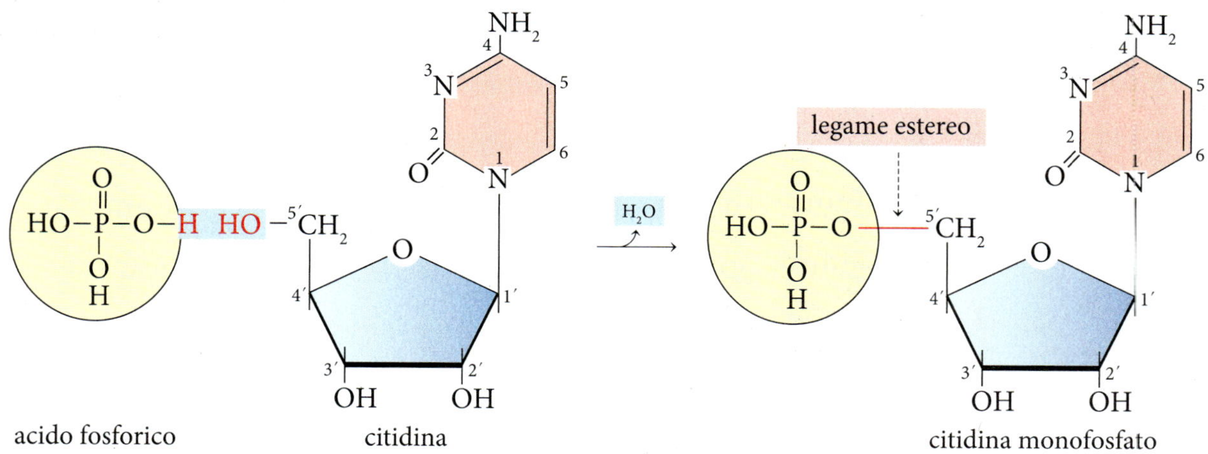

I nucleotidi sono quindi esteri fosfati dei nucleosidi e sono costituiti da una base azotata unita a uno zucchero aldopentoso (ribosio o desossiribosio), legato a un gruppo fosfato mediante un legame estereo.

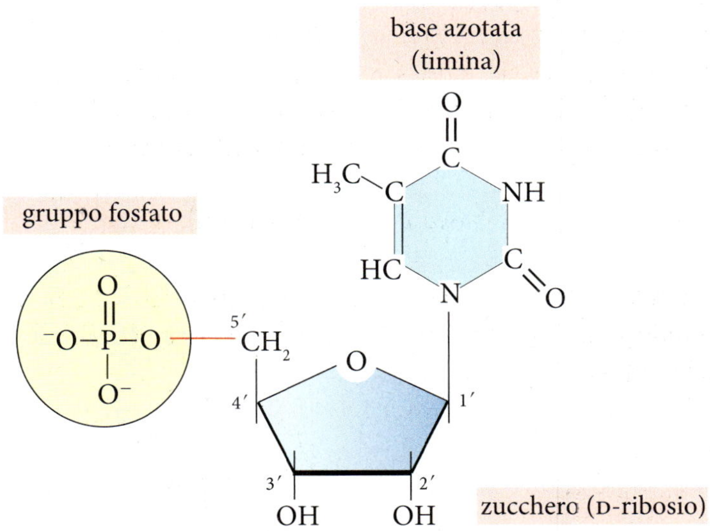

Il nome dei nucleotidi monofosfato è costituito dal nome del nucleoside con la desinenza *-ina* seguita dal termine *monofosfato*.

I nucleotidi monofosfato vengono generalmente indicati con una sigla di tre lettere, di cui la prima indica il tipo di base azotata presente (A, C, G, T, U), la seconda il numero di gruppi fosfato (M = *mono* = uno) e la terza il gruppo fosfato P (tabella **2**).

Se nei nucleosidi e nucleotidi è presente il 2-desossiribosio, si ha una serie analoga di 2-desossinucleosidi e di 2-desossinucleotidi per i cui nomi si premette il prefisso *desossi-*.

Il gruppo fosfato di un nucleotide (legato al carbonio-5′ dello zucchero) può reagire con il gruppo ossidrile del carbonio-3′ dello zucchero di un altro nucleotide. L'eliminazione di una molecola di acqua porta alla formazione di un legame fosfodiestere e di un composto chiamato **dinucleotide**:

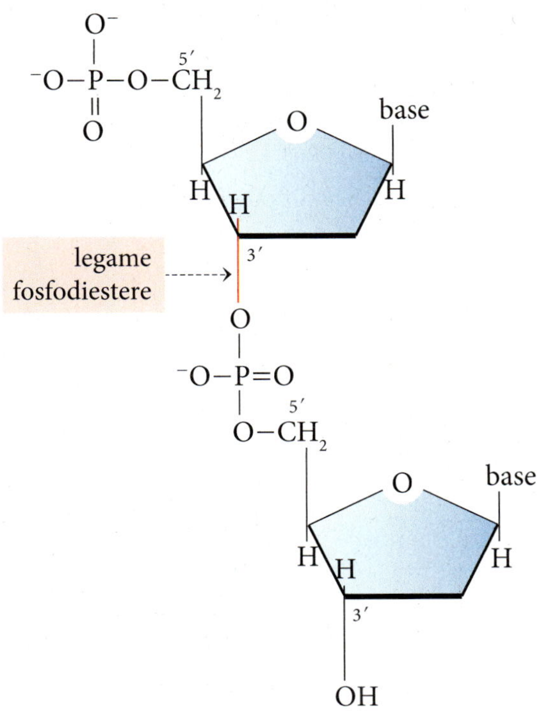

Tabella **2** **La nomenclatura di nucleosidi e nucleotidi monofosfato in cui è presente il ribosio.**

Base azotata	Nucleoside	Nucleotide	Sigla
adenina	adenosina	adenosina monofosfato	AMP
citosina	citidina	citidina monofosfato	CMP
guanina	guanosina	guanosina monofosfato	GMP
timina	timidina	timidina monofosfato	TMP
uracile	uridina	uridina monofosfato	UMP

Quando più nucleotidi si legano tra loro, si costituisce un polinucleotide di un **acido nucleico**, un polimero identificato per la prima volta nel nucleo della cellula (figura **40**).

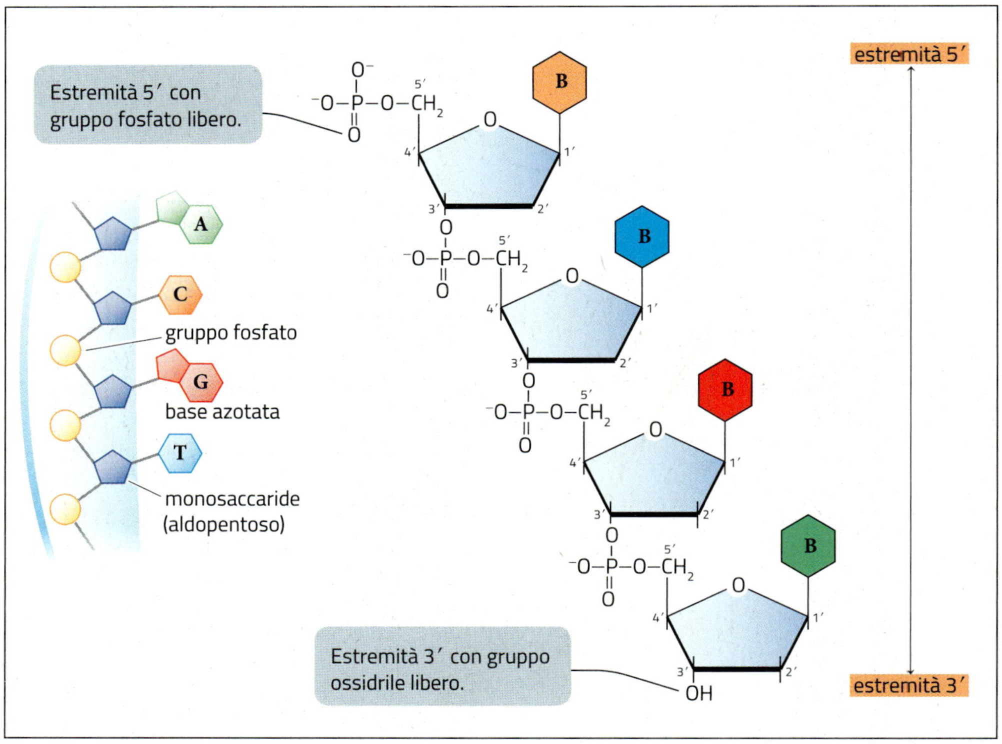

Figura **40** **Il polinucleotide di una molecola di acido nucleico.**

PER RIPASSARE
video:
Gli acidi nucleici

Da notare che una delle due estremità del polinucleotide ha un ossidrile libero sul carbonio-3′ (**estremità 3′**), mentre l'altra ha un gruppo fosfato legato al carbonio-5′ (**estremità 5′**).

Nei sistemi viventi sono presenti due classi di acidi nucleici, strutturalmente e funzionalmente molto diverse, anche se chimicamente simili, gli acidi desossiribonucleici (**DNA**) e gli acidi ribonucleici (**RNA**).

- Negli **acidi desossiribonucleici** lo zucchero è il 2-desossiribosio e le quattro basi azotate che possono legarsi ad esso sono adenina, citosina, guanina e timina. Le molecole di DNA si trovano prevalentemente nel nucleo della cellula.
- Negli **acidi ribonucleici** lo zucchero è il *ribosio* e le quattro basi azotate che possono legarsi ad esso sono adenina, citosina, guanina e uracile. Le molecole di RNA si trovano nel citoplasma e nei ribosomi.

TI RICORDI?

Nei **mitocondri** e nei **cloroplasti** si trovano piccole molecole di DNA, che consentono a questi organuli di autoriprodursi. La presenza del DNA è giustificata dall'ipotesi dell'origine endosimbiotica delle cellule eucariotiche.

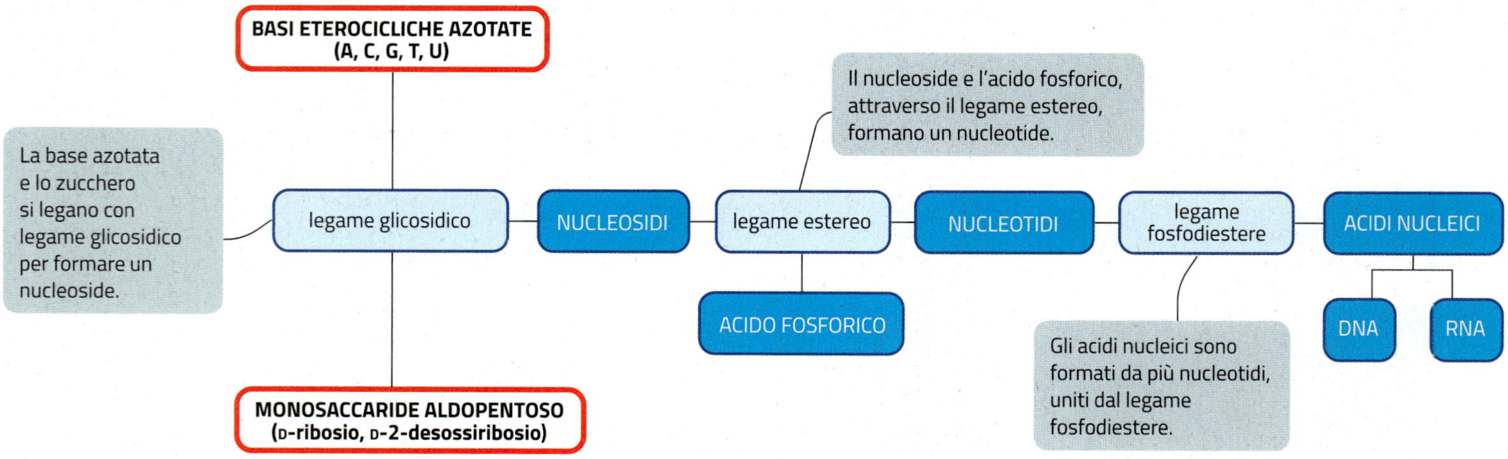

RISPONDI

A Qual è la composizione chimica dei nucleotidi?

B Come avviene la sintesi degli acidi nucleici?

LA NOSTRA SALUTE

Le biomolecole nell'alimentazione

Insieme all'acqua e ai sali minerali, le biomolecole costituiscono i principi nutritivi alla base della nostra **alimentazione** e vanno assunte nelle giuste proporzioni in base alle esigenze dell'organismo. I carboidrati forniscono energia nel breve termine, i lipidi la accumulano per un utilizzo a lungo termine, le proteine assolvono una molteplicità di funzioni, tra cui anche quella energetica, e le vitamine, composti di varia natura, sono essenziali per il buon funzionamento del nostro corpo. I carboidrati dovrebbero costituire circa il 55-65 dell'apporto calorico giornaliero, mentre il rimanente andrebbe coperto al 25-30 dai lipidi e al 10-15 dalle proteine. Gli acidi nucleici non apportano calorie e quindi non sono particolarmente rilevanti dal punto di vista nutrizionale, anche se le basi azotate in essi contenute vengono utilizzate per la sintesi di molte delle nostre molecole, tra cui il DNA stesso. Ci concentreremo qui sulle prime tre biomolecole data la loro rilevanza alimentare e vedremo in quali organi e da quali enzimi del nostro organismo sono digerite (figura A).

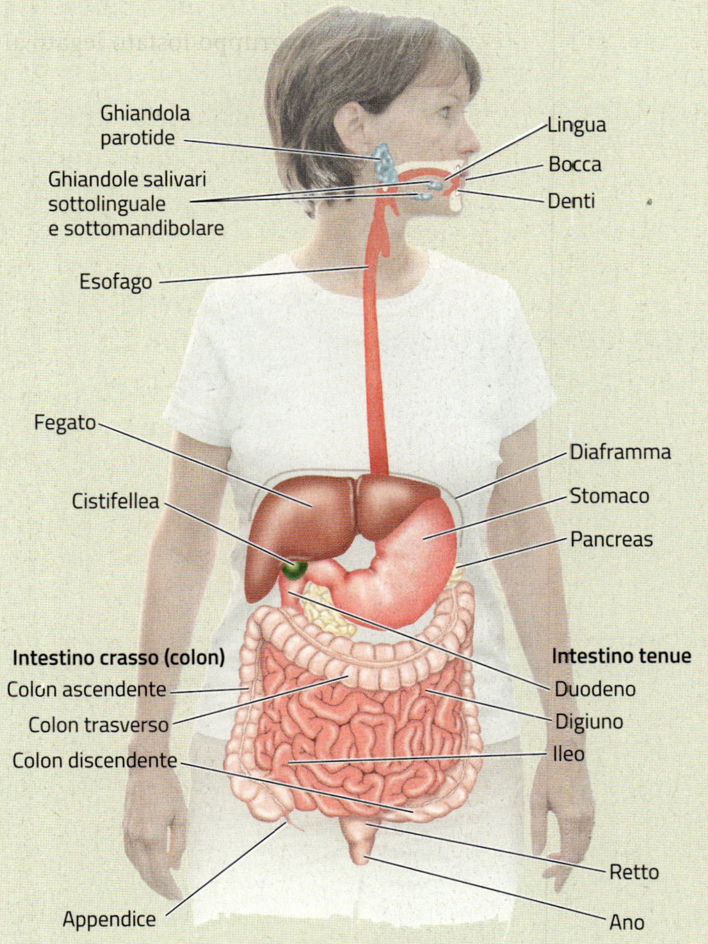

Figura A **Schema del sistema digerente umano.** Sono evidenziati gli organi e le ghiandole principali.

I carboidrati

I **carboidrati** sono una delle fonti alimentari principali, danno energia al nostro corpo e costituiscono un caposaldo della dieta mediterranea. Vengono divisi in zuccheri semplici e zuccheri complessi. Gli **zuccheri semplici** sono abbondanti nella frutta, nel miele e nel latte e ovviamente in molti cibi cucinati, come i dolci. Questi zuccheri vengono digeriti all'istante e modificano molto rapidamente la glicemia (livello di glucosio nel sangue), danno energia nell'immediato, ma comportano i rischi maggiori per la salute. Per questo motivo si raccomanda di non esagerare nella loro assunzione (non superare il 10-15 dell'apporto calorico giornaliero) per evitare futuri problemi legati alla glicemia, come il diabete. Gli **zuccheri complessi** sono i componenti principali di pane, pasta, patate, riso, ecc. La loro digestione è più lenta perché gli enzimi digestivi devono tagliare i polimeri nelle loro unità costitutive per poterle assorbire nell'intestino. Per questo motivo gli zuccheri complessi come l'amido forniscono energia più gradatamente, ma in modo costante, non mettendo a rischio il metabolismo glicemico e garantendo un miglior funzionamento dell'organismo.

La digestione delle molecole glicidiche avviene nel canale alimentare, a partire dalla bocca, e prosegue poi nel primo tratto dell'intestino tenue, il duodeno. Soltanto i monosaccaridi possono essere assimilati dalle cellule intestinali e dunque i carboidrati più complessi devono essere degradati da appositi enzimi. In particolare, le voluminose molecole di amido vengono idrolizzate progressivamente fino a ottenere maltosio e **destrine**, oligosaccaridi in cui sono ancora presenti le ramificazioni 1,6-glicosidiche. Gli enzimi coinvolti sono l'*amilasi salivare* (o *ptialina*), presente nella saliva prodotta dalle ghiandole salivari, e l'*amilasi pancreatica*, presente nel succo pancreatico prodotto dall'omonima ghiandola. La digestione dell'amido si completa grazie all'azione di *maltasi* e *destrinasi* prodotte dalle cellule delle ghiandole intestinali, che portano alla liberazione di glucosio. Lattosio e saccarosio, invece, sono idrolizzati da specifiche *lattasi* e *saccarasi* che liberano i monosaccaridi costitutivi. Una volta assorbiti, il glucosio e gli altri monosaccaridi sono condotti al fegato dalla vena porta e qui metabolizzati.

I lipidi

I **lipidi** si possono dividere in grassi animali e vegetali. I **grassi animali** sono presenti soprattutto in burro, carni grasse, lardo, strutto, latticini e uova. Sono perlopiù solidi perché composti in gran parte da acidi grassi saturi che si impaccano rendendo il grasso più compatto, risultando anche meno salutari per le cellule che li ricevono. I **grassi vegetali**, invece, sono gli oli e le margarine, ottenuti dalla lavorazione di frutti e semi di molte piante, come l'ulivo o il girasole. Gli oli sono liquidi perché contengono molti acidi grassi insaturi, che con le loro catene idrocarburiche piegate stanno maggiormente distanziati, rendendo questi grassi liquidi e aiutando la flessibilità delle membrane cellulari che li ricevono. Le margarine, invece, sono semisolide e ottenute artificialmente per idrogenazione degli oli, per poterli meglio trasportare e utilizzare, fatto che le rende prodotti qualitativamente inferiori all'olio e al burro, che andrebbero preferiti al loro posto. Un discorso a parte si può fare per i grassi contenuti in alcuni pesci, come quelli oceanici, diversi da quelli animali perché ricchi di insaturazioni. L'esempio più importante è costituito dagli acidi grassi polinsaturi **omega-3**, contenuti in pesci come il salmone, le sardine o gli sgombri (figura B). Questi composti, tuttavia, non sono un'esclusiva del mondo ittico perché si trovano anche nel mondo vegetale, specie nell'olio di lino e nelle noci. Per la loro natura chimica gli omega-3 sono molto salutari e dovrebbero essere spesso presenti sulla nostra tavola: non solo abbassano i livelli di trigliceridi e colesterolo nel sangue, riducendo il rischio cardiovascolare, ma contribuiscono al buon funzionamento dei tessuti ad alta presenza di grassi, primo fra tutti il sistema nervoso.

Per quanto riguarda la loro digestione, i trigliceridi possono essere assorbiti solo se scissi in glicerolo e acidi grassi. Questo processo avviene, come per altre classi di sostanze, nel canale digerente. Nonostante la saliva e il succo gastrico contengano, rispettivamente, una *lipasi linguale* e una *lipasi gastrica* in grado di scindere le molecole lipidiche, la digestione dei trigliceridi alimentari non si svolge in modo rilevante né nella cavità orale né nello stomaco.

L'enzima principale coinvolto nella digestione dei trigliceridi è la *lipasi pancreatica*, prodotta dal pancreas, che svolge la propria azione nel duodeno dopo che il materiale alimentare è entrato in contatto con la bile, un secreto prodotto dal fegato e accumulato nella colecisti, costituito da acidi e sali biliari, pigmenti biliari (bilirubina) e modeste quantità di colesterolo. Gli acidi e i sali biliari contenuti nella bile sono derivati metabolici del colesterolo e hanno la funzione di emulsionare i trigliceridi alimentari determinando la loro dispersione in piccole micelle più facilmente aggredibili dalla lipasi pancreatica.

Le proteine

Anche le proteine alimentari possono avere provenienza animale o vegetale. Le **proteine animali** sono tipicamente presenti in carne, uova e formaggi, contengono tutti gli amminoacidi e sono quindi dette «nobili» o «complete». Le **proteine vegetali** sono principalmente contenute in legumi, cereali e frutta secca e possono invece mancare di alcuni amminoacidi essenziali, come la metionina e la cisteina. Con un po' di attenzione, comunque, è possibile coprire tutta la gamma di necessità amminoacidiche con i dovuti abbinamenti di cibi vegetali: pasta e fagioli, per esempio, è un piatto proteicamente completo, così come qualunque altro piatto contenete legumi e cereali. Mangiare la giusta quantità di proteine, quindi, è molto importante ma si consiglia di non eccedere con le diete iperproteiche, spesso seguite da chi punta ad accrescere la propria massa muscolare come i body builder, perché affaticano i reni che, filtrando le scorie azotate, potrebbero risentire di un tale superlavoro. La digestione delle proteine assunte con l'alimentazione è un processo complesso che avviene nello stomaco e nel duodeno. Il succo gastrico prodotto dallo stomaco contiene HCl (0,15 M) e *pepsina*, un enzima in grado di idrolizzare i legami peptidici. La pepsina viene prodotta sotto forma di precursore inattivo, il *pepsinogeno*, in modo che l'attività idrolitica non si rivolga contro le stesse cellule produttrici. L'attivazione del pepsinogeno a pepsina avviene nel lume gastrico ed è indotta dal pH fortemente acido (circa 1-2), a cui la pepsina esprime la sua massima attività biologica. L'acidità del succo gastrico ha anche la funzione di denaturare le proteine alimentari, rendendole più facilmente aggredibili dalla pepsina, e svolge un ruolo importante nell'uccidere/inattivare i germi introdotti con il cibo.

La digestione nello stomaco produce frammenti polipeptidici che subiscono ulteriori processi degradativi nel duodeno. Qui il pH subisce un rialzo a valori alcalini (circa 8) grazie ai bicarbonati contenuti nel succo pancreatico. Il pancreas secerne anche numerosi enzimi, quali *tripsina*, *chimotripsina*, *elastasi* e *carbossipeptidasi*, che hanno la funzione di frammentare ulteriormente le catene polipeptidiche fino a produrre amminoacidi liberi, dipeptidi e tripeptidi. Questi ultimi sono, infine, trasformati in amminoacidi da enzimi secreti dalle cellule intestinali che portano a termine il processo digestivo. Gli amminoacidi presenti nel canale alimentare sono assorbiti dalle cellule della mucosa intestinale grazie a sistemi specifici di trasporto attivo che consumano ATP. Una volta penetrati nelle cellule, gli amminoacidi sono riversati nel circolo della vena porta attraverso cui giungono al fegato e sono poi distribuiti al resto dell'organismo.

Figura B Gli Inuit hanno un'alimentazione ricca di omega-3 e per questo sono meno soggetti al rischio di malattie cardiovascolari.

Ripassa con la **SINTESI DEL CAPITOLO** (mp3 e pdf)

ZTE ONLINE Mettiti alla prova con 20 esercizi interattivi

ESERCIZI
Capitolo
B1

VERIFICA LE TUE CONOSCENZE

I CARBOIDRATI

1 La cellulosa è un polimero di

Ⓐ β-D-glucosio
Ⓑ α-D-fruttosio
Ⓒ β-D-fruttosio
Ⓓ α-D-glucosio

2 Il lattosio si forma dalla reazione di condensazione tra

Ⓐ β-D-galattosio e β-D-glucosio
Ⓑ α-D-glucosio e β-D-fruttosio
Ⓒ due molecole di α-D-glucosio
Ⓓ due molecole di β-D-galattosio

3 Il monosaccaride che costituisce un chetoso è

Ⓐ D-gliceraldeide
Ⓑ D-diidrossoacetone
Ⓒ D-ribosio
Ⓓ D-glucosio

4 I due monosaccaridi componenti di un disaccaride sono legati mediante un legame

Ⓐ glicosidico
Ⓑ a idrogeno
Ⓒ peptidico
Ⓓ estereo

5 Il D-(+)- mannosio è un monosaccaride

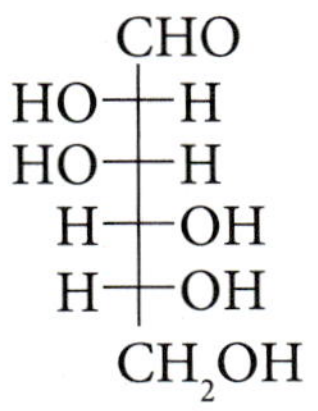

Ⓐ aldopentoso
Ⓑ aldoesoso
Ⓒ chetopentoso
Ⓓ chetoesoso

6 Quale tra i seguenti composti reagisce con il reattivo di Fehling?

Ⓐ glicina
Ⓑ gliceraldeide
Ⓒ diidrossiacetone
Ⓓ fruttosio

I LIPIDI

7 Le principali funzioni dei lipidi sono

Ⓐ di riserva energetica, di regolazione, strutturale
Ⓑ di riserva energetica, di regolazione, catalitica
Ⓒ catalitica, di regolazione, strutturale
Ⓓ di trasporto, di regolazione, catalitica

8 Quale delle seguenti affermazioni NON è corretta?

Ⓐ i fosfolipidi sono i componenti principali della membrana cellulare
Ⓑ i trigliceridi sono triesteri della gliceraldeide
Ⓒ i glicolipidi sono responsabili della specificità dei gruppi sanguigni
Ⓓ il colesterolo è un componente della mielina

9 La vitamina utilizzata per la sintesi della protrombina, fattore essenziale per la coagulazione del sangue, è la vitamina

Ⓐ K
Ⓑ E
Ⓒ D
Ⓓ A

10 Le molecole che hanno il ruolo biologico di emulsionare i trigliceridi sono

Ⓐ i mineralcorticoidi
Ⓑ i sali biliari
Ⓒ gli acidi biliari
Ⓓ glicocorticoidi

11 La reazione di idrolisi alcalina dei trigliceridi dà origine a una molecola di glicerolo e

Ⓐ tre molecole di acidi grassi saturi
Ⓑ tre molecole di sali di acidi grassi
Ⓒ tre molecole di sali acidi
Ⓓ tre molecole di acidi grassi insaturi

GLI AMMINOACIDI E LE PROTEINE

12 Gli amminoacidi essenziali

Ⓐ si trovano nelle proteine di origine vegetale
Ⓑ si trovano nelle proteine di origine animale
Ⓒ non sono sintetizzati dalle cellule
Ⓓ sono sintetizzati dalle cellule

13 Quale tra i seguenti amminoacidi NON è una molecola chirale?

Ⓐ alanina
Ⓑ glicina
Ⓒ prolina
Ⓓ cisteina

14 Quale tra le seguenti molecole NON è un amminoacido?

Ⓐ lisina
Ⓑ metionina
Ⓒ anilina
Ⓓ fenilalanina

15 Tra i seguenti legami chimici quello che NON è presente tra i gruppi R della struttura terziaria di una proteina è il legame

Ⓐ idrogeno
Ⓑ disolfuro
Ⓒ ionico
Ⓓ estereo

I NUCLEOTIDI E GLI ACIDI NUCLEICI

16 Un nucleotide è formato da

Ⓐ un gruppo fosfato, un aldopentoso e una base azotata
Ⓑ un gruppo fosfato, un chetoesoso e una base azotata
Ⓒ un gruppo fosfato, un aldoesoso e una base azotata
Ⓓ un gruppo fosfato, un chetopentoso e una base azotata

17 Un nucleoside è costituito da

Ⓐ un gruppo fosfato e un aldopentoso
Ⓑ un aldoesoso e una base azotata
Ⓒ un gruppo fosfato e una base azotata
Ⓓ un aldopentoso e una base azotata

18 I nucleotidi degli acidi nucleici sono legati con un legame

Ⓐ fosfodiestere
Ⓑ a idrogeno
Ⓒ peptidico
Ⓓ estereo

VERIFICA LE TUE ABILITÀ

19 **Rappresenta le proiezioni di Fisher di un**

a. D-aldoso

b. L-aldoso

c. D-chetoso

d. L-chetoso

20 **Con riferimento alla proiezione di Fisher del D-eritrosio (un aldotetroso) riportata di seguito, rappresenta**

a. la proiezione di Fisher dell'L-eritrosio

b. la formula prospettica del D-eritrosio

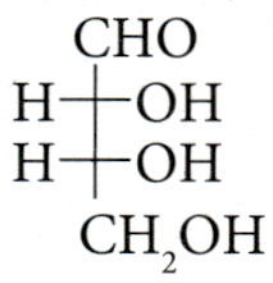

D-eritrosio

21 **Con riferimento alle proiezioni di Fisher del D-mannosio e del D-sorbosio, rappresenta le corrispondenti proiezioni di Haworth.**

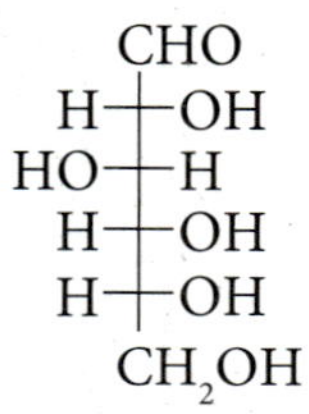

D-mannosio

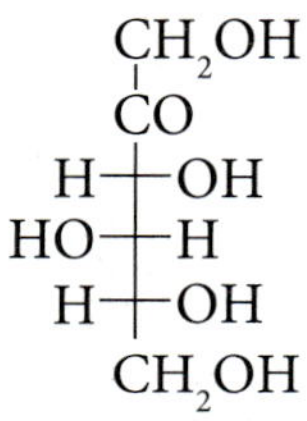

D-sorbosio

22 **Con riferimento alle proiezioni di Fisher del D-ribosio e del D-ribulosio, rappresenta la proiezione di Haworth di**

a. β-D-ribosio

b. β-D-ribulosio

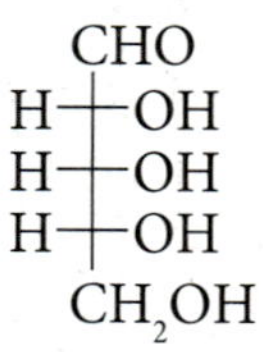

D-ribosio

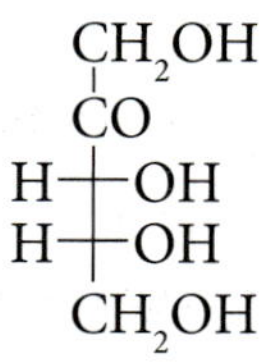

D-ribulosio

23 **Le rotazioni ottiche specifiche dell'α e del β-D-fruttosio sono rispettivamente +21° e −133°. Le soluzioni di ciascun isomero danno mutarotazione fino a una rotazione ottica specifica di equilibrio di −92°. Calcola la percentuale delle due forme presenti all'equilibrio.**

24 **Rappresenta la reazione di riduzione del D-mannosio con idrogeno, specificando il nome del prodotto.**

25 **Rappresenta la reazione di ossidazione del D-mannosio con il reattivo di Fehling, specificando il nome del prodotto.**

26 **Con riferimento alle forme emiacetaliche cicliche, rappresenta le reazioni di idrolisi (in presenza di un catalizzatore acido) specificando il nome dei prodotti del**

a. lattosio

b. saccarosio

27 **Rappresenta la formula razionale, condensata e topologica dell'acido miristico, un acido grasso saturo costituito da 14 atomi di carbonio.**

28 **L'acido linolenico è un acido grasso polinsaturo costituito da 18 atomi di carbonio e con tre doppi legami in posizione: 9, 12 e 15.**
Rappresentane la formula razionale, condensata e topologica.

29 **L'acido palmitico è un acido grasso saturo costituito da 16 atomi di carbonio.**
Rappresenta la reazione di esterificazione (specificando il nome del prodotto) tra il glicerolo e l'acido palmitico.

30 **L'acido stearico è un acido grasso saturo con 18 atomi di carbonio.**
Rappresenta la formula di struttura condensata del tristearato di glicerile.

31 **L'acido oleico è un acido grasso monoinsaturo costituito da 18 atomi di carbonio e con un doppio legame in posizione 10.**
Rappresenta la reazione di idrogenazione del trioleato di glicerile (in presenza di un catalizzatore di nichel).

32 **L'acido laurico è un acido grasso saturo costituito da 12 atomi di carbonio.**
Rappresenta la reazione di idrolisi alcalina tra il trilaurato di glicerile e una soluzione basica di idrossido di sodio.

33 **Rappresenta le proiezioni di Fisher degli amminoacidi**

a. L-tirosina

b. L-valina

34 **Rappresenta in forma ionica-dipolare le formule razionali degli amminoacidi**

a. serina

b. acido glutammico

35 **Evidenzia il comportamento anfotero dell'alanina rappresentando la reazione dell'amminoacido (in forma di ione dipolare) con una soluzione di**

a. acido cloridrico

b. idrossido di sodio

36 **Rappresenta la formula razionale dell'amminoacido cisteina a un valore di**

a. pH = 5 b. pH = 9 c. pH = 3

37 **Rappresenta le formule razionali dei peptidi**

a. alanilalanina b. valilserina

c. glicilalanilglicina d. serilfenilcisteina

38 **Rappresenta la reazione di condensazione tra la glicina e l'alanina.**

39 **Rappresenta la reazione di idrolisi (in presenza di un catalizzatore acido) della fenilcisteina.**

40 **Rappresenta le strutture dei nucleotidi**

a. uridina b. desossiadenosina

41 **Rappresenta la reazione di condensazione tra il D-ribosio e la timina specificando il nome del prodotto.**

42 **Rappresenta le strutture dei nucleotidi**

a. adenosinmonofosfato b. desossitiminmonofosfato

43 **Rappresenta la reazione di condensazione tra l'acido fosforico e l'uridina specificando il nome del prodotto.**

TEST YOURSELF

44 **In the molecule of a monosaccharide three stereocentres are present. The total number of the isomers is**

a. 3 b. 6 c. 8 d. 9

45 **Which statement, among the following, is NOT correct?**

a. lipids are polar biomolecules

b. phospholipids are the principal components of the cell membrane

c. lipids are not polymers

d. phospholipids are made up of a hydrophilic head and a double hydrophobic tail

46 **The bond which is established between two molecules of cysteine is**

a. a peptide bond b. a disulphide bond

c. an ester bond d. a hydrogen bond

47 **Which, among the following, is the nitrogenous base not derived from pyrimidine?**

a. thymine b. guanine

c. cytosine d. uracil

VERSO L'UNIVERSITÀ

48 **Quale dei seguenti composti biochimici NON ha un numero pari di atomi di carbonio?**

Ⓐ glucosio Ⓑ amilopectina Ⓒ deossiribosio

Ⓓ amilosio Ⓔ maltosio

[dalla prova di ammissione a Medicina e Chirurgia e in Odontoiatria e Protesi Dentaria, anno 2012]

49 **Quale delle seguenti affermazioni descrive correttamente il glicogeno umano?**

1. è un polimero del glucosio.
2. è un ormone prodotto dal pancreas.
3. può essere accumulato come fonte di energia in cellule epatiche e muscolari.

Ⓐ solo 1 Ⓑ solo 2 Ⓒ solo 3

Ⓓ solo 1 e 2 Ⓔ solo 1 e 3

[dalla prova di ammissione a Medicina e Chirurgia e in Odontoiatria e Protesi Dentaria, anno 2015]

50 **Nei trigliceridi gli acidi grassi sono legati a**

Ⓐ propanolo

Ⓑ glicerolo

Ⓒ glicerofosfato

Ⓓ propandiolo

Ⓔ acido glicerico

[dalla prova di ammissione a Medicina e Chirurgia, anno 2010]

51 **I legami idrogeno in una proteina possono influenzare la struttura**

Ⓐ secondaria, terziaria e quaternaria

Ⓑ primaria e terziaria

Ⓒ primaria e secondaria

Ⓓ primaria, secondaria e terziaria

Ⓔ terziaria soltanto

[dalla prova di ammissione a Medicina e Chirurgia, anno 2010]

52 **Si consideri un fosfolipide costituito da una testa e da una doppia coda.**
Quale delle seguenti affermazioni NON è corretta?

Ⓐ la testa è idrofilica

Ⓑ la testa contiene un gruppo fosfato

Ⓒ le code sono idrofobiche

Ⓓ la testa è carica positivamente

Ⓔ la testa contiene una molecola di glicerolo

[dalla prova di ammissione a Medicina Veterinaria, anno 2014]

VERSO L'ESAME

RAPPRESENTA

53 **Schematizza, attraverso una tabella a doppia entrata, le differenze tra DNA ed RNA.**

ESEMPLIFICA

54 **Fai esempi di biomolecole anfipatiche e del loro ruolo biologico.**

OSSERVA E CLASSIFICA

55 **Classifica le molecole rappresentate in figura come acidi grassi saturi o insaturi.**

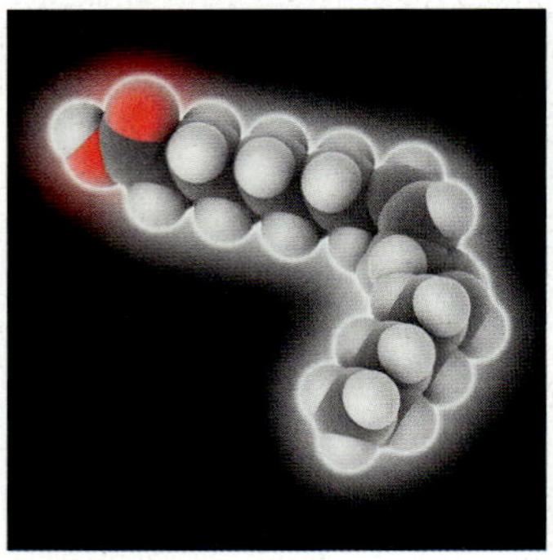

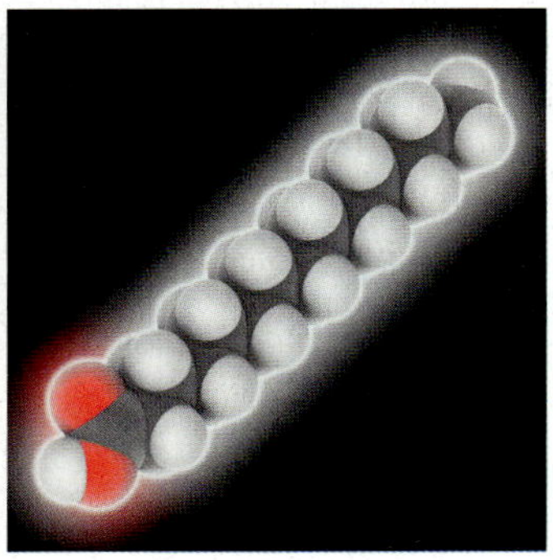

OSSERVA E DESCRIVI

56 **La proteina rappresentata in figura è globulare o fibrosa? Che tipo di struttura/e secondaria/e riconosci? Possiede una struttura quaternaria? In caso di risposta affermativa, da che cosa lo deduci e quanti polipeptidi riesci a individuare?**

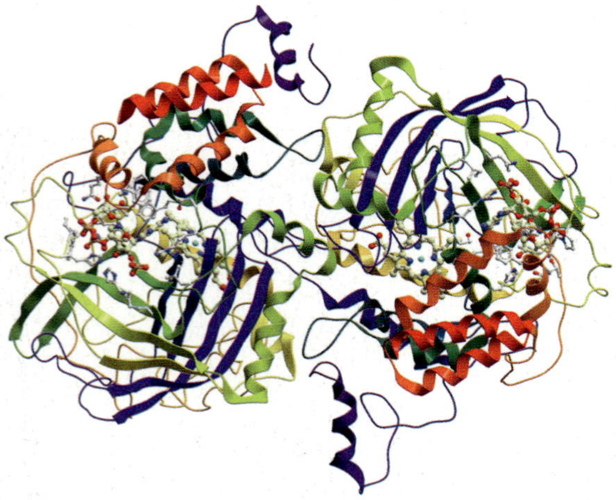

IPOTIZZA

57 Gli istoni sono proteine associate al DNA attraverso un legame ionico.
Quale caratteristica chimica devono avere gli istoni per reagire con un acido come il DNA?
Quali amminoacidi pensi che possano conferire agli istoni tale caratteristica?

OSSERVA E IPOTIZZA

58 I modellini molecolari in figura rappresentano la daunorubicina, farmaco antitumorale intercalante, capace di inserirsi tra coppie di basi adiacenti del DNA.
Quale caratteristica strutturale consente alla daunorubicina una tale interazione con il DNA? Perché le cellule tumorali vengono maggiormente danneggiate dal farmaco rispetto a quelle sane?

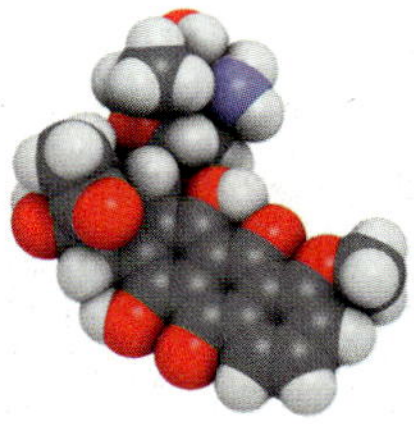

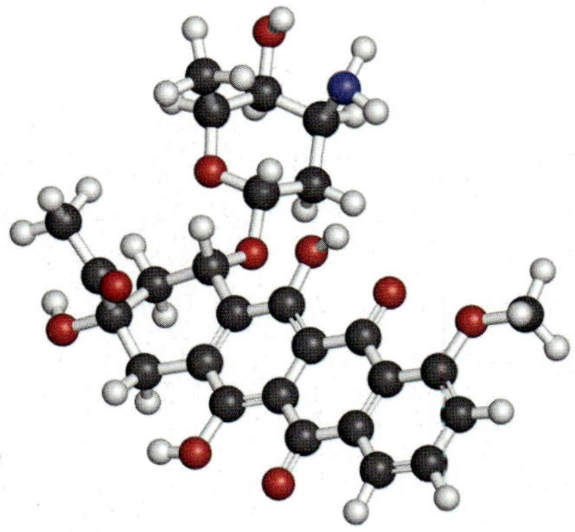

CONFRONTA

59 La figura A) rappresenta la mioglobina, mentre la figura B) rappresenta l'emoglobina, due proteine capaci di legare l'ossigeno attraverso una molecola eterociclica aromatica, denominata «eme», a esse associata. Tuttavia, mioglobina ed emoglobina presentano affinità diversa per l'ossigeno in diverse condizioni ambientali.
Quali differenze strutturali potrebbero causare questa diversità funzionale tra le due proteine?

A

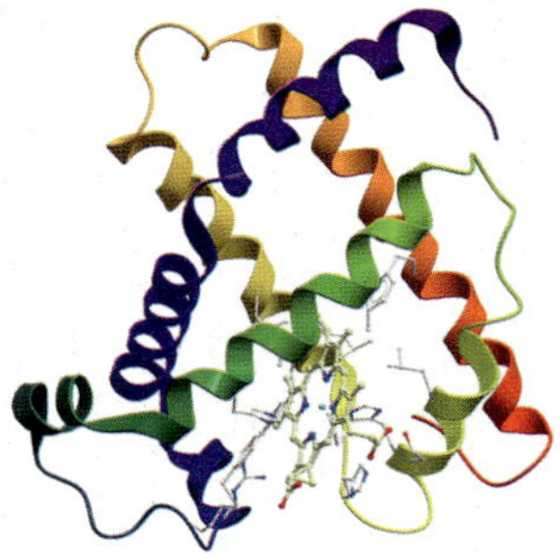

B

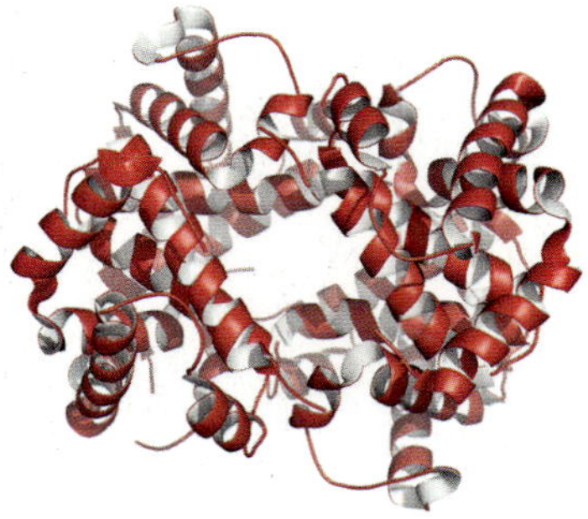

CONFRONTA

60 L'ubiquitina è una proteina che si trova in tutti i tessuti del corpo ed è associata ad altre proteine tramite legame covalente. L'ubiquitina costituisce un segnale: la sua presenza determina la degradazione, da parte di un complesso enzimatico, della proteina a cui è legata.
Dal punto di vista chimico, qual è la differenza tra l'associazione di più polipeptidi in una struttura quaternaria e l'associazione tra ubiquitina e proteina da degradare?

CAPITOLO

B2 Biochimica: l'energia e gli enzimi

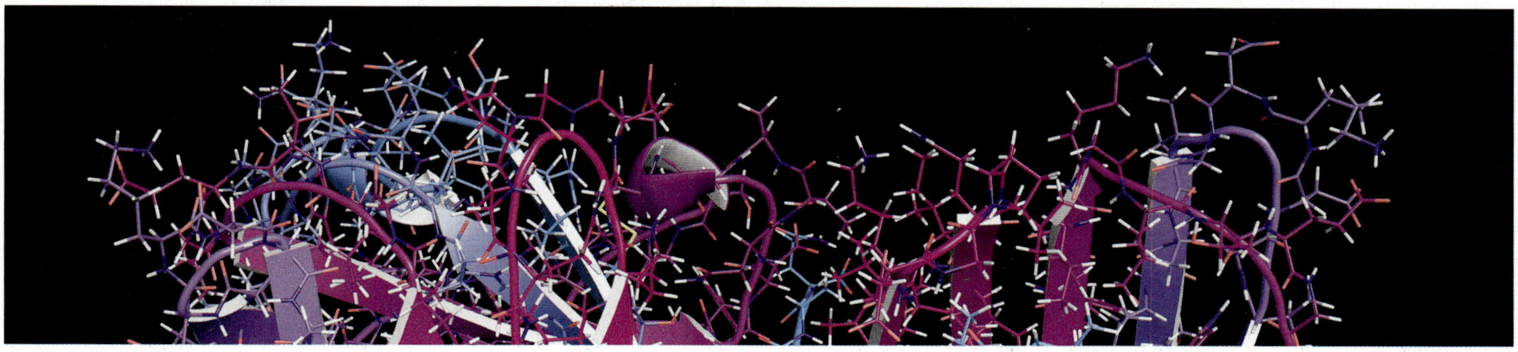

LEZIONE

1 L'energia nelle reazioni biochimiche

Gli esseri viventi scambiano materia ed energia con l'ambiente. Essi prelevano dall'esterno vari tipi di nutrienti e li trasformano in sostanze più semplici per ricavare energia, che poi usano per accrescersi, muoversi e riprodursi.

LEZIONE

2 Il ruolo dell'ATP

L'ATP o (adenosina trifosfato) è un nucleotide che svolge diversi ruoli nella cellula: oltre alla funzione energetica, infatti, può anche essere utilizzato per la sintesi degli acidi nucleici.

LEZIONE

3 Che cosa sono gli enzimi

Alla temperatura corporea, le reazioni biochimiche sarebbero troppo lente per far avvenire i processi vitali. Gli enzimi hanno il ruolo di aumentare la velocità delle reazioni cellulari.

LEZIONE

4 I meccanismi della catalisi enzimatica

Durante e dopo la formazione del complesso enzima-substrato avvengono delle interazioni chimiche che contribuiscono alla rottura dei legami esistenti e alla formazione di quelli nuovi.

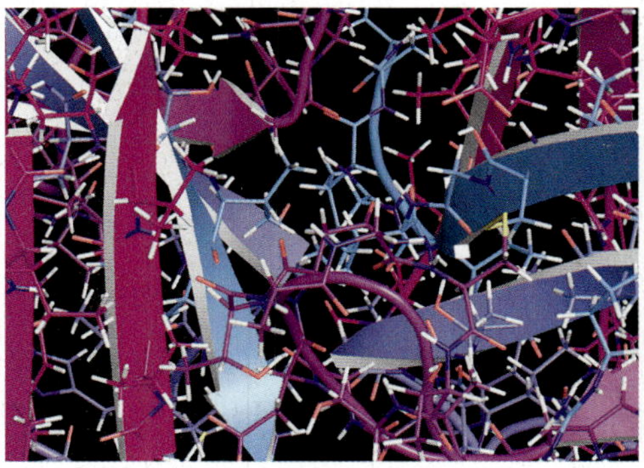

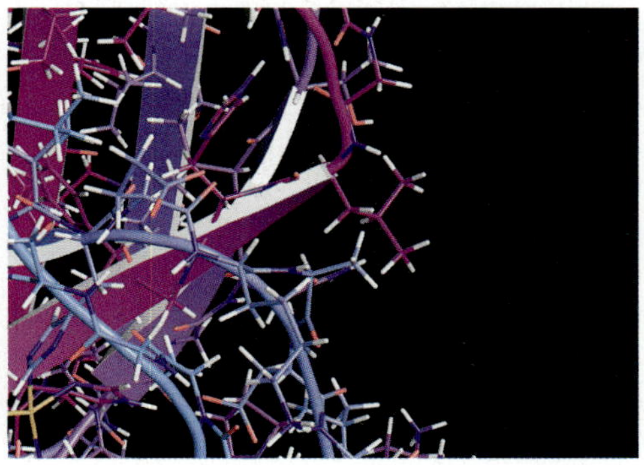

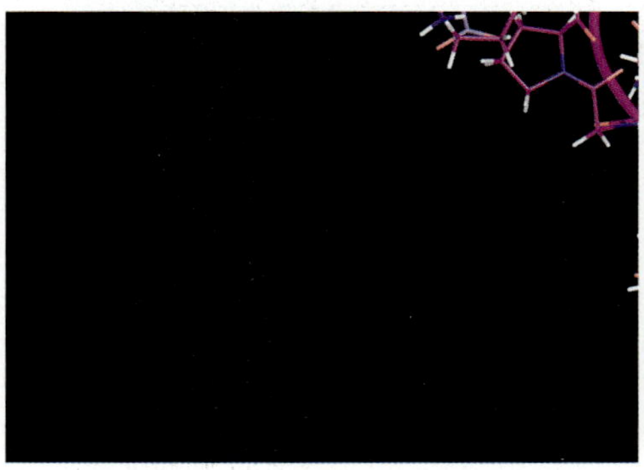

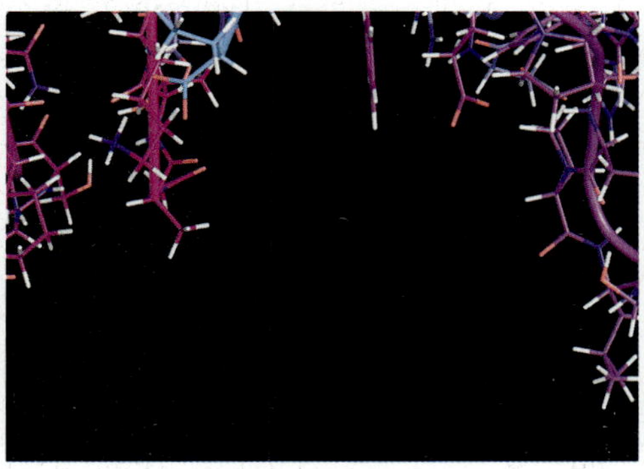

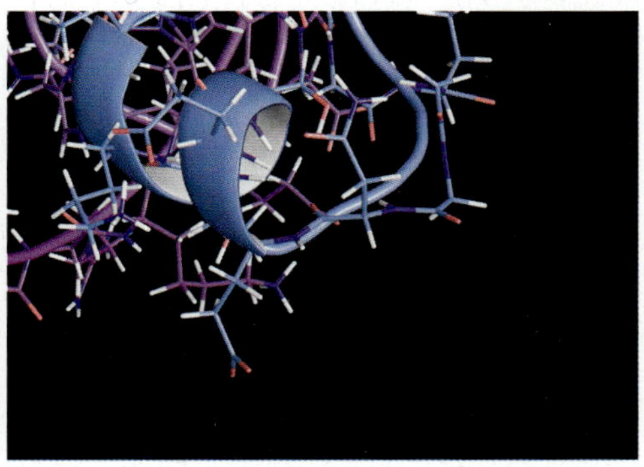

1 L'energia nelle reazioni biochimiche

Figura 1 Trasformazioni energetiche
Osservando un gatto che salta puoi vedere la trasformazione di energia potenziale in energia cinetica e contemporaneamente la conversione di energia chimica in energia meccanica.

1 L'energia e il metabolismo

Una reazione chimica avviene quando gli atomi possiedono energia sufficiente a combinarsi tra loro e a sostituire i vecchi legami, formandone di nuovi. Consideriamo la reazione di idrolisi del disaccaride saccarosio, che in presenza di un opportuno catalizzatore si scinde nei due monomeri glucosio e fruttosio; possiamo rappresentare questa reazione con la seguente equazione chimica:

$$C_{12}H_{22}O_{11} + H_2O \rightarrow C_6H_{12}O_6 + C_6H_{12}O_6$$
$$\text{saccarosio} + \text{acqua} \rightarrow \text{glucosio} + \text{fruttosio}$$

Durante la reazione si rompono alcuni legami all'interno delle molecole di acqua e saccarosio e se ne formano di nuovi, dando origine a prodotti con proprietà chimiche anche molto diverse da quelle dei reagenti. Migliaia di altri processi simili si svolgono in ogni istante nel nostro corpo.

L'insieme di tutte le reazioni chimiche che avvengono in un dato momento in un sistema biologico è chiamato **metabolismo**.

Le reazioni metaboliche comportano sempre delle variazioni energetiche: l'energia contenuta nei legami chimici del reagente (per esempio il saccarosio) è maggiore dell'energia presente nei legami dei prodotti, ovvero il glucosio e il fruttosio. Ma che cos'è l'*energia*? In fisica è definita come la «capacità di compiere lavoro», per esempio sollevare un peso contro la forza di gravità, ma in biochimica è più utile considerarla come «la capacità di produrre un cambiamento»: nelle reazioni biochimiche, infatti, le variazioni di energia sono in genere associate a cambiamenti nella composizione chimica e nelle proprietà delle molecole.

2 Esistono due tipi principali di energia

In natura l'energia si presenta in diverse forme: chimica, elettrica, termica, luminosa e meccanica (tabella 1). Tutte, però, si possono ricondurre a due tipi fondamentali:
- l'**energia potenziale** è l'energia associata alla posizione di un corpo o immagazzinata nei legami chimici di una molecola;
- l'**energia cinetica** è l'energia associata al movimento di un corpo o di una particella.

L'energia potenziale può trasformarsi in energia cinetica e viceversa (figura 1): l'energia potenziale chimica accumulata nei muscoli, per esempio, si può trasformare in energia cinetica del movimento.

Per capire meglio le trasformazioni di energia che avvengono nelle cellule è utile rifarsi ai **princìpi della termodinamica**.

Tabella 1 Le forme di energia nelle cellule
In natura possiamo osservare cinque diverse forme di energia, che nelle cellule si manifestano in modi diversi.

Forma di energia	Dove si trova	Esempio
chimica	è racchiusa nei legami	l'idrolisi dei polimeri consente lo svolgimento delle attività cellulari
elettrica	deriva dalla separazione delle cariche	il gradiente elettrico che esiste ai lati di una membrana cellulare consente il movimento degli ioni attraverso i canali
termica	è data dal gradiente di temperatura	le reazioni biochimiche portano alla liberazione di calore
luminosa	è racchiusa nei fotoni che formano la radiazione elettromagnetica	i pigmenti fotosintetici o i recettori dell'occhio possono captare l'energia luminosa del Sole
meccanica	è sprigionata dal moto dei corpi	i muscoli possono sviluppare energia meccanica e mettere in movimento un corpo

3 Il primo e il secondo principio della termodinamica

Il **primo principio della termodinamica** stabilisce che l'energia si converte da una forma a un'altra ma non si crea né si distrugge. In altri termini, in seguito a una qualsiasi trasformazione, l'energia totale è la stessa prima e dopo la trasformazione (figura **2A**). Questa legge è nota come *principio di conservazione dell'energia.*

Il **secondo principio della termodinamica** stabilisce invece che, quando l'energia si converte da una forma a un'altra, una parte non è più disponibile per compiere lavoro (figura **2B**). Una parte dell'energia che si libera va dispersa sotto forma di *calore*, una forma di energia associata al movimento disordinato delle molecole; tale energia non può più essere recuperata per svolgere un lavoro. La grandezza che esprime il grado di disordine di un sistema si chiama **entropia**.

Le cellule sono sistemi ordinati: possiedono una struttura altamente organizzata e la composizione delle biomolecole che le costituiscono è molto complessa. In natura questo tipo di ordine non si realizza spontaneamente; al contrario sono spontanei i processi che creano disordine, ovvero quelli in cui le particelle si dispongono in modo casuale. Per mettere ordine in un sistema occorre energia: senza un impiego di energia, il sistema si disporrà spontaneamente in modo casuale e disordinato. Questo principio si applica a tutte le trasformazioni energetiche, ma qui ci concentreremo sulle reazioni chimiche dei sistemi viventi.

LE PAROLE

La parola **termodinamica** deriva dall'unione dei termini greci *thermòn*, che significa «calore», e *dynamis*, «forza», e indica la disciplina che studia le trasformazioni di energia in lavoro e viceversa.

Entropia è una parola di origine greca che deriva da *én*, «dentro», e *tropé*, «rivolgimento», a indicare la degradazione dell'energia di un sistema.

TI RICORDI?

Un sistema **aperto** scambia con l'ambiente sia materia sia energia; un sistema **chiuso** scambia energia, ma non materia; un sistema **isolato** non scambia né materia né energia.

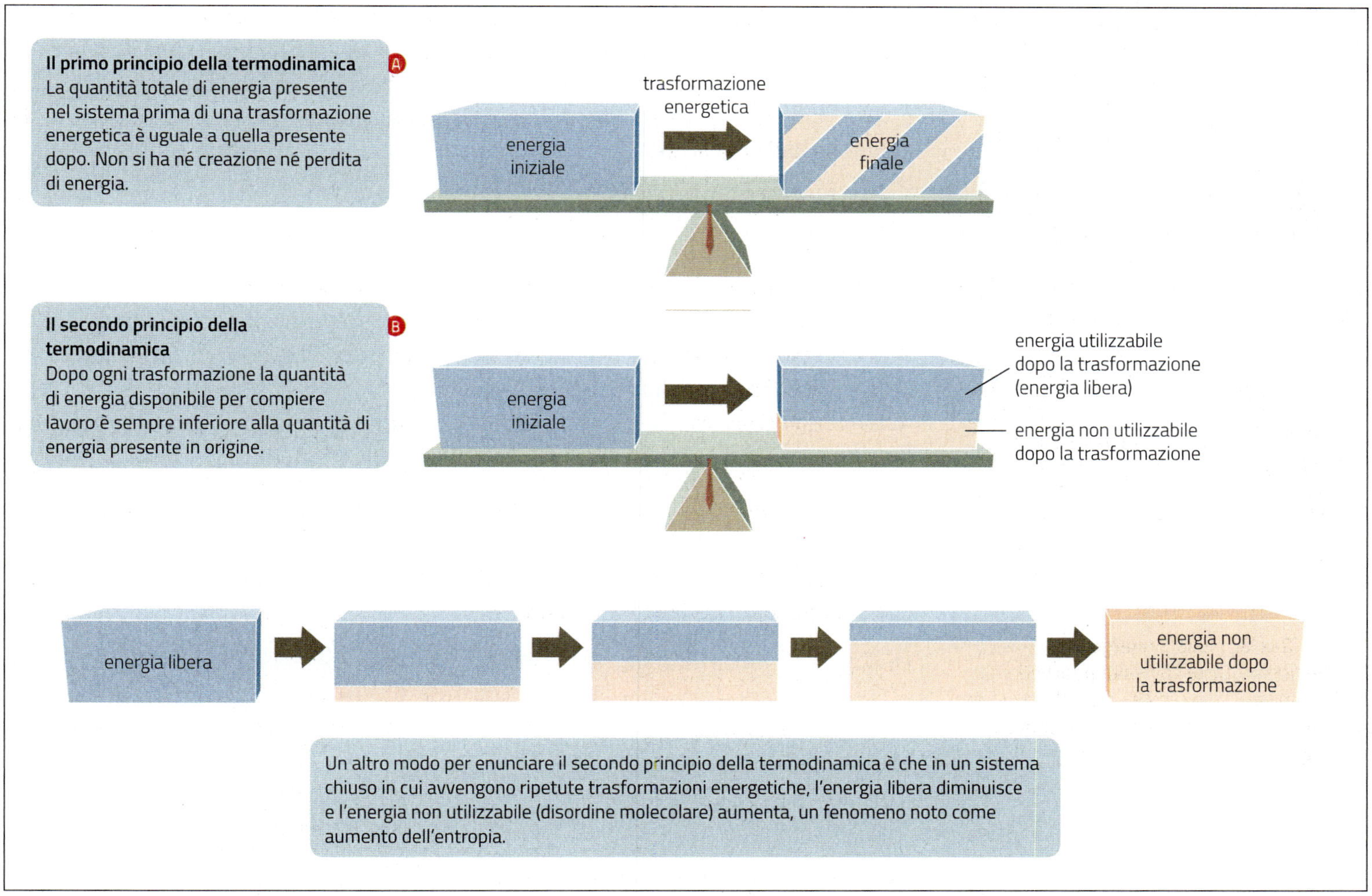

Figura 2 I principi della termodinamica Se rappresentiamo un sistema come un asse in equilibrio, vediamo che l'energia totale prima e dopo la reazione è identica, anche se si trova in una forma diversa o in parte non più utilizzabile.

L'energia libera si può usare per compiere un lavoro biochimico

L'energia totale di un sistema comprende sia l'energia utilizzabile, cioè capace di compiere un lavoro, sia quella inutilizzabile, associata al disordine:

$$\text{energia totale} = \text{energia utilizzabile} + \text{energia inutilizzabile}$$

Nei sistemi biologici l'energia totale prende il nome di *entalpia* (H), l'energia utilizzabile per compiere un lavoro si chiama *energia libera* (G) e l'energia inutilizzabile corrisponde all'*entropia* (S) moltiplicata per la *temperatura assoluta* del sistema (T). Lo stato di disordine delle molecole di un sistema è infatti direttamente proporzionale alla sua temperatura. Ora possiamo riscrivere la relazione tra entalpia, energia libera ed entropia con un'equazione:

$$H = G + TS$$

TI RICORDI?

L'equazione $G = H - TS$ è nota come **equazione di Gibbs**.

Dato che ci interessa l'energia libera G, riscriviamo l'equazione in funzione di G:

$$G = H - TS$$

Queste grandezze sono definite *funzioni di stato*, perché non sono influenzate dai processi che subiscono ma dipendono soltanto dalle loro condizioni iniziali e finali. Per questo motivo non è possibile determinare il loro valore assoluto, ma la loro *variazione* (Δ) a temperatura costante. Nel Sistema Internazionale tali variazioni si esprimono in calorie (cal) o joule (J). Alla luce di queste considerazioni riscriviamo l'equazione:

$$\Delta G = \Delta H - T\Delta S$$

In questa forma possiamo capire se in una reazione chimica si libera o si consuma energia:

- se il valore di ΔG è *negativo* ($\Delta G<0$) durante la reazione si libera energia utilizzabile per compiere un lavoro;
- se il valore di ΔG è *positivo* ($\Delta G>0$) è necessario fornire energia al sistema; in caso contrario la reazione non avviene.

Gli esseri viventi e il secondo principio

Come possiamo applicare il secondo principio agli organismi? Consideriamo il corpo umano, con i suoi tessuti e organi altamente organizzati, composti di molecole grandi e complesse. Questo livello di complessità sembrerebbe in conflitto con il secondo principio, ma non lo è per due ragioni:

1. La costruzione di complessità attraverso il metabolismo genera contemporaneamente del disordine. Per produrre 1 kg di muscoli nel corpo umano è necessario consumare circa 10 kg di nutrienti (figura 3), che si trasformano in CO_2, H_2O e altre molecole semplici, le quali si muovono in modo indipendente e casuale.
2. La vita richiede un apporto costante di energia per mantenere l'ordine: senza di essa le complesse strutture degli organismi viventi andrebbero distrutte. Quindi non c'è conflitto con il secondo principio della termodinamica, perché l'ordine è mantenuto attraverso il consumo di energia.

Figura 3 **Per crescere occorre molta energia** Nella fase neonatale e in quella adolescenziale il nostro corpo cresce molto rapidamente, per cui abbiamo bisogno di una grande quantità di energia, che ricaviamo dal cibo.

4 Le reazioni metaboliche liberano o assorbono energia

Il metabolismo comprende *reazioni cataboliche*, che demoliscono le molecole complesse in prodotti più piccoli, e *reazioni anaboliche*, che uniscono tra loro sostanze semplici per formare molecole complesse.

- Le **reazioni cataboliche** demoliscono sostanze complesse e ordinate in prodotti più piccoli, disposti in maniera casuale; producono disordine e sprigionano energia ($\Delta G<0$) e sono pertanto reazioni **esoergoniche** che possono avvenire spontaneamente (figura **4A**):

  molecole complesse → energia libera + molecole semplici

  Un esempio di reazione catabolica è l'ossidazione del glucosio a diossido di carbonio e acqua nel processo di respirazione cellulare.
- Le **reazioni anaboliche** assemblano molecole complesse e ordinate partendo da molti reagenti di piccole dimensioni; tendono a incrementare l'ordine della cellula e richiedono energia libera ($\Delta G>0$) e sono pertanto reazioni **endoergoniche** che non possono avvenire spontaneamente (figura **4B**):

  molecole semplici + energia libera → molecole complesse

  Un esempio di reazione anabolica è la sintesi di una proteina a partire dai singoli amminoacidi.

Il valore di ΔG dipende da numerosi fattori: le concentrazioni iniziali dei reagenti e dei prodotti, la temperatura, la pressione e il pH della soluzione. I biochimici spesso calcolano ΔG nelle condizioni standard di laboratorio: 25 °C, pressione di 1 atmosfera, concentrazione 1 M dei soluti e pH 7. In questo caso si parla di *energia libera standard*, indicata come $\Delta G^{0\prime}$.

Le reazioni cataboliche e anaboliche sono spesso interconnesse. L'energia liberata nelle reazioni cataboliche, infatti, è impiegata per alimentare le reazioni dell'anabolismo. Questo è possibile grazie all'ATP.

Figura 4 **Reazioni esoergoniche ed endoergoniche** (A) In una reazione esoergonica, i reagenti si comportano come palline che rotolano giù da un pendio e si sprigiona dell'energia. (B) Alimentare una reazione endoergonica, come per far rotolare una pallina in salita, richiede un apporto di energia libera.

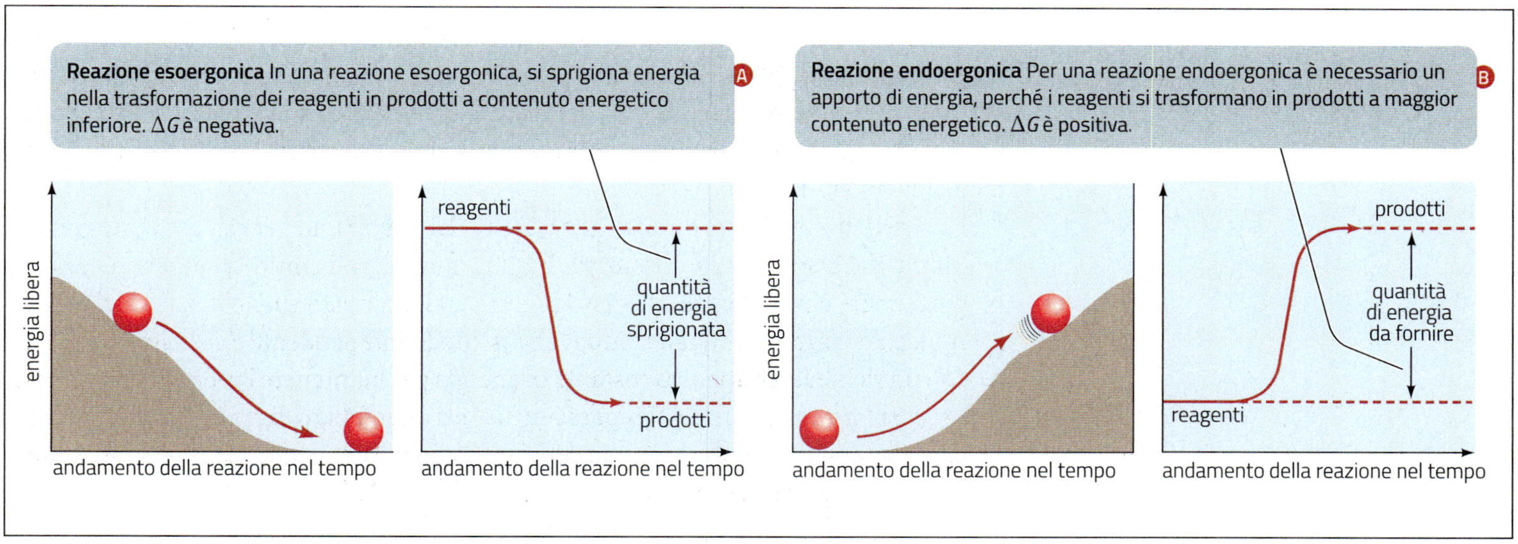

RISPONDI

- **A** Qual è la differenza tra energia potenziale e cinetica?
- **B** Quali sono i principi della termodinamica?
- **C** Quale differenza c'è tra reazioni endoergoniche ed esoergoniche?
- **D** Che cosa esprime il valore di $\Delta G^{0\prime}$?

2 Il ruolo dell'ATP

5 L'idrolisi di ATP libera energia

Per catturare e trasferire l'energia libera, le cellule usano l'**adenosina trifosfato**, o **ATP**.

La molecola di ATP è formata da uno zucchero pentoso (il ribosio) legato a una base azotata (l'adenina) e a tre gruppi fosfato (figura **5**). Dal punto di vista energetico, l'ATP possiede due proprietà fondamentali:

1. quando viene idrolizzato libera una quantità elevata di energia;
2. può fosforilare, cioè donare un gruppo fosfato, a molti composti diversi che acquisiscono così parte dell'energia contenuta nella sua molecola.

L'idrolisi di una molecola di ATP è una reazione *esoergonica* che produce energia libera, una molecola di adenosina difosfato (ADP) e uno ione fosfato inorganico (P_i):

$$ATP + H_2O \rightarrow ADP + P_i + \text{energia libera}$$

La variazione di energia libera standard $\Delta G^{0\,\prime}$ per questa reazione è di circa -30 kJ/mole. Sempre per idrolisi, la molecola di ATP può rilasciare entrambi i gruppi fosfato producendo adenosina monofosfato (AMP) e PP_i. In questo caso il $\Delta G^{0\,\prime}$ è $-45{,}6$ kJ/mole.

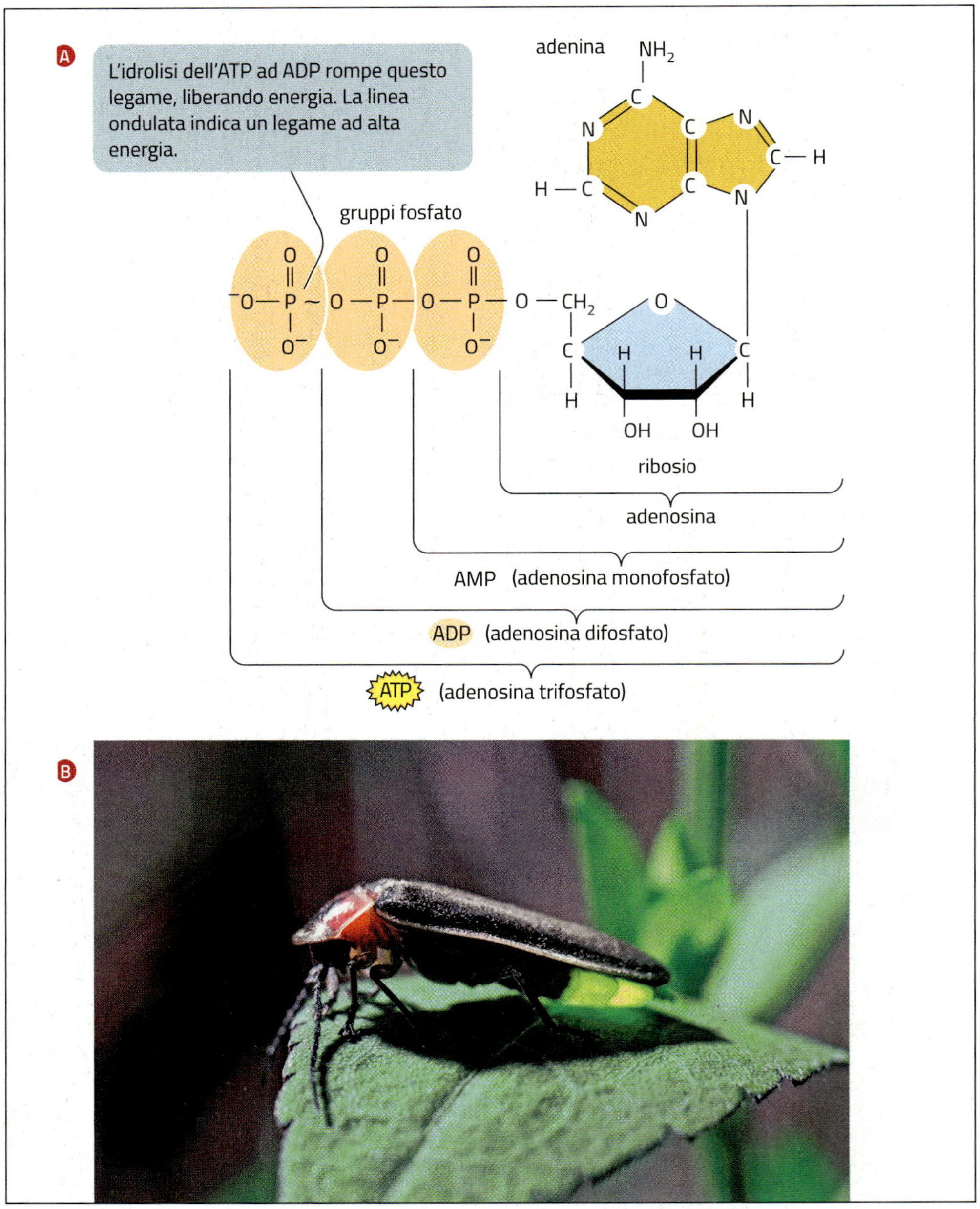

Figura **5** **L'ATP è una molecola ad elevato contenuto energetico** (A) La molecola di adenosina legata a un fosfato forma l'AMP, legata a due fosfati forma l'ADP e legata a tre fosfati forma l'ATP. Il legame al terzo gruppo fosfato è quello ad alta energia. (B) Le lucciole usano l'ATP per innescare l'ossidazione del pigmento luciferina; durante la reazione si libera energia luminosa.

6 L'ATP accoppia le reazioni endoergoniche a quelle esoergoniche

L'idrolisi di ATP è esoergonica e produce ADP, P_i ed energia. La reazione inversa, cioè la sintesi di ATP da una molecola di ADP e da uno ione fosfato (P_i), è invece *endoergonica* e richiede altrettanta energia quanta ne risulta nell'idrolisi di ATP:

$$ADP + P_i + \text{energia libera} \rightarrow ATP + H_2O$$

Nella cellula hanno luogo molte reazioni esoergoniche in grado di fornire l'energia per sintetizzare ATP; per gli eucarioti e per molti procarioti, la più importante di queste reazioni è la respirazione cellulare. La sintesi e l'idrolisi di ATP costituiscono un *accoppiamento energetico* in cui l'ADP preleva l'energia dalle reazioni esoergoniche diventando ATP, che poi a sua volta dona energia alle reazioni endoergoniche (figura **6**).

L'ATP è l'elemento che le reazioni eso ed endoergoniche hanno in comune e svolge il ruolo di **agente accoppiante**.

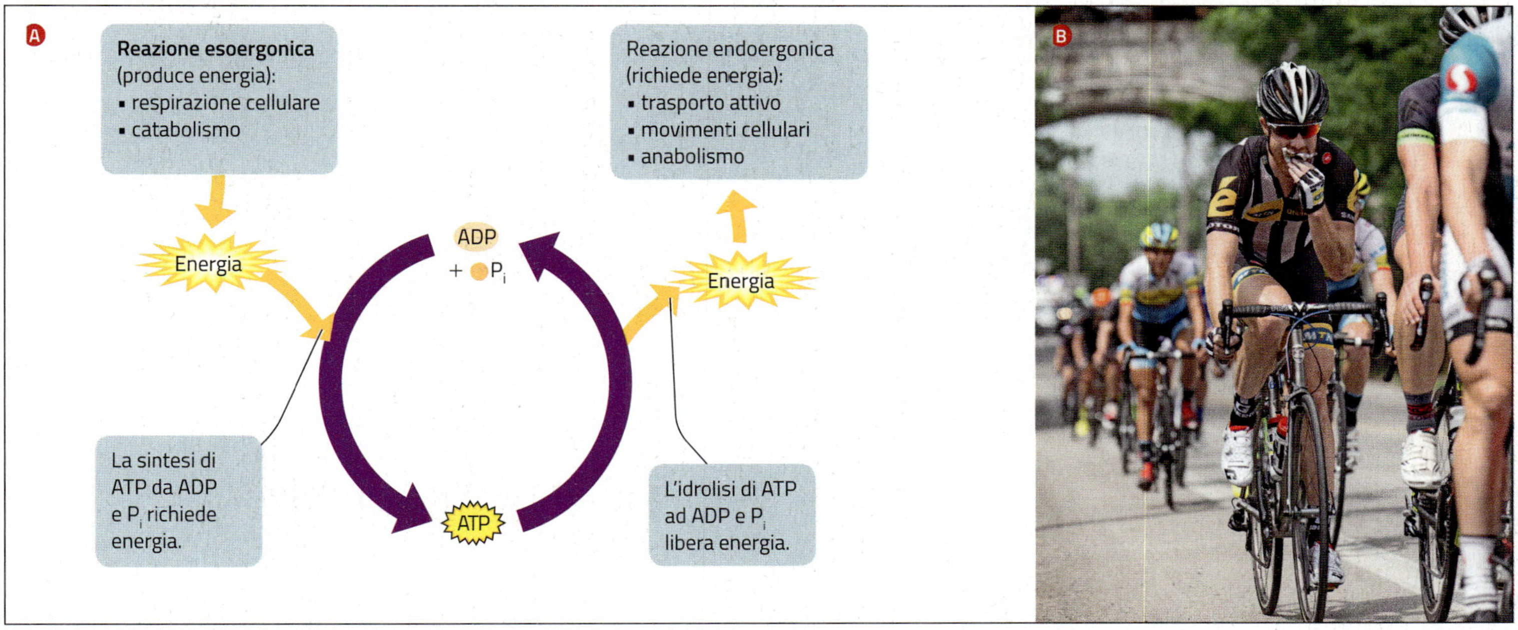

Figura **6** **Accoppiamento di reazioni** (A) Nella cellula le reazioni esoergoniche liberano l'energia necessaria alla sintesi dell'ATP dall'ADP. L'energia liberata dalla riconversione dell'ATP in ADP può servire ad alimentare le reazioni endoergoniche dell'anabolismo.
(B) Quando compiamo uno sforzo prolungato, come una corsa in bicicletta o una passeggiata in montagna, dobbiamo assumere molti zuccheri e acqua per permettere all'organismo di sintetizzare nuovo ATP.

Nel metabolismo, l'accoppiamento tra reazioni esoergoniche ed endoergoniche è molto frequente. L'energia libera è accumulata nei legami P~O dell'ATP, che poi diffonde in altri siti della cellula dove consegna, tramite idrolisi, l'energia libera per alimentare una reazione di biosintesi, per svolgere il trasporto attivo o per consentire il movimento.

Una cellula in attività ha bisogno di produrre milioni di molecole di ATP ogni secondo per alimentare i suoi apparati biochimici. Generalmente una molecola di ATP viene consumata entro un secondo dalla sua formazione.

Un individuo medio a riposo produce e idrolizza quasi 40 kg di ATP al giorno: questo significa che ogni molecola di ATP subisce circa 10 000 cicli di sintesi e idrolisi in 24 ore. Queste reazioni biochimiche, come quasi tutte le altre che avvengono nella cellula, non potrebbero procedere così rapidamente senza l'ausilio degli enzimi, proteine che fungono da catalizzatori biologici.

RISPONDI

- **A** Qual è la struttura della molecola di ATP?
- **B** In che modo l'ATP accumula energia?
- **C** Che ruolo svolge l'ATP all'interno della cellula?
- **D** Che cosa si intende per agente accoppiante?

3 Che cosa sono gli enzimi

7 Per accelerare una reazione bisogna superare una barriera energetica

Pur rilasciando energia libera, spesso le reazioni esoergoniche avvengono molto lentamente, perché tra le molecole dei reagenti e quelle dei prodotti esiste una barriera energetica che ostacola l'avvio della reazione. Prendiamo di nuovo come esempio l'idrolisi del saccarosio:

saccarosio + acqua → glucosio + fruttosio

Anche se le molecole d'acqua sono abbondanti, raramente esse vengono in contatto con le molecole di saccarosio in modo abbastanza efficace da rompere il legame tra glucosio e fruttosio; per questo motivo è necessario un apporto di energia che inneschi la reazione, inducendo il saccarosio a diventare instabile e reattivo. Una volta che il saccarosio è entrato nel cosiddetto **stato di transizione**, la barriera energetica viene superata e la reazione avviene spontaneamente.

L'apporto di energia necessario al saccarosio per raggiungere lo stato di transizione si chiama **energia di attivazione** (E_a). Questa energia serve a trasformare le specie chimiche coinvolte nella reazione in forme molecolari instabili e più reattive dette **intermedi dello stato di transizione** (figura **7**).

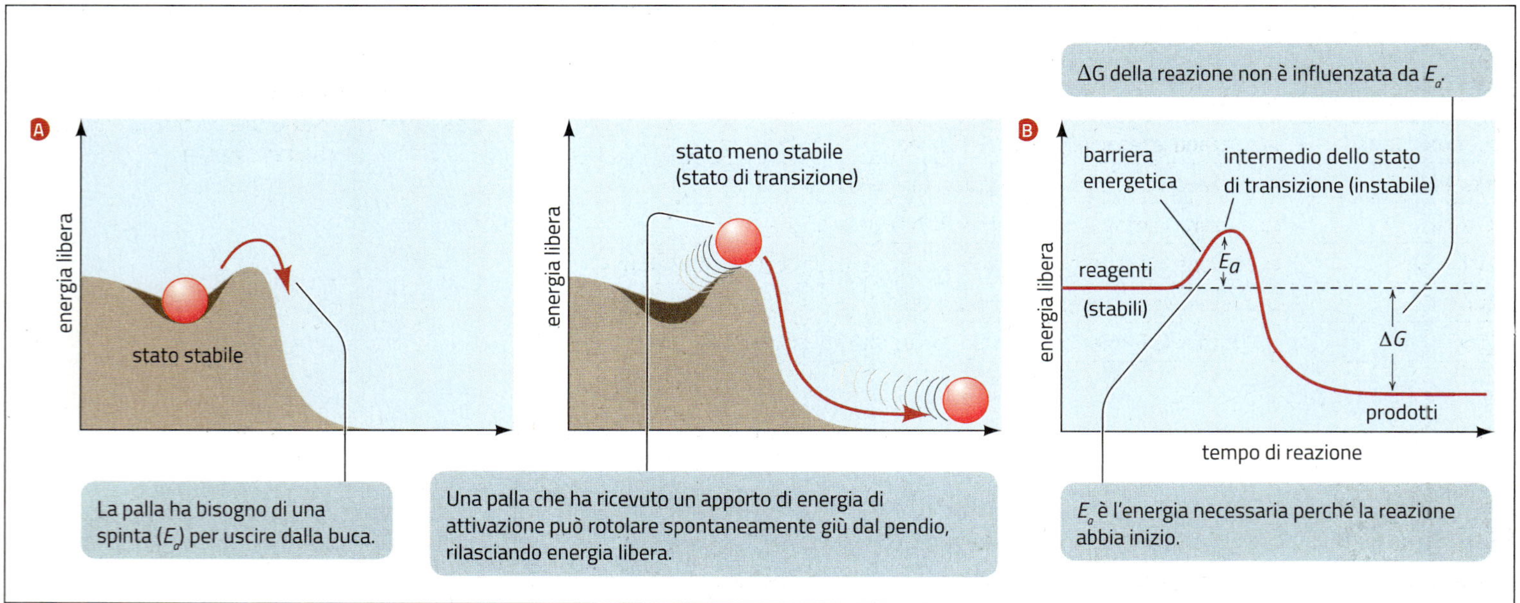

Figura **7 L'energia di attivazione è necessaria per avviare una reazione** Una palla che si trova in un avvallamento al culmine di un pendio (A) rappresenta, per analogia, il principio biochimico illustrato nel grafico (B): la palla ha bisogno di una spinta per uscire dall'avvallamento; una volta che ha ricevuto energia sufficiente, può poi rotolare spontaneamente lungo il pendio liberando energia.

Gli intermedi dello stato di transizione possiedono una quantità di energia libera superiore sia ai reagenti sia ai prodotti; i loro legami sono quindi più instabili ed è più probabile che si possano rompere e riorganizzare formando così i prodotti.

Da dove proviene l'energia di attivazione? In un qualsiasi insieme di reagenti a temperatura ambiente, alcune molecole sono in movimento e possono utilizzare la propria energia cinetica per superare la soglia energetica e reagire. Tuttavia, a queste temperature sono poche le molecole che possiedono energia sufficiente e la reazione avviene molto lentamente. Se si riscaldasse il sistema, tutte le molecole di reagente si muoverebbero più in fretta e possiederebbero una energia cinetica maggiore, che permetterebbe loro di entrare nello stato di transizione e reagire.

Il riscaldamento, però, non è un sistema vantaggioso per le cellule. Infatti un metodo così aspecifico accelererebbe in modo indiscriminato tutte le reazioni, anche quelle pericolose, come la denaturazione delle proteine. Un sistema più efficace consiste nell'abbassare la barriera energetica della singola reazione, avvicinando i reagenti in modo opportuno: questo è possibile grazie ai catalizzatori biologici.

8 I catalizzatori biologici: enzimi e ribozimi

I *catalizzatori* sono sostanze che aumentano la velocità delle reazioni senza subire modificazioni; un catalizzatore non induce una reazione che non può avvenire, ma fa in modo che avvenga più velocemente.

La maggior parte dei catalizzatori biologici è costituita da proteine chiamate **enzimi**; esistono anche catalizzatori costituiti da molecole di RNA, detti **ribozimi**.

Un catalizzatore biologico, sia proteico sia ribonucleico, è una macromolecola che lega i reagenti e prende parte alla reazione senza però venire modificato in modo permanente; alla fine della reazione, esso ritorna nelle stesse condizioni chimiche in cui si trovava prima della reazione. In una reazione catalizzata da enzimi, i reagenti sono chiamati **substrati**.

Le cellule contengono migliaia di enzimi, che si possono classificare in base a caratteristiche comuni. A seconda del substrato che legano e della reazione che catalizzano, essi vengono suddivisi in sei classi enzimatiche (tabella **2**).

Ciascuna di queste classi è a sua volta divisa in sottoclassi più specifiche; come avrai notato, il nome di un enzima spesso fa riferimento alla sua funzione e termina con il suffisso *-asi*.

Nei prossimi paragrafi studieremo l'azione di molti enzimi il cui nome richiama il substrato su cui agiscono e la classe di appartenenza.

Classi enzimatiche	Funzione
ossidoreduttasi	catalizzano le reazioni di ossidoriduzione
trasferasi	catalizzano il trasferimento di gruppi funzionali
idrolasi	catalizzano la rottura di legami con l'aggiunta di acqua
liasi	catalizzano l'addizione o sottrazione di gruppi funzionali a doppi legami
isomerasi	catalizzano le reazioni di isomerizzazione
ligasi	catalizzano la formazione di legami accoppiati all'idrolisi di ATP

Tabella **2** **Le sei classi enzimatiche** Si distinguono in relazione al substrato che legano e alla reazione che catalizzano.

9 Gli enzimi agiscono in modo specifico

I catalizzatori non biologici sono per la maggior parte *aspecifici*: per esempio, la polvere di platino catalizza praticamente qualsiasi reazione chimica in cui uno dei reagenti sia l'idrogeno molecolare (H_2).

I catalizzatori biologici, al contrario, sono per la maggior parte *specifici*; un enzima infatti riconosce un solo substrato e catalizza un'unica reazione.

Le molecole di substrato si legano a un sito particolare dell'enzima, detto **sito attivo**, dove avviene la catalisi. La specificità di un enzima deriva dalla sua configurazione spaziale e dalla struttura del suo sito attivo, che è conformato in modo da legare un unico substrato. Altre molecole, diverse per forma, presenza di gruppi funzionali o proprietà, non si adattano al sito attivo e non vi si legano.

Consideriamo il lisozima, un enzima presente nelle lacrime e nella saliva che ha il compito di eliminare i batteri demolendo per idrolisi i peptidoglicani che costituiscono la parete cellulare batterica:

$$\text{peptidoglicano} + \text{acqua} \xrightarrow{\text{lisozima}} \text{frammenti di peptidoglicano}$$

Il legame del substrato (S) con il sito attivo di un enzima (E) dà luogo al **complesso enzima-substrato (ES)** che è tenuto insieme da legami a idrogeno, attrazioni elettriche

TI RICORDI?

La **configurazione spaziale** di una proteina dipende dalle sue strutture primaria, secondaria, terziaria e quaternaria.

o legami covalenti temporanei (figura 8). Il complesso enzima-substrato dà origine al prodotto (P) e all'enzima libero:

$$E + S \rightarrow ES \rightarrow E + P$$

Alla fine della reazione, l'enzima libero si ritrova nella stessa forma chimica che aveva all'inizio; esso può cambiare chimicamente quando è legato al substrato, ma al termine della reazione recupera la sua forma iniziale ed è pronto per legare una nuova molecola di substrato.

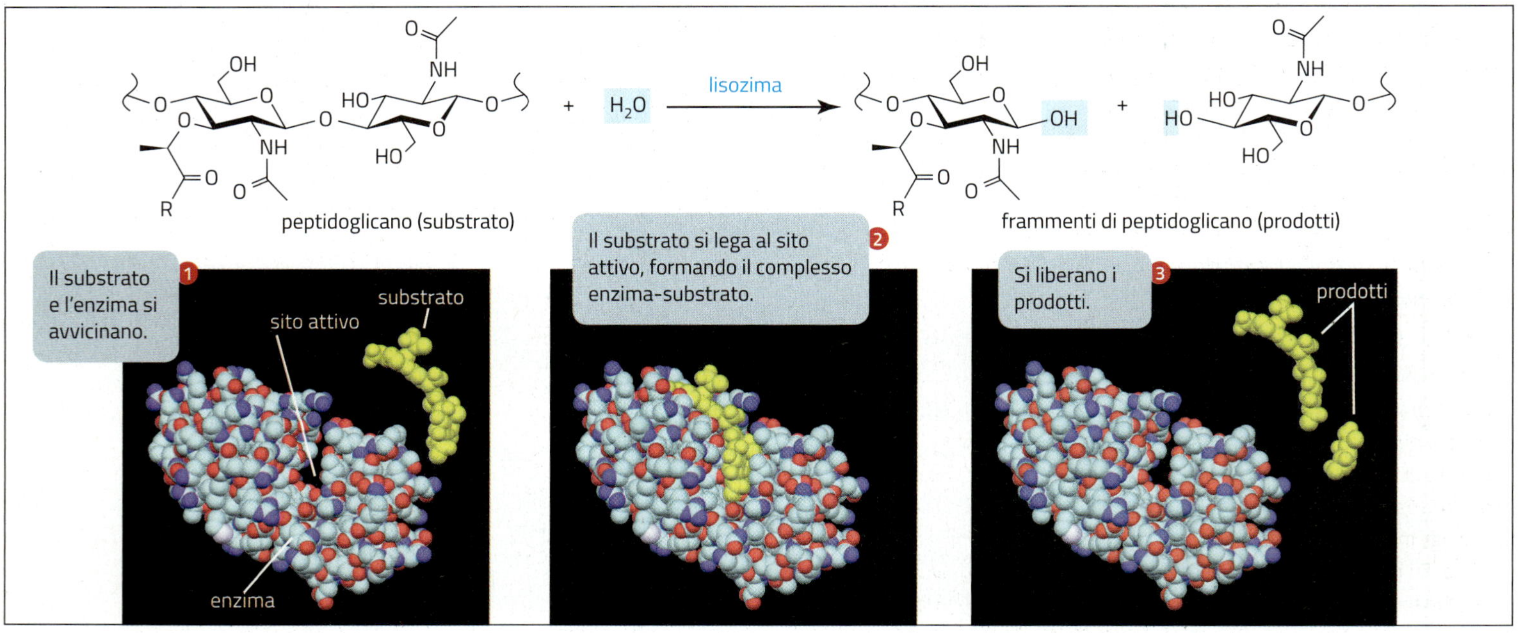

Figura 8 Enzima e substrato Una reazione catalizzata dal *lisozima*, un enzima presente nella saliva che catalizza la rottura di legami nei peptidoglicani delle pareti cellulari batteriche.

10 Gli enzimi abbassano la barriera energetica

Quando si trovano legati all'enzima con cui hanno formato il complesso enzima-substrato, i reagenti richiedono un'energia di attivazione inferiore rispetto agli intermedi dello stato di transizione della stessa reazione non catalizzata (figura 9). In altre parole, l'enzima abbassa la barriera energetica per la reazione e in questo modo ne fa aumentare la velocità.

Quando un enzima abbassa la barriera energetica, vengono accelerate sia la reazione diretta sia quella inversa; pertanto una reazione catalizzata procede verso l'equilibrio più rapidamente di una non catalizzata. L'equilibrio finale rimane lo stesso con o senza l'enzima. Per questo motivo, aggiungere un enzima a una reazione non modifica la differenza di energia libera tra i reagenti e i prodotti.

Gli enzimi possono modificare assai drasticamente la velocità di una reazione aumentandola da un milione a 10^{17} volte. Per esempio, se si mette in soluzione una proteina che presenta l'arginina come amminoacido terminale, il legame peptidico terminale tende a rompersi liberando residui di arginina. In assenza di enzima questa reazione è lentissima: occorrono circa 7 anni perché metà delle molecole proteiche reagiscano. Con l'intervento dell'enzima carbossipeptidasi A, invece, metà delle arginine terminali si libera in meno di un secondo.

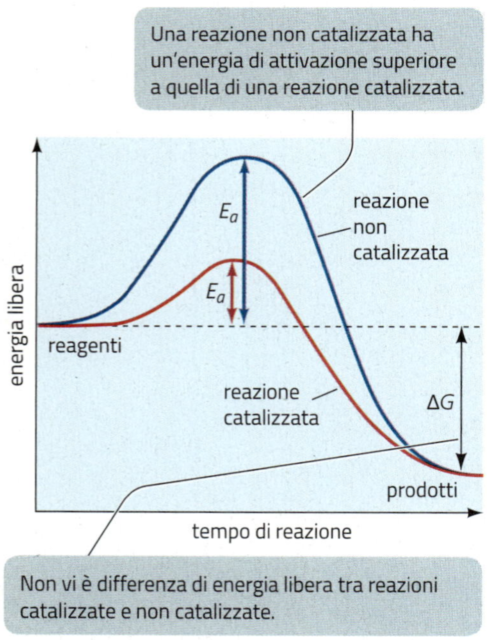

Figura 9 Gli enzimi riducono la barriera energetica L'energia di attivazione è minore in una reazione catalizzata che in una non catalizzata, mentre l'energia liberata è la stessa, con o senza catalisi: E_a è minore, ma ΔG rimane invariata.

RISPONDI

- A Qual è il ruolo dell'energia di attivazione in una reazione?
- B Che cosa si intende per specificità di un enzima?
- C Descrivi il meccanismo d'azione degli enzimi.

PER SAPERNE DI PIÙ

Un mondo a RNA

Negli organismi attuali, i principali catalizzatori sono proteine. Queste macromolecole, con la loro miriade di forme, riescono a legarsi in soluzione a sostanze differenti e a rendere più veloci specifiche reazioni biochimiche. Sappiamo però che le proteine sono prodotte a partire da informazioni codificate negli acidi nucleici. Emerge allora una contraddizione: se le proteine sono necessarie alla vita, devono essere comparsi per primi gli acidi nucleici così da poterle produrre; ma se gli acidi nucleici sono comparsi per primi, allora le proteine non possono essere state i primi catalizzatori. Gli acidi nucleici potrebbero fungere da catalizzatori, oltre ad avere un ruolo come programmatori della sintesi proteica? La risposta è sì.

Come una proteina, anche una molecola di RNA, ripiegandosi, assume una struttura tridimensionale unica ed espone all'ambiente esterno una superficie caratteristica. Le superfici delle molecole di RNA possono essere altrettanto specifiche quanto quelle delle proteine. Grazie alla loro conformazione spaziale e ad altre proprietà chimiche, alcune molecole di RNA riescono ad agire da catalizzatori.

La scoperta dei ribozimi

Gli RNA catalitici (o *ribozimi*) possono accelerare le reazioni che interessano i propri nucleotidi e anche altre sostanze cellulari.

La scoperta degli RNA catalitici, avvenuta nel 1982 grazie al chimico Sidney Altman e al biochimico Thomas Cech, fu sensazionale per la comunità dei biologi, in larga parte convinta che tutti i catalizzatori biologici fossero proteine. Fu necessario quasi un decennio perché il lavoro di Altman e Cech fosse pienamente riconosciuto dai loro colleghi, ma grazie alla loro scoperta, i due ricercatori furono insigniti del premio Nobel nel 1989.

Alla luce delle funzioni che l'RNA può assumere, sia informative (nella sua sequenza di nucleotidi) sia catalitiche (per la sua capacità di disporsi in configurazioni spaziali uniche), è stato ipotizzato che la vita abbia avuto inizio in un «mondo a RNA» (figura A), che ha preceduto il mondo basato sul DNA. In questa ipotesi, l'RNA prodotto inizialmente avrebbe potuto agire come catalizzatore per la propria duplicazione e anche per la sintesi proteica. Il DNA potrebbe essersi infine evoluto dall'RNA.

Le prove a supporto di questa ipotesi

Molte prove confermano questa sequenza di eventi:

- negli organismi odierni la formazione dei legami peptidici è catalizzata da ribozimi (figura B);
- in alcuni virus, detti *retrovirus*, esiste un enzima chiamato *trascrittasi inversa* che catalizza la sintesi del DNA a partire dall'RNA;
- quando si aggiunge una piccola molecola di RNA, esistente in natura, a una miscela di nucleotidi, i polimeri dell'RNA si formano a una velocità 7 milioni di volte maggiore rispetto allo stesso processo in assenza di quell'RNA. Ciò indica che quell'RNA agisce da catalizzatore, non soltanto da stampo;
- è stato ottenuto un ribozima artificiale in grado di catalizzare l'assemblaggio di brevi RNA in una molecola più lunga, copia esatta di se stessa. Potrebbe trattarsi del modo in cui si è evoluta la replicazione degli acidi nucleici.

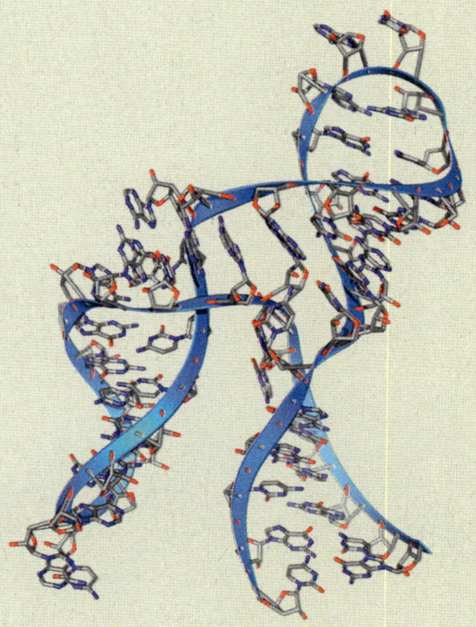

Figura B Il ribozima hammerhead (testa di martello) Questo ribozima catalizza reazioni che coinvolgono le molecole di RNA prodotte nella cellula.

Figura A L'ipotesi di un «mondo a RNA» Questa teoria ipotizza che, in un mondo anteriore al DNA, l'RNA fosse sia il programmatore della sintesi proteica sia un catalizzatore per la propria duplicazione. Le molecole di DNA, deputate a conservare le informazioni, potrebbero essersi evolute in seguito, a partire dall'RNA.

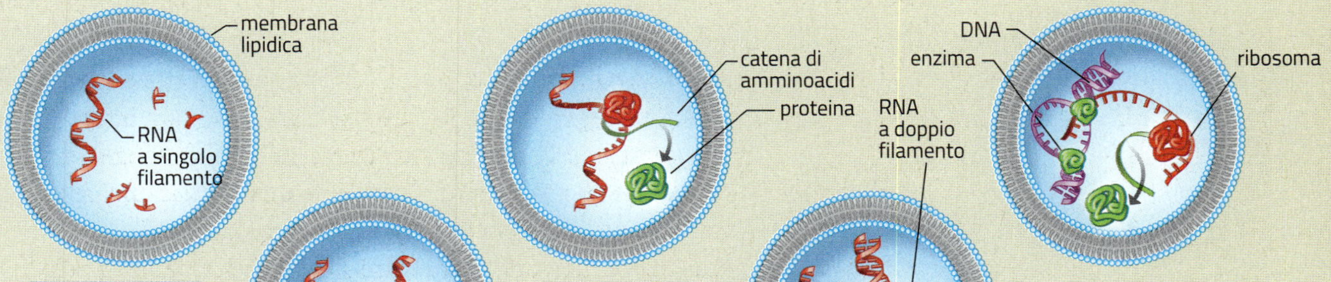

1. All'interno di una proto cellula delimitata da un doppio strato fosfolipidico è presente una molecola di RNA a singolo filamento, nata dall'unione di nucleotidi sparsi.
2. Alcune molecole di RNA si avvolgono a formare i ribozimi, che svolgono un'attività catalitica e permettono la duplicazione dell'RNA.
3. Alcuni ribozimi catalizzano la traduzione dell'RNA in proteine, che svolgono numerose funzioni tra cui quella di enzimi.
4. Alcuni RNA duplicati non si separano e formano molecole a doppio filamento che grazie alle mutazioni diventano DNA.
5. Il DNA a doppio filamento è il detentore dell'informazione genetica, mentre l'RNA a singolo filamento svolge molte funzioni tra cui quella di messaggero dell'informazione (mRNA).

4 I meccanismi della catalisi enzimatica

11 L'interazione tra un enzima e il suo substrato

Durante la formazione del complesso enzima-substrato, avvengono diverse interazioni chimiche che contribuiscono alla rottura dei legami esistenti e alla formazione di quelli nuovi. Ciò può avvenire in due modi:

- **Gli enzimi orientano i substrati.** Quando i substrati si trovano liberi in soluzione, il loro movimento è del tutto casuale: le molecole vibrano, ruotano e contemporaneamente si spostano nelle diverse direzioni. Di conseguenza, non è detto che dopo un urto si trovino nella posizione giusta per interagire l'uno con l'altro; in tal caso, una parte dell'energia di attivazione serve proprio ad aumentare la frequenza degli urti efficaci. Consideriamo per esempio la reazione tra l'acetil coenzima A (acetil-CoA) e l'ossalacetato, che innesca il ciclo di Krebs; perché la reazione possa avvenire, l'acetil-CoA e il citrato devono essere orientati in modo che il gruppo metilico dell'acetil-CoA possa formare un legame covalente con il gruppo carbonilico dell'ossalacetato. Il sito attivo dell'enzima citrato sintasi, che catalizza la reazione, ha proprio la conformazione giusta per legare queste due molecole nel modo opportuno (figura **10A**).
- **Gli enzimi mettono in tensione le molecole di substrato.** Una volta che il substrato si è legato al suo sito attivo, l'enzima può metterne in tensione i legami, formando un intermedio di transizione instabile. Per capire come questo possa avvenire, prendiamo di nuovo come esempio il lisozima: il sito attivo del lisozima «tende» i legami tra i monomeri dei glicani, rendendoli instabili e più reattivi nei confronti dell'acqua, l'altro substrato che partecipa alla reazione (figura **10B**).

Figura **10** **L'interazione enzima-substrato** Gli enzimi hanno diversi modi di indurre i loro substrati a passare allo stato di transizione, tra cui orientarli spazialmente (A) o mettendoli fisicamente in tensione (B).

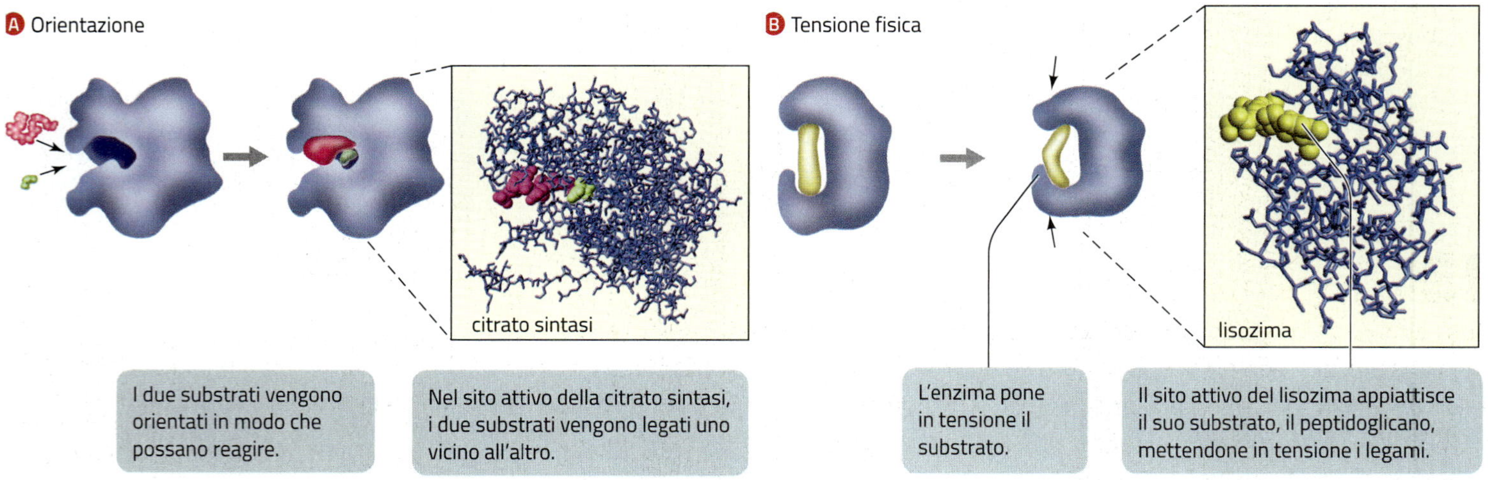

12 La struttura molecolare determina la funzione enzimatica

Quasi tutti gli enzimi sono molto più grandi dei loro substrati: in genere l'enzima è una proteina formata da centinaia di amminoacidi legati in una catena polipeptidica unica o in più subunità ripiegate in una conformazione specifica. Al contrario, i substrati sono di solito molecole piccole o piccole parti di una molecola grande. Il sito attivo dell'enzima, infine, costituisce solo una parte dell'intero enzima e al suo interno gli amminoacidi direttamente responsabili dell'attività catalitica non superano le 6-12 unità.

Queste constatazioni ci inducono a porci due domande: quali caratteristiche del sito attivo lo mettono in grado di riconoscere e legare il substrato? A che cosa serve tutto il resto di una proteina così grande?

Abbiamo visto nel paragrafo precedente che il sito attivo è specifico per un certo substrato. La capacità di un enzima di selezionare esattamente il substrato giusto dipende dai gruppi funzionali che interagiscono in corrispondenza del sito attivo. Il legame con il substrato si basa sugli stessi tipi di forze che stabilizzano la struttura terziaria dell'enzima: legami a idrogeno, attrazione e repulsione tra gruppi dotati di carica elettrica e interazioni idrofobiche.

Inoltre, molto spesso gli enzimi cambiano forma quando legano il loro substrato, grazie a un processo chiamato **adattamento indotto**: in questo modo il sito dell'enzima può interagire più efficacemente con la molecola del substrato. Un esempio di adattamento indotto si ha nell'enzima esochinasi, che catalizza la reazione:

$$\text{glucosio} + \text{ATP} \xrightarrow{\text{esochinasi}} \text{glucosio 6-fosfato} + \text{ADP}$$

L'adattamento indotto porta le catene laterali reattive situate nel sito attivo dell'enzima esochinasi ad allinearsi con i substrati (figura **11**), facilitando il processo catalitico.

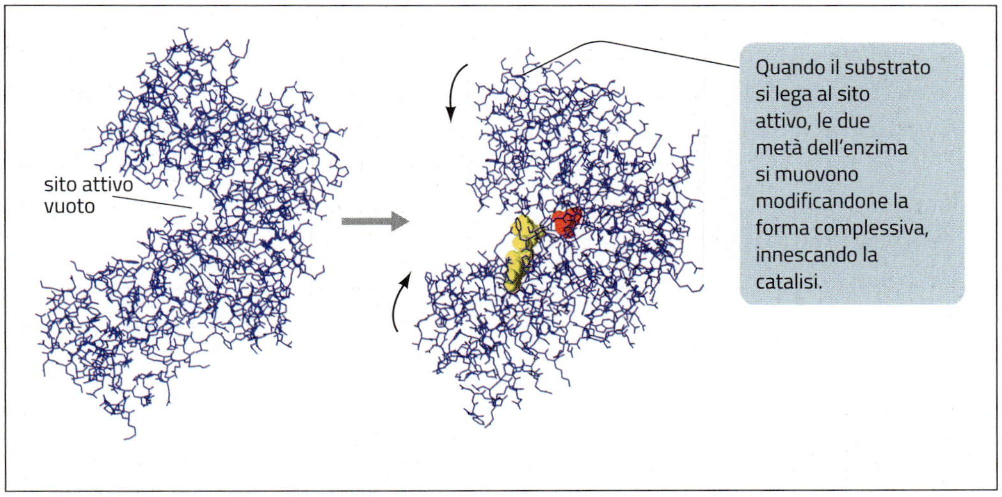

Figura **11** **Alcuni enzimi cambiano forma dopo aver legato il substrato** L'adattamento indotto si può osservare nell'esochinasi, qui visibile nella forma con e senza il glucosio (in rosso) e l'ATP (in giallo). L'enzima modifica la propria forma dopo che il sito attivo si è legato ai substrati.

Scarica la app:
TAVOLA PERIODICA INTERATTIVA

13 Alcuni enzimi richiedono cofattori per funzionare

Molti enzimi richiedono la presenza di altre molecole non proteiche per svolgere la propria attività catalitica (tabella **3**). Queste molecole sono chiamate **cofattori** e possono essere composti inorganici oppure molecole organiche:

- i **cofattori inorganici** sono ioni metallici come lo zinco (Zn^{2+}), il ferro (Fe^{2+}) o il magnesio (Mg^{2+}) che si legano alla molecola dell'enzima permettendole di assumere una forma adatta a legare il substrato: lo ione zinco, per esempio, è il cofattore dell'enzima alcol deidrogenasi;
- i cofattori organici o **coenzimi** sono molecole complesse che agiscono come trasportatori di gruppi funzionali; in genere un coenzima non sta sempre unito allo stesso enzima, ma passa da un enzima all'altro aggiungendo o togliendo gruppi funzionali. Negli animali, alcuni coenzimi derivano dalle *vitamine*, sostanze che devono essere introdotte con il cibo perché l'organismo non è capace di sintetizzarle: per esempio, il coenzima nicotinammide-adenin-dinucleotide (NAD) deriva dalla niacina, una vitamina del gruppo B.

Nel prossimo capitolo incontreremo molte di queste molecole attive nelle reazioni che procurano energia fungendo da accettori o donatori di elettroni e di atomi di idrogeno.

Tipo di molecola	Ruolo svolto nelle reazioni catalitiche
Cofattore inorganico	
ferro (Fe^{2+} o Fe^{3+})	ossidazione/riduzione
rame (Cu^{+} o Cu^{2+})	ossidazione/riduzione
zinco (Zn^{2+})	stabilizza la struttura di regolatori che si legano al DNA
Coenzima	
biotina	trasporta gruppi $-COO^{-}$
coenzima A	trasporta gruppi $-CO\text{-}CH_3$
NAD	trasporta elettroni e protoni
ATP	fornisce/accumula energia

Tabella **3** **Cofattori e coenzimi** Alcuni esempi di molecole non proteiche coinvolte nelle reazioni enzimatiche.

14 La regolazione delle attività enzimatiche contribuisce all'omeostasi

In una cellula o in un organismo, la presenza e l'attività degli enzimi determina il flusso di sostanze chimiche attraverso le varie vie metaboliche; a sua volta l'attività enzimatica è parzialmente regolata, in positivo o in negativo, tramite il controllo dell'espressione genica che accende o spegne i geni che codificano per gli enzimi.

Tuttavia, la semplice presenza di un enzima non implica che esso stia funzionando. Le cellule hanno un altro modo per determinare quali sequenze di reazioni debbano essere operative in un certo momento: esse attivano o disattivano gli enzimi già presenti. Disattivando un enzima di una certa via si ottiene l'interruzione di quella tappa metabolica e di tutte quelle che la seguono; alcuni enzimi, quindi, sono molecole chiave per controllare intere sequenze di reazioni chimiche.

Regolare la velocità a cui operano migliaia di enzimi diversi contribuisce a garantire l'**omeostasi**, ovvero il mantenimento di condizioni chimico-fisiche stabili all'interno dell'organismo.

Tale controllo permette alle cellule di apportare variazioni funzionali in risposta ai cambiamenti dell'ambiente esterno secondo un piano ordinato.

15 Gli enzimi possono essere regolati tramite inibitori

Gli **inibitori** sono molecole capaci di legarsi agli enzimi e di ridurre la velocità delle reazioni che essi catalizzano.

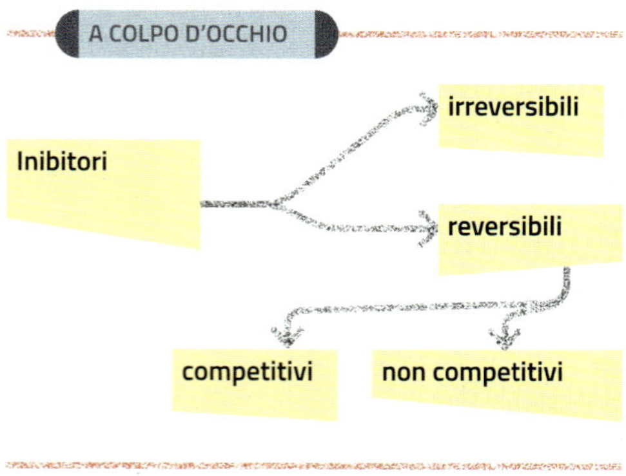

Alcuni inibitori cellulari esistono in natura, altri sono artificiali: gli inibitori naturali contribuiscono a regolare il metabolismo; gli inibitori artificiali, invece, sono sintetizzati in laboratorio per curare malattie, uccidere parassiti o svolgere attività di ricerca.

In alcuni casi gli inibitori si legano agli enzimi in maniera *irreversibile* e li disattivano per sempre; nella maggior parte dei casi, però, gli inibitori sono *reversibili*, perché possono separarsi dall'enzima, che riprende così a funzionare normalmente.

L'inibizione irreversibile

L'**inibizione irreversibile** si verifica quando un inibitore stabilisce un legame covalente con il sito attivo, impedendo l'accesso al substrato; questo legame disattiva l'enzima perché modifica in modo permanente la sua struttura. Un esempio di inibitore irreversibile è il DFP (diisopropilfluorofosfato), che agisce sull'acetilcolinesterasi, un enzima indispensabile per il funzionamento del sistema nervoso (figura 12).

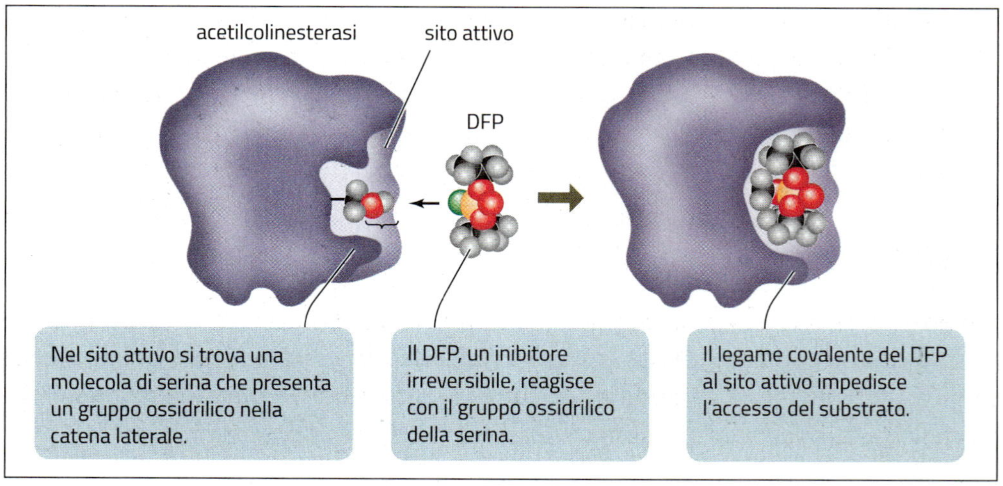

Figura 12 **Inibizione irreversibile** DFP forma un legame covalente stabile con la catena laterale dell'amminoacido serina nel sito attivo dell'enzima acetilcolinesterasi, inibendolo irreversibilmente. L'insetticida malathion è un derivato del DFP in grado di inibire solo l'acetilcolinesterasi degli insetti, e non l'enzima dei mammiferi.

A causa del suo effetto, il DFP è classificato insieme ad altri composti simili tra i *gas nervini*, che vennero sintetizzati in origine per scopi bellici. L'inibizione irreversibile non è una forma di regolazione comune a livello cellulare, perché disattiva per sempre gli enzimi; le cellule, quindi, adottano in genere l'inibizione reversibile.

L'inibizione reversibile: inibitori competitivi e non competitivi

Nell'**inibizione reversibile**, l'inibitore è una molecola abbastanza simile al substrato naturale dell'enzima da formare un legame non covalente con il sito attivo, ma abbastanza diversa da impedire all'enzima di catalizzare la reazione chimica (figura **13A**). Finché l'inibitore resta legato all'enzima, il substrato non riesce a legarsi al sito attivo e l'enzima è incapace di funzionare. Una molecola di questo tipo prende il nome di **inibitore competitivo** perché compete con il substrato per il sito attivo (figura **13B**).

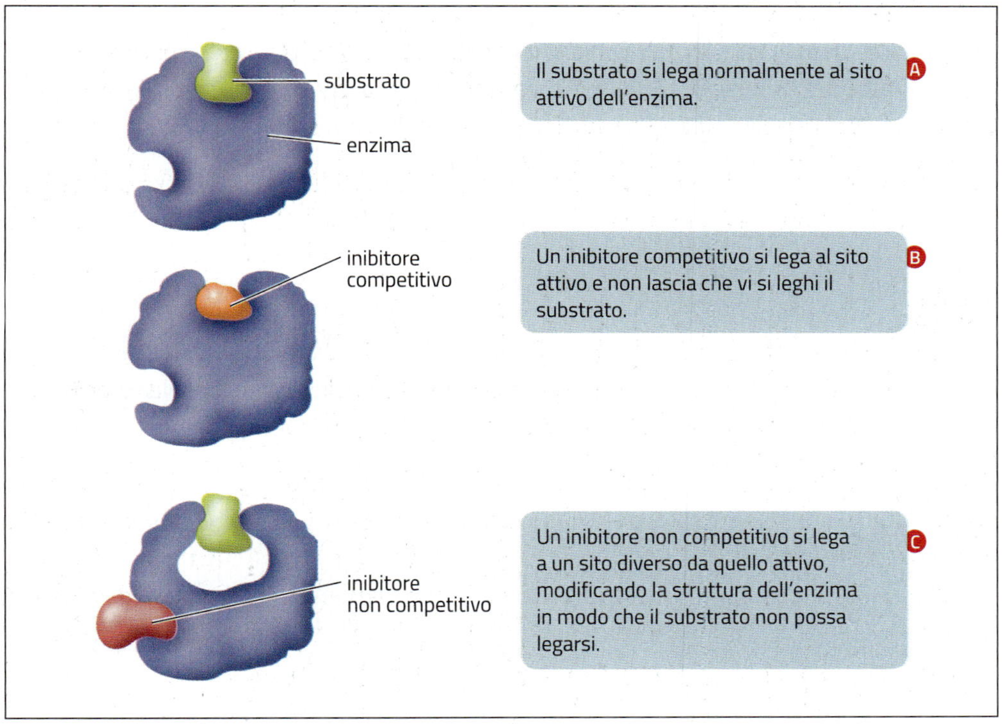

Figura **13** **L'inibizione reversibile** (A) Legame normale tra l'enzima e il substrato. (B) Inibizione competitiva. (C) Inibizione non competitiva.

Il grado di inibizione dipende dalle concentrazioni relative dell'inibitore e del substrato e dalla loro affinità con l'enzima: se l'inibitore ha una concentrazione elevata, la probabilità che esso stabilisca un legame con il sito attivo è maggiore di quella del substrato, e viceversa. L'inibizione è reversibile perché, incrementando la concentrazione di substrato o riducendo quella di inibitore, il substrato ha maggiori possibilità di legarsi e l'enzima torna a funzionare. Gli inibitori competitivi sono spesso impiegati come farmaci.

Un **inibitore non competitivo**, invece, si lega all'enzima in un sito diverso dal sito attivo. Il legame induce un cambiamento di forma nell'enzima e ne modifica l'attività (figura **13C**): il sito attivo non riesce più a legare il substrato o, se lo fa, la velocità di formazione del prodotto è più bassa. Analogamente agli inibitori competitivi, anche quelli non competitivi possono staccarsi dall'enzima, per cui i loro effetti sono reversibili.

16 Gli enzimi sono influenzati dall'ambiente

Gli enzimi permettono alla cellula di far avvenire rapidamente reazioni chimiche e processi complicati a temperature compatibili con la vita. Tuttavia, proprio a causa della loro struttura tridimensionale e della natura chimica delle catene laterali, gli enzimi e i loro substrati sono sensibilissimi a variazioni di pH e di temperatura.

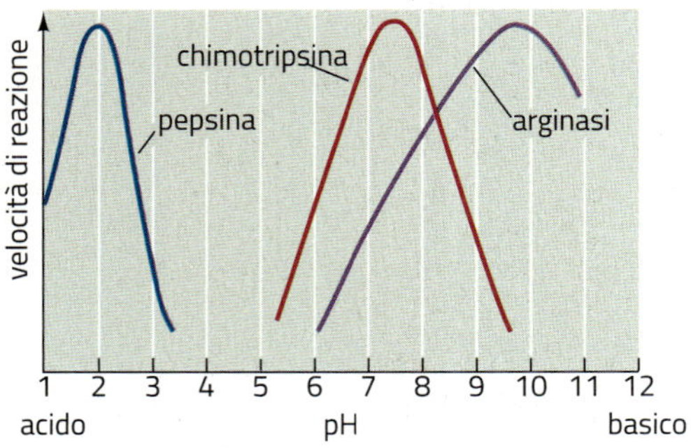

Figura **14** **Il pH influenza l'attività enzimatica** Il grafico mostra la relazione tra velocità di reazione e pH per tre diversi enzimi coinvolti nella digestione: la pepsina è attiva nell'ambiente acido dello stomaco, mentre la chimotripsina è attiva nell'intestino tenue a pH neutro.

Gli effetti del pH

La velocità di quasi tutte le reazioni catalizzate dagli enzimi dipende dal pH della soluzione a cui avvengono. All'interno delle cellule il pH è in genere vicino alla neutralità, con valori intorno a 7, ma la presenza di acidi, basi e tamponi può modificare questa situazione. Ogni enzima raggiunge il massimo della sua attività a un pH ben definito; se la soluzione diventa più acida o più basica, la sua attività diminuisce (figura **14**). Consideriamo il nostro apparato digerente: il pH presente nel nostro stomaco è fortemente acido, con un valore intorno a 1,5; tuttavia molti enzimi, come le proteasi intestinali, hanno pH ottimali prossimi alla neutralità. Pertanto, quando il cibo entra nel duodeno, viene secreta una soluzione tampone a base di bicarbonato che innalza il pH a 6,5; questo permette agli enzimi idrolitici di entrare in attività e digerire il cibo.

Gli effetti della temperatura

In generale, fornendo calore la velocità delle reazioni chimiche aumenta, perché una percentuale maggiore delle molecole di reagente acquista l'energia cinetica necessaria a superare l'energia di attivazione. Le reazioni catalizzate dagli enzimi si comportano in modo analogo (figura **15**), ma se le temperature diventano troppo alte gli enzimi si denaturano e perdono le proprie funzioni. Alcuni enzimi si denaturano già a temperature di poco superiori a quella corporea, mentre altri sono stabili fino al punto di ebollizione o di congelamento dell'acqua; tutti presentano comunque un intervallo di temperatura ottimale per la loro attività.

Gli enzimi ben adattati alle temperature elevate resistono alla denaturazione grazie a una struttura terziaria tenuta insieme da legami covalenti o da interazioni di cariche elettriche anziché da interazioni chimiche deboli, che sono più sensibili alle alte temperature. Nella specie umana, gli enzimi sono generalmente più stabili alle alte temperature rispetto a quelli dei batteri patogeni; per questo una febbre moderata può denaturare un enzima batterico ma non un enzima umano.

La tecnica di laboratorio chiamata PCR (reazione a catena della polimerasi) utilizza un enzima capace di funzionare alla temperatura di 95 °C; questo enzima, chiamato *Taq polimerasi*, proviene da un batterio termofilo che vive nei geyser e nelle bocche termali. Studieremo la PCR nel capitolo B6.

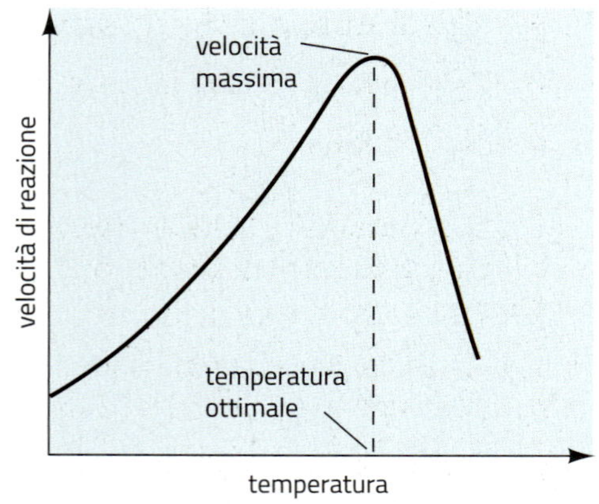

Figura **15** **La temperatura influenza l'attività enzimatica** Ogni enzima presenta il proprio massimo di attività a una temperatura ottimale: a temperature superiori la curva di attività precipita perché l'enzima si denatura e diventa inattivo.

RISPONDI

- **A** Quali sono i meccanismi alla base della catalisi enzimatica?
- **B** Qual è la differenza tra coenzima e cofattore inorganico?
- **C** Qual è la differenza tra inibitori reversibili e irreversibili?
- **D** Quali fattori alterano la funzionalità di un enzima?

LA NOSTRA SALUTE

Farmaci che inibiscono gli enzimi

Gli ACE-inibitori sono un gruppo di farmaci usati per curare l'ipertensione. La loro azione inibisce l'enzima di conversione dell'angiotensina (ACE), che converte l'angiotensina I in angiotensina II, e quindi provocano vasodilatazione periferica.

Il primo ACE-inibitore fu trovato nel veleno di un serpente (*Bothrops jararaca*), ma una volta identificata la struttura chimica della molecola fu possibile produrre degli ACE-inibitori sintetici.

Oggi in Italia sono registrati 14 diversi ACE-inibitori, divisi in tre classi a seconda del gruppo funzionale che interagisce con l'enzima (gruppo sulfidrilico, carbossilico o fosforico). I vari principi attivi si distinguono anche per il grado di lipofilia, ovvero la capacità di penetrare la membrana plasmatica, che può influenzare la loro concentrazione nei diversi tessuti. Tutti però sembrano presentare la medesima efficacia: da soli sono in grado di controllare la pressione arteriosa in circa la metà dei pazienti, se associati a un altro farmaco antipertensivo, la percentuale di successo sale all'80% (figura).

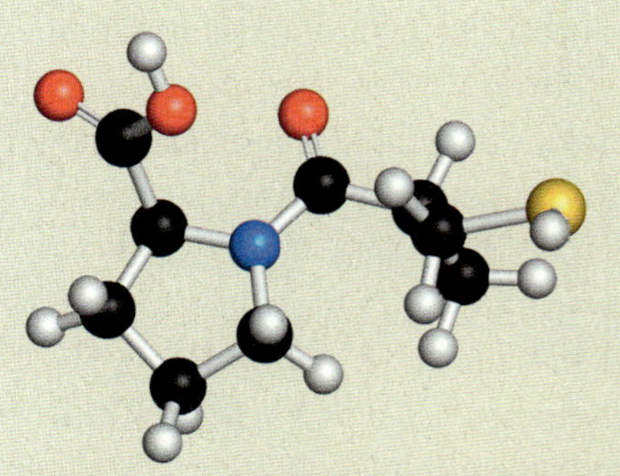

Figura **Un esempio di ACE-inibitore** Il captopril è caratterizzato dalla presenza del gruppo sulfidrico: nel modellino, l'atomo di zolfo è colorato in giallo.

ESERCIZI
Capitolo
B2

VERIFICA LE TUE CONOSCENZE

L'ENERGIA NELLE REAZIONI BIOCHIMICHE

1 Quale tra le seguenti affermazioni riguardanti l'energia potenziale NON è corretta?

Ⓐ è l'energia associata alla posizione di un corpo

Ⓑ è l'energia immagazzinata nei legami chimici di una molecola

Ⓒ può trasformarsi in energia cinetica

Ⓓ è l'energia associata al movimento di un corpo

2 Quale tra le seguenti affermazioni riguardanti le reazioni metaboliche NON è corretta?

Ⓐ permettono di ricavare energia chimica utile per la cellula

Ⓑ permettono di sintetizzare macromolecole

Ⓒ sono sempre esoergoniche

Ⓓ comportano sempre delle variazioni energetiche

3 Il metabolismo

Ⓐ è l'insieme delle reazioni di una cellula

Ⓑ non comporta variazioni di energia

Ⓒ coinvolge poche cellule in un organismo

Ⓓ avviene senza l'intervento di proteine

4 L' entropia è una grandezza fisica

Ⓐ che esprime il grado di disordine di un sistema

Ⓑ che esprime l'energia totale di un sistema

Ⓒ che esprime l'energia utilizzabile per compiere un lavoro

Ⓓ indipendente dalla temperatura assoluta del sistema

5 Quale tra le seguenti affermazioni riguardanti i principi della termodinamica NON è corretta?

Ⓐ l'energia libera può essere utilizzata per compiere un lavoro

Ⓑ nelle reazioni esoergoniche l'energia libera dei prodotti è inferiore rispetto a quella dei reagenti

Ⓒ in tutte le reazioni chimiche l'entropia aumenta

Ⓓ le reazioni endoergoniche hanno ΔG negativo

IL RUOLO DELL'ATP

6 L'ATP è una molecola che contiene

Ⓐ ribosio, guanina e 3 gruppi fosfato

Ⓑ glucosio, adenina e 5 gruppi fosfato

Ⓒ ribosio, adenina e 3 gruppi fosfato

Ⓓ glucosio, guanina e 3 gruppi fosfato

7 L'idrolisi dell'ATP

Ⓐ richiede energia

Ⓑ è una reazione esoergonica

Ⓒ non richiede catalizzatori

Ⓓ è una reazione anabolica

8 La reazione di fosforilazione permette di

Ⓐ aggiungere un gruppo fosfato a un enzima

Ⓑ legare un gruppo fosfato a una molecola di ADP

Ⓒ legare un gruppo fosfato a una molecola di ATP

Ⓓ trasferire un gruppo fosfato dall'ATP a un'altra molecola organica

GLI ENZIMI E I MECCANISMI DELLA CATALISI ENZIMATICA

9 Il sito attivo di un enzima

Ⓐ determina con la sua forma la specificità dell'enzima

Ⓑ non forma legami chimici con i substrati

Ⓒ forma una sporgenza sulla superficie dell'enzima

Ⓓ non modifica mai la sua struttura tridimensionale

10 Una reazione con elevata energia di attivazione

Ⓐ è sempre endoergonica

Ⓑ è lenta a basse temperature

Ⓒ non può svolgersi nelle cellule

Ⓓ produce molta energia libera

11 Gli enzimi che trasferiscono elettroni da una specie chimica a un'altra appartengono alla classe delle

Ⓐ trasferasi

Ⓑ ossidoreduttasi

Ⓒ liasi

Ⓓ isomerasi

12 In una reazione catalizzata da un enzima

Ⓐ la velocità di reazione non cambia

Ⓑ l'energia di attivazione è invariata

Ⓒ il ΔG della reazione rimane costante

Ⓓ l'entropia aumenta

13 I batteri termofili possono vivere a temperature molto elevate in quanto

Ⓐ utilizzano come catalizzatori molecole non proteiche

Ⓑ grazie alle alte temperature le loro reazioni metaboliche non richiedo enzimi

Ⓒ i loro enzimi non si denaturano alle alte temperature

Ⓓ sono in grado di mantenere la loro temperatura interna inferiore a quella esterna

14 Quale tra le seguenti affermazioni NON è corretta?

Ⓐ aumentando la temperatura, si accelerano indiscriminatamente tutte le reazioni

Ⓑ aumentando la temperatura, aumenta la percentuale di molecole con elevata energia cinetica

Ⓒ un aumento di temperatura può modificare la struttura tridimensionale di un enzima

Ⓓ un aumento di temperatura modifica l'energia di attivazione di una reazione

VERIFICA LE TUE ABILITÀ

15 **Leggi e completa le seguenti frasi riferite al ruolo dell'ATP nella cellula.**

a. La molecola di ATP può donare un gruppo fosfato a composti diversi, caricandoli in tal modo di energia: tale processo si chiama ....

b. La variazione di energia libera standard della reazione di idrolisi dell'ATP è di circa ....

c. Quando l'ATP viene idrolizzato ad ADP si libera l'energia potenziale contenuta nel legame tra i ....

16 **Leggi e completa le seguenti frasi riferite agli enzimi.**

a. Gli enzimi sono proteine che hanno il compito di .... le reazioni del metabolismo cellulare.

b. Un enzima si lega ai reagenti, prende parte alla reazione ma si ritrova .... al termine della reazione.

c. Il .... è conformato in modo da legare un unico substrato.

17 **Leggi e completa le seguenti frasi riferite alla regolazione dell'attività enzimatica.**

a. La regolazione dell'attività enzimatica contribuisce a garantire l' .... dell'intero organismo.

b. Alcuni inibitori enzimatici si legano agli enzimi in maniera .... e li disattivano per sempre.

c. Un inibitore .... si lega al sito attivo dell'enzima in sostituzione del substrato naturale e blocca l'attività dell'enzima finché tale legame non si scioglie.

d. Ogni enzima raggiunge il massimo della sua attività a un .... ben definito.

18 **Leggi e completa il seguente brano che si riferisce al metabolismo cellulare.**

Le reazioni metaboliche presenti nei viventi possono essere di due tipi: anaboliche e cataboliche. Le reazioni .... sono dei processi che permettono di ottenere le macromolecole utili alle cellule partendo da precursori .... e di .... dimensioni. Tali reazioni richiedono un apporto energetico e sono pertanto .... , perché per avvenire necessitano di energia che viene liberata dall'........................ dell'ATP. Le reazioni .... , invece, sono reazioni di degradazione di molecole .... in molecole più .... ; sono reazioni .... che determinano una .... di energia.

19 **Scegli e motiva il completamento corretto, spiegando che cosa afferma il primo principio della termodinamica.**

Ⓐ a seguito di una trasformazione energetica, l'energia totale dei sistemi fisici diminuisce

Ⓑ l'energia potenziale dipende dalla velocità con cui si muove un oggetto

Ⓒ l'energia si trasforma, ma non si crea e non si distrugge

Ⓓ a seguito di una trasformazione energetica il disordine aumenta

20 **Scegli e motiva il completamento corretto, spiegando come funziona il modello dell'adattamento indotto.**

Ⓐ non prevede l'utilizzo di cofattori o coenzimi

Ⓑ prevede un cambiamento di forma degli enzimi

Ⓒ prevede un intermedio di reazione molto stabile

Ⓓ non spiega perché gli enzimi siano di grosse dimensioni

21 **Scegli e motiva il completamento corretto, spiegando quali effetti ha una sostanza in grado di bloccare la produzione di ATP.**

Ⓐ costringe la cellula a sfruttare le sue riserve di lipidi come fonte di energia

Ⓑ causa sicuramente la morte della cellula

Ⓒ costringe la cellula a ricavare energia dall'ADP

Ⓓ determina la conversione di energia cinetica in energia potenziale

22 **Scegli e motiva il completamento corretto e fornisci almeno due esempi di reazioni di questo tipo.**
Una reazione chimica con ΔG negativo

Ⓐ necessita di energia per avvenire

Ⓑ non è mai spontanea

Ⓒ libera energia per compiere un lavoro

Ⓓ è indipendente dalla temperatura

23 **Scegli e motiva il completamento corretto e fornisci almeno due esempi di reazioni di questo tipo.**
Parlando di accoppiamento energetico si può dire che

Ⓐ l'energia delle reazioni esoergoniche serve a produrre ATP

Ⓑ l'idrolisi dell'ATP è una reazione endoergonica

Ⓒ la formazione dell'ATP è una reazione esoergonica

Ⓓ l'ADP rilascia energia diventando ATP

TEST YOURSELF

24 **Which statement about thermodynamics is true?**

Ⓐ free energy is used up in an exoergonic reaction
Ⓑ free energy cannot be used to do work
Ⓒ the total amount of energy can change after a chemical transformation
Ⓓ entropy has a tendency to increase

25 **ATP molecule is**

Ⓐ a component of most proteins
Ⓑ high in energy because of the presence of adenine
Ⓒ required for many energy-transforming biochemical reactions
Ⓓ a catalyst

26 **In an enzyme-catalyzed reaction**

Ⓐ a substrate does not change
Ⓑ the enzyme can be permanently changed
Ⓒ strain may be added to a substrate
Ⓓ the rate is not affected by substrate concentration

27 **The active site of an enzyme**

Ⓐ never changes shape
Ⓑ forms no chemical bonds with substrates
Ⓒ changes the ΔG of the reaction
Ⓓ determines, by its structure, the specificity of an enzyme

28 **Coenzymes differ from enzymes in that coenzymes are**

Ⓐ polymers of amino acids
Ⓑ smaller molecules, such as vitamins
Ⓒ specific for one reaction
Ⓓ always carriers of high-energy phosphate

29 **Write in your own words the definition of the following terms.**

ATP
anabolic reactions
enzyme-substrate complex
coenzyme
homeostasis

VERSO L'UNIVERSITÀ

30 **Quale delle seguenti affermazioni relativa alla molecola di ATP è corretta?**

Ⓐ contiene come base azotata l'adenosina
Ⓑ la base azotata lega direttamente i tre gruppi fosfato
Ⓒ il distacco dei gruppi fosfato è altamente endoergonico
Ⓓ contiene lo zucchero ribosio
Ⓔ non è utilizzata dai batteri

[dalla prova di ammissione a Medicina Veterinaria, anno 2011]

31 **Quale delle seguenti affermazioni riguardo agli enzimi NON è corretta?**

Ⓐ possono essere riutilizzati
Ⓑ la loro forma può essere modificata dal substrato
Ⓒ la loro struttura primaria è una sequenza di amminoacidi
Ⓓ aumentano l'energia di attivazione di una reazione
Ⓔ l'alta temperatura può denaturarli

[dalla prova di ammissione a Medicina e Chirurgia e a Odontoiatria e Protesi Dentaria, anno 2013]

32 **Quali delle seguenti alternative descrive meglio la funzione dell'ATP?**

Ⓐ è una cellula che funge esclusivamente da riserva di energia per il tessuto nervoso
Ⓑ è una molecola che consente esclusivamente il funzionamento delle pompe per il trasporto attivo attraverso la membrana cellulare
Ⓒ è una molecola che serve a trasportare gli elettroni che partecipano alla catena di trasporto, liberando grandi quantità di energia
Ⓓ è l'organulo cellulare in cui viene immagazzinato l'ossigeno e per questo motivo è una riserva di energia per la cellula.
Ⓔ è la molecola in cui viene immagazzinata l'energia a livello cellulare

[dalla prova di ammissione a Scienze Motorie, anno 2011]

33 **Alcune plastiche biodegradabili vengono trattate con batteri termofili, capaci di vivere ad una temperatura di 60 °C. Quale/i delle seguenti affermazioni relative agli enzimi dei batteri termofili è/sono corretta/e?**

1. gli enzimi nei batteri termofili non vengono denaturati per effetto di una temperatura inferiore ai 60 °C
2. gli enzimi nei batteri termofili non funzionano mai a 37 °C
3. sia gli enzimi dei batteri comuni che di quelli termofili sono costituiti da amminoacidi

Ⓐ Solo 1 e 3
Ⓑ Solo 1 e 2
Ⓒ Solo 2 e 3
Ⓓ Solo 2
Ⓔ Tutte

[dalla prova di ammissione a Medicina e Chirurgia e a Odontoiatria e Protesi Dentaria, anno 2014]

34 **Quali legami possono essere presenti nella molecola di un enzima digestivo?**
1. Legame peptidico
2. Legame disolfuro
3. Legame ionico
4. Legame a idrogeno

Ⓐ solo 1, 2 e 3
Ⓑ tutti
Ⓒ solo 1, 2 e 4
Ⓓ solo 2, 3 e 4
Ⓔ solo 1, 3 e 4

[dalla prova di ammissione a Medicina e Chirurgia e a Odontoiatria e Protesi Dentaria, anno 2014]

VERSO L'ESAME

DEFINISCI

35 **Usando un linguaggio appropriato, definisci i seguenti termini.**
metabolismo
entropia
energia di attivazione
enzima
cofattore
inibitore competitivo

DISCUTI

36 **Discuti le relazioni che esistono tra entalpia, entropia ed energia libera.**

SPIEGA

37 **Disegna schematicamente la struttura molecolare dell'ATP, spiega quali sono i legami a maggior contenuto di energia potenziale, cosa accade con l'idrolisi di tale molecola e indica con un'equazione chimica tale processo.**

RIFLETTI

38 Molti detersivi contengono enzimi in grado di degradare le sostanze che formano alcune macchie sui tessuti. Per ottenere una maggiore efficacia del prodotto è consigliato il lavaggio a basse temperature.
Sulla base delle tue conoscenze, indica la modalità di azione di tali detersivi e motiva la scelta di un lavaggio alle basse temperature.

RICERCA

39 I processi metabolici che avvengono in un organismo vivente sono regolati in modo tale che ogni cellula possa produrre le sostanze di cui necessita solo quando è necessario.
Fai una ricerca in Rete per identificare i principali meccanismi attraverso i quali la cellula regola, grazie al controllo sugli enzimi, il proprio metabolismo.

DESCRIVI

40 **Illustra come avviene l'interazione tra un enzima e il suo substrato.**

ANALIZZA E DEDUCI

41 Il mais appena raccolto ha un sapore dolce a causa degli zuccheri che contiene. Dopo alcuni giorni, però, tale sapore si perde perché oltre il 50% dello zucchero si trasforma in amido. Per conservare il sapore dolce, le pannocchie vengono immerse in acqua bollente alcuni minuti e in seguito in acqua fredda. Il mais trattato in questo modo può essere conservato in frigorifero e mantiene la sua dolcezza.
Quali sono secondo te i motivi alla base di questo processo di conservazione?

DISCUTI

42 L'acido folico (o vitamina B9) è presente in molti alimenti tra cui agrumi, broccoli e uova, è un cofattore enzimatico per il metabolismo degli amminoacidi e degli acidi nucleici ed è dunque fondamentale assumerne la quantità adeguata con la dieta. Anche i batteri necessitano dell'acido folico, ma poiché non possono assumerlo dall'esterno devono produrlo attraverso una via metabolica che ha come substrato l'acido para-amminobenzoico (o PABA).
Nel 1935 sono state scoperte delle sostanze in grado di bloccare la sintesi dell'acido folico: i sulfamidici. Questi farmaci sono batteriostatici di sintesi che impediscono la crescita di moltissimi batteri bloccando la produzione della vitamina.

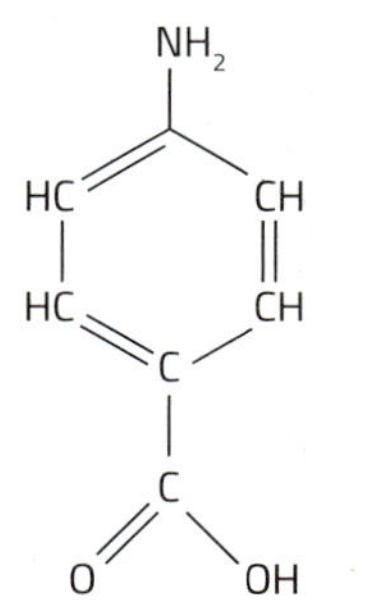

acido para-ammino benzoico (PABA)

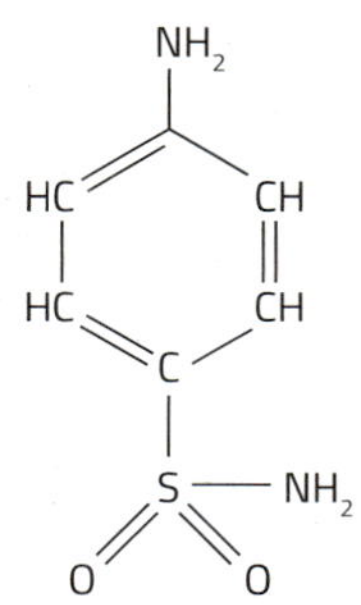

sulfanilammide

Osservando con attenzione le figure di seguito riportate, spiega perché i sulfamidici sono considerati analoghi strutturali e antagonisti competitivi del PABA.

RIFLETTI E CORREGGI

43 Un farmaco antitumorale, il 5-fluorouracile (5-FU), è strutturalmente simile alla timina e interferisce con la sua formazione perché occupa il sito attivo dell'enzima timidina fosforilasi. In tal modo si avrà il blocco della sintesi del DNA delle cellule tumorali.
Rifletti su quanto riportato e, pensando ai processi di divisione cellulare, spiega perché farmaci di questo tipo danneggiano anche altre cellule del corpo umano, come quelle del sangue o del cuoio capelluto.

CAPITOLO

B3 Biochimica: il metabolismo energetico

LEZIONE

1 Il metabolismo cellulare: una visione d'insieme

Il metabolismo energetico è il complesso delle reazioni che avvengono nelle cellule: le molecole combustibili entrano nelle vie cataboliche e liberano energia chimica usata per formare ATP, che alimenta le reazioni anaboliche.

LEZIONE

2 La glicolisi

La glicolisi rappresenta la via centrale per il catabolismo del glucosio. In condizioni aerobiche è seguita dalla respirazione cellulare, mentre in assenza di ossigeno è seguita dalla fermentazione.

LEZIONE

3 La fermentazione

In assenza di ossigeno le cellule ossidano il NAD^+ ridotto durante la glicolisi trasferendo gli elettroni del NADH al piruvato e formando lattato. Questo processo avviene nel citoplasma.

LEZIONE

4 La respirazione cellulare

Da sola, la glicolisi è insufficiente a produrre l'ATP che ci serve per vivere. Le cellule, quindi, fanno seguire alla glicolisi la respirazione cellulare, che avviene in presenza di ossigeno all'interno dei mitocondri.

LEZIONE

5 Gli altri destini del glucosio

Il nostro corpo si procura il glucosio con il cibo e attraverso alcuni processi metabolici. A digiuno il fegato attiva la gluconeogenesi, mentre nell'attività fisica prolungata o durante il digiuno notturno si attiva la demolizione del glicogeno.

LEZIONE

6 Il metabolismo dei lipidi e delle proteine

I nostri alimenti non contengono solo carboidrati, ma anche lipidi e proteine; ognuna di queste macromolecole può essere impiegata nel metabolismo.

1 Il metabolismo cellulare: una visione d'insieme

1 Il metabolismo energetico è il complesso delle reazioni che avvengono nelle cellule

Il metabolismo energetico è un'attività cellulare altamente coordinata a cui partecipano milioni di reazioni che svolgono tre funzioni principali:

- ricavare energia mediante la trasformazione di energia luminosa in energia chimica (negli autotrofi) oppure demolendo molecole di nutrienti (negli eterotrofi);
- idrolizzare i polimeri biologici (polisaccaridi, proteine, acidi nucleici) in monomeri (monosaccaridi, amminoacidi, nucleotidi) e i trigliceridi in glicerolo e acidi grassi;
- sintetizzare i polisaccaridi, le proteine e gli acidi nucleici a partire dai monomeri che li costituiscono e i trigliceridi a partire da glicerolo e acidi grassi.

Questa straordinaria quantità di trasformazioni non si realizza in un solo stadio, ma procede gradualmente attraverso una sequenza di reazioni; a ogni tappa, catalizzata da uno specifico enzima, si forma un prodotto intermedio che costituisce il reagente della reazione successiva, fino alla formazione del prodotto finale (figura **1**).

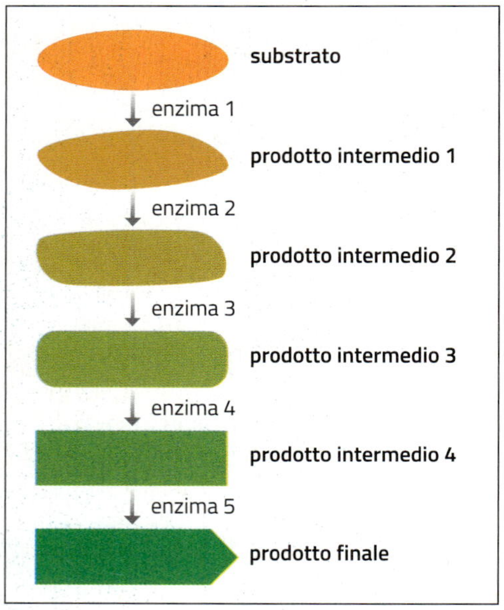

Figura **1** **Dal substrato al prodotto finale** Una via metabolica comprende una sequenza di reazioni catalizzate da specifici enzimi.

La sequenza delle reazioni coinvolte nello stesso processo metabolico costituisce una **via metabolica**.

Numerose vie metaboliche sono comuni a tutti gli organismi, dai batteri ai vertebrati; altre invece sono peculiari solo di alcuni gruppi. Negli eucarioti, molte vie metaboliche sono *compartimentate*, cioè avvengono all'interno di organuli specifici come i mitocondri o i cloroplasti. Molto spesso, inoltre, lungo una via metabolica si trovano delle reazioni chiave, controllate da enzimi essenziali che possono essere inibiti o attivati modificando la velocità dell'intero processo.

2 Le reazioni redox trasferiscono elettroni ed energia

Nel capitolo precedente abbiamo visto che le reazioni metaboliche si dividono in cataboliche e anaboliche. Le reazioni cataboliche sono reazioni esoergoniche che producono energia libera utile per sintetizzare ATP; le reazioni anaboliche sono reazioni endoergoniche che utilizzano l'energia dell'ATP per i processi cellulari.

Nella cellula, la maggior parte delle reazioni anaboliche e cataboliche sono reazioni di ossidoriduzione (o reazioni redox) in cui uno o più elettroni vengono trasferiti da una specie chimica a un'altra. Una reazione di ossidoriduzione è costituita da due semireazioni (figura **2**):

- la **semireazione di ossidazione** (ox) consiste nella perdita di uno o più elettroni;
- la **semireazione di riduzione** (red) consiste nell'acquisto di uno o più elettroni.

La specie chimica che perde elettroni è detta **riducente**; la specie chimica che acquista elettroni è chiamata **ossidante**.

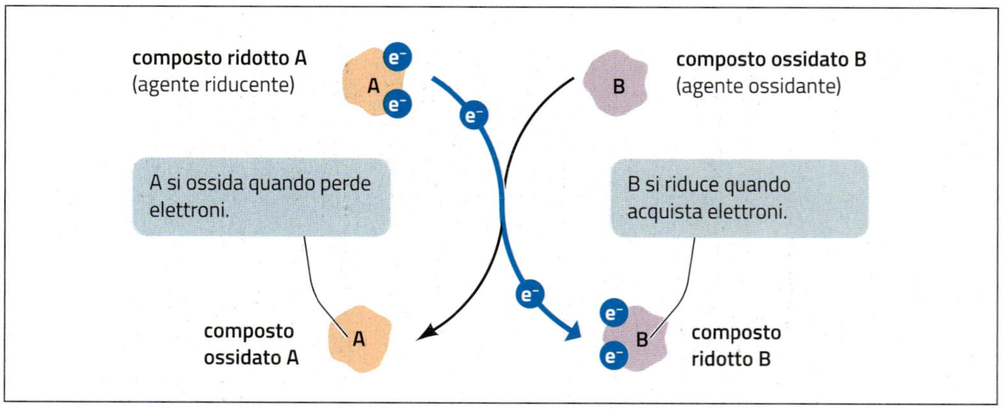

Figura **2** **Ossidazione e riduzione sono reazioni accoppiate** Insieme agli elettroni possono essere trasferiti anche i protoni, cosicché il trasferimento è in realtà un passaggio (rappresentato dalla freccia blu) di atomi di idrogeno: $AH_2 + B + A + BH_2$.

L'ossidazione e la riduzione avvengono sempre insieme: il trasferimento di elettroni, infatti, richiede la presenza contemporanea di un donatore e di un accettore di elettroni. Il riducente, che perde elettroni, si ossida, mentre l'ossidante, che acquista elettroni, si riduce.

Nei sistemi biologici, le semireazioni di ossidazione e di riduzione avvengono in genere attraverso la perdita e l'acquisto di atomi di idrogeno; il trasferimento di un atomo di idrogeno, infatti, comporta anche un trasferimento di un elettrone:

$$H = H^+ + e^-$$

Per questo motivo, in biologia, *ossidazione* è spesso sinonimo di *deidrogenazione*; di conseguenza, gli enzimi che catalizzano reazioni di ossidazione, e che fanno parte della famiglia delle *ossidoreduttasi*, sono detti anche *deidrogenasi*.

3 Coenzimi e vitamine agiscono come trasportatori di elettroni

Le deidrogenasi cellulari catalizzano l'ossidazione di centinaia di composti diversi operando insieme a specifici coenzimi chiamati NAD, NADP e FAD. Questi coenzimi possono andare incontro a ossidazioni e a riduzioni reversibili, comportandosi come delle «navette» di elettroni e di atomi di idrogeno che passano da una via metabolica all'altra.

A COLPO D'OCCHIO

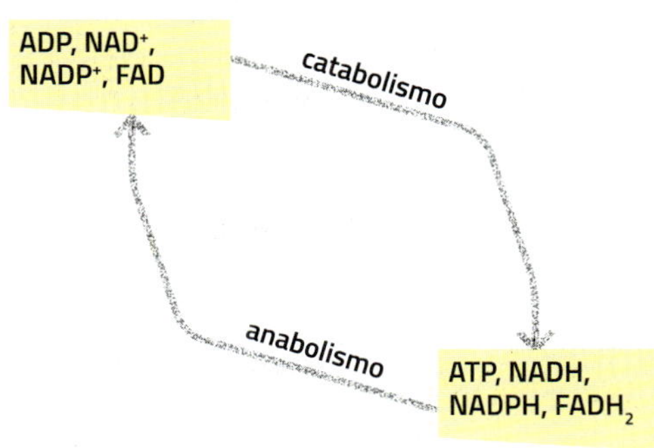

Il NAD e il NADP

Il *nicotinammide-adenin-dinucleotide* (**NAD**) e il *nicotinammide-adenin-dinucleotide-fosfato* (**NADP**) sono coenzimi costituiti da due nucleotidi uniti da due gruppi fosfato (figura 3). In genere il NAD opera nelle reazioni cataboliche, per esempio nell'ossidazione del glucosio, mentre il NADP ha un ruolo in molte reazioni anaboliche e nella protezione dai radicali liberi prodotti dall'ossigeno.

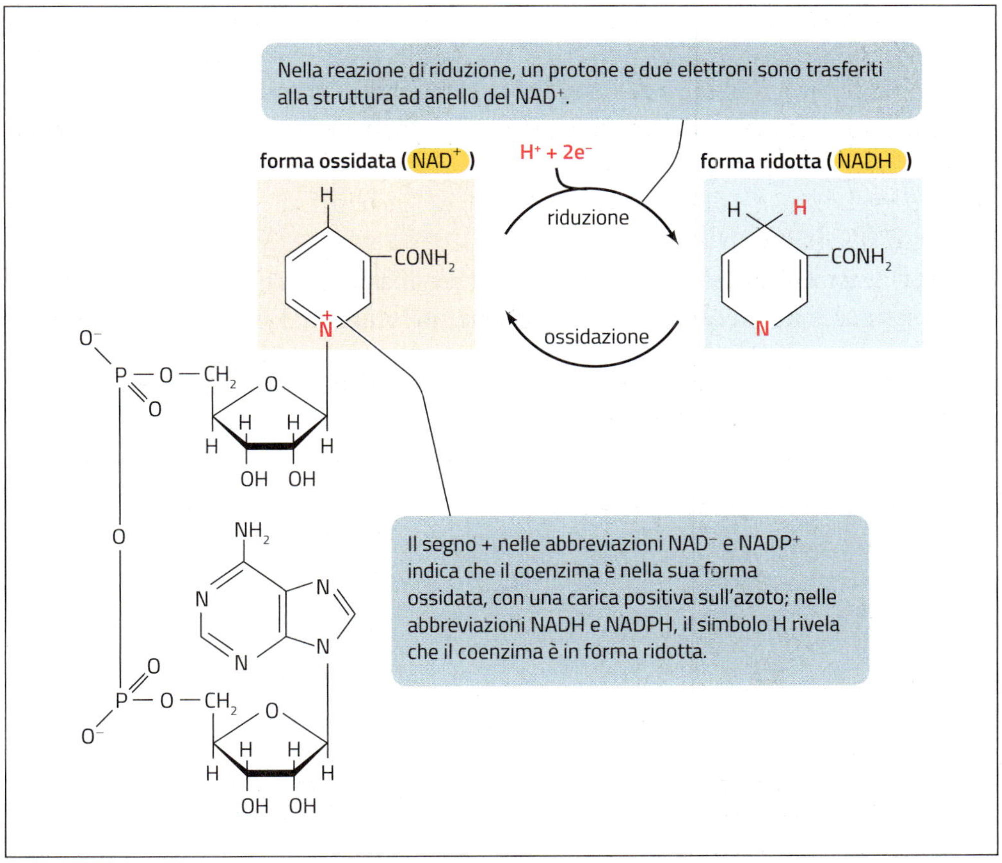

Figura 3 **Il coenzima NAD trasporta elettroni** La forma ossidata NAD^+ è un accettore di elettroni che interviene nelle reazioni redox, per cui la forma ridotta NADH è un importante intermedio energetico nelle cellule; la parte non evidenziata da uno sfondo colorato rimane inalterata.

A COLPO D'OCCHIO

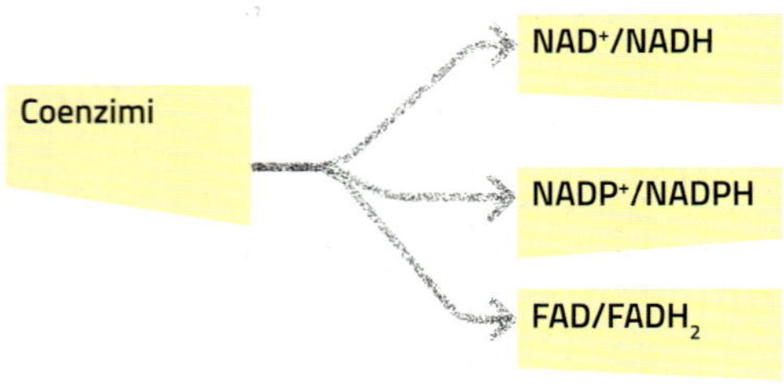

Entrambi i coenzimi possono esistere in due forme distinte: la forma ossidata e la forma ridotta. Prendiamo in considerazione il NAD, sapendo che ciò che diremo vale anche per il NADP. Quando in una via metabolica una molecola di substrato va incontro a ossidazione perdendo due atomi di idrogeno, la forma ossidata del coenzima (che si scrive NAD^+) può accettare un protone e due elettroni e trasformarsi nella forma ridotta (NADH):

$$NAD^+ + 2\,H \rightarrow NADH + H^+$$

All'opposto l'ossidazione del NADH da parte dell'ossigeno comporta la riduzione dell'ossigeno molecolare e la trasformazione del coenzima nella forma ossidata:

$$NADH + H^+ + \frac{1}{2}O_2 \rightarrow NAD^+ + H_2O$$

Questa reazione è fortemente esoergonica e porta a una variazione di energia libera di −52,4 kcal/mole. Se da una parte possiamo immaginare l'ATP come un «pacchetto» da 7,3 kcal/mole di energia libera, allo stesso modo il NADH può essere considerato un pacchetto di energia più grande (52,4 kcal/mole). Si conoscono più di duecento enzimi che catalizzano reazioni di ossidoriduzione del NAD nella cellula, tutti appartenenti alla famiglia delle deidrogenasi.

Il NAD deriva dalla vitamina B_3 o **niacina**, che a sua volta è sintetizzata a partire dall'amminoacido triptofano.

PER SAPERNE DI PIÙ

Nell'organismo umano la **niacina** non viene prodotta in quantità sufficiente, soprattutto nelle popolazioni che seguono una dieta basata sul mais, un alimento povero di triptofano. La carenza di niacina causa una grave malattia detta **pellagra** (che significa «pelle rugosa»), caratterizzata da dermatite, diarrea e demenza.

Il FAD

Il flavin-adenin-dinucleotide (**FAD**) è il coenzima tipico delle *flavoproteine*, una classe di enzimi che catalizza reazioni di ossidoriduzione. Anche il FAD si presenta in due forme chimicamente distinte: la forma ossidata (FAD) e la forma ridotta ($FADH_2$). Quando una molecola di substrato si ossida perdendo due atomi di idrogeno, la forma ossidata del FAD accetta i due atomi di idrogeno trasformandosi nella forma ridotta:

$$FAD + 2\,H \rightarrow FADH_2$$

Questo coenzima è coinvolto nelle reazioni cataboliche dell'ossidazione del glucosio e deriva dalla vitamina B_2 o **riboflavina**, una vitamina presente nel fegato e nei muscoli.

4 L'ossidazione del glucosio libera energia chimica

Alcune vie metaboliche sono comuni a tutti gli organismi. In particolare, il metabolismo del glucosio ricopre un ruolo centrale per le piante, gli animali e molti microrganismi eucarioti e procarioti. Questo esoso è ricco di energia potenziale, e quindi è un ottimo combustibile per il catabolismo. È anche un precursore versatile, capace di formare numerosi altri composti utili per le biosintesi: una cellula di *Escherichia coli* può ricavare dal glucosio gli scheletri carboniosi di tutti gli amminoacidi, degli acidi grassi e di molti altri composti.

Se bruciamo un po' di glucosio su una fiamma (figura **4**), questo reagisce con l'ossigeno per formare diossido di carbonio e acqua, rilasciando energia. La reazione completa è rappresentata dalla seguente equazione:

$$C_6H_{12}O_6 + 6\,O_2 \rightarrow 6\,CO_2 + 6\,H_2O + \text{energia libera}$$

La reazione di combustione del glucosio è un'ossidoriduzione nella quale il glucosio si ossida e l'ossigeno si riduce. La stessa equazione si applica al catabolismo del glucosio che avviene all'interno delle cellule; qui, però, l'ossidazione del glucosio è un proces-

Figura **4** **La combustione del glucosio libera energia** Mettendo su una fiamma una provetta contenente del glucosio o del saccarosio si osserva il rapido annerimento dello zucchero, che si trasforma in carbone, oltre che la perdita di acqua e di calore.

so strettamente controllato che avviene a temperature compatibili con la vita e che comprende molte reazioni intermedie, ognuna delle quali è catalizzata da un enzima specifico.

Tale processo «estrae» l'energia contenuta nei legami del glucosio e la «immagazzina» nelle molecole di ATP. L'energia dell'ATP può poi essere impiegata per eseguire un lavoro cellulare, come il movimento muscolare o il trasporto attivo attraverso le membrane.

5 Il catabolismo del glucosio comprende glicolisi, respirazione cellulare e fermentazione

L'energia contenuta nei legami chimici del glucosio è estratta tramite tre grandi processi catabolici: la glicolisi, la respirazione cellulare e la fermentazione (figura 5). Questi tre processi comprendono diverse vie metaboliche.

1. La **glicolisi** è la via che dà inizio al catabolismo del glucosio: tramite una serie di reazioni, il glucosio è convertito in un composto a tre atomi di carbonio, il *piruvato*. Durante il processo si libera una piccola quantità di energia che viene accumulata sotto forma di ATP e NADH. La glicolisi è un processo *anaerobico* perché non richiede ossigeno; costituisce la sola fonte di energia in alcuni organi (come il cervello) e in alcuni tipi di cellule (come i globuli rossi).
2. In presenza di ossigeno, alla glicolisi segue la **respirazione cellulare**, che ossida ulteriormente il piruvato formando acqua e diossido di carbonio. Questo processo è quindi *aerobico*. Durante la respirazione cellulare si libera una grande quantità di energia, che è impiegata per formare ATP.
3. In assenza di ossigeno, invece, alla glicolisi segue la **fermentazione**; si tratta quindi di un processo *anaerobico* come la glicolisi. La fermentazione trasforma il piruvato in lattato o in etanolo, composti ancora relativamente ricchi di energia. Poiché in questo caso l'ossidazione del glucosio è incompleta, quando alla glicolisi segue la fermentazione si libera una quantità di energia assai minore rispetto alla glicolisi seguita alla respirazione cellulare.

LE PAROLE

Glicolisi deriva dalle parole greche *glykys*, «dolce», e *lysis*, «scissione», a indicare proprio la demolizione della molecola di zucchero.

TI RICORDI?

Oggi sappiamo che i primi organismi comparvero in un'atmosfera priva di ossigeno; pertanto, la **glicolisi** è probabilmente il meccanismo biologico più antico sviluppato per ottenere energia dalle molecole organiche.

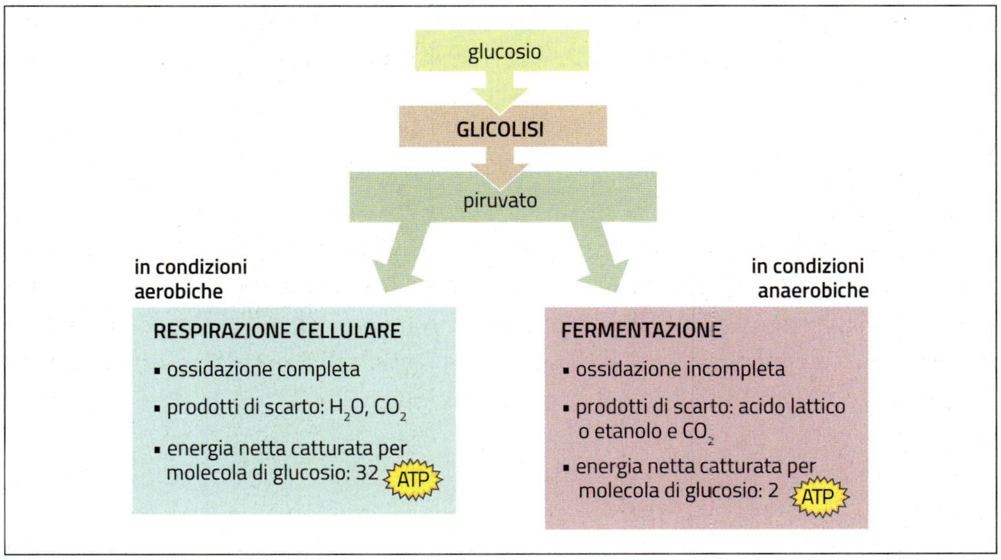

Figura 5 **Il catabolismo del glucosio** La principale fonte di energia per le cellule è il glucosio, che viene parzialmente ossidato in tutti gli organismi attraverso la glicolisi e poi ulteriormente catabolizzato attraverso la respirazione cellulare (in presenza di ossigeno) o la fermentazione (in assenza di ossigeno).

RISPONDI

A Quali principi governano le vie metaboliche nelle cellule?
B Qual è il ruolo metabolico del NAD?
C Che differenza esiste tra il processo aerobico e quello anaerobico di ossidazione del glucosio?

2 La glicolisi

6 Nella glicolisi il glucosio si ossida parzialmente

La glicolisi si svolge nel citoplasma di tutte le cellule e comprende dieci reazioni, ognuna catalizzata da uno specifico enzima.

Durante le reazioni della **glicolisi** si verifica l'ossidazione incompleta della molecola di glucosio con formazione di due molecole di piruvato e liberazione di energia chimica: l'energia liberata è impiegata per la sintesi di ATP e per la riduzione di NAD^+.

Poiché l'ossidazione del glucosio non è completa, solo una piccola quota dell'energia contenuta nei suoi legami viene accumulata sotto forma di ATP e NADH; la maggior parte rimane nel prodotto finale, il piruvato.

Le dieci tappe della glicolisi si possono raggruppare in due grandi fasi, una endoergonica e una esoergonica (figura **6** e tabella **1**):

- **La fase endoergonica.** Le prime cinque tappe della glicolisi rompono il glucosio in due molecole a tre atomi di carbonio. Questa fase è *endoergonica* perché per avviare la reazione è necessario fornire energia sotto forma di due molecole di ATP (reazioni di innesco). Attraverso queste reazioni, due gruppi fosfato sono trasferiti sulla molecola di glucosio, trasformandolo in fruttosio 1,6-bisfosfato, una molecola più instabile e reattiva. La fosforilazione serve anche a conferire ai composti intermedi della glicolisi una carica elettrica negativa che impedisce loro di uscire dalla cellula attraversando la membrana plasmatica.
  A partire dal fruttosio 1,6-bisfosfato si formano due molecole di gliceraldeide 3-fosfato (G3P), uno zucchero a tre atomi di carbonio. Nella fase endoergonica, quindi, la cellula consuma due ATP e produce due G3P.
- **La fase esoergonica.** Questa fase, costituita anch'essa da cinque tappe, comporta la liberazione di energia chimica e la trasformazione della G3P in piruvato. Complessivamente si verificano la sintesi di quattro molecole di ATP e la riduzione di due molecole di NAD^+ a NADH.

Sette delle dieci tappe della glicolisi sono reversibili, ovvero possono avvenire anche nella direzione opposta; come vedremo, questo è importante nella via di sintesi del glucosio. Le altre tre tappe (la conversione del glucosio in glucosio 6-fosfato, la fosforilazione del fruttosio 6-fosfato a fruttosio 1,6-bisfosfato e la conversione del fosfoenolpiruvato in piruvato) sono irreversibili nelle condizioni intracellulari; questo fa sì che la glicolisi sia nel suo insieme un processo irreversibile. Vediamo ora nel dettaglio che cosa accade nelle dieci reazioni della glicolisi.

LE PAROLE

Bisfosfato è utilizzato per i composti in cui sono presenti due gruppi fosforici legati ad atomi non consecutivi (come fruttosio 1,6-bisfosfato); **difosfato** è usato per i composti in cui i gruppi fosforici sono consecutivi (come ADP).

Tabella **1** **Le fasi della glicolisi** La fase endoergonica produce 2 molecole di gliceraldeide 3-fosfato (G3P) e consuma 2 ATP, mentre la fase esoergonica produce 2 molecole di piruvato, 4 ATP e 2 NADH.

Fase	Entra	Esce	Bilancio
endoergonica	1 glucosio	2 G3P	-2ATP
esoergonica	2 G3P	2 piruvato	+ 4 ATP + 2 NADH

7 Le reazioni della fase endoergonica

Come abbiamo visto, la fase endoergonica della glicolisi avviene in cinque tappe, richiede l'investimento di due molecole di ATP e porta alla rottura del glucosio in due molecole di gliceraldeide 3-fosfato.

Gli enzimi coinvolti in questa fase appartengono alle famiglie *trasferasi* (esochinasi e fosfofruttochinasi), *isomerasi* (fosfoesoso isomerasi e trioso fosfato isomerasi) e *liasi* (aldolasi).

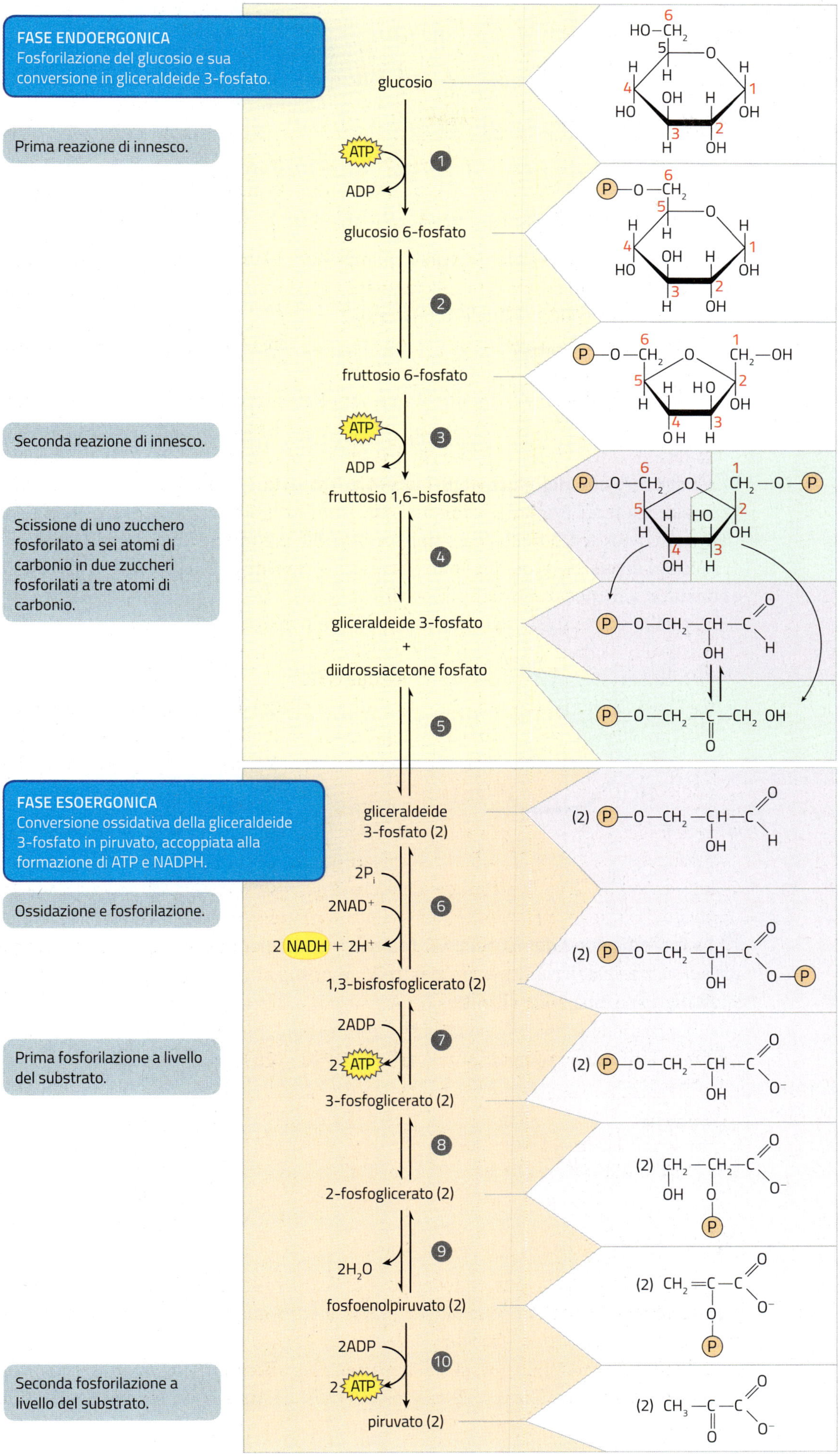

Figura 6 Una panoramica della glicolisi Le due fasi della glicolisi, con indicate le formule e i nomi delle molecole coinvolte; sulla sinistra, nei box di colore grigio, sono indicate le reazioni fondamentali delle due fasi.

1 La fosforilazione del glucosio. Nella prima tappa della glicolisi, il glucosio è attivato per le successive reazioni mediante una fosforilazione a livello del suo atomo C-6 per formare glucosio 6-fosfato; l'ATP è il donatore del gruppo fosfato. Questa reazione è catalizzata dall'enzima *esochinasi*, che come molte altre chinasi necessita di ioni Mg^{2+} per svolgere la propria attività catalitica.

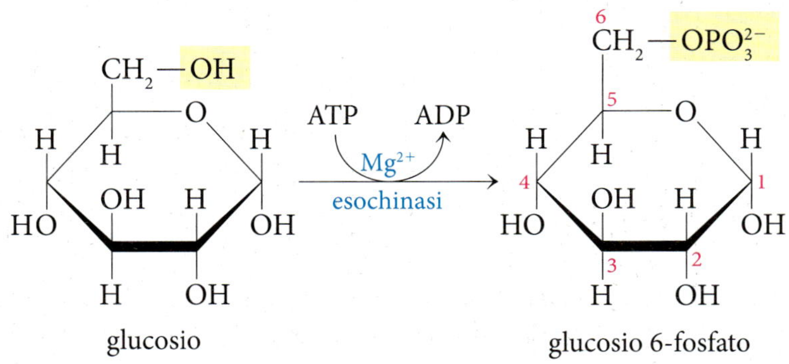

2 La conversione del glucosio 6-fosfato a fruttosio 6-fosfato. L'enzima *fosfoesoso isomerasi* catalizza l'isomerizzazione del glucosio 6-fosfato (un aldoso) in fruttosio 6-fosfato (un chetoso). Questa tappa rappresenta anche il punto di ingresso nella glicolisi di zuccheri diversi dal glucosio, come il fruttosio o il mannosio, che vengono fosforilati e convertiti a fruttosio 6-fosfato da specifiche chinasi e isomerasi.

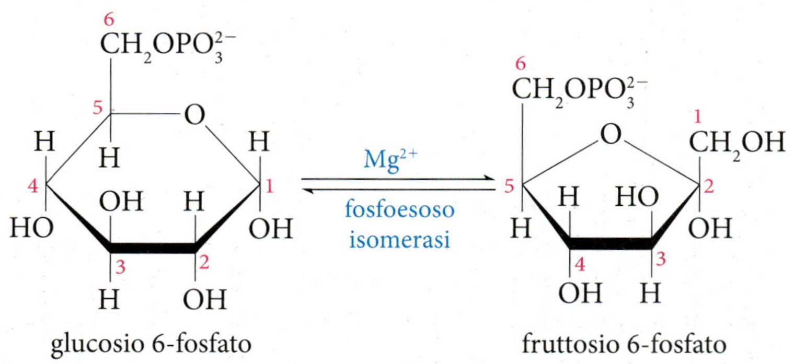

3 La fosforilazione del fruttosio 6-fosfato a fruttosio 1,6-bisfosfato. L'enzima *fosfofruttochinasi* catalizza il trasferimento di un gruppo fosforico dall'ATP al fruttosio 6-fosfato con formazione di fruttosio 1,6-bisfosfato. La fosfofruttochinasi è soggetta a una regolazione molto complessa: la sua attività aumenta quando la quantità di ATP cellulare diminuisce o quando aumentano l'ADP e l'AMP.

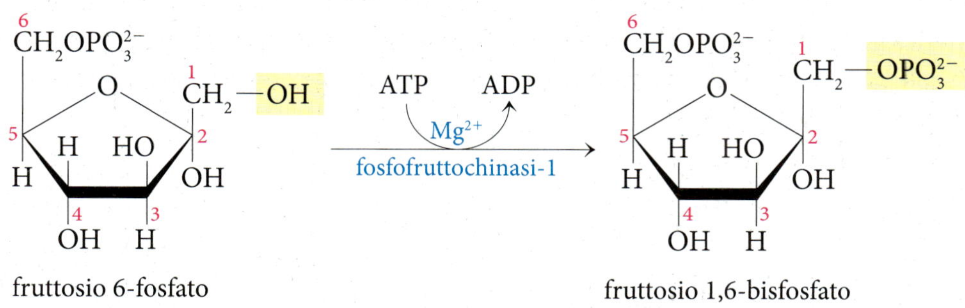

4 La scissione del fruttosio 1,6-bisfosfato. L'enzima *aldolasi* scinde il fruttosio 1,6-bisfosfato in due triosi fosforilati, la gliceraldeide 3-fosfato (un aldoso) e il diidrossiacetone fosfato (un chetoso). Questa è la tappa *litica* che dà il nome alla glicolisi.

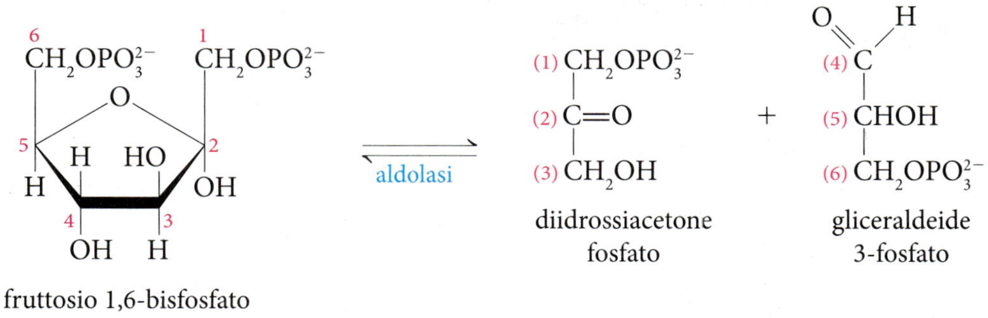

5 L'interconversione dei triosi fosfato. Dei due triosi fosfato formati dall'aldolasi, soltanto la gliceraldeide 3-fosfato può essere demolita nelle reazioni successive. Pertanto l'altro prodotto, il diidrossiacetone fosfato, è rapidamente isomerizzato in gliceraldeide 3-fosfato dalla *trioso fosfato isomerasi.*

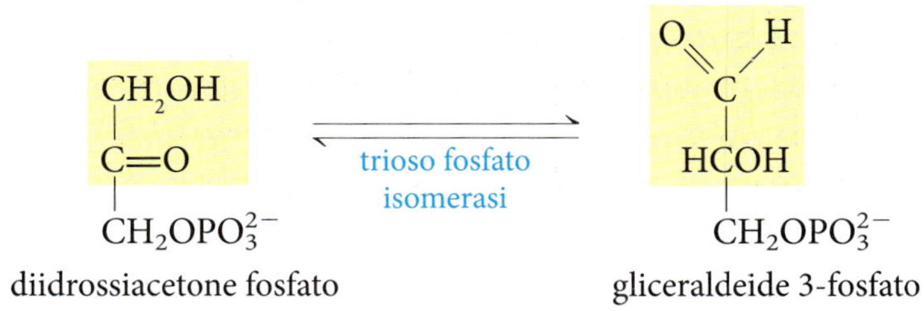

8 Le reazioni della fase esoergonica

Al termine della fase preparatoria si sono formate due molecole di gliceraldeide 3-fosfato per ogni molecola di glucosio; ora inizia la conversione di questa molecola in piruvato, accompagnata dalla formazione di quattro molecole di ATP e di due di NADH. Gli enzimi coinvolti in questa fase appartengono alle famiglie *ossidoreduttasi* (gliceraldeide 3-fosfato deidrogenasi), *trasferasi* (fosfoglicerato chinasi e piruvato chinasi), *isomerasi* (fosfoglicerato mutasi) e *liasi* (enolasi).

6 Ossidazione e fosforilazione della gliceraldeide 3-fosfato. La prima reazione della fase esoergonica è la conversione della gliceraldeide 3-fosfato a 1,3-bisfosfoglicerato, catalizzata dalla *gliceraldeide 3-fosfato deidrogenasi.* Questa tappa è la somma di due reazioni: la prima è l'ossidazione dell'aldeide ad acido carbossilico, accompagnata dalla riduzione del NAD^+ a $NADH + H^+$; la seconda è la fosforilazione dell'acido carbossilico per formare il prodotto finale, l'1,3-bisfosfoglicerato. Poiché la quantità di NAD^+ è assai inferiore a quella del glucosio che entra nella glicolisi, la reazione di ossidazione si arresta subito se il NADH non viene continuamente riossidato mediante la fermentazione o la respirazione cellulare.

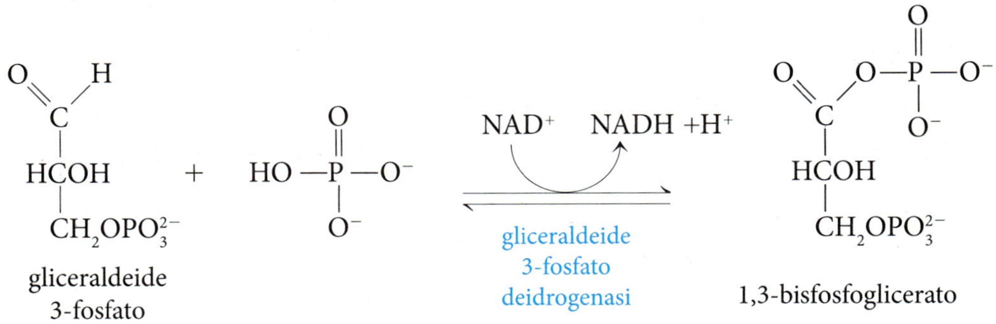

7 Sintesi di ATP. L'1,3-bisfosfoglicerato ha una forte tendenza a cedere un gruppo fosfato; su di esso opera l'enzima *fosfoglicerato chinasi*, che trasferisce all'ADP il gruppo fosfato ad alta energia dell'1,3-bisfosfoglicerato per formare ATP e 3-fosfoglicerato. La reazione è detta **fosforilazione a livello del substrato** perché il donatore del fosfato (l'1,3-bisfosfoglicerato) è il substrato di una chinasi. Questa tappa compensa il dispendio energetico della fase endoergonica perché si formano due ATP per ciascuna molecola di glucosio.

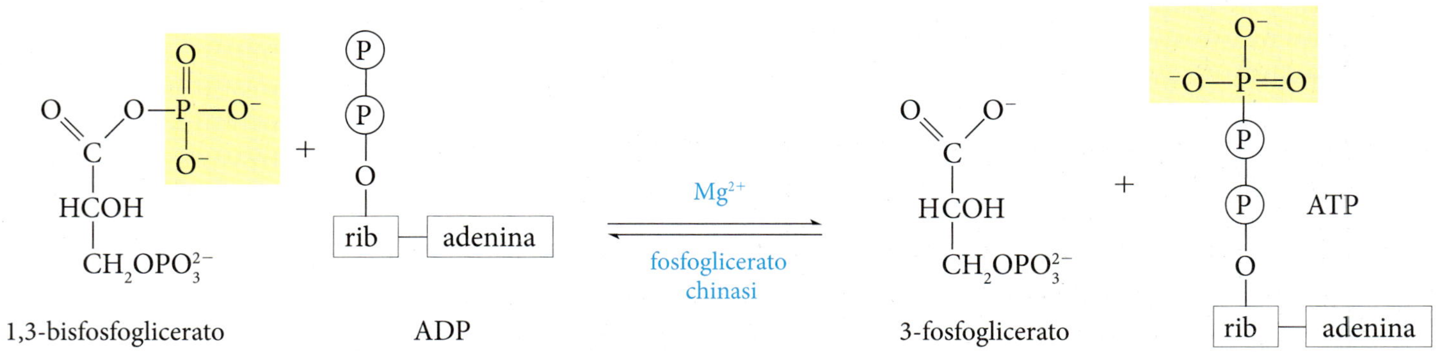

8 La conversione del 3-fosfoglicerato. L'enzima *fosfoglicerato mutasi* catalizza lo spostamento del gruppo fosfato dal C-3 al C-2 del glicerato, con formazione di 2-fosfoglicerato.

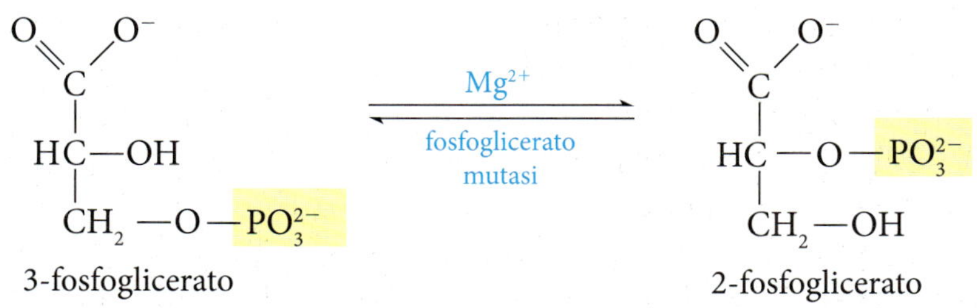

9 La deidratazione del 2-fosfoglicerato. Questa reazione catalizzata dall'enzima *enolasi* rimuove una molecola di acqua dal 2-fosfoglicerato formando un doppio legame tra il C-2 e il C-3 della catena. Il prodotto della reazione, il fosfoenolpiruvato (PEP), è un composto molto instabile, che tende a cedere facilmente un gruppo fosfato.

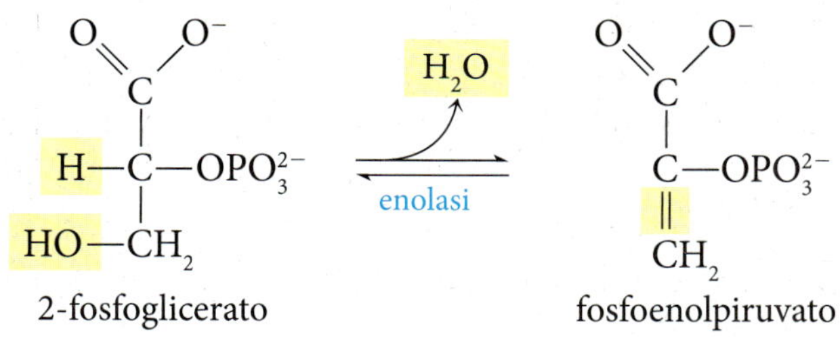

10 Formazione di piruvato e ATP. L'ultima tappa è il trasferimento del gruppo fosforico dal fosfoenolpiruvato all'ADP attraverso una seconda fosforilazione a livello del substrato; la reazione è catalizzata dalla *piruvato chinasi*. Le due molecole di ATP che si formano rappresentano il guadagno energetico della glicolisi. Il prodotto finale è il piruvato.

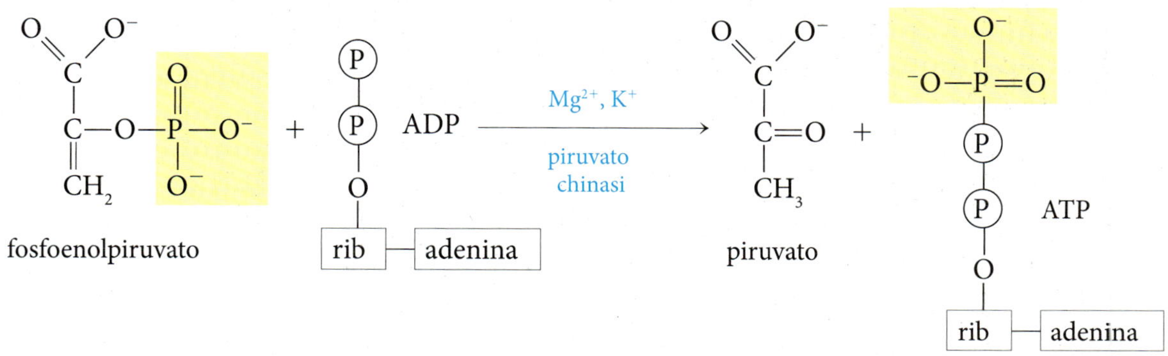

9 La reazione completa della glicolisi

Ora possiamo fare un bilancio completo della glicolisi. Ciascuna molecola di glucosio è ossidata a due molecole di piruvato; nella prima fase sono consumate due ATP, nella seconda fase se ne formano quattro. Il bilancio energetico è quindi di due ATP per ogni molecola di glucosio. Nel processo si verifica anche la riduzione di due NAD^+ a due NADH, per cui l'equazione completa è la seguente:

$$\text{glucosio} + 2\,ATP + 2\,NAD^+ + 4\,ADP + 2\,P_i \rightarrow$$
$$\rightarrow 2\,\text{piruvato} + 2\,ADP + 2\,NADH + 2\,H^+ + 4\,ATP + 2\,H_2O$$

Se semplifichiamo l'equazione, cancellando i termini comuni prima e dopo la freccia, otteniamo:

$$\text{glucosio} + 2\,NAD^+ + 2\,ADP + 2\,P_i \rightarrow$$
$$\rightarrow 2\,\text{piruvato} + 2\,NADH + 2\,H^+ + 2\,ATP + 2\,H_2O$$

I composti più importanti sono evidenziati in rosso.

PER RIPASSARE
video:
La glicolisi

10 Il destino del piruvato

Il piruvato prende vie diverse a seconda che ci si trovi in presenza o in assenza di ossigeno (figura 7).

1. In condizioni aerobiche si verifica l'ossidazione completa del piruvato grazie alla *respirazione cellulare*; il gruppo carbossilico del piruvato verrà eliminato sotto forma di CO_2 con formazione dell'acetil-coenzima A, che sarà poi completamente ossidato a CO_2 nel ciclo di Krebs, all'interno dei mitocondri. Sempre nei mitocondri, le due molecole di NADH prodotte durante la glicolisi saranno riossidate a NAD^+ dalla catena di trasporto degli elettroni, secondo la reazione:

$$2\,NADH + 2\,H^+ + O_2 \rightarrow 2\,NAD^+ + 2\,H_2O$$

   Il trasferimento degli elettroni dal NADH all'O_2 fornisce l'energia per la sintesi dell'ATP mediante il processo di *fosforilazione ossidativa*.
2. In condizioni anaerobiche la cellula deve ricorrere alla *fermentazione* per evitare che la glicolisi si blocchi a causa dell'assenza di NAD^+. La fermentazione può avvenire in due modi, che si differenziano per il prodotto finale, ma che permettono entrambi la rigenerazione del NAD^+: nella fermentazione lattica, il piruvato si riduce a lattato mentre nella fermentazione alcolica il piruvato è convertito a etanolo e diossido di carbonio.

Figura 7 **I muscoli possono lavorare in presenza o assenza di O_2** Di fronte a sforzi intensi e di breve durata, come una corsa di 100 m, i muscoli sfruttano l'immediatezza della fermentazione per rifornire di NAD^+ gli enzimi della glicolisi; in una corsa più lunga, per esempio una maratona, invece, il processo più utilizzato è quello aerobico della respirazione cellulare.

RISPONDI

- **A** Quali sono le differenze principali tra la fase endoergonica e la fase esoergonica della glicolisi?
- **B** Che cosa si intende per fosforilazione a livello del substrato?
- **C** Qual è il bilancio energetico complessivo della glicolisi?
- **D** Che cosa accade alle molecole di piruvato una volta conclusa la glicolisi?

3 La fermentazione

11 La fermentazione lattica riduce il piruvato a lattato

In determinate condizioni le cellule non dispongono di ossigeno sufficiente per riossidare il NADH prodotto dalla glicolisi attraverso la respirazione cellulare; in questo caso rigenerano il NAD^+ per mezzo della **fermentazione lattica**, che riduce il piruvato a lattato grazie all'enzima *lattato deidrogenasi*:

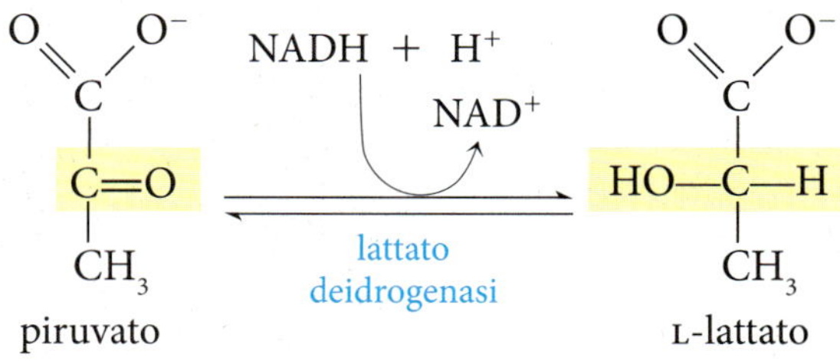

La fermentazione lattica avviene tipicamente nelle cellule muscolari durante un'attività intensa; in questa situazione, il circolo sanguigno non fornisce una quantità di ossigeno sufficiente a ossidare il piruvato e il NADH prodotto dalla glicolisi. Il muscolo utilizza così la sua riserva di glucosio per produrre ATP mediante la fermentazione, con il lattato come prodotto finale. Durante una corsa veloce, il lattato può raggiungere livelli elevati nel sangue, portando a un'acidificazione dei tessuti. Nel periodo di recupero successivo allo sforzo, quindi, il lattato è riconvertito in glucosio dal fegato: il ciclo di reazioni che comprende la conversione del glucosio in lattato nel muscolo e la conversione del lattato in glucosio nel fegato viene detto *ciclo di Cori*, dal nome degli studiosi che chiarirono questa via metabolica e la sua funzione.

La fermentazione lattica è impiegata da batteri come *Lactobacillus casei*, che si trova nell'intestino umano ma che viene anche sfruttato per la produzione dello yogurt.

LE PAROLE

I termini **acido lattico** e **lattato** indicano lo stesso composto a tre atomi di carbonio, ma nel primo caso si intende la forma protonata del composto, mentre nel secondo la forma dissociata, con una carica negativa sul gruppo carbossilico in C-1.

PER RIPASSARE
video:
La fermentazione

12 La fermentazione alcolica produce alcol etilico

Il lievito e altri microrganismi riossidano il NADH a NAD^+ attraverso la **fermentazione alcolica** che produce etanolo e CO_2. Il processo prevede due reazioni: dapprima il piruvato prodotto tramite la glicolisi è decarbossilato grazie alla *piruvato decarbossilasi*, con formazione di acetaldeide; nella seconda reazione l'acetaldeide è ridotta a etanolo grazie all'enzima *alcol deidrogenasi*, con la contemporanea ossidazione del NADH.

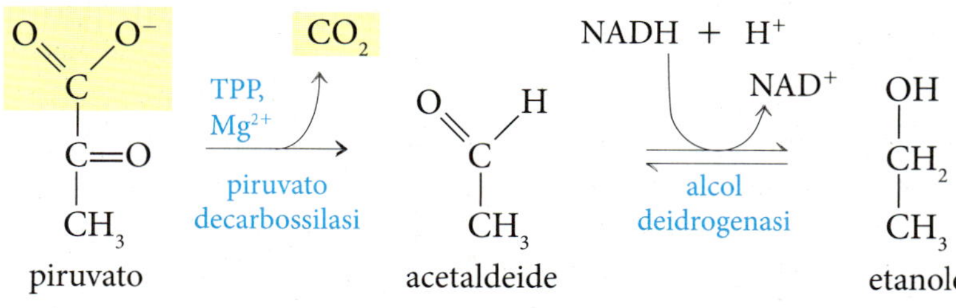

L'etanolo e il CO_2 sono quindi i prodotti terminali della fermentazione alcolica, la cui equazione netta è:

$$\text{glucosio} + 2\ \text{ADP} + 2\ \text{P}_i \rightarrow 2\ \text{etanolo} + 2\ \text{CO}_2 + 2\ \text{ATP} + 2\ \text{H}_2\text{O}$$

PER SAPERNE DI PIÙ

L'enzima **alcol deidrogenasi** è presente in molti organismi che metabolizzano l'etanolo, compresi gli esseri umani. Nel fegato, per esempio, questa deidrogenasi catalizza l'ossidazione dell'etanolo assunto con la dieta; in questo caso la reazione procede in direzione opposta a quella della fermentazione.

RISPONDI

- **A** Qual è la funzione della fermentazione?
- **B** Quali differenze esistono tra fermentazione alcolica e lattica?
- **C** In quali condizioni una cellula svolge la fermentazione?

PER SAPERNE DI PIÙ

La fermentazione, i lieviti e le biotecnologie

Una poesia sumera risalente a 4000 anni fa contiene la più antica ricetta nota per fare la birra. Attraverso altre fonti, però, sappiamo che questa bevanda era già prodotta in Iran circa 7000 anni fa. Alla base della produzione della birra, del vino ma anche del pane ci sono le fermentazioni operate dai lieviti, che possono dunque essere considerati come le prime forme di tecnologie basate sull'utilizzo degli organismi viventi, ossia le prime **biotecnologie** della storia. Le biotecnologie, quindi, hanno un'origine davvero antica.

Nonostante la produzione di bevande fermentate fosse già così diffusa nei tempi antichi, però, il fenomeno su cui si basa è rimasto sconosciuto fino all'Ottocento. Nell'antichità, ci si limitava a racchiudere la frutta e i chicchi d'orzo in contenitori: trascorso molto tempo, era possibile apprezzare la trasformazione dell'orzo in birra o dell'uva in vino. Tuttavia, come questa trasformazione avvenisse, non era chiaro. Certo era necessario rispettare in modo rigoroso alcune condizioni e attraverso una lunga serie di fallimenti e nuovi tentativi, i nostri antenati impararono che la temperatura e l'esposizione all'aria erano due requisiti indispensabili. Con il tempo si apprese anche il sistema di schiacciare l'uva con i piedi: nella tradizione, questo passaggio era utile per ammorbidire i grappoli e velocizzare la trasformazione del vino (figura A). In realtà, oggi sappiamo che pigiare i grappoli a piedi nudi è un efficace sistema per trasferire i lieviti necessari alla fermentazione del mosto.

Figura A **Il mosto è oggetto della fermentazione** Il mosto rappresenta una delle prime fasi di processi produttivi di bevande come vino e birra e si ottiene dopo aver pigiato e pressato la materia prima (uva oppure orzo) in modo tale da favorire il contatto dei microrganismi con gli zuccheri presenti al suo interno.

Figura B **La produzione di bioetanolo** Gli impianti che producono biocarburanti (come quello dell'immagine, nello stato dell'Iowa) hanno dimensioni notevoli e sfruttano come materia prima soprattutto il mais o i gli scarti di lavorazione provenienti dall'industria del legno.

Dalle cellule ai bioreattori

Da quasi diecimila anni i microrganismi in grado di svolgere la fermentazione (come i lieviti) sono sfruttati per la produzione di molte sostanze utili. A differenza di un tempo, però, le moderne tecniche dell'ingegneria genetica permettono di modificare i microrganismi per renderli capaci di fermentare molte sostanze con rese elevate. Il vantaggio della fermentazione rispetto alla sintesi chimica è che si possono ottenere più reazioni sequenziali in un unico ambiente (la cellula) all'interno di un contenitore (il *bioreattore*) in condizioni di temperatura, pH e concentrazione di nutrienti controllato. Questa possibilità non si limita alla produzione di cibo, ma ha campi di applicazione molto diversi.

La produzione di biocarburanti

Uno dei campi in maggiore sviluppo oggi è costituito dalla produzione di **biocarburanti** attraverso la fermentazione alcolica, a partire da masse vegetali. La componente principale delle masse vegetali, la cellulosa, è formata da centinaia di molecole di glucosio legate insieme da legami glicosidici a formare delle fibre. Il trattamento di masse vegetali (per esempio, il mais o i residui della lavorazione come fusti e foglie) con enzimi che digeriscono la cellulosa permette la liberazione del glucosio. A questo punto è possibile utilizzare i lieviti per trasformare il glucosio in etanolo (figura B). Questo *bioetanolo* è usato come combustibile al posto dei derivati del petrolio.

Il vantaggio portato da questo prodotto è che usando un combustibile ottenuto da masse vegetali odierne e non fossili (come il petrolio o il carbone), si mantiene in pareggio il bilancio del CO_2 liberato dalla combustione (si libera cioè il CO_2 che era stato fissato dalla pianta durante la sua vita). Il Brasile, oggi, è il principale produttore mondiale di bioetanolo. Nel capitolo B7 vedremo più nel dettaglio come è sfruttata questa biotecnologia.

4 La respirazione cellulare

13 Le fasi della respirazione cellulare

Per tutti gli organismi che non svolgono la fermentazione, la glicolisi è solo la prima fase dell'ossidazione del glucosio.

In presenza di ossigeno il piruvato prodotto dalla glicolisi viene ulteriormente ossidato a H_2O e CO_2; questa fase aerobica costituisce la **respirazione cellulare**.

La respirazione cellulare avviene nei mitocondri, organuli avvolti da una doppia membrana (figura **8**):

- la membrana mitocondriale esterna è liscia e permeabile a piccole molecole e a ioni che si muovono liberamente attraverso i canali transmembrana formati da proteine chiamate *porine*;
- la membrana mitocondriale interna, estesa e ripiegata a formare le **creste**, è invece impermeabile alle molecole di piccole dimensioni e agli ioni.

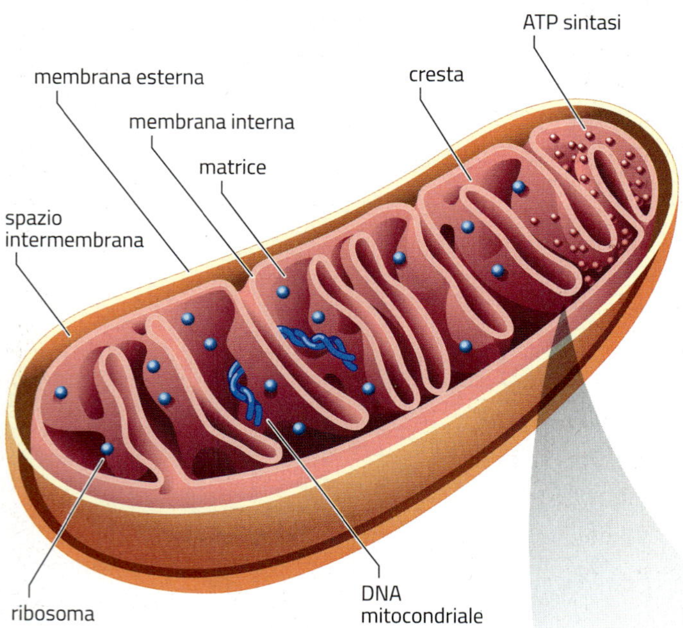

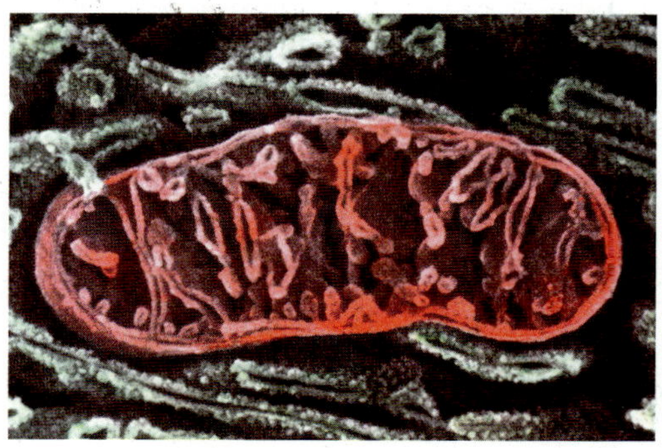

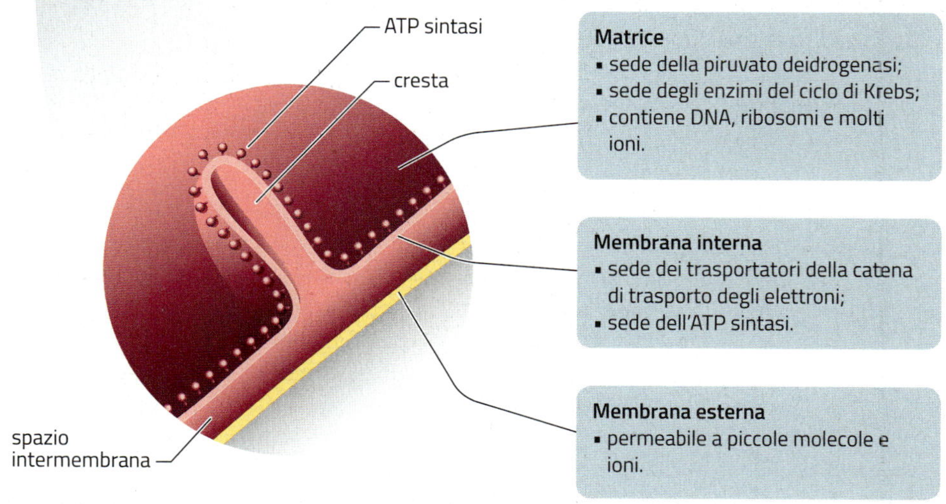

Figura 8 La struttura di un mitocondrio Nei mitocondri sono presenti la molecola di DNA mitocondriale, numerosi ribosomi e gli enzimi coinvolti nelle diverse vie metaboliche, come l'ATP sintasi (qui rappresentata solo in una parte dell'organulo, ma in realtà presente su tutta la membrana interna).

Grazie alla presenza di due membrane, i mitocondri risultano divisi in due compartimenti: lo spazio intermembrana, posto tra la membrana esterna e quella interna, e la matrice mitocondriale, delimitata dalla membrana interna. L'esistenza di due compartimenti separati da una membrana selettivamente permeabile è alla base dei processi biochimici che vi si verificano.

La respirazione cellulare comprende tre vie metaboliche che avvengono in sequenza (figura **9**).

1. La **decarbossilazione ossidativa del piruvato**, che avviene nella matrice mitocondriale che ossida il piruvato a gruppo acetile.
2. Il **ciclo di Krebs**, una serie ciclica di reazioni che ossidano il gruppo acetile a CO_2. L'energia rilasciata è accumulata sotto forma di coenzimi ridotti (NADH e $FADH_2$). Anche questa via si svolge nella matrice mitocondriale.
3. La **fosforilazione ossidativa** riossida i coenzimi ridotti NADH e $FADH_2$, liberando elettroni e protoni: gli elettroni sono trasferiti all'ossigeno attraverso la *catena di trasporto* o *catena respiratoria*, una serie di trasportatori di elettroni posti sulla membrana interna dei mitocondri. Lungo il processo si libera energia, che viene accumulata sotto forma di ATP.

PER RIPASSARE video: La respirazione cellulare

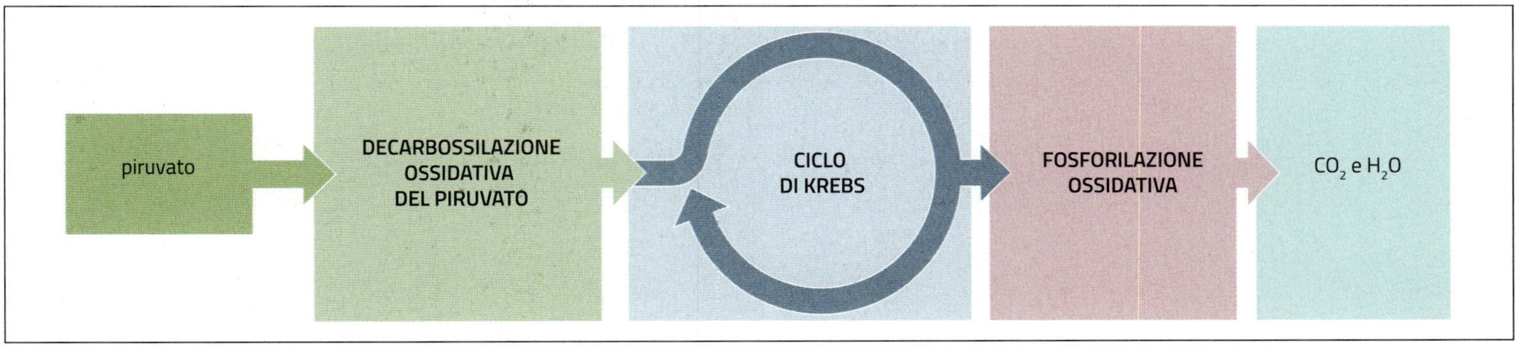

Figura **9** **Le tre vie della respirazione cellulare** Le prime due vie hanno luogo nella matrice mitocondriale, la terza nella membrana interna.

14 La decarbossilazione ossidativa del piruvato collega glicolisi e ciclo di Krebs

Per poter entrare nel ciclo di Krebs, il piruvato deve essere prima trasformato in **acetil-CoA**. Nei procarioti la conversione avviene nel citoplasma, mentre negli eucarioti è necessario che il piruvato entri nella matrice mitocondriale grazie a una proteina di trasporto. La reazione è catalizzata dalla *piruvato deidrogenasi* e comprende due eventi:

1. la decarbossilazione e l'ossidazione del piruvato (a tre atomi di carbonio) ad acetile (a due atomi di carbonio) con liberazione di una molecola di CO_2 e la riduzione di una molecola di NAD^+ a NADH;
2. la formazione di un legame tra il gruppo acetile e il coenzima A (CoA) per produrre acetil-CoA.

PER SAPERNE DI PIÙ

La **piruvato deidrogenasi** è un complesso enzimatico che nei mammiferi ha un diametro di circa 50 nm (cinque volte maggiore di un ribosoma).

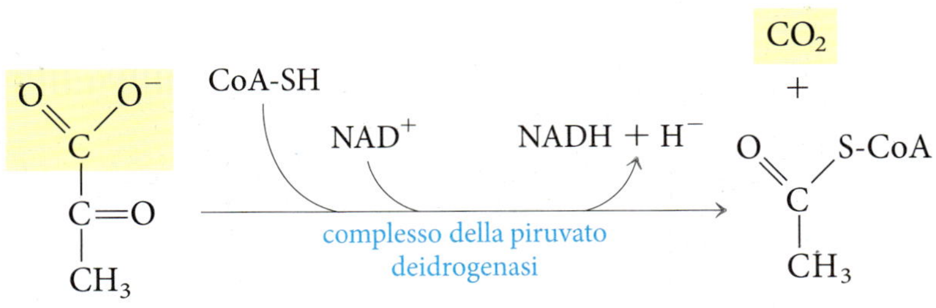

piruvato

acetil-CoA

Complessivamente, quindi, per ogni molecola di glucosio si otterranno due CO_2, due acetil-CoA e due NADH.

A causa del suo ruolo di collegamento tra la glicolisi e la respirazione cellulare, la piruvato deidrogenasi costituisce un enzima chiave del nostro metabolismo; le alterazioni della sua funzionalità comportano danni soprattutto a carico del cervello, che dipende direttamente dall'ossidazione del glucosio per la propria sopravvivenza.

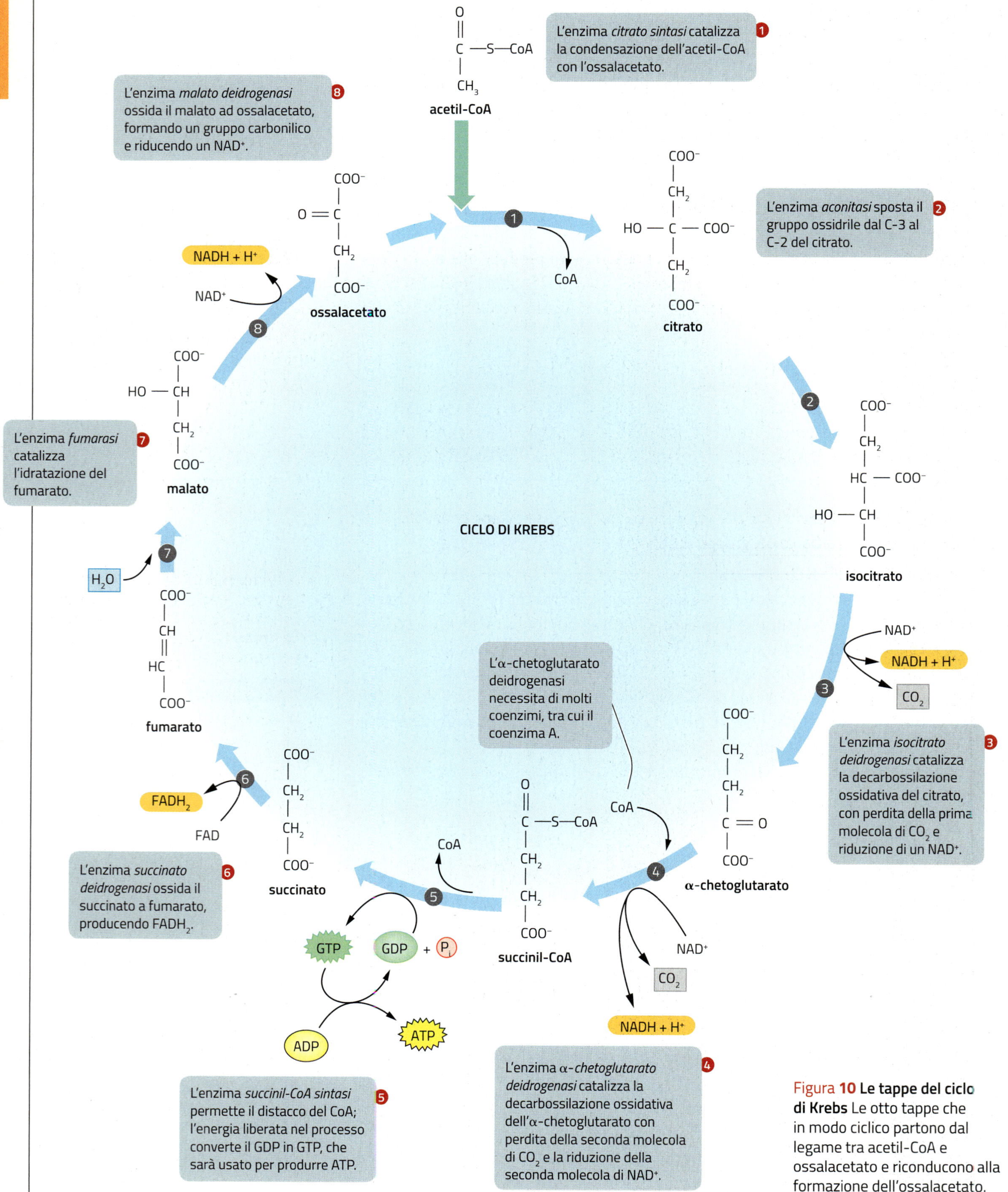

Figura **10 Le tappe del ciclo di Krebs** Le otto tappe che in modo ciclico partono dal legame tra acetil-CoA e ossalacetato e riconducono alla formazione dell'ossalacetato.

15 Il ciclo di Krebs produce NADH, $FADH_2$ e ATP

Il **ciclo di Krebs** o **ciclo dell'acido citrico** è una via metabolica costituita da otto reazioni, ciascuna catalizzata da uno specifico enzima (figura **10**). Il ciclo inizia con il legame del gruppo acetile dell'acetil-CoA all'ossalacetato, un composto a quattro atomi di carbonio, con formazione del *citrato*, a sei atomi di carbonio. Il citrato è isomerizzato a *isocitrato*, che viene decarbossilato (liberazione di una molecola di CO_2) per formare *α-chetoglutarato*, un composto a cinque atomi di carbonio. L'α-chetoglutarato è anch'esso decarbossilato per formare il *succinato*, una molecola a quattro atomi di carbonio. Il succinato è ossidato a *fumarato*, che reagisce con acqua formando il *malato*, che infine è ossidato a *ossalacetato*. Questo composto può reagire con una nuova molecola di acetil-CoA e iniziare un altro giro del ciclo.

Dato che ogni molecola di glucosio che entra nella glicolisi produce due molecole di piruvato, che poi vengono ossidate a due molecole di acetil-CoA, il ciclo di Krebs si compie due volte per ogni molecola di glucosio. Pertanto, il bilancio complessivo è:

$$2 \text{ acetil-CoA} + 6\,NAD^+ + 2\,FAD + 2\,ADP + 2\,P_i + 4\,H_2O \rightarrow$$
$$\rightarrow 4\,CO_2 + 6\,NADH + 6\,H^+ + 2\,FADH_2 + 2\,ATP + 2\,CoA$$

Come evidenziato dalla figura **11**, l'energia liberata da queste reazioni è impiegata per la riduzione di tre molecole di NAD^+ (tappe 3, 4 e 8) e di una di FAD (tappa 6), oltre che per la sintesi di una molecola di ATP mediante fosforilazione a livello del substrato (tappa 5).

Nel complesso, le reazioni del ciclo di Krebs portano all'**ossidazione completa** dei due atomi di carbonio del gruppo acetile.

PER SAPERNE DI PIÙ

Hans Adolf Krebs nacque nel 1900 nella Bassa Sassonia, in Germania, e dedicò la sua vita allo studio del metabolismo cellulare; già nel 1941, il ciclo dell'acido citrico era noto come ciclo di Krebs.

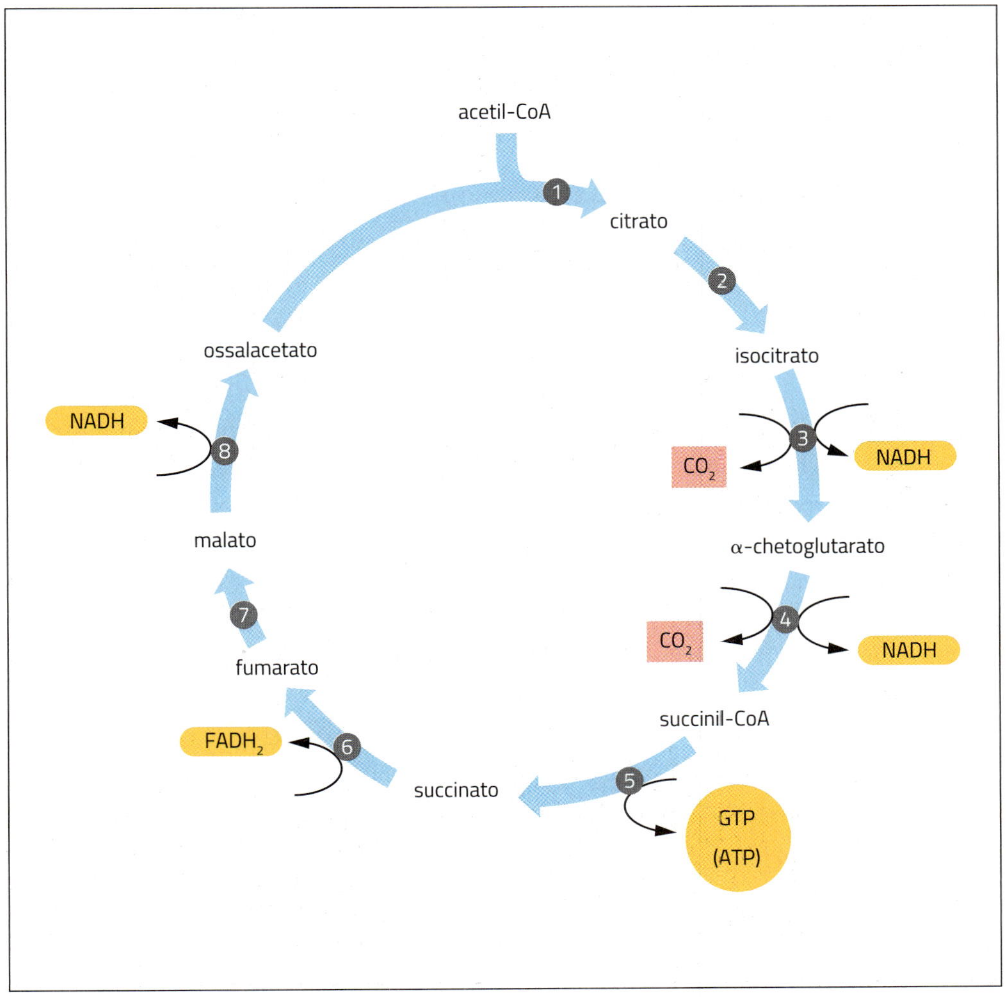

Figura **11** **I prodotti di un giro del ciclo di Krebs** A ogni giro, il ciclo di Krebs produce tre molecole di NADH, una di $FADH_2$ e una di GTP (che è convertita in ATP); allo stesso tempo sono prodotte due molecole di CO_2.

16 La fosforilazione ossidativa ha inizio con la catena respiratoria

L'ossidazione del glucosio, del piruvato e del gruppo acetile producono molte molecole di NADH e $FADH_2$: queste molecole contengono un'elevata quantità di energia che viene usata nella **fosforilazione ossidativa** per sintetizzare ATP.

PER CAPIRE MEGLIO
video:
La catena respiratoria e la fosforilazione ossidativa

PER CAPIRE MEGLIO
video:
The respiratory chain and the oxidative phosphorylation

Tale processo ha inizio con l'ingresso degli elettroni conservati dai coenzimi NAD e FAD nella **catena respiratoria mitocondriale** che si trova nella membrana interna del mitocondrio. Nella catena respiratoria gli elettroni provenienti dal NADH e dal FADH2 passano attraverso una serie di trasportatori di elettroni fino ad arrivare all'ossigeno. Prima di ridurre l'ossigeno ad acqua, gli elettroni prendono parte a una serie di reazioni redox rilasciando gradualmente la propria energia, che è utilizzata per trasferire protoni fuori dalla matrice mitocondriale. I trasportatori di elettroni possono avere natura chimica molto diversa.

- Le **flavoproteine** contengono un cofattore flavinico (il flavinmononucleotide o FMN) in grado di accettare o cedere due elettroni.
- L'**ubichinone** o **coenzima Q** è un derivato del benzene, anch'esso capace di accettare e cedere elettroni; essendo idrofobico e di piccole dimensioni, si muove liberamente nel doppio strato lipidico della membrana interna, facendo da ponte tra i trasportatori di elettroni meno mobili inseriti nella membrana stessa.
- I **citocromi** sono proteine con un gruppo prostetico eme contenente ferro; nei mitocondri esistono tre classi di citocromi, distinguibili in *a*, *b* e *c*. I citocromi di tipo *a* e *b* sono proteine integrali della membrana mitocondriale interna, mentre il citocromo *c* è una proteina periferica che si lega alla membrana mitocondriale interna dal lato dello spazio intermembrana.
- Nelle **proteine ferro-zolfo** sono presenti atomi di ferro associati ad atomi di zolfo; esse accettano e cedono facilmente elettroni modificando lo stato di ossidazione dei loro atomi di ferro.

I complessi della catena respiratoria

I trasportatori di elettroni sono organizzati in quattro grandi complessi proteici di membrana distinti in complesso I, complesso II, complesso III e complesso IV (figura **12A**).

- Il **complesso I** o *NADH deidrogenasi* è un enzima di notevoli dimensioni formato da 42 catene peptidiche, fra cui una flavoproteina e almeno sei proteine ferro-zolfo. Il complesso I catalizza due processi accoppiati e simultanei: il trasferimento esoergonico di due elettroni dal NADH all'ubichinone e il trasferimento endoergonico di quattro protoni dalla matrice allo spazio intermembrana. Il complesso I è quindi una pompa protonica alimentata dall'energia che deriva dal trasferimento degli elettroni.
- Il **complesso II** o *succinato deidrogenasi* trasferisce elettroni dal $FADH_2$ all'ubichinone.
- Il **complesso III** o *ubichinone-citocromo c ossidoreduttasi* contiene al suo interno due citocromi *b* e catalizza due processi accoppiati: il trasferimento degli elettroni dall'ubichinone ridotto al citocromo *c* e il trasporto di protoni dalla matrice allo spazio intermembrana.
- Il **complesso IV** o *citocromo c ossidasi* trasferisce quattro elettroni dal citocromo *c* ridotto a una molecola di ossigeno, completando così il processo di trasferimento degli elettroni; contemporaneamente preleva quattro protoni dalla matrice, operando così la riduzione dell'ossigeno molecolare a due molecole di acqua, secondo la reazione:

$$O_2 + 4\,e^- + 4\,H^+ \rightarrow 2\,H_2O$$

Il complesso IV utilizza anche l'energia di questa reazione redox per pompare un protone nello spazio intermembrana per ogni elettrone che lo attraversa.

La catena respiratoria è paragonabile a un processo a cascata (figura **12B**) in cui gli elettroni scendono lungo un «pendio» costituito dai trasportatori. L'ossigeno si trova ai piedi del pendio e rappresenta l'accettore finale degli elettroni. Ciò che fa muovere gli elettroni è il fatto che ogni trasportatore ha un'affinità maggiore per gli elettroni rispetto a quello precedente; quindi, si può affermare che è l'ossigeno, grazie alla sua maggiore affinità per gli elettroni, a trainarli lungo la catena.

A ogni passaggio si libera una piccola quantità di energia: nel prossimo paragrafo vedremo in che modo la sintesi di ATP è accoppiata al trasporto di elettroni lungo la catena respiratoria.

Prima di analizzare l'ultima fase della respirazione cellulare, però, riflettiamo su una questione importante: perché la catena di trasporto degli elettroni deve comprendere così tanti componenti e passaggi? Perché, per esempio, le cellule non usano una tappa singola, come quella mostrata dalla seguente equazione?

$$NADH + H^+ + \frac{1}{2}\,O_2 \rightarrow NAD^+ + H_2O$$

La risposta è che questa reazione è talmente esoergonica da risultare praticamente indomabile; essa infatti rilascia 52 kcal di energia libera per ogni mole di NADH (sette volte l'energia necessaria per sintetizzare una mole di ATP). Non esiste alcuna via metabolica capace di sfruttare in modo efficiente una simile esplosione di energia. Controllare il rilascio di energia prodotto dall'ossidazione del NADH è possibile proprio grazie alla catena di trasporto degli elettroni: una serie di reazioni ciascuna delle quali libera una quantità di energia contenuta e gestibile.

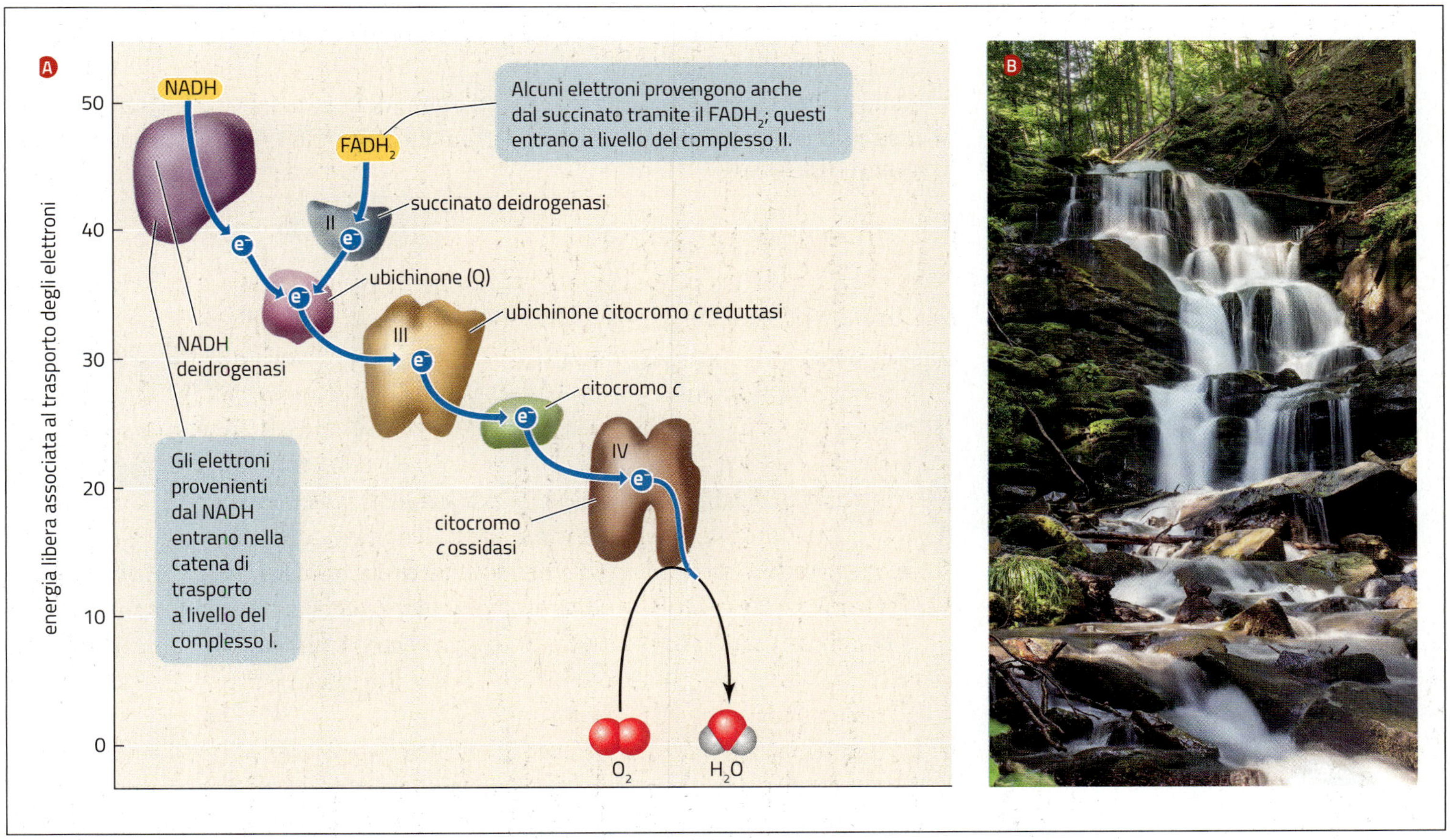

Figura **12 Il trasferimento di elettroni nella catena respiratoria** (A) I quattro complessi di trasportatori ed enzimi della catena respiratoria trasferiscono gli elettroni fino all'ossigeno; essi assorbono energia quando si riducono e la cedono quando si ossidano. (B) Puoi immaginare la catena respiratoria come una cascata, in cui gli elettroni scendono passando da un trasportatore all'altro.

PER RIPASSARE
video:
La forza proton-motrice

17 La chemiosmosi permette la sintesi di ATP

Il trasferimento di elettroni lungo la catena respiratoria è accompagnato da un trasferimento di protoni dalla matrice verso lo spazio intermembrana. Questo genera un gradiente elettrochimico dovuto a due componenti:

- un **gradiente chimico** dovuto alla differenza di concentrazione di protoni ai due lati della membrana mitocondriale interna;
- un **gradiente elettrico** generato dalla diversa distribuzione delle cariche positive dei protoni, più abbondanti nello spazio intermembrana.

Il gradiente elettrochimico costituisce una fonte di energia potenziale detta **forza proton-motrice**, che tende a spingere i protoni verso la matrice mitocondriale per riequilibrare le differenze nella concentrazione e nella distribuzione delle cariche elettriche. Dato che la membrana mitocondriale interna è impermeabile ai protoni, per attraversarla questi devono passare attraverso un complesso proteico chiamato **ATP sintasi**, che svolge due funzioni:

1. agisce da canale, permettendo ai protoni di diffondere di nuovo nella matrice;
2. utilizza l'energia di questa diffusione per formare ATP a partire da ADP e P_i.

L'accoppiamento tra la forza proton-motrice e la sintesi dell'ATP è detto **chemiosmosi** e avviene in tutte le cellule che respirano.

La figura **13** riassume il processo della fosforilazione ossidativa.

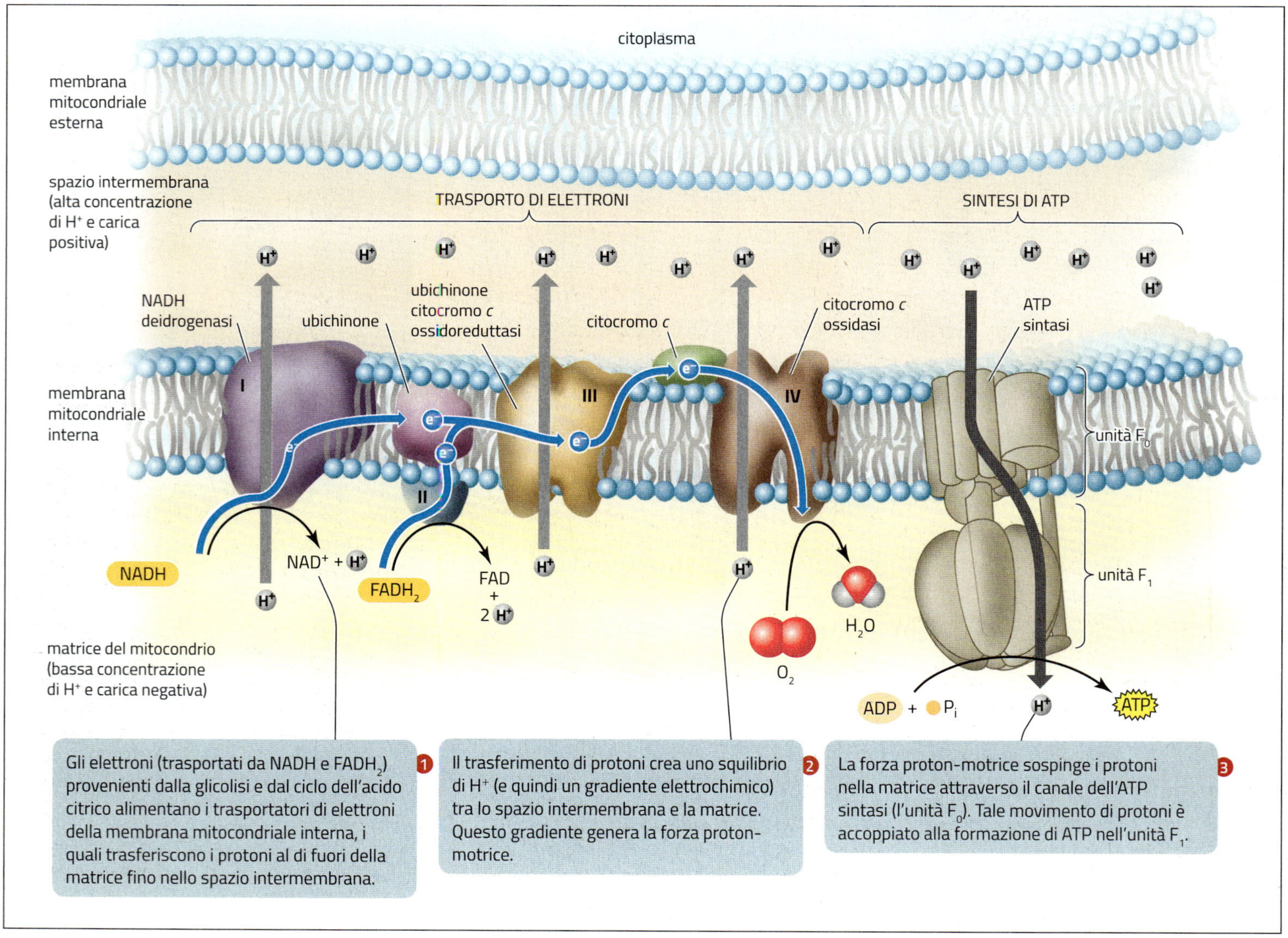

Figura **13** **La catena respiratoria e l'ATP sintasi producono ATP per chemiosmosi** Gli elettroni del NADH e di altri substrati ossidabili vengono trasferiti a una catena di trasportatori disposti asimmetricamente nella membrana interna. Il flusso degli elettroni è accompagnato da una traslocazione di protoni attraverso la membrana, che produce un gradiente chimico e un gradiente elettrico, che insieme costituiscono la forza proton-motrice. La membrana mitocondriale interna è impermeabile ai protoni; essi possono rientrare nella matrice solo attraverso specifici canali (F_0). La forza proton-motrice che spinge i protoni verso la matrice fornisce l'energia necessaria per la sintesi di ATP catalizzata dal complesso F_1 associato a F_0.

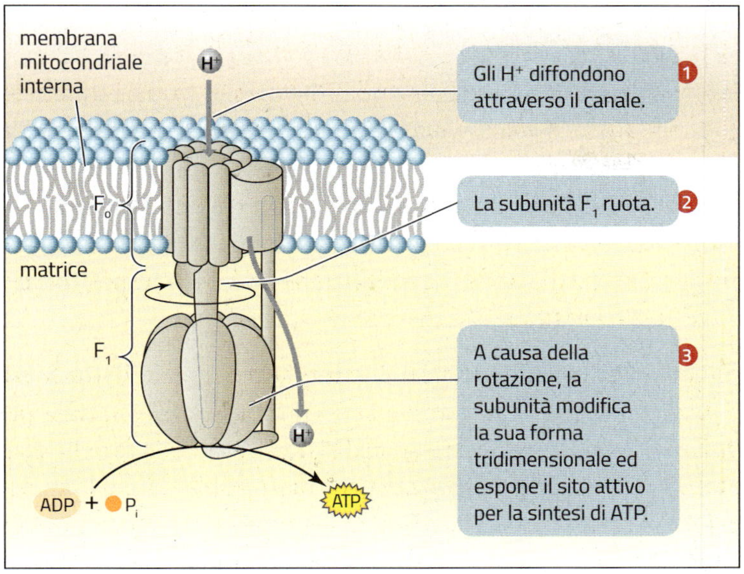

Figura **14** **Struttura e funzione dell'ATP sintasi** L'ATP sintasi è formata da una regione F_0 inserita nella membrana interna del mitocondrio e da una regione F_1 che ruota nella matrice mitocondriale; la rotazione della regione F_1 consente la sintesi di 100 molecole di ATP al secondo.

La sintesi di ATP è una reazione reversibile; l'ATP sintasi, infatti, può anche funzionare come ATPasi, idrolizzando ATP a ADP e P_i:

$$ATP \rightleftarrows ADP + P_i + \text{energia libera}$$

Se la reazione procede verso destra, viene rilasciata energia libera, che nel mitocondrio è impiegata per trasferire gli H^+ fuori dalla matrice; se la reazione procede verso sinistra, invece, l'energia liberata dalla diffusione di H^+ nella matrice è impiegata per formare ATP.

Di solito la reazione avviene nella direzione della sintesi perché l'ATP appena prodotto lascia la matrice mitocondriale per essere impiegato nel metabolismo cellulare; di conseguenza, la concentrazione di ATP nella matrice rimane bassa e la reazione procede verso sinistra.

L'ATP sintasi (figura **14**) è composta da due parti: l'**unità F_0**, una regione transmembrana che forma il canale per i protoni, e l'**unità F_1** che contiene i siti attivi per la sintesi dell'ATP. F_1 è formata da sei subunità disposte come gli spicchi di un'arancia intorno a un polipeptide centrale che interagisce con l'unità F_0. Quando gli ioni H^+ diffondono attraverso il canale, l'energia potenziale della forza proton-motrice si trasforma in energia cinetica e fa ruotare il polipeptide centrale. L'energia si trasmette così alle subunità catalitiche di F_1, portando alla sintesi di ATP.

Da E. Regis, *Cosa è la vita?*, Zanichelli, 2010, Bologna

CHIAVI DI LETTURA

Non c'è vita senza ATP

Se Hans Adolf Krebs è stato il primo eroe del metabolismo, il secondo eroe è la molecola di ATP. L'ATP, adenosina trifosfato, è una delle molecole più importanti nei viventi perché è il serbatoio energetico delle cellule: fa contrarre le cellule muscolari, alimenta la trasmissione degli impulsi nervosi, è usata per fabbricare le proteine e per demolire chimicamente i nutrienti. Se davvero esistesse una «scintilla molecolare della vita», capace di animare la materia vivente e di fare da forza motrice per ogni organismo, questa sarebbe l'adenosina trifosfato. Come ha detto il chimico Peter Atkins: «Dove c'è vita, c'è ATP».

L'ATP è stata individuata come sostanza nel 1929 da tre scienziati, in modo indipendente uno dall'altro; ma la sua struttura chimica è stata decifrata soltanto nel 1935. Nella molecola c'è un'unità fatta di adenina (un anello di atomi di carbonio e di azoto) e ribosio (uno zucchero), che si legano a formare un composto chiamato adenosina. Quell'unità è poi connessa, in una catena lineare, a una successione di tre gruppi fosfato identici (ciascuno composto da un atomo di fosforo e da quattro atomi di ossigeno, con i relativi atomi di idrogeno). La catena di gruppi fosfato è assai ricca di energia chimica, che risiede in particolare nel legame covalente molto energetico tra il fosfato terminale e il resto della molecola.

L'intero processo di sintesi dell'ATP è talmente importante per le funzioni vitali che una qualsiasi interferenza significativa (per esempio l'avvelenamento da cianuro di potassio, che blocca l'assorbimento di ossigeno da parte delle cellule) provoca la morte in pochi minuti. L'ATP è anche ciò che rende i muscoli flessibili: ecco perché dopo la morte il corpo diventa rigido; il *rigor mortis* è provocato proprio dalla mancanza di nuovo ATP nelle cellule (e si manifesta più rapidamente se già in precedenza le riserve di ATP erano ridotte, per esempio a causa di un'attività atletica o di un combattimento). I fertilizzanti contengono grandi quantità di fosfato proprio per consentire la sintesi di ATP, che avviene infatti anche nelle piante.

18 Il bilancio energetico dell'ossidazione del glucosio

La glicolisi seguita dalla fermentazione produce una quantità di energia pari a 2 molecole di ATP per ogni molecola di glucosio ossidata. Quando la glicolisi è seguita dalla respirazione cellulare, invece, il rendimento massimo per molecola di glucosio è di circa 32 molecole di ATP (figura 15). Una resa energetica così elevata è dovuta al fatto che grazie alla chemiosmosi si ottengono 2,5 molecole di ATP per ogni molecola di NADH e 1,5 molecole di ATP per ogni molecola di $FADH_2$ che entra nella catena respiratoria.

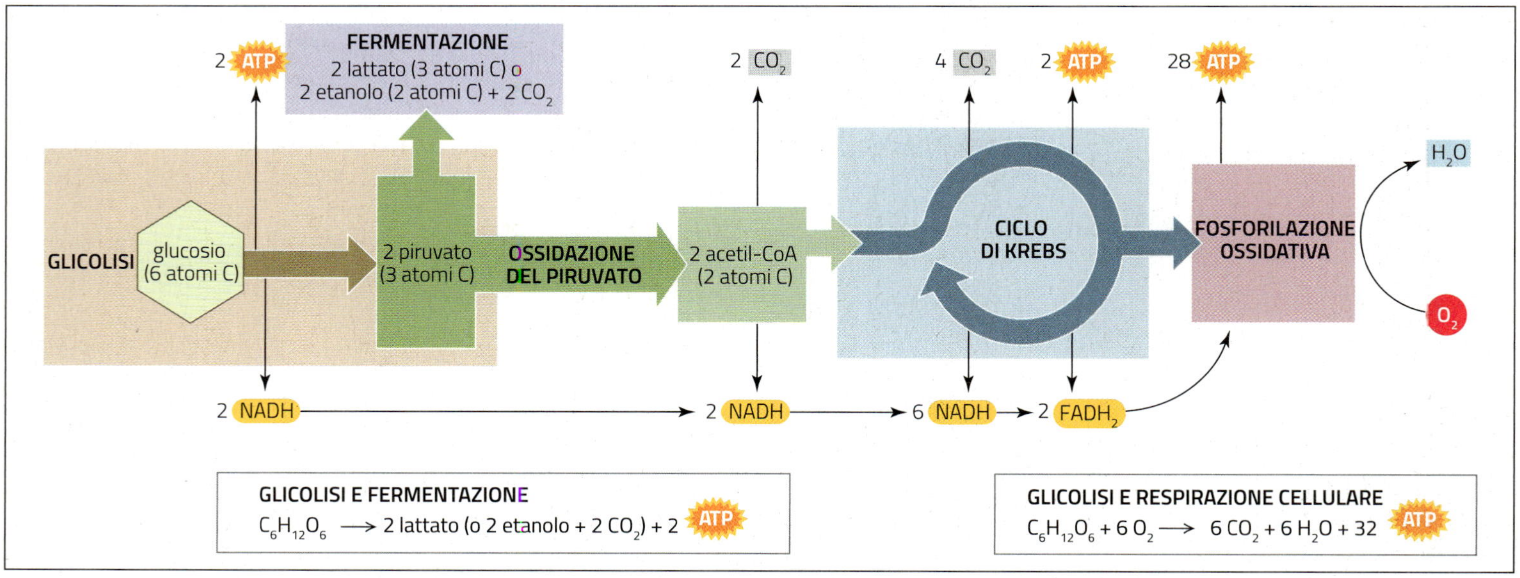

Figura **15 Il confronto tra fermentazione e respirazione cellulare** Sfruttando i trasportatori di elettroni, la respirazione cellulare aerobica produce 32 molecole di ATP, a fronte delle 2 prodotte dalla fermentazione anaerobica.

Bisogna ricordare che, in molti eucarioti, la membrana mitocondriale interna è impermeabile al NADH e quindi occorre impiegare una molecola di ATP per ogni NADH prodotto dalla glicolisi per importare il coenzima ridotto all'interno della matrice; di conseguenza, in questi organismi il ricavato netto di energia è di 30 ATP.

La resa energetica in ambiente aerobico è tanto maggiore perché glicolisi e fermentazione insieme ossidano solo parzialmente il glucosio; nei prodotti finali della fermentazione (lattato ed etanolo) rimane una grande quantità di energia, molto maggiore di quella contenuta nel CO_2 che è il prodotto finale della respirazione cellulare. In un ambiente ricco di ossigeno, quindi, un organismo in grado di svolgere la respirazione cellulare si trova assai avvantaggiato rispetto a un organismo che si limita alla fermentazione.

Questa capacità risultò particolarmente utile quando, tre miliardi di anni fa, comparvero sulla Terra i primi organismi unicellulari fotosintetici. Uno dei prodotti della fotosintesi è infatti l'ossigeno, che andò progressivamente accumulandosi nell'atmosfera terrestre. Il nuovo ambiente aerobico si rivelò letale per gli organismi anaerobi che fino ad allora erano la maggior parte, e fu la causa della prima grande estinzione di massa. Allo stesso tempo, furono favoriti i microrganismi aerobi, da cui poi derivarono tutti gli attuali organismi pluricellulari. L'aumento del livello di O_2 nell'atmosfera ad opera della fotosintesi e lo sviluppo delle vie metaboliche adatte a utilizzarlo furono quindi due eventi fondamentali nell'evoluzione della vita per come la conosciamo oggi.

RISPONDI

A Qual è la funzione svolta dalla piruvato deidrogenasi?
B Quali sono le tappe del ciclo di Krebs? Come viene regolato?
C Qual è la funzione della catena respiratoria?
D Che cos'è la chemiosmosi?

PER SAPERNE DI PIÙ

La pompa sodio-potassio

L'ATP è la moneta energetica della cellula, ma non serve solo a far procedere le reazioni cataboliche e anaboliche. Per svolgere le sue funzioni in maniera coordinata, la cellula ha necessità di regolare in ogni momento l'attività di migliaia di proteine ed enzimi. Uno dei principali meccanismi di regolazione cellulare è il trasferimento di un gruppo fosfato dall'ATP a un residuo amminoacidico di una proteina (una serina, una treonina o una tirosina): questo processo è chiamato **fosforilazione**. L'aggiunta della carica negativa del gruppo fosfato causa un riarrangiamento strutturale che a sua volta influenza le funzioni della proteina.

Questo meccanismo biochimico è alla base di molte proteine di trasporto come la **pompa sodio-potassio** (anche detta Na^+/K^+-ATPasi) che ha il compito di mantenere una concentrazione differente degli ioni sodio (Na^+) e potassio (K^+) ai due lati della membrana citoplasmatica; tale differenza di concentrazione è fondamentale per controllare il volume cellulare e il potenziale elettrico di membrana.

Nell'ambiente extracellulare, lo ione Na^+ è circa venti volte più concentrato che nel citoplasma, mentre la concentrazione di K^+ è circa dieci volte maggiore nel citoplasma rispetto all'esterno della cellula. Dato che gli ioni Na^+ e K^+ possono diffondere attraverso la membrana, il sistema tenderebbe spontaneamente all'equilibrio, ovvero a raggiungere la stessa concentrazione di entrambi gli ioni sia all'interno sia all'esterno della cellula. La funzione della pompa sodio-potassio è proprio quella di mantenere costante la differenza di concentrazione ai due lati della membrana (figura) grazie al trasporto di Na^+ all'esterno della cellula e di K^+ all'interno contro il proprio gradiente di concentrazione.

Un sistema di trasporto attivo

La pompa è costituita da due subunità proteiche distinte, dette *alfa* e *beta*, che devono essere associate per svolgere la loro funzione. Nel suo insieme la proteina attraversa completamente la membrana, sporgendo con le estremità sia all'esterno sia all'interno della cellula e formando così un **canale ionico**. La particolarità di questo canale è che viene attivato grazie all'idrolisi dell'ATP, operata dalla pompa stessa; si tratta quindi di un sistema di trasporto attivo.

La pompa espone sul versante citoplasmatico il sito di legame ad alta affinità per tre ioni Na^+ che, legandosi, stimolano l'idrolisi dell'ATP. Il gruppo fosfato viene così trasferito a un residuo di aspartato della proteina, con produzione di ADP. La fosforilazione della pompa causa un cambiamento conformazionale che ruota i siti che legano Na^+ spostandoli all'esterno della membrana e permettendo il rilascio gli ioni. Contemporaneamente, due ioni K^+ si legano al sito che sporge nello spazio extracellulare: in tal modo è stimolata la rimozione del fosfato dall'acido aspartico, con conseguente ritorno alla conformazione originale e rilascio del K^+ nel citoplasma.

Figura Il trasporto attivo della pompa sodio-potassio
Nel trasporto attivo si usa energia per spostare un soluto contro il suo gradiente di concentrazione; in questo caso, l'energia dell'ATP è usata per trasferire gli ioni Na^+ e K^+ contro i rispettivi gradienti di concentrazione.

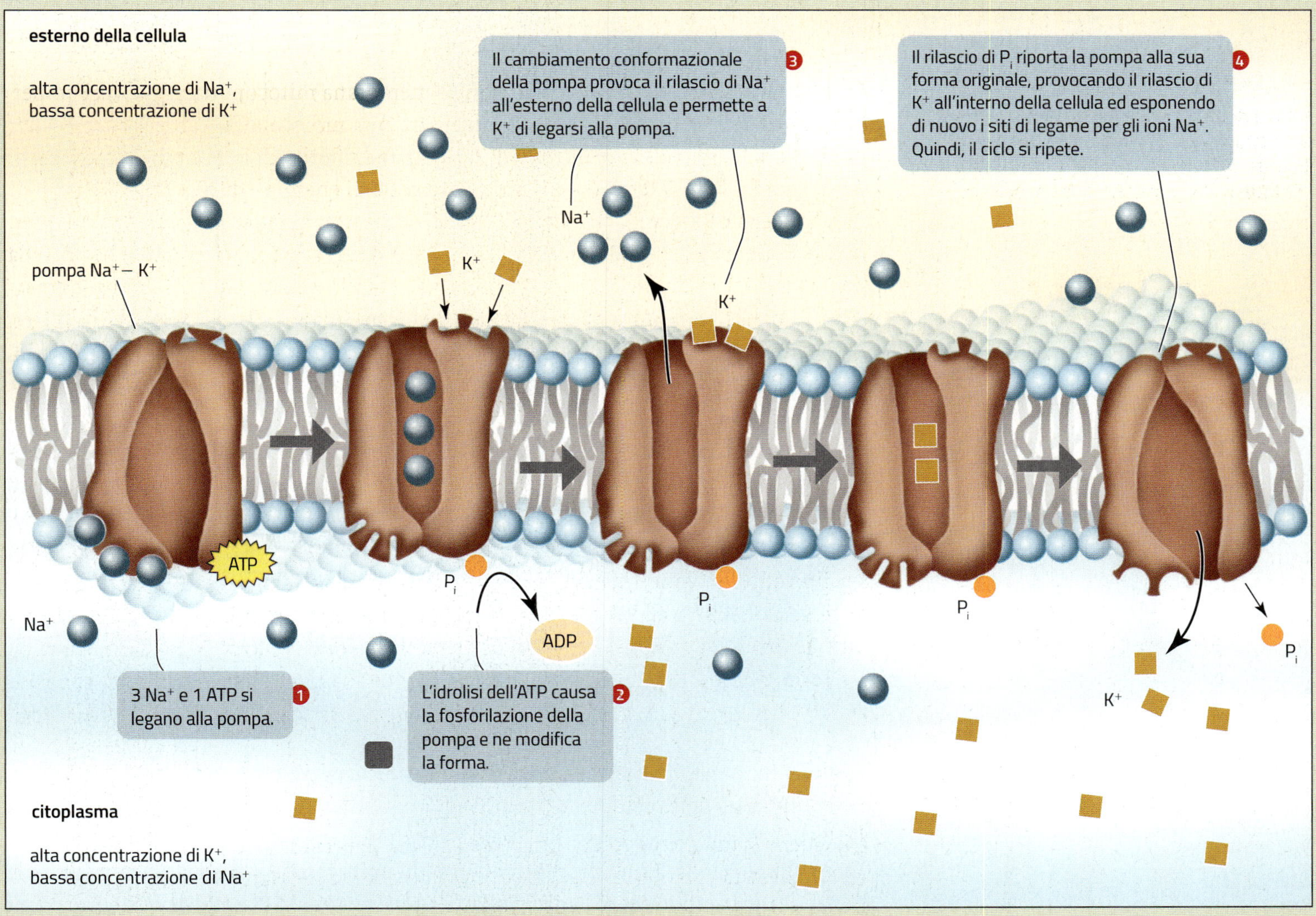

PER CAPIRE MEGLIO video: La pompa sodio-potassio

PER CAPIRE MEGLIO video: The sodium-potassium pump

5 Gli altri destini del glucosio

19 La via del pentoso fosfato è parallela alla glicolisi

Il glucosio 6-fosfato prodotto dalla prima reazione della glicolisi può essere utilizzato dalla cellula per produrre ribosio (un monosaccaride a cinque atomi di carbonio) e molecole di NADPH + H^+ attraverso la **via del pentoso fosfato** (figura **16**). Questa via metabolica ha luogo nel citoplasma ed è utilizzata dalle cellule per due scopi diversi:

- Le cellule che si dividono rapidamente, come le cellule del midollo osseo, della mucosa intestinale e le cellule tumorali, utilizzano il ribosio per la sintesi dell'RNA, del DNA, dell'ATP e di numerosi coenzimi.
- Negli altri tessuti, la via del pentoso fosfato serve a produrre NADPH, utile fonte di elettroni per le reazioni di sintesi di acidi grassi (nel fegato, nelle cellule del tessuto adiposo e nelle ghiandole mammarie), di colesterolo e di ormoni steroidei (nel fegato, nelle ghiandole surrenali, nei testicoli e nelle ovaie). Il NADPH serve anche a contrastare gli effetti dannosi dei radicali liberi prodotti dall'ossigeno.

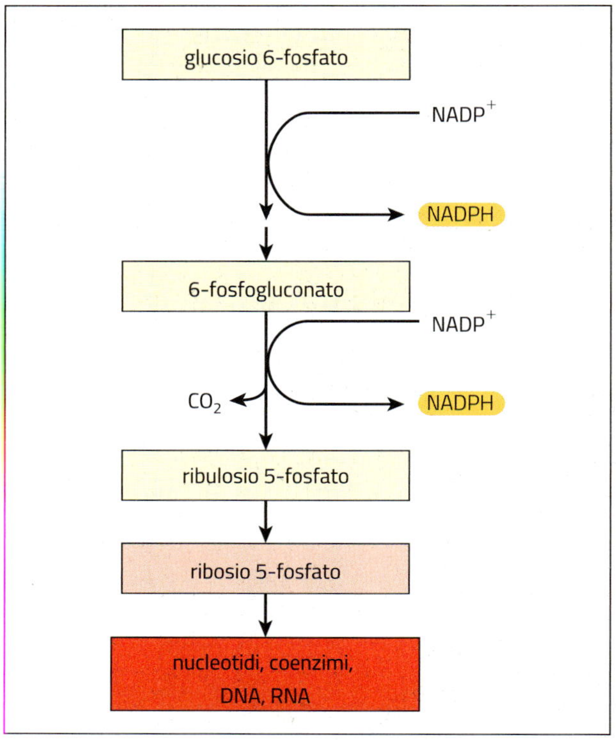

Figura **16** **Schema generale della via del pentoso fosfato** A seconda del tipo di cellula in cui si svolge, questa via metabolica può condurre alla sintesi di zuccheri per gli acidi nucleici, oppure a molecole come steroidi e acidi grassi.

20 La gluconeogenesi, ovvero la sintesi di glucosio

Nel nostro corpo, alcuni tessuti dipendono quasi completamente dal glucosio per il rifornimento di energia. Nel caso del cervello, per esempio, il fabbisogno giornaliero di glucosio è di circa 120 g, che rappresentano la maggior parte dei 160 g richiesti ogni giorno dall'intero organismo. Non sempre, però, la quantità di zucchero fornito con il cibo è sufficiente a coprire il fabbisogno dell'organismo.

In caso di digiuno prolungato è necessario sintetizzare glucosio tramite la **gluconeogenesi**, che utilizza piruvato, lattato, glicerolo e alcuni amminoacidi.

La gluconeogenesi si verifica in tutti gli organismi: nei vertebrati, in particolare, avviene nel citoplasma delle cellule del fegato e di qui passa nel sangue per rifornire gli altri tessuti.

Anche se condividono diverse tappe, la gluconeogenesi e la glicolisi non sono vie metaboliche identiche percorse in direzioni opposte (figura **17**). Sette delle dieci reazioni enzimatiche della gluconeogenesi sono reazioni della glicolisi che avvengono nella di-

PER SAPERNE DI PIÙ

Una delle reazioni della gluconeogenesi richiede come cofattore la **biotina**, una vitamina presente nel tuorlo d'uovo, nel fegato e nelle noci.

rezione opposta; tre reazioni della glicolisi, però, non sono reversibili e quindi non sono utilizzabili nella gluconeogenesi: richiedono pertanto un diverso gruppo di enzimi.

Sia la glicolisi sia la gluconeogenesi necessitano di una regolazione coordinata: se la glicolisi (la conversione del glucosio in piruvato) e la gluconeogenesi (la conversione del piruvato in glucosio) procedessero simultaneamente, il risultato sarebbe il consumo di ATP con dispersione di calore. Le due vie metaboliche sono quindi regolate affinché quando il flusso del glucosio procede attraverso la glicolisi il flusso del piruvato verso il glucosio rallenti, e viceversa.

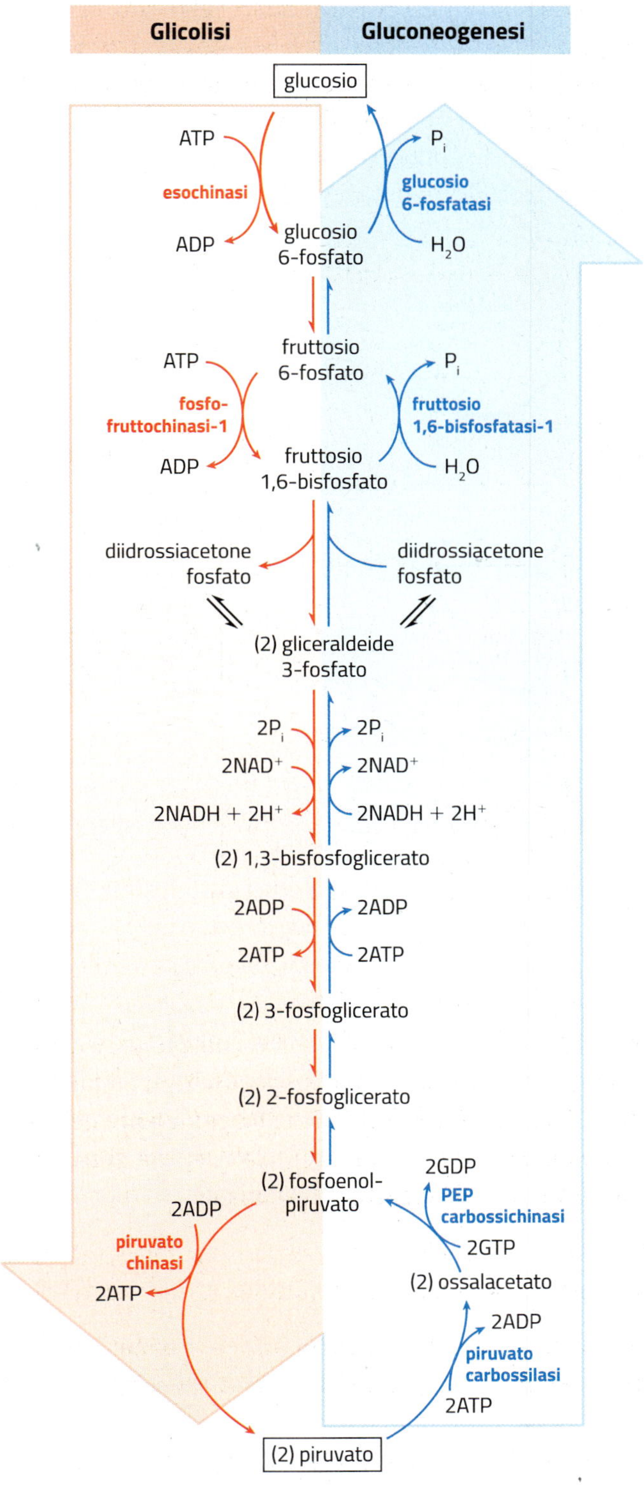

Figura **17** **Confronto tra le reazioni di glicolisi e gluconeogenesi** Le frecce rosse indicano il percorso della glicolisi che da una molecola di glucosio ne ottiene due di piruvato, mentre le frecce blu (che procedono in direzione opposta), rappresentano la gluconeogenesi che dal piruvato ricava glucosio.

21 Il glicogeno è la riserva energetica degli animali

In tutti gli organismi l'eccesso di glucosio viene convertito in polisaccaridi di riserva: l'**amido** nelle piante e il **glicogeno** in molti microrganismi e nei vertebrati; in questi ultimi, il glicogeno si trova soprattutto nel fegato e nel muscolo scheletrico.

Il glicogeno muscolare costituisce una riserva di energia immediatamente disponibile e può essere consumato in meno di un'ora di esercizio fisico intenso. Il glicogeno epatico è una riserva di glucosio per gli altri tessuti tra un pasto e l'altro o durante il digiuno notturno.

Il **metabolismo del glicogeno** comprende due vie: la glicogenolisi e la glicogenosintesi.

La glicogenolisi

La demolizione del glicogeno o **glicogenolisi** è una via catabolica che consiste nel distacco di un glucosio 1-fosfato dall'estremità non riducente della molecola grazie all'enzima *glicogeno fosforilasi*, che rompe un legame α-1,4-glicosidico.

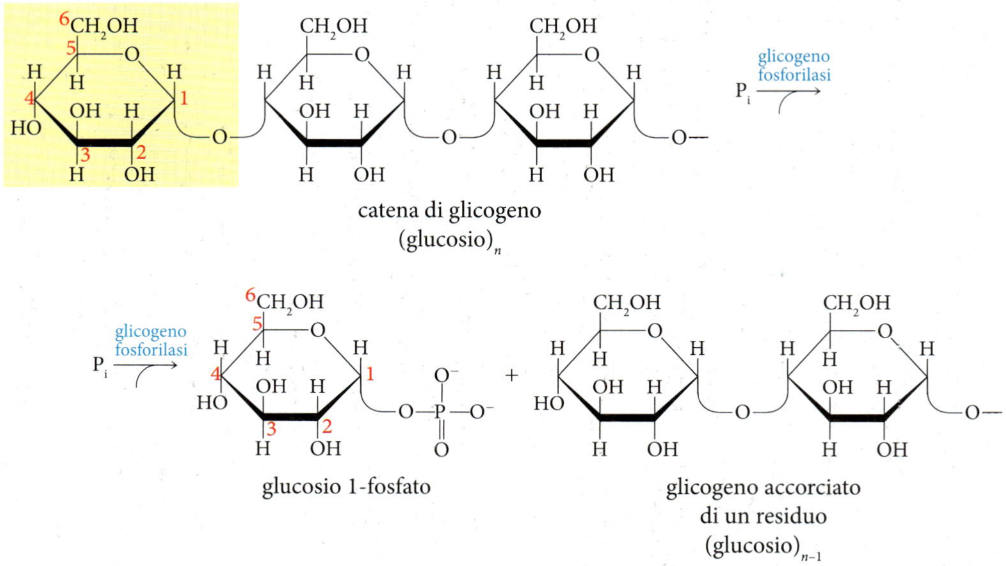

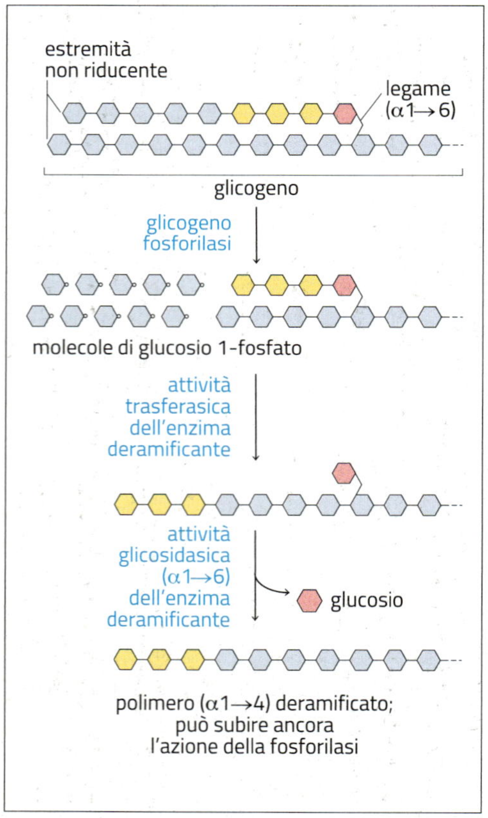

Figura **18** **Degradazione del glicogeno in un punto di ramificazione** Giunto a un punto di ramificazione, l'enzima glicogeno fosforilasi lascia spazio all'enzima deramificante che in due tappe libera una molecola di glucosio (in rosso) e rende lineare la molecola.

Il glucosio 1-fosfato viene poi trasformato in glucosio 6-fosfato dall'enzima *fosfomutasi*. A questo punto il glucosio 6-fosfato può imboccare due vie:

- nel muscolo il glucosio 6-fosfato entra nella glicolisi, dove serve come fonte di energia immediata per la contrazione;
- nel fegato viene convertito in glucosio e rilasciato nel sangue.

La glicogeno fosforilasi agisce sulle estremità della molecola di glicogeno fino a quando non si avvicina a un punto di ramificazione in corrispondenza di un legame α-1,6-glicosidico; qui si blocca e viene sostituita dall'*enzima deramificante* (figura **18**), che libera una molecola di glucosio e risolve la ramificazione per rendere possibile l'azione della fosforilasi.

La glicogenosintesi

La biosintesi del glicogeno o **glicogenosintesi** (figura **19**) è una via anabolica che ha inizio con l'isomerizzazione del glucosio 6-fosfato a glucosio 1-fosfato ad opera dell'enzima *fosfomutasi*. Ora il glucosio 1-fosfato deve essere «attivato» a UDP-glucosio grazie a una molecola di UTP, un nucleotide trifosfato analogo dell'ATP:

$$\text{glucosio 1-fosfato} + \text{UTP} \rightarrow \text{UDP-glucosio} + PP_i$$

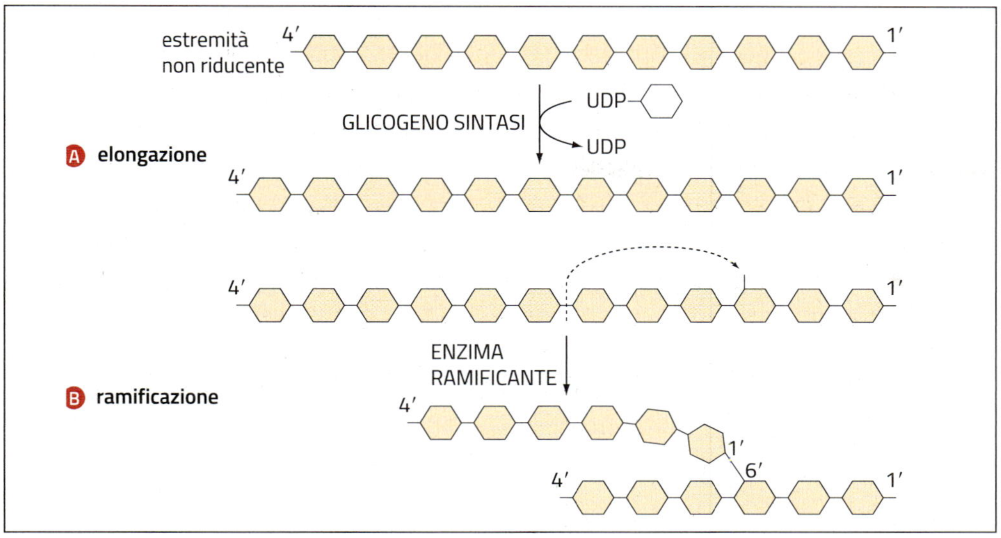

Figura **19** **Allungamento e ramificazione di una molecola di glicogeno** L'estremità riducente (1′) di ogni molecola di glicogeno cellulare è legata a una proteina, la glicogenina. (A) L'allungamento della molecola di glicogeno avviene all'estremità non riducente (4′) della catena. (B) Formazione di una ramificazione in 6′ di una molecola di glicogeno.

L'UDP-glucosio è quindi trasferito dalla *glicogeno sintasi* all'estremità non riducente di una molecola di glicogeno costituita da unità di glucosio legate con legami α-1,4-glicosidici. I legami α-1,6-glicosidici che costituiscono i punti di ramificazione del glicogeno si formano poi con l'intervento dell'*enzima ramificante*, che trasferisce sei o sette molecole di glucosio al gruppo ossidrile sul C-6 del glucosio posto all'estremità di una catena. La formazione delle ramificazioni è importante perché esse rendono la molecola di glicogeno più solubile, più compatta e facilmente aggredibile dagli enzimi.

L'attività degli enzimi glicogeno sintasi e glicogeno fosforilasi è uno snodo molto importante nelle vie che accumulano o utilizzano le riserve di glucosio; per questo è sottoposta a una serie di controlli metabolici e ormonali. L'**insulina**, per esempio, promuove l'azione della glicogeno sintasi stimolando così la sintesi del glicogeno; il **glucagone**, al contrario, blocca la glicogenosintesi e stimola la degradazione del glicogeno da parte del fegato, aumentando la concentrazione del glucosio nel sangue.

RISPONDI

A Perché glicolisi e gluconeogenesi non sono vie del tutto opposte?
B Come funziona il processo di glicogenolisi?
C Che cos'è la glicogenosintesi?

LA NOSTRA SALUTE

La regolazione della glicolisi e il cancro

Il flusso del glucosio attraverso la via glicolitica deve essere regolato per mantenere costanti i livelli di ATP. La regolazione della velocità della glicolisi si basa su un equilibrio tra diversi fattori:

- il consumo di ATP;
- la rigenerazione del NAD^+;
- la regolazione di enzimi chiave tra cui l'*esochinasi*, la *fosfofruttochinasi* e la *piruvato chinasi*;
- le variazioni delle concentrazioni di metaboliti.

Se ampliamo la visione a livello di organismo e non di cellula, notiamo che la glicolisi è regolata dagli ormoni glucagone, adrenalina e insulina, e da variazioni dell'espressione dei geni di diversi enzimi glicolitici. Se ci sono anomalie nella produzione e gestione di questi ormoni, però, si possono verificare fenomeni piuttosto anomali. Uno di questi casi si può osservare nelle **cellule tumorali**.

Nel 1928, il biochimico tedesco Otto Warburg osservò che in quasi tutti i tipi di tumori la velocità della glicolisi è più elevata di quella dei tessuti sani; l'aumento della velocità a cui procede la glicolisi è dovuto a varie cause, tra cui l'aumento della sintesi degli enzimi glicolitici e dei trasportatori di membrana che riforniscono di glucosio le cellule.

È importante sottolineare che tale aumento non è tra le cause di insorgenza del tumore, ma permette alla cellula cancerosa di sopravvivere in condizioni di anaerobiosi fino a che l'apporto di ossigeno non aumenta.

La maggiore dipendenza dalla glicolisi delle cellule tumorali rispetto a quelle sane suggerisce una strategia per la terapia contro il cancro: sono infatti allo studio alcuni inibitori della glicolisi che potrebbero «affamare» le cellule tumorali proprio impedendo la sintesi di ATP.

6

Il metabolismo dei lipidi e delle proteine

22 I trigliceridi sono un'importante fonte di energia

In media, il 40% dell'energia richiesta giornalmente da un essere umano nei paesi industrializzati proviene dai trigliceridi assunti con la dieta. In particolare, questi composti forniscono più della metà dell'energia consumata da fegato, cuore e muscolo scheletrico e costituiscono la sola fonte di energia degli animali in letargo e degli uccelli durante le migrazioni.

Quando arrivano nell'intestino, i trigliceridi si trovano sotto forma di grosse particelle di grasso, insolubili in acqua; per poter essere assorbite, devono perciò essere rese solubili in ambiente acquoso. La solubilizzazione è effettuata dai sali biliari, composti sintetizzati nel fegato a partire dal colesterolo; i sali biliari sono rilasciati nell'intestino tenue dopo un pasto ricco di grassi e agiscono come detergenti biologici perché convertono le gocce di grasso in microscopiche *micelle* composte da sali biliari e trigliceridi (figura **20**).

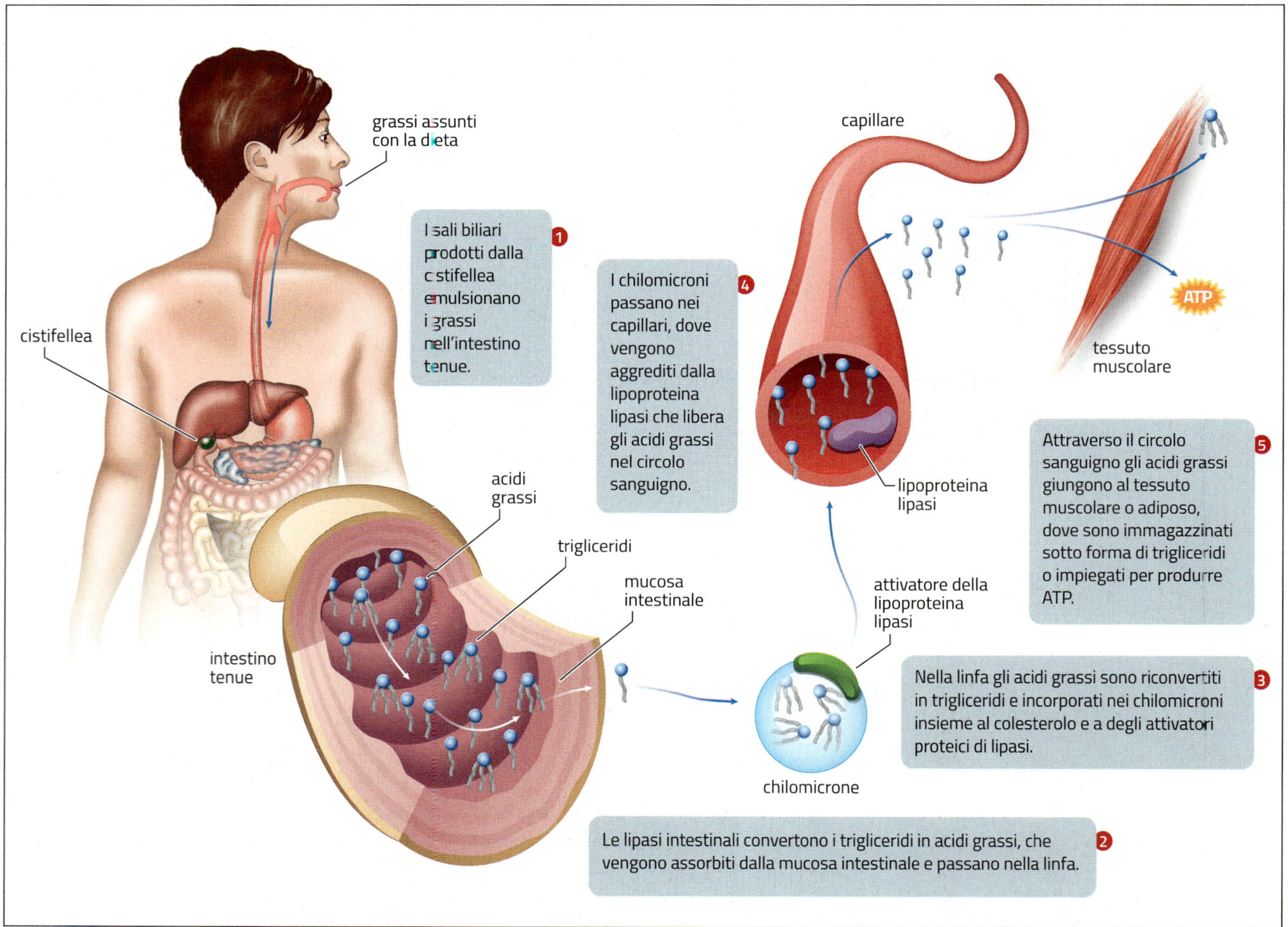

Figura **20** **Il destino dei lipidi nella dieta dei vertebrati** Schema che riassume il passaggio dei trigliceridi assunti con la dieta dall'intestino tenue ai tessuti in cui vengono immagazzinati o consumati.

La formazione delle micelle rende i lipidi aggredibili dalle *lipasi*, gli enzimi che convertono i trigliceridi in monogliceridi, digliceridi, acidi grassi e glicerolo. Queste molecole diffondono nelle cellule dell'epitelio intestinale, dove sono riconvertite in trigliceridi e inserite in aggregati lipoproteici detti **chilomicroni** o *lipoproteine*.

A questo punto i chilomicroni vengono trasferiti dalla mucosa intestinale al sistema linfatico, entrano nel sangue e sono trasportati ai vari tessuti, dove sono usati per ricavare energia (muscolo, cuore) o sono immagazzinati come riserva energetica (tessuto adiposo).

23 La β-ossidazione avviene nei mitocondri

Giunti nei tessuti, i trigliceridi sono idrolizzati a glicerolo e acidi grassi: il glicerolo viene trasformato in gliceraldeide 3-fosfato, un intermedio della glicolisi; gli acidi grassi, invece, entrano nei mitocondri per essere ossidati ad acetil-CoA che andrà ad alimentare il ciclo di Krebs.

Gli enzimi coinvolti in questo processo si trovano nella matrice mitocondriale. Gli acidi grassi con catene fino a 12 atomi di carbonio entrano direttamente nei mitocondri; quelli con 14 o più atomi, che sono la maggior parte, richiedono invece un sistema di trasporto detto **shuttle della carnitina** (figura **21**) che coinvolge tre reazioni.

TI RICORDI?

L'**acile** (o gruppo acilico) è il nome del gruppo funzionale corrispondente a un acido carbossilico privato del suo gruppo –OH.

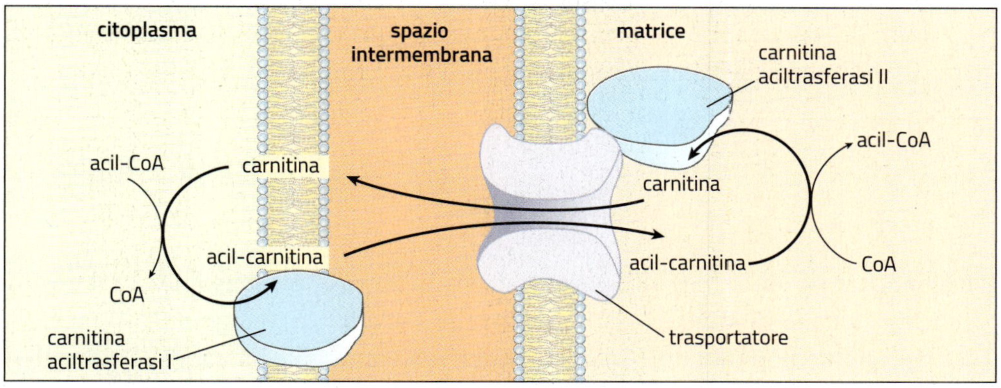

Figura **21** **Lo shuttle della carnitina** Per poter raggiungere la matrice mitocondriale, gli acidi grassi devono sfruttare lo shuttle della carnitina, che comprende il legame con il coenzima A e con una serie di enzimi presenti sulla membrana esterna e interna del mitocondrio.

1. Sulla membrana mitocondriale esterna, un enzima catalizza la reazione tra l'acido grasso e il coenzima A per formare l'**acil-CoA**, un composto ad alta energia; la reazione richiede ATP.

   acido grasso + CoA + ATP → acil-CoA + AMP + PP_i

2. L'acile viene trasferito dall'acil-CoA a una molecola di carnitina. La reazione è catalizzata dalla *carnitina aciltrasferasi* I che si trova sulla membrana esterna; il prodotto è l'**acil-carnitina**.

   acil-CoA + carnitina → acil-carnitina + CoA

   L'acil-carnitina diffonde nello spazio intermembrana, poi passa nella matrice attraversando la membrana mitocondriale interna grazie a un trasportatore proteico.

3. Nella matrice, l'enzima *carnitina aciltrasferasi II* stacca l'acile dalla carnitina e lo lega al coenzima A, rigenerando l'acil-CoA. La carnitina rientra nello spazio intermembrana attraverso il suo trasportatore.

   acil-carnitina + CoA → acil-CoA + carnitina

   L'ingresso nella matrice grazie allo shuttle della carnitina è la tappa limitante per l'ossidazione degli acidi grassi e rappresenta un punto di regolazione metabolica.

A COLPO D'OCCHIO

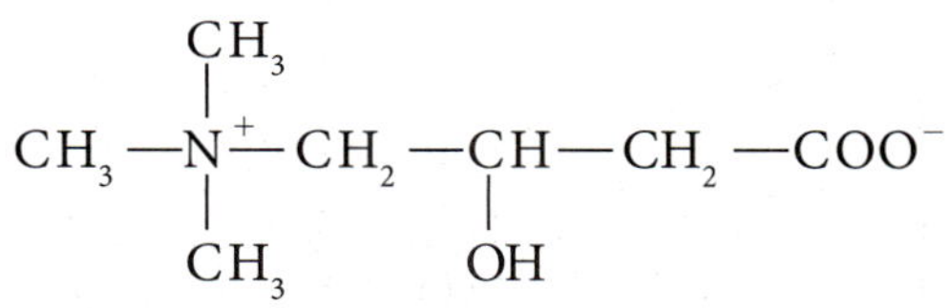

carnitina

Nella matrice, l'acil-CoA è progressivamente ossidato attraverso quattro reazioni ripetute in serie: per effetto di queste reazioni, la catena dell'acido grasso si accorcia di due atomi alla volta producendo $FADH_2$, NADH e acetil-CoA (figura **22**).

Poiché l'ossidazione avviene a livello del carbonio β (ovvero il C-3 della catena dell'acido grasso), la serie delle quattro reazioni è chiamata **via della β-ossidazione**.

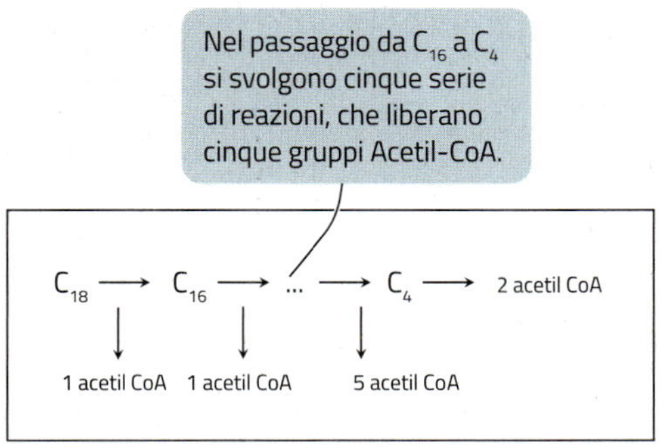

Figura **22** **L'ossidazione di un acido grasso a 18 atomi di carbonio** Nella β-ossidazione dell'acido stearico, che ha 18 atomi di carbonio, si compiono otto serie di reazioni con formazione di nove molecole di acetil-CoA.

La sequenza delle reazioni che abbiamo descritto è tipica degli acidi grassi saturi. Molti degli acidi grassi dei trigliceridi e dei fosfolipidi degli animali e delle piante sono però insaturi, cioè possiedono uno o più doppi legami. Questi legami sono nella configurazione *cis* e sono resistenti agli enzimi della β-ossidazione; in questi casi è necessario l'intervento di specifici enzimi che convertano il doppio legame nella forma *trans*.

24 I corpi chetonici sono una fonte di energia alternativa al glucosio

Oltre a entrare nel ciclo di Krebs, l'acetil-CoA prodotto per ossidazione degli acidi grassi può essere trasformato nei cosiddetti «corpi chetonici», cioè **acetone**, **acetoacetato** e **β-idrossibutirrato**. L'acetone è eliminato con la respirazione; l'acetoacetato e il β-idrossibutirrato sono trasportati dal sangue ai tessuti per essere trasformati in acetil-CoA e ossidati nel ciclo di Krebs. Il muscolo scheletrico, il cuore e il rene utilizzano normalmente i corpi chetonici per ricavare energia; il cervello preferisce il glucosio, ma in condizioni di digiuno prolungato, quando il glucosio non è più disponibile, può adattarsi a usare acetoacetato e β-idrossibutirrato.

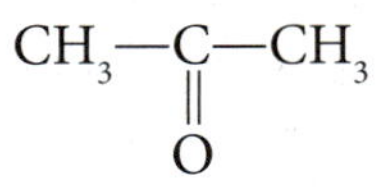
acetone

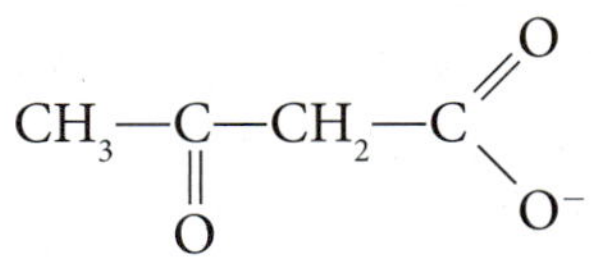
acetoacetato

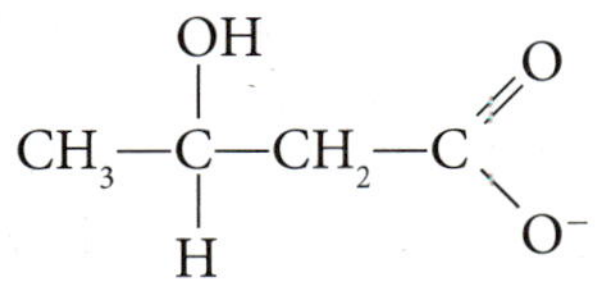
D-β-idrossibutirrato

Sebbene l'acetoacetato e il β-idrossibutirrato siano normali combustibili per il nostro organismo, un quantitativo eccessivo può rivelarsi pericoloso. Il digiuno prolungato e il diabete mellito non trattato, per esempio, generano uno sbilanciamento del metabolismo dei carboidrati e degli acidi grassi che porta a una produzione eccessiva di corpi chetonici; in questi casi i corpi chetonici possono raggiungere nel sangue e nelle urine concentrazioni molto elevate, una condizione detta **chetosi**. Poiché si tratta di composti a carattere acido, l'aumento della loro concentrazione abbassa il pH del sangue, portando in casi estremi al coma e alla morte.

25 Il fegato produce lipidi e colesterolo

Figura 23 **Alimenti ricchi di colesterolo** Molti alimenti di origine animale, come carni rosse, formaggi e uova, ma anche la frutta secca e gli oli vegetali saturi, sono ricchi di colesterolo e vanno dunque limitati in caso di ipercolesterolemia.

Attraverso l'alimentazione riusciamo a soddisfare il nostro fabbisogno giornaliero di lipidi; tuttavia, alcuni tessuti come il fegato e il tessuto adiposo sono capaci di sintetizzare acidi grassi e colesterolo. Questa capacità è particolarmente importante in determinate circostanze fisiologiche, come lo sviluppo embrionale o l'allattamento, o quando la disponibilità energetica è elevata.

La sintesi degli **acidi grassi**, che avviene nel citoplasma, parte dall'acetil-CoA, che agisce da precursore per formare la catena idrocarburica dell'*acido palmitico* (a 16 atomi di carbonio), il prodotto finale della via.

La produzione di acidi grassi a catena più lunga e di acidi grassi insaturi come l'acido oleico avviene a partire sempre dall'acido palmitico grazie agli enzimi del reticolo endoplasmatico liscio. Le molecole di acidi grassi sono poi sottoposte a esterificazione con il glicerolo per formare trigliceridi.

Le cellule del fegato operano anche la sintesi di **colesterolo** a partire da acetil-CoA e NADPH. Si tratta di un processo complesso, che avviene nel citoplasma e che comporta una serie di intermedi come lo *squalene*, una molecola a 30 atomi di carbonio.

Poiché il colesterolo è introdotto anche con gli alimenti (figura 23) e non può essere smaltito attraverso alcuna via catabolica ma solo eliminato con le feci, è importante che la sua concentrazione sanguigna si mantenga entro determinati valori (il colesterolo totale dovrebbe essere inferiore a 200 mg/100 dL di plasma). Livelli superiori provocano una condizione nota come **ipercolesterolemia**, che costituisce un fattore di rischio per numerose patologie cardiovascolari.

26 Anche gli amminoacidi possono fornire energia

Gli **amminoacidi** provenienti dall'idrolisi delle proteine non hanno solo funzione strutturale, ma si possono usare per produrre energia. La frazione di energia ottenuta dagli amminoacidi non supera in genere il 15% del fabbisogno energetico totale e dipende dal tipo di tessuto e dalle condizioni dell'organismo. Le cellule ricorrono a questo tipo di risorsa energetica in tre casi:

- in seguito al normale processo di ricambio delle proteine cellulari;
- se la dieta è molto ricca di proteine;
- durante il digiuno prolungato, quando i carboidrati e i lipidi non sono disponibili e le proteine cellulari sono impiegate per alimentare il metabolismo.

Lo scarso utilizzo degli amminoacidi come fonte di energia si spiega tenendo presente che le proteine sono costituenti indispensabili del nostro corpo; in condizioni fisiologiche, il **bilancio azotato** dovuto al loro ricambio viene mantenuto in pari, in modo che il livello intracellulare delle proteine rimanga costante nel tempo. Un bilancio azotato positivo, in cui prevalgono i processi anabolici di biosintesi delle proteine, è tipico degli organismi in accrescimento; un bilancio azotato negativo, in cui prevale il catabolismo, si verifica in caso di gravi malattie o di digiuno prolungato.

A differenza del glucosio e degli acidi grassi, che sono costituiti solo da carbonio, idrogeno e ossigeno, gli amminoacidi contengono anche azoto; perciò il catabolismo di questi composti produce composti azotati di scarto, che devono essere eliminati.

PER SAPERNE DI PIÙ

Il **bilancio azotato** dipende dalla dieta e dalla degradazione delle proteine per l'ingresso di azoto, mentre l'uscita è legata alla perdita attraverso le urine e la sintesi proteica. Nell'organismo adulto ingresso e perdita sono in equilibrio.

27 Il catabolismo degli amminoacidi

Il primo passo per il catabolismo degli amminoacidi, che avviene prevalentemente nel fegato, è la perdita del gruppo amminico legato al carbonio α. Questo processo avviene grazie a due reazioni: la transaminazione e la deaminazione ossidativa del glutammato.

Nella **transaminazione** il gruppo amminico dell'amminoacido è trasferito all'α-chetoglutarato formando glutammato.

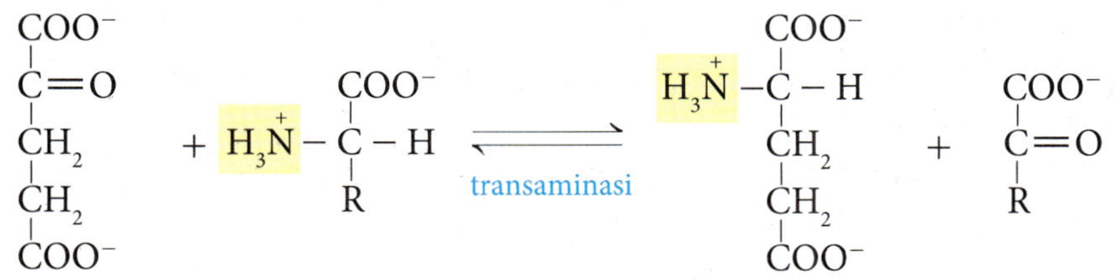

α-chetoglutarato amminoacido glutammato α-chetoacido

Questa reazione, che sposta il gruppo amminico da una molecola all'altra, è catalizzata dalle *transaminasi*. La concentrazione di questi enzimi nel sangue aumenta in occasione di alcune malattie del fegato; essi pertanto vengono sfruttati come indicatori in analisi cliniche che prendono il nome di AST e ALT.

Nella **deaminazione ossidativa** del glutammato, l'enzima mitocondriale *glutammato deidrogenasi* utilizza NAD^+ o $NADP^+$ per rigenerare l'α-chetoglutarato liberando ioni ammonio.

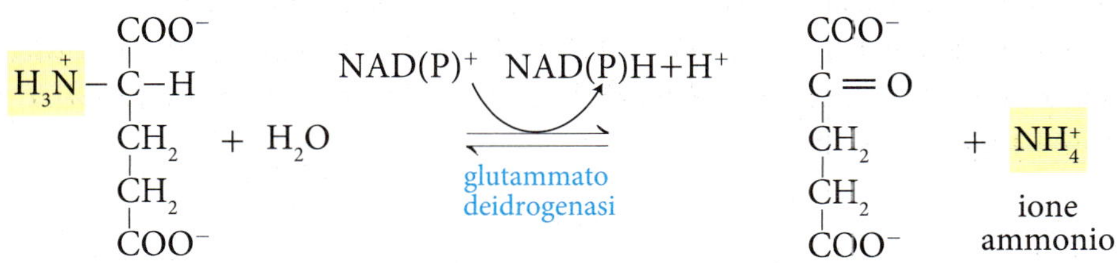

glutammato α-chetoglutarato

Affinché la reazione possa procedere, è necessario che lo ione ammonio venga continuamente allontanato. Nel corso dell'evoluzione, gli animali hanno sviluppato vari modi per eliminare in modo efficiente questo prodotto di rifiuto:

- gli organismi **ammoniotelici**, come i pesci, liberano direttamente lo ione ammonio, rilasciandolo nell'ambiente acquoso in cui vivono;
- gli animali **uricotelici**, come i rettili e gli uccelli, convertono l'ammonio in acido urico: questo permette loro di risparmiare acqua, che viene riassorbita prima dell'escrezione (figura **24**);
- gli animali **ureotelici**, come i mammiferi e gli anfibi, eliminano ammonio sotto forma di urea, una molecola formata da un gruppo carbonilico legato a due gruppi amminici, meno tossica dell'ammoniaca.

Figura **24** **L'acido urico è un ottimo fertilizzante** Gli escrementi degli uccelli sono utilizzati per concimare i terreni agricoli perché sono ricchi di acido urico, che libera ioni ammonio e nitrati.

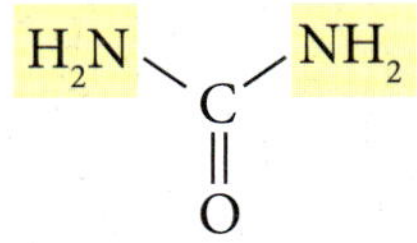

urea

Gli esseri umani sono quindi organismi ureotelici; la conversione dello ione ammonio in urea avviene nel fegato attraverso una serie di reazioni che costituisce il **ciclo dell'urea**.

La regolazione del ciclo dell'urea è di grande importanza a causa della tossicità dello ione ammonio, che se si accumula nell'organismo provoca gravi danni al sistema nervoso. Una volta prodotta, l'urea è immessa nel sangue ed eliminata con le urine insieme a una piccola quantità di acido urico prodotto dal catabolismo degli acidi nucleici.

28 Gli amminoacidi sono precursori di molte molecole

Perduto il gruppo amminico, le catene carboniose degli amminoacidi sono trasformate in intermedi metabolici che possono entrare direttamente nel ciclo di Krebs, oppure essere convertiti in glucosio o in corpi chetonici. I venti amminoacidi che costituiscono le proteine si distinguono quindi in tre gruppi (tabella **2**):

- gli **amminoacidi glucogenici** sono degradati a piruvato o ad altri composti intermedi utili per sintetizzare glucosio;
- gli **amminoacidi chetogenici** producono intermedi come l'acetil-CoA, che si possono trasformare in acidi grassi o in corpi chetonici;
- gli **amminoacidi glucogenici e chetogenici** producono sia glucosio sia acidi grassi e corpi chetonici.

Categorie di amminoacidi	Esempi
glucogenici	alanina, arginina, acido aspartico, acido glutammico, asparagina, cisteina, glutammina, glicina, istidina, metionina, prolina, serina, valina
chetogenici	leucina, lisina
glucogenici e chetogenici	fenilalanina, isoleucina, tirosina, triptofano, treonina

Tabella **2** **Classificazione degli amminoacidi in base al metabolismo** Gli amminoacidi glucogenici entrano nelle vie di sintesi del glucosio, quelli chetogenici entrano nelle vie di sintesi degli acidi grassi, mentre quelli glucogenici e chetogenici possono entrare in entrambe le vie.

Gli amminoacidi sono anche i **precursori** di numerose biomolecole tra cui ormoni, coenzimi, nucleotidi, porfirine e pigmenti. Le basi azotate degli acidi nucleici, per esempio, sono sintetizzate a partire da aspartato, glutammina e glicina. Il gruppo eme dell'emoglobina ha come precursore la glicina; tra i neurotrasmettitori, l'adrenalina, la noradrenalina e la dopamina derivano dalla tirosina, mentre la serotonina deriva dal triptofano. Infine l'istamina, una molecola coinvolta nelle reazioni allergiche e nello shock anafilattico, è sintetizzata a partire dall'istidina.

RISPONDI

A Che cosa sono i chilomicroni e quale funzione svolgono?
B Che cosa si intende con β-ossidazione?
C In quali modi gli animali eliminano l'eccesso di azoto dall'organismo?
D Perché gli amminoacidi sono considerati precursori di altre biomolecole?

ESERCIZI
Capitolo
B3

VERIFICA LE TUE CONOSCENZE

IL METABOLISMO CELLULARE

1 **Nella reazione $C_6H_{12}O_6 + 6\,O_2 \rightarrow 6\,CO_2 + 6\,H_2O$**

Ⓐ il glucosio si comporta da ossidante
Ⓑ l'ossigeno accetta elettroni e si riduce
Ⓒ i reagenti sono ridotti, i prodotti sono ossidati
Ⓓ Il glucosio si riduce a CO_2

2 **Quale processo cellulare avviene sia negli organismi aerobi sia in quelli anaerobi?**

Ⓐ il ciclo di Krebs
Ⓑ la fosforilazione ossidativa
Ⓒ la chemiosmosi
Ⓓ la glicolisi

3 **Per trasformare il $FADH_2$ in FAD**

Ⓐ occorre un agente ossidante
Ⓑ non bisogna utilizzare O_2
Ⓒ è necessario fornire energia
Ⓓ bisogna idrolizzare ATP

4 **Il NAD^+ è**

Ⓐ un enzima presente nei mitocondri
Ⓑ la forma ossidata del NADH
Ⓒ un accettore di gruppi fosfato
Ⓓ una proteina ad alto contenuto energetico

5 **Quale tra le seguenti affermazioni riguardanti il FAD NON è corretta?**

Ⓐ è la forma attiva della vitamina B_2
Ⓑ nella sua forma ridotta trasporta due atomi di idrogeno
Ⓒ è coinvolto nelle reazioni redox
Ⓓ nella sua forma ridotta trasporta un atomo di idrogeno

GLICOLISI, FERMENTAZIONE, RESPIRAZIONE CELLULARE

6 **Quale tra le seguenti affermazioni riguardanti la glicolisi NON è corretta?**

Ⓐ è un'ossidazione parziale del glucosio
Ⓑ avviene nel citoplasma delle cellule
Ⓒ nelle prime fasi richiede ATP
Ⓓ avviene solo in presenza di ossigeno

7 **La fosforilazione a livello del substrato**

Ⓐ produce ATP nella fase esoergonica della glicolisi
Ⓑ è il processo di trasferimento di gruppi fosfato dall'ATP a un substrato
Ⓒ è impiegata per degradare il piruvato a CO_2 e H_2O
Ⓓ è una reazione di ossidoriduzione che avviene durante la glicolisi

8 **Quale tra le seguenti affermazioni riguardanti la fermentazione lattica NON è corretta?**

Ⓐ è un processo industriale per produrre pane e birra
Ⓑ avviene nelle cellule muscolari durante una intensa attività fisica
Ⓒ è utilizzata da alcuni batteri che si trovano nell'intestino umano
Ⓓ è una via metabolica che avviene nelle cellule in carenza di ossigeno

9 **La fermentazione alcolica**

Ⓐ avviene nelle cellule di tutti gli organismi eterotrofi
Ⓑ utilizza un enzima della famiglia delle deidrogenasi
Ⓒ serve a ridurre il NAD^+
Ⓓ produce etanolo per ossidazione dell'acetaldeide

10 **Il ciclo di Krebs**

Ⓐ trasforma il gruppo acetile in NADH
Ⓑ richiede O_2 per ossidare l'acetil-CoA
Ⓒ produce 6 molecole di CO_2 per ogni acetile
Ⓓ completa l'ossidazione del glucosio

11 **La catena di trasporto degli elettroni**

Ⓐ è localizzata nella matrice mitocondriale
Ⓑ riduce le molecole di acqua
Ⓒ ossida i coenzimi NADH e $FADH_2$
Ⓓ sintetizza ATP a partire da ADP e P_i

ALTRE VIE METABOLICHE

12 **Quale tra le seguenti affermazioni riguardanti la via del pentoso fosfato NON è corretta?**

Ⓐ avviene nel citoplasma
Ⓑ serve a produrre NAD^+
Ⓒ è utilizzata da cellule in rapida divisione
Ⓓ serve a produrre NADPH

13 **La gluconeogenesi**

Ⓐ permette la sintesi di glicogeno a partire da glucosio
Ⓑ avviene nel fegato dei vertebrati e produce glucosio
Ⓒ trasforma il lattato in acetilCoA
Ⓓ comprende gli stessi enzimi della glicolisi

14 **La β-ossidazione è**

Ⓐ un processo che permette la sintesi degli acidi grassi
Ⓑ una via anabolica del glucosio
Ⓒ una via metabolica che produce corpi chetonici
Ⓓ la principale via di degradazione degli acidi grassi

15 **I mammiferi**

Ⓐ eliminano azoto sotto forma di ione ammonio
Ⓑ convertono l'ammonio in acido urico
Ⓒ eliminano ammonio sotto forma di urea
Ⓓ non producono ione ammonio

VERIFICA LE TUE ABILITÀ

16 **Leggi e completa le seguenti frasi riferite al metabolismo energetico.**

a. Ogni reazione di una via metabolica richiede uno specifico ....

b. La trasformazione del glucosio in CO_2 e H_2O richiede .... e libera energia.

c. Una molecola organica si ossida se perde uno o più atomi di ....

17 **Leggi e completa le seguenti frasi riferite alla glicolisi.**

a. È una via metabolica che comprende .... fasi distinte.

b. La prima fase è .... e produce due molecole di G3P.

c. La reazione che determina la formazione del 3-fosfoglicerato è detta ....

18 **Leggi e completa le seguenti frasi riferite ai processi di fermentazione.**

a. Sia la fermentazione lattica sia quella alcolica servono per .... il NADH.

b. Per evitare che alti livelli di lattato nel sangue determinino un'acidificazione dei tessuti, tale molecola è riconvertita in glucosio nel ....

c. Etanolo e .... sono i prodotti terminali della fermentazione alcolica.

d. Sono processi che avvengono nel .... delle cellule eterotrofe.

19 **Leggi e completa le seguenti frasi riferite alla respirazione cellulare.**

a. Il ciclo di Krebs è una via metabolica che recupera energia dalla ossidazione del ....

b. La trasformazione del piruvato in gruppo acetile produce anche una molecola di NADH e una molecola di ....

c. Al termine del ciclo di Krebs viene rigenerato l'.. a cui si legherà successivamente un nuovo gruppo acetile.

d. L'energia liberata dal ciclo di Krebs viene utilizzata per produrre una molecola di ATP, tre di NADH e una di .... per ogni gruppo acetile.

20 **Leggi e completa il seguente brano riferito alla struttura e alla funzione dei mitocondri.**

La respirazione cellulare avviene nei ...., organuli avvolti da una .... membrana. La membrana .... è permeabile a piccole molecole e a .... che si muovono attraverso canali transmembrana formati da proteine dette ....

La membrana .... è ripiegata a formare delle .... ed è impermeabile a molecole di .... dimensioni e a quasi tutti gli ioni (.................................. compresi). In questa parte è localizzata la .... formata da una serie di trasportatori di elettroni con natura .... molto diversa e il complesso proteico .... che permette la produzione di ATP.

21 **Scegli e motiva il completamento corretto, spiegando l'azione dell'enzima.**
Una carenza di enzima deramificante provoca ipoglicemia in quanto

Ⓐ inibisce l'azione della glicogeno fosforilasi

Ⓑ non viene rotto il legame α-1,6-glicosidico

Ⓒ il glucosio viene accumulato nel fegato

Ⓓ non viene rotto il legame α-1,4-glicosidico

22 **Scegli e motiva il completamento corretto, scrivendo reagenti e prodotti della reazione.**
Quando il piruvato entra nei mitocondri

Ⓐ viene ossidato con liberazione di una molecola di CO_2

Ⓑ si verifica l'ossidazione di una molecola di NADH

Ⓒ si verifica la riduzione del gruppo acetile con produzione di ATP

Ⓓ si verifica la sintesi di succinil-CoA

23 **Scegli e motiva il completamento corretto, spiegando il funzionamento della catena di trasporto.**
L'attività della catena di trasporto degli elettroni

Ⓐ produce un trasporto attivo di protoni secondo il loro gradiente di concentrazione

Ⓑ trasporta i protoni dallo spazio intermembrana verso la matrice mitocondriale

Ⓒ produce un trasporto attivo di protoni contro il loro gradiente di concentrazione

Ⓓ trasporta i protoni all'esterno del mitocondrio

TEST YOURSELF

24 **Oxidation and reduction**

(A) are defined as the loss of electrons

(B) are both endergonic reactions

(C) always occur together

(D) proceed only under aerobic conditions

25 **Glycolysis**

(A) take place in the mitochondrion

(B) produces no ATP

(C) is the same thing as fermentation

(D) reduces two molecules of NAD^+ for every glucose molecule processed

26 **Fermentation**

(A) does not require O_2

(B) requires lactic acid

(C) takes place in the mitochondrion

(D) prevents glycolysis

27 **The respiratory chain**

(A) is located in the mithocondrial matrix

(B) reoxidizes reduced coenzymes

(C) always produces ATP

(D) operates simultaneously with fermentation

28 **The role of oxygen gas in our cells is to**

(A) produce CO_2

(B) form ATP

(C) accept electrons from the respiratory chain

(D) react with glucose to split water

29 **Compared with glycolysis coupled with fermentation, the aerobic pathways of glucose metabolism produce**

(A) more ATP

(B) fewer protons for transfer in the mitochondria

(C) less CO_2

(D) more oxidized coenzymes

VERSO L'UNIVERSITÀ

30 **Durante la fase aerobica della respirazione cellulare, la demolizione del glucosio rilascia diossido di carbonio. Per ogni molecola di glucosio, quante molecole di diossido di carbonio vengono rilasciate nella decarbossilazione ossidativa del piruvato (L) e nel ciclo di Krebs (K)?**

(A) L=2; K=1

(B) L=1; K=2

(C) L=4; K=2

(D) L=2; K=2

(E) L=2; K=4

[dalla prova di ammissione a Medicina e Chirurgia, anno 2014]

31 **Quale delle seguenti molecole rappresenta un prodotto finale della glicolisi nell'uomo?**

(A) NAD ridotto

(B) H_2O

(C) lattato

(D) RuBP

(E) CO_2

[dalla prova di ammissione a Medicina Veterinaria, anno 2014]

32 **Quale dei seguenti processi NON avviene durante il ciclo di Krebs?**

(A) la liberazione di CO_2

(B) l'ossidazione di NADH a NAD^+

(C) la riduzione di FAD a $FADH_2$

(D) la formazione di citrato

(E) la produzione di ATP

[dalla prova di ammissione a Medicina e Chirurgia e a Odontoiatria e protesi dentaria, anno 2012]

33 **In una cellula eucariotica, due dei seguenti processi metabolici avvengono all'interno di un organulo delimitato da membrane. Quali?**

1. La glicolisi
2. Il ciclo di Krebs
3. La fermentazione lattica
4. La fosforilazione ossidativa

(A) 1 e 3

(B) 2 e 3

(C) 2 e 4

(D) 1 e 2

(E) 3 e 4

[dalla prova di ammissione a Medicina Veterinaria, anno 2013]

VERSO L'ESAME

DEFINISCI

34 **Usando un linguaggio appropriato, scrivi una definizione dei seguenti termini:**
fosforilazione ossidativa
gluconeogenesi
citocromo
chemiosmosi
chilomicrone
transaminazione
ipercolesterolemia
biotina

DISCUTI

35 Quando nell'organismo si trova un eccesso di acetil-CoA si formano i corpi chetonici.
Discuti con i tuoi compagni per capire perché questa condizione si può verificare facilmente nei pazienti diabetici o dopo un digiuno prolungato, e quali conseguenze può avere sulla salute.

RIFLETTI

36 Normalmente le cellule eucariotiche utilizzano glucosio ($C_6H_{12}O_6$) per attuare la respirazione cellulare, ma in caso di necessità possono utilizzare anche gli acidi grassi.
Se una cellula usasse acido esanoico $C_6H_{12}O_2$ (chiamato anche acido caproico), un grasso saturo che si trova nel burro e nei grassi del latte, la sua ossidazione a CO_2 e H_2O rilascerà più o meno energia rispetto all'ossidazione del glucosio? Rispondi considerando le formule di struttura delle due sostanze (riportate qui sotto).

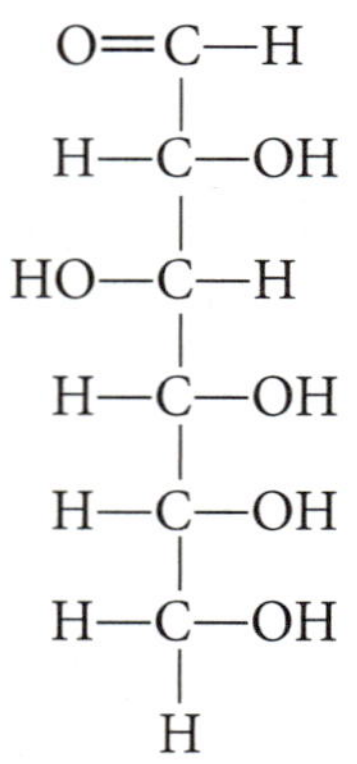

glucosio

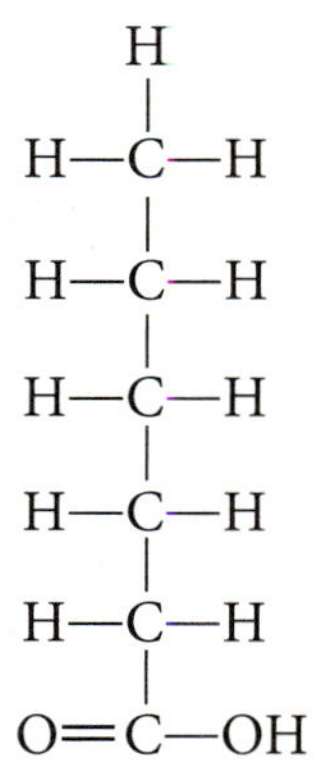

acido esanoico

DESCRIVI

37 La teoria della chemiosmosi elaborata dal biochimico britannico e premio Nobel Peter Mitchell è considerata uno dei principi fondamentali della biologia del ventesimo secolo.
Descrivi tale meccanismo spiegandone l'importanza.

RICERCA E IPOTIZZA

38 Un deficit di carnitina può provocare debolezza e crampi muscolari, questi sintomi si aggravano durante il digiuno, un intenso esercizio muscolare o in seguito a diete ricche di grassi.
Prova a ipotizzare perché in tali condizioni si verifica un aggravamento dei sintomi e fai una ricerca per scoprire la struttura chimica della carnitina, e a partire da quali sostanze viene sintetizzata dal nostro organismo.

RICERCA

39 Oltre alle vitamine B_2 e B_3 dalle quali si originano FAD e NAD esistono altre vitamine indispensabili per gli esseri umani.
Fai una ricerca in Rete che evidenzi quali sono le principali vitamine che agiscono come coenzimi, le reazioni metaboliche in cui sono coinvolte e gli alimenti in cui si trovano. Poi completa la seguente tabella con le informazioni raccolte.

Vitamina	Reazione metabolica	Alimenti

ANALIZZA E DEDUCI

40 Le seguenti sostanze sono in grado di bloccare la respirazione cellulare.

Rotenone	Tossina vegetale usata dagli indigeni dell'Amazzonia per avvelenare i pesci: si lega in modo irreversibile al complesso I della catena di trasporto degli elettroni.
Oligomicina	Antibiotico utilizzato contro le infezioni fungine: blocca il passaggio dei protoni attraverso il canale dell'ATP sintasi.
Dinitrofenolo (DNP)	Erbicida: rende la membrana dei mitocondri permeabile agli ioni H^+.
Cianuro	Blocca il complesso IV.

Analizza le informazioni riportate nella tabella e deduci quali possono essere gli effetti di tali sostanze sulle attività della cellula e nella salute umana.

RIFLETTI E COLLEGA

41 **Perché il ciclo di Krebs rilascia più energia della glicolisi ma è inutile senza la fosforilazione ossidativa?**

SPIEGA

42 **Spiega la seguente affermazione: in una cellula le reazioni del ciclo di Krebs avvengono anche se il composto di partenza non è uno zucchero.**

CAPITOLO

B4 Biochimica: la fotosintesi, energia dalla luce

LEZIONE

1 Caratteri generali della fotosintesi

Le cellule hanno bisogno di composti organici ricchi di energia per sintetizzare ATP. Gli organismi autotrofi, come le piante, sono capaci di sintetizzarli da sé utilizzando la luce solare attraverso un processo metabolico chiamato fotosintesi.

LEZIONE

2 Le reazioni della fase luminosa

La luce è una forma di energia e può dunque essere convertita in altre forme come il calore o l'energia chimica: quali sono le sue proprietà fisiche e come queste incidono sul ruolo che essa ricopre nella formazione di ATP e NADPH?

LEZIONE

3 Il ciclo di Calvin e la sintesi degli zuccheri

Il ciclo di Calvin è la «fabbrica di zuccheri» del cloroplasto; si svolge nello stroma e impiega il carbonio del CO_2, l'energia contenuta nell'ATP e quella negli elettroni del NADPH appena prodotti, per costruire uno zucchero a tre atomi di carbonio.

LEZIONE

4 Gli adattamenti delle piante all'ambiente

Un limite della RuBisCO è la tendenza a reagire con O_2 anziché con CO_2. Questo porta a un processo chiamato fotorespirazione che rallenta la fissazione del carbonio. Le piante hanno sviluppato alcune caratteristiche per compensarla.

1

Caratteri generali della fotosintesi

1 La fotosintesi è ossigenica o anossigenica

Per quasi tutti gli organismi, ad eccezione di quelli che vivono vicino alle sorgenti idrotermali sul fondo oceanico, l'energia proviene direttamente o indirettamente dal Sole (figura **1**).

La **fotosintesi** è il processo anabolico che consente di catturare l'energia luminosa e utilizzarla per sintetizzare carboidrati.

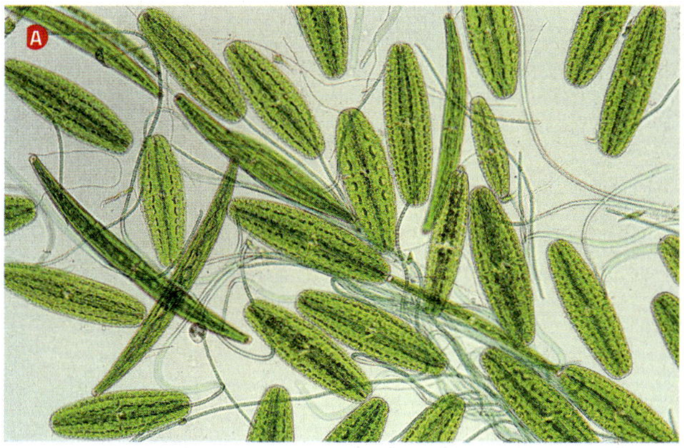

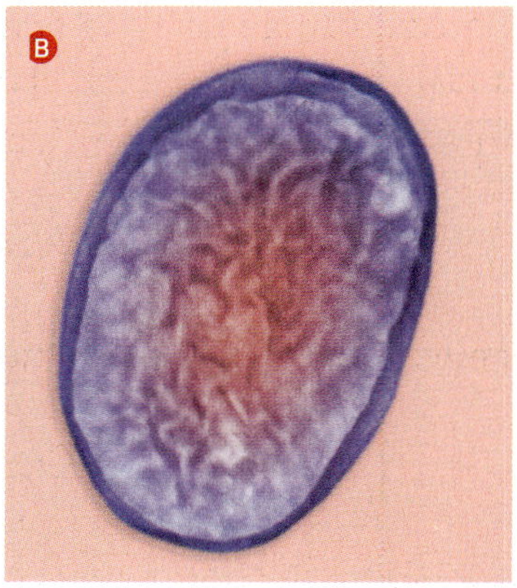

Figura 1 **Non sempre la fotosintesi richiede ossigeno** (A) La fotosintesi ossigenica viene svolta da piante, alghe e ciano batteri; (B) la fotosintesi anossigenica è sfruttata dai batteri che vivono in ambienti privi di ossigeno, come i solfobatteri.

Le piante, le alghe e i cianobatteri che vivono in ambienti aerobici svolgono la **fotosintesi ossigenica**, cioè la trasformazione di diossido di carbonio (CO_2) e acqua (H_2O) in zucchero ($C_6H_{12}O_6$) e ossigeno gassoso (O_2).

Fin dal Settecento fu chiaro che l'ossigeno, uno dei gas più abbondanti dell'atmosfera terrestre, fosse prodotto dalla fotosintesi, ma per capire da quale molecola fosse ricavato furono necessari due secoli di studi.

Nel 1941 Samuel Ruben e Martin Kamen dell'Università della California a Berkeley realizzarono alcuni esperimenti risolutivi grazie all'impiego degli isotopi ^{18}O e ^{16}O: i risultati mostrarono che tutto l'ossigeno gassoso prodotto durante la fotosintesi proviene dall'acqua (figura **2**). Come si può notare dall'equazione che riassume i reagenti e i prodotti della fotosintesi, l'acqua è sia un reagente sia un prodotto, per cui compare da entrambi i lati dell'equazione (12 molecole a sinistra e 6 nuove molecole a destra):

$$6\,CO_2 + 12\,H_2O \rightarrow C_6H_{12}O_6 + 6\,O_2 + 6\,H_2O$$

L'equazione così espressa è bilanciata e rende conto di tutte le molecole di acqua necessarie per ottenere la quantità di ossigeno rilasciata.

UN CASO DA VICINO

Metodo

Si dà alle piante acqua marcata con l'isotopo e CO_2 non marcato.

Si dà alle piante CO_2 marcato con l'isotopo e acqua non marcata.

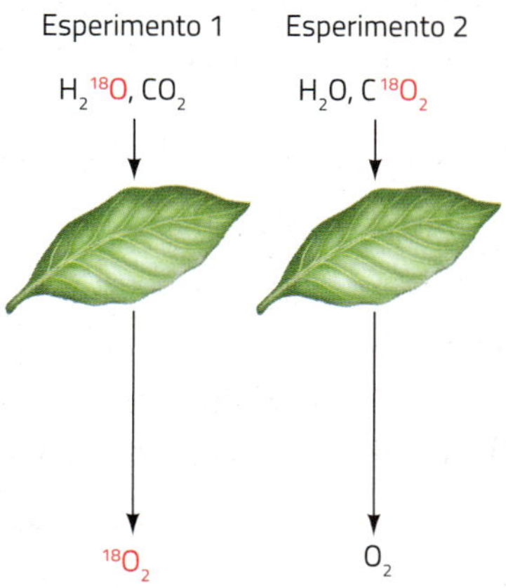

Risultati

L'ossigeno liberato è marcato.

L'ossigeno liberato non è marcato.

Figura 2 **L'ossigeno prodotto dalla fotosintesi proviene dall'acqua** I ricercatori Ruben e Kamen condussero due esperimenti distinti con l'isotopo ^{18}O, marcato prima nella molecola di CO_2 e poi in quella di H_2O: i risultati dimostrarono che l'ossigeno liberato era marcato nell'esperimento in cui era stata marcata l'acqua.

Quando divenne chiaro che l'ossigeno fotosintetico proveniva dall'acqua, si cominciò a pensare alla fotosintesi in termini di ossidazione e riduzione. Come abbiamo visto nel capitolo B2, le reazioni di ossidoriduzione sono sempre accoppiate: se una molecola si ossida, un'altra si riduce. In questo caso, gli atomi di ossigeno presenti allo stato ridotto in H_2O si ritrovano ossidati in O_2 (gli atomi evidenziati in rosso):

$$12\ H_2O \rightarrow 24\ H^+ + 24\ e^- + 6\ O_2$$

Contemporaneamente gli atomi di carbonio (in blu), che figurano tra i reagenti allo stato ossidato sotto forma di CO_2, si riducono nello zucchero, con produzione simultanea di acqua:

$$6\ CO_2 + 24\ H^+ + 24\ e^- \rightarrow C_6H_{12}O_6 + 6\ H_2O$$

Sommando le equazioni si ottiene la reazione sintetica della fotosintesi:

$$6\ CO_2 + 6\ H_2O \rightarrow C_6H_{12}O_6 + 6\ O_2$$

La fotosintesi ossigenica non è però l'unica esistente. Alcuni tipi di batteri che vivono in ambienti privi di ossigeno, infatti, svolgono la **fotosintesi anossigenica**, usando l'energia solare per trasformare CO_2 in molecole più complesse, senza produrre O_2. In questo caso, molecole diverse dall'acqua assumono la funzione di donatori di elettroni nella riduzione di CO_2 a carboidrati: un esempio è il solfuro di idrogeno (H_2S) usato dai solfobatteri purpurei come donatore di elettroni:

$$6\ CO_2 + 12\ H_2S \rightarrow C_6H_{12}O_6 + 12\ S + 6\ H_2O$$

Altri esempi di donatori di elettroni sono gli ioni solfuro (S^{2-}), l'idrogeno (H_2) o il ferro ferroso (Fe^{2+}) sfruttati dai solfobatteri verdi, o i composti dell'arsenico utilizzati da altri batteri che vivono in ambienti vulcanici. Ad accomunare tutti i processi di fotosintesi, dunque, non è la presenza dell'ossigeno e dell'acqua, quanto quella della **luce solare**, che dà avvio alle reazioni di ossidoriduzione. In questo capitolo ci concentreremo sulla fotosintesi ossigenica, che produce da oltre due miliardi di anni la maggior parte del carbonio organico utile alla vita sulla Terra e rifornisce la nostra atmosfera di O_2.

PER SAPERNE DI PIÙ

Dal punto di vista metabolico, tutti gli organismi che svolgono la fotosintesi sono definiti **fotoautotrofi**, perché hanno bisogno della luce solare per innescare le reazioni di sintesi dei composti organici.

2 La fotosintesi si svolge in due fasi

La fotosintesi comprende molte reazioni, suddivise in due fasi principali:

- le **reazioni della fase luminosa** trasformano l'energia solare in energia chimica: in questa fase la luce è impiegata per convertire molecole di ADP in ATP e per «caricare» di elettroni il coenzima nicotinammide adenina dinucleotide fosfato ($NADP^+$), riducendolo a NADPH;
- le **reazioni indipendenti dalla luce**, che costituiscono il **ciclo di Calvin**, usano l'ATP e il NADPH prodotti nella fase luminosa per sintetizzare zuccheri a partire da CO_2.

Talvolta le reazioni indipendenti dalla luce prendono il nome di *fase oscura* perché non richiedono l'intervento diretto dell'energia luminosa; tuttavia in condizione di prolungata oscurità si interrompono sia le reazioni luminose sia quelle oscure, perché la sintesi di ATP e la riduzione del $NADP^+$ hanno bisogno della luce.

A COLPO D'OCCHIO

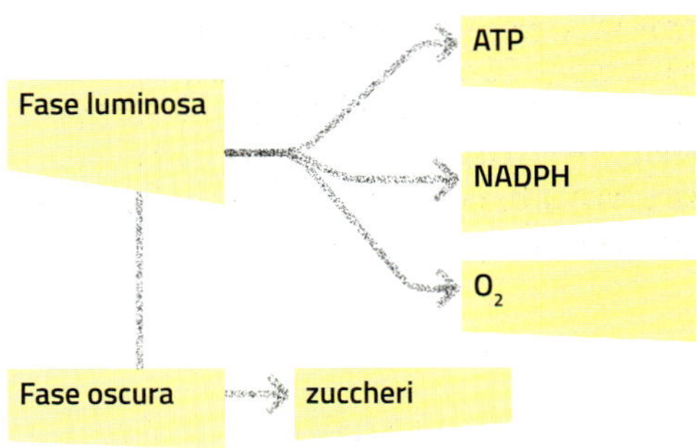

PER RIPASSARE
video:
La fotosintesi

Negli eucarioti, le reazioni di entrambe le fasi si svolgono nel cloroplasto, ma in distretti diversi (figura 3): le reazioni luminose hanno luogo sulla membrana dei tilacoidi, mentre quelle indipendenti dalla luce avvengono nello stroma. Prima di descrivere in dettaglio le fasi della fotosintesi, parleremo della natura fisica della luce e delle molecole capaci di catturarne l'energia.

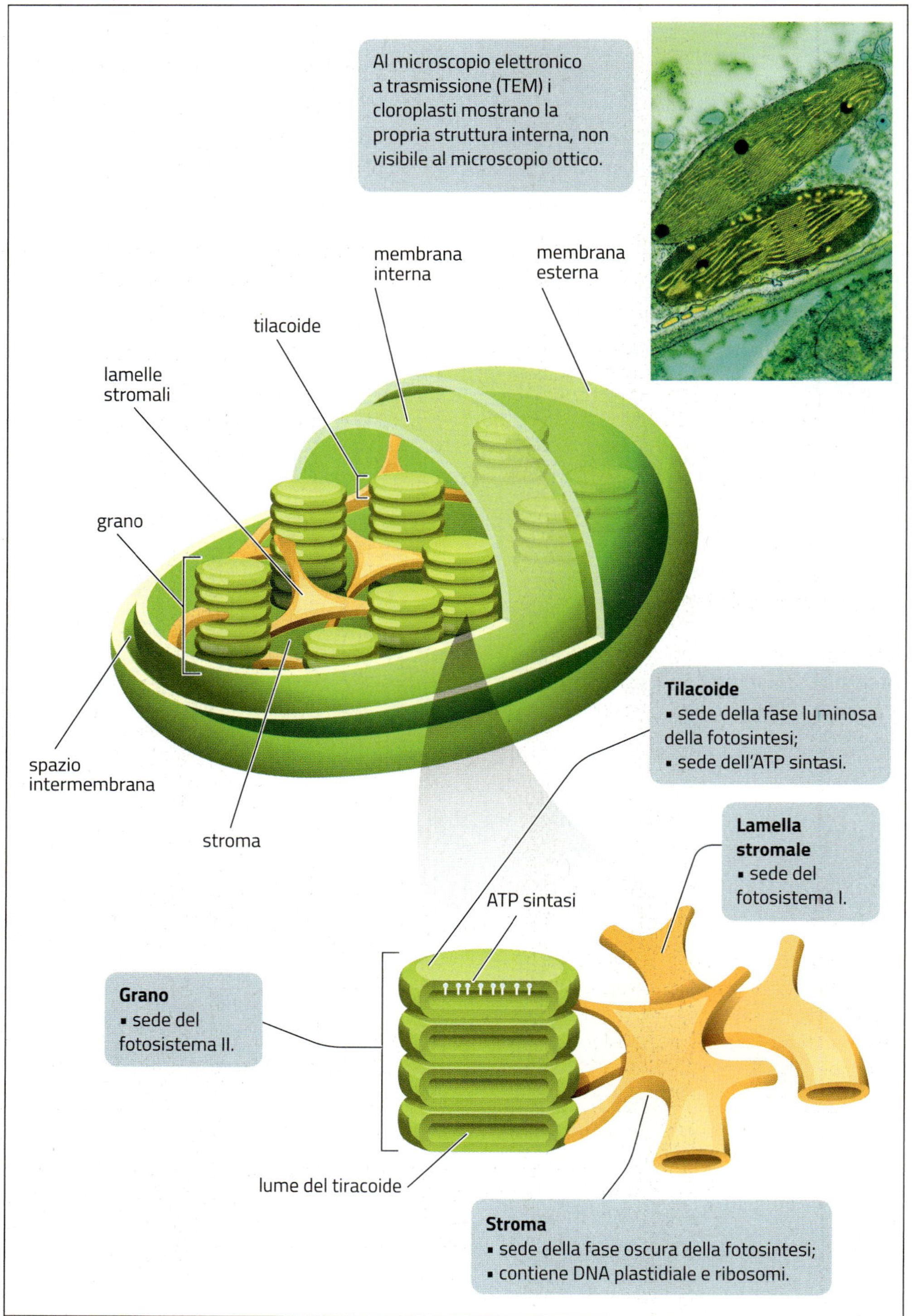

Figura 3 La fotosintesi avviene nei cloroplasti Le reazioni della fase luminosa comprendono la produzione di ATP, la riduzione di $NADP^+$ a NADPH e la liberazione di O_2 e avvengono sulla membrana dei tilacoidi; le reazioni indipendenti dalla luce, ovvero il ciclo di Calvin, avvengono nello stroma.

RISPONDI

A Com'è possibile dimostrare che l'ossigeno prodotto durante la fotosintesi proviene dall'acqua?
B Che differenza esiste tra fotosintesi ossigenica e anossigenica?
C Qual è il rapporto tra le reazioni della fase luminosa e quelle della fase indipendente della luce?

2 Le reazioni della fase luminosa

3 L'energia della luce può eccitare le molecole

Una delle particolarità della luce è che può essere considerata sia come una particella sia come un'onda; essa infatti è una **radiazione elettromagnetica** organizzata in unità distinte dette **fotoni**, che si comporta come se si propagasse a onde. La quantità di energia contenuta in un singolo fotone è inversamente proporzionale alla sua **lunghezza d'onda**: tanto più corta è la lunghezza d'onda, tanto maggiore è l'energia del fotone. Per essere attivo in un processo biologico, un fotone deve essere captato da una molecola recettrice e possedere energia sufficiente a svolgere il lavoro chimico richiesto. Quando un fotone incontra una molecola, possono verificarsi due eventi:

- il fotone è riflesso o attraversa la molecola senza modificarla;
- il fotone è assorbito dalla molecola.

Nel primo caso la molecola non subisce alcun cambiamento; in caso di **assorbimento**, invece, l'energia del fotone è acquisita dalla molecola stessa. Così facendo, la molecola passa dallo **stato fondamentale** (a minor energia) allo **stato eccitato**, ovvero a maggior energia (figura **4A**). La differenza di energia libera fra lo stato eccitato di una molecola e il suo stato fondamentale corrisponde circa all'energia libera del fotone assorbito (una piccola quantità va persa come entropia).

L'aumento di energia spinge uno degli elettroni della molecola in un livello elettronico più lontano dal nucleo; tale elettrone diventa così meno stabile (figura **4B**) e la reattività chimica della molecola aumenta.

TI RICORDI?

Le **onde elettromagnetiche** sono descritte dal prodotto di grandezze inversamente proporzionali come lunghezza d'onda (indicata con la lettera greca λ, *lambda*) e frequenza (lettera greca ν, *ni*): λ è la distanza tra due massimi consecutivi, ν è il numero di massimi che si possono misurare in un'unità di tempo.

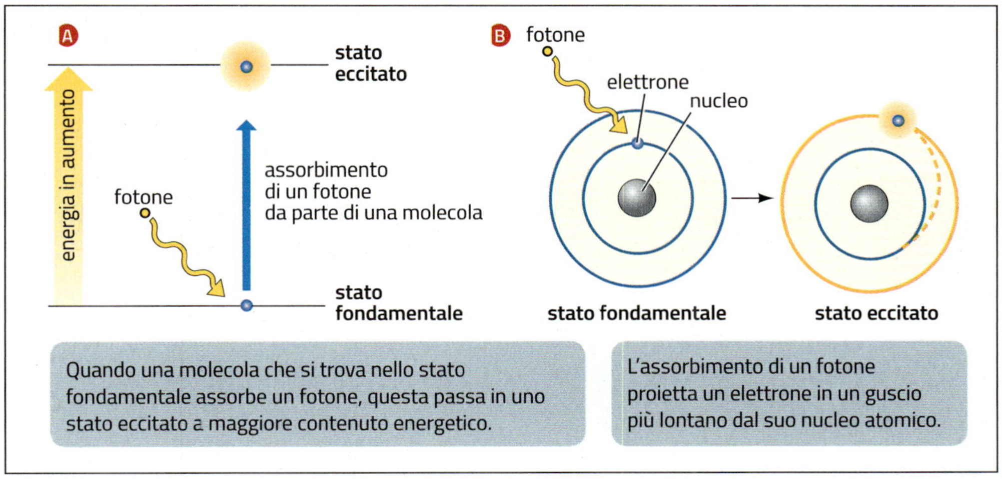

Figura **4** **L'eccitazione di una molecola** (A) Quando assorbe l'energia di un fotone, una molecola passa dallo stato fondamentale a uno stato eccitato; (B) nello stato eccitato, un elettrone è trasferito in un guscio più lontano dal nucleo, dove risente meno dell'attrazione del nucleo.

L'ambito di lunghezze d'onda (e quindi di livelli di energia) che i fotoni possono assumere è chiamato **spettro elettromagnetico** (figura **5**).

Figura **5** **Lo spettro elettromagnetico** Lo spettro elettromagnetico copre lunghezze d'onda che vanno da lunghezze inferiori ai nanometri fino alle migliaia di kilometri; lo spettro visibile è compreso tra 400 e 700 nm.

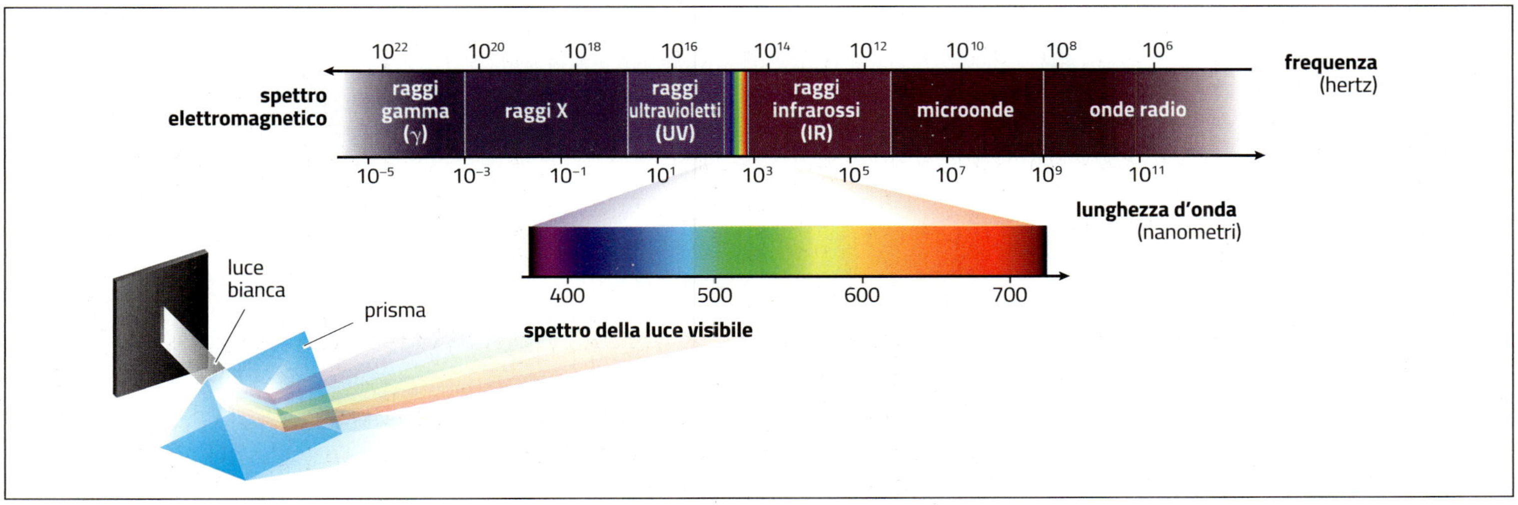

La **luce visibile**, detta anche *luce bianca*, è una piccola porzione dello spettro elettromagnetico e comprende tutte le lunghezze d'onda che il nostro occhio è in grado di percepire. L'occhio umano distingue una radiazione dall'altra in base al colore, che varia in relazione alla lunghezza d'onda: le radiazioni con lunghezza d'onda minore ci appaiono blu-violetto, quelle con lunghezza d'onda maggiore sono rosse.

Le molecole che assorbono le lunghezze d'onda dello spettro visibile si chiamano **pigmenti**. Negli organismi fotosintetici, i pigmenti capaci di assorbire l'energia utilizzata per la fotosintesi sono le *clorofille*, i *carotenoidi* e le *ficobiline*.

- **Le clorofille.** Anche se in genere si parla di clorofilla al singolare, nelle piante ne troviamo due tipi: la clorofilla *a* e la clorofilla *b*. Le due molecole hanno una struttura molecolare leggermente diversa, ma presentano entrambe una conformazione ad anello (simile a quella del gruppo eme dell'emoglobina) con al centro un atomo di magnesio; in posizione periferica si trova una lunga coda idrocarburica che serve ad agganciare la molecola di clorofilla alle proteine integrali della membrana dei tilacoidi (figura **6**). Le clorofille assorbono le lunghezze d'onda del blu e del rosso, che sono posizionate alle due estremità dello spettro visibile.
- **I pigmenti accessori**. Se nella fotosintesi agisse soltanto la clorofilla, gran parte dello spettro visibile rimarrebbe inutilizzato. Per questo motivo, tutti gli organismi fotosintetici possiedono pigmenti accessori che assorbono i fotoni con energia intermedia fra le lunghezze d'onda corrispondenti al blu e al rosso, per poi trasferire parte di tale energia alle clorofille. Fra i pigmenti accessori troviamo i **carotenoidi**, che captano le lunghezze d'onda corrispondenti al blu e al blu-verde e che quindi ci appaiono di colore giallo intenso, e le **ficobiline**, presenti nelle alghe rosse e nei cianobatteri, che assorbono lunghezze d'onda attorno al giallo-verde, al giallo e all'arancione.

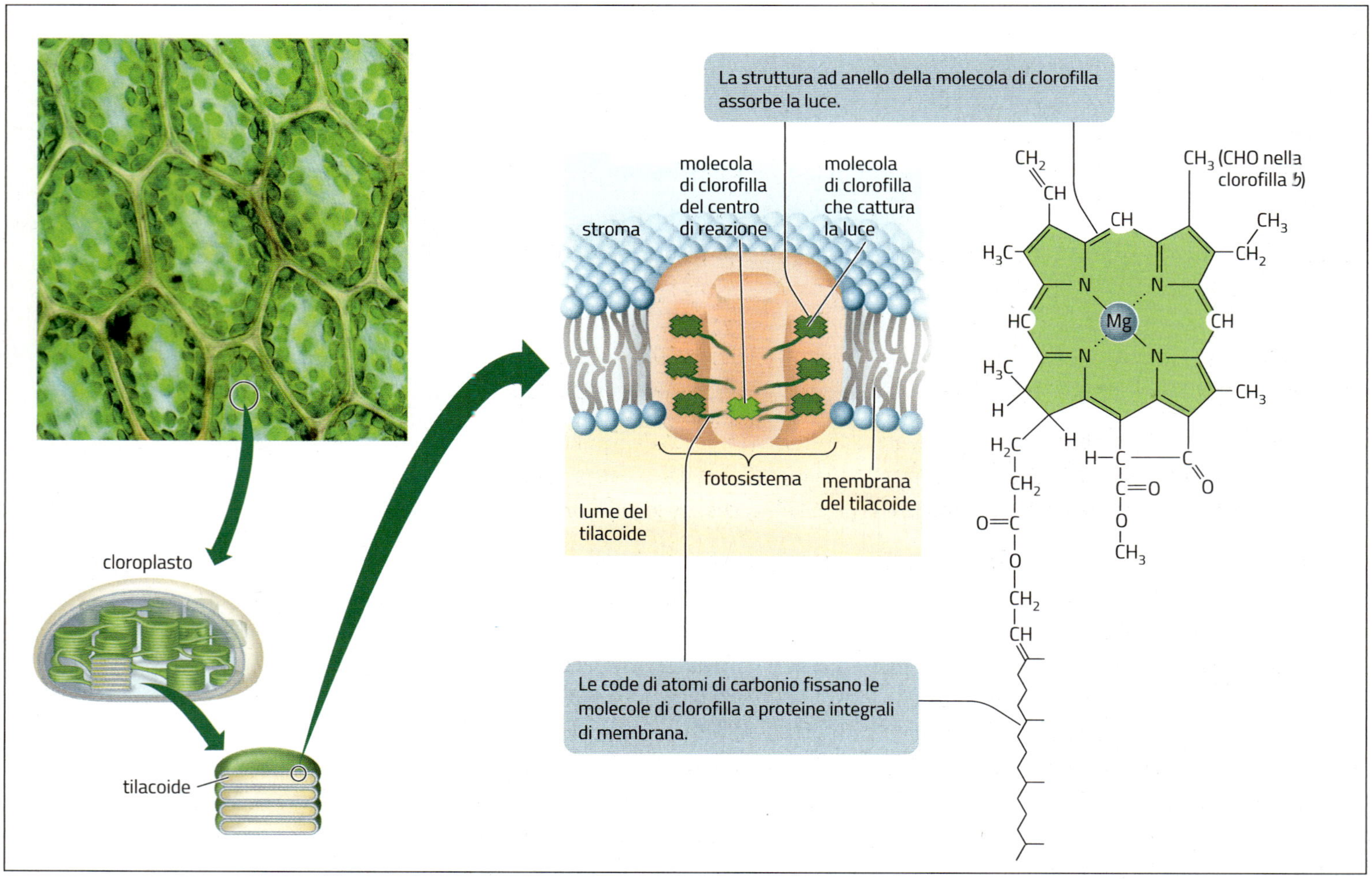

Figura **6 La struttura molecolare della clorofilla *a***
La clorofilla *a* è costituita da una complessa struttura ad anello (in verde nel disegno) con un atomo di magnesio al centro e da una «coda» idrocarburica che àncora la molecola a proteine integrali di membrana situate nella membrana del tilacoide. La clorofilla *b* è identica, tranne che per la sostituzione di un gruppo metilico (—CH_3) con un gruppo aldeidico (—CHO), come si vede in alto a destra della struttura ad anello.

Quando un raggio di luce bianca colpisce un pigmento, alcune lunghezze d'onda vengono assorbite mentre le altre sono riflesse: questo è il motivo per cui il pigmento ci appare colorato. Per esempio, il pigmento clorofilla assorbe sia la luce rossa sia la luce blu; perciò noi vediamo le lunghezze rimanenti, che sono prevalentemente verdi. Se costruiamo un grafico che connetta la luce assorbita da un pigmento in funzione della lunghezza d'onda, otteniamo lo **spettro di assorbimento** di quel pigmento (figura **7A**).

Sempre in funzione della lunghezza d'onda della luce è possibile costruire lo **spettro d'azione**, cioè il grafico della velocità della fotosintesi operata da un organismo alle diverse lunghezze d'onda alle quali è esposto (figura **7B**).

Figura **7** **Spettro di assorbimento e spettro d'azione** (A) Lo spettro di assorbimento indica quali pigmenti contribuiscono maggiormente alla cattura della luce: le clorofille assorbono la luce blu e la luce rossa; i pigmenti accessori assorbono la luce in altre zone dello spettro. (B) Lo spettro d'azione di una pianta di elodea mostra che questa pianta opera la fotosintesi soprattutto sfruttando la clorofilla *b* e i pigmenti che assorbono a lunghezze d'onda comprese tra 400 e 450 nm.

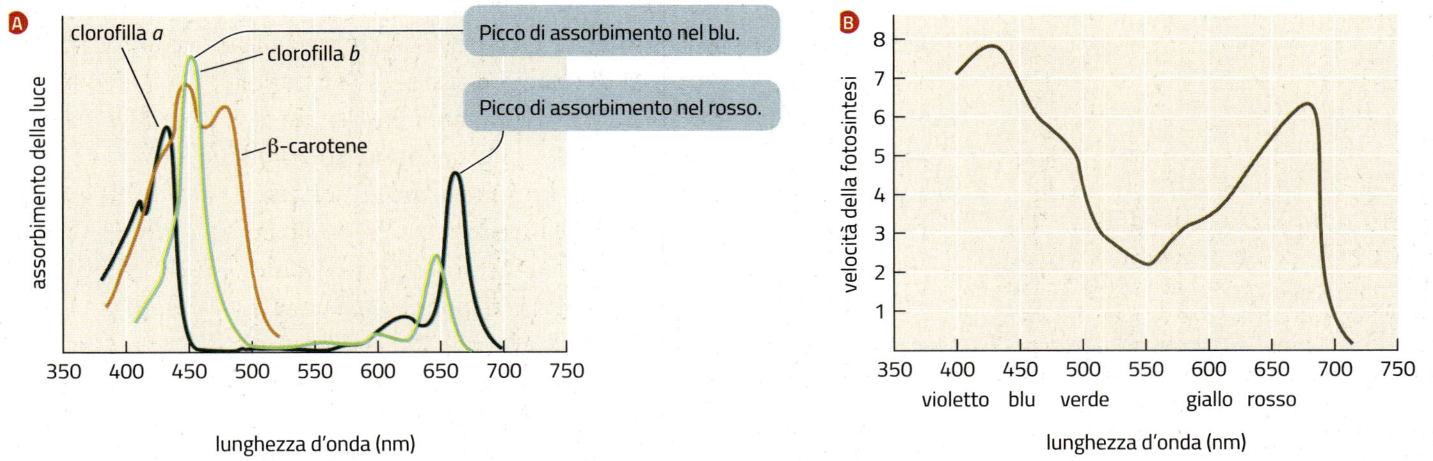

4 La luce produce cambiamenti fotochimici

La clorofilla svolge due funzioni essenziali:

1. assorbe l'energia luminosa e la trasforma in energia chimica sotto forma di elettroni eccitati;
2. cede tali elettroni ad altre molecole.

Quando una molecola di pigmento assorbe la luce di una lunghezza d'onda corrispondente al proprio spettro di assorbimento, passa dallo stato fondamentale allo stato eccitato (*vedi* figura **4**). Poiché tale stato è fortemente instabile, la molecola ritorna quasi subito allo stato fondamentale liberando l'energia assorbita, che può essere ceduta a una molecola ricevente posta nelle immediate vicinanze e orientata in modo opportuno.

Nelle piante, i pigmenti sono organizzati in strutture complesse chiamate **fotosistemi**. I fotosistemi sono localizzati nella membrana tilacoidale e sono formati da molte molecole di clorofilla e di pigmenti accessori legati a proteine.

LE PAROLE

Il termine **clorofilla** deriva dalle parole greche *chlorós*, «verde», e *fillon*, «foglia»: è stato coniato nel 1817, ma solo dopo un secolo venne identificata la sua struttura chimica.

Ogni fotosistema comprende un *sistema antenna* capace di assorbire l'energia luminosa e un *centro di reazione* dove avvengono le reazioni redox che operano la conversione dell'energia luminosa in energia chimica.

Nel **sistema antenna** di un fotosistema, i pigmenti sono stipati l'uno vicino all'altro in modo tale che l'energia di eccitazione ricavata da un fotone assorbito proceda lungo il sistema passando da una molecola di pigmento all'altra. La direzione del trasferimento dell'energia di eccitazione va dai pigmenti che assorbono lunghezze d'onda minori (a maggior energia) verso i pigmenti che assorbono lunghezze d'onda maggiori (a minor energia); pertanto l'eccitazione converge sulla molecola del sistema antenna che assorbe le lunghezze d'onda più lunghe.

Tale molecola si trova nel **centro di reazione** del fotosistema: qui una molecola di clorofilla *a* assorbe una quantità di energia sufficiente a farle cedere un elettrone eccitato (cioè, in termini chimici, a ossidarsi) acquistando una carica positiva (figura **8**).

Una volta che l'energia luminosa è stata convertita in energia chimica, la molecola di clorofilla eccitata del centro di reazione riduce una molecola chiamata *accettore primario* attraverso una reazione di ossidoriduzione.

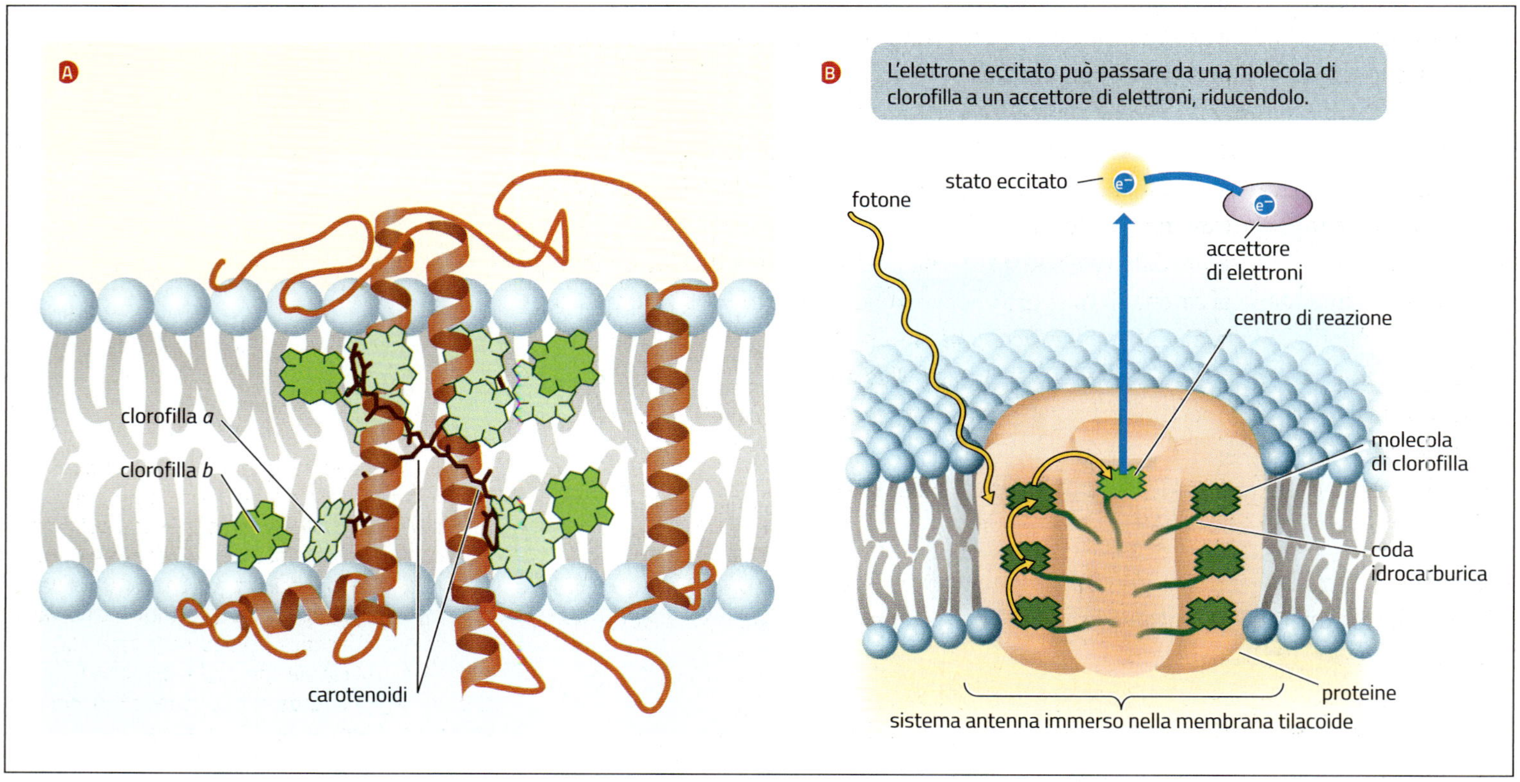

Figura **8** **La struttura e il ruolo dei fotosistemi**
(A) La struttura molecolare di un sistema antenna: le molecole di pigmenti (carotenoidi e clorofilla) sono legate al polipeptide che attraversa la membrana del tilacoide.
(B) In un fotosistema, esistono numerosi sistemi antenna disposti attorno a un unico centro di reazione. L'energia di un fotone passa attraverso più sistemi antenna fino a raggiungere il centro di reazione. Nello schema i sistemi antenna sono rappresentati sotto forma di molecole di clorofilla.

Nelle piante sono stati identificati due tipi di fotosistemi, chiamati **fotosistema I** e **fotosistema II** seguendo l'ordine con cui sono stati scoperti. Il centro di reazione del fotosistema I contiene una molecola di clorofilla *a* detta **clorofilla P_{700}** perché assorbe la luce di lunghezza d'onda corrispondente a 700 nm. Il centro di reazione del fotosistema II, invece, contiene una molecola di clorofilla *a* che è chiamata **clorofilla P_{680}** perché ha un picco di assorbimento attorno a 680 nm. In altre parole, il fotosistema II richiede fotoni dotati di un'energia leggermente superiore rispetto al fotosistema I.

PER SAPERNE DI PIÙ

I due pigmenti del centro di reazione sono due molecole di **clorofilla *a*** assolutamente identiche tra loro: la differenza di lunghezza d'onda nell'assorbimento della luce è determinata unicamente dall'associazione con proteine diverse all'interno della membrana dei tilacoidi.

5 Il flusso di elettroni della fase luminosa produce ATP e NADPH

L'accettore primario è il primo di una serie di trasportatori di elettroni situati nella membrana tilacoidale del cloroplasto che prendono parte a un processo denominato **flusso di elettroni**. Questa serie di ossidoriduzioni è simile a quella che si verifica nella catena di trasporto degli elettroni presente nei mitocondri (*vedi* capitolo B3). L'accettore finale di elettroni è il **$NADP^+$**, che si riduce secondo la reazione:

$$NADP^+ + e^- \rightarrow NADPH + H^+$$

Il prodotto della reazione, cioè il NADPH , è un coenzima ridotto ricco di energia. Proprio come il NAD si accoppia alle vie metaboliche della respirazione cellulare, il NADP si accoppia a quelle della fotosintesi. La struttura dei due coenzimi è identica, ma NADP presenta un gruppo fosfato in più legato a ciascun ribosio.

Oltre al NADPH, i sistemi di trasporto di elettroni che intervengono nella fase luminosa alimentano anche un meccanismo che porta alla produzione di ATP. Seguiamo ora il percorso degli elettroni attraverso lo **schema Z** (così chiamato per la differenza tra i livelli di energia assunti dalle molecole lungo il percorso) rappresentato nella figura **9**.

- I pigmenti del complesso antenna del fotosistema II assorbono i fotoni e trasferiscono l'energia al centro di reazione; qui, varie molecole di clorofilla P_{680} assorbono l'energia e passano dallo stato fondamentale allo stato eccitato.
- La clorofilla P_{680} cede un elettrone all'accettore primario: in ogni fotosistema è necessario un fotone per innescare la cessione di un elettrone.
- Le molecole di clorofilla P_{680} reintegrano gli elettroni persi ossidando molecole d'acqua: ogni molecola di H_2O scissa libera due elettroni. La rottura dei legami H—O—H produce atomi di ossigeno, che si combinano per formare molecole di O_2 e diffondono fuori dalle foglie attraverso gli stomi.
- Gli elettroni si trasferiscono dall'accettore primario del fotosistema II al fotosistema I passando attraverso una catena di trasporto; la cascata di elettroni libera energia che verrà usata per la sintesi di ATP mediante chemiosmosi.
- Un secondo fotone eccita la clorofilla P_{700} del fotosistema I; la clorofilla P_{700} riduce l'accettore cedendogli elettroni che vengono rimpiazzati dagli elettroni in uscita dalla catena di trasporto.
- Gli elettroni provenienti dall'accettore primario del fotosistema I sono usati per ridurre il $NADP^+$ a $NADPH + H^+$.

Per formare una molecola di ossigeno, che richiede il trasferimento di quattro elettroni da due molecole di H_2O a due molecole di NADP , devono essere assorbiti in totale otto fotoni: quattro per ogni fotosistema.

$$2\,H_2O + 2\,NADP^+ + 8\text{ fotoni} \rightarrow O_2 + 2\,NADPH + 2\,H^+$$

Figura **9** **Il trasporto degli elettroni usa due fotosistemi** Grazie all'energia della luce, le molecole di clorofilla eccitate presenti nei centri di reazione dei fotosistemi I e II cedono elettroni ad alto contenuto energetico alle molecole del sistema di trasporto. Questo modello, chiamato «schema Z», descrive il percorso (frecce blu) degli elettroni via via che essi si spostano attraverso i due fotosistemi, usando il livello energetico come asse y del grafico.

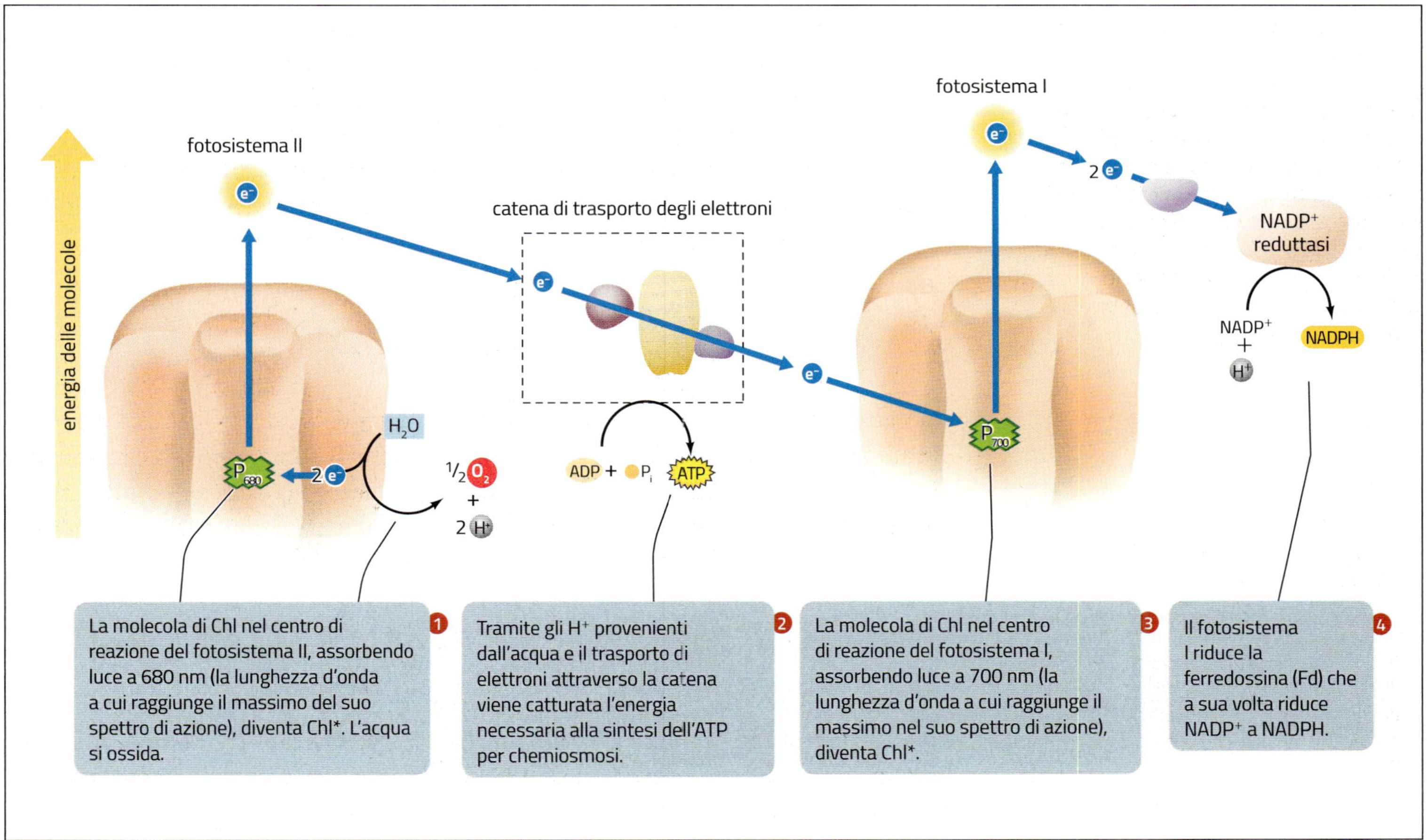

PER SAPERNE DI PIÙ

I meccanismi d'azione dell'**ATP sintasi** mitocondriale e di quella del cloroplasto sono simili, ma cambia l'orientamento: nelle piante i protoni che scorrono attraverso l'ATP sintasi *escono* dal lume del tilacoide, mentre negli animali *entrano* nella matrice mitocondriale.

6 Anche nei cloroplasti l'ATP si ottiene per chemiosmosi

Parlando della fosforilazione ossidativa che ha luogo nei mitocondri, avevamo incontrato per la prima volta la chemiosmosi.

Questo meccanismo è anche alla base della **fotofosforilazione**, la sintesi di ATP a partire da ADP e P_i che avviene nei cloroplasti. La parola *fotofosforilazione* indica che la «spinta» di partenza viene fornita dall'energia luminosa.

Grazie alla particolare disposizione dei fotosistemi, l'energia che si libera durante la catena di trasporto attiva il trasferimento di protoni dallo stroma del cloroplasto al lume tilacoidale (figura **10**). Tale disposizione è molto simile a quella che si osserva nei mitocondri; anche in questo caso il gradiente protonico che si viene a creare alimenta un'**ATP sintasi** che sintetizza ATP.

Confrontiamo ora la fotosintesi e la respirazione cellulare. Nella respirazione cellulare, gli elettroni ad alta energia che passano lungo la catena di trasporto sono ottenuti ossidando molecole di nutrienti; nella fotosintesi, invece, gli elettroni sono condotti «in cima» alla catena di trasporto grazie all'energia della luce. I mitocondri, quindi, trasferiscono energia chimica dagli alimenti all'ATP; i cloroplasti convertono energia solare in energia chimica.

Nei cloroplasti, inoltre, alla fine delle reazioni luminose l'accettore di elettroni non è l'ossigeno ma il $NADP^+$; questa molecola ad alto contenuto energetico sarà impiegata, insieme all'ATP, per fabbricare zuccheri nel ciclo di Calvin.

Figura **10** **La fotofosforilazione** Il passaggio degli elettroni sulla membrana tilacoidale crea un gradiente protonico che attiva la sintesi di ATP attraverso una ATP sintasi simile a quella presente nei mitocondri.

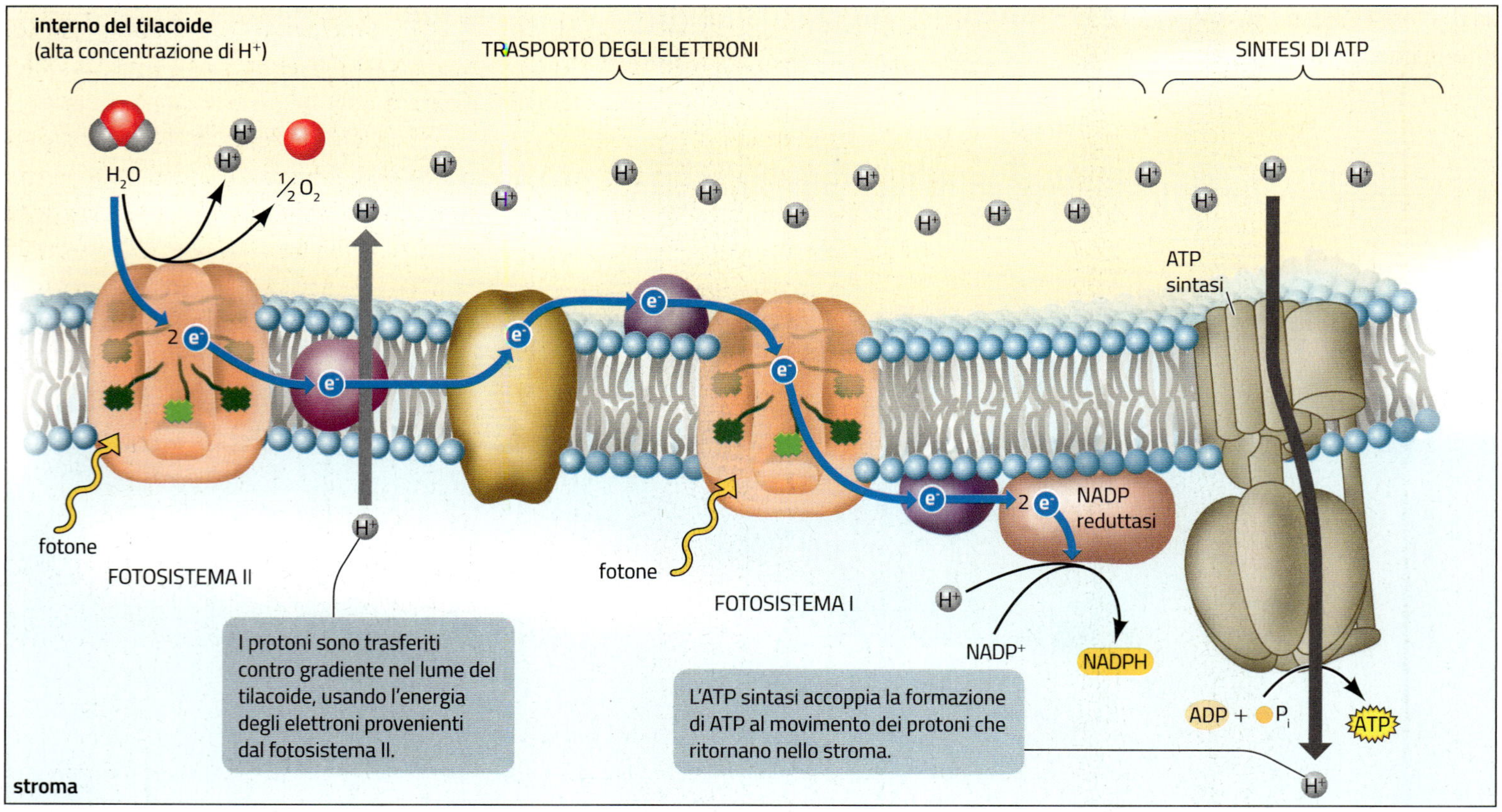

RISPONDI

A Che cosa accade durante la fase luminosa della fotosintesi?
B Qual è la struttura e la funzione dei fotosistemi I e II nelle piante?
C Che cos'è e come avviene la fotofosforilazione?

LEZIONE

3 Il ciclo di Calvin e la sintesi degli zuccheri

7 Il ciclo di Calvin produce uno zucchero a tre atomi di carbonio

Una volta prodotti l'ATP e il NADPH, la cellula vegetale dispone dell'energia necessaria per sintetizzare nuove molecole a partire dal diossido di carbonio atmosferico. Questo processo, chiamato *fissazione del carbonio*, richiede numerose reazioni: per identificare ognuna di queste sono state ideate metodologie utili a isolare ciascuno dei composti intermedi. Tra queste, una delle più importanti fu messa a punto da Melvin Calvin e Andrew Benson e valsero a Calvin il premio Nobel per la Chimica nel 1961.

I due scienziati marcarono delle molecole di CO_2 sostituendo alcuni atomi di carbonio-12 (^{12}C) con il radioisotopo ^{14}C: in questo modo, essi erano in grado di seguire il percorso chimico della fissazione del diossido di carbonio nell'alga verde *Chlorella*. La prima molecola che si formò nel processo fu uno zucchero fosfato a tre atomi di carbonio chiamato **3-fosfoglicerato (3PG)**; il carbonio-14 è colorato in rosso.

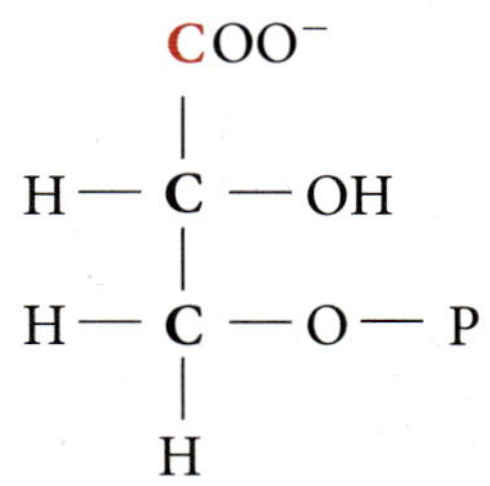

Esponendo per tempi progressivamente più lunghi la *Chlorella* al $^{14}CO_2$, Calvin e i suoi colleghi riuscirono a seguire il tragitto del ^{14}C che formava una serie di composti, tra cui monosaccaridi e amminoacidi. Si scoprì che il percorso del ^{14}C costituiva un ciclo, per cui questa via venne chiamata **ciclo di Calvin**.

Nella prima reazione del ciclo di Calvin, il CO_2 si lega a uno zucchero a cinque atomi di carbonio che agisce da *molecola accettore*, il **ribulosio 1,5-bisfosfato (RuBP)**. Si forma così un composto intermedio a sei atomi di carbonio che si scompone immediatamente in due molecole di 3-fosfoglicerato. Il composto intermedio ha una vita talmente breve che Calvin, in un primo tempo, non scorse la sua traccia radioattiva.

L'enzima che ne catalizza la sintesi, la *ribulosio bisfosfato carbossilasi/ossigenasi*, meglio nota come **RuBisCO**, è la proteina più abbondante sulla Terra, che costituisce fino al 50 % di tutte le proteine presenti nelle foglie.

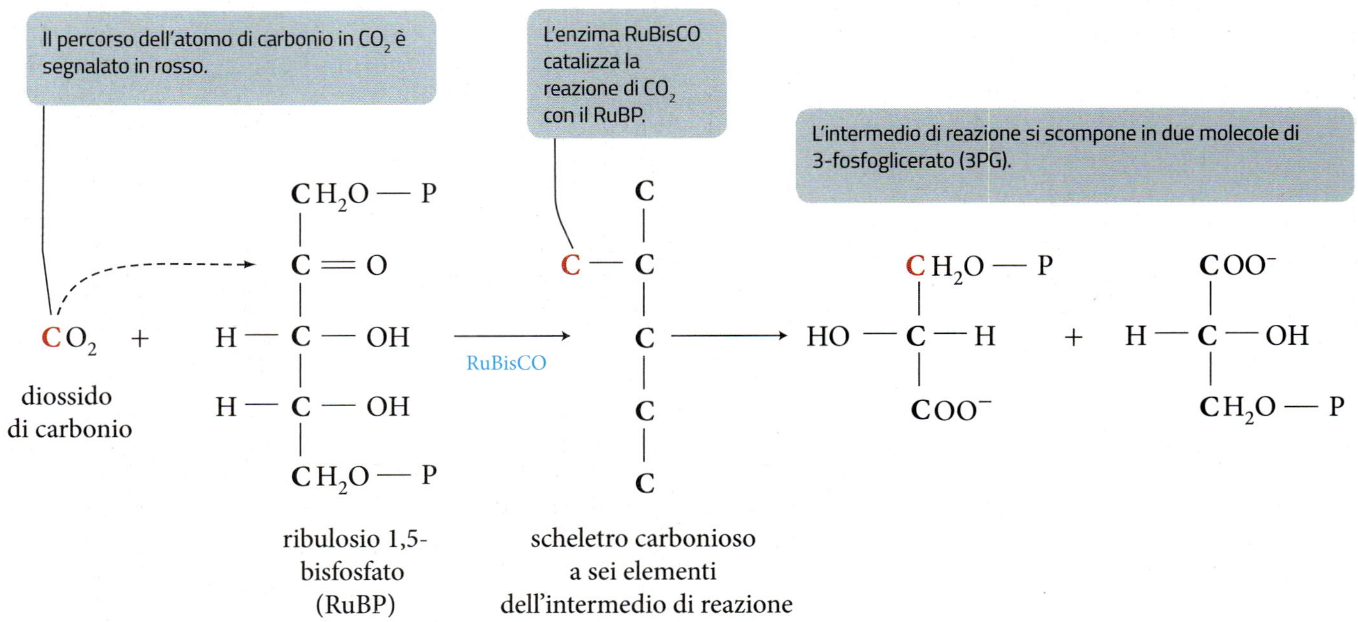

Oggi sappiamo che il ciclo di Calvin (figura 11) è costituito da tre processi.

1. **La fissazione del carbonio.** Questa reazione, catalizzata dalla RuBisCO, lega l'atomo di carbonio del CO_2 al ribulosio 1,5-bisfosfato (RuBP) e ha come prodotto finale due molecole di 3-fosfoglicerato (3PG).
2. **La riduzione di 3PG a gliceraldeide 3-fosfato (G3P).** Questa serie di reazioni comprende una fosforilazione (per la quale viene utilizzato l'ATP sintetizzato durante le reazioni luminose) e una riduzione (per la quale viene utilizzato il NADPH formatosi anch'esso nelle reazioni luminose).
3. **La rigenerazione del RuBP, l'accettore di CO_2.** Nella terza parte del ciclo una parte della G3P viene convertita in RuBP (con consumo di ATP); perciò ogni «tornata» del ciclo fissa una molecola di CO_2 e rigenera una molecola di accettore di carbonio.

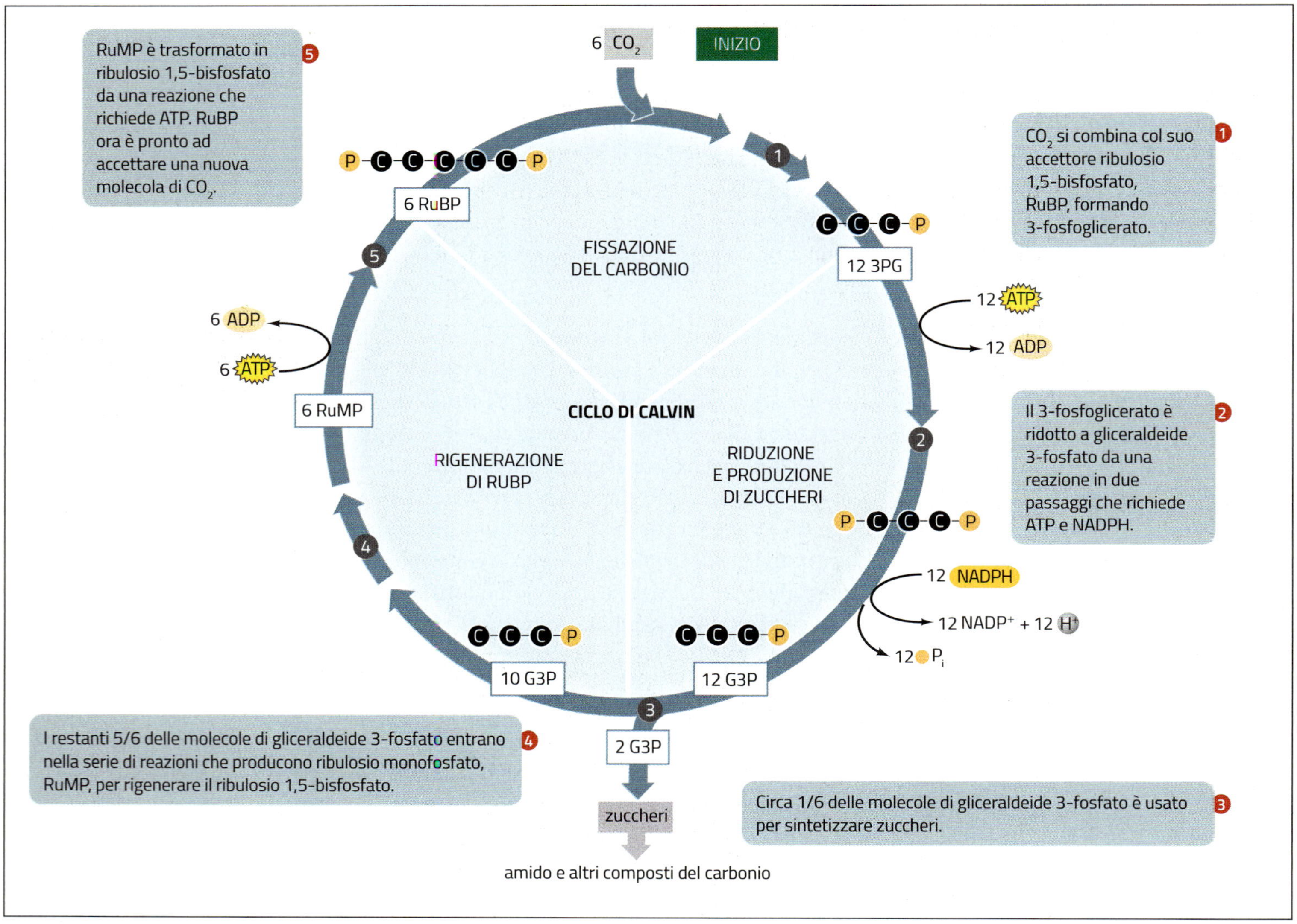

Figura 11 **Il ciclo di Calvin** Il ciclo di Calvin può essere suddiviso in tre momenti; sono necessari sei giri (ovvero sei molecole di CO_2) per sintetizzare una molecola di glucosio.

8 La gliceraldeide 3-fosfato prodotta dal ciclo di Calvin può essere utilizzata in modi diversi

Il prodotto del ciclo di Calvin è la gliceraldeide 3-fosfato (G3P), un fosfogliceride a tre atomi di carbonio. Normalmente, in una foglia cinque sesti delle molecole di G3P prodotte sono riciclate per rigenerare il ribulosio 1,5-bisfosfato. La quantità residua può andare incontro a diversi destini.

- Una quota di G3P è trasformata in **piruvato** per rifornire la respirazione cellulare; fotosintesi e respirazione, infatti, sono processi strettamente collegati, perché la G3P è un prodotto intermedio sia del ciclo di Calvin sia della glicolisi. Le piante possono compiere contemporaneamente la fotosintesi e la respirazione perché i due processi avvengono in comparti separati della cellula: la fotosintesi nei cloroplasti, la glicolisi nel citoplasma e la respirazione nei mitocondri.

- Una parte di G3P è convertita in **amido**, un polisaccaride immagazzinato nel cloroplasto o all'interno di tessuti di riserva come le radici, i tuberi e i semi (figura **12**).
- Una parte, infine, è trasformata nel disaccaride **saccarosio**, che viene poi rimosso dalla foglia e trasferito ad altri organi della pianta. Qui, per idrolisi, il saccarosio si scinde nei due monosaccaridi che lo compongono, glucosio e fruttosio. Questi costituiscono la base di partenza per la sintesi di altri composti organici (amminoacidi, lipidi e acidi nucleici).

A COLPO D'OCCHIO

Glicolisi →	**citoplasma**
Respirazione cellulare →	**mitocondrio**
Fotosintesi →	**cloroplasto**

In genere, gli organismi autotrofi producono una quantità di zuccheri assai maggiore di quella che consumano. Pertanto le piante e tutti gli altri organismi fotosintetici costituiscono la risorsa di cibo fondamentale per quasi tutti gli altri esseri viventi. Su scala mondiale, infatti, la fotosintesi crea ogni anno miliardi di tonnellate di materia organica, gran parte della quale finisce per essere consumata da organismi eterotrofi.

Gli animali, dunque, sono del tutto dipendenti dalle biomolecole prodotte dalla fotosintesi. Perfino l'energia che assumiamo mangiando una bistecca proviene in origine dalla fotosintesi, perché deriva dalla luce del Sole ed è accumulata sotto forma di energia chimica nei cloroplasti delle piante di cui si sono nutriti i bovini. La fotosintesi, quindi, produce sia il nostro cibo sia l'ossigeno che respiriamo.

Figura **12** **L'amido è una riserva di zuccheri** Le piante immagazzinano l'amido in quantità considerevole nelle cariossidi (soprattutto il mais e il riso) e nei tuberi (come le patate e i topinambur).

RISPONDI

A Che cosa succede nella prima reazione del ciclo di Calvin?
B Quali sono i tre processi del ciclo di Calvin?
C In quali comparti della cellula vegetale avvengono le vie metaboliche principali?
D Perché anche gli organismi eterotrofi dipendono così strettamente dalla fotosintesi?

4 Gli adattamenti delle piante all'ambiente

9 La RuBisCO catalizza la reazione di RuBP anche con l'ossigeno

Come dice il suo nome completo (ribulosio bisfosfato carbossilasi/ossigenasi), l'enzima RuBisCO può agire in due modi: come *carbossilasi*, legando diossido di carbonio alla molecola accettore RuBP, oppure come *ossigenasi* legando ossigeno. Poiché queste due reazioni sono in competizione tra loro, se il ribulosio 1,5-bisfosfato reagisce con l'ossigeno, non può reagire con il diossido di carbonio; di conseguenza, la quantità totale di CO_2 che viene trasformata in carboidrati si riduce e la crescita della pianta rallenta. Quando il RuBP si lega con l'ossigeno, produce fosfoglicolato, un composto a due atomi di carbonio:

$$\text{RuBP} + O_2 \rightarrow \text{fosfoglicolato} + 3\ \text{PG}$$

Il fosfoglicolato va poi incontro a una serie di reazioni che lo trasformano in glicerato (una molecola a tre atomi di carbonio) e CO_2.

Questa via prende il nome di **fotorespirazione** perché consuma O_2 e libera CO_2. Essa utilizza l'ATP e il NADPH prodotti nel corso delle reazioni luminose, ma ha un rendimento netto inferiore di un quarto rispetto al ciclo di Calvin.

Attraverso la foto respirazione, infatti, soltanto il 75% degli atomi di carbonio si trasforma in carbonio fissato, mentre il 25% viene perso sotto forma di CO_2.

Ma come fa la RuBisCO a «decidere» se comportarsi da ossigenasi o da carbossilasi? I fattori determinanti sono tre:

1. **affinità:** la RuBisCO ha un'affinità per il CO_2 dieci volte maggiore che per l'O_2, quindi tende a favorire la fissazione del carbonio;
2. **concentrazione:** nella foglia le concentrazioni relative di CO_2 e di O_2 non sono sempre le stesse, infatti se l'ossigeno è abbondante la RuBisCO funziona da ossigenasi e avvia la fotorespirazione, invece se predomina il diossido di carbonio, l'enzima lo fissa attraverso il ciclo di Calvin;
3. **temperatura:** la fotorespirazione è più frequente alle alte temperature. Nelle giornate calde e asciutte gli stomi si chiudono per ridurre la perdita d'acqua; la loro chiusura, però, impedisce anche gli scambi gassosi. Dato che il CO_2 è consumato dalle reazioni della fotosintesi, la sua concentrazione fogliare si riduce, mentre, per la stessa ragione, aumenta quella di O_2. Quando il rapporto fra le due concentrazioni si sposta a vantaggio di O_2, l'attività ossigenasica della RuBisCO è favorita e inizia la fotorespirazione.

10 La strategia delle piante contro la fotorespirazione

Nel regno delle piante è possibile distinguere due categorie in base al modo in cui fissano il CO_2.

Le piante come la rosa, la soia, l'avena, il grano e il riso liberano come primo prodotto della fissazione del carbonio la gliceraldeide 3-fosfato (a tre atomi di carbonio), per cui prendono il nome di **piante C_3**. In queste piante le cellule del mesofillo, situate subito al di sotto della superficie fogliare, sono piene di cloroplasti ricchi di RuBisCO (figura **13**). Nelle giornate molto afose, queste piante chiudono gli stomi per limitare la disidratazione, ma così facendo favoriscono l'avvio della fotorespirazione.

Diversamente dalle piante C_3, il mais, il sorgo, la canna da zucchero e altre erbe tropicali chiudono gli stomi nelle giornate calde, ma non subiscono un rallentamento della fotosintesi e non avviano la fotorespirazione. Questo è possibile perché nelle cellule del mesofillo di queste piante è presente un enzima chiamato *PEP carbossilasi* che lega il carbonio del CO_2 a un accettore a tre atomi di carbonio, il **fosfoenolpiruvato (PEP)**, formando un composto intermedio a quattro atomi di carbonio chiamato **ossalacetato**; per questo motivo esse prendono il nome di **piante C_4** (figura **14**).

La PEP carbossilasi non svolge attività di ossigenasi ed è in grado di fissare il carbonio anche a concentrazioni molto basse di CO_2. Perciò, nei giorni caldi, quando gli stomi sono chiusi e la concentrazione fogliare di CO_2 è molto inferiore a quella di O_2, la fissazione del carbonio può procedere.

L'ossalacetato prodotto dalla PEP carbossilasi funziona come un trasportatore di carbonio; esso trasferisce CO_2 dalle cellule del mesofillo a cellule vicine, chiamate **cellule della guaina del fascio**, situate nella parte più interna della foglia e molto ricche di RuBisCO. In questo modo, la concentrazione di CO_2 all'interno delle cellule della guaina del fascio rimane abbastanza elevata da consentire al ciclo di Calvin di svolgersi normalmente, evitando la fotorespirazione.

Su scala mondiale, le piante C_3 si sono adattate alla produzione alimentare nei climi temperati, mentre le piante C_4 si sono originate e sviluppate ai tropici. Le piante C_3 sono evolutivamente più antiche delle piante C_4; infatti, mentre la fotosintesi di tipo C_3 sembra aver avuto inizio 3,5 miliardi di anni fa, le piante C_4 sono comparse solo 12 milioni di anni fa. Un fattore che ha favorito l'affermarsi della via C_4 può essere stato il declino del diossido di carbonio nell'atmosfera. Cento milioni di anni fa, durante il dominio dei dinosauri, la concentrazione atmosferica di CO_2 era quattro volte quella attuale e favoriva pertanto le piante C_3. Quando poi i livelli di CO_2 sono diminuiti, le piante C_4 hanno tratto vantaggio dalla nuova situazione.

Figura **13** **L'anatomia della foglia delle piante C_3** La disposizione delle cellule nelle foglie di una pianta C_3 come la soia o la rosa.

Figura **14** **L'anatomia della foglia delle piante C_4** La disposizione delle cellule nelle foglie di una pianta C_4 come mais e sorgo.

Figura **15** **Le crassulacee svolgono un proprio metabolismo** Le piante CAM appartengono alla famiglia delle *Crassulaceae*, che comprende oltre mille specie; sono spesso indicate come «piante succulente» perché dotate di particolari tessuti in grado di immagazzinare grandi quantità di acqua.

11 La PEP carbossilasi è utilizzata anche dalle piante CAM

Oltre alle piante C_4 esistono anche altre piante che usano la PEP carbossilasi per fissare e accumulare carbonio. Fra queste ci sono alcune piante grasse, molti cactus e l'ananas. Il metabolismo del CO_2 tipico di tali piante si chiama **metabolismo acido delle crassulacee** o **CAM**, dal nome della famiglia di piante in cui è stato scoperto (figura **15**).

Il CAM è simile al metabolismo delle piante C_4 (tabella **1**): la pianta, infatti, all'inizio fissa il CO_2 in un composto a quattro atomi di carbonio, ma in questo caso la fissazione iniziale del carbonio e il ciclo di Calvin sono due processi separati nel tempo, anziché nello spazio.

- Durante la notte, quando il clima più fresco riduce al minimo la perdita d'acqua, gli stomi si aprono. Il CO_2 si fissa nelle cellule del mesofillo formando ossalacetato, che poi si trasforma in malato, anch'esso a quattro atomi di carbonio.
- Durante il giorno, quando gli stomi si chiudono per ridurre la perdita d'acqua, il malato è trasferito ai cloroplasti; qui viene decarbossilato per produrre il CO_2 necessario per il ciclo di Calvin, mentre le reazioni della fase luminosa forniscono ATP e NADPH .

	Piante C_3	**Piante C_4**	**Piante CAM**
Usano il ciclo di Calvin?	sì	sì	sì
Accettore primario di CO_2	RuBP	PEP	PEP
Enzima responsabile della fissazione di CO_2	RuBisCO	PEP carbossilasi	PEP carbossilasi
Primo prodotto della fissazione di CO_2	3PG (a 3 atomi di carbonio)	Ossalacetato (a 4 atomi di carbonio)	Ossalacetato (a 4 atomi di carbonio)
Affinità della carbossilasi per CO_2	moderata	alta	alta
Localizzazione delle cellule fotosintetiche nella foglia	mesofillo	mesofillo e guaina del fascio	mesofillo con grandi vacuoli
Fotorespirazione	abbondante	minima	minima

Tabella **1** **Piante C_3, C_4 e CAM** Confronto tra le diverse strategie adottate dalle piante per ottimizzare la resa della fotosintesi.

RISPONDI

A Quando la RuBisCO si comporta da ossigenasi anziché da carbossilasi?
B In quali condizioni avviene la fotorespirazione?
C Qual è la differenza tra le piante C_3, C_4 e CAM?

PER SAPERNE DI PIÙ

Cromoplasti, la fonte di energia che non ti aspetti

I cromoplasti, plastidi ricchi in carotenoidi e responsabili degli intensi colori di molti frutti, fiori e radici, sarebbero molto di più di semplici magazzini di deposito di pigmenti. Uno studio dell'Università di Barcellona rivela che i cromoplasti grazie a un corredo di enzimi analogo, sono in grado di produrre ATP, guadagnandosi così il titolo di terzo organulo bioenergetico della cellula vegetale.

Dai colori dell'autunno alla respirazione cromoplastica

Che cos'hanno in comune un pomodoro maturo, una carota e le foglie di acero in autunno? La risposta sta nell'alto contenuto di carotenoidi, pigmenti che, con la loro colorazione dall'arancione al rosso più intenso, sono alla base del colore di molti frutti, fiori, radici e dell'affascinante foliage autunnale. Durante la maturazione dei frutti o l'invecchiamento fisiologico dei tessuti delle piante, la cellula vegetale produce grandi quantità di carotenoidi e li accumula all'interno dei cromoplasti.

Per molto tempo si è quindi ritenuto che i cromoplasti non fossero altro che cloroplasti invecchiati e metabolicamente inattivi. Nell'ottica generale di risparmio dei sistemi biologici, si pensava che la cellula non facesse che «riciclare» questi organuli per immagazzinare nei frutti in maturazione sostanze utili a migliorarne la qualità, come licopene, beta-carotene e molecole aromatiche.

Potete quindi immaginare la sorpresa dei ricercatori spagnoli quando, studiando piante di pomodoro (*Solanum lycopersicum*), si sono accorti che i cromoplasti, pur non contenendo clorofilla e incapaci di compiere la fotosintesi, sono dotati di tutti gli enzimi necessari a portare avanti le reazioni tipiche della catena respiratoria. A colpire l'interesse è stata soprattutto la presenza di una particolare proteina, il citocromo c6, che i cromoplasti hanno ereditato direttamente dai cianobatteri (da cui derivano, insieme ad altri plastidi e ai mitocondri, per endosimbiosi). Per analogia con le reazioni che avvengono negli altri organuli bioenergetici, la catena di reazioni che porta i cromoplasti a produrre ATP è stata battezzata «respirazione cromoplastica».

I risultati dello studio, pubblicati sulla rivista *American Journal of Plant Physiology*, riscrivono in parte i manuali di fisiologia vegetale: il modo in cui la cellula vegetale orchestra il proprio metabolismo potrebbe essere molto più complesso – ma anche molto più efficiente – di quanto immaginassimo.

Ripassa con la **SINTESI DEL CAPITOLO** (mp3 e pdf)

ZTE ONLINE Mettiti alla prova con 20 esercizi interattivi

ESERCIZI
Capitolo
B4

VERIFICA LE TUE CONOSCENZE

ASPETTI GENERALI DELLA FOTOSINTESI

1 Quale tra le seguenti affermazioni riguardanti la fotosintesi NON è corretta?

A gli zuccheri vengono sintetizzati nelle reazioni indipendenti dalla luce

B le reazioni luminose hanno luogo sulle membrane dei tilacoidi

C il CO_2 viene utilizzato nelle reazioni luminose

D le luce viene utilizzata per produrre ATP e NADPH

2 La fotosintesi

A è un processo anabolico che produce carboidrati

B può avvenire solo in presenza di ossigeno

C è un processo catabolico che demolisce carboidrati

D utilizza solo molecole di acqua come donatori di elettroni

3 L'ossigeno prodotto nella fotosintesi si forma in seguito alla

A decomposizione delle molecole di CO_2

B riduzione delle molecole di acqua

C ossidazione delle molecole di NADPH

D fotofosforilazione dell'ATP

4 Il NADPH

A è una molecola ossidata ad alta energia

B è un coenzima ridotto ad alta energia

C si ossida durante la fase luminosa

D si forma grazie all'ATP sintasi

FASE LUMINOSA

5 La clorofilla *a* presente nel fotosistema I

A emette radiazioni con lunghezza d'onda di 700 nm

B assorbe la luce verde

C si aggancia con la coda idrocarburica al tilacoide

D si riduce per effetto delle radiazioni elettromagnetiche

6 Il fotosistema II

A riduce il $NADP^+$ a NADPH

B contiene una molecola di P_{680}

C riceve fotoni dal fotosistema I

D trasmette fotoni al fotosistema I

7 La clorofilla *a* del centro di reazione

A allo stato eccitato è un buon riducente

B allo stato fondamentale cede facilmente elettroni

C per effetto della luce si trasforma in ione negativo

D si riduce reagendo con l'accettore primario

8 L'energia luminosa viene convertita in energia chimica poiché i fotoni

A riducono il $NADP^+$

B legano gruppi P all'ADP

C ossidano la clorofilla *a*

D trasformano CO_2 in O_2

FASE INDIPENDENTE DALLA LUCE

9 Le reazioni indipendenti dalla luce

A sono endoergoniche

B producono ATP

C ossidano gli zuccheri

D riducono il NADP

10 La RuBisCO è indispensabile per il ciclo di Calvin perché

A fornisce l'energia per ridurre CO_2 a RuBP

B con CO_2 forma un composto a 6 atomi di C

C catalizza la reazione di fissazione del carbonio

D riduce l'acido 3 fosfoglicerico a G3P

11 Quale tra le seguenti affermazioni riguardanti la gliceraldeide 3-fosfato NON è corretta?

A è un prodotto intermedio sia del ciclo di Calvin sia della glicolisi

B viene utilizzata quasi totalmente per la sintesi dei carboidrati

C in parte viene riconvertita in RuBP

D può essere trasformata in piruvato per la respirazione cellulare

12 Nel ciclo di Calvin le molecole di CO_2

A si uniscono producendo una molecola di glucosio

B sono ossidate e si produce una molecola di G3P

C sono organicate e si uniscono all'acido 3-fosfoglicerico

D sono unite al RuBP utilizzando l'energia del NADPH e dell'ATP

ADATTAMENTI DELLE PIANTE

13 Le piante C_3

A non svolgono il ciclo di Calvin

B presentano l'enzima PEP carbossilasi

C non compiono quasi mai la fotorespirazione

D sono spesso dei cereali come il riso e il grano

14 Le piante CAM

A aprono gli stomi di giorno

B non usano il ciclo di Calvin

C fissano il CO_2 formando ossalacetato

D hanno un metabolismo simile a quello delle piante C_3

VERIFICA LE TUE ABILITÀ

15 Leggi e completa le seguenti frasi riferite alla fotosintesi.

a. L'ossigeno prodotto deriva dalla .... dell'acqua.

b. Nella fase indipendente dalla luce gli zuccheri vengono sintetizzati utilizzando l'energia fornita da ATP e .... prodotti nella fase luminosa.

c. Negli eucarioti le reazioni della fase luminosa avvengono sulla membrana dei ....

16 Leggi e completa le seguenti frasi riferite alle reazioni della fase luminosa.

a. Ogni fotosistema comprende un centro di reazione e un sistema antenna in cui il fotone procede da una molecola di .... all'altra fino a raggiungere la molecola del centro di reazione.

b. La molecola del centro di reazione è una molecola di ....

c. Nel centro di reazione del fotosistema I è contenuta una molecola che assorbe la luce di lunghezza d'onda corrispondente a ....

17 Leggi e completa le seguenti frasi riferite alle reazioni della fase indipendente dalla luce.

a. Il ciclo di Calvin comprende tre processi: la .... del carbonio, la riduzione del 3PG e la rigenerazione del RuBP.

b. La produzione della G3P richiede due reazioni: una .... e una riduzione.

c. La G3P può essere utilizzata per ottenere piruvato per produrre .... e saccarosio.

18 Leggi e completa il seguente brano che si riferisce ai pigmenti fotosintetici.

I pigmenti sono particolari molecole che assorbono le lunghezze d'onda dello spettro ....
Negli organismi fotosintetici i pigmenti sono le clorofille, i .... e le ....

Le clorofille presentano una struttura ad .... contenente ....
Questi pigmenti .... lunghezze d'onda del blu, dotate di un'energia .... e del .... , dotate di un'energia ....

I .... captano lunghezze d'onda tra il blu e il .... e ci appaiono di colore .... , mentre le .... captano lunghezze d'onda intorno al ....

19 Scegli e motiva il completamento corretto.
La prima conseguenza dell'assorbimento della luce da parte della clorofilla è che

Ⓐ la clorofilla si ossida perdendo un elettrone
Ⓑ la clorofilla diventa un agente ossidante
Ⓒ la clorofilla si riduce perdendo un elettrone
Ⓓ la clorofilla acquista un elettrone

20 Scegli e motiva il completamento corretto, spiegando l'azione dell'enzima.
La reazione tra RuBisCO e ossigeno

Ⓐ produce direttamente acido glicerico
Ⓑ avviene grazie alla sua grande affinità per l'ossigeno
Ⓒ avviene in contemporanea con la fissazione del carbonio
Ⓓ è una via metabolica detta fotorespirazione che libera CO_2

21 Scegli e motiva il completamento corretto, spiegando le differenze tra i due fotosistemi.
Fotosistema I e fotosistema II

Ⓐ contengono rispettivamente clorofilla *a* e clorofilla *b*
Ⓑ il fotosistema II richiede fotoni con energia leggermente superiore
Ⓒ un fotosistema è nella membrana dei tilacoidi, l'altro nello stroma
Ⓓ un fotosistema è coinvolto nella fase luminosa, l'altro nel ciclo di Calvin

22 Scegli e motiva il completamento corretto, scrivendo la reazione chimica di riferimento.
La formazione di una molecola di ossigeno

Ⓐ avviene dopo la riduzione del $NADP^+$
Ⓑ avviene a livello del fotosistema II
Ⓒ avviene a livello del fotosistema I
Ⓓ è conseguenza di una reazione di riduzione di molecole di acqua

23 Scegli e motiva il completamento corretto, confrontando il metabolismo delle due categorie di piante.
Rispetto alle piante C_3, le piante C_4

Ⓐ sono capaci di sintetizzare glucosio in maniera efficiente anche nelle giornate calde dei climi tropicali
Ⓑ sono capaci di fissare con buona efficienza il carbonio in condizioni di assenza di CO_2 atmosferico
Ⓒ sono evolutivamente più antiche e adattate a grandi concentrazioni di CO_2
Ⓓ non hanno RuBisCO nelle cellule della guaina del fascio

24 **Scegli e motiva il completamento corretto.**
Una piccola parte di gliceraldeide 3-fosfato è utilizzata dalla pianta per produrre saccarosio che poi potrà essere

Ⓐ trasformato direttamente in lipidi e amminoacidi
Ⓑ trasformato in amido
Ⓒ trasformato in piruvato
Ⓓ idrolizzato a glucosio e fruttosio

TEST YOURSELF

25 **In photosynthetic electron transport, water is used to**

Ⓐ excite chlorophyll
Ⓑ reduce chlorophyll
Ⓒ hydrolyze ATP
Ⓓ oxidize NADPH

26 **In chloroplasts,**

Ⓐ light causes the thylakoid lumen to become less acidic than the stroma
Ⓑ ATP is formed when protons flow into the thylakoid lumen
Ⓒ protons actively return to the stroma through protein channels
Ⓓ proton transfer requires ATP

27 **Which statement about chlorophylls is NOT true?**

Ⓐ chlorophylls absorb light near both ends of the visible spectrum
Ⓑ chlorophylls can accept energy from other pigments, such as carotenoids
Ⓒ chlorophylls contain magnesium
Ⓓ excited chlorophylls cannot be an oxidizing agent

28 **Which statement about the Calvin cycle is NOT true?**

Ⓐ CO_2 reacts with RuBP to form 3PG
Ⓑ RuBisCO catalyzes the reaction of CO_2 and RuBP
Ⓒ the concentration of 3PG rises if the light is switched off
Ⓓ ATP and NADPH form when 3PG is reduced

29 **Photosynthesis in green plants occurs only during the day. Respiration in plants occurs**

Ⓐ all the time
Ⓑ only at night
Ⓒ only during the day
Ⓓ only when there is enough ATP

VERSO L'UNIVERSITÀ

30 **Quale tra i seguenti elementi è presente nella molecola della clorofilla?**

Ⓐ magnesio
Ⓑ manganese
Ⓒ ferro
Ⓓ cobalto
Ⓔ cadmio

[dalla prova di ammissione a Medicina Veterinaria, anno 2011]

31 **Nella fase oscura del processo fotosintetico quale/i tra le seguenti sostanze si utilizza/utilizzano?**
1) O_2
2) ATP
3) NADPH

Ⓐ tutte
Ⓑ solo 1 e 3
Ⓒ solo 2 e 3
Ⓓ solo 1 e 2
Ⓔ solo 2

[dalla prova di ammissione a Medicina e Chirurgia, anno 2013]

32 **Le piante:**

Ⓐ sono in grado di trasformare l'energia chimica in energia luminosa
Ⓑ utilizzano l'energia solare per produrre molecole organiche
Ⓒ sono organismi produttori di energia luminosa
Ⓓ sono gli unici organismi che non compiono la respirazione cellulare
Ⓔ utilizzano l'energia luminosa per produrre H_2O e CO_2

[dalla prova di ammissione a Scienze Motorie, anno 2011]

33 **Il termine «fotosintesi» indica il processo con cui gli organismi vegetali convertono l'energia luminosa in energia chimica utilizzata poi per la sintesi di composti organici altamente energetici. Indicare, tra quelli elencati, quali sono i composti utilizzati per l'accumulo di energia chimica durante la fase luminosa della fotosintesi:**

Ⓐ ATP, NADH e NADPH
Ⓑ glucosio
Ⓒ NADH e NADPH
Ⓓ ATP e NADPH
Ⓔ ATP e NADH

[dalla prova di ammissione a Medicina e Chirurgia, anno 2009]

VERSO L'ESAME

DEFINISCI

34 **Usando un linguaggio appropriato, scrivi una definizione dei seguenti termini:**
spettro elettromagnetico
spettro d'azione
carotenoidi
NADP
clorofilla P_{700}
fotofosforilazione
RuBisCO
tilacoidi

SPIEGA

35 **Spiega il meccanismo di azione di un fotone su di una molecola di clorofilla.**

RIFLETTI

36 **Perché durante l'autunno le foglie di molte piante cambiano colore? E che cosa accade nelle specie «sempreverdi»?**

DESCRIVI

37 **Descrivi l'esperimento di Calvin – Benson, eseguito negli anni Cinquanta del Novecento, ponendo attenzione alla metodologia e alla discussione dei risultati.**

RICERCA

38 Il metabolismo acido delle crassulacee fu ipotizzato per la prima volta nel 1804 dal chimico de Saussure, ma solo nel 1940 venne coniato il termine CAM.
Fai una ricerca in Rete per ricostruire le tappe storiche di questa scoperta scientifica.

RICERCA E IPOTIZZA

39 Le piante hanno sviluppato adattamenti diversi alla carenza d'acqua e alla diversa concentrazione di CO_2.
Dopo aver svolto una ricerca in Rete, spiega in che modo i cambiamenti climatici potrebbero influire sul metabolismo delle piante in diverse aree del pianeta.

ANALIZZA E DEDUCI

40 Se una pianta di mais viene illuminata in presenza di diossido di carbonio marcato con C-14 dopo qualche secondo la radioattività si trova nel carbonio dell'ossalacetato; dopo un minuto circa compare invece nel 3PG.
Analizza i dati forniti e deduci i motivi che li giustificano.

RICERCA

41 Il fatto che le piante producano ossigeno fu provato sperimentalmente da Joseph Priestly nel 1773.
Ricerca in Rete informazioni sullo scienziato e sul suo esperimento.

DEDUCI

42 In un esperimento, alcune piante di spinaci vengono fatte crescere alla luce ma in carenza di ADP e P_i; in un altro esperimento, queste sostanze sono aggiunte ma le piante vengono fatte crescere in assenza di luce.
Deduci cosa accade alle piante nei due diversi casi.

RIFLETTI E COLLEGA

43 **Dopo aver completato la tabella, confronta i processi di respirazione e fotosintesi rispondendo alle seguenti domande.**

a. Le due vie sono ossidoriduzioni, quali sostanze si ossidano e quali si riducono nei due processi?

b. La fase finale della respirazione cellulare e la fase luminosa della fotosintesi implicano il trasferimento di elettroni a un accettore finale, quali sono le differenze e quali gli aspetti comuni delle due vie?

c. In entrambi i processi si ha la chemiosomosi: esistono differenze? E se sì, quali?

	Respirazione cellulare	Fase luminosa della fotosintesi
Formula sintetica	....	....
Sede	membrana .... dei mitocondri	membrana tilacoidale dei ....
Strategia metabolica degli organismi	....	autotrofi
....	nutrienti ad alto contenuto di energia	luce solare
Tipo di trasformazione	trasferimento di energia .... dai nutrienti all'ATP	conversione di energia .... in energia chimica (ATP)
Accettore di elettroni	....	....
Destino dell'acqua	prodotta per .... di O_2	consumata per ossidazione a ....

ANALIZZA I DATI

44 **Analizza i dati che seguono e commenta.**
È possibile misurare la velocità della fotosintesi valutando la quantità di ossigeno prodotto. Normalmente viene prodotto più ossigeno quando una pianta è illuminata con luce a lunghezza d'onda di 680 nm invece che a 700 nm. Se la pianta viene illuminata con luce di entrambe le lunghezze d'onda si ha una produzione di ossigeno ancora maggiore.

CAPITOLO

B5 Biotecnologie: i geni e la loro regolazione

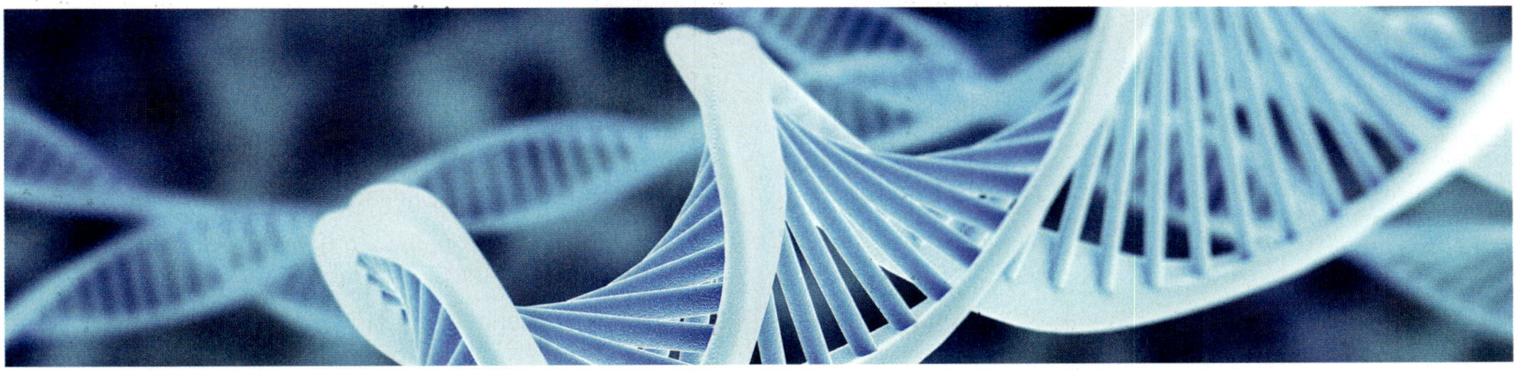

LEZIONE

1 Introduzione alla trascrizione genica

Le proteine sono il principale prodotto dell'informazione genica e i geni sono blocchi di istruzioni che ne determinano l'espressione. Non tutti i geni sintetizzano proteine, ma tutti danno origine a una molecola di RNA che ne contiene l'informazione.

LEZIONE

2 La struttura a operoni dei procarioti

Gli operoni dirigono l'espressione di più geni implicati in una stessa funzione, contengono due elementi regolatori fondamentali, ovvero il promotore e l'operatore, e si distinguono in inducibili e reprimibili.

LEZIONE

3 La trascrizione negli eucarioti

Nel corpo umano ci sono oltre duecento tipi di cellule. Tutte hanno un identico genoma, ma impiegano solo le informazioni necessarie alle specifiche funzioni grazie alla «espressione differenziale dei geni».

LEZIONE

4 La regolazione prima della trascrizione

Sono i cambiamenti epigenetici a regolare l'espressione genica. Essi includono due processi: la metilazione del DNA e la modulazione del grado di condensazione della cromatina.

LEZIONE

5 La regolazione durante la trascrizione

Il disseccamento delle piante è un esempio di risposta agli stimoli ambientali: in condizioni di siccità, una sequenza regolatrice contenuta nel promotore lega un attivatore che innesca la trascrizione simultanea di tutti i geni coinvolti.

LEZIONE

6 La regolazione dopo la trascrizione

Un tempo era diffuso il concetto «un gene, una proteina», ma ora non è più così: grazie allo splicing alternativo si possono ottenere diversi mRNA a partire dallo stesso trascritto primario.

LEZIONE

7 La regolazione della trascrizione nei virus

I batteriofagi, virus che infettano i batteri, sono caratterizzati da un ciclo litico, la fase del ciclo vitale di un virus in cui si producono nuovi virioni, e da un ciclo lisogeno, in cui il genoma virale rimane latente all'interno del batterio.

LEZIONE

8 I geni che si spostano: plasmidi e trasposoni

I plasmidi sono piccoli cromosomi mobili che passano da una cellula batterica all'altra, mentre i trasposoni sono elementi genetici che si spostano da un punto del DNA all'altro, ma sempre all'interno della stessa cellula.

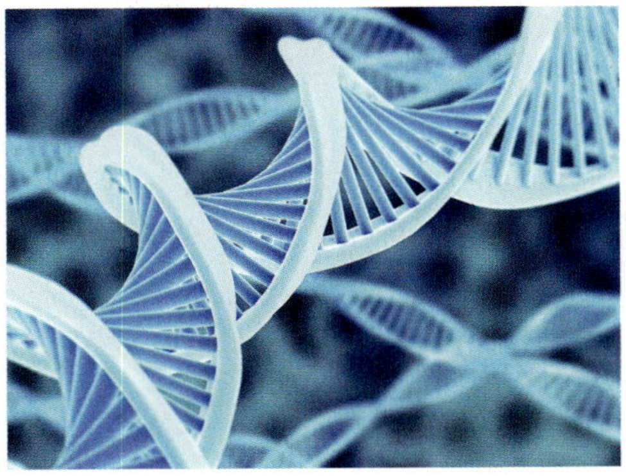

1 Introduzione alla trascrizione genica

1 I geni dirigono la sintesi dell'RNA

La vita delle cellule dipende in gran parte dall'attività degli enzimi, che rendono possibili reazioni complesse come quelle della glicolisi o della respirazione cellulare. Ma come è possibile che questi enzimi siano sempre disponibili nella quantità e nel momento opportuni? La presenza di queste biomolecole non è casuale, ma è finemente regolata a livello del DNA. Le proteine, infatti, sono il principale prodotto dell'informazione genica e i blocchi di istruzioni che ne determinano l'espressione sono i geni.

Gregor Mendel aveva già mostrato come a un determinato carattere (fenotipo) corrispondesse un'unità ereditabile (il gene). Tuttavia, ai tempi di Mendel il DNA non era conosciuto e quindi la natura fisica dei geni rimaneva un mistero. Solo mezzo secolo più tardi fu possibile dimostrare che il DNA era il materiale genetico ereditario e conteneva i geni. Ma quale era la funzione dei geni?

La risposta a questa domanda iniziò a delinearsi all'inizio del ventesimo secolo, quando il medico inglese Archibald Garrod, studiando una malattia ereditaria dei bambini chiamata *alcaptonuria*, stabilì per la prima volta una correlazione tra un difetto genetico e un'alterazione dell'attività di una proteina. L'ipotesi di Garrod fu verificata sperimentalmente negli anni Quaranta del Novecento dagli americani George Beadle e Edward Tatum, studiando l'effetto delle mutazioni nella muffa *Neurospora crassa*. I loro esperimenti (figura 1) portarono alla formulazione dell'ipotesi «un gene, un enzima» che in seguito fu ampliata in «un gene, un polipeptide», grazie anche al contributo dei colleghi

UN CASO DA VICINO

Ipotesi

Ogni gene produce un enzima della via metabolica.

Metodo

Si posizionano le spore (cellule singole che si dividono per produrre colonie di muffa) di ogni ceppo mutante incapace di sintetizzare l'amminoacido arginina su un substrato minimo, con o senza supplementi.

Risultati

Se un organismo non può convertire un dato composto in un altro, presumibilmente manca dell'enzima richiesto per tale conversione e la mutazione si trova nel gene che codifica per quell'enzima.

Conclusione

Ogni gene specifica un particolare enzima.

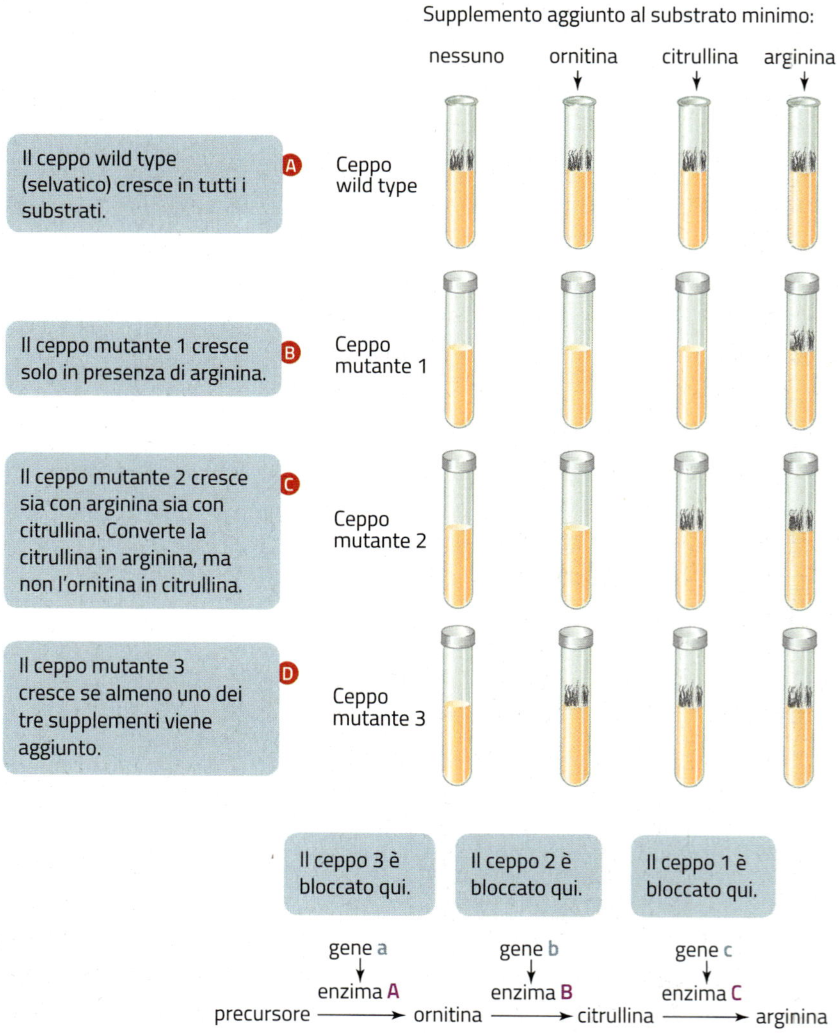

Figura 1 **Un gene, un polipeptide** L'esperimento di Beadle e Tatum su ceppi mutanti di *Neurospora* permise di dimostrare che ogni enzima della via metabolica per la sintesi dell'arginina è codificato da un gene distinto.

Adrian Srb e Norman Horowitz. Per la loro scoperta, Beadle e Tatum ricevettero il premio Nobel nel 1958.

Oggi, a oltre sessant'anni di distanza, sappiamo che in realtà numerosi geni non danno come prodotto una proteina; tutti quanti, però, danno origine a una molecola di **RNA** che ne contiene l'informazione. Oltre agli **RNA messaggeri** che verranno tradotti in proteine, esistono infatti **RNA strutturali**, come gli RNA ribosomali e altri **RNA non codificanti** che svolgono ruoli di regolazione dell'espressione dei geni, come vedremo in questo capitolo (tabella **1**). Quindi, alla luce delle conoscenze attuali, la definizione più corretta di gene è stata corretta:

Un **gene** è la porzione di DNA che contiene le informazioni per sintetizzare uno specifico RNA; il trasferimento dell'informazione genetica dal DNA all'RNA è detto **trascrizione genica**.

TI RICORDI?

La **duplicazione** è il meccanismo cellulare attraverso cui viene prodotta una copia del DNA; questo processo avviene ogni volta che una cellula si divide.

PER CAPIRE MEGLIO
video:
La duplicazione del DNA

PER CAPIRE MEGLIO
video:
DNA replication

Tipo di RNA	Sigla	Sede dell'attività	Ruolo
RNA ribosomiali	rRNA	citoplasma (ribosoma)	legano gli mRNA e i tRNA; sono implicati nella sintesi proteica
RNA messaggeri	mRNA	citoplasma	trasferiscono l'informazione genetica
RNA transfer	tRNA	citoplasma	adattatori tra mRNA e amminoacidi
microRNA	miRNA	nucleo e citoplasma	regolano la trascrizione e la traduzione
piccoli RNA interferenti	siRNA	nucleo e citoplasma	regolano gli altri RNA
piccoli RNA nucleari	snRNA	nucleo	mediano la maturazione dell'mRNA

Tabella **1** **Gli RNA degli eucarioti** Elenco di alcune categorie di RNA eucariotici, con indicati il distretto in cui agiscono e la funzione che svolgono.

2 L'espressione dei geni è finemente regolata

Solo una piccola parte dei 4000 geni di un batterio o dei 25 000 geni del genoma umano viene espressa in una cellula in un determinato momento. La richiesta di alcuni prodotti genici può variare nel tempo; la necessità di produrre gli enzimi di specifiche vie metaboliche, per esempio, può cambiare in base alla disponibilità di risorse alimentari.

In altri casi, la specializzazione delle funzioni cellulari può influenzare notevolmente la richiesta dei diversi prodotti genici. Un esempio è costituito dall'emoglobina negli eritrociti (figura **2**): dato l'elevato costo energetico della sintesi delle proteine, è essenziale che l'espressione dei geni per l'emoglobina sia attentamente regolata.

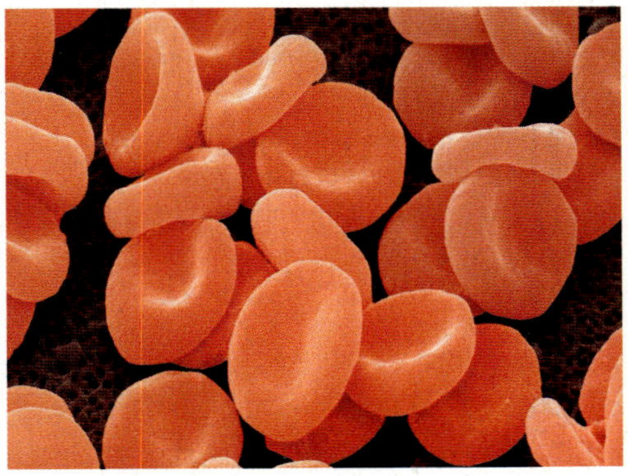

Figura **2** **La specializzazione cellulare comporta modifiche sostanziali in alcune cellule** Gli eritrociti maturi e sani non hanno un nucleo e neppure il DNA, per cui la sintesi di tutta l'emoglobina necessaria deve avvenire prima che il differenziamento sia stato completato.

La concentrazione cellulare di una proteina è determinata da un delicato bilanciamento di numerosi processi, ciascuno sottoposto a diversi meccanismi di regolazione:

1. rimodellamento della cromatina;
2. trascrizione;
3. modificazioni post-trascrizionali dell'mRNA;
4. degradazione dell'RNA messaggero;
5. sintesi delle proteine (traduzione).

Fra questi processi, quelli che operano all'inizio della trascrizione sono quelli meglio conosciuti. Esistono poi altri meccanismi di controllo che agiscono direttamente sulle proteine, come le modificazioni post-traduzionali e i processi di degradazione.

I geni che codificano proteine costantemente necessarie alla cellula, come quelli per gli enzimi della glicolisi, sono espressi a un livello pressoché costante in tutte le cellule di un organismo: questi geni sono chiamati **geni costitutivi** (in inglese, *housekeeping genes*).

I livelli cellulari di altri prodotti genici, invece, aumentano e diminuiscono in risposta a vari segnali molecolari; in questo caso si parla di **espressione genica regolata**. I prodotti genici la cui concentrazione aumenta in determinate circostanze sono detti **inducibili** e il processo responsabile dell'aumento dell'espressione dei geni che li codificano è chiamato **induzione**. Al contrario, i prodotti genici la cui concentrazione diminuisce in risposta a certi segnali molecolari sono chiamati **reprimibili** e la riduzione dell'espressione dei geni che li codificano è detta **repressione**.

A COLPO D'OCCHIO

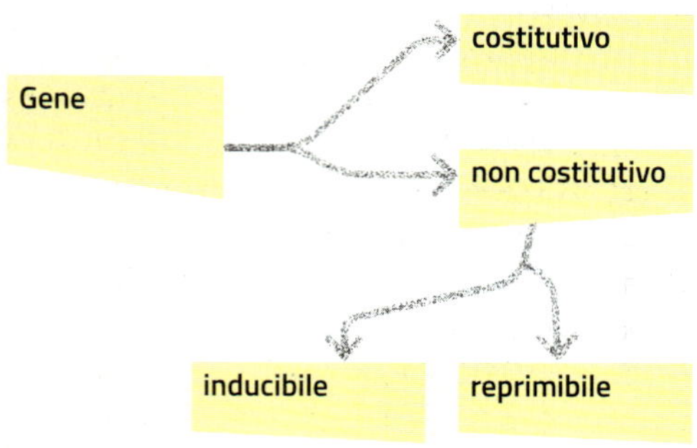

L'unità di trascrizione e i fattori di regolazione

La trascrizione ha inizio quando l'enzima RNA polimerasi si lega al DNA in corrispondenza di sequenze specifiche chiamate **promotori**; questi siti determinano il punto di inizio della trascrizione e sono posizionati a monte del gene che deve essere trascritto. I **terminatori**, invece, sono i siti che segnalano alla RNA polimerasi che la trascrizione di quel particolare gene è terminata.

La sequenza di DNA compresa tra un promotore e il suo terminatore è detta **unità di trascrizione**.

Da un'unità di trascrizione è sintetizzato uno specifico RNA; nei batteri e nei virus, un'unità di trascrizione può contenere anche più di un gene.

L'espressione dei geni di un'unità di trascrizione è regolata da **fattori di trascrizione** proteici che si legano al DNA. I fattori di trascrizione sono di tre tipi:

- i **fattori di specificità** determinano l'affinità dell'RNA polimerasi per il promotore, permettendone il riconoscimento specifico;
- i **repressori** impediscono l'accesso dell'RNA polimerasi al promotore;
- gli **attivatori** favoriscono l'interazione dell'RNA polimerasi con il promotore.

In alcuni casi l'attivatore o il repressore si legano al DNA solo dopo avere interagito con una molecola segnale; le molecole segnale possono quindi aumentare o diminuire la trascrizione in base al loro effetto sull'attivatore o sul repressore.

Utilizzando in maniera alternata attivatori e repressori, le cellule modulano in modo molto preciso il livello di espressione dei loro geni (figura 3). In genere questi sistemi sono organizzati secondo un ordine gerarchico detto **cascata trascrizionale**: pochi attivatori accendono una batteria di geni, che producono altri fattori che a loro volta regolano l'espressione di un numero sempre maggiore di geni.

Figura 3 **Regolatori positivi e negativi dell'espressione genica** (A) I repressori inibiscono il legame dell'RNA polimerasi al promotore, (B) mentre gli attivatori lo favoriscono; in questo modo è possibile controllare la trascrizione, e quindi l'espressione, di un determinato gene.

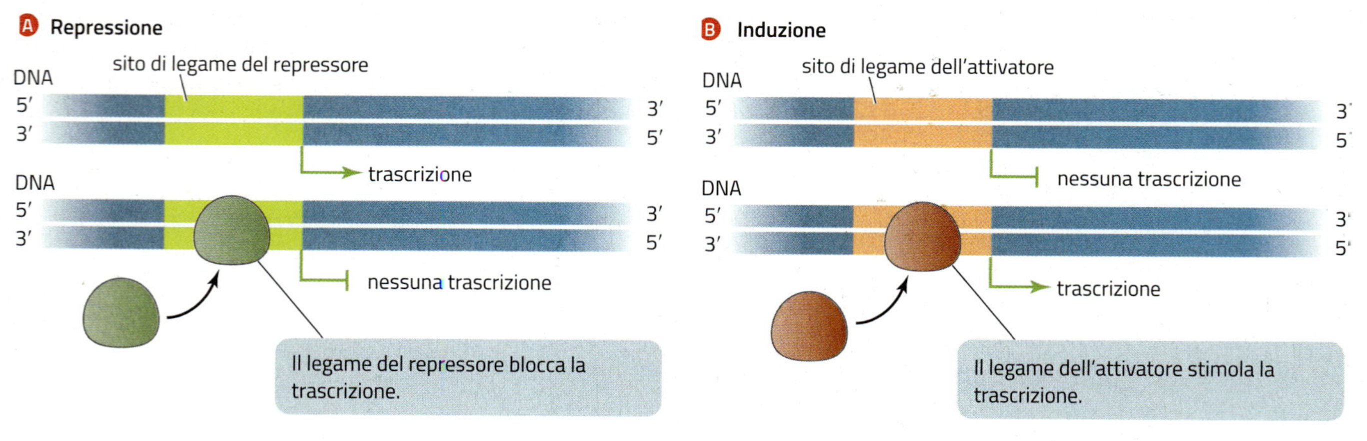

RISPONDI

- **A** Che cosa si intende per trascrizione genica?
- **B** Qual è il ruolo del promotore?
- **C** Qual è la differenza tra repressori e attivatori?

PER SAPERNE DI PIÙ

Lo studio dell'espressione genica negli organismi modello

Studiare i meccanismi con cui i geni vengono regolati richiede la possibilità di manipolarne l'espressione, per poter registrare gli effetti sulla vita e sullo sviluppo dell'organismo. A questo scopo si utilizzano degli **organismi modello**, ovvero specie facili da studiare che consentono di estendere le conoscenze acquisite agli organismi appartenenti allo stesso regno o dominio. Le principali caratteristiche che devono possedere questi organismi sono due:

1. presentare un **ciclo vitale breve**, questo consente di studiare facilmente l'effetto della manipolazione dei geni sulle generazioni successive;
2. essere **facilmente manipolabili** in condizioni sperimentali, ovvero necessitare di condizioni di crescita riproducibili in laboratorio e, per gli organismi a riproduzione sessuata, essere facili da incrociare o da modificare geneticamente.

I procarioti: *E. coli* e *B. subtilis*

Tra i procarioti, l'organismo modello per eccellenza è il batterio *Escherichia coli* (abbreviato *E. coli*), comune abitante dell'intestino animale; un altro batterio molto utilizzato è il *Bacillus subtilis* che vive nel suolo (figura A). Il loro genoma è lungo circa 4 milioni di paia di basi ed è contenuto in un unico cromosoma circolare.

La maggior parte delle nostre informazioni sui genomi eucariotici deriva invece dal lievito *Saccharomyces cerevisiae*, dal nematode *Caenorhabditis elegans*, dal moscerino della frutta *Drosophila melanogaster* e dalla pianta *Arabidopsis thaliana*. Questi organismi sono stati scelti perché la loro genetica è ben conosciuta e perché rappresentano grandi gruppi di organismi.

Il lievito *S. cerevisiae*

Il lievito costituisce il modello eucariotico di base; si tratta di un organismo unicellulare che possiede 16 cromosomi con 4,6 milioni di paia di basi e 6275 geni codificanti proteine.

La differenza più evidente tra il genoma del lievito e quello di *E. coli* è il numero di geni per il trasporto delle proteine agli organuli; sia il lievito sia i batteri usano infatti lo stesso numero di geni per portare avanti le funzioni di base della cellula, ma la suddivisione in compartimenti tipica della cellula eucariotica richiede una maggiore quantità di geni. Questi dati ci confermano che la cellula eucariotica è strutturalmente più complessa di quella procariotica.

Il nematode *C. elegans*

Il nematode *Caenorhabditis elegans*, un verme lungo circa 1 mm che vive nel suolo, fu scelto negli anni Sessanta del Novecento come modello per studiare la pluricellularità e lo sviluppo negli eucarioti. Il suo corpo trasparente è formato da circa 1000 cellule e si sviluppa da un uovo fecondato in circa 3 giorni. Nonostante il piccolo numero di cellule, il nematode possiede un sistema nervoso, digerisce il cibo, si riproduce sessualmente e invecchia.

Il suo genoma, lungo circa 100 milioni di paia di basi, è otto volte più grande di quello di *Saccharomyces cerevisiae* e ha 3,3 volte più geni codificanti (il numero esatto è 20 470). Gli studi hanno mostrato che il nematode può sopravvivere in laboratorio solo con il 10% dei suoi geni; tutto il resto del genoma garantisce la sopravvivenza in un ambiente non protetto come quello del laboratorio. Rispetto agli organismi unicellulari, inoltre, gli organismi pluricellulari devono possedere geni per tenere le cellule unite a formare i tessuti e per regolare il differenziamento e la comunicazione cellulare.

Il moscerino *D. melanogaster*

Gli studi sui moscerini della frutta hanno permesso di formulare molti dei principi di base della genetica. Il moscerino (figura B) è un organismo molto più grande e complesso di *C. elegans*, e non ci sorprende che anche il suo genoma sia più grande (circa 140 milioni di paia di basi). Tuttavia, la dimensione del genoma non è necessariamente correlata al numero di geni codificati: infatti, il genoma del moscerino della frutta contiene meno geni (15 016) di quello del nematode.

La pianta *A. thaliana*

I genomi di alcune piante sono enormi: il genoma del mais è circa 3 miliardi di paia di basi e quello del grano è di 16 miliardi. Così, nonostante siamo più interessati ai genomi delle piante che usiamo per il cibo e per i tessuti, gli scienziati hanno scelto di sequenziare per prima una pianta più semplice.

Arabidopsis thaliana è un membro della famiglia della senape: è piccola, facile da manipolare e ha un genoma di 125 milioni di paia di basi che contiene circa 25 498 geni codificanti proteine. Molti di questi geni però sono duplicati e originati da riarrangiamenti cromosomici; quando si sottraggono i geni duplicati dal numero totale rimangono circa 15 000 geni unici, un numero simile a quello del moscerino della frutta. Molti dei geni trovati negli animali hanno geni equivalenti nelle piante, suggerendo che piante e animali abbiano un antenato comune.

Tuttavia, *Arabidopsis* e le altre piante possiedono alcuni geni esclusivi del mondo vegetale: i geni coinvolti nella fotosintesi, nel trasporto dell'acqua, nell'assemblaggio della parete cellulare, nell'assorbimento e nel metabolismo delle sostanze inorganiche e nella sintesi di molecole utilizzate per la difesa dai patogeni e dagli erbivori.

Figura **Organismi modello**
(A) *Bacillus subtilis* è un batterio Gram-positivo, utilizzato come organismo modello dei procarioti in alternativa a *E. coli*, un batterio Gram-negativo; *Drosophila melanogaster*. **(B)** Il moscerino della frutta, è il più usato come organismo modello degli eucarioti pluricellulari insieme a C. elegans. Attualmente si conosce esattamente la sequenza del genoma di tutti i principali organismi modello, e anche di molti altri.

2 La struttura a operoni dei procarioti

3 Gli operoni dirigono l'espressione di più geni

Nei procarioti, i geni che svolgono funzioni correlate sono organizzati in operoni. Gli operoni permettono la regolazione coordinata di più geni all'interno di una via metabolica in risposta a stimoli esterni o alle condizioni intracellulari.

La scoperta degli operoni si deve agli studi dei microbiologi francesi François Jacob e Jaques Monod. I due ricercatori studiarono nel genoma di *E. coli* l'unità di trascrizione dei geni che codificano gli enzimi per il metabolismo del lattosio, ovvero l'**operone *lac***.

Gli **operoni** sono unità trascrizionali presenti nei procarioti e permettono l'espressione di più geni implicati in una stessa funzione.

Un operone contiene due elementi regolatori fondamentali:

- un **promotore** da cui parte la trascrizione di tutti i geni dell'operone in un unico mRNA che porterà alla sintesi di più proteine;
- un **operatore** costituito da una sequenza di DNA posta in prossimità del promotore che lega fattori di trascrizione di natura proteica.

Il promotore dei procarioti è formato da due tratti di DNA chiamati **sequenze consenso**. Queste sequenze sono posizionate rispettivamente 35 nucleotidi e 10 nucleotidi a monte (ovvero verso l'estremità 5′) del primo nucleotide che viene trascritto. L'elemento a –35 ha sequenza 5′-TTGACAT-3′; l'elemento a –10 ha sequenza 5′-TATAAT-3′ed è anche chiamato **sequenza di Shine-Dalgarno**, dal nome dei suoi scopritori (figura **4**).

Le sequenze consenso costituiscono il sito di riconoscimento specifico per la RNA polimerasi batterica, un enzima formato da cinque subunità: quattro subunità formano il *core*, in cui risiede l'attività catalitica dell'enzima; la quinta subunità, detta **fattore sigma** (σ), è una proteina regolatrice che conferisce alla RNA polimerasi la capacità di legarsi alle sequenze consenso del promotore e agisce quindi come fattore di specificità. Gli operoni si distinguono in due gruppi: inducibili e reprimibili.

PER CAPIRE MEGLIO
video:
Coltura batterica su piastra Petri

LE PAROLE

Il termine **operone** deriva dall'inglese «operator» e si riferisce al meccanismo di regolazione basato sulla presenza della sequenza operatore.

Gli operoni inducibili: l'operone *lac*

L'operone *lac* è un esempio di **operone inducibile** perché la regolazione è operata da un repressore che normalmente è legato all'operatore e blocca la trascrizione. In presenza di lattosio, nella cellula si accumula un suo metabolita, l'allolattosio, che funziona da induttore. L'allolattosio si lega al repressore, impedendo il legame con l'operatore. In questo modo il promotore diventa accessibile per la RNA polimerasi e la trascrizione dei geni può iniziare. La produzione dei tre enzimi codificati dall'operone *lac* porta alla degradazione del lattosio: mano a mano che la concentrazione dell'induttore diminuisce, questo non riesce più a bloccare il repressore, che torna a spegnere la trascrizione (figura **5**).

PER RIPASSARE
video:
L'operone *lac*

Gli operoni reprimibili: l'operone *trp*

Un esempio di **operone reprimibile** è l'**operone *trp***, che regola l'espressione dei geni per la sintesi dell'amminoacido triptofano. L'operone *trp* contiene un operatore che normalmente non è legato al suo repressore. Quando nella cellula si accumula un eccesso di triptofano, e quindi non è più necessario produrlo, è l'amminoacido stesso a fungere da **co-repressore** legandosi al repressore e conferendogli la capacità di legare l'operatore. Così il promotore dell'operone *trp* viene bloccato e la trascrizione si arresta. Quando il triptofano è esaurito, la via biosintetica riprende (figura **6**).

PER RIPASSARE
video:
L'operone *trp*

RISPONDI

A Come è strutturato un operone procariotico?
B Qual è il ruolo del promotore?
C Qual è la differenza tra l'operone *lac* e l'operone *trp*?

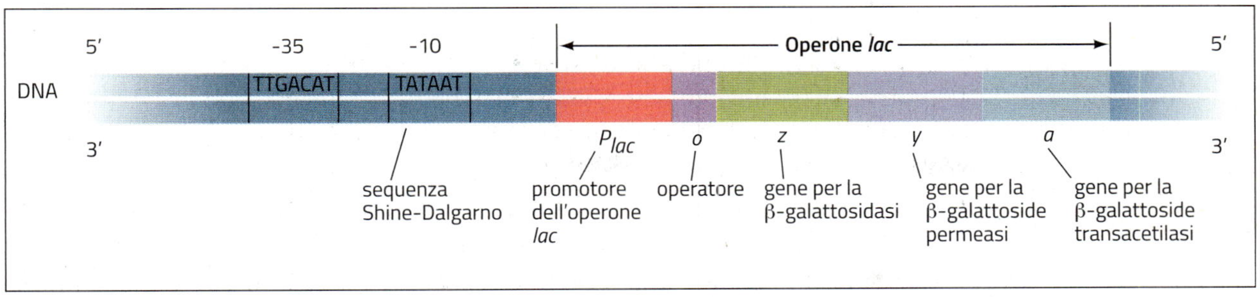

Figura 4 L'operone *lac* La struttura presenta i geni per tre enzimi, un operatore e un promotore; a monte si trovano due sequenze consenso utili come siti di riconoscimento per la RNA polimerasi.

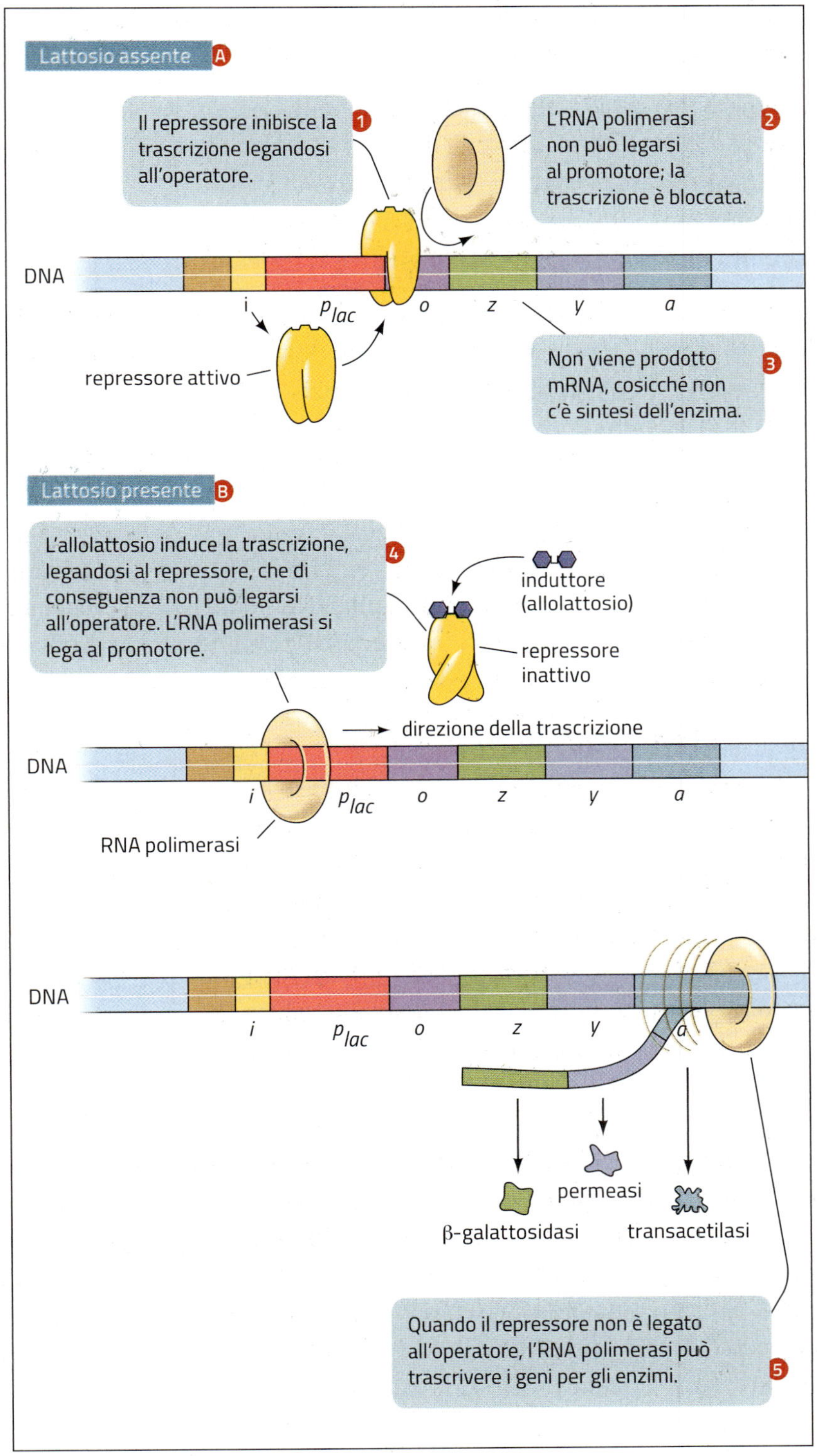

Figura 5 Il sistema inducibile dell'operone *lac* (A) In assenza di lattosio, la sintesi degli enzimi è bassa; (B) in presenza di lattosio, un suo metabolita (allolattosio) si lega al repressore, inibendone la funzione: rimosso il blocco, la sintesi degli enzimi si attiva.

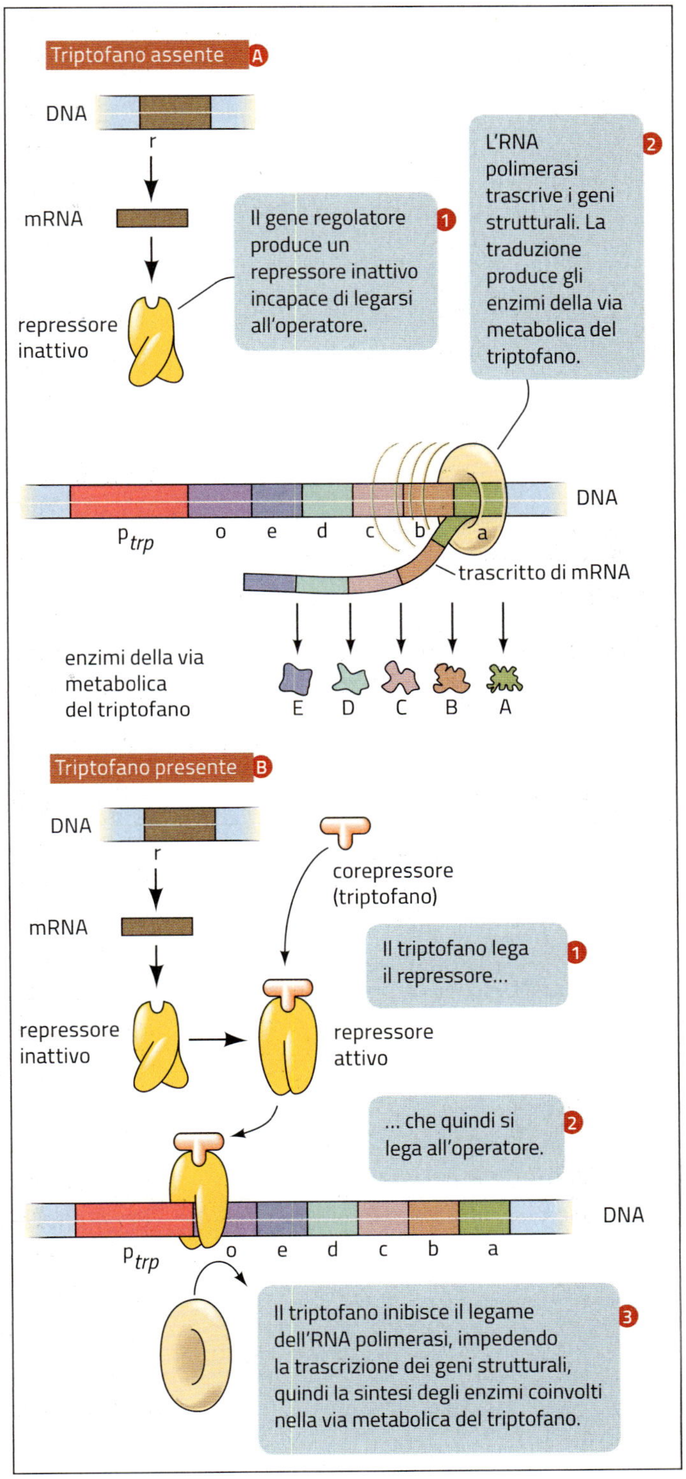

Figura 6 Il sistema reprimibile dell'operone *trp* (A) In assenza di triptofano, il repressore è incapace di legarsi e la trascrizione si attiva; (B) in presenza di triptofano, il repressore si lega all'operatore, interrompendo la sintesi dell'amminoacido.

3 La trascrizione negli eucarioti

4 Gli organismi eucarioti possiedono tre tipi di RNA polimerasi

Negli eucarioti, l'espressione dei geni deve soddisfare le esigenze di un metabolismo più complesso rispetto a quello procariotico. Nel corpo umano, per esempio, sono presenti almeno duecento tipi differenti di cellule, che si organizzano in tessuti, organi e apparati. Tutte le cellule possiedono un identico corredo genetico, derivato dal DNA dello zigote; ognuna di esse però, nel corso della vita, impiega solo le informazioni necessarie alle proprie funzioni. Questo fenomeno è chiamato **espressione differenziale dei geni** ed è possibile grazie all'attivazione di specifiche cascate trascrizionali nei diversi tessuti del corpo.

Le cellule eucariotiche possiedono tre differenti RNA polimerasi, ciascuna deputata alla trascrizione di specifici gruppi di geni:
- la **RNA polimerasi I** trascrive i geni per gli RNA ribosomali (rRNA);
- la **RNA polimerasi II** trascrive la maggior parte dei geni eucariotici;
- la **RNA polimerasi III** è specifica per i geni degli RNA transfer (tRNA).

A differenza dell'enzima procariotico, le RNA polimerasi eucariotiche non sono in grado di legarsi direttamente al promotore, ma richiedono la presenza di fattori di trascrizione che si associano con esse per formare il **complesso trascrizionale basale**.

In generale, i promotori dei geni eucariotici sono più complessi di quelli procariotici e contengono sia sequenze riconosciute dal complesso basale, sia sequenze specifiche per altri fattori accessori (tabella 2).

Tabella 2 **Confronto tra la trascrizione dei procarioti e degli eucarioti** Il livello di complessità negli eucarioti è superiore a quello dei procarioti e implica un maggior numero di proteine e fattori coinvolti.

	Procarioti	Eucarioti
Localizzazione di geni correlati	uniti in operoni	distanti uno dall'altro con promotori separati
RNA polimerasi	una	tre
Promotori e altre sequenze regolatorie	pochi	molti
Inizio della trascrizione	legame della RNA polimerasi al promotore	legame di molte proteine, inclusa l'RNA polimerasi

5 La scelta di una particolare RNA polimerasi dipende dai fattori trascrizionali

La maggior parte dei promotori eucariotici possiede una sequenza di DNA posta circa 25 paia di basi a monte del sito di inizio della trascrizione: la **TATA box**. Il nome è dovuto al fatto che questa sequenza è ricca di timine e adenine. La TATA box è analoga alla sequenza Shine-Dalgarno dei promotori procariotici.

La TATA box è riconosciuta dal fattore proteico **TBP** (*TATA box Binding Protein*) che facilita il legame delle RNA polimerasi. Al TBP si associano poi altre proteine regolatrici, specifiche per ognuna delle tre RNA polimerasi.

La TATA box è una sequenza comune ai promotori di molti geni eucariotici, che viene riconosciuta da parecchi fattori di trascrizione presenti in tutte le cellule di un organismo. Esistono poi altre sequenze consenso che sono presenti solo in pochi geni e sono riconosciute da fattori di trascrizione specifici; questi fattori si ritrovano solo in certi tipi di cellule o a certi stadi del ciclo cellulare, oppure si attivano in risposta a segnali cellulari o ambientali.

PER CAPIRE MEGLIO
video:
La trascrizione del DNA

PER CAPIRE MEGLIO
video:
Transcription

6 Il legame del TBP modifica la struttura del DNA

Legandosi alla TATA box, il TBP induce una distorsione della doppia elica del DNA (figura 7). Questo cambiamento conformazionale è fondamentale per l'avvio della trascrizione, poiché porta le sequenze a monte e a valle della TATA box nelle immediate vicinanze della TBP e facilita il legame dei fattori del complesso trascrizionale basale.

Il legame del TBP al DNA avviene principalmente per interazione con il solco minore della doppia elica del DNA, che è presente sotto forma di cromatina complessata con gli istoni. Ciascun ottamero istonico lega la doppia elica mascherando il solco minore. Un'elevata densità di istoni, come quella presente nella cromatina compatta, inibisce la trascrizione, perché impedisce il legame del TBP al solco minore. Al contrario, le regioni di DNA che vengono trascritte presentano una struttura della cromatina più rilassata che consente il legame del TBP. Vedremo più avanti come la modulazione della struttura della cromatina, attraverso modificazioni strutturali degli istoni, sia un importante meccanismo di regolazione dell'espressione genica.

La modifica conformazionale del DNA è però solo uno dei requisiti fondamentali per l'inizio della trascrizione. Per esempio, l'attivazione della RNA polimerasi II richiede l'associazione sequenziale di numerosi fattori, come nel caso del TBP, che si associa ad altre undici subunità per formare un complesso chiamato **TFIID**. Il legame di TFIID al promotore rappresenta il primo passaggio per assemblare il complesso di trascrizione della RNA polimerasi II. Successivamente il complesso di trascrizione è completato dal legame degli altri fattori, tra cui quello responsabile dell'apertura della doppia elica, che espone il filamento stampo (figura 8).

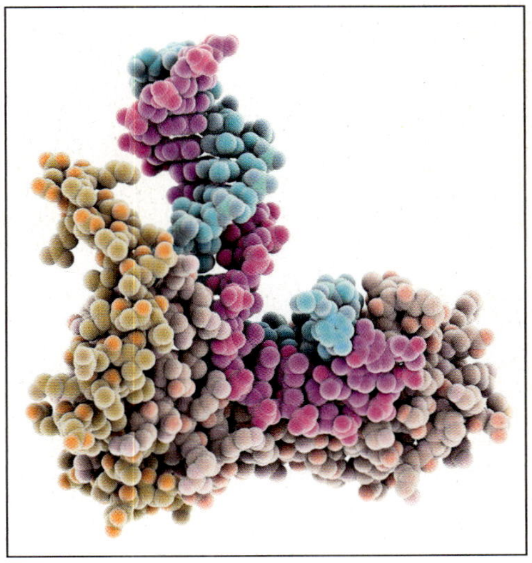

Figura 7 **Il legame del TBP alla TATA box** Il fattore proteico TBP (in beige) interagisce con il DNA a livello della sequenza TATAbox: il legame porta alla deformazione e al ripiegamento della doppia elica (in fucsia e azzurro).

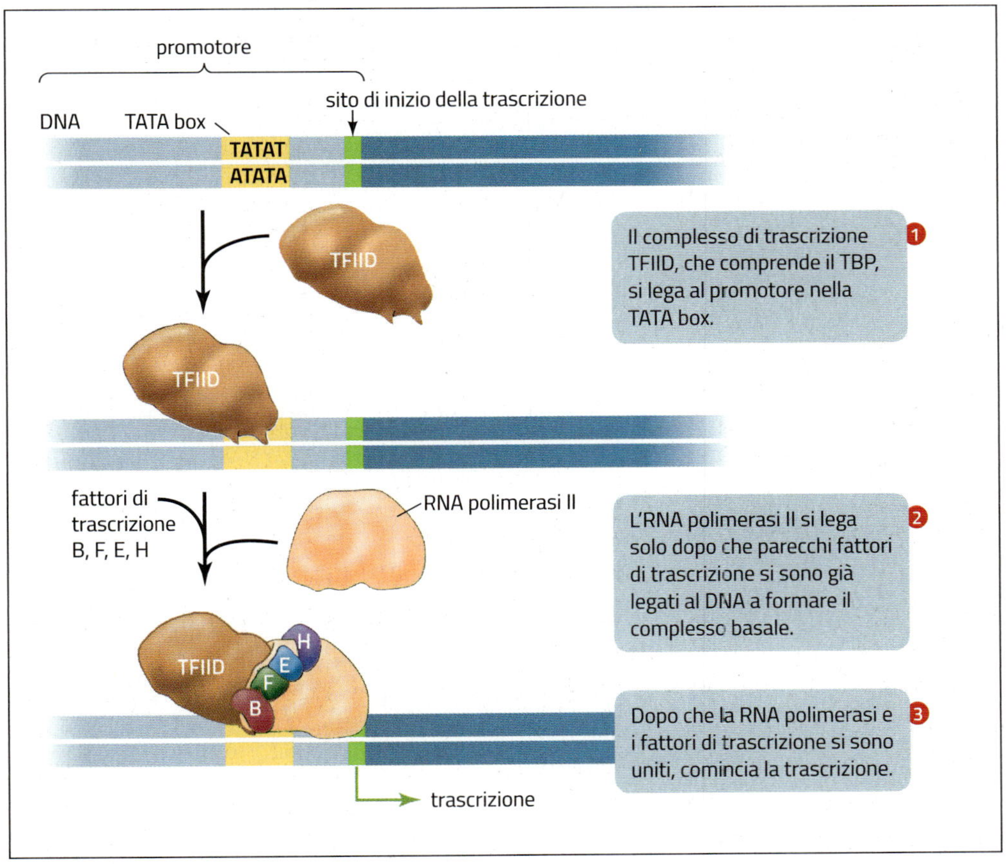

Figura 8 **La formazione del complesso basale negli eucarioti** L'avvio della trascrizione richiede la partecipazione, oltre che della RNA polimerasi II, di molti fattori di trascrizione.

RISPONDI

A Quante sono le RNA polimerasi eucariotiche e in che cosa si distinguono?
B Che cos'è la TATA box e perché è importante?
C Che cosa sono i fattori trascrizionali e qual è la loro funzione?

4 La regolazione prima della trascrizione

LE PAROLE

Il termine **epigenetica** deriva dal greco *epì* (sopra) e *gennetikós* (ereditario): indica un'informazione ereditaria che non dipende dalla sequenza del DNA (cioè dall'ordine in cui si susseguono i nucleotidi), bensì dalla sua organizzazione strutturale.

7 I cambiamenti epigenetici regolano l'espressione genica

Come puoi vedere nella figura **9**, la regolazione dell'espressione genica può avvenire in vari punti del processo di trascrizione e traduzione. Alcuni meccanismi regolatori agiscono prima della trascrizione, alcuni durante e altri ancora dopo.

I meccanismi che agiscono prima della trascrizione coinvolgono la struttura della cromatina e dei cromosomi. A metà del secolo scorso, il genetista Conrad Hal Waddington coniò il termine «epigenetica».

L'**epigenetica** è lo studio dei cambiamenti che variano l'espressione genica senza alterare la sequenza del DNA.

I cambiamenti epigenetici includono due processi: la *metilazione del DNA* e la *modulazione del grado di condensazione della cromatina*. Entrambi sono reversibili, ma talvolta sono stabili ed ereditabili.

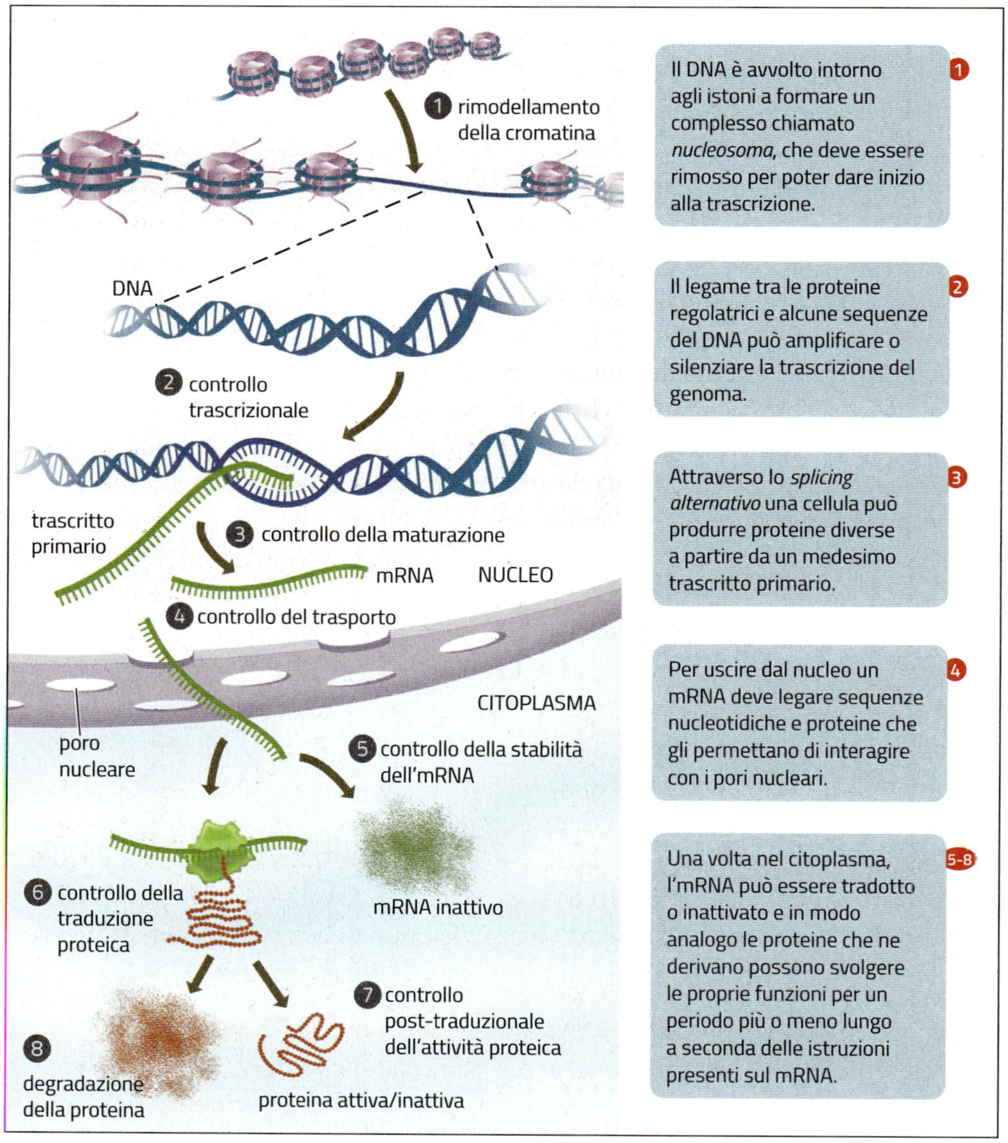

Figura **9** **Diversi punti di regolazione dell'espressione genica** L'espressione genica può essere regolata prima (1), durante (2 e 3) o dopo la trascrizione (4 e 5), durante la traduzione (6) o dopo la traduzione (7 e 8).

La metilazione del DNA

Nei diversi organismi, una percentuale variabile delle citosine presenti nel DNA è modificata in metilcitosina per addizione di un gruppo metilico. Questa aggiunta è catalizzata dall'enzima *DNA metiltransferasi* e generalmente avviene sulle citosine adiacenti alle guanine. Le regioni ricche di queste doppiette CG sono chiamate **isole CpG** e sono molto abbondanti nei promotori.

Qual è l'effetto della metilazione del DNA? Durante la duplicazione e la trascrizione, la metilcitosina si comporta come una normale citosina e si appaia con la guanina. La presenza di numerosi gruppi metilici su un promotore attrae repressori che si legano al DNA metilato: di conseguenza i geni metilati tendono a essere inattivi (figura **10**).

La **metilazione del DNA** avviene nel promotore e silenzia la trascrizione. Questa forma di regolazione genica è epigenetica perché agisce sull'espressione senza alterare la sequenza del DNA.

La metilazione delle citosine è ereditabile: quando il DNA viene duplicato, un enzima specifico catalizza la formazione di metilcitosina nel nuovo filamento in formazione. Tuttavia, il processo è reversibile; la cellula può modulare il grado di metilazione del proprio DNA grazie all'enzima *demetilasi*, che rimuove il gruppo metilico dalla citosina.

La metilazione del DNA è importante durante lo sviluppo; quando uno spermatozoo entra in una cellula uovo, molti geni sono demetilati prima nel genoma maschile e poi in quello femminile. Così i geni inattivi sono espressi al momento dello sviluppo embrionale.

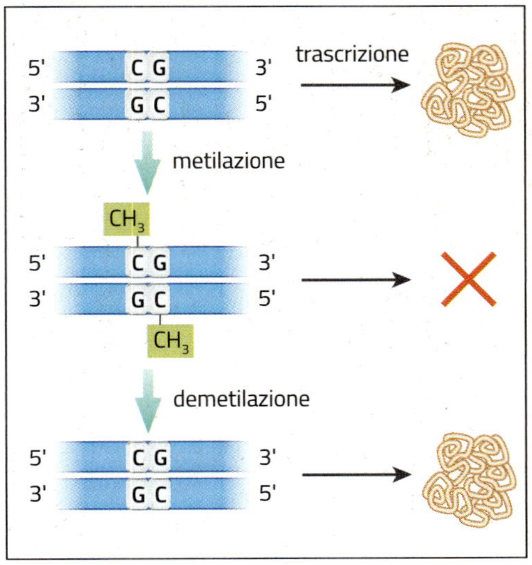

Figura **10** **La metilazione del DNA** La presenza di molti gruppi metile sul promotore di un gene silenzia la trascrizione, ma la demetilazione può indurre la sintesi proteica.

Le modificazioni delle proteine istoniche

Nelle cellule eucariotiche il DNA è densamente compattato nella cromatina grazie alla presenza delle proteine istoniche. Studiando la struttura della cromatina, si è notato che il DNA è presente in due stati di condensazione differenti. Una forma più aperta, detta **eucromatina**, è tipica dei geni attivamente trascritti, e una più compatta, detta **eterocromatina**, in cui la trascrizione è repressa. La transizione tra forma aperta e compatta della cromatina dipende da due modificazioni chimiche degli istoni: l'**acetilazione** e la **metilazione**.

Gli istoni possiedono all'estremità N-terminale una «coda» lunga circa 20 amminoacidi che sporge all'esterno del nucleosoma. Questo dominio è ricco di amminoacidi carichi positivamente, soprattutto lisine, che interagiscono con le cariche negative del DNA avvolto attorno al nucleosoma: tali interazioni mantengono la struttura della cromatina nella forma compatta. Quando gli enzimi *istone acetilasi* aggiungono dei gruppi acetile, carichi negativamente, alle lisine delle code istoniche, il legame tra gli istoni e il DNA si allenta: si genera così la forma aperta della cromatina. L'acetilazione degli istoni favorisce quindi la trascrizione. Una volta trascritto, il DNA può ricompattarsi in eterocromatina grazie alle *istone deacetilasi*, che rimuovono i gruppi acetile (figura **11**).

Al contrario, la metilazione inibisce la trascrizione aumentando il grado di condensazione del DNA: questa avviene ad opera degli enzimi *istone metiltransferasi* che legano gruppi metile alle lisine. Anche questo legame è reversibile grazie all'azione delle *istone demetilasi*.

Uno stesso istone può contenere diverse combinazioni di gruppi acetile e metile; a seconda del tipo di istone e degli amminoacidi coinvolti, queste combinazioni influenzano l'efficienza con cui un particolare tratto di DNA viene trascritto. Si viene in questo modo a formare un **codice istonico** che si sovrappone al codice genetico che risiede nella sequenza di DNA. Alcune modificazioni degli istoni permangono durante la meiosi e sono ereditate dalle cellule figlie.

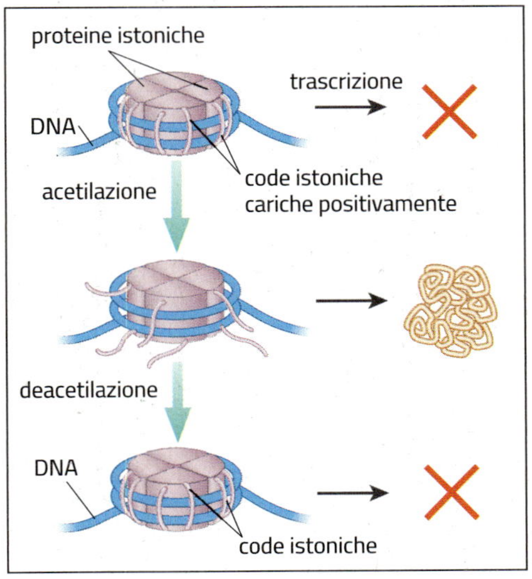

Figura **11** **L'acetilazione degli istoni** La presenza di gruppi acetile sugli istoni è uno dei meccanismi con cui i segnali epigenetici regolano l'espressione genica, modulando il livello di compattezza del DNA.

I **cambiamenti del codice istonico** trasmissibili da una generazione alla successiva costituiscono una forma di informazione epigenetica alternativa alla metilazione del DNA.

È importante ricordare che tutte queste modifiche, sebbene siano ereditabili, non cambiano l'*informazione genetica* (la sequenza del DNA), ma solo l'*accessibilità*, cioè la possibilità che una certa informazione venga espressa.

RISPONDI

A Che cosa si intende per modificazione epigenetica?

B Quali sono le più comuni modificazioni epigenetiche?

5 La regolazione durante la trascrizione

8 L'efficienza della trascrizione è modulata da specifici fattori proteici

Come nel caso dei promotori procariotici, anche in quelli eucariotici sono presenti delle sequenze che regolano l'espressione dei geni. Tra le sequenze più importanti per modulare l'espressione dei geni eucariotici c'è il gruppo degli **enhancer** o *intensificatori* che possono trovarsi anche molto a monte del promotore. La loro caratteristica è quella di contenere un elevato numero di siti di legame per gli stessi attivatori che legano il promotore.

Il legame degli stessi fattori trascrizionali sia al promotore sia all'enhancer promuove un cambiamento strutturale della cromatina che si ripiega e porta in contatto l'enhancer con il promotore; i fattori trascrizionali funzionano da ponte perché stabilizzano il ripiegamento. In questo modo, in prossimità del promotore si verifica un'elevata concentrazione di attivatori che, a loro volta, sono in grado di reclutare altri fattori di trascrizione. Il complesso basale assemblato al promotore in contatto con l'enhancer risulta così molto più efficiente rispetto a un promotore che ne sia privo (figura 12).

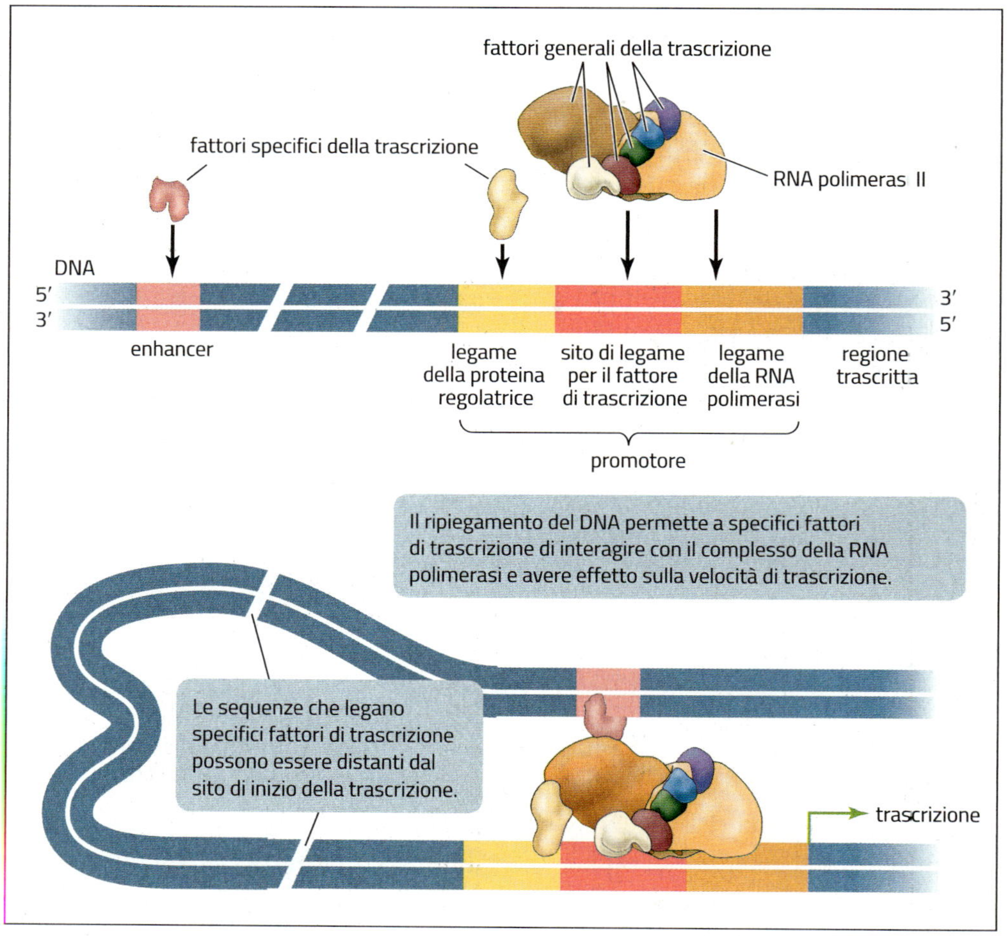

Figura 12 **L'inizio della trascrizione negli eucarioti** Il ripiegamento della molecola di DNA permette alle sequenze enhancer di interagire con il complesso della RNA polimerasi.

9 La coordinazione dell'espressione di più geni

In che modo le cellule eucariotiche coordinano la regolazione di più geni la cui trascrizione deve essere attivata contemporaneamente?

Negli eucarioti i geni con funzioni correlate non sono organizzati in operoni come nei procarioti, ma possono trovarsi molto lontani sullo stesso cromosoma o anche su cromosomi diversi. In tal caso, la regolazione è possibile qualora i promotori di questi geni contengano le stesse sequenze regolatrici, pronte a legarsi ai medesimi attivatori. Un esempio di questo fenomeno è la risposta di un organismo agli stimoli ambientali, per esempio la risposta delle piante alla siccità.

In condizioni di stress idrico, la pianta sintetizza una serie di proteine i cui geni si trovano dispersi per tutto il genoma. Il loro promotore contiene un'identica sequenza regolatrice, detta **elemento di risposta allo stress** (SRE), che lega un attivatore capace di innescare la trascrizione simultanea di tutti i geni coinvolti (figura **13**).

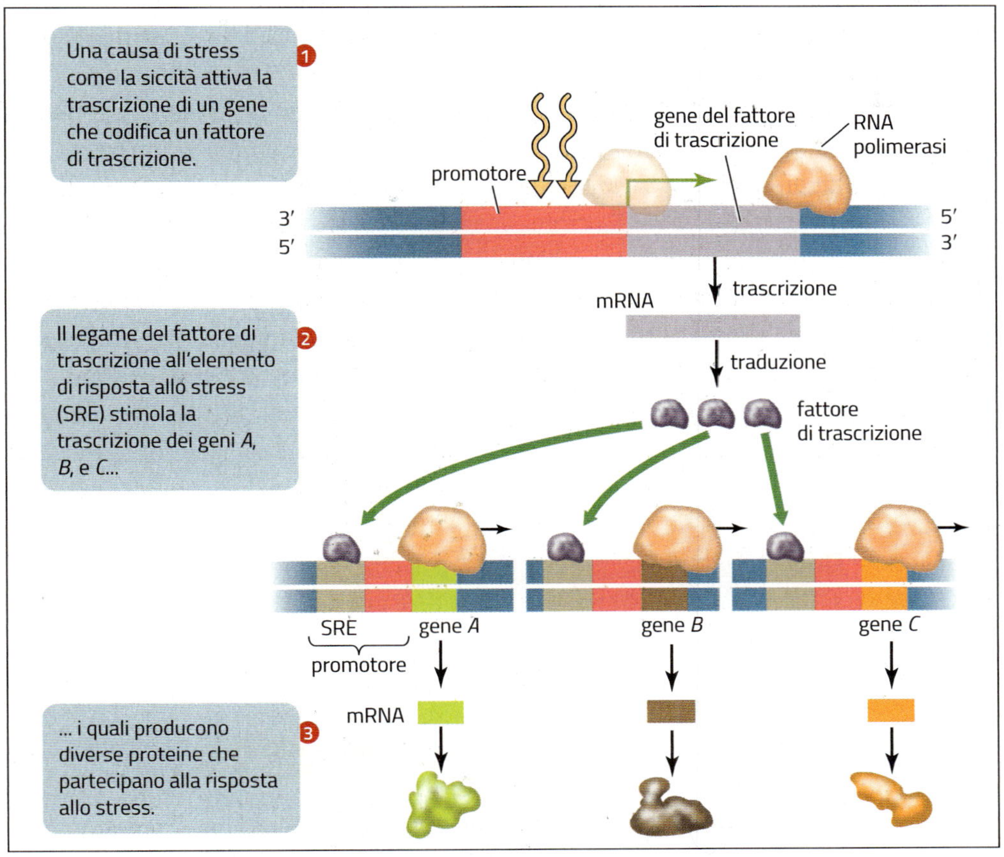

Figura **13** **L'espressione coordinata e differenziale dei geni negli eucarioti** Specifici fattori di trascrizione permettono di coordinare l'espressione di più geni che codificano per proteine coinvolte nella stessa funzione (per esempio, la risposta alla siccità).

RISPONDI

- **A** Come avviene la regolazione durante la trascrizione negli eucarioti?
- **B** Quale funzione svolgono gli enhancer negli eucarioti?
- **C** In che modo le cellule vegetali rispondono allo stress idrico?

PER SAPERNE DI PIÙ

L'amplificazione selettiva dei geni

Un altro sistema con cui una cellula può sintetizzare un certo prodotto genico in quantità maggiori rispetto a un'altra cellula è di fare più copie del relativo gene e trascriverle tutte. La creazione di più copie di un gene al fine di aumentare la velocità di trascrizione viene definita **amplificazione genica**.

I geni che codificano tre dei quattro tipi di RNA ribosomiale umano sono raggruppati in un'unica unità trascrizionale, ripetuta centinaia di volte nel genoma in modo da fornire un elevato numero di stampi per la sintesi di rRNA; l'rRNA infatti è il tipo di RNA più abbondante nella cellula. In certi casi, però, una ripetizione di questa entità è insufficiente a soddisfare i fabbisogni della cellula.

Le uova delle rane e dei pesci, per esempio, devono disporre di miliardi di ribosomi per far fronte alla massiccia sintesi proteica che segue la fecondazione. Nella cellula destinata a diventare una cellula uovo, il gruppo genico per gli rRNA è presente in meno di 1000 copie che, anche lavorando al massimo, impiegherebbero 50 anni per produrre un miliardo di ribosomi. Come mai alla fine l'uovo contiene così tanti ribosomi (e quindi tanto rRNA)?

La cellula risolve il problema amplificando selettivamente il gruppo di geni per gli rRNA, fino a fargli superare il milione di copie che, trascritte alla massima velocità, sono appena sufficienti per produrre in pochi giorni il miliardo di ribosomi necessario.

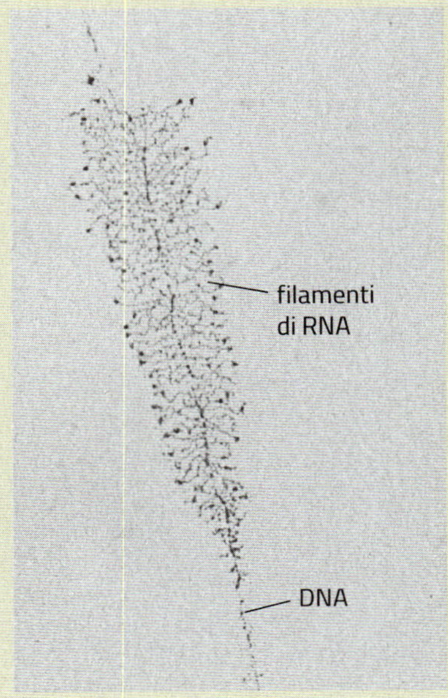

6 La regolazione dopo la trascrizione

LE PAROLE

Splicing deriva dall'inglese *to splice* che significa «tagliare».

PER CAPIRE MEGLIO video: Lo splicing

PER CAPIRE MEGLIO video: Splicing

PER CAPIRE MEGLIO video: La sintesi proteica

PER CAPIRE MEGLIO video: Protein synthesis

10 Gli RNA eucariotici subiscono un processo di maturazione

I geni eucariotici contengono sequenze codificanti, gli *esoni*, inframmezzate da tratti di DNA non codificanti chiamati *introni*. Quando la RNA polimerasi trascrive un gene, dal promotore fino alla sequenza di terminazione, la molecola di mRNA prodotta contiene sia le sequenze esoniche sia quelle introniche. Questo mRNA è detto **trascritto primario** o **pre-mRNA**.

Tuttavia l'informazione genetica che dovrà essere utilizzata, per esempio per essere tradotta in una proteina, è contenuta solo negli esoni. Per questo il trascritto primario deve andare incontro a un processo di maturazione che elimini gli introni (figura **14**).

Il meccanismo di eliminazione degli introni dal trascritto primario avviene nel nucleo e prende il nome di **splicing**.

Lo splicing avviene ad opera di un complesso detto **spliceosoma** (figura **15**) costituito da ribonucleoproteine (cioè proteine legate a RNA) e da diversi fattori proteici. Questo complesso taglia gli introni dal trascritto primario e cuce tra loro le estremità degli esoni, producendo l'mRNA maturo. I confini tra esoni e introni sono segnalati da speciali sequenze consenso dette **giunzioni di splicing**. Le giunzioni di splicing sono riconosciute e legate da ribonucleoproteine dette **snRNP** (si pronuncia «snurp» e deriva dall'inglese *small nuclear RiboNucleoProteins*).

Le snRNP si legano al trascritto primario mentre questo viene generato dalla RNA polimerasi. Alcune snRNP contengono al loro interno un piccolo RNA la cui sequenza è complementare alla giunzione di splicing presente al 5′ del confine tra esone ed introne. Altre snRNP riconoscono invece le sequenze delle giunzioni poste al 3′ del confine. In questo modo due snRNP adiacenti identificano, a livello della giunzione di splicing, il punto esatto in cui il trascritto primario deve essere tagliato. Alle snRNP si associano poi le altre componenti dello spliceosoma, i **fattori di splicing**, che operano la reazione di taglio e cucitura, generando un pre-mRNA privo di introni.

Per ottenere un mRNA maturo, però, mancano ancora due passaggi (figura **16**):

- l'aggiunta di una guanina trifosfato metilata all'estremità 5′ del primo nucleotide del trascritto primario, a formare una struttura detta cappuccio (o **cap**);
- l'aggiunta all'estremità 3′ del trascritto di un tratto di circa 200 adenine, detto **coda poli-A**.

Queste modificazioni rendono stabile l'mRNA maturo e ne facilitano il legame con i ribosomi. A questo punto l'mRNA maturo lascia il nucleo attraverso i pori nucleari grazie a un sistema di trasporto attivo mediato da particolari proteine dette **esportine**.

Figura **14** **La maturazione del trascritto negli eucarioti** Prima di essere esportato nel citoplasma, il trascritto è processato per mezzo dello splicing.

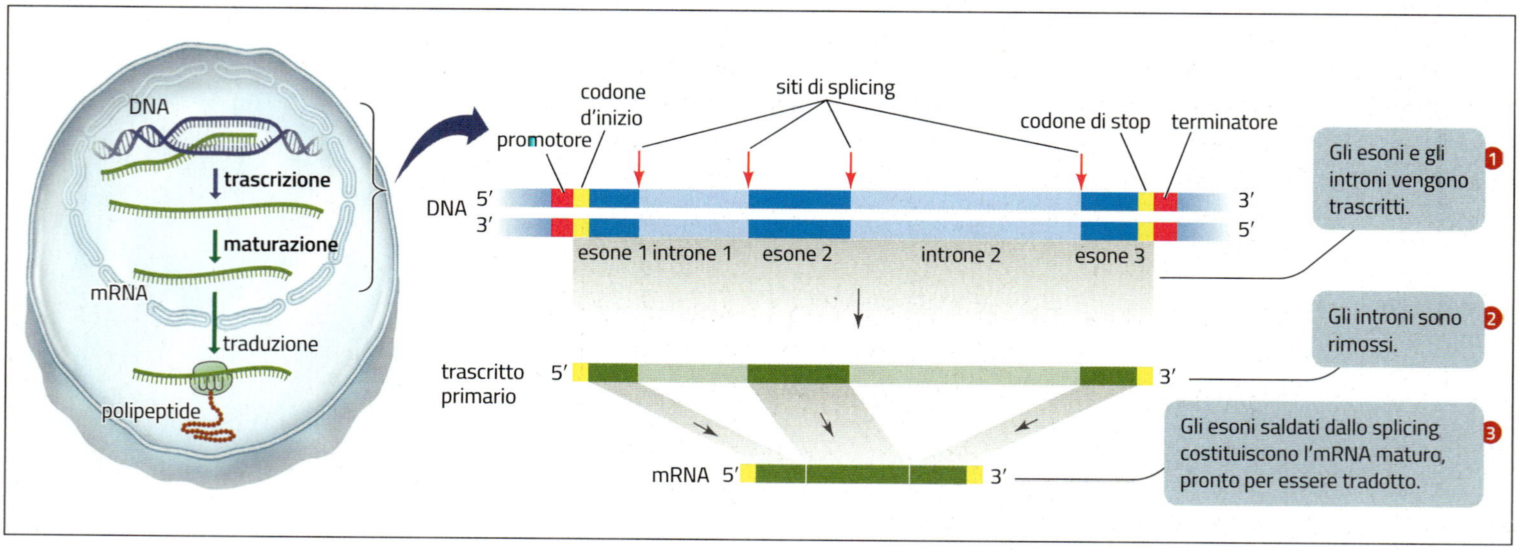

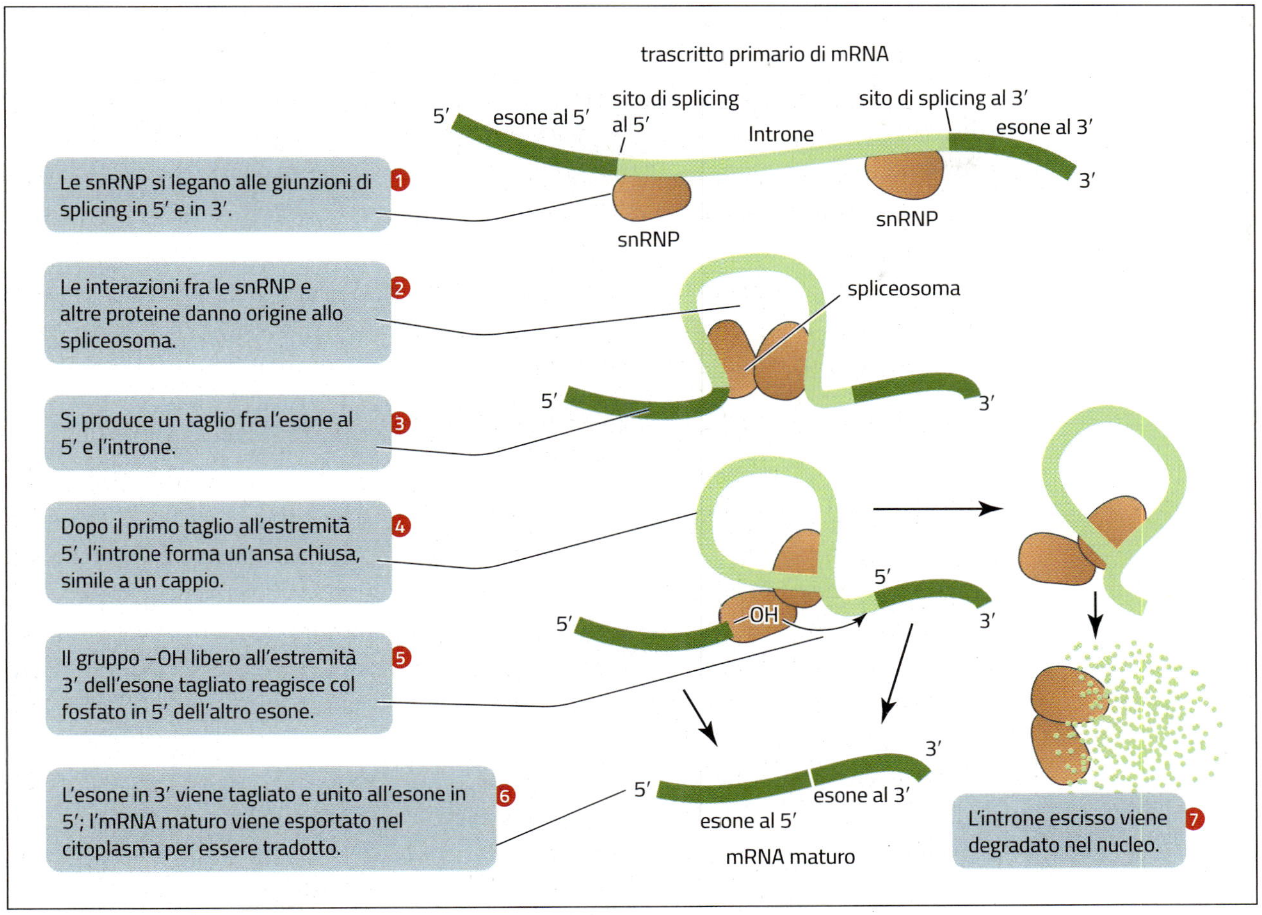

Figura **15**
Lo spliceosoma Le snRNP che riconoscono e legano le giunzioni di splicing sono costituite da un piccolo RNA e fino a 20 proteine. Ad esse si associano altre 70 proteine per formare lo spliceosoma, uno dei complessi ribonucleoproteici più grandi presenti nelle cellule eucariotiche.

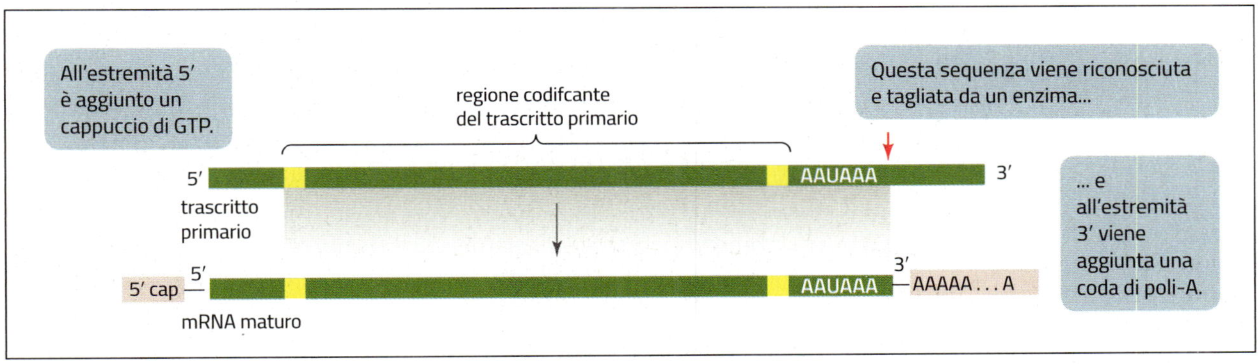

Figura **16**
Dal trascritto primario all'mRNA maturo Prima di uscire dal nucleo, al trascritto primario viene attaccato un cap all'estremità 5′ e una coda di poli(A) all'estremità 3′.

11 Lo splicing alternativo aumenta il contenuto informazionale del genoma

Gli esoni contengono l'informazione per la sintesi delle diverse porzioni che compongono una proteina. Nelle cellule, in molti casi sono uniti insieme solo alcuni esoni di un gene, mentre altri non vengono usati. In questo modo, da un unico trascritto primario è possibile ottenere mRNA con diverse combinazioni di esoni, i quali verranno tradotti in altrettante proteine differenti. Questo meccanismo ricorda i mattoncini da costruzione, che possono essere combinati per realizzare diverse forme.

Il meccanismo che permette di ottenere diversi mRNA a partire dallo stesso trascritto primario prende il nome di **splicing alternativo** e ha la funzione di amplificare il potenziale codificante del genoma eucariotico.

Grazie allo splicing alternativo, a partire dai 20 000 geni eucariotici non si ottengono solo 20 000 proteine, ma molte di più (si stima oltre 100 000). In questo senso la vecchia definizione «*un gene, una proteina*» non è più valida.

Lo splicing alternativo si basa sulla possibilità di utilizzare solo alcune giunzioni di splicing, ignorandone altre. Nei geni eucariotici, in prossimità delle giunzioni di splicing canoniche, esistono anche **giunzioni alternative di splicing** riconosciute da snRNP diverse rispetto a quelle che operano lo splicing classico. La frequenza con cui queste snRNP riconoscono le giunzioni alternative determina in che percentuale il trascritto primario genererà un mRNA contenente tutti gli esoni o le sue versioni alternative, mancanti di uno o più esoni (figura **17**).

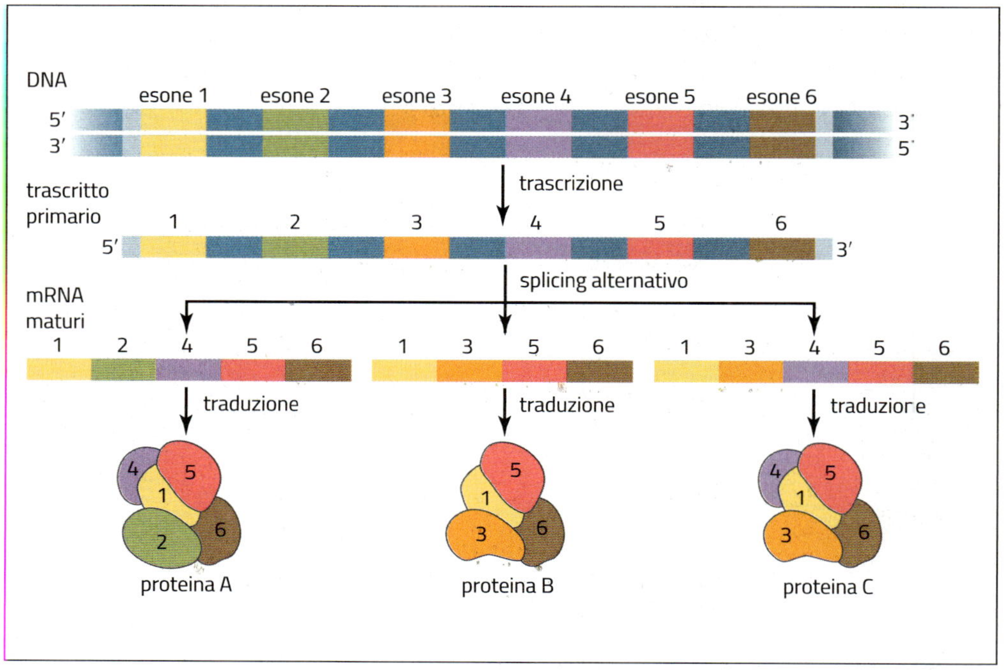

Figura **17** **Lo splicing alternativo** Negli eucarioti uno stesso trascritto primario può essere processato in modi diversi: partendo dallo stesso trascritto primario lo spliceosoma può riunire gli esoni in modi alternativi, portando a proteine differenti.

12 Gli RNA non codificanti regolano l'espressione genica

Nel genoma umano solo il 5% delle sequenze di DNA corrisponde a esoni; tuttavia oggi sappiamo che quasi tutto il DNA viene trascritto. Gli RNA prodotti a partire dalle porzioni del DNA che non codificano per proteine sono detti **RNA non codificanti**. Se ne conoscono diverse classi, tra cui di particolare interesse sono i *microRNA* (*miRNA*) e i *piccoli RNA interferenti* (*siRNA*). I miRNA e i siRNA sono presenti in tutti gli eucarioti, ma esistono piccoli RNA con funzione analoga anche nei batteri.

PER SAPERNE DI PIÙ

I **siRNA** sono un sistema difensivo delle cellule eucariotiche contro le infezioni virali, ma a loro volta alcuni virus hanno sviluppato contromosse utili a scavalcare questa difesa, che agiscono sulle proteine o direttamente sui siRNA.

I microRNA

I **miRNA** (figura **18A**) sono trascritti da sequenze di DNA sparse per tutto il genoma: oggi se ne conoscono oltre 5000, ma ne vengono continuamente descritti di nuovi. Il trascritto primario detto **pri-miRNA** (microRNA primario) è lungo qualche centinaio di nucleotidi e si ripiega su se stesso a formare una forcina. Il pri-miRNA viene legato da un complesso enzimatico nucleare che taglia le estremità della molecola lasciando intatta la struttura a forcina centrale; si genera così un **pre-miRNA** (microRNA precursore) lungo circa 70 nucleotidi. Il pre-miRNA viene esportato nel citoplasma dove si associa a un altro complesso enzimatico che elimina la maggior parte della forcina, lasciando un singolo filamento di circa 20 nucleotidi che costituisce il miRNA maturo. Il complesso citoplasmatico guida poi il miRNA ad appaiarsi a quegli mRNA che presentano alle estremità 5′ o 3′ una sequenza complementare. Questo appaiamento è il segnale che indirizza l'mRNA verso la degradazione. Se non viene degradato, l'RNA bersaglio del miRNA può essere bloccato attraverso l'inibizione della sua traduzione. I miRNA, quindi, sono un meccanismo di **controllo negativo** dell'espressione genica.

I piccoli RNA interferenti

I **siRNA** (figura **18B**) sono processati dagli stessi apparati enzimatici dei miRNA ma, a differenza di questi ultimi, sono trascritti solitamente a partire da DNA esogeno; in particolare, i siRNA sono prodotti durante le infezioni virali. Molti virus possiedono un genoma a RNA la cui duplicazione genera lunghe molecole di RNA a doppio filamento, che normalmente non esistono nelle cellule eucariotiche. Questi lunghi RNA vengono convertiti in corti RNA a singolo filamento che costituiscono i siRNA e che si appaieranno alle sequenze complementari presenti sugli mRNA virali, bloccandone la traduzione.

Oggi è possibile sintetizzare in laboratorio siRNA specifici per tutti gli mRNA cellulari. Una volta introdotti nelle cellule, questi impediranno l'espressione del loro mRNA bersaglio. Questa tecnologia è detta **silenziamento genico**.

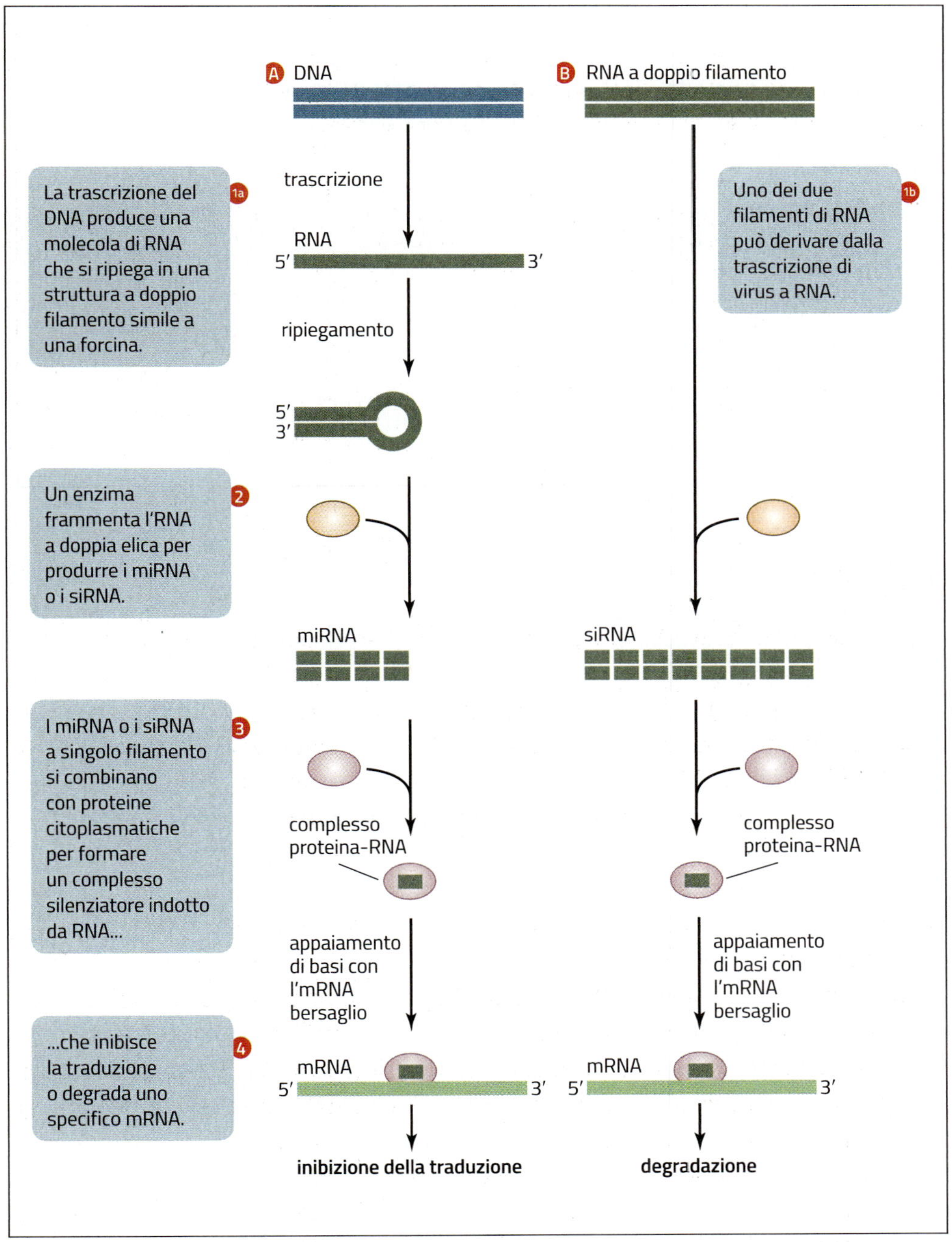

Figura **18** **La regolazione negativa degli RNA non codificanti** miRNA (A) e siRNA (B) sono importanti meccanismi di regolazione dell'espressione genica, che inibiscono la traduzione degli RNA a cui si legano.

RISPONDI

- **A** A cosa serve lo splicing?
- **B** Che cosa si intende con splicing alternativo?
- **C** Che cosa sono gli RNA non codificanti?

7

La regolazione della trascrizione nei virus

13 I virus: caratteristiche generali

I virus sono piccoli agenti infettivi che invadono le cellule e le trasformano in fabbriche per produrre altri virus; sono infatti parassiti endocellulari obbligati, che non possono riprodursi al di fuori della cellula ospite. La maggior parte delle particelle virali, chiamate **virioni**, è costituita da pochi componenti:

- il materiale genetico (DNA o RNA);
- un rivestimento proteico che protegge il materiale genetico, detto *capside*;
- in alcuni casi, un involucro lipidico, detto *pericapside*.

Poiché in genere i genomi virali sono molto piccoli, con una quantità d'informazione genetica assai limitata, i virus dipendono in larga misura dalle proteine della cellula ospite per completare il loro ciclo vitale.

Una volta raggiunta una cellula adatta, i virus entrano al suo interno, perdono il proprio involucro e prendono possesso della macchina di duplicazione cellulare. I virus che descriveremo nei prossimi paragrafi infettano i batteri e per questo sono detti **batteriofagi** o **fagi** (figura **19**).

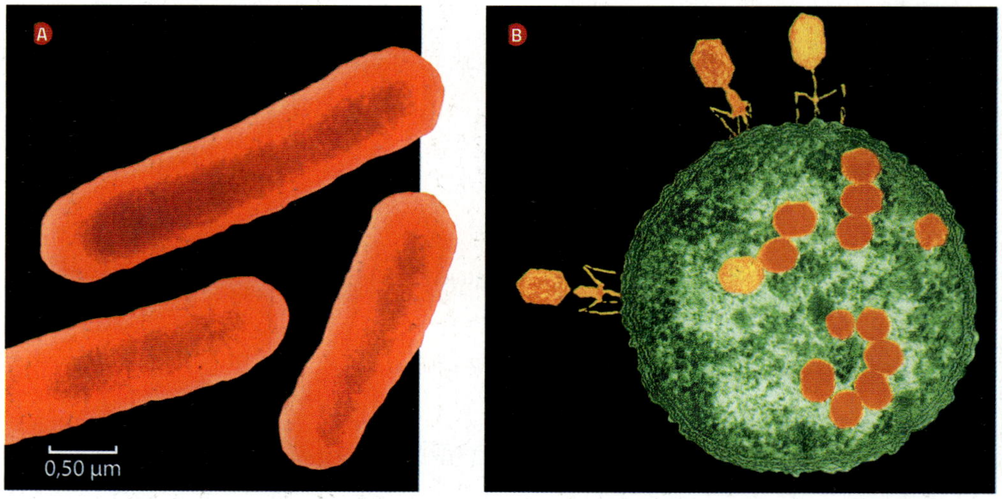

Figura **19** **I batteriofagi** (A) Le cellule del batterio *E. coli* possono essere attaccate da virus chiamati batteriofagi. (B) La sezione trasversale del batterio (in verde) mostra sia i fagi attaccati alla parete di *E. coli*, sia le nuove particelle virali in replicazione all'interno del batterio (in giallo-arancione).

LE PAROLE

Il termine **batteriofago** deriva dalla radice del verbo greco *fagein*, «mangiare». Letteralmente significa «divoratore di batteri».

14 Il ciclo litico e il ciclo lisogeno nel fago λ

Molti virus sono in grado di alternare una fase di produzione di nuovi virioni, che spesso causa la morte cellulare, a una fase di latenza, in cui il genoma virale permane nella cellula ospite senza produrre nuovi virus.

La fase del ciclo vitale di un virus in cui si producono nuovi virioni costituisce il **ciclo litico**, mentre la fase in cui il genoma virale rimane latente all'interno del batterio è detta **ciclo lisogeno**.

L'alternanza tra queste due fasi richiede una precisa regolazione dell'espressione di specifiche batterie di geni virali, che studieremo prendendo come modello il fago λ che infetta *Escherichia coli*.

Il ciclo litico

Il **ciclo litico** è chiamato così perché poco dopo l'infezione, la cellula ospite esplode (cioè va incontro a lisi) e rilascia i nuovi virioni. Nei batteriofagi come il fago λ, il processo è estremamente rapido: entro 15 minuti appaiono nuove particelle virali nella cellula batterica; 10 minuti dopo, il tutto si conclude con il rilascio delle particelle virali dalla cellula lisata. Che cosa avviene durante questo ciclo vitale così rapido?

Il ciclo litico implica regolazioni sia positive sia negative, che stimolano e inibiscono l'espressione genica; il ciclo è composto da una fase precoce e da una fase tardiva (figura 20).

- Il genoma virale contiene un promotore che viene riconosciuto dall'RNA polimerasi dell'ospite. Nella **fase precoce** (1-2 minuti dopo che il fago è entrato), sono trascritti i geni virali adiacenti a questo promotore. I geni codificano proteine che bloccano la trascrizione della cellula ospite e stimolano la duplicazione del genoma virale e la trascrizione dei geni virali della fase tardiva. Passati 3 minuti dall'entrata del DNA, le nucleasi virali digeriscono il cromosoma dell'ospite, rendendo disponibili nuovi nucleotidi per la sintesi dei genomi virali.
- Nella **fase tardiva** vengono trascritti i geni virali che codificano per le proteine del capside e per gli enzimi che lisano la cellula ospite in modo da rilasciare i nuovi virioni. Questa fase inizia 9 minuti dopo l'entrata del DNA virale e 6 minuti prima che appaia la prima nuova particella fagica.

L'intero processo dura circa mezz'ora. Durante questo periodo, la sequenza degli eventi di trascrizione è controllata per produrre virioni completi e infettivi.

LE PAROLE

Litico (dal greco *lisis*, «scioglimento») indica un agente che necessariamente causa la lisi, cioè la rottura di una cellula. **Lisogeno** combina invece il termine lisi con la radice del verbo greco che significa «generare»: indica un elemento che potrebbe, potenzialmente ma non necessariamente, causare la lisi.

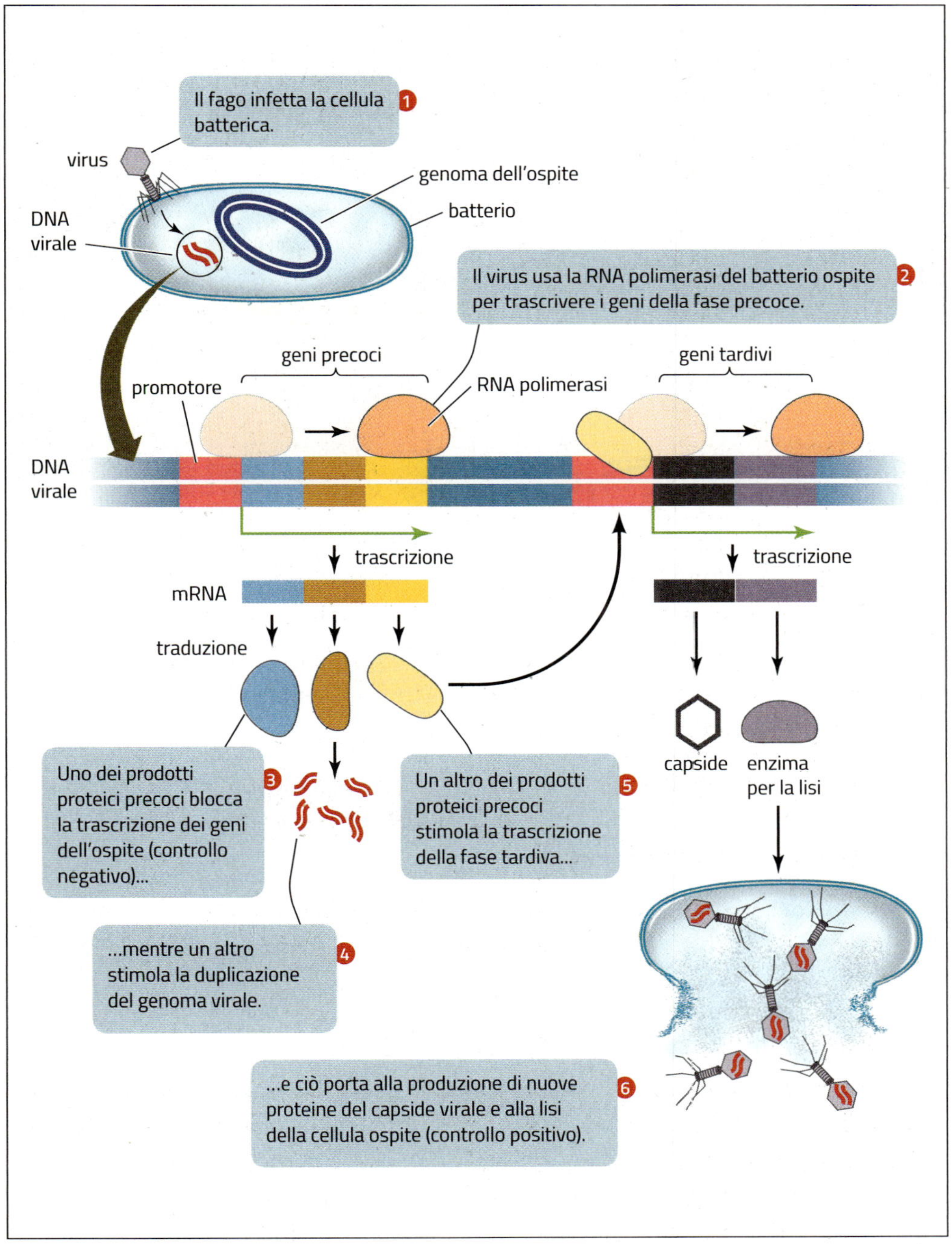

Figura 20 **Il ciclo litico dei batteriofagi** Dopo l'infezione, il virus sfrutta l'apparato di trascrizione della cellula ospite per replicare il proprio genoma e attivare la trascrizione dei geni necessari alla produzione di nuovi capsidi. Dopo circa 30 minuti, i nuovi virioni vengono rilasciati per lisi.

Il ciclo lisogeno e la transizione al ciclo litico

Nel **ciclo lisogeno**, il DNA virale si integra nel DNA dell'ospite e diventa così un **profago** (figura **21**). Mentre la cellula ospite si divide, il DNA virale si duplica insieme a quello dell'ospite. Il profago può rimanere inattivo nel genoma dell'ospite per migliaia di generazioni, producendo così moltissime copie del DNA virale originario. I batteri che ospitano i profagi sono detti **batteri lisogeni**, e i virus sono definiti **temperati**.

LE PAROLE

Temperato non significa solo «appuntito», come nel caso di una matita, ma anche «moderato». In questo senso si riferisce ai fagi che «sanno controllarsi» e non causano subito la lisi cellulare.

Tuttavia, in determinate condizioni, il virus cambia il proprio ciclo da lisogeno a litico: il profago si stacca dal cromosoma e inizia a riprodursi. La capacità di passare dal ciclo lisogeno a quello litico è di grande utilità per il fago, perché gli permette di sfruttare al massimo l'opportunità di produrre nuovi virioni. Quando la cellula ospite è in fase di rapida crescita e riproduzione, il profago rimane nello stato lisogeno; quando, invece, la cellula ospite è in condizioni di stress il profago attiva il ciclo litico.

PER RIPASSARE
video:
Il ciclo litico e il ciclo lisogeno

Come fa il virus a «sapere» quando passare al ciclo litico? Il fago λ possiede un «interruttore genetico» che gli permette di accorgersi delle condizioni interne dell'ospite. Nel DNA del fago sono presenti due promotori per il controllo della trascrizione dei geni virali coinvolti nel ciclo litico e in quello lisogeno. Tali promotori sono regolati da due proteine virali (chiamate **cI** e **Cro**) che li influenzano in modo opposto. L'attività del fago deriva dalla competizione tra questi due fattori regolatori: in una cellula batterica sana, la sintesi di Cro è bassa, perciò cI ha la meglio e il fago entra in fase lisogena. Quando invece la cellula ospite è danneggiata, la sintesi di Cro è alta; viene così attivata la trascrizione dei geni del ciclo litico.

Il ciclo riproduttivo del fago λ è stato il modello che ci ha aiutato a capire come vengono controllati i cicli riproduttivi di altri virus dal comportamento più complesso, come l'HIV.

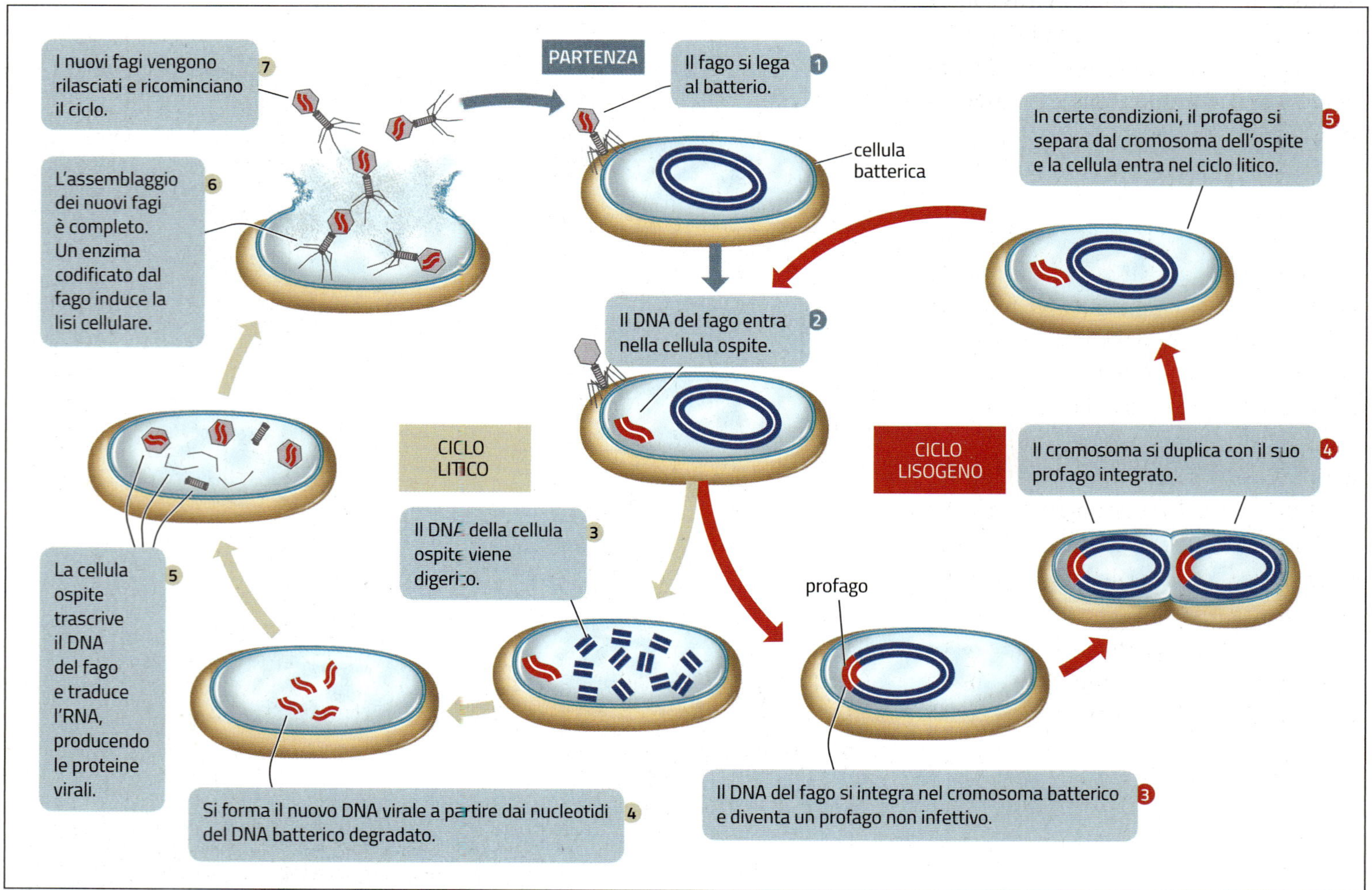

Figura **21** **Dal ciclo litico al ciclo lisogeno** A seconda delle condizioni, il batteriofago λ può intraprendere un ciclo litico (che porta alla moltiplicazione del virus e alla lisi del batterio ospite) o un ciclo lisogeno (in cui un profago inattivo rimane latente nel genoma batterico).

15 I virus animali presentano diversi cicli riproduttivi

I virus che infettano le cellule eucariotiche si suddividono in due grandi gruppi in base al tipo di materiale genetico che possiedono: i *virus a DNA* e i *virus a RNA*.

Molti **virus animali a DNA** compiono un ciclo litico del tutto simile a quello dei batteriofagi. La penetrazione nelle cellule ospiti può avvenire in due modi, che dipendono in parte dal fatto che il virus possieda o meno un pericapside:

1. per **endocitosi** quando il virus, con o senza pericapside, viene inglobato dalla cellula e, giunto all'interno, si libera e si attiva;
2. per **fusione** tra la membrana cellulare e il pericapside.

Altri gruppi di virus integrano il proprio DNA in un cromosoma dell'ospite sotto forma di **provirus**; come nel ciclo lisogeno dei fagi, si stabilisce un'infezione latente in cui i geni virali non sono trascritti e rimangono inseriti tra quelli della cellula ospite, che quando si divide trasmette il provirus alle cellule figlie.

16 I virus a RNA

Il materiale genetico dei **virus animali a RNA** è costituito da una molecola di RNA a filamento singolo; anche in questo caso si osservano comportamenti diversi. Consideriamo come esempio il virus dell'influenza umana e il virus responsabile della sindrome da immunodeficienza acquisita (AIDS). Entrambi i virus sono a filamento di RNA singolo, ma i rispettivi cicli vitali differiscono profondamente nelle strategie di infezione e di duplicazione del genoma.

Il virus dell'influenza umana

Il virus dell'influenza penetra nella cellula ospite per endocitosi (figura 22), all'interno di una vescicola membranosa. La fusione del pericapside con la membrana della vescicola porta alla liberazione del virione all'interno della cellula. Il virus contiene l'enzima necessario per la duplicazione del proprio genoma a RNA. Questo enzima è un'RNA polimerasi particolare, che utilizza come stampo l'RNA (a differenza delle RNA polimerasi cellulari che come stampo utilizzano il DNA). Il filamento di RNA virale così sintetizzato serve poi sia da messaggero sia da stampo per la sintesi di nuove copie del genoma virale.

Figura 22 Il ciclo riproduttivo del virus dell'influenza Il virus dell'influenza entra nella cellula ospite per endocitosi. Una volta penetrato nella cellula, la fusione tra il pericapside del virus e quella delle vescicole provoca la liberazione del genoma virale, che si duplica e dirige la produzione di nuovi virioni.

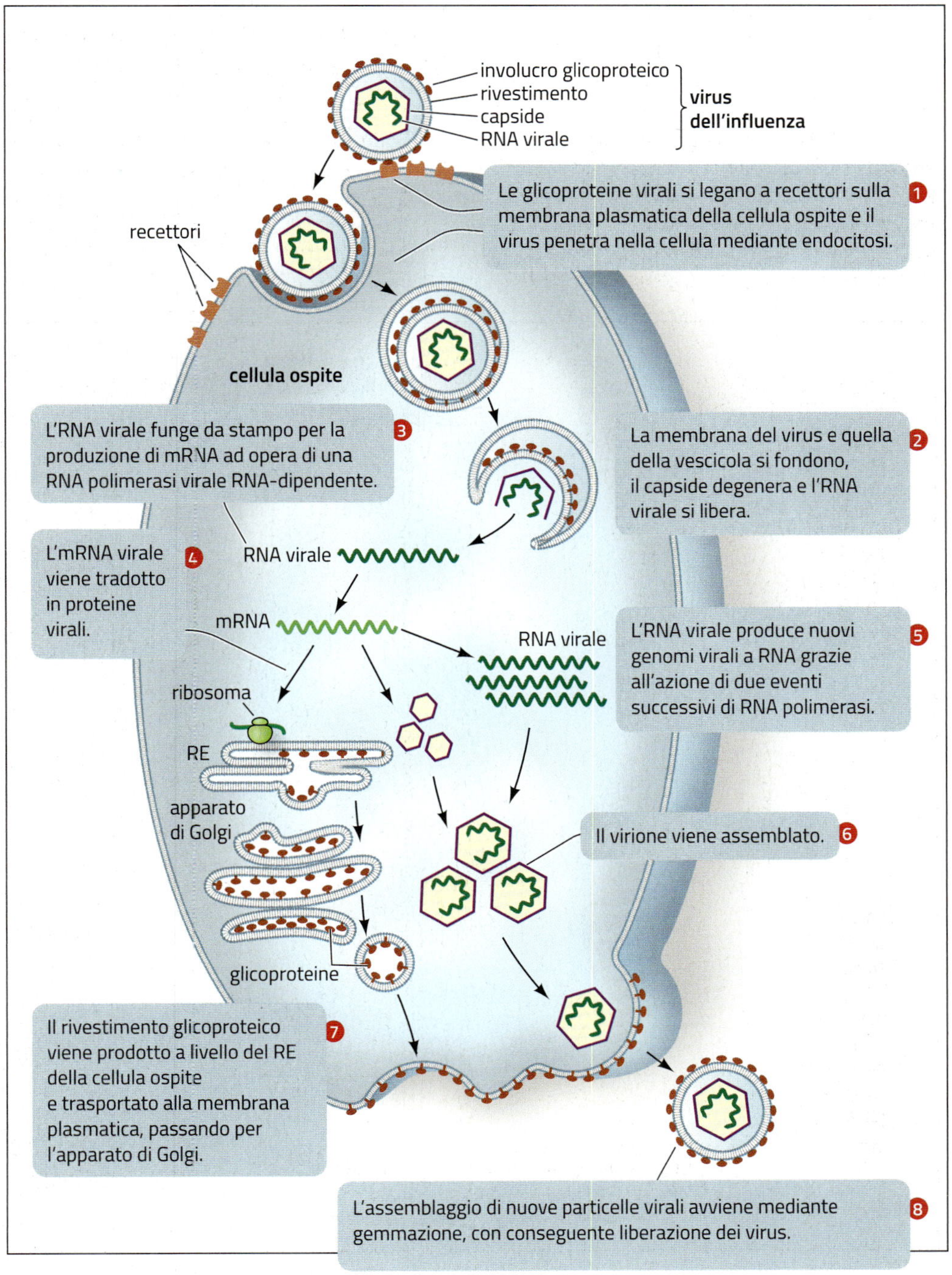

LE PAROLE

I **retrovirus** possiedono un genoma a RNA e, quando infettano la cellula, operano una specie di trascrizione al contrario, cioè retrotrascrivono l'RNA in DNA.

Il virus dell'immunodeficienza umana (HIV)

HIV è un **retrovirus**, ovvero un virus a RNA che presenta un ciclo riproduttivo più complesso rispetto al virus dell'influenza (figura **23**). Quando infettano una cellula, i retrovirus utilizzano una polimerasi particolare detta trascrittasi inversa per convertire il loro genoma a singolo filamento di RNA in un provirus a doppio filamento di DNA. Il provirus si integra all'interno di un cromosoma della cellula infetta e diventa parte del genoma cellulare.

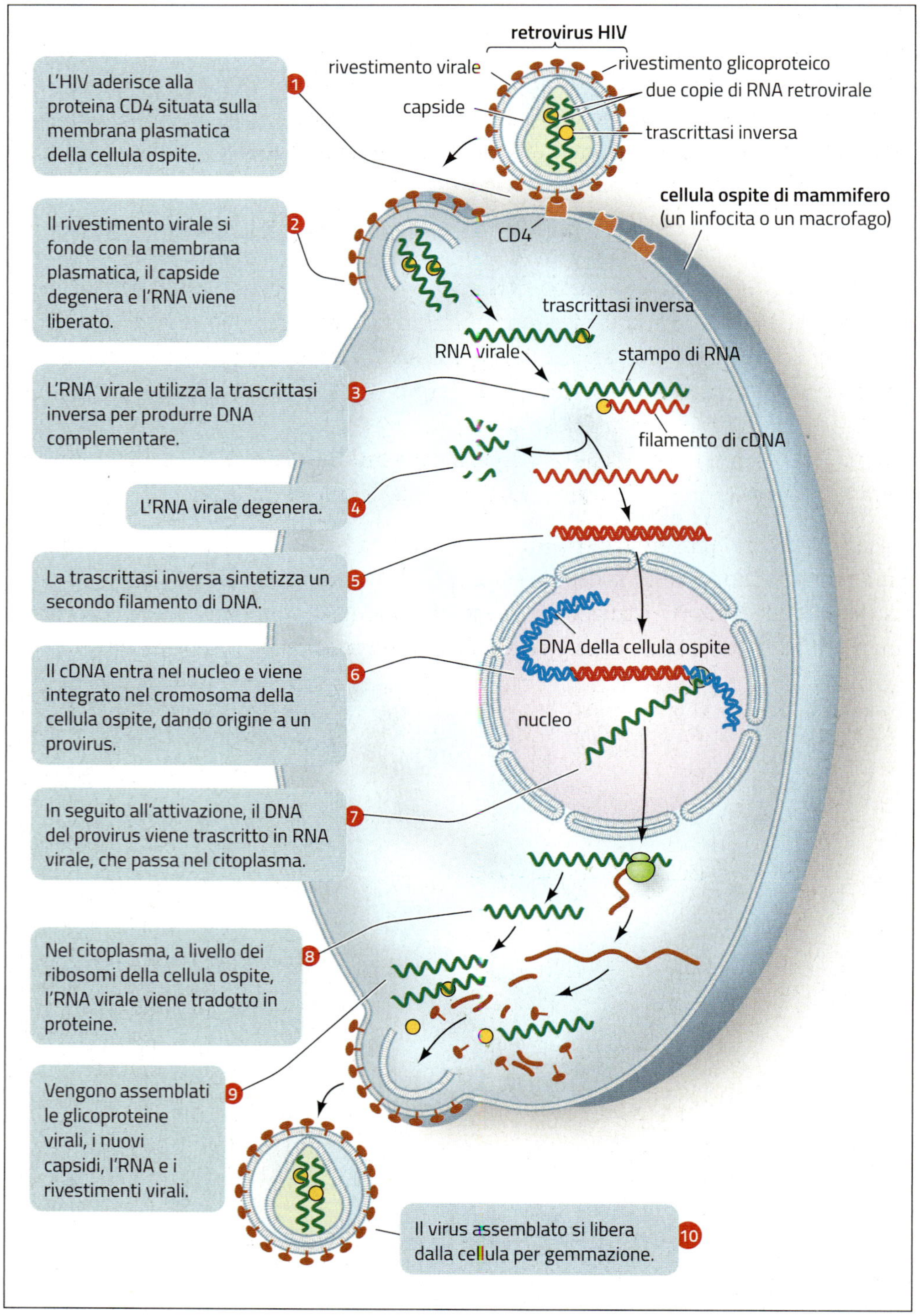

Figura **23** **Il ciclo riproduttivo dell'HIV** Questo retrovirus penetra nella cellula ospite e attiva la trascrizione inversa del proprio RNA per produrre un provirus a DNA che instaura un'infezione latente.

Quando HIV si risveglia dalla fase di latenza inizia il ciclo litico: la RNA polimerasi cellulare trascrive i geni virali a partire dal promotore del provirus e genera un unico trascritto primario, lungo come tutto il genoma. Dato che il genoma del virus contiene al suo interno due siti di splicing, il trascritto primario viene processato dallo splicesoma, generando gli mRNA per due proteine: l'attivatore trascrizionale **Tat** e la proteina regolatrice **Rev**, che rientrano nel nucleo. Tat aumenta l'efficienza della trascrizione a partire dal promotore del provirus, mentre Rev regola la cascata trascrizionale del virus.

Per completare il suo ciclo vitale, HIV deve produrre diversi tipi di RNA: quelli privi di introni per Tat e Rev e quelli corrispondenti all'intero genoma (contenenti gli introni), che serviranno sia a produrre le proteine strutturali sia a costituire i genomi virali da inserire all'interno dei nuovi virioni. Tuttavia, nel nucleo delle cellule eucariotiche i controlli dello splicing impediscono che molecole di RNA contenenti introni escano dal nucleo. Il virus risolve questo problema grazie a Rev: questa proteina, legandosi a una sequenza del trascritto primario virale, maschera le giunzioni di splicing. Inoltre, Rev si associa alle proteine deputate al trasferimento degli mRNA maturi dal nucleo al citoplasma. In questo modo, in presenza di Rev, i trascritti virali che non hanno subito splicing possono uscire dal nucleo, evitando i sistemi di controllo cellulari.

RISPONDI

A Qual è la differenza tra ciclo litico e ciclo lisogeno?

B Che cos'è la trascrittasi inversa?

C Quale funzione svolgono Tat e Rev?

8

I geni che si spostano: plasmidi e trasposoni

PER RIPASSARE
video:
La trasformazione batterica

17 I plasmidi sono piccoli cromosomi mobili

Le cellule batteriche sono prive di nucleo e possiedono un unico cromosoma circolare. Tuttavia, non tutta l'informazione genetica è contenuta nel cromosoma: in aggiunta al cromosoma principale, molti batteri ospitano cromosomi più piccoli detti plasmidi, che hanno una grande importanza per la vita e l'evoluzione dei batteri.

I **plasmidi** sono molecole circolari di DNA a doppia elica separate dal cromosoma principale.

I plasmidi sono lunghi poche migliaia di paia di basi (un cromosoma batterico possiede mediamente un milione di paia di basi), contengono circa 10-12 geni e hanno una propria origine di replicazione che ne consente la duplicazione sincrona con quella del cromosoma in modo da essere ereditati dalle cellule figlie. I geni portati dai plasmidi possono essere distinti in tre principali categorie.

1. **Operoni metabolici specializzati**, per esempio geni in grado di metabolizzare composti organici complessi, come gli idrocarburi.
2. **Geni per la resistenza agli antibiotici**, sviluppati per superare le difese prodotte da molte prede dei batteri (come le muffe). I geni per la resistenza, portati dai **plasmidi R**, hanno una grande rilevanza anche per la salute umana: molti batteri patogeni, infatti, sono diventati insensibili agli antibiotici utilizzati in terapia, proprio grazie all'acquisizione di plasmidi di resistenza (figura **24**).
3. **Geni per la coniugazione**, che risiedono nei **plasmidi F** e codificano per proteine in grado di promuovere il trasferimento di geni tra cellule batteriche.

I plasmidi possono passare facilmente da una cellula batterica all'altra. Per esempio, quando un batterio muore e la cellula si rompe, i plasmidi rilasciati possono essere acquisiti da cellule batteriche adiacenti. Questo fenomeno, ovvero la captazione da parte di una cellula batterica di DNA esogeno, è chiamato **trasformazione batterica**.

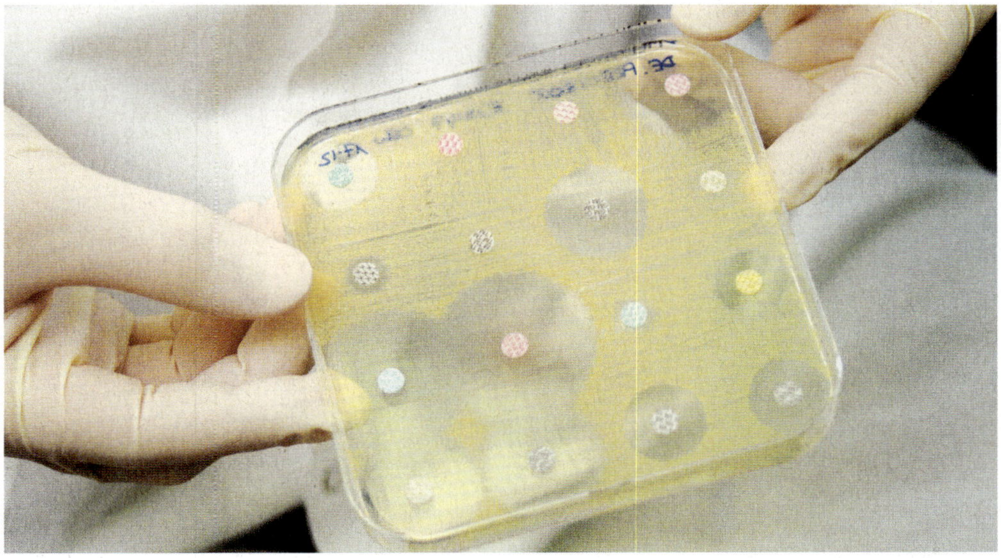

Figura **24** **L'antibiogramma** Il test permette di valutare se un batterio, in questo caso *Staphylococcus aureus*, è sensibile a un determinato antibiotico. Diversi antibiotici (i dischetti colorati) sono testati su un terreno di coltura che ospita le colonie batteriche, di colore giallo. L'alone trasparente attorno al dischetto indica che il batterio è sensibile all'antibiotico; negli altri casi, le colonie batteriche continuano a estendersi colorando di giallo il terreno di coltura.

18 I batteri si scambiano geni attraverso la coniugazione

I batteri si riproducono per scissione binaria. Il risultato è la generazione di due cellule figlie che, a meno di mutazioni casuali, sono geneticamente identiche alla cellula progenitrice: si tratta quindi di **cloni**. Tuttavia, nei miliardi di anni della loro storia evolutiva, i batteri si sono differenziati in migliaia di specie diverse. Le sole mutazioni casuali (che sono eventi rari) non sono sufficienti a spiegare questa grande variabilità genetica.

Come fanno, allora, i batteri a rimescolare i loro geni?

Le cellule batteriche possono scambiarsi il materiale genetico attraverso un processo chiamato **coniugazione**, per alcuni aspetti analogo alla riproduzione sessuata.

PER RIPASSARE
video:
La coniugazione batterica

La coniugazione richiede l'unione fisica tra due cellule batteriche, attraverso un canale filamentoso proteico, detto **pilo sessuale**, che mette in comunicazione il citoplasma delle due cellule. Inoltre, così come nella riproduzione sessuale si ha l'unione di un individuo maschio e uno femmina, anche nella coniugazione si ha l'unione di un **batterio donatore** o F positivo (**F**$^+$) e uno **ricevente** o F negativo (**F**$^-$). La distinzione si basa sulla presenza o meno del **plasmide F**, che porta i geni per la sintesi del pilo e per il trasferimento del DNA.

Il plasmide F può essere presente nei ceppi F$^+$ separato oppure integrato nel cromosoma batterico. Quando una cellula F$^+$ si unisce tramite il pilo sessuale a una F$^-$, il plasmide F fluisce attraverso il pilo dal donatore al ricevente. Se il plasmide F era integrato, questo processo può produrre il trasferimento da una cellula all'altra dei geni batterici fiancheggianti il plasmide; il frammento di DNA trasferito potrà così ricombinarsi con il cromosoma batterico mediante il crossing over. In questo modo si ha scambio di geni tra due batteri di una medesima popolazione (figura **25**).

Figura **25** **La coniugazione batterica** La formazione di un pilo sessuale (A) mette in contatto due cellule batteriche, permettendo lo scambio di materiale genetico tra cellula donatrice e cellula ricevente. (B) La coniugazione permette il trasferimento e l'integrazione di geni batterici mediante crossing over.

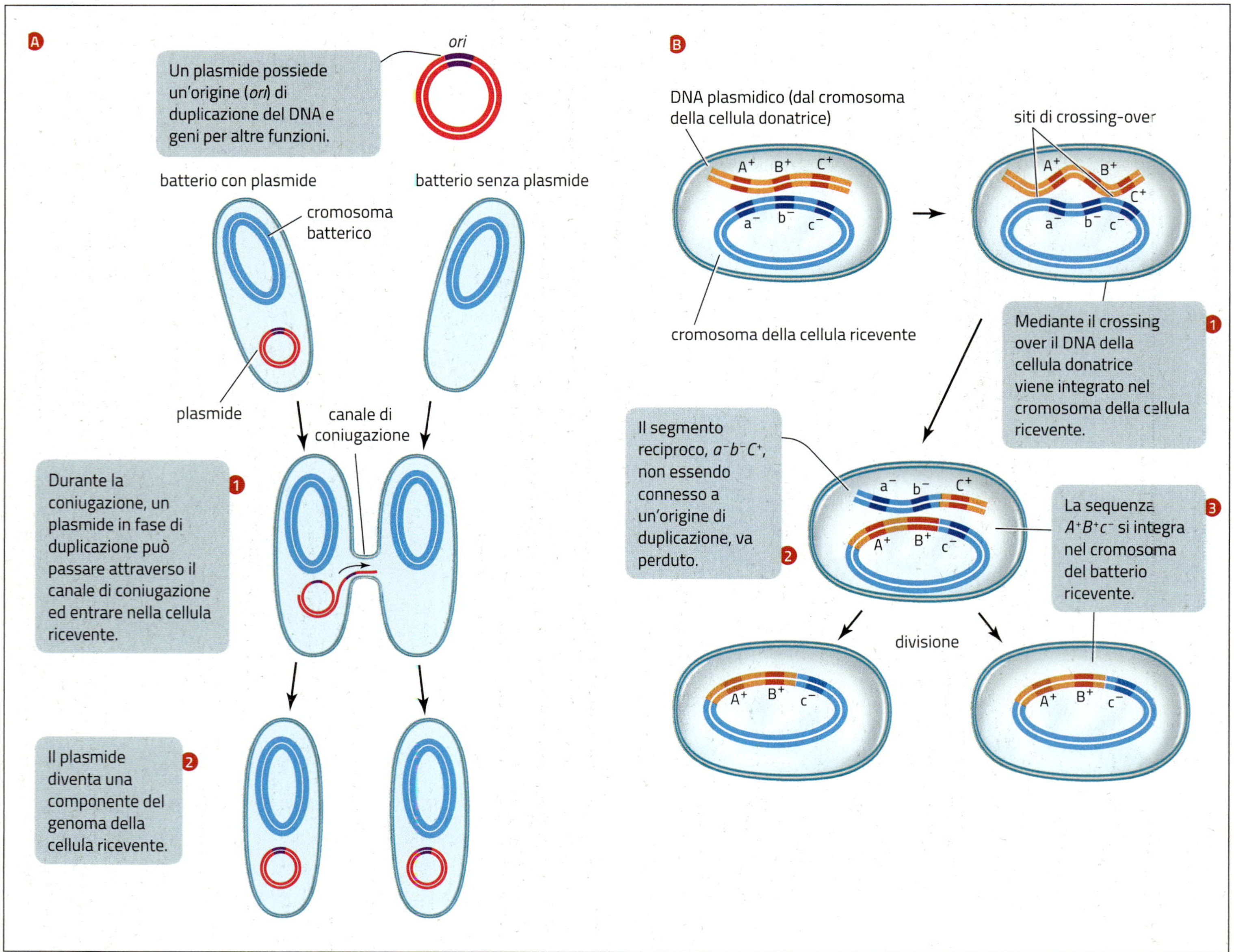

19 I batteriofagi trasferiscono geni per trasduzione

Una conseguenza dell'infezione dei batteriofagi in una popolazione di batteri è il trasferimento di DNA batterico da una cellula all'altra: questo meccanismo prende il nome di **trasduzione** e rappresenta un importante meccanismo di variabilità genetica nei batteri.

Durante il ciclo litico, il batteriofago utilizza alcuni suoi enzimi per fare a pezzi il DNA batterico. In questo modo si procura i nucleotidi che gli servono per sintetizzare il proprio DNA. Nelle fasi finali dell'infezione, i nuovi virioni vengono riempiti con il DNA del virus. Tuttavia il processo non è preciso: a volte all'interno delle particelle virali finisce anche un pezzo di DNA batterico. Quando il virus così formato infetterà un'altra cellula, trasferirà al suo interno sia il proprio DNA sia quello batterico acquisito dalla cellula precedente, il quale potrà ricombinarsi con il cromosoma del batterio ricevente. Dato che il frammento di DNA batterico viene incapsulato nel virus in maniera del tutto casuale, si parla di **trasduzione generalizzata** (figura **26A** nella pagina seguente).

LE PAROLE

Il termine **trasduzione** deriva dal latino *trans* (al di là) e *ducere* (condurre). In biologia indica lo spostamento di materiale genetico ad opera di un batteriofago da una cellula batterica all'altra.

CHIAVI DI LETTURA

Il rischio dell'antibiotico-resistenza

Conosciamo gli antibiotici da quasi un secolo. Di preciso dal 1928, quando Alexander Fleming osservò per caso una piastra di batteri inquinata da una muffa che non permetteva ai bacilli di crescere. In realtà un'osservazione più antica che le muffe producano sostanze antibatteriche è avvenuta a Napoli circa trent'anni prima.

Nel 1890 Vincenzo Tiberio, un medico della Marina militare, osserva i suoi vicini di casa patire terribili diarree dopo che alcune muffe verdi erano state rimosse dalle pareti del pozzo da cui attingevano l'acqua. Tiberio pubblica su una rivista dell'epoca l'ipotesi che fossero alcune sostanze antibatteriche, prodotte dalle muffe rimosse dal pozzo, a proteggere la salute intestinale dei suoi vicini. Nessuno però mostra interesse per la sua intuizione, e del resto neppure l'osservazione di Fleming fa scalpore, perlomeno all'inizio.

Sarà la Seconda guerra mondiale, con le sue montagne di ferite da arma da fuoco e il bisogno di bloccare le infezioni, a spingere la riscoperta della penicillina e la sua produzione industriale, insieme alla scoperta di altri antibiotici. Non è dunque un caso che Fleming abbia preso il premio Nobel nel 1945, ben 18 anni dopo la sua scoperta, quando il conflitto mondiale stava terminando. Infatti, nonostante la penicillina fosse appena entrata in uso corrente nel 1944, le vite umane salvate soltanto in quei primi mesi furono milioni.

Il ruolo storico della penicillina

Da allora a oggi il numero di persone sopravvissute a un'infezione grazie agli antibiotici è incalcolabile. Tanto per dare un'idea di che aspetto aveva il mondo prima di questi farmaci, basti dire che morivano cinque donne su mille che partorivano; una persona ogni nove che si beccava un'infezione della pelle anche solo per un graffio o una puntura di insetto; tre persone su dieci che si ammalavano di polmonite. E chi non moriva non se la cavava benissimo: dopo un'otite si rimaneva sordi e dopo un mal di gola ci si ammalava di frequente di cuore.

Anche ai nostri giorni questo scenario da brividi non è purtroppo inverosimile perché molti batteri comuni non rispondono più agli antibiotici. Per capire come può insorgere questa insensibilità si può fare un esperimento molto semplice. Prendiamo una popolazione di batteri in coltura e somministriamo un antibiotico. Quasi tutti i batteri muoiono tranne un piccolo gruppetto di cellule vigorose. Avete in mente i sopravvissuti? Rispetto alla massa di microcadaveri, i batteri *survivors* hanno una mutazione genetica che non li fa soccombere. La mutazione di per sé sarebbe efficace soltanto per il singolo batterio e la sua progenie, se non fosse per un'ulteriore capacità dei microbi: un piccolo ponte temporaneo che mette in comunicazione due batteri vicini e permette il passaggio del pezzo di materiale genetico mutato da un batterio all'altro. La resistenza è così trasmessa non soltanto in verticale, ai «figli» del batterio, ma anche in orizzontale, ai «parenti» più lontani e agli «amici».

L'ampio uso degli antibiotici che si è fatto non solo negli esseri umani, ma anche negli animali di allevamento, ha selezionato nel tempo molti ceppi in grado di aggirare l'attività degli antibiotici: ceppi che, grazie a questo vantaggio, si riproducono più dei loro «cugini» sensibili, lasciando medici e ammalati con armi spuntate. Le medicine devono essere assunte a dosi maggiori e per più giorni rispetto al passato, e le ricadute sono più frequenti. I batteri, al contrario, godono di un indomito vigore e sono la prova vivente della straordinaria capacità di adattamento delle specie biologiche alle circostanze più sfavorevoli.

Urgono nuovi farmaci contro i batteri, e con le tecnologie attuali sarebbe possibile inventarne di nuovi, ma all'orizzonte se ne vedono pochi: per ragioni di mercato la ricerca sugli antibiotici è scarsa.

Da M. D'Incalci e L. Vozza, *Come nascono le medicine*, Zanichelli, 2014, Bologna

Nel ciclo lisogeno, il DNA virale si integra all'interno del cromosoma batterico sotto forma di profago. Quando dalla fase lisogena si passa a un nuovo ciclo litico, il profago viene escisso dal cromosoma e funge da stampo per la duplicazione virale. Anche questo meccanismo non è preciso, per cui a volte al profago rimangono attaccate le sequenze di DNA cromosomico fiancheggianti. Queste verranno così duplicate insieme al DNA virale e impacchettate all'interno dei nuovi virioni. Quando il virus così formato infetterà un'altra cellula, trasferirà al suo interno sia il DNA virale sia quello batterico a esso contiguo, derivato dalla cellula. Poiché molti batteriofagi integrano il loro DNA in punti specifici del cromosoma, tenderanno a portarsi dietro sempre lo stesso frammento di DNA batterico: si parla allora di **trasduzione specializzata** (figura **26B**).

I processi di trasformazione, coniugazione e trasduzione nel loro insieme prendono il nome di **trasferimento genico orizzontale** in quanto permettono lo scambio di materiale genetico tra batteri che non discendono gli uni dagli altri. La trasmissione di geni dai genitori alla progenie costituisce invece il **trasferimento genico verticale**.

PER RIPASSARE
video:
La trasduzione batterica

Figura **26** **La trasduzione** I batteriofagi possono mediare il trasferimento di materiale genetico da un batterio all'altro, in modo casuale (trasduzione generalizzata, A) o specifico per determinati frammenti di DNA batterico (trasduzione specializzata, B).

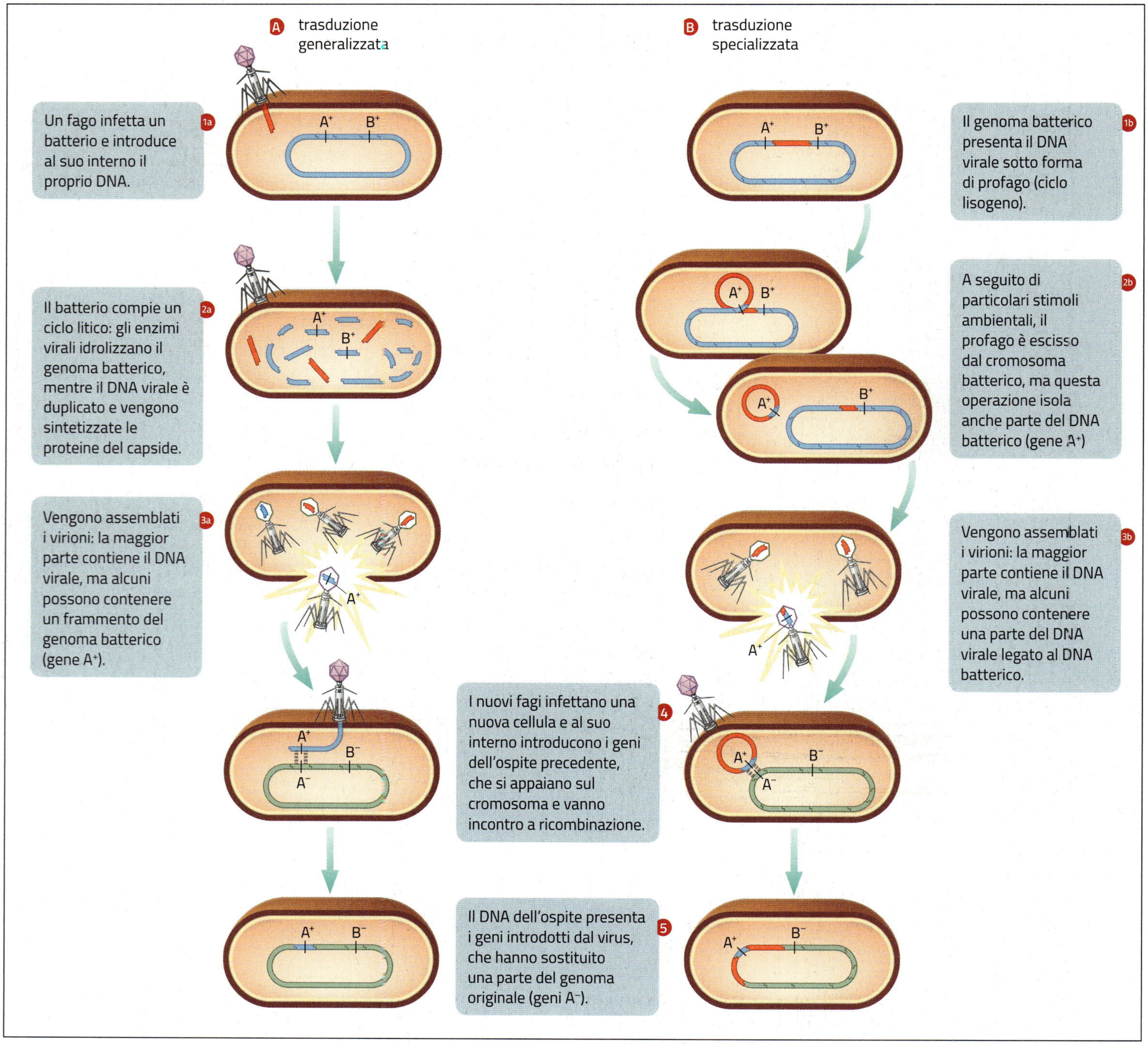

20 I trasposoni sono elementi genetici mobili comuni a procarioti ed eucarioti

Abbiamo visto come trasformazione, coniugazione e trasduzione siano importanti meccanismi di variabilità genetica nei procarioti. Un'altra fonte di trasferimento orizzontale di geni, che gioca un ruolo molto importante nell'evoluzione dei genomi sia dei procarioti sia degli eucarioti, è rappresentata dai trasposoni.

Un **trasposone** è un elemento genetico mobile, cioè una sequenza di DNA in grado di spostarsi autonomamente da un sito cromosomico a un altro all'interno della stessa cellula.

Gli elementi mobili alterano la struttura dei cromosomi in due modi:

1. possono inserirsi direttamente all'interno di un gene, causandone l'inattivazione;
2. possono modificare una sequenza di DNA con funzioni regolative.

Inoltre, la presenza sui cromosomi di più copie dello stesso elemento mobile crea numerose regioni di omologia (cioè che contengono la stessa sequenza di DNA) a livello delle quali può avvenire la ricombinazione omologa. Come conseguenza, si verifica lo scambio delle regioni cromosomiche comprese tra due copie dello stesso trasposone, con un fenomeno analogo al crossing-over che si verifica durante la meiosi. I trasposoni si dividono in due grandi classi: i trasposoni a DNA e i retrotrasposoni.

LE PAROLE

Il termine **trasposone** (dall'inglese *transposon*, a sua volta derivato dal termine *transposition*, «trasposizione») indica letteralmente «ciò che va incontro a trasposizione».

I trasposoni a DNA

I **trasposoni a DNA** si trovano sia negli eucarioti sia nei procarioti. Un cromosoma batterico contiene molti trasposoni, presenti in circa 10 copie ciascuno. Il moscerino della frutta *Drosophila melanogaster* può arrivare a contenere oltre 50 copie di ciascun trasposone, per un totale di diverse centinaia di elementi trasponibili per genoma.

I trasposoni batterici più semplici sono detti **elementi IS** e sono costituiti da semplici sequenze di inserzione che codificano gli enzimi che consentono loro di spostarsi lungo il cromosoma. Esistono poi **trasposoni complessi** formati da due sequenze IS che fiancheggiano una regione codificante, contenente spesso geni per la resistenza agli antibiotici (figura 27). Elementi trasponibili analoghi esistono nelle cellule animali e vegetali.

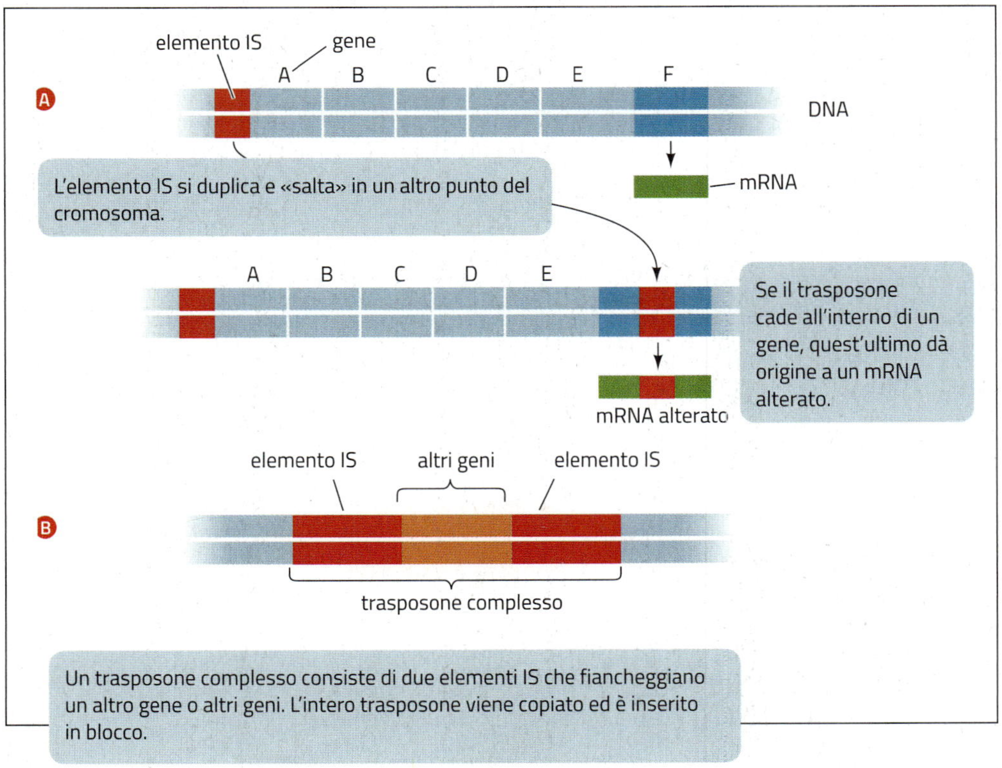

Figura 27 **I trasposoni** Gli elementi IS (A) e i trasposoni complessi (B) si spostano da una regione all'altra del genoma generando la duplicazione delle sequenze contenute nel sito di inserzione.

I retrotrasposoni

Abbiamo visto che i retrovirus generano una copia a DNA a doppia elica del proprio genoma a RNA, detta *provirus*, grazie all'enzima trascrittasi inversa. Il provirus viene poi integrato all'interno del cromosoma cellulare e può permanere in stato latente per tutta la vita cellulare. Poiché questi eventi di integrazione possono riguardare anche le cellule germinali, la progenie erediterà, oltre al DNA parentale, anche quello del retrovirus.

I **retrotrasposoni**, presenti solo nelle cellule eucariotiche, sono residui di infezioni da antichi retrovirus che hanno colpito la cellula anche diverse generazioni prima.

Nel corso dell'evoluzione, tutte le specie animali sono state infettate da migliaia di retrovirus. Molte di queste infezioni sono rimaste allo stato latente per cui, nelle generazioni successive, il DNA provirale è stato trasmesso alla progenie. Durante questo processo, il provirus può perdere la funzione dei geni necessari a produrre nuove particelle virali, mantenendo però i geni per la trascrittasi inversa e per l'endonucleasi (l'enzima in grado di tagliare il DNA): è diventato un retrotrasposone (figura **28**).

Il meccanismo con cui i retrotrasposoni si spostano nel genoma è diverso da quello dei trasposoni a DNA. Quando la RNA polimerasi cellulare trascrive i geni del retrotrasposone, si generano sia gli mRNA per la trascrittasi inversa e la endonucleasi, sia il trascritto primario corrispondente all'intero retrotrasposone.

Questo lungo RNA viene riconosciuto dalla trascrittasi inversa che ne genera una copia a doppia elica di DNA; a questo punto, l'endonucleasi del retrotrasposone introduce un taglio in un nuovo sito cromosomico e vi inserisce la nuova copia a DNA del retrotrasposone. In pratica, i retrotrasposoni ripercorrono le prime fasi della replicazione del retrovirus da cui sono derivati: la sintesi del DNA provirale e la sua integrazione, mentre non sono più in grado di compiere un ciclo litico.

Figura **28** **I retrotrasposoni** Grazie alla trascrittasi inversa, i retrotrasposoni possono generare copie a DNA della propria sequenza; queste copie possono poi integrarsi in altre regioni del genoma della stessa cellula.

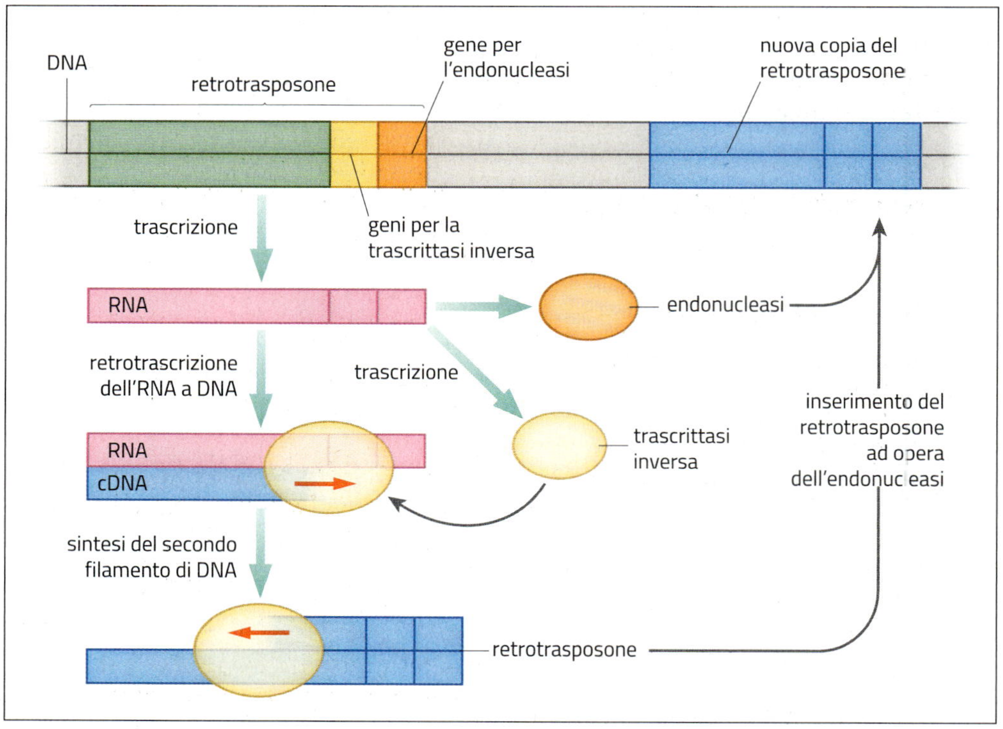

RISPONDI

A Che cos'è un plasmide?
B Come avviene il processo di coniugazione?
C Che differenza c'è fra un trasposone e un retrotrasposone?

Ripassa con la **SINTESI DEL CAPITOLO** (mp3 e pdf)

ZTE ONLINE Mettiti alla prova con 20 esercizi interattivi

ESERCIZI
Capitolo
B5

VERIFICA LE TUE CONOSCENZE

LA TRASCRIZIONE

1 Nella trascrizione genica

Ⓐ repressori e attivatori agiscono sulla DNA polimerasi

Ⓑ promotore e terminatore identificano l'unità di trascrizione

Ⓒ sono coinvolti solo geni costitutivi

Ⓓ non ci sono differenze tra eucarioti e procarioti

LA REGOLAZIONE GENICA NEI BATTERI

2 Quale affermazione relativa all'operone *trp* NON è corretta?

Ⓐ il repressore non lega direttamente l'operatore, ma necessita di un co-repressore

Ⓑ la trascrizione è inibita se la concentrazione di triptofano nella cellula è sufficiente

Ⓒ è un sistema inducibile

Ⓓ in genere il repressore non è legato all'operatore

3 Nell'operone triptofano

Ⓐ il gene regolatore produce un repressore attivo

Ⓑ ci sono tre geni strutturali

Ⓒ se c'è triptofano il promotore non è accessibile

Ⓓ se manca triptofano il repressore è attivo

4 I plasmidi

Ⓐ contengono molte migliaia di basi

Ⓑ possiedono un loro punto di origine per la duplicazione

Ⓒ vengono trasferiti per trasduzione

Ⓓ fanno sempre parte del cromosoma batterico

LA REGOLAZIONE GENICA NEGLI EUCARIOTI

5 Quale affermazione relativa alla sequenza detta TATA box NON è corretta?

Ⓐ è una sequenza di DNA ricca di timine e adenine

Ⓑ è una sequenza comune ai promotori degli eucarioti

Ⓒ è una sequenza posta a monte del sito di inizio della trascrizione

Ⓓ è una sequenza che impedisce l'apertura della doppia elica del DNA

6 La RNA polimerasi II degli eucarioti

Ⓐ trascrive i geni per gli RNA ribosomiali

Ⓑ trascrive i geni per gli RNA transfer

Ⓒ si lega direttamente al promotore

Ⓓ trascrive la maggior parte dei geni eucariotici

7 L'acetilazione del DNA

Ⓐ allenta il legame tra istoni e DNA

Ⓑ inibisce la trascrizione

Ⓒ permette di mantenere la cromatina nella sua forma più compatta

Ⓓ aggiunge agli istoni gruppi acetile carichi positivamente

8 Gli introni sono

Ⓐ presenti nel trascritto primario di RNA

Ⓑ sequenze che codificano geni

Ⓒ presenti nell'RNA maturo

Ⓓ presenti nel DNA di tutti i viventi

9 Lo splicing alternativo

Ⓐ aggiunge una coda di poli-A all'estremità 3′ del trascritto primario

Ⓑ porta alla produzione di un trascritto primario contenente alcuni introni

Ⓒ permette di ottenere diversi mRNA partendo dallo stesso trascritto primario

Ⓓ determina l'eliminazione di alcuni esoni dal trascritto primario

10 Le corte sequenze di RNA interferenti

Ⓐ portano alla degradazione del RNA messaggero

Ⓑ sono prodotte durante le infezioni batteriche

Ⓒ sono trascritte partendo dal DNA eucariotico

Ⓓ bloccano la traduzione dell'RNA virale

LA REGOLAZIONE GENICA NEI VIRUS

11 Il ciclo riproduttivo di un fago λ

Ⓐ è talvolta lisogeno

Ⓑ è sempre litico

Ⓒ può essere solo lisogeno

Ⓓ può essere sia litico sia lisogeno in base alle condizioni ambientali

12 Un retrovirus come HIV

Ⓐ produce solo molecole di RNA prive di introni

Ⓑ produce solo molecole di RNA con introni

Ⓒ nella forma di provirus si integra al genoma cellulare

Ⓓ dopo l'ingresso nella cellula ospite trascrive immediatamente i suoi geni

13 Un profago

Ⓐ è DNA virale integrato nel cromosoma batterico

Ⓑ modifica il metabolismo della cellula ospite

Ⓒ è un tipo particolare di retrovirus

Ⓓ è DNA batterico integrato nel genoma virale

ELEMENTI MOBILI NEL DNA

14 Quale affermazione relativa ai trasposoni a DNA NON è corretta?

Ⓐ sono presenti solo negli eucarioti

Ⓑ presentano sequenze ripetute invertite

Ⓒ possono inserirsi in un gene e inattivarlo

Ⓓ rappresentano una modalità di trasferimento orizzontale di geni

VERIFICA LE TUE ABILITÀ

15 Leggi e completa le seguenti frasi riferite all'operone *lac*.

a. È una unità trascrizionale che consente al batterio *Escherichia coli* di metabolizzare il ....

b. La regolazione è operata da una proteina detta .... che normalmente è legata all'operatore e blocca la trascrizione.

c. A monte del sito di inizio delle trascrizione ci sono delle sequenze dette ...., fondamentali per l'interazione con l'RNA polimerasi del batterio.

d. Tale sistema produce un unico RNA che permetterà la formazione di .... enzimi diversi.

16 Leggi e completa le seguenti frasi riferite alla regolazione genica negli eucarioti.

a. Al termine del processo di trascrizione si ottiene una molecola di RNA detta... .

b. Per poter uscire dal nucleo, all'RNA maturo devono essere aggiunte all'estremità 3′ una coda di poli-A, mentre all'estremità 5′ una .... che forma un cappuccio.

c. Quando i miRNA si appaiano a una sequenza complementare dell'mRNA, viene attivata la ...., del messaggero stesso.

17 Leggi e completa il seguente brano che si riferisce al rimodellamento della cromatina.

Nel nucleo la cromatina è presente in due stati di .... differenti. La forma più .... è detta eucromatina, mentre la forma più .... è detta eterocromatina. L'eucromatina contiene DNA che verrà .... in mRNA, mentre nell'eterocromatina la trascrizione è .... La .... tra le due forme di cromatina è reversibile e dipende da alcune modificazioni chimiche che avvengono sulle proteine .... L'acetilazione di alcune .... allenta il legame tra il DNA e gli istoni e produce la forma a .... in modo da favorire la ....
Se invece vengono aggiunti dei .... ad opera di enzimi detti ...., la trascrizione viene ....
Il legame tra DNA e istoni può subire modificazioni .... da una generazione all'altra e quindi, anche se l'informazione genetica non cambia, cambierà la possibilità che un'informazione venga .... o meno.

18 Leggi e completa le seguenti frasi riferite ai cicli vitali di un batteriofago.

a. Nel genoma del virus sono incluse due proteine di regolazione, una chiamata cI e l'altra ....

b. Le proteine regolatrici controllano l' .... fra il ciclo litico e quello lisogeno dei virus.

c. La proteina cI .... l'espressione dei geni per il ciclo litico.

d. Quando il batterio ospite cresce .... la proteina cI si accumula e il fago entrerà nel ciclo lisogeno.

19 Scegli e motiva il completamento corretto, spiegando come agisce questo complesso: per spliceosoma si intende

Ⓐ un complesso proteico che porta alla formazione del trascritto primario

Ⓑ un complesso proteico che elimina gli esoni dal trascritto primario

Ⓒ un complesso proteico che elimina gli introni dal trascritto primario

Ⓓ un enzima che lega una coda di adenine al trascritto primario

20 Scegli e motiva il completamento corretto, schematizzando il ciclo litico: nella fase tardiva del ciclo litico di un batteriofago

Ⓐ vengono trascritti i geni virali per la produzione del capside

Ⓑ i geni virali codificano per proteine che bloccano la trascrizione della cellula ospite

Ⓒ i geni virali codificano per proteine che stimolano la duplicazione del genoma virale

Ⓓ le nucleasi virali digeriscono il cromosoma dell'ospite

21 Scegli e motiva il completamento corretto, spiegando come agisce questo enzima: la trascrittasi inversa

Ⓐ è la polimerasi utilizzata dei retrovirus

Ⓑ è una polimerasi contenuta in tutti i virus

Ⓒ è usata dai batteriofagi per integrare il proprio DNA in quello dell'ospite

Ⓓ è utilizzata dal virus nella fase di latenza

TEST YOURSELF

22 **Which of the following statements about the *lac* operon is NOT true?**

Ⓐ when the inducer binds to the repressor, the repressor can no longer bind to the operator

Ⓑ when the inducer binds to the operator, transcription is stimulated

Ⓒ when the inducer binds to the repressor, transcription is inhibited

Ⓓ when the inducer binds to the repressor, the shape of the repressor changes

23 **An operon is**

Ⓐ a molecule that can turn genes on and off

Ⓑ a series of regulatory sequences controlling transcription of protein-coding genes

Ⓒ any long sequence of DNA

Ⓓ a promoter, an operator, and a group of linked structural genes

24 **Control of gene expression in eukaryotes includes all of the following except:**

Ⓐ alternative RNA splicing

Ⓑ binding of proteins to DNA

Ⓒ stabilization of mRNA by miRNA

Ⓓ DNA methylation

25 **In the lysogenic cycle of bacteriophage λ,**

Ⓐ a repressor, cI, blocks the lytic cycle

Ⓑ the bacteriophage carries DNA between bacterial cells

Ⓒ both early and late viral genes are transcribed

Ⓓ many new viruses are made immediately, regardless of host health

26 **Which of the following is a method of epigenetic gene regulation?**

Ⓐ a methylation of DNA that is then inherited by an organism's offspring

Ⓑ a base pair mutation in DNA, which is then inherited by the organism's offspring

Ⓒ a methylation of a particular gene, which is not inherited by an organism's offspring

Ⓓ a base pair mutation in DNA that is not inherited by the organism's offspring

VERSO L'UNIVERSITÀ

27 **Nel 1965 i due scienziati F. Jacob e J. Monod ricevettero il premio Nobel per la medicina per i loro studi su:**

Ⓐ il virus HIV

Ⓑ il sequenziamento del DNA

Ⓒ l'operone *lac* nei batteri

Ⓓ gli enzimi di restrizione

Ⓔ lo splicing nei geni eucariotici

[dalla prova di ammissione a Medicina e Chirurgia, anno 2012]

28 **Quale tra i seguenti completamenti NON è corretto? I trasposoni sono sequenze di DNA che**

Ⓐ sono responsabili della trasformazione batterica

Ⓑ sono in grado di replicarsi indipendentemente dal cromosoma in cui si trovano

Ⓒ possono spostarsi nel DNA di una cellula

Ⓓ costituiscono un'alta percentuale del genoma umano

Ⓔ possono essere coinvolti nell'insorgenza dei tumori

[dalla prova di ammissione a Medicina e Chirurgia, anno 2012]

29 **Quale delle seguenti proprietà NON può essere usata per distinguere la molecola di DNA da quella di mRNA maturo?**

Ⓐ tipo di zucchero presente

Ⓑ presenza di una doppia elica

Ⓒ presenza di legami fosfodiesterici

Ⓓ presenza di introni

Ⓔ presenza di uracile

[dalla prova di ammissione a Medicina e Chirurgia, anno 2014]

30 **L'organismo umano è in grado di sintetizzare un numero di proteine diverse molto maggiore del numero dei propri geni. Questo è possibile perché**

Ⓐ il nostro organismo è costituito da moltissime cellule diverse che contengono geni diversi

Ⓑ si verifica la ricombinazione

Ⓒ si verificano mutazioni

Ⓓ si verifica l'amplificazione genica

Ⓔ esiste lo splicing alternativo dell'RNA

[dalla prova di ammissione a Medicina e Chirurgia, anno 2010]

VERSO L'ESAME

DEFINISCI

31 **Usando un linguaggio appropriato scrivi la definizione dei seguenti termini:**
geni costitutivi
eucromatina
proteina TBP
enhancer
splicing alternativo
trasduzione
trasposoni
siRNA

DISCUTI

32 Virus e batteri, nonostante la loro relativa semplicità biologica, sono stati determinanti negli studi di genetica molecolare relativi ai meccanismi dell'espressione genica.
Discuti l'affermazione sopra riportata indicando i vantaggi dell'utilizzo di questi organismi rispetto all'impiego di cellule eucariotiche.

RIFLETTI

33 Alcune cellule producono proteine che restano attive nel citoplasma per mesi, come l'emoglobina dei globuli rossi. La maggior parte delle proteine prodotte dalle cellule, invece, ha una durata di pochi giorni o addirittura di poche ore.
Spiega per quale ragione le cellule non producono proteine «a lunga durata».

DESCRIVI

34 La *shigellosi* è un'infezione che si trasmette attraverso l'ingestione di alimenti e acqua contaminati da feci infette, colpisce l'intestino tenue e provoca la dissenteria bacillare (caratterizzata da diarrea, febbre, nausea e dolori addominali). La causa è *Shigella dysenteriae*, un batterio che appartiene allo stesso gruppo di *E. coli* e normalmente è sensibile ai comuni detergenti e disinfettanti, ma si è scoperto che il batterio risulta essere resistente a quattro diversi antibiotici e che questa caratteristica può essere facilmente trasferita ad altri ceppi, per cui è difficile trovare un farmaco che possa debellare tale forma di dissenteria nei Paesi in cui scarseggiano le norme igieniche di base.
Cosa significa che i batteri sono resistenti agli antibiotici? E come è possibile che un ceppo sia resistente a più di un antibiotico?
Descrivi come questa caratteristica si trasferisce da un batterio all'altro.

ANALIZZA E DEDUCI

35 Analizza il genoma e la sintesi proteica degli organismi procarioti e quello degli organismi eucarioti.
Metti a confronto i due gruppi evidenziando le differenze e gli aspetti comuni.

RICERCA

36 L'epigenetica si occupa dei cambiamenti ereditabili dell'espressione genica che dipendono da modificazioni nel rimodellamento della cromatina, ma che lasciano completamente invariato il DNA nella sua sequenza nucleotidica. Molti scienziati stanno lavorando per comprendere il meccanismo per cui tali modificazioni diventano ereditabili e in che modo sia possibile indurre il silenziamento di un gene.
Fai una ricerca in Rete volta a comprendere le implicazioni degli studi di epigenetica ricercando sia gli aspetti positivi sia, eventualmente, quelli negativi.

Implicazioni positive	Implicazioni negative
....	....

DEDUCI

37 Alcune cellule di *E. coli* vengono coltivate in un terreno di coltura contenente solo lattosio ma non glucosio.
Spiega in che modo varierà l'attività dell'operone *lac* nelle condizioni che seguono:
a. **aggiunta di una grande quantità di glucosio al terreno di coltura;**
b. **una mutazione che impedisce l'allontanamento del repressore dall'operatore;**
c. **una mutazione che ha modificato il gene per la β-galattosidasi.**

RIFLETTI E COLLEGA

38 Tutte le cellule del corpo umano provengono da un'unica cellula, lo zigote, e contengono tutte lo stesso genoma, ma studi di biologia molecolare hanno riconosciuto che esistono circa 200 tipi cellulari differenti ciascuno dei quali svolge funzioni altamente specifiche che prevedono la produzione di proteine differenti a seconda del tessuto a cui appartengono. La produzione delle proteine è diversificata anche all'interno dello stesso tessuto in funzione della condizione in cui si trova l'organismo e della sua età.
Rifletti su quanto hai appena letto e rispondi alle seguenti domande.
a. **Che cosa si intende per genoma e come si giunge ad avere lo stesso genoma in tutte le cellule dell'organismo?**
b. **Come è possibile che le cellule dello stesso individuo producano proteine differenti?**
c. **Oggi si sa anche che una cellula attiva la sintesi di solo l'1% delle proteine che potrebbe costruire; come è possibile?**

CAPITOLO

B6 Biotecnologie: tecniche e strumenti

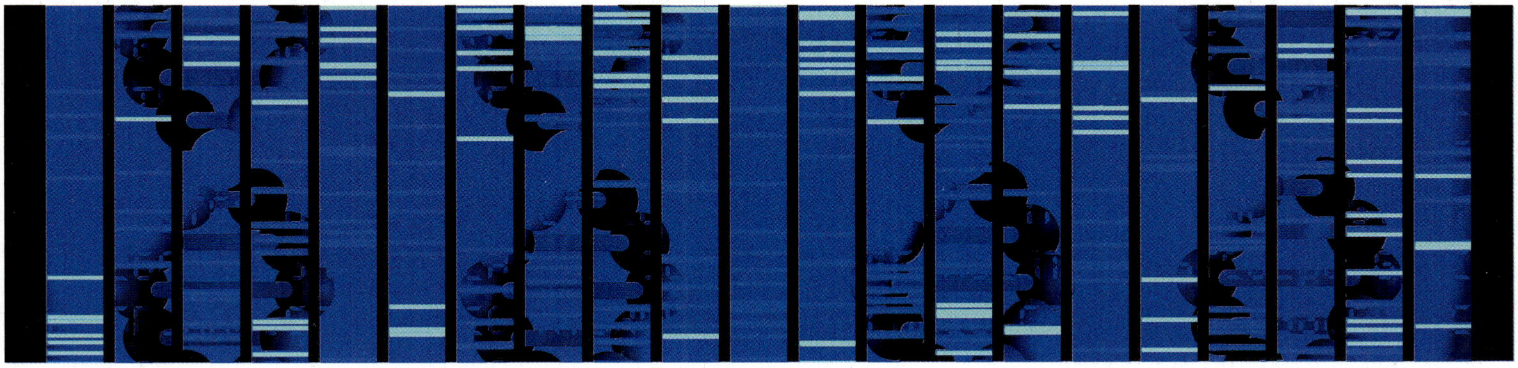

LEZIONE

1 Clonare il DNA

Clonare un frammento di DNA significa ottenerne molte copie identiche e per farlo si utilizzano le tecniche basate sul DNA ricombinante; è questa la base delle biotecnologie moderne.

LEZIONE

2 Isolare i geni e amplificarli

I genomi cellulari contengono migliaia di geni, spesso inframmezzati da sequenze non codificanti, ma esistono tecniche che consentono di costruire librerie contenenti tutti i geni di una cellula, da cui poi isolare solo quelli di interesse.

LEZIONE

3 Leggere e sequenziare il DNA

Leggere la sequenza dei nucleotidi nel DNA è fondamentale per interpretare l'informazione genetica; per farlo bisogna ricorrere al sequenziamento, una tecnica che viene oggi applicata a migliaia di specie unicellulari e pluricellulari.

LEZIONE

4 Studiare il genoma in azione

Dall'analisi di interi genomi è possibile identificare le sequenze codificanti e quelle regolative e studiare le relazioni evolutive tra vari organismi. Ma esistono anche tecniche per analizzare l'espressione di tutti i geni attivi nella cellula.

LEZIONE

5 Dalla genomica alla proteomica

L'informazione genetica dirige la sintesi delle proteine della cellula, che determinano il fenotipo di un organismo. Attraverso la protemica è possibile studiare come sono fatte e come mutano nel tempo tutte queste proteine.

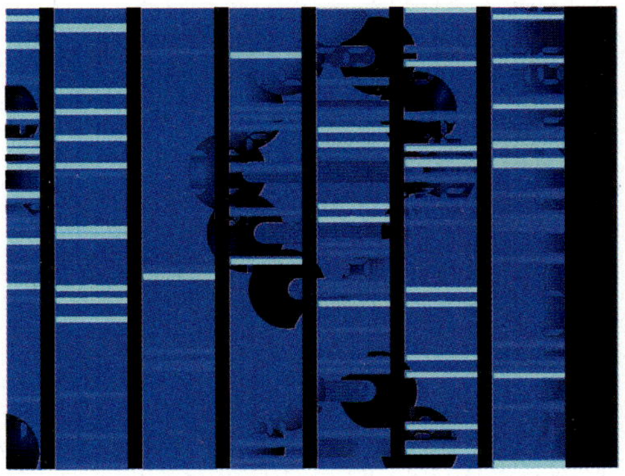

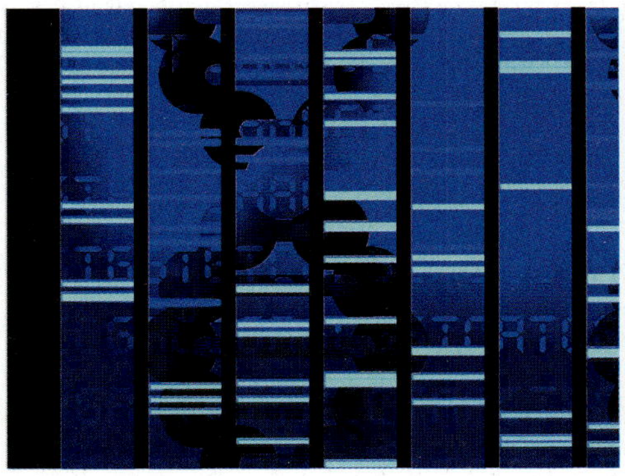

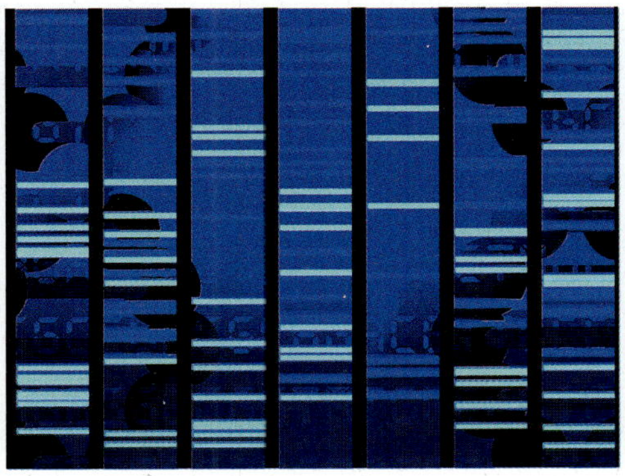

1 Clonare il DNA

1 Il DNA ricombinante e l'ingegneria genetica

L'informazione genetica contenuta nel DNA è specifica e differente per ogni individuo di una certa specie, sia nel caso di organismi unicellulari come i batteri sia nel caso di organismi pluricellulari come piante o animali. Le caratteristiche manifestate da ogni individuo (il *fenotipo*) sono specificate dall'informazione genetica (il *genotipo*).

Unendo porzioni di informazione genetica di due individui diversi si può ottenere un organismo dotato di un genotipo ibrido che manifesti nel fenotipo le caratteristiche di entrambi gli individui di partenza. Questo esperimento è stato realizzato per la prima volta nel 1973 dai genetisti americani Stanley Cohen e Herbert Boyer. I due ricercatori trasferirono in un batterio della specie *Escherichia coli* i geni per la resistenza a due antibiotici, provenienti ciascuno da ceppi batterici differenti. Il nuovo batterio era in grado di resistere a entrambi gli antibiotici, mostrando, quindi, un fenotipo ibrido: era nata l'era del DNA ricombinante (figura **1**).

Con il termine **DNA ricombinante** si indica ogni molecola di DNA in cui sia presente informazione genetica proveniente da due o più organismi differenti. L'insieme delle tecniche utilizzate per ottenere e manipolare il DNA ricombinante si chiama **ingegneria genetica**.

Figura **1** **L'avvento dell'ingegneria genetica** I risultati dell'esperimento di Cohen e Boyer hanno modificato lo scopo della ricerca genetica, aumentando le nostre conoscenze sulla struttura e la funzione dei geni e dando vita alle biotecnologie moderne.

Nei prossimi paragrafi vedremo come si prepara un DNA ricombinante, una pratica molto comune nei laboratori di biotecnologie di tutto il mondo.

UN CASO DA VICINO

Ipotesi

È possibile costruire in laboratorio cromosomi che mantengono l'originale funzione biologica.

Metodo

Plasmidi di *E. coli* che portano un diverso gene per la resistenza a uno dei due antibiotici kanamicina (kan^R) o tetraciclina (*tet*^{R}) vengono tagliati con enzimi di restrizione.

Risultati

Alcune cellule di *E. coli* sono diventate resistenti a entrambi gli antibiotici.

Conclusione

Due frammenti di DNA con geni differenti possono essere uniti in una molecola di DNA ricombinante; il DNA risultante è funzionale.

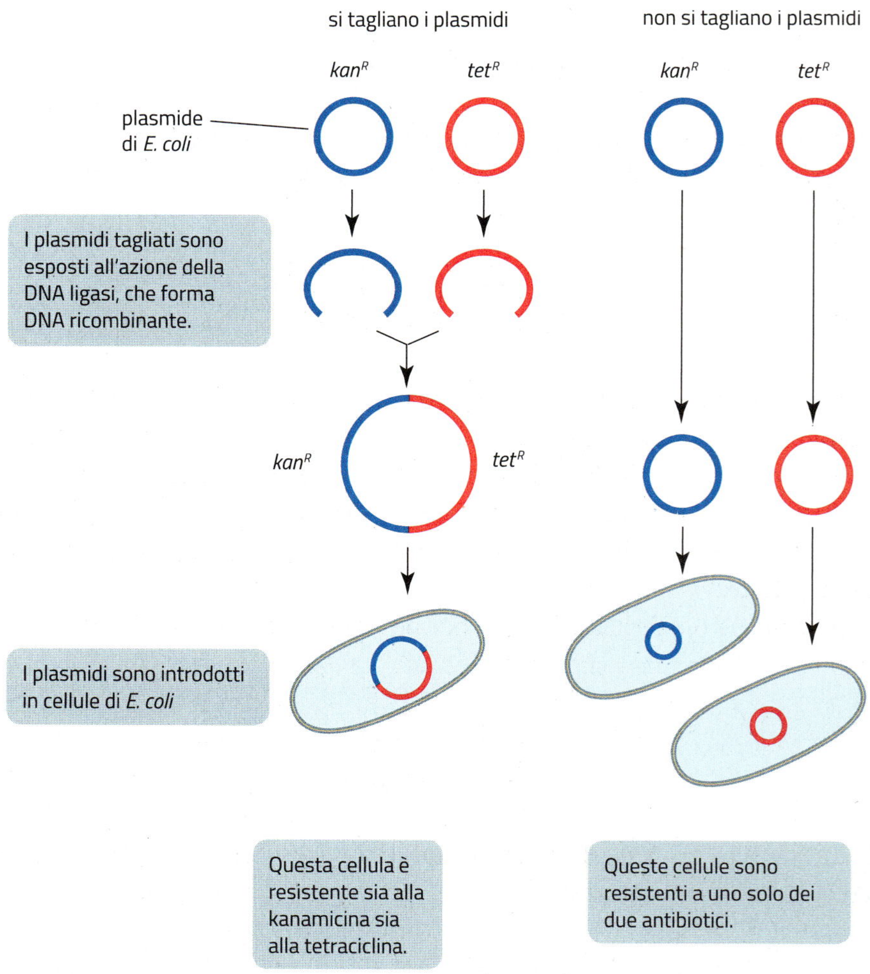

2 Tagliare il DNA: gli enzimi di restrizione

Per generare un DNA ricombinante occorre innanzitutto individuare le parti di DNA che ci interessano nei genomi degli individui di partenza e unirle insieme. Più avanti impareremo come sono identificati e isolati i frammenti di interesse, mentre in questo paragrafo e nel prossimo ci concentreremo su come questi sono tagliati e cuciti. Nel capitolo B1 abbiamo visto che il DNA è un polimero formato da nucleotidi legati da un legame fosfodiesterico tra un atomo di fosforo e uno di ossigeno. Per rompere la catena di DNA occorre dunque agire su questi legami.

Gli **enzimi di restrizione** sono un gruppo di enzimi in grado di idrolizzare il legame fosfodiesterico tra due nucleotidi adiacenti.

Questi enzimi, che appartengono alla classe delle *idrolasi*, sono stati scoperti nei batteri, che li utilizzano per tagliare il DNA dei virus che li infettano. Essi presentano due caratteristiche fondamentali:

- tagliano entrambe le eliche del DNA;
- effettuano il taglio in corrispondenza di specifiche sequenze bersaglio.

Uno degli enzimi di restrizione più usati è *EcoRI* (si legge «eco-erre-uno», figura 2). La sigla si riferisce al batterio in cui questo enzima è stato individuato, al ceppo di appartenenza del batterio e al momento in cui è stato individuato: *Eco* deriva dalle iniziali di *Escherichia coli*, *R* indica il ceppo RY13, il numero romano *I* specifica che si tratta della prima endonucleasi isolata in questo batterio. EcoRI si lega alla sequenza palindromica:

5′–GAATTC–3′
3′–CTTAAG–5′

Il taglio avviene tra la prima G all'estremità 5′ e la successiva A su entrambi i filamenti. In questo modo la doppia elica viene spezzata in due frammenti, ciascuno dei quali termina con estremità a singolo filamento:

5′–G–3′ 5′–AATTC–3′
3′–CTTAA–5′ 3′–G–5′

Come puoi notare, le estremità dei due filamenti sono complementari; poiché non c'è stata perdita di nucleotidi, il taglio ha generato delle estremità *sfalsate*, perché l'enzima ha idrolizzato su un filamento della doppia elica un ponte fosfodiestere distante alcune basi da quello dell'altro filamento. Tali estremità sono dette **coesive** (*sticky ends* in inglese) e si generano ogni volta che un enzima di restrizione taglia la sequenza palindroma in posizioni sfalsate.

Alcuni enzimi, però, effettuano il taglio nel mezzo della sequenza di riconoscimento; per esempio EcoRV («eco-erre-cinque») riconosce la sequenza

5′–GATATC–3′
3′–CTATAG–5′

e introduce il taglio tra la A e la T centrali di ogni filamento, generando così delle estremità **piatte** (*blunt ends* in inglese):

5′–GAT–3′ 5′–ATC–3′
3′–CTA–5′ 3′–TAG–5′

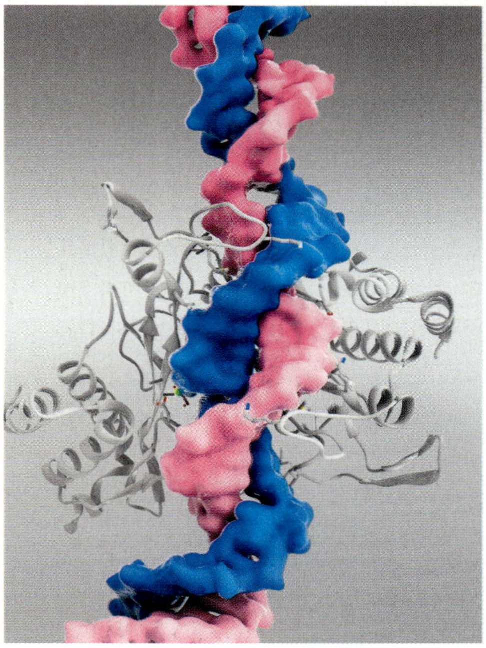

Figura 2 **L'enzima EcoRI** Identificato in *E. coli*, questa endonucleasi (in grigio nel disegno) riconosce specifiche sequenze sulla doppia elica del DNA e taglia il doppio filamento (in rosa e in blu) creando estremità sfalsate e coesive.

LE PAROLE

Gli enzimi di restrizione sono delle **endonucleasi** perché tagliano il DNA all'interno della doppia elica; gli enzimi che correggono gli errori commessi dalle DNA polimerasi durante la duplicazione sono invece delle **esonucleasi**, perché idrolizzano il DNA a partire da un'estremità.

LE PAROLE

Palindromo deriva dal greco e significa «percorso in due sensi». Una parola è palindroma quando rimane identica se letta da destra a sinistra o viceversa (come «osso»); una sequenza palindroma di DNA è una serie di nucleotidi che risulta identica su entrambi i filamenti se viene letta nella stessa direzione, per esempio da 5′ a 3′.

A seconda delle necessità può essere più utile avere estremità sfalsate o piatte. In ogni caso, tali enzimi permettono di isolare fisicamente un frammento di DNA compreso tra due sequenze di taglio (per esempio, un singolo gene) dal resto della molecola di DNA d'origine (per esempio, il cromosoma batterico). Questa proprietà, come vedremo, è fondamentale per la generazione del DNA ricombinante.

3 La DNA ligasi serve a ricucire il DNA

PER SAPERNE DI PIÙ

Le **DNA ligasi** usano cofattori diversi per funzionare: quella di *E. coli* sfrutta il NAD, mentre quella del fago T4 richiede ATP e Mg^{2+}.

Una volta tagliato il frammento di DNA con gli enzimi di restrizione, bisogna unirlo alla molecola di DNA ricevente in modo da creare il DNA ricombinante. L'enzima **DNA ligasi** è in grado di ricostituire il legame fosfodiesterico tra due nucleotidi adiacenti utilizzando ATP come cofattore. Tutte le cellule viventi possiedono la DNA ligasi, perché questo enzima è essenziale per le reazioni di duplicazione e riparazione del DNA.

Immaginiamo di avere due frammenti di DNA provenienti da organismi diversi, per ottenere i quali è stato operato il taglio con EcoRI (figura 3). Se li mescoliamo, i due frammenti tenderanno a unirsi spontaneamente grazie alla presenza delle estremità coesive. Tuttavia, questa unione sarà debole, in quanto mantenuta solo dai legami a idrogeno tra le basi, e i frammenti tenderanno a separarsi facilmente. Aggiungendo la DNA ligasi, invece, i due frammenti saranno uniti in modo covalente grazie alla formazione del legame fosfodiesterico.

Alcune DNA ligasi, come quella del batteriofago T4, sono in grado anche di saldare estremità piatte. Tuttavia questa reazione è meno efficiente, perché i due frammenti non sono in grado di unirsi spontaneamente, mancando delle estremità complementari.

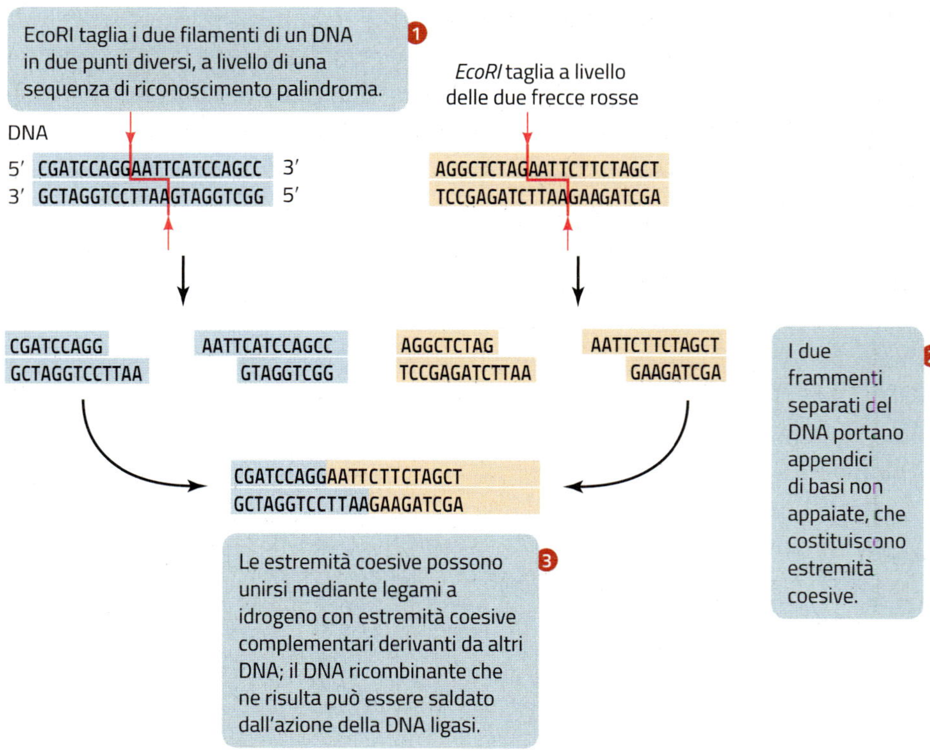

Figura 3 **Come si taglia, si unisce e si salda il DNA** Due frammenti di DNA (in azzurro e arancione) possono essere tagliati con un enzima come EcoRI e ricuciti con una DNA ligasi per formare un frammento di DNA ricombinante.

4 I vettori plasmidici servono a trasportare i geni da un organismo all'altro

Nei batteri, parte dell'informazione genetica è contenuta nei plasmidi. Questi elementi genetici contengono tutte le informazioni necessarie alla loro duplicazione, che avviene in sincronia con quella del cromosoma batterico. Sono quindi mezzi di trasporto ideali per trasferire geni all'interno di una cellula ricevente. A questo scopo, i plasmidi batterici naturali sono stati modificati in laboratorio per ottenere i vettori plasmidici.

> I **vettori plasmidici** sono molecole di DNA circolare a doppia elica lunghe alcune migliaia di nucleotidi che vengono usate per spostare i geni da un organismo all'altro.

Tutti i vettori contengono una serie di elementi essenziali (figura **4**):

- un'**origine di replicazione**, per consentirne la duplicazione ogni volta che si verifica una divisione cellulare;
- uno o più geni per la **resistenza ad antibiotici**, al fine di selezionare le cellule contenenti il vettore (*gene reporter*);
- un certo numero di *sequenze uniche di riconoscimento* per diversi enzimi di restrizione; queste sono poste una vicina all'altra in una regione del plasmide chiamata **sito multiplo di clonaggio**, dove verrà inserito il frammento di DNA esogeno.

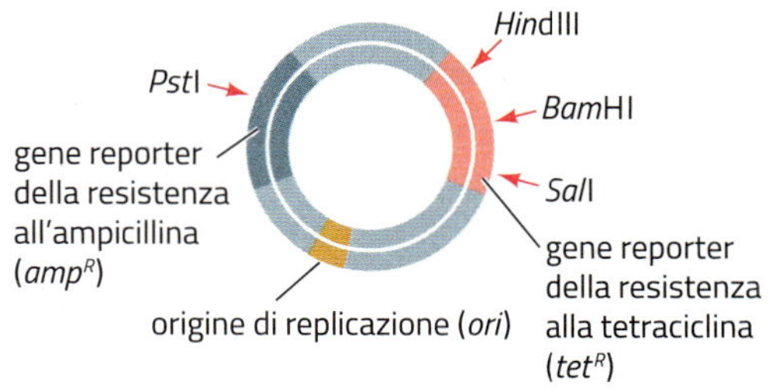

Figura **4** **Un esempio di vettore plasmidico** Il plasmide pBR322 presente in *E. coli*, con evidenziate le regioni fondamentali e i siti di riconoscimento per enzimi di restrizione (indicati dalle frecce).

Esistono anche vettori speciali che consentono non solo di introdurre un gene all'interno di una cellula batterica ricevente, ma anche di farlo esprimere in un contesto diverso, per esempio in una cellula eucariotica. Questi sono chiamati **vettori di espressione** e contengono le sequenze che consentono la trascrizione del gene inserito. In questi plasmidi, il sito multiplo di clonaggio è posizionato tra il promotore e il segnale di terminazione, in maniera tale che il gene inserito si trovi nella corretta fase di lettura per essere espresso. Un tipico vettore di espressione porta il gene che codifica per la proteina segnale di una medusa, la proteina fluorescente verde (*Green Fluorescent Protein* o **GFP**). Questa proteina è usata per tracciare i movimenti di un organismo unicellulare o per evidenziare particolari tipi di cellule in un organismo pluricellulare (figura **5**).

Oggi sono disponibili numerosi vettori plasmidici in grado di inserire geni esogeni in cellule batteriche, animali o vegetali.

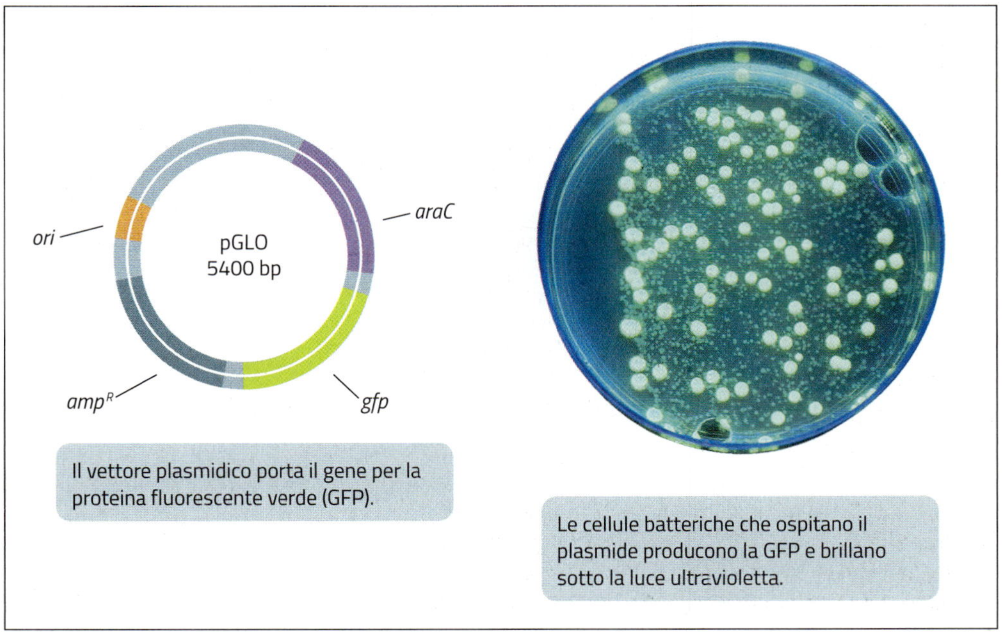

Figura **5** **L'utilizzo della proteina fluorescente verde come reporter** La presenza di un plasmide con il gene per la proteina fluorescente verde (GFP) è visibile nelle cellule transgeniche poiché la GFP emette luminescenza quando è colpita da luce ultravioletta.

5 Il clonaggio di un gene

Una delle applicazioni principali della tecnologia del DNA ricombinante è l'ottenimento di un gran numero di copie identiche di un gene di interesse.

LE PAROLE

Clonaggio e **clonazione** non sono sinonimi: clonare il DNA significa ottenere molte copie identiche di uno stesso frammento, mentre la clonazione è la produzione di organismi geneticamente identici a quello di partenza.

La procedura che permette di ottenere molte copie dello stesso gene si chiama **clonaggio**.

Per clonare un gene i passaggi fondamentali sono cinque:

1. digerire il DNA donatore con gli opportuni enzimi di restrizione al fine di isolare il frammento contenente il gene di interesse;
2. digerire il DNA ricevente (di solito un vettore plasmidico) con gli stessi enzimi di restrizione, in modo da creare estremità coesive compatibili;
3. saldare il frammento di DNA esogeno al vettore tramite la DNA ligasi;
4. inserire il plasmide ricombinante così ottenuto all'interno della cellula ricevente;
5. selezionare le cellule riceventi contenenti il plasmide per ottenere una coltura pura.

PER CAPIRE MEGLIO
video:
Trasformazione batterica con il gene dell'insulina

I passaggi 1-3 di questo elenco corrispondono alla digestione con enzimi di restrizione e alla saldatura per mezzo della ligasi, che abbiamo studiato nei paragrafi precedenti. A queste operazioni segue l'inserimento di un vettore plasmidico in una cellula ricevente (passaggio 4), che prende il nome di **trasformazione** (se la cellula è batterica) o di **trasfezione** (se si tratta di una cellula eucariotica). Esistono numerose tecniche per ottenere questo scopo (tabella **1**).

Tabella **1** **Tecniche per inserire un plasmide in una cellula.**

Shock termico	**Elettroporazione**	**Pistola *Bio-Rad* per bombardamento biolistico**	**Microiniezione**
	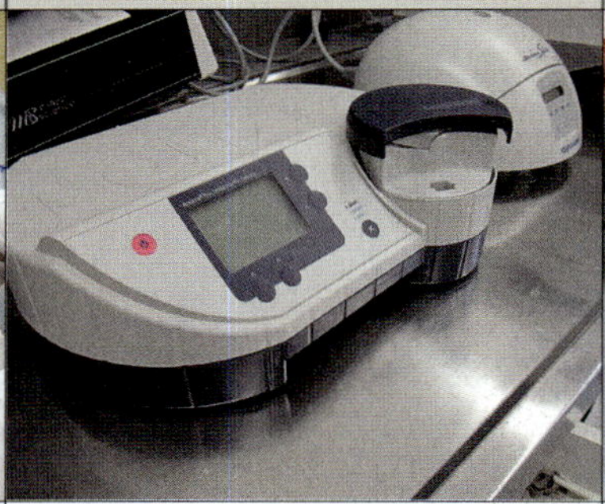	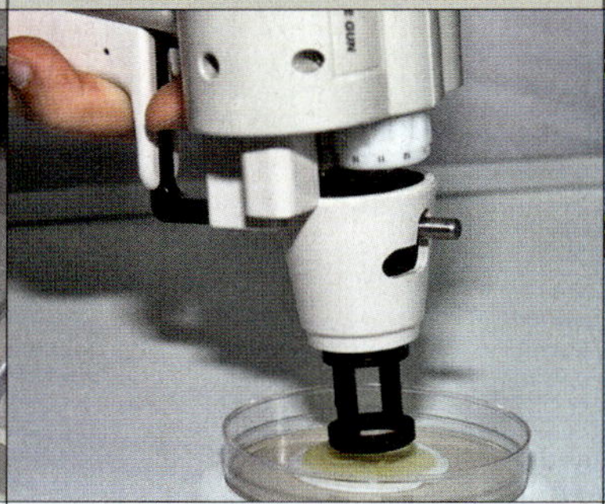	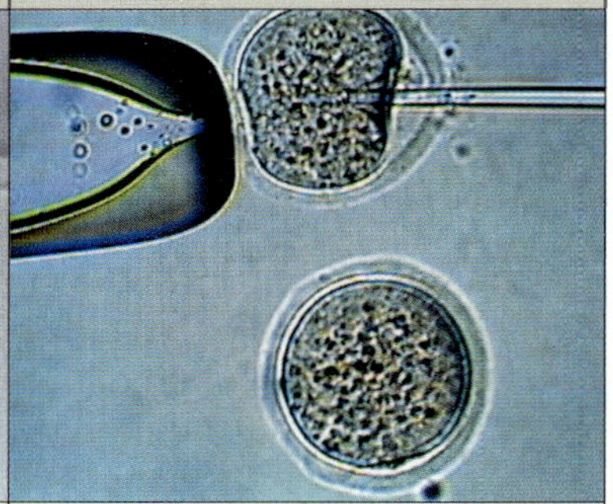
Le cellule batteriche vengono immerse in una soluzione concentrata di ioni calcio a bassa temperatura (2 – 4 °C). Questi ioni, carichi positivamente, si legano ai lipopolisaccaridi della parete batterica e attraggono il DNA plasmidico, che è carico negativamente. La temperatura viene poi innalzata oltre i 40 °C e riportata in tempi brevi a 2 – 4 °C. Questo shock termico provoca la formazione di pori a livello della membrana cellulare, permettendo l'ingresso del vettore plasmidico.	Le cellule batteriche o eucariotiche sono sottoposte per pochi secondi a un campo elettrico che, alterando il potenziale elettrico di membrana, provoca l'apertura di canali che consentono l'ingresso del vettore.	Il DNA da inserire viene adeso a nanoparticelle di oro o di tungsteno che vengono poi sparate attraverso la parete cellulare con una speciale pistola ad aria compressa, detta pistola genica (o *gene gun*). Questa tecnica è utilizzata per la trasfezione di cellule vegetali.	Il vettore plasmidico viene iniettato direttamente all'interno della cellula ricevente grazie a un minuscolo ago di vetro utilizzato al microscopio con l'aiuto di uno speciale strumento, il micromanipolatore, che consente di effettuare movimenti di altissima precisione. Questa tecnica è utilizzata soprattutto per il trasferimento di DNA esogeno all'interno di cellule embrionali.

Poiché i vettori plasmidici contengono un gene reporter per la resistenza a un antibiotico possiamo sfruttare questa caratteristica per selezionare le cellule batteriche che sono state effettivamente trasformate (passaggio 5). Infatti, nessuna delle tecniche descritte nella tabella ha un'efficienza del 100%: ci sono sempre cellule che non hanno incorporato il DNA esogeno. Ponendo le cellule trasformate in presenza dell'antibiotico specifico per il vettore utilizzato, solo quelle che hanno incorporato il vettore, e che quindi esprimono il gene per la resistenza, possono sopravvivere. In questo modo si ottiene una coltura pura di cellule contenenti il DNA esogeno (figura **6**).

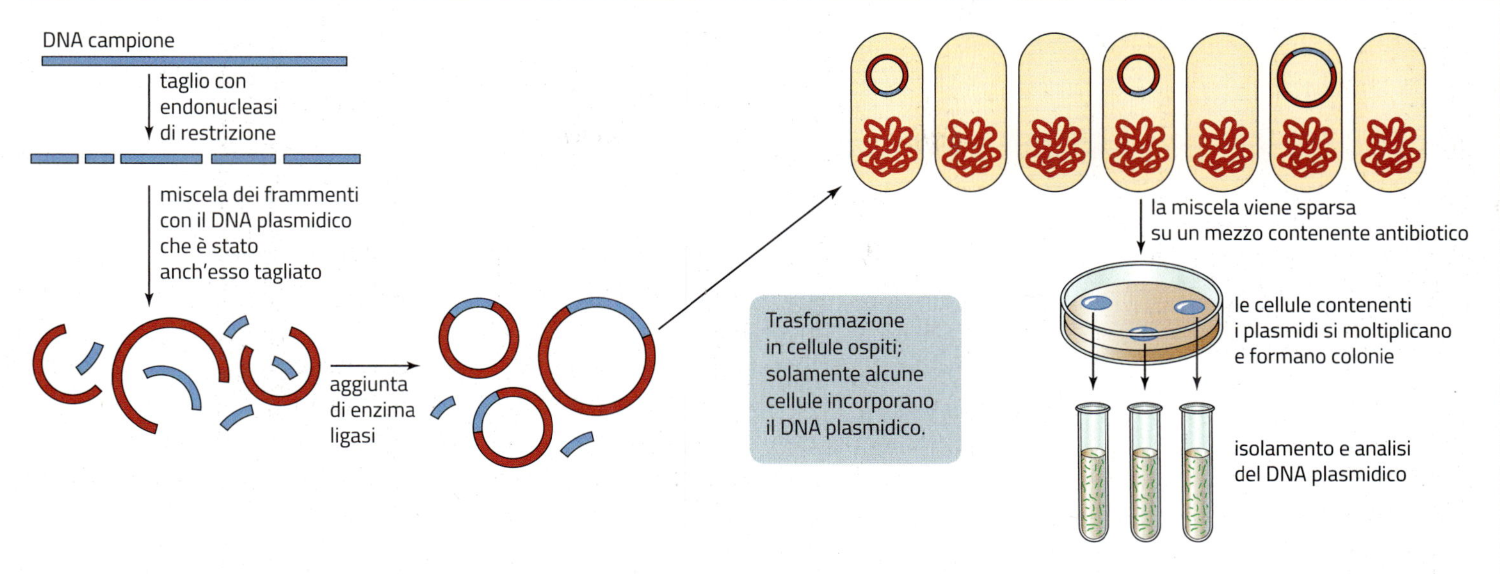

Figura 6 **Clonaggio di DNA in plasmidi batterici ricombinanti** Dopo aver inserito nei plasmidi la resistenza a un antibiotico, si somministra ai batteri lo stesso antibiotico; in questo modo sono selezionati soltanto i batteri trasformati, che hanno incamerato il plasmide ricombinante.

A questo punto, ogni volta che le cellule trasformate si dividono, duplicano oltre ai loro geni anche quelli contenuti nel vettore. Una cellula batterica si divide mediamente ogni 20 minuti; questo significa che partendo da una singola cellula trasformata, contenente una copia del gene esogeno, dopo 30 divisioni (corrispondenti a circa 10 ore) si ottengono 2^{30} cellule geneticamente identiche o **cloni**, corrispondenti a oltre un miliardo di copie del gene inserito.

6 I virus come vettori

A differenza di quanto accade nelle cellule, nei virus l'informazione genetica contenuta nel genoma non viene espressa all'interno delle particelle virali, che costituiscono unicamente un mezzo di trasporto dei geni virali da una cellula all'altra. Questa loro caratteristica ha portato allo sviluppo di virus modificati che possono essere utilizzati per il clonaggio e il trasferimento genico.

I primi **vettori virali** per il clonaggio sono derivati dai batteriofagi λ che abbiamo incontrato nel capitolo precedente. Si è visto che non tutti i geni del fago sono essenziali per il suo ciclo litico: sono stati quindi sviluppati dei genomi fagici privi di questi geni e contenenti un sito unico per un enzima di restrizione, in modo da consentire di saldare all'interno del genoma virale frammenti di DNA esogeno. I batteriofagi ricombinanti sono ancora in grado di infettare le cellule batteriche e di moltiplicarsi, duplicando così anche il DNA esogeno. Il vantaggio dei vettori di clonaggio basati sul fago λ è che possono accettare frammenti di DNA molto più lunghi rispetto ai vettori plasmidici.

I virus possono essere utilizzati anche per inserire stabilmente un gene all'interno del cromosoma della cellula ricevente. A questo scopo si usano i **vettori retrovirali**. Questi vettori derivano dai retrovirus, che sono capaci di integrare il proprio genoma all'interno del genoma della cellula infettata. Per tale funzione sono necessari solo pochi geni, per cui è possibile modificare i retrovirus in modo da renderli capaci di contenere altri geni esogeni. I retrovirus ricombinanti saranno quindi in grado di inserire stabilmente un gene clonato all'interno del cromosoma di una cellula ricevente. Come vedremo nel prossimo capitolo, questi vettori sono utilizzati per la terapia genica.

LE PAROLE

Clone deriva dal termine greco che significa «ramoscello» e identifica una copia geneticamente identica dell'organismo parentale.

RISPONDI

A Che cosa sono e come agiscono EcoRI e la DNA ligasi?
B Che differenza esiste tra clonaggio e clonazione?
C Che cos'è la trasformazione batterica e come la si può ottenere?

2 Isolare i geni e amplificarli

7 I geni sono isolati a partire dall'RNA messaggero

Adesso che abbiamo visto come clonare un frammento di DNA, impariamo come si prepara il materiale di partenza, ovvero il frammento di DNA corrispondente al gene che desideriamo clonare. Nei cromosomi eucariotici, i geni sono spesso spezzettati in esoni (le porzioni codificanti) inframmezzati da sequenze introniche non codificanti; nel RNA messaggero, invece, sono presenti solo gli esoni correttamente montati grazie al meccanismo di splicing. Il DNA genomico, quindi, non è il materiale ideale da cui partire per isolare un gene, mentre gli mRNA risultano molto più pratici.

Per isolare gli mRNA di una cellula (figura 7) si sfrutta la presenza alla loro estremità 3′ di una sequenza di circa 200 adenine detta *coda poli-A*. Dapprima le cellule vengono frammentate in modo da liberare tutti gli acidi nucleici. L'estratto cellulare viene poi applicato a una resina costituita da un polimero di agarosio a cui sono attaccati pezzetti di DNA sintetico a singola elica, detti *oligonucleotidi*, la cui sequenza è formata unicamente da timine (poli-T).

Dato che due DNA a singola elica con sequenza complementare tendono spontaneamente ad appaiarsi, questi oligonucleotidi poli-T si appaiano alla coda poli-A degli mRNA, trattenendoli sulla resina, mentre gli altri acidi nucleici vengono lavati via. Successivamente si recuperano gli mRNA dalla colonna lavandola con appositi tamponi. In questo modo si ottiene una collezione di tutti gli mRNA cellulari, tra i quali è presente anche quello corrispondente al gene di nostro interesse. Ma come recuperarlo tra le migliaia di altri mRNA?

Figura 7 **Isolamento di mRNA dalle cellule eucariotiche** Schema che riassume i passaggi per ottenere una miscela di mRNA sfruttando una sequenza di poli-T.

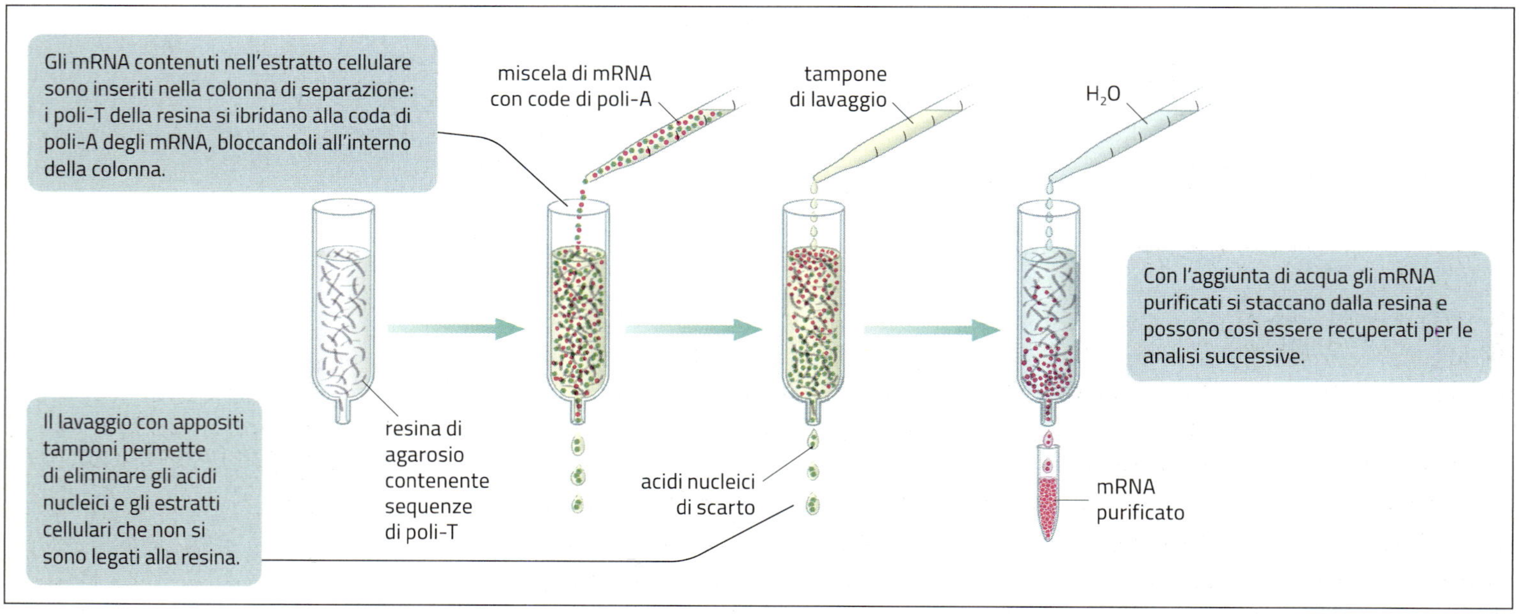

8 Le librerie di cDNA e le librerie genomiche

Il primo passo per isolare un gene è costruire una libreria di cDNA o genoteca tramite il clonaggio di tutti gli mRNA cellulari.

Una **libreria di cDNA** è una collezione di cloni corrispondenti ai geni espressi nel genoma di un organismo; una **libreria genomica** è l'insieme di cloni che contengono l'intero genoma di un organismo.

Per fare questo, gli mRNA a singola elica devono essere convertiti nelle loro copie a DNA (cDNA) a doppia elica. Questo passaggio è possibile grazie all'utilizzo di un enzima tipico dei retrovirus, la *trascrittasi inversa*. Si tratta di una DNA polimerasi particolare, in grado di usare un filamento di RNA come stampo per generare una copia a DNA.

LE PAROLE

Il nome **cDNA** deriva dall'inglese *complementary DNA* o DNA complementare, a indicare che uno dei due filamenti di DNA ha la sequenza complementare al filamento dell'mRNA da cui deriva.

Per prima cosa si aggiungono agli mRNA purificati dei nuovi oligonucleotidi poli-T i quali, appaiandosi alla coda poli-A, forniranno l'innesco per la sintesi. Dopo la sintesi del primo filamento di DNA complementare, l'RNA originario è rimosso dalla trascrittasi inversa, che procede poi a sintetizzare il secondo filamento di DNA. A questo punto avremo una miscela di cDNA, ciascuno corrispondente a un solo mRNA.

Il passo successivo è clonare i cDNA in modo da averne un gran numero di copie mediante la trasformazione batterica. In questo caso si usa una miscela di vettori, ciascuno contenente un diverso cDNA, e si selezionano le cellule trasformate. Si ottiene così una libreria di cellule contenenti ciascuna un diverso cDNA (figura **8**).

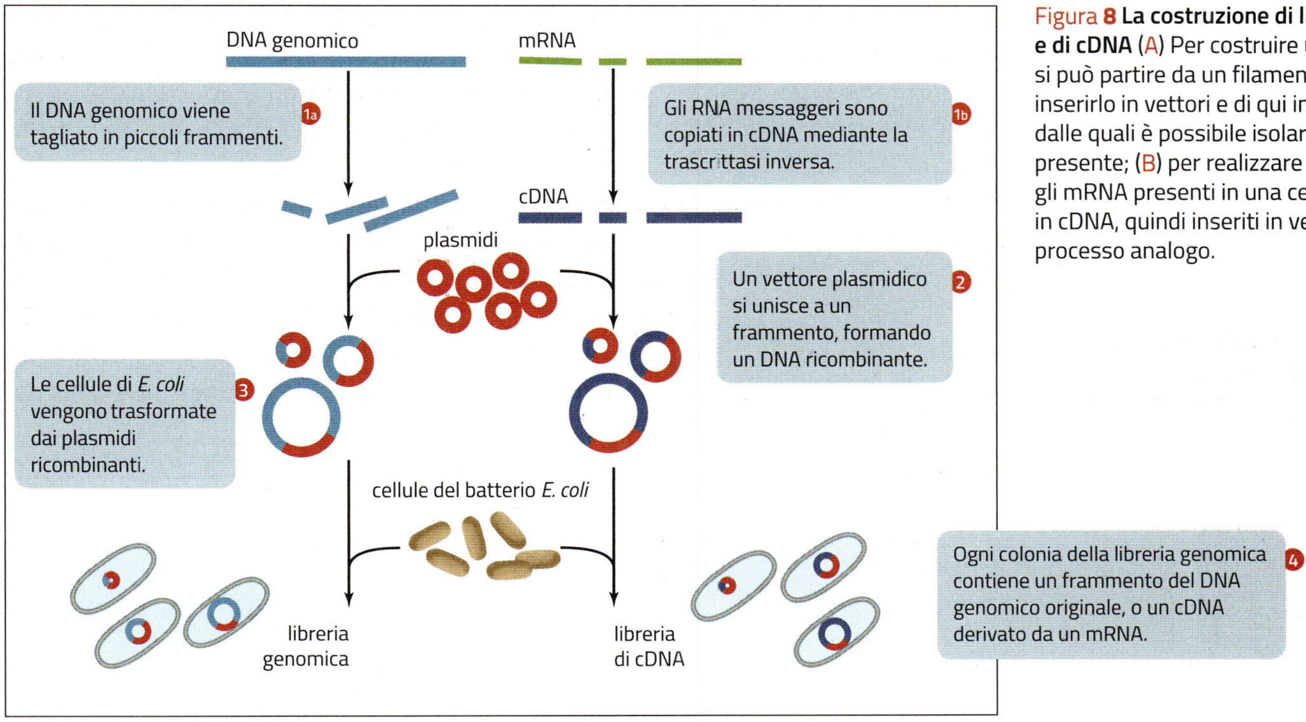

Figura **8** **La costruzione di librerie genomiche e di cDNA** (A) Per costruire un libreria genomica si può partire da un filamento di DNA, quindi inserirlo in vettori e di qui in cellule trasformate, dalle quali è possibile isolare e analizzare il DNA presente; (B) per realizzare una libreria di cDNA, gli mRNA presenti in una cellula sono copiati in cDNA, quindi inseriti in vettori mediante un processo analogo.

9 Isolamento del cDNA tramite ibridazione su colonia

Per isolare un singolo cDNA tra le migliaia presenti nella libreria si può sfruttare la proprietà del DNA a singola elica di legarsi a un filamento con sequenza complementare. Questa proprietà è detta **ibridazione**.

Il prerequisito necessario per applicare l'ibridazione alla ricerca in una libreria di cDNA è la conoscenza della sequenza nucleotidica di una piccola porzione del gene di nostro interesse. Questa è ottenibile in diversi modi: si può applicare a ritroso il codice genetico a partire dalla sequenza degli amminoacidi della proteina corrispondente oppure si può sfruttare l'analisi comparativa delle sequenze dello stesso gene ottenute in altre specie, identificando le porzioni più conservate. È possibile allora sintetizzare chimicamente un oligonucleotide contenente questa sequenza nota, creando cioè una **sonda a DNA**.

A questo punto le soluzioni contenenti le cellule batteriche della libreria vengono poste su un terreno solido in piastre Petri a diluizioni elevate. In questo modo le singole cellule vengono a trovarsi separate le une dalle altre e, dividendosi, producono delle colonie formate tutte da cloni, ovvero cellule geneticamente identiche a quella di partenza. Dato che ciascuna cellula contiene un singolo cDNA, anche le singole colonie di cellule figlie possiederanno tutte quel medesimo cDNA. Sulla superficie della piastra contenente le colonie viene quindi appoggiato un filtro realizzato in materiale carico positivamente: la *nitrocellulosa*. Alcune cellule di ogni colonia aderiscono al filtro, che viene immerso in una soluzione in grado di lisare le cellule e liberare gli acidi nucleici.

LE PAROLE

Ibridazione deriva dal latino e significa «fare incroci»; indica la fusione di due elementi di origine diversa, ma in biologia molecolare indica l'appaiamento di due filamenti di DNA di origine diversa.

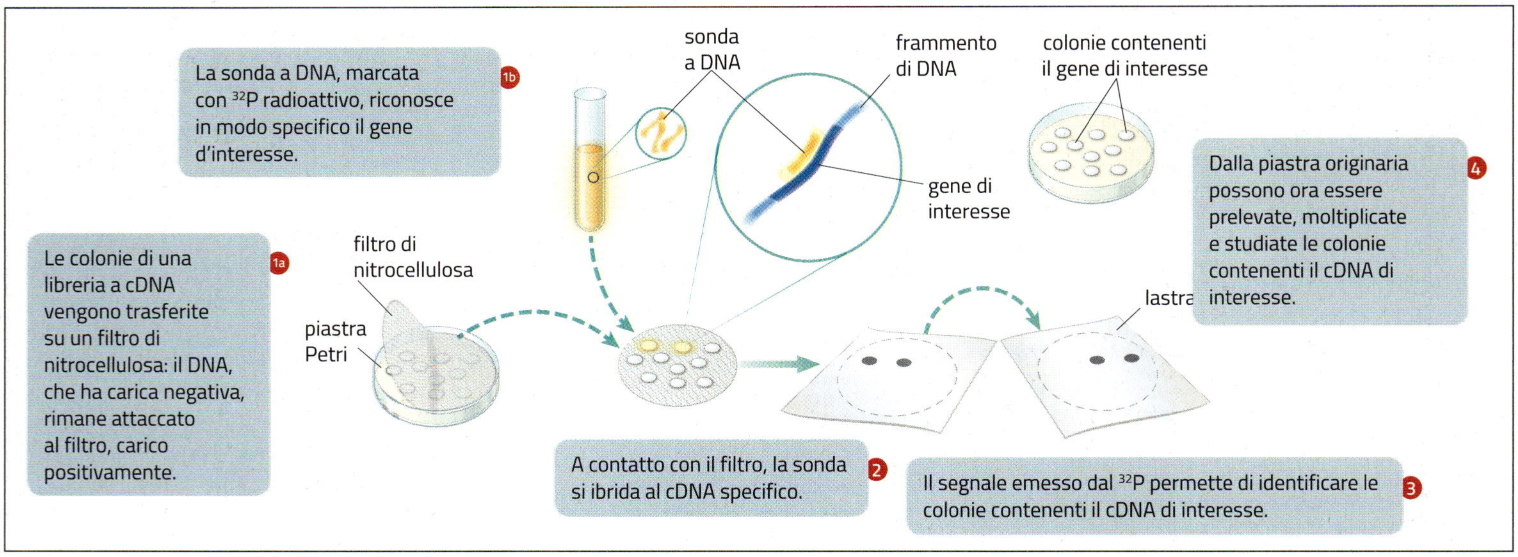

Figura 9 **L'isolamento del cDNA** L'ibridazione identifica le colonie contenenti uno specifico cDNA.

Essendo carichi negativamente, questi rimangono a loro volta attaccati alla nitrocellulosa. Il DNA così esposto viene poi denaturato per separare i due filamenti.

Viene quindi aggiunta la sonda resa radioattiva tramite l'incorporazione dell'isotopo 32 del fosforo (^{32}P). La sonda a singolo filamento si ibrida in corrispondenza della sequenza complementare presente nella colonia in cui le cellule contengono il cDNA del gene di nostro interesse. Essa è radioattiva, per cui la posizione della colonia sul filtro viene rivelata esponendo il filtro a una lastra autoradiografica, che verrà impressionata dall'emissione delle particelle β ad alta energia del ^{32}P (figura **9**).

Poiché il filtro è una specie di fotografia della piastra da cui deriva, basandosi sulla corrispondenza tra la posizione della colonia sul filtro e quella sulla piastra, è possibile identificare quali cellule contenevano il cDNA che stiamo cercando. Infine, le cellule sono prelevate e fatte moltiplicare fino a ottenere una coltura pura che contiene solo il vettore con il cDNA del gene di interesse.

10 La PCR amplifica a dismisura le sequenze di DNA

Un aspetto fondamentale della ricerca biotecnologica riguarda la possibilità di avere un numero sufficiente di campioni da studiare. Per esempio, i geni ottenuti attraverso le colture batteriche delle librerie a cDNA devono essere trasferiti in altre cellule per poterne scoprire la funzione. Per far questo, in genere si ricorre a una tecnica che consente di isolare e amplificare una sequenza di DNA: la **reazione a catena della polimerasi** o **PCR**. (figura **10**). Questa metodica sfrutta due fenomeni naturali che abbiamo già incontrato: la tendenza di due filamenti di DNA con sequenza complementare ad appaiarsi spontaneamente e la capacità della DNA polimerasi di copiare un filamento di DNA stampo.

L'idea di base della PCR è semplice: partendo da una singola copia di una sequenza di DNA e facendola reagire con una DNA polimerasi, dopo un ciclo di reazione si otterranno due copie. Se la reazione di ricopiatura viene ripetuta per n cicli, le copie saranno 2^n. Per esempio, dopo 30 cicli, si avranno $2^{30} = 1\,073\,741\,824$ copie della sequenza originaria. Questo processo è detto **amplificazione del DNA**.

La **PCR** è un sistema automatizzato per l'amplificazione del DNA in provetta.

Perché la reazione di PCR abbia luogo occorrono:

- il **DNA stampo**, che può essere un breve frammento, una miscela di cDNA o addirittura un intero genoma, contenente la porzione che ci interessa amplificare;
- una coppia di oligonucleotidi chiamati *primer* che forniscano l'**innesco per la reazione** di polimerizzazione, ciascuno complementare all'inizio e alla fine della sequenza da amplificare;

PER SAPERNE DI PIÙ

Nel 1993 al biochimico americano Kary Mullis venne assegnato il premio Nobel per la chimica per aver ideato, dieci anni prima, la **PCR**, una tecnica per amplificare una sequenza di DNA.

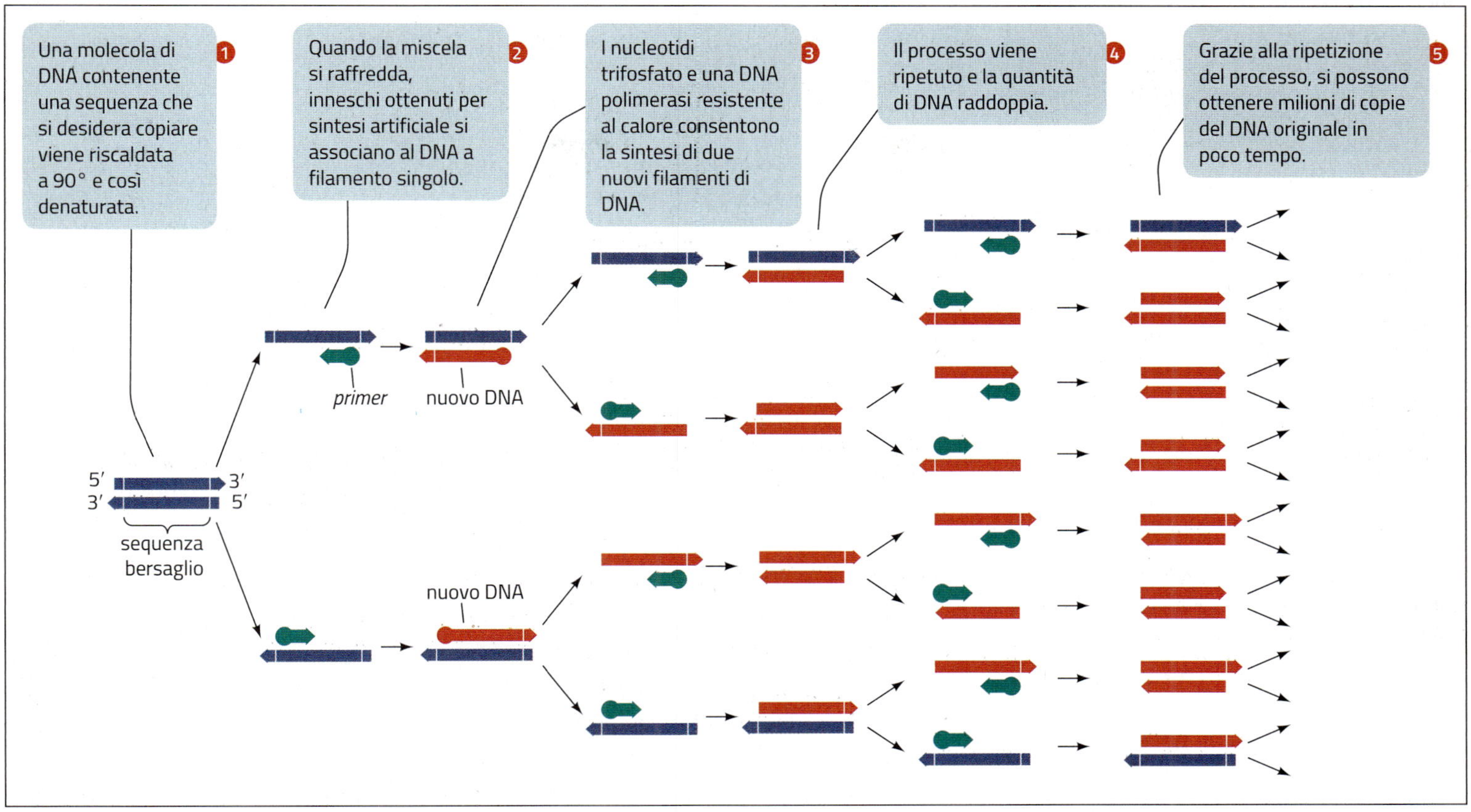

Figura **10** **La reazione a catena della polimerasi** Schema che riassume i vari passaggi della PCR, un processo ciclico ripetuto molte volte, fino a ottenere milioni di copie identiche di un unico frammento di DNA; in questo modo si ottiene una quantità di DNA sufficiente per condurre le analisi chimiche e le manipolazioni genetiche.

- una **DNA polimerasi termoresistente** isolata da un organismo estremofilo, adattato a vivere a temperature elevate;
- una **miscela contenente i quattro nucleotidi trifosfato** e i cofattori (di solito sali di magnesio) necessari alla DNA polimerasi.

Dato che la DNA polimerasi utilizza uno stampo a singolo filamento, il primo passaggio della reazione di PCR è la **denaturazione** del DNA di partenza, che si ottiene scaldando la miscela a temperature superiori ai 70 °C. A questo punto la temperatura viene abbassata per favorire la seconda fase, cioè la **rinaturazione**. Poiché gli oligonucleotidi sono presenti in notevole eccesso rispetto al DNA di partenza, essi vanno a legarsi ciascuno al filamento che presenta la sequenza complementare. La terza fase è quella dell'**allungamento** di questi inneschi da parte della DNA polimerasi, che così sintetizza la prima copia della porzione del DNA di partenza compresa tra i due oligonucleotidi.

Il ciclo prosegue con una nuova denaturazione, che apre tutte le molecole di DNA a doppio filamento presenti e consente una nuova fase di rinaturazione. L'intera sequenza dura 10 minuti e viene ripetuta per un numero variabile di volte, a seconda delle necessità dell'esperimento.

A ogni ciclo gli inneschi si legano sia ai filamenti originari sia a quelli via via sintetizzati dalla DNA polimerasi e in questo modo l'amplificazione del DNA procede in modo esponenziale. Uno dei vantaggi della PCR è la possibilità di poter partire da una quantità minima di DNA: da un picogrammo (ovvero 10^{-12} grammi) di DNA, che è circa il contenuto di DNA di una singola cellula umana, è possibile ottenere in cinque ore un milligrammo (10^{-3} grammi) del gene desiderato, un peso pari al contenuto totale di DNA di un miliardo di cellule.

LE PAROLE

Nella PCR si sfrutta la DNA polimerasi di batteri termofili come *Thermus aquaticus*, che vivono nei geyser e sulle bocche termali oceaniche. La **Taq polimerasi** consente la PCR perché riesce a fronteggiare ripetuti cicli di riscaldamento senza denaturarsi.

RISPONDI

A Che cosa è un libreria di cDNA?
B Che cosa si intende per ibridazione?
C Come si svolge la reazione a catena della polimerasi?

3 Leggere e sequenziare il DNA

PER CAPIRE MEGLIO
video:
Come si fa il DNA fingerprinting

11 L'elettroforesi su gel permette di separare i frammenti di DNA

Nei paragrafi precedenti abbiamo visto come si isola e si clona un frammento di DNA da una miscela complessa, per esempio un singolo cDNA da un'intera libreria. In tutte le fasi che abbiamo descritto, però, è importante essere sempre certi di avere tra le mani il materiale desiderato. Per esempio, dopo aver digerito un vettore plasmidico con l'enzima di restrizione, è necessario verificare che la reazione enzimatica sia andata a buon fine. Allo stesso modo, dopo una reazione di PCR bisogna verificare che si sia effettivamente amplificato il frammento di DNA che ci interessa.

Tale controllo è possibile grazie alla visualizzazione diretta del DNA tramite **elettroforesi su gel** (figura **11**). Il DNA è una macromolecola dotata di carica negativa, a causa dei suoi numerosi gruppi fosfato. Se si pone il DNA in un campo elettrico, questo migrerà dal polo carico negativamente (il catodo) verso quello carico positivamente (l'anodo).

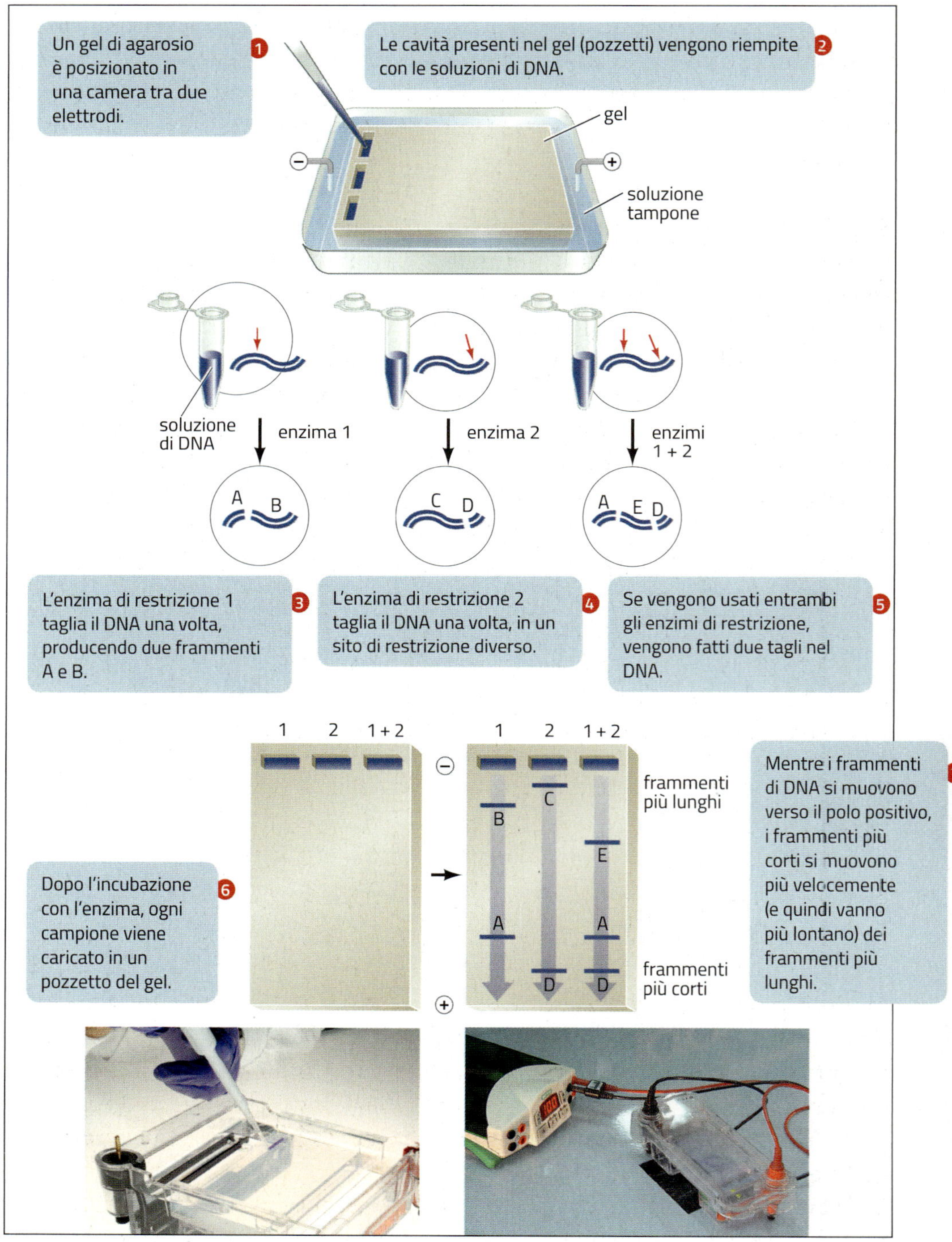

Figura **11** **La separazione di frammenti di DNA con l'elettroforesi su gel** Nei pozzetti del gel, posti in corrispondenza del catodo, sono posizionati i frammenti di DNA di interesse; essi migrano verso il polo positivo del campo, con le molecole più piccole che si muovono più velocemente di quelle più grandi. Quando la separazione è avvenuta, si spegne il generatore di elettricità e i frammenti separati sono pronti per essere analizzati.

In una soluzione acquosa, la migrazione è indipendente dalle dimensioni del DNA; se invece la migrazione avviene all'interno di una matrice polimerica porosa, ovvero un gel, è possibile separare i frammenti di DNA sulla base della loro lunghezza.

L'**elettroforesi** è una tecnica che consente di separare molecole cariche (come proteine e acidi nucleici) grazie all'applicazione di un campo elettrico.

Per l'elettroforesi del DNA si usano due polimeri, l'agarosio e la poliacrilammide.

- L'**agarosio** è un polisaccaride naturale estratto dalle alghe ed è formato da molecole di galattosio legate tra loro. È liquido a 90 °C e solidifica a temperature inferiori a 40 °C. Nell'agar solido, i polimeri di galattosio si intrecciano gli uni agli altri, formando una rete le cui maglie hanno dimensioni di 50-200 nm; è attraverso questi pori che il DNA può migrare. I frammenti più piccoli passano senza problemi, mentre quelli più grandi scivolano solo tra le maglie più grosse della rete, e di conseguenza si muovono più lentamente.
- La **poliacrilammide** è un polimero artificiale formato da catene di acrilammide legate in modo covalente. Contrariamente all'agarosio, che può essere sciolto e risolidificato molte volte, la poliacrilammide, una volta formata la matrice, non può più essere portata alla stato liquido. La matrice di poliacrilammide ha una porosità di dimensioni inferiori all'agarosio (20-100 nm) e quindi permette la separazione di frammenti di DNA più piccoli.

Il gel di agarosio è fatto solidificare in una vaschetta in cui è posizionato un pettine dentellato. Questo serve a far sì che a una estremità del gel si formino delle tasche, dette *pozzetti*, in cui viene depositato il campione di DNA da sottoporre al campo elettrico. In genere un gel di agarosio ha uno spessore di 1-2 cm e ciascun pozzetto può contenere un volume tra i 10 μL e i 50 μL (1 μL = 10^{-6} L).

Una volta solidificato, il gel è immerso in posizione orizzontale in una soluzione tampone all'interno di una **camera elettroforetica**, un apparecchio in grado di generare un campo elettrico di intensità compresa tra i 50 e i 100 V. I campioni di DNA sono miscelati con una soluzione contenente un indicatore colorato (di solito il blu di bromofenolo) che serve a visualizzare lo spostamento del campione nel gel, e anche del saccarosio per aumentare la densità del campione e farlo depositare sul fondo del pozzetto.

L'estremità del gel con i pozzetti è posizionata dal lato del catodo; applicando il campo elettrico, i frammenti di DNA entrano nella matrice e «corrono» verso l'anodo con una velocità che dipende dalla loro dimensione.

L'elettroforesi su gel di poliacrilammide si effettua in modo simile, ma il gel viene fatto polimerizzare tra due lastre di vetro separate e la corsa elettroforetica avviene con il gel in verticale, applicando un campo elettrico più intenso.

LE PAROLE

Elettroforesi deriva dal greco *foresis*, «trasporto», e significa letteralmente «trasporto tramite elettricità».

12 Il DNA separato può essere visualizzato sul gel o trasferito su filtro

Una volta effettuata la separazione dei frammenti di DNA è possibile visualizzarli direttamente sul gel. Nel caso dei gel di agarosio si usano dei composti chimici fluorescenti in grado di intercalarsi tra le basi del DNA. Un intercalante molto utilizzato è il bromuro di etidio che si eccita a lunghezze d'onda intorno a 300 nm (nell'ultravioletto) e riemette energia nello spettro visibile a 590 nm. Illuminando il gel con luce UV, quindi, i frammenti di DNA contenenti il bromuro di etidio brilleranno di un intenso colore rosso-arancio (figura **12**). Questa tecnica è utile quando la miscela caricata contiene solo pochi frammenti facilmente identificabili, per esempio il prodotto di una reazione di PCR o quelli di digestione di un plasmide.

In altri casi l'elettroforesi su gel è impiegata per separare miscele complesse di frammenti, come quella derivante dalla digestione con enzimi di restrizione di un intero

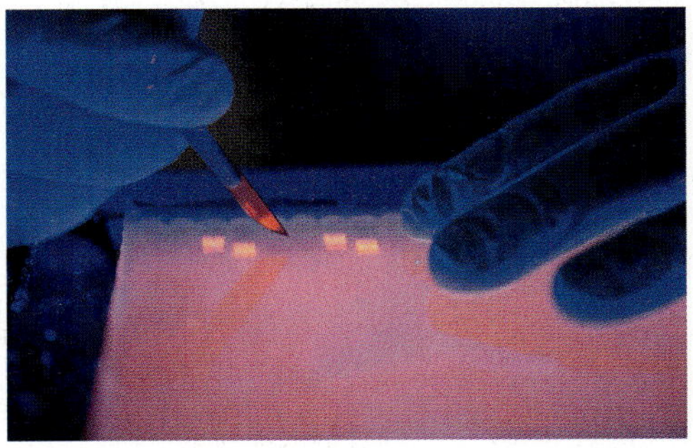

Figura **12** **Visualizzare i risultati di un'elettroforesi su gel** Grazie al bromuro di etidio, quando un gel di agarosio è illuminato con raggi UV, i risultati della corsa elettroforetica appaiono di un colore rosso-arancio.

LE PAROLE

To blot in inglese significa «assorbire»; in biologia molecolare, il **blotting** indica l'assorbimento di acidi nucleici o proteine su una membrana di nitrocellulosa.

DNA genomico. In questo caso, per visualizzare il frammento di nostro interesse tra le centinaia presenti sul gel si usa la tecnica del **Southern blotting** (figura **13**), messa a punto dal biologo inglese Edwin Southern (da cui ha preso il nome) nel 1975.

Il DNA separato sul gel è trasferito e fissato su di una membrana di nitrocellulosa. In seguito il DNA è denaturato ed esposto a una sonda marcata radioattivamente, la cui sequenza è complementare a quella del frammento cercato. Il principio, quindi, è analogo a quello dell'ibridazione utilizzata per analizzare le librerie a cDNA che abbiamo visto in precedenza. In questo caso, però, il trasferimento avviene per *capillarità*: il gel contenente la miscela di DNA separata è posto a contatto con un filtro di nitrocellulosa. Sopra al filtro di nitrocellulosa si pongono dei fogli di carta assorbente, mentre la faccia posteriore del gel (opposta a quella su cui è appoggiata la nitrocellulosa) viene messa a contatto con una soluzione tampone. Il tampone, «risucchiato» dalla carta assorbente, fluirà per capillarità attraverso il gel e il filtro, trascinando con sé il DNA presente nel gel.

Quando il DNA attraversa il filtro di nitrocellulosa, le cariche positive del filtro legano il DNA carico negativamente, trattenendolo; a questo punto il filtro contenente il DNA può essere recuperato per i successivi passaggi di denaturazione, ibridazione con la sonda ed esposizione a una lastra fotografica.

Oltre che per capillarità, il DNA può essere trasferito applicando al gel un campo elettrico in una speciale camera elettroforetica. Il DNA migrerà dal gel (rivolto verso il catodo) al filtro (rivolto verso l'anodo) dove rimarrà intrappolato. In questo caso si parla di *elettroblotting.*

Se il materiale da trasferire è RNA e non DNA, la tecnica è sostanzialmente identica, ma viene chiamata (per analogia) **Northern blotting**.

Figura **13** **Southern blotting** Attraverso questa tecnica è possibile isolare un frammento di DNA tra le centinaia presenti in un unico gel.

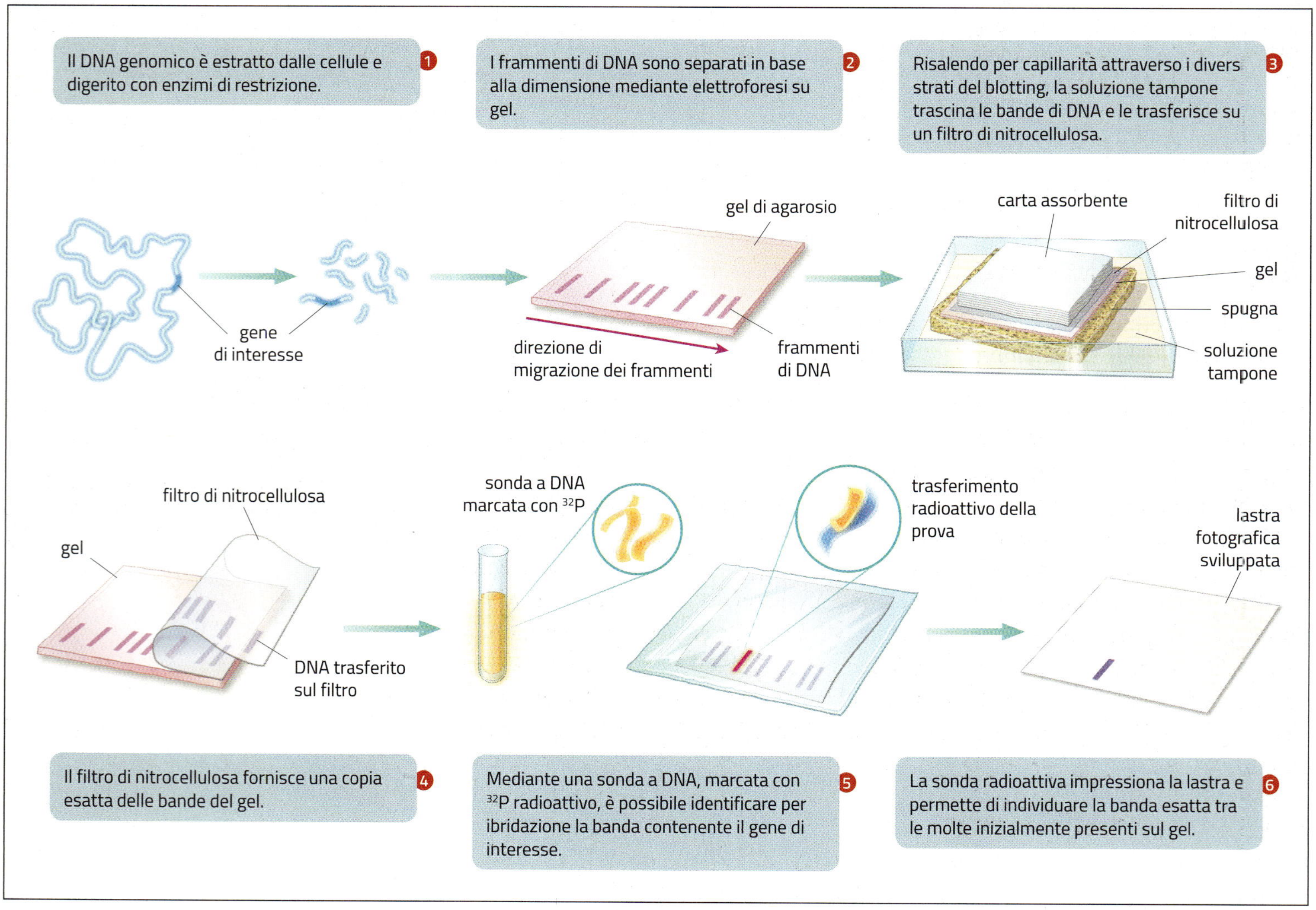

LA NOSTRA SALUTE

Un test del DNA per rilevare le anomalie genetiche

La **fenilchetonuria** o PKU è una malattia recessiva dovuta a mutazioni nel gene che codifica per l'enzima fenilalanina idrossilasi, essenziale per il metabolismo dell'amminoacido fenilalanina. Quando l'enzima non funziona correttamente, la fenilalanina non viene trasformata in tirosina e si accumula nei tessuti, danneggiando l'organismo. Le conseguenze più gravi riguardano il sistema nervoso centrale e comportano ritardo mentale e problemi neurologici. Il ritardo mentale si previene limitando fin dalla nascita l'assunzione di fenilalanina con gli alimenti. Per questo motivo, oggi tutti i neonati sono sottoposti a uno screening di massa mediante il dosaggio biochimico della fenilalanina in una piccolissima quantità di sangue (figura).

Oltre alla fenilchetonuria esistono molte malattie genetiche diagnosticabili grazie alle analisi del sangue, per esempio perché producono proteine anomale. Ma come possiamo identificare quelle patologie che non risultano visibili con questo tipo di test? E come fare se il sangue è difficile da ottenere, come nel caso di un feto? Infine, come si possono diagnosticare le anomalie genetiche negli individui eterozigoti che esprimono comunque la proteina normale, magari a livelli insufficienti?

Un'analisi da svolgere sul feto o sui neonati

Il test del DNA offre il metodo più diretto e accurato per individuare un allele anomalo. Ora che sono state identificate molte mutazioni responsabili di malattie, qualsiasi cellula del corpo può essere analizzata in qualsiasi momento della vita per trovare mutazioni. Il potere di amplificazione della PCR implica che solo una o poche cellule sono sufficienti per il test. Questi metodi forniscono i risultati migliori per malattie causate da solo una o poche mutazioni differenti.

Consideriamo per esempio una coppia in cui entrambi sono eterozigoti per la fibrosi cistica; nel momento in cui decidessero di avere un figlio potrebbero richiedere l'analisi delle cellule fetali prelevate a 10 settimane dal concepimento (villocentesi) o tra la tredicesima e la diciassettesima settimana (amniocentesi) per sapere se il bambino sarà malato oppure no. Recentemente, sono stati sviluppati metodi così sensibili da permettere di eseguire il test del DNA con le poche cellule del feto che si trovano nel sangue della madre. Un campione di 10 mL di sangue di una donna incinta contiene abbastanza cellule fetali per l'analisi di molte patologie, inclusa la sindrome di Down e la fibrosi cistica. Questa procedura non invasiva potrà sostituire l'amniocentesi e il prelievo dei villi coriali.

Il test del DNA può essere anche eseguito sui neonati; i campioni di sangue prelevati per lo screening per la fenilchetonuria contengono abbastanza cellule da permettere l'analisi del DNA utilizzando la PCR. In questo modo è già possibile testare l'anemia falciforme e la fibrosi cistica, in modo da poter sottoporre al più presto il neonato agli opportuni trattamenti terapeutici.

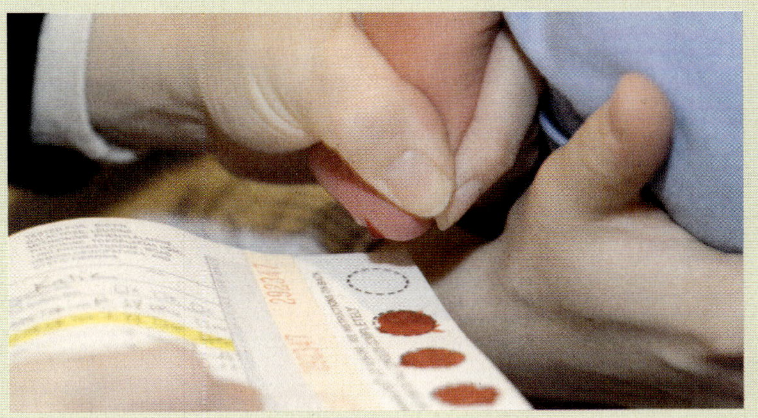

Figura **Il test per diagnosticare la fenilchetonuria** Pochi giorni dopo la nascita vengono prelevati dei piccoli campioni di sangue dal tallone del bambino, sui quali vengono aggiunte piccole quantità di fenilalanina per verificarne il metabolismo.

13 Sequenziare il DNA con il metodo Sanger

Il **sequenziamento** è la determinazione dell'identità dei nucleotidi presenti in un frammento di DNA nell'ordine in cui si presentano.

Si deve al biochimico britannico Frederick Sanger il metodo che oggi è alla base dei moderni *sequenziatori*, ovvero le macchine che compiono il sequenziamento. L'idea di Sanger si basava sulla capacità della DNA polimerasi di copiare un DNA stampo. Ma come identificare l'ordine in cui venivano aggiunti i nucleotidi durante la sintesi?

Sanger sfruttò dei nucleotidi modificati che presentano lo zucchero desossiribosio privo del gruppo ossidrilico in posizione 3′. Questi analoghi, chiamati **dideossinucleotidi** (ddNTPs), una volta incorporati nella catena di DNA nascente non possono essere ulteriormente allungati a causa della mancanza del gruppo 3′–OH necessario alla formazione del legame fosfodiesterico con il nucleotide successivo. Per effettuare una reazione di sequenziamento, si preparano quattro miscele in cui ai normali desossinucleotidi (dNTPs) viene aggiunto un singolo dideossinucleotide (ddATP, ddTTP, ddCTP o ddGTP); otterremo quindi quattro miscele:

1. dNTPs + ddATP
2. dNTPs + ddCTP
3. dNTPs + ddGTP
4. dNTPs + ddTTP

PER SAPERNE DI PIÙ

Le prime tecniche di **sequenziamento** sono state messe a punto da Allan Maxam e Walter Gilbert all'Università di Harvard nel 1973 e da Frederick Sanger a Cambridge nel 1977.

Ciascun dideossinucleotide è aggiunto a una concentrazione inferiore a quella dei dNTPs. La reazione di polimerizzazione procede come al solito: il DNA a doppia elica viene denaturato e viene aggiunto un oligonucleotide complementare a quella parte del filamento stampo che fungerà da innesco. Durante la reazione, in una certa frazione di molecole la DNA polimerasi si fermerà dopo aver incorporato il terminatore di catena. In ogni miscela si genereranno, quindi, una serie di frammenti di lunghezza crescente, ciascuno terminante con lo stesso dideossinucleotide. Al termine della reazione le quattro miscele sono caricate una di fianco all'altra su di un gel di poliacrilammide per separare i diversi frammenti. Visualizzando i frammenti su gel, è ora possibile leggere la sequenza (figura **14**) procedendo dal frammento più piccolo (corrispondente al primo dideossinucleotide incorporato) a quello più grande (corrispondente all'ultimo dideossinucleotide).

Per capire meglio questa tecnica, facciamo un esempio. Immaginiamo di partire da un DNA a doppia elica con la sequenza:

5′ –ATGCACACA–3′
3′ –TACGTGTGT–5′

TI RICORDI?

La **DNA polimerasi** sintetizza in direzione da 5′ a 3′, per cui il filamento stampo è sempre quello di polarità opposta.

Dopo la denaturazione forniamo un innesco, per esempio 5′-ATG-3′ che è complementare all'inizio del filamento stampo. Avremo quindi:

5′ –ATG–3′
3′ –TACGTGTGT–5′

Nella miscela 1 (con il ddATP) dall'allungamento dell'innesco si formeranno i frammenti:

5′ –ATGC**A**–3′ 5′ –ATGCAC**A**–3′ 5′ –ATGCACAC**A**–3′

Invece nella miscela 2 (quella con ddCTP) avremo:

5′ –ATG**C**–3′ 5′ –ATGCA**C**–3′ 5'–ATGCACA**C**–3′

Separando i frammenti su gel e ordinandoli secondo la lunghezza crescente otterremo:

5′ –ATG**C**–3′ (miscela 2)
5′ –ATGC**A**–3′ (miscela 1)
5′ –ATGCA**C**–3′ (miscela 2)
5′ –ATGCAC**A**–3′ (miscela 1)
5′ –ATGCACA**C**–3′ (miscela 2)
5′ –ATGCACAC**A**–3′ (miscela 1)

Noi non conosciamo l'identità di tutti i nucleotidi, ma solo quella dell'oligonucleotide di innesco (nel nostro caso 5′ –ATG–3′) e quella dell'ultimo nucleotide di ciascun frammento, che corrisponde al dideossinucleotide utilizzato (in rosso). Quindi, sulla base della miscela di reazione in cui si trovano, possiamo leggere l'ordine in cui i nucleotidi si susseguono dal frammento più piccolo al più grande, ottenendo la sequenza cercata:

5′ –ATG**CACACA**–3′

La prima sequenza ottenuta da Sanger nel 1977 con questa metodica è stata quella del genoma del batteriofago Φ x 174 («phi-ics-174»), lungo 5375 paia di basi. Oggi, con i moderni sequenziatori è possibile leggere interi genomi lunghi milioni o miliardi di nucleotidi.

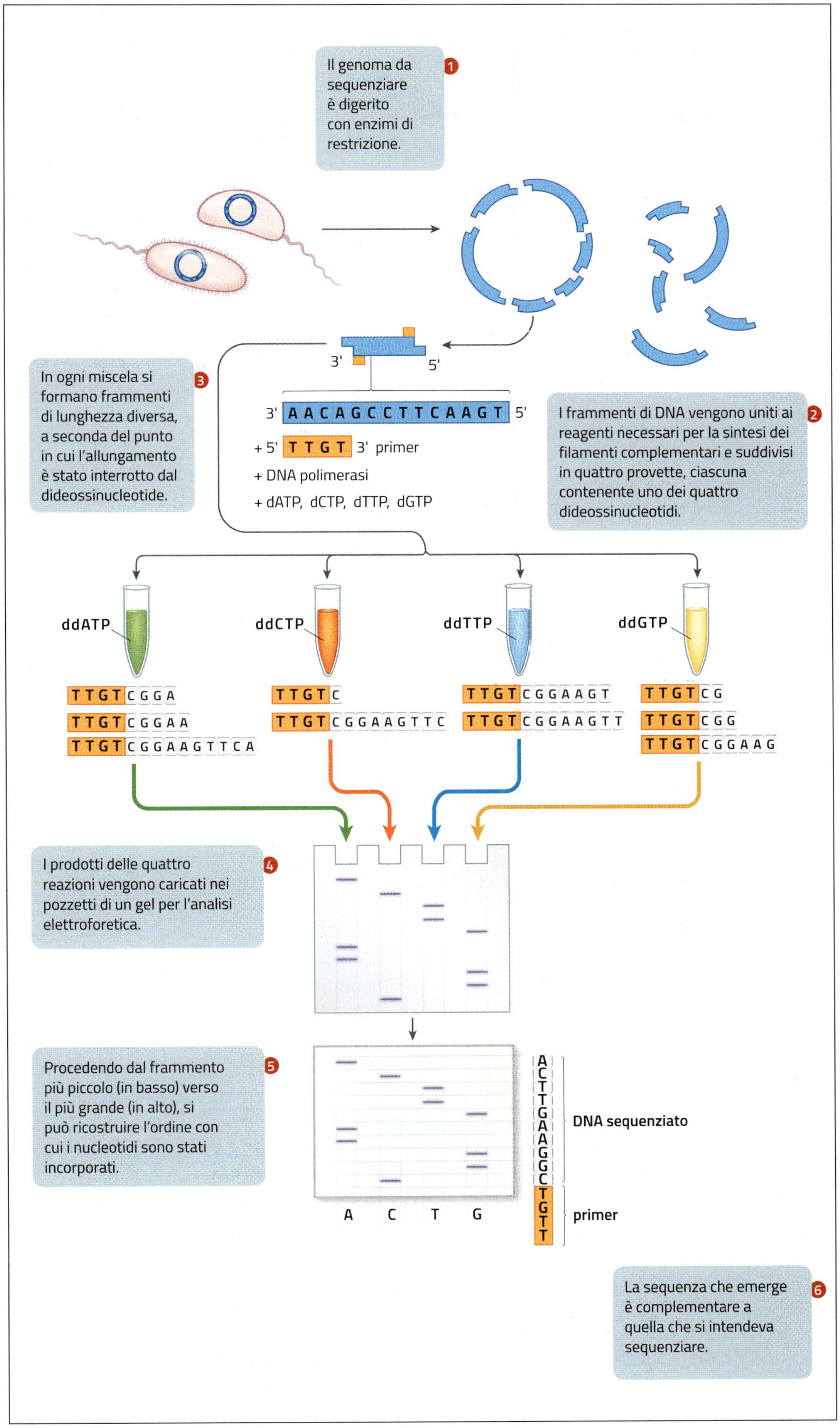

Figura 14 Il sequenziamento del DNA Schema di funzionamento del metodo di Sanger, oggi utilizzato per sequenziare un frammento di DNA o un intero genoma.

14 Nei moderni sequenziatori, elettroforesi e PCR sono accoppiate

Figura **15** **I moderni sequenziatori** Nei laboratori di biotecnologie e biologia molecolare sono presenti uno o più sequenziatori, composti da un computer collegato a una apparecchiatura nella quale viene inserito il campione da analizzare.

L'invenzione della PCR ha permesso di sequenziare anche quantità molto piccole di DNA. Il principio dei moderni sequenziatori (figura **15**) è basato sulla tecnica di Sanger che abbiamo appena descritto, ma con alcune modifiche per renderla più veloce e automatizzata (figura **16**).

Immaginiamo di voler sequenziare l'intero genoma di un batterio. Il DNA estratto dalle cellule batteriche viene prima di tutto spezzettato in frammenti lunghi poche centinaia di nucleotidi. Questo può essere fatto con metodi chimici o mediante digestione con enzimi di restrizione che operino molti tagli all'interno del genoma. Dato che la frammentazione avviene casualmente, molti residui derivanti da ciascuna copia del cromosoma batterico presente nella miscela di partenza avranno delle porzioni in comune. Per esempio, se immaginiamo di avere la sequenza

5′−ATGCATTACGA−3′

la frammentazione casuale può generare dei segmenti parzialmente sovrapponibili, come:

5′−ATGCAT−3′
5′−ATGCATTAC−3′
5′−CATTACGA−3′
5′−ATGCA−3′

Questa caratteristica, come vedremo, è molto importante.

Alle estremità dei vari frammenti sono aggiunti con la DNA ligasi delle coppie di oligonucleotidi di sequenza nota, che fungono da **codice a barre** o da etichette. I frammenti sono quindi amplificati in una reazione di PCR, utilizzando come inneschi oligonucleotidi complementari al codice a barre aggiunto a ciascun frammento. Nella PCR vengono impiegati dei nucleotidi modificati con un gruppo fluorescente di diverso colore per ciascuna delle quattro basi; il gruppo fluorescente funziona anche da terminatore di catena, bloccando l'allungamento.

Ogni volta che nella reazione di PCR viene incorporato un nucleotide fluorescente, un raggio laser ne registra il colore (che corrisponde a una base), dopodiché un'apposita reazione chimica rimuove il gruppo fluorescente, in modo che la sintesi possa procedere. In questo modo, il raggio laser legge la sequenza che viene sintetizzata un nucleotide alla volta. Il segnale viene raccolto da un computer che lo traduce in una sequenza nucleotidica.

Non appena sono state determinate le sequenze di tutti i frammenti, queste vengono ordinate tramite analisi computerizzata, sfruttando le regioni di sovrapposizione (ecco perché è importante che i frammenti siano parzialmente sovrapponibili) generando la sequenza finale dell'intero genoma.

RISPONDI

- **A** Qual è la funzione dell'elettroforesi su gel e come funziona?
- **B** Che cos'è il Southern blotting e perché è utile?
- **C** Che cosa significa «sequenziare» il DNA?
- **D** In che modo la PCR si è integrata con il metodo Sanger?

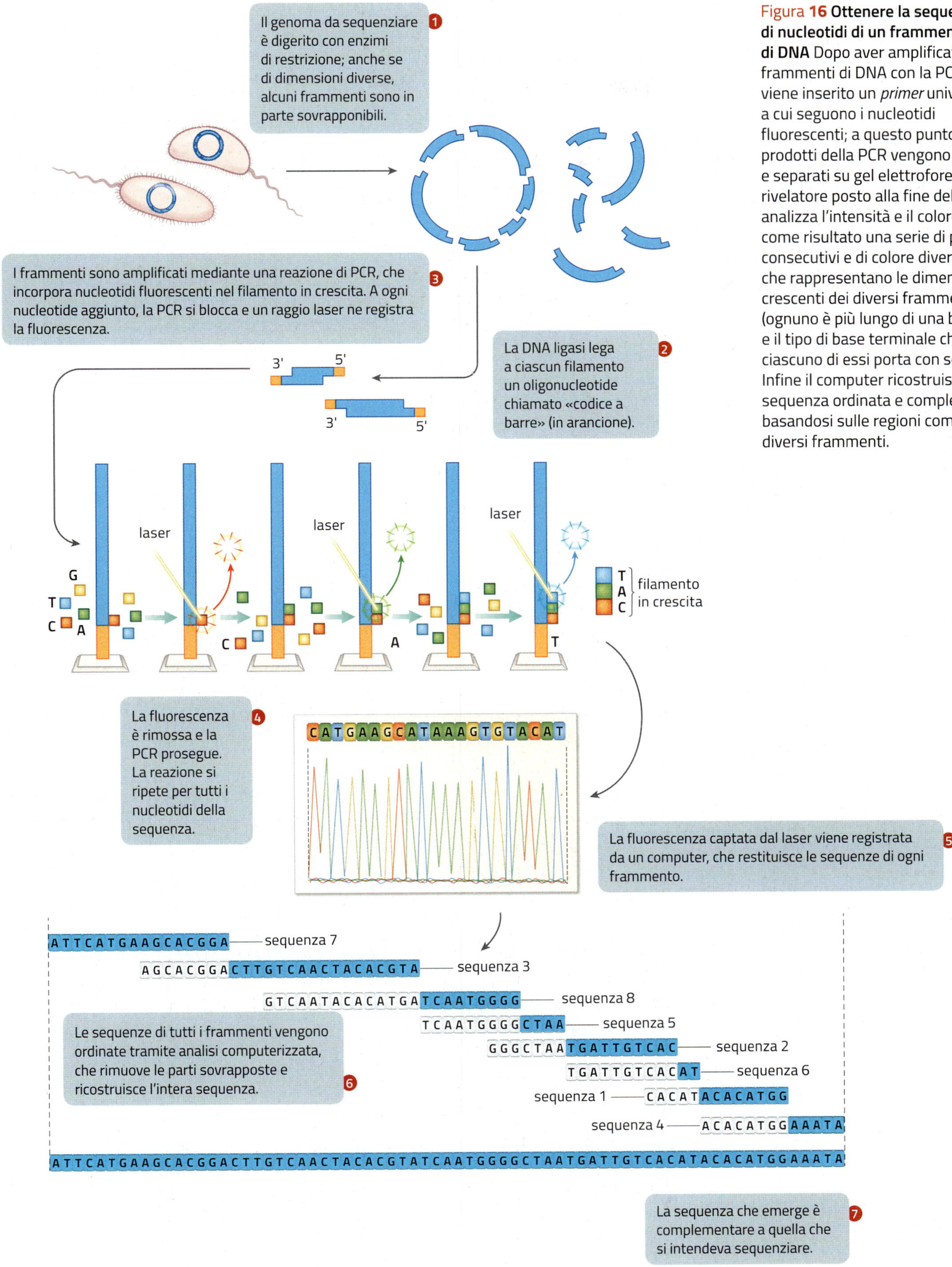

Figura **16** **Ottenere la sequenza di nucleotidi di un frammento di DNA** Dopo aver amplificato i frammenti di DNA con la PCR, viene inserito un *primer* universale a cui seguono i nucleotidi fluorescenti; a questo punto i prodotti della PCR vengono riuniti e separati su gel elettroforetico; un rivelatore posto alla fine del gel ne analizza l'intensità e il colore e dà come risultato una serie di picchi consecutivi e di colore diverso che rappresentano le dimensioni crescenti dei diversi frammenti (ognuno è più lungo di una base) e il tipo di base terminale che ciascuno di essi porta con sé. Infine il computer ricostruisce la sequenza ordinata e completa basandosi sulle regioni comuni dei diversi frammenti.

PER SAPERNE DI PIÙ

Il Progetto Genoma Umano

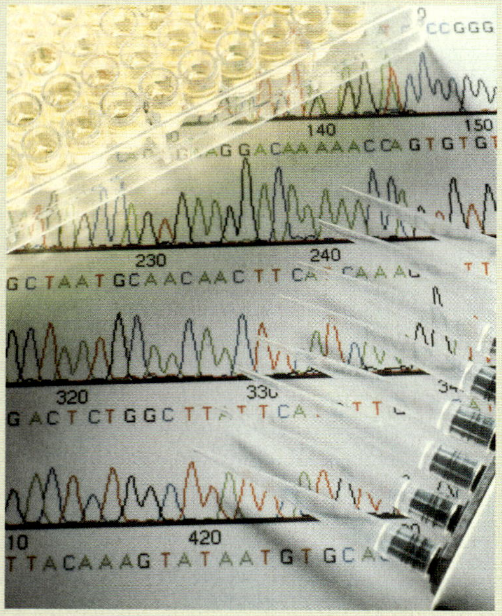

Il sequenziamento genomico è la lettura della sequenza di basi dell'intero genoma di un organismo. Per un organismo procariotico con un singolo cromosoma, la sequenza del genoma è una serie continua di coppie di basi (bp). Nel caso di una specie diploide e a riproduzione sessuata con autosomi multipli e un paio di cromosomi sessuali, come è il caso della specie umana, il «genoma sequenziato» si riferisce alla sequenza di tutte le basi di un set intero di autosomi e di entrambi i cromosomi sessuali.

L'idea di poter sequenziare il genoma di un organismo complesso non era nemmeno stata presa in considerazione prima del 1986. In quell'anno, il premio Nobel Renato Dulbecco e altri scienziati proposero alla comunità scientifica mondiale di mobilitarsi per affrontare il sequenziamento del genoma umano.

Il risultato fu il progetto noto come **Progetto Genoma Umano** o **HGP** (*Human Genome Project*), avviato in via ufficiale nel 1990 e completato nel 2003. Il progetto ha visto la collaborazione di un ente pubblico statunitense, i *National Institutes of Health* (NIH), e di un'azienda privata, la *Celera Corporation* fondata e diretta dal biochimico Craig Venter. A questi due gruppi si sono aggiunte collaborazioni di altri enti in USA, Canada, Gran Bretagna e Nuova Zelanda.

L'Italia ha partecipato attivamente al progetto dal 1988 al 1994 sotto la direzione proprio di Renato Dulbecco (figura). Il Consiglio Nazionale delle Ricerche (CNR) investì 10 miliardi di lire in sei anni, ma dal 1995 i fondi destinati a questo settore vennero ridotti e il nostro Paese decise di sfilarsi

I ricercatori degli NIH usarono un approccio tradizionale, frammentando il genoma con diversi enzimi di restrizione, così da ottenere frammenti di piccole dimensioni che poi furono collegati tra loro per ricavare frammenti di dimensioni via via maggiori. La Celera fece invece ricorso a una tecnica chiamata *shotgun sequencing* che, sfruttando potenti computer, è in grado di trovare i collegamenti tra più frammenti, accelerando molto le operazioni, anche se con minore precisione. Attualmente l'intera sequenza del genoma umano è scaricabile da internet ed è a disposizione dei ricercatori di tutto il mondo.

Le sorprese del genoma umano

Dei 3,2 miliardi di paia di basi del genoma umano aploide, circa l'1,2% (pari a 21 000 geni) è formato da regioni codificanti proteine. Questa è stata una sorpresa: prima che il sequenziamento avesse inizio, infatti, la diversità delle proteine umane suggeriva che nel genoma umano ci potessero essere da 80 000 a 150 000 geni. Il numero reale di geni – non molti di più di quelli di un moscerino della frutta – dimostra che per giustificare il numero di proteine osservato nella nostra specie bisogna tenere conto dei meccanismi di controllo post-trascrizionali, come lo splicing alternativo. Quindi, un tipico gene umano codifica per parecchie proteine diverse.

Mediamente i nostri geni sono lunghi 27 000 paia di basi e hanno dimensioni variabili da circa 1000 paia di basi a 2,4 milioni di paia di basi. Queste variazioni nella dimensione dei geni erano attese, dato che le proteine (e gli RNA) umani variano da 100 a circa 500 amminoacidi per catena polipeptidica. Si ritiene inoltre che tutti i geni umani possiedano introni e che circa metà del nostro genoma sia costituito da trasposoni o altre sequenze altamente ripetute.

Quando i genomi di due individui non imparentati vengono confrontati, circa il 99,5% delle sequenze è identica. Nonostante questa omogeneità apparente, ci sono parecchie differenze, e più genomi vengono sequenziati più varianti vengono trovate. Le stime suggeriscono che ogni genoma aploide contenga circa 3,3 milioni di polimorfismi a singolo nucleotide, cioè variazioni di un nucleotide all'interno di un allele. Altre differenze sono dovute a variazioni nel numero di copie di sequenze dovute a delezioni cromosomiche, duplicazioni, traslocazioni o duplicazioni causate da trasposoni.

Infine, i geni non sono distribuiti uniformemente nel genoma. Il cromosoma 19 è densamente popolato di geni, mentre l'8 ha lunghi tratti senza regioni codificanti. Il cromosoma Y ha il numero minore di geni (circa 230), mentre il cromosoma 1 il numero più alto (circa 3000).

Il lavoro dopo HGP

A margine del Progetto Genoma Umano nacquero iniziative volte al sequenziamento del DNA di altri organismi di interesse per l'uomo (batteri, lieviti, molte varietà di piante e animali). A questi si aggiunse lo *Human Genome Diversity Project*, un progetto voluto dall'italiano **Luigi Luca Cavalli-Sforza** per identificare le variazioni genetiche nelle differenti popolazioni umane. L'obiettivo era indagare le origini dell'uomo e studiare la reazione alle malattie in diverse regioni del pianeta.

Figura **Il prestigio di Renato Dulbecco** Insignito del premio Nobel per la medicina nel 1975, Dulbecco è stato uno dei più importanti scienziati italiani del Novecento ed è considerato uno dei padri del Progetto Genoma Umano.

15 La genomica analizza l'informazione contenuta nei genomi

Grazie alla possibilità di sequenziare interi genomi, oggi possiamo studiarne il contenuto in termini di numero di geni.

La **genomica funzionale** è la disciplina che si pone l'obiettivo di identificare tutti i geni di un organismo e di determinarne la funzione.

Gli studi di genomica funzionale hanno dimostrato che i geni codificanti per proteine rappresentano solo circa il 2% dell'intero genoma umano. La funzione del restante 98% è ancora in larga parte sconosciuta, ma sicuramente una porzione rilevante è costituita da sequenze che svolgono un ruolo di regolazione dell'espressione genica. Queste analisi hanno richiesto lo sviluppo di tutta una serie di strumenti informatici in grado di elaborare l'enorme mole di dati contenuta nei genomi.

La branca della biologia che si occupa dell'analisi computerizzata di grandi quantità di dati biologici prende il nome di **bioinformatica**.

Grazie agli strumenti bioinformatici è possibile analizzare la sequenza del genoma di un organismo, separando le sequenze codificanti da quelle regolative. La disponibilità di molte sequenze provenienti da organismi diversi, inoltre, permette di identificare i geni che sono stati maggiormente conservati dall'evoluzione perché svolgono funzioni fondamentali per tutti i viventi, come quelli per la glicolisi, da quelli peculiari di certi organismi, selezionati per svolgere funzioni specifiche: ne sono un esempio i geni per la produzione di anticorpi presenti nei vertebrati.

La **genomica comparativa** si occupa del confronto tra i genomi di organismi appartenenti a specie diverse, allo scopo di stabilirne le parentele evolutive.

Tanto maggiore sarà la differenza a livello nucleotidico tra i genomi di organismi di due diverse specie, maggiore sarà il tempo trascorso da quando queste specie si sono separate da un progenitore comune (figura 17). Per esempio, esseri umani e scimpanzé

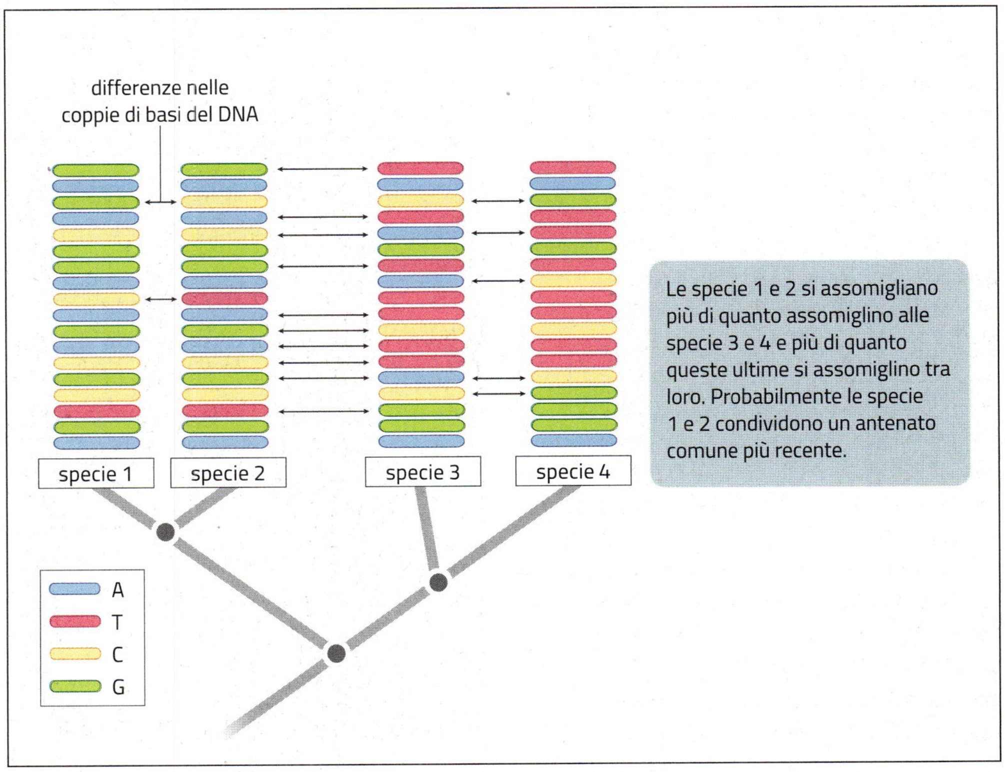

Figura 17 **La costruzione di un albero filogenetico** Per lungo tempo le relazioni tra i viventi si sono basate sul confronto tra strutture anatomiche, ma da quando sono state affinate le tecniche di biologia molecolare la costruzione degli alberi è stata resa ancor più solida perché basata sul confronto tra porzioni di DNA di organismi diversi.

hanno un genoma simile al 98%, mentre esseri umani e lievito di birra hanno un genoma somigliante solo per il 15%. Questo riflette il fatto che le linee evolutive di uomini e scimpanzé hanno iniziato a divergere circa 13 milioni di anni fa, mentre la separazione con la linea evolutiva dei lieviti risale a oltre un miliardo di anni fa.

La **metagenomica**, si occupa dell'analisi dei genomi di tutte le specie presenti in un determinato ambiente, al fine di valutare la variabilità genetica, ovvero la biodiversità.

Grazie alle tecniche di amplificazione e sequenziamento, oggi è possibile estrarre direttamente da un campione di acqua o di suolo tutto il DNA proveniente dagli organismi presenti e determinarne la sequenza. L'utilizzo della bioinformatica consente poi di assegnare ciascuna sequenza di DNA a una determinata specie, ottenendo così una fotografia della biodiversità genetica presente in un certo ambiente. Questo approccio sta rivelando come lo spazio genetico dei viventi sia molto più vasto di quello che si pensava: in una goccia di acqua di mare sono stati identificati fino a un milione di virus e diverse migliaia di batteri, la maggior parte dei quali appartenenti a specie ancora sconosciute.

16 Studiare i geni in azione: la trascrittomica

Come abbiamo visto nel capitolo precedente, all'interno di un genoma non tutti i geni sono espressi nello stesso momento. L'espressione dei geni è un processo regolato che risponde in larga misura alle condizioni ambientali.

Studiare il genoma in azione, ovvero quali e quanti geni sono espressi in un dato momento e in una particolare popolazione cellulare, è lo scopo della **trascrittomica**.

> LE PAROLE
>
> Il termine **trascrittoma** indica l'insieme di tutti gli mRNA di una cellula, di un tessuto o di un organismo.

L'analisi trascrittomica sfrutta due tecniche che abbiamo già visto: l'ibridazione degli acidi nucleici e la preparazione di librerie di cDNA a partire dagli mRNA cellulari. Prerequisito fondamentale per queste analisi è però la conoscenza della sequenza del genoma di cui vogliamo analizzare l'espressione. È chiaro quindi che la trascrittomica è stata resa possibile dallo sviluppo delle tecnologie del DNA ricombinante e della genomica.

Per esempio, conoscendo tutta l'informazione genetica di una cellula umana, è possibile sintetizzare in laboratorio oligonucleotidi di sequenza corrispondente a una porzione di ciascun gene del genoma. La sequenza prescelta sarà presente solo in quel gene e fungerà quindi da «etichetta» che lo identifica in maniera univoca. Questi oligonucleotidi vengono fissati in una griglia ordinata sui **microarray**, lastrine rettangolari di silicio di 2,5 cm di larghezza, 7,5 cm di lunghezza e 1 mm di spessore. Un microarray può contenere tutti i 20 000 geni di una cellula.

> LE PAROLE
>
> **Array** in inglese indica una disposizione ordinata, come nel caso delle cifre su di una matrice numerica; in biologia molecolare è usato per indicare il posizionamento di oligonucleotidi o proteine su una griglia ordinata.

A questo punto dalla popolazione cellulare che si vuole analizzare sono estratti gli mRNA, che vengono convertiti in cDNA; questi ultimi sono marcati con un gruppo fluorescente, quindi denaturati per convertirli in filamenti a singola elica e poi applicati al microarray. Ciascun cDNA si ibrida alla sonda presente sul microarray con la sequenza a lui complementare e illuminando la lastrina con un raggio laser, le aree della griglia corrispondenti alla presenza di un cDNA legato alla sonda emettono radiazioni fluorescenti.

La lettura dei microarray consente quindi di stabilire quali geni sono espressi in un dato momento della vita della cellula, sulla base dell'identità tra la sonda e il cDNA corrispondente.

È possibile usare queste tecniche per confrontare due popolazioni cellulari differenti, come cellule normali e cellule tumorali. Dato che l'intensità del segnale fluorescente è proporzionale alla quantità del cDNA presente, è possibile anche valutare la differenza di espressione, ovvero quanto più un gene è espresso in un tipo cellulare rispetto a un altro. Questa tecnologia consente quindi di creare dei profili genetici per diversi tipi cellulari o per diversi tessuti, sia normali sia patologici (figura **18**).

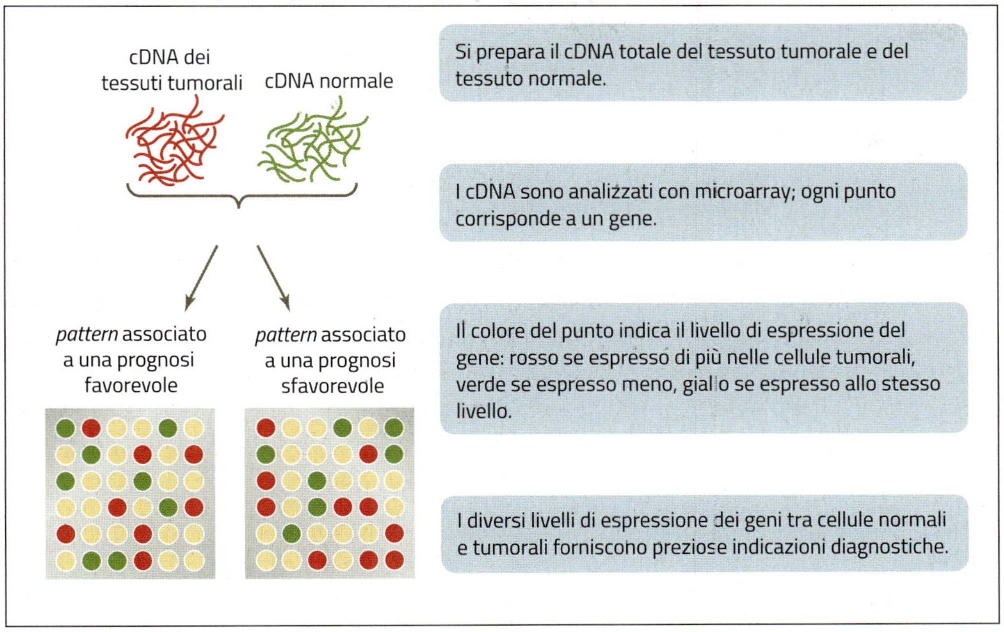

Figura **18** **L'uso di microarray di DNA ai fini della diagnosi clinica** Il pattern di espressione di 70 geni nei tessuti tumorali (il pattern formato dai punti colorati) indica se un determinato caso di cancro (in questo schema alla mammella) ha molte probabilità di riformarsi.

RISPONDI

- **A** Che differenza esiste tra genomica funzionale e comparativa?
- **B** Che cos'è la bioinformatica?
- **C** A che cosa servono i microarray di DNA?

PER SAPERNE DI PIÙ

Confrontare i genomi

Che cosa significa che uomo e moscerino della frutta condividono il 60% del loro genoma, mentre uomo e scimpanzé condividono il 98%? E che differenza c'è nel genoma di due persone diverse? Per capire questo concetto facciamo un esempio.

Se prendiamo due libri di biologia e li confrontiamo, essi potrebbero condividere alcune pagine, oppure avere solo alcune frasi in comune, o addirittura assomigliarsi soltanto per un gruppo di parole sparse. Allo stesso modo, i genomi di due organismi possono presentare solo brevi tratti in comune, laddove i nucleotidi sono disposti esattamente nello stesso ordine, oppure avere estese regioni in cui la sequenza del DNA è identica.

Il lavoro dei genetisti consiste proprio nel confrontare i genomi per cercare di stabilire in quale percentuale le lettere dell'alfabeto del DNA (i nucleotidi) sono disposte nello stesso modo, così da capire qual è la lontananza tra due specie o tra due individui diversi. Per fare questo i ricercatori hanno usato per lungo tempo la tecnica di denaturare il DNA delle due specie e poi mescolarlo.

Come sappiamo, tratti di DNA con sequenze complementari si ibridano, ma le forze di legame che tengono uniti due filamenti dipendono dal numero di coppie di basi formate nell'ibridazione. È possibile avere una stima della forza di legame (e quindi del numero di basi complementari tra i due filamenti) misurando la temperatura necessaria a separare nuovamente i due filamenti. Questa temperatura, detta «di fusione», è tanto più alta quanto maggiore è il numero di basi complementari (e quindi la somiglianza tra i due genomi).

Tale processo è oggi superato grazie alla genomica, che ha consentito di sequenziare i genomi e quindi di confrontare le sequenze in modo da stabilire esattamente quante regioni sono simili, dove si trovano sui cromosomi e se corrispondono a geni o a sequenze regolative.

In questo modo abbiamo capito che uomo e scimpanzé non presentano neppure un cromosoma perfettamente identico, ma i loro corredi genetici condividono il 98% dei nucleotidi. Tale percentuale non si riferisce quindi al numero di cromosomi o geni condivisi, ma al numero di paia di basi che combaciano in una certa sequenza. Il valore scende tra specie più distanti dal punto di vista evolutivo (come uomo e moscerino) e aumenta tra gli individui di una stessa specie. Per esempio, se confrontiamo due persone, notiamo che la somiglianza è del 99,9% dei nucleotidi, per cui la variabilità che ci contraddistingue è dovuta alla variazione di 1 nucleotide ogni 1000.

5 Dalla genomica alla proteomica

17 È possibile estrarre le proteine dalle cellule

Il sequenziamento del genoma umano ha rivelato che esso contiene circa 20 000 geni. Grazie ai meccanismi di splicing e di regolazione post-traduzionale che abbiamo visto nel capitolo precedente, da questo limitato numero di geni si ottengono da centomila a un milione di proteine diverse. L'insieme di tutte le proteine di una cellula è detto **proteoma**.

Così come la trascrittomica studia l'espressione di tutti i geni, la **proteomica** si occupa dell'analisi della composizione del proteoma.

Il proteoma può essere molto diverso tra differenti tipi cellulari o in diverse fasi della vita della cellula. Questo accade sia perché i gruppi di geni che vengono espressi sono diversi, sia perché la variabilità ottenibile dai meccanismi di splicing e post-traduzionali è modulata a seconda del tipo cellulare. Il primo passo per analizzare il proteoma è poter isolare le proteine della cellula: questo è possibile grazie alle tecniche di estrazione proteica.

Ponendo una cellula in una soluzione contenente una miscela di detergenti e alte concentrazioni di sale essa si rompe rilasciando le sue componenti interne in una miscela detta **lisato cellulare**. Da questa miscela è possibile separare tramite centrifugazione le componenti più pesanti, come mitocondri e membrane, dalla frazione liquida contenente le proteine solubili. Facendo ruotare la provetta contenente il lisato cellulare a velocità elevata, si genera al suo interno una forza centrifuga fino a centomila volte la forza di gravità terrestre. Sotto l'effetto di questa forza, le macromolecole tendono a disporsi in rapporto alle loro dimensioni: le componenti più pesanti precipitano verso il fondo della provetta, dove formano un aggregato chiamato **pellet**, mentre quelle più leggere, come le proteine libere, continuano a galleggiare nella fase superiore liquida detta **surnatante** (figura 19).

Al termine della centrifugazione si ottiene quindi un surnatante contenente le proteine (insieme ovviamente alle molecole più piccole come sali, zuccheri, nucleotidi). Questo **estratto cellulare** è il materiale di partenza per la nostra analisi proteomica, un po' come gli mRNA lo sono per l'analisi trascrittomica.

LE PAROLE

Pellet in inglese significa «piccolo agglomerato» e si riferisce all'aspetto esteriore del precipitato che si raccoglie sul fondo della provetta dopo la centrifugazione.

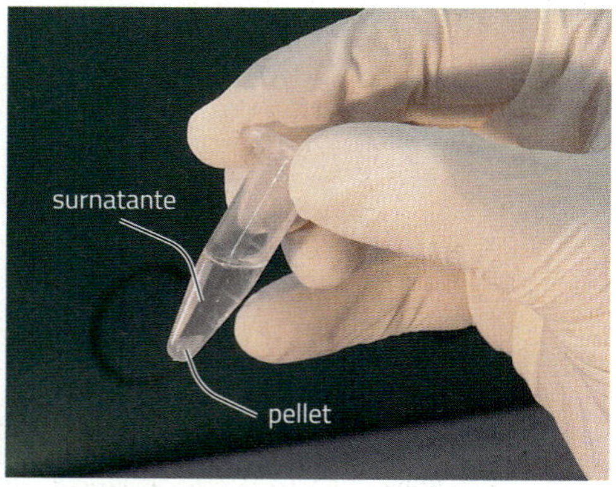

Figura **19** **I prodotti della centrifugazione** Dopo aver passato in una centrifuga una soluzione contenente il lisato cellulare si ottengono un pellet depositato sul fondo e un surnatante nella parte superiore della provetta.

18 Le proteine si separano per elettroforesi

La tecnica dell'elettroforesi può essere applicata anche alle proteine, ma sono necessari alcuni accorgimenti. La capacità di una molecola di migrare in un campo elettrico dipende dalla sua carica netta: il DNA è un polianione, quindi ha sempre una carica negativa; la carica delle proteine, invece, è data dagli amminoacidi che la compongono e per questo sono molecole **anfotere**, ovvero hanno contemporaneamente carattere acido (dovuto al gruppo carbossilico) e basico (per la presenza del gruppo amminico).

Inoltre alcuni amminoacidi possiedono catene laterali con forte carattere acido (acido aspartico o glutammico) o basico (arginina o lisina) che contribuiscono alla carica netta. Esiste però sempre un valore di pH, diverso per ogni amminoacido, in cui la molecola assume le caratteristiche di un particolare ione dipolare, lo *zwitterione*, con carica netta uguale a zero. Questo valore di pH è detto **punto isoelettrico** (pI) dell'amminoacido.

Poiché le proteine sono costituite da amminoacidi, la loro carica netta sarà la risultante di tutte le cariche presenti sugli amminoacidi a un determinato pH; allo stesso modo, per ogni proteina esisterà un punto isoelettrico in cui la carica netta sarà zero.

Immaginiamo allora di sottoporre a un'elettroforesi su gel una miscela di proteine a pH 7. Applicando il campo elettrico, le proteine con pI prossimo a 7 rimangono ferme perché prive di carica, mentre quelle cariche negativamente migrano verso l'anodo; quelle con carica netta positiva, infine, migrano nel verso opposto, cioè verso il catodo.

È chiaro che in queste condizioni non si riesce mai ad avere una separazione omogenea. La migrazione delle proteine attraverso il gel è influenzata anche dalla loro forma tridimensionale: quelle di forma sferica scivolano più facilmente tra le maglie del gel rispetto a quelle con forme irregolari.

Per ovviare a questi inconvenienti si adottano due accorgimenti:

1. prima di essere depositate nei pozzetti del gel, le proteine vengono denaturate con il calore, in modo che si presentino come catene lineari;
2. si aggiunge alla miscela un detergente, il sodio-dodecil-solfato (SDS), una molecola presente anche nello shampoo e nella schiuma da barba che si lega agli amminoacidi mantenendo la proteina denaturata; essendo un polianione, conferisce anche a tutte le proteine un'identica carica netta negativa. A questo punto la migrazione delle proteine nel campo elettrico è sempre verso l'anodo (come per il DNA) e la loro velocità dipende dal peso molecolare.

L'elettroforesi di proteine si effettua su gel di poliacrilammide e prende il nome di **SDS-PAGE** (*Polyacrylamide Gel Electrophoresis in SDS*). Una volta separate, le proteine vengono visualizzate immergendo il gel in speciali coloranti che legano gli amminoacidi (figura **20**).

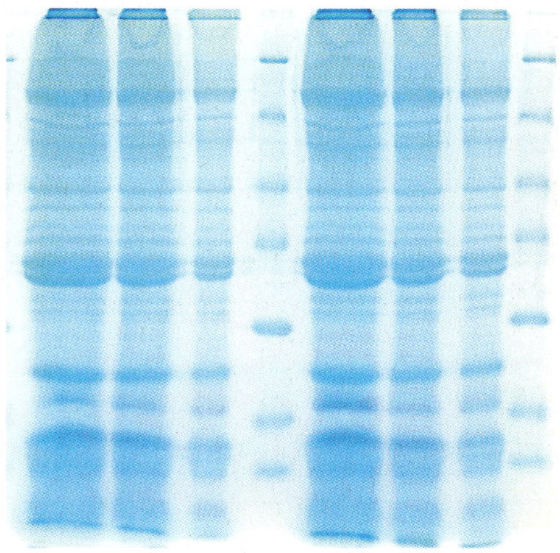

Figura **20** **Dividere le proteine con l'elettroforesi** Elettroforesi su gel di poliacrilammide con proteine colorate dal blu di Coomassie.

19 Le proteine si possono trasferire su membrana e analizzare tramite anticorpi

PER CAPIRE MEGLIO
video:
Identificare proteine con Western blotting

L'elettroforesi su gel ci consente di separare una miscela di proteine in base al loro peso molecolare. Si pone adesso un problema del tutto analogo a quello già incontrato nel caso del DNA: come identificare la presenza della proteina di nostro interesse tra le migliaia presenti? La soluzione è ancora il trasferimento su filtro di nitrocellulosa, una metodica che prende il nome di **Western blotting**.

Il trasferimento avviene attraverso la metodica dell'elettroblotting descritta nel paragrafo 12, applicando un campo elettrico al gel posto in una camera di trasferimento con il lato adeso al filtro di nitrocellulosa rivolto verso l'anodo. Purtroppo, però, per rivelare le proteine non si può sfruttare il meccanismo dell'ibridazione, ma è necessario ricorrere al riconoscimento antigene-anticorpo (figura **21**).

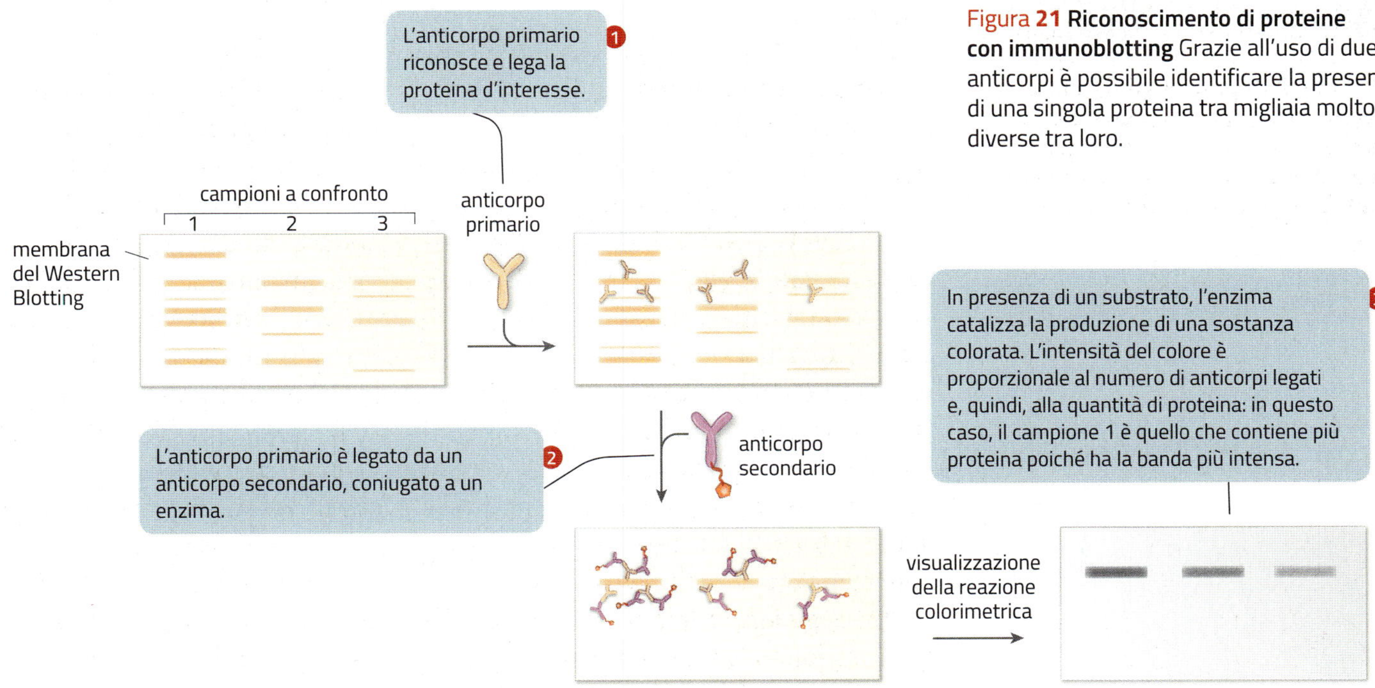

Figura **21** **Riconoscimento di proteine con immunoblotting** Grazie all'uso di due anticorpi è possibile identificare la presenza di una singola proteina tra migliaia molto diverse tra loro.

A COLPO D'OCCHIO

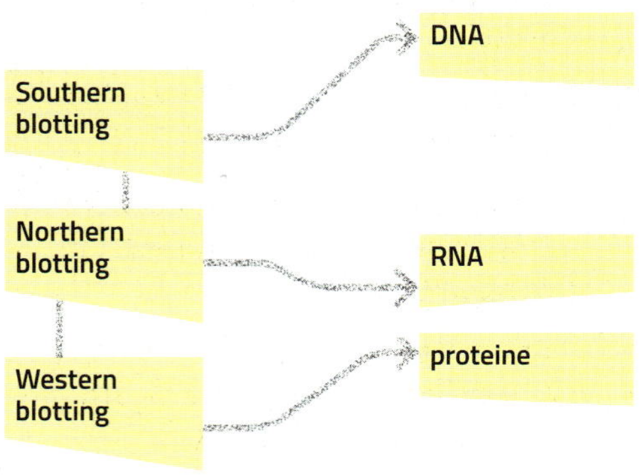

Sappiamo che è possibile generare anticorpi contro una qualsiasi proteina: oggi in commercio esistono anticorpi specifici contro la maggior parte delle proteine umane e di molte altre specie, prodotti nel topo o nel coniglio. Applicando alla membrana una soluzione contenente gli anticorpi diretti contro la proteina desiderata, questi vi si legano in modo specifico. In seguito si pone la membrana in una soluzione contenente un altro anticorpo (detto *secondario*) diretto questa volta contro la catena polipeptidica del primo anticorpo (detto *primario*). L'anticorpo secondario è solitamente coniugato a un enzima che catalizza una reazione in grado di generare un prodotto colorato. Dopo l'incubazione con l'anticorpo secondario, la membrana viene posta in un'apposita soluzione contenente il substrato enzimatico che colora solo la banda corrispondente alla proteina a cui si era legato l'anticorpo primario. L'accoppiamento di Western blotting e rivelazione immunologica prende il nome di **immunoblotting**.

20 Analisi proteomiche a elevata risoluzione

La separazione elettroforetica e l'analisi per immunoblotting consentono di rivelare la presenza di proteine specifiche all'interno di miscele complesse; con le moderne tecniche proteomiche, tuttavia, oggi è possibile analizzare contemporaneamente l'intero corredo proteico di una cellula.

Questo approccio si basa sull'accoppiamento di tecniche chimico-fisiche come la cromatografia e la spettrometria di massa. Con la **cromatografia** è possibile separare le proteine in base a diverse caratteristiche: dimensioni, carica elettrica o anche affinità per un determinato substrato. La **spettrometria di massa**, invece, consente di determinare con estrema precisione la massa molecolare di un polipeptide, rivelando differenze di peso anche minime, come quelle derivanti dalla presenza di un singolo atomo di fosforo in più o in meno.

Le proteine di una cellula vengono dapprima demolite per mezzo di enzimi detti *proteasi*; i peptidi risultanti sono separati per cromatografia in base alle loro dimensioni. Ciascuna proteasi funziona analogamente a un enzima di restrizione, perché taglia la catena amminoacidica in corrispondenza di una certa sequenza. Conoscendo la sequenza degli amminoacidi di una proteina (deducibile dalla sequenza del gene, che è nota), è possibile predire quanti e quali frammenti vengono generati dal taglio di una specifica proteasi.

La lunghezza di ciascun peptide generato dalla digestione viene poi determinato con estrema precisione attraverso la spettrometria di massa. A questo punto, le dimensioni dei vari frammenti generati sono confrontate tramite analisi computerizzata con quelli teoricamente attesi, consentendo di risalire alle diverse proteine presenti nella miscela.

Per l'analisi di interi proteomi è possibile anche ricorrere a **microarray di proteine**. Alcuni sono basati sull'immobilizzazione sulla lastrina di anticorpi specifici per centinaia o migliaia di proteine. La miscela di proteine da analizzare è poi marcata con gruppi fluorescenti e applicata all'array: le proteine riconosciute dai diversi anticorpi vengono così catturate e la loro presenza rivelata dal raggio laser. Grazie a queste tecniche è possibile, per esempio, rivelare differenze tra i proteomi di cellule sane e tumorali, che sfuggono all'analisi trascrittomica. Infatti è possibile che in due popolazioni cellulari differenti lo stesso gene sia ugualmente espresso (cioè si accumuli in entrambi i casi il corrispondente mRNA), ma che la proteina prodotta sia presente a livelli diversi in un tipo cellulare piuttosto che in un altro.

RISPONDI

- **A** Che cos'è la proteomica e che cosa studia?
- **B** In quali occasioni si ricorre al Western blotting?
- **C** Come si analizza il proteoma di una cellula?

Ripassa con la **SINTESI DEL CAPITOLO** (mp3 e pdf)

ZTE **ONLINE** Mettiti alla prova con 20 esercizi interattivi

ESERCIZI
Capitolo
B6

VERIFICA LE TUE CONOSCENZE

CLONARE IL DNA

1 Quale tra le seguenti affermazioni riguardanti la tecnologia del DNA ricombinante NON è corretta?

Ⓐ può identificare un gene
Ⓑ può duplicare un cromosoma
Ⓒ può costruire un DNA ibrido
Ⓓ può unire un gene a un vettore

2 Per clonaggio si intende la procedura per

Ⓐ determinare l'identità e l'ordine dei nucleotidi del DNA
Ⓑ ottenere molte copie di uno stesso gene
Ⓒ inserire un plasmide in una cellula ricevente
Ⓓ ottenere copie identiche di uno stesso organismo

3 Quale tra le seguenti affermazioni riguardanti gli enzimi di restrizione NON è corretta?

Ⓐ proteggono i batteri da infezioni virali
Ⓑ tagliano il DNA in frammenti di diverse lunghezze
Ⓒ rompono i legami a idrogeno tra le basi azotate
Ⓓ tagliano il DNA generando estremità piatte o sfalsate

4 È possibile inserire un gene in un plasmide se

Ⓐ presentano sequenze di DNA identiche
Ⓑ appartengono allo stesso tipo di cellula
Ⓒ sono tagliati con lo stesso enzima di restrizione
Ⓓ hanno geni uguali

5 L'enzima che ricostruisce il legame fosfodiesterico

Ⓐ appartiene al gruppo delle esonucleasi
Ⓑ è la ligasi
Ⓒ è la DNA polimerasi
Ⓓ è la primasi

6 Per inserire un vettore plasmidico in una cellula vegetale si opera attraverso

Ⓐ trasformazione per shock termico
Ⓑ elettroporazione
Ⓒ tecniche di biobalistica
Ⓓ microiniezione

LIBRERIE GENICHE E SEQUENZIAMENTO DEL DNA

7 Per isolare un gene dall'intero genoma di un organismo

Ⓐ si preleva il DNA direttamente dal cromosoma
Ⓑ si utilizzano solo gli introni
Ⓒ si usa l'mRNA messaggero corrispondente
Ⓓ si utilizzano dei vettori

8 Il cDNA si ottiene

Ⓐ per clonazione di un organismo
Ⓑ grazie agli enzimi di restrizione e alla ligasi
Ⓒ grazie alla trascrittasi inversa
Ⓓ utilizzando un retrovirus

9 Per ottenere il sequenziamento automatico del DNA sono necessari

Ⓐ DNA polimerasi, primer, dNTP marcati e ddNTP
Ⓑ DNA polimerasi, primer, dNTP marcati e NTP
Ⓒ DNA polimerasi, primer, NTP marcati e ddNTP
Ⓓ DNA polimerasi, primer, dNTP e ddNTP marcati

10 Quale tra le seguenti affermazioni riguardanti il ddNTP NON è corretta?

Ⓐ è un nucleotide usato dal metodo Sanger per sequenziare il DNA
Ⓑ è un nucleotide in cui lo zucchero desossiribosio possiede un –OH in più rispetto al dNTP
Ⓒ è un nucleotide in cui il desossiribosio ha un ossidrile in meno rispetto al dNTP
Ⓓ è un nucleotide in cui il desossiribosio è modificato in posizione 3′

GENOMICA E TRASCRITTOMICA

11 Quale tra le seguenti affermazioni riguardanti la genomica comparativa NON è corretta?

Ⓐ permette di calcolare la distanza evolutiva tra le specie
Ⓑ permette di costruire alberi filogenetici
Ⓒ consente di valutare la variabilità genetica delle specie
Ⓓ permette di confrontare i genomi di specie diverse

12 La tecnica a microarray

Ⓐ permette di lavorare contemporaneamente su pochi geni
Ⓑ non può essere usata ai fini diagnostici
Ⓒ permette di valutare la diversa espressione di un gene in cellule diverse
Ⓓ può essere usata solo per studiare il DNA

13 Il punto isoelettrico di una proteina

Ⓐ è il valore di pH a cui la carica netta è uguale a zero
Ⓑ è il valore di pH a cui ha carica negativa
Ⓒ è il valore di pH a cui la carica positiva
Ⓓ è il valore di pH a cui si separa per elettroforesi

VERIFICA LE TUE ABILITÀ

14 Leggi e completa le seguenti frasi riferite agli enzimi di restrizione.

a. Gli enzimi di restrizione sono usati dai biotecnologi come .... per aprire le molecole di DNA.

b. Uno degli enzimi di restrizione più usati si chiama ....

c. Gli enzimi di restrizione tagliano il DNA in sequenze dette ....

d. Le estremità .... si generano quando un enzima taglia il DNA in modo sfalsato.

15 Leggi e completa le seguenti frasi riferite alla tecnica dell'elettroforesi.

a. Il DNA è una macromolecola carica .... grazie alla presenza dei gruppi fosfato.

b. Per tale tecnica si utilizza un gel di ...., un polisaccaride estratto dalle alghe.

c. Il gel viene posto in una .... che genera un campo elettrico tra i 50 e i 100 volt.

d. I frammenti di DNA migrano verso il polo .... (anche detto ....) con velocità diversa in funzione della loro dimensione.

16 Leggi e completa le seguenti frasi riferite alla tecnica del Southern blotting.

a. Tale tecnica è utilizzata per separare miscele complesse di frammenti di ....

b. Il gel contenente la miscela di DNA viene messo a contatto con un filtro di .... e sopra al filtro si posizionano dei fogli di carta assorbente.

c. Il DNA verrà trasferito sul filtro per .... prima di essere esposto a una ....

17 Leggi e completa il seguente brano riferito alla tecnica della PCR.

L'acronimo PCR significa .... ed è una tecnica inventata dal biochimico .... per isolare e .... una sequenza di DNA. Per effettuare tale reazione è necessario avere: DNA da copiare, dei .... per l'innesco della reazione, l'enzima ...., una miscela dei quattro nucleotidi .... e dei sali di .... Un ciclo di PCR è suddiviso in tre tappe: ...., ... e .... La prima fase deve avvenire a temperature superiori ai .... °C e pertanto è necessario che l'enzima usato non si .... Dopo 20 cicli si avranno più di .... copie del frammento originario.

18 Scegli e motiva il completamento corretto: gli enzimi di restrizione

Ⓐ separano due eliche di una molecola di DNA
Ⓑ tagliano il DNA a livello di specifiche sequenze
Ⓒ frammentano l'RNA messaggero
Ⓓ legano al DNA di un organismo frammenti estranei

19 Scegli e motiva il completamento corretto spiegando come si ottiene una libreria di cDNA, che

Ⓐ contiene il DNA per specifiche proteine
Ⓑ contiene parti di RNA messaggero
Ⓒ contiene i geni espressi in un organismo
Ⓓ può contenere solo i geni dei batteri

20 Scegli e motiva il completamento corretto: i vettori virali

Ⓐ sono sempre dei retrovirus
Ⓑ possono contenere frammenti di DNA più lunghi
Ⓒ non devono venire modificati
Ⓓ hanno un genoma più complesso dei batteri

21 Scegli e motiva il completamento corretto spiegando come funziona la seguente tecnica: con l'elettroforesi su gel NON è possibile

Ⓐ confrontare un campione di DNA con un altro noto
Ⓑ confermare o meno la paternità di un bambino
Ⓒ individuare una mutazione puntiforme sul DNA
Ⓓ stabilire se un gene funziona correttamente o no

22 Scegli e motiva il completamento corretto: per effettuare l'elettroforesi delle proteine

Ⓐ si utilizza un gel di agarosio
Ⓑ le proteine devono possedere struttura globulare
Ⓒ bisogna aggiungere un tampone per caricare le proteine positivamente
Ⓓ è necessario aggiungere un detergente per caricare le proteine negativamente

23 Scegli e motiva il completamento corretto: per trascrittoma si intende

Ⓐ l'insieme dei cDNA ottenuti da una cellula
Ⓑ l'insieme di tutti i tipi di RNA di una cellula
Ⓒ l'insieme degli mRNA di una cellula trascritti in un certo momento
Ⓓ l'insieme delle proteine espresse da una cellula in un certo momento

TEST YOURSELF

24 🇬🇧 **Genome sequencing is done**

Ⓐ one chromosome at a time

Ⓑ manually, with large electrophoresis gels

Ⓒ on overlapping fragments

Ⓓ using radioactive isotopes to label DNA

25 🇬🇧 **Which is NOT true of metagenomics?**

Ⓐ it has revealed many new species

Ⓑ it could be done only with bacteria

Ⓒ it involves extracting DNA from the environment

Ⓓ it cannot be done on seawater

26 🇬🇧 **Which of the following is used as a reporter gene in recombinant DNA work with bacteria as host cells?**

Ⓐ green fluorescent protein (GFP)

Ⓑ ribosomal RNA (rRNA)

Ⓒ antibiotic sensivity

Ⓓ vitamin synthesis

27 🇬🇧 **Which feature is NOT desirable in a vector for gene cloning?**

Ⓐ genetic markers for the presence of the vector

Ⓑ one recognition sequence for one or more different restriction enzymes

Ⓒ genes other than the target gene for transfection

Ⓓ many recognition sequences for the restriction enzyme to be used

28 🇬🇧 **What key feature of *Taq* polymerase allows PCR to be conveniently performed?**

Ⓐ *Taq* polymerase does not require primers

Ⓑ *Taq* polymerase does not require a template

Ⓒ *Taq* polymerase is not damaged by heating

Ⓓ *Taq* polymerase can work at very low temperatures

29 🇬🇧 **Write in your own words the definition of the following terms.**

Ⓐ recombinant DNA

Ⓑ plasmid vectors

Ⓒ bacterial transformation

Ⓓ PCR

Ⓔ transcriptome

VERSO L'UNIVERSITÀ

30 Per libreria genomica si intende:

Ⓐ l'insieme dei frammenti di DNA ottenuti dal genoma di un organismo e inseriti in opportuni vettori

Ⓑ l'insieme delle sequenze nucleotidiche del genoma di un organismo inserite in banche dati

Ⓒ l'insieme di tutte le proteine che possono essere prodotte da un organismo in seguito allo splicing alternativo dei trascritti primari

Ⓓ l'insieme di tutti i geni degli organismi della stessa specie

Ⓔ l'insieme di tutti gli mRNA estratti dalle cellule di un organismo

[dalla prova di ammissione a Medicina Veterinaria, anno 2012]

31 Che cosa rende il DNA carico negativamente?

Ⓐ le basi azotate

Ⓑ lo zucchero

Ⓒ il gruppo fosfato

Ⓓ il legame idrogeno

Ⓔ il legame fosfodiesterico

[dalla prova di ammissione a Medicina Veterinaria, anno 2014]

32 In quale dei seguenti ambiti NON trova applicazione la tecnica della reazione a catena della polimerasi (PCR)?

Ⓐ diagnosi di malattie genetiche

Ⓑ individuazione di organismi geneticamente modificati (OGM)

Ⓒ indagini di paternità o parentela

Ⓓ indagini medico legali

Ⓔ dosaggi ormonali

[dalla prova di ammissione a Medicina e Chirurgia e a Odontoiatria e protesi dentaria, anno 2011]

33 L'elettroforesi su gel è una tecnica comunemente utilizzata per l'analisi del DNA. Quale delle seguenti affermazioni relative a questa tecnica è corretta?

Ⓐ permette di identificare le sequenze dei frammenti di DNA analizzati

Ⓑ richiede l'utilizzo di nucleotidi marcati con fluorocromi

Ⓒ permette di separare frammenti di DNA in base alle loro dimensioni

Ⓓ permette di amplificare frammenti di DNA

Ⓔ fa migrare i frammenti di dimensioni maggiori più velocemente

[dalla prova di ammissione a Medicina Veterinaria, anno 2011]

VERSO L'ESAME

DEFINISCI

34 **Usando un linguaggio appropriato scrivi le definizioni dei seguenti termini:**
endonucleasi
vettori di espressione
clonaggio
cDNA
trasfezione
agarosio
sequenziamento
proteomica

DISCUTI

35 L'universalità del codice genetico rappresenta un presupposto fondamentale per lo sviluppo delle biotecnologie moderne.
Discuti questa affermazione, sottolineandone le implicazioni e i vantaggi.

SPIEGA

36 Fred Sanger è stato un chimico britannico, premiato con due premi Nobel per la chimica. Il primo Nobel gli fu assegnato nel 1958 per aver sequenziato l'insulina umana e riconosciuto le differenze tra le insuline delle diverse specie di mammifero; il secondo nel 1980 per aver scoperto un metodo con cui sequenziare il DNA. Tale metodo, che porta il suo nome, è stato usato per leggere il DNA nel Progetto Genoma Umano ed è alla base dei moderni sequenziatori.
In base a quanto studiato, spiega il metodo utilizzato da Sanger per il sequenziamento del DNA e la sua importanza in biologia e medicina.

RIFLETTI

37 I biotecnologi utilizzano diverse metodologie per inserire un vettore plasmidico in una cellula ricevente.
Perché è necessario diversificare i processi in funzione del tipo di cellula ricevente? Quali differenze ci sono tra trasformazione e trasfezione?

RICERCA E IPOTIZZA

38 Nel maggio del 2010 Svante Pääbo (uno dei fondatori della disciplina chiamata «paleogenetica») riuscì a sequenziare DNA nucleare estratto da alcuni scheletri di uomini di Neanderthal e a confrontare il DNA neanderthaliano con quello attuale per far luce sulla nostra storia evolutiva. I risultati hanno mostrato che nel nostro genoma si trovano tracce di DNA neanderthaliano in quantità variabile tra l'1 e il 4%.
Ricerca in Rete altre notizie relative a studi simili e ipotizza quale procedura sia meglio utilizzare per studiare un DNA così antico, considerando che la quantità che puoi estrarre è molto bassa e che potrebbe essere stata contaminata.

RICERCA

39 La proteina fluorescente verde (GFP) è stata estratta dalla medusa *Aequorea victoria*.
Fai una ricerca in Rete in particolare sulla struttura e sull'utilità di tale proteina in campo biotecnologico.

ANALIZZA E DEDUCI

40 Immagina di lavorare per l'ufficio di medicina legale dei carabinieri e di essere contattato per svelare l'autore di un delitto. Un tuo collega ha prelevato dei campioni biologici da tre sospettati e te li ha consegnati perché tu li possa confrontare con il DNA rinvenuto sulla scena del crimine. A questo punto, hai svolto una PCR per aumentare il numero di copie e studiare quelle specifiche sequenze che sono uniche per ogni individuo. In seguito hai proceduto a un'elettroforesi per confrontare queste diverse sequenze. Nell'immagine puoi vedere i risultati dell'elettroforesi di DNA su gel di agarosio.
Quale dei tre sospettati è il colpevole? Motiva la tua risposta.

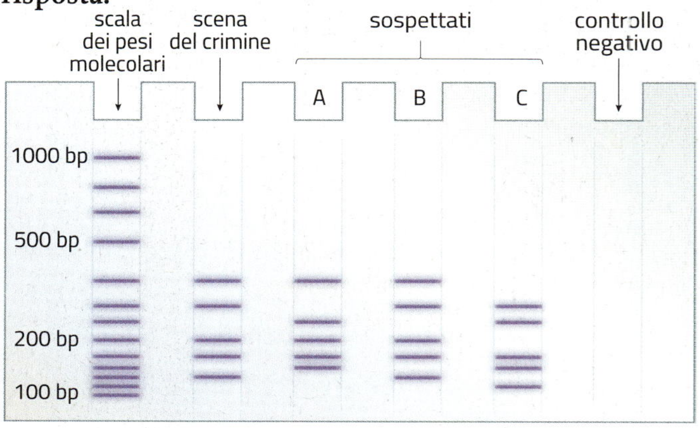

DEDUCI

41 **Dopo aver studiato i vari tipi di vettori genici a disposizione dei biotecnologi, deduci per ciascuno di essi i vantaggi e gli svantaggi derivanti dal loro utilizzo.**

IPOTIZZA

42 Immagina di dover clonare una sequenza di DNA (in arancione nella figura): hai a disposizione tre diversi enzimi di restrizione (A, B, C) che tagliano la sequenza creando estremità piatte oppure sfalsate.
Quale dei tre enzimi è più indicato per poter inserire il gene all'interno del plasmide batterico (in verde nella figura)? Motiva la tua risposta.

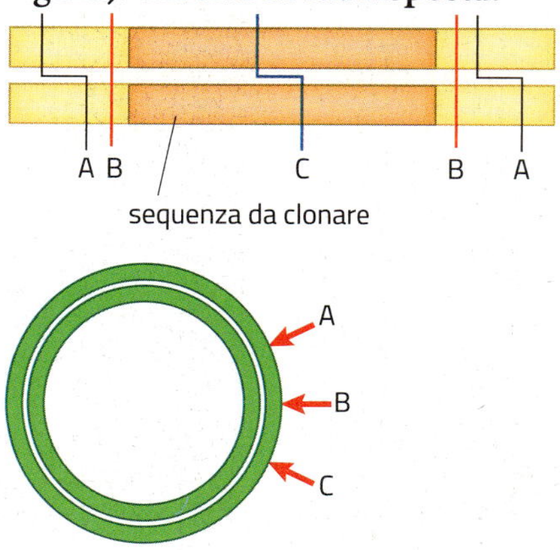

CAPITOLO

B7 Biotecnologie: le applicazioni

LEZIONE

1 Le biotecnologie e l'uomo

Le biotecnologie sono diffuse fin dall'epoca preistorica, ma le moderne tecniche dell'ingegneria genetica hanno ampliato enormemente i possibili campi di applicazione.

LEZIONE

2 Le biotecnologie in agricoltura

La possibilità di inserire e fare esprimere geni esogeni in organismi vegetali consente il miglioramento mirato delle specie di interesse agricolo.

LEZIONE

3 Le biotecnologie per l'ambiente e l'industria

Batteri e altri microrganismi possono essere impiegati per eliminare dall'ambiente sostanze inquinanti, ma è anche possibile sfruttare le loro reazioni metaboliche per produrre una grande varietà di sostanze utili.

LEZIONE

4 Le biotecnologie in campo biomedico

Le biotecnologie offrono la possibilità di sviluppare nuove tecniche diagnostiche, di manipolare le cellule umane, di riprogrammare lo sviluppo cellulare e di identificare la presenza di geni correlati al rischio di future malattie.

LEZIONE

5 La clonazione e gli animali transgenici

Oltre agli organismi microbici e vegetali, anche gli animali possono essere modificati geneticamente. Grazie alla clonazione animale è possibile salvare dall'estinzione animali in pericolo o addirittura riportare in vita specie estinte.

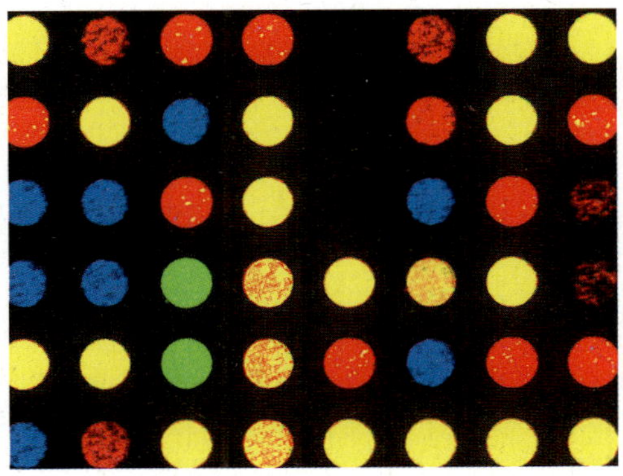

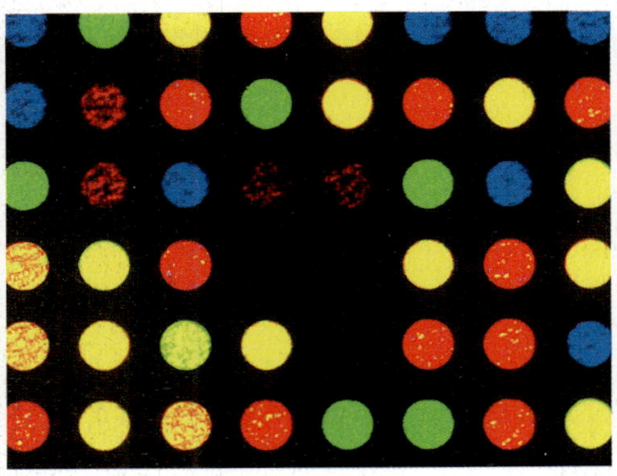

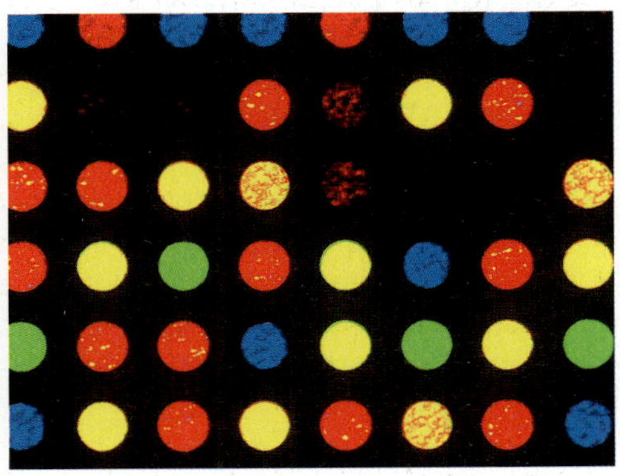

1 Le biotecnologie e l'uomo

1 Le biotecnologie nascono nell'età preistorica

Nel capitolo B6 abbiamo visto le tecniche che vengono utilizzate nei moderni laboratori di biotecnologie; ma quali applicazioni possono avere sul campo? Per rispondere a questa domanda occorre tornare indietro di quasi 10 000 anni, perché la pratica delle biotecnologie è cominciata con la selezione delle varietà coltivabili e la domesticazione degli animali.

Per **biotecnologie** si intende l'utilizzo di organismi viventi, o parti di essi, per la realizzazione di processi e prodotti utili alla società.

Prendiamo come esempio la storia della coltivazione del frumento. Gli insediamenti agricoli più antichi oggi noti risalgono al Mesolitico e sono stati scoperti in Palestina. Dalla «Mezzaluna fertile» (l'area compresa tra Mesopotamia, Egitto e Palestina), la coltivazione del farro si diffuse rapidamente. Se ne trovano tracce in Europa, Italia compresa, già 9000 anni fa. I primi farri selvatici, però, avevano delle caratteristiche poco desiderabili per gli agricoltori. In particolare, la spiga matura era fragile e tendeva a lasciare cadere i chicchi sul terreno, rendendo difficile la raccolta. Incrociando diverse specie selvatiche, gli antichi agricoltori riuscirono a produrre 8000 anni fa i primi tipi di frumento addomesticato, con spighe meno fragili. Il frumento tenero, simile a quello coltivato attualmente, derivò da successivi incroci di queste prime specie addomesticate con altre specie selvatiche e comparve in Medio Oriente intorno a 6000 anni fa. Questo dimostra come già in epoca antichissima gli agricoltori operassero un **miglioramento genetico** delle specie coltivate, volto a ottimizzarne le caratteristiche.

Oltre a modificare le piante, però, l'uomo imparò molto presto a sfruttare gli organismi per realizzare prodotti derivati ad alto contenuto energetico. La più antica ricetta nota per la preparazione della birra è contenuta in una tavoletta sumera risalente a 4000 anni fa, ma sappiamo che la birra veniva prodotta in Iran già 3000 anni prima. Nella stessa zona, inoltre, in epoca Neolitica si produceva anche il vino, che a partire da 6000 anni fa era prodotto su larga scala in diverse aree del Medio Oriente e nell'Antico Egitto (figura 1). Sempre in Egitto, infine, circa 5000 anni fa fu introdotta la panificazione.

Alla base di tutte queste produzioni c'è il processo della fermentazione operato da numerosi microrganismi. Per l'alimentazione umana, i più importanti sono certamente i funghi unicellulari appartenenti al gruppo dei lieviti. Il lievito di birra *Saccharomyces cerevisiae* è ancora oggi il microrganismo più utilizzato per la fermentazione della birra e dei mosti e per la lievitazione del pane.

L'utilizzo della fermentazione operata da microrganismi per la produzione di bevande e alimenti rappresenta il primo esempio di **biotecnologie industriali**.

Figura 1 **Biotecnologie antiche: la produzione del vino** (A) La fermentazione operata dai lieviti viene sfruttata per produrre il vino fin dai tempi degli antichi Egizi. Questo affresco risale al 1400 avanti Cristo e si trova nella tomba dello scriba Nakht, nella necropoli di Tebe. (B) Oggi questa biotecnologia è stata perfezionata per ottenere centinaia di varietà di vini.

2 Il miglioramento genetico tradizionale altera gran parte del genoma dell'organismo

Se incrociamo due individui, i loro alleli vanno incontro ad assortimento indipendente; inoltre, la percentuale di discendenti in cui si manifesta un certo carattere dipende dalle caratteristiche di dominanza o recessività dell'allele corrispondente. Il frumento odierno, per esempio, è esaploide, ovvero possiede sei alleli per ogni gene, portati da 42 cromosomi. La probabilità di ottenere una particolare combinazione di alleli da un incrocio casuale è circa 1/280 000. Questo significa che per ottenere una nuova varietà di frumento dotata di una determinata caratteristica sono necessari migliaia di incroci.

A ogni generazione, però, le piante figlie non riassortiscono solo gli alleli desiderati, ma rimescolano il loro intero genoma in maniera casuale. Questo fenomeno rende ancora più lungo il processo di selezione di specie con caratteristiche molto specifiche (figura 2). Per aumentare la variabilità genetica naturale, e quindi la probabilità di ottenere nuove caratteristiche, da alcuni decenni si trattano le specie vegetali da incrociare con agenti che inducono mutazioni, come sostanze chimiche o radiazioni; migliaia di varietà ottenute con queste tecniche sono state introdotte in agricoltura a partire dagli anni Cinquanta del Novecento. Tuttavia questi agenti mutageni agiscono su tutto il DNA della pianta, alterandone il genoma in modo non controllato.

A queste due possibilità se n'è aggiunta in seguito una terza, ovvero l'utilizzo dell'ingegneria genetica. La differenza rispetto alle biotecnologie tradizionali è che le tecniche basate sull'ingegneria genetica possono inserire geni provenienti da specie anche evolutivamente molto distanti, generando varietà impossibili da ottenere con gli incroci tradizionali. Le moderne biotecnologie, inoltre, offrono la possibilità di dotare organismi vegetali o animali delle caratteristiche desiderate con un'alterazione genetica minima, spesso limitata a un singolo gene tra le migliaia che compongono il genoma.

Gli organismi il cui assetto genetico è stato modificato attraverso le tecniche dell'ingegneria genetica sono detti **organismi geneticamente modificati (OGM)**.

Le applicazioni delle moderne biotecnologie non si fermano all'agricoltura, bensì riguardano tutte le attività umane e rappresentano un potente strumento al servizio della salvaguardia della salute e dell'ambiente.

TI RICORDI?

Gregor Mendel è considerato il padre della genetica e a partire dai suoi esperimenti sono state definite tre leggi sull'ereditarietà dei caratteri: la legge della dominanza, la legge della segregazione e la legge dell'assortimento indipendente.

LE PAROLE

OGM è l'acronimo italiano di «organismo geneticamente modificato»; quando ci riferiamo a una varietà geneticamente modificata, però, usiamo soltanto le lettere **GM**, per cui dobbiamo dire «soia GM» e non «soia OGM».

RISPONDI

- **A** Che cosa sono le biotecnologie e quando sono comparse?
- **B** Che cosa si intende per «miglioramento genetico»?
- **C** Che cos'è un OGM e come si può ottenere?

Figura 2 **Il miglioramento genetico del mais** Il mais è la terza coltura più diffusa oggi nel mondo e produce pannocchie grandi più di 20 cm formate da molti chicchi; la sua addomesticazione è avvenuta a partire dal 5000 a.C. nell'America Centrale da una pianta selvatica piccola e cespugliosa, il teosinte, che presentava pannocchie piccole e con pochi semi.

2 Le biotecnologie in agricoltura

3 La produzione di piante transgeniche parte da un batterio

Se prendiamo un frammento del tessuto di una pianta e lo mettiamo in un terreno di coltura in presenza dei giusti ormoni vegetali, otterremo una masserella di cellule indifferenziate, detta **callo**. Questo, a sua volta, può essere coltivato in opportune condizioni per generare un **clone**, ovvero una piantina geneticamente identica alla pianta che aveva donato il frammento di tessuto. Se nelle cellule del callo, prima della rigenerazione, si introducono alcuni geni esogeni, si ottengono delle **piante transgeniche**.

Le **piante transgeniche** sono piante prodotte da cellule in cui è stato inserito un gene proveniente da un'altra specie allo scopo di far loro acquisire determinate caratteristiche.

Per trasferire nuovi geni nelle piante si utilizza un particolare plasmide, detto **plasmide Ti**, derivato dal batterio patogeno vegetale *Agrobacterium tumefaciens*. Quando questo batterio aderisce a una cellula vegetale, trasferisce al suo interno una porzione del proprio plasmide Ti (detta T-DNA), integrandola nel cromosoma della pianta. Il T-DNA contiene geni che codificano ormoni che inducono la proliferazione delle cellule infette, generando tumori nella pianta colpita.

Nei vettori basati sul plasmide Ti, il T-DNA viene sostituito con un DNA esogeno (tappa 1 della figura 3). Il plasmide Ti ricombinante è introdotto in cellule di *Agrobacterium* prive del plasmide Ti naturale (tappa 2); a questo punto, infettando con l'*Agrobacterium* ricombinante una cellula del callo, il gene inserito al posto del T-DNA sarà trasferito e integrato nel cromosoma vegetale (tappa 3). Da queste cellule trasformate si possono poi ottenere dei cloni di piantine tutte geneticamente identiche, contenenti il gene esogeno (tappa 4).

Vediamo ora due esempi di applicazione di questa tecnica: il *Golden Rice* e le piante Bt.

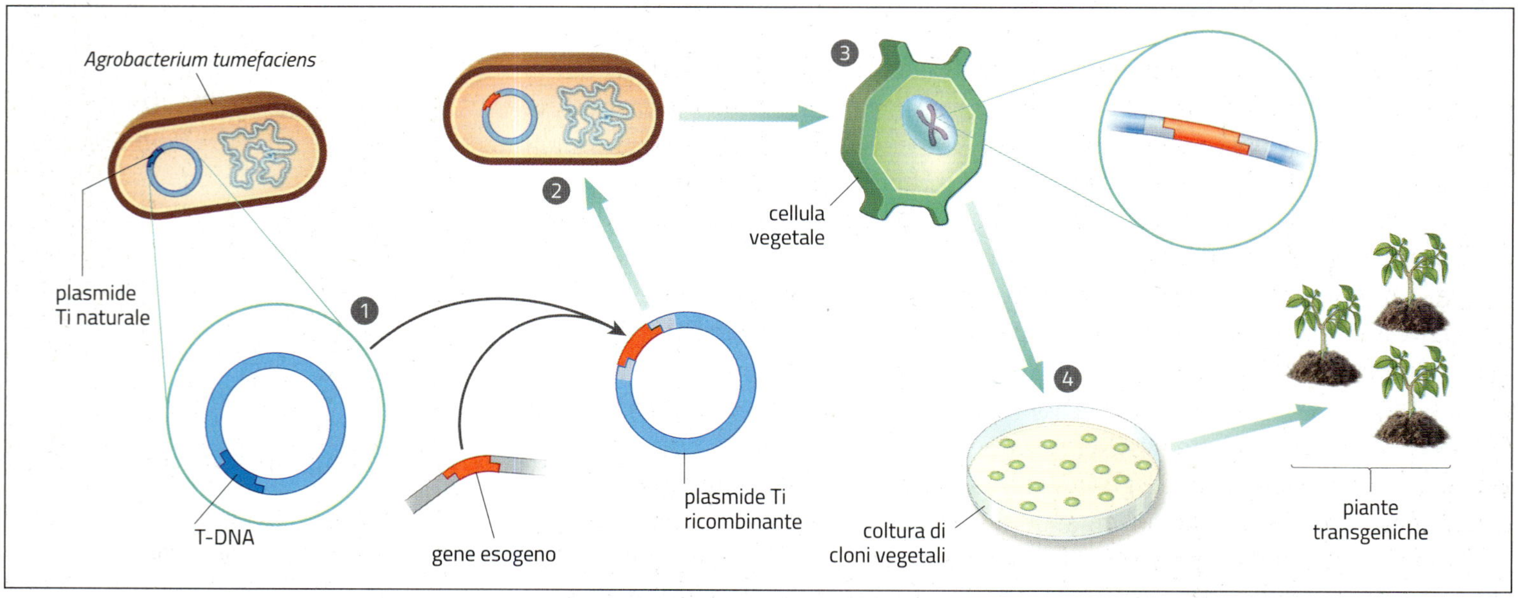

Figura 3 ***Agrobacterium tumefaciens* in laboratorio** Schema che riassume il procedimento di utilizzo di *A. tumefaciens* come vettore per le piante.

4 Piante a elevato contenuto nutrizionale: il Golden Rice

La vitamina A o acido retinoico è un micronutriente presente in alimenti come carote, uova o burro. Questa vitamina è un precursore di numerose molecole essenziali al metabolismo e alla crescita cellulare. Il riso, cereale alla base dell'alimentazione in vaste aree dell'Asia, è povero di acido retinoico. La conseguenza è che in India e in Estremo Oriente circa 250 milioni di bambini soffrono di carenza di vitamina A, una condizione che causa 2 milioni di decessi all'anno ed è una delle principali cause di cecità infantile.

Nel 2000 alcuni ricercatori svizzeri hanno utilizzato *A. tumefaciens* come vettore per realizzare un riso transgenico contenente due geni per la sintesi della vitamina A: questi geni provenivano dal mais e dal batterio *Erwinia uredovora*. In questo riso, la vitamina si accumula nei chicchi, conferendo loro un caratteristico colore giallo-dorato da cui il nome *Golden Rice*, (figura **4**). La coltivazione del *Golden Rice* è iniziata nelle Filippine nel 2008, ma le forti resistenze da parte di movimenti d'opinione contrari all'utilizzo di piante transgeniche e i problemi legati allo sfruttamento dei diritti brevettuali ne hanno finora bloccato la commercializzazione.

Figura **4** **Il Golden Rice è ricco di vitamina A** Confronto tra i chicchi di riso tradizionale (di colore bianco-avorio) e quelli di Golden Rice (di colore giallo intenso).

Sono in atto ricerche su altre varietà vegetali arricchite, per esempio piante che producono acidi grassi polinsaturi omega-3 (ω-3). Questi acidi grassi presentano uno o più doppi legami e in base alla posizione delle insaturazioni cambia il nome dei composti. Poiché chiamiamo C-α il primo carbonio della catena dopo il gruppo carbossilico, chiameremo C-ω l'ultimo (quello presente sul gruppo metile terminale) e contando a ritroso gli atomi di carbonio avremo gli atomi ω-1, ω-2 ecc. Se la prima insaturazione si trova tra il terzultimo e il quartultimo carbonio della catena, l'acido grasso sarà appunto un ω-3, mentre se si trova tre posizioni più avanti, sarà un ω-6 e così via. Tali biomolecole, importanti per la loro capacità di ridurre i livelli eccessivi di colesterolo, sono prodotte in natura da alcuni microrganismi acquatici che sono alla base della catena alimentare marina; cibandosene, i pesci accumulano questi grassi e gli esseri umani a loro volta li assumono consumando il pesce. Le piante transgeniche sono state realizzate utilizzando i geni responsabili per la sintesi di omega-3 provenienti da alghe unicellulari: come risultato, queste varietà sperimentali presentano un contenuto di omega-3 più elevato della norma e sono utili per contrastare una dieta troppo ricca di colesterolo.

5 Piante transgeniche resistenti ai parassiti

Un'altra applicazione riguarda la creazione di piante resistenti ai parassiti. Il batterio *Bacillus thuringiensis* (figura **5**) un comune abitatore del suolo, possiede un gene plasmidico detto *cry* che codifica per una proteina tossica nei confronti di molti insetti parassiti. La proteina si lega alle cellule dell'intestino degli insetti e ne compromette la funzione finché l'insetto non riesce più a cibarsi e muore. La tossina è specifica per le cellule delle larve d'insetto, mentre è innocua per i vertebrati oltre che per insetti benefici come le api. Con le tecniche descritte nel paragrafo 3, il gene *cry* è stato inserito in molte piante di interesse agricolo tra cui mais, cotone e riso.

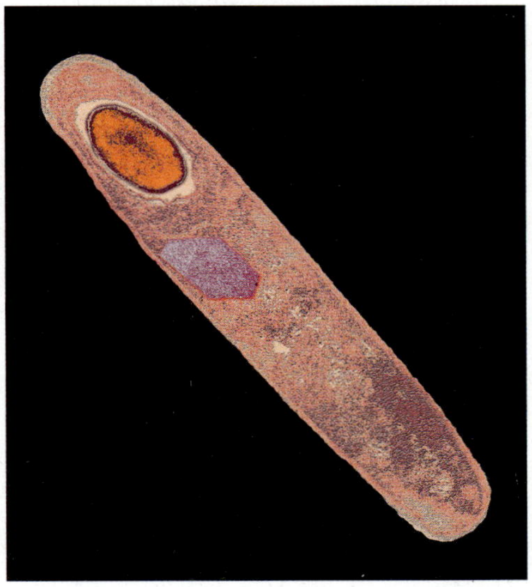

Figura **5** ***Bacillus thuringiensis*** Questo batterio produce una tossina letale per gli insetti patogeni; tale composto, al microscopio, appare come un cristallo di grandi dimensioni (qui colorato in viola).

Le piante transgeniche che esprimono il gene, dette **piante Bt**, sono quindi resistenti a molti parassiti: il vantaggio immediato è che non serve più utilizzare i pesticidi chimici per proteggere i raccolti. Nel caso del mais Bt, inoltre, c'è una sicurezza anche dal punto di vista della salubrità dei prodotti. Le lesioni causate dai parassiti, infatti, favoriscono la crescita di un fungo parassita, il *Fusarium*, che produce la fumonisina, una tossina pericolosa per gli esseri umani e gli animali. Se le larve degli insetti muoiono prima di danneggiare le foglie, il *Fusarium* non si diffonde e non libera le sue tossine.

Oltre alla resistenza ai parassiti, si possono introdurre nei vegetali geni per la resistenza a stress ambientali tra cui freddo, siccità o elevate concentrazioni di sale con evidenti vantaggi per l'agricoltura.

RISPONDI

A Quali sono i campi di applicazione delle biotecnologie in agricoltura?
B Come viene impiegato il batterio *Agrobacterium tumefaciens* in laboratorio?
C Che cos'è una pianta Bt?

3 Le biotecnologie per l'ambiente e l'industria

Figura 6 **Il primo grande sversamento della storia degli Stati Uniti** Con oltre 270 000 barili di petrolio riversati in mare, quello della Exxon Valdez è stato il primo grande incidente di una petroliera nella storia degli Stati Uniti e ha richiesto l'intervento di metodi innovativi, basati sulle biotecnologie.

6 Biorisanamento: il caso della Exxon Valdez

Oltre al miglioramento di varietà vegetali d'interesse, le biotecnologie possono trovare un vasto campo di applicazioni nel settore della tutela ambientale. Questo settore è in forte espansione soprattutto nell'ambito del recupero di terreni e bacini idrici inquinati dagli sversamenti di origine industriale e civile. Il primo caso di impiego di microrganismi in questo settore risale alla fine degli anni Ottanta del secolo scorso.

Il 24 marzo 1989 la superpetroliera Exxon Valdez (figura 6) naufragò in prossimità delle coste dell'Alaska, riversando in mare oltre 40 000 metri cubi di petrolio che contaminarono l'area costiera per 1500 km. Il rischio di una catastrofe ecologica imminente richiese un approccio mai tentato prima per un'area così vasta: l'impiego di esseri viventi per rimuovere gli idrocarburi.

In questo caso, si decise di sfruttare i microrganismi naturalmente presenti nell'ambiente, alcuni dei quali erano in grado di degradare molti dei composti organici inquinanti presenti nel petrolio. A tale scopo vennero immesse nell'area sostanze fertilizzanti in grado di aumentare la proliferazione di queste specie batteriche naturali, che degradarono le sostanze organiche, rilasciando acqua e diossido di carbonio. Il risultato fu che in soli tre anni l'intera area venne bonificata, mentre con le tradizionali tecniche chimico-fisiche la bonifica avrebbe richiesto un tempo dieci volte maggiore. Questa pratica, che da allora è stata utilizzata altre volte e perfezionata, prende il nome di biorisanamento.

L'utilizzo di microrganismi per la rimozione di sostanze inquinanti dall'ambiente è detto **biorisanamento** (in inglese *bioremediation*).

Una pratica analoga, basata sulla capacità dei microrganismi di demolire molti composti organici nelle proprie reazioni metaboliche, è sfruttata anche per il trattamento delle acque reflue delle industrie o degli scarichi fognari.

7 Biofiltri e biosensori basati su batteri GM

I metalli pesanti (come mercurio, piombo o cadmio) rilasciati dagli scarichi industriali sono tra gli inquinanti più pericolosi e difficili da eliminare e spesso contaminano le falde acquifere. Per questo motivo sono allo studio batteri geneticamente modificati in grado di rimuovere tali sostanze.

Per esempio, in batteri come *Escherichia coli* sono stati inseriti i geni MerT e MerP (provenienti da un trasposone batterico) che codificano per un sistema di trasporto per il mercurio attraverso la membrana della cellula batterica. Ai batteri è stato aggiunto anche il gene per la metallotionina di lievito: questa proteina è capace di legare il mercurio, intrappolandolo all'interno della cellula. I batteri ingegnerizzati possono poi essere immobilizzati su un supporto solido per creare dei **biofiltri** in grado di assorbire il mercurio presente nelle acque.

Oltre ai biofiltri, è possibile generare dei **biosensori** batterici, in grado di rilevare la presenza di sostanze inquinanti nell'acqua o nel suolo. A questo scopo si usano batteri ingegnerizzati con il gene per la proteina fluorescente verde GFP proveniente dalle meduse, che abbiamo visto nel capitolo precedente. Quando la proteina viene sintetizzata il batterio diventa bioluminescente, ma l'espressione del gene è posta sotto il controllo di un promotore che si attiva solo se nel mezzo di coltura è presente un certo inquinante (figura 7). Quindi, se i batteri sono posti in contatto con materiale inquinato, emettono bioluminescenza. Con questa tecnica sono stati realizzati biosensori per la rilevazione di metalli pesanti o idrocarburi.

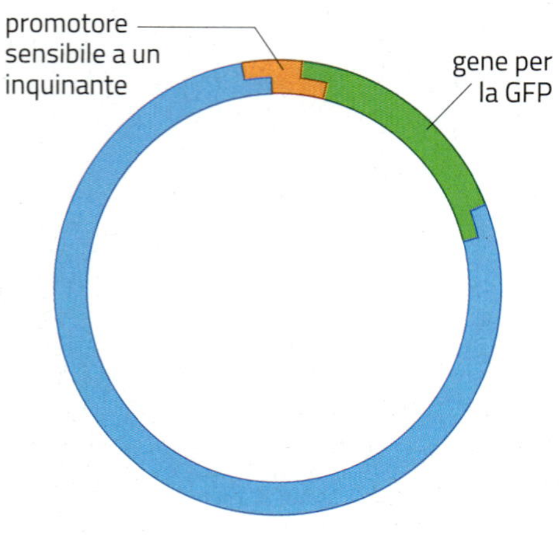

Figura 7 **Il plasmide di un biosensore** Schema del plasmide pEGFP-1, formato da 4200 paia di basi, che contiene più origini di replicazione e una regione codificante per la GFP, che si attiva soltanto in presenza di un inquinante nella soluzione che si sta analizzando.

8 Produzione di elettricità con biopile

Nelle reazioni redox, che sono alla base del metabolismo di tutti gli esseri viventi, un composto perde elettroni (ossidandosi) e li trasferisce a un altro composto, che si riduce. Questo flusso di elettroni è sfruttato per la produzione di energia elettrica nelle **biopile** batteriche.

Le biopile sono costituite da due scomparti: il primo contiene l'anodo a cui vengono fatti aderire batteri anaerobi, il secondo contiene il catodo. Se si introduce un combustile organico, per esempio una miscela di zuccheri o le acque reflue della rete fognaria, i batteri lo ossidano e generano un flusso di elettroni che passa nell'altro compartimento. In questo modo si crea una corrente elettrica che si può usare per alimentare un apparecchio. Oggi una biopila è in grado di generare 1 kWh di energia elettrica a partire da un 1 kg di sostanza organica di scarto, una quantità di energia sufficiente ad alimentare un frigorifero o un televisore.

9 Microrganismi per la produzione di fertilizzanti: il compostaggio

Un altro processo basato sulla fermentazione da parte di microrganismi naturali è il compostaggio (figura **8**), una delle più comuni applicazioni biotecnologiche industriali.

Si definisce **compostaggio** la trasformazione della frazione umida dei rifiuti solidi urbani e degli scarti della produzione agricola in terriccio (detto *compost*) da usare come fertilizzante.

Nella prima fase del processo si opera l'ossidazione aerobica della frazione organica del materiale di scarto ad opera di batteri mesofili, che lavorano a temperature comprese tra 25 e 45 °C. Come risultato si sviluppano acqua, CO_2 e calore. Quando la temperatura degli strati interni supera i 50 °C e l'ambiente è saturo di CO_2, intervengono i batteri termofili anaerobi che completano la fermentazione. A questa fase segue il processo di maturazione, in cui sono coinvolti soprattutto funghi che operano la demolizione delle sostanze più complesse come la lignina e la cellulosa e portano alla formazione del compost.

Il compostaggio industriale avviene spesso in **bioreattori**, ovvero fermentatori in cui è possibile controllare i diversi parametri che influenzano il passaggio tra le varie fasi, quali temperatura, umidità, ossigenazione. Inoltre è presente un sistema di raccolta dei liquidi prodotti durante il processo.

Figura **8** **Il compostaggio** La produzione del compost può prevedere tempi di azione diversi da parte dei microrganismi, per cui sono in genere creati diversi siti di compostaggio.

PER SAPERNE DI PIÙ

Batteri come ingegneri metabolici

La modulazione delle vie metaboliche di un organismo attraverso l'inserimento di geni esogeni prende il nome di **ingegneria metabolica**. Grazie a questa tecnica è possibile dotare un organismo di capacità metaboliche non esistenti in natura. I ricercatori dell'Università del Texas hanno inserito geni dei batteri *Pseudomonas* e *Janthinobacterium* in un ceppo di *Escherichia coli* e hanno ottenuto un microrganismo in grado di degradare la caffeina a xantina, un importante metabolita.

Questo batterio «caffeinomane» potrà essere usato per costruire biosensori adatti a misurare il contenuto di caffeina nelle bevande o per utilizzare industrialmente la caffeina come precursore a basso costo per ottenere composti come le xantine metilate, sostanze di interesse farmacologico ma di difficile sintesi.

In un altro studio, ricercatori americani e coreani hanno assemblato una via metabolica non esistente in natura. Analizzando con metodi bionformatici oltre 10 000 geni batterici, hanno trovato una combinazione di sette geni, presenti in tre specie batteriche differenti, che a partire dall'ossidazione degli zuccheri nel ciclo di Krebs può portare alla biosintesi del butandiolo, un composto di interesse industriale che non viene sintetizzato naturalmente da alcun organismo. Inserendo questi geni in *E. coli*, hanno generato un ceppo batterico in grado di produrre butandiolo dal glucosio.

10 Produzione di biocarburanti da OGM

La principale fonte di energia nel mondo è tuttora costituita dai combustibili fossili, ovvero carbone e petrolio. Questi, però, hanno lo svantaggio di essere fonti non rinnovabili e, soprattutto, di immettere CO_2 nell'atmosfera, con i conseguenti effetti di surriscaldamento del pianeta.

Un'alternativa ai combustibili fossili è rappresentata dai **biocombustibili** come il bioetanolo o il biodiesel, sintetizzati attraverso processi fermentativi a partire da masse vegetali.

I biocombustibili hanno un impatto sul CO_2 pressoché nullo, in quanto liberano solo il diossido di carbonio fissato durante la vita della pianta e non quello intrappolato migliaia di anni fa nelle rocce. Il **bioetanolo** è prodotto dal processo di fermentazione degli zuccheri a partire da mais, sorgo o canna da zucchero, mentre il **biodiesel** si prepara per raffinazione di oli vegetali da piante come la palma, la soia o la colza.

Una fonte particolarmente conveniente per la produzione di biocarburanti è rappresentata dalle biomasse di rifiuto (prodotti di scarto della lavorazione del legno o dei raccolti di mais e frumento, fusti di alberi morti, sterpaglie, buccia dei frutti). Queste biomasse sono ricche di carboidrati, ma presentano anche molecole complesse a struttura fibrosa come la lignina, la emicellulosa e la cellulosa. Per rendere sfruttabili questi scarti, è necessario prima demolire queste molecole, liberando gli zuccheri di cui sono composte (figura **9**).

Le vie enzimatiche per la degradazione dei carboidrati complessi sono presenti in numerosi batteri. Sono così stati generati speciali microrganismi GM contenenti sia gli operoni per la degradazione della cellulosa sia quelli per la sintesi di acidi grassi, utili per la produzione di biodiesel. Questi ceppi si sono dimostrati in grado di accoppiare la degradazione della cellulosa delle masse vegetali di scarto alla fermentazione, producendo biocombustibile.

Un'altra applicazione prevede l'uso di piante di mais transgenico contenenti il gene per un enzima batterico in grado di digerire la cellulosa. L'espressione dell'enzima batterico, però, si attiva solo a temperature superiori a 50 °C. In questo modo, il mais può essere coltivato normalmente e le pannocchie raccolte per uso alimentare. Gli scarti vegetali (foglie e fusti) invece sono riscaldati a 55 °C per attivare la demolizione della cellulosa, che permette la fermentazione e la successiva produzione di bioetanolo.

RISPONDI

A Che cosa si intende per biorisanamento?
B Come funzionano le biopile?
C Che cosa si intende per compostaggio?

Figura **9** **La produzione di biocarburanti a partire dagli scarti** Schema che riassume i passaggi fondamentali di produzione di un biocarburante a partire da materiali legnosi di recupero, che vanno prima triturati, quindi sottoposti all'azione di batteri ingegnerizzati in grado di far procedere velocemente il processo di fermentazione del glucosio.

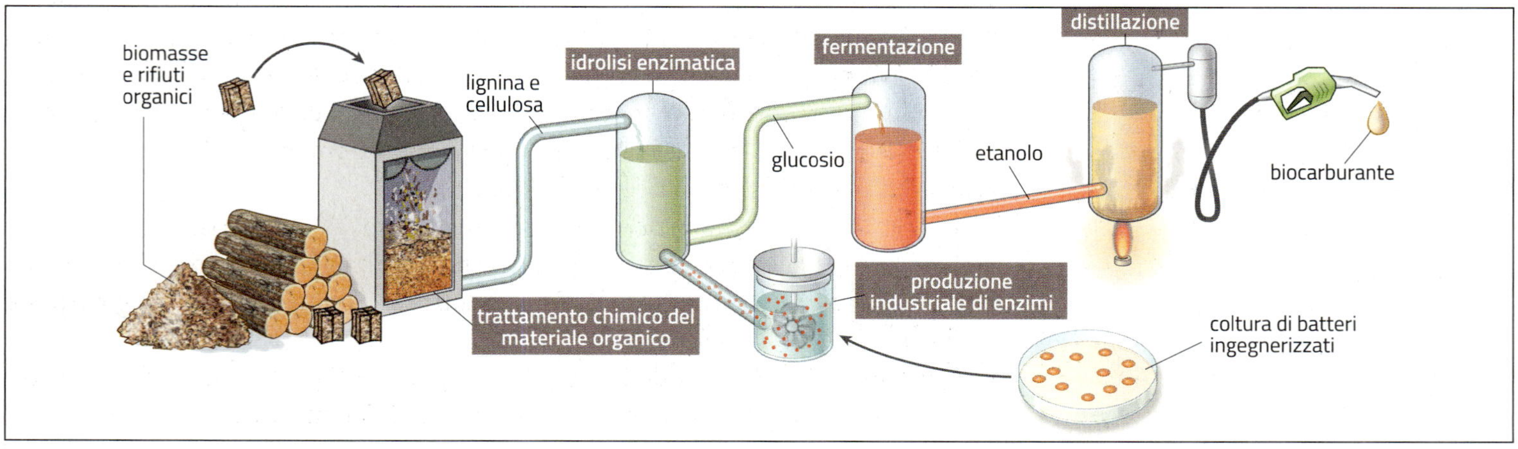

4 Le biotecnologie in campo biomedico

11 La produzione di farmaci biotecnologici

Gli antibiotici sono molecole naturali prodotte dai funghi per difendersi dai batteri e sono stati anche i primi farmaci biotecnologici. Un esempio è la penicillina, una molecola scoperta nella muffa del genere *Penicillium* da Alexander Fleming nel 1929, che salvò le vite di numerosi soldati feriti nel corso della Seconda guerra mondiale (*vedi* "Chiavi di lettura – Il rischio dell'antibiotico-resistenza", capitolo B5). Da allora, e attraverso il miglioramento dei processi biotecnologici, sono state ampliate le possibilità di produrre molecole di interesse farmaceutico grazie agli organismi geneticamente modificati.

Il primo farmaco ottenuto grazie alle tecniche dell'ingegneria genetica fu l'**insulina ricombinante** (figura **10**), ottenuta nel 1978. Questo ormone è un importante regolatore del metabolismo del glucosio e la sua assenza provoca il diabete. Prima dell'introduzione dell'insulina ricombinante, ai pazienti diabetici veniva somministrato l'ormone bovino purificato, che però poteva avere gravi effetti collaterali. Il gene dell'insulina umana è stato quindi clonato e fatto esprimere nei batteri, in modo da ottenerne grandi quantità in forma pura, e oggi è prodotta anche nei lieviti. Oltre all'insulina, è possibile produrre: ormoni, fattori per la coagulazione, anticorpi e vaccini.

Non solo i microrganismi, ma anche le piante possono essere utilizzate per produrre farmaci. Per esempio, le piante di tabacco si usano per produrre anticorpi umani utilizzati nella terapia di molte patologie, dalle infezioni virali al cancro. Il gene per l'anticorpo desiderato viene introdotto nelle piante clonate e si accumula nei tessuti vegetali, da cui può essere facilmente purificato. Uno dei vantaggi nell'utilizzo delle piante è che queste hanno un apparato per la sintesi e l'elaborazione delle proteine molto più simile a quello umano rispetto ai batteri. Oltre agli anticorpi, le piante GM possono produrre altre molecole, come l'enzima umano *glucocerebrosidasi* utilizzato nella terapia di una rara malattia neurodegenerativa, la sindrome di Gaucher.

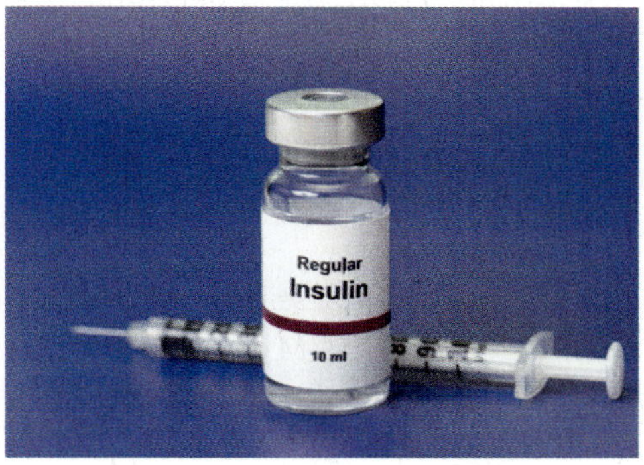

Figura **10** **La produzione di insulina GM** Prima di essere prodotta con i batteri e i lieviti per via biotecnologica, l'insulina doveva essere estratta dal pancreas di bovini e suini e poi purificata.

12 La produzione di anticorpi monoclonali tramite ibridoma

Gli anticorpi sono proteine secrete dai linfociti di tipo B differenziati o plasmacellule. Ciascuna plasmacellula produce uno specifico anticorpo che riconosce una precisa combinazione di amminoacidi (detto *epitopo*) presente su di una proteina estranea (per esempio la proteina del rivestimento esterno di un virus) che costituisce l'*antigene*.

Le cellule figlie derivate da una specifica plasmacellula per divisione cellulare costituiscono dei cloni e producono lo stesso anticorpo, che viene detto pertanto **anticorpo monoclonale**.

Per ottenere un anticorpo specifico per un certo antigene si inietta in un topo l'antigene purificato. Questa procedura è analoga alla vaccinazione: il sistema immunitario del topo è stimolato a produrre diversi cloni di plasmacellule, ciascuno secernente un diverso anticorpo diretto contro differenti epitopi dell'antigene. Per selezionare uno specifico clone, si isolano le plasmacellule dalla milza del topo, che vengono poste in coltura insieme a cellule tumorali di mieloma, un tumore delle plasmacellule: in condizioni opportune, le plasmacellule del topo si fondono con le cellule di mieloma per generare un tipo di cellule ibride detto *ibridoma*.

Le cellule ibride vengono poi selezionate sfruttando due caratteristiche:

- le cellule del mieloma possono sopravvivere indefinitamente in coltura, ma hanno un difetto metabolico nella sintesi dei nucleotidi e quindi muoiono se vengono poste in terreni di coltura selettivi;
- le plasmacellule derivate dalla milza hanno tutti i geni per la biosintesi dei nucleotidi, ma sopravvivono solo per poche generazioni al di fuori dell'organismo.

Quindi, in presenza del terreno di coltura selettivo, solo le cellule ibride sopravvivono: esse infatti hanno acquisito la capacità di moltiplicarsi indefinitamente tipica delle cellule tumorali e allo stesso tempo possiedono un metabolismo normale grazie ai geni delle plasmacellule.

A questo punto le cellule dell'ibridoma vengono diluite in speciali camere di coltura, in modo che rimanga una sola cellula per ogni camera. Queste singole cellule, dividendosi, producono dei cloni, ciascuno dei quali secerne un diverso anticorpo monoclonale (figura **11**). La presenza dell'anticorpo desiderato viene individuata prelevando il terreno di coltura in cui l'anticorpo è stato secreto e verificando che si leghi all'antigene, per esempio mediante la tecnica dell'immunoblotting che abbiamo descritto nel capitolo precedente.

Dal clone di cellule che producono lo specifico anticorpo è poi possibile clonare il gene corrispondente per inserirlo in altri organismi, per esempio le piante di tabacco, per la produzione su larga scala.

Gli anticorpi monoclonali sono strumenti molto utili sia in medicina sia per la ricerca scientifica.

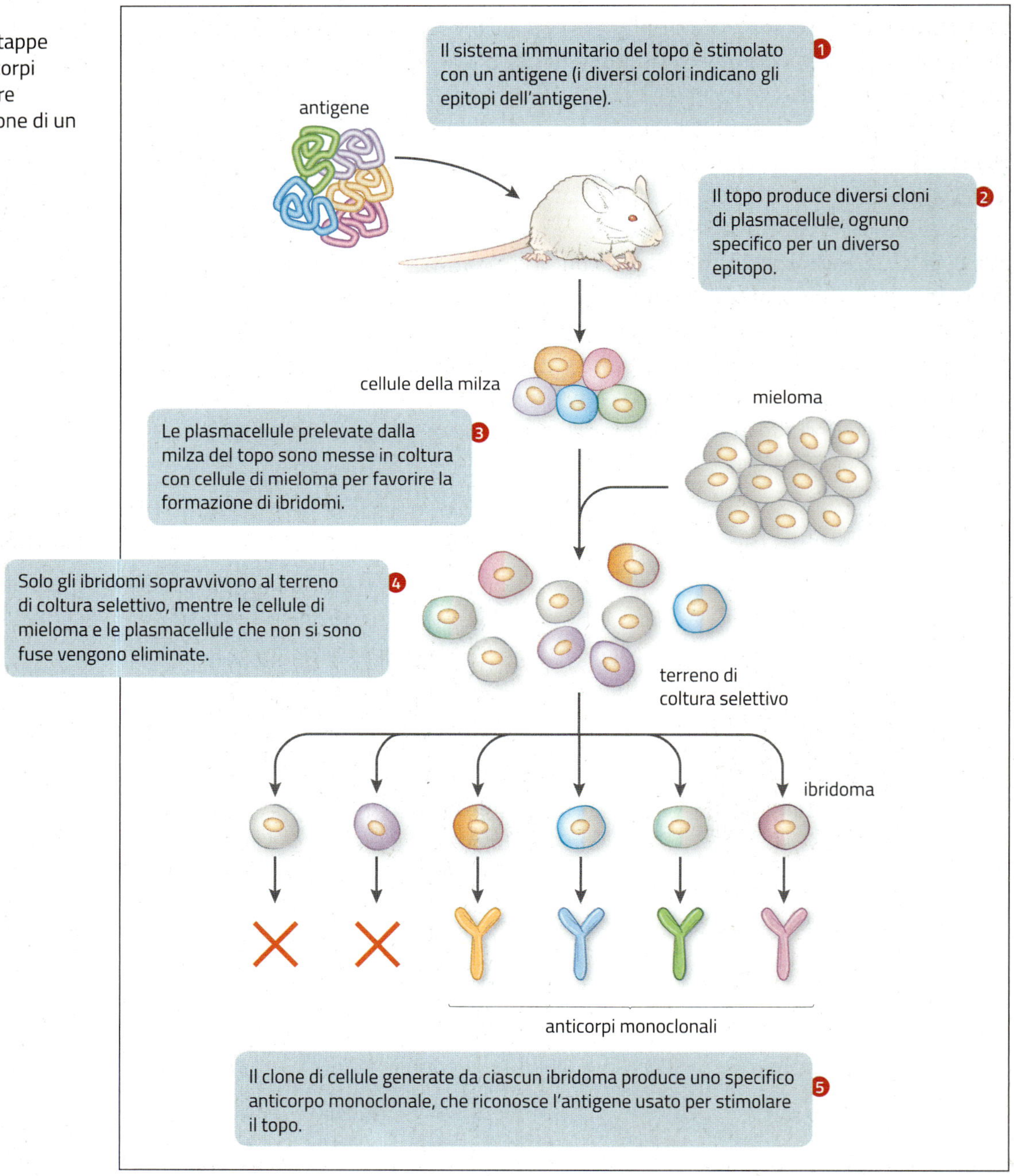

Figura **11** **La produzione di anticorpi monoclonali** Schema che riassume le tappe fondamentali di produzione degli anticorpi monoclonali, che sono ottenuti a partire dall'ibridoma generato dalla stimolazione di un topo con un particolare antigene.

13 Anticorpi monoclonali per la ricerca, la terapia e la diagnostica

Gli anticorpi monoclonali sono utilizzati nel campo della ricerca biomedica. Marcando anticorpi con gruppi fluorescenti, si può registrare la localizzazione di una determinata proteina all'interno o sulla superficie di una cellula grazie alla **microscopia a immunofluorescenza**. È possibile anche seguire gli spostamenti di una proteina all'interno della cellula, per esempio nel suo passaggio dal citoplasma al nucleo o nel suo percorso attraverso il reticolo endoplasmatico (figura **12**). Queste tecniche hanno ampliato enormemente la nostra capacità di studiare la dinamica del metabolismo cellulare.

La possibilità di produrre anticorpi monoclonali in grado di riconoscere in maniera specifica qualsiasi proteina ha reso possibile il loro utilizzo anche in diversi settori della medicina. Per esempio, esistono anticorpi monoclonali che si legano ai recettori presenti sulla superficie delle cellule tumorali e ne bloccano la crescita. Cocktail di anticorpi monoclonali sono utilizzati per l'**immunizzazione passiva** contro malattie virali come l'epatite A e B e contro le infezioni da virus Ebola.

La somministrazione di anticorpi monoclonali è impiegata anche per l'**immunoprofilassi** contro le complicanze durante la gravidanza per le donne Rh negative, cioè che non possiedono il fattore Rh sui loro globuli rossi. Se il nascituro presenta questo antigene, ma la madre ne è priva, si può sviluppare una grave reazione contro il feto. La somministrazione di anticorpi diretti contro il fattore Rh evita che questo accada, in quanto protegge la madre dall'antigene del figlio nel caso che il sangue materno e quello fetale vengano a contatto durante il parto.

Gli anticorpi monoclonali trovano infine applicazione nella diagnostica. Per esempio, con la **immunoscintigrafia** è possibile utilizzare anticorpi marcati con isotopi radioattivi per evidenziare la presenza di cellule tumorali nell'organismo (figura **13**).

Gli anticorpi si legano alle proteine di superficie presenti sulle cellule tumorali e la radiazione emessa viene registrata da un'apparecchiatura, che fornisce una mappatura dettagliata delle zone in cui è presente il tumore. Grazie alla sensibilità degli anticorpi, questa tecnica è in grado di rilevare tumori come il tumore al seno o il linfoma in stadi molto precoci.

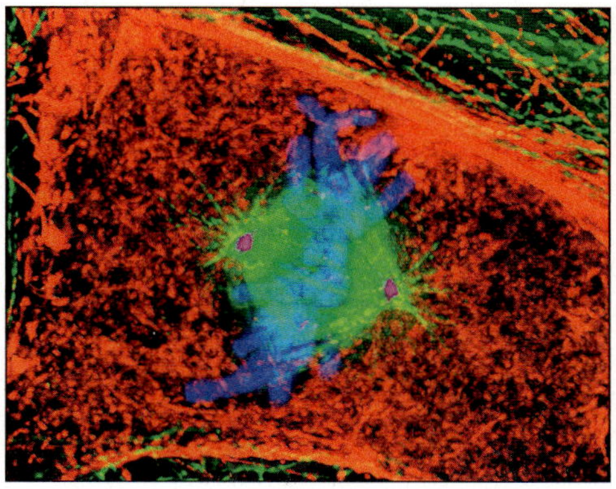

Figura **12** **La microscopia a fluorescenza per studiare le cellule in divisione** Sonde fluorescenti di diverso colore coniugate ad anticorpi monoclonali si legano a specifiche strutture cellulari, come il fuso mitotico (in verde), i microfilamenti di actina (in rosso) o i centrosomi (in fucsia).

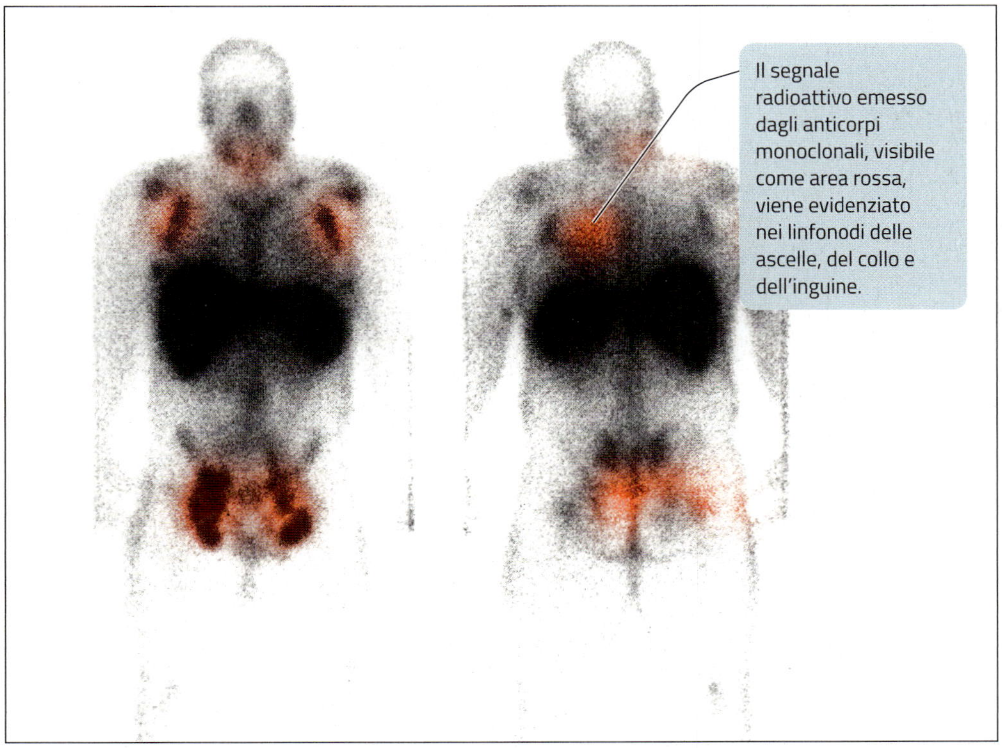

Figura **13** **L'uso di anticorpi marcati a scopo diagnostico** Con l'immunoscintigrafia è possibile vedere l'evoluzione di un tumore in un paziente.

14 La terapia genica per contrastare le malattie genetiche

Molte malattie sono causate dalla mancanza o dal malfunzionamento di una proteina: nel primo caso, il problema dipende dall'inattivazione del gene che codifica per quella proteina, mentre nel secondo caso è dovuto alla presenza di mutazioni che alterano la sequenza nucleotidica e di conseguenza la catena polipeptidica.

PER CAPIRE MEGLIO
video:
Analisi genetica per l'anemia falciforme

Lo scopo della **terapia genica** è correggere i difetti del genoma che sono alla base delle malattie genetiche.

Un esempio è costituito dall'ADA-SCID (*Severe Combined Immuno Deficiencies*), un grave deficit immunitario dovuto alla carenza dell'enzima adenosina deaminasi (ADA). In queste condizioni, l'organismo non è più in grado di difendersi da infezioni banali come un semplice raffreddore, che possono risultare mortali. Nel 1990 una bambina affetta da questa malattia è stata curata per la prima volta con la terapia genica negli Stati Uniti: i ricercatori hanno utilizzato un **vettore retrovirale** per inserire il gene ADA umano nei globuli bianchi della bambina (figura **14**). Le cellule che avevano inserito correttamente il gene nel proprio DNA sono state poi ritrasfuse nella paziente, dove hanno iniziato a produrre l'ADA. La terapia ebbe successo e in circa sei mesi il sistema immunitario della bambina recuperò la propria funzionalità. Oggi questo protocollo è disponibile anche in Italia.

Nonostante la loro efficacia, i vettori retrovirali integrano il gene esogeno in posizioni casuali del genoma. Questo fatto, a volte, può essere un problema, perché il nuovo

Figura **14** **Terapia genica** Schema che riassume il processo di terapia genica per una immunodeficienza come il deficit di adenosina deaminasi.

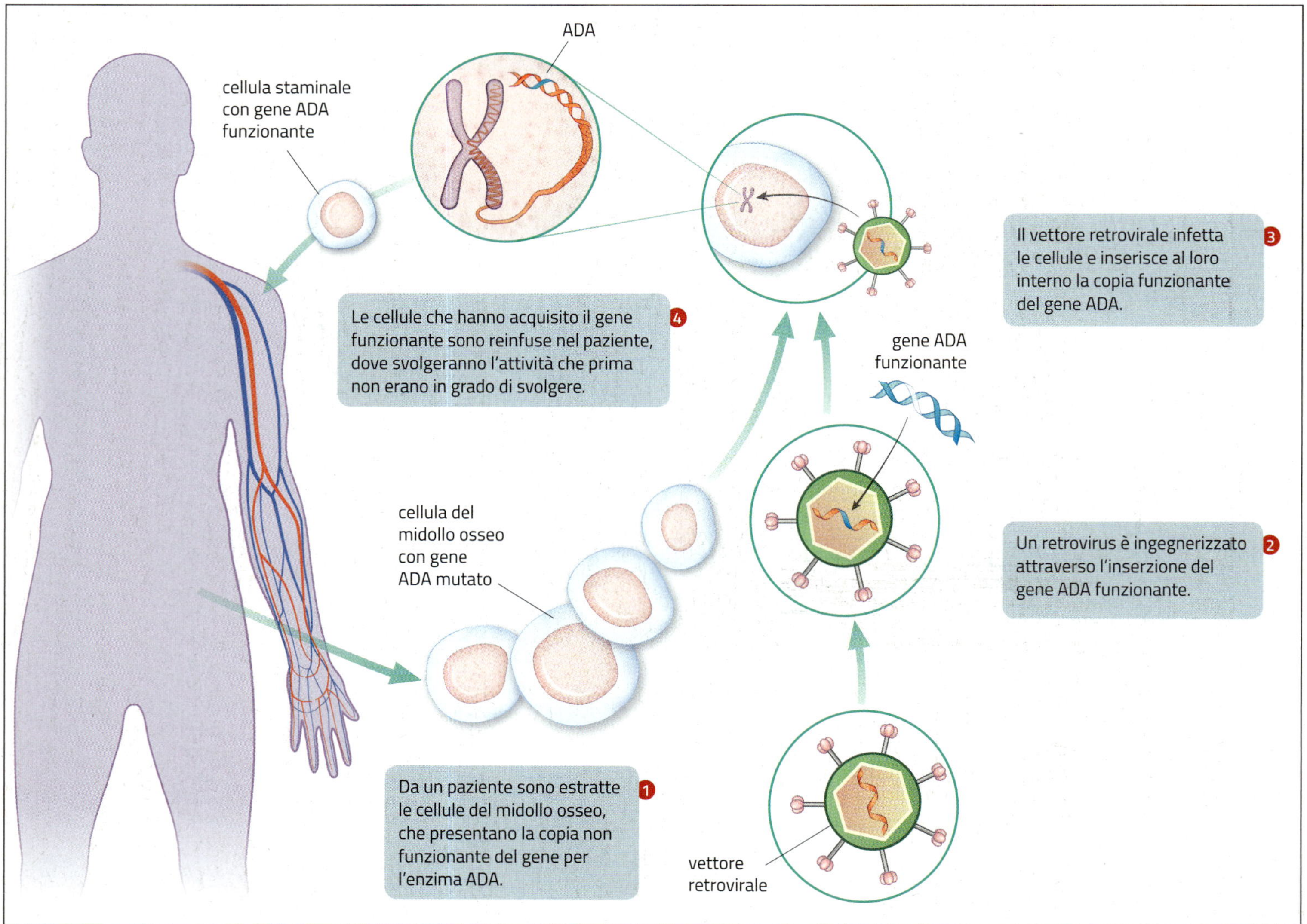

pezzo di DNA potrebbe bloccare l'espressione di un gene, oppure alterarne la regolazione. Per questo motivo sono stati progettati vettori virali basati sul **virus adeno-associato** (AAV), che integra il proprio genoma in un sito ben definito sul cromosoma umano 19. Anche l'**adenovirus**, che causa una sindrome simile al raffreddore, può essere utilizzato come vettore per la terapia genica. In questo caso, il gene esogeno non viene integrato, ma permane nelle cellule infette in forma plasmidica. Nel 2012 è stato approvato in Europa il primo farmaco basato sulla terapia genica: si tratta di un adenovirus modificato in grado di inserire nelle cellule il gene per la lipoproteina lipasi, un enzima il cui deficit causa una rara sindrome genetica chiamata *deficit di lipoproteina lipasi* (LPLD). I pazienti colpiti da questa malattia non riescono a metabolizzare i chilomicroni presenti nel sangue; di conseguenza vanno incontro a un'infiammazione del pancreas dolorosa e potenzialmente mortale. La terapia genica inserisce nel tessuto muscolare del paziente una versione potenziata del gene, che produce una proteina dotata di un'attività enzimatica superiore a quella dell'enzima naturale.

Attualmente, nella maggior parte dei casi la terapia genica è limitata quasi esclusivamente alla fase sperimentale a causa di problemi tecnici che ne limitano l'efficacia, ma rappresenta una grande opportunità per il futuro.

Un particolare tipo di terapia genica prevede l'impiego delle **cellule staminali**, cellule non ancora differenziate che mantengono la possibilità di dare origine a diversi tipi cellulari.

TEMI DI BIOETICA

Riflessioni sulla terapia genica

L'ampliamento della tecnologia diagnostica ha consentito l'intervento di correzione della struttura genetica al fine di una possibile eliminazione dei fattori patogeni presenti nel DNA. La tecnica consiste nell'introduzione in organismi o cellule umane di un gene per prevenire e/o curare una condizione patologica.

Esistono in teoria due possibili tipi di **terapia genica**: il primo mira a correggere difetti genetici in cellule della linea germinale con effetto sulla discendenza, il secondo si propone di eliminare o ridurre difetti molecolari a livello delle cellule somatiche con effetti limitati sull'individuo.

Come si evince anche da un documento del Comitato Nazionale per la Bioetica, la terapia genica sulla linea somatica non è concettualmente diversa da ogni altro trattamento terapeutico e può venire considerata sullo stesso piano di un trapianto di un organo o di un tessuto. La praticabilità della terapia genica somatica trova una piena giustificazione nel fatto che essa, non discostandosi per aspetti essenziali da altre forme di intervento terapeutico, può essere ricondotta al diritto alla salute che legittima il complesso di tali attività sanitarie.

Esiste un rischio eugenetico?

La situazione per la terapia sulla linea germinale è molto diversa. L'intervento in questo caso è, infatti, diretto sul pre-embrione ovvero su un organismo nelle fasi iniziali della sua formazione. Un principio etico fondamentale che può essere chiamato in causa nella terapia genica è quello della *intangibilità del patrimonio ereditario* di un soggetto, che, sul piano scientifico, trova sostegno nel principio della *conservazione dell'identità genetica*. Eccetto pochissime eccezioni (come l'inserimento di un gene proveniente dallo stesso embrione o proveniente da uno dei genitori) tutti gli altri intervent correttivi eseguiti sulla linea germinale con materiale estraneo, della stessa specie o di specie diversa, portano a una modificazione della struttura del genoma con conseguenze non prevedibili nello sviluppo dello stesso individuo e della sua discendenza.

Il problema si estende anche alla collettività, in quanto un intervento sistematico sul genoma di singoli individui può avere riflessi sulla struttura genetica della popolazione. Un'azione sull'insieme delle mutazioni deleterie che passano da una generazione all'altra potrebbe essere giustificato, mentre non sarebbe accettabile un intervento mirato al potenziamento di determinate qualità o all'induzione di nuovi caratteri. Modificazioni indotte nel genoma con queste finalità si associano spesso al ricordo di pratiche eugenetiche già tragicamente sperimentate in passato.

In assenza di un'attenta sorveglianza, la terapia genica germinale potrebbe portare ad abusi e condotte aberranti che si risolverebbero nella negazione della libertà individuale e nella discriminazione tra soggetti. Su questo tema bioetico si sono create posizioni contrapposte: da una parte c'è chi sostiene l'imperativo categorico di lasciar fare alla natura o di limitarsi a controllare il processo naturale; dall'altra invece c'è chi giudica lecito e doveroso intervenire nel processo vitale per evitare risultati patologici non desiderati nella funzione riproduttiva ed esige la scelta consapevole delle singole persone per avere risultati migliori di quelli derivanti dall'evoluzione naturale, soprattutto in caso di malattie genetiche.

A COLPO D'OCCHIO

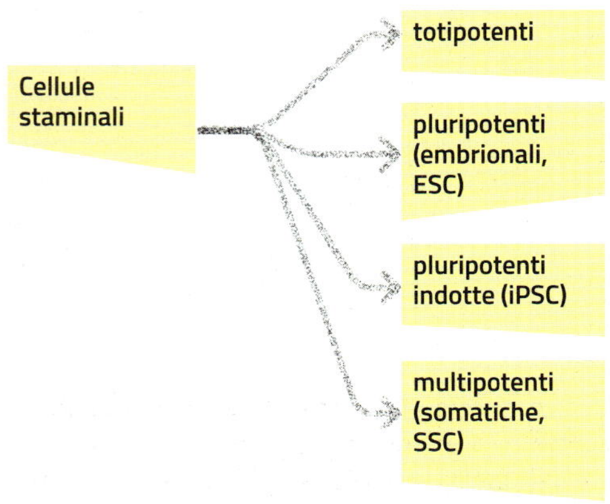

PER CAPIRE MEGLIO
video:
Le cellule staminali

15 Le cellule staminali nella terapia genica

Nel corpo umano possiamo trovare tre diversi tipi di cellule staminali, che si distinguono per la loro capacità di differenziazione. Le staminali *totipotenti* sono in grado di dare origine a tutti i tipi cellulari e quindi a un intero organismo; le *pluripotenti* possono invece differenziarsi in uno qualsiasi dei tre foglietti embrionali (mesoderma, ectoderma ed endoderma), ma non possono dare origine a un intero organismo. Infine le staminali *multipotenti*, che si differenziano soltanto in pochi tipi cellulari.

Oltre alla diversa capacità di differenziazione, queste cellule si distinguono anche per il momento in cui sono presenti nell'organismo: le staminali totipotenti si trovano nell'embrione, durante le primissime divisioni cellulari, le pluripotenti (ESC o *Embryonic Stem Cells*) contraddistinguono la fase embrionale di blastocisti, mentre le multipotenti (*SSC, Somatic Stem Cells*) si trovano anche nell'individuo adulto. Sono multipotenti, per esempio, le cellule staminali ematopoietiche, che possono differenziarsi nei diversi tipi di cellule del sangue.

I campi di applicazione delle staminali sono numerosi ed è oggi possibile isolare e coltivare in laboratorio sia le ESC, chiamate in genere **staminali embrionali**, sia le SSC, dette **staminali somatiche**. Grazie a questa risorsa, in teoria, possiamo avere a disposizione una riserva di elementi cellulari da cui poter ottenere diversi tipi di cellule o addirittura interi organi. Poiché l'applicazione delle SSC è limitata a pochi tessuti, gli sforzi della ricerca si sono concentrati a lungo sulle ESC. Tuttavia, l'utilizzo di queste

TEMI DI BIOETICA

Riflessioni sulle cellule staminali

Lo studio delle cellule staminali è uno degli aspetti più interessanti delle ricerche nel campo delle scienze della vita; è un argomento di grande attualità, sia per la ricerca scientifica sia per i temi etici che tocca.

Nuove ricerche su questo argomento vengono pubblicate quasi ogni giorno. Tra i tanti motivi di tale interesse c'è la possibilità di accedere a nuove frontiere di terapia, grazie alla proprietà intrinseca di queste cellule. Ma lo studio delle cellule staminali è importante anche perché apre una finestra sulla nostra storia biologica: su come diventiamo quello che siamo e quali meccanismi determinano lo sviluppo di un embrione di poche cellule uguali in un organismo complesso.

Alle staminali come strumento «per curare» si affianca la possibilità di impiego delle staminali «per capire». Gli sviluppi della ricerca sulle cellule staminali e delle sue possibili applicazioni cliniche sono stati seguiti con crescente attenzione da parte del mondo scientifico ma anche della società. La ragione di questo interesse non va però ricercata soltanto nella sensazionalità della ricerca e dell'impatto straordinario che tali applicazioni cliniche possono avere nella lotta contro le malattie. Il motivo fondamentale è legato alla scoperta di un nuovo tipo di cellule staminali che un gruppo di ricercatori nel 1998 aveva isolato e coltivato *in vitro* dopo avrele prelevate da un embrione umano. Sono le «famose» cellule staminali embrionali.

Il «problema» delle staminali embrionali

La ricerca e l'utilizzo di cellule staminali adulte non solleva particolari questioni etiche e giuridiche a condizione che il prelievo e il trattamento avvengano con modalità che garantiscono la dignità, i diritti e le libertà della persona. Invece, lo studio delle staminali embrionali, che prevede l'utilizzo di embrioni umani, mette in gioco principi etici per le condizioni cui deve essere soggetta la ricerca. Mentre per alcuni la rimozione di alcune cellule equivale alla distruzione dell'embrione e della vita umana di cui sono portatrici, per altri, che vedono nella ricerca delle staminali embrionali una grande speranza per la cura di malattie come Alzheimer e Parkinson, risulta immorale non avanzare in tale ricerca.

Altri due argomenti, indipendenti da ragioni di ordine morale, hanno peso nel dibattito sulle cellule staminali adulte ed embrionali e fanno leva su ragioni di ordine politico e scientifico. Il primo argomento è quello dell'**equivalenza scientifica** e a fini terapeutici tra cellule staminali adulte ed embrionali; il secondo è quello dell'uso politicamente corretto dei **fondi pubblici**. I risultati della ricerca sulle staminali, peraltro, indicano che ci sono ancora problemi per risolvere i quali è necessaria molta ricerca di base prima di pensare a una applicazione clinica.

Sotto il profilo scientifico tutte queste ricerche sono estremamente interessanti e meritano di essere incoraggiate poiché, in base ai dati circa le differenti proprietà dei vari tipi di staminali, non siamo ancora in grado di decidere quale sia la strada da perseguire. E non è neppure detto che sia necessario privilegiare una sola linea cellulare: per alcune malattie sarà più opportuno utilizzare cellule staminali embrionali, per altre sarà più adatto usare le staminali adulte o quelle del cordone ombelicale. La scelta dovrà anche valutare la facilità d'uso di questi nuovi trattamenti: è desiderabile (e anzi, è moralmente e socialmente necessario) che chiunque ne abbia bisogno possa usufruirne e non solo coloro che potranno avere accesso agli istituti più avanzati e attrezzati.

Per concludere, è indicativa un'immagine usata dallo scienziato italiano Giulio Cossu: «Immaginate un gruppo di esploratori alla base di una montagna che vogliano raggiungere la vetta ma non sanno quale, o quali, dei sentieri disponibili vi arrivi nel modo più sicuro e rapido possibile. Il buon senso suggerirebbe di dividersi in due squadre in modo da esplorare tutte le possibilità: se un sentiero finisce in un vicolo cieco, o si rivela pericoloso, potrà essere abbandonato; ma precludersi pregiudizialmente l'esplorazione di uno o più sentieri sarebbe una decisione poco lungimirante».

staminali è ostacolato sia da problemi etici legati all'utilizzo di embrioni umani sia dalla difficoltà tecnica di coltivarle a lungo in *vitro*.

Recentemente, grazie al lavoro del ricercatore giapponese e premio Nobel Shinya Yamanaka, è stato possibile generare in laboratorio un terzo tipo di cellule staminali, dette **staminali pluripotenti indotte** (iPSC, *Induced Pluripotent Stem Cells*).

Queste cellule si ottengono riprogrammando cellule adulte differenziate tramite l'introduzione, con opportuni vettori di espressione, di geni normalmente espressi nelle staminali embrionali. Questi geni codificano per fattori trascrizionali in grado di indurre uno stato di de-differenziamento, che riporta la cellula adulta indietro nel tempo e le fa riacquistare la pluripotenza. Il vantaggio di questa tecnica è che non implica la distruzione di embrioni (come nel caso delle ESC) e non richiede l'isolamento delle rare staminali somatiche.

Le iPSC rappresentano uno strumento ideale per la terapia genica. Infatti, partendo da un qualsiasi tessuto adulto, è possibile prelevare una cellula con il difetto genetico, renderla pluripotente, correggere il difetto inserendo un gene funzionante e poi farla differenziare nel tipo cellulare più adatto da reinfondere nel paziente (figura **15**).

Figura **15** **Due procedure per ottenere cellule staminali pluripotenti** È possibile ottenere cellule staminali pluripotenti da embrioni umani (A), oppure inserendo in cellule dell'epidermide geni attivamente espressi in modo da trasformarle in cellule staminali indotte (B).

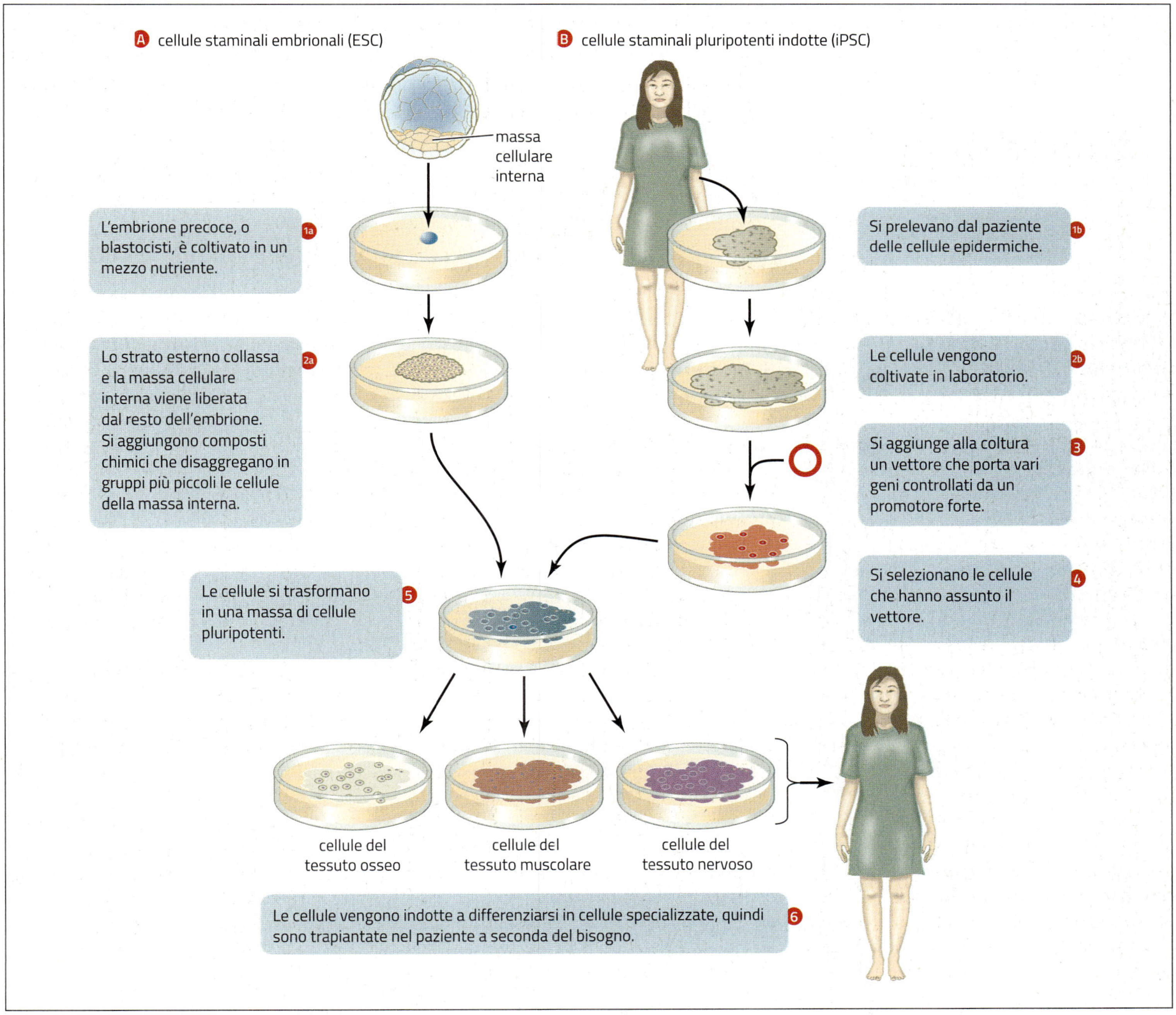

16 Le staminali sono alla base della medicina rigenerativa

Oltre che per la terapia genica, le cellule staminali si possono impiegare per rigenerare i tessuti danneggiati. Per esempio, le cellule staminali ematopoietiche sono usate nei trapianti di midollo per curare tumori come leucemie e linfomi, mentre l'utilizzo di staminali somatiche derivate dalla cornea può curare le lesioni oculari.

Anche le iPSC possono essere utilizzate per la rigenerazione tissutale: nel 2014 in Giappone, le cellule della cute prelevate da una donna affetta da degenerazione della retina sono state rese pluripotenti e quindi differenziate nuovamente in cellule della retina, per essere poi utilizzate per un trapianto. L'impiego delle staminali in **medicina rigenerativa** ha la potenzialità di curare malattie come il Parkinson o il diabete, riparare i danni tissutali causati da lesioni traumatiche, ischemie e ustioni.

A partire dalle cellule staminali, si sta anche cercando di sviluppare *in vitro* interi organi. Questi sarebbero estremamente utili per i trapianti, in quanto risolverebbero sia il problema della scarsità di organi disponibili sia quello del rigetto nei confronti di tessuti estranei: gli organi da trapiantare, infatti, deriverebbero da cellule del paziente stesso, che non dovrebbe più assumere farmaci antirigetto per tutta la vita. In un esperimento pilota effettuato in Giappone, le iPSC generate da fibroblasti umani sono state fatte differenziare in cellule del fegato. Queste sono state coltivate *in vitro* insieme a cellule endoteliali (che sono in grado di generare vasi sanguigni) e cellule staminali adulte mesenchimali (in grado di formare tessuti cartilaginei). Al termine del processo, era stato generato un piccolo «pseudofegato» che, trapiantato in topi affetti da una grave disfunzione epatica, è stato in grado di fare le veci dell'organo difettoso.

17 La farmacogenomica e la medicina personalizzata

Nel capitolo precedente abbiamo visto come, grazie alle biotecnologie, sia possibile sequenziare interi genomi o studiare l'espressione di tutti i geni di una cellula. In gergo si dice che queste tecniche consentono la determinazione del **profilo genetico** di un individuo (figura **16**).

I profili genetici sono utili per determinare la presenza di particolari alleli correlati a un aumentato rischio di sviluppare malattie. Questo vale non solo per la diagnosi prenatale, volta all'identificazione di possibili malattie genetiche nel nascituro, ma anche per gli individui adulti. È il caso delle mutazioni nei geni BRCA, che sono associate a un aumentato rischio di sviluppare tumori al seno.

Il profilo genetico può anche dirci come risponderemo a una certa terapia: per esempio, è stato osservato che una mutazione nel gene per l'interleuchina IL28B determina una diversa risposta alla terapia contro l'infezione da virus dell'epatite C, che oggi colpisce oltre cento milioni di persone nel mondo. Analogamente, i profili genetici effettuati su cellule tumorali hanno rivelato mutazioni in geni chiave, in grado di influenzare la risposta alla chemioterapia.

L'applicazione dei profili genetici all'ottimizzazione delle terapie prende il nome di **farmacogenomica**.

Grazie a queste tecniche, in futuro la medicina sarà sempre più personalizzata e permetterà di modulare le terapie farmacologiche sulla base del nostro profilo genetico.

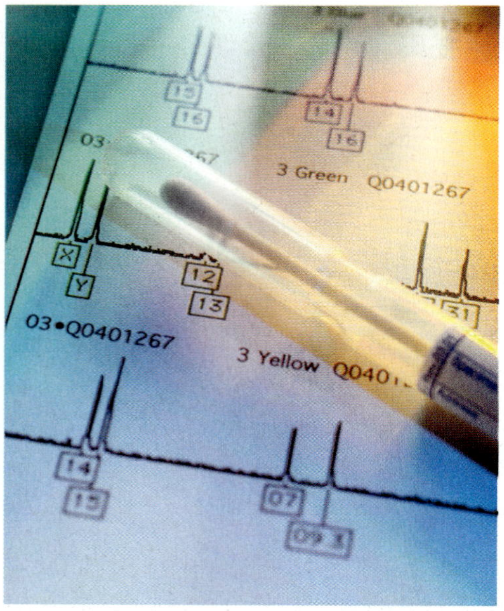

Figura **16** **Determinare il profilo genetico** Attraverso un prelievo di sangue viene definito il profilo genetico di una persona, che viene visualizzato attraverso grafici come quello riportato nell'immagine che permette di svolgere test di paternità oppure di ottimizzare le terapie per ogni paziente.

RISPONDI

- **A** Qual è il campo di applicazione degli anticorpi monoclonali?
- **B** Che cosa si intende per terapia genica?
- **C** Quanti e quali tipi di cellule staminali esistono?

5 La clonazione e gli animali transgenici

18 La clonazione animale genera individui identici

Le attuali biotecnologie consentono di ottenere copie geneticamente identiche di organismi animali, sebbene questo richieda un approccio sperimentale più complesso rispetto ai vegetali. Il primo mammifero a essere clonato è stato una pecora, Dolly. Questo traguardo storico è stato raggiunto da Ian Wilmut e colleghi del Roslin Institute di Edimburgo nel 1996. Da allora, decine di animali di specie differenti sono stati clonati.

La tecnica utilizzata per Dolly è in uso ancora oggi ed è chiamata **trasferimento nucleare** (figura 17), che comincia prelevando una cellula somatica adulta dall'animale da clonare (nel caso di Dolly una cellula di una ghiandola mammaria). Il nucleo della cellula viene aspirato tramite una micropipetta; in parallelo, si preleva un oocita non fecondato da un'altra femmina della stessa specie e se ne elimina il nucleo, lasciando intatti la membrana e il citoplasma. A questo punto, il nucleo della prima cellula (quella somatica) viene inserito all'interno dell'oocita privato del nucleo, per generare uno pesudo-zigote. Quest'ultimo è stimolato a dividersi in provetta per generare un embrione che viene prima coltivato *in vitro* e poi impiantato nell'utero di una terza femmina (la *madre surrogata*).

Dato che le cellule dell'embrione derivano il loro DNA dal nucleo della cellula somatica, l'individuo che nascerà è geneticamente identico a quello che aveva donato il nucleo (e quindi è un suo clone).

Figura 17 **La clonazione di un mammifero**
Schema della procedura sperimentale seguita per produrre il primo mammifero clonato, una pecora della razza Finn Dorset di nome Dolly.

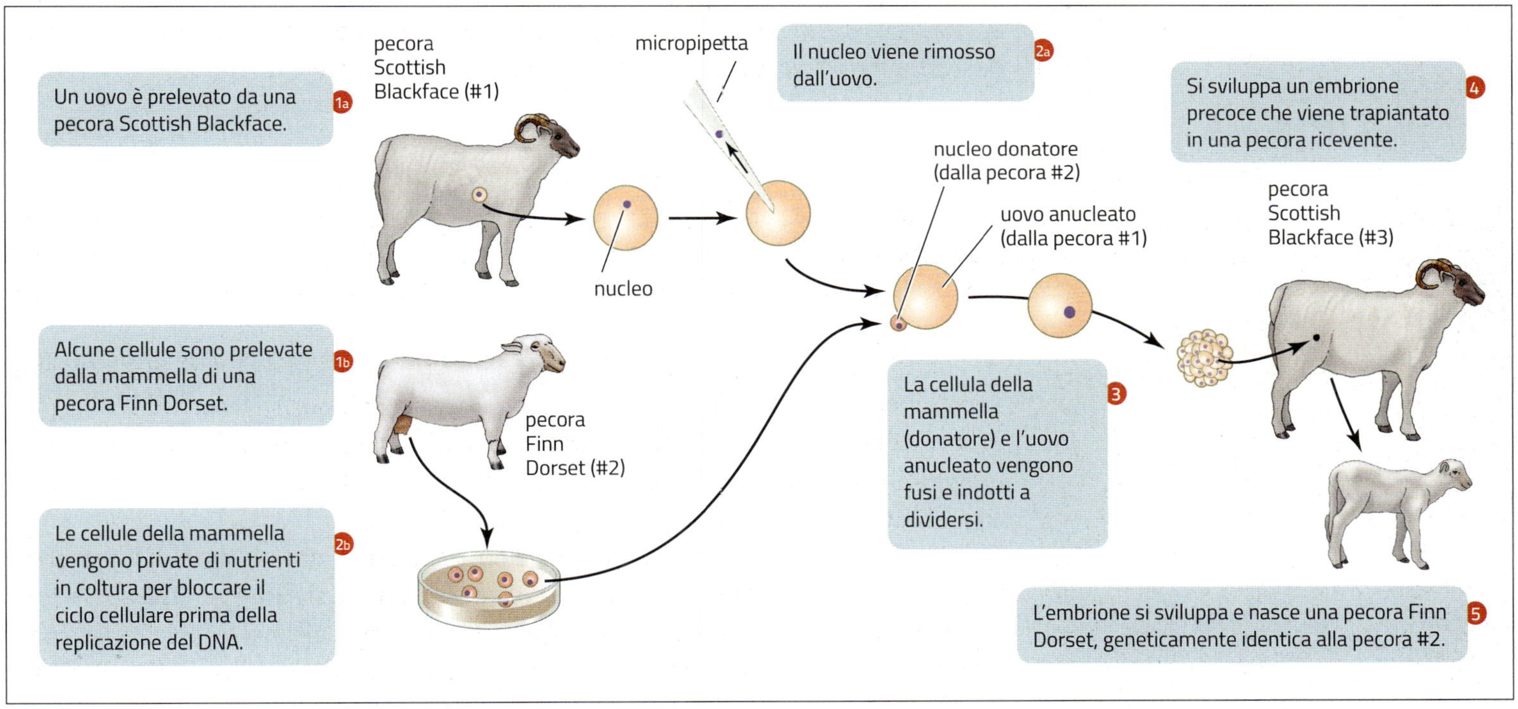

Grazie a questa tecnica sono stati generati cloni di molti animali dotati di particolari caratteristiche pregiate: dai tori resistenti alle malattie alle capre cashmere. La clonazione animale offre anche l'opportunità di preservare specie in via di estinzione. Nel 2001 un gruppo di ricerca italiano è riuscito a clonare il muflone europeo, una pecora selvatica a rischio di estinzione. Negli anni successivi sono stati clonati altri animali a rischio, come il bovino selvatico di Giava o il lupo grigio. Addirittura, nel 2009 un gruppo di ricercatori spagnoli, partendo da cellule epiteliali di tessuti congelati, ha clonato una capra selvatica estinta, l'ibex dei Pirenei, il cui ultimo esemplare era deceduto nel 2000. Purtroppo l'esemplare è morto poco dopo il parto, probabilmente a causa del fatto che la madre surrogata era una capra di una specie affine, ma non identica. In futuro queste tecnologie potrebbero aiutare a preservare specie in pericolo o reintrodurre specie che si sono estinte di recente a causa dell'attività umana.

TEMI DI BIOETICA

Riflessioni sulla clonazione

In relazione alla sua applicazione, la clonazione può avere due finalità: quella terapeutica e quella riproduttiva.

La **clonazione terapeutica** è difesa dai sostenitori della cultura scientifica perché gli studi sugli embrioni, la moltiplicazione delle cellule staminali e la riproduzione dei tessuti e degli organi, nei quali viene applicata, consentirebbe la cura delle patologie degenerative oggi incurabili come la malattia di Parkinson e quella di Alzheimer, la sclerosi multipla, l'infarto al miocardio, il diabete, la cirrosi epatica e la leucemia.

La **clonazione riproduttiva** (utilizzata per la prima volta nel 1996 per clonare la pecora Dolly) è stata da subito accompagnata dal timore che questa tecnica potesse essere applicata anche in campo umano per far nascere un individuo avente lo stesso corredo genetico del donatore.

Aspetti morali della clonazione di viventi non umani

Come dice anche un documento del Comitato Nazionale per la Bioetica, il problema morale più importante nei confronti della clonazione è che esso viola in qualche modo l'identità individuale dell'essere vivente.

Per rafforzare la tesi della liceità di clonare viventi non umani, si possono considerare i fini ulteriori per cui la clonazione viene praticata o progettata: sono noti quelli di tipo agroalimentare e gli usi medici di sostanze, tessuti, organi nonché di possibilità offerte alle indagini sperimentali in campo medico. Quindi, considerando che accettiamo la macellazione di milioni di capi di bestiame per fornirci la carne o la loro pelliccia, non può essere altrettanto lecito allevare animali clonati in laboratorio, oppure prelevare da essi organi da utilizzare nella medicina umana?

La scelta di attuare la clonazione animale dovrà essere subordinata, comunque, alla reale necessità della sperimentazione, tenendo presente la sofferenza che si può procurare all'animale nonché il pericolo di alterare l'equilibrio dell'ecosistema.

Aspetti morali della clonazione di individui umani

Diverso è il caso dell'uomo, la cui identità individuale è oggetto del massimo rispetto. A questa concezione si riferiscono non solo molte religioni, ma anche la coscienza laica del nostro tempo, che l'ha espressa nella nozione fondamentale di autonomia e autodeterminazione del singolo individuo umano.

Come dimostrato dalla pratica sperimentale, il patrimonio genetico non esaurisce chiaramente tutta l'individualità umana, che è frutto anche delle influenze dell'ambiente, delle esperienze personali e delle scelte che liberamente si compiono lungo la storia personale; ciò nonostante ne è certamente la base ed è lesivo della dignità umana che qualcuno possa decidere della costituzione genetica altrui. Più in generale, un individuo che venisse al mondo come «copia» intenzionalmente realizzata di un altro essere umano si troverebbe caricato di attese non legate all'espressione della sua singola persona ità, ma alla rappresentazione delle qualità che erano proprie di un altro individuo; con un conseguente indebolimento del valore dell'identità individuale.

È dunque ampiamente condiviso il principio morale della *indisponibilità di ogni individuo umano*, nel senso che non può essere «messo a disposizione» di nessuno: non può cioè essere trattato esclusivamente come mezzo. Dal punto di vista morale risulta comunque più serio il **rischio di tipo eugenetico**, ovvero il rischio di pianificare a livello genetico le future generazioni in modo che corrispondano a un modello plasmato ad arbitrio di qualcuno (individuo o classe dirigente) che si arroga il diritto di disporre dei suoi simili.

Esiste infine un ultimo tipo di argomentazione morale sostenuta da coloro che vedono un nesso estremamente rilevante fra procreazione e sessualità. Nella clonazione la generazione di una persona verrebbe delegata a un intervento tecnico, in forma totalmente asessuale, portando all'estremo quella scissione fra sessualità e riproduzione che è già presente in alcune pratiche di riproduzione assistita.

Il timore che si faccia un uso improprio delle ricerche scientifiche e delle loro applicazioni all'uomo ha da tempo spinto la comunità internazionale a vigilare sulle pratiche che possono ledere il rispetto dell'essere umano, della sua integrità e singolarità. La condanna della clonazione umana è stata oggetto di normativa specifica da parte della comunità internazionale mediante l'elaborazione di numerosi documenti.

19 Gli animali transgenici hanno geni mutanti

Oltre alla clonazione, le biotecnologie hanno aperto anche la possibilità di generare animali geneticamente modificati. Per esempio, per generare un **topo transgenico** si opera a livello delle cellule embrionali (figura 18): con le tecniche che abbiamo descritto nel capitolo precedente si inserisce un gene clonato in un vettore opportuno all'interno di cellule prelevate da un embrione allo stadio di blastocisti. Le cellule che hanno incorporato il gene esogeno sono ritrasferite in un altro embrione, che viene poi impiantato

Figura 18 **La produzione di topi transgenici** Schema che riassume i passaggi per ottenere un topo transgenico a partire da cellule staminali.

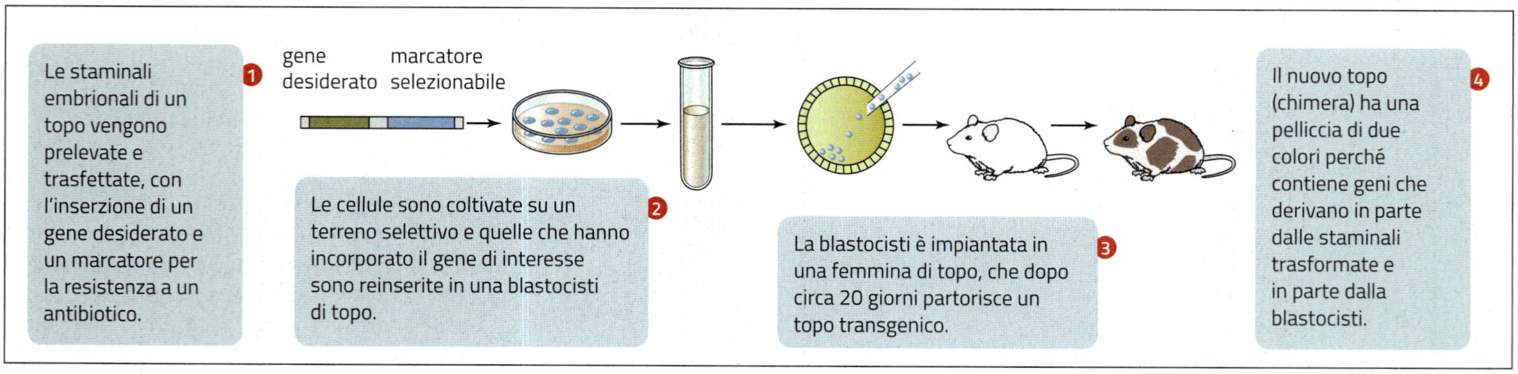

nell'utero di una femmina accettrice. Il DNA dei nuovi nati viene analizzato per selezionare la prole che contiene il transgene.

La prima generazione di nati deriva da un embrione costituito in parte da cellule transgeniche (quelle contenenti il gene esogeno) e in parte no, pertanto il transgene non è presente in tutti i tessuti e il topolino di prima generazione viene detto **chimera**. A questo punto, le chimere contenenti il transgene vengono fatte incrociare fino a ottenere una progenie pura, ovvero con il gene esogeno in tutte le cellule. Una volta ottenuta una linea pura di esemplari transgenici, questi si possono clonare in modo da ottenere individui geneticamente identici.

Dopo i topi, queste tecniche sono state estese ad altre specie animali. Per esempio, sono state generate mucche transgeniche in grado di produrre latte «umanizzato», ovvero contenente lisozima, lattoferrina e lattalbumina umane; questo latte ha quindi proprietà nutritive molto simili al latte materno. In altri casi sono state create mucche che producono latte con un ridotto contenuto di lattosio, per andare incontro alle necessità di quella parte della popolazione mondiale adulta che è intollerante.

Un'applicazione molto interessante è la generazione di animali transgenici che secernono molecole di interesse farmacologico nel latte: queste tecnologie vengono chiamate **pharming** (figura **19**). Sono state così generate pecore il cui latte contiene alte quantità di ormone della crescita umano, usato per curare patologie legate a ritardi ella crescita nei bambini.

LE PAROLE

Pharming è un neologismo inglese che deriva dalla fusione delle parole *pharmaceutical*, che significa «farmaco», e *farming*, «allevamento agricolo».

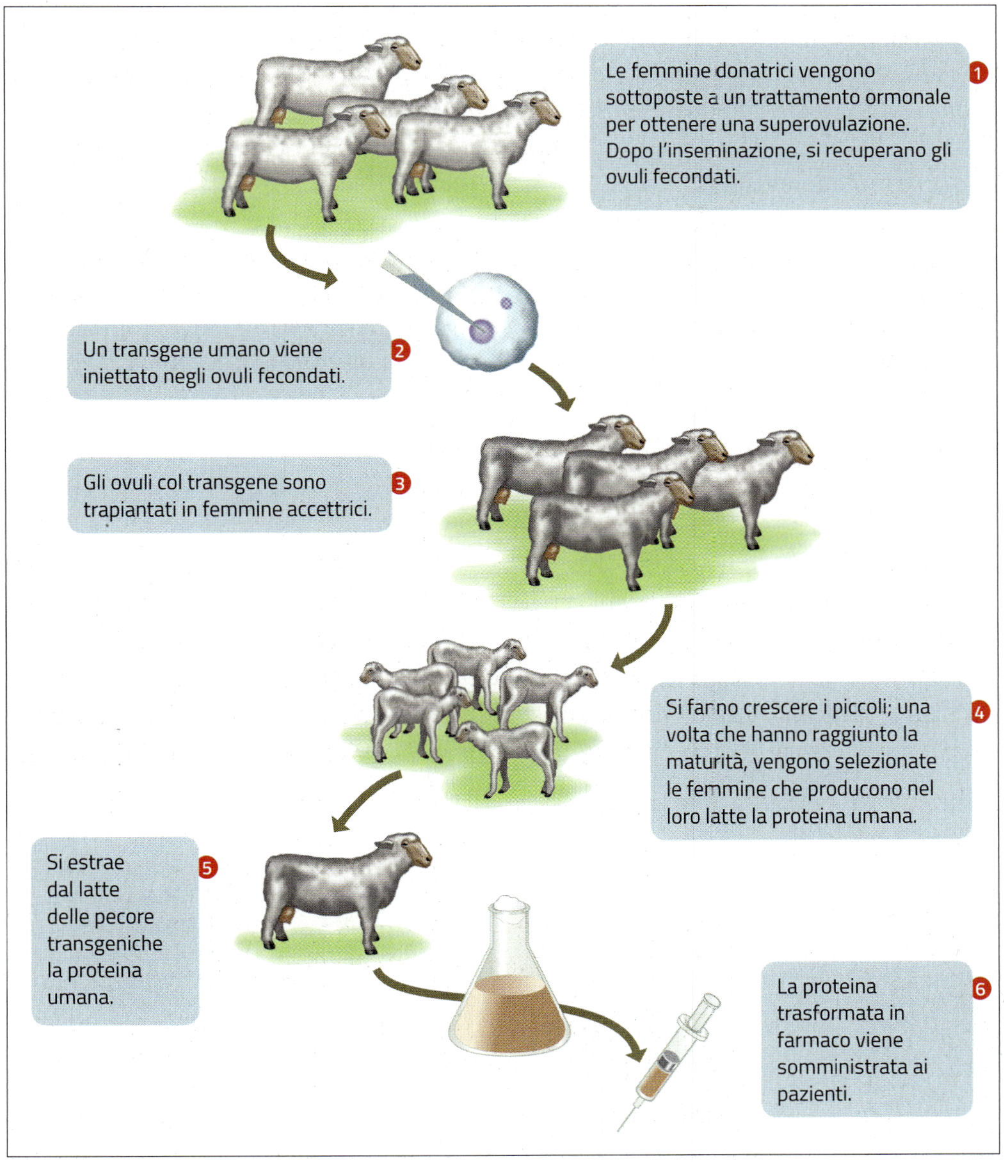

Figura **19** **Schema di funzionamento del pharming** Un gene può essere introdotto nell'uovo di un animale attraverso un vettore, quindi l'uovo fecondato viene impiantato in una madre surrogata. Le femmine della progenie transgenica producono la proteina codificata da quel gene nel loro latte, che viene raccolto e utilizzato per purificare la proteina, così da renderla disponibile per i pazienti che ne hanno bisogno.

20 I topi knock-out hanno un gene silenziato

Un'applicazione molto importante delle biotecnologie è quella che consente di generare topi transgenici privi di un gene.

Un topo geneticamente modificato in cui è soppressa l'espressione di un determinato gene è detto **topo knock-out**.

> TI RICORDI?
>
> Gli **organismi modello** sono specie facili da studiare e che consentono di generalizzare, con le dovute cautele, la validità delle scoperte che li riguardano ad altri organismi.

Esseri umani e topi condividono il 97,5% del loro genoma; anche il metabolismo murino è simile per molti aspetti a quello umano, e questo li rende buoni organismi modello.

Per generare un topo knock-out si opera sempre a livello di cellule embrionali (figura 20). Anziché inserire un gene esogeno, si utilizzano tecniche che consentono di interrompere la sequenza codificante di un gene, silenziandone l'espressione. Questo risultato si ottiene inserendo all'interno di uno degli esoni del gene da silenziare un gene esogeno che funzioni da *marcatore di selezione*, per esempio il gene per la GFP. Si procede quindi a clonare in un vettore il gene che si vuole inattivare con inserito al suo interno il gene marcatore. In questo modo il vettore contiene una copia non funzionante del gene.

Per sostituire il gene endogeno con quello inattivato portato dal vettore, si prelevano le cellule embrionali da una blastocisti di topo e si trasfettano con il vettore, che ha ai lati del gene marcatore la stessa sequenza del gene endogeno. All'interno della cellula, i meccanismi di *ricombinazione omologa* sostituiscono il gene endogeno con quello fornito dal plasmide contenente il gene marcatore, grazie alle sequenze complementari. In questo modo, nel cromosoma del topo viene inserita una copia non funzionante del gene originario, contenente al suo interno il gene marcatore; l'espressione del gene endogeno è azzerata, mentre è espresso il marcatore. Le cellule ingegnerizzate sono poi trasferite in un embrione che viene impiantato in una femmina di topo. La femmina partorisce una generazione di topi, solo alcuni dei quali sono portatori della mutazione. Per selezionarli si procede al sequenziamento del loro DNA.

Oggi esistono modelli di topi transgenici per molte malattie ereditarie, ma anche per patologie complesse come la malattia di Alzheimer, la sclerosi laterale amiotrofica, la malattia di Parkinson, diverse patologie cardiovascolari, l'obesità, il diabete e molti tumori. Questi insostituibili animali offrono l'opportunità di comprendere i meccanismi molecolari della malattia e di mettere a punto nuove strategie terapeutiche.

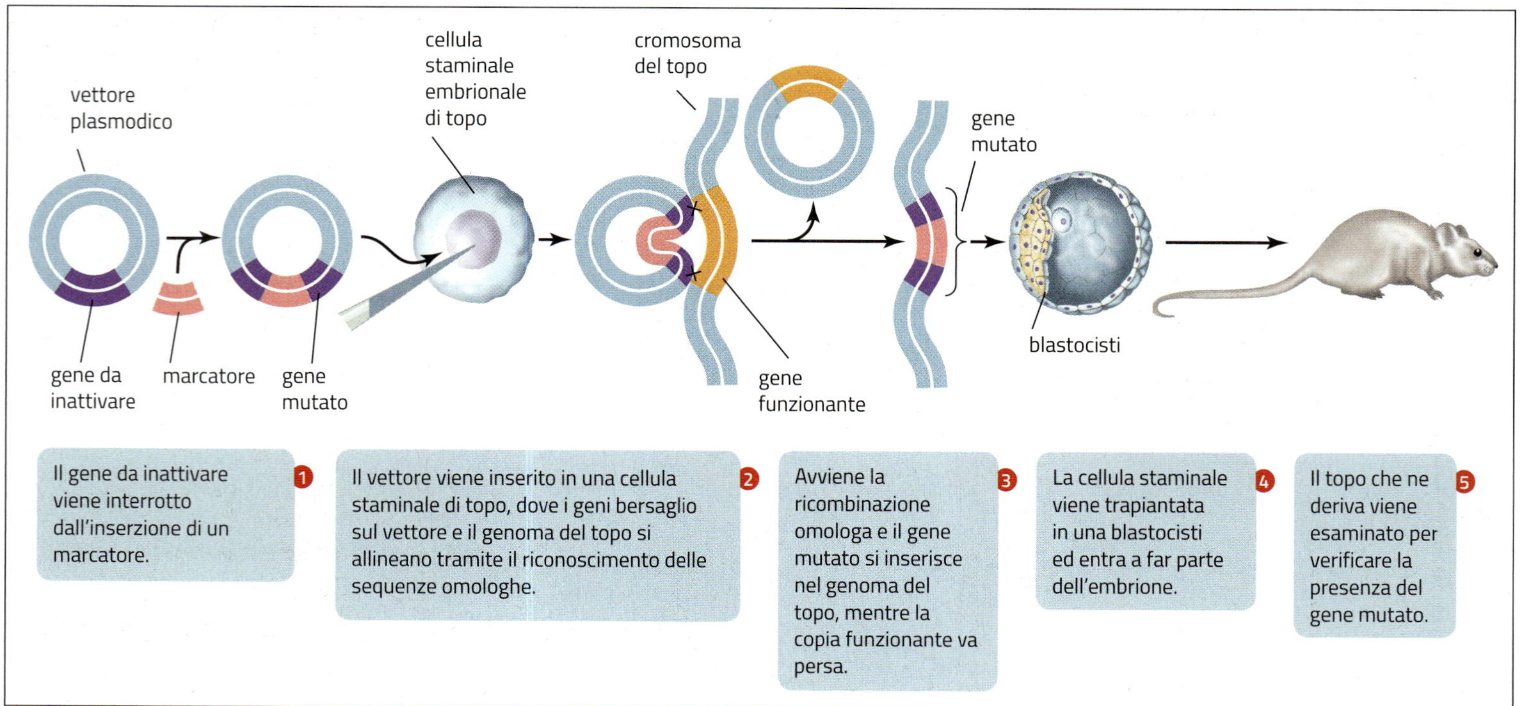

Figura 20 **Come si costruisce un topo knock-out** Schema che riassume il processo di knock-out genico in un topo: scoprire che cosa accade a un topo che non ha più copie funzionali di un dato gene permette di comprendere molte cose sulla normale funzione del gene inattivato.

21 Le biotecnologie basate su sistemi di difesa batterici: la tecnica CRISPR/Cas

Poter inserire un segmento di DNA in una specifica posizione del genoma è molto importante per bioteconlogie come la terapia genica o la generazione di topi knockout. L'espressione di un gene, infatti, dipende spesso anche dalla sua posizione fisica all'interno del cromosoma.

Inserire un frammento di DNA esogeno in una posizione casuale potrebbe non essere sufficiente a garantire la sua corretta espressione, così come potrebbe comportare il rischio di interrompere la sequenza di un gene endogeno o di interferire con una sequenza di DNA regolatrice. Questi eventi finirebbero per alterare il programma genetico della cellula ricevente, con il rischio di causarne il malfunzionamento o la morte. Per questo sono state ideate tecniche che permettono di inserire con grande precisione un gene in un determinato punto del genoma.

Una di queste è la tecnologia **CRISPR/Cas**, che deriva da un meccanismo di difesa naturale scoperto nei batteri. Si è visto, infatti, che nel genoma batterico sono presenti dei frammenti di genomi di antichi virus che in precedenza avevano attaccato la cellula. In caso di successive infezioni, queste sequenze vengono trascritte in brevi RNA che hanno una sequenza complementare al genoma virale, ai quali viene accoppiata la endonucleasi batterica Cas9.

Appaiandosi alla sua sequenza complementare sul DNA virale, il filamento di RNA funge da guida per portare l'endonucleasi in prossimità del suo bersaglio, causando la digestione del DNA virale. Si tratta quindi di una specie di «sistema immunitario batterico» che i biotecnologi possono sfruttare a proprio vantaggio.

Grazie alla conoscenza dell'intera sequenza del genoma di molti organismi, sono state sintetizzate in laboratorio librerie di RNA guida in grado di appaiarsi virtualmente a tutti i geni umani e di molti altri esseri viventi. Facendo esprimere in una cellula il gene per l'RNA guida con la sequenza complementare al bersaglio desiderato insieme al gene per Cas9, è possibile operare dei tagli mirati in qualsiasi posizione del genoma. L'insieme di queste tecniche, chiamate *editing del genoma*, può essere sfruttato per interrompere un gene (come nei topi knock-out) o per inserire un gene esogeno in una posizione specifica (figura **21**).

PER SAPERNE DI PIÙ

L'acronimo **CRISPR** si legge «crisper» e significa *Clustered Regularly Interspaced Short Palindromic Repeats*: si tratta infatti di segmenti di DNA contenenti brevi sequenze ripetute, ognuna delle quali è seguita da brevi frammenti di DNA spaziatore. Queste sequenze sono generate da passate infezioni del batterio da parte di fagi o plasmidi. **Cas** sta invece per *CRISPR-associated* ed è il nome dell'enzima endonucleasi Cas9, il cui gene si trova associato ai loci CRISPR.

LE PAROLE

L'**editing** è la revisione redazionale di un testo; in ingegneria genetica, l'**editing del genoma** permette di «riscrivere» il DNA inserendo, sostituendo o eliminando una specifica sequenza per mezzo di nucleasi progettate in laboratorio, che funzionano come forbici molecolari.

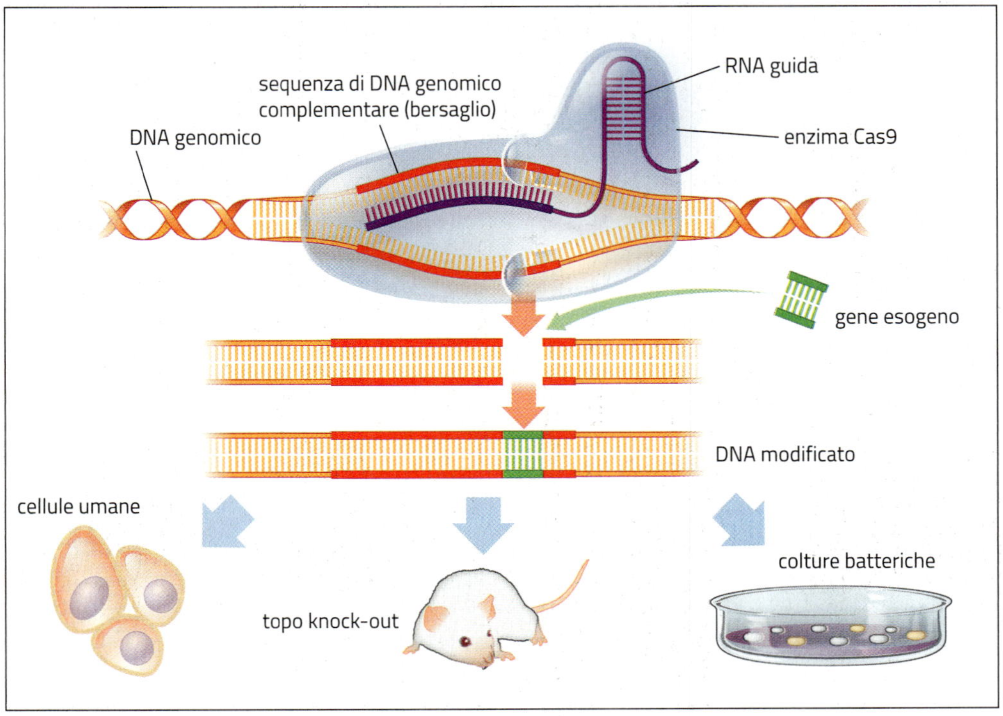

Figura **21** **La tecnologia CRISPR/Cas e l'editing del genoma** L'enzima Cas taglia il DNA in corrispondenza delle sequenze riconosciute dall'RNA guida. Il sistema CRISPR/Cas permette di tagliare e modificare un gene con una precisione molto maggiore di qualsiasi altra tecnica.

RISPONDI

A Che cosa comporta il processo di trasferimento nucleare?

B Che cosa si intende per «pharming»?

C Perché è utile utilizzare topi knock-out?

CHIAVI DI LETTURA

Miti da sfatare sugli OGM

▪ **Gli OGM sono innaturali perché infrangono le «barriere tra specie» che la natura ha previsto.**

Le diverse specie hanno origine quando una popolazione, per motivi anche casuali, si ritrova isolata dal punto di vista riproduttivo. Ma la natura non pone barriere di principio: molti vegetali, tra cui il grano, sono nati da incroci spontanei e possiedono i geni di specie diverse.

▪ **Gli OGM minacciano la biodiversità agricola.**

È possibile modificare qualsiasi varietà esistente. Anzi è spesso desiderabile modificare più varietà coltivate, così che gli OGM siano adattati alle più svariate condizioni agroclimatiche. In Argentina, per esempio, esistono più di cento varietà di soia geneticamente modificata. In ogni caso gran parte della frutta e della verdura oggi in commercio è stata modificata a tal punto dall'uomo (non solo in laboratorio, ma attraverso incroci e selezioni di sementi) che non potrebbe più sopravvivere allo stato selvatico.

▪ **Prima degli OGM l'uomo era riuscito a creare varietà vegetali ibride, ma mai a incrociare specie diverse.**

Non è così: a fine Ottocento, per esempio, si è creata una nuova specie di cereale, il triticale, incrociando il frumento con la segale.

▪ **I batteri geneticamente modificati si usano soltanto per produrre farmaci come l'insulina.**

No, vengono impiegati anche nell'industria alimentare per produrre enzimi come la chimosina, usata per produrre formaggi, o altri tipi di enzimi utilizzati nell'industria della panificazione, dei gelati e della birra.

▪ **Con il DNA ricombinante si può trasferire in un OGM una qualsiasi caratteristica da un organismo che la possiede.**

Per ora è possibile trasferire soltanto alcune caratteristiche di cui si conoscono i geni responsabili, la loro regolazione ed espressione, e a patto che siano in piccolo numero.

▪ **Gli OGM sono tutti resistenti agli erbicidi e sono stati introdotti per aumentare la produzione per ettaro coltivato.**

Soltanto alcuni tra gli OGM in commercio sono stati modificati con l'obiettivo di renderli resistenti a certi diserbanti a largo spettro, così come esistono anche colture convenzionali (non-GM), che sono state selezionate per essere resistenti a determinati erbicidi. Nessuno tra gli OGM oggi in commercio è invece stato creato specificamente per aumentare le rese, ma piuttosto sono stati progettati per semplificare il lavoro agricolo e ridurre i costi di gestione. Le rese attualmente aumentano soltanto in modo indiretto, per esempio grazie alla riduzione delle perdite dovute alle infestazioni da insetti.

▪ **L'agricoltura GM è peggiore di quella convenzionale perché fa largo uso di erbicidi.**

L'agricoltura convenzionale non biologica (cioè quasi tutta l'agricoltura non-GM, da cui proviene il nostro cibo) fa largo uso di erbicidi, che a volte sono più tossici e dannosi per l'ambiente di quelli utilizzati per le colture geneticamente modificate. È tuttavia necessario distinguere tra insetticidi e erbicidi: gli OGM Bt (come il mais e il cotone) sono stati progettati appositamente per ridurre l'uso di insetticidi e funzionano egregiamente, con benefici dimostrati sia per l'ambiente sia per l'uomo. Gli OGM HT, resistenti agli erbicidi, hanno invece portato alla sostituzione di diserbanti più tossici con altri meno tossici, ma d'altro canto hanno incentivato in alcuni Paesi la creazione di monocolture di soia dove prima non era coltivata: di conseguenza è aumentato il consumo mondiale dell'erbicida glifosato.

▪ **Gli OGM resistenti agli insetti producono un insetticida tossico per l'uomo.**

No, la proteina insetticida prodotta dagli OGM di tipo Bt è assolutamente innocua per l'uomo, perché viene distrutta dall'ambiente acido del nostro apparato digerente. Il batterio che la produce (*Bacillus thuringiensis*) è addirittura usato come insetticida nell'agricoltura biologica.

▪ **Gli OGM non convengono ai contadini e soltanto gli agricoltori dei Paesi ricchi possono permettersi di coltivarli.**

Al contrario sono ormai dimostrati vari benefici per gli agricoltori, sia nei Paesi industrializzati sia in quelli poveri: i coltivatori spendono meno in gestione, in acquisto di insetticidi, in perdite del raccolto. Nei Paesi poveri il cotone Bt ha portato a incrementi di rese e profitti, oltre che a una riduzione dell'uso di insetticidi. A dimostrazione di ciò, nel 2008 hanno coltivato OGM più di 13 milioni di agricoltori, e il 90% di loro vive e lavora in Paesi poveri o in via di sviluppo (figura).

▪ **Gli OGM convengono soltanto a chi possiede grandi distese agricole.**

Non è detto. Di alcune colture, come la soia HT, beneficiano soprattutto aziende con grandi estensioni agricole. Altri OGM invece, come il cotone Bt in India e Cina, hanno portato benefici a oltre nove milioni di piccoli agricoltori. Alle Hawaii la papaya transgenica è coltivata da piccoli agricoltori.

▪ **Gli OGM sono un fallimento economico.**

Le aree coltivate a OGM nel mondo sono in continuo aumento da dieci anni, con percentuali di crescita intorno al 10% all'anno. Questa è una chiara indicazione del fatto che gli OGM convengono non soltanto alle aziende multinazionali, ma anche agli agricoltori.

▪ **Le istituzioni internazionali non credono che gli OGM possano portare benefici ai Paesi poveri.**

La FAO e la Banca Mondiale ritengono invece che già oggi alcuni OGM abbiano portato benefici ai Paesi poveri. Semmai i rapporti di queste istituzioni internazionali sottolineano che occorrerebbe sostenere maggiormente la ricerca non profit, finanziata con risorse pubbliche, affinché essa sviluppi nuove colture OGM utili per risolvere i problemi specifici di quei Paesi.

▪ **Gli OGM introducono una novità deleteria in agricoltura, perché costringono i contadini a comprare i semi ogni anno e perché sono sterili.**

Da quasi un secolo in agricoltura sono stati introdotti gli ibridi, che non sono OGM, e gli agricoltori che li coltivano devono acquistare i semi ogni anno, perché se riutilizzassero i semi che raccolgono, buona parte delle nuove piante non avrebbe le caratteristiche della pianta originale.

Esistono inoltre ricerche no profit che hanno sviluppato OGM non ibridi, che non impongono il riacquisto dei semi. La sterilità degli OGM, invece, è una leggenda metropolitana: nessuno degli OGM oggi in commercio è sterile, anche perché, se così fosse, non esisterebbe affatto il problema della contaminazione con colture non-GM.

▪ Non esistono studi «indipendenti» sugli OGM.

Non è vero: molte istituzioni pubbliche, università e centri di ricerca internazionali svolgono ricerche sugli OGM. Uno studio dell'Unione Europea durato 15 anni, che ha coinvolto ben 400 centri di ricerca pubblici ed è costato 70 milioni di euro, ha concluso che «le piante geneticamente modificate e i prodotti sviluppati e commercializzati fino a oggi [...] non hanno presentato alcun rischio per la salute umana o per l'ambiente. Anzi l'uso di una tecnologia più precisa e le più accurate valutazioni in fase di regolamentazione rendono probabilmente queste piante e questi prodotti ancora più sicuri di quelli convenzionali».

▪ La fragola-pesce è una fragola GM capace di resistere ai climi freddi grazie ai geni provenienti da un pesce artico.

La fragola-pesce non è mai esistita, nessuna azienda l'ha mai sviluppata e nessuna università l'ha mai studiata. Si tratta di una «leggenda metropolitana».

▪ Gli OGM possono indurre una pericolosa resistenza agli antibiotici.

In alcuni OGM è stato inserito (come marcatore, per poterli selezionare) un gene per la resistenza ad antibiotici deboli e poco usati in medicina, come la kanamicina. Il gene in questione è già ampiamente diffuso nei comuni batteri del suolo e dell'intestino, perciò un suo eventuale rilascio nell'ambiente non creerebbe nuovi rischi. La UE ha comunque vietato la produzione di nuovi OGM di questo tipo.

▪ Con gli OGM si potrà eliminare il problema della fame nel mondo.

Il problema della fame nel mondo ha origine nella povertà e non si risolve semplicemente aumentando le rese agricole. Gli OGM possono contribuire a risolvere alcuni problemi agricoli dei Paesi poveri, così che il reddito dei contadini aumenti ed essi possano avere più denaro per acquistare cibo.

Da D. Bressanini, *OGM tra leggende e realtà*, Zanichelli, 2014, Bologna

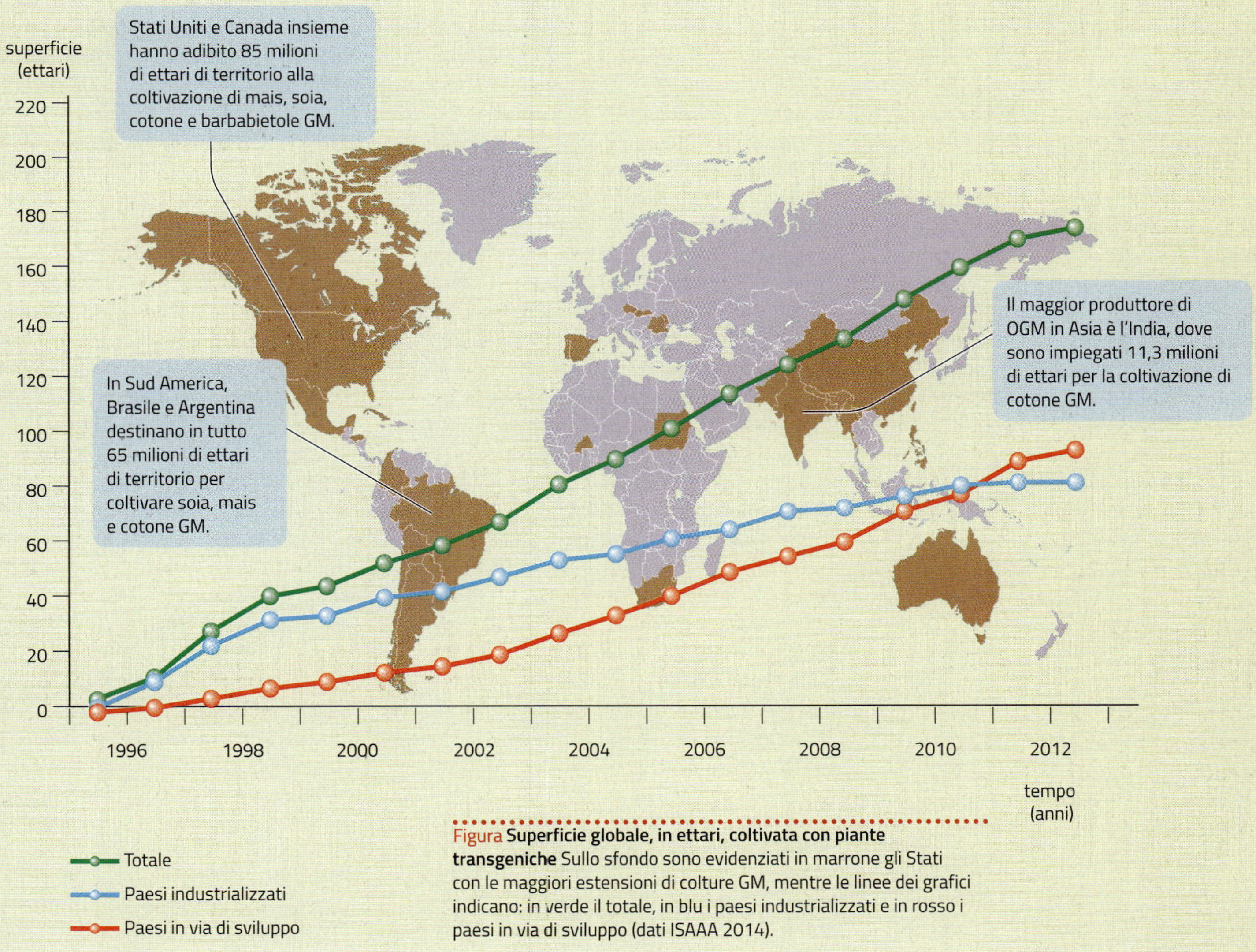

Figura **Superficie globale, in ettari, coltivata con piante transgeniche** Sullo sfondo sono evidenziati in marrone gli Stati con le maggiori estensioni di colture GM, mentre le linee dei grafici indicano: in verde il totale, in blu i paesi industrializzati e in rosso i paesi in via di sviluppo (dati ISAAA 2014).

TEMI DI BIOETICA

Riflessioni sugli OGM

Dagli ultimi dati diffusi dall'ISAAA (*International Service for the Acquisition of Agri-biotech Applications*) sulla situazione attuale delle colture geneticamente modificate, emerge che a livello globale l'uso di OGM è in crescita, mentre in Europa sono anzi in crisi. I Paesi europei sono infatti ai margini della classifica in base alle dimensioni delle coltivazioni, dove in testa si trovano USA, Brasile e Argentina. Tra i Paesi che avversano con più accanimento queste colture GM troviamo alcuni rappresentanti dell'Unione Europea e, tra questi, l'Italia ha la posizione più intransigente nei confronti dei semi e dei prodotti GM.

Quando, agli inizi degli anni Settanta del secolo scorso, venne creato il primo organismo geneticamente modificato, la comunità scientifica si rese subito conto della portata della scoperta, ma anche dei possibili rischi insiti in questo tipo di ricerca. Parlando di OGM sono stati evocati scenari molto diversi: c'è chi sostiene che, proprio grazie all'impiego degli OGM in agricoltura, si potrà sconfiggere la fame nel mondo, chi teme che siano pericolosi per l'umanità e problematici per la biodiversità. Esistono anche, tra gli oppositori, coloro che contestano le multinazionali, che negli anni hanno ottenuto il controllo economico sull'agricoltura transgenica tramite i brevetti.

Rischi reali o ideologia?

Nonostante i moniti e gli allarmi lanciati, a distanza di qualche decennio non è accaduto nulla di quanto era stato ipotizzato, ma rimangono ancora in sospeso alcuni problemi. Il dibattito su questo tema sembra essere orientato su impostazioni ideologiche o su personali rappresentazioni mentali. La causa di questi atteggiamenti è in parte dovuta a una scarsa comunicazione da parte della comunità scientifica che non ha saputo informare adeguatamente riguardo la metodologia e le tappe di queste scoperte, così che i risultati scientifici sono rimasti oggetto di simpatia o antipatia o comunque elaborati secondo processi mentali che nulla hanno a che vedere con la scienza.

La responsabilità di una adeguata informazione è da attribuire, in parte, anche ai mass media e alle logiche di mercato che li guidano, perché spesso si punta sulla spettacolarizzazione della notizia più che sul rigore dell'informazione scientifica. Come afferma anche l'Osservatorio di Pavia, centro di ricerca indipendente per la tutela del pluralismo nei mezzi di comunicazione, l'informazione si riduce spesso a mera portavoce dello scontro ideologico tra opposte «fazioni» pro o contro le agrobiotecnologie; non informando sul tema, ma solo sulle opinioni intorno al tema, senza peraltro che queste vengano adeguatamente motivate. Il pubblico è sempre più disorientato e sempre meno capace di formarsi una propria opinione.

Un altro elemento che condiziona la comprensione della ricerca sugli OGM è dato dalla paura, quella che spesso si prova di fronte a esperienze nuove che, proprio per questo motivo, sono potenzialmente pericolose. L'aspetto della paura nel contesto degli organismi geneticamente modificati è proprio in rapporto al rischio che si lega a tutto ciò che è nuovo. Cambierà l'atteggiamento dell'opinione pubblica italiana? Secondo il chimico e divulgatore scientifico Dario Bressanini: «L'esperienza del passato, per esempio nel caso delle vaccinazioni o della pastorizzazione del latte, indica che quando i benefici superano i rischi (...) la maggior parte delle persone finisce per accettare senza timore i benefici di una nuova tecnologia». E forse lo sarà anche per gli OGM.

La normativa europea sugli OGM

A prescindere dal dibattito tra fazioni a favore e contro gli OGM, però, esiste a livello comunitario una normativa che regola l'uso di questi prodotti. Tale regolamentazione risale all'inizio degli anni Novanta ed è stata introdotta per proteggere la salute dei cittadini e l'ambiente e al tempo stesso creare un mercato unificato delle biotecnologie. Grazie ad essa è stato istituito un sistema comunitario che garantisce la tracciabilità e l'etichettatura dei prodotti GM destinati all'alimentazione umana e animale ed è stato istituito un comitato con il compito di valutare l'ammissibilità di nuovi prodotti da mettere in commercio. A oggi nel territorio dell'Unione Europea possono essere legalmente commercializzati i derivati di sedici diversi OGM, tra cui alcune varietà di soia, mais, colza e gli oli derivati da due varietà di semi di cotone.

Risale invece al gennaio 2015 la decisione del Parlamento europeo di lasciare ai singoli stati membri il potere di decidere se consentire o meno la coltivazione di piante GM sul proprio territorio nazionale. L'Italia ha scelto di vietare tale coltivazione attraverso un decreto firmato dai ministri della Salute, dell'Ambiente e della'Agricoltura, così come hanno fatto Francia e Germania, mentre Stati come la Spagna o il Portogallo hanno lasciato la libertà di scelta ai propri agricoltori.

Ripassa con la **SINTESI DEL CAPITOLO** (mp3 e pdf)

ZTE ONLINE Mettiti alla prova con 20 esercizi interattivi

ESERCIZI

Capitolo

B7

VERIFICA LE TUE CONOSCENZE

LE BIOTECNOLOGIE PER L'AGRICOLTURA E L'INDUSTRIA

1 La possibilità di utilizzare organismi viventi per realizzare prodotti utili

Ⓐ è nata negli anni Ottanta del secolo scorso
Ⓑ è cominciata negli anni Cinquanta del secolo scorso
Ⓒ risale all'età preistorica
Ⓓ implica la comparsa di OGM

2 Il plasmide Ti

Ⓐ è presente in un batterio innocuo per i vegetali
Ⓑ contiene geni che inducono tumori nei vegetali
Ⓒ appartiene alla specie *Bacillus thuringiensis*
Ⓓ appartiene al batterio *Erwinia uredovora*

3 La proteina espressa dal gene *cry*

Ⓐ è tossica per gli insetti adulti
Ⓑ è tossica per alcuni vertebrati ma non per l'uomo
Ⓒ è tossica per le api e gli insetti impollinatori
Ⓓ è tossica per le larve di molti insetti

4 Il Golden Rice

Ⓐ è una varietà di riso GM contenente geni per la sintesi di vitamina A
Ⓑ è una varietà di riso GM contenente geni per la sintesi di grassi omega-3
Ⓒ è una varietà di riso che è stata ottenuta attraverso migliaia di incroci
Ⓓ è una varietà di riso contenente geni per la sintesi di vitamina D

5 Quale affermazione relativa ai batteri ingegnerizzati NON è corretta?

Ⓐ sono in grado di rilevare la presenza di sostanze inquinanti nell'aria e nel suolo
Ⓑ sono impiegati per assorbire metalli pesanti dalle acque
Ⓒ possono degradare sostanze organiche
Ⓓ consentono di diminuire le immissioni di CO_2 nell'atmosfera

6 Quale affermazione relativa al processo di compostaggio NON è corretta?

Ⓐ sono impiegati batteri termofili che lavorano intorno agli 80 °C
Ⓑ sfrutta batteri mesofili che lavorano tra i 25 e 45 °C
Ⓒ si basa su batteri termofili anaerobi che lavorano a temperature superiori ai 50 °C
Ⓓ utilizza la capacità dei funghi di demolire cellulosa e lignina

LE BIOTECNOLOGIE IN CAMPO BIOMEDICO

7 Quale delle seguenti affermazioni relative ai farmaci biotecnologici NON è corretta?

Ⓐ sono prodotti grazie a batteri
Ⓑ sono ottenuti da piante
Ⓒ sono ottenuti usando lieviti
Ⓓ sono prodotti usando virus

8 Quale affermazione relativa alle cellule staminali pluripotenti NON è corretta?

Ⓐ si possono differenziare nei tre foglietti embrionali
Ⓑ sono presenti nell'embrione in stadio di blastocisti
Ⓒ non possono dare origine all'intero organismo
Ⓓ sono presenti nello zigote

9 Gli anticorpi monoclonali sono ottenuti da

Ⓐ una coltura pura di plasmacellule
Ⓑ una coltura di batteri GM
Ⓒ una coltura di plasmacellule con cellule di un mieloma
Ⓓ tecniche di vaccinazione in animali da laboratorio

10 La malattia denominata ADA-SCID è stata curata tramite terapia genica grazie all'utilizzo di

Ⓐ un virus chiamato adenovirus
Ⓑ un vettore retrovirale
Ⓒ un plasmide batterico
Ⓓ un virus influenzale

11 La clonazione si utilizza per

Ⓐ riprodurre molte copie di un gene
Ⓑ aumentare la dimensione degli allevamenti
Ⓒ preservare specie a rischio di estinzione
Ⓓ produrre animali che secernono molecole di interesse farmacologico

GLI ANIMALI TRANSGENICI

12 I topi knock-out sono animali

Ⓐ in cui è inserito un gene esogeno
Ⓑ ottenuti per clonazione
Ⓒ utili per la produzione degli anticorpi monoclonali
Ⓓ in cui è stato inattivato un gene

13 La pecora Dolly è stato un caso scientifico importante perché

Ⓐ è stato il primo animale clonato
Ⓑ è stato il primo animale clonato di una specie economicamente importante
Ⓒ è stata ottenuta partendo dal nucleo di una cellula somatica adulta
Ⓓ ha dimostrato che il nucleo di una cellula contiene il genoma completo

VERIFICA LE TUE ABILITÀ

14 **Leggi e completa le seguenti frasi riferite alle biotecnologie ambientali.**

a. Nell'ambiente esistono microrganismi capaci di demolire composti organici inquinanti, come gli ....

b. Colonie di *Escherichia coli* GM possono essere usate come .... per assorbire il mercurio presente nelle acque.

c. Le biopile sfruttano batteri .... che vengono fatti aderire all'anodo e immersi in una miscela di sostanze organiche di scarto.

d. I .... batterici sono in grado di rilevare nell'ambiente sostanze inquinanti.

15 **Leggi e completa il seguente brano riferito alle cellule staminali pluripotenti indotte (iPSC).**

Le iPSC si ottengono riprogrammando cellule .... già differenziate.

I geni che vengono introdotti sono normalmente espressi in cellule staminali ....

Questi geni permettono di riportare le cellule indietro nel tempo, allo stato di cellule ....

Questa tecnica non prevede la distruzione di embrioni perché si può utilizzare una qualsiasi cellula già ....

16 **Leggi e completa il seguente brano riferito alla clonazione della pecora Dolly.**

La tecnica utilizzata per clonare la pecora Dolly nel 1996 si chiama .... ed è ancora oggi utilizzata per clonare animali di specie differenti.

Con una micropipetta è stato aspirato il nucleo di una cellula prelevata dalla .... di una pecora di razza Finn Dorset.

Tale nucleo è stato inserito in una cellula .... prelevata da una pecora di razza Scottish blackface precedentemente enucleata.

L'embrione in via di sviluppo è stato impiantato in una pecora di razza Scottish blackface chiamata madre .... permettendo la nascita di Dolly di razza Finn Dorset.

17 **Leggi e completa il seguente brano che si riferisce alle applicazioni delle biotecnologie in agricoltura.**

Con le tecniche di ingegneria genetica è possibile inserire geni in organismi vegetali così da ottenere piante .... ai parassiti, piante con un valore nutritivo o anche piante in grado di .... meglio alla siccità o al gelo.

Per esempio il batterio .... possiede nel suo plasmide un gene, detto .... che produce una endotossina che .... le larve degli insetti che si .... delle foglie del mais. Con tecniche di .... sono state ottenute piante di mais transgenico, chiamato mais .... Nelle piantagioni di tale varietà di mais diventa inutile l'utilizzo dei .... che sono una fonte di .... per l'ambiente.

Utilizzando il batterio *Erwinia uredovora* ricercatori svizzeri hanno prodotto una varietà di riso, detto .... che contiene geni per la sintesi della .... che si accumula nei .... del riso conferendogli il tipico colore .... intenso.

18 **Scegli e motiva il completamento corretto, spiegando in che modo si può ottenere un OGM, che è**

Ⓐ un organismo clonato

Ⓑ un batterio contenente il genoma di un'altra specie

Ⓒ un organismo vivente ottenuto attraverso molti incroci

Ⓓ un organismo vivente in cui sono stati inseriti geni di una specie diversa

19 **Scegli e motiva il completamento corretto, spiegando l'utilizzo di *Agrobacterium tumefaciens* nelle biotecnologie:**

Ⓐ è un batterio patogeno dei vegetali

Ⓑ è un fungo parassita che provoca dei tumori nelle piante

Ⓒ è un batterio che vive in simbiosi nelle radici di alcune piante

Ⓓ contiene nel genoma geni di interesse per la ricerca medica

20 **Scegli e motiva il completamento corretto, spiegando perché l'insulina umana**

Ⓐ è un farmaco antibiotico

Ⓑ è normalmente prodotta da alcuni batteri

Ⓒ è stato il primo farmaco prodotto con tecniche di ingegneria genetica

Ⓓ è un farmaco prodotto grazie all'utilizzo di retrovirus

21 **Scegli e motiva il completamento corretto, spiegando come funziona il pharming, che è**

Ⓐ la produzione di farmaci da parte di organismi GM

Ⓑ un metodo di terapia genica

Ⓒ l'allevamento intensivo di animali GM

Ⓓ la produzione di farmaci utilizzando batteri

22 **Scegli e motiva il completamento corretto, spiegando come si ottiene il bioetanolo:**

- Ⓐ dagli scarti vegetali di palma, di colza e di soia
- Ⓑ tramite la raffinazione di oli vegetali
- Ⓒ grazie ad enzimi batterici che demoliscono la cellulosa
- Ⓓ dalle pannocchie di mais per uso alimentare

TEST YOURSELF

23 **Some fear that crops genetically modified to be resistant to herbicides and insects might**

- Ⓐ cause wild plants to die also
- Ⓑ kill off only beneficial insects
- Ⓒ cause allergic reactions in people
- Ⓓ all of these are correct

24 **Gene pharming uses**

- Ⓐ genetically engineered farm animals to produce therapeutic drugs
- Ⓑ DNA polymerase to produce many copies of targeted genes
- Ⓒ restriction enzymes to alert bactercal genomes
- Ⓓ alla of these are correct

25 **Gene therapy has been used to treat which of the following conditions?**

- Ⓐ cystic fibrosis
- Ⓑ familial hypercholesterolemia
- Ⓒ severe combined immunodeficiency
- Ⓓ all of these are correct

26 **Gene therapy**

- Ⓐ is still an investigative procedure
- Ⓑ is only used to cure genetic disorders such as SCID and cystic firbosis
- Ⓒ makes use of viruses to carry foreign genes into human celles
- Ⓓ both A and C are correct

27 **Write in your own words the meaning of the following terms.**

- Ⓐ transgenic plant
- Ⓑ bioremediation
- Ⓒ biofuel
- Ⓓ stem cell
- Ⓔ knock-out mouse
- Ⓕ genetic profiling

VERSO L'UNIVERSITÀ

28 **In ingegneria genetica un cDNA ottenuto a partire dall'mRNA risulta particolarmente utile quando si lavora con i geni degli eucarioti perché**

- Ⓐ il DNA degli eucarioti contiene oltre agli esoni anche gli introni non codificanti
- Ⓑ non è possibile isolare il DNA degli eucarioti
- Ⓒ i geni degli eucarioti sono formati da triplette diverse da quelle dei procarioti
- Ⓓ i procarioti non sono attaccati dal virus che possiedono la trascrittasi inversa
- Ⓔ l'informazione negli eucarioti passa normalmente dall'RNA al DNA

[dalla prova di ammissione a Medicina Veterinaria, anno 2007]

29 **Un batterio che produce insulina umana**

- Ⓐ esprime un gene normalmente inattivo
- Ⓑ perde le sue normali capacità metaboliche
- Ⓒ possiede enzimi diversi rispetto ai batteri della stessa specie
- Ⓓ ha subito una mutazione
- Ⓔ contiene un gene estraneo e lo esprime

[dalla prova di ammissione a Medicina e Chirurgia, anno 2002]

30 **Per DNA ricombinante si intende**

- Ⓐ la duplicazione rapida di un cromosoma
- Ⓑ una molecola di DNA che contiene segmenti di DNA provenienti da una cellula diversa di un'altra specie
- Ⓒ una molecola di DNA che ha subito la ricombinazione durante il crossing–over
- Ⓓ la sostituzione di un cromosoma eucariotico alterato con uno sano
- Ⓔ l'appaiamento di due semieliche di DNA

[dalla prova di ammissione a Odontoiatria e Protesi dentaria, anno 2005]

31 **Per «clone» di individui si intende**

- Ⓐ organismi in cui è stato inserito un gene estraneo
- Ⓑ organismi transgenici
- Ⓒ organismi artificiali prodotti in laboratorio
- Ⓓ organismi con patrimonio genetico identico
- Ⓔ organismi con cellule di diverso patrimonio genetico

[dalla prova di ammissione a Medicina Veterinaria, anno 2011]

VERSO L'ESAME

DEFINISCI

32 **Usando un linguaggio appropriato scrivi una definizione dei seguenti termini.**
biotecnologie
OGM
compostaggio
anticorpi monoclonali
terapia genica
cellule staminali totipotenti
clonazione
chimera

DISCUTI

33 Si può parlare di biotecnologie solo da pochi anni, perché modificare le caratteristiche di piante e animali è possibile solo a partire dalla fine del Novecento, quando si ottenne sperimentalmente il primo DNA ricombinante.
Discuti la veridicità di questa affermazione portando alcuni esempi.

SPIEGA

34 **Spiega come si possono ottenere gli anticorpi monoclonali e quali sono i principali utilizzi.**

RICERCA E RIFLETTI

35 In Europa l'utilizzo di piante GM è stato bloccato a lungo in base al principio di precauzione.
Fai una ricerca in Rete che evidenzi:
a. **il significato e le implicazioni di tale principio;**
b. **almeno due articoli favorevoli all'uso degli OGM e due articoli contrari.**
Riporta sinteticamente in uno schema le ragioni del sì e quelle del no; da cui puoi partire per un confronto in classe.

RICERCA

36 **L'Associazione nazionale per lo sviluppo delle biotecnologie stila annualmente un rapporto sul biotech in Italia; dopo aver letto il brano che segue, ricerca in Rete il rapporto del maggio 2015 ed estrai i dati relativi alla distribuzione sul territorio nazionale di tali imprese, al numero dei dipendenti e al tipo di ricerca che si sta svolgendo e fai un confronto con la situazione del 2010.**
A fine 2014 sul territorio italiano erano presenti 384 aziende che si occupano di biotecnologie; di queste 251 vengono definite «pure biotech» perché lavorano solo in questo ambito. L'Italia si pone al terzo posto in Europa dopo Germania (con 428 imprese) e Regno Unito (con 309 imprese) per numero di aziende nel settore, anche se circa l'80% rientra nelle categorie micro e piccole imprese. L'ambito delle cosiddette *Red Biotech*, cioè le biotecnologie relative al campo medico, è quello trainante con il 72% delle imprese a esso dedicate.

RICERCA E IPOTIZZA

37 Attraverso i test genetici è possibile scoprire la presenza di particolari mutazioni sul DNA, che potrebbero far insorgere tumori nei loro portatori. Non è certo che la malattia si manifesti, ma l'alterazione di alcuni geni (come i geni *BRCA* legati al tumore della mammella) può aumentare sensibilmente la probabilità che questo accada.
Fai una ricerca in Rete per trovare casi di persone che hanno deciso di sottoporsi a delle operazioni dopo aver svolto un test genetico, quindi ipotizza quali vantaggi e svantaggi ci possano essere nell'eseguire questi test in soggetti sani.

ANALIZZA E DEDUCI

38 Nella tabella sono riportati i dati relativi ai primi sette Paesi coltivatori di OGM al mondo. I valori provengono dal rapporto sugli OGM stilato dall'ISAAA nel 2014.
a. **Quali sono le specie più coltivate?**
b. **Quali sono secondo te i principali utilizzi di tali coltivazioni?**
c. **Quali Stati sono presenti e perché, secondo te, non compaiono nazioni europee?**

Nazione	Area coltivata (milioni di ettari)	Specie GM coltivate
USA	73,1	mais, soia, cotone, colza, barbabietola, papaya, zucca
Brasile	42,2	soia, mais, cotone
Argentina	24,3	soia, mais, cotone
India	11,6	cotone
Canada	11,6	colza, mais, soia, barbabietola
Cina	3,9	cotone, papaya, pioppo, pomodori, peperoni
Paraguay	3,9	soia, mais, cotone

IPOTIZZA

39 **Leggi il seguente brano e indica una possibile soluzione al problema della lotta a questo parassita attraverso l'ingegnera genetica.**
La ticchiolatura del melo è una malattia causata da un fungo (*Venturia inaequlis*) che si manifesta in primavera dopo piogge frequenti. Il fungo parassita foglie e frutti che crescono deformati e manifestano delle macchie nerastre: è una malattia molto grave che può anche compromettere l'intero raccolto. Negli anni gli agronomi sono riusciti a trasferire, grazie a incroci con piante di melo selvatico naturalmente resistenti al parassita, tale caratteristica alle piante coltivate. Purtroppo però il processo si è interrotto perché a ogni incrocio con il gene della resistenza, venivano trasmessi anche geni che alteravano il sapore e la consistenza dei frutti. Inoltre le piante non incrociate, ma trattate con normali antiparassitari, hanno mostrato un aumento della resistenza ai prodotti chimici da parte del fungo.

Verso l'esame

Prepararsi all'esame orale

1. Prima dell'esame: non solo studio

Una verifica orale, la prova conclusiva dell'Esame di Stato o un esame universitario: ogni colloquio che affronterai richiede la capacità di effettuare rapidamente alcune **operazioni logiche**. A prescindere dal tipo di colloquio, dovrai:

- capire la richiesta;
- selezionare e recuperare le informazioni necessarie;
- integrare ed elaborare tali informazioni;
- organizzare e produrre la risposta.

Per esserne in grado, è necessario studiare; le strategie di apprendimento tuttavia dipendono dalle preferenze dell'individuo e dalle caratteristiche della materia affrontata.

Per lo studio delle scienze naturali, per esempio, occorre:

1. comprendere definizioni, regole, teorie, concetti e termini scientifici;
2. applicare quanto si è appreso attraverso esercizi e simulazioni;
3. esercitarsi all'esposizione orale.

2. Organizzare i concetti

Usare schemi e **mappe concettuali** che evidenzino i concetti principali e le loro relazioni può esserti utile sia per memorizzare i concetti, sia per selezionare e recuperare le informazioni durante il colloquio.

Supponiamo che ti venga richiesto un esempio di idrocarburo alifatico e uno di idrocarburo insaturo: se sei consapevole che il concetto di *alchene* è correlato sia a quello di *idrocarburo alifatico* sia di *idrocarburo insaturo*, sarai in grado di citare un alchene come risposta a entrambe le richieste.

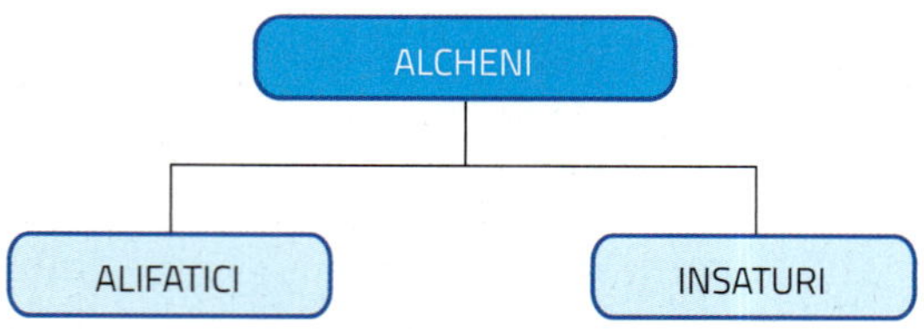

3. Durante l'esame: identificare la domanda

Le domande di un colloquio sulle scienze naturali possono appartenere a una delle seguenti tipologie.

Domande di classificazione

Le domande di classificazione si riconoscono in base alla forma, che può essere esplicita oppure implicita. Per esempio:

Classifica gli idrocarburi nelle categorie che conosci

è una forma esplicita, mentre

Quali tipi diversi di idrocarburi conosci?

è implicita.

In generale, possono far pensare a domande di classificazione le richieste *classifica*, *distingui* e *raggruppa* e i sostantivi *tipi*, *tipologie*, *classi*, *gruppi*, *categorie*.

Per il recupero delle informazioni può esserti utile visualizzare mentalmente la mappa concettuale dell'argomento.

Domande di esemplificazione

Anche le domande di esemplificazione si riconoscono in base alla forma, generalmente esplicita: *Fai un esempio di...*. Dovrai motivare la scelta fornendo degli esempi ed esponendo le ragioni che li rendono pertinenti.

Domande su una conoscenza specifica

Le domande su una conoscenza specifica (una definizione, una regola, un dato, una legge ecc.) si riconoscono dal contenuto piuttosto che dalla forma.

È opportuno rispondere in modo preciso, diretto e sintetico alla domanda, focalizzandosi sul dettaglio richiesto. Se disponi di tempo sufficiente, puoi fare riferimento ai concetti più strettamente connessi a quelli esposti: questo solo se i contenuti e le loro relazioni ti sono ben noti, in quanto potrebbero essere oggetto di ulteriori domande di approfondimento.

Domande di collegamento

Le domande di collegamento richiedono l'integrazione di più informazioni e si riconoscono sulla base del contenuto più che della forma, anche se può essere indicativa la presenza di termini quali *confronto*, *analogie* e *differenze*.

Per esempio:

Quali proprietà di un composto organico sono influenzate dai gruppi funzionali e quali dalla lunghezza della catena carboniosa?

è una domanda di collegamento perché i libri di testo analizzano separatamente le proprietà fisiche e quelle chimiche delle molecole. Pertanto non ti sarà richiesto solamente di ricordare quali fattori influenzino le une e quali le altre, ma anche di collegare tali dati e ristrutturarli per produrre una risposta coerente.

Formulare e argomentare un'ipotesi

Per formulare un'ipotesi ed eventualmente argomentarla non è sufficiente recuperare le informazioni appropriate: bisogna anche esplicitare il ragionamento effettuato per confrontare le alternative e fare una selezione.

La richiesta di formulare ipotesi è in genere riconoscibile dal contenuto, ma a volte anche la forma può essere indicativa: per esempio, espressioni come *secondo te, immagina che* o *supponiamo che* possono precedere domande di questo tipo.

La richiesta di argomentazione si riconosce per la presenza dell'avverbio interrogativo *perché* o dell'espressione *motiva la risposta.*

Risolvere un problema o un esercizio

La risoluzione di esercizi o problemi può essere proposta anche durante un colloquio. È bene esplicitare ogni fase del ragionamento, in modo che sia chiaro il procedimento seguito; in questo modo il docente può intervenire con precisazioni puntuali per correggere eventuali imprecisioni.

4. Curare l'esposizione

L'esposizione comprende due aspetti: l'**organizzazione di una risposta coerente** con la tipologia di domanda e la **selezione dei termini più appropriati**.

È più opportuno usare l'espressione *la teoria prevede...* piuttosto che *la teoria dice...*: le teorie infatti consentono di fare previsioni, ma non parlano.

Allo stesso modo, all'espressione *lo scienziato diceva...* è preferibile *lo scienziato sosteneva...* e i verbi *classificare* e *distinguere* sono più adatti a una tassonomia rispetto a *dividere* e *suddividere*.

5. Una risposta ordinata: il modello a spirale

Per la formulare la risposta è bene **seguire un filo logico**, prendendo un po' di tempo per organizzare i concetti invece di iniziare a parlare della prima cosa che ti viene in mente.

Un buon metodo è quello suggerito dal «modello a spirale», nel quale si parte dai concetti generali per scendere via via nel particolare:

- si inquadra brevemente l'argomento, per esempio attraverso una definizione;
- si elencano gli eventuali sottoargomenti dei quali si vorrà parlare, poi si analizzano singolarmente;
- si fornisce un esempio per ogni sottoargomento.

Se hai tempo a sufficienza e non ci sono interruzioni, è opportuno seguire l'ordine prefissato fino al termine della trattazione.

Fare esempi, anche se non ti viene esplicitamente richiesto, è un modo per mostrare di avere compreso e non solo memorizzato i concetti.

6. In caso di difficoltà

Nonostante lo studio, l'impegno e i consigli può capitare un momento di panico. L'importante è recuperare la concentrazione e capire perché si è in difficoltà.

- Se ritieni di avere **problemi nell'esporre un dato concetto** ma credi di averlo compreso, puoi fare esempi oppure illustrare l'argomento attraverso disegni, tabelle, schemi, grafici o formule. Supponiamo che ti venga chiesto che cosa sono gli isomeri di catena e che tu non riesca a dare una definizione: piuttosto che non rispondere, puoi disegnare le formule di struttura di due isomeri di catena e provare a ricostruire la definizione a partire dall'esempio.
- Se sei consapevole di **non avere capito del tutto una domanda** è opportuno che tu chieda al docente di riformularla.
- Se invece **non hai la certezza di avere capito la domanda**, puoi chiedere un riscontro durante l'esposizione: *Mi ha chiesto di...? È corretto?* In base alla risposta deciderai come proseguire.
- Nel caso di un **blocco emotivo** (la «scena muta»), puoi chiedere: *Mi scusi, sono emozionato/a, ho un blocco: potrebbe darmi un'indicazione?* Se il docente accetta e cita un concetto che ti è noto, puoi sfruttare questo spunto per iniziare il discorso.

Prove sulle competenze

Per verificare di aver raggiunto le competenze richieste dal corso di scienze naturali, risolvi le seguenti prove basate su situazioni reali.
Le soluzioni sono disponibili sul sito
online.zanichelli.it/carbonioenzimidna

Chimica organica

A Selezione del personale

Un'azienda chimica svolge una selezione per cercare una persona che ricopra il ruolo di assistente nel laboratorio di ricerca e sviluppo. Il responsabile del laboratorio sottopone dapprima i candidati a una prova scritta, dove chiede di illustrare la strategia di risoluzione di un problema concreto, e poi a un colloquio finale. Tu decidi di partecipare al concorso.

Leggi il testo della prova e rispondi ai quesiti.

L'azienda, per specifiche esigenze di mercato, deve produrre il 2-cloropropano e l'1-cloropropano. Il candidato deve:

- indicare quali reazioni sceglierebbe per sintetizzare i composti da mettere in produzione (almeno due opzioni per composto);
- descrivere nel dettaglio almeno una delle reazioni scelte, evidenziando i reagenti necessari e il meccanismo di azione.

Sei arrivato al colloquio finale; rispondi alla domanda, aiutandoti con carta e penna.

- Saprebbe indicare quale tra le reazioni di sua conoscenza non può essere applicata per la produzione del 1-cloropropano. Perché?

Un aiuto per la risposta

Il 2-cloropropano e l'1-cloropropano sono alogeno derivati: devi conoscere le reazioni di sintesi di questa classe di composti e scegliere la reazione opportuna, in base al prodotto di interesse.

Biologia

B Il laboratorio di biologia molecolare

Durante l'anno scolastico, ti sei recato con la tua classe in un laboratorio universitario per svolgere un test del DNA che prevedeva l'impiego della PCR.

Il tecnico di laboratorio ha spiegato alla classe i passaggi della procedura e ha descritto i materiali necessari, che sono elencati nel protocollo sperimentale. Un tuo compagno, che era assente, ti chiede di aiutarlo a ricostruire l'esperimento seguendo la lista dei materiali.

Risolvi i quesiti, giustificando la tua risposta.

- Che cos'è e a che cosa serve ciascun materiale? Completa la tabella.
- Perché per la PCR si usa la Taq polimerasi e non una DNA polimerasi qualsiasi?
- Che cosa succederebbe se si utilizzasse un unico primer?
- Per diluire i reagenti si usa acqua sterile; gli operatori indossano i guanti e impiegano set di pipette sigillati. Perché sono necessarie queste precauzioni?

Materiale	Che cos'è	A cosa serve?
DNA stampo	Un DNA a doppio filamento.	
Buffer	Soluzione tampone.	Il tampone serve a mantere costanti le condizioni di pH della soluzione, in modo che l'enzima non venga inattivato.
Primer forward	Primer di innesco sul filamento 3′ – 5′	
Primer reverse		
Taq polimerasi		

Un aiuto per la risposta

Devi ricordare la struttura del DNA e conoscere le fasi della PCR, le temperature a cui avvengono e che cosa comportano tali temperature. Ricorda inoltre che la PCR è una tecnica molto sensibile alla presenza di qualsiasi DNA.

C Lisozima e formaggio

Il lisozima è un enzima ad azione antimicrobica presente nelle lacrime, nella saliva e nell'albume d'uovo. Il lisozima lisa la parete cellulare dei batteri Gram+ catalizzando l'idrolisi dei legami tra i glucidi che compongono il peptidoglicano.

Questo enzima è usato nell'industria casearia per evitare fermentazioni indesiderate durante le fasi di lavorazione del formaggio, causate da batteri appartenenti al genere *Clostridium.*

Durante le vacanze estive ti capita di visitare un caseificio dove si produce Grana Padano. Nel corso della visita ti informano che anche per produrre il Grana Padano si impiega il lisozima; esso è aggiunto al latte in arrivo dalla centrale di raccolta, che è conservato a una temperatura di 11 °C.

Oltre all'aggiunta di lisozima, la lavorazione del formaggio prevede le seguenti operazioni:

1. riscaldamento a 32 °C e aggiunta del caglio, che provoca la coagulazione della caseina (la proteina del latte): le proteine e una parte dei grassi formano una massa gelatinosa (cagliata) immersa nella parte acquosa del latte (siero);
2. rottura della cagliata in grani delle dimensioni di un chicco di riso, per separarla dal siero;
3. cottura a 55 °C per fermare l'azione del caglio;
4. fase di riposo, durante la quale i granuli precipitano sul fondo della caldaia;
5. trasferimento in forma;
6. salatura;
7. stagionatura.

Il caglio proviene da uno dei prestomaci dei bovini e contiene gli enzimi pepsina e chimosina, che in natura hanno il compito di favorire la digestione del latte.

Risolvi i quesiti, giustificando la tua risposta.

- La presenza del lisozima nel latte potrebbe compromettere l'attività degli enzimi del caglio?
- Osserva il grafico che mostra la denaturazione del lisozima in funzione della temperatura. Secondo te, alla fine della stagionatura è possibile rinvenire ancora tracce di lisozima nel formaggio?

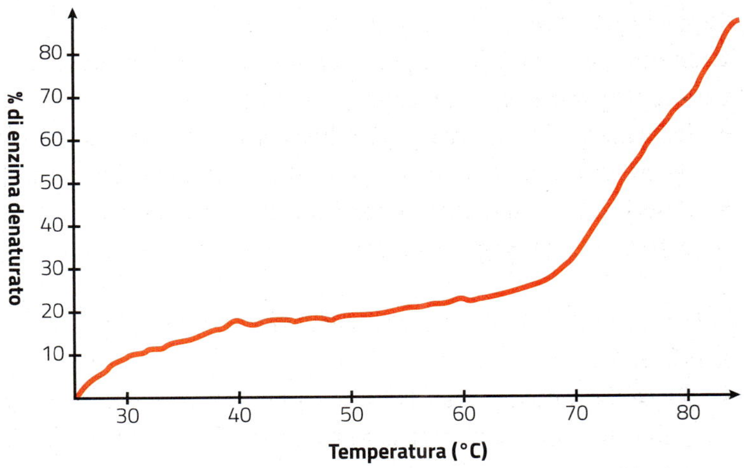

- Il tuo migliore amico è celiaco; in caso di risposta affermativa alla domanda precedente, ritieni che la presenza di lisozima nel Grana Padano potrebbe comportare dei rischi per la sua salute?

Un aiuto per la risposta

Considera come agisce il lisozima, poi confronta la temperatura in corrispondenza della quale il 50% dell'enzima risulta denaturato con le temperature a cui viene sottoposto il latte durante la lavorazione.

Fai una ricerca su Internet per informarti sulle cause della celiachia, per esempio nel sito www.celiachia.it

CLIL Content and Language Integrated Learning

Read & Listen

TEST YOURSELF

Answer the questions.

1. What do the terms «green chemistry» mean?
2. Which is the most difficult principle of green chemistry to apply?
3. Which is, in your opinion, the most important of the twelve principles? Why?

LISTEN
Green chemistry

1. Green chemistry

Organic chemistry in the 20th century changed the world, giving us new medicines, insecticides, adhesives, textiles, dyes, building materials, composites, and all manner of polymers. But these advances did not come without a cost: every chemical process produces wastes that must be dealt with, including reaction solvents and toxic by-products that might evaporate into the air or be leached into groundwater if not disposed of properly. Even apparently harmless by-products must be safely buried or otherwise sequestered. As always, there's no such thing as a free lunch; with the good also comes the bad. It may never be possible to make organic chemistry completely benign, but awareness of the environmental problems caused by many chemical processes has grown dramatically in recent years, giving rise to a movement called green chemistry.

Green chemistry is the design and implementation of chemical products and processes that reduce waste and attempt to eliminate the generation of hazardous substances. There are 12 principles of green chemistry.

1. **Prevent waste**
   Waste should be prevented rather than treated or cleaned up after it has been created.
2. **Maximize atom economy**
   Synthetic methods should maximize the incorporation of all materials used in a process into the final product so that waste is minimized.
3. **Use less hazardous processes**
   Synthetic methods should use reactants and generate wastes with minimal toxicity to health and the environment.
4. **Design safer chemicals**
   Chemical products should be designed to have minimal toxicity.
5. **Use safer solvents**
   Minimal use should be made of solvents, separation agents, and other auxiliary substances in a reaction.
6. **Design for energy efficiency**
   Energy requirements for chemical processes should be minimized, with reactions carried out at room temperature if possible.
7. **Use renewable feedstocks**
   Raw materials should come from renewable sources when feasible.
8. **Minimize derivatives**
   Syntheses should be designed with minimal use of protecting groups to avoid extra steps and reduce waste.
9. **Use catalysis**
   Reactions should be catalytic rather than stoichiometric.
10. **Design for degradation**
    Products should be designed to be biodegradable at the end of their useful lifetimes.
11. **Monitor pollution in real time**
    Processes should be monitored in real time for the formation of hazardous substances.
12. **Prevent accidents**
    Chemical substances and processes should minimize the potential for fires, explosions, or other accidents.

The foregoing 12 principles won't all be met in most real-world applications, but they provide a worthy goal to aim for and they can make chemists think more carefully about the environmental implications of their work. Real success stories are already occurring, and more are in progress.

Adapted from *Fundamentals of Organic Chemistry – Seventh Edition*, John McMurry, Brooks/Cole - Cengage Learning, 2011

Figure One of the basic principles of green chemistry is the prevention of accidents and waste, achieved by better planning in industrial processes.

TEST YOURSELF

Answer the questions.

1. How does the natural rubber polymerization occur?
2. Which are latex main characteristics?

LISTEN
Natural rubber

2. Natural rubber

Rubber is a naturally occurring alkene polymer produced by more than 400 different plants. The major source is the so-called rubber tree, *Hevea brasiliensis*, from which the crude material is harvested as it drips from a slice made through the bark.

The name «rubber» was coined by Joseph Priestley, the discoverer of oxygen and early researcher of rubber chemistry, for the simple reason that one of rubber's early uses was to rub out pencil marks on paper.

Unlike polyethylene and other simple alkene polymers, natural rubber is a polymer of a conjugated diene, isoprene, or 2-methylbuta-1,3-diene. The polymerization takes place by 1,4-addition of isoprene monomers to the growing chain, leading to formation of a polymer that still contains double bonds spaced regularly at four-carbon intervals. As the following structure shows, these double bonds have Z configuration.

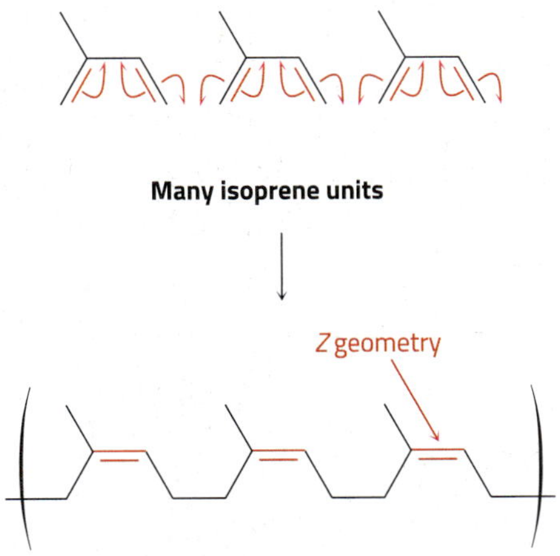

A segment of natural rubber

Crude rubber, called latex, is collected from the tree as an aqueous dispersion that is washed, dried, and coagulated by warming in air. The resultant polymer has chains that average about 5000 monomer units in length and have molecular weights of 200,000 to 500,000 amu.

This crude coagulate is too soft and tacky to be useful until it is hardened by heating with elemental sulfur, a process called vulcanization. By mechanisms that are still not fully understood, vulcanization cross-links the rubber chains together by forming carbon–sulfur bonds between them, thereby hardening and stiffening the polymer.

The exact degree of hardening can be varied, yielding material soft enough for automobile tires or hard enough for bowling balls (ebonite). The remarkable ability of rubber to stretch and then contract to its original shape is due to the irregular shapes of the polymer chains caused by the double bonds. These double bonds introduce bends and kinks into the polymer chains, thereby preventing neighboring chains from nestling together. When stretched, the randomly coiled chains straighten out and orient along the direction of the pull but are kept from sliding over one another by the cross-links. When the stretch is released, the polymer reverts to its original random state.

Adapted from *Fundamentals of Organic Chemistry – Seventh Edition*, John McMurry, Brooks/Cole - Cengage Learning, 2011

Figure Rubber is harvested in the form of latex from certain trees; it is a sticky, milky colloid drawn off by making incisions into the bark and collecting the fluid in vessels.

TEST YOURSELF

Answer the questions.

1. What is the function of EPO in the human body?
2. Which are the differences between natural EPO and the synthetic one?
3. Why did scientists criticize synthetic EPO?

LISTEN
A hormone made from scratch

3. A hormone made from scratch

In a tour de force of biological chemistry, a research team led by Samuel Danishefsky (at the Memorial Sloan-Kettering Cancer Center in New York) have pieced together an entire protein hormone from scratch, and demonstrated that it works just as well in mice as the natural version. If verified, the complete synthesis of erythropoietin, a hormone that stimulates the production of red blood cells, would mark a new stage in the production and study of biological therapeutics.

Erythropoietin, also known as EPO, is naturally produced by the kidneys and became notorious as a performance-enhancing drug used by cyclists in the Tour de France. More conventionally, EPO is used to treat anaemia resulting from cancer, HIV/AIDS, and chronic kidney disease. Unlike traditional, small-molecule drugs that can be precisely engineered in chemistry labs, biological therapeutics are proteins and similar biomolecules that are produced by plant, animal or bacterial cells, resulting in heterogeneous mixtures of closely related compounds. Drugmakers typically manufacture EPO in genetically modified cultures of Chinese hamster cells. As in human cells, these EPO molecules get 'decorated' variously with sugar chains, producing a cocktail of so-called glycoforms with different 3D structures.

There are likely to be more than 50 different EPO glycoforms, and some of them seem to be more effective than others, having greater stability or a longer half-life in the blood. But they have never been fully studied, because individual glycoforms cannot be isolated in pure form. Consequently, scientists have long wanted to be able to synthesize the individual glycoforms chemically and test them.

Chemists achieved early success by building simplified versions of EPO, which had biological activity but were not chemically the same as naturally occurring EPO. In the early 2000s, the team (also known for synthesizing Taxol, a small-molecule cancer drug derived from the Pacific yew tree) sets its sights on synthesizing EPO that would be identical to that in the body. But there were important differences between cracking EPO and cracking Taxol. Nevertheless, in 2012, the team declared success, touting total chemical synthesis of EPO. However, the work was criticized for attaching relatively small sugars to EPO's protein scaffold and for the fact that the synthetic EPO had very low biological activity in cells. But a new study leaves no room for doubt: the researchers have incorporated much larger sugars, which are more representative of those that occur naturally. Indeed, the techniques that succeeded in the 2012 synthesis utterly failed with the larger sugars. Three mice injected with the new synthetic EPO showed bursts in the numbers of young red blood cells that rivalled levels in those injected with a commercial EPO. Scientists uniformly applauded the technical feat of stringing together all the 166 amino-acid building blocks in EPO, but they expressed concern about whether the team had produced pure glycoforms, properly folded.

Adapted from Brendan Borrell, *Hormone used for doping is made from scratch*, December 12, 2013, *Nature* (www.nature.com).

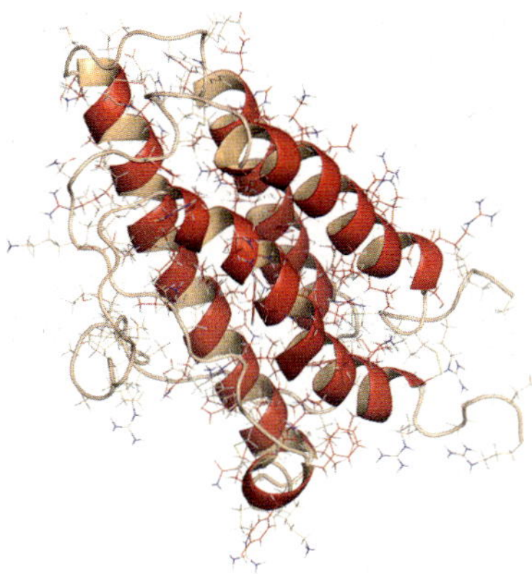

Figure Erythropoietin is an hormone, and it stimulates production of red blood cells (left); if used in sports, in addition to the ethical and legal implications, there are many health consequences for athletes that dope up themselves (up).

Answer the questions.

1. Which is the function of insulin hormone?
2. Why insulin resistance and low level of dopamine could hasten diabetes and obesity?
3. What could be the consequences of Wang research?

LISTEN
Sugar plus dopamine
could hasten diabetes and obesity

4. Sugar plus dopamine could hasten diabetes and obesity

Too much sugar can lead to weight gain. But for certain people, poor production of the hormone dopamine in their brain might also promote overeating, pushing them toward diabetes and obesity. The finding complements the latest understanding of how foods high in sugar and fat can hijack the brain's reward system, motivating people to overeat. A study published in June 2013 compared individuals whose cells process insulin normally with other subjects whose cells resist insulin. Insulin controls how glucose is delivered into cells, giving them energy.

Subjects who were insulin resistant produced a lower amount of dopamine after drinking a sugary beverage than individuals who process insulin normally. Brain scans showed that both groups of people had similar numbers of dopamine receptors in cells in their brain reward centers, which ruled out lower uptake of dopamine as a potential factor. The reward centers help motivate people to seek foods high in sugar and fat.

Insulin resistance in association with less dopamine in those reward centers might cause people to overeat, to compensate for obtaining a lesser sense of satisfaction from eating sugary food, according to the study's lead researcher, Gene-Jack Wang, professor of radiology at Stony Brook University and a researcher at Brookhaven National Laboratory in Upton, N.Y. Medical complications can arise when cells resist the uptake of insulin; in response, the body produces more insulin while glucose levels are high in the blood stream.

That pairing is a major contributor to metabolic syndrome, a precursor to diabetes that also often accompanies obesity. Previous studies have shown similar effects in mice, but Wang says his study is the first to reveal them in humans. Only 19 people participated in his trial, but if larger studies confirm the mechanism, Wang says medication could possibly be developed to help insulin-resistant people counteract their low output of dopamine.

Adapted from Mark Fischetti, *High Sugar Plus Low Dopamine Could Hasten Diabetes and Obesity*, September 9, 2013, *Scientific American* (www.scientificamerican.com).

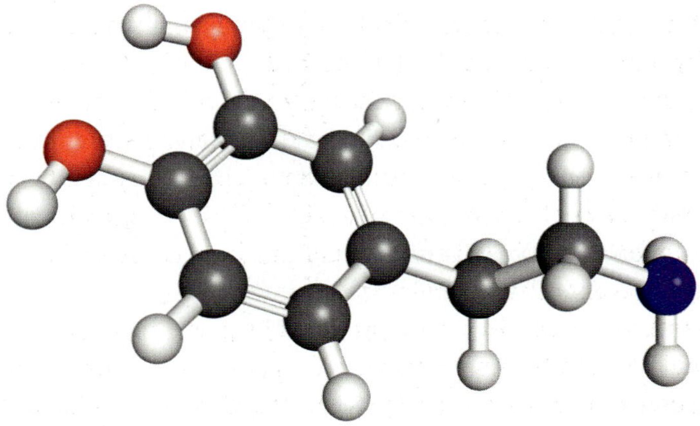

Figure A Dopamine is a hormone and neurotransmitter with a variety of functions, most notably reward-driven learning and developing addictive behaviour. (Color coding: hydrogen-white, carbon-grey, oxygen-red, nitrose-blue).

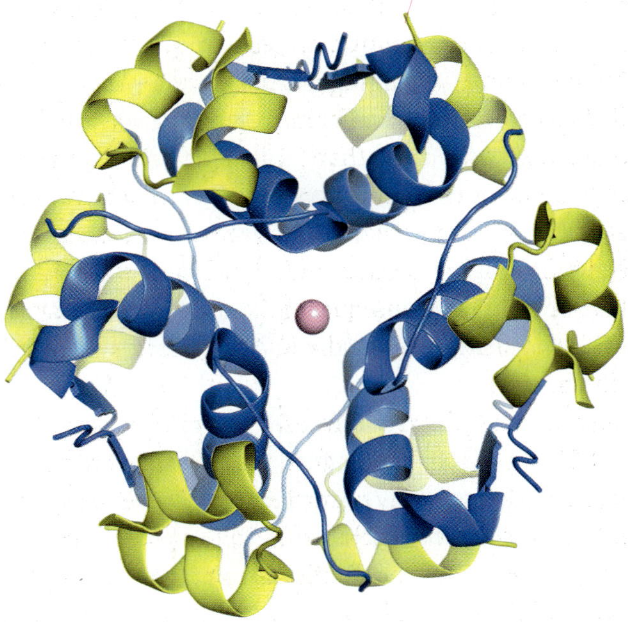

Figure B Insulin is a peptide hormone, its molecules are assembled in a hexamer, coordinated around the zinc atom. Insulin is stored in the body as a hexamer, while the active form is monomeric.

TEST YOURSELF

Answer the questions.

1. How many skeletal remains did Italian researchers find? How were the skeletons related?
2. How did Italian researchers use DNA analysis?

LISTEN
DNA forensics: an archaeological case

5. DNA forensics: an archaeological case

Archaeologists study the remains of ancient humans and their artifacts to learn about early human culture. DNA analysis gives archaeologists an entirely new way to analyze remains from ancient burials and an entirely new kind of data to consider. In one case, published in 2004, a team of scientists studying the mysterious Etruscan culture found four skeletons in a tomb in the Monterozzi necropolis near Viterbo, Italy (**figure**).

The skeletons were those of a child, a man estimated to be in his 30s, and two people estimated to be 40- to 45-year-old. Because of the state of preservation of the skeletons, the gender of the child could not be determined. One of the two 40- to 45-year-olds was identified tentatively as a woman, but the skeleton of the other 40- to 45-year-old was too fragmentary for gender assignment. Near the skull of that individual lay bronze earrings, commonly considered a female ornament. When skeletons are too incomplete for definite gender assignment, archaeologists often rely on artifacts associated with burials to draw conclusions about who is buried there, and the earrings suggested the poorly preserved skeleton belonged to a woman.

No information was available as to who the buried individuals might have been or whether they might have been related to each other. To apply DNA analysis to the remains, the team of Italian scientists extracted DNA from bones and teeth. They used PCR with primers complementary to the *SRY* gene to determine the genders of the individuals. Males have the *SRY* gene on the Y chromosome; females lack it. Their results showed that the child, whose gender was previously unknown, was female and confirmed that the 30-something-year-old was indeed male. Surprisingly, the 40- to 45-year-old individual, tentatively identified as female because the body was buried with earrings, tested positive for *SRY*, showing that the skeleton was that of a man. The other older individual was indeed a woman.

To determine whether any of the individuals were related through the maternal line, the scientists determined the base sequence of portions of the hypervariable region of mitochondrial DNA from each skeleton.

The mitochondrial DNA sequences of the woman, the 30-something man, and the child matched, supporting the conclusion that these individuals were related through the maternal line. The scientists hypothesized that the four individuals were a family group, with the older man and the woman being the parents of the younger man and the child. They noted that there was no way to tell whether the individuals had been buried together at the same or different times.

The DNA evidence gave the researchers an entirely different picture of the tomb than they would have had based on physical evidence alone. Before the DNA testing, the skeletons appeared to be a pair of middleaged women, a young man, and a child, a grouping with no clear family structure. DNA evidence changed the picture to that of a likely set of parents and two children. The DNA-informed interpretation of the identities of the skeletons in the tomb painted a different picture of Etruscan culture than the tentative identifications based on the fragmentary skeletons. The authors concluded their study by stating that adding molecular data to traditional archaeological data could lead to a better understanding of Etruscan culture.

Adapted from *Molecular Biology and Biotechnology – Third Edition*, Helen Kreuzer, Adrianne Massey, ASM Press, 2008

Figure Etruscan tomb in Tarquinia, Italy: via a narrow corridor leading downstair visitors have access to the rectangular burial room with a sloping ceiling.

TEST YOURSELF

Answer the questions.

1. Where do antibiotics come from?
2. Why did researchers create chemically modified antibiotics?

LISTEN The spread of antibiotic resistance

6. The spread of antibiotic resistance

Genes for antibiotic resistance work in many different ways to protect bacteria from drugs. Some encode proteins that act like tiny pumps that actively pump a particular drug out of the bacterial cell. Others encode proteins that chemically modify the antibiotic, turning it into a different chemical that does not harm the bacteria. Still others alter the antibiotic's target within the bacteria so that they are no longer affected by the drug.

Where did all of these different antibiotic resistance genes come from? To understand the answer to this question, you need to know that antibiotics themselves have been around for eons. Most families of antibiotics were not invented by humans but discovered from natural sources, such as soil bacteria. The soil bacteria themselves evolved the ability to produce an antibiotic, presumably to kill other nearby bacteria and thereby gain an advantage in their local environment.

These soil bacteria would be killed by the very antibiotic they produce unless they also evolved some means of protecting themselves. Indeed, this is precisely where at least some antibiotic resistance genes come from—they are the self-protective genes of the organisms that produce the antibiotic. A major group of antibiotic-producing soil organisms, the streptomycetes, are known to exchange genetic material with other types of bacteria via conjugation. In this way, the streptomycetes' resistance genes could be introduced into a wider population of bacteria. Over evolutionary time, the resistance genes must have been picked up by plasmids in the creation of our modern-day multiple-drug resistance plasmids. Our widespread use of antibiotics has simply applied intense selective pressure favoring the increase in frequency of these genes.

Antibiotics are now chemically synthesized, and researchers have created chemically modified versions of the naturally produced antibiotics to increase their effectiveness and overcome bacterial resistance. The beta-lactam antibiotics, penicillins and cephalosporins, are a good example. Resistance to these antibiotics is conferred by beta-lactamase, an enzyme that hydrolyzes (splits by inserting a water molecule) the beta-lactam portion of the antibiotic molecule.

Many different penicillins and cephalosporins have been developed and introduced over the years, and each time, resistance has arisen. When the beta-lactamase enzymes and genes from organisms resistant to the new drugs are compared to the «old» resistance enzymes and genes, it appears that the «new» enzymes are slightly different versions of the «old» resistance enzymes. The base differences in the «new» versions of the gene result in amino acid differences in the beta lactamase protein. The amino acid differences in the protein give the enzyme a different specificity, allowing it to work on the new form of the antibiotic. We put «old» and «new» in quotation marks because the so-called «new» gene may not be any newer than the so-called «old» gene. The use of the new antibiotic (which really is new) may simply have favored the spread of a different («new») version of the resistance gene that was in the microbial population all along.

Adapted from *Molecular Biology and Biotechnology – Third Edition*, Helen Kreuzer, Adrianne Massey, ASM Press, 2008.

Figure Bacteria growing in a blood agar plate: species resistant to multiple antibiotics are considered multi-drug resistant bacteria commonly known as «Superbugs».

Learn by Doing

Cell Respiration

1. Energy from Glucose

LISTEN
Track 18

1a 15 min. **Complete the following text with appropriate missing word(s). Then listen to check your answers.**

The cardiac muscle cells (myocytes) never stop working, contracting about three billion (10⁹) times during our lives and pumping more than seven thousand (10³) litres of blood per day. Where does each cardiac myocyte get its energy?
The answer is: *from the energy which has been stored in each molecule of glucose.*

To understand how we extract .... from a molecule of .... which comes from the .... we eat, we must remember that glucose in food was originally produced through .... And we must remember that photosynthesis uses .... energy to combine 6 .... and 6H_2O to form a 6-carbon molecule of glucose plus .... molecules of O_2. The C-C bonds (*legami*) within a molecule of glucose therefore represent a .... of .... , originally solar, now .... When there is sufficient oxygen to totally metabolise glucose, to totally break it back down into CO_2 again, the process .... a lot of ex-solar energy.

1b 5 min. **The following figure summarizes this information. Complete the four missing chemical formulas.**

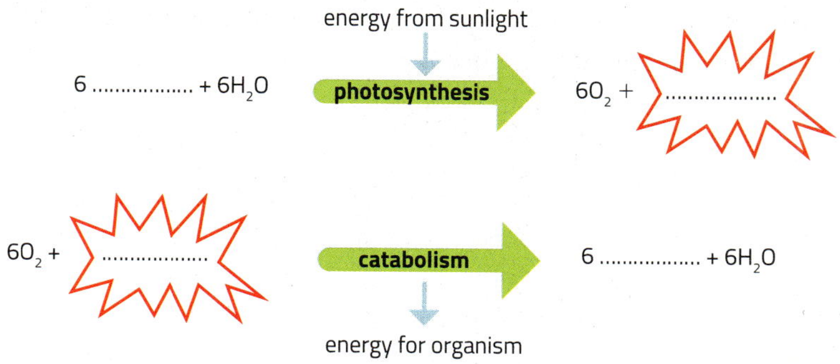

1c 10 min. **Now add four things. On the left, draw a leaf or a human in the correct position. Then decide which one sholud be labelled with *Autotroph: produce, use and store glucose*, and which whould be labelled *Heterotroph: obtaind, use and store glucose.***

2 10 min. **Tick the six sentences which are true about photosynthesis and *catabolism* (the process in which large molecules are broken down into smaller molecules to release energy).**

Ⓐ Catabolism uses stored energy while photosynthesis stores energy.

Ⓑ Photosynthesis stores solar energy while catabolism stores chemical energy.

Ⓒ Photosynthesis stores energy and so does catabolism.

Ⓓ Photosynthesis is independent of catabolism.

Ⓔ Both catabolism and photosynthesis occur in plants.

Ⓕ Photosynthesis stores energy but catabolism does not.

Ⓖ Catabolism uses stored energy but photosynthesis does not.

Ⓗ Photosynthesis produces only oxygen.

Ⓘ Catabolism occurs only in humans.

Ⓙ The energy that organisms need to live ultimately (*in definitiva*) comes from the Sun.

3a 10 min. **Too much free glucose can cause cell damage, there are two good reasons to regulate glucose concentrations inside and outside cells. Read the text below and fill in the gaps with the following words:**

hypotonic · hypertonic · shrink · burst

First of all, intracellular and extracellular concentrations of glucose must be regulated to maintain optimal cell volume and therefore cell functioning. If the extracellular concentration of glucose is very high – a .... condition – our cells would .... ; on the other hand, if extracellular concentration of glucose is too low - a .... extracellular condition - our cells would ....

Therefore, although the energy requirements (*requisiti*) of a cell may vary, intracellular glucose concentration must not vary. Secondly, using one molecule of glucose liberates a large amount of energy, which the cell may not need all at once, at that moment. The energy stored within one molecule of glucose is therefore redistributed and stored in approximately 30 molecules of **ATP** - **adenosine triphosphate**. ATP is a way to store smaller aliquots of energy which can be used, in appropriate quantities, when needed.

GLOSSARY

inside and outside: all'interno e all'esterno.
all at once: contemporaneamente

3b 6 min. **Choose the picture which would best represent the transformation of energy from glucose to adenosine triphosphate.**

A
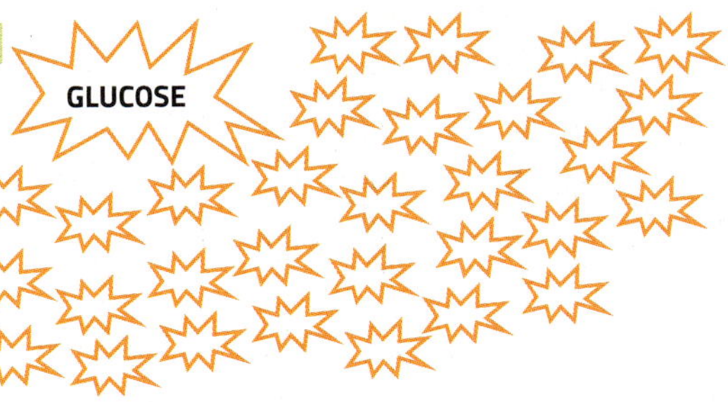

C

B

D

GLOSSARY

buddies: amici del cuore
crowded: affollato

4a 15 min. **ATP is actually a molecule of adenosine diphosphate, ADP, with an inorganic phosphate, Pi. How does ADP become ATP and how does ATP become a way to store energy? Read the following text which will help you complete the pictures below.**

ADP has only two inorganic phosphates (Pi) and is a stable and happy molecule: Adenosine-Pi-Pi-OH (two Pi-buddies and another OH-friend). To make ATP, it is necessary to remove the OH-friend and attach the third Pi onto ADP to make ATP. This is like having a third unknown person sitting next to two phosphate-buddies, all sitting on a two-person seat on a crowded bus: a lot of energy is needed to sit next to this third unknown phosphate-person. The level of discomfort is very high and the two buddies are not very happy to have this third person crowding their comfortable seat. Therefore, ATP is really **[ADP+ENERGY+Pi]**. So, when an occasion comes for ATP to separate into ADP and Pi, a lot of ENERGY is released. When Pi leaves, its position is occupied again by the OH-friend, and ADP is much happier to sit with its OH-friend rather than that unknown Pi-person. Of course the Pi-person is totally indifferent to the whole situation.

Now complete the following pictures with the appropriate expressions shown below.

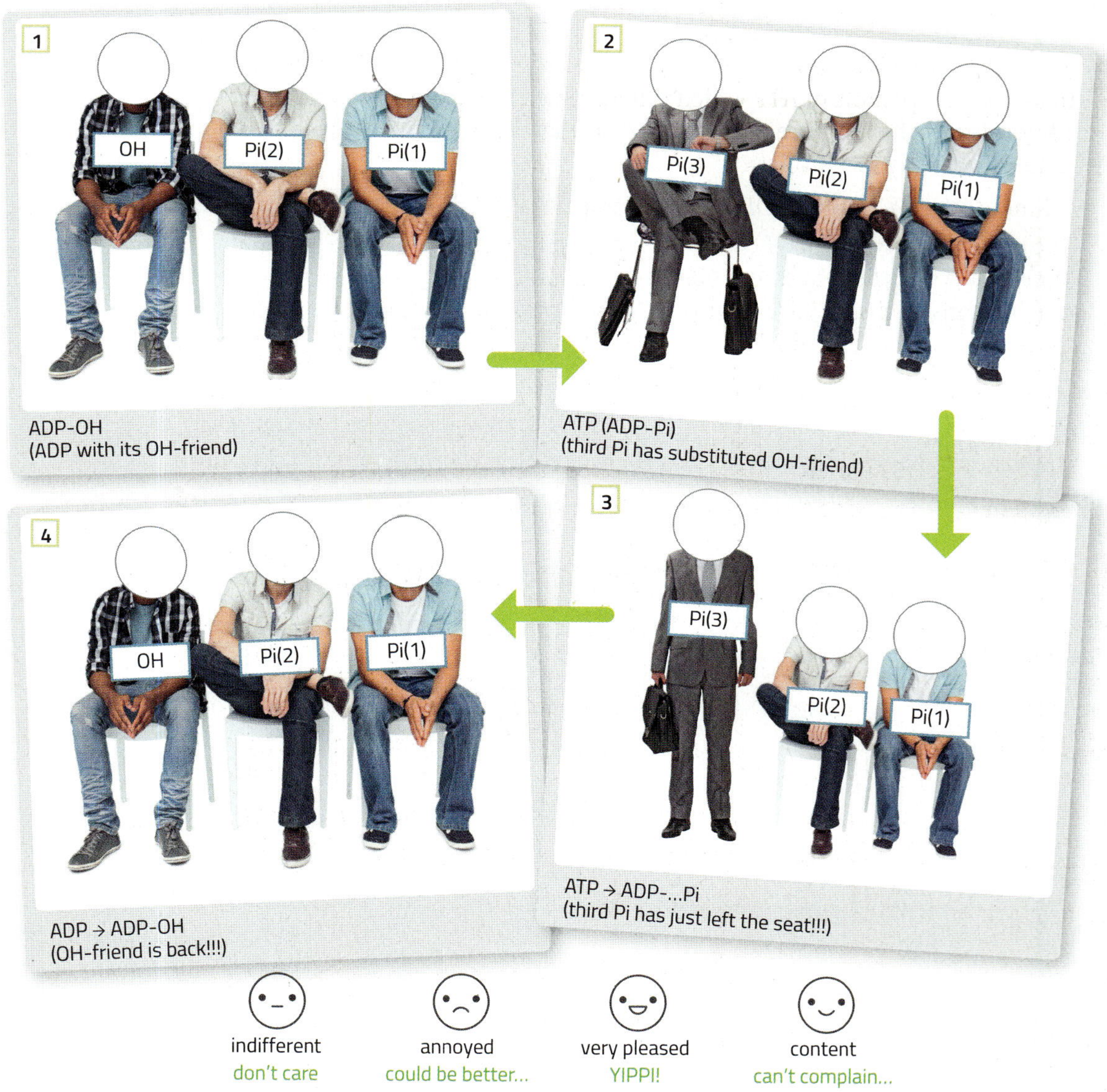

4b 20 min. **Complete the text below with the following words.**

Pi · ADP · ADP-Pi · ADP-OH · ADP · ATP

A large amount of energy is needed to bond the third inorganic phosphorous (Pi) to .... This means that, in a molecule of .... , the bond between ADP and the third Pi is a store of energy. When this .... bond is broken and ATP is hydrolysed into .... , energy contained in this ADP-Pi bond is released. The .... is again bonded to an OH group and the .... is liberated until it is recycled into another molecule of ATP.

Make sure that everyone in your class agrees on the same text before you listen to check your decision.

LISTEN Track 19

4c 10 min. **Put the following two pieces of information into the appropriate pictures in exercise 4a.**

A. Write **FORMATION OF HIGH ENERGY BOND** in the picture showing the third Pi next to the two Pi-s of ADP, occupying the OH position.

B. Write **HYDROLYSIS OF ATP: ENERGY LIBERATED** in the picture where Pi is being removed from ATP.

When ATP is **hydrolysed**, the ADP-Pi bond is broken and energy is released. In fact, for every mole of ATP which is hydrolysed into ADP, approximately 7 kilocalories of energy are released. This is where cardiac myocytes get the necessary energy to contract.

1 mole (ATP) → 1 mole (ADP-OH) + 1 mole (Pi) + (7 kilocalories of energy)

The constant contraction of cardiac myocytes, the transmission of nerve signals, the movement of muscles, the synthesis of proteins, the division of cells etc. all require energy and most of this energy comes from the H_D_OL_S_S of ATP.

5 10 min. **How many moles of ATP does Jane need to hydrolyse to have enough energy to survive her week? Fill in the gaps in the table.**

Jane	Monday	Tuesday	Wednesday	Thursday	Friday
Thermogenesis (kcal)	126.4	126.4	126.4	126.4	126.4
Basal metabolism (kcal)	1264	1264	1264	1264	1264
Activities and calories needed to perform these tasks for 4 hours (kcal)	making beds ironing 1260	cooking washing dishes 1480	cooking washing the floors 1680	washing windows jogging 2188	writing her thesis food-shopping 1100
Total calories needed (kcal)	2650.4	2870.4	3070.4	3578.4	2490.4
Moles of ATP needed	....	....	....	....	....

2. Electrons, Protons and ATP

6a 10 min. **So, where is ATP produced? Complete the following text with these words: *are · by · found · is · many***

a. ATP molecules .... produced in the mitochondria.

b. Cells have only one nucleus but .... mitochondria (*mitochondrion* singular).

c. Mitochondria are .... in the cytoplasm.

d. Up to 40% of the cytoplasm of a cardiac myocyte is occupied .... mitochondria.

e. Around 25% of the cytoplasm of liver cells .... occupied by mitochondria

6b 5 min. **Now label the following images by choosing between *liver cell · cardiac myocyte · incorrect.***

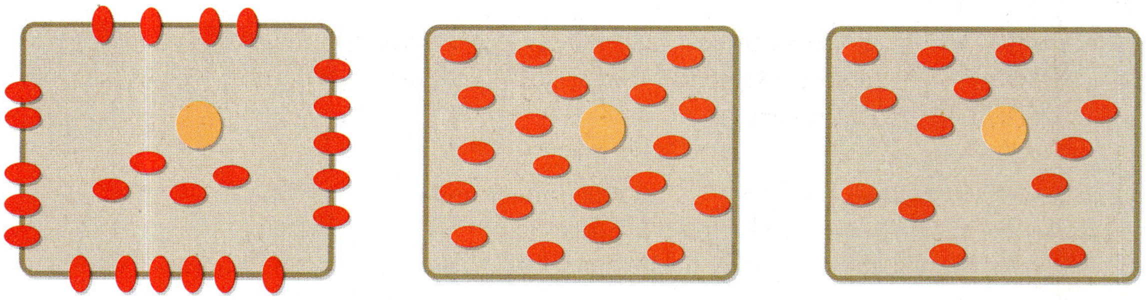

A. .... B. .... C. ....

Remember:

1. The large amount of energy in one molecule of glucose is redistributed and "repackaged" into smaller aliquots of energy – in molecules of ATP.
2. Energy can be neither created nor destroyed but can only change form.

Therefore, glucose is a form of stored energy – in large quantities – and ATP is also a form of stored energy – in smaller quantities.

6c 10 min. **How do mitochondria produce ATP? Read the text below and work together to understand the anatomy of a mitochondrion. Then use the words in bold to label the mitochondrion.**

Mitochondria have an **external membrane** which encloses two compartments, an *internal compartment* and an *external compartment*. The two compartments are separated by the **inner mitochondrial membrane**, which is highly folded into many waves called **cristae**. The compartment within (*all'interno*) the inner mitochondrial membrane is called the **matrix** and the compartment outside the inner mitochondrial membrane is called the **intermembrane space**.

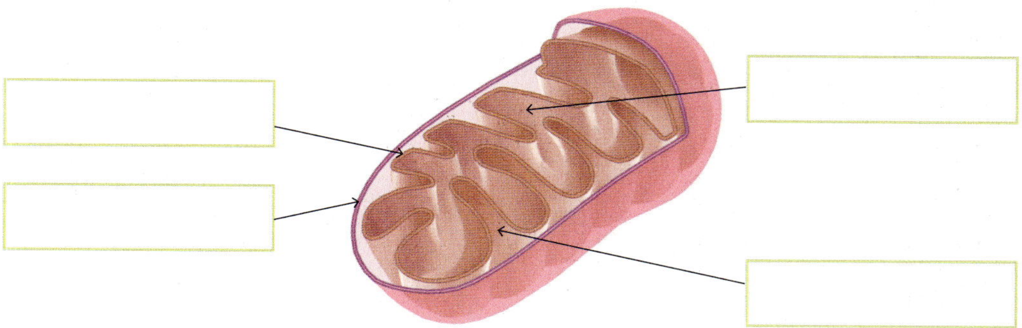

7 20 min. **The catabolic process of transforming glucose into ATP is called *cellular respiration*. The figure below shows a highly simplified schematic representation of a few important steps in cellular respiration. Read the text below and do the following activity.**

a. **Glucose** is a hexose and enters the **cell** from the **blood** by the process of **diffusion**.

b. In the **cytoplasm**, glucose is converted to a 3-carbon molecule called **pyruvate**. This first process during cellular respiration is called **glycolysis**.

c. Pyruvate enters the **mitochondria** and is incorporated into the second phase of catabolism and cellular respiration, the **Kreb's cycle**.

d. The last phase of catabolism and cellular respiration involves (*coinvolge*) the **electron transport chain**.

These catabolic processes produce not only some ATP but also **two important energy-rich molecules** called NADH and $FADH_2$ which enter the electron transport chain. The electron transport chain is often illustrated like someone running down the stairs and, as we will see below, is probably one of the most amazing biological processes that exist.

Complete the figure below by using the eleven words/phrases in bold to label the picture correctly. Hint: the sequence of the bold words more or less corresponds to the numbers.

GLOSSARY

highly simplified: estremamente semplificata

one of the most amazing: uno dei più stupefacenti

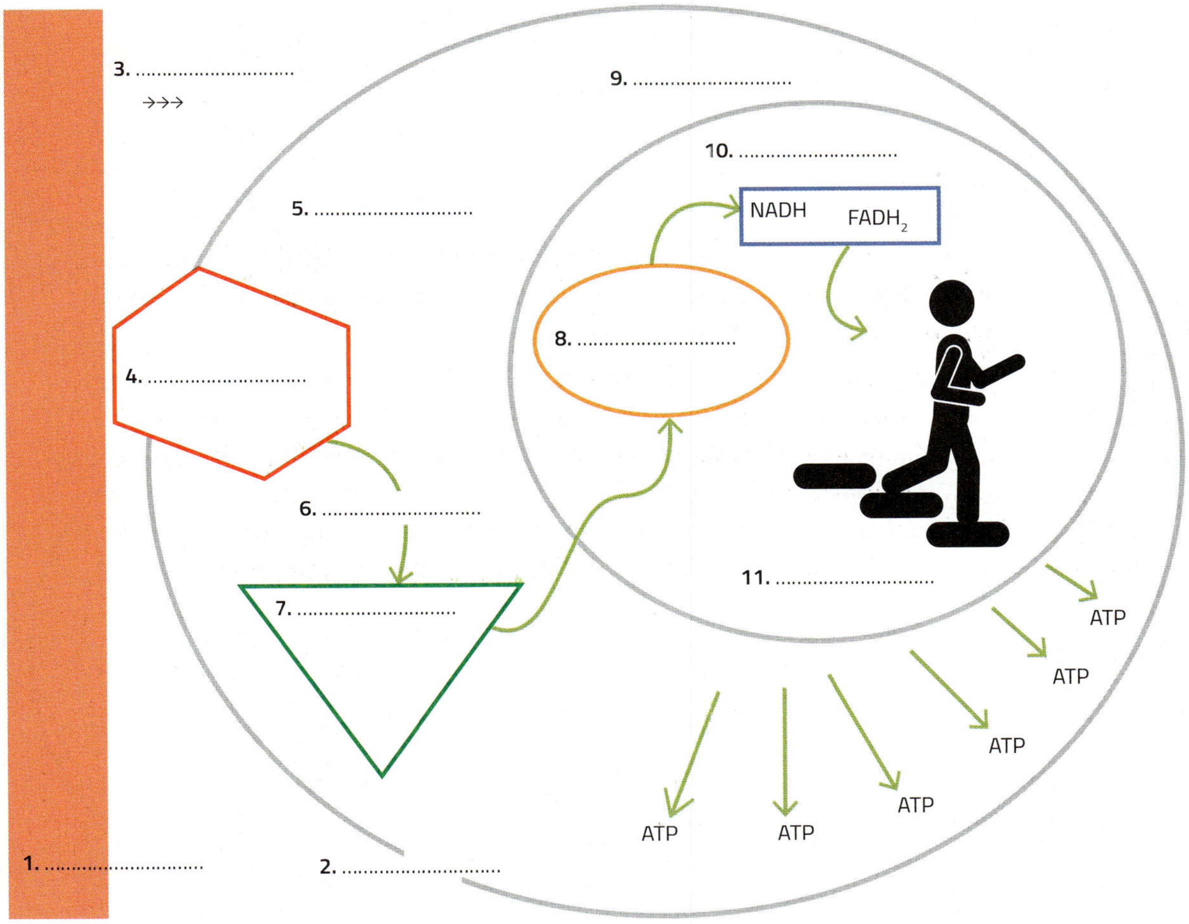

Exercises 8a-8h will give you information and instructions for completing the figure representing the electron transport chain. For each exercise, read everything first and then follow the instructions.

REMINDER

Later, we will find out where NADH and $FADH_2$ come from, but now let's see the strategy that mitochondria use to produce ATP from NADH and $FADH_2$.

8a 15 min. **Read the text below and follow the instructions.**

Mitochondria use energy from somewhere (*da qualche parte*) to produce energy-rich molecules of ATP. This *somewhere* are energy-rich molecules called **NADH** and **$FADH_2$**. Both NADH and $FADH_2$ contain high amounts of energy, stored in the *electrons* they carry. In fact, NADH and $FADH_2$ are called **electron carriers**.

The production of ATP involves (*coinvolge*) two types of proteins: proteins in the electron transport chain and a protein called **ATP-synthase**. These are all organized on the *inner mitochondrial membrane*. The *electron transport* chain is composed of five proteins: three large proteins separated by two small proteins. The first small protein is inside the membrane - *intramembrane* - and the second small protein is on the external surface (*superficie*) of the inner mitochondrial membrane. The three large proteins are *transmembrane proteins* which also form channels (*canali*).

In the picture below, label boxes 1 to 4 with the following words:

***inner** (interna) mitochondrial membrane* · ***outer** (esterna) mitochondrial membrane* · *cytoplasm* · *electron transport chain*

The first protein in the electron transport chain has been filled in (*completata*). Use the corresponding colors to fill in the other two transmembrane proteins. Remember these are channels so leave their centres "open".

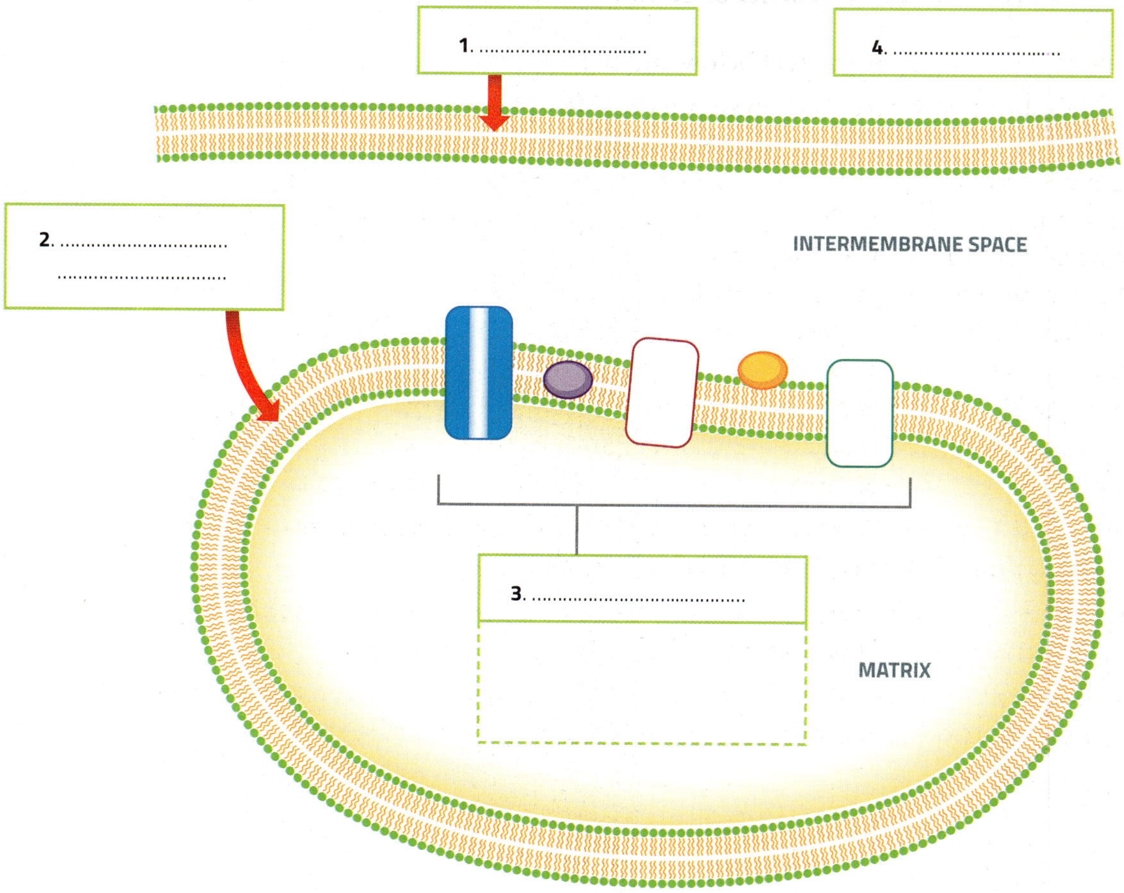

8b 10 min. **Before doing anything (*Prima di procedere*), read all five statements.**

1. The first large transmembrane protein is called **Complex I**.
2. The second small intramembrane protein is called **Complex II/Ubiquinone**.
3. The next large transmembrane protein is called **Complex III**.
4. The last large transmembrane protein is called **Complex IV**.
5. The second small protein on the outer surface of the inner mitochondrial membrane is called **Cytochrome-C**.

Use the corresponding colours to write the name of each of these five proteins of the electron transport chain in the large rectangle below box 3.

8c 10 min. **Read the text below and follow the instructions.**

The electron transport chain transports electrons from the energy-rich electron carriers NADH or $FADH_2$. Let's first consider NADH. When NADH approaches Complex I, NADH loses its electrons. This is because Complex I has a higher tendency to acquire electrons than NADH: Complex I has a higher (*maggiore*) *reduction potential* than NADH. When Complex I removes electrons from NADH, *NADH is oxidized into* NAD^+. The oxidation of NADH also liberates *protons* (H^+).

- **Below Complex I, to the left of the *channel* of Complex I, draw in the oxidation of NADH to NAD^+, as shown here, to the right.**
- **Remember to not block the channel!**
- **Then, since Complex I removes electrons from NADH, draw the electrons close to the lower left corner of Complex I. Do not forget the proton.**

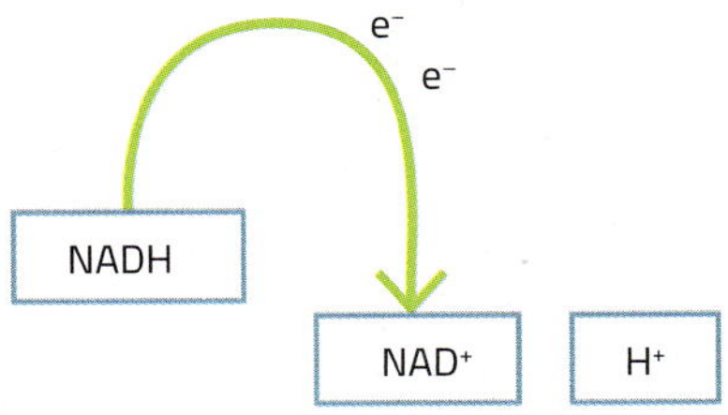

8d 15 min. **Read the text below and follow the instructions.**

The electrons from NADH do not stop at Complex I, they enter the *electron transport chain*. Since the *reduction potential* of all the other proteins in the electron transport chain becomes increasingly higher, the electrons are passed down the electron transport chain. In fact, *Complex IV*, the last protein-channel in the electron transport chain, has the *highest reduction potential*.
However, molecules of O_2 in the *matrix* have an even higher reduction potential than Complex IV. Therefore, after the electrons from NADH have been "passed down" the electron transfer chain, they are finally transferred to a molecule of O_2. When a molecule of O_2 removes the electrons from the electron transport chain, there is enough energy to not only dissociate a molecule of O_2 but also to bond with H^+ to form H_2O. O_2 is therefore the final **electron acceptor** at the end of the electron transport chain.

- **Below Complex IV, to the right of the *channel* of Complex IV, draw in the reduction of O_2 to H_2O, as shown here, to the right.**
- **Since O_2 removes electrons from Complex IV, draw the electrons close to the lower right corner of Complex IV. Do not forget the proton.**
- **Then, use a red pencil to draw the path (*percorso*) that electrons take as they are passed down the five proteins of the electron transport chain before reaching O_2.**

GLOSSARY

increasingly higher: sempre più alto
passed down: trasferiti con facilità
an even higher reduction potential: un potenziale di riduzione ancora più alto
before reaching: prima di raggiungere

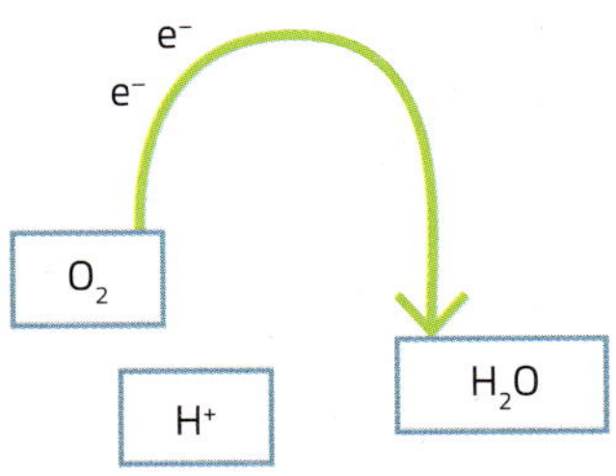

GLOSSARY

even more interesting: ancora più interessante
gain: acquisiscono, ottengono
releases: rilascia
across: attraverso
shuttles: sposta

8e 10 min. **Read the text below and follow the instructions.**

Passing electrons is interesting, but there is something even more interesting. When the transmembrane proteins of the electron transport chain pass electrons down the chain, **energy is generated**. This is because the proteins are first reduced (gain electrons) and then oxidized (lose electrons). This reduction-then-oxidation process is an **exothermic** process which releases energy. For example, when Complex I is reduced and then oxidized, enough energy is released to pump a H^+ through the channel of Complex I. Complex I pumps an ion of H^+ out of the inner mitochondrial matrix, into the intermembrane space. The same thing happens at Complex III and Complex IV: when Complex III and IV gain and then lose electrons, enough energy is generated to pump ions of H^+ through these channels, across the *inner mitochondrial membrane.*

- **Use a green pencil to draw an arrow that indicates the movement of H^+ ions from the matrix to the cristae, through the channels of Complex I, III and IV.**
- **Then put H^+ at the head of the three arrows.**

The same thing happens to electrons from $FADH_2$. Since *Complex II/Ubiquinone* has a higher *reduction potential* than $FADH_2$, it removes electrons from $FADH_2$, transforming $FADH_2$ to FAD and liberating two H^+ ions. However, since *Complex III* has an even higher reduction potential than Complex II/Ubiquinone, Complex III gains the electrons but then loses them to *Cytochrome-C* which then shuttles the electrons to *Complex IV*. As with NADH, the electrons from $FADH_2$ are taken by O_2 after they have "come down" the *electron transport chain*: this generates enough energy to dissociate a molecule of O_2 and bond the O atoms with H^+ to form water.

REMINDER

Pumping a H^+ out of the matrix into the outer compartment is like convincing someone who is sharing an apartment with only a few roommates to move into an identical apartment which he must share with 10 times as many roommates (*coinquilini*).

8f 15 min. **Read the text below and follow the instructions.**

Therefore, in the presence of oxygen, the electrons from NADH and $FADH_2$ are passed down the electron transport chain, a process which provides enough energy to *pump protons across the inner mitochondrial membrane.* This is rather amazing: and the reason this is amazing is because *the concentration of protons* in the *external compartment* is much higher than the *concentration of protons* in the **matrix**. Pumping protons from the matrix to the cristae is therefore a very energy-demanding process because it pumps protons against a concentration gradient: this requires a lot of energy... and this energy comes from the electrons of NADH and $FADH_2$!

- **Use a green pencil to to make small circles which represent H^+.**
- **Draw in many more H^+ ions in the outer compartment than in the inner compartment.**

GLOSSARY

10 times as many: 10 volte più numerosi
against a concentration gradient: contro un gradiente di concentrazione
drives: spinge, guida
only one way: solo un modo
rounded bottom: fondo arrotondato

8g 15 min. **Read the text below and follow the instructions.**

Since there is a very high concentration of protons in the intermembrane space, these protons look for ways to *move down their concentration gradient* towards an environment with fewer protons. This establishes a **proton-motive force** which drives the protons from the *outer compartment* into the *inner compartment.* But there is only one way to return to the *inner compartment.* This is through the *channels* of a *transmembrane protein* called **ATP-synthase**. As the name implies, *ATP-synthase is an enzyme.*

- **Use a purple pencil to draw in three molecules of ATP-synthase. This enzyme can be schematically represented as shown, on the right: it looks like a flower vase with a channel in the middle. The rounded bottom is located in the matrix, the neck passes through the inner mitochondrial membrane.**

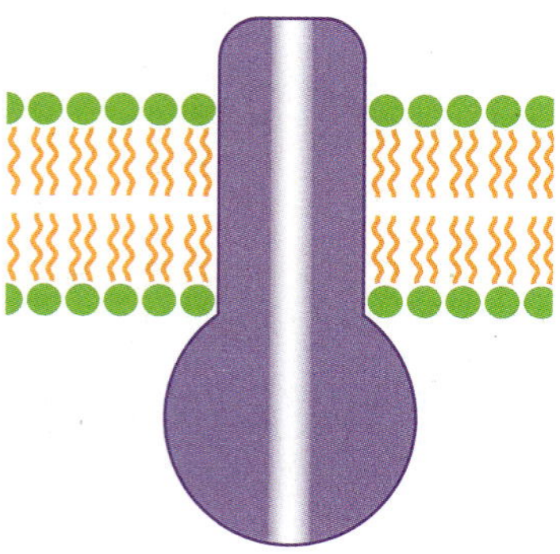

- **Draw an ATP-synthase on the horizontal upper membrane, to the right of the electron transport chain, an ATP-synthase on rightmost edge of the mitochondria and an ATP-synthase along the bottom of the mitochondria. Be careful with the orientation of each ATP-synthase.**

GLOSSARY

Be careful with: Fate attenzione a
enough: abbastanza
can be compared to: potrebbe essere paragonato a
sharing a crowded apartment: condividendo un appartamento affollato
rushing out of: che si precipitano fuori da
to put...back: rimettere

8h 15 min. **Read the text below and follow the instructions.**

When H^+ moves down its concentration gradient through the *ATP-synthase*, enough *potential energy* is released to **bond** the third Pi to ADP to make ATP, **phosphorylation of ADP**.

$$(ADP\text{-}OH)+(ENERGY)+(Pi) \rightarrow ATP + H_2O$$

REMINDER

The high concentration of H^+ surrounding the cristae can be compared to a large number of people sharing a crowded apartment. The proton motive force is like the need to escape from the crowded apartment and go where there are fewer protons: like students rushing out of school or like fans rushing into a free concert. There is so much potential energy when a H^+ rushes through the ATP-synthase that it is enough to put the third Pi back onto that seat on the crowded bus, next to the two Pi-buddies of ADP... so we have the energy molecule of ATP again: remember that ATP is [ADP+ENERGY+ Pi].

For each ATP-synthase that you have drawn in the previous page, add the following information:

- a red arrow which indicates that protons move across the cristae into the matrix;
- write H^+ at the head of the arrow;
- near the tail of the red arrow, write PROTON-MOTIVE FORCE in red;
- within the matrix, show the phosphorylation of ADP into ATP using this image on the right.

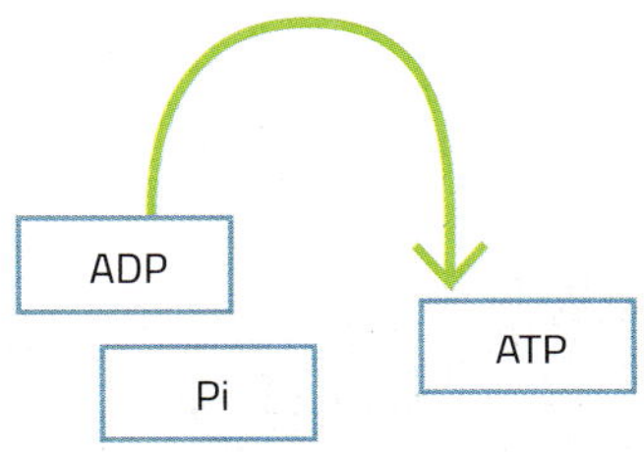

It was the British biochemist Peter Mitchell who, in 1961, proposed that, 1) when the *electron transport chain* pumps H^+ out of the *matrix*, 2) a high H^+ *concentration gradient* is established across the *inner mitochondrial membrane*: this 3) generates a *proton-motive force* that 4) drives H^+ back into the *matrix* through the *ATP-synthase* with enough energy to 5) phosphorilyze ADP into ATP.
For this **chemiosmotic hypothesis**, Mitchell was awarded the 1978 Nobel Prize in Chemistry.
The prize motivation was: "for his contribution to the understanding of biological energy transfer through the formulation of the chemiosmotic theory".

3. NADH, $FADH_2$ and Catabolism

9a 15 min. **Read the text below and do the following activity.**

Now you understand why the inner mitochondrial membrane is not smooth (*liscia*) but is highly folded (*ripiegata su se stessa*): this increases the **surface area** of the inner mitochondrial membrane and therefore (*quindi*) the number of units of the *electron transport chain* and *ATP-synthase* that the *inner mitochondrial membrane* can host.

Here are some more interesting facts...

- The oxidation of each molecule of NADH pumps enough H^+ into the outer compartment to contribute to the formation of 3 molecules of ATP.

....

....

....

....

....

- The oxidation of a molecule of $FADH_2$ pumps enough H^+ from the matrix to the outer compartment to contribute to the formation of 2 molecules of ATP.

....

....

....

....

....

- At any moment, our body has about 250 grams of ATP, the quantity of energy in one AA battery and enough to keep us alive (*a tenerci in vita*) for only one minute.

....

....

....

....

....

- ATP must therefore be regenerated constantly through the process of respiration which recycles ADP and Pi.

....

....

....

....

....

- It is estimated that, every day, the mitochondria in our body regenerates a quantity of ATP which is equivalent to our body weight.

....

....

....

....

....

Summarize each of these facts with a correct tag write or draw it under the facts listed on the previous page.

1 NADH → 2 ATP

enough ATP for 1 day

65kg
17-year-old swimmer
regenerates 50kg ATP /day

1 $FADH_2$ → 3 ATP

1 $FADH_2$ → 2 ATP

enough ATP
for 60 seconds

250g ATP → 1 AA battery

1 NADH → 3 ATP

65kg architect
regenerates 65kg ATP/day

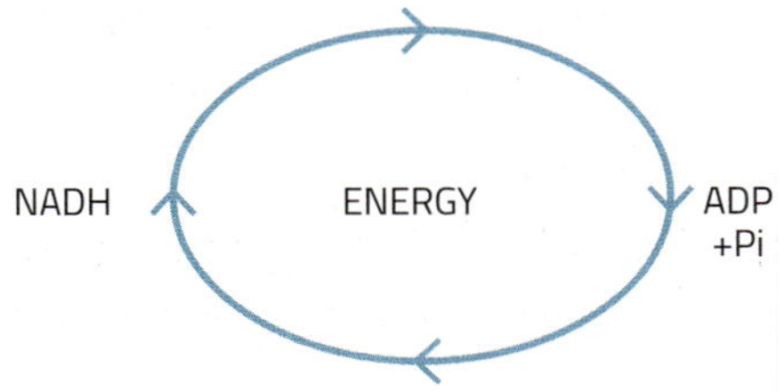

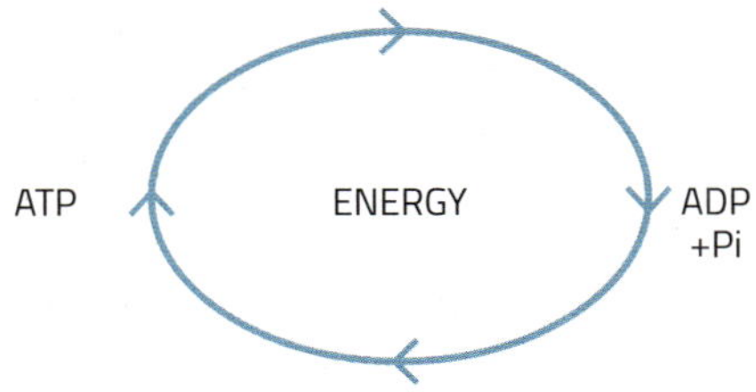

9b 15 min. **Tick the five sentences which are correct. Then listen to the conversation between two students and check you answers.**

LISTEN
Track 20

Ⓐ The *proton motive force* reflects a very big difference in the concentration of protons across the inner mitochondrial membrane.

Ⓑ The *proton motive force* reflects a very big difference in the concentration of electrons across the inner mitochondrial membrane.

Ⓒ The *electron transport chain* pumps protons out of the *matrix*.

Ⓓ The *electron transport chain* is not dependent on oxygen.

Ⓔ Without oxygen, the *electron transport chain* would not work because there would be nothing to accept the electron from Complex IV.

Ⓕ Without oxygen, the *electron transport chain* would not work because there would be nothing to accept the electron from Complex I.

Ⓖ The *reduction potential* of the proteins in the electron transport chain is what drives the electron down the electron transport chain.

Ⓗ The *reduction potential* of proteins in the electron transport chain is what generates energy to pump protons out of Complexes I, III and IV.

10 15 min. **Think about what you have learned and complete the following text, as well as you can. Then you will listen to check your answers.**

LISTEN
Track 21

GLOSSARY

as well as you can: come meglio puoi

Most of the .... we need is produced in the .... through this process which unites the proton .... (*2 words*), ... -ase and the electron transport chain. The process starts by receiving electrons from NADH and .... The question is therefore, from where do mitochondria get NADH and $FADH_2$? The answer is from the metabolism of molecules of .... into molecules of .... and H_2O. In the presence of oxygen, the complete combustion of a molecule of glucose into 6 molecules of .... and .... molecules of water, a lot of .... is released. This energy is transferred to the electron-carrier molecules of NADH and $FADH_2$ which then release .... into the electron transport .... The following table shows how glycolysis and the Kreb's Cycle transform energy from glucose .... energy contained in electron carrier molecules of NADH, $FADH_2$ plus a few .... of ATP.

11 15 min. **Look back at the figure in exercise 7 so you can now understand the elegant energy-generating mechanism contained in our cells. Complete the table with the missing information.**

What is happening and where is it happening?		How many molecules of... ATP	NADH	$FADH_2$	CO_2
in cytoplasm	glucose diffuses into cells **6C-glucose** (C-C-C-C-C-C)				
Glycolysis in cytoplasm no O_2 needed	1(6C-glucose) → 2(3C-pyruvate) + [Energy] ↓ → 2(ADP-OH) + $2(P_i)$ → 2(ATP) → $2(NAD^+)$ + $2(H^+)$ → 2(NADH)				
Pyruvate diffuse from cytoplasm into mitochondria O_2 needed	2(3C-pyruvate) + 2Co-enzyme-A → 2(2C-AcetylCoA) + 2(1C-CO_2) + [Energy] ↓ → $2(NAD^+)$ + $2(H^+)$ → 2(NADH)				
Kreb's Cycle in matrix of mitochondria O_2 needed 8 enzymes of Kreb's Cycle recycle oxaloacetate	2(2C-AcetylCoA) + O_2 → 4(1C-CO_2) + Co-enzyme-A (recycled) + [Energy] ↓ → 2(ADP-OH) + $2(P_i)$ → 2(ATP) → $6(NAD^+)$ + $6(H^+)$ → 6(NADH) → 2(FAD) + $2(H^+)$ → $2(FADH_2)$				
	Total number of each molecules				

12 12 min. **Complete this text with what you know.**

Since:

- the oxidation of each NADH into NAD^+ is responsible for the production of ... molecules of ATP through the electron transport chain...
- the oxidation of each $FADH_2$ into FAD is responsible for the production of ... molecules of ATP through the electron transport chain...

the total energy derived from the complete *oxidative metabolism* of one molecule of glucose can therefore be transformed into a total of ... molecules of ATP: ... produced before the electron transport chain and ... produced from the electron transport chain. Therefore, the complete catabolism of a 6-carbon molecule of glucose produces ... molecules of CO_2, ... molecules of NADH, ... molecules of $FADH_2$, and ... molecules of ATP.

S _ _ _ R _ _ _ _ GY P _ _ _ _ _ _ _ _ _ _ _ S CHE _ _ _ _ L _ _ _ _ G _

Indice analitico

A

D

E

F

G

S

T

U

V

W

X

Z